ELETRÔNICA DE POTÊNCIA

Dispositivos, circuitos e aplicações

4ª edição

ELETRÔNICA DE POTÊNCIA

Dispositivos, circuitos e aplicações

4ª edição

MUHAMMAD H. RASHID
Membro do IET,
Membro Vitalício do IEEE
Engenharia Elétrica e de Computação
University of West Florida

Tradutor:
Leonardo Abramowicz

Revisão técnica:
Carlos Marcelo de Oliveira Stein
Doutor em Engenharia Elétrica pela Universidade Federal de Santa Maria
Membro da Associação Brasileira de Eletrônica de Potência (SOBRAEP)
Professor da Universidade Tecnológica Federal do Paraná — UTFPR Campus Pato Branco

©2015 by Pearson Education do Brasil Ltda.
© 2014, 2004 by Pearson Education, Inc.

Todos os direitos reservados. Nenhuma parte desta publicação poderá ser reproduzida ou transmitida de qualquer modo ou por qualquer outro meio, eletrônico ou mecânico, incluindo fotocópia, gravação ou qualquer outro tipo de sistema de armazenamento e transmissão de informação sem prévia autorização por escrito da Pearson Education do Brasil.

Diretora editorial	Kelly Tavares
Supervisora de produção editorial	Silvana Afonso
Coordenador de produção editorial	Sérgio Nascimento
Coordenadora de produção gráfica	Tatiane Romano
Editor de aquisições	Vinícius Souza
Editora de texto	Sabrina Levensteinas
Editor assistente	Marcos Guimarães
Preparação	Beatriz Garcia
Revisão	Ana Mendes
Capa	Solange Rennó (sob projeto original)
Projeto gráfico e diagramação	Casa de Ideias

Dados Internacionais de Catalogação na Publicação (CIP)
(Câmara Brasileira do Livro, SP, Brasil)

Rashid, Muhammad H.
　Eletrônica de potência / Muhammad H. Rashid; tradução Leonardo Abramowicz ; revisão técnica Carlos Marcelo de Oliveira Stein. – 4. ed. – São Paulo: Pearson Education do Brasil, 2014.

　Título original: Power eletronics, circuits, devices, and applications.
　Bibliografia.
　ISBN 978-85-430-0594-2

　1. Eletrônica de potência I. Stein, Carlos Marcelo de Oliveira. II. Título.

14-03471　　　　　　　　　　　　　　　　　　　　CDD-621.317

Índice para catálogo sistemático:
1. Eletrônica de potência: Engenharia elétrica
621.317

Printed in Brazil by Reproset RPSA 228376

Direitos exclusivos cedidos à
Pearson Education do Brasil Ltda.,
uma empresa do grupo Pearson Education
Avenida Santa Marina, 1193
CEP 05036-001 - São Paulo - SP - Brasil
Fone: 11 2178-8609 e 11 2178-8653
pearsonuniversidades@pearson.com

Distribuição
Grupo A Educação
www.grupoa.com.br
Fone: 0800 703 3444

*Para meus pais, minha esposa Fatema e
minha família: Fa-eza, Farzana, Hasan, Hannah, Laith, Laila e Nora*

Sumário

Prefácio XIX

Sobre o autor XXIII

Capítulo 1 — Introdução 1
    1.1   Aplicações da eletrônica de potência 1
    1.2   História da eletrônica de potência 4
    1.3   Tipos de circuito de eletrônica de potência 6
    1.4   Projeto de equipamentos de eletrônica de potência 10
    1.5   Determinação do valor eficaz (rms) das formas de onda 11
    1.6   Efeitos periféricos 11
    1.7   Características e especificações das chaves 14
        1.7.1   Características ideais 14
        1.7.2   Características de dispositivos práticos 14
        1.7.3   Especificações da chave de potência 16
    1.8   Dispositivos semicondutores de potência 17
    1.9   Características de controle dos dispositivos de potência 18
    1.10 Opções de dispositivo 23
    1.11 Módulos de potência 25
    1.12 Módulos inteligentes 25
    1.13 Periódicos e conferências sobre eletrônica de potência 27
    Resumo 27
    Questões para revisão 27
    Problemas 28
    Referências 29

PARTE I   Diodos de potência e retificadores 30

Capítulo 2 — Diodos de potência e circuitos *RLC* chaveados 30
    2.1   Introdução 31
    2.2   Noções básicas de semicondutores 31
    2.3   Características do diodo 33
    2.4   Características da recuperação reversa 35
    2.5   Tipos de diodo de potência 37
        2.5.1   Diodos de uso geral 37
        2.5.2   Diodos de recuperação rápida 38
        2.5.3   Diodos Schottky 39
    2.6   Diodos de carbeto de silício 39
    2.7   Diodos Schottky de carbeto de silício 40

2.8 Modelo SPICE de um diodo..41
2.9 Diodos conectados em série...42
2.10 Diodos conectados em paralelo...45
2.11 Diodo com carga *RC*..46
2.12 Diodo com carga *RL*..48
2.13 Diodo com carga *LC*..50
2.14 Diodo com carga *RLC*...52
2.15 Diodo de roda livre 56
2.16 Recuperação da energia armazenada utilizando um diodo 58
Resumo..61
Questões para revisão..62
Problemas..63
Referências..67

Capítulo 3 — Retificadores com diodos 68
3.1 Introdução..68
3.2 Parâmetros de desempenho 69
3.3 Retificadores monofásicos de onda completa..70
3.4 Retificadores monofásicos de onda completa com carga *RL* 74
3.5 Retificadores monofásicos de onda completa com carga altamente indutiva.............79
3.6 Retificadores polifásicos em estrela 81
3.7 Retificadores trifásicos em ponte 84
3.8 Retificadores trifásicos em ponte com carga *RL* 87
3.9 Retificadores trifásicos com carga altamente indutiva..91
3.10 Comparação de retificadores com diodos 92
3.11 Projeto de circuito retificador..93
3.12 Tensão de saída com filtro *LC*...103
3.13 Efeitos das indutâncias da fonte e da carga 106
3.14 Considerações práticas para a seleção de indutores e capacitores 109
    3.14.1 Capacitores CA de filme 109
    3.14.2 Capacitores cerâmicos...110
    3.14.3 Capacitores eletrolíticos de alumínio 110
    3.14.4 Capacitores de tântalo sólido 110
    3.14.5 Supercapacitores..110
Resumo..111
Questões para revisão..111
Problemas..111
Referências..114

PARTE II   Transistores de potência e conversores CC–CC 115

Capítulo 4 — Transistores de potência 115
4.1 Introdução..115
4.2 Transistores de carbeto de silício 116
4.3 MOSFETs de potência 117
    4.3.1 Características em regime permanente...120
    4.3.2 Características de chaveamento...123
    4.3.3 MOSFETs de carbeto de silício 124
4.4 COOLMOS..126
4.5 Transistores de efeito de campo de junção (JFETs) 127
    4.5.1 Operação e características dos JFETs..128
    4.5.2 Estruturas JFET de carbeto de silício 131

4.6 Transistores de junção bipolar (BJTs) 133
    4.6.1 Características em regime permanente.. 134
    4.6.2 Características de chaveamento... 137
    4.6.3 Limites de chaveamento 144
    4.6.4 BJTs de carbeto de silício 144
4.7 IGBTs.. 145
    4.7.1 IGBTs de carbeto de silício 148
4.8 SITs 148
4.9 Comparações de transistores 150
4.10 Redução de potência nos transistores.. 150
4.11 Limitações de *di/dt* e *dv/dt* 153
4.12 Operação em série e em paralelo 156
4.13 Modelos SPICE 157
    4.13.1 Modelo SPICE de um BJT.. 158
    4.13.2 Modelo SPICE de um MOSFET 159
    4.13.3 Modelo SPICE de um IGBT 160
4.14 Circuito de acionamento de MOSFET 162
4.15 Circuito de acionamento de JFET.. 163
4.16 Circuito de acionamento de BJT.. 165
4.17 Isolação dos circuitos de acionamento.. 169
    4.17.1 Transformadores de pulso 171
    4.17.2 Optoacopladores 171
4.18 CIs de acionamento 172
Resumo.. 174
Questões para revisão... 174
Problemas... 175
Referências... 177

Capítulo 5 — Conversores CC-CC 180
5.1 Introdução 180
5.2 Parâmetros de desempenho de conversores CC-CC... 181
5.3 Princípio da operação como abaixador de tensão 182
    5.3.1 Geração do ciclo de trabalho 185
5.4 Conversor abaixador com carga *RL* 186
5.5 Princípio da operação como elevador de tensão 191
5.6 Conversor elevador com carga resistiva 193
5.7 Parâmetros de limitação de frequência... 195
5.8 Classificação dos conversores 195
5.9 Reguladores chaveados 198
    5.9.1 Reguladores *buck* 200
    5.9.2 Reguladores *boost* 203
    5.9.3 Reguladores *buck–boost* 206
    5.9.4 Reguladores *Cúk* 210
    5.9.5 Limitações da conversão em um único estágio 215
5.10 Comparação de reguladores 215
5.11 Conversor *boost* com várias saídas 216
5.12 Conversor *boost* alimentado por retificador a diodo 219
5.13 Modelos médios de conversores 222
5.14 Análise de reguladores no espaço de estados 227
5.15 Considerações de projeto para filtros de entrada e conversores 229
5.16 CI de acionamento para conversores 235

Resumo 235
Questões para revisão 236
Problemas 238
Referências 240

PARTE III   Inversores 242

Capítulo 6 — Conversores CC-CA 242

6.1 Introdução 242
6.2 Parâmetros de desempenho 243
6.3 Princípio de operação 245
6.4 Inversores monofásicos em ponte 248
6.5 Inversores trifásicos 253
    6.5.1 Condução por 180 graus 255
    6.5.2 Condução por 120 graus 260
6.6 Controle de tensão de inversores monofásicos 262
    6.6.1 Modulação por largura de pulsos múltiplos 263
    6.6.2 Modulação por largura de pulso senoidal 265
    6.6.3 Modulação por largura de pulso senoidal modificada 268
    6.6.4 Controle por deslocamento de fase 269
6.7 Controle de tensão de inversores trifásicos 271
    6.7.1 PWM senoidal 271
    6.7.2 PWM 60 graus 274
    6.7.3 PWM de terceira harmônica 274
    6.7.4 Modulação por vetores espaciais 274
    6.7.5 Comparação de técnicas PWM 285
6.8 Redução de harmônicas 287
6.9 Inversores de corrente 291
6.10 Inversor com barramento CC variável 294
6.11 Inversor elevador 294
6.12 Projeto de inversores 298
Resumo 301
Questões para revisão 302
Problemas 304
Referências 307

Capítulo 7 — Inversores de pulso ressonante 309

7.1 Introdução 309
7.2 Inversores ressonantes série 310
    7.2.1 Inversores ressonantes série com chaves unidirecionais 311
    7.2.2 Inversores ressonantes série com chaves bidirecionais 318
7.3 Resposta em frequência para inversores ressonantes série 323
    7.3.1 Resposta em frequência para cargas em série 324
    7.3.2 Resposta em frequência para cargas em paralelo 325
    7.3.3 Resposta em frequência para cargas em série-paralelo 327
7.4 Inversores ressonantes paralelo 328
7.5 Controle de tensão de inversores ressonantes 331
7.6 Inversor ressonante classe E 332
7.7 Retificador ressonante classe E 337
7.8 Conversores ressonantes com comutação com corrente zero 339
    7.8.1 Conversor ressonante ZCS tipo L 341
    7.8.2 Conversor ressonante ZCS tipo M 343

7.9 Conversores ressonantes com comutação com tensão zero..........343
7.10 Comparação entre conversores ressonantes ZCS e ZVS..........347
7.11 Conversores ressonantes ZVS de dois quadrantes..........347
7.12 Inversores com barramento CC ressonante..........349
Resumo..........352
Questões para revisão..........353
Problemas..........353
Referências..........354

Capítulo 8 — Inversores multinível 356
8.1 Introdução..........356
8.2 Conceito multinível..........357
8.3 Tipos de inversor multinível..........358
8.4 Inversor multinível com diodo de grampeamento..........359
   8.4.1 Princípio de operação..........359
   8.4.2 Características do inversor com diodo de grampeamento..........361
   8.4.3 Inversor com diodo de grampeamento melhorado..........362
8.5 Inversor multinível com capacitores flutuantes..........363
   8.5.1 Princípio de operação..........364
   8.5.2 Características do inversor com capacitores flutuantes..........365
8.6 Inversor multinível em cascata..........366
   8.6.1 Princípio de operação..........366
   8.6.2 Características do inversor em cascata..........367
8.7 Aplicações..........369
   8.7.1 Compensação de potência reativa..........370
   8.7.2 Interligação *back-to-back*..........371
   8.7.3 Acionamentos de velocidade variável..........371
8.8 Correntes nos dispositivos de chaveamento..........372
8.9 Equilíbrio da tensão do capacitor do barramento CC..........373
8.10 Características dos inversores multinível..........374
8.11 Comparações entre conversores multinível..........374
Resumo..........375
Questões para revisão..........376
Problemas..........376
Referências..........377

PARTE IV Tiristores e conversores tiristorizados..........378

Capítulo 9 — Tiristores 378
9.1 Introdução..........378
9.2 Características dos tiristores..........379
9.3 Modelo de tiristor com dois transistores..........381
9.4 Ativação do tiristor..........383
9.5 Desligamento do tiristor..........385
9.6 Tipos de tiristor..........385
   9.6.1 Tiristores controlados por fase..........387
   9.6.2 Tiristores bidirecionais controlados por fase..........387
   9.6.3 Tiristores assimétricos de chaveamento rápido..........388
   9.6.4 Retificadores controlados de silício ativados por luz..........388
   9.6.5 Tiristores triodos bidirecionais..........389
   9.6.6 Tiristores de condução reversa..........389
   9.6.7 Tiristores de desligamento pela porta..........390

9.6.8 Tiristores controlados por FET 394
9.6.9 MTOs 394
9.6.10 ETOs 396
9.6.11 IGCTs 397
9.6.12 MCTs 398
9.6.13 SITHs 400
9.6.14 Comparações entre tiristores 401
9.7 Operação em série de tiristores 406
9.8 Operação em paralelo de tiristores 409
9.9 Proteção contra *di/dt* 409
9.10 Proteção contra *dv/dt* 410
9.11 Modelos SPICE para tiristores 412
9.11.1 Modelo SPICE de tiristor 412
9.11.2 Modelo SPICE de GTO 414
9.11.3 Modelo SPICE de MCT 415
9.11.4 Modelo SPICE de SITH 415
9.12 DIACs 415
9.13 Circuitos de disparo de tiristores 418
9.14 Transistor de unijunção 420
9.15 Transistor de unijunção programável 422
Resumo 424
Questões para revisão 424
Problemas 425
Referências 427

Capítulo 10 — Retificadores controlados 430
10.1 Introdução 430
10.2 Conversores monofásicos completos 431
10.2.1 Conversores monofásicos completos com carga *RL* 434
10.3 Conversores duais monofásicos 436
10.4 Conversores trifásicos completos 439
10.4.1 Conversores trifásicos completos com carga *RL* 443
10.5 Conversores duais trifásicos 444
10.6 Controle por modulação por largura de pulsos (PWM) 446
10.6.1 Controle PWM 447
10.6.2 PWM senoidal monofásico 449
10.6.3 Retificador trifásico PWM 450
10.7 Conversores monofásicos em série 453
10.8 Conversores de doze pulsos 456
10.9 Projeto de circuitos conversores 456
10.10 Efeitos das indutâncias da carga e da fonte 462
Resumo 465
Questões para revisão 465
Problemas 466
Referências 470

Capítulo 11 — Controladores de tensão CA 472
11.1 Introdução 473
11.2 Parâmetros de desempenho de controladores de tensão CA 473
11.3 Controladores monofásicos de onda completa com cargas resistivas 475
11.4 Controladores monofásicos de onda completa com cargas indutivas 477

11.5	Controladores trifásicos de onda completa	481
11.6	Controladores trifásicos de onda completa conectados em delta	485
11.7	Comutadores de conexões de transformadores monofásicos	489
11.8	Cicloconversores	493
	11.8.1 Cicloconversores monofásicos	493
	11.8.2 Cicloconversores trifásicos	496
	11.8.3 Redução das harmônicas de saída	497
11.9	Controladores de tensão CA com controle PWM	499
11.10	Conversor matricial	500
11.11	Projeto de circuitos controladores de tensão CA	502
11.12	Efeitos das indutâncias da carga e da fonte	509
Resumo		509
Questões para revisão		510
Problemas		511
Referências		513

PARTE V Eletrônica de potência: aplicações e proteções 515

Capítulo 12 — Sistemas flexíveis de transmissão CA 515

12.1	Introdução	515
12.2	Princípio da transmissão de energia	516
12.3	Princípio da compensação paralela	518
12.4	Compensadores paralelo	520
	12.4.1 Reator controlado por tiristor	520
	12.4.2 Capacitor chaveado por tiristor	521
	12.4.3 Compensador estático de reativos	523
	12.4.4 Compensador estático de reativos avançado	524
12.5	Princípio da compensação série	526
12.6	Compensadores série	528
	12.6.1 Capacitor série chaveado por tiristor	528
	12.6.2 Capacitor série controlado por tiristor	529
	12.6.3 Capacitor série controlado por comutação forçada	529
	12.6.4 Compensador estático de reativos série	531
	12.6.5 SSVC avançado	531
12.7	Princípio da compensação por ângulo de fase	533
12.8	Compensador por ângulo de fase	535
12.9	Controlador unificado do fluxo de potência	537
12.10	Comparações de compensadores	538
Resumo		539
Questões para revisão		539
Problemas		539
Referências		540

Capítulo 13 — Fontes de alimentação 541

13.1	Introdução	541
13.2	Fontes de alimentação CC	542
	13.2.1 Fontes de alimentação CC chaveadas	542
	13.2.2 Conversor *flyback*	542
	13.2.3 Conversor *forward*	546
	13.2.4 Conversor *push-pull*	551
	13.2.5 Conversor meia ponte	552
	13.2.6 Conversor ponte completa	555

13.2.7 Fontes de alimentação CC ressonantes 557
13.2.8 Fontes de alimentação bidirecionais 558
13.3 Fontes de alimentação CA 559
13.3.1 Fontes de alimentação CA chaveadas 561
13.3.2 Fontes de alimentação CA ressonantes 561
13.3.3 Fontes de alimentação CA bidirecionais 561
13.4 Conversões em multiestágios 562
13.5 Circuitos de controle 563
13.6 Considerações sobre o projeto magnético 567
13.6.1 Projeto de um transformador 567
13.6.2 Indutor CC 570
13.6.3 Saturação magnética 571
Resumo 572
Questões para revisão 572
Problemas 573
Referências 576

Capítulo 14 — Acionamentos CC 577
14.1 Introdução 578
14.2 Características básicas de motores CC 579
14.2.1 Motor CC com excitação independente 579
14.2.2 Motor CC com excitação em série 581
14.2.3 Relação de transmissão 583
14.3 Modos de operação 584
14.4 Acionamentos monofásicos 587
14.4.1 Acionamentos com semiconversor monofásico 588
14.4.2 Acionamentos com conversor completo monofásico 589
14.4.3 Acionamentos com conversor dual monofásico 590
14.5 Acionamentos trifásicos 594
14.5.1 Acionamentos com semiconversor trifásico 594
14.5.2 Acionamentos com conversor completo trifásico 594
14.5.3 Acionamentos com conversor dual trifásico 594
14.6 Acionamentos com conversores CC-CC 598
14.6.1 Princípio do controle da potência 598
14.6.2 Princípio do controle da frenagem regenerativa 599
14.6.3 Princípio do controle da frenagem reostática 602
14.6.4 Princípio do controle das frenagens regenerativas e
         reostáticas combinadas 603
14.6.5 Acionamentos com conversores CC-CC de dois e quatro quadrantes 604
14.6.6 Conversores CC-CC multifase 605
14.7 Controle em malha fechada de acionamentos CC 608
14.7.1 Função de transferência em malha aberta 608
14.7.2 Função de transferência em malha aberta de motores com
         excitação independente 608
14.7.3 Função de transferência em malha aberta de motores com excitação série 611
14.7.4 Modelos para o controle de conversor 612
14.7.5 Função de transferência em malha fechada 614
14.7.6 Controle de corrente em malha fechada 617
14.7.7 Projeto do controlador de corrente 620
14.7.8 Projeto do controlador de velocidade 621
14.7.9 Acionamento alimentado por conversor CC-CC 625
14.7.10 Controle em malha sincronizada pela fase (PLL) 625
14.7.11 Acionamentos CC com microcontrolador 627

Resumo...628
Questões para revisão..629
Problemas...630
Referências..633

Capítulo 15 — Acionamentos CA...635
15.1 Introdução..636
15.2 Acionamentos de motores de indução 636
    15.2.1 Características de desempenho..638
    15.2.2 Características torque-velocidade..639
    15.2.3 Controle da tensão do estator..643
    15.2.4 Controle da tensão do rotor...647
    15.2.5 Controle da frequência..654
    15.2.6 Controle da tensão e da frequência 656
    15.2.7 Controle da corrente...661
    15.2.8 Controle com velocidade de escorregamento constante...........................665
    15.2.9 Controle de tensão, corrente e frequência..665
15.3 Controle de motores de indução em malha fechada..667
15.4 Dimensionamento das variáveis de controle 670
15.5 Controle vetorial 672
    15.5.1 Princípio básico do controle vetorial...672
    15.5.2 Transformação em eixo direto e quadratura...673
    15.5.3 Controle vetorial indireto...678
    15.5.4 Controle vetorial direto..681
15.6 Acionamento de motores síncronos...682
    15.6.1 Motores de rotor cilíndrico...683
    15.6.2 Motores de polos salientes..686
    15.6.3 Motores de relutância..687
    15.6.4 Motores de relutância chaveada..688
    15.6.5 Motores de ímã permanente...688
    15.6.6 Controle em malha fechada de motores síncronos...................................692
    15.6.7 Acionamentos de motores CC e CA sem escovas......................................692
15.7 Projeto de controlador de velocidade para acionamentos PMSM (motor síncrono de ímã permanente)...695
    15.7.1 Diagrama de blocos do sistema..695
    15.7.2 Malha de corrente..696
    15.7.3 Controlador de velocidade...698
15.8 Controle do motor de passo...700
    15.8.1 Motores de passo de relutância variável...701
    15.8.2 Motores de passo de ímã permanente...704
15.9 Motores de indução linear..706
15.10 CI de alta tensão para acionamentos de motores..709
Resumo...713
Questões para revisão..713
Problemas...714
Referências..717

Capítulo 16 — Introdução à energia renovável 719
16.1 Introdução..720
16.2 Energia e potência..720
16.3 Sistema de geração de energia renovável..721
    16.3.1 Turbina...722

	16.3.2	Ciclo térmico	723
16.4		Sistemas de energia solar	724
	16.4.1	Energia solar	725
	16.4.2	Fotovoltaica	727
	16.4.3	Células fotovoltaicas	727
	16.4.4	Modelos de PV	728
	16.4.5	Sistemas fotovoltaicos	733
16.5		Energia eólica	736
	16.5.1	Turbinas eólicas	737
	16.5.2	Potência da turbina	737
	16.5.3	Controle de velocidade e passo	739
	16.5.4	Curva de potência	741
	16.5.5	Sistemas de energia eólica	742
	16.5.6	Geradores de indução de alimentação dupla	744
	16.5.7	Geradores de indução em gaiola de esquilo	745
	16.5.8	Geradores síncronos	745
	16.5.9	Geradores síncronos de ímã permanente	747
	16.5.10	Gerador a relutância chaveada	747
	16.5.11	Comparações das configurações de turbinas eólicas	748
16.6		Energia oceânica	749
	16.6.1	Energia das ondas	749
	16.6.2	Mecanismo da geração de ondas	750
	16.6.3	Energia da onda	751
	16.6.4	Energia das marés	752
	16.6.5	Conversão da energia térmica do oceano	755
16.7		Energia hidrelétrica	755
	16.7.1	Hidrelétrica em grande escala	755
	16.7.2	Hidrelétrica em pequena escala	756
16.8		Células a combustível	758
	16.8.1	Geração de hidrogênio e células a combustível	759
	16.8.2	Tipos de célula a combustível	760
	16.8.3	Células a combustível de eletrólito de membrana polimérica (PEMFC)	761
	16.8.4	Células a combustível de metanol direto (DMFC)	762
	16.8.5	Células a combustível alcalinas (AFC)	763
	16.8.6	Células a combustível de ácido fosfórico (PAFC)	764
	16.8.7	Células a combustível de carbonato fundido (MCFC)	765
	16.8.8	Células a combustível de óxido sólido (SOFC)	766
	16.8.9	Processos térmicos e elétricos de células a combustível	767
16.9		Energia geotérmica	770
16.10		Energia de biomassa	771
Resumo			771
Questões para revisão			772
Problemas			772
Referências			775

Capítulo 17 — Proteção de dispositivos e circuitos 776

17.1		Introdução	776
17.2		Resfriamento e dissipadores de calor	777
17.3		Modelo térmico de dispositivos de chaveamento de potência	782
	17.3.1	Equivalente elétrico do modelo térmico	783
	17.3.2	Modelo matemático equivalente ao circuito térmico	784
	17.3.3	Acoplamento de componentes elétricos e térmicos	785

17.4	Circuitos *snubber*	787
17.5	Transitórios de recuperação reversa	787
17.6	Transitórios nos lados da alimentação e da carga	793
17.7	Proteção contra sobretensão com diodos de selênio e varistores de óxido metálico	796
17.8	Proteções contra sobrecorrentes	797
	17.8.1 Fusíveis	797
	17.8.2 Corrente de falha com fonte CA	801
	17.8.3 Corrente de falha com fonte CC	802
17.9	Interferência eletromagnética	805
	17.9.1 Fontes de EMI	806
	17.9.2 Minimização da geração de EMI	806
	17.9.3 Blindagem de EMI	806
	17.9.4 Normas para EMI	807
Resumo		808
Questões para revisão		808
Problemas		809
Referências		811

Apêndice A Circuitos trifásicos 812

Apêndice B Circuitos magnéticos 815

Apêndice C Funções de chaveamento dos conversores 823

Apêndice D Análise transitória CC 828

Apêndice E Análise de Fourier 831

Apêndice F Transformação do sistema de referência 833

Referências 836

Respostas dos problemas selecionados 838

Índice remissivo 849

Prefácio

A quarta edição de *Eletrônica de Potência* pretende ser um livro-texto de um curso de "eletrônica de potência/conversores estáticos de energia" para alunos de graduação em engenharia elétrica e eletrônica. Também pode ser utilizado como livro-texto por estudantes de pós-graduação e como obra de referência por engenheiros formados envolvidos em projetos e aplicações da eletrônica de potência. Os pré-requisitos são cursos básicos de eletrônica e circuitos elétricos. O conteúdo de *Eletrônica de Potência* vai além do escopo de um curso com duração de um semestre. A eletrônica de potência já avançou tanto que é difícil cobrir todo o assunto em tão pouco tempo. Para a graduação, os capítulos de 1 a 11 devem ser suficientes a fim de proporcionar uma boa base em eletrônica de potência. Os capítulos de 12 a 17 podem ser deixados para outros cursos ou incluídos em uma pós-graduação. A Tabela P.1 sugere tópicos para um estudo semestral sobre "eletrônica de potência", e a Tabela P.2, para um curso semestral sobre "eletrônica de potência e acionamento de motores".

TABELA P.1
Tópicos sugeridos para um curso semestral sobre eletrônica de potência.

Capítulo	Tópicos	Seções	Aulas
1	Introdução	1.1 a 1.12	2
2	Diodos de potência e circuitos	2.1 a 2.4, 2.6–2.7, 2.11 a 2.16	3
3	Retificadores com diodos	3.1 a 3.11	5
4	Transistores de potência	4.1 a 4.9	3
5	Conversores CC-CC	5.1 a 5.9	5
6	Inversores PWM	6.1 a 6.7	7
7	Inversores de pulso ressonante	7.1 a 7.5	3
9	Tiristores	9.1 a 9.10	2
10	Retificadores controlados	10.1 a 10.5	6
11	Controladores de tensão CA	11.1 a 11.5	3
	Provas e testes intermediários		3
	Exame final		3
	Total de aulas em um semestre de 15 semanas		45

TABELA P.2
Tópicos sugeridos para um curso de um semestre sobre eletrônica de potência e acionamento de motores.

Capítulo	Tópicos	Seções	Aulas
1	Introdução	1.1 a 1.10	2
2	Diodos de potência e circuitos	2.1 a 2.7	2
3	Retificadores com diodos	3.1 a 3.8	4
4	Transistores de potência	4.1 a 4.8	1
5	Conversores CC-CC	5.1 a 5.8	4
14	Acionamento CC	14.1 a 14.7	5
6	Inversores PWM	6.1 a 6.10	5
9	Tiristores	9.1 a 9.6	1
Apêndice	Circuitos trifásicos	A	1
10	Retificadores controlados	10.1 a 10.7	5
11	Controladores de tensão CA	11.1 a 11.5	2
Apêndice	Circuitos magnéticos	B	1
15	Acionamento CA	15.1 a 15.9	6
	Provas e testes intermediários		3
	Exame final		3
	Total de aulas em um semestre de 15 semanas		45

Os fundamentos da eletrônica de potência estão bem estabelecidos e não mudam rapidamente. No entanto, as características dos dispositivos utilizados são melhoradas de modo contínuo, e novos dispositivos são desenvolvidos. *Eletrônica de Potência* emprega a abordagem de baixo para cima, ou seja, aborda inicialmente os aspectos do dispositivo e as técnicas de conversão, e, em seguida, suas aplicações. São enfatizados os princípios fundamentais das conversões de energia. Esta quarta edição é uma revisão completa da terceira edição em inglês. As principais mudanças incluem:

- a apresentação de uma abordagem de baixo para cima, e não de cima para baixo; isto é, após a descrição dos dispositivos, as especificações do conversor são indicadas antes de se abranger as técnicas de conversão;
- a cobertura do desenvolvimento dos dispositivos de carbeto de silício (SiC);
- a apresentação dos modelos médios de conversores CC-CC;
- a ampliação das seções sobre o estado-da-arte da técnica de modulação por vetores espaciais;
- a exclusão do capítulo sobre chaves estáticas;
- a apresentação de um capítulo novo sobre introdução à energia renovável e o discorrimento sobre o estado-da-arte das técnicas;
- a integração dos circuitos de acionamento aos capítulos relacionados com os dispositivos de potência e conversores;
- a expansão dos métodos de controle tanto para acionamento CC quanto CA;
- o acréscimo de explicações em seções e/ou parágrafos ao longo do conteúdo.

O livro está dividido em cinco partes:
Parte I: Diodos de potência e retificadores – capítulos 2 e 3.
Parte II: Transistores de potência e conversores CC-CC – capítulos 4 e 5.
Parte III: Inversores – capítulos 6, 7 e 8.
Parte IV: Tiristores e conversores tiristorizados – capítulos 9, 10 e 11.
Parte V: Eletrônica de potência: aplicações e proteções – capítulos 12, 13, 14, 15, 16 e 17.

Assuntos como circuitos trifásicos, circuitos magnéticos, funções de chaveamento dos conversores, análise transitória CC, análise de Fourier e transformações do sistema de referência são revisados nos apêndices. A eletrônica de potência trata das aplicações da eletrônica de estado sólido para controle e conversão da energia elétrica. As técnicas de conversão exigem o ligar e o desligar de dispositivos semicondutores de potência. Circuitos eletrônicos, que normalmente consistem de circuitos integrados e componentes discretos, geram os sinais necessários para o acionamento dos dispositivos de potência. Circuitos integrados e componentes individuais estão sendo substituídos por microprocessadores e CIs de processamento de sinais.

Um dispositivo de potência ideal não deve ter limitações de acionamento e desligamento em termos de tempo de acionamento, tempo de desligamento, e capacidade de corrente e tensão. A tecnologia de semicondutores de potência está rapidamente desenvolvendo dispositivos de chaveamento rápidos com limites cada vez maiores de corrente e tensão. Os dispositivos de potência para chaveamento, como BJTs e MOSFETs de potência, SITs, IGBTs, MCTs, SITHs, SCRs, TRIACs, GTOs, MTOs, ETOs, IGCTs e outros dispositivos semicondutores, têm encontrado aplicações crescentes em uma ampla gama de produtos.

À medida que a tecnologia evolui e a eletrônica de potência encontra mais aplicações, novos dispositivos de potência com maior capacidade de temperatura e baixas perdas continuam a ser desenvolvidos. Ao longo dos anos, tem havido um enorme desenvolvimento dos dispositivos semicondutores de potência. No entanto, os dispositivos baseados em silício já quase atingiram os seus limites. Por conta da pesquisa e desenvolvimento nos últimos anos, a eletrônica de potência de carbeto de silício (SiC) passou de uma tecnologia de futuro promissor a uma alternativa poderosa para o estado-da-arte da tecnologia de silício (Si) em aplicações de alta eficiência, alta frequência e alta temperatura. A eletrônica de potência SiC tem especificações de tensões mais elevadas, menores quedas de tensão, temperaturas máximas mais altas e maior condutividade térmica. Os dispositivos de potência SiC devem passar por uma evolução nos próximos anos, levando a uma nova era da eletrônica de potência e de suas aplicações.

Com a disponibilidade de dispositivos de chaveamento mais rápidos, as aplicações dos microprocessadores modernos e o processamento digital de sinal na sintetização de estratégia de controle para o comando dos dispositivos de potência a fim de atender as especificações de conversão vêm ampliando o alcance da eletrônica de potência. A revolução da eletrônica de potência ganhou impulso no início da década de 1990. Uma nova era nessa área foi iniciada. Trata-se do início da terceira revolução da eletrônica de potência no processamento de energia renovável e na economia de energia em todo o mundo. Nos próximos 30 anos, a eletrônica de potência moldará e condicionará a energia elétrica em algum lugar entre a sua geração e todos os seus usos. As novas aplicações ainda não foram totalmente exploradas, mas fizemos todos os esforços para cobrir o maior número possível de aplicações neste livro.

Quaisquer comentários e sugestões são bem-vindos, e devem ser enviados ao autor.

Dr. Muhammad H. Rashid
Professor de Engenharia Elétrica e de Computação
University of West Florida
11000 University Parkway
Pensacola, FL 32514–5754
E-mail: mrashid@uwf.edu

SOFTWARE

A versão para estudantes dos programas de computador PSpice Schematics e/ou do Orcad Capture podem ser obtidas ou baixadas (em inglês) em:

Cadence Design Systems, Inc.
2655 Seely Avenue
San Jose, CA 95134

Websites: http://www.cadence.com
http://www.orcad.com
http://www.pspice.com

AGRADECIMENTOS

Muitas contribuíram para esta edição e fizeram sugestões baseadas em suas próprias experiências em sala de aula como professores ou alunos. Eu gostaria de agradecer às seguintes pessoas por seus comentários e sugestões:

Mazen Abdel-Salam, *King Fahd University of Petroleum and Minerals, Arábia Saudita.*
Muhammad Sarwar Ahmad, *Azad Jammu and Kashmir University, Paquistão.*
Eyup Akpnar, *Dokuz Eylül Üniversitesi Mühendislik Fakültesi, BUCA-IZMIR, Turquia.*
Dionysios Aliprantis, *Iowa State University.*
Johnson Asumadu, *Western Michigan University.*
Ashoka K. S. Bhat, *University of Victoria, Canadá.*
Fred Brockhurst, *Rose-Hulman Institution of Technology.*
Jan C. Cochrane, *The University of Melbourne, Austrália.*
Ovidiu Crisan, *University of Houston.*
Joseph M. Crowley, *University of Illinois, Urbana-Champaign.*
Mehrad Ehsani, *Texas A&M University.*
Alexander E. Emanuel, *Worcester Polytechnic Institute.*
Prasad Enjeti, *Texas A&M University.*
George Gela, *Ohio State University.*
Ahteshamul Haque, *Jamia Millia Islamia Univ- Nova Déli, Índia.*
Herman W. Hill, *Ohio University.*
Constantine J. Hatziadoniu, *Southern Illinois University, Carbondale.*
Wahid Hubbi, *New Jersey Institute of Technology.*
Marrija Ilic-Spong, *University of Illinois, Urbana-Champaign*
Kiran Kumar Jain, *J B Institute of Engineering and Technology, Índia.*
Fida Muhammad Khan, *Air University-Islamabad, Paquistão.*
Potitosh Kumar Shaqdu Khan, *Multimedia University, Malásia.*
Shahidul I. Khan, *Concordia University, Canadá.*
Hussein M. Kojabadi, *Sahand University of Technology, Irã.*
Nanda Kumar, *Singapore Institute of Management (SIM) University, Cingapura.*
Peter Lauritzen, *University of Washington.*
Jack Lawler, *University of Tennessee.*
Arthur R. Miles, *North Dakota State University.*
Medhat M. Morcos, *Kansas State University.*
Hassan Moghbelli, *Purdue University Calumet.*
Khan M Nazir, *University of Management and Technology, Paquistão.*
H. Rarnezani-Ferdowsi, *University of Mashhad, Irã.*
Saburo Mastsusaki, *TDK Corporation, Japão.*
Vedula V. Sastry, *Iowa State University.*
Elias G. Strangas, *Michigan State University.*
Hamid A. Toliyat, *Texas A&M University.*
Selwyn Wright, *The University of Huddersfield, Queensgate, Reino Unido.*
S. Yuvarajan, *North Dakota State University.*
Shuhui Li, *University of Alabama.*
Steven Yu, *Belcan Corporation, EUA.*
Toh Chuen Ling, *Universiti Tenaga Nasional, Malásia.*
Vipul G. Patel, *Government Engineering College, Gujarat, Índia.*
L. Venkatesha, *BMS College of Engineering, Bangalore, Índia.*
Haider Zaman, *University of Engineering & Technology (UET), Abbottabad Campus, Paquistão.*
Mostafa F. Shaaban, *Ain-Shams University, Cairo, Egito.*

Foi um grande prazer trabalhar com a editora Alice Dworkin e a equipe de produção, Abinaya Rajendran, e o gerente de produção Irwin Zucker. Finalmente, gostaria de agradecer minha família por seu amor, sua paciência e sua compreensão.

MUHAMMAD H. RASHID
Pensacola, Flórida

Material de apoio do livro

No site www.grupoa.com.br professores podem acessar os seguintes ma-teriais adicionais:

Para professores:
- Apresentações em PowerPoint.
- Manual de soluções (em inglês).

Esse material é de uso exclusivo para professores e está protegido por senha. Para ter acesso a ele, os professores que adotam o livro devem entrar em con-tato através do e-mail divulgacao@grupoa.com.br.

Sobre o autor

Muhammad H. Rashid faz parte do corpo docente da University of West Florida como professor de Engenharia Elétrica e de Computação. Anteriormente, trabalhou na University of Florida como professor e diretor do Programa Conjunto UF/UWF. Rashid formou-se em Engenharia Elétrica pela Bangladesh University of Engineering and Technology, e obteve os graus de mestrado e doutorado pela University of Birmingham, no Reino Unido. Anteriormente, trabalhou como professor de Engenharia Elétrica e como chefe do departamento de Engenharia na Indiana University-Purdue University em Fort Wayne. Também atuou como professor-adjunto visitante de Engenharia Elétrica na University of Connecticut, professor-adjunto de Engenharia Elétrica na Concordia University (Montreal, Canadá), professor de Engenharia Elétrica na Purdue University Calumet e professor visitante de Engenharia Elétrica na King Fahd University of Petroleum and Minerals (Arábia Saudita). Atuou como engenheiro de projeto e desenvolvimento na Brush Electrical Machines Ltd. (Inglaterra, Reino Unido), como engenheiro de pesquisa no Lucas Group Research Centre (Inglaterra, Reino Unido) e como palestrante e chefe do Departamento de Engenharia de Controle do Higher Institute of Electronics (Líbia e Malta).

O dr. Rashid está ativamente envolvido em ensino, pesquisa e palestras sobre eletrônica, eletrônica de potência e ética profissional. Publicou 17 livros listados na Biblioteca do Congresso dos Estados Unidos e mais de 160 artigos técnicos. Duas obras são adotadas em cursos em todo o mundo. O livro *Eletrônica de Potência* tem traduções em espanhol, português, indonésio, coreano, italiano, chinês e persa, e possui também uma edição indiana. Seu livro *Microeletrônica* foi traduzido para o espanhol no México e na Espanha, para o italiano e para o chinês.

Ele tem recebido muitos convites de governos e agências estrangeiros para dar palestras e consultoria; de universidades estrangeiras para atuar como membro externo de bancas examinadoras de graduação, mestrado e doutorado; de agências de financiamento para analisar propostas de pesquisa; e de universidades estrangeiras e dos Estados Unidos para avaliar casos de promoção no magistério. O dr. Rashid trabalhou como funcionário contratado ou consultor no Canadá, na Coreia, no Reino Unido, em Cingapura, em Malta, na Líbia, na Malásia, na Arábia Saudita, no Paquistão e em Bangladesh. Ele viajou por quase todos os Estados Unidos e para muitos países a fim de dar palestras e apresentar trabalhos (Japão, China, Hong Kong, Indonésia, Taiwan, Malásia, Tailândia, Cingapura, Índia, Paquistão, Turquia, Arábia Saudita, Emirados Árabes Unidos, Catar, Líbia, Jordânia, Egito, Marrocos, Malta, Itália, Grécia, Reino Unido, Brasil e México).

Ele é membro Fellow do Instituto de Engenharia e Tecnologia (IET, Reino Unido) e membro Life Fellow do Instituto de Engenheiros Elétricos e Eletrônicos (IEEE, Estados Unidos). Foi eleito membro do IEEE com a citação "liderança no ensino de eletrônica de potência e contribuições para as metodologias de análise e projeto de conversores de potência de estado sólido". Também recebeu o Prêmio Engenheiro do Ano em 1991 do IEEE. Recebeu o Prêmio de Atividade Educacional de 2002 do IEEE (EAB), o Prêmio por Realizações Meritórias em Educação Continuada, com a citação "por contribuições para a concepção e para a execução de educação continuada em eletrônica de potência e simulações com a ajuda de computador". Ele recebeu o Prêmio Ensino de Graduação de 2008 do IEEE com a citação "por sua notável liderança e dedicação para a qualidade do ensino de graduação, motivação dos alunos e publicação de excelentes livros-texto na área de engenharia elétrica".

O dr. Rashid é atualmente um dos avaliadores do programa ABET para engenharia elétrica e de computação, e também para os programas de engenharia (em geral). Ele é o editor das séries *Power Electronics and Applications* e *Nanotechnology and Applications* da CRC Press. Atua como conselheiro editorial da *Electric Power and Energy* para a Elsevier Publishing. Dá palestras e conduz workshops sobre educação voltada para resultados (do inglês *Outcome--Based Education* – OBE) e sua implantação, incluindo avaliações. É conferencista honorário da IEEE Education Society e palestrante regional (anteriormente conferencista honorário) da IEEE Industrial Applications Society. Escreveu também um livro intitulado *The Process of Outcome-Based Education – Implementation, Assessment and Evaluations*.

Capítulo 1

Introdução

Após a conclusão deste capítulo, os estudantes deverão ser capazes de:

- Descrever o que é a eletrônica de potência.
- Enumerar as aplicações da eletrônica de potência.
- Descrever a evolução da eletrônica de potência.
- Enumerar os principais tipos de conversores de potência.
- Enumerar as principais partes de equipamentos de eletrônica de potência.
- Enumerar as características ideais das chaves semicondutoras de potência.
- Enumerar as características e as especificações das chaves semicondutoras de potência práticas.
- Enumerar os tipos de dispositivos semicondutores de potência.
- Descrever as características de controle de dispositivos semicondutores de potência.
- Enumerar os tipos de módulos de potência e os elementos de módulos inteligentes.

Símbolos e seus significados

Símbolo	Significado
f_s, T_s	Frequência e período de uma forma de onda, respectivamente
I_{RMS}	Valor eficaz (rms) de uma forma de onda
I_{CC}, I_{rms}	Componentes CC e rms de uma forma de onda, respectivamente
P_D, P_{ON}, P_{SW}, P_G	Potência total dissipada, potência de condução, potência de comutação, potência do circuito de comando, respectivamente
$t_d, t_r, t_n, t_s, t_f, t_o$	Tempo de atraso, subida, fechamento, armazenamento, descida e desligamento de uma forma de onda de comutação
v_s, v_o	Tensão instantânea de alimentação CA e tensão de saída, respectivamente
V_m	Amplitude de uma tensão de alimentação senoidal CA
V_s	Tensão de alimentação CC
v_g, V_G	Sinal instantâneo e CC de comando de porta/base de um dispositivo, respectivamente
v_G, v_{GS}, v_B	Tensões instantâneas de comando de porta, porta-fonte e base de dispositivos de potência, respectivamente
δ	Ciclo de trabalho ou razão cíclica de um sinal pulsado

1.1 APLICAÇÕES DA ELETRÔNICA DE POTÊNCIA

A demanda por controle de energia elétrica para sistemas de acionamento de máquinas elétricas e controles industriais existe há muitos anos, e isso levou ao desenvolvimento inicial do sistema Ward-Leonard para a obtenção de uma tensão CC variável para o controle de acionamentos de máquinas CC. A eletrônica de potência tem revolucionado o conceito de controle de potência para conversão de energia e para acionamentos de máquinas elétricas.

A eletrônica de potência envolve a potência, a eletrônica e o controle. O controle lida com as características dinâmicas e de regime permanente de sistemas de malha fechada. Já a potência se refere aos equipamentos de potência estáticos e rotativos para geração, transmissão e distribuição de energia elétrica. Por fim, a eletrônica trata de circuitos e dispositivos de estado sólido para processamento de sinal, com o intuito de atender os objetivos de controle desejados. A *eletrônica de potência* pode ser definida como a aplicação da eletrônica de estado sólido para controle e conversão de energia elétrica. Existe mais de um modo de conceituar a eletrônica de potência. Ela também pode ser definida como a arte de converter energia elétrica de uma maneira eficiente, limpa, compacta e arrojada para que a utilização dela satisfaça as eventuais necessidades. O inter-relacionamento da eletrônica de potência com a energia, a eletrônica e o controle é mostrado na Figura 1.1. A seta aponta na direção do fluxo da corrente do anodo (A) para o catodo (K). Ele pode ser ligado com a aplicação de um sinal no terminal porta ou gatilho (G). Na ausência desse sinal, ele geralmente permanece no estado desligado, comporta-se como um circuito aberto e pode suportar uma tensão entre os terminais A e K.

A eletrônica de potência baseia-se principalmente no chaveamento de dispositivos semicondutores de potência. Com a evolução da tecnologia destes, a sua capacidade de potência e velocidade de chaveamento aumentaram muito. O desenvolvimento da tecnologia de microprocessadores e microcomputadores tem grande impacto no controle e na definição da estratégia de controle para os dispositivos semicondutores de potência. Os equipamentos modernos de eletrônica de potência utilizam (1) semicondutores de potência, que podem ser considerados como o músculo, e (2) microeletrônica, que tem o poder e a inteligência de um cérebro.

A eletrônica de potência já encontrou um lugar importante na tecnologia moderna, e é utilizada em uma grande variedade de produtos de alta potência, incluindo controles de aquecimento, de iluminação e de motores, fontes de alimentação, sistemas de propulsão de veículos e de corrente contínua em alta tensão (*high-voltage direct-current* — HVDC). É difícil definir os limites das transmissões flexíveis em CA (*flexible ac transmissions* — FACT) para as aplicações da eletrônica de potência, especialmente com as tendências atuais no desenvolvimento de dispositivos de potência e microprocessadores. A Tabela 1.1 mostra algumas aplicações da eletrônica de potência.[3]

FIGURA 1.1

Relação entre eletrônica de potência e controle, potência e eletrônica.

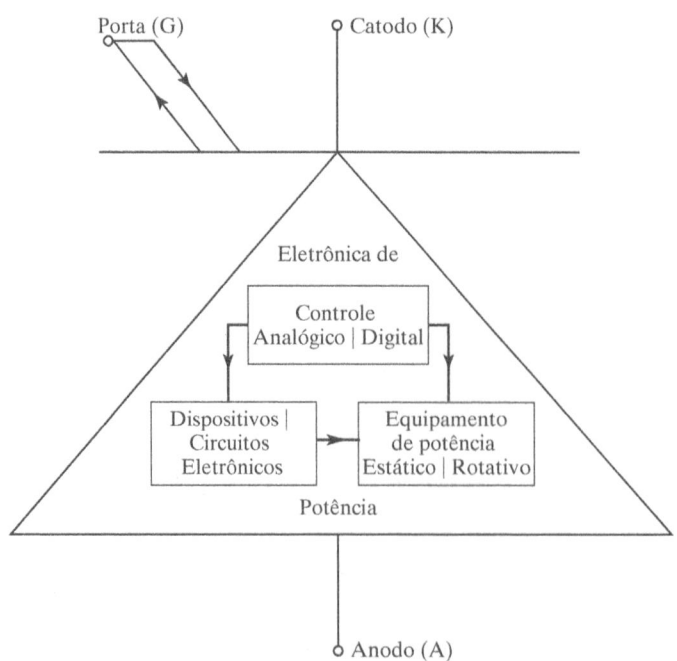

TABELA 1.1
Algumas aplicações da eletrônica de potência.[3]

Aceleradores de partículas	Fornos de cimento
Acionadores de portas de garagem	Fotocópias
Acionadores elétricos de portas	Geradores ultrassônicos
Acionamento de máquinas elétricas	Gravações magnéticas
Alarmes	Gruas e guindastes
Alarmes contra roubo	Ignição eletrônica
Amplificadores de áudio	Iluminação em alta frequência
Amplificadores de RF	Ímãs
Aquecimento indutivo	Impressoras (de publicações)
Aspiradores de pó	Jogos
Bandejas aquecedoras de alimentos	Liquidificadores
Bombas e compressores	Locomotivas
Brinquedos	Máquinas automáticas de venda
Caldeiras	Máquinas de costura
Carregador de bateria	Máquinas de lavar
CC em alta tensão (HVDC)	Máquinas-ferramentas
Circuitos de deflexão de TV	Mineração
Circuitos de TV	Misturadores de alimentos
Cobertores elétricos	Modelos de trens
Compensação de potência reativa (VAR)	Moedores
Computadores	Mostradores (*displays*)
Condicionador de ar	Partida de máquinas síncronas
Contatores de estado sólido	Partida de turbinas a gás
Controladores de iluminação (*dimmers*)	Perfuração de poços de petróleo
Controle das varetas de reatores nucleares	Pisca-pisca
Controles de aquecimento	Piscadores de iluminação
Controles de fornos	Precipitadores eletrostáticos
Controles de motor linear de indução	Processos químicos
Controles de motores	Projetores de filmes
Controles de sinais de trânsito	Publicidade
Controles de temperatura	Reatores de lâmpadas de vapor de mercúrio
Correias transportadoras	Redutores de luz
Disjuntores estáticos	Refrigeradores
Eletrodeposição eletromecânica	Reguladores
Eletrodomésticos	Reguladores de tensão
Eletroímãs	Relés de estado sólido
Elevadores	Relés de travamento
Empilhadeiras	Relés estáticos
Energia renovável, incluindo transmissão, distribuição e armazenamento	Secadores de roupas
Excitratizes de geradores	Secadores elétricos
Fábricas de papel	Siderúrgicas
Ferramentas elétricas manuais	Sistema servo
Fibras sintéticas	Sistemas de segurança

(*Continua*)

(*Continuação*)

Fogão de indução	Soldagem
Fonógrafos	Sopradores e exaustores
Fontes de alimentação	Temporizadores
Fontes de alimentação de laser	Trânsito de massas
Fontes de alimentação de radares/sonares	Transmissores de frequência muito baixa (VLF)
Fontes de alimentação em aviões	Transporte de massa automático
Fontes de alimentação espaciais	Trens
Fontes de alimentação ininterrupta	Veículos elétricos
Fontes de alimentação solares	Ventiladores
Fontes fotográficas	Ventiladores elétricos
Fornos	

1.2 HISTÓRIA DA ELETRÔNICA DE POTÊNCIA

A história da eletrônica de potência começou com o lançamento do retificador a arco de mercúrio em 1900. Em seguida, o retificador de tanque metálico, o retificador a válvula com grade de controle, o ignitron, o fanotron e o tiratron vieram gradualmente a público. Esses dispositivos foram aplicados para controle de potência até a década de 1950.

A primeira revolução eletrônica iniciou-se em 1948 com a invenção do transistor de silício por Bardeen, Brattain e Schokley nos Laboratórios da Bell Telephone. A maioria das tecnologias avançadas da eletrônica de hoje remonta sua origem a essa invenção. A microeletrônica moderna evoluiu ao longo dos anos a partir dos semicondutores de silício. A grande inovação seguinte, em 1956, também veio dos Laboratórios da Bell: a invenção do transistor *PNPN* com disparo, que foi definido como tiristor ou retificador controlado de silício (*silicon-controlled rectifier* — SCR).

A segunda revolução eletrônica iniciou-se em 1958 com o desenvolvimento do tiristor comercial pela General Electric Company. Começava uma nova era da eletrônica de potência. Desde então, muitos tipos diferentes de dispositivo semicondutor de potência e técnica de conversão foram lançados. A revolução da microeletrônica nos permitiu processar uma enorme quantidade de informação a uma velocidade incrível. A revolução da eletrônica de potência nos permite dar forma e controlar grandes quantidades de energia com uma eficiência cada vez maior. Por conta do casamento da eletrônica de potência, o músculo, com a microeletrônica, o cérebro, muitas aplicações da eletrônica de potência estão surgindo, e essa é uma tendência que continuará a existir. Dentro dos próximos 30 anos, a eletrônica de potência dará forma e condicionará a eletricidade em um ponto na rede de transmissão entre a sua geração e todos os seus usuários. Sua revolução ganhou impulso entre o final dos anos 1980 e início da década de 1990.[1] Uma linha do tempo da história da eletrônica de potência é mostrada na Figura 1.2.

Com a crescente demanda por energia em todo o mundo, há uma nova era de energia renovável. A eletrônica de potência é parte da energia renovável para sua transmissão, distribuição e armazenamento. A pesquisa de automóveis eficientes em termos de consumo de energia também levará a um aumento das aplicações e do desenvolvimento da eletrônica de potência.

Ao longo dos anos tem havido um enorme desenvolvimento dos dispositivos semicondutores de potência.[6] No entanto, os dispositivos com base de silício quase atingiram o seu limite. Em virtude da pesquisa e da evolução nos últimos anos, os dispositivos de potência de carbeto de silício (SiC, carboneto de silício) deixaram de ser uma tecnologia com futuro promissor para ser uma alternativa poderosa ao estado da arte da tecnologia de silício (Si) em aplicações de alta eficiência, alta frequência e alta temperatura. Os dispositivos de potência SiC têm especificações de tensão mais altas, menores quedas de tensão, temperaturas máximas mais altas e maior condutividade térmica. Os fabricantes são capazes de desenvolver e processar transistores de alta qualidade a custos que permitem o lançamento de novos produtos em áreas de aplicação nas quais os benefícios da tecnologia SiC podem proporcionar vantagens significativas ao sistema.[11]

Uma nova era na eletrônica de potência foi iniciada.[12] Trata-se do começo da terceira revolução da eletrônica de potência no processamento de energia renovável e na economia de energia em todo o mundo. A expectativa é que ela continue por mais 30 anos.

FIGURA 1.2
História da eletrônica de potência (cortesia do Tennessee Center for Research and Development, um centro afiliado à University of Tennessee).

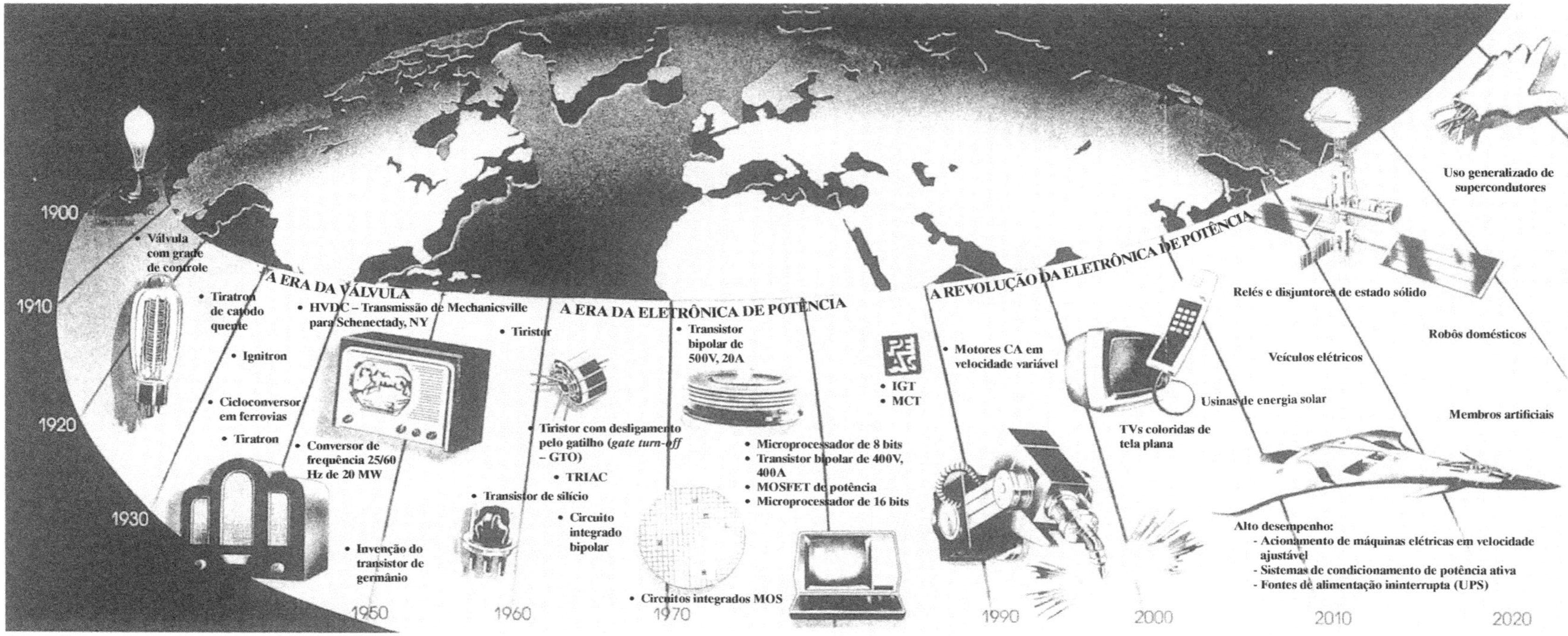

1.3 TIPOS DE CIRCUITO DE ELETRÔNICA DE POTÊNCIA

Para o controle ou condicionamento da energia elétrica, é necessária a conversão da potência elétrica de uma forma para outra, e as características de chaveamento dos dispositivos de potência permitem isso. Os conversores estáticos de potência realizam essas funções de conversão de energia. Um conversor pode ser considerado uma matriz de chaveamento em que uma ou mais chaves são ligadas e conectadas à fonte de alimentação para a obtenção da tensão ou da corrente desejada na saída. Os circuitos de eletrônica de potência podem ser classificados em seis tipos:

1. Retificadores a diodo
2. Conversores CC-CC (*choppers* CC)
3. Conversores CC-CA (inversores)
4. Conversores CA-CC (retificadores controlados)
5. Conversores CA-CA (controladores de tensão CA)
6. Chaves estáticas

Os dispositivos nos conversores a seguir são utilizados apenas para ilustrar os princípios básicos. A ação de chaveamento de um conversor pode ser realizada por mais de um dispositivo. A escolha de um dispositivo específico depende das exigências de tensão, corrente e velocidade do conversor.

Retificadores a diodo. Um circuito retificador a diodo converte uma tensão CA em uma tensão CC fixa, e é apresentado na Figura 1.3. Um diodo conduz quando sua tensão de anodo é maior do que a de catodo, e apresenta uma queda de tensão muito pequena, em termos ideais, zero, mas geralmente em torno de 0,7 V. Um diodo comporta-se como um circuito aberto quando a tensão de catodo é maior do que a tensão de anodo, e oferece uma resistência muito alta, em termos ideais, infinita, mas normalmente de 10 kΩ. A tensão de saída é CC pulsante, porém distorcida, e contém harmônicas. A tensão média de saída pode ser calculada a partir de $V_{o(MED)} = 2 V_m/\pi$. A tensão de entrada v_i pode ser monofásica ou trifásica.

Conversores CC-CC. Um conversor CC-CC também é conhecido como *chopper*, ou *regulador chaveado*. Um conversor CC com transistor é mostrado na Figura 1.4. Quando o transistor Q_1 é ligado pela aplicação da tensão V_{GE} na porta, a tensão de alimentação CC é conectada na carga, e a tensão instantânea de saída é $v_o = +V_s$. Quando o transistor Q_1 é desligado pela remoção da tensão V_{GE} na porta, a tensão CC é desconectada da carga, e a tensão de saída instantânea é $v_o = 0$. A tensão média de saída torna-se $V_{o(MED)} = t_1 V_s/T = \delta V_s$. Portanto, a tensão média de saída pode variar pelo controle do ciclo de trabalho. A tensão média de saída v_o é controlada pela variação do tempo de condução t_1, do transistor Q_1. Se T é o período de operação do conversor, então $t_1 = \delta T$. δ é conhecido como *ciclo de trabalho* ou *razão cíclica* do conversor.

FIGURA 1.3
Circuito de retificador monofásico a diodo.

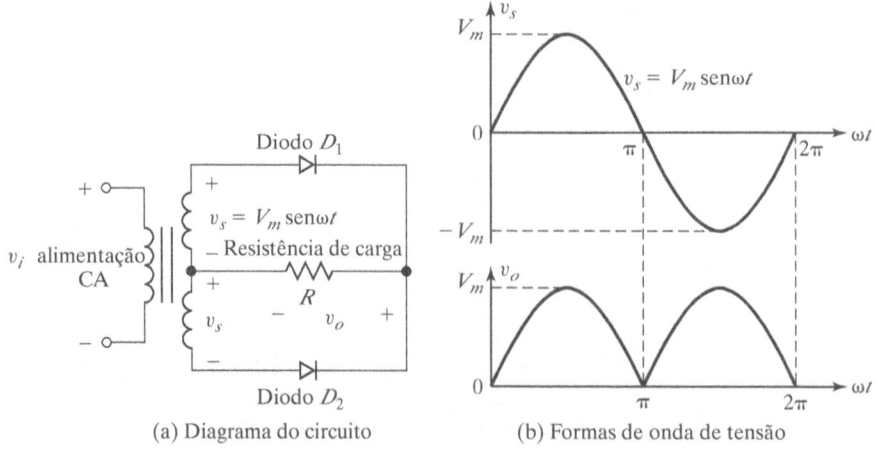

(a) Diagrama do circuito (b) Formas de onda de tensão

FIGURA 1.4
Conversor CC-CC.

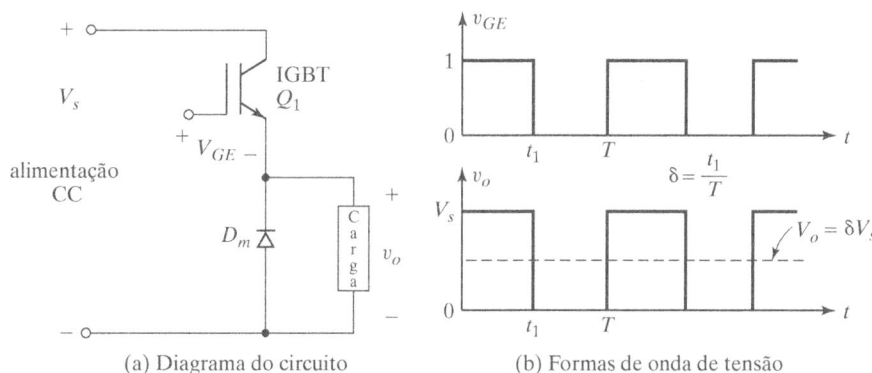

(a) Diagrama do circuito   (b) Formas de onda de tensão

Conversores CC-CA. Um conversor CC-CA é também conhecido como *inversor*. Um inversor monofásico com transistor é mostrado na Figura 1.5. Quando os MOSFETs M_1 e M_2 são ativados pela aplicação de tensões nas suas portas, a tensão de alimentação CC V_s aparece na carga, e a tensão instantânea de saída é $v_o = +V_s$. Do mesmo modo, quando os MOSFETs M_3 e M_4 são ativados pela aplicação de tensões nas suas portas, a tensão de alimentação CC V_s aparece na carga na polaridade oposta, ou seja, a tensão instantânea de saída é $v_o = -V_s$. Se os transistores M_1 e M_2 conduzem pela metade de um período, e M_3 e M_4 conduzem pela outra metade, a tensão de saída tem a forma alternada. O valor rms da tensão de saída torna-se $V_{o(rms)} = V_s$. No entanto, a tensão de saída contém harmônicas que podem ser filtradas antes de alimentar a carga.

Conversores CA-CC. Um conversor monofásico com dois tiristores em comutação natural é mostrado na Figura 1.6. Um tiristor permanece normalmente em estado desligado e pode ser ativado pela aplicação de um pulso de porta (gatilho) de aproximadamente 10V, com a duração de 100 μs. Quando o tiristor T_1 é ligado com um ângulo de atraso $\omega t = \alpha$, a tensão de alimentação aparece na carga. O tiristor T_1 é desligado automaticamente quando sua corrente cai a zero em $\omega t = \pi$. Quando o tiristor T_2 é ativado com um ângulo de atraso $\omega t = \pi + \alpha$, a parte negativa da tensão de alimentação aparece na carga com polaridade positiva. O tiristor T_2 é desligado automaticamente quando sua corrente cai a zero em $\omega t = 2\pi$. A tensão média de saída pode ser encontrada a partir de $V_{o(MED)} = (1 + \cos \alpha)V_m/\pi$.

FIGURA 1.5
Conversor CC-CA monofásico.

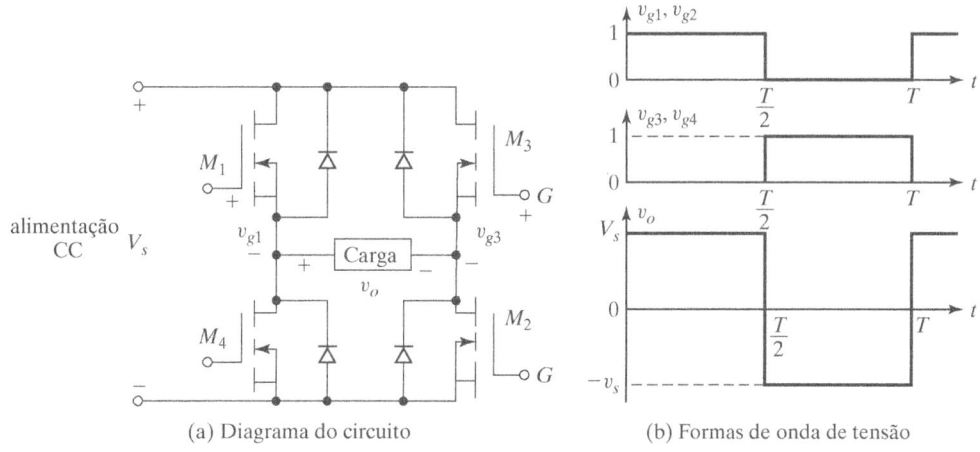

(a) Diagrama do circuito   (b) Formas de onda de tensão

FIGURA 1.6
Conversor CA-CC monofásico.

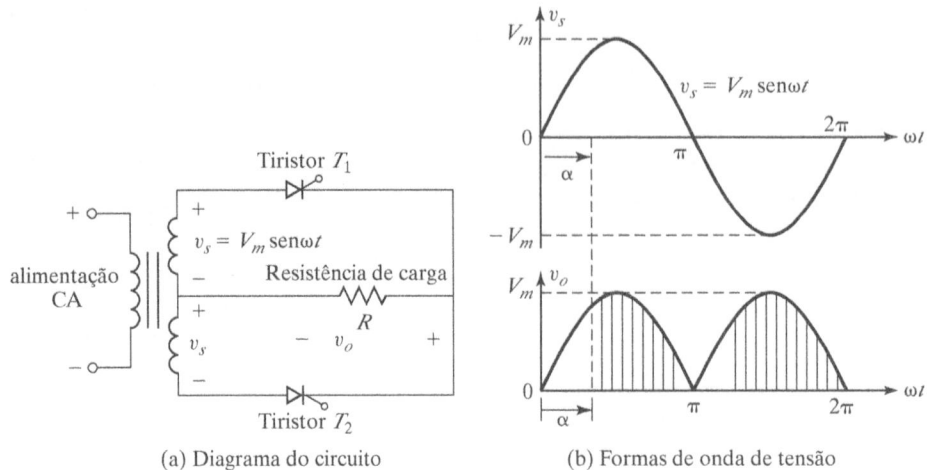

(a) Diagrama do circuito (b) Formas de onda de tensão

Com um ângulo de atraso $\alpha = 0$, esse conversor funciona como o retificador a diodo mostrado na Figura 1.3. O valor médio da tensão de saída v_0 pode ser controlado variando-se o tempo de condução dos tiristores, ou seja, o ângulo de disparo, α. A fonte de entrada pode ser monofásica ou trifásica. Esses conversores são também conhecidos como *retificadores controlados*.

Conversores CA-CA. Esses conversores são utilizados para a obtenção de uma tensão CA variável de saída v_o a partir de uma fonte CA fixa; um conversor monofásico com um TRIAC é mostrado na Figura 1.7. Um TRIAC permite o fluxo de corrente em ambas as direções. Ele pode ser ligado com a aplicação de sinal de comando no gatilho em $\omega t = \alpha$ para um fluxo de corrente no sentido positivo, e também em $\omega t = \pi + \alpha$ para um fluxo de corrente no sentido negativo. A tensão de saída é controlada pela variação do tempo de condução de um TRIAC, ou seja, pelo ângulo de disparo, α. Esses tipos de conversor são também conhecidos como *controladores de tensão CA*.

FIGURA 1.7
Conversor CA-CA monofásico.

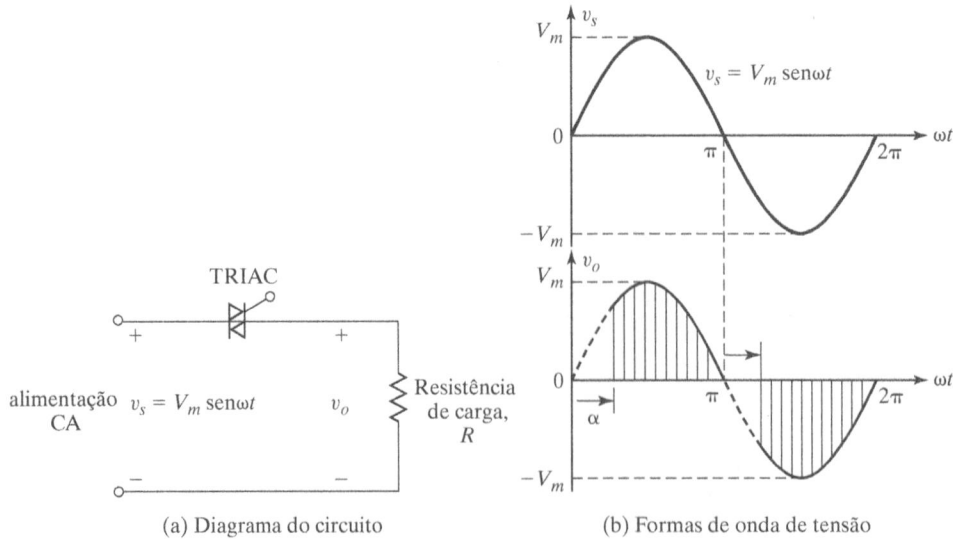

(a) Diagrama do circuito (b) Formas de onda de tensão

Chaves estáticas. Uma vez que os dispositivos de potência podem ser operados como chaves estáticas ou contatores, a alimentação para essas chaves pode ser tanto CA quanto CC, e elas são conhecidas como *chaves estáticas CA* ou *chaves CC*.

Muitas vezes, alguns estágios da conversão estão em cascata para produzir a saída desejada, como mostra a Figura 1.8. A rede 1 fornece a alimentação CA normal para a carga por meio de uma chave estática. O conversor CA-CC carrega a bateria a partir da rede 2. O conversor CC-CA fornece a energia de emergência para a carga por meio de um transformador de isolação. As redes 1 e 2 são normalmente conectadas a mesma fonte de alimentação CA.

As figuras 1.3 a 1.7 ilustram os conceitos fundamentais de diferentes tipos de conversão. A tensão de entrada de um circuito retificador pode ser uma alimentação monofásica ou trifásica. Do mesmo modo, um inversor pode produzir uma tensão CA de saída monofásica ou trifásica. Em função disso, um conversor é passível de ser do tipo monofásico ou trifásico.

A Tabela 1.2 resume os tipos de conversão, suas funções e seus símbolos.[9] Esses conversores são capazes de converter energia de uma forma para outra e de encontrar novas aplicações, como mostra o exemplo da Figura 1.9, na qual a energia obtida em uma pista de dança é usada para iluminação.[10]

FIGURA 1.8
Diagrama de blocos de uma fonte de alimentação ininterrupta (*uninterruptible power supply* — UPS).

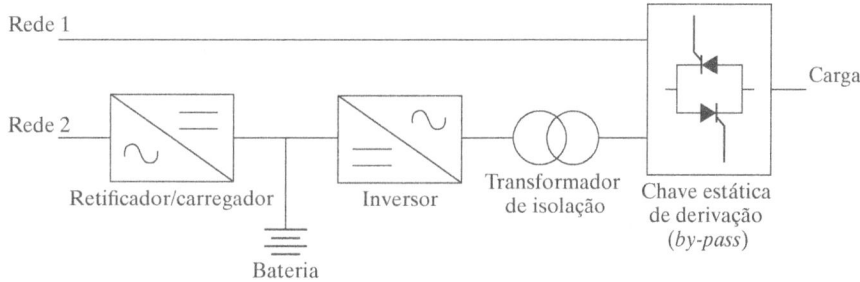

FIGURA 1.9
Modelo equivalente de um sistema de captação de energia em uma pista de dança.[10]

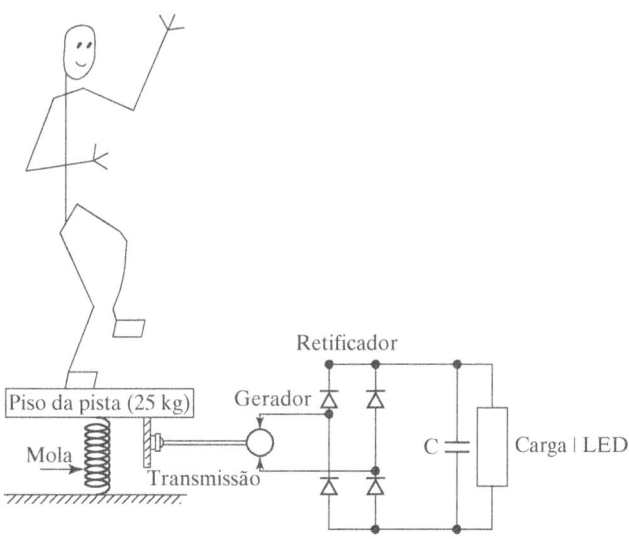

TABELA 1.2

Tipos de conversão e símbolos.

Conversão de/para	Nome do conversor	Função do conversor	Símbolo do conversor
CA para CC	Retificador	CA para CC	
CC para CC	*Chopper*	CC constante para CC variável ou CC variável para CC constante	
CC para CA	Inversor	CC para CA com tensão e frequência desejada de saída	
CA para CA	Controlador de tensão CA, cicloconversor, conversor matricial	CA de frequência e/ou amplitude desejada geralmente a partir da linha de alimentação CA	

1.4 PROJETO DE EQUIPAMENTOS DE ELETRÔNICA DE POTÊNCIA

O projeto de um equipamento de eletrônica de potência pode ser dividido em quatro partes:

1. Projeto dos circuitos de potência
2. Proteção dos dispositivos de potência
3. Determinação da estratégia de controle
4. Projeto dos circuitos lógicos e de comando

Nos capítulos que se seguem, vários tipos de circuito eletrônico de potência são descritos e analisados. Na avaliação, os dispositivos de potência são considerados chaves ideais, salvo indicação em contrário; os efeitos da indutância da dispersão do circuito, de suas resistências e da indutância da fonte são desprezados. Os dispositivos de potência e os circuitos reais diferem dessas condições ideais, o que afeta os projetos dos circuitos. Entretanto, no estágio inicial do projeto, a análise simplificada de um circuito é muito útil para entender o seu funcionamento e estabelecer as características e a estratégia de controle.

Antes de construir um protótipo, o projetista deve investigar os efeitos dos parâmetros do circuito (e as imperfeições dos dispositivos) e modificar o projeto, se necessário. Somente após a construção e o teste de um protótipo é que o projetista pode se sentir confiante quanto à validade do projeto e estimar com maior precisão alguns dos parâmetros do circuito (por exemplo, a indutância da dispersão).

1.5 DETERMINAÇÃO DO VALOR EFICAZ (RMS) DAS FORMAS DE ONDA

Para definir com precisão as perdas em condução em um dispositivo e as especificações de corrente do dispositivo e dos componentes, os valores eficazes (valor médio quadrático ou rms) das formas de onda da corrente devem ser conhecidos. Essas formas de onda raramente são simples senoides ou retângulos, e isso pode trazer alguns problemas para a determinação dos valores rms. O valor rms de uma forma de onda $i(t)$ pode ser calculado como

$$I_{rms} = \sqrt{\frac{1}{T}\int_0^T i^2\,dt} \qquad (1.1)$$

onde T é o período da forma de onda. Se uma forma de onda puder ser decomposta em harmônicas cujos valores rms sejam calculados individualmente, os valores rms da forma de onda real têm como ser aproximados satisfatoriamente pela combinação dos valores rms das harmônicas. Isto é, o valor rms da forma de onda pode ser obtido como

$$I_{rms} = \sqrt{I_{CC}^2 + I_{rms(1)}^2 + I_{rms(2)}^2 + \cdots + I_{rms(n)}^2} \qquad (1.2)$$

onde I_{CC} é a componente CC. $I_{rms(1)}$ e $I_{rms(n)}$ são os valores rms da componente fundamental e da enésima harmônica, respectivamente.

A Figura 1.10 mostra os valores rms de diferentes formas de onda, que são frequentemente encontradas na eletrônica de potência.

1.6 EFEITOS PERIFÉRICOS

As operações dos conversores de potência são baseadas principalmente no chaveamento de dispositivos semicondutores de potência. Como resultado, os conversores introduzem harmônicas de corrente e tensão no sistema de alimentação e na saída dos conversores. Isso pode causar problemas de distorção da tensão de saída, geração de harmônicas no sistema de alimentação e interferências em circuitos de comunicação e sinalização. Normalmente é necessário introduzir filtros na entrada e na saída de um sistema conversor para reduzir o nível de harmônicas a um valor aceitável. A Figura 1.11 mostra o diagrama de blocos de um conversor de potência genérico. A aplicação da eletrônica de potência para alimentar cargas eletrônicas sensíveis propõe um desafio nas questões de qualidade de energia e levanta problemas e preocupações para serem resolvidos pelos pesquisadores. As grandezas de entrada e de saída dos conversores podem ser CC ou CA. Fatores como distorção harmônica total (DHT ou THD, *total harmonic distortion*), fator de deslocamento (FD) e fator de potência (FP) de entrada são medições da qualidade de uma forma de onda. Para determinar esses fatores, é necessário encontrar o conteúdo harmônico das formas de onda. A fim de avaliar o desempenho de um conversor, as tensões e correntes de entrada e de saída são expressas em séries de Fourier. A qualidade de um conversor de potência é julgada por suas formas de onda de tensão e corrente.

A estratégia de controle para os conversores de potência desempenha um papel importante na geração de harmônicas e na distorção da forma de onda de saída, e pode ser definida visando a minimizar ou reduzir esses problemas. Os conversores de potência podem causar interferência em radiofrequência por conta da radiação eletromagnética, e os circuitos de comando, sinais errôneos. Essa interferência pode ser evitada com o *aterramento da blindagem.*

Como mostra a Figura 1.11, o fluxo de energia ocorre da fonte para a saída. As formas de onda em diferentes pontos terminais são distintas na medida em que passam pelo processamento em cada estágio. Deve-se notar que existem dois tipos diversos de forma de onda: uma da potência propriamente dita e outra em baixa intensidade no gerador do sinal de controle. Esses dois níveis de tensão devem ser isolados um do outro, de modo que não ocorra interferência entre eles.

FIGURA 1.10
Valores rms das formas de onda frequentemente encontradas.

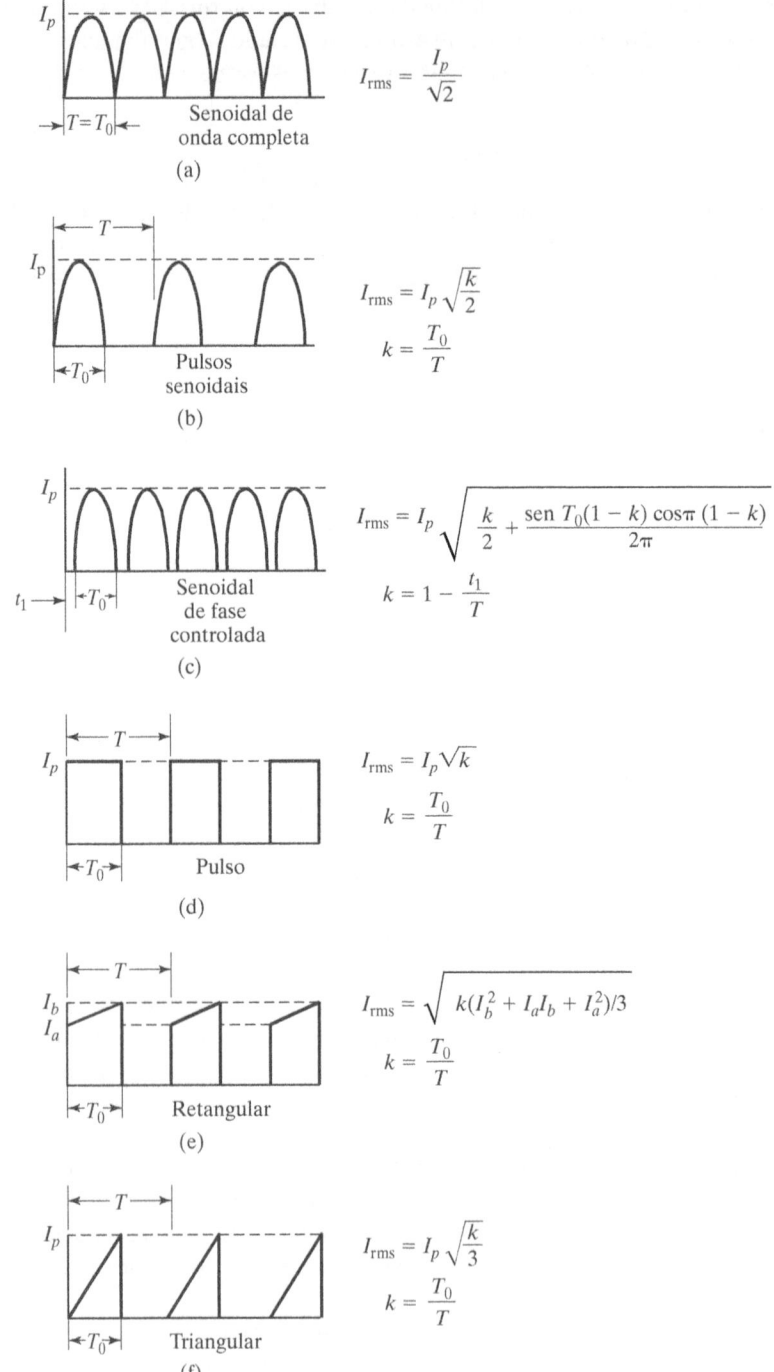

A Figura 1.12 mostra o diagrama de blocos de um conversor de potência típico que inclui isolação, realimentação (retroalimentação ou *feedback*) e sinais de referência.[9] A eletrônica de potência é uma matéria interdisciplinar, e o projeto de um conversor precisa abranger o seguinte:

- Dispositivos semicondutores de potência, incluindo suas características físicas, exigências de comando e sua proteção para a utilização ideal de seus recursos.

- Topologias dos conversores de potência para a obtenção da saída desejada.
- Estratégias de controle dos conversores para a obtenção da saída desejada.
- Eletrônica digital, analógica e microeletrônica para a implementação das estratégias de controle.
- Elementos capacitivos e magnéticos para armazenagem de energia e filtragem.
- Modelagem dos dispositivos estáticos e rotativos de carga elétrica.
- Garantia da qualidade das formas de onda geradas e um alto fator de potência.
- Minimização de interferência de radiofrequência e eletromagnética (EMI).
- Otimização de custos, pesos e eficiência energética.

FIGURA 1.11
Sistema conversor de potência genérico.

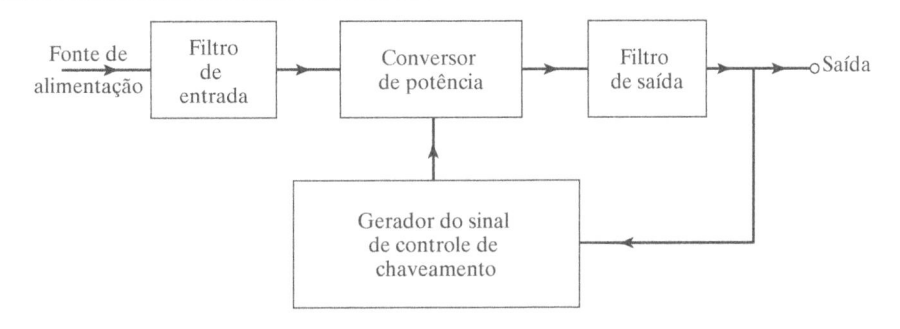

FIGURA 1.12
Diagrama de blocos de um conversor eletrônico de potência típico.[9]

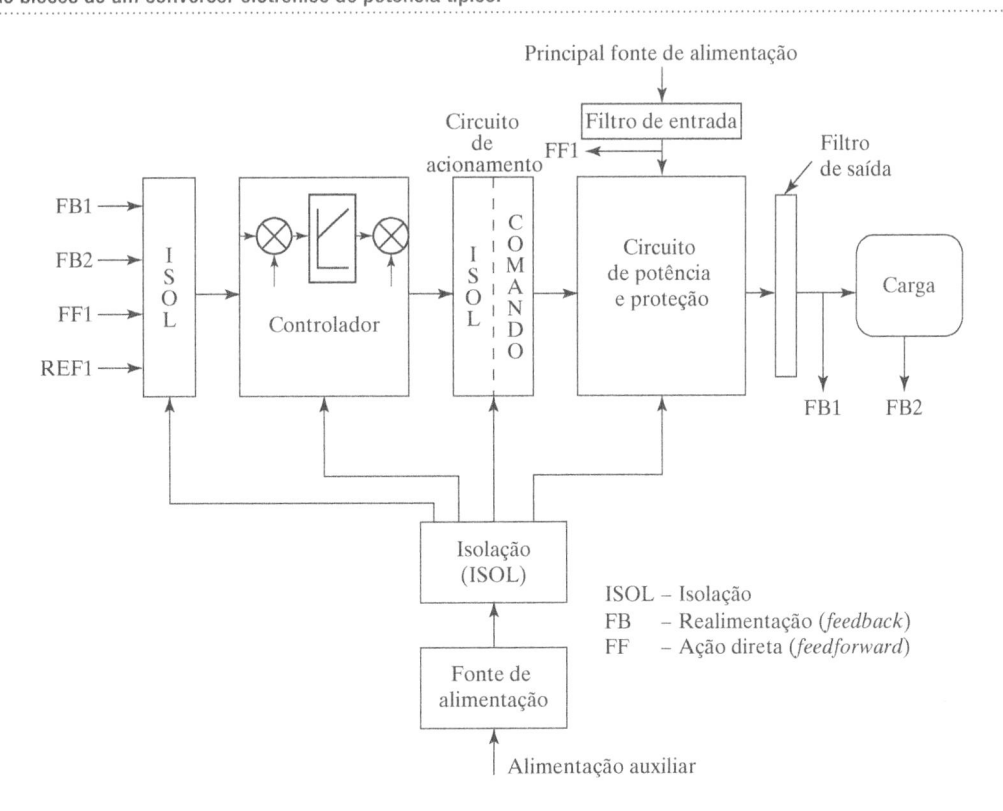

ISOL – Isolação
FB – Realimentação (*feedback*)
FF – Ação direta (*feedforward*)

1.7 CARACTERÍSTICAS E ESPECIFICAÇÕES DAS CHAVES

Existem muitos tipos de chave semicondutora de potência. Cada dispositivo, porém, tem suas vantagens e desvantagens, e é adequado para aplicações específicas. A motivação por trás do desenvolvimento de qualquer dispositivo novo é igualar os atributos de um "superdispositivo". Portanto, os aspectos de qualquer dispositivo real podem ser comparados e avaliados com referência às características ideais de um superdispositivo.

1.7.1 Características ideais

As características de uma chave ideal são as seguintes:

1. No estado "ligado", quando a chave está fechada, ela deve ter (a) a capacidade de transportar uma grande corrente direta I_F, tendendo a infinito; (b) uma baixa queda de tensão direta V_{ON}, tendendo a zero; e (c) uma baixa resistência de condução R_{ON}, tendendo a zero. Uma baixa R_{ON} proporciona pouca perda de potência no estado ligado P_{ON}. Esses símbolos normalmente se referem a condições CC em regime permanente.

2. No estado "desligado", quando a chave está aberta, ela deve ter (a) a capacidade de suportar uma alta tensão direta ou reversa V_{BR}, tendendo a infinito; (b) uma baixa corrente de fuga no estado desligado I_{OFF}, tendendo a zero; e (c) uma alta resistência R_{OFF}, tendendo a infinito. Uma R_{OFF} elevada proporciona pouca perda de potência no estado desligado P_{OFF}. Esses símbolos normalmente se referem a condições CC em regime permanente.

3. Durante o processo de comutação, ela deve ser completamente ligada e desligada instantaneamente para que o dispositivo possa ser operado em altas frequências. Assim, ela deve ter (a) um baixo tempo de atraso t_d, tendendo a zero; (b) um baixo tempo de subida t_r, tendendo a zero; (c) um baixo tempo de armazenamento t_s, tendendo a zero; e (d) um baixo tempo de descida t_f, tendendo a zero.

4. Para ligar e desligar, ela deve requerer (a) uma baixa potência do sinal de comando P_G, tendendo a zero; (b) uma baixa tensão de comando V_G, tendendo a zero; e (c) uma baixa corrente de comando I_G, tendendo a zero.

5. Tanto o fechamento quanto a abertura devem ser controláveis. Assim, ela deve ligar com um sinal de comando (por exemplo, positivo) e desligar com outro sinal de comando (por exemplo, zero ou negativo).

6. Para ligar e desligar, ela deve requerer apenas um sinal de pulso, ou seja, um pequeno pulso com largura t_w muito pequena, tendendo a zero.

7. Ela deve ter uma dv/dt elevada, tendendo a infinito, isto é, a chave deve ser capaz de lidar com mudanças rápidas na tensão sobre ela.

8. Ela deve ter uma di/dt elevada, tendendo a infinito, isto é, a chave deve ser capaz de lidar com uma subida rápida da corrente que passa por ela.

9. Ela deve requerer uma impedância térmica muito baixa desde a junção interna até o ambiente R_{IA}, tendendo a zero, de modo que ela possa transmitir calor para o ambiente facilmente.

10. A capacidade de suportar qualquer corrente de falha por um longo tempo é necessária; isto é, ela deve ter um valor elevado de i^2t, tendendo a infinito.

11. Há necessidade de coeficiente de temperatura negativo sobre a corrente conduzida para resultar em uma divisão de corrente perfeita quando os dispositivos são operados em paralelo.

12. O preço baixo é uma consideração muito importante para a redução do custo do equipamento de eletrônica de potência.

1.7.2 Características de dispositivos práticos

Durante o processo de fechamento e abertura, uma chave semicondutora prática, apresentada na Figura 1.13a, requer tempos finitos de atraso (t_d), de subida (t_r), de armazenamento (t_s) e de descida (t_f). À medida que a corrente i_{sw} no dispositivo aumenta durante o fechamento, a tensão sobre o dispositivo v_{sw} cai; à medida que a corrente no dispositivo cai durante a abertura, a tensão sobre o dispositivo aumenta. As formas de ondas típicas da tensão v_{sw} e da corrente i_{sw} do dispositivo são mostradas na Figura 1.13b. O tempo de fechamento (t_{on}) de um dispositivo é a soma do tempo de atraso e de subida, enquanto o tempo de abertura (t_{off}) de um dispositivo é a soma do tempo de armazenamento e de descida. Diferentemente de uma chave ideal, sem perdas, uma chave semicondutora prática dissipa alguma energia na condução e na comutação. A queda de tensão em um dispositivo de potência em condução é pelo menos da ordem de 1 V, mas muitas vezes pode ser maior, chegando a vários volts. O objetivo de qualquer dispositivo novo é melhorar as limitações impostas pelos parâmetros de comutação.

A perda de potência média na condução P_{ON} é dada por:

$$P_{ON} = \frac{1}{T_s} \int_0^{t_n} p\,dt \qquad (1.3)$$

onde T_s indica o período de chaveamento, t_n o tempo de condução e p é a perda instantânea de potência (isto é, o produto da queda de tensão v_{sw} na chave pela corrente conduzida i_{sw}). As perdas de potência aumentam durante o fechamento e a abertura da chave porque, na transição de um estado de condução para outro, tanto a tensão quanto a corrente têm valores significativos. A perda de potência resultante da comutação P_{SW} durante os períodos de fechamento e abertura é dada por

$$P_{SW} = f_s \left(\int_0^{t_d} p\,dt + \int_0^{t_r} p\,dt + \int_0^{t_s} p\,dt + \int_0^{t_f} p\,dt \right) \qquad (1.4)$$

onde $f_s = 1/T_s$ é a frequência de chaveamento; t_d, t_r, t_s e t_f são os tempos de atraso, de subida, de armazenamento e de descida, respectivamente. Portanto, a dissipação de energia de chave semicondutora é dada por:

$$P_D = P_{ON} + P_{SW} + P_G \qquad (1.5)$$

FIGURA 1.13
Formas de ondas típicas de tensões e correntes de um dispositivo.

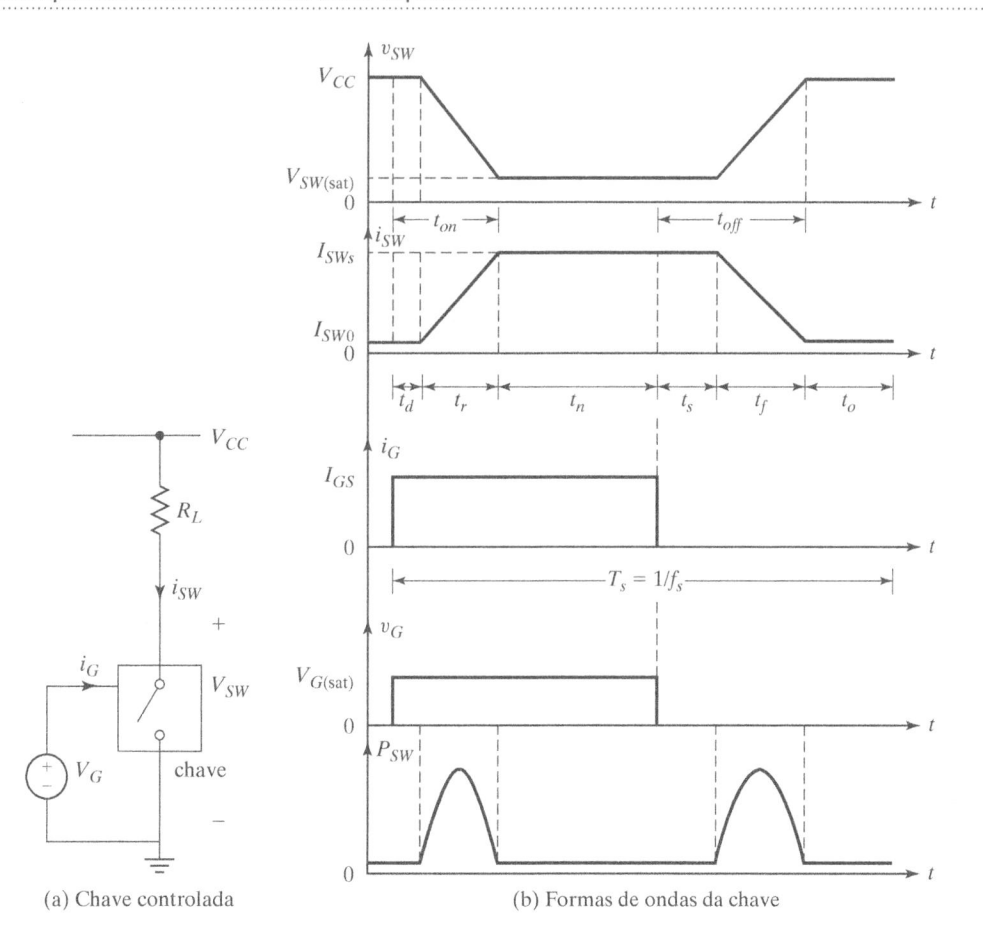

(a) Chave controlada

(b) Formas de ondas da chave

onde P_G é a potência de acionamento. As perdas de potência em condução P_{ON} e de acionamento P_G são geralmente baixas quando comparadas com a perda de comutação P_{SW} durante o tempo de transição em que uma chave está no processo de ligar ou desligar. A perda de potência de acionamento P_G pode ser desprezada para todos os efeitos práticos ao cálculo da perda total P_D. A quantidade total de energia perdida, que é o produto de P_D pela frequência de chaveamento f_s, pode ter um valor significativo se a chave operar em uma alta frequência, na faixa de kHz.

1.7.3 Especificações da chave de potência

As características de dispositivos semicondutores práticos diferem das de um dispositivo ideal. Os fabricantes fornecem folhas de dados (*data sheets*), que descrevem os parâmetros e capacidades do dispositivo. Existem muitos parâmetros que são importantes para os dispositivos. Os mais relevantes são os seguintes:

Especificações de tensão: tensões de pico repetitivas diretas e reversas, e queda de tensão direta no estado ligado.
Especificações de corrente: correntes médias, eficazes (rms), de pico repetitivo, de pico não repetitivo e de fuga no estado desligado.
Velocidade ou frequência de chaveamento: a transição de um estado totalmente não condutor para condutor (fechamento) e de um estado totalmente condutor para não condutor (abertura) são parâmetros muito importantes. O período T_s e a frequência de chaveamento f_s são dados por

$$f_s = \frac{1}{T_s} = \frac{1}{t_d + t_r + t_n + t_s + t_f + t_o} \tag{1.6}$$

onde t_o é o tempo em que a chave permanece desligada. O tempo envolvido no processo de comutação de uma chave prática, como mostra a Figura 1.13b, limita a máxima frequência de chaveamento. Por exemplo, se $t_d = t_r = t_n = t_s = t_f = t_o = 1$ μs, $T_s = 6$ μs e a máxima frequência permitida é $f_{S(máx)} = 1/T_s = 166,67$ kHz.

Capacidade de di/dt: o dispositivo necessita de um tempo mínimo para que toda a sua superfície de condução transporte a corrente total. Se a corrente aumenta rapidamente, o seu fluxo pode ficar concentrado em uma determinada área e danificar o dispositivo. A *di/dt* da corrente através do dispositivo é normalmente limitada pela conexão de um pequeno indutor em série, conhecido como *amortecedor (snubber) série*.
Capacidade de dv/dt: um dispositivo semicondutor tem uma capacitância de junção interna C_J. Se a tensão na chave muda rapidamente durante o fechamento e a abertura, e também ao conectar a fonte principal de alimentação, a corrente inicial, a corrente $C_J \, dv/dt$ que passa por C_J pode ser muito alta, causando danos no dispositivo. A *dv/dt* sobre o dispositivo é limitada pela conexão de um circuito *RC* em paralelo, conhecido como *amortecedor de derivação* (*shunt*), ou simplesmente *amortecedor*.
Perdas na comutação: durante o fechamento, a corrente direta aumenta antes de a tensão direta cair, e, durante a abertura, a tensão direta aumenta antes de a corrente cair. A existência simultânea de tensão e corrente altas no dispositivo representa perdas de potência, como mostra a Figura 1.13. Por causa de sua repetitividade, elas respondem por uma parte significativa das perdas e, muitas vezes, superam as perdas de condução.
Requisitos de acionamento: a tensão e a corrente de acionamento são parâmetros fundamentais para ligar e desligar um dispositivo. A potência do circuito de acionamento e a exigência de energia são partes muito importantes das perdas e do custo total do equipamento. Com a exigência de pulsos grandes e longos de corrente para as comutações do dispositivo, as perdas do comando de porta podem ser significativas em relação às totais, e o custo do circuito de comando talvez seja maior do que o do próprio dispositivo.
Área de operação segura (SOA): a quantidade de calor gerada no dispositivo é proporcional à perda de potência, ou seja, ao produto tensão-corrente. Para esse produto $P = vi$ ser constante e igual ao máximo valor permitido, a corrente deve ser inversamente proporcional à tensão. Isso estabelece o limite SOA dos pontos possíveis de operação em regime permanente nas coordenadas de tensão-corrente.
I^2t para proteção com fusível: esse parâmetro é necessário para a seleção do fusível. O I^2t do dispositivo deve ser menor do que o do fusível para que o dispositivo fique protegido em condições de corrente de falha.
Temperaturas: temperaturas máximas admissíveis na junção, no encapsulamento (invólucro) e de armazenamento, geralmente entre 150 °C e 200 °C para a junção e o encapsulamento, e entre –50 °C e 175 °C para o armazenamento.
Resistência térmica: resistência térmica da junção até o encapsulamento, Q_{JC}; resistência térmica do encapsulamento até o dissipador, Q_{CS}; e resistência térmica do dissipador até o ambiente, Q_{SA}. A dissipação de energia

precisa ser rapidamente removida do material interno através do encapsulamento e, finalmente, para o meio de arrefecimento. O tamanho dos semicondutores das chaves de potência é pequeno, não excedendo 150 mm, e a capacidade térmica de um dispositivo discreto é muito baixa para remover com segurança o calor gerado pelas perdas internas. Os dispositivos de potência são geralmente montados sobre dissipadores de calor. Assim, a remoção do calor representa uma parcela elevada do custo do equipamento.

1.8 DISPOSITIVOS SEMICONDUTORES DE POTÊNCIA

Desde que o primeiro tiristor SCR foi desenvolvido no final de 1957, ocorreram grandes avanços nos dispositivos semicondutores de potência. Até 1970, os tiristores convencionais eram usados exclusivamente para controle de potência em aplicações industriais. A partir dessa época, vários tipos de dispositivo semicondutor de potência foram desenvolvidos e passaram a ser vendidos no mercado. A Figura 1.14 mostra a classificação dos semicondutores de potência, que são feitos de silício ou de carbeto de silício. No entanto, os dispositivos em carbeto de silício ainda estão em aprimoramento. A maioria dos dispositivos é feita de silício. Esses dispositivos podem ser divididos genericamente em três tipos: (1) diodos de potência, (2) transistores e (3) tiristores. Eles podem, ainda, ser subdivididos genericamente em cinco tipos: (1) diodos de potência, (2) tiristores, (3) transistores de junção bipolar (*bipolar*

FIGURA 1.14
Classificação dos semicondutores de potência.[2]

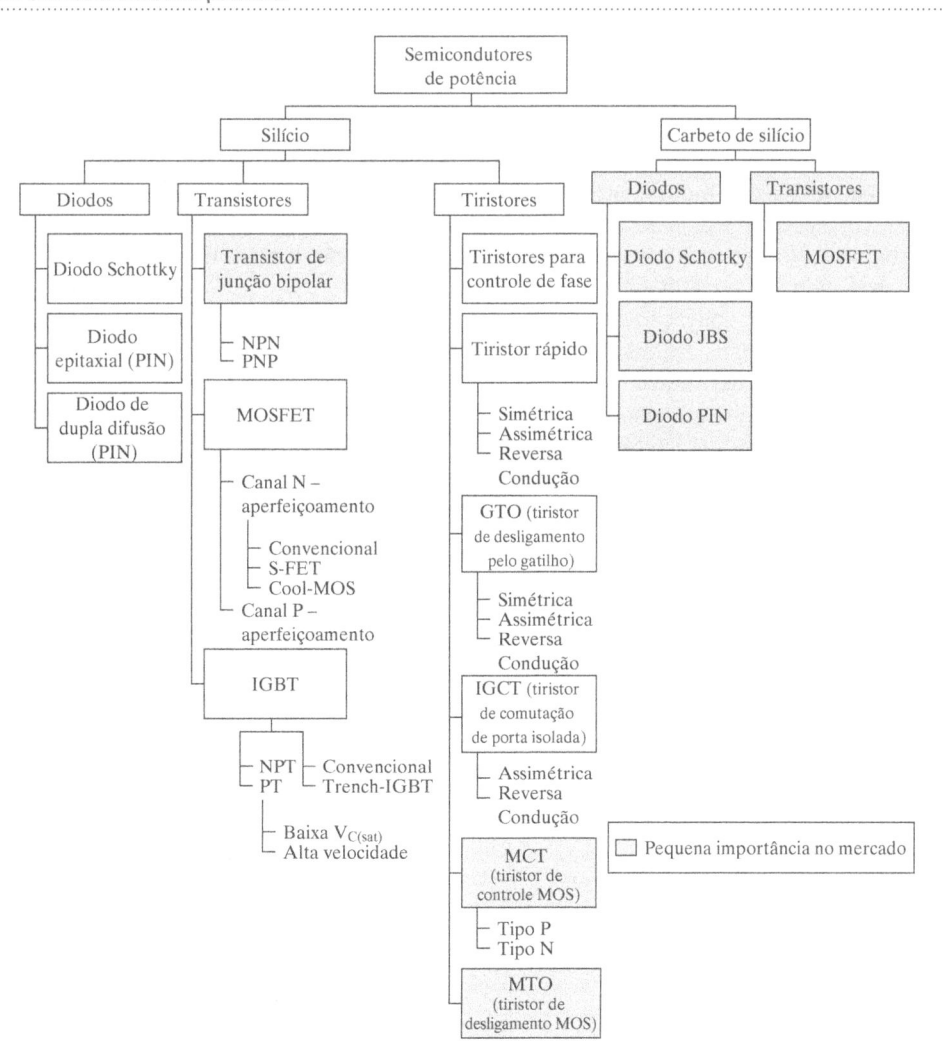

junction transistors — BJTs), (4) transistores semicondutores de efeito de campo de óxido metálico (*metal oxide semiconductor field-effect transistor* — MOSFETs) e (5) transistores bipolares de porta isolada (*insulated-gate bipolar transistors* — IGBTs) e transistores de indução estática (*static induction transistors* — SITs).

Inicialmente os dispositivos eram feitos de materiais de silício, e os novos são compostos de carbeto de silício. Os diodos são feitos com apenas uma junção *pn*, enquanto os transistores possuem duas junções *pn* e os tiristores têm três junções *pn*. À medida que a tecnologia avança e a eletrônica de potência descobre mais aplicações, novos dispositivos de potência com maior capacidade de temperatura e baixas perdas ainda são desenvolvidos.

Os elétrons de carbeto de silício precisam de quase três vezes mais energia para alcançar a banda de condução em comparação com o silício. Em função disso, os dispositivos com base em SiC suportam temperaturas e tensões muito superiores às de seus equivalentes em silício. Um dispositivo com base em SiC pode ter as mesmas dimensões de um dispositivo de silício, mas suportar uma tensão 10 vezes maior. Ou, então, um dispositivo de SiC pode ter menos de um décimo da espessura de um dispositivo de silício, mas apresentar a mesma especificação de tensão. Esses dispositivos mais finos são mais rápidos e apresentam menor resistência, o que significa que menos energia é perdida como calor quando um diodo ou transistor de carbeto de silício conduz eletricidade.

A pesquisa e o desenvolvimento levou à caracterização dos MOSFETs de potência 4H-SiC para bloqueio de tensões de até 10 kV a 10 A.[13,14] Quando comparados com um IGBT de Si estado da arte de 6,5 kV, os MOSFETs SiC de 10 kV têm um desempenho melhor.[12] Um IGBT canal N de 13 kV 4H-SiC com baixa resistência de condução e com comutação rápida também foi relatado.[14] Esses IGBTs[7,15] exibem forte modulação de condutividade na camada *drift* e uma melhoria significativa na resistência de condução em comparação com o MOSFET de 10 kV. Os dispositivos de potência SiC devem passar por uma evolução nos próximos anos, levando a uma nova era da eletrônica de potência e suas aplicações.

A Figura 1.15 mostra a faixa de potência dos semicondutores de potência disponíveis comercialmente. Os valores nominais dos dispositivos semicondutores de potência disponíveis no mercado são indicados na Tabela 1.3, onde a resistência de condução pode ser determinada a partir da queda de tensão do dispositivo na corrente especificada. A Tabela 1.4 apresenta os símbolos e as características *v-i* dos dispositivos semicondutores de potência comumente usados. Os semicondutores de potência são divididos em três tipos: diodos, tiristores e transistores. Um diodo em condução oferece uma resistência muito pequena quando a tensão no anodo é maior do que a tensão no catodo, e uma corrente passa através dele. Um tiristor é ligado em geral pela aplicação de um pulso de curta duração, normalmente de 100 μs. Um tiristor oferece uma baixa resistência de condução, enquanto se comporta como um circuito aberto no estado desligado e mostra uma resistência muito alta.

Um transistor é ligado pela aplicação de uma tensão na porta. Enquanto essa tensão é mantida, o transistor permanece ligado, e ele muda para o estado desligado se a tensão na porta for removida. A tensão coletor-emissor de um transistor bipolar (BJT) depende de sua corrente de base. Assim, uma quantidade significativa pode ser necessária para levar uma chave BJT à região de saturação de baixa resistência. Por outro lado, a tensão dreno-fonte de um transistor do tipo MOS (semicondutor de óxido metálico) depende de sua tensão de porta, e sua corrente nela é insignificante. Como resultado, um MOSFET não requer nenhuma corrente na porta, e a potência desta para levar uma chave MOSFET à região de saturação de baixa resistência é desprezável. Um dispositivo semicondutor de potência com um controle de porta tipo MOS é preferível, e o desenvolvimento da tecnologia de dispositivos de potência está avançando nesse sentido.

A Figura 1.16 mostra as aplicações e a faixa de frequência dos dispositivos de potência. As faixas dos dispositivos de potência estão melhorando continuamente, e, portanto, deve-se verificar o que há disponível no mercado. Um superdispositivo de potência deve (1) ter tensão zero quando em condução, (2) suportar uma tensão infinita quando desligado, (3) lidar com uma corrente infinita e (4) ligar e desligar em tempo zero, tendo, assim, uma velocidade de chaveamento infinita.

Com o desenvolvimento de dispositivos de potência à base de SiC, o tempo de chaveamento e a resistência de condução podem ser significativamente reduzidos, enquanto a faixa de tensão do dispositivo aumentaria em quase 10 vezes. Em função disso, há uma expectativa de mudança nas aplicações dos dispositivos de potência da Figura 1.16.

1.9 CARACTERÍSTICAS DE CONTROLE DOS DISPOSITIVOS DE POTÊNCIA

Os dispositivos semicondutores de potência podem ser operados como chaves, aplicando-se sinais de controle nos terminais de porta ou gatilho dos tiristores (e na base dos transistores bipolares). A saída

FIGURA 1.15
Faixa de potência dos semicondutores de energia disponíveis comercialmente.[2]

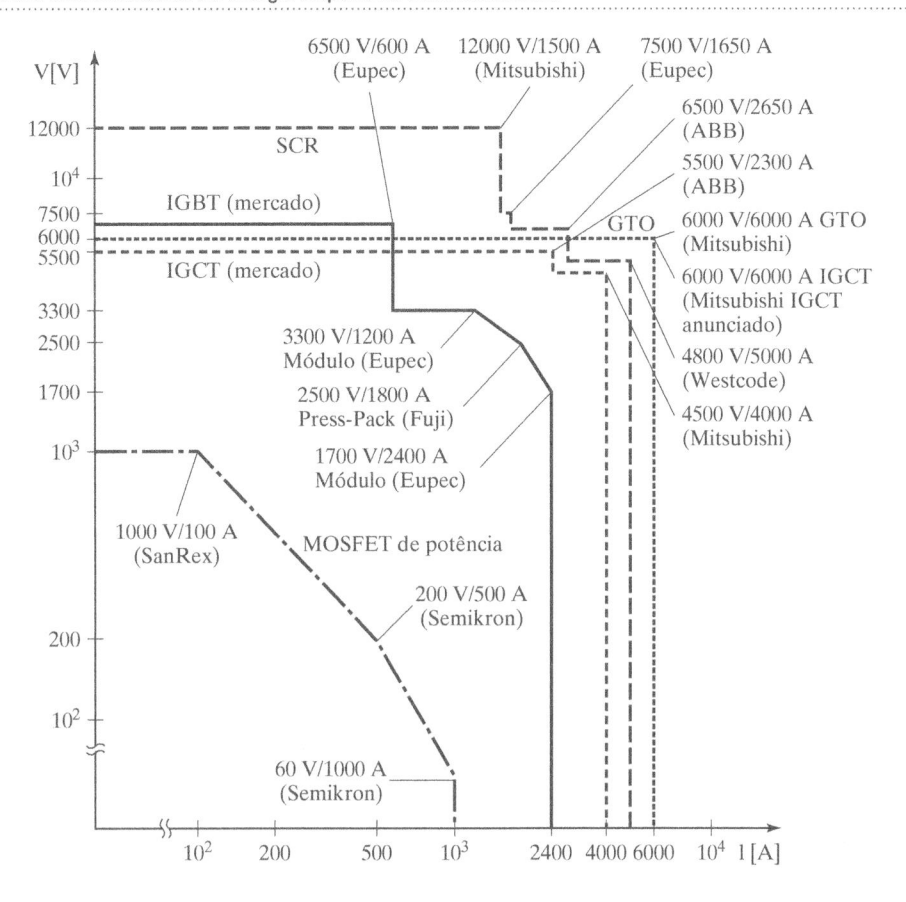

TABELA 1.3
Valores nominais dos dispositivos semicondutores de potência.

Tipo de dispositivo	Dispositivo		Especificação de tensão/corrente	Frequência máxima (Hz)	Tempo de chaveamento (µs)	Resistência em condução (Ω)
Diodos de potência	Diodos de potência	Uso geral	4000 V/4500 A	1 k	50–100	0,32 m
			6000 V/3500 A	1 k	50–100	0,6 m
			600 V/9570 A	1 k	50–100	0,1 m
			2800 V/1700 A	20 k	5–10	0,4 m
		Alta velocidade	4500 V/1950 A	20 k	5–10	1,2 m
			6000 V/1100 A	20 k	5–10	1,96 m
			600 V/17 A	30 k	0,2	0,14
		Schottky	150 V/80 A	30 k	0,2	8,63 m
Transistores de potência	Transistores bipolares	Discreto	400 V/250 A	25 k	9	4 m
			400 V/40 A	30 k	6	31 m
			630 V/50 A	35 k	2	15 m
		Darlington	1200 V/400 A	20 k	30	10 m
	MOSFETs	Discreto	800 V/7,5 A	100 k	1,6	1
	COOLMOS	Discreto	800 V/7,8 A	125 k	2	1,2 m
			600 V/40 A	125 k	1	0,12 m
			1000 V/6,1 A	125 k	1,5	2

(*Continua*)

(*Continuação*)

Transistores de potência	IGBTs	Discreto	2500 V/2400 A	100 k	5–10	2,3 m
			1200 V/52 A	100 k	5–10	0,13
			1200 V/25 A	100 k	5–10	0,14
			1200 V/80 A	100 k	5–10	44 m
			1800 V/2200 A	100 k	5–10	1,76 m
	SITs		1200 V/300 A	100 k	0,5	1,2
Tiristores (retificadores controlados de silício)	Tiristores de controle de fase	Baixa velocidade comutado pela linha	6500 V/4200 A	60	100–400	0,58 m
			2800 V/1500 A	60	100–400	0,72 m
			5000 V/4600 A	60	100–400	0,48 m
			5000 V/3600 A	60	100–400	0,50 m
			5000 V/5000 A	60	100–400	0,45 m
	Tiristores com desligamento forçado	Alta velocidade de bloqueio reverso	2800 V/1850 A	20 k	20–100	0,87 m
			1800 V/2100 A	20 k	20–100	0,78 m
			4500 V/3000 A	20 k	20–100	0,5 m
			6000 V/2300 A	20 k	20–100	0,52 m
			4500 V/3700 A	20 k	20–100	0,53 m
		Bidirecional	4200 V/1920 A	20 k	20–100	0,77 m
		RCT	2500 V/1000 A	20 k	20–100	2,1 m
		GATT	1200 V/400 A	20 k	10–50	2,2 m
		Disparado por luz	6000 V/1500 A	400	200–400	0,53 m
	Tiristores autocomutados	GTO	4500 V/4000 A	10 k	50–110	1,07 m
		HD-GTO	4500 V/3000 A	10 k	50–110	1,07 m
		Pulso GTO	5000 V/4600 A	10 k	50–110	0,48 m
		SITH	4000 V/2200 A	20 k	5–10	5,6 m
		MTO	4500 V/500 A	5 k	80–110	10,2 m
		ETO	4500 V/4000 A	5 k	80–110	0,5 m
		IGCT	4500 V/3000 A	5 k	80–110	0,8 m
	TRIACs	Bidirecional	1200 V/300 A	400	200–400	3,6 m
	MCTs	Discreto	4500 V/250 A	5 k	50–110	10,4 m
			1400 V/65 A	5 k	50–110	28 m

TABELA 1.4
Características e símbolos de alguns dispositivos de potência.

Dispositivos	Símbolos	Características	
Diodo	A —▷|— K, I_D, $+ V_{AK} -$	I_D vs V_{AK}	Diodo
Tiristor	I_A, A —▷|— K com G, $+ V_{AK} -$	I_A Disparado pelo gatilho, V_{AK}	
SITH	G, A —▷|— K		
GTO	I_A, A —▷|— K com G, $+ V_{AK} -$	I_A Disparado pelo gatilho, V_{AK}	
MCT	A —◦ ◦— K com G		
MTO	Catodo, Gatilho ligar, Gatilho desligar, Anodo		Tiristores

(*Continua*)

Capítulo 1 – Introdução 21

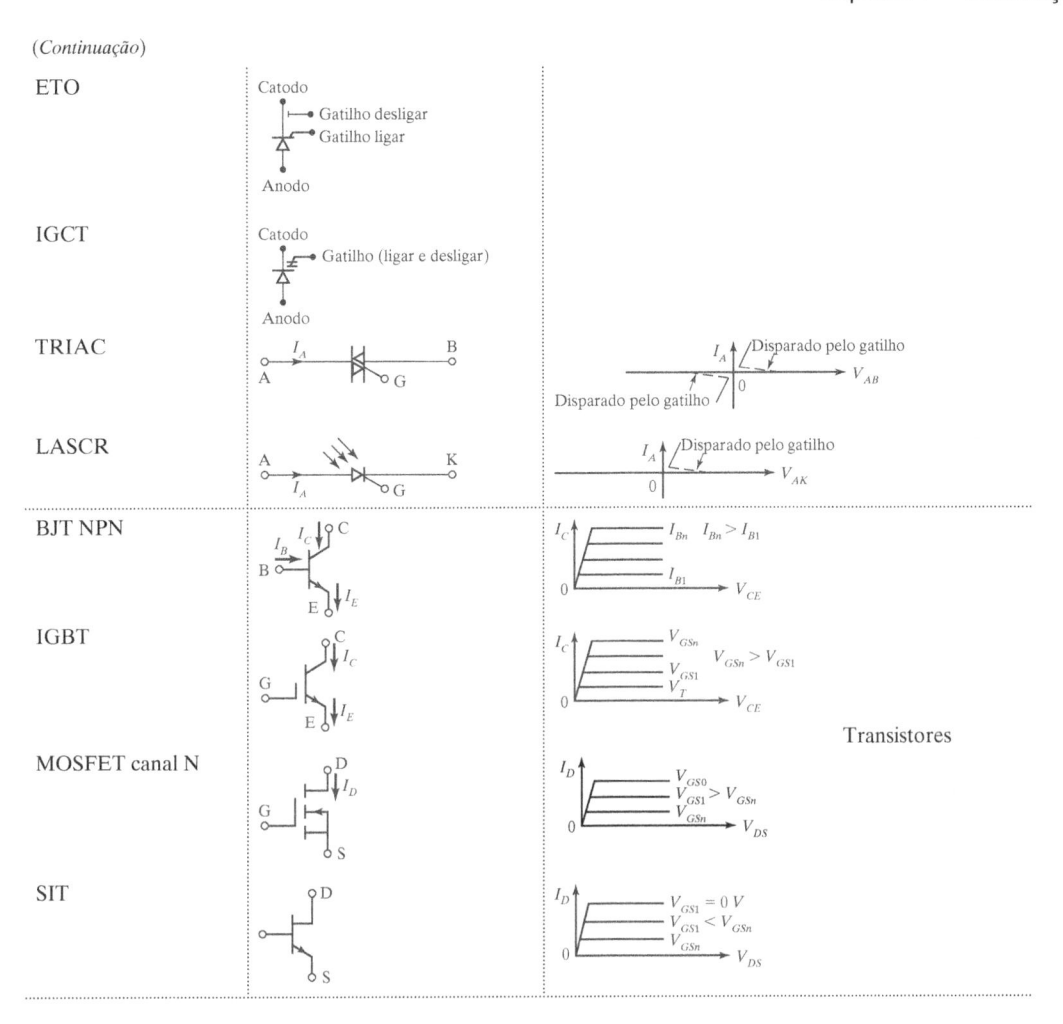

(*Continuação*)

Dispositivo	Símbolo	Característica
ETO	Catodo — Gatilho desligar, Gatilho ligar — Anodo	
IGCT	Catodo — Gatilho (ligar e desligar) — Anodo	
TRIAC	A — G — B, I_A	I_A vs V_{AB}, Disparado pelo gatilho
LASCR	A — G — K, I_A	I_A vs V_{AK}, Disparado pelo gatilho
BJT NPN	B, I_B, C, I_C, E, I_E	I_C vs V_{CE}, $I_{Bn} > I_{B1}$
IGBT	G, C, I_C, E, I_E	I_C vs V_{CE}, $V_{GSn} > V_{GS1}$, V_T
MOSFET canal N	G, D, I_D, S	I_D vs V_{DS}, V_{GS0}, $V_{GS1} > V_{GSn}$
SIT	D, S	I_D vs V_{DS}, $V_{GS1} = 0\,V$, $V_{GS1} < V_{GSn}$

Transistores

FIGURA 1.16
Aplicações de dispositivos de potência (cortesia da Powerex, Inc.).

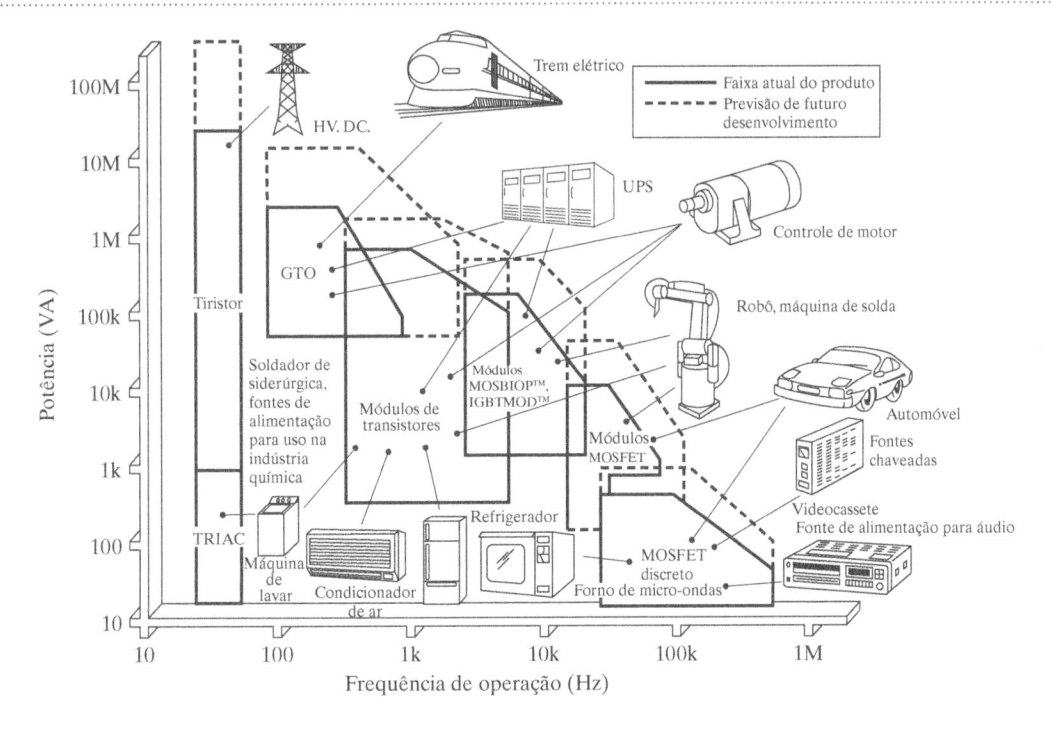

pretendida é obtida variando-se o tempo de condução desses dispositivos de chaveamento. A Figura 1.17 mostra as tensões de saída e as características de controle dos dispositivos semicondutores de potência comumente usados. Quando um tiristor está em modo de condução, o sinal de gatilho de amplitude positiva ou negativa não tem efeito, e isso é indicado na Figura 1.17a.

FIGURA 1.17

Características de controle de chaves de potência.

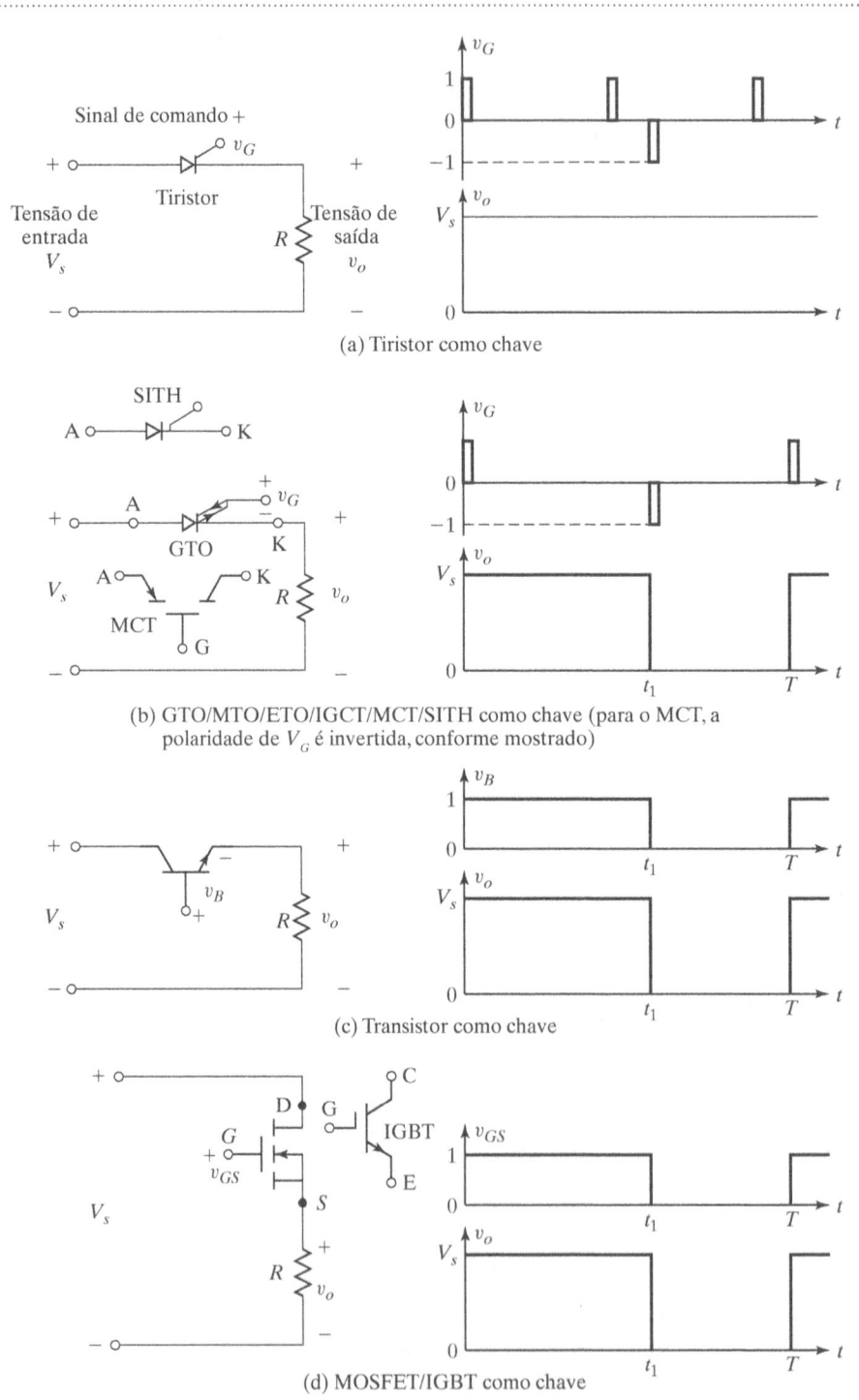

(a) Tiristor como chave

(b) GTO/MTO/ETO/IGCT/MCT/SITH como chave (para o MCT, a polaridade de V_G é invertida, conforme mostrado)

(c) Transistor como chave

(d) MOSFET/IGBT como chave

Quando um dispositivo semicondutor de potência está em modo de condução normal, há uma pequena queda de tensão sobre ele. Nas formas de onda de tensão de saída da Figura 1.17, essas quedas de tensão são consideradas insignificantes, e, salvo especificação em contrário, essa suposição é feita em todos os capítulos do livro.

As chaves semicondutoras de potência podem ser classificadas com base em:

1. Fechamento e abertura não controlados (por exemplo, diodos);
2. Fechamento controlado e abertura não controlado (por exemplo, SCR);
3. Características de fechamento e abertura controlados (por exemplo, BJT, MOSFET, GTO, SITH, IGBT, SIT, MCT);
4. Exigência de sinal contínuo na porta (BJT, MOSFET, IGBT, SIT);
5. Exigência de pulso na porta (por exemplo, SCR, GTO, MCT);
6. Capacidade de suportar tensão bipolar (SCR, GTO);
7. Capacidade de suportar tensão unipolar (BJT, MOSFET, GTO, IGBT, MCT);
8. Capacidade de corrente bidirecional (TRIAC, RCT);
9. Capacidade de corrente unidirecional (SCR, GTO, BJT, MOSFET, MCT, IGBT, SITH, SIT, diodo).

A Tabela 1.5 mostra as características de chaveamento dos dispositivos em termos de sua tensão, corrente e sinais de comando.

TABELA 1.5
Características de chaveamento de semicondutores de potência.

Tipo de dispositivo	Dispositivo	Comando contínuo	Comando pulsado	Fechamento controlado	Abertura controlada	Tensão unipolar	Tensão bipolar	Corrente unidirecional	Corrente bidirecional
Diodos	Diodo de potência					x		x	
Transistores	BJT	x		x	x	x		x	
	MOSFET	x		x	x	x			x
	COOLMOS	x		x	x	x			x
	IGBT	x		x	x	x		x	
	SIT	x		x	x	x		x	
Tiristores	SCR		x	x			x	x	
	RCT		x	x			x		x
	TRIAC		x	x			x		x
	GTO		x	x	x		x	x	
	MTO		x	x	x		x	x	
	ETO		x	x	x		x	x	
	IGCT		x	x	x		x	x	
	SITH		x	x	x		x	x	
	MCT	x		x	x		x	x	

1.10 OPÇÕES DE DISPOSITIVO

Embora haja muitos dispositivos semicondutores de potência, nenhum deles tem características ideais. Os dispositivos existentes passam por melhorias contínuas, e novos estão em desenvolvimento. Para aplicações de alta potência a partir de alimentação CA de 50 a 60 Hz, os tiristores bidirecionais e de controle de fase são as opções mais econômicas. COOLMOSs e IGBTs são os possíveis substitutos para os MOSFETs e BJTs, respectivamente, em aplicações de baixa e média potência. GTOs e IGCTs são mais adequados para aplicações de alta potência que necessitam de comutação forçada. Com o contínuo avanço da tecnologia, os IGBTs são cada vez mais utilizados em aplicações de alta potência, e os MCTs podem encontrar aplicações que requerem bloqueio de tensões bidirecionais.

Com uma longa lista de dispositivos disponíveis, como a que vemos na Tabela 1.3, a tarefa de escolher um deles é difícil. Alguns dos dispositivos da lista se destinam a aplicações específicas. O desenvolvimento contínuo de novas estruturas e materiais, além da fabricação de semicondutores, traz para o mercado muitos novos dispositivos com faixas de potência mais elevadas e características melhoradas. Os dispositivos eletrônicos de potência mais comuns são IGBTs e MOSFETs, para aplicações de baixa e média potência. Para uma faixa de potência muito alta, os tiristores e os IGCTs estão sendo usados.

A Tabela 1.6 mostra as opções de dispositivos para diversas aplicações em diferentes níveis de potência.[8] A escolha dos dispositivos dependerá do tipo de alimentação de entrada: CA ou CC. Muitas vezes, é necessário utilizar mais de um estágio de conversão. As seguintes diretrizes gerais podem ser empregadas para selecionar um dispositivo para a maioria das aplicações, dependendo do tipo de alimentação de entrada.

Para uma fonte de entrada CC:

1. Verifique se um MOSFET de potência pode atender a tensão, a corrente e a frequência das aplicações pretendidas.
2. Se você não consegue encontrar um MOSFET de potência adequado, verifique se um IGBT pode atender a tensão, a corrente e a frequência das aplicações pretendidas.
3. Se você não consegue encontrar um MOSFET de potência ou um IGBT adequado, verifique se um GTO ou um IGCT pode atender a tensão, a corrente e a frequência das aplicações pretendidas.

Para uma fonte de entrada CA:

1. Verifique se um TRIAC pode atender a tensão, a corrente e a frequência das aplicações pretendidas.
2. Se você não consegue encontrar um TRIAC adequado, verifique se um tiristor pode atender a tensão, a corrente e a frequência das aplicações pretendidas.
3. Se não conseguir encontrar um TRIAC ou um tiristor adequado, você pode usar um diodo retificador para converter a fonte CA em uma fonte CC. Verifique se um MOSFET ou um IGBT pode atender a tensão, a corrente e a frequência das aplicações pretendidas.

TABELA 1.6
Opções de dispositivos para diferentes níveis de potência.[8]

Opções	Baixa potência	Média potência	Alta potência
Faixa de potência	Até 2 kW	2 a 500 kW	Mais de 500 kW
Topologias usuais de conversores	CA-CC, CC-CC	CA-CC, CC-CC, CC-CA	CA-CC, CC-CA
Semicondutores de potência típicos	MOSFET	MOSFET, IGBT	IGBT, IGCT, tiristor
Tendência da tecnologia	Alta densidade de potência Alta eficiência	Pequeno volume e peso Baixo custo e alta eficiência	Alta potência nominal do conversor Qualidade e estabilidade da alta potência
Aplicações típicas	Dispositivos de baixa potência Eletrodomésticos	Veículos elétricos Telhados fotovoltaicos	Energia renovável Transportes Distribuição de energia Indústria

1.11 MÓDULOS DE POTÊNCIA

Os dispositivos de potência estão disponíveis como uma unidade isolada (discreto) ou em um módulo. Um conversor de potência muitas vezes requer dois, quatro ou seis dispositivos, dependendo de sua topologia. Quase todos os tipos de dispositivo de potência estão disponíveis em módulos duais (em configuração meia ponte), ou com quatro (em ponte completa) ou com seis (trifásicos) elementos. Os módulos oferecem as vantagens de menores perdas em condução, características de chaveamento em alta tensão e corrente, além de velocidade maior do que a dos dispositivos convencionais. Alguns módulos até mesmo incluem proteção contra transientes e circuitos de acionamento.

1.12 MÓDULOS INTELIGENTES

Os circuitos de acionamento estão disponíveis no mercado para dispositivos individuais ou módulos. Os *módulos inteligentes*, que são o estado da arte da eletrônica de potência, integram o módulo de potência e o circuito periférico. O circuito periférico é constituído de isolação da entrada ou da saída, da interface dos circuitos de sinal e de potência, de um circuito de comando, de um circuito de proteção e diagnóstico (contra sobrecarga, curto-circuito, carga aberta, superaquecimento e sobretensão), de um controle por microcomputador e de um controle da fonte de alimentação. Os usuários só precisam conectar fontes de alimentação externas (flutuantes). Um módulo inteligente também é conhecido como *smart power*, que é cada vez mais utilizado em eletrônica de potência.[4] A tecnologia *smart power* pode ser considerada uma caixa que faz a interface da fonte de energia com qualquer carga. A função de interface da caixa é realizada por circuitos lógicos de CMOS (semicondutor de óxido metálico complementar) de alta densidade, a função de sensor e proteção é realizada por circuitos bipolares analógicos e de detecção, e a função de controle de potência, por dispositivos de potência e seus circuitos de comando associados. O diagrama de blocos das funções de um sistema *smart power*[5] é apresentado na Figura 1.18.

FIGURA 1.18
Diagrama de blocos das funções de um *smart power*.[5]

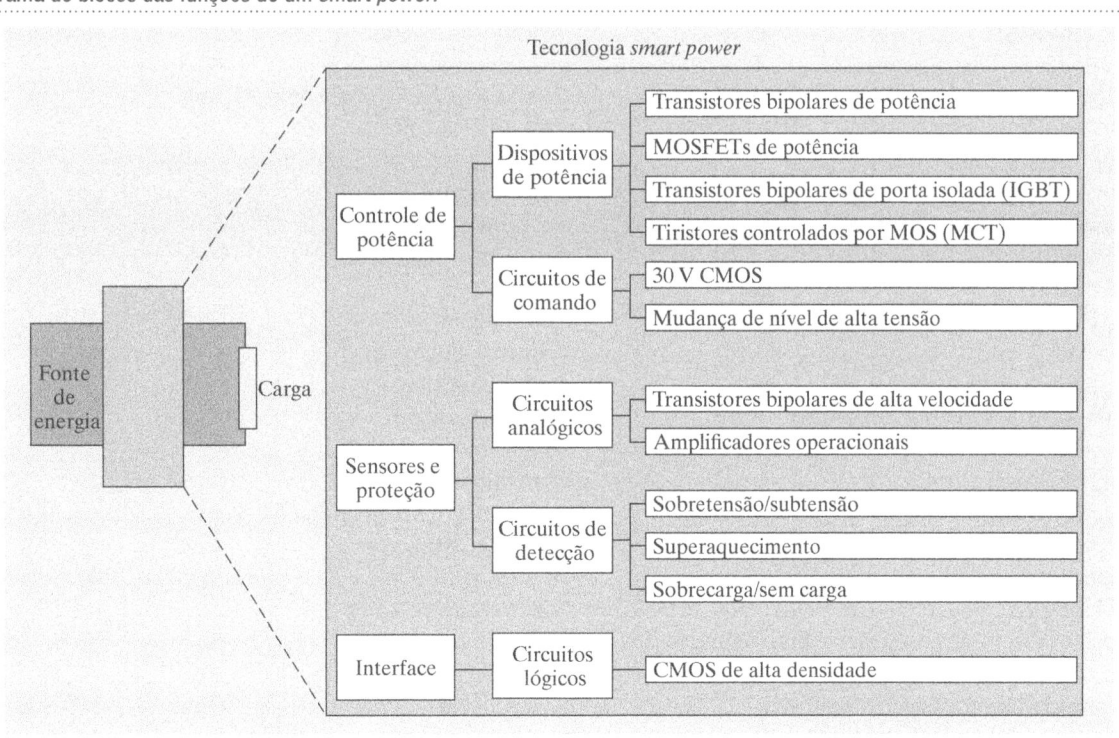

Os circuitos analógicos são usados para criar os sensores necessários para a autoproteção e para fornecer uma malha rápida de realimentação, que consegue suspender a operação do módulo sem causar danos quando as condições do sistema excedem as normais de operação. Por exemplo, os módulos inteligentes devem ser projetados para desligar sem danos quando ocorre um curto-circuito em uma carga, como em um enrolamento de motor. Com a tecnologia *smart power*, a corrente da carga é monitorada, e sempre que esta ultrapassa um limite preestabelecido, a tensão de comando para as chaves de potência é desligada. Além disso, características de proteção contra sobrecarga, como contra sobretensão e superaquecimento, são geralmente incluídas para evitar falhas destrutivas. Alguns fabricantes de dispositivos e módulos, e seus websites, estão listados a seguir:

Advanced Power Technology, Inc.	www.advancedpower.com
ABB Semiconductors	www.abbsem.com
Bharat Heavy Electricals Ltd.	www.bheledn.com
Compound Semiconductor	www.compoundsemiconductor.net
Collmer Semiconductor, Inc.	www.collmer.com
Cree Power	www.cree.com
Dynex Semiconductor	www.dynexsemi.com
Eupec	www.eupec.com/p/index.htm
Fairchild Semiconductor	www.fairchildsemi.com
FMCC EUROPE	www.fmccgroup.com
Fuji Electric	www.fujielectric.co.jp/eng/denshi/scd/index.htm
Harris Corp.	www.harris.com
Hitachi, Ltd. Power Devices	www.hitachi.co.jp/pse
Honda R&D Co Ltd	world.honda.com
Infineon Technologies	www.infineon.com
International Rectifier	www.irf.com
Marconi Electronic Devices, Inc.	www.marconi.com
Microsemi Corporation	www.microsemi.com
Mitsubishi Semiconductors	www.mitsubishielectric.com
Mitel Semiconductors	www.mitelsemi.com
Motorola, Inc.	www.motorola.com
National Semiconductors, Inc.	www.national.com
Nihon International Electronics Corp.	www.abbsem.com/english/salesb.htm
On Semiconductor	www.onsemi.com
Philips Semiconductors	www.semiconductors.philips.com/catalog
Power Integrations	www.powerint.com
Powerex, Inc.	www.pwrx.com
PowerTech, Inc.	www.power-tech.com
RCA Corp.	www.rca.com
Rockwell Automation	www.ab.com
Rockwell Inc.	www.rockwell.com
Reliance Electric	www.reliance.com
Renesas Electronics Corporation	www.renesas.com
Siemens	www.siemens.com
Silicon Power Corp.	www.siliconpower.com
Semikron International	www.semikron.com
Semelab Limits	www.semelab-tt.com
Siliconix, Inc.	www.siliconix.com
Tokin, Inc.	www.tokin.com
Toshiba America Electronic Components, Inc.	www.toshiba.com/taec
TranSiC Semiconductor	www.transic.com
Unitrode Integrated Circuits Corp.	www.unitrode.com
Westcode Semiconductors Ltd.	www.westcode.com/ws-prod.html
Yole Development	www.yole.fr

1.13 PERIÓDICOS E CONFERÊNCIAS SOBRE ELETRÔNICA DE POTÊNCIA

Existem muitas conferências e revistas especializadas nas quais os novos desenvolvimentos são publicados. A *e-library Explore*, do *Institute of Electrical and Electronics Engineers* (IEEE), é uma excelente ferramenta para encontrar artigos publicados nos periódicos e revistas IET (*Institution of Engineering and Technology*), e nos periódicos, revistas e conferências patrocinadas pelo IEEE. Alguns deles são:

IEEE e_Library	ieeexplore.ieee.org
IEEE Industrial Electronics Magazine	ieee-ies.org/index.php/pubs/magazine
IEEE Industry Applications Magazine	magazine.ieee-pes.org
IEEE Power & Energy Magazine	ieeexplore.ieee.org
IEEE Transactions on Aerospace and Systems	www.ieee.org
IEEE Transactions on Industrial Electronics	www.ieee.org
IEEE Transactions on Industry Applications	www.ieee.org
IEEE Transactions on Power Delivery	www.ieee.org
IEEE Transactions on Power Electronics	www.ieee.org
IET *Proceedings on Electric Power*	www.iet.org/Publish
Applied Power Electronics Conference (APEC)	
European Power Electronics Conference (EPEC)	
IEEE Industrial Electronics Conference (IECON)	
IEEE Industry Applications Society (IAS) *Annual Meeting*	
International Conference on Electrical Machines (ICEM)	
International Power Electronics Conference (IPEC)	
International Power Electronics Congress (CIEP)	
International Telecommunications Energy Conference (INTELEC)	
Power Conversion Intelligent Motion (PCIM)	
Power Electronics Specialist Conference (PESC)	

RESUMO

À medida que a tecnologia para dispositivos semicondutores de potência e circuitos integrados se desenvolve, o potencial para as aplicações da eletrônica de potência torna-se mais amplo. Já existem muitos dispositivos semicondutores de potência disponíveis comercialmente; entretanto, o aprimoramento nessa direção é contínuo. Os conversores de potência caem geralmente em seis categorias: (1) retificadores a diodo, (2) conversores CA-CC, (3) conversores CA-CA, (4) conversores CC-CC, (5) conversores CC-CA e (6) chaves estáticas. O projeto de circuitos de eletrônica de potência requer a criação dos circuitos de potência e de controle. As harmônicas de tensão e corrente que são geradas pelos conversores de potência podem ser reduzidas (ou minimizadas) com uma escolha adequada da estratégia de controle.

QUESTÕES PARA REVISÃO

1.1 O que é eletrônica de potência?
1.2 Quais são os vários tipos de tiristor?
1.3 O que é circuito de comutação?
1.4 Quais são as condições para que um tiristor conduza?
1.5 Como um tiristor em condução pode ser desligado?
1.6 O que é uma comutação de linha?
1.7 O que é uma comutação forçada?
1.8 Qual é a diferença entre um tiristor e um TRIAC?

1.9 Qual é a característica do comando de um GTO?
1.10 Qual é a característica do comando de um MTO?
1.11 Qual é a característica do comando de um ETO?
1.12 Qual é a característica do comando de um IGCT?
1.13 Qual é o tempo de desligamento de um tiristor?
1.14 O que é um conversor?
1.15 Qual é o princípio de conversão CA-CC?
1.16 Qual é o princípio de conversão CA-CA?
1.17 Qual é o princípio de conversão CC-CC?
1.18 Qual é o princípio de conversão CC-CA?
1.19 Quais são as etapas envolvidas no projeto de equipamentos de eletrônica de potência?
1.20 Quais são os efeitos periféricos dos equipamentos de eletrônica de potência?
1.21 Quais são as diferenças nas características do comando dos GTOs e dos tiristores?
1.22 Quais são as diferenças nas características do comando dos tiristores e dos transistores?
1.23 Quais são as diferenças nas características do comando dos BJTs e dos MOSFETs?
1.24 Quais são as características do comando de porta de um IGBT?
1.25 Quais são as características do comando de porta de um MCT?
1.26 Quais são as características do comando de porta de um SIT?
1.27 Quais são as diferenças entre BJTs e IGBTs?
1.28 Quais são as diferenças entre MCTs e GTOs?
1.29 Quais são as diferenças entre SITHs e GTOs?
1.30 Quais são os tipos de conversão e seus símbolos?
1.31 Quais são os principais blocos de um conversor de potência típico?
1.32 Quais são as questões a serem abordadas para o projeto de um conversor de potência?
1.33 Quais são as vantagens de dispositivos de potência SiC sobre os dispositivos de potência Si?
1.34 Quais são as diretrizes para as escolhas de dispositivos para diferentes aplicações?

PROBLEMAS

1.1 O valor de pico de uma forma de onda de corrente através de um dispositivo de potência, como mostra a Figura 1.10a, é $I_p = 100$ A. Se $T_o = 8,3$ ms e o período $T = 16,67$ ms, calcule a corrente rms I_{RMS} e a corrente média I_{MED} através do dispositivo.

1.2 O valor de pico de uma forma de onda de corrente através de um dispositivo de potência, como mostra a Figura 1.10b, é $I_p = 100$ A. Se o ciclo de trabalho $k = 50\%$ e o período $T = 16,67$ ms, calcule a corrente rms I_{RMS} e a corrente média I_{MED} através do dispositivo.

1.3 O valor de pico de uma forma de onda de corrente através de um dispositivo de potência, como mostra a Figura 1.10c, é $I_p = 100$ A. Se o ciclo de trabalho $k = 80\%$ e o período $T = 16,67$ ms, calcule a corrente rms I_{RMS} e a corrente média I_{MED} através do dispositivo.

1.4 O valor de pico de uma forma de onda de corrente através de um dispositivo de potência, como mostra a Figura 1.10d, é $I_p = 100$ A. Se o ciclo de trabalho $k = 40\%$ e o período $T = 1$ ms, calcule a corrente rms I_{RMS} e a corrente média I_{MED} através do dispositivo.

1.5 Uma forma de onda de corrente através de um dispositivo de potência é mostrada na Figura 1.10e. Se $I_a = 80$ A, $I_b = 100$ A, o ciclo de trabalho $k = 40\%$ e o período $T = 1$ ms, calcule a corrente rms I_{RMS} e a corrente média I_{MED} através do dispositivo.

1.6 O valor de pico de uma forma de onda de corrente através de um dispositivo de potência, como mostra a Figura 1.10f, é $I_p = 100$ A. Se o ciclo de trabalho $k = 40\%$ e o período $T = 1$ ms, calcule a corrente rms I_{RMS} e a corrente média I_{MED} através do dispositivo.

REFERÊNCIAS

1. CARROLL, E. I. "Power electronics: where next?". *Power Engineering Journal*, p. 242–243, dez. 1996.
2. BERNET, S. "Recent developments of high power converters for industry and traction applications", *IEEE Transactions on Power Electronics*, v. 15, n. 6, p. 1102–1117, nov. 2000.
3. HOFT, R. G. *Semiconductor Power Electronics*. Nova York: Van Nostrand Reinhold, 1986.
4. GADI, K. "Power electronics in action", *IEEE Spectrum*, p. 33, jul. 1995.
5. BALIGA, J. "Power ICs in the daddle", *IEEE Spectrum*, p. 34–49, jul. 1995.
6. "Power Electronics Books". SMPS Technology Knowledge Base, 1º mar. 1999. Disponível em: <www.smpstech.com/books/booklist.htm> Acesso em: jul. 2014.
7. WANG, J. et al. "Smart grid technologies. Development of 15-kV SiC IGBTs and their impact on utility applications", *IEEE Industrial Electronics Magazine*, v. 3, n. 2, p. 16–23, jun. 2009.
8. KAZMIERKOWSKI, M. P. et al. "High performance motor drives", *IEEE Industrial Electronics Magazine*, p. 6–26, set. 2011.
9. *Module1 – Power Semiconductor Devices*, Versão 2 EE IIT, Kharagpur.
10. PAULIDES, J. J. H. et al. "Human-powered small-scale generation system for a sustainable dance club", *IEEE Industry Applications Magazine*, p. 20–26, set./out. 2011.
11. *PowerSiC Silicon carbide devices for power electronics market:* Status & forecasts. Yole Development: Lyon, França, 2006. Disponível em: <http://www.yole.fr>. Acesso em: set. 2012.
12. RABKOWSKI, J.; PEFTITSIS, D.; NEE, H. "Silicon carbide power transistors: A new era in power electronics is initiated", *IEEE Industrial Electronics Magazine*, p.17–26, jun. 2012.
13. PALMOUR, J. W. "High voltage silicon carbide power devices". Apresentado no Workshop ARPA-E Power Technologies, Arlington, VA, 9 fev. 2009.
14. RYU, S.-H. et al. "10-kV, 5A 4H-SiC power DMOSFET". In: *Proceedings of the 18th IEEE International Symposium on Power Semiconductor Devices and IC's (ISPSD '06)*, Nápoles, Itália, p. 1–4, jun. 2006.
15. DAS, M.; et al. "A 13-kV 4H-SiC N-channel IGBT with low Rdiff, on and fast switching". In: *Proceedings of the International Conference on Silicon Carbide and Related Materials (ICSCRM '07)*, Quioto, Japão, out. 2007.

PARTE I
Diodos de potência e retificadores

Capítulo

2
Diodos de potência e circuitos RLC chaveados

Após a conclusão deste capítulo, os estudantes deverão ser capazes de:

- Explicar o princípio de operação dos diodos de potência.
- Descrever as características dos diodos e seus modelos.
- Listar os tipos de diodo de potência.
- Explicar a operação de diodos em série e em paralelo.
- Utilizar o modelo SPICE do diodo.
- Explicar as características da recuperação reversa dos diodos de potência.
- Calcular a corrente de recuperação reversa dos diodos.
- Calcular a tensão em regime permanente do capacitor de um circuito *RC* e a quantidade de energia armazenada.
- Calcular a corrente em regime permanente do indutor de um circuito *RL* e a quantidade de energia armazenada.
- Calcular a tensão em regime permanente do capacitor de um circuito *LC* e a quantidade de energia armazenada.
- Calcular a tensão em regime permanente do capacitor de um circuito *RLC* e a quantidade de energia armazenada.
- Determinar a *di/dt* e a *dv/dt* iniciais de um circuito *RLC*.

Símbolos e seus significados

Símbolo	Significado
i_D, v_D	Corrente e tensão instantânea do diodo, respectivamente
$i(t), i_s(t)$	Corrente instantânea e corrente da fonte de alimentação, respectivamente
I_D, V_D	Corrente e tensão CC do diodo, respectivamente
I_S	Corrente de fuga (ou de saturação reversa)
I_O	Corrente de saída em regime permanente
I_{S1}, I_{S2}	Correntes de fuga (ou de saturação reversa) dos diodos D_1 e D_2, respectivamente
I_{RR}	Corrente de recuperação reversa
t_{rr}	Tempo de recuperação reversa
V_T	Tensão térmica
V_{D1}, V_{D2}	Quedas de tensão nos diodos D_1 e D_2, respectivamente
V_{BR}, V_{RM}	Tensão reversa de ruptura e tensão máxima repetitiva, respectivamente
v_R, v_C, v_L	Tensões instantâneas em um resistor, em um capacitor e em um indutor, respectivamente
V_{C0}, v_s, V_s	Tensão inicial do capacitor, tensão instantânea e tensão CC da fonte de alimentação, respectivamente
Q_{RR}	Carga de recuperação reversa
τ	Constante de tempo de um circuito
n	Constante de emissão empírica

2.1 INTRODUÇÃO

Uma quantidade cada vez maior de aplicações tem sido descoberta para os diodos nos circuitos de engenharia eletrônica e elétrica. Os diodos de potência desempenham um papel significativo para a conversão de energia elétrica nos circuitos de eletrônica de potência. Neste capítulo, serão analisados alguns dos circuitos com diodos de uso mais comum na eletrônica de potência para o processamento de energia.

Um diodo atua como uma chave para desempenhar várias funções, como: chaves em retificadores, roda livre (*freewheeling*) em reguladores chaveados, inversão de carga de capacitores e transferência de energia entre componentes, isolação de tensão, realimentação (*feedback*) da energia da carga para a fonte de alimentação e recuperação de energia armazenada.

Para a maioria das aplicações, pode-se considerar que os diodos de potência são chaves ideais, mas, na prática, as características dos diodos reais diferem das ideais e possuem certas limitações. Os diodos de potência são semelhantes aos de junção *pn* (de sinal). Porém, têm uma capacidade maior de manuseio de potência, tensão e corrente do que os diodos comuns de sinal. Sua resposta em frequência (ou velocidade de chaveamento) é baixa quando comparada com a de diodos de sinal.

Elementos de armazenamento de energia, como indutores L e capacitores C, são geralmente utilizados em circuitos de eletrônica de potência. Um dispositivo semicondutor de potência é usado para controlar a quantidade de energia transferida em um circuito. Uma clara compreensão do comportamento de circuitos RC, RL, LC e RLC chaveados é um dos pré-requisitos para entender o funcionamento de circuitos e sistemas de eletrônica de potência. Neste capítulo, utilizaremos um diodo em série com uma chave para mostrar as características do dispositivo de potência e analisar circuitos chaveados constituídos por R, L e C. O diodo permite o fluxo de corrente unidirecional, e a chave executa as funções de ligar e desligar.

2.2 NOÇÕES BÁSICAS DE SEMICONDUTORES

Os dispositivos semicondutores de potência têm como base o silício monocristalino com elevado grau de pureza. Cristais individuais com vários metros de comprimento e com o diâmetro necessário (até 150 mm) são cultivados nos chamados fornos de *zona de flutuação*. Cada um desses cristais enormes é cortado em placas finas que, depois, passam por inúmeras etapas em um processo de transformação em dispositivos de potência.

Os semicondutores mais comumente utilizados são o silício e o germânio[1] (grupo IV da tabela periódica, como mostra a Tabela 2.1) e o arseneto de gálio — GaAs (grupo V). Os materiais de silício custam menos do que os de germânio e permitem que os diodos operem em temperaturas mais elevadas. Por esse motivo, os diodos de germânio são raramente usados.

O silício é um membro do grupo IV da tabela periódica de elementos, ou seja, possui quatro elétrons por átomo em sua órbita externa. Um material de silício puro é conhecido como *semicondutor intrínseco* com resistividade muito baixa para ser um isolante e muito alta para ser um condutor. Ele tem alta resistividade e rigidez dielétrica muito elevada (acima de 200 kV/cm). A resistividade de um semicondutor intrínseco e os seus portadores de carga que estão disponíveis para condução podem ser alterados, moldados em camadas e *graduados* pela adição de impurezas específicas. O processo de adicionar impurezas é chamado de *dopagem*, e envolve a inclusão de um único átomo de impureza para mais de um milhão de átomos de silício. Com diferentes impurezas, níveis e formas de dopagem, alta tecnologia de fotolitografia, corte a laser, decapagem, isolamento e embalagem, os dispositivos de potência acabados são produzidos a partir de várias estruturas de camadas semicondutoras do tipo *n* e do tipo *p*.

- *Material do tipo* n: se o silício puro é dopado com uma pequena quantidade de um elemento do grupo V, como fósforo, arsênio ou antimônio, cada átomo do *dopante* forma uma ligação covalente dentro da rede do cristal de silício, deixando um elétron livre. Esses elétrons livres aumentam em muito a condutividade do material. Quando o silício é ligeiramente dopado com uma impureza como o fósforo, o processo é designado *dopagem n*, e o material resultante é chamado de *semicondutor do tipo n*. Quando fortemente dopado, o processo é designado *dopagem n+*, e o material, *semicondutor do tipo n+*.
- *Material do tipo* p: se o silício puro é dopado com uma pequena quantidade de um elemento do grupo III, como boro, gálio ou índio, um local vago chamado *lacuna* é introduzido na rede do cristal de silício. Análoga a um elétron, uma lacuna pode ser considerada uma portadora de carga móvel, uma vez que é passível de ser preenchida por um elétron adjacente, que dessa forma deixa uma lacuna para trás. Essas lacunas aumentam em muito a condutividade do material. Quando o silício é ligeiramen-

TABELA 2.1
Parte da tabela periódica que mostra os elementos utilizados em materiais semicondutores.

Período	Grupo				
	II	III	IV	V	VI
2		B Boro	C Carbono	N Nitrogênio	O Oxigênio
3		Al Alumínio	Si Silício	P Fósforo	S Enxofre
4	Zn Zinco	Ga Gálio	Ge Germânio	As Arsênio	Se Selênio
5	Cd Cádmio	In Índio	Sn Estanho	Sn Antimônio	Te Telúrio
6	Hg Mercúrio				
Semicondutores elementares			Si Silício Ge, Germânio		
Semicondutores compostos			SiC Carbeto de Silício SiGe Silício e Germânio	GaAs Arseneto de Gálio	

te dopado com uma impureza como o boro, a dopagem é designada *dopagem p*, e o material resultante é chamado de *semicondutor do tipo p*. Quando fortemente dopado, o processo é designado *dopagem p+*, e o material, *semicondutor do tipo p+*.

Portanto, existem elétrons livres disponíveis em um material do tipo *n* e lacunas livres disponíveis em um material do tipo *p*. Em um material do tipo *p*, as lacunas são chamadas de "portadores majoritários", e os elétrons são chamados de "portadores minoritários". No material do tipo *n*, os elétrons são portadores majoritários, e as lacunas, portadores minoritários. Esses portadores são continuamente gerados por agitações térmicas, se combinam e recombinam de acordo com seu tempo de vida e atingem uma densidade de equilíbrio de portadores de aproximadamente 10^{10} a $10^{13}/cm^3$ para uma faixa de temperatura de cerca de 0 °C a 1000 °C. Assim, um campo elétrico aplicado pode causar corrente elétrica em um material do tipo *n* ou do tipo *p*.

O carbeto ou carboneto de silício (SiC) (material composto do grupo IV da tabela periódica) é um novo material promissor para aplicações de alta potência/alta temperatura.[9] O SiC tem uma banda proibida muito larga; ela corresponde à energia necessária para excitar os elétrons da banda de valência do material para a de condução. Os elétrons de carbeto de silício precisam de cerca de três vezes mais energia para atingir a banda de condução em comparação ao silício. Em função disso, os dispositivos com base em SiC suportam tensões e temperaturas muito mais elevadas do que seus equivalentes em silício. Estes, por exemplo, não suportam campos elétricos acima de cerca de 300 kV/cm. Como os elétrons no SiC necessitam de mais energia a fim de serem empurrados para a banda de condução, o material consegue suportar campos elétricos muito mais fortes, acima de aproximadamente 10 vezes o máximo aguentado pelo silício. Em consequência, um dispositivo de SiC pode ter as mesmas dimensões de um de silício, mas conseguir suportar uma tensão 10 vezes maior. Além disso, um dispositivo de SiC pode ter menos de um décimo da espessura de um dispositivo de silício, mas suportar a mesma faixa de tensão. Esses dispositivos mais finos são mais rápidos e têm menos resistência; isso significa que menos energia é perdida como calor quando um diodo ou transistor de carbeto de silício conduz eletricidade.

■ Principais pontos da Seção 2.2

– Com a adição de impurezas ao silício ou ao germânio puro pelo processo de dopagem são obtidos elétrons ou lacunas livres. Os elétrons são os portadores majoritários no material do tipo *n*, enquanto as lacunas são os portadores majoritários em um material do tipo *p*. Assim, a aplicação de um campo elétrico pode causar corrente elétrica em um material do tipo *n* ou do tipo *p*.

2.3 CARACTERÍSTICAS DO DIODO

Um diodo de potência é um dispositivo de junção *pn* de dois terminais,[1,2] e uma junção *pn* é normalmente formada por fusão, difusão ou crescimento epitaxial. As técnicas de controle modernas em processos epitaxiais e de difusão permitem a obtenção das características desejadas nos dispositivos. A Figura 2.1 mostra uma vista transversal de uma junção *pn* e o símbolo de um diodo.

Quando o potencial no anodo é positivo em relação ao no catodo, diz-se que o diodo está diretamente polarizado e que ele conduz. Um diodo em condução tem uma queda de tensão direta relativamente pequena; a magnitude dessa queda depende do processo de fabricação e da temperatura da junção. Quando o potencial no catodo é positivo em relação ao anodo, diz-se que o diodo está reversamente polarizado. Em condições de polarização reversa, uma pequena corrente reversa (também conhecida como *corrente de fuga*) na faixa de micro ou miliampères flui, e a amplitude dessa corrente de fuga aumenta lentamente com a tensão reversa até que a tensão de avalanche ou zener seja alcançada. A Figura 2.2a mostra a curva característica *v–i* em regime permanente de um diodo. Para a maioria das finalidades, um diodo pode ser considerado uma chave ideal, cujos aspectos são indicados na Figura 2.2b.

A curva característica *v–i* mostrada na Figura 2.2a pode ser expressa por uma *equação de Shockley para o diodo*, e para a operação em regime permanente ela é dada por

$$I_D = I_S\left(e^{V_D/nV_T} - 1\right) \tag{2.1}$$

onde I_D = corrente através do diodo, A;
V_D = tensão do diodo com anodo positivo em relação ao catodo, V;
I_S = corrente de fuga (ou de saturação reversa), geralmente na faixa de 10^{-6} a 10^{-15} A;
n = constante empírica conhecida como *coeficiente de emissão*, ou *fator de idealidade*, cujo valor varia de 1 a 2.

FIGURA 2.1
Junção *pn* e símbolo de um diodo.

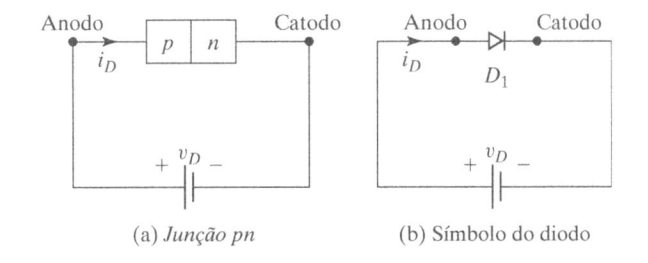

(a) *Junção pn*   (b) Símbolo do diodo

FIGURA 2.2
Curva característica *v–i* de um diodo.

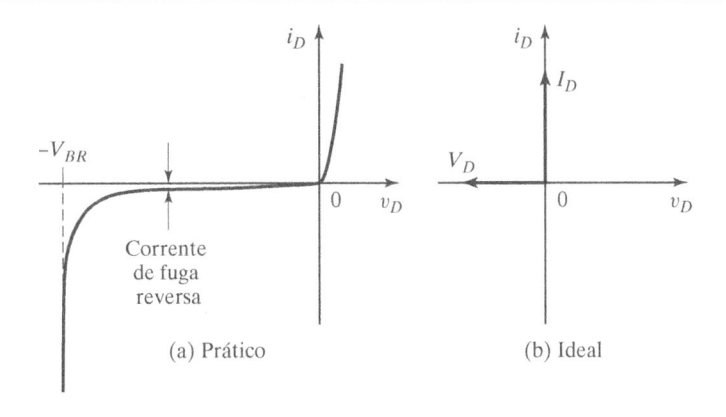

(a) Prático   (b) Ideal

O coeficiente de emissão n depende do material e da construção física do diodo. Para diodos de germânio, considera-se que n tem o valor 1. Para diodos de silício, o valor previsto de n é 2, mas, para a maioria dos diodos práticos de silício, o valor de n fica na faixa entre 1,1 e 1,8.

V_T na Equação 2.1 é uma constante chamada de *tensão térmica*, e é dada por

$$V_T = \frac{kT}{q} \qquad (2.2)$$

onde q = carga do elétron: $1{,}6022 \times 10^{-19}$ Coulomb (C);
T = temperatura absoluta em Kelvin (K = 273 + °C);
k = constante de Boltzmann: $1{,}3806 \times 10^{-23}$ J/K.

A uma temperatura de junção de 25 °C, a Equação 2.2 resulta em

$$V_T = \frac{kT}{q} = \frac{1{,}3806 \times 10^{-23} \times (273 + 25)}{1{,}6022 \times 10^{-19}} \approx 25{,}7\,\text{mV}$$

A uma temperatura especificada, a corrente de fuga I_S é uma constante para determinado diodo. A curva característica do diodo da Figura 2.2a pode ser dividida em três regiões:

Região de polarização direta, onde $V_D > 0$
Região de polarização reversa, onde $V_D < 0$
Região de ruptura, onde $V_D < -V_{BR}$

Região de polarização direta. Na região de polarização direta, $V_D > 0$. A corrente do diodo I_D será muito pequena se a tensão do diodo V_D for menor do que um valor específico V_{TD} (normalmente 0,7 V). O diodo conduz plenamente se V_D for maior do que esse valor V_{TD}, que é chamado de *tensão de limiar*, *tensão de corte* ou *tensão de fechamento*. Assim, a tensão de limiar é uma tensão na qual o diodo conduz plenamente.

Consideremos uma pequena tensão no diodo $V_D = 0{,}1$ V, $n = 1$ e $V_T = 25{,}7$ mV. A partir da Equação 2.1, podemos encontrar a corrente correspondente do diodo I_D como

$$I_D = I_S(e^{V_D/nV_T} - 1) = I_S[e^{0{,}1/(1 \times 0{,}0257)} - 1] = I_S(48{,}96 - 1) = 47{,}96\,I_S$$

que pode ser aproximada por $I_D \approx I_S e^{V_D/nV_T} = 48{,}96\,I_S$, ou seja, com um erro de 2,1%. À medida que v_D aumenta, o erro diminui rapidamente.

Portanto, para $V_D > 0{,}1$ V, que é em geral o caso, $I_D \gg I_S$, e a Equação 2.1 pode ser aproximada com um erro de até 2,1% para

$$I_D = I_S(e^{V_D/nV_T} - 1) \approx I_S e^{V_D/nV_T} \qquad (2.3)$$

Região de polarização reversa. Na região de polarização reversa, $V_D < 0$. Se V_D é negativa e $|V_D| \gg V_T$, que ocorre para $V_D < -0{,}1$ V, o termo exponencial na Equação 2.1 torna-se muito pequeno quando comparado com a unidade, e a corrente do diodo I_D passa a ser

$$I_D = I_S(e^{-|V_D|/nV_T} - 1) \approx -I_S \qquad (2.4)$$

que indica que a corrente do diodo I_D no sentido reverso é constante e igual a I_S.

Região de ruptura. Na região de ruptura (ou de avalanche), a tensão reversa é alta, geralmente maior do que 1000 V. A magnitude da tensão reversa pode superar uma tensão específica conhecida como *tensão de ruptura* V_{BR}. Com uma pequena variação na tensão reversa para além de V_{BR}, a corrente reversa aumenta rapidamente. A operação na região de ruptura não será destrutiva se a dissipação de energia estiver dentro de um "nível seguro", que é especificado nas folhas de dados do fabricante. Entretanto, muitas vezes é necessário limitar a corrente reversa na região de ruptura para restringir a dissipação de energia dentro de um valor admissível.

Exemplo 2.1 ▪ Determinação da corrente de saturação

A queda de tensão direta de um diodo de potência é $V_D = 1,2$ V a $I_D = 300$ A. Supondo que $n = 2$ e $V_T = 25,7$ mV, encontre a corrente de saturação I_S.

Solução
Ao aplicarmos a Equação 2.1, podemos encontrar a corrente de fuga (ou de saturação) I_S a partir de

$$300 = I_S[e^{1,2/(2 \times 25,7 \times 10^{-3})} - 1]$$

que resulta em $I_S = 2,17746 \times 10^{-8}$ A.

▪ Principais pontos da Seção 2.3

– Um diodo possui uma curva característica v–i não linear que consiste em três regiões: polarização direta, polarização reversa e ruptura. Na polarização direta, a queda de tensão do diodo é pequena, geralmente de 0,7 V. Se a tensão reversa superar a tensão de ruptura, o diodo pode ser danificado.

2.4 CARACTERÍSTICAS DA RECUPERAÇÃO REVERSA

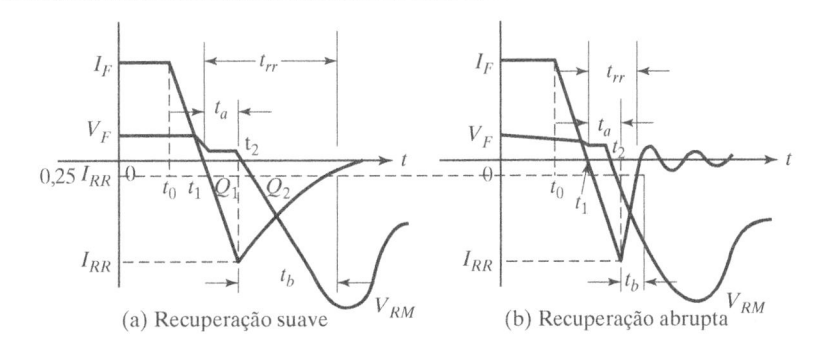

A corrente em um diodo de junção com polarização direta ocorre por causa do efeito resultante dos portadores majoritários e minoritários. Quando um diodo está em condução e sua corrente é reduzida a zero (em função do comportamento natural do circuito do diodo ou da aplicação de uma tensão reversa), ele continua a conduzir por causa dos portadores minoritários que permanecem armazenados na junção pn e no corpo do material semicondutor. Os portadores minoritários necessitam de um tempo para se recombinar com as cargas opostas e serem neutralizados. Esse período é chamado *tempo de recuperação reversa* do diodo. A Figura 2.3 mostra duas características de recuperação reversa de diodos de junção. Deve-se observar que as curvas de recuperação na Figura 2.3 não estão em escala e indicam apenas suas formas. A cauda do período de recuperação está ampliada para ilustrar a natureza da recuperação, embora, na realidade, $t_a > t_b$. O processo de recuperação começa em $t = t_0$, quando a corrente do diodo passa a decrescer a partir da corrente de condução direta I_F a uma razão $di/dt = -I_F/(t_1 - t_0)$. O diodo ainda conduz com uma queda de tensão direta de V_F.

A corrente direta I_F cai a zero em $t = t_1$, e então continua a fluir no sentido reverso porque o diodo está inativo e não consegue bloquear o fluxo da corrente reversa. Em $t = t_2$, a corrente reversa atinge um valor de I_{RR}, e a tensão do diodo começa a ser invertida. Após a conclusão do processo de recuperação em $t = t_3$, a tensão reversa do diodo atinge um pico de V_{RM}. A tensão do diodo passa por um período de oscilação transitória para completar a recuperação da carga armazenada até cair para sua tensão normal de operação reversa. O processo completo é não linear,[8] e a Figura 2.3 é utilizada apenas para fins de ilustração. Existem dois tipos de recuperação: suave e

FIGURA 2.3
Características da recuperação reversa.

(a) Recuperação suave   (b) Recuperação abrupta

abrupta. O tipo de recuperação suave é mais comum. O tempo de recuperação reversa é indicado como t_{rr} e é medido a partir do cruzamento inicial da corrente do diodo com o zero até 25% da corrente reversa máxima (ou de pico) I_{RR}. O tempo t_{rr} consiste em duas componentes, t_a e t_b. A parcela t_a é decorrente da carga armazenada na região de depleção da junção, e representa o tempo entre o cruzamento com o zero e o pico da corrente reversa I_{RR}. O t_b é resultante da carga armazenada no corpo do material semicondutor. A relação t_b/t_a é conhecida como *fator de suavidade* (FS). Para fins práticos, é preciso se preocupar com o tempo de recuperação total t_{rr} e com o valor de pico da corrente reversa I_{RR}.

$$t_{rr} = t_a + t_b \tag{2.5}$$

O pico da corrente reversa pode ser expresso na *di/dt* reversa como

$$I_{RR} = t_a \frac{di}{dt} \tag{2.6}$$

O *tempo de recuperação reversa* t_{rr} pode ser definido como o intervalo entre o instante em que a corrente passa por zero durante a transição da condição de condução direta para o bloqueio e o momento em que a corrente reversa atinge 25% de seu valor de pico reverso I_{RR}. A variável t_{rr} depende da temperatura da junção, da taxa de diminuição da corrente direta e da corrente direta antes da comutação, I_F.

A *carga de recuperação reversa* Q_{RR} é a quantidade de portadores de carga que flui pelo diodo no sentido reverso por conta da transição da condição de condução direta para o bloqueio. Seu valor é determinado a partir da área delimitada pela curva da corrente de recuperação reversa. Isto é, $Q_{RR} = Q_1 + Q_2$.

A carga armazenada, que é a área delimitada pela curva da corrente de recuperação, é aproximadamente

$$Q_{RR} = Q_1 + Q_2 \cong \frac{1}{2} I_{RR} t_a + \frac{1}{2} I_{RR} t_b = \frac{1}{2} I_{RR} t_{rr} \tag{2.7}$$

ou

$$I_{RR} \cong \frac{2 Q_{RR}}{t_{rr}} \tag{2.8}$$

Substituindo o valor de I_{RR} da Equação 2.6 na Equação 2.8, obtém-se

$$t_{rr} t_a = \frac{2 Q_{RR}}{di/dt} \tag{2.9}$$

Se t_b for desprezável quando comparado a t_a, o que geralmente ocorre (embora a Figura 2.3a mostre $t_b > t_a$), $t_{rr} \approx t_a$, e a Equação 2.9 torna-se

$$t_{rr} \cong \sqrt{\frac{2 Q_{RR}}{di/dt}} \tag{2.10}$$

e

$$I_{RR} = \sqrt{2 Q_{RR} \frac{di}{dt}} \tag{2.11}$$

Pode-se observar a partir das equações 2.10 e 2.11 que o tempo da recuperação reversa t_{rr} e o pico da corrente de recuperação reversa I_{RR} dependem da carga armazenada Q_{RR} e da *di/dt* reversa (ou reaplicada). A carga armazenada depende da corrente direta do diodo I_F. O pico da corrente de recuperação reversa I_{RR}, a carga reversa Q_{RR} e o fator de suavidade são de interesse do projetista de circuitos, e esses parâmetros são geralmente incluídos nas folhas de especificações dos diodos.

Se um diodo está na condição de polarização reversa, uma corrente de fuga flui por conta dos portadores minoritários. Então, a aplicação de uma tensão direta forçaria o diodo a conduzir a corrente no sentido direto. Entretanto, é necessário determinado tempo, conhecido como *tempo de recuperação direta*, antes que todos os portadores majoritários distribuídos ao longo de toda a junção possam contribuir para o fluxo de corrente. Se a taxa de subida da corrente direta for alta, e esta estiver concentrada em uma pequena área da junção, o diodo pode falhar. Portanto, o tempo de recuperação direta limita a taxa de subida da corrente direta e a velocidade de chaveamento.

Exemplo 2.2 • Determinação da corrente de recuperação reversa

O tempo de recuperação reversa de um diodo é $t_{rr} = 3$ μs, e a taxa de diminuição da corrente do diodo é $di/dt = 30$ A/μs. Calcule (a) a carga armazenada Q_{RR} e (b) o pico da corrente reversa I_{RR}.

Solução

$t_{rr} = 3$ μs e $di/dt = 30$ A/μs.

a. A partir da Equação 2.10,

$$Q_{RR} = \frac{1}{2}\frac{di}{dt}t_{rr}^2 = \frac{1}{2} \times \frac{30}{10^{-6}} \times (3 \times 10^{-6})^2 = 135\,\mu C$$

b. A partir da Equação 2.11,

$$I_{RR} = \sqrt{2Q_{RR}\frac{di}{dt}} = \sqrt{2 \times 135 \times 10^{-6} \times 30/10^{-6}} = 90\,A$$

■ Principais pontos da Seção 2.4

– Durante o tempo de recuperação reversa t_{rr}, o diodo se comporta efetivamente como um curto-circuito e não consegue bloquear a tensão reversa, o que permite o fluxo de corrente reversa e então, subitamente, interrompe a corrente. O parâmetro t_{rr} é importante para as aplicações com chaveamento em alta frequência.

2.5 TIPOS DE DIODO DE POTÊNCIA

Idealmente, o tempo de recuperação reversa de um diodo seria nulo. No entanto, o custo de fabricação de um diodo com essas características seria muito elevado. Em muitas aplicações, os efeitos do tempo de recuperação reversa não são significativos, e diodos mais baratos podem ser utilizados.

Dependendo das características de recuperação e das técnicas de fabricação, os diodos de potência podem ser classificados em três categorias:

1. Diodos-padrão ou de uso geral.
2. Diodos de recuperação rápida.
3. Diodos Schottky.

Os diodos de uso geral estão disponíveis até 6000 V, 4500 A, e os de recuperação rápida até 6000 V, 1100 A. O tempo de recuperação reversa varia entre 0,1 μs e 5 μs. Os diodos de recuperação rápida são essenciais para o chaveamento em alta frequência dos conversores de potência. Os diodos Schottky têm uma baixa tensão de condução e um tempo de recuperação muito pequeno, geralmente em nanossegundos. A corrente de fuga aumenta com a faixa de tensão, e seus valores nominais estão limitados a 100 V, 300 A. Um diodo conduz quando sua tensão de anodo é maior do que a de catodo; e a queda da tensão direta de um diodo de potência é muito baixa, em geral de 0,5 a 1,2 V.

As características e limitações práticas de cada tipo restringem suas aplicações.

2.5.1 Diodos de uso geral

Os diodos de uso geral têm tempo de recuperação relativamente elevado, normalmente de 25 μs, e são utilizados em aplicações de baixa velocidade, nas quais o tempo de recuperação não é crítico (por exemplo, retificadores e conversores para aplicações de baixa frequência de entrada de até 1 kHz e conversores comutados pela rede). Eles cobrem faixas de corrente de menos de 1 A a vários milhares de ampères, com faixas de tensão de 50 V até cerca de 5 kV. Esses diodos são geralmente fabricados por difusão. Entretanto, os tipos de diodo de junção fundida que são utilizados em fontes de alimentação de máquinas de solda são mais baratos e resistentes, e suas especificações podem ir até 1500 V, 400 A.

A Figura 2.4 mostra várias configurações de diodos de uso geral, que basicamente caem em dois tipos. Um é chamado de *rosca* ou *rosqueável*; o outro é chamado de *disco*, *encapsulamento prensável* ou *disco de hóquei*. Em um tipo rosqueável, tanto o anodo quanto o catodo podem estar do lado da rosca.

FIGURA 2.4
Várias configurações de diodos de uso geral (cortesia da Powerex, Inc.).

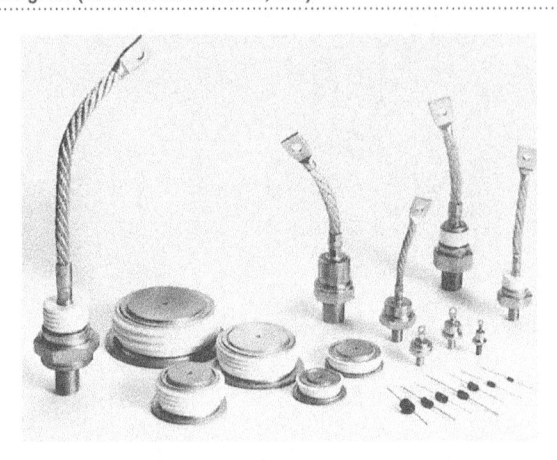

2.5.2 Diodos de recuperação rápida

Os diodos de recuperação rápida têm um tempo de recuperação baixo, normalmente inferior a 5 μs. Eles são usados em circuitos conversores CC-CC e CC-CA, em que a velocidade de recuperação é muitas vezes fundamental. Esses diodos cobrem faixas de tensão de 50 V até cerca de 3 kV, e de menos de 1 A até centenas de ampères.

Diodos para tensão acima de 400 V são geralmente feitos por difusão, e o tempo de recuperação é controlado por difusão de platina ou de ouro. Para faixas de tensão abaixo de 400 V, diodos epitaxiais fornecem velocidades de chaveamento mais rápidas do que as dos diodos por difusão. Os primeiros têm uma base estreita, o que resulta em um tempo de recuperação rápido, da ordem de 50 ns. Diodos de recuperação rápida de vários tamanhos são mostrados na Figura 2.5.

FIGURA 2.5
Diodos de recuperação rápida (cortesia de Powerex, Inc.).

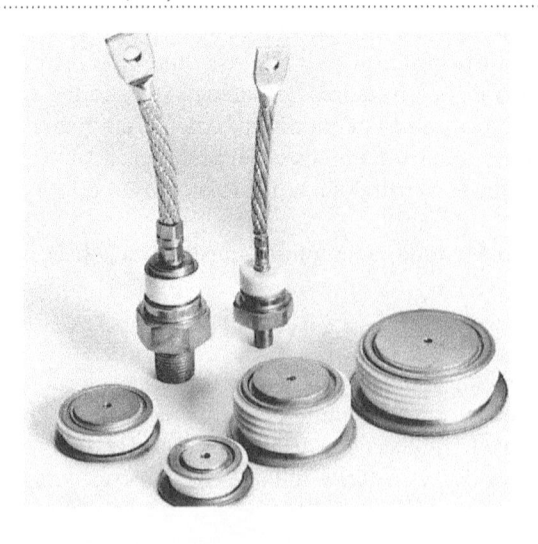

2.5.3 Diodos Schottky

O problema do armazenamento de carga em uma junção *pn* pode ser eliminado (ou minimizado) em um diodo Schottky. Isso é obtido fazendo-se uma "barreira de potencial" com um contato entre um metal e um semicondutor. Uma camada de metal é depositada em uma fina camada epitaxial de silício do tipo *n*. A barreira de potencial simula o comportamento de uma junção *pn*. A ação retificadora depende apenas dos portadores majoritários, e, em função disso, não há portadores minoritários em excesso para recombinar. O efeito de recuperação é decorrente exclusivamente da capacitância da junção semicondutora.

A carga recuperada de um diodo Schottky é muito menor do que a de um diodo equivalente de junção *pn*. Pelo fato de ser decorrente apenas da capacitância da junção, ela é em grande parte independente da *di/dt* reversa. Um diodo Schottky tem uma queda de tensão direta relativamente baixa.

A corrente de fuga de um diodo Schottky é maior do que a de um diodo de junção *pn*. Um diodo Schottky com uma tensão de condução relativamente baixa tem corrente de fuga um pouco alta, e vice-versa. Em função disso, a tensão máxima do diodo está em geral limitada a 100 V. As faixas de correntes dos diodos Schottky variam de 1 a 400 A. Os diodos Schottky são ideais para fontes de alimentação de alta corrente e baixa tensão. Entretanto, esses diodos também são utilizados em fontes de alimentação de baixa corrente para aumentar a sua eficiência. Na Figura 2.6 são mostrados diodos Schottky duais de 20 e 30 A.

FIGURA 2.6

Diodos Schottky duais de 20 e 30 A (cortesia de Vishay Intertechnology, Inc.).

■ Principais pontos da Seção 2.5

- Dependendo do tempo de recuperação do chaveamento e da queda de tensão em condução, os diodos de potência são de três tipos: uso geral, recuperação rápida e Schottky.

2.6 DIODOS DE CARBETO DE SILÍCIO

O carbeto de silício (SiC) é um novo material para a eletrônica de potência. Suas propriedades físicas superam de longe as do Si e as do GaAs. Por exemplo, os diodos Schottky SiC fabricados pela Infineon Technologies[3] têm perdas de potência ultrabaixas e alta confiabilidade. Eles também têm as seguintes características:

- não possuem tempo de recuperação reversa;
- apresentam chaveamento ultrarrápido;
- a temperatura não influi no chaveamento.

A carga armazenada típica Q_{RR} é de 21 nC para um diodo de 600 V, 6 A e de 23 nC para um dispositivo de 600 V, 10 A.

Por conta da característica de baixa recuperação reversa dos diodos SiC, a corrente de recuperação reversa é baixa, como mostra a Figura 2.7. Isso reduz o consumo de energia em muitas aplicações, como em fontes de alimentação, conversão de energia solar, transporte, em equipamentos de solda e condicionadores de ar. Os dispositivos de potência SiC permitem aumento da eficiência, redução de tamanho e maior frequência de chaveamento, além de produzir significativamente menos interferência eletromagnética (EMI) em diversas aplicações.

FIGURA 2.7
Comparação do tempo de recuperação reversa.

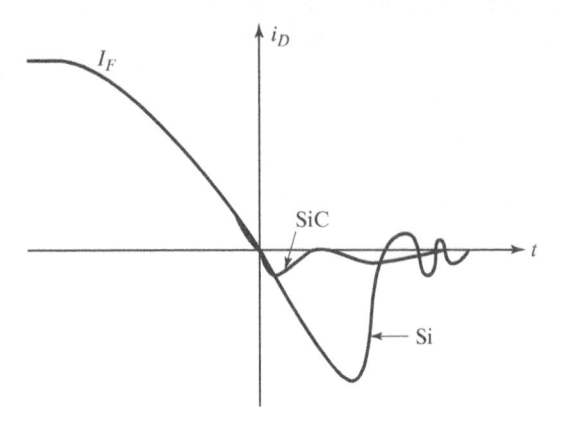

2.7 DIODOS SCHOTTKY DE CARBETO DE SILÍCIO

Os diodos Schottky são usados principalmente em aplicações de alta frequência e de chaveamento rápido. Muitos metais podem criar uma barreira Schottky tanto nos semicondutores de silício quanto nos de GaAS. Um diodo Schottky é formado pela união de uma região semicondutora dopada, geralmente do tipo n, com um metal como ouro, prata ou platina. Diferentemente do diodo de junção pn, existe um metal para a junção semicondutora. Isso é mostrado na Figura 2.8a, e seu símbolo pode ser visto na Figura 2.8b. O diodo Schottky opera apenas com portadores majoritários. Não há portadores minoritários e, portanto, não há corrente de fuga reversa como nos diodos de junção pn. A região de metal é fortemente ocupada com elétrons da banda de condução, e a região semicondutora do tipo n é levemente dopada. Quando o diodo está diretamente polarizado, os elétrons de maior energia na região n são injetados na região de metal onde perdem seu excesso de energia muito rápido. Como não há portadores minoritários, esse é um diodo de chaveamento rápido.

FIGURA 2.8
Estrutura interna básica de um diodo Schottky.

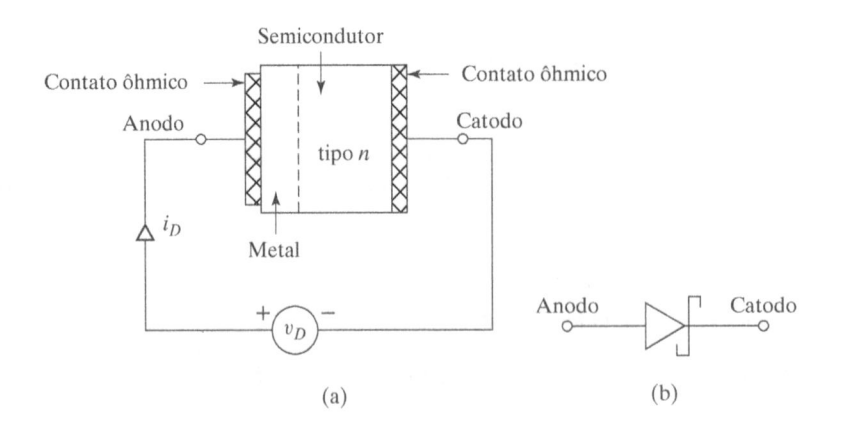

Os diodos Schottky SiC têm as seguintes características:

- apresentam menores perdas de chaveamento por causa da baixa carga de recuperação reversa;
- são totalmente estáveis para surtos de corrente, e oferecem alta confiabilidade e robustez;
- apresentam menores custos de sistema em virtude da menor necessidade de resfriamento;
- possibilitam projetos com frequência mais alta e maior densidade de potência.

Esses dispositivos também têm uma baixa capacitância, o que aumenta a eficiência global do sistema, especialmente em frequências de chaveamento mais elevadas.

2.8 MODELO SPICE DE UM DIODO

O modelo SPICE de um diodo[4-6] é mostrado na Figura 2.9b. A corrente do diodo I_D, que depende de sua tensão, é representada por uma fonte de corrente. R_s é a resistência em série, e é decorrente da resistência do semicondutor. R_s, também conhecida como *resistência do material*, depende da quantidade de dopagem. Os modelos *estático* e *para pequenos sinais* gerados pelo SPICE são mostrados nas figuras 2.9c e 2.9d, respectivamente. C_D é uma função não linear da tensão do diodo v_D, e é igual a $C_D = dq_d/dv_D$, onde q_d é a carga da camada de depleção. O SPICE gera os parâmetros de pequenos sinais a partir do ponto de operação.

FIGURA 2.9

Modelo SPICE de diodo com polarização reversa.

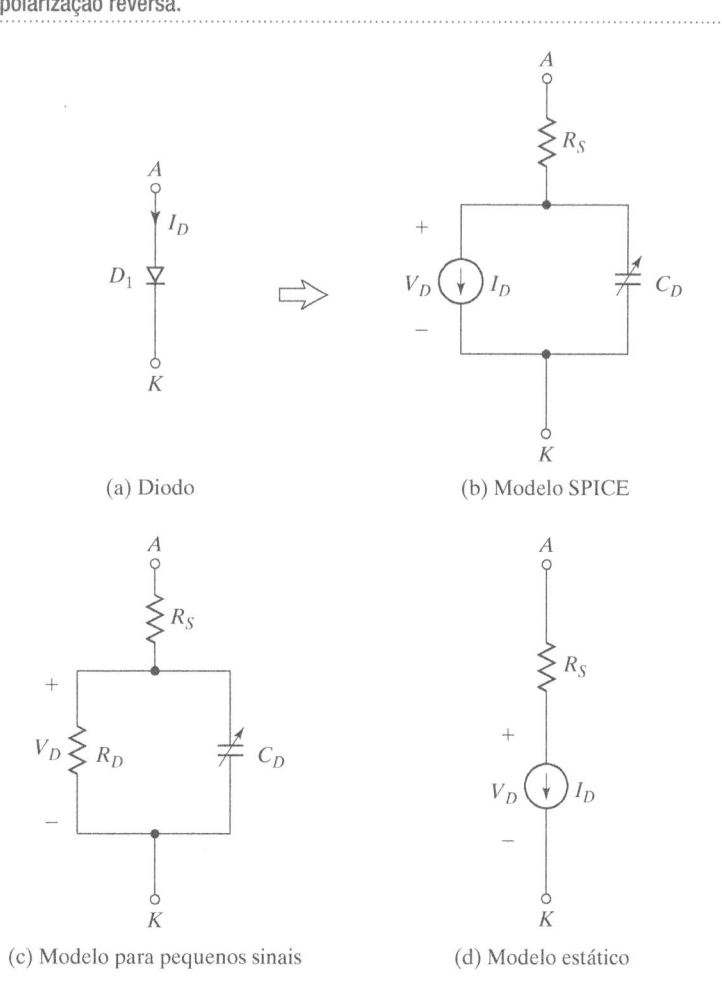

(a) Diodo
(b) Modelo SPICE
(c) Modelo para pequenos sinais
(d) Modelo estático

A sintaxe do modelo SPICE de um diodo tem a forma geral

.MODEL DNOME D (P1 = V1 P2 = V2 P3 = V3 ..... PN = VN)

DNOME é o nome do modelo, e pode começar com qualquer caractere. Entretanto, o tamanho da palavra é normalmente limitado a 8 caracteres. D é o símbolo típico para diodos. P1, P2, ... e V1, V2, ... são os parâmetros do modelo e seus valores, respectivamente.

Dentre os muitos parâmetros de diodos, os mais importantes[5,8] para o chaveamento de potência são:

IS Corrente de saturação
BV Tensão de ruptura reversa
IBV Corrente de ruptura reversa
TT Tempo de trânsito
CJO Capacitância *pn* de polarização zero

Pelo fato de os diodos SiC utilizarem uma tecnologia nova, o emprego do modelo para diodos de silício pode gerar uma quantidade significativa de erros no SPICE. Os fabricantes[3] estão, no entanto, fornecendo os modelos SPICE de diodos SiC.

■ Principais pontos da Seção 2.8

– Os parâmetros SPICE, que podem ser determinados a partir das folhas de dados, podem afetar significativamente o comportamento transitório de um circuito de chaveamento.

2.9 DIODOS CONECTADOS EM SÉRIE

Em muitas aplicações de alta tensão (por exemplo, linhas de transmissão de corrente contínua em alta tensão — do inglês *high-voltage direct current* [HVDC]), um único diodo disponível comercialmente pode não suportar a tensão necessária, e diodos são conectados em série para aumentar a capacidade de bloqueio reverso.

Consideremos dois diodos conectados em série, como mostra a Figura 2.10a. As variáveis i_D e v_D são a corrente e a tensão, respectivamente, no sentido direto; V_{D1} e V_{D2} são as tensões reversas dos diodos D_1 e D_2, respectivamente. Na prática, as características *v–i* para diodos do mesmo tipo diferem por causa das tolerâncias no processo de fabricação. A Figura 2.10b apresenta duas curvas características *v–i* para tais diodos. Na condição de polarização direta, ambos os diodos conduzem a mesma quantidade de corrente. No entanto, na condição de bloqueio reverso, cada diodo precisa conduzir a mesma corrente de fuga e, consequentemente, as tensões de bloqueio podem diferir significativamente.

Uma solução simples para esse problema consiste em conectar um resistor em paralelo com cada diodo, fazendo a divisão de tensão ocorrer de forma equilibrada, como mostra a Figura 2.11a. Por causa da divisão igual de tensão, a corrente de fuga de cada diodo é diferente, como representado na Figura 2.11b. Como a corrente de fuga total precisa ser compartilhada por um diodo e seu resistor,

$$I_S = I_{S1} + I_{R1} = I_{S2} + I_{R2} \tag{2.12}$$

No entanto, $I_{R1} = V_{D1}/R_1$ e $I_{R2} = V_{D2}/R_2 = V_{D1}/R_2$. A Equação 2.12 fornece a relação entre R_1 e R_2 para a divisão igual de tensão como

$$I_{S1} + \frac{V_{D1}}{R_1} = I_{S2} + \frac{V_{D1}}{R_2} \tag{2.13}$$

Se as resistências são iguais, então $R = R_1 = R_2$, e as tensões dos dois diodos seriam ligeiramente diferentes, dependendo das diferenças das duas características *v–i*. Os valores de V_{D1} e V_{D2} podem ser determinados a partir das equações 2.14 e 2.15:

$$I_{S1} + \frac{V_{D1}}{R} = I_{S2} + \frac{V_{D2}}{R} \tag{2.14}$$

FIGURA 2.10
Dois diodos conectados em série com polarização reversa.

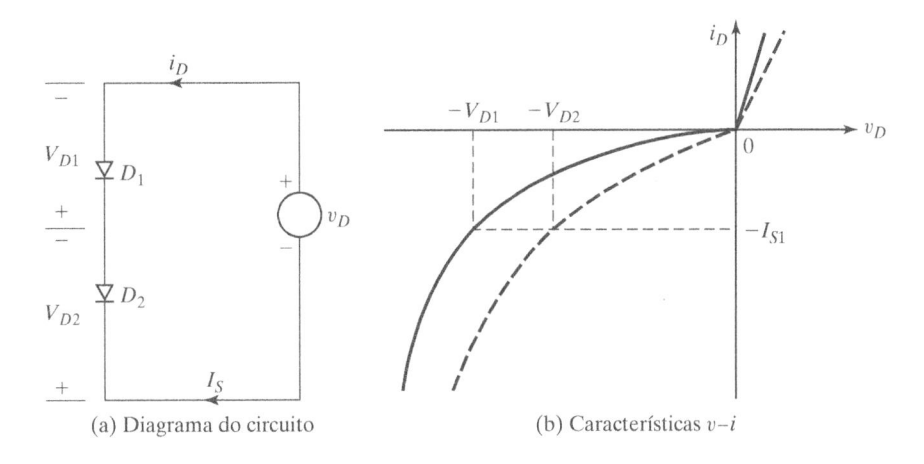

(a) Diagrama do circuito

(b) Características v–i

FIGURA 2.11
Características em regime permanente da divisão de tensão de dois diodos conectados em série.

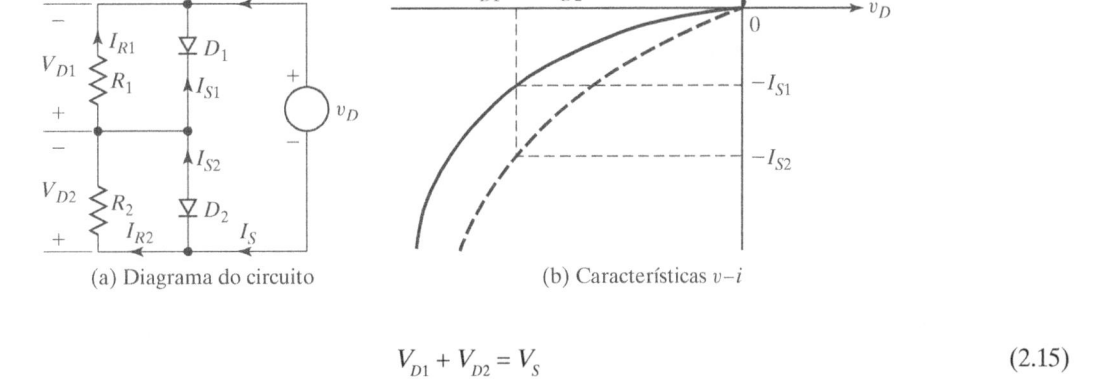

(a) Diagrama do circuito

(b) Características v–i

$$V_{D1} + V_{D2} = V_S \tag{2.15}$$

A divisão de tensão em condições transitórias (por exemplo, por causa do chaveamento de cargas ou da aplicação inicial da tensão de entrada) é obtida pela conexão de capacitores em cada diodo, como mostrado na Figura 2.12. R_s limita a taxa de crescimento da tensão de bloqueio.

FIGURA 2.12
Diodos em série com redes de divisão de tensão em regime permanente e em transitórios.

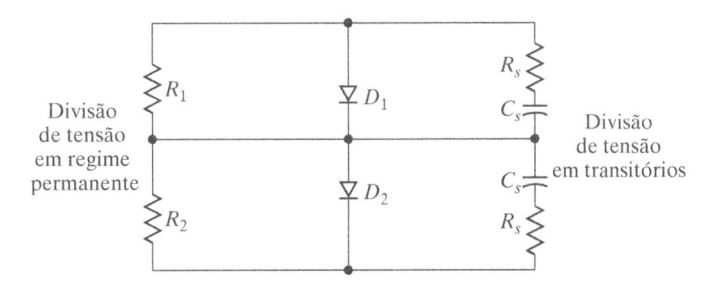

Exemplo 2.3 ▪ Determinação dos resistores de divisão de tensão

Dois diodos são conectados em série, como mostra a Figura 2.11a, para compartilhar uma tensão CC reversa total $V_D = 5\,\text{kV}$. As correntes reversas de fuga dos dois diodos são $I_{S1} = 30\,\text{mA}$ e $I_{S2} = 35\,\text{mA}$. **(a)** Encontre as tensões dos diodos quando as resistências de divisão de tensão são iguais, $R_1 = R_2 = R = 100\,\text{k}\Omega$. **(b)** Encontre as resistências de divisão de tensão R_1 e R_2 para tensões iguais nos diodos, $V_{D1} = V_{D2} = V_D/2$. **(c)** Utilize o PSpice para conferir seus resultados da parte (a). Os parâmetros do modelo PSpice dos diodos são BV = 3 kV e IS = 30 mA para o diodo D_1, e IS = 35 mA para o diodo D_2.

Solução
a. $I_{S1} = 30\,\text{mA}$, $I_{S2} = 35\,\text{mA}$ e $R_1 = R_2 = R = 100\,\text{k}\Omega$. $-V_D = -V_{D1} - V_{D2}$ ou $V_{D2} = V_D - V_{D1}$. A partir da Equação 2.14,

$$I_{S1} + \frac{V_{D1}}{R} = I_{S2} + \frac{V_{D2}}{R}$$

Substituindo $V_{D2} = V_D - V_{D1}$ e resolvendo para a tensão do diodo D_1, chegamos a

$$V_{D1} = \frac{V_D}{2} + \frac{R}{2}(I_{S2} - I_{S1}) = \frac{5\,\text{kV}}{2} + \frac{100\,\text{k}\Omega}{2}(35 \times 10^{-3} - 30 \times 10^{-3}) = 2750\,\text{V} \qquad (2.16)$$

e $V_{D2} = V_D - V_{D1} = 5\,\text{kV} - 2750 = 2250\,\text{V}$.

b. $I_{S1} = 30\,\text{mA}$, $I_{S2} - 35\,\text{mA}$ e $V_{D1} = V_{D2} = V_D/2 = 2{,}5\,\text{kV}$. A partir da Equação 2.13,

$$I_{S1} + \frac{V_{D1}}{R_1} = I_{S2} + \frac{V_{D2}}{R_2}$$

que dá a resistência R_2 para um valor conhecido de R_1 como

$$R_2 = \frac{V_{D2} R_1}{V_{D1} - R_1(I_{S2} - I_{S1})} \qquad (2.17)$$

Assumindo que $R_1 = 100\,\text{k}\Omega$, chega-se a

$$R_2 = \frac{2{,}5\,\text{kV} \times 100\,\text{k}\Omega}{2{,}5\,\text{kV} - 100\,\text{k}\Omega \times (35 \times 10^{-3} - 30 \times 10^{-3})} = 125\,\text{k}\Omega$$

c. O circuito do diodo para a simulação PSpice é mostrado na Figura 2.13. A listagem do arquivo do circuito é a seguinte:

```
Exemplo 2.3           Divisão de tensão em circuito com diodos em série
VS        1    0      DC        5KV
R         1    2      0.01
R1        2    3      100K
R2        3    0      100K
D1        3    2      MOD1
D2        0    3      MOD2
.MODEL MOD1 D (IS=30MA BV=3KV)    ; Parâmetros do modelo do diodo D1
.MODEL MOD2 D (IS=35MA BV=3KV)    ; Parâmetros do modelo do diodo D2
.OP                               ; Análise do ponto de operação CC
.END
```

FIGURA 2.13
Circuito do diodo para a simulação PSpice do Exemplo 2.3.

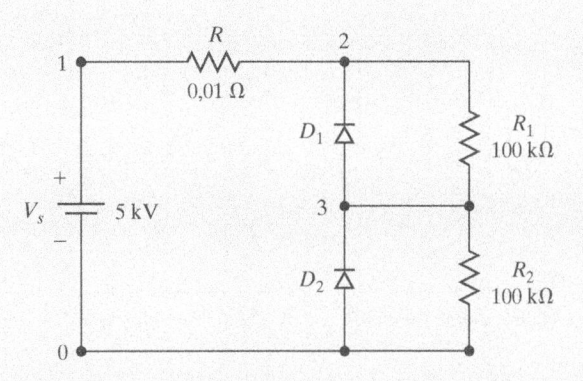

Os resultados da simulação PSpice são

NAME	D1		D2	
ID	-3.00E-02	I_{D1}=-30 mA	-3.50E-02	I_{D2}=-35 mA
VD	-2.75E+03	V_{D1}=-2750 V	-2.25E+03	V_{D2}=-2250 V
REQ	1.00E+12	R_{D1}=1 GΩ	1.00E+12	R_{D2}=1 GΩ

Observação: o SPICE dá as mesmas tensões, como esperado. Uma pequena resistência $R = 10$ mΩ é inserida para evitar um erro do SPICE por conta de um laço (*loop*) de tensão com resistência zero.

■ **Principais pontos da Seção 2.9**

– Quando diodos do mesmo tipo são conectados em série, eles não compartilham a mesma tensão reversa em virtude das diferenças em suas características *v–i* reversas. Para equalizar a divisão da tensão são necessárias redes de divisão de tensão.

2.10 DIODOS CONECTADOS EM PARALELO

Em aplicações de alta tensão, os diodos podem ser conectados em paralelo para aumentar a capacidade de condução de corrente e atender os requisitos. A divisão da corrente entre os diodos será de acordo com suas respectivas quedas de tensão direta. A divisão uniforme da corrente pode ser obtida pela inclusão de indutâncias iguais (por exemplo, nos terminais) ou pela conexão de resistores de divisão de corrente (que podem não ser práticos por causa das perdas de energia); isso é apresentado na Figura 2.14. É possível minimizar esse problema pela seleção de diodos com quedas de tensão direta iguais ou do mesmo tipo. Como os diodos são conectados em paralelo, as tensões de bloqueio reverso de cada um deles seriam as mesmas.

Os resistores da Figura 2.14a ajudam na divisão de corrente em condições de regime permanente. A divisão da corrente em condições dinâmicas pode ser realizada pela conexão de indutores acoplados, como mostra a Figura 2.14b. Se a corrente através do diodo D_1 sobe, $L\, di/dt$ sobre L_1 aumenta, e uma tensão correspondente de polaridade oposta é induzida sobre o indutor L_2. O resultado é um caminho de baixa impedância através do diodo D_2, para onde a corrente é deslocada. Os indutores podem gerar picos de tensão, além de ser caros e volumosos, especialmente em correntes elevadas.

FIGURA 2.14
Diodos conectados em paralelo.

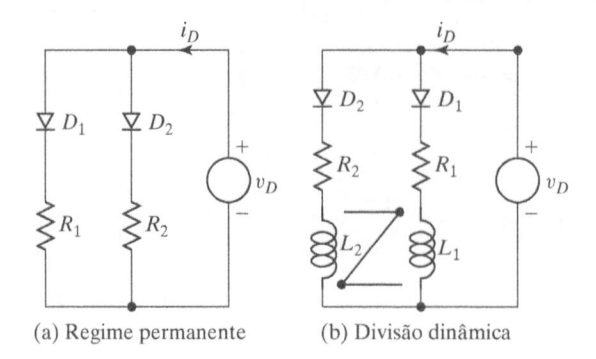

(a) Regime permanente (b) Divisão dinâmica

- **Principais pontos da Seção 2.10**
  - Quando diodos do mesmo tipo são conectados em paralelo, eles não conduzem o mesmo valor de corrente por causa das diferenças em suas características v–i diretas. Para equalizar a divisão de corrente, são necessárias redes de divisão de corrente.

2.11 DIODO COM CARGA RC

A Figura 2.15a mostra um circuito com diodo e uma carga RC. Para tornar a questão mais simples, os diodos são considerados ideais. Por "ideal" queremos dizer que o tempo de recuperação reversa t_{rr} e a queda de tensão direta V_D são desprezáveis. Isto é, $t_{rr} = 0$ e $V_D = 0$. A fonte de alimentação V_S tem uma tensão CC constante. Quando a chave S_1 é fechada em $t = 0$, a corrente de carga i que flui pelo capacitor pode ser determinada por

$$V_s = v_R + v_c = v_R + \frac{1}{C}\int_{t_0}^{t} i\, dt + v_c(t=0) \tag{2.18}$$

$$v_R = Ri \tag{2.19}$$

Com a condição inicial $v_c(t = 0) = 0$, a solução da Equação 2.18 (que é deduzida no Apêndice D, Seção D.1) resulta na corrente de carga i como

$$i(t) = \frac{V_s}{R} e^{-t/RC} \tag{2.20}$$

A tensão do capacitor v_C é

$$v_c(t) = \frac{1}{C}\int_{0}^{t} i\, dt = V_s(1 - e^{-t/RC}) = V_s(1 - e^{-t/\tau}) \tag{2.21}$$

onde $\tau = RC$ é a constante de tempo de uma carga RC. A taxa de variação da tensão do capacitor é

$$\frac{dv_c}{dt} = \frac{V_s}{RC} e^{-t/RC} \tag{2.22}$$

e a taxa inicial de variação da tensão do capacitor (em $t = 0$) é obtida a partir da Equação 2.22

$$\left.\frac{dv_c}{dt}\right|_{t=0} = \frac{V_s}{RC} \tag{2.23}$$

Devemos notar que, no instante em que a chave é fechada em $t = 0$, a tensão no capacitor é zero. A tensão CC de alimentação V_S aparecerá na resistência R, e a corrente subirá instantaneamente para V_S/R. Ou seja, a di/dt inicial é infinita.

FIGURA 2.15
Circuito com diodo e carga *RC*.

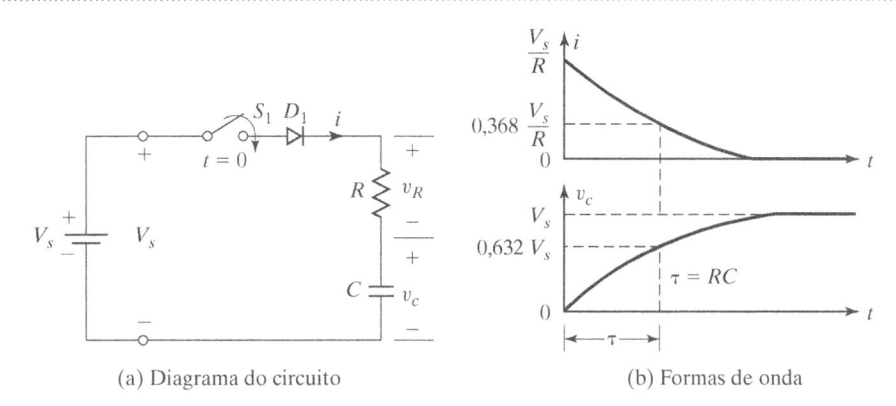

(a) Diagrama do circuito   (b) Formas de onda

Observação: como a corrente *i* na Figura 2.15a é unidirecional e não tende a mudar sua polaridade, o diodo não tem nenhum efeito sobre a operação do circuito.

■ **Principais pontos da Seção 2.11**

– A corrente em um circuito *RC* que sobe ou cai exponencialmente com uma constante de tempo não reverte a sua polaridade. A *dv/dt* inicial de carga de um capacitor em um circuito *RC* é $V_s/(RC)$.

Exemplo 2.4 ▪ **Determinação da corrente de pico e da perda de energia em um circuito *RC***

Um circuito com diodo é mostrado na Figura 2.16a com $R = 44\,\Omega$ e $C = 0{,}1\,\mu F$. O capacitor tem uma tensão inicial $V_{c0} = V_c(t=0) = 220\,V$. Se a chave S_1 é fechada em $t = 0$, determine **(a)** a corrente de pico no diodo, **(b)** a energia dissipada no resistor *R* e **(c)** a tensão do capacitor em $t = 2\,\mu s$.

Solução
As formas de onda são mostradas na Figura 2.16b.
a. A Equação 2.20 pode ser usada com $V_S = V_{c0}$, e a corrente de pico no diodo I_P é

$$I_P = \frac{V_{c0}}{R} = \frac{220}{44} = 5\,\text{A}$$

FIGURA 2.16
Circuito com diodo e carga *RC*.

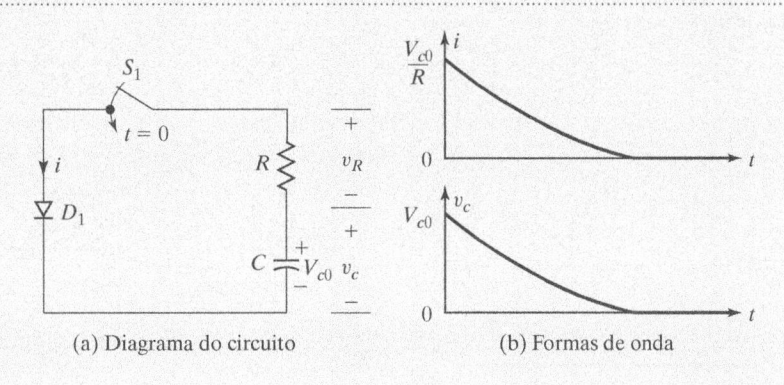

(a) Diagrama do circuito   (b) Formas de onda

b. A energia dissipada W é

$$W = 0{,}5CV_{c0}^2 = 0{,}5 \times 0{,}1 \times 10^{-6} \times 220^2 = 0{,}00242\,\text{J} = 2{,}42\,\text{mJ}$$

c. Para $RC = 44 \times 0{,}1\,\mu = 4{,}4\,\mu\text{s}$ e $t = t_1 = 2\,\mu\text{s}$, a tensão no capacitor é

$$v_c(t = 2\,\mu\text{s}) = V_{c0}e^{-t/RC} = 220 \times e^{-2/4{,}4} = 139{,}64\,\text{V}$$

Observação: como a corrente é unidirecional, o diodo não afeta a operação do circuito.

2.12 DIODO COM CARGA *RL*

Um circuito com diodo e uma carga *RL* é mostrado na Figura 2.17a. Quando a chave S_1 é fechada em $t = 0$, a corrente *i* através do indutor aumenta e é expressa como

$$V_s = v_L + v_R = L\frac{di}{dt} + Ri \tag{2.24}$$

Com a condição inicial $i(t = 0) = 0$, a solução da Equação 2.24 (que é deduzida no Apêndice D, Seção D.2) resulta em

$$i(t) = \frac{V_s}{R}(1 - e^{-tR/L}) \tag{2.25}$$

A taxa de variação dessa corrente pode ser conseguida a partir da Equação 2.25 como

$$\frac{di}{dt} = \frac{V_s}{L}e^{-tR/L} \tag{2.26}$$

e a taxa inicial de subida da corrente (em $t = 0$) é obtida a partir da Equação 2.26:

$$\left.\frac{di}{dt}\right|_{t=0} = \frac{V_s}{L} \tag{2.27}$$

A tensão do indutor v_L é

$$v_L(t) = L\frac{di}{dt} = V_s e^{-tR/L} \tag{2.28}$$

onde $L/R = \tau$ é a constante de tempo de uma carga *RL*.

FIGURA 2.17
Circuito com diodo e carga *RL*.

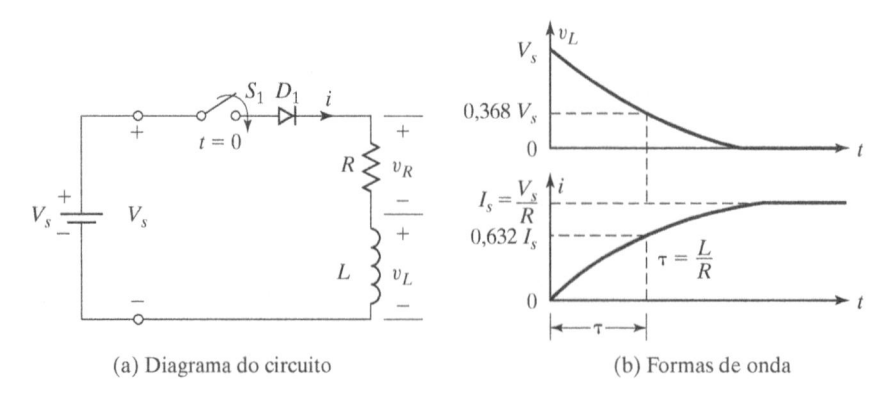

(a) Diagrama do circuito

(b) Formas de onda

Devemos notar que no instante em que a chave é fechada em $t = 0$, a corrente e a tensão na resistência R são zero. A tensão CC de alimentação V_S aparecerá no indutor L. Isto é,

$$V_S = L \frac{di}{dt}$$

o que dá a taxa inicial de variação da corrente como

$$\frac{di}{dt} = \frac{V_S}{L}$$

que é a mesma que vemos na Equação 2.27. Se não houvesse indutor, a corrente subiria instantaneamente. Mas, por conta do indutor, a corrente subirá com uma inclinação inicial de V_S/L, podendo ser aproximada para $i = V_S*t/L$.

Observação: D_1 está ligado em série com a chave e impede qualquer fluxo de corrente negativa por ela (não é aplicável para uma fonte CC, mas apenas se houver uma fonte de tensão CA na entrada). Normalmente, uma chave eletrônica (BJT ou MOSFET ou IGBT) não permite o fluxo de corrente reversa. A chave S_1, com o diodo D_1, simula o comportamento de comutação de uma chave eletrônica.

As formas de onda para a tensão v_L e a corrente são mostradas na Figura 2.17b. Se $t \gg L/R$, a tensão no indutor tende a ser zero e sua corrente atinge o valor de regime permanente de $I_s = V_S/R$. Se for feita, então, uma tentativa de abrir a chave S_1, a energia armazenada no indutor ($= 0,5Li^2$) será transformada em uma alta tensão reversa sobre a chave e o diodo. Essa energia se dissipa na forma de faíscas na chave; o diodo D_1 pode ser danificado no processo. Para contornar essa situação, um diodo, geralmente conhecido como *diodo de roda livre*, é conectado na carga indutiva, como mostra a Figura 2.24a.

Observação: como a corrente i na Figura 2.17a é unidirecional e não tende a mudar sua polaridade, o diodo não tem nenhum efeito sobre a operação do circuito.

■ Principais pontos da Seção 2.12

– A corrente em um circuito RL que cresce ou decresce exponencialmente com uma constante de tempo não reverte a sua polaridade. A di/dt inicial em um circuito RL é V_s/L.

Exemplo 2.5 ▪ Determinação da corrente em regime permanente e da energia armazenada em um indutor

Um circuito com diodo e carga RL é mostrado na Figura 2.17a com $V_S = 220$ V, $R = 4\,\Omega$ e $L = 5$ mH. O indutor não tem corrente inicial. Se a chave S_1 é fechada em $t = 0$, determine **(a)** a corrente no diodo em regime permanente, **(b)** a energia armazenada no indutor L e **(c)** a di/dt inicial.

Solução
As formas de onda são mostradas na Figura 2.17b.

a. A Equação 2.25 pode ser usada com $t = \infty$, e a corrente de pico no diodo em regime permanente é

$$I_P = \frac{V_S}{R} = \frac{220}{4} = 55\,\text{A}$$

b. A energia armazenada no indutor em regime permanente em um tempo t tendendo a ∞ é

$$W = 0,5 L I_P^2 = 0,5 \times 5 \times 10^{-3} \times 55^2 = 7,563\,\text{mJ}$$

c. A Equação 2.26 pode ser usada para determinar a di/dt inicial como sendo

$$\frac{di}{dt} = \frac{V_S}{L} = \frac{220}{5 \times 10^{-3}} = 44\,\text{A/ms}$$

d. Para $L/R = 5\,\text{m}/4 = 1,25$ ms e $t = t_1 = 1$ ms, a Equação 2.25 dá a corrente no indutor como sendo

$$i(t = 1\,\text{ms}) = \frac{V_S}{R}\left(1 - e^{-tR/L}\right) = \frac{220}{4} \times \left(1 - e^{-1/1,25}\right) = 30,287\,\text{A}$$

2.13 DIODO COM CARGA LC

Um circuito com diodo e carga *LC* é mostrado na Figura 2.18a. A fonte de alimentação V_S tem uma tensão CC constante. Quando a chave S_1 é fechada em $t = 0$, a corrente de carga *i* no capacitor é expressa como

$$V_s = L\frac{di}{dt} + \frac{1}{C}\int_{t_0}^{t} i\, dt + v_c(t=0) \quad (2.29)$$

Com as condições iniciais $i(t = 0) = 0$ e $v_C(t = 0) = 0$, a Equação 2.29 pode ser resolvida para a corrente do capacitor *i* como (no Apêndice D, Seção D.3)

$$i(t) = V_s\sqrt{\frac{C}{L}}\,\text{sen}(\omega_0 t) \quad (2.30)$$

$$= I_P\,\text{sen}\,(\omega_0 t) \quad (2.31)$$

onde $\omega_0 = 1/\sqrt{LC}$, e a corrente de pico I_P é

$$I_P = V_s\sqrt{\frac{C}{L}} \quad (2.32)$$

A taxa de subida da corrente é obtida a partir da Equação 2.30 como

$$\frac{di}{dt} = \frac{V_s}{L}\cos(\omega_0 t) \quad (2.33)$$

e a Equação 2.33 dá a taxa inicial de subida da corrente (em $t = 0$) como

$$\left.\frac{di}{dt}\right|_{t=0} = \frac{V_s}{L} \quad (2.34)$$

A tensão v_C no capacitor pode ser obtida como

$$v_c(t) = \frac{1}{C}\int_0^t i\, dt = V_s\,[1 - \cos(\omega_0 t)] \quad (2.35)$$

No instante $t = t_1 = \pi\sqrt{LC}$, a corrente *i* no diodo cai a zero e o capacitor está carregado com $2V_S$. As formas de onda para a tensão v_L e a corrente *i* são mostradas na Figura 2.18b.

Observações:

- Como não há nenhuma resistência no circuito, não ocorre perda de energia. Assim, na ausência de qualquer resistência, a corrente de um circuito *LC* oscila e a energia é transferida de *C* para *L*, e vice-versa.

FIGURA 2.18
Circuito com diodo e carga *LC*.

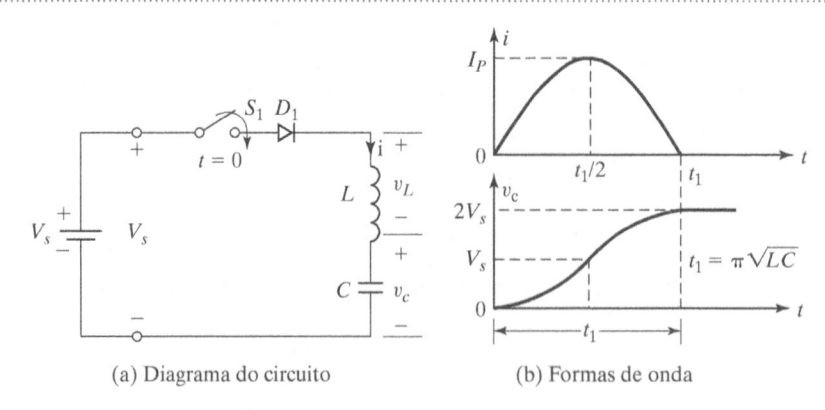

(a) Diagrama do circuito

(b) Formas de onda

Capítulo 2 – Diodos de potência e circuitos *RLC* chaveados   51

- D_1 está conectado em série com a chave e impede qualquer fluxo de corrente negativa por ela. Na ausência de um diodo, o circuito *LC* continuará a oscilar para sempre. Normalmente, uma chave eletrônica (BJT ou MOSFET ou IGBT) não permite nenhum fluxo de corrente reversa. A chave S_1, com o diodo D_1, simula o comportamento de comutação de uma chave eletrônica.
- A tensão do capacitor *C* pode ser conectada a outros circuitos semelhantes constituídos por uma chave e um diodo ligado em série com um *L* e um *C* para obter múltiplos da tensão CC de alimentação V_S. Essa técnica é utilizada para gerar alta tensão em aplicações de potência pulsada e supercondutores.

Exemplo 2.6 ▪ Determinação da tensão e da corrente em um circuito *LC*

Um circuito com diodo e carga *LC* é mostrado na Figura 2.19a. A tensão inicial do capacitor é $V_C(t=0) = V_{C0} = -V_0 = -220\text{V}$ com $C = 20\ \mu\text{F}$; e $L = 80\ \mu\text{H}$.
Se a chave S_1 é fechada em $t = 0$, determine **(a)** a corrente de pico através do diodo, **(b)** o tempo de condução do diodo e **(c)** a tensão do capacitor em regime permanente.

Solução
a. Utilizando a *lei de Kirchhoff das tensões* (LKT), podemos escrever a equação para a corrente *i* como

$$L\frac{di}{dt} + \frac{1}{C}\int_{t_0}^{t} i\, dt + v_c(t=0) = 0$$

e a corrente *i* com as condições iniciais $i(t=0) = 0$ e $v_c(t=0) = V_{C0}$ é resolvida como

$$i(t) = -V_{c0}\sqrt{\frac{C}{L}}\operatorname{sen}(\omega_0 t)$$

onde $\omega_0 = 1/\sqrt{LC} = 1/\sqrt{20\times 10^{-6}\times 80\times 10^{-6}} = 25000\,\text{rad/s}$. A corrente de pico I_P é

$$I_P = -V_{c0}\sqrt{\frac{C}{L}} = 220\sqrt{\frac{20\mu}{80\mu}} = 110\,\text{A}$$

b. Em $t = t_1 = \pi\sqrt{LC}$, a corrente do diodo torna-se zero, e o tempo de condução t_1 do diodo é

$$t_1 = \pi\sqrt{LC} = \pi\sqrt{20\times 10^{-6}\times 80\times 10^{-6}} = 125{,}66\,\mu\text{s}$$

c. Pode-se facilmente demonstrar que a tensão do capacitor é

$$v_c(t) = \frac{1}{C}\int_0^t i\, dt + V_{c0} = V_{c0}\cos(\omega_0 t)$$

Para $t = t_1 = 125{,}66\ \mu\text{s}$, $v_c(t=t_1) = -220\cos\pi = 220\,\text{V}$.

FIGURA 2.19
Circuito com diodo e carga *LC*.

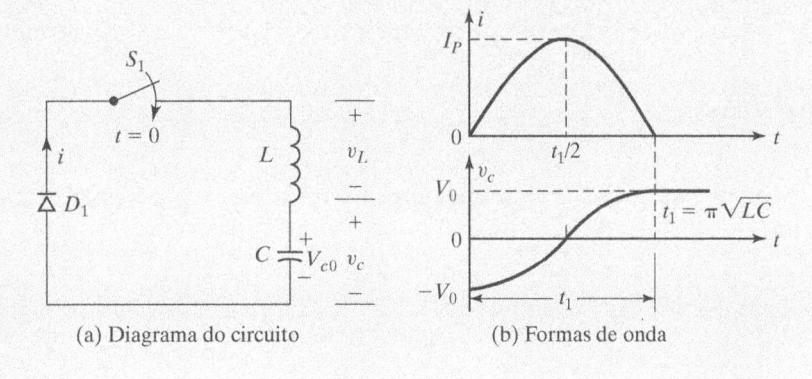

(a) Diagrama do circuito   (b) Formas de onda

> *Observação:* esse é um exemplo de inversão de polaridade da tensão de um capacitor. Algumas aplicações podem exigir uma tensão com polaridade oposta à da fonte disponível.

■ Principais pontos da Seção 2.13

- A corrente de um circuito LC passa por uma oscilação ressonante com um valor de pico de $V_s\sqrt{C/L}$. O diodo D_1 impede o fluxo de corrente reversa, e o capacitor é carregado em $2V_s$.

2.14 DIODO COM CARGA *RLC*

Um circuito com diodo e carga RLC é mostrado na Figura 2.20. Se a chave S_1 é fechada em $t = 0$, podemos utilizar a LKT para escrever a equação para a corrente de carga i como

$$L\frac{di}{dt} + Ri + \frac{1}{C}\int i\,dt + v_c(t=0) = V_s \tag{2.36}$$

com as condições iniciais $i(t=0) = 0$ e $v_c(t=0) = V_{c0}$. Derivando a Equação 2.36 e dividindo ambos os lados por L, chegamos à equação característica

$$\frac{d^2 i}{dt^2} + \frac{R}{L}\frac{di}{dt} + \frac{i}{LC} = 0 \tag{2.37}$$

Em condições de regime permanente, o capacitor é carregado com a tensão de alimentação V_s e a corrente é zero. A componente forçada da corrente na Equação 2.37 também é zero. A corrente é decorrente da componente natural.

A equação característica no domínio de Laplace s é

$$s^2 + \frac{R}{L}s + \frac{1}{LC} = 0 \tag{2.38}$$

e as raízes da Equação Quadrática 2.38 são dadas por

$$s_{1,2} = -\frac{R}{2L} \pm \sqrt{\left(\frac{R}{2L}\right)^2 - \frac{1}{LC}} \tag{2.39}$$

Definiremos duas propriedades importantes de um circuito de segunda ordem: o *fator de amortecimento*

$$\alpha = \frac{R}{2L} \tag{2.40}$$

e a *frequência de ressonância* ou *frequência natural*

$$\omega_0 = \frac{1}{\sqrt{LC}} \tag{2.41}$$

Substituindo essas duas propriedades na Equação 2.39, obtém-se

$$s_{1,2} = -\alpha \pm \sqrt{\alpha^2 - \omega_0^2} \tag{2.42}$$

FIGURA 2.20

Circuito com diodo e carga *RLC*.

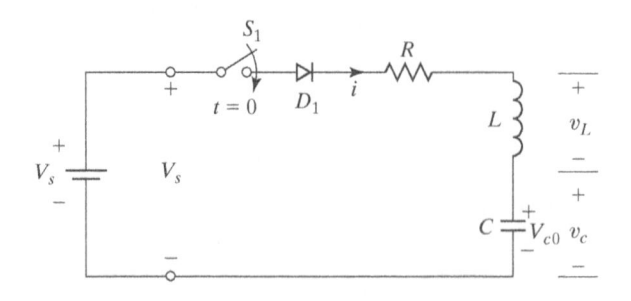

A solução para a corrente, que depende dos valores de α e ω_0, segue um desses três casos possíveis:

Caso 1. Se α = ω_0, as raízes são iguais, $s_1 = s_2$, e o circuito é chamado de *criticamente amortecido*. A solução tem a forma

$$i(t) = (A_1 + A_2 t) e^{s_1 t} \quad (2.43)$$

Caso 2. Se α > ω_0, as raízes são reais e o circuito é chamado de *superamortecido*. A solução toma a forma

$$i(t) = A_1 e^{s_1 t} + A_2 e^{s_2 t} \quad (2.44)$$

Caso 3. Se α < ω_0, as raízes são complexas e o circuito é chamado de *subamortecido*. As raízes são

$$s_{1,2} = -\alpha \pm j\omega_r \quad (2.45)$$

onde ω_r é chamado de *frequência de ressonância amortecida* (*damped resonant frequency* ou *ringing frequency*) e $\omega_r = \sqrt{\omega_0^2 - \alpha^2}$. A solução toma a forma

$$i(t) = e^{-\alpha t}[A_1 \cos(\omega_r t) + A_2 \sen(\omega_r t)] \quad (2.46)$$

que é uma *senoide amortecida* ou em declínio.

Um circuito *RLC* subamortecido chaveado é utilizado para converter uma tensão de alimentação CC em uma tensão CA na frequência de ressonância amortecida. Esse método será analisado em detalhes no Capítulo 7.

Observações:

- As constantes A_1 e A_2 podem ser determinadas a partir das condições iniciais do circuito. A resolução para essas duas constantes requer duas equações de fronteira em $i(t = 0)$ e $di/dt(t = 0)$. A relação α/ω_0 é comumente conhecida como *coeficiente de amortecimento*, $\delta = R/2\sqrt{C/L}$. Os circuitos de eletrônica de potência são geralmente subamortecidos, de modo que a corrente do circuito se torna mais ou menos senoidal para obter uma saída CA quase senoidal ou para desligar um dispositivo semicondutor de potência.
- Para condições críticas ou subamortecidas, a corrente $i(t)$ não oscilará, e não há necessidade de um diodo.
- As equações 2.43, 2.44 e 2.46 são formas gerais para a solução de quaisquer equações diferenciais de segunda ordem. A forma específica da solução dependerá dos valores de R, L e C.

Exemplo 2.7 • Determinação da corrente em um circuito *RLC*

O circuito *RLC* de segunda ordem da Figura 2.20 tem tensão de alimentação V_S = 220 V, indutância L = 2 mH, capacitância C = 0,05 μF e resistência R = 160 Ω. O valor inicial da tensão do capacitor é $v_C(t = 0) = V_{C0} = 0$, e corrente inicial, $i(t = 0) = 0$. Se a chave S_1 é fechada em $t = 0$, determine **(a)** uma expressão para a corrente $i(t)$ e **(b)** o tempo de condução do diodo. **(c)** Desenhe um esboço de $i(t)$. **(d)** Utilize o PSpice para fazer o gráfico da corrente instantânea i para R = 50 Ω, 160 Ω e 320 Ω.

Solução
a. A partir da Equação 2.40, $\alpha = R/(2L) = 160/(2 \times 2 \times 10^{-3}) = 40000$ rad/s, e, a partir da Equação 2.41, $\omega_0 = 1/\sqrt{LC} = 10^5$ rad/s. A frequência de ressonância amortecida torna-se

$$\omega_r = \sqrt{10^{10} - 16 \times 10^8} = 91652 \text{ rad/s}$$

Como $\alpha < \omega_0$, trata-se de um circuito subamortecido, e a solução tem a forma

$$i(t) = e^{-\alpha t}[A_1 \cos(\omega_r t) + A_2 \sen(\omega_r t)]$$

Em $t = 0$, $i(t = 0) = 0$, e, assim, $A_1 = 0$. A solução torna-se

$$i(t) = e^{-\alpha t} A_2 \sen(\omega_r t)$$

A derivada de $i(t)$ torna-se

$$\frac{di}{dt} = \omega_r \cos(\omega_r t) A_2 e^{-\alpha t} - \alpha \sen(\omega_r t) A_2 e^{-\alpha t}$$

Quando a chave é fechada em $t = 0$, o capacitor apresenta baixa impedância, e o indutor, alta impedância. A taxa inicial de subida da corrente é limitada apenas pelo indutor L. Assim, em $t = 0$, a di/dt do circuito é V_s/L. Portanto,

$$\left.\frac{di}{dt}\right|_{t=0} = \omega_r A_2 = \frac{V_s}{L}$$

o que dá a constante como

$$A_2 = \frac{V_s}{\omega_r L} = \frac{220}{91652 \times 2 \times 10^{-3}} = 1{,}2 \text{ A}$$

A expressão final para a corrente $i(t)$ é

$$i(t) = 1{,}2\sen(91652t)e^{-40000t} \text{ A}$$

b. O tempo de condução t_1 do diodo é obtido quando $i = 0$. Isto é,

$$\omega_r t_1 = \pi \quad \text{ou} \quad t_1 = \frac{\pi}{91652} = 34{,}27 \text{ μs}$$

c. O esboço da forma de onda da corrente é mostrado na Figura 2.21.

d. O circuito para a simulação PSpice[4] é mostrado na Figura 2.22. A listagem do arquivo do circuito é a seguinte:

FIGURA 2.21
Forma de onda da corrente para o Exemplo 2.7.

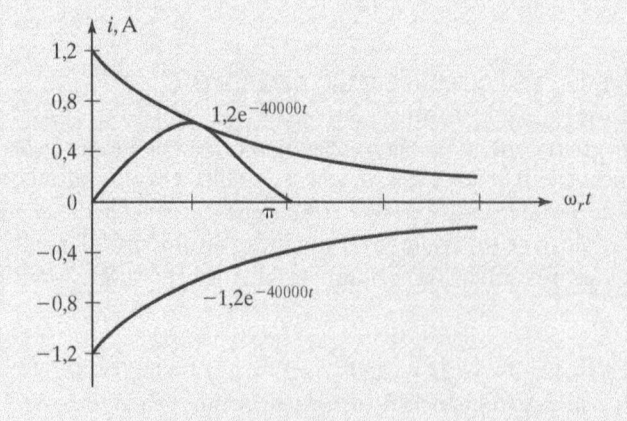

```
Exemplo 2.7     Circuito RLC com Diodo
.PARAM  VALU = 160                          ; Define o parâmetro VALU
.STEP   PARAM   VALU LIST 50 160 320        ; Varia o parâmetro VALU
VS      1   0   PWL (0 0 1NS 220V 1MS 220V) ; Seções lineares
R       2   3   {VALU}                      ; Resistência variável
L       3   4   2MH
C       4   0   0.05UF
D1      1   2   DMOD                        ; Diodo com modelo DMOD
.MODEL  DMOD D(IS=2.22E-15 BV=1800V)        ; Parâmetros do diodo
.TRAN   0.1US 60US                          ; Análise transitória
.PROBE
.END
```

O gráfico PSpice da corrente $I(R)$ na resistência R é mostrado na Figura 2.23. A resposta da corrente depende da resistência R. Com um valor maior de R, a corrente torna-se mais amortecida; com um valor menor, ela tende mais para uma senoide. Para $R = 0$, a corrente de pico torna-se $V_s \sqrt{C/L} = 220 \times \sqrt{0,05\ \mu/2\ m} = 1,1$ A. Um projetista de circuito poderia selecionar um valor do coeficiente de amortecimento e os valores de R, L e C para gerar a forma desejada da onda e a frequência de saída.

FIGURA 2.22
Circuito *RLC* para simulação no PSpice.

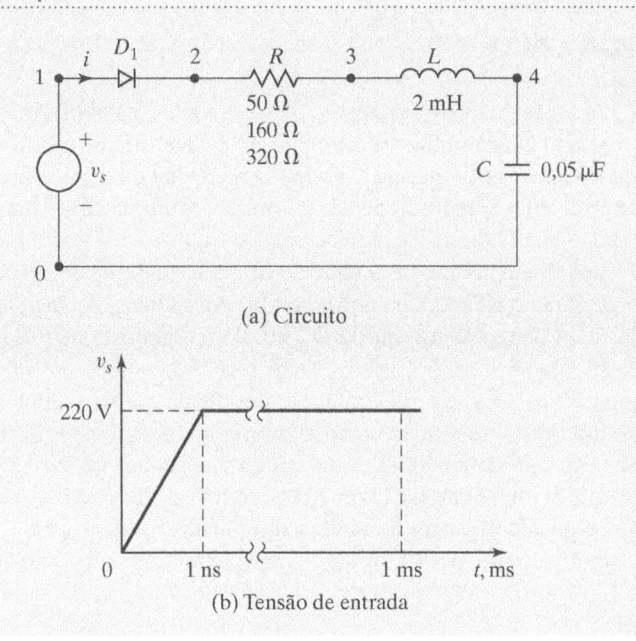

(a) Circuito

(b) Tensão de entrada

Principais pontos da Seção 2.14

– A corrente de um circuito RLC depende do coeficiente de amortecimento $\delta = (R/2) \sqrt{C/L}$. Os circuitos da eletrônica de potência são geralmente subamortecidos, de modo que a corrente se torna quase senoidal.

FIGURA 2.23

Gráficos para o Exemplo 2.7.

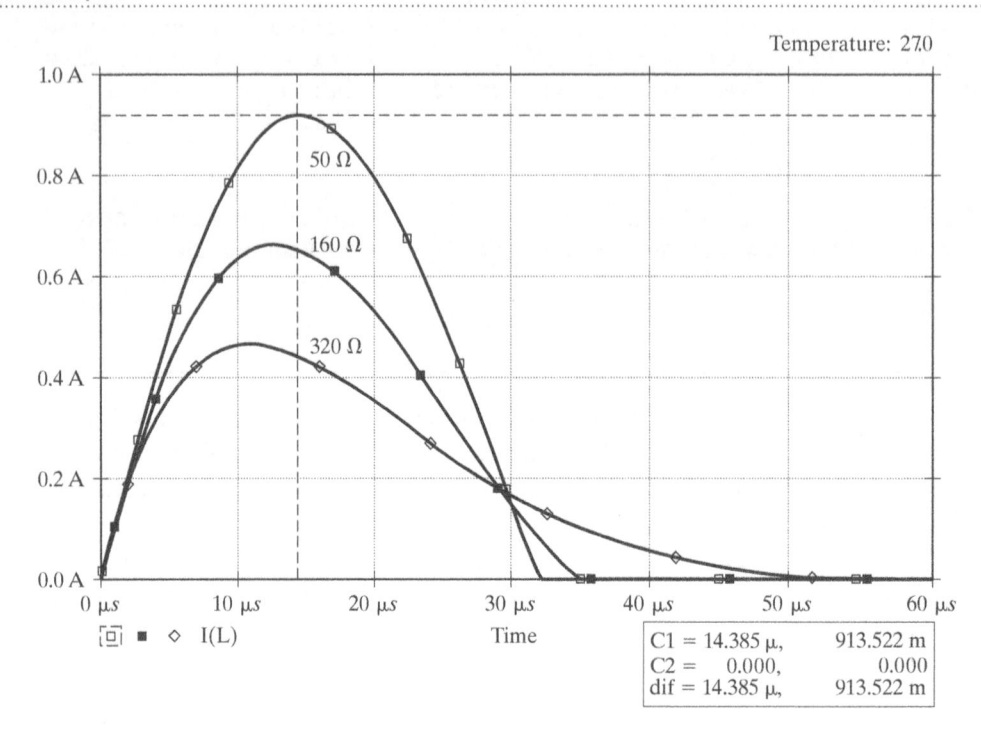

2.15 DIODO DE RODA LIVRE

Se a chave S_1 da Figura 2.24a for fechada no instante t_1, uma corrente é estabelecida através da carga; então, se a chave for aberta, deve ser fornecido um caminho para a corrente, pois a carga é indutiva. Caso contrário, a energia indutiva leva a uma tensão muito alta, e essa energia é dissipada na forma de calor sobre a chave, como faíscas. Esse caminho é normalmente fornecido com a inclusão de um diodo D_m, como mostra a Figura 2.24a, e este geralmente recebe o nome de *diodo de roda livre*. O diodo D_m é necessário para proporcionar um caminho à corrente de uma carga indutiva. O diodo D_1 é ligado em série com a chave e impede qualquer fluxo negativo de corrente através dela, caso exista uma tensão de alimentação CA na entrada. Mas para uma alimentação CC, como mostra a Figura 2.24a, não há necessidade de D_1. A chave, com o diodo D_1, simula o comportamento de comutação de uma chave eletrônica.

Em $t = 0+$ (após um tempo finito no início da contagem depois de zero), a chave acabou de ser fechada, e a corrente ainda é zero. Se não houvesse indutor, a corrente subiria instantaneamente. Mas, por conta do indutor, a corrente subirá exponencialmente com uma inclinação inicial de V_s/L, como indica a Equação 2.27. A operação do circuito pode ser dividida em dois modos. O modo 1 começa quando a chave é fechada em $t = 0$, e o modo 2, quando a chave é aberta. Os circuitos equivalentes para os modos são mostrados na Figura 2.24b. As variáveis i_1 e i_2 são definidas como correntes instantâneas para os modos 1 e 2, respectivamente; t_1 e t_2 são as durações correspondentes desses modos.

Modo 1. Durante esse modo, a corrente do diodo i_1, semelhante à Equação 2.25, é

$$i_1(t) = \frac{V_s}{R}\left(1 - e^{-tR/L}\right) \tag{2.47}$$

Quando a chave é aberta em $t = t_1$ (no final deste modo), a corrente tem o valor

$$I_1 = i_1(t = t_1) = \frac{V_s}{R}\left(1 - e^{-t_1 R/L}\right) \tag{2.48}$$

FIGURA 2.24
Circuito com um diodo de roda livre.

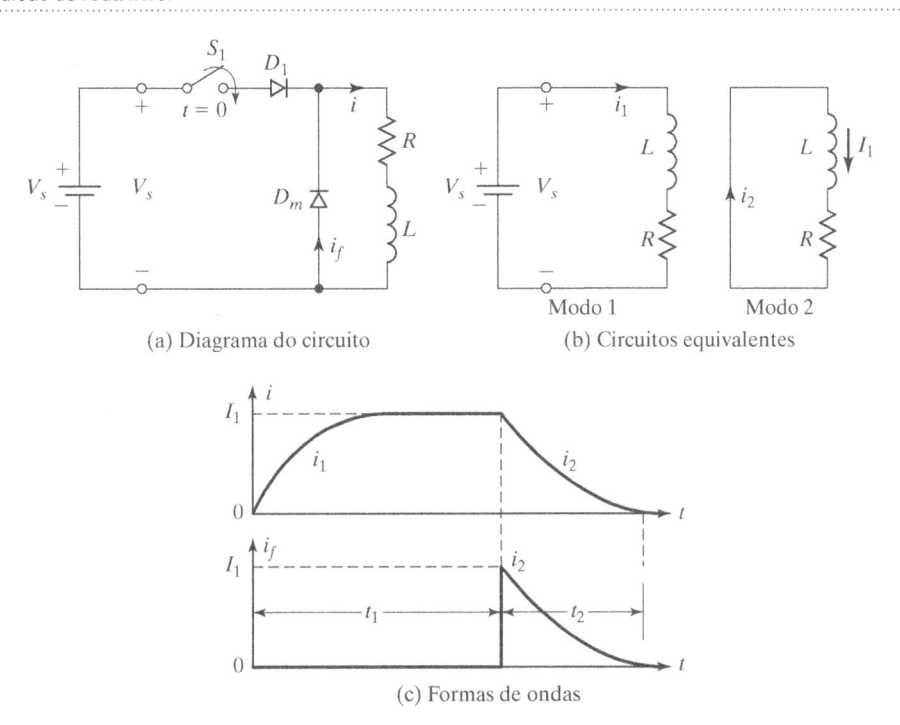

(a) Diagrama do circuito (b) Circuitos equivalentes

(c) Formas de ondas

Se o tempo t_1 for longo o suficiente, a corrente praticamente atinge uma corrente de regime permanente de $I_s = V_s/R$, que flui através da carga.

Modo 2. Esse modo começa quando a chave é aberta e a corrente de carga começa a fluir através do diodo de roda livre D_m. Ao redefinirmos a origem de tempo no início desse modo 2, a corrente através do diodo de roda livre é obtida a partir de

$$0 = L\frac{di_2}{dt} + Ri_2 \quad (2.49)$$

com a condição inicial $i_2(t=0) = I_1$. A solução da Equação 2.49 dá a corrente de roda livre $i_f = i_2$ como

$$i_2(t) = I_1 e^{-tR/L} \quad (2.50)$$

e em $t = t_2$ essa corrente decai exponencialmente para quase zero, desde que $t_2 \gg L/R$. As formas de onda para as correntes são mostradas na Figura 2.24c.

Observação: a Figura 2.24c mostra que, em t_1 e t_2, as correntes atingiram as condições de regime permanente. Esses são os casos extremos. Um circuito normalmente opera sob condições tais que a corrente permanece contínua.

Exemplo 2.8 • Determinação da energia armazenada em um indutor com um diodo de roda livre

Na Figura 2.24a, a resistência é desprezável ($R = 0$), a tensão CC de alimentação é $V_S = 220$ V e a indutância da carga é $L = 220$ µH. **(a)** Esboce a forma de onda para a corrente de carga quando a chave é fechada por um tempo $t_1 = 100$ µs e, em seguida, é aberta. **(b)** Determine a energia final armazenada no indutor de carga.

Solução
a. O diagrama do circuito é mostrado na Figura 2.25a com uma corrente inicial zero. Quando a chave é fechada em $t = 0$, a corrente de carga sobe linearmente e é expressa como

$$i(t) = \frac{V_s}{L}t$$

e em $t = t_1$, $I_0 = V_s t_1/L = 200 \times 100\mu/220\mu = 100$ A

b. Quando a chave S_1 é aberta no tempo $t = t_1$, a corrente de carga começa a fluir através do diodo D_m. Como não existe elemento de dissipação (resistência) no circuito, a corrente de carga permanece em $I_0 = 100$ A, e a energia armazenada no indutor é $0,5\ LI_0^2 = 1,1$ J. As formas de onda da corrente são mostradas na Figura 2.25b.

FIGURA 2.25
Circuito com diodo e uma carga L.

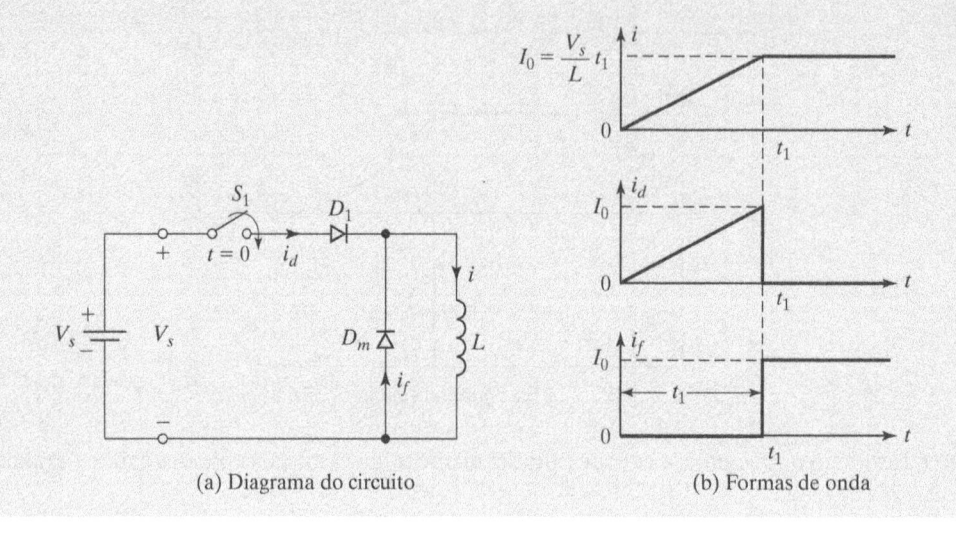

(a) Diagrama do circuito (b) Formas de onda

■ **Principais pontos da Seção 2.15**

– Se a carga for indutiva, um diodo antiparalelo conhecido como diodo de roda livre deve ser conectado em paralelo com a carga a fim de proporcionar um caminho para a corrente indutiva fluir.

2.16 RECUPERAÇÃO DA ENERGIA ARMAZENADA UTILIZANDO UM DIODO

No circuito ideal sem perdas[7] da Figura 2.25a, a energia armazenada no indutor é mantida nele, porque não há resistência no circuito. Em um circuito prático, é desejável melhorar a *eficiência* devolvendo a energia armazenada para a fonte de alimentação. Isso pode ser obtido com a adição de um segundo enrolamento ao indutor e a conexão de um diodo D_1, como mostra a Figura 2.26a. O indutor e o enrolamento secundário se comportam como um transformador. O secundário do transformador é conectado de tal modo que, se v_1 for positivo, v_2 será negativo em relação a v_1, e vice-versa. O enrolamento secundário, que facilita o retorno da energia armazenada à fonte através do diodo D_1, é conhecido como *enrolamento de retorno* ou de *realimentação*. Supondo que o transformador possua uma indutância de magnetização L_m, o circuito equivalente é o mostrado na Figura 2.26b.

Se o diodo e a tensão no secundário (tensão de alimentação) forem referidos ao lado primário do transformador, o circuito equivalente fica como mostra a Figura 2.26c. Os parâmetros i_1 e i_2 definem as correntes no primário e no secundário do transformador, respectivamente.

A *relação de espiras* ou *de transformação* de um transformador ideal é definida como

$$a = \frac{N_2}{N_1} \qquad (2.51)$$

FIGURA 2.26
Circuito com um diodo de recuperação de energia.[7]

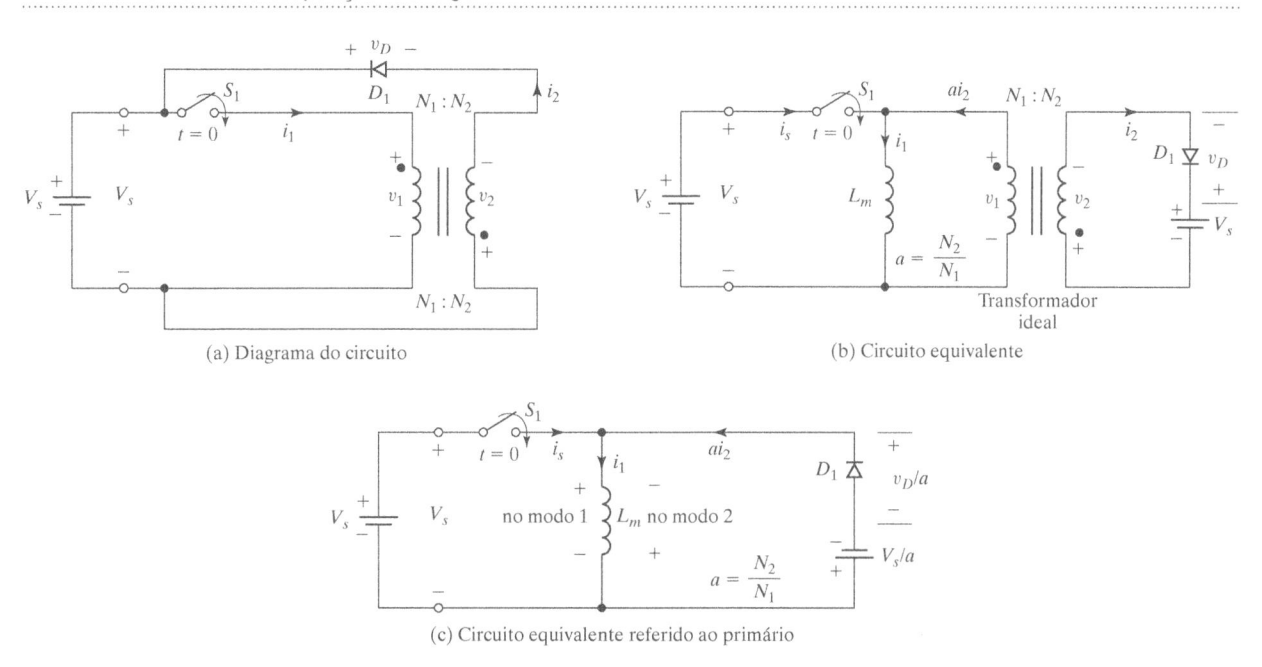

(a) Diagrama do circuito

(b) Circuito equivalente

(c) Circuito equivalente referido ao primário

A operação do circuito pode ser dividida em dois modos. O modo 1 começa quando a chave S_1 é fechada em $t = 0$, e o modo 2, quando a chave é aberta. Os circuitos equivalentes para os dois modos são mostrados na Figura 2.27a, sendo t_1 e t_2 as durações dos modos 1 e 2, respectivamente.

Modo 1. Durante esse modo, a chave S_1 é fechada em $t = 0$. O diodo D_1 é reversamente polarizado, e a corrente através dele (corrente no secundário) é $ai_2 = 0$ ou $i_2 = 0$. Utilizando a LKT na Figura 2.27a para o modo 1, $V_s = (v_D - V_s)/a$, e isso dá a tensão reversa do diodo como sendo

$$v_D = V_s(1 + a) \tag{2.52}$$

Supondo que não haja corrente inicial no circuito, a corrente no primário é igual à corrente da chave i_s, e é expressa como

$$V_s = L_m \frac{di_1}{dt} \tag{2.53}$$

o que resulta em

$$i_1(t) = i_s(t) = \frac{V_s}{L_m} t \quad \text{para } 0 \leq t \leq t_1 \tag{2.54}$$

Esse modo é válido para $0 \leq t \leq t_1$ e termina quando a chave é aberta em $t = t_1$. Ao término desse modo, a corrente no primário é

$$I_0 = \frac{V_s}{L_m} t_1 \tag{2.55}$$

Modo 2. Durante esse modo, a chave é aberta, a tensão no indutor inverte, e o diodo D_1 fica diretamente polarizado. Uma corrente flui através do secundário do transformador, e a energia armazenada no indutor é devolvida à fonte. Utilizando a LKT e redefinindo a origem do tempo no início desse modo, a corrente no primário é expressa como

$$L_m \frac{di_1}{dt} + \frac{V_s}{a} = 0 \tag{2.56}$$

FIGURA 2.27
Circuitos equivalentes e formas de onda.

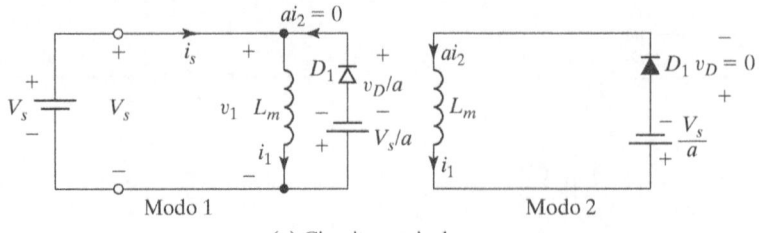

(a) Circuito equivalente

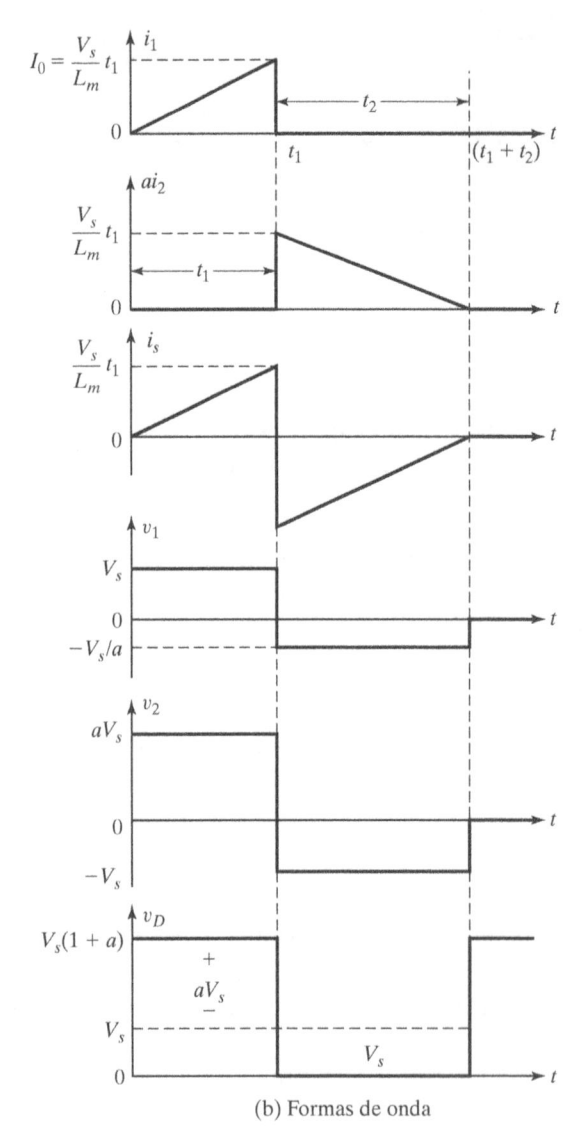

(b) Formas de onda

com a condição inicial $i_1(t = 0) = I_0$. Pode-se calcular a corrente como

$$i_1(t) = -\frac{V_s}{aL_m}t + I_0 \quad \text{para} \quad 0 \le t \le t_2 \tag{2.57}$$

O tempo de condução do diodo D_1 é encontrado a partir da condição $i_1(t = t_2) = 0$ da Equação 2.57, sendo

$$t_2 = \frac{aL_m I_0}{V_s} = at_1 \tag{2.58}$$

O modo 2 é válido para $0 \le t \le t_2$. Ao término desse modo, em $t = t_2$, toda a energia armazenada no indutor L_m é devolvida à fonte. As formas de onda para as correntes e tensões são mostradas na Figura 2.27b, para $a = 10/6$.

Exemplo 2.9 ▪ Determinação da energia recuperada de um indutor com um diodo de realimentação

Para o circuito de recuperação de energia da Figura 2.26a, a indutância de magnetização do transformador é $L_m = 250$ μH, $N_1 = 10$ e $N_2 = 100$. As indutâncias de dispersão e as resistências do transformador são desprezáveis. A tensão de alimentação é $V_s = 220$ V, e não há corrente inicial no circuito. Considerando que a chave S_1 é fechada por um tempo $t_1 = 50$ μs e, então, é aberta, **(a)** determine a tensão reversa do diodo D_1, **(b)** calcule o valor de pico da corrente no primário, **(c)** calcule o valor de pico da corrente no secundário, **(d)** defina o tempo de condução do diodo D_1 e **(e)** indique a energia fornecida pela fonte.

Solução
A relação de espiras é $a = N_2/N_1 = 100/10 = 10$.
a. A partir da Equação 2.52, a tensão reversa do diodo,

$$v_D = V_s(1 + a) = 220 \times (1 + 10) = 2420\,\text{V}$$

b. A partir da Equação 2.55, o valor de pico da corrente no primário é

$$I_0 = \frac{V_s}{L_m} t_1 = 220 \times \frac{50\mu}{250\mu} = 44\,\text{A}$$

c. O valor de pico da corrente no secundário $I'_0 = I_0/a = 44/10 = 4{,}4$ A.
d. A partir da Equação 2.58, o tempo de condução do diodo é

$$t_2 = \frac{aL_m I_0}{V_s} = \frac{10 \times 250\mu \times 44}{220} = 500\,\mu\text{s}$$

e. A energia fornecida pela fonte é

$$W = \int_0^{t_1} vi\,dt = \int_0^{t_1} V_s \frac{V_s}{L_m} t\,dt = \frac{1}{2} \frac{V_s^2}{L_m} t_1^2$$

Utilizando I_0 a partir da Equação 2.55, chega-se a

$$W = 0{,}5 L_m I_0^2 = 0{,}5 \times 250 \times 10^{-6} \times 44^2 = 0{,}242\,\text{J} = 242\,\text{mJ}$$

▪ Principais pontos da Seção 2.16

- A energia armazenada em uma carga indutiva pode ser devolvida para a fonte de entrada através de um diodo, conhecido como diodo de realimentação.

RESUMO

As características dos diodos práticos, reais, diferem daquelas dos diodos ideais. O tempo de recuperação reversa desempenha um papel significativo, especialmente em aplicações com elevada frequência de chaveamento. Os diodos podem ser classificados em três tipos: (1) diodos de uso geral, (2) diodos de recuperação rápida e (3) diodos Schottky. Embora um diodo Schottky se comporte como um de junção *pn*, não há junção física; em função disso, um diodo Schottky é um dispositivo de portadores majoritários. Por outro lado, um diodo de junção *pn* é um dispositivo de portadores majoritários e minoritários.

Se os diodos são conectados em série para aumentar a capacidade da tensão de bloqueio, são necessárias redes de divisão de tensão em regime permanente e em condições transitórias. Quando os diodos são conectados em paralelo para aumentar a capacidade de condução de corrente, também são fundamentais elementos de divisão de corrente.

Neste capítulo, estudamos as aplicações de diodos de potência para inverter a tensão de um capacitor, para carregar um capacitor com mais do que a tensão CC de entrada, na função de roda livre e na recuperação de energia de uma carga indutiva.

A energia pode ser transferida de uma fonte CC para capacitores e indutores com o uso de uma chave unidirecional. Um indutor tenta manter sua corrente constante permitindo a mudança da tensão sobre ele, enquanto um capacitor tenta manter sua tensão constante permitindo a mudança da corrente através dele.

QUESTÕES PARA REVISÃO

2.1 Quais são os tipos de diodo de potência?
2.2 O que é corrente de fuga de diodos?
2.3 O que é tempo de recuperação reversa dos diodos?
2.4 O que é corrente de recuperação reversa dos diodos?
2.5 O que é fator de suavidade de diodos?
2.6 Quais são os tipos de recuperação dos diodos?
2.7 Quais são as condições para que um processo de recuperação reversa se inicie?
2.8 A tensão reversa do diodo atinge o seu valor máximo em que momento no processo de recuperação?
2.9 Qual é a causa do tempo de recuperação reversa em um diodo de junção *pn*?
2.10 Qual é o efeito do tempo de recuperação reversa?
2.11 Por que é necessário usar diodos de recuperação rápida para chaveamento de alta velocidade?
2.12 O que é o tempo de recuperação direta?
2.13 Quais são as principais diferenças entre os diodos de junção *pn* e os diodos Schottky?
2.14 Quais são as limitações dos diodos Schottky?
2.15 Qual é o tempo de recuperação reversa típico de diodos de uso geral?
2.16 Qual é o tempo de recuperação reversa típico de diodos de recuperação rápida?
2.17 Quais são os problemas da conexão em série de diodos e quais são as possíveis soluções?
2.18 Quais são os problemas da conexão paralela de diodos e quais são as possíveis soluções?
2.19 Se dois diodos conectados em série estão com a mesma tensão, por que as correntes de fuga diferem?
2.20 Qual é a constante de tempo de um circuito *RL*?
2.21 Qual é a constante de tempo de um circuito *RC*?
2.22 Qual é a frequência de ressonância de um circuito *LC*?
2.23 Qual é o fator de amortecimento de um circuito *RLC*?
2.24 Qual é a diferença entre a frequência de ressonância e a frequência de ressonância amortecida de um circuito *RLC*?
2.25 O que é diodo de roda livre e qual a sua finalidade?
2.26 O que é energia armazenada em um indutor?
2.27 Como a energia armazenada é recuperada por um diodo?
2.28 Qual será o efeito de haver um grande indutor em um circuito *RL*?
2.29 Qual será o efeito de haver uma resistência muito pequena em um circuito *RLC*?
2.30 Quais são as diferenças entre um capacitor e um indutor como elementos de armazenamento de energia?

Capítulo 2 – Diodos de potência e circuitos RLC chaveados

PROBLEMAS

2.1 O tempo de recuperação reversa de um diodo é $t_{rr} = 5$ µs, e a taxa de diminuição da corrente de um diodo, $di/dt = 80$ A/µs. Se o fator de suavidade é $FS = 0,5$, determine **(a)** a carga armazenada Q_{RR} e **(b)** o pico da corrente reversa I_{RR}.

2.2 O tempo de recuperação reversa de um diodo é $t_{rr} = 5$ µs, e a taxa de diminuição da corrente de um diodo, $di/dt = 800$ A/µs. Se o fator de suavidade é $FS = 0,5$, determine **(a)** a carga armazenada Q_{RR} e **(b)** o pico da corrente reversa I_{RR}.

2.3 O tempo de recuperação reversa de um diodo é $t_{rr} = 5$ µs, e o fator de suavidade é $FS = 0,5$. Faça um gráfico com **(a)** a carga armazenada Q_{RR} e **(b)** o pico da corrente reversa I_{RR} em relação à taxa de diminuição da corrente de um diodo de 100 A/µs para 1 kA/µs com um incremento de 100 A/µs.

2.4 Os valores medidos em um diodo a uma temperatura de 25 °C são

$$V_D = 1,0 \text{ V em } I_D = 50 \text{ A}$$
$$V_D = 1,5 \text{ V em } I_D = 600 \text{ A}$$

Determine **(a)** o coeficiente de emissão n e **(b)** a corrente de fuga I_S.

2.5 Os valores medidos em um diodo a uma temperatura de 25 °C são

$$V_D = 1,2 \text{ V em } I_D = 100 \text{ A}$$
$$V_D = 1,6 \text{ V em } I_D = 1500 \text{ A}$$

Determine **(a)** o coeficiente de emissão n e **(b)** a corrente de fuga I_S.

2.6 Dois diodos são conectados em série, como mostra a Figura 2.11a, e a tensão sobre cada um é mantida igual pela conexão de resistores de divisão de tensão, de modo que $V_{D1} = V_{D2} = 2000$ V e $R_1 = 100$ kΩ. As curvas características v–i dos diodos são mostradas na Figura P2.6. Determine a corrente de fuga de cada diodo e a resistência R_2 em paralelo com o diodo D_2.

FIGURA P2.6

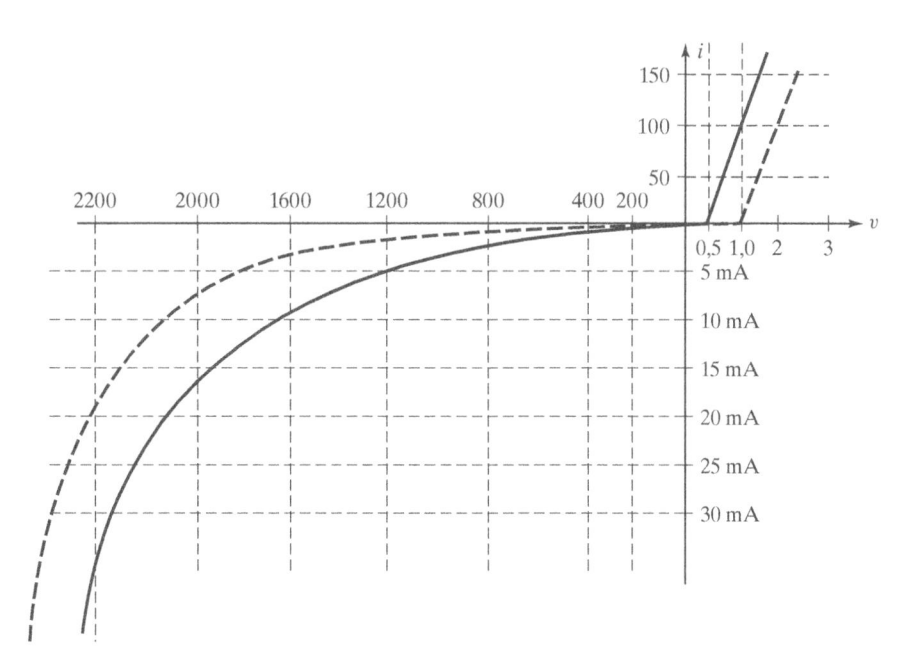

2.7 Dois diodos são conectados em série, como mostra a Figura 2.11a, e a tensão sobre cada um é mantida igual pela conexão de resistores de divisão de tensão, de modo que $V_{D1} = V_{D2} = 2,2$ kV e $R_1 = 100$ kΩ. As curvas características v–i dos diodos são mostradas na Figura P2.6. Determine a corrente de fuga de cada diodo e a resistência R_2 em paralelo com o diodo D_2.

2.8 Dois diodos são conectados em paralelo, e a queda de tensão direta em cada um é 1,5 V. As curvas características v–i deles são mostradas na Figura P2.6. Determine a corrente direta de cada diodo.

2.9 Dois diodos são conectados em paralelo, e a queda de tensão direta em cada um é 2,0 V. As curvas características v-i deles são mostradas na Figura P2.6. Determine a corrente direta de cada diodo.

2.10 Dois diodos são conectados em paralelo, como mostra a Figura 2.14a, com resistências de divisão de corrente. As curvas características v–i são indicadas na Figura P2.6. A corrente total é $I_T = 200$ A. A tensão sobre um diodo e sua resistência é $v_D = 2{,}5$ V. Determine os valores das resistências R_1 e R_2 se a corrente for dividida igualmente pelos diodos.

2.11 Dois diodos são conectados em paralelo, como mostra a Figura 2.14a, com resistências de divisão de corrente. As curvas características v–i são indicadas na Figura P2.6. A corrente total é $I_T = 300$ A. A tensão sobre um diodo e sua resistência é $v_D = 2{,}8$ V. Determine os valores das resistências R_1 e R_2 se a corrente for dividida igualmente pelos diodos.

2.12 Dois diodos são conectados em série, como mostra a Figura 2.11a. As resistências são $R_1 = R_2 = 10$ kΩ. A tensão CC de entrada é 5 kV. As correntes de fuga são $I_{s1} = 25$ mA e $I_{s2} = 40$ mA. Determine as tensões sobre os diodos.

2.13 Dois diodos são conectados em série, como mostra a Figura 2.11a. As resistências são $R_1 = R_2 = 50$ kΩ. A tensão CC de entrada é 10 kV. As correntes de fuga são $I_{s1} = 20$ mA e $I_{s2} = 30$ mA. Determine as tensões sobre os diodos.

2.14 A forma de onda de corrente em um capacitor está representada na Figura P2.14. Determine os valores médio, eficaz (rms) e de pico da corrente, considerando que $I_P = 500$ A.

FIGURA P2.14

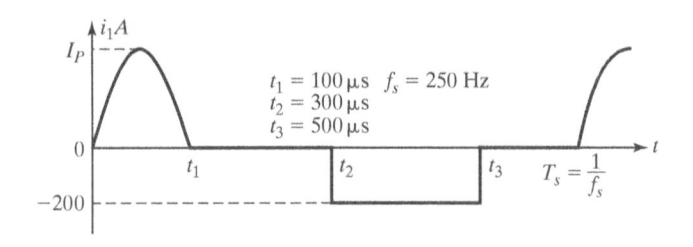

$t_1 = 100\,\mu s$ $f_s = 250$ Hz
$t_2 = 300\,\mu s$
$t_3 = 500\,\mu s$
$T_s = \dfrac{1}{f_s}$

2.15 A forma de onda da corrente em um diodo está representada na Figura P2.15. Determine os valores médio, eficaz (rms) e de pico da corrente, considerando que $I_P = 500$ A.

FIGURA P2.15

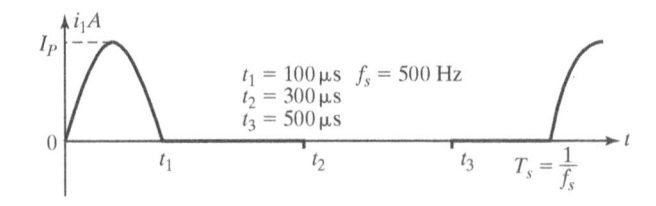

$t_1 = 100\,\mu s$ $f_s = 500$ Hz
$t_2 = 300\,\mu s$
$t_3 = 500\,\mu s$
$T_s = \dfrac{1}{f_s}$

2.16 A forma de onda da corrente em um diodo está representada na Figura P2.15. Se o valor eficaz é $I_{RMS} = 120$ A, determine a corrente de pico I_P e a corrente média I_{MED} no diodo.

2.17 A forma de onda da corrente em um diodo está representada na Figura P2.15. Se o valor médio é $I_{MED} = 100$ A, determine a corrente de pico I_P e a corrente rms I_{RMS} no diodo.

2.18 A forma de onda da corrente em um diodo está representada na Figura P2.18. Determine os valores médio, rms e de pico da corrente, considerando que $I_P = 300$ A.

FIGURA P2.18

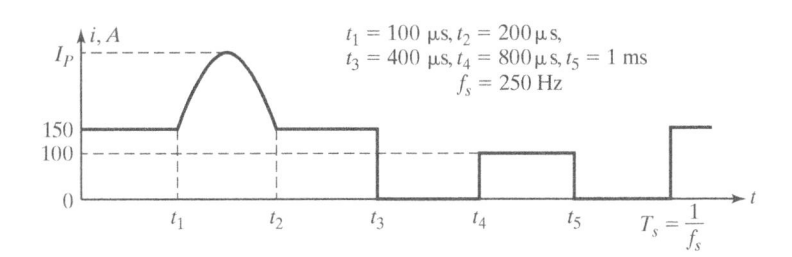

$t_1 = 100\ \mu s,\ t_2 = 200\ \mu s,$
$t_3 = 400\ \mu s,\ t_4 = 800\ \mu s,\ t_5 = 1\ ms$
$f_s = 250\ Hz$

$T_s = \dfrac{1}{f_s}$

2.19 A forma de onda da corrente em um diodo está representada na Figura P2.18. Determine os valores médio, rms e de pico da corrente, considerando que $I_p = 150$ A (não há a meia onda senoidal).

2.20 A forma de onda da corrente em um diodo está representada na Figura P2.18. Se o valor eficaz é $I_{RMS} = 180$ A, determine a corrente de pico I_p e a corrente média I_{MED} no diodo.

2.21 A forma de onda da corrente em um diodo está representada na Figura P2.18. Se o valor médio é $I_{MED} = 180$ A, determine a corrente de pico I_p e a corrente rms I_{RMS} no diodo.

2.22 O circuito com diodo da Figura 2.15a tem $V_s = 220$ V, $R = 4,7\ \Omega$ e $C = 10\ \mu F$. O capacitor tem uma tensão inicial de $V_{c0}(t = 0) = 0$. Se a chave é fechada em $t = 0$, determine **(a)** a corrente de pico do diodo, **(b)** a energia dissipada no resistor R e **(c)** a tensão no capacitor em $t = 2\mu s$.

2.23 Um circuito com diodo é mostrado na Figura P2.23 com $R = 22\ \Omega$ e $C = 10\ \mu F$. Se a chave S_1 é fechada em $t = 0$, determine a expressão para a tensão sobre o capacitor e a energia perdida no circuito.

FIGURA P2.23

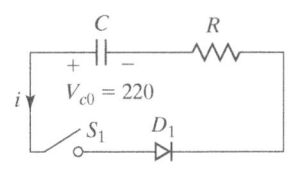

$V_{c0} = 220$

2.24 O circuito RL com diodo apresentado na Figura 2.17a tem $V_s = 110$ V, $R = 4,7\ \Omega$ e $L = 4,5$ mH. O indutor não tem corrente inicial. Se a chave S_1 é fechada em $t = 0$, determine **(a)** a corrente em regime permanente no diodo, **(b)** a energia armazenada no indutor L e **(c)** a di/dt inicial.

2.25 O circuito RL com diodo apresentado na Figura 2.17a tem $V_s = 220$ V, $R = 4,7\ \Omega$ e $L = 6,5$ mH. O indutor não tem corrente inicial. Se a chave S_1 é fechada em $t = 0$, determine **(a)** a corrente em regime permanente no diodo, **(b)** a energia armazenada no indutor L e **(c)** a di/dt inicial.

2.26 Considere o circuito com diodo mostrado na Figura P2.26, com $R = 10\ \Omega$, $L = 5$ mH e $V_s = 220$ V. Se uma corrente de carga de 10 A flui através do diodo de roda livre D_m, e a chave S_1 é fechada em $t = 0$, determine a expressão para a corrente i através da chave.

FIGURA P2.26

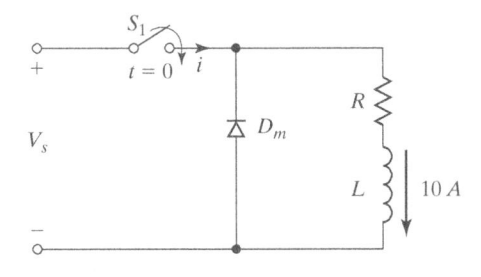

2.27 Se o indutor do circuito na Figura 2.18 tem uma corrente inicial de I_0, determine a expressão para a tensão sobre o capacitor.

2.28 Se a chave S_1 da Figura P2.28 é fechada em $t = 0$, determine a expressão para **(a)** a corrente que flui através da chave $i(t)$ e **(b)** a taxa de aumento da corrente di/dt. **(c)** Esboce $i(t)$ e di/dt. **(d)** Qual é o valor da di/dt inicial? Para a Figura P2.28e, determine somente a di/dt inicial.

FIGURA P2.28

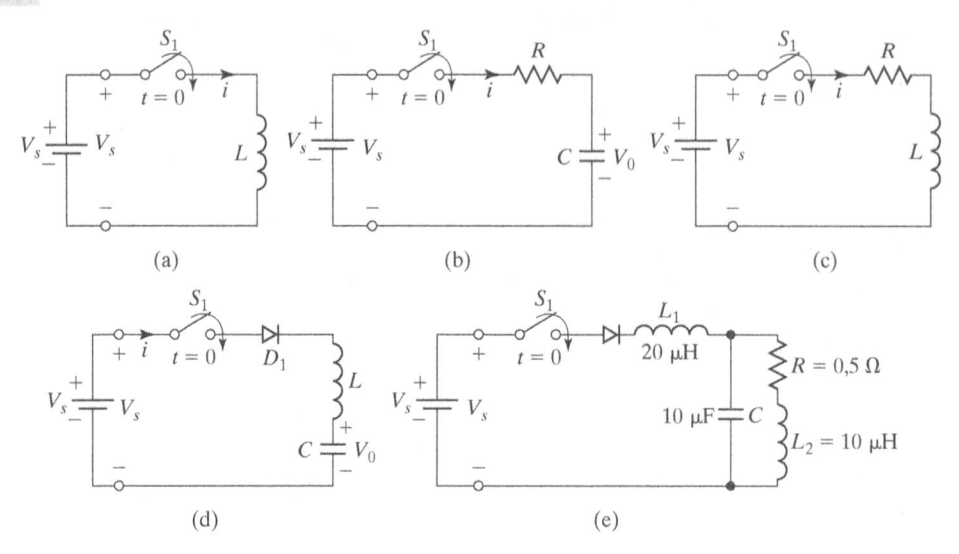

2.29 O circuito com diodo e carga LC apresentado na Figura 2.18a tem uma tensão inicial no capacitor $V_C(t = 0) = 0$, fonte CC $V_S = 110$ V, capacitância $C = 10$ μF e indutância $L = 50$ μH. Se a chave S_1 é fechada em $t = 0$, determine **(a)** a corrente de pico no diodo, **(b)** o tempo de condução do diodo e **(c)** a tensão final do capacitor em regime permanente.

2.30 O circuito de segunda ordem da Figura 2.20 tem tensão de alimentação $V_S = 220$ V, indutância $L = 5$ mH, capacitância $C = 10$ μF e resistência $R = 22$ Ω. A tensão inicial do capacitor é $V_{c0} = 50$ V. Se a chave é fechada em $t = 0$, determine **(a)** uma expressão para a corrente e **(b)** o tempo de condução do diodo. **(c)** Faça um esboço de $i(t)$.

2.31 Repita o Exemplo 2.7 para $L = 4$ μH.

2.32 Repita o Exemplo 2.7 para $C = 0,5$ μF.

2.33 Repita o Exemplo 2.7 para $R = 16$ Ω.

2.34 Na Figura 2.24a, a resistência é desprezável ($R = 0$), a tensão de alimentação é $V_S = 110$ V (constante) e a indutância da carga é $L = 1$ mH. **(a)** Esboce a forma de onda para a corrente na carga quando a chave S_1 é fechada por um tempo $t_1 = 100$ μs e, então, é aberta. **(b)** Determine a energia final armazenada no indutor de carga L.

2.35 Para o circuito de recuperação de energia da Figura 2.26a, a indutância de magnetização do transformador é $L_m = 150$ μH, $N_1 = 10$ e $N_2 = 200$. As indutâncias de dispersão e as resistências do transformador são desprezáveis. A tensão de alimentação é $V_S = 200$ V e não há corrente inicial no circuito. Considere que a chave S_1 é fechada por um tempo $t_1 = 100$ μs e, então, é aberta. **(a)** Determine a tensão reversa do diodo D_1, **(b)** calcule a corrente de pico no primário, **(c)** calcule a corrente de pico no secundário, **(d)** indique o tempo de condução do diodo D_1 e **(e)** determine a energia fornecida pela fonte.

2.36 Repita o Exemplo 2.9 para $L_m = 450$ μH.

2.37 Repita o Exemplo 2.9 para $N_1 = N_2 = 10$.

2.38 Repita o Exemplo 2.9 para $N_1 = 10$ e $N_2 = 1000$.

2.39 Um circuito com diodo é mostrado na Figura P2.39, e a corrente de carga flui através do diodo D_m. Considere que a chave S_1 é fechada no instante de tempo $t = 0$ e determine **(a)** as expressões para $v_C(t), i_C(t)$ e $i_d(t)$; **(b)** o tempo t_1 em que o diodo D_1 para de conduzir; **(c)** o instante t_q em que a tensão sobre o capacitor torna-se zero; e **(d)** o tempo necessário para o capacitor recarregar para a tensão de alimentação V_S.

FIGURA P2.39

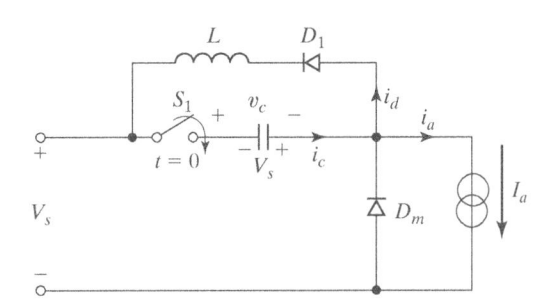

REFERÊNCIAS

1. RASHID, M. H. *Microelectronic Circuits:* Analysis and Design. Boston: Cengage Publishing, 2011. Capítulo 2.
2. GRAY, P. R.; MEYER, R. G. *Analysis and Design of Analog Integrated Circuits.* Nova York: John Wiley & Sons, 1993. Capítulo 1.
3. Infineon Technologies: *Power Semiconductors.* Alemanha: Siemens, 2001. Disponível em: <www.infineon.com/>.
4. RASHID, M. H. *SPICE for Circuits and Electronics Using PSpice.* Englewood Cliffs, NJ: Prentice-Hall Inc., 2003.
5. _____. *SPICE for Power Electronics and Electric Power.* Boca Raton, FL: Taylor & Francis, 2012.
6. TUINENGA, P. W. *SPICE:* A Guide to Circuit Simulation and Analysis Using PSpice. Englewood Cliffs, NJ: Prentice-Hall, 1995.
7. DEWAN, S. B.; STRAUGHEN, A. *Power Semiconductor Circuits.* Nova York: John Wiley & Sons, 1975. Capítulo 2.
8. KRIHELY, N.; BEN-YAAKOV, S. "Simulation Bits: Adding the Reverse Recovery Feature to a Generic Diode".*IEEE Power Electronics Society Newsletter,* p. 26–30, segundo trimestre 2011.
9. OZPINECI, B.; TOLBERT, L. "Silicon Carbide: Smaller, Faster, Tougher", *IEEE Spectrum*, out. 2011.

Capítulo 3

Retificadores com diodos

Após a conclusão deste capítulo, os estudantes deverão ser capazes de:

- Listar os tipos de retificadores com diodos e suas vantagens e desvantagens.
- Explicar o funcionamento e as características dos retificadores com diodos.
- Listar e calcular os parâmetros de desempenho dos retificadores com diodos.
- Analisar e projetar circuitos de retificadores com diodos.
- Avaliar o desempenho dos retificadores com diodos com simulações SPICE.
- Determinar os efeitos da indutância de carga sobre a corrente de carga.
- Determinar as componentes de Fourier na saída de um retificador.
- Projetar filtros de saída para retificadores com diodos.
- Determinar os efeitos das indutâncias da fonte de alimentação sobre a tensão de saída do retificador.

Símbolos e seus significados

Símbolo	Significado
$I_{D(\text{med})}$; $I_{D(\text{rms})}$	Correntes média e rms do diodo, respectivamente
$I_{o(\text{med})}$; $I_{o(\text{rms})}$	Correntes média e rms de saída, respectivamente
I_p; I_s	Correntes rms no primário e no secundário de um transformador de entrada, respectivamente
P_{CC}; P_{CA}	Potências de saída CC e CA, respectivamente
FR; FUT; FP	Fator de ondulação de saída, fator de utilização do transformador e fator de potência, respectivamente
$v_D(t)$; $i_D(t)$	Tensão e corrente instantânea do diodo, respectivamente
$v_s(t)$; $v_o(t)$; $v_r(t)$	Tensões instantâneas da fonte de entrada, da saída e da ondulação, respectivamente
V_m; $V_{o(\text{med})}$; $V_{o(\text{rms})}$	Tensões de pico, média e rms de saída, respectivamente
$V_{r(\text{pp})}$; $V_{r(\text{p})}$; $V_{r(\text{rms})}$	Tensões pico a pico, de pico e rms da ondulação de saída, respectivamente
n; V_p; V_s	Relação de espiras, tensão rms no primário e no secundário do transformador, respectivamente

3.1 INTRODUÇÃO

Os diodos são amplamente utilizados em retificadores. Um *retificador* é um circuito que converte um sinal CA em um sinal unidirecional, ou seja, é um conversor CA-CC. Um retificador também pode ser considerado um conversor de valor absoluto. Se v_s é uma tensão de entrada CA, a forma de onda da tensão de saída v_o tem o mesmo formato, mas a parte negativa aparecerá como um valor positivo. Isto é, $v_o = |v_s|$. Dependendo do tipo de alimentação de entrada, os retificadores são classificados em: (1) monofásicos e (2) trifásicos. Um retificador monofásico pode ser de meia onda ou de onda completa. O retificador monofásico de meia onda é o tipo mais simples, mas geralmente não é usado em aplicações industriais. Por questões de simplificação, os diodos serão considerados ideais neste capítulo. Por "ideal" queremos dizer que o tempo de recuperação reversa t_{rr} e a queda de tensão direta V_D são desprezáveis, isto é, $t_{rr} = 0$ e $V_D = 0$.

3.2 PARÂMETROS DE DESEMPENHO

Embora a tensão de saída de um retificador como o da Figura 3.1a devesse ser, idealmente, CC puro, na prática, a saída de um retificador contém harmônicos ou ondulações, como mostra a Figura 3.1b. Um retificador é um processador de energia que deve fornecer uma tensão de saída CC com uma quantidade mínima de conteúdo harmônico. Ao mesmo tempo, precisa manter a corrente de entrada o mais senoidal possível e em fase com a tensão de entrada, de tal forma que o fator de potência seja próximo da unidade. A qualidade do processamento de energia de um retificador requer a determinação do conteúdo harmônico da corrente de entrada, da tensão de saída e da corrente de saída. Podemos utilizar as expansões em série de Fourier para encontrar o conteúdo harmônico de tensões e correntes. O desempenho de um retificador é normalmente avaliado em termos dos seguintes parâmetros:

O valor *médio* da tensão de saída (da carga), V_{CC}
O valor *médio* da corrente de saída (da carga), I_{CC}
A potência CC de saída,

$$P_{CC} = V_{CC} I_{CC} \tag{3.1}$$

O valor eficaz (rms) da tensão de saída, V_{rms}
O valor eficaz (rms) da corrente de saída, I_{rms}
A potência CA de saída

$$P_{CA} = V_{rms} I_{rms} \tag{3.2}$$

A *eficiência* (ou *razão de retificação*) de um retificador, que é uma figura de mérito e nos permite comparar a eficácia, é definida como

$$\eta = \frac{P_{CC}}{P_{CA}} \tag{3.3}$$

Deve-se observar que η não é a eficiência de energia. Ele representa a eficiência da conversão, que é uma medida da qualidade da forma de onda de saída. Para uma saída CC pura, a eficiência da conversão seria a unidade.

A tensão de saída pode ser considerada uma composição de dois elementos: (1) o valor CC e (2) a componente CA ou de ondulação (*ripple*).

FIGURA 3.1
Relação entre entrada e saída de um retificador.

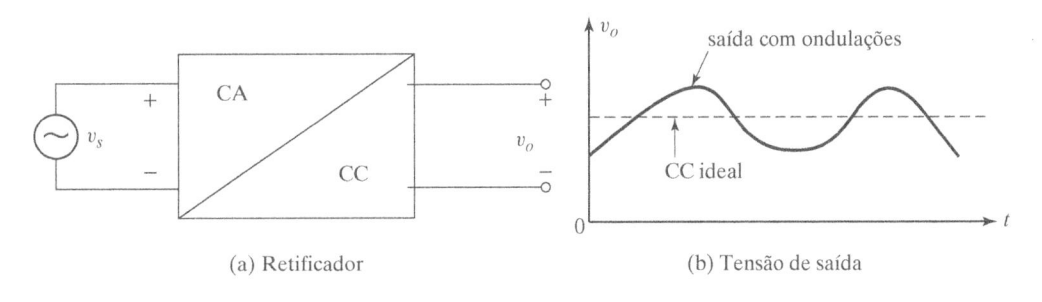

(a) Retificador

(b) Tensão de saída

O valor *eficaz* (rms) da componente CA da tensão de saída é

$$V_{CA} = \sqrt{V_{rms}^2 - V_{CC}^2} \tag{3.4}$$

O *fator de forma*, que é uma medida da forma da tensão de saída, é

$$FF = \frac{V_{rms}}{V_{CC}} \tag{3.5}$$

O *fator de ondulação* ou *fator de ripple*, que é uma medida do conteúdo de ondulação, é definido como

$$FR = \frac{V_{CA}}{V_{CC}} \tag{3.6}$$

Substituindo a Equação 3.4 na Equação 3.6, o fator de ondulação pode ser expresso como

$$FR = \sqrt{\left(\frac{V_{rms}}{V_{CC}}\right)^2 - 1} = \sqrt{FF^2 - 1} \tag{3.7}$$

O *fator de utilização do transformador* é definido como

$$FUT = \frac{P_{CC}}{V_s I_s} \tag{3.8}$$

onde V_s e I_s são a tensão rms e a corrente rms no secundário do transformador, respectivamente. A potência de entrada pode ser determinada aproximadamente ao igualarmos a potência de entrada com a potência de saída CA. Isto é, o *fator de potência* pode ser indicado como

$$FP = \frac{P_{CA}}{V_s I_s} \tag{3.9}$$

O *fator de crista*, muitas vezes, é de interesse para especificar as capacidades de corrente dos dispositivos e componentes. O fator de crista da corrente de entrada é definido como a relação entre os valores máximo e eficaz dessa corrente

$$FC = \frac{I_{s(pico)}}{I_s} \tag{3.10}$$

■ Principais pontos da Seção 3.2

– O desempenho de um retificador é determinado de acordo com certos parâmetros: eficiência, fator de forma, fator de ondulação, fator de utilização do transformador, fator de potência e fator de crista.

3.3 RETIFICADORES MONOFÁSICOS DE ONDA COMPLETA

Um circuito retificador de onda completa com um transformador com derivação central é mostrado na Figura 3.2a. Durante o semiciclo positivo da tensão de entrada, o diodo D_1 conduz, e o diodo D_2 está em *condição de bloqueio*. A tensão de entrada aparece sobre a carga. Durante o semiciclo negativo da tensão de entrada, o diodo D_2 conduz, enquanto o diodo D_1 está em *condição de bloqueio*. A parte negativa da tensão de entrada aparece sobre a carga como uma tensão positiva. A forma de onda da tensão de saída durante um ciclo completo é mostrada na Figura 3.2b. Como não há corrente CC fluindo através do transformador, não há problema de saturação CC em seu núcleo. A tensão média de saída é

$$V_{CC} = \frac{2}{T}\int_0^{T/2} V_m \operatorname{sen} \omega t \, dt = \frac{2V_m}{\pi} = 0{,}6366 V_m \tag{3.11}$$

FIGURA 3.2
Retificador de onda completa com transformador com derivação central.

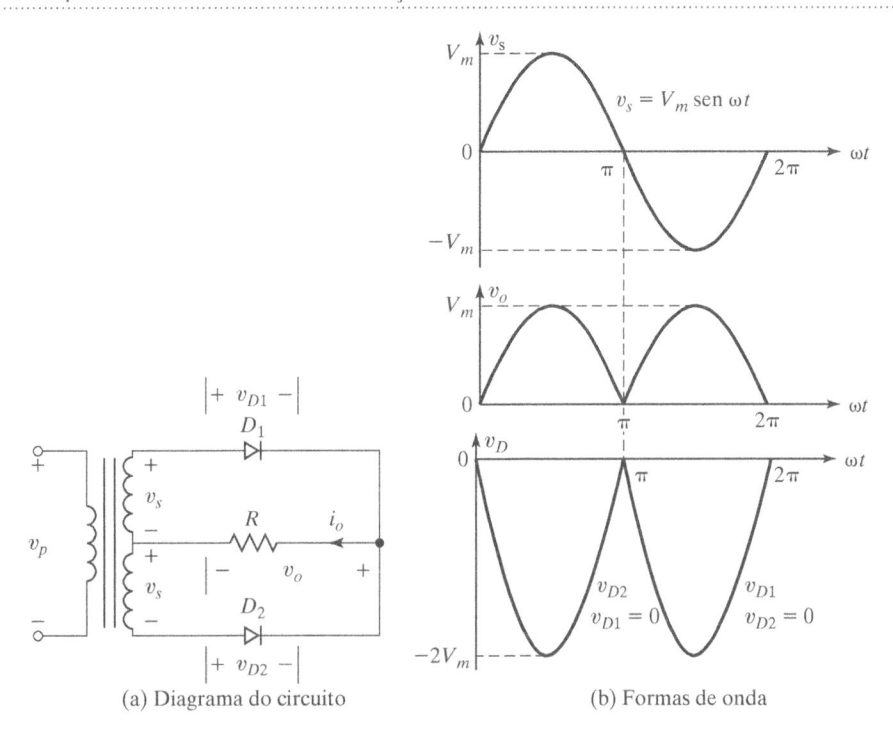

(a) Diagrama do circuito

(b) Formas de onda

Em vez de usar um transformador com derivação central, podemos utilizar quatro diodos, como mostra a Figura 3.3a. Durante o semiciclo positivo da tensão de entrada, a potência é fornecida para a carga através dos diodos D_1 e D_2. Durante o semiciclo negativo, os diodos D_3 e D_4 conduzem. A forma de onda da tensão de saída está representada na Figura 3.3b, e é semelhante à da Figura 3.2b. A tensão reversa máxima de um diodo é apenas V_m. Esse circuito é conhecido como *retificador em ponte*, geralmente utilizado em aplicações industriais.[1,2]

FIGURA 3.3
Retificador de onda completa em ponte.

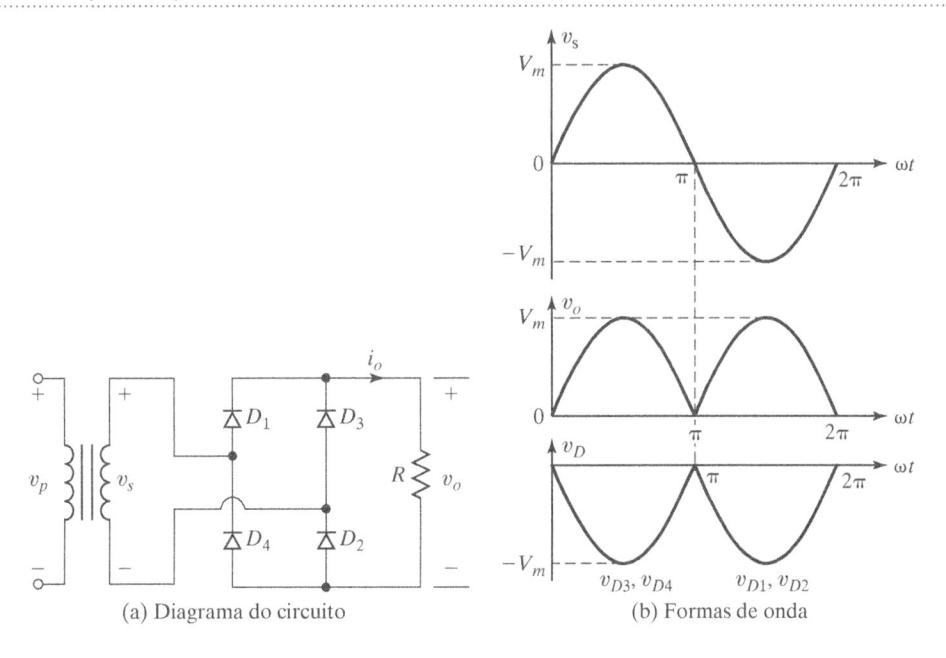

(a) Diagrama do circuito

(b) Formas de onda

Algumas das vantagens e desvantagens dos circuitos das figuras 3.2 e 3.3 são apresentadas na Tabela 3.1.

TABELA 3.1
Vantagens e desvantagens de retificadores com derivação central e em ponte.

	Vantagens	Desvantagens
Retificador com transformador com derivação central	Simples, com apenas dois diodos	Uso limitado a potências menores do que 100 W
	A frequência de ondulação é o dobro da frequência de alimentação	Custo maior por conta do transformador com derivação central
	Proporciona isolação elétrica	A corrente CC que flui em cada lado do secundário aumenta o custo e o tamanho do transformador
Retificador em ponte	Adequado para aplicações industriais de até 100 kW	A carga não pode ser aterrada sem um transformador no lado de entrada
	A frequência de ondulação é o dobro da frequência de alimentação	Embora um transformador no lado de entrada não seja necessário para a operação do retificador, ele em geral é conectado para isolar eletricamente a carga da fonte de alimentação
	Simples de usar em unidades disponíveis comercialmente	

Exemplo 3.1 • Determinação dos parâmetros de desempenho de um retificador de onda completa com um transformador com derivação central

Considere que o retificador da Figura 3.2a tem uma carga puramente resistiva R, e determine **(a)** a eficiência, **(b)** o fator de forma, **(c)** o fator de ondulação, **(d)** o fator de utilização do transformador, **(e)** a tensão reversa máxima (PIV) do diodo D_1, **(f)** o fator de crista da corrente de entrada e **(g)** o fator de potência de entrada.

Solução
A partir da Equação 3.11, a tensão média de saída é

$$V_{CC} = \frac{2V_m}{\pi} = 0{,}6366 V_m$$

e a corrente média na carga é

$$I_{CC} = \frac{V_{CC}}{R} = \frac{0{,}6366 V_m}{R}$$

Os valores rms da tensão e da corrente de saída são

$$V_{rms} = \sqrt{\frac{2}{T}\int_0^{T/2}(V_m \operatorname{sen}\omega t)^2 dt} = \frac{V_m}{\sqrt{2}} = 0{,}707 V_m$$

$$I_{rms} = \frac{V_{rms}}{R} = \frac{0{,}707 V_m}{R}$$

A partir da Equação 3.1, $P_{CC} = (0{,}6366 V_m)^2/R$, e, a partir da Equação 3.2, $P_{CA} = (0{,}707 V_m)^2/R$.
a. A partir da Equação 3.3, a eficiência $\eta = (0{,}6366 V_m)^2/(0{,}707 V_m)^2 = 81\%$.
b. A partir da Equação 3.5, o fator de forma FF $= 0{,}707 V_m/0{,}6366 V_m = 1{,}11$.
c. A partir da Equação 3.7, o fator de ondulação FR $= \sqrt{1{,}11^2 - 1} = 0{,}482$ ou $48{,}2\%$.
d. A tensão rms do secundário do transformador $V_s = V_m/\sqrt{2} = 0{,}707 V_m$. O valor rms da corrente no secundário do transformador $I_s = 0{,}5 V_m/R$. A capacidade do transformador em volt-ampère VA $= \sqrt{2}V_s I_s = \sqrt{2} \times 0{,}707 V_m \times 0{,}5 V_m/R$. A partir da Equação 3.8,

$$FUT = \frac{0{,}6366^2}{\sqrt{2} \times 0{,}707 \times 0{,}5} = 0{,}81064 = 81{,}06\%$$

e. A tensão reversa máxima, PIV = $2V_m$.

f. $I_{s(\text{pico})} = V_m/R$ e $I_s = 0{,}707 V_m/R$. O fator de crista da corrente de entrada é FC = $I_{s(\text{pico})}/I_s = 1/0{,}707 = \sqrt{2}$.

g. O fator de potência de entrada para uma carga resistiva pode ser encontrado a partir de

$$\text{FP} = \frac{P_{CA}}{VA} = \frac{0{,}707^2}{\sqrt{2} \times 0{,}707 \times 0{,}5} = 1{,}0$$

Observação: 1/FUT = 1/0,81064 = 1,136 significa que o transformador de entrada, se presente, deve ser 1,75 vez maior do que quando ele é usado para fornecer energia a partir de uma tensão senoidal CA pura. O retificador tem um fator de ondulação de 48,2% e uma eficiência de retificação de 81%.

Exemplo 3.2 • Determinação da série de Fourier da tensão de saída para um retificador de onda completa

O retificador na Figura 3.3a tem uma carga *RL*. Utilize o método da série de Fourier para obter a expressão da tensão de saída $v_0(t)$.

Solução
A tensão de saída do retificador pode ser descrita por uma série de Fourier (que é revisada no Apêndice E) como

$$v_0(t) = V_{CC} + \sum_{n=2,4,\ldots}^{\infty} (a_n \cos n\omega t + b_n \operatorname{sen} n\omega t)$$

onde

$$V_{CC} = \frac{1}{2\pi} \int_0^{2\pi} v_0(t)\, d(\omega t) = \frac{2}{2\pi} \int_0^{\pi} V_m \operatorname{sen} \omega t\, d(\omega t) = \frac{2V_m}{\pi}$$

$$a_n = \frac{1}{\pi} \int_0^{2\pi} v_0 \cos n\omega t\, d(\omega t) = \frac{2}{\pi} \int_0^{\pi} V_m \operatorname{sen} \omega t \cos n\omega t\, d(\omega t)$$

$$= \frac{4V_m}{\pi} \sum_{n=2,4,\ldots}^{\infty} \frac{-1}{(n-1)(n+1)} \quad \text{para } n = 2, 4, 6, \ldots$$

$$= 0 \quad \text{para } n = 1, 3, 5, \ldots$$

$$b_n = \frac{1}{\pi} \int_0^{2\pi} v_0 \operatorname{sen} n\omega t\, d(\omega t) = \frac{2}{\pi} \int_0^{\pi} V_m \operatorname{sen} \omega t \operatorname{sen} n\omega t\, d(\omega t) = 0$$

Substituindo os valores de a_n e b_n, a expressão para a tensão de saída é

$$v_0(t) = \frac{2V_m}{\pi} - \frac{4V_m}{3\pi} \cos 2\omega t - \frac{4V_m}{15\pi} \cos 4\omega t - \frac{4V_m}{35\pi} \cos 6\omega t - \ldots \quad (3.12)$$

Observação: a saída de um retificador de onda completa contém apenas harmônicas pares, sendo a segunda a mais dominante, na frequência $2f(= 120\text{ Hz})$. A tensão de saída na Equação 3.12 pode ser obtida pela multiplicação do espectro da função de chaveamento, e isso é explicado no Apêndice C.

■ **Principais pontos da Seção 3.3**

– Existem dois tipos de retificador monofásico: com transformador com derivação central e em ponte. Seus desempenhos são quase idênticos, exceto que a corrente no secundário do transformador com derivação central conduz corrente unidirecional (CC), e isso exige maior capacidade de VA. O retificador com derivação central é utilizado em aplicações de menos de 100 W, e o retificador em ponte, em aplicações que vão desde

100 W até 100 kW. A tensão de saída dos retificadores contém harmônicas cujas frequências são múltiplos de $2f$ (duas vezes a frequência de alimentação).

3.4 RETIFICADORES MONOFÁSICOS DE ONDA COMPLETA COM CARGA RL

Com uma carga resistiva, a forma da corrente de carga é idêntica à da tensão de saída. Na prática, a maioria das cargas é indutiva até certo ponto, e a corrente de carga depende dos valores da resistência R e da indutância L da carga. Isso é mostrado na Figura 3.4a.

FIGURA 3.4
Retificador de onda completa em ponte com carga RL.

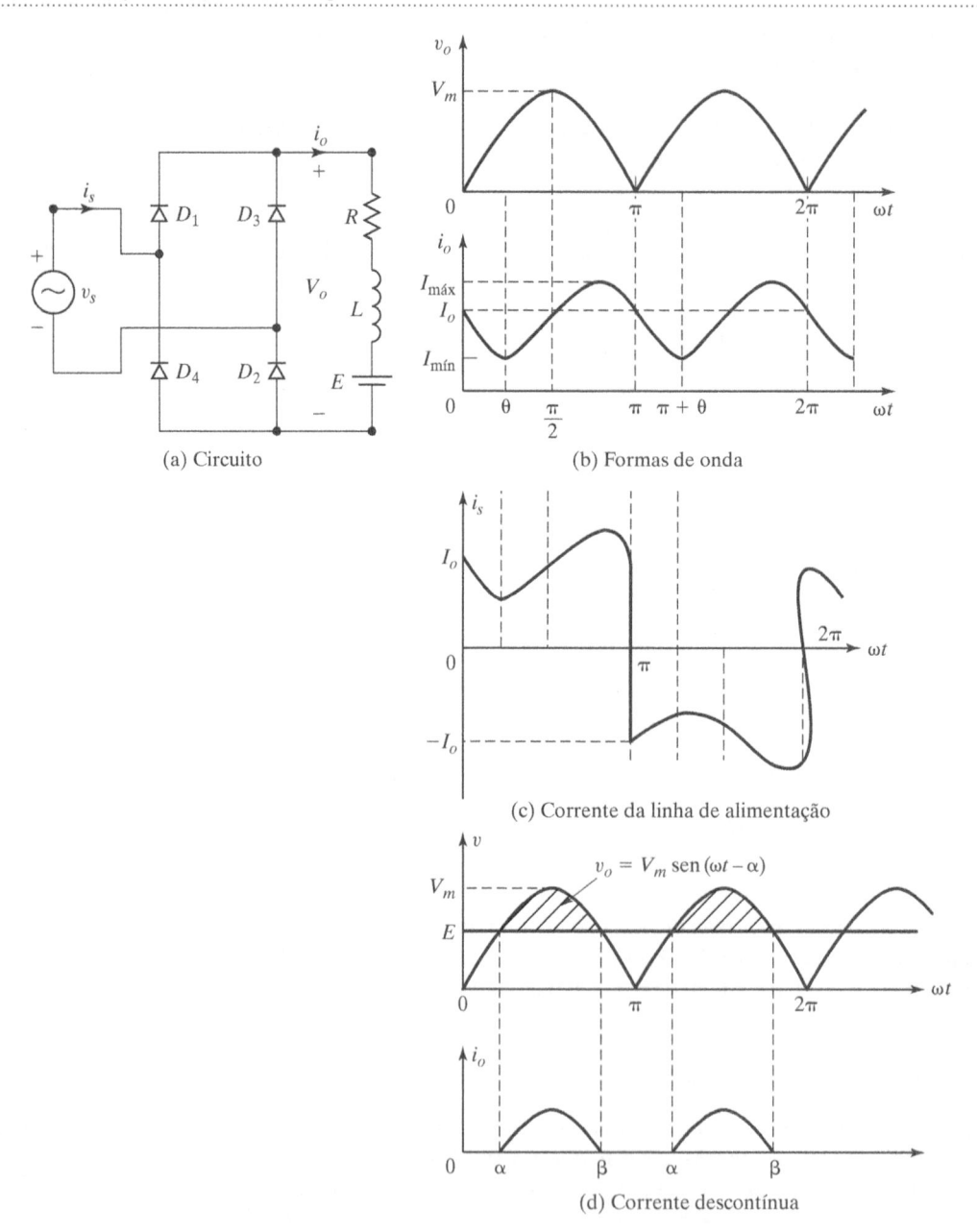

(a) Circuito

(b) Formas de onda

(c) Corrente da linha de alimentação

(d) Corrente descontínua

Uma bateria de tensão E é acrescentada para desenvolver equações gerais. Se a tensão de entrada é $v_s = V_m \operatorname{sen} \omega t = \sqrt{2}\, V_s \operatorname{sen} \omega t$, a corrente de carga i_0 pode ser encontrada a partir de

$$L \frac{di_0}{dt} + R i_0 + E = |\sqrt{2}\, V_s \operatorname{sen} \omega t| \quad \text{para} \quad i_0 \geq 0$$

que tem uma solução da forma

$$i_0 = \left|\frac{\sqrt{2} V_s}{Z} \operatorname{sen}(\omega t - \theta)\right| + A_1 e^{-(R/L)t} - \frac{E}{R} \tag{3.13}$$

onde $Z = \sqrt{R^2 + (\omega L)^2}$ é a impedância da carga, $\theta = \operatorname{tg}^{-1}(\omega L/R)$ é o ângulo da impedância da carga e V_s é o valor rms da tensão de entrada.

Caso 1: corrente de carga contínua. Isso é mostrado na Figura 3.4b. A constante A_1 na Equação 3.13 pode ser determinada a partir da condição: $\omega t = \pi$, onde $i_0 = I_0$.

$$A_1 = \left(I_0 + \frac{E}{R} - \frac{\sqrt{2} V_s}{Z} \operatorname{sen} \theta \right) e^{(R/L)(\pi/\omega)}$$

A substituição de A_1 na Equação 3.13 gera

$$i_0 = \frac{\sqrt{2} V_s}{Z} \operatorname{sen}(\omega t - \theta) + \left(I_0 + \frac{E}{R} - \frac{\sqrt{2} V_s}{Z} \operatorname{sen} \theta \right) e^{(R/L)(\pi/\omega - t)} - \frac{E}{R} \tag{3.14}$$

Em regime permanente, $i_0(\omega t = 0) = i_0(\omega t = \pi)$. Isto é, $i_0(\omega t = 0) = I_0$. Aplicando essa condição, chegamos ao valor de I_0 como sendo

$$I_0 = \frac{\sqrt{2} V_s}{Z} \operatorname{sen} \theta \, \frac{1 + e^{-(R/L)(\pi/\omega)}}{1 - e^{-(R/L)(\pi/\omega)}} - \frac{E}{R} \quad \text{para } I_0 \geq 0 \tag{3.15}$$

Assim, após substituir I_0 na Equação 3.14 e simplificar, obtém-se

$$i_0 = \frac{\sqrt{2} V_s}{Z} \left[\operatorname{sen}(\omega t - \theta) + \frac{2}{1 - e^{-(R/L)(\pi/\omega)}} \operatorname{sen} \theta \, e^{-(R/L)t} \right] - \frac{E}{R} \tag{3.16}$$

$$\text{para } 0 \leq (\omega t - \theta) \leq \pi \text{ e } i_0 \geq 0$$

A corrente rms em um diodo pode ser encontrada a partir da Equação 3.16 como

$$I_{D(\text{rms})} = \sqrt{\frac{1}{2\pi} \int_0^\pi i_0^2 \, d(\omega t)}$$

e a corrente rms de saída é passível, então, de ser determinada pela combinação da corrente rms de cada diodo como

$$I_{o(\text{rms})} = \sqrt{I_{D(\text{rms})}^2 + I_{D(\text{rms})}^2} = \sqrt{2} I_{D(\text{rms})}$$

A corrente média em um diodo também pode ser encontrada a partir da Equação 3.16 como

$$I_{D(\text{med})} = \frac{1}{2\pi} \int_0^\pi i_0 \, d(\omega t)$$

Caso 2: corrente de carga descontínua. Isso é mostrado na Figura 3.4d. A corrente de carga flui apenas durante o período $\alpha \leq \omega t \leq \beta$. Definamos $x = E/V_m = E/(\sqrt{2} V_s)$, como a constante da carga de bateria (força eletromotriz — fem), chamada de *razão de tensão* (*voltage ratio*). Os diodos começam a conduzir em $\omega t = \alpha$, dado por

$$\alpha = \operatorname{sen}^{-1} \frac{E}{V_m} = \operatorname{sen}^{-1}(x)$$

Em $\omega t = \alpha$, $i_0(\omega t) = 0$, e a Equação 3.13 resulta em

$$A_1 = \left[\frac{E}{R} - \frac{\sqrt{2} V_s}{Z} \operatorname{sen}(\alpha - \theta) \right] e^{(R/L)(\alpha/\omega)}$$

que, após a substituição na Equação 3.13, oferece a corrente de carga

$$i_0 = \frac{\sqrt{2}V_s}{Z}\text{sen}(\omega t - \theta) + \left[\frac{E}{R} - \frac{\sqrt{2}V_s}{Z}\text{sen}(\alpha - \theta)\right]e^{(R/L)(\alpha/\omega - t)} - \frac{E}{R} \quad (3.17)$$

Em $\omega t = \beta$, a corrente cai a zero, e $i_0(\omega t = \beta) = 0$. Isto é,

$$\frac{\sqrt{2}V_s}{Z}\text{sen}(\beta - \theta) + \left[\frac{E}{R} - \frac{\sqrt{2}V_s}{Z}\text{sen}(\alpha - \theta)\right]e^{(R/L)(\alpha - \beta)/\omega} - \frac{E}{R} = 0 \quad (3.18)$$

Dividindo a Equação 3.18 por $\sqrt{2}V_s/Z$, e substituindo $R/Z = \cos\theta$ e $\omega L/R = \text{tg}\,\theta$, obtemos

$$\text{sen}(\beta - \theta) + \left(\frac{x}{\cos(\theta)} - \text{sen}(\alpha - \theta)\right)e^{\frac{(\alpha - \beta)}{\text{tg}(\theta)}} - \frac{x}{\cos(\theta)} = 0 \quad (3.19)$$

β pode ser determinado a partir dessa equação transcendental por um método de solução iterativo (tentativa e erro). Comece com $\beta = 0$ e aumente seu valor em uma quantidade muito pequena até que o lado esquerdo dessa equação se torne zero.

Como exemplo, o programa Mathcad foi usado para encontrar o valor de β para $\theta = 30°$ e $60°$ e $x = 0$ a 1. Os resultados são mostrados na Tabela 3.2. À medida que x aumenta, β diminui. Em $x = 1,0$, os diodos não conduzem e não há corrente.

A corrente rms em um diodo pode ser encontrada a partir da Equação 3.17 como

$$I_{D(\text{rms})} = \sqrt{\frac{1}{2\pi}\int_\alpha^\beta i_0^2\, d(\omega t)}$$

A corrente média em um diodo pode ser determinada a partir da Equação 3.17 como

$$I_{D(\text{med})} = \frac{1}{2\pi}\int_\alpha^\beta i_0\, d(\omega t)$$

Condições de fronteira: a condição para a corrente descontínua pode ser encontrada pela definição de I_0 na Equação 3.15 como sendo zero.

$$0 = \frac{V_s\sqrt{2}}{Z}\text{sen}(\theta)\left[\frac{1 + e^{-(\frac{R}{L})(\frac{\pi}{\omega})}}{1 - e^{-(\frac{R}{L})(\frac{\pi}{\omega})}}\right] - \frac{E}{R}$$

que pode então ser calculada para a razão de tensão $x = E/(\sqrt{2}V_s)$ como

$$x(\theta) := \left[\frac{1 + e^{-\left(\frac{\pi}{\text{tg}}\right)}}{1 - e^{-\left(\frac{\pi}{\text{tg}}\right)}}\right]\text{sen}(\theta)\cos(\theta) \quad (3.20)$$

O gráfico da razão de tensão x em relação ao ângulo de impedância θ é mostrado na Figura 3.5. O ângulo da carga θ não pode exceder $\pi/2$. O valor de x é 63,67% em $\theta = 1,5567$ rad, 43,65% em $\theta = 0,52308$ rad ($30°$) e 0% em $\theta = 0$.

TABELA 3.2

Variações do ângulo β com a razão de tensão, x.

Razão de tensão, x	0	0,1	0,2	0,3	0,4	0,5	0,6	0,7	0,8	0,9	1,0
β para $\theta = 30°$	210	203	197	190	183	175	167	158	147	132	90
β para $\theta = 60°$	244	234	225	215	205	194	183	171	157	138	90

Exemplo 3.3 ▪ Determinação dos parâmetros de desempenho de um retificador de onda completa com uma carga RL

O retificador monofásico de onda completa da Figura 3.4a tem $L = 6{,}5$ mH, $R = 2{,}5\,\Omega$ e $E = 10$ V. A tensão de entrada é $V_s = 120$ V em 60 Hz. **(a)** Determine (1) a corrente de carga em regime permanente I_0 em $\omega t = 0$, (2) a corrente média no diodo $I_{D(\text{med})}$, (3) a corrente rms no diodo $I_{D(\text{rms})}$, (4) a corrente rms de saída $I_{o(\text{rms})}$ e (5) o fator de potência de entrada. **(b)** Use o PSpice para fazer um gráfico da corrente instantânea de saída i_0. Considere os parâmetros do IS = 2,22E – 15 e BV = 1800 V.

FIGURA 3.5
Fronteira entre as regiões contínua e descontínua para retificador monofásico.

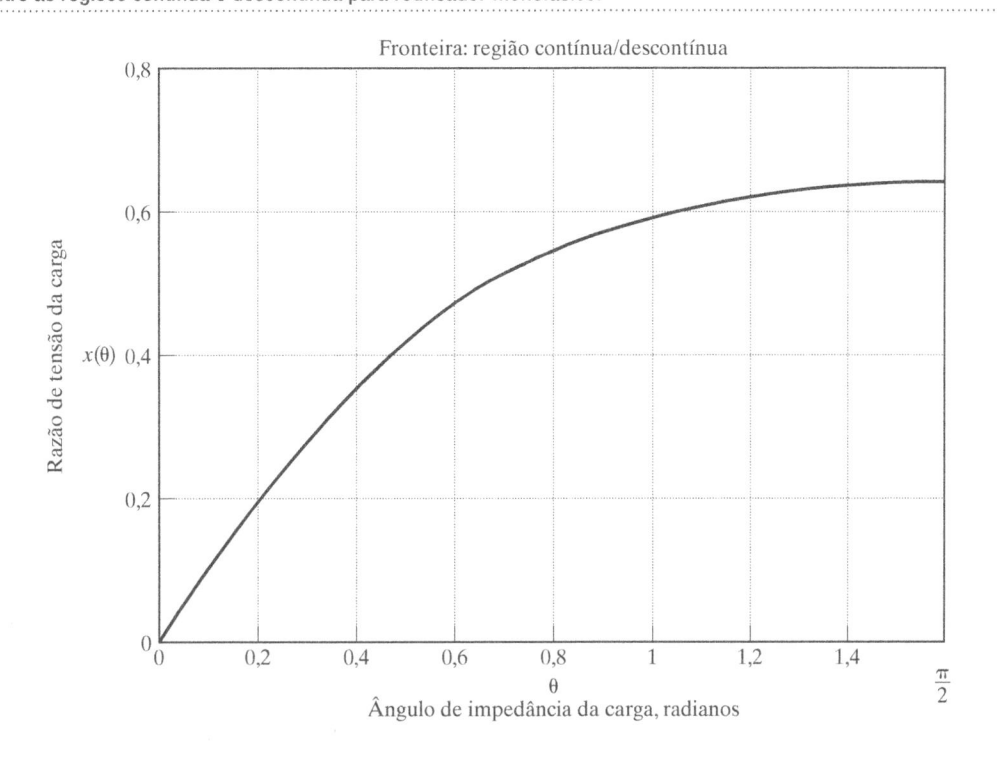

Fronteira: região contínua/descontínua
(Eixo Y: Razão de tensão da carga, $x(\theta)$; Eixo X: Ângulo de impedância da carga, radianos, até $\frac{\pi}{2}$)

Solução
Não se sabe se a corrente de carga é contínua ou descontínua. Suponha que ela seja contínua e prossiga com a solução. Se a hipótese não estiver correta, a corrente de carga será zero, e então este exemplo deve ser resolvido como um caso de corrente descontínua.

a. $R = 2,5\ \Omega$, $L = 6,5$ mH, $f = 60$ Hz, $\omega = 2\pi \times 60 = 377$ rad/s, $V_s = 120$ V, $Z = \sqrt{R^2 + (\omega L)^2} = 3,5\ \Omega$ e $\theta = \text{tg}^{-1}(\omega L/R) = 44,43°$.

1. A corrente de carga em regime permanente em $\omega t = 0$, $I_0 = 32,8$ A. Como $I_0 > 0$, a corrente de carga é contínua e a hipótese está correta.
2. A integração numérica de i_0 na Equação 3.16 produz a corrente média do diodo como $I_{D(\text{med})} = 19,61$ A.
3. Por integração numérica de i_0^2 entre os limites $\omega t = 0$ e π, obtemos a corrente rms do diodo como $I_{D(\text{rms})} = 28,5$ A.
4. A corrente rms de saída $I_{O(\text{rms})} = \sqrt{2}\, I_{D(\text{rms})} = \sqrt{2} \times 28,50 = 40,3$ A.
5. A potência de carga CA é $P_{\text{CA}} = I_{\text{rms}}^2 R = 40,3^2 \times 2,5 = 4,06$ kW. O fator de potência de entrada é

$$\text{FP} = \frac{P_{\text{CA}}}{V_s I_{\text{rms}}} = \frac{4,061 \times 10^{-3}}{120 \times 40,3} = 0,84 \text{ (em atraso)}$$

Observações
1. i_0 tem um valor mínimo de 25,2 A em $\omega t = 25,5°$ e um valor máximo de 51,46 A em $\omega t = 125,25°$. i_0 passa a ser 27,41 A em $\omega t = \theta$ e 48,2 A em $\omega t = \theta + \pi$. Portanto, o valor mínimo de i_0 ocorre aproximadamente em $\omega t = \theta$.
2. A ação de chaveamento dos diodos faz que as equações para as correntes sejam não lineares. Um método numérico de solução para as correntes do diodo é mais eficiente do que as técnicas clássicas. Um programa Mathcad é usado para calcular I_O, $I_{D(\text{med})}$ e $I_{D(\text{rms})}$ por integração numérica. Os estudantes devem ser estimulados a verificar os resultados deste exemplo e perceber a utilidade da solução numérica, especialmente na resolução de equações não lineares de circuitos com diodos.

b. O retificador monofásico em ponte para simulação no PSpice é mostrado na Figura 3.6. A listagem do arquivo do circuito é a seguinte:

```
Exemplo 3.3 Retificador monofásico em ponte com carga RL
VS      1       0       SIN (0   169.7V    60HZ)
L       5       6       6.5MH
R       3       5       2.5
VX      6       4       DC 10V  ; Fonte de tensão para medir a corrente de saída
D1      2       3       DMOD                    ; Modelo do diodo
D2      4       0       DMOD
D3      0       3       DMOD
D4      4       2       DMOD
VY      1       2       0DC
.MODEL  DMOD    D(IS=2.22E-15  BV=1800V) ; Parâmetros do modelo do diodo
.TRAN   1US     32MS    16.667MS          ; Análise transitória
.PROBE
.END
```

Na Figura 3.7 está representada a forma de onda da corrente instantânea de saída i_0, obtida no PSpice. Obteve-se $I_0 = 31{,}824$ A, em comparação com o valor esperado de 32,8 A. Um diodo Dbreak foi usado na simulação no PSpice para especificar os parâmetros do diodo.

FIGURA 3.6
Retificador monofásico em ponte para simulação no PSpice.

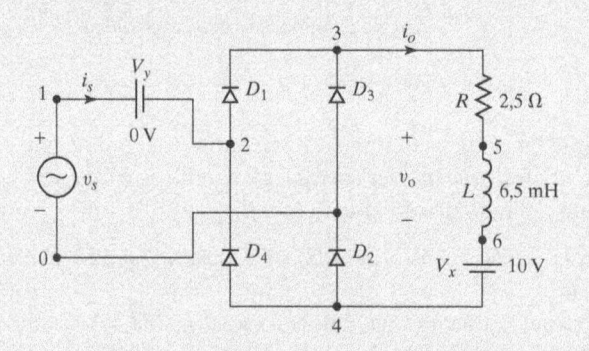

FIGURA 3.7
Gráfico obtido no PSpice para o Exemplo 3.3.

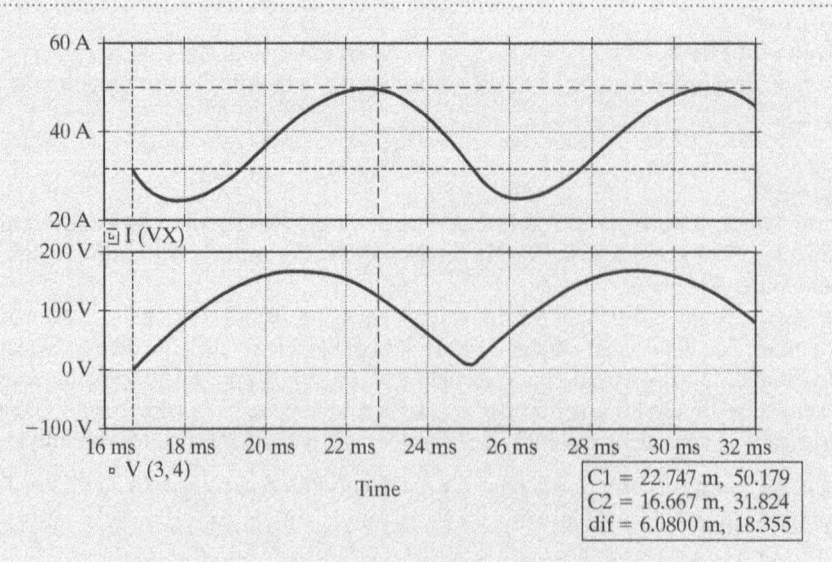

C1 = 22.747 m, 50.179
C2 = 16.667 m, 31.824
dif = 6.0800 m, 18.355

■ Principais pontos da Seção 3.4

– Uma carga indutiva pode tornar a corrente de carga contínua. Existe um valor crítico do ângulo θ da impedância da carga a determinado valor da constante x da *fem* da carga para manter a corrente de carga contínua.

3.5 RETIFICADORES MONOFÁSICOS DE ONDA COMPLETA COM CARGA ALTAMENTE INDUTIVA

Com uma carga resistiva, a corrente de entrada de um retificador monofásico é uma onda senoidal. Com uma carga indutiva, a corrente de entrada pode ficar distorcida, como mostra a Figura 3.4c. Se a carga for altamente indutiva, a corrente de carga permanecerá quase constante, com poucas ondulações, e a corrente de entrada será como uma onda quadrada. Examinemos as formas de onda da Figura 3.8, em que v_s representa a tensão senoidal de entrada, i_s é a corrente instantânea de entrada e i_{s1} é sua componente fundamental.

Se ϕ é o ângulo entre as componentes fundamentais da corrente e da tensão de entrada, ele é chamado de *ângulo de deslocamento*. O *fator de deslocamento* é definido como

$$FD = \cos \phi \qquad (3.21)$$

Já o *fator harmônico* da corrente de entrada é determinado como

$$FH = \sqrt{\frac{I_s^2 - I_{s1}^2}{I_{s1}^2}} = \sqrt{\left(\frac{I_s}{I_{s1}}\right)^2 - 1} \qquad (3.22)$$

onde I_{s1} representa a componente fundamental da corrente de entrada I_s. Tanto I_{s1} quanto I_s são expressas aqui em rms. O *fator de potência* de entrada é definido como

$$FP = \frac{V_s I_{s1}}{V_s I_s} \cos \phi = \frac{I_{s1}}{I_s} \cos \phi \qquad (3.23)$$

Observações:

1. FH é uma medida da distorção de uma forma de onda, e também é conhecido como *distorção harmônica total* (DHT ou THD, *total harmonic distortion*).
2. Se a corrente de entrada i_s for puramente senoidal, então $I_{s1} = I_s$, e o fator de potência FP é igual ao fator de deslocamento FD. O ângulo de deslocamento ϕ torna-se o ângulo de impedância $\theta = \mathrm{tg}^{-1}(\omega L/R)$ para uma carga RL.
3. O fator de deslocamento FD é muitas vezes conhecido como *fator de potência de deslocamento* (FPD).
4. Um retificador ideal deve ter $\eta = 100\%$, $V_{CA} = 0$, FR = 0, FUT = 1, FH = DHT = 0 e FP = FPD = 1.

FIGURA 3.8
Formas de onda para tensão e corrente de entrada.

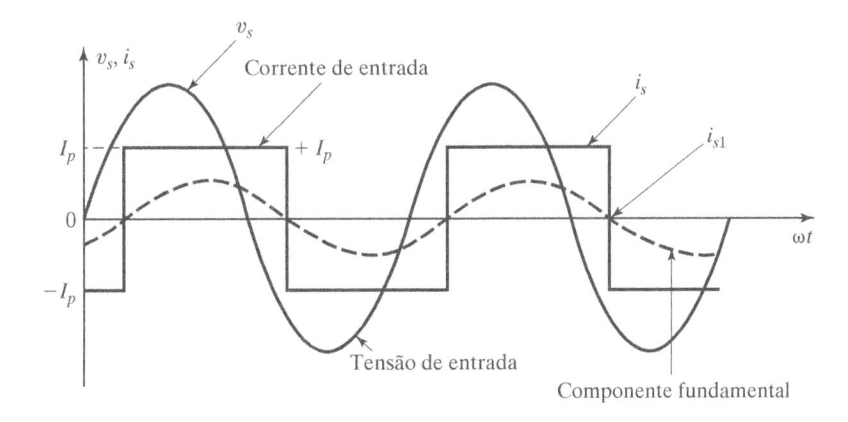

Exemplo 3.4 ▪ Determinação do fator de potência de entrada de um retificador de onda completa

Um retificador monofásico em ponte que alimenta uma carga indutiva muito alta, como a de um motor CC, é mostrado na Figura 3.9a. A relação de espiras do transformador é igual a 1. A carga é tal que o motor extrai uma corrente de armadura I_a livre de ondulações, como indica a Figura 3.9b. Determine **(a)** o fator harmônico da corrente de entrada e **(b)** o fator de potência de entrada do retificador.

Solução

Normalmente, um motor CC é altamente indutivo e atua como um filtro, reduzindo a ondulação da corrente de carga.

a. As formas de onda para a corrente e tensão de entrada do retificador são mostradas na Figura 3.9b.
A corrente de entrada pode ser expressa em uma série de Fourier como

$$i_s(t) = I_{CC} + \sum_{n=1,3,\ldots}^{\infty} (a_n \cos n\omega t + b_n \sin n\omega t)$$

onde

$$I_{CC} = \frac{1}{2\pi}\int_0^{2\pi} i_s(t)\, d(\omega t) = \frac{1}{2\pi}\int_0^{2\pi} I_a\, d(\omega t) = 0$$

$$a_n = \frac{1}{\pi}\int_0^{2\pi} i_s(t)\cos n\omega t\, d(\omega t) = \frac{2}{\pi}\int_0^{\pi} I_a \cos n\omega t\, d(\omega t) = 0$$

$$b_n = \frac{1}{\pi}\int_0^{2\pi} i_s(t)\sin n\omega t\, d(\omega t) = \frac{2}{\pi}\int_0^{\pi} I_a \sin n\omega t\, d(\omega t) = \frac{4I_a}{n\pi}$$

Substituindo os valores de a_n e b_n, a expressão para a corrente de entrada é

$$i_s(t) = \frac{4I_a}{\pi}\left(\frac{\sin \omega t}{1} + \frac{\sin 3\omega t}{3} + \frac{\sin 5\omega t}{5} + \ldots\right) \tag{3.24}$$

O valor rms da componente fundamental da corrente de entrada é

$$I_{s1} = \frac{4I_a}{\pi\sqrt{2}} = 0{,}90 I_a$$

O valor rms da corrente de entrada é

$$I_s = \frac{4}{\pi\sqrt{2}} I_a \sqrt{1 + \left(\frac{1}{3}\right)^2 + \left(\frac{1}{5}\right)^2 + \left(\frac{1}{7}\right)^2 + \left(\frac{1}{9}\right)^2 + \ldots} = I_a$$

A partir da Equação 3.22,

$$FH = DHT = \sqrt{\left(\frac{1}{0{,}90}\right)^2 - 1} = 0{,}4843 \text{ ou } 48{,}43\%$$

b. O ângulo de deslocamento $\phi = 0$ e o fator de deslocamento $FD = \cos\phi = 1$. A partir da Equação 3.23, o fator de potência $FP = (I_{s1}/I_s)\cos\phi = 0{,}90$ (em atraso – indutivo).

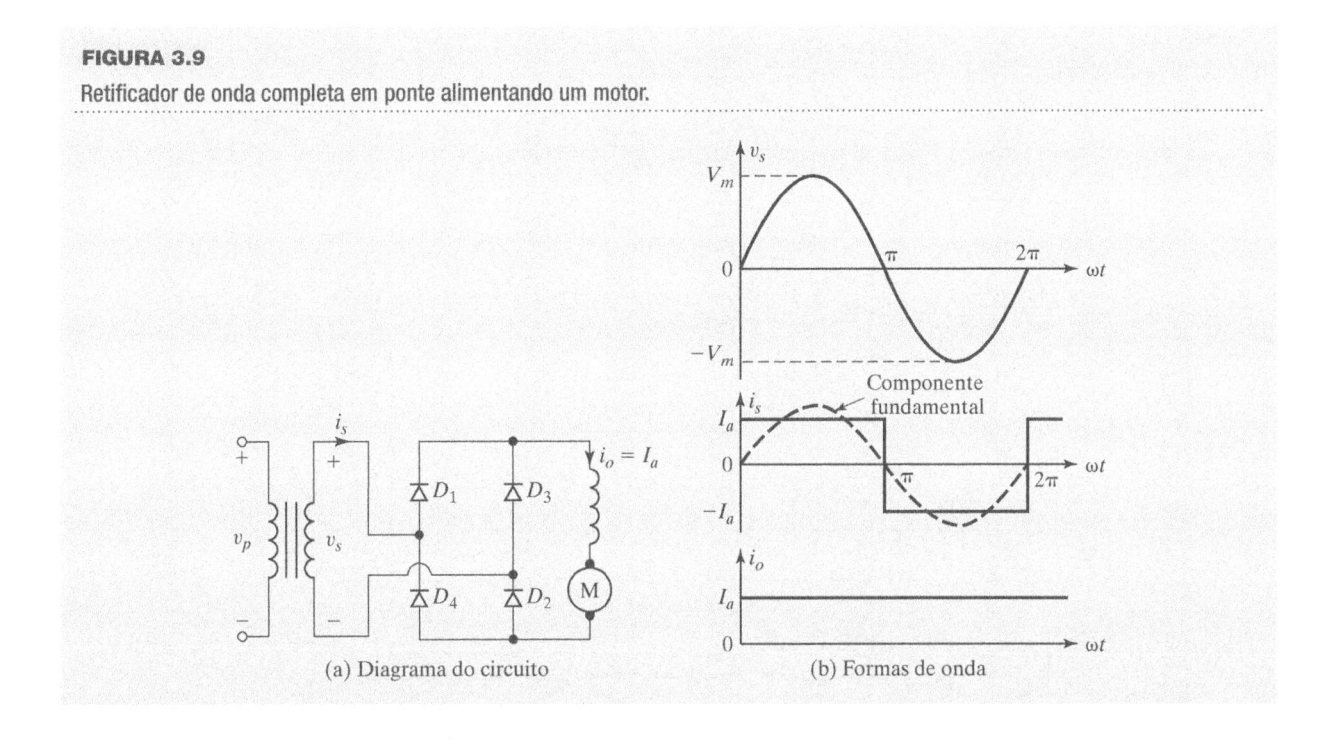

FIGURA 3.9
Retificador de onda completa em ponte alimentando um motor.

(a) Diagrama do circuito (b) Formas de onda

- **Principais pontos da Seção 3.5**

  – O fator de potência de entrada de um retificador é FP = 1,0 para uma carga resistiva, e FP = 0,9 para uma carga altamente indutiva. O fator de potência dependerá do indutor de carga e da quantidade de distorção da corrente de entrada.

3.6 RETIFICADORES POLIFÁSICOS EM ESTRELA

Vimos na Equação 3.11 que a tensão média de saída obtida em retificadores monofásicos de onda completa é $0{,}6366V_m$, e que esses retificadores são usados em aplicações até um nível de potência de 15 kW. Para potências de saída mais altas são utilizados retificadores *trifásicos* e *polifásicos*. A série de Fourier da tensão de saída dada pela Equação 3.12 indica que a saída contém harmônicas e que a frequência da *componente fundamental* é o dobro da frequência da fonte ($2f$). Na prática, normalmente é empregado um filtro para reduzir o nível de harmônicas na carga. O tamanho desse filtro diminui com o aumento da frequência das harmônicas. Além da maior potência de saída dos retificadores polifásicos, a frequência fundamental das harmônicas também aumenta, sendo q vezes a frequência da fonte (qf). Esse retificador também é conhecido como retificador em estrela.

O circuito retificador da Figura 3.2a pode ser estendido para várias fases, bastando para isso que existam enrolamentos polifásicos no secundário do transformador, como mostra a Figura 3.10a. Esse circuito pode ser considerado equivalente a q retificadores monofásicos de meia onda. O k-ésimo diodo conduz durante o período em que a tensão da k-ésima fase é maior do que as das outras fases. As formas de onda para tensões e correntes são apresentadas na Figura 3.10b. O período de condução de cada diodo é $2\pi/q$.

Pode-se observar a partir da Figura 3.10b que a corrente que flui através dos enrolamentos secundários é unidirecional e contém uma componente CC. Em determinado momento, somente um enrolamento secundário conduz corrente, e, em função disso, o primário deve ser ligado em delta para eliminar a componente CC no lado de entrada do transformador. Isso minimiza o conteúdo harmônico da corrente de linha no primário.

Supondo que a onda é cosseinodal de π/q a $2\pi/q$, as tensões média e eficaz de saída para um retificador de q *fases* são dadas por

$$V_{\text{CC}} = \frac{2}{2\pi/q}\int_0^{\pi/q} V_m \cos \omega t \, d(\omega t) = V_m \frac{q}{\pi}\operatorname{sen}\frac{\pi}{q} \qquad (3.25)$$

FIGURA 3.10
Retificadores polifásicos.

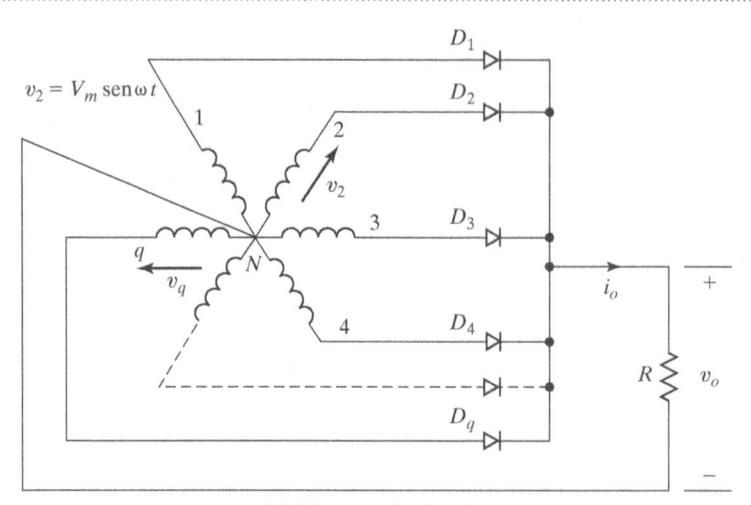

(a) Diagrama do circuito

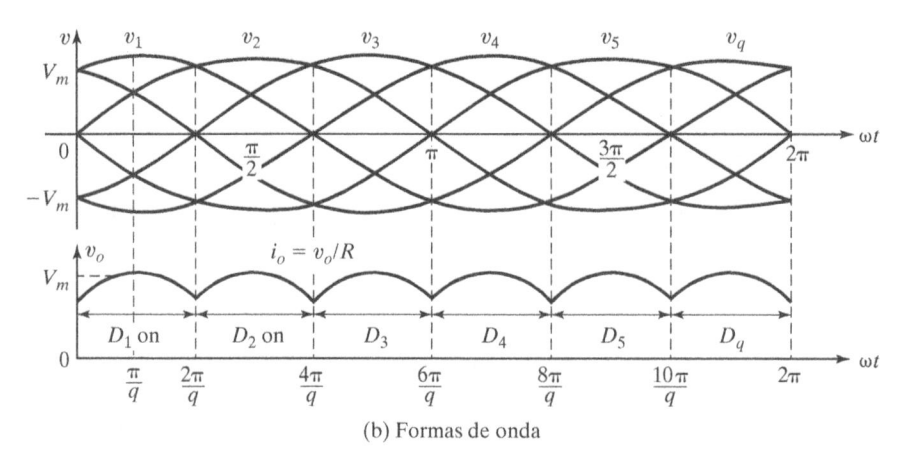

(b) Formas de onda

$$V_{\text{rms}} = \sqrt{\frac{2}{2\pi/q} \int_0^{\pi/q} V_m^2 \cos^2 \omega t \, d(\omega t)} = V_m \sqrt{\frac{q}{2\pi}\left(\frac{\pi}{q} + \frac{1}{2}\text{sen}\frac{2\pi}{q}\right)} \quad (3.26)$$

Se a carga for puramente resistiva, a corrente de pico através de um diodo será $I_m = V_m/R$ e o valor rms da corrente em um diodo (ou corrente no secundário do transformador) pode ser determinado por

$$I_s = \sqrt{\frac{2}{2\pi}\int_0^{\pi/q} I_m^2 \cos^2 \omega t \, d(\omega t)} = I_m \sqrt{\frac{1}{2\pi}\left(\frac{\pi}{q} + \frac{1}{2}\text{sen}\frac{2\pi}{q}\right)} = \frac{V_{\text{rms}}}{R} \quad (3.27)$$

Exemplo 3.5 ▪ Determinação dos parâmetros de desempenho de um retificador trifásico em estrela

Um retificador trifásico em estrela tem uma carga puramente resistiva com R ohms. Determine **(a)** a eficiência, **(b)** o FF, **(c)** o FR, **(d)** o FUT, **(e)** a tensão reversa máxima (PIV) de cada diodo e **(f)** a corrente de pico através de um diodo se o retificador fornecer $I_{\text{CC}} = 30$ A com uma tensão de saída de $V_{\text{CC}} = 140$ V.

Solução
Para um retificador trifásico $q = 3$ nas equações 3.25 a 3.27
a. A partir da Equação 3.25, $V_{CC} = 0{,}827V_m$ e $I_{CC} = 0{,}827V_m/R$. A partir da Equação 3.26, $V_{rms} = 0{,}84068V_m$ e $I_{rms} = 0{,}84068V_m/R$; a partir da Equação 3.1, $P_{CC} = (0{,}827V_m)^2/R$; a partir da Equação 3.2, $P_{CA} = (0{,}84068V_m)^2/R$; e, a partir da Equação 3.3, a eficiência

$$\eta = \frac{(0{,}827V_m)^2}{(0{,}84068V_m)^2} = 96{,}77\%$$

b. A partir da Equação 3.5, o FF = 0,84068/0,827 = 1,0165 ou 101,65%.
c. A partir da Equação 3.7, o FR = $\sqrt{1{,}0165^2 - 1}$ = 0,1824 = 18,24%.
d. A tensão rms do secundário do transformador, $V_s = V_m/\sqrt{2} = 0{,}707V_m$. A partir da Equação 3.27, a corrente rms no secundário do transformador,

$$I_s = 0{,}4854 I_m = \frac{0{,}4854 V_m}{R}$$

A potência aparente VA do transformador para $q = 3$ é

$$VA = 3V_s I_s = 3 \times 0{,}707V_m \times \frac{0{,}4854V_m}{R}$$

A partir da Equação 3.8,

$$FUT = \frac{0{,}827^2}{3 \times 0{,}707 \times 0{,}4854} = 0{,}6643$$

$$FP = \frac{0{,}84068^2}{3 \times 0{,}707 \times 0{,}4854} = 0{,}6844$$

e. A tensão reversa máxima de cada diodo é igual ao valor de pico da tensão de linha do secundário. Os circuitos trifásicos serão revisados no Apêndice A. A tensão linha a linha é $\sqrt{3}$ vez a tensão de fase, e, assim, PIV = $\sqrt{3} V_m$.
f. A corrente média em cada diodo é

$$I_{D(med)} = \frac{2}{2\pi} \int_0^{\pi/q} I_m \cos \omega t \, d(\omega t) = I_m \frac{1}{\pi} \operatorname{sen} \frac{\pi}{q} \qquad (3.28)$$

Para $q = 3$, $I_{D(med)} = 0{,}2757 I_m$. A corrente média em cada diodo é $I_{D(med)} = 30/3 = 10$ A, e isso resulta na corrente de pico $I_m = 10/0{,}2757 = 36{,}27$ A.

Exemplo 3.6 ▪ Determinação da série de Fourier de um retificador de *q* fases

a. Expresse a tensão de saída do retificador de q fases da Figura 3.10a em série de Fourier.
b. Para $q = 6$, $V_m = 170$ V e frequência de alimentação $f = 60$ Hz, determine o valor rms e a frequência da harmônica dominante.

Solução
a. As formas de onda para q pulsos são mostradas na Figura 3.10b, e a frequência da saída é q vezes a da componente fundamental (qf). Para encontrar as constantes da série de Fourier, integramos de $-\pi/q$ a π/q, e assim

$$b_n = 0$$

$$a_n = \frac{1}{\pi/q} \int_{-\pi/q}^{\pi/q} V_m \cos \omega t \cos n\omega t \, d(\omega t)$$

$$= \frac{qV_m}{\pi} \left\{ \frac{\operatorname{sen}[(n-1)\pi/q]}{n-1} + \frac{\operatorname{sen}[(n+1)\pi/q]}{n+1} \right\}$$

$$= \frac{qV_m}{\pi} \frac{(n+1)\operatorname{sen}[(n-1)\pi/q] + (n-1)\operatorname{sen}[(n+1)\pi/q]}{n^2 - 1}$$

Após a simplificação, e com a utilização das seguintes relações trigonométricas,

$$\text{sen}(A + B) = \text{sen}\,A \cos B + \cos A \,\text{sen}\, B$$

e

$$\text{sen}(A - B) = \text{sen}\,A \cos B - \cos A \,\text{sen}\, B$$

obtemos

$$a_n = \frac{2qV_m}{\pi(n^2 - 1)}\left(n\,\text{sen}\,\frac{n\pi}{q}\cos\frac{\pi}{q} - \cos\frac{n\pi}{q}\,\text{sen}\,\frac{\pi}{q}\right) \quad (3.29)$$

Para um retificador com q pulsos por ciclo, as harmônicas da tensão de saída são q-ésimo, $2q$-ésimo, $3q$-ésimo e $4q$-ésimo, e a Equação 3.29 é válida para $n = 0, 1q, 2q, 3q$. O termo $\text{sen}(n\pi/q) = \text{sen}\,\pi = 0$, e a Equação 3.29 se torna

$$a_n = \frac{-2qV_m}{\pi(n^2 - 1)}\left(\cos\frac{n\pi}{q}\,\text{sen}\,\frac{\pi}{q}\right)$$

A componente CC é encontrada fazendo-se $n = 0$, e é

$$V_{CC} = \frac{a_0}{2} = V_m\frac{q}{\pi}\,\text{sen}\,\frac{\pi}{q} \quad (3.30)$$

que é a mesma da Equação 3.25. A série de Fourier da tensão de saída v_o é expressa como

$$v_0(t) = \frac{a_0}{2} + \sum_{n=q,2q,\ldots}^{\infty} a_n \cos n\omega t$$

Substituindo o valor de a_n, obtemos

$$v_0 = V_m\frac{q}{\pi}\,\text{sen}\,\frac{\pi}{q}\left(1 = \sum_{n=q,2q,\ldots}^{\infty}\frac{2}{n^2 - 1}\cos\frac{n\pi}{q}\cos n\omega t\right) \quad (3.31)$$

b. Para $q = 6$, a tensão de saída é expressa como

$$v_0(t) = 0{,}9549 V_m\left(1 + \frac{2}{35}\cos 6\omega t - \frac{2}{143}\cos 12\omega t + \ldots\right) \quad (3.32)$$

A sexta harmônica é a dominante. O valor rms de uma tensão senoidal é $1/\sqrt{2}$ vez a sua amplitude de pico, e o rms da sexta harmônica é $V_{6h} = 0{,}9549 V_m \times 2/(35 \times \sqrt{2}) = 6{,}56$ V, com frequência $f_6 = 6f = 360$ Hz.

■ Principais pontos da Seção 3.6

- Um retificador polifásico aumenta o valor da componente CC e reduz a quantidade de componentes harmônicas. A tensão de saída de um retificador de q fases contém harmônicas cujas frequências são múltiplas de q (q vezes a frequência de alimentação), qf.

3.7 RETIFICADORES TRIFÁSICOS EM PONTE

Um retificador trifásico em ponte é geralmente utilizado em aplicações de alta potência, e é mostrado na Figura 3.11. Esse é um *retificador de onda completa*. Ele pode operar com ou sem transformador e produz ondulação de seis pulsos na tensão de saída. Os diodos são numerados na ordem da sequência de condução, e cada um conduz por 120°. A sequência de condução para os diodos é D_1–D_2, D_3–D_2, D_3–D_4, D_5–D_4, D_5–D_6 e D_1–D_6. O par de diodos que estiver conectado entre o par de linhas de alimentação com a maior tensão instantânea de linha conduzirá. A tensão de linha é $\sqrt{3}$ vez a tensão de fase de uma fonte trifásica. As formas de onda e os tempos de condução dos diodos são mostrados na Figura 3.12.[4]

Se V_m é o valor de pico da tensão da fase, então as tensões instantâneas de fase podem ser descritas por

$$v_{an} = V_m\,\text{sen}(\omega t) \quad v_{bn} = V_m\,\text{sen}(\omega t - 120°) \quad v_{cn} = V_m\,\text{sen}(\omega t - 240°)$$

FIGURA 3.11
Retificador trifásico em ponte.

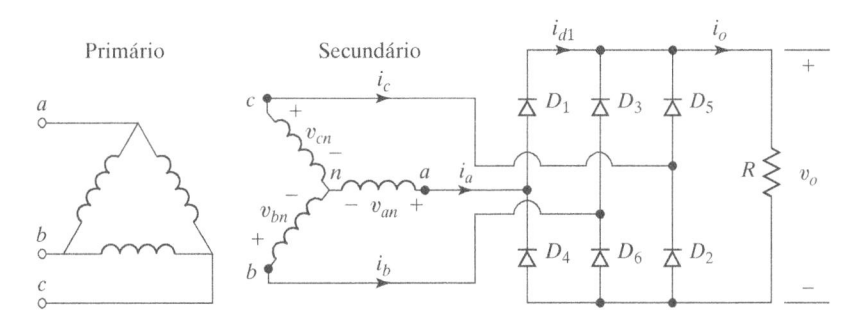

FIGURA 3.12
Formas de onda e tempos de condução dos diodos.

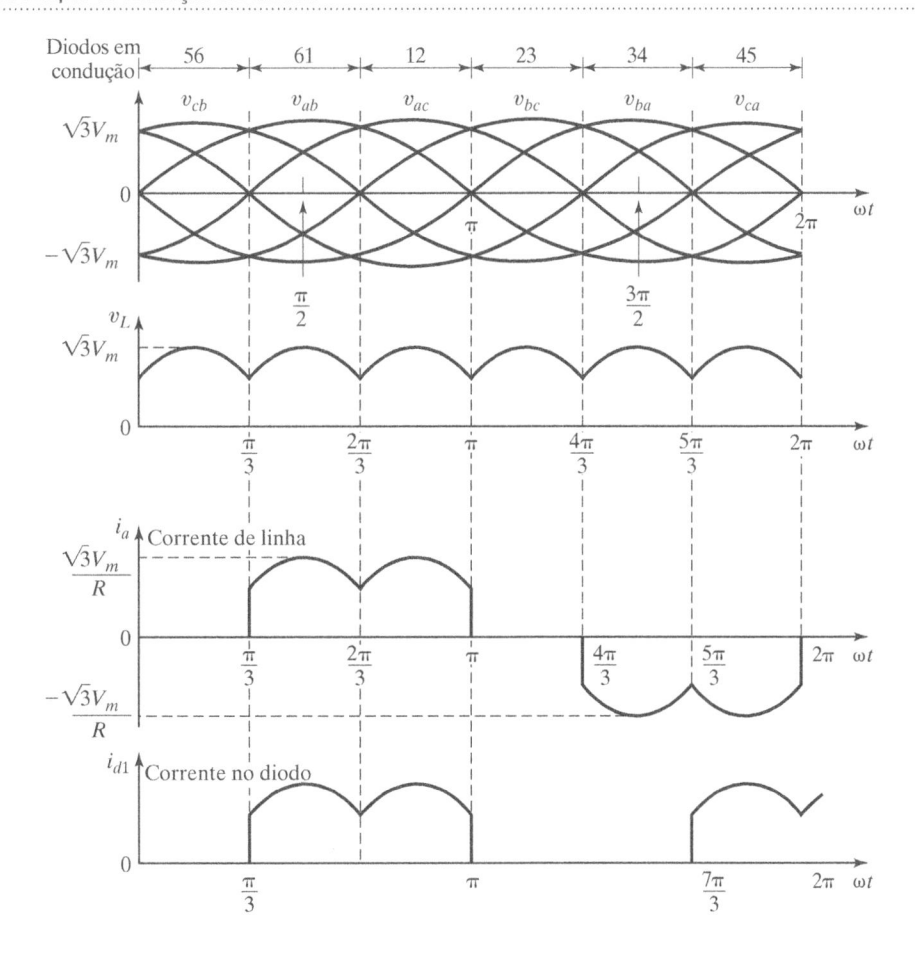

Como a tensão de linha está 30° adiantada da tensão de fase, as tensões instantâneas de linha podem ser descritas por

$$v_{ab} = \sqrt{3}\, V_m \operatorname{sen}(\omega t + 30°) \quad v_{bc} = \sqrt{3}\, V_m \operatorname{sen}(\omega t - 90°)$$

$$v_{ca} = \sqrt{3}\, V_m \operatorname{sen}(\omega t - 210°)$$

A tensão média de saída é determinada por

$$V_{CC} = \frac{2}{2\pi/6} \int_0^{\pi/6} \sqrt{3}\, V_m \cos \omega t\, d(\omega t) = \frac{3\sqrt{3}}{\pi} V_m = 1{,}654 V_m \qquad (3.33)$$

onde V_m é a tensão de pico de fase. A tensão rms de saída é

$$V_{rms} = \sqrt{\frac{2}{2\pi/6} \int_0^{\pi/6} 3 V_m^2 \cos^2 \omega t\, d(\omega t)} = \sqrt{\frac{3}{2} + \frac{9\sqrt{3}}{4\pi}}\; V_m = 1{,}6554 V_m \qquad (3.34)$$

Se a carga for puramente resistiva, a corrente de pico através de um diodo será $I_m = \sqrt{3}\, V_m/R$, e o valor rms da corrente em um diodo será

$$I_{D(rms)} = \sqrt{\frac{4}{2\pi} \int_0^{\pi/6} I_m^2 \cos^2 \omega t\, d(\omega t)} = I_m \sqrt{\frac{1}{\pi}\left(\frac{\pi}{6} + \frac{1}{2}\,\text{sen}\,\frac{2\pi}{6}\right)} = 0{,}5518 I_m \qquad (3.35)$$

e o valor rms da corrente no secundário do transformador,

$$I_s = \sqrt{\frac{8}{2\pi} \int_0^{\pi/6} I_m^2 \cos^2 \omega t\, d(\omega t)} = I_m \sqrt{\frac{2}{\pi}\left(\frac{\pi}{6} + \frac{1}{2}\,\text{sen}\,\frac{2\pi}{6}\right)} = 0{,}7804 I_m \qquad (3.36)$$

onde I_m é a corrente de pico de linha no secundário.

Para um retificador trifásico $q = 6$, e a Equação 3.32 dá a tensão instantânea de saída como

$$v_0(t) = 0{,}9549 V_m \left(1 + \frac{2}{35}\cos(6\omega t) - \frac{2}{143}\cos(12\omega t) + \ldots\right) \qquad (3.37)$$

Observação: para aumentar para 12 o número de pulsos na tensão de saída, dois retificadores trifásicos são conectados em série. A entrada para um retificador é um secundário de um transformador conectado em Y, e a entrada para o outro retificador é um secundário de um transformador conectado em delta.

Exemplo 3.7 • Determinação dos parâmetros de desempenho de um retificador trifásico em ponte

Um retificador trifásico em ponte tem uma carga puramente resistiva R. Determine **(a)** a eficiência, **(b)** o FF, **(c)** o FR, **(d)** o FUT, **(e)** a tensão reversa máxima de cada diodo e **(f)** a corrente de pico através de um diodo. O retificador fornece $I_{CC} = 60$ A com uma tensão de saída $V_{CC} = 280{,}7$ V, e a frequência de alimentação é 60 Hz.

Solução

a. A partir da Equação 3.33, $V_{CC} = 1{,}654 V_m$ e $I_{CC} = 1{,}654 V_m/R$. A partir da Equação 3.34, $V_{rms} = 1{,}6554 V_m$ e $I_{o(rms)} = 1{,}6554 V_m/R$; a partir da Equação 3.1, $P_{CC} = (1{,}654 V_m)^2/R$; a partir da Equação 3.2, $P_{CA} = (1{,}6554 V_m)^2/R$; e, a partir da Equação 3.3, a eficiência

$$\eta = \frac{(1{,}654 V_m)^2}{(1{,}6554 V_m)^2} = 99{,}83\%$$

b. A partir da Equação 3.5, o FF = $1{,}6554/1{,}654 = 1{,}0008 = 100{,}08\%$.

c. A partir da Equação 3.6, o FR = $\sqrt{1{,}0008^2 - 1} = 0{,}04 = 4\%$.

d. A partir da Equação 3.15, a tensão rms do secundário do transformador é $V_s = 0{,}707 V_m$.

A partir da Equação 3.36, a corrente rms no secundário do transformador é

$$I_s = 0{,}7804 I_m = 0{,}7804 \times \sqrt{3}\,\frac{V_m}{R}$$

A capacidade em VA do transformador,

$$VA = 3 V_s I_s = 3 \times 0{,}707 V_m \times 0{,}7804 \times \sqrt{3}\,\frac{V_m}{R}$$

A partir da Equação 3.8,

$$FUT = \frac{1{,}654^2}{3 \times \sqrt{3} \times 0{,}707 \times 0{,}7804} = 0{,}9542$$

O fator de potência de entrada é

$$FP = \frac{P_{CA}}{VA} = \frac{1,6554^2}{3 \times \sqrt{3} \times 0,707 \times 0,7804} = 0,956 \text{ (em atraso)}$$

e. A partir da Equação 3.33, a tensão de pico de fase é $V_m = 280,7/1,654 = 169,7$ V. A tensão reversa máxima de cada diodo é igual ao valor de pico da tensão linha no secundário, PIV $= \sqrt{3}\, V_m = \sqrt{3} \times 169,7 = 293,9$ V.

f. A corrente média através de cada diodo é

$$I_{D(\text{med})} = \frac{4}{2\pi} \int_0^{\pi/6} I_m \cos \omega t\, d(\omega t) = I_m \frac{2}{\pi} \operatorname{sen} \frac{\pi}{6} = 0,3183 I_m$$

A corrente média através de cada diodo é $I_{D(\text{med})} = 60/3 = 20$ A; portanto, a corrente de pico é $I_m = 20/0,3183 = 62,83$ A.

Observação: esse retificador tem um desempenho consideravelmente melhor em comparação ao retificador polifásico de seis pulsos da Figura 3.10.

■ Principais pontos da Seção 3.7

– Um retificador trifásico em ponte tem um desempenho consideravelmente melhor em comparação com os retificadores monofásicos.

3.8 RETIFICADORES TRIFÁSICOS EM PONTE COM CARGA *RL*

As equações obtidas na Seção 3.4 podem ser aplicadas para determinar a corrente de carga de um retificador trifásico com uma carga *RL* (como mostra a Figura 3.14). É possível notar a partir da Figura 3.12 que a tensão de saída é

$$v_{ab} = \sqrt{2}\, V_{ab} \operatorname{sen} \omega t \quad \text{para} \quad \frac{\pi}{3} \leq \omega t \leq \frac{2\pi}{3}$$

onde V_{ab} é a tensão rms de linha da entrada. A corrente de carga i_0 pode ser determinada por

$$L\frac{di_0}{dt} + Ri_0 + E = |\sqrt{2}\, V_{ab} \operatorname{sen} \omega t| \quad \text{para } i_0 \geq 0$$

que tem uma solução da forma

$$i_0 = \left|\frac{\sqrt{2} V_{ab}}{Z} \operatorname{sen}(\omega t - \theta)\right| + A_1 e^{-(R/L)t} - \frac{E}{R} \tag{3.38}$$

onde $Z = \sqrt{R^2 + (\omega L)^2}$ é a impedância da carga, e $\theta = \operatorname{tg}^{-1}(\omega L/R)$ é o ângulo da impedância de carga. A constante A_1 na Equação 3.38 pode ser determinada a partir da condição: em $\omega t = \pi/3$, $i_0 = I_0$.

$$A_1 = \left[I_0 + \frac{E}{R} - \frac{\sqrt{2}V_{ab}}{Z} \operatorname{sen}\left(\frac{\pi}{3} - \theta\right)\right] e^{(R/L)(\pi/3\omega)}$$

A substituição de A_1 na Equação 3.38 gera

$$i_0 = \frac{\sqrt{2}V_{ab}}{Z} \operatorname{sen}(\omega t - \theta) + \left[I_0 + \frac{E}{R} - \frac{\sqrt{2}V_{ab}}{Z} \operatorname{sen}\left(\frac{\pi}{3} - \theta\right)\right] e^{(R/L)(\pi/3\omega - t)} - \frac{E}{R} \tag{3.39}$$

Sob uma condição de regime permanente, $i_0(\omega t = 2\pi/3) = i_0(\omega t = \pi/3)$. Isto é, $i_0(\omega t = 2\pi/3) = I_0$. Aplicando essa condição, obtemos o valor de I_0 como

$$I_0 = \frac{\sqrt{2}V_{ab}}{Z} \frac{\operatorname{sen}(2\pi/3 - \theta) - \operatorname{sen}(\pi/3 - \theta) e^{-(R/L)(\pi/3\omega)}}{1 - e^{-(R/L)(\pi/3\omega)}} - \frac{E}{R} \quad \text{para } I_0 \geq 0 \tag{3.40}$$

o que, após a substituição na Equação 3.39 e simplificação, resulta em

$$i_0 = \frac{\sqrt{2}V_{ab}}{Z}\left[\operatorname{sen}(\omega t - \theta) + \frac{\operatorname{sen}(2\pi/3 - \theta) - \operatorname{sen}(\pi/3 - \theta)}{1 - e^{-(R/L)(\pi/3\omega)}} e^{(R/L)(\pi/3\omega - t)}\right] - \frac{E}{R} \quad (3.41)$$

para $\pi/3 \leq \omega t \leq 2\pi/3$ e $i_0 \geq 0$

A corrente rms no diodo pode ser encontrada a partir da Equação 3.41 como

$$I_{D(\text{rms})} = \sqrt{\frac{2}{2\pi}\int_{\pi/3}^{2\pi/3} i_0^2 \, d(\omega t)}$$

e a corrente rms de saída, então, é passível ser determinada pela combinação das correntes rms de cada diodo como

$$I_{o(\text{rms})} = \sqrt{I_{D(\text{rms})}^2 + I_{D(\text{rms})}^2 + I_{D(\text{rms})}^2} = \sqrt{3}\, I_{D(\text{rms})}$$

A corrente média em um diodo também pode ser encontrada a partir da Equação 3.40 como

$$I_{D(\text{med})} = \frac{2}{2\pi}\int_{\pi/3}^{2\pi/3} i_0 \, d(\omega t)$$

Condições de fronteira: a condição para a corrente descontínua pode ser estabelecida definindo I_0 na Equação 3.40 como zero.

$$\frac{\sqrt{2}V_{AB}}{Z} \cdot \left[\frac{\operatorname{sen}\left(\frac{2\pi}{3} - \theta\right) - \operatorname{sen}\left(\frac{\pi}{3} - \theta\right)e^{-\left(\frac{R}{L}\right)\left(\frac{\pi}{3\omega}\right)}}{1 - e^{-\left(\frac{R}{L}\right)\left(\frac{\pi}{3\omega}\right)}}\right] - \frac{E}{R} = 0$$

o que pode ser resolvido para a razão de tensão $x = E/(\sqrt{2}V_{AB})$ como

$$x(\theta) := \left[\frac{\operatorname{sen}\left(\frac{2\pi}{3} - \theta\right) - \operatorname{sen}\left(\frac{\pi}{3} - \theta\right)e^{-\left(\frac{\pi}{3\operatorname{tg}(\theta)}\right)}}{1 - e^{-\left(\frac{\pi}{3\operatorname{tg}(\theta)}\right)}}\right]\cos(\theta) \quad (3.42)$$

O gráfico da razão de tensão x em relação ao ângulo de impedância θ é mostrado na Figura 3.13. O ângulo da carga θ não pode exceder $\pi/2$. O valor de x é 95,49% em $\theta = 1{,}5598$ rad, 95,03% em $\theta = 0{,}52308$ rad (30°) e 86,68% em $\theta = 0$.

■ **Principais pontos da Seção 3.8**

- Uma carga indutiva pode tornar a corrente de carga contínua. O valor crítico da constante de tensão da carga x ($=E/V_m$) para determinado ângulo de impedância θ é maior do que aquele de um retificador monofásico; isto é, $x = 86{,}68\%$ em $\theta = 0$.

- Com uma carga altamente indutiva, a corrente de entrada de um retificador torna-se uma onda quadrada CA descontínua.

- O retificador trifásico é geralmente utilizado em aplicações industriais de potência elevada, variando de 50 kW a megawatts. Uma comparação entre retificadores monofásicos e trifásicos é mostrada na Tabela 3.3.

FIGURA 3.13
Fronteira entre as regiões contínua e descontínua para retificador trifásico.

Fronteira: região contínua/descontínua

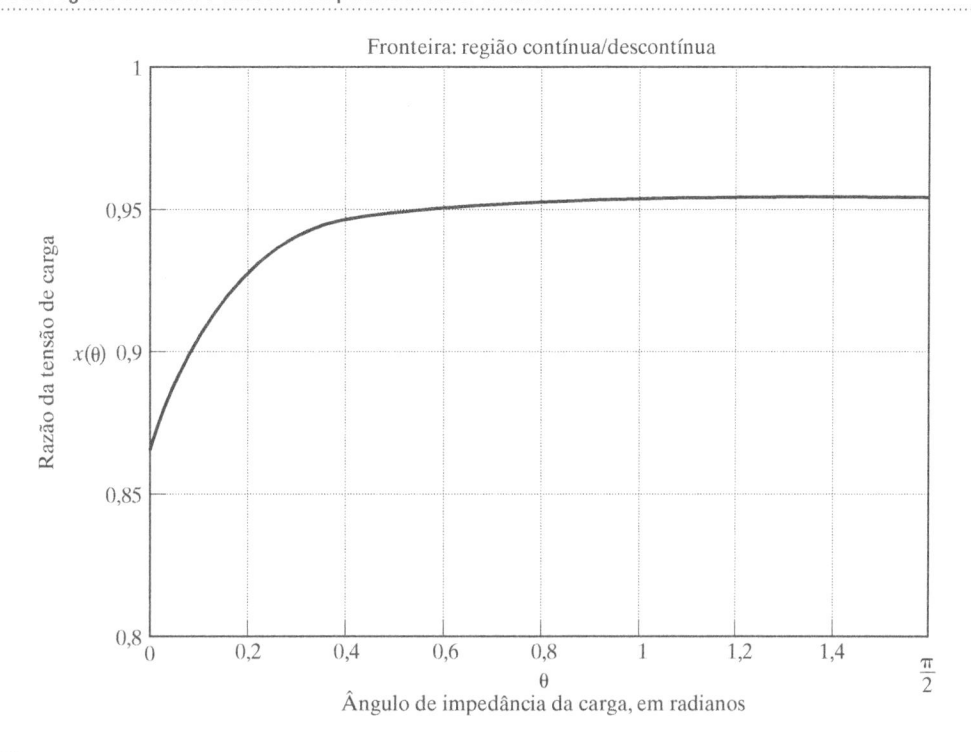

Eixo vertical: Razão da tensão de carga, $x(\theta)$, valores de 0,8 a 1.
Eixo horizontal: Ângulo de impedância da carga, em radianos, de 0 a $\pi/2$.

TABELA 3.3
Vantagens e desvantagens de retificadores monofásicos e trifásicos em ponte.

	Vantagens	Desvantagens
Retificador trifásico em ponte	Produz mais tensão de saída e maior potência de saída, chegando a megawatts A frequência de ondulação é seis vezes a frequência de alimentação, e a saída contém menos ondulações Fator de potência de entrada é maior	A carga não pode ser aterrada sem um transformador no lado de entrada Mais caro; deve ser utilizado em aplicações somente quando necessário
Retificador monofásico em ponte	Indicado para aplicações industriais de até 100 kW A frequência de ondulação é o dobro da frequência de alimentação Simples de usar em unidades disponíveis comercialmente	A carga não pode ser aterrada sem um transformador no lado de entrada Embora um transformador no lado de entrada não seja necessário para a operação do retificador, ele geralmente é conectado para isolar eletricamente a carga da fonte de alimentação

Exemplo 3.8 ▪ Determinação dos parâmetros de desempenho de um retificador trifásico em ponte com carga RL

O retificador trifásico de onda completa da Figura 3.13 tem uma carga $L = 1{,}5$ mH, $R = 2{,}5\ \Omega$ e $E = 10$ V. A tensão de linha de entrada é $V_{ab} = 208$ V, 60 Hz. **(a)** Determine (1) a corrente de carga em regime permanente I_0 em $\omega t = \pi/3$, (2) a corrente média em um diodo $I_{D(\text{med})}$, (3) a corrente rms em um diodo $I_{D(\text{rms})}$, (4) a corrente rms de saída $I_{o(\text{rms})}$ e (5) o fator de potência de entrada. **(b)** Use o PSpice para obter o gráfico da corrente instantânea de saída i_o. Use os parâmetros do diodo IS = 2,22E – 15, BV = 1800 V.

Solução

a. $R = 2,5\ \Omega$, $L = 1,5$ mH, $f = 60$ Hz, $\omega = 2\pi \times 60 = 377$ rad/s, $V_{ab} = 208$ V, $Z = \sqrt{R^2 + (\omega L)^2} = 2,56\ \Omega$ e $\theta = \text{tg}^{-1}(\omega L/R) = 12,74°$.

1. A corrente de carga em regime permanente em $\omega t = \pi/3$ é $I_0 = 105,77$ A.
2. A integração numérica de i_0 na Equação 3.41 produz a corrente média em um diodo $I_{D(\text{med})} = 36,09$ A. Como $I_0 > 0$, a corrente de carga é contínua.
3. Por integração numérica de i_0^2 entre os limites $\omega t = \pi/3$ e $2\pi/3$, obtemos a corrente rms em um diodo como $I_{D(\text{rms})} = 62,53$ A.
4. A corrente rms de saída $I_{o(\text{rms})} = \sqrt{3} I_{D(\text{rms})} = \sqrt{3} \times 62,53 = 108,31$ A.
5. A potência de carga CA é $P_{CA} = i_{o(\text{rms})}^2 R = 108,31^2 \times 2,5 = 29,3$ kW. O fator de potência de entrada é

$$FP = \frac{P_{CA}}{3\sqrt{2} V_s I_{D(\text{rms})}} = \frac{29,3 \times 10^3}{3\sqrt{2} \times 120 \times 62,53} = 0,92 \text{ (em atraso)}$$

b. O retificador trifásico em ponte para simulação PSpice é mostrado na Figura 3.14. A listagem do arquivo do circuito é a seguinte:

```
Exemplo 3.8 Retificador trifásico em ponte com carga RL
VAN    8   0    SIN (0 169.7V 60HZ)
VBN    2   0    SIN (0 169.7V 60HZ 0 0 120DEG)
VCN    3   0    SIN (0 169.7V 60HZ 0 0 240DEG)
L      6   7    1.5MH
R      4   6    2.5
VX     7   5    DC 10V ; Fonte de tensão para medir a corrente de saída
VY     8   1    DC  0V ; Fonte de tensão para medir a corrente de entrada
D1     1   4    DMOD                ; Modelo dos diodos
D3     2   4    DMOD
D5     3   4    DMOD
D2     5   3    DMOD
D4     5   1    DMOD
D6     5   2    DMOD
.MODEL  DMOD  D (IS=2.22E-15 BV=1800V)   ; Parâmetros do modelo dos diodos
.TRAN   10US  25MS  16.667MS  10US       ; Análise transitória
.PROBE
.options ITL5=0 abstol = 1.000n reltol = .01 vntol = 1.000m
.END
```

FIGURA 3.14
Retificador trifásico em ponte para simulação com PSpice.

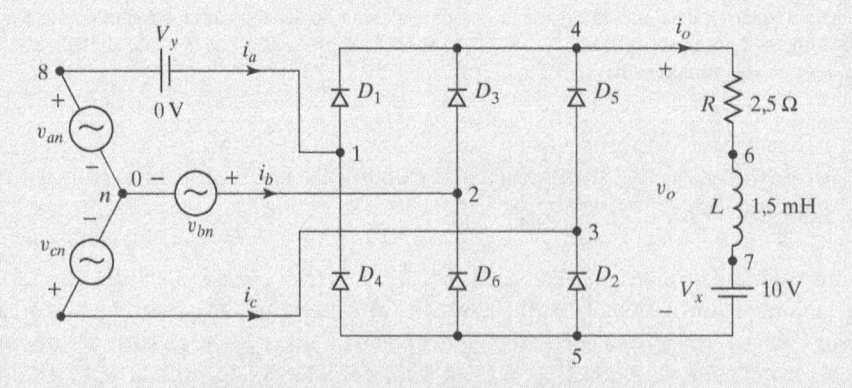

Na Figura 3.15, está representado o gráfico da corrente instantânea de saída i_0 obtido no PSpice. Obteve-se $I_0 = 104,885$ A, em comparação ao valor esperado de 105,77 A. Um diodo Dbreak foi usado na simulação PSpice para incluir os parâmetros especificados.

FIGURA 3.15
Gráfico obtido no PSpice para o Exemplo 3.8.

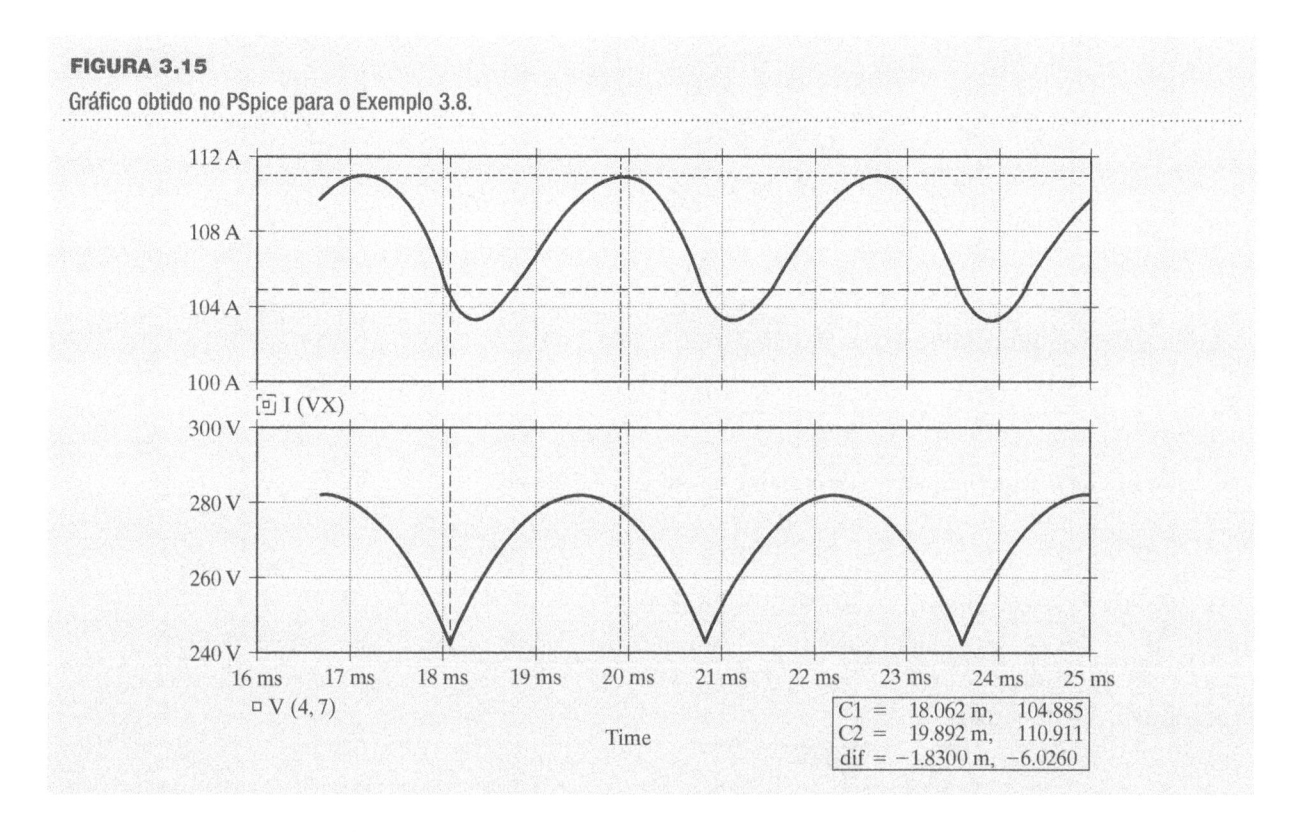

3.9 RETIFICADORES TRIFÁSICOS COM CARGA ALTAMENTE INDUTIVA

Para uma carga altamente indutiva, a corrente de carga de um retificador trifásico como o da Figura 3.11 será contínua, com conteúdo de ondulações desprezável.

A forma de onda da corrente de fase é mostrada na Figura 3.12. A corrente de fase é simétrica no ângulo ($q = p/6$) quando a tensão de fase se torna zero, e não quando a tensão de linha, v_{ab}, se torna zero. Assim, para satisfazer a condição de $f(x + 2\pi) = f(x)$, a corrente de entrada pode ser descrita por

$$i_s(t) = I_a \text{ para } \frac{\pi}{6} \leq \omega t \leq \frac{5\pi}{6}$$

$$i_s(t) = -I_a \text{ para } \frac{7\pi}{6} \leq \omega t \leq \frac{11\pi}{6}$$

o que pode ser expresso em uma série de Fourier como

$$i_s(t) = I_{CC} + \sum_{n=1}^{\infty}(a_n \cos(n\omega t) + b_n \text{sen}(n\omega t)) = \sum_{n=1}^{\infty} c_n \text{sen}(n\omega t + \phi_n)$$

onde os coeficientes são

$$I_{CC} = \frac{1}{2\pi}\int_0^{2\pi} i_s(t)\,d(\omega t) = \frac{1}{2\pi}\int_0^{2\pi} I_a\,d(\omega t) = 0$$

$$a_n = \frac{1}{\pi}\int_0^{2\pi} i_s(t)\cos(n\omega t)\,d(\omega t) = \frac{1}{\pi}\left[\int_{\frac{\pi}{6}}^{\frac{5\pi}{6}} I_a \cos(n\omega t)\,d(\omega t) - \int_{\frac{7\pi}{6}}^{\frac{11\pi}{6}} I_a \cos(n\omega t)\,d(\omega t)\right] = 0$$

$$b_n = \frac{1}{\pi}\int_0^{2\pi} i_s(t)\text{sen}(n\omega t)\,d(\omega t) = \frac{1}{\pi}\left[\int_{\frac{\pi}{6}}^{\frac{5\pi}{6}} I_a \text{sen}(n\omega t)\,d(\omega t) - \int_{\frac{7\pi}{6}}^{\frac{11\pi}{6}} I_a \text{sen}(n\omega t)\,d(\omega t)\right]$$

o que, após integração e simplificação, resulta em b_n como

$$b_n = \frac{-4I_a}{n\pi}\cos(n\pi)\text{sen}\left(\frac{n\pi}{2}\right)\text{sen}\left(\frac{n\pi}{3}\right) \quad \text{para} \quad n = 1, 5, 7, 11, 13, \ldots$$

$$b_n = 0 \quad \text{para} \quad n = 2, 3, 4, 6, 8, 9, \ldots$$

$$c_n = \sqrt{(a_n)^2 + (b_n)^2} = \frac{-4I_a}{n\pi}\cos(n\pi)\text{sen}\left(\frac{n\pi}{2}\right)\text{sen}\left(\frac{n\pi}{3}\right)$$

$$\phi_n = \text{arctg}\left(\frac{a_n}{b_n}\right) = 0$$

Assim, a série de Fourier da corrente de entrada é dada por

$$i_s = \frac{4\sqrt{3}I_a}{2\pi}\left(\frac{\text{sen}(\omega t)}{1} - \frac{\text{sen}(5\omega t)}{5} - \frac{\text{sen}(7\omega t)}{7} + \frac{\text{sen}(11\omega t)}{11} + \frac{\text{sen}(13\omega t)}{13} - \frac{\text{sen}(17\omega t)}{17} - \cdots\right) \quad (3.43)$$

O valor rms da n-ésima harmônica da corrente de entrada é dado por

$$I_{sn} = \frac{1}{\sqrt{2}}\sqrt{a_n^2 + b_n^2} = \frac{2\sqrt{2}I_a}{n\pi}\text{sen}\frac{n\pi}{3} \quad (3.44)$$

O valor rms da componente fundamental da corrente é

$$I_{s1} = \frac{\sqrt{6}}{\pi}I_a = 0{,}7797I_a$$

A corrente rms de entrada

$$I_s = \sqrt{\frac{2}{2\pi}\int_{\pi/6}^{5\pi/6} I_a^2\, d(\omega t)} = I_a\sqrt{\frac{2}{3}} = 0{,}8165I_a$$

$$\text{FH} = \sqrt{\left(\frac{I_s}{I_{s1}}\right)^2 - 1} = \sqrt{\left(\frac{\pi}{3}\right)^2 - 1} = 0{,}3108 \quad \text{ou} \quad 31{,}08\%$$

$$\text{FD} = \cos\phi_1 = \cos(0) = 1$$

$$\text{FP} = \frac{I_{s1}}{I_s}\cos(0) = \frac{0{,}7797}{0{,}8165} = 0{,}9549$$

Observação: se compararmos o FP com o do Exemplo 3.7, em que a carga é puramente resistiva, podemos notar que o FP de entrada depende do ângulo de carga. Para uma carga puramente resistiva, FP = 0,956.

■ Principais pontos da Seção 3.9

– Com uma carga altamente indutiva, a corrente de entrada de um retificador torna-se uma onda quadrada CA. O fator de potência de entrada de um retificador trifásico é 0,9549, que é maior do que o de um retificador monofásico na mesma condição, 0,9.

3.10 COMPARAÇÃO DE RETIFICADORES COM DIODOS

O objetivo de um retificador é produzir uma tensão de saída CC em determinada potência de saída. Portanto, é mais conveniente expressar os parâmetros de desempenho em termos de V_{CC} e P_{CC}. Por exemplo, a especificação e a relação de espiras de um transformador em um circuito retificador podem facilmente ser estabelecidas se a tensão rms de entrada para o retificador estiver em termos da tensão de saída necessária, V_{CC}. Os parâmetros importantes estão resumidos na Tabela 3.4.[3] Por conta de seus méritos relativos, os retificadores monofásicos e trifásicos em ponte são utilizados de forma geral.

TABELA 3.4
Parâmetros de desempenho de retificadores com diodos com carga resistiva.

Parâmetros de desempenho	Retificador monofásico com transformador com derivação central	Retificador monofásico em ponte	Retificador de seis fases em estrela	Retificador trifásico em ponte
Tensão reversa repetitiva máxima, V_{RRM}	$3,14V_{CC}$	$1,57V_{CC}$	$2,09V_{CC}$	$1,05V_{CC}$
Tensão rms de entrada por secundário do transformador, V_s	$1,11V_{CC}$	$1,11V_{CC}$	$0,74V_{CC}$	$0,428V_{CC}$
Corrente média do diodo, $I_{D(med)}$	$0,50I_{CC}$	$0,50I_{CC}$	$0,167I_{CC}$	$0,333I_{CC}$
Corrente direta repetitiva máxima, I_{FRM}	$1,57I_{CC}$	$1,57I_{CC}$	$6,28I_{CC}$	$3,14I_{CC}$
Corrente rms no diodo, $I_{D(rms)}$	$0,785I_{CC}$	$0,785I_{CC}$	$0,409I_{CC}$	$0,579I_{CC}$
Fator de forma da corrente no diodo, $I_{D(rms)}/I_{D(med)}$	1,57	1,57	2,45	1,74
Razão de retificação, η	0,81	0,81	0,998	0,998
Fator de forma, FF	1,11	1,11	1,0009	1,0009
Fator de ondulação, FR	0,482	0,482	0,042	0,042
Capacidade do primário do transformador, VA	$1,23P_{CC}$	$1,23P_{CC}$	$1,28P_{CC}$	$1,05P_{CC}$
Capacidade do secundário do transformador, VA	$1,75P_{CC}$	$1,23P_{CC}$	$1,81P_{CC}$	$1,05P_{CC}$
Frequência de ondulação de saída, f_r	$2f_s$	$2f_s$	$6f_s$	$6f_s$

■ **Principais pontos da Seção 3.10**

– Os retificadores monofásicos e trifásicos em ponte, que têm méritos relativos, são utilizados de forma geral para a conversão CA-CC.

3.11 PROJETO DE CIRCUITO RETIFICADOR

O projeto de um retificador envolve a determinação das especificações dos diodos semicondutores. As capacidades dos diodos são normalmente definidas em termos de corrente média, corrente rms, corrente de pico e tensão reversa máxima. Não existem procedimentos padronizados para o projeto, mas é necessário determinar as formas das correntes e das tensões dos diodos.

Nota-se nas análises anteriores, nas equações 3.12 e 3.37, que a saída dos retificadores contém harmônicas. Pode-se utilizar filtros para suavizar a tensão de saída CC do retificador. Esses filtros, conhecidos como *filtros CC*, são geralmente do tipo *L, C* e *LC*, como mostra a Figura 3.16. Por conta da ação de retificação, a corrente de entrada do retificador também contém harmônicas, e para filtrar algumas das harmônicas do sistema de alimentação é utilizado um *filtro CA*. O filtro CA é normalmente do tipo *LC*, como mostra a Figura 3.17.

Em geral, o projeto de um filtro requer a determinação das amplitudes e frequências das harmônicas. As etapas envolvidas no projeto de retificadores e filtros são explicadas por meio de exemplos.

Exemplo 3.9 ▪ **Determinação das especificações dos diodos a partir de suas correntes**

Um retificador trifásico em ponte alimenta uma carga altamente indutiva, de modo que a corrente média na carga é $I_{CC} = 60$ A, e o conteúdo de ondulação é desprezável. Determine as especificações dos diodos se a tensão de fase da fonte de alimentação, conectada em Y, for 120 V em 60 Hz.

FIGURA 3.16
Filtros CC.

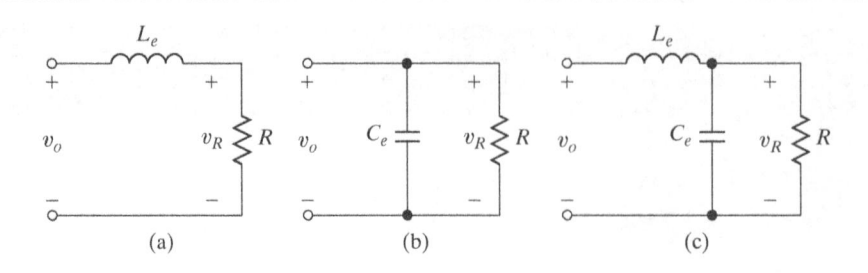

(a) (b) (c)

FIGURA 3.17
Filtro CA.

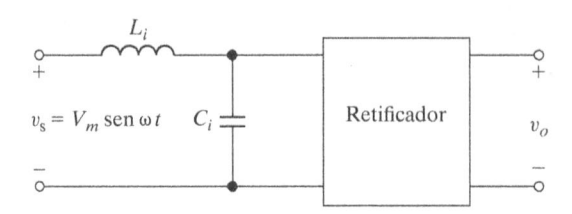

Solução
As correntes nos diodos são mostradas na Figura 3.18. A corrente média em um diodo é $I_d = 60/3 = 20$ A. A corrente rms é

$$I_r = \sqrt{\frac{1}{2\pi}\int_{\pi/3}^{\pi} I_{CC}^2 \, d(\omega t)} = \frac{I_{CC}}{\sqrt{3}} = 34{,}64 \text{ A}$$

A tensão reversa máxima é PIV $\sqrt{3}\, V_m = \sqrt{3} \times \sqrt{2} \times 120 = 294$ V.

FIGURA 3.18
Corrente nos diodos.

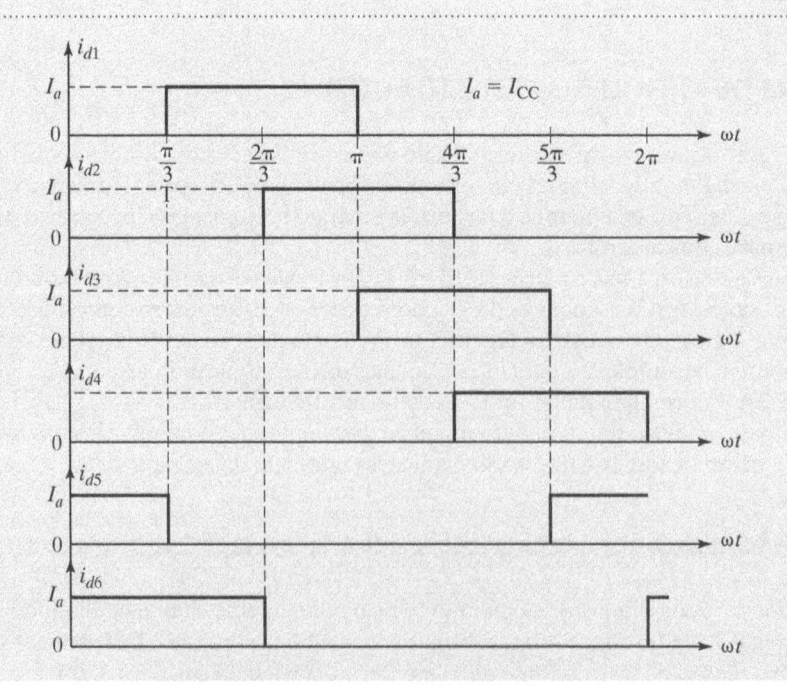

Observação: o fator $\sqrt{2}$ é usado para converter rms no valor de pico.

Exemplo 3.10 • Determinação das correntes média e rms do diodo a partir das formas de onda

A corrente em um diodo é mostrada na Figura 3.19. Determine **(a)** a corrente rms e **(b)** a corrente média no diodo se $t_1 = 100$ μs, $t_2 = 350$ μs, $t_3 = 500$ μs, $f = 250$ Hz, $f_s = 5$ kHz, $I_m = 450$ A e $I_a = 150$ A.

Solução
a. O valor rms é definido como

$$I_{D(\text{rms})} = \sqrt{\frac{1}{T}\int_0^{t_1}(I_m \text{sen}\,\omega_s t)^2\, dt + \frac{1}{T}\int_{t_2}^{t_3} I_a^2\, dt} = \sqrt{I_{D1(\text{rms})}^2 + I_{D1(\text{rms})}^2} \quad (3.45)$$

onde $\omega_s = 2\pi f_s = 31.415{,}93$ rad/s, $t_1 = \pi/\omega_s = 100$ μs e $T = 1/f$.

$$I_{D1(\text{rms})} = \sqrt{\frac{1}{T}\int_0^{t_1}(I_m \text{sen}\,\omega_s t)^2\, dt} = I_m\sqrt{\frac{ft_1}{2}} = 50{,}31\text{ A} \quad (3.46)$$

e

$$I_{D2(\text{rms})} = \sqrt{\frac{1}{T}\int_{t_2}^{t_3} I_a^2\, dt} = I_a\sqrt{f(t_3 - t_2)} = 29{,}05\text{ A} \quad (3.47)$$

Substituindo as equações 3.46 e 3.47 na Equação 3.45, tem-se o valor rms como

$$I_{D(\text{rms})} = \sqrt{\frac{I_m^2 f t_1}{2} + I_a^2 f(t_3 - t_2)} = \sqrt{50{,}31^2 + 29{,}05^2} = 58{,}09\text{ A} \quad (3.48)$$

b. A corrente média é encontrada a partir de

$$I_{D(\text{med})} = \left[\frac{1}{T}\int_0^{t_1}(I_m \text{sen}\,\omega_s t)\, dt + \frac{1}{T}\int_{t_2}^{t_3} I_a\, dt\right] = I_{D1(\text{med})} + I_{D2(\text{med})}$$

onde

$$I_{D1(\text{med})} = \frac{1}{T}\int_0^{t_1}(I_m \text{sen}\,\omega_s t)\, dt = \frac{I_m f}{\pi f_s} \quad (3.49)$$

$$I_{D2(\text{med})} = \frac{1}{T}\int_{t_2}^{t_3} I_a\, dt = I_a f(t_3 - t_2) \quad (3.50)$$

Portanto, a corrente média torna-se

$$I_{D(\text{med})} = \frac{I_m f}{\pi f_s} + I_a f(t_3 - t_2) = 7{,}16 + 5{,}63 = 12{,}79\text{ A}$$

FIGURA 3.19
Formas de onda da corrente.

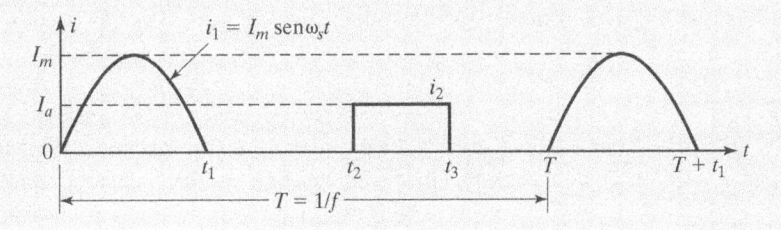

Exemplo 3.11 ▪ Projeto de um filtro L para limitar a ondulação da corrente de saída

O retificador monofásico em ponte é alimentado por uma fonte de 120 V, 60 Hz. A resistência da carga é $R = 500\,\Omega$. Calcule o valor do indutor L em série que limita o valor rms da ondulação da corrente I_{CA} a menos de 5% de I_{CC}.

Solução
A impedância da carga é

$$Z = R + j(n\omega L) = \sqrt{R^2 + (n\omega L)^2}\,\underline{/\theta_n} \tag{3.51}$$

e

$$\theta_n = \text{tg}^{-1}\frac{n\omega L}{R} \tag{3.52}$$

e a corrente instantânea é

$$i_0(t) = I_{CC} - \frac{4V_m}{\pi\sqrt{R^2 + (n\omega L)^2}}\left[\frac{1}{3}\cos(2\omega t - \theta_2) + \frac{1}{15}\cos(4\omega t - \theta_4)\ldots\right] \tag{3.53}$$

onde

$$I_{CC} = \frac{V_{CC}}{R} = \frac{2V_m}{\pi R}$$

A Equação 3.53 dá o valor rms da corrente de ondulação como

$$I_{CA}^2 = \frac{(4V_m)^2}{2\pi^2[R^2 + (2\omega L)^2]}\left(\frac{1}{3}\right)^2 + \frac{(4V_m)^2}{2\pi^2[R^2 + (4\omega L)^2]}\left(\frac{1}{15}\right)^2 + \ldots$$

Considerando apenas a harmônica de ordem mais baixa ($n = 2$), temos

$$I_{CA} = \frac{4V_m}{\sqrt{2}\pi\sqrt{R^2 + (2\omega L)^2}}\left(\frac{1}{3}\right)$$

Utilizando o valor de I_{CC} e após simplificação, tem-se o fator de ondulação como

$$FR = \frac{I_{CA}}{I_{CC}} = \frac{0{,}4714}{\sqrt{1 + (2\omega L/R)^2}} = 0{,}05$$

Para $R = 500\,\Omega$ e $f = 60$ Hz, o valor da indutância é obtido como $0{,}4714^2 = 0{,}05^2\,[1 + (4 \times 60 \times \pi L/500)^2]$, resultando em $L = 6{,}22$ H.

Podemos notar, a partir da Equação 3.53, que uma indutância na carga oferece uma impedância elevada para as correntes harmônicas e age como um filtro na redução das harmônicas. Entretanto, essa indutância introduz um atraso na corrente de carga em relação à tensão de entrada. No caso de um retificador monofásico de meia onda, é necessário um diodo de roda livre para fornecer um caminho para essa corrente indutiva.

Exemplo 3.12 ▪ Projeto de um filtro C para limitar a ondulação da tensão de saída

Um retificador monofásico em ponte é alimentado por uma fonte de 120 V, 60 Hz. A resistência da carga é $R = 500\,\Omega$. **(a)** Projete um filtro C, de modo que o fator de ondulação da tensão de saída seja menor que 5%. **(b)** Com o valor do capacitor C da parte (a), calcule a tensão média de carga V_{CC}.

Solução
a. Quando a tensão instantânea v_s na Figura 3.20a é maior do que a tensão instantânea do capacitor v_o, os diodos (D_1 e D_2 ou D_3 e D_4) conduzem, e o capacitor é então carregado a partir da fonte. Se a

tensão instantânea de alimentação v_s ficar abaixo da do capacitor v_o, os diodos (D_1 e D_2 ou D_3 e D_4) estarão reversamente polarizados, e o capacitor C_e descarregará através da resistência de carga R_L. A tensão do capacitor v_o varia entre um valor mínimo $V_{o(mín)}$ e um máximo $V_{o(máx)}$, conforme indica a Figura 3.20b.

A ondulação da tensão de saída, que é a diferença entre as tensões máxima $V_{o(máx)}$ e mínima $V_{o(mín)}$, pode ser especificada de diferentes maneiras, como mostra a Tabela 3.5.

Suponhamos que t_c seja o tempo de carga e que t_d seja o tempo de descarga do capacitor C_e. O circuito equivalente durante a carga é apresentado na Figura 3.20c. Durante o intervalo de carga, o capacitor carrega de $V_{o(mín)}$ até V_m. Suponhamos também que no ângulo α (rad/s), a tensão de entrada seja igual à tensão mínima do capacitor $V_{o(mín)}$. Como a tensão de entrada aumenta de forma senoidal de 0 a V_m, o ângulo α pode ser determinado a partir de

$$V_{o(mín)} = V_m \operatorname{sen}(\alpha) \quad \text{ou} \quad \alpha = \operatorname{sen}^{-1}\left(\frac{V_{o(mín)}}{V_m}\right) \tag{3.54}$$

Redefinindo a origem do tempo ($\omega t = 0$) em $\pi/2$ como o início do intervalo 1, podemos deduzir a corrente do capacitor que descarrega exponencialmente através de R.

$$\frac{1}{C_e}\int i_o dt - v_C(t=0) + R_L i_o = 0$$

que, com uma condição inicial de $v_C(\omega t = 0) = V_m$, dá

$$i_o = \frac{V_m}{R} e^{-t/R_L C_e} \quad \text{para} \quad 0 \le t \le t_d$$

A tensão instantânea de saída (ou do capacitor) v_o durante o período de descarga pode ser encontrada a partir de

$$v_o(t) = R_L i_o = V_m e^{-t/R_L C_e} \tag{3.55}$$

A Figura 3.20d mostra o circuito equivalente durante a descarga. Podemos encontrar o tempo de descarga t_d ou o ângulo de descarga β (rad/s) como

$$\omega t_d = \beta = \pi/2 + \alpha \tag{3.56}$$

Em $t = t_d$, $v_o(t)$, na Equação 3.55, torna-se igual a $V_{o(mín)}$, e podemos relacionar t_d com $V_{o(mín)}$ através de

$$v_o(t = t_d) = V_{o(mín)} = V_m e^{-t_d/R_L C_e} \tag{3.57}$$

que dá o tempo de descarga t_d como

$$t_d = R_L C_e \ln\left(\frac{V_m}{V_{o(mín)}}\right) \tag{3.58}$$

Igualando t_d na Equação 3.58 com t_d na Equação 3.56, obtemos

$$\omega R_L C_e \ln\left(\frac{V_m}{V_{o(mín)}}\right) = \pi/2 + \alpha = \pi/2 + \operatorname{sen}^{-1}\left(\frac{V_{o(mín)}}{V_m}\right) \tag{3.59}$$

Portanto, o capacitor de filtro C_e pode ser encontrado a partir de

$$C_e = \frac{\pi/2 + \operatorname{sen}^{-1}\left(\dfrac{V_{o(mín)}}{V_m}\right)}{\omega R_L \ln\left(\dfrac{V_m}{V_{o(mín)}}\right)} \tag{3.60}$$

Redefinindo a origem do tempo ($\omega t = 0$) em $\pi/2$ quando o intervalo de descarga começa, podemos encontrar a tensão média de saída $V_{o(med)}$ a partir de

FIGURA 3.20
Retificador monofásico em ponte com filtro C.

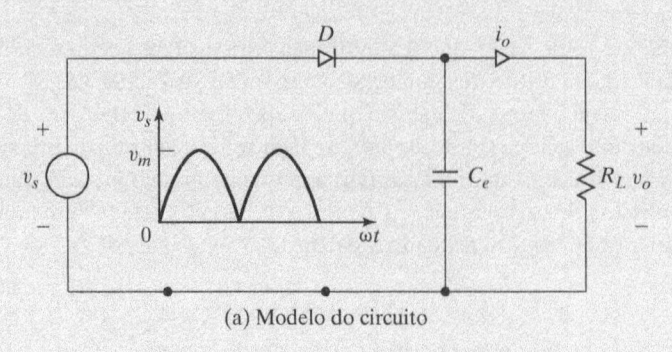

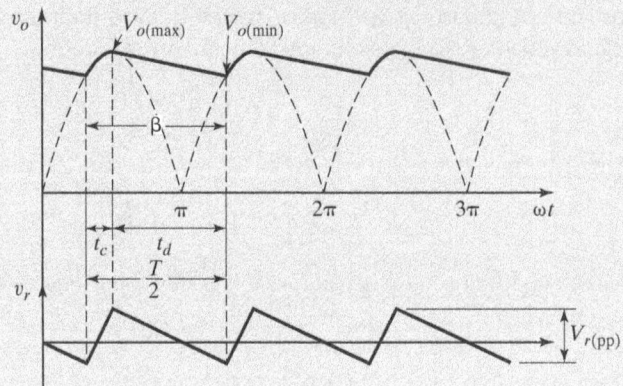

(a) Modelo do circuito

(b) Formas de onda para o retificador de onda completa

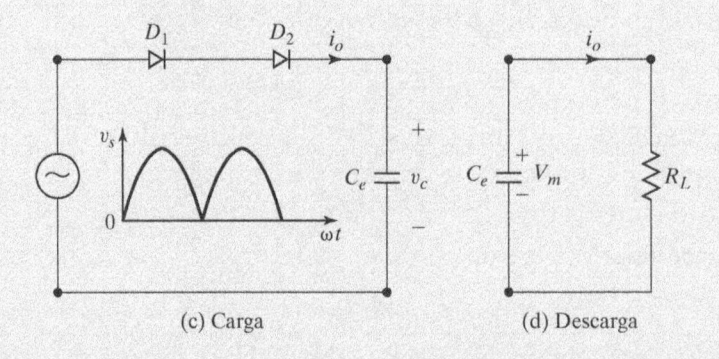

(c) Carga

(d) Descarga

TABELA 3.5
Termos para medir a ondulação da tensão de saída.

Definição dos termos	Relação
O valor de pico da tensão de saída	$V_{o(\text{máx})} = V_m$
A tensão pico a pico de saída da ondulação	$V_{r(pp)} = V_{o(\text{máx})} - V_{o(\text{mín})} = V_m - V_{o(\text{mín})}$
O fator de ondulação da tensão de saída	$\text{FR}_v = \dfrac{V_{r(pp)}}{V_m} = \dfrac{V_m - V_{o(\text{mín})}}{V_m} = 1 - \dfrac{V_{o(\text{mín})}}{V_m}$
O valor mínimo da tensão de saída	$V_{o(\text{mín})} = V_m(1 - \text{FR}_v)$

$$V_{o(\text{med})} = \frac{V_m}{\pi}\left[\int_0^\beta e^{-\frac{\omega t}{R_L C_e}} d(\omega t) + \int_\beta^\pi \cos(\omega t)\, d(\omega t)\right] \quad (3.61)$$

$$= \frac{V_m}{\pi}\left[\omega R_L C_e\left(1 - e^{-\frac{\beta}{\omega R_L C_e}}\right) + \operatorname{sen}\beta\right]$$

As equações anteriores (3.60 e 3.61) para C e $V_{o(\text{med})}$ são não lineares. Podemos extrair expressões explícitas simples para a tensão de ondulação em termos do valor do capacitor se formularmos as seguintes hipóteses:

- t_c é o tempo de carga do capacitor C_e
- t_d é o tempo de descarga do capacitor C_e

Se assumirmos que o tempo de carga t_c é pequeno em comparação a t_d, ou seja, que $t_d \gg t_c$, o que geralmente é o caso, podemos relacionar t_c e t_d com o período T da alimentação de entrada como

$$t_d = T/2 - t_c \approx T/2 = 1/2f \quad (3.62)$$

Usando a expansão da série de Taylor de $e^{-x} = 1 - x$ para um valor pequeno de $x \ll 1$, a Equação 3.57 pode ser simplificada para

$$V_{o(\text{mín})} = V_m e^{-t_d/R_L C_e} = V_m\left(1 - \frac{t_d}{R_L C_e}\right) \quad (3.63)$$

que dá a tensão de pico a pico de ondulação $V_{r(pp)}$ como

$$V_{r(pp)} = V_m - V_{o(\text{mín})} = V_m \frac{t_d}{R_L C_e} = \frac{V_m}{2fR_L C_e} \quad (3.64)$$

A Equação 3.64 pode ser usada para encontrar o valor do capacitor C_e com uma precisão razoável para a maioria dos fins práticos, contanto que o fator de ondulação seja no máximo de 10%. Podemos observar a partir da Equação 3.64 que a tensão de ondulação depende inversamente da frequência de alimentação f, da capacitância do filtro C_e e da resistência da carga R_L.

Se assumirmos que a tensão de saída diminui linearmente de $V_{o(\text{máx})}$ ($= V_m$) para $V_{o(\text{mín})}$ durante o intervalo de descarga, a tensão média de saída pode ser encontrada de forma aproximada a partir de

$$V_{o(\text{med})} = \frac{V_m + V_{o(\text{mín})}}{2} = \frac{1}{2}\left[V_m + V_m\left(1 - \frac{t_d}{R_L C_e}\right)\right] \quad (3.65)$$

que, após a substituição para t_d, torna-se

$$V_{o(\text{med})} = \frac{1}{2}\left[V_m + V_m\left(1 - \frac{1}{R_L 2fC_e}\right)\right] = \frac{V_m}{2}\left[2 - \frac{1}{R_L 2fC_e}\right] \quad (3.66)$$

O fator de ondulação FR pode ser encontrado a partir de

$$\text{FR} = \frac{V_{r(pp)}/2}{V_{o(\text{med})}} = \frac{1}{4R_L fC_e - 1} \quad (3.67)$$

A tensão de entrada de pico V_m é geralmente fixada pela fonte de alimentação, e a tensão mínima $V_{o(\text{mín})}$ pode ser variada de quase 0 para V_m através da variação dos valores de C_e, f e R_L. Portanto, é possível projetar uma tensão média de saída $V_{o(CC)}$ no intervalo de $V_m/2$ a V_m. Podemos encontrar o valor do capacitor C_e para atender tanto um valor específico da tensão mínima $V_{o(\text{mín})}$ quanto a tensão média de saída $V_{o(\text{med})}$, de modo que $V_{o(\text{mín})} = (2V_{o(\text{med})} - V_m)$.

a. A Equação 3.67 pode ser resolvida para C_e

$$C_e = \frac{1}{4fR}\left(1 + \frac{1}{\text{FR}}\right) = \frac{1}{4 \times 60 \times 500}\left(1 + \frac{1}{0{,}05}\right) = 175\ \mu\text{F}$$

b. A partir da Equação 3.66, a tensão média de saída é

$$V_{o(\text{med})} = \frac{V_m}{2}\left[2 - \frac{1}{R_L 2fC_e}\right] = \frac{169}{2}\left[2 - \frac{1}{500 \times 2 \times 60 \times C_e}\right] = 161{,}624\ \text{V}$$

Exemplo 3.13 ▪ Projeto de um filtro de saída *LC* para limitar a ondulação da tensão de saída

Um filtro *LC*, como o mostrado na Figura 3.16c, é usado para reduzir o conteúdo de ondulação da tensão de saída de um retificador monofásico de onda completa. A resistência de carga é $R = 40\ \Omega$, a indutância de carga é $L = 10$ mH e a frequência da fonte é 60 Hz (ou 377 rad/s). **(a)** Determine os valores de L_e e C_e, de modo que o FR da tensão de saída seja 10%. **(b)** Utilize o PSpice para calcular as componentes de Fourier da tensão de saída v_o. Assuma parâmetros do modelo do diodo IS = 2,22E – 15, BV = 1800 V.

Solução
a. O circuito equivalente para as harmônicas é mostrado na Figura 3.21. Para facilitar a passagem da *n*-ésima harmônica da ondulação de corrente pelo capacitor de filtro, a impedância de carga deve ser muito maior do que a do capacitor. Isto é,

$$\sqrt{R^2 + (n\omega L)^2} \gg \frac{1}{n\omega C_e}$$

Essa condição geralmente é satisfeita pela relação

$$\sqrt{R^2 + (n\omega L)^2} = \frac{10}{n\omega C_e} \quad (3.68)$$

e, nessa condição, o efeito da carga é desprezável. O valor rms na *n*-ésima componente harmônica que aparece na saída pode ser encontrado utilizando-se a regra do divisor de tensão:

$$V_{on} = \left|\frac{-1/(n\omega C_e)}{(n\omega L_e) - 1/(n\omega C_e)}\right| V_{nh} = \left|\frac{-1}{(n\omega)^2 L_e C_e - 1}\right| V_{nh} \quad (3.69)$$

A quantidade de ondulação de tensão total, por conta de todas as harmônicas, é

$$V_{CA} = \sqrt{\left(\sum_{n=2,4,6,\ldots}^{\infty} V_{on}^2\right)} \quad (3.70)$$

Para um valor específico de V_{CA}, e com o valor de C_e a partir da Equação 3.68, o valor de L_e pode ser calculado. Conseguimos simplificar o cálculo considerando apenas a harmônica dominante. A partir da Equação 3.12, encontramos a segunda harmônica como a dominante, e seu valor rms é $V_{2h} = 4V_m/(3\sqrt{2}\pi)$ e o valor CC, $V_{CC} = 2V_m/\pi$.
Para $n = 2$, as equações 3.69 e 3.70 dão

$$V_{CA} = V_{o2} = \left|\frac{-1}{(2\omega)^2 L_e C_e - 1}\right| V_{2h}$$

O valor do capacitor de filtro C_e é calculado a partir de

$$\sqrt{R^2 + (2\omega L)^2} = \frac{10}{2\omega C_e}$$

ou

$$C_e = \frac{10}{4\pi f \sqrt{R^2 + (4\pi f L)^2}} = 326\ \mu\text{F}$$

FIGURA 3.21
Circuito equivalente para as harmônicas.

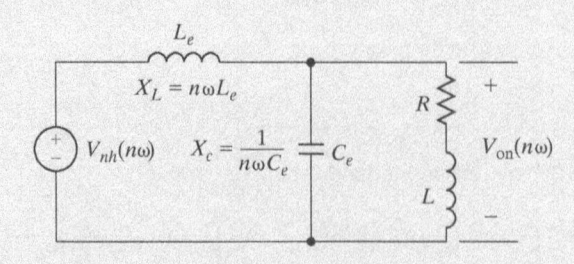

A partir da Equação 3.6, o FR é definido como

$$FR = \frac{V_{CA}}{V_{CC}} = \frac{V_{o2}}{V_{CC}} = \frac{V_{2h}}{V_{CC}} \frac{1}{(4\pi f)^2 L_e C_e - 1} = \frac{\sqrt{2}}{3}\left|\frac{1}{[(4\pi f)^2 L_e C_e - 1]}\right| = 0,1$$

ou $(4\pi f)^2 L_e C_e - 1 = 4{,}714$ e $L_e = 30{,}83$ mH.

b. Na Figura 3.22, está representado o retificador monofásico em ponte para simulação com PSpice. Uma pequena resistência R_x é adicionada para evitar um problema de convergência no PSpice, devido ao caminho CC de resistência zero formado por L_e e C_e. A listagem do arquivo do circuito é a seguinte:

```
Exemplo 3.13 Retificador monofásico em ponte com filtro LC
VS      1    0    SIN (0 169.7V 60HZ)
LE      3    8    30.83MH
CE      7    4    326UF
RX      8    7    80M    ; Usado para resolver problema de convergência
L       5    6    10MH
R       7    5    40
VX      6    4    DC 0V ; Fonte de tensão para medir a corrente de saída
VY      1    2    DC 0V ; Fonte de tensão para medir a corrente de entrada
D1      2    3    DMOD              ; Modelos dos diodos
D2      4    0    DMOD
D3      0    3    DMOD
D4      4    2    DMOD
.MODEL  DMOD D (IS=2.22E-15 BV=1800V) ; Parâmetros do modelo dos diodos
.TRAN   10US 50MS 33MS 50US           ; Análise transitória
.FOUR   120HZ V(6,5)      ; Análise de Fourier da tensão de saída
.options ITL5=0 abstol=1.000u reltol=.05 vntol=0.01m
.END
```

FIGURA 3.22
Retificador monofásico em ponte para simulação PSpice.

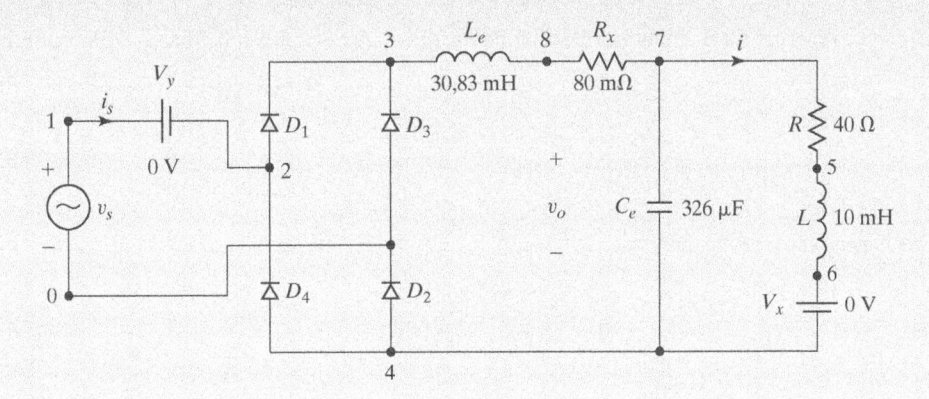

Os resultados para a simulação com o PSpice à tensão de saída V(6,5) são os seguintes:

```
FOURIER COMPONENTS OF TRANSIENT RESPONSE V(6,5)
DC COMPONENT = 1.140973E+02
HARMONIC  FREQUENCY   FOURIER     NORMALIZED   PHASE       NORMALIZED
   NO       (HZ)      COMPONENT   COMPONENT    (DEG)       PHASE (DEG)
    1     1.200E+02   1.304E+01   1.000E+00    1.038E+02   0.000E+00
    2     2.400E+02   6.496E-01   4.981E-02    1.236E+02   1.988E+01
    3     3.600E+02   2.277E-01   1.746E-02    9.226E+01  -1.150E+01
    4     4.800E+02   1.566E-01   1.201E-02    4.875E+01  -5.501E+01
    5     6.000E+02   1.274E-01   9.767E-03    2.232E+01  -8.144E+01
    6     7.200E+02   1.020E-01   7.822E-03    8.358E+00  -9.540E+01
    7     8.400E+02   8.272E-02   6.343E-03    1.997E+00  -1.018E+02
    8     9.600E+02   6.982E-02   5.354E-03   -1.061E+00  -1.048E+02
    9     1.080E+03   6.015E-02   4.612E-03   -3.436E+00  -1.072E+02
TOTAL HARMONIC DISTORTION = 5.636070E+00 PERCENT
```

Esses resultados comprovam o projeto.

Exemplo 3.14 • Projeto de um filtro de entrada *LC* para limitar a ondulação na corrente de entrada

Um filtro de entrada *LC*, como mostra a Figura 3.17, é utilizado para reduzir as harmônicas da corrente de entrada do retificador monofásico de onda completa da Figura 3.9a. A corrente de carga não tem ondulações, e seu valor médio é I_a. Se a frequência de alimentação for $f = 60$ Hz (ou 377 rad/s), determine a frequência de ressonância do filtro, de modo que a corrente harmônica total de entrada seja reduzida para 1% da componente fundamental.

Solução

O circuito equivalente para a *n*-ésima componente harmônica é indicado na Figura 3.23. O valor rms da *n*-ésima harmônica da corrente que aparece na alimentação é obtido com a utilização da regra do divisor de corrente,

$$I_{sn} = \left| \frac{1/(n\omega C_i)}{(n\omega L_i - 1/(n\omega C_i))} \right| I_{nh} = \left| \frac{1}{(n\omega)^2 L_i C_i - 1} \right| I_{nh} \quad (3.71)$$

onde I_{nh} é o valor rms da *n*-ésima harmônica da corrente. A corrente harmônica total na linha de alimentação é

$$I_h = \sqrt{\sum_{n=2,3,\ldots}^{\infty} I_{sn}^2}$$

FIGURA 3.23
Circuito equivalente para a corrente harmônica.

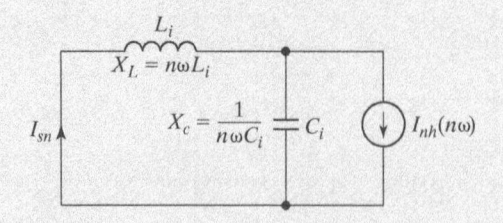

e o fator harmônico da corrente de entrada (com o filtro) é

$$r = \frac{I_h}{I_{s1}} = \sqrt{\sum_{n=2,3,\ldots}^{\infty} \left(\frac{I_{sn}}{I_{s1}}\right)^2} \qquad (3.72)$$

A partir da Equação 3.24, $I_{1h} = 4I_a/\sqrt{2}\,\pi$ e $I_{nh} = 4I_a/(\sqrt{2}\,n\pi)$ para $n = 3, 5, 7, \ldots$. A partir das equações 3.71 e 3.72, obtemos

$$r^2 = \sum_{n=3,5,7,\ldots}^{\infty} \left(\frac{I_{sn}}{I_{s1}}\right)^2 = \sum_{n=3,5,7,\ldots}^{\infty} \left|\frac{(\omega^2 L_i C_i - 1)^2}{n^2[(n\omega)^2 L_i C_i - 1]^2}\right| \qquad (3.73)$$

Essa equação pode ser resolvida para o valor de $L_i C_i$. Para simplificar os cálculos, consideramos somente a terceira harmônica, $3[(3 \times 2 \times \pi \times 60)^2 L_i C_i - 1]/(\omega^2 L_i C_i - 1) = 1/0{,}01 = 100$ ou $L_i C_i = 9{,}349 \times 10^{-6}$, e a frequência do filtro é $1/\sqrt{L_i C_i} = 327{,}04$ rad/s, ou 52,05 Hz. Supondo que $C_i = 1000$ μF, obtemos $L_i = 9{,}349$ mH.

Observação: o filtro CA é geralmente sintonizado na frequência harmônica envolvida, mas isso requer um projeto cuidadoso para evitar a possibilidade de ressonância com o sistema de alimentação. A frequência de ressonância da terceira harmônica da corrente é $377 \times 3 = 1131$ rad/s.

■ Principais pontos da Seção 3.11

- O projeto de um retificador requer a determinação das especificações dos diodos e das componentes dos filtros de entrada e de saída. Os filtros são utilizados para suavizar a tensão de saída através de um filtro CC e para reduzir a quantidade de injeção de harmônicas na fonte de alimentação de entrada através de um filtro CA.

3.12 TENSÃO DE SAÍDA COM FILTRO LC

O circuito equivalente de um retificador de onda completa com um filtro LC é mostrado na Figura 3.24a. Suponha que o valor de C_e seja muito grande, de modo que sua tensão seja livre de ondulações, com um valor médio de $V_{o(CC)}$. L_e é a indutância total, incluindo a indutância da fonte ou da rede, e geralmente é colocada no lado de entrada para agir como uma indutância CA, em vez de um filtro CC.

FIGURA 3.24
Tensão de saída com filtro *LC*.

(a) Circuito equivalente (b) Formas de onda

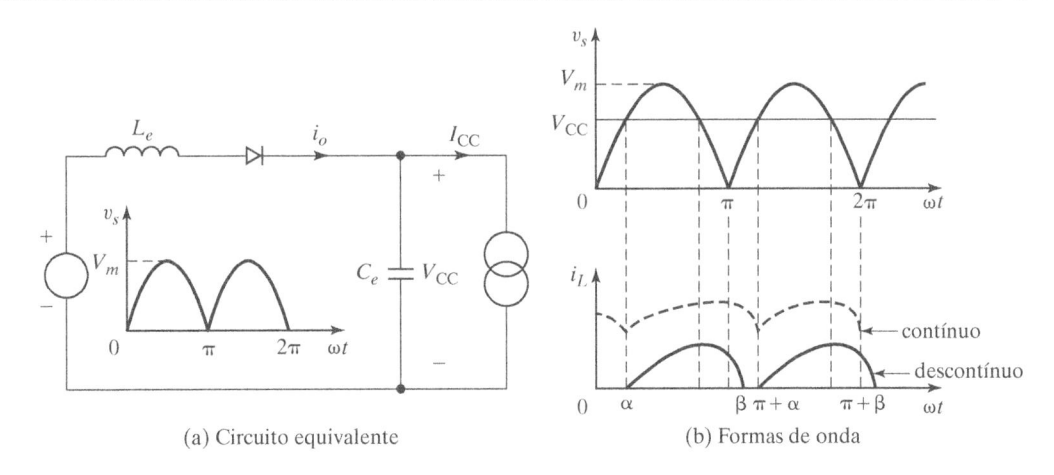

Se V_{CC} for menor do que V_m, a corrente i_0 começará a fluir em α,

$$V_{CC} = V_m \operatorname{sen} \alpha$$

Assim,

$$\alpha = \operatorname{sen}^{-1} \frac{V_{CC}}{V_m} = \operatorname{sen}^{-1} x$$

onde $x = V_{CC}/V_m$. A corrente de saída i_0 é dada por

$$L_e \frac{di_L}{dt} = V_m \operatorname{sen} \omega t - V_{CC}$$

que pode ser resolvida para i_0.

$$i_0 = \frac{1}{\omega L_e} \int_\alpha^{\omega t} (V_m \operatorname{sen} \omega t - V_{CC}) \, d(\omega t)$$

$$= \frac{V_m}{\omega L_e}(\cos \alpha - \cos \omega t) - \frac{V_{CC}}{\omega L_e}(\omega t - \alpha) \text{ para } \omega t \geq \alpha \qquad (3.74)$$

O valor crítico de $\omega t = \beta = \pi + \alpha$, no qual a corrente i_0 cai a zero, pode ser encontrado a partir da condição $i_0(\omega t = \beta = \pi + \alpha) = 0$.

A corrente média I_{CC} pode ser detectada a partir de

$$I_{CC} = \frac{1}{\pi} \int_\alpha^{\pi+\alpha} i_0(t) \, d(\omega t)$$

que, após integração e simplificação, resulta em

$$I_{CC} = \frac{V_m}{\omega L_e}\left[\sqrt{1-x^2} + x\left(\frac{2}{\pi} - \frac{\pi}{2}\right)\right] \qquad (3.75)$$

Para $V_{CC} = 0$, a corrente de pico que pode fluir através do retificador é $I_{pico} = V_m/\omega L_e$. Normalizando I_{CC} com relação a I_{pico}, obtemos

$$k(x) = \frac{I_{CC}}{I_{pico}} = \sqrt{1-x^2} + x\left(\frac{2}{\pi} - \frac{\pi}{2}\right) \qquad (3.76)$$

Normalizando o valor rms I_{rms} em relação a I_{pico}, temos

$$k_r(x) = \frac{I_{rms}}{I_{pico}} = \sqrt{\frac{1}{\pi} \int_\alpha^{\pi+\alpha} i_0(t)^2 \, d(\omega t)} \qquad (3.77)$$

Como α precisa da razão de tensão x, as equações 3.75 e 3.76 são dependentes de x. A Tabela 3.6 mostra os valores de $k(x)$ e $k_r(x)$ quanto à razão de tensão x.

Como a tensão média do retificador é $V_{CC} = 2V_m/\pi$, a corrente média é igual a

$$I_{CC} = \frac{2V_m}{\pi R}$$

Assim,

$$\frac{2V_m}{\pi R} = I_{CC} = I_{pico} k(x) = \frac{V_m}{\omega L_e}\left[\sqrt{1-x^2} + x\left(\frac{2}{\pi} - \frac{\pi}{2}\right)\right]$$

o que dá o valor crítico da indutância $L_{cr}(= L_e)$ para uma corrente contínua como

$$L_{cr} = \frac{\pi R}{2\omega}\left[\sqrt{1-x^2} + x\left(\frac{2}{\pi} - \frac{\pi}{2}\right)\right] \qquad (3.78)$$

TABELA 3.6
Corrente de carga normalizada.

x %	I_{cc}/I_{pico} %	I_{rms}/I_{pico} %	α (graus)	β (graus)
0	100,0	122,47	0	180
5	95,2	115,92	2,87	182,97
10	90,16	109,1	5,74	185,74
15	84,86	102,01	8,63	188,63
20	79,30	94,66	11,54	191,54
25	73,47	87,04	14,48	194,48
30	67,37	79,18	17,46	197,46
35	60,98	71,1	20,49	200,49
40	54,28	62,82	23,58	203,58
45	47,26	54,43	26,74	206,74
50	39,89	46,06	30,00	210,00
55	32,14	38,03	33,37	213,37
60	23,95	31,05	36,87	216,87
65	15,27	26,58	40,54	220,54
70	6,02	26,75	44,27	224,43
72	2,14	28,38	46,05	226,05
72,5	1,15	28,92	46,47	226,47
73	0,15	29,51	46,89	226,89
73,07	0	29,60	46,95	226,95

Assim, para uma corrente contínua através do indutor, o valor de L_e deve ser maior do que o de L_{cr}. Isto é,

$$L_e > L_{cr} = \frac{\pi R}{2\omega}\left[\sqrt{1-x^2} + x\left(\frac{2}{\pi} - \frac{\pi}{2}\right)\right] \qquad (3.79)$$

Caso descontínuo. A corrente é descontínua se $\omega t = \beta \leq (\pi + \alpha)$. O ângulo β em que a corrente é zero pode ser encontrado pelo ajuste na Equação 3.74 para zero. Isto é,

$$\cos(\alpha) - \cos(\beta) - x(\beta - \alpha) = 0$$

que, em termos de x, torna-se

$$\sqrt{1-x^2} - x(\beta - \operatorname{arcsen}(x)) = 0 \qquad (3.80)$$

■ Principais pontos da Seção 3.12

– Com um alto valor da capacitância C_e do filtro de saída, a tensão de saída se mantém quase constante. É necessário um valor mínimo da indutância L_e do filtro para manter uma corrente contínua. O indutor L_e é geralmente colocado ao lado da entrada para atuar como um indutor CA, em vez de um filtro CC.

Exemplo 3.15 ▪ Determinação do valor crítico do indutor para corrente de carga contínua

A tensão rms de entrada para o circuito da Figura 3.24a é 220 V, 60 Hz. **(a)** Considere que a tensão CC de saída seja $V_{CC} = 100$ V, com uma corrente $I_{CC} = 10$ A, e determine os valores da indutância crítica L_e, α e I_{rms}. **(b)** Para $I_{CC} = 15$ A e $L_e = 6{,}5$ mH, utilize a Tabela 3.6 a fim de definir os valores de V_{CC}, α, β e I_{rms}.

Solução

$\omega = 2\pi \times 60 = 377$ rad/s, $V_s = 120$ V, $V_m = \sqrt{2} \times 120 = 169{,}7$ V.

a. A razão de tensão $x = V_{CC}/V_m = 100/169{,}7 = 0{,}5893 = 58{,}93\%$; $\alpha = \text{sen}^{-1}(x) = 36{,}87°$. A Equação 3.76 dá a relação de corrente média $k = I_{CC}/I_{pico} = 0{,}2575 = 25{,}75\%$. Assim, $I_{pico} = I_{CC}/k = 10/0{,}2575 = 38{,}84$ A. O valor crítico da indutância é

$$L_{cr} = \frac{V_m}{\omega I_{pico}} = \frac{169{,}7}{377 \times 38{,}84} = 11{,}59 \text{ mH}$$

A Equação 3.76 dá a relação de corrente rms $k_r = I_{rms}/I_{pico} = 32{,}4\%$. Assim,

$$I_{rms} = k_r I_{pico} = 0{,}324 \times 38{,}84 = 12{,}58 \text{ A}$$

b. $L_e = 6{,}5$ mH, $I_{pico} = V_m/(\omega L_e) = 169{,}7/(377 \times 6{,}5 \text{ mH}) = 69{,}25$ A.

$$k = \frac{I_{CC}}{I_{pico}} = \frac{15}{69{,}25} = 21{,}66\%$$

Utilizando interpolação linear, obtemos

$$x = x_n + \frac{(x_{n+1} - x_n)(k - k_n)}{k_{n+1} - k_n} = 60 + \frac{(65 - 60)(21{,}66 - 23{,}95)}{15{,}27 - 23{,}95} = 61{,}32\%$$

$$V_{CC} = xV_m = 0{,}6132 \times 169{,}7 = 104{,}06 \text{ V}$$

$$\alpha = \alpha_n + \frac{(\alpha_{n+1} - \alpha_n)(k - k_n)}{k_{n+1} - k_n}$$

$$= 36{,}87 + \frac{(40{,}54 - 36{,}87)(21{,}66 - 23{,}95)}{15{,}27 - 23{,}95} = 37{,}84°$$

$$\beta = \beta_n + \frac{(\beta_{n+1} - \beta_n)(k - k_n)}{k_{n+1} - k_n}$$

$$= 216{,}87 + \frac{(220{,}54 - 216{,}87)(21{,}66 - 23{,}95)}{15{,}27 - 23{,}95} = 217{,}85°$$

$$k_r = \frac{I_{rms}}{I_{pico}} = k_{r(n)} + \frac{(k_{r(n+1)} - k_{r(n)})(k - k_n)}{k_{n+1} - k_n}$$

$$= 31{,}05 + \frac{(26{,}58 - 31{,}05)(21{,}66 - 23{,}95)}{15{,}27 - 23{,}95} = 29{,}87\%$$

Assim, $I_{rms} = 0{,}2987 \times I_{pico} = 0{,}2987 \times 69{,}25 = 20{,}68$ A.

3.13 EFEITOS DAS INDUTÂNCIAS DA FONTE E DA CARGA

Na obtenção das tensões de saída e nos critérios de desempenho dos retificadores, assumiu-se que a fonte não possui indutâncias e resistências. No entanto, em um transformador e em uma fonte de alimentação reais, as indutâncias e resistências estão sempre presentes, e os retificadores apresentam desempenhos ligeiramente alterados. O efeito da indutância da fonte, que é mais significativo do que o da resistência, pode ser explicado com referência à Figura 3.25a.

O diodo com a tensão mais positiva conduz. Examinemos o ponto $\omega t = \pi$, onde as tensões v_{ac} e v_{bc} são iguais, como mostra a Figura 3.25b. A corrente I_{CC} ainda flui pelo diodo D_1. Por conta da indutância L_1, a corrente não pode cair a zero imediatamente, e a transferência desta não pode ser feita de maneira instantânea. A corrente i_{d1} diminui, resultando em uma tensão de $+v_{01}$ induzida sobre L_1, e a tensão de saída torna-se $v_0 = v_{ac} + v_{01}$. Ao mesmo tempo, a corrente através de D_3, i_{d3}, aumenta a partir de zero, induzindo uma tensão igual sobre L_2 de $-v_{02}$, e a tensão de saída torna-se $v_{02} = v_{bc} - v_{02}$. O resultado é que as tensões de anodo dos diodos D_1 e D_3 são iguais, e os dois diodos conduzem por determinado período chamado de *ângulo de comutação* (ou *sobreposição*) µ. Essa transferência de corrente de um diodo para outro é chamada de *comutação*. A reatância correspondente à indutância é conhecida como *reatância de comutação*.

O efeito dessa sobreposição é uma redução na tensão média de saída dos conversores. A tensão sobre L_2 é

$$v_{L2} = L_2 \frac{di}{dt} \tag{3.81}$$

Assumindo um aumento linear da corrente i de 0 até I_{CC} (ou uma di/dt constante igual a $\Delta i / \Delta t$), podemos escrever a Equação 3.81 da seguinte forma:

$$v_{L2} \Delta t = L_2 \Delta i \tag{3.82}$$

e isso é repetido seis vezes para um retificador trifásico em ponte. Utilizando a Equação 3.82, a redução da tensão média por conta das indutâncias de comutação é de

$$V_x = \frac{1}{T} 2(v_{L1} + v_{L2} + v_{L3}) \Delta t = 2f(L_1 + L_2 + L_3) \Delta i = 2f(L_1 + L_2 + L_3) I_{CC} \tag{3.83}$$

FIGURA 3.25
Retificador trifásico em ponte com indutâncias na fonte.

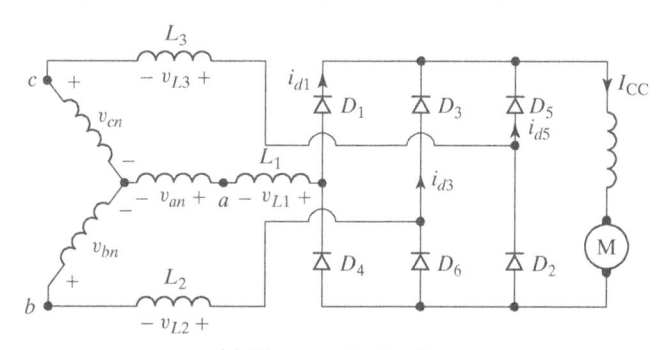

(a) Diagrama do circuito

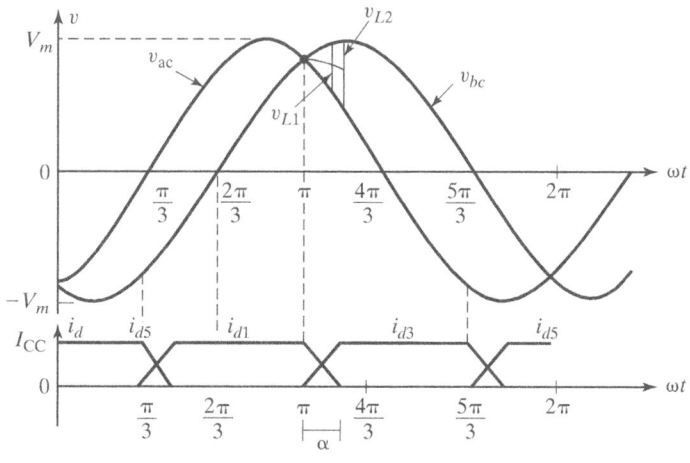

(b) Formas de onda

Se todas as indutâncias forem iguais e $L_c = L_1 = L_2 = L_3$, a Equação 3.83 torna-se

$$V_x = 6fL_cI_{CC} \qquad (3.84)$$

onde f é a frequência da fonte de alimentação em hertz.

Exemplo 3.16 ▪ Determinação do efeito da indutância de linha sobre a tensão de saída de um retificador

Um retificador trifásico em ponte é alimentado a partir de uma fonte conectada em Y de 208 V, 60 Hz. A corrente média da carga é 60 A e tem ondulação desprezável. Calcule a porcentagem de redução da tensão de saída por conta da comutação se a indutância de linha por fase for 0,5 mH.

Solução
$L_c = 0{,}5$ mH, $V_s = 208/\sqrt{3} = 120$ V, $f = 60$ Hz, $I_{CC} = 60$ A, e $V_m = \sqrt{2} \times 120 = 169{,}7$ V. A partir da Equação 3.33, $V_{CC} = 1{,}654 \times 169{,}7 = 280{,}7$ V. A Equação 3.84 dá a redução da tensão de saída,

$$V_x = 6 \times 60 \times 0{,}5 \times 10^{-3} \times 60 = 10{,}8 \text{ V} \quad \text{ou} \quad 10{,}8 \times \frac{100}{280{,}7} = 3{,}85\%$$

e a tensão efetiva de saída é $(280{,}7 - 10{,}8) = 269{,}90$ V.

Exemplo 3.17 ▪ Determinação do efeito do tempo de recuperação reversa de um diodo sobre a tensão de saída de um retificador

Os diodos do retificador monofásico de onda completa da Figura 3.3a têm um tempo de recuperação reversa de $t_{rr} = 50$ µs, e a tensão rms de entrada é $V_s = 120$ V. Determine o efeito do tempo de recuperação reversa sobre a tensão média de saída se a frequência de alimentação for **(a)** $f_s = 2$ kHz e **(b)** $f_s = 60$ Hz.

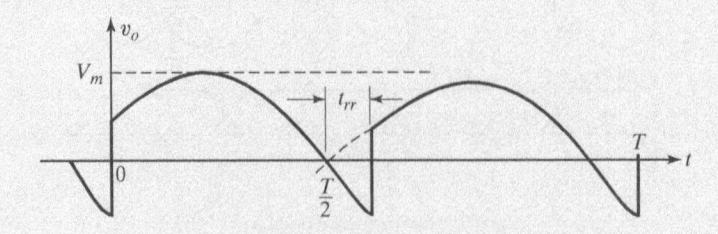

Solução
O tempo de recuperação reversa afeta a tensão de saída do retificador. No retificador de onda completa da Figura 3.3a, o diodo D_1 não bloqueia em $\omega t = \pi$; na verdade, ele continua a conduzir até $t = \pi/\omega + t_{rr}$. Em consequência do tempo de recuperação reversa, a tensão média de saída é reduzida, e a forma de onda da tensão de saída é mostrada na Figura 3.26.
Se a tensão de entrada for $v = V_m \operatorname{sen} \omega t = \sqrt{2}\, V_s \operatorname{sen} \omega t$, a redução da tensão média de saída será de

$$V_{rr} = \frac{2}{T}\int_0^{t_{rr}} V_m \operatorname{sen} \omega t\, dt = \frac{2V_m}{T}\left[-\frac{\cos \omega t}{\omega}\right]_0^{t_{rr}} = \frac{V_m}{\pi}(1 - \cos \omega t_{rr}) \qquad (3.85)$$

$$V_m = \sqrt{2}\, V_s = \sqrt{2} \times 120 = 169{,}7 \text{ V}$$

FIGURA 3.26
Efeito do tempo de recuperação reversa sobre a tensão de saída.

Sem o tempo de recuperação reversa, a Equação 3.11 dá a tensão média de saída $V_{CC} = 0{,}6366 V_m = 108{,}03$ V.

a. Para $t_{rr} = 50$ μs e $f_s = 2000$ Hz, a Equação 3.85 dá a redução da tensão média de saída como

$$V_{rr} = \frac{V_m}{\pi}(1 - \cos 2\pi f_s t_{rr}) = 0{,}061 V_m = 10{,}3 \text{ V} \quad \text{ou} \quad 9{,}51\% \text{ de } V_{CC}$$

b. Para $t_{rr} = 50$ μs e $f_s = 60$ Hz, a Equação 3.85 dá a redução da tensão média de saída

$$V_{rr} = \frac{V_m}{\pi}(1 - \cos 2\pi f_s t_{rr}) = 5{,}65 \times 10^{-5} V_m = 9{,}6 \times 10^{-3} \text{V} \quad \text{ou} \quad 8{,}88 \times 10^{-3}\% \text{ de } V_{CC}$$

Observação: o efeito de t_{rr} é significativo para uma fonte de alta frequência; para o caso de fonte normal de 60 Hz, seu efeito pode ser considerado desprezável.

■ **Principais pontos da Seção 3.13**

– Na prática, uma fonte de alimentação tem uma reatância. Em função disso, a transferência de corrente de um diodo para outro não pode ocorrer instantaneamente. Há uma sobreposição conhecida como ângulo de comutação, que reduz a tensão efetiva de saída do retificador. O efeito do tempo de recuperação reversa do diodo pode ser significativo para uma fonte de alta frequência.

3.14 CONSIDERAÇÕES PRÁTICAS PARA A SELEÇÃO DE INDUTORES E CAPACITORES

Os indutores no lado da saída conduzem uma corrente CC. Um indutor CC (ou bloqueador, *choke*) requer mais fluxo e materiais magnéticos em comparação a um indutor CA. Consequentemente, um indutor CC é mais caro e mais pesado.

Os capacitores são amplamente utilizados em eletrônica de potência e em aplicações para filtros CA, filtros CC e armazenamento de energia. Dentre esses usos, estão incluídos iluminação por descarga de alta intensidade (*high-intensity discharge* — HID), aplicações de alta tensão, inversores, controle de motores, *flash* de fotografia, fontes de alimentação, fonte de pulsos de alta frequência, capacitores RF, memória *flash* e componentes de montagem em superfície. Existem dois tipos de capacitores: CA e CC. Os capacitores disponíveis comercialmente são classificados em cinco categorias:[5] (1) capacitores CA de filme, (2) capacitores cerâmicos, (3) capacitores eletrolíticos de alumínio, (4) capacitores de tântalo sólido e (5) supercapacitores.

3.14.1 Capacitores CA de filme

Os capacitores CA de filme usam um filme de polipropileno metalizado que fornece um mecanismo de autorregeneração, em que uma ruptura dielétrica "evapora" a metalização e isola essa área do capacitor em microssegundos. Os capacitores de filme oferecem capacitância com tolerância pequena, correntes de fuga muito baixas e pequena variação da capacitância com a temperatura. Esses capacitores possuem baixas perdas, onde uma resistência série equivalente (ESR) e um fator de dissipação muito baixo permitem uma densidade de corrente relativamente alta.

Eles são adequados em particular para aplicações de CA por sua combinação de alta capacitância e baixo FD, o que permite altas correntes CA. Entretanto, eles têm tamanho e peso relativamente grandes.

Os capacitores de filme são bastante utilizados em aplicações de eletrônica de potência, incluindo, mas não se limitando a: barramento CC, filtro CC de saída, como amortecedores (*snubbers*) para IGBT e circuitos de correção de fator de potência, onde fornecem a potência reativa (KVAR) a fim de acertar o atraso de corrente causado pelas cargas indutivas. Eletrodos de folha de alumínio são usados quando há necessidade de correntes de pico e rms muitos altas.

3.14.2 Capacitores cerâmicos

Os capacitores cerâmicos tornaram-se os capacitores proeminentes, de uso geral, especialmente em circuitos integrados com tecnologia de montagem em superfície, em que seu baixo custo faz que sejam atraentes. Com o surgimento de dielétricos mais finos, unidades multicamadas com faixas de tensões abaixo de 10 V e valores de capacitância em centenas de microfarads tornaram-se disponíveis. Isso interfere na alta capacitância tradicional. Os capacitores cerâmicos não são polarizados e, portanto, podem ser usados em aplicações CA.

3.14.3 Capacitores eletrolíticos de alumínio

Um capacitor eletrolítico de alumínio consiste em elementos capacitores enrolados e embebidos em eletrólito líquido, conectados a terminais e selados em uma lata. Esses capacitores geralmente oferecem valores de capacitância de 0,1 µF a 3 F e faixas de tensão de 5 V a 750 V. O circuito equivalente mostrado na Figura 3.27 representa o modelo da operação normal de um capacitor eletrolítico de alumínio, bem como seu comportamento em sobretensão e em tensão reversa.

A capacitância C é a capacitância equivalente e diminui com o aumento da frequência. A resistência R_s é a resistência série equivalente e diminui com o aumento da frequência e da temperatura. Ela, ainda, aumenta com a faixa de tensão. Os valores típicos variam de 10 mΩ a 1 Ω, sendo que R_s é inversamente proporcional à capacitância para determinada especificação de tensão. A indutância L_s é a indutância série equivalente e é relativamente independente da frequência e da temperatura. Os valores típicos variam de 10 nH a 200 nH.

R_p é a resistência paralela equivalente e é responsável pela corrente de fuga do capacitor. Ela diminui com o aumento de capacitância, temperatura e tensão, e aumenta quando a tensão é aplicada. Os valores típicos são da ordem de 100/C MΩ, com C em µF; por exemplo, um capacitor de 100 µF, teria uma R_p de cerca de 1 MΩ. O diodo zener D_z modela o comportamento em sobretensão e em tensão reversa. A aplicação de sobretensão da ordem de 50 V além da especificação de tensão de um capacitor causa uma corrente de fuga elevada.

FIGURA 3.27
Circuito equivalente.

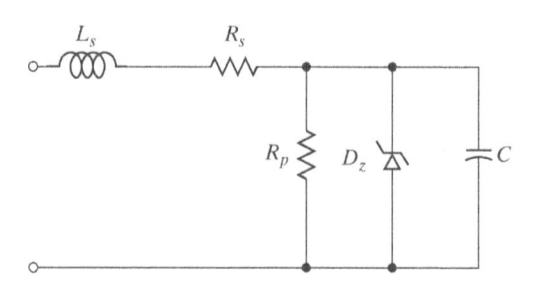

3.14.4 Capacitores de tântalo sólido

Assim como os capacitores eletrolíticos de alumínio, os capacitores de tântalo sólido são dispositivos polarizados (tensão reversa máxima de 1 V) com terminais distintos, positivo e negativo, e são oferecidos em vários estilos. Os valores típicos de capacitância são de 0,1 µF, a 1000 µF, e as faixas de tensão vão de 2 V a 50 V. As combinações máximas mais comuns de capacitância-tensão são de cerca de 22 µF em 50 V para os tipos com chumbo e 22 µF em 35 V para os componentes para montagem em superfície.

3.14.5 Supercapacitores

Os supercapacitores oferecem valores extremamente elevados de capacitância (farads) em várias opções de encapsulamento que satisfazem as exigências de perfil baixo, montagem de superfície *through hole* e alta densidade. Possuem capacidades ilimitadas de carga e descarga, sem necessidade de reciclagem, uma longa vida de 15 anos, baixa resistência série equivalente, prolongam a vida de baterias em até 1,6 vez e elevado desempenho a preços econômicos. A faixa de capacitância é de 0,22 F a 70 F.

■ Principais pontos da Seção 3.14

– Um indutor CC é mais caro e tem peso maior do que um CA. Existem dois tipos de capacitores: CC e CA. Os capacitores disponíveis comercialmente podem ser classificados em cinco categorias: (a) capacitores CA de filme, (b) capacitores cerâmicos, (c) capacitores eletrolíticos de alumínio, (d) capacitores de tântalo sólido e (e) supercapacitores.

RESUMO

Existem diferentes tipos de retificador, dependendo das conexões dos diodos e do transformador de entrada. Os parâmetros de desempenho dos retificadores foram definidos, mostrando que ele varia de acordo com o tipo. Os retificadores geram harmônicas na carga e na rede de alimentação; essas harmônicas podem ser reduzidas por filtros. Os desempenhos dos retificadores também são influenciados pelas indutâncias da fonte e da carga.

QUESTÕES PARA REVISÃO

3.1 O que é relação de espiras de um transformador?
3.2 O que é um retificador? Qual é a diferença entre um retificador e um conversor?
3.3 Qual é a condição de bloqueio de um diodo?
3.4 Quais são os parâmetros de desempenho de um retificador?
3.5 Qual é a relevância do fator de forma de um retificador?
3.6 Qual é a relevância do fator de ondulação de um retificador?
3.7 Qual é a eficiência de uma retificação?
3.8 Qual é a relevância do fator de utilização de um transformador?
3.9 O que é fator de deslocamento?
3.10 O que é fator de potência de entrada?
3.11 O que é fator harmônico?
3.12 Qual é a tensão de saída CC de um retificador monofásico de onda completa?
3.13 Qual é a frequência fundamental da tensão de saída de um retificador monofásico de onda completa?
3.14 Quais são as vantagens de um retificador trifásico em relação a um monofásico?
3.15 Quais são as desvantagens de um retificador polifásico de meia onda?
3.16 Quais são as vantagens de um retificador trifásico em ponte em relação a um de seis fases em estrela?
3.17 Quais são as finalidades dos filtros em circuitos retificadores?
3.18 Quais são as diferenças entre filtros CA e CC?
3.19 Quais são os efeitos das indutâncias da fonte na tensão de saída de um retificador?
3.20 Quais são os efeitos das indutâncias da carga na saída do retificador?
3.21 O que é uma comutação de diodos?
3.22 Qual é o ângulo de comutação de um retificador?

PROBLEMAS

3.1 O retificador monofásico em ponte da Figura 3.3a tem uma carga puramente resistiva $R = 5\ \Omega$, tensão de alimentação com pico de $V_m = 170$ V e frequência $f = 60$ Hz. Determine a tensão média de saída do retificador se a indutância da fonte for desprezável.

3.2 Repetir o Problema 3.1 para uma indutância da fonte por fase (incluindo a indutância de fuga do transformador) $L_c = 0,5$ mH.

3.3 O retificador de seis fases em estrela da Figura 3.10 tem uma carga puramente resistiva $R = 5\,\Omega$, tensão de alimentação com pico de $V_m = 170$ V e frequência $f = 60$ Hz. Determine a tensão média de saída do retificador se a indutância da fonte for desprezável.

3.4 Repetir o Problema 3.3 para uma indutância da fonte por fase (incluindo a indutância de fuga do transformador) $L_c = 0,5$ mH.

3.5 O retificador trifásico em ponte da Figura 3.11 tem uma carga puramente resistiva $R = 40\,\Omega$ e é alimentado a partir de uma fonte de 280 V, 60 Hz. O primário e o secundário do transformador de entrada estão conectados em Y. Determine a tensão média de saída do retificador se a indutância da fonte for desprezável.

3.6 Repetir o Problema 3.5 para uma indutância da fonte por fase (incluindo a indutância de fuga do transformador) $L_c = 0,5$ mH.

3.7 O retificador monofásico em ponte da Figura 3.3a deve fornecer uma tensão média $V_{CC} = 240$ V para uma carga resistiva $R = 10\,\Omega$. Determine as especificações de tensão e de corrente dos diodos e do transformador.

3.8 Um retificador trifásico em ponte deve fornecer uma tensão média $V_{CC} = 750$ V com uma corrente sem ondulações $I_{CC} = 6000$ A. O primário e o secundário do transformador estão conectados em Y. Determine as especificações de tensão e de corrente dos diodos e do transformador.

3.9 O retificador monofásico da Figura 3.3a tem uma carga RL. Para uma tensão de entrada de pico $V_m = 170$ V, frequência de alimentação $f = 60$ Hz e resistência de carga $R = 10\,\Omega$, determine a indutância de carga L para limitar as harmônicas da corrente de carga a 4% do valor médio I_{CC}.

3.10 O retificador trifásico em estrela da Figura 3.10a tem uma carga RL. Para uma tensão de fase de pico no secundário $V_m = 170$ V em 60 Hz e uma resistência de carga $R = 10\,\Omega$, determine a indutância de carga L para limitar as harmônicas da corrente de carga a 2% do valor médio I_{CC}.

3.11 A tensão da bateria na Figura P3.11 é $E = 10$ V, e sua capacidade, 200 Wh. A corrente média da carga deve ser $I_{CC} = 10$ A. A tensão de entrada no primário é $V_p = 120$ V, 60 Hz, e o transformador tem uma relação de espiras de $h = 2{:}1$. Calcule **(a)** o ângulo de condução δ do diodo, **(b)** a resistência R de limitação de corrente, **(c)** a faixa de potência P_R de R, **(d)** o tempo de carga h_0 em horas, **(e)** a eficiência do retificador η e **(f)** a tensão reversa máxima (PIV) do diodo.

FIGURA P3.11

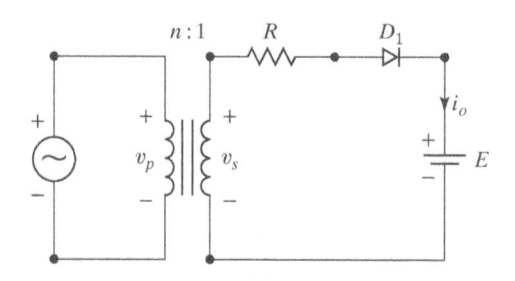

3.12 A tensão da bateria na Figura P3.11 é $E = 12$ V, e sua capacidade, 100 Wh. A corrente média da carga deve ser $I_{CC} = 5$ A. A tensão de entrada no primário é $V_p = 120$ V, 60 Hz, e o transformador tem uma relação de espiras de $h = 2{:}1$. Calcule **(a)** o ângulo de condução δ do diodo, **(b)** a resistência R de limitação de corrente, **(c)** a faixa de potência P_R de R, **(d)** o tempo de carga h_0 em horas, **(e)** a eficiência do retificador η e **(f)** a tensão reversa máxima (PIV) do diodo.

3.13 O retificador monofásico de onda completa da Figura 3.4a tem $L = 4,5$ mH, $R = 4\,\Omega$ e $E = 20$ V. A tensão de entrada é $V_s = 120$ V em 60 Hz. **(a)** Determine (1) a corrente de carga em regime permanente I_0 em $\omega t = 0$, (2) a corrente média no diodo $I_{D(med)}$, (3) a corrente rms no diodo $I_{D(rms)}$ e (4) a corrente rms de saída $I_{o(rms)}$. **(b)** Utilize o PSpice para fazer o gráfico da corrente instantânea de saída i_o. Assuma parâmetros do diodo IS = 2,22E − 15, BV = 1800 V.

3.14 O retificador trifásico de onda completa da Figura 3.11 tem uma carga $L = 2,5$ mH, $R = 5\,\Omega$ e $E = 20$ V. A tensão de linha de entrada é $V_{ab} = 208$ V, 60 Hz. **(a)** Determine (1) a corrente de carga em regime permanente I_0 em $\omega t = \pi/3$, (2) a corrente média no diodo $I_{D(med)}$, (3) a corrente rms no diodo $I_{D(rms)}$ e

(4) a corrente rms de saída $I_{o(rms)}$. **(b)** Utilize o PSpice para fazer o gráfico da corrente instantânea de saída i_o. Assuma parâmetros do diodo IS = 2,22E – 15, BV = 1800 V.

3.15 O retificador monofásico em ponte da Figura 3.3a é alimentado a partir de uma fonte de 120 V, 60 Hz. A resistência de carga é R_L = 140 Ω. **(a)** Projete um filtro C, de modo que o fator de ondulação da tensão de saída seja menor que 5%. **(b)** Com o valor do capacitor C_e da parte (a), calcule a tensão média de carga V_{CC}.

3.16 Repetir o Problema 3.15 para o retificador monofásico de meia onda da Figura P3.16.

FIGURA P3.16

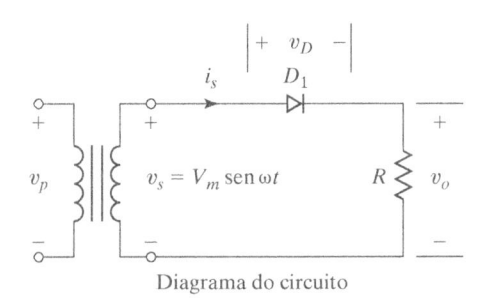

Diagrama do circuito

3.17 O retificador monofásico de meia onda da Figura P3.16 tem uma carga puramente resistiva R. Determine **(a)** a eficiência, **(b)** o FF, **(c)** o FR, **(d)** o FUT, **(e)** a tensão reversa máxima do diodo, **(f)** o FC da corrente de entrada e **(g)** o FP de entrada. Suponha que V_m = 100 V.

3.18 O retificador monofásico de meia onda da Figura P3.16 está conectado a uma fonte de 60 Hz. Expresse a tensão instantânea de saída em série de Fourier.

3.19 A tensão rms de entrada para o circuito da Figura 3.20a é 120 V, 60 Hz. **(a)** Se a tensão de saída CC for V_{CC} = 48 V com I_{CC} = 20 A, determine os valores da indutância L_e, α e I_{rms}. **(b)** Para I_{CC} = 15 A e L_e = 6,5 mH, utilize a Tabela 3.6 a fim de calcular os valores de V_{CC}, α, β e I_{rms}.

3.20 O retificador monofásico da Figura 3.3a tem uma carga resistiva R, e um capacitor C está conectado nessa carga. A corrente média da carga é I_{CC}. Supondo que o tempo de carga do capacitor seja insignificante em comparação ao tempo de descarga, determine a tensão harmônica rms de saída, V_{CA}.

3.21 O filtro LC mostrado na Figura 3.16c é usado para reduzir a ondulação da tensão de saída de um retificador de seis fases em estrela. A resistência da carga é R = 10 Ω, a indutância da carga é L = 5 mH e a frequência da fonte é 60 Hz. Determine os parâmetros L_e e C_e do filtro, de modo que o fator de ondulação da tensão de saída seja de 5%.

3.22 O retificador trifásico da Figura 3.13 tem uma carga RL e é alimentado a partir de uma fonte conectada em Y. **(a)** Utilize o método da série de Fourier a fim de obter expressões para a tensão de saída $v_o(t)$ e a corrente de carga $i_0(t)$. **(b)** Para a tensão de fase de pico V_m = 170 V em 60 Hz e a resistência da carga R = 200 Ω, determine a indutância de carga L que limita a corrente de ondulação a 2% do valor médio I_{CC}.

3.23 O retificador monofásico de meia onda da Figura P3.23 tem um diodo de roda livre e uma corrente média de carga sem ondulação igual a I_a. **(a)** Esboce as formas de onda para as correntes em D_1, D_m e no primário do transformador; **(b)** expresse a corrente no primário em série de Fourier; e **(c)** determine o FP de entrada e o FH da corrente na entrada do retificador. Suponha que a relação de espiras do transformador seja igual a 1.

3.24 O retificador monofásico de onda completa da Figura 3.2a tem uma corrente média de carga sem ondulação igual a I_a. **(a)** Esboce as formas de onda para as correntes em D_1, D_2 e no primário do transformador; **(b)** expresse a corrente no primário em série de Fourier; e **(c)** determine o FP de entrada e o FH da corrente na entrada do retificador. Suponha uma relação de espiras do transformador igual a 1.

3.25 O retificador polifásico em estrela da Figura 3.10a tem três pulsos e fornece uma corrente média de carga sem ondulações igual a I_a. O primário e o secundário do transformador são conectados em Y. Suponha uma relação de espiras do transformador igual a 1. **(a)** Esboce as formas de onda para as

FIGURA P3.23

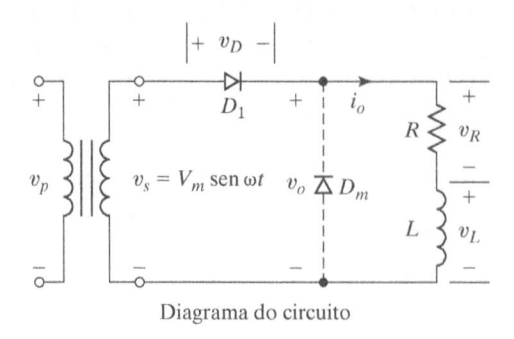

Diagrama do circuito

correntes em D_1, D_2, D_3 e no primário do transformador; **(b)** expresse a corrente no primário em série de Fourier; e **(c)** determine o FP de entrada e o FH da corrente de entrada.

3.26 Repita o Problema 3.25 para o caso de o primário do transformador estar conectado em delta e o secundário, em Y.

3.27 O retificador polifásico em estrela da Figura 3.10a tem seis pulsos e fornece uma corrente média de carga sem ondulações igual a I_a. O primário do transformador está conectado em delta e o secundário, em Y. Suponha uma relação de espiras do transformador igual a 1. **(a)** Esboce as formas de onda para as correntes em D_1, D_2, D_3 e no primário do transformador; **(b)** expresse a corrente no primário em série de Fourier; e **(c)** determine o PF de entrada e o FH da corrente de entrada.

3.28 O retificador trifásico em ponte da Figura 3.11 fornece uma corrente de carga sem ondulações igual a I_a. O primário e o secundário do transformador estão conectados em Y. Suponha uma relação de espiras do transformador igual a 1. **(a)** Esboce as formas de onda para as correntes em D_1, D_3, D_5 e a corrente de fase no secundário do transformador; **(b)** expresse a corrente de fase no secundário em série de Fourier; e **(c)** determine o FP de entrada e o FH da corrente de entrada.

3.29 Repita o Problema 3.28 para o caso de o primário do transformador estar conectado em delta e o secundário, em Y.

3.30 Repita o Problema 3.28 para o caso de o primário e o secundário do transformador estarem conectados em delta.

3.31 O retificador de doze fases em estrela da Figura 3.10a tem uma carga puramente resistiva com R ohms. Determine **(a)** a eficiência, **(b)** o FF, **(c)** o FR, **(d)** o FUT, **(e)** a tensão reversa máxima de cada diodo e **(f)** a corrente de pico através de um diodo para que o retificador forneça $I_{CC} = 300$ A em uma tensão de saída de $V_{CC} = 240$ V.

3.32 O retificador em estrela da Figura 3.10a tem $q = 12$ e $V_m = 170$ V, e sua frequência de alimentação é $f = 60$ Hz. Determine o valor rms da harmônica dominante e sua frequência.

REFERÊNCIAS

1. SCHAEFER, J. *Rectifier Circuits*—Theory and Design. Nova York: John Wiley & Sons, 1975.
2. LEE, R. W. *Power Converter Handbook*—Theory Design and Application. Peterborough; Ontário: Canadian General Electric, 1979.
3. LEE, Y.-S.; CHOW, M. H. L. *Power Electronics Handbook*. Editado por M. H. Rashid. San Diego, CA: Academic Press, 2001. Capítulo 10.
4. IEEE Standard 597. *Practices and Requirements for General Purpose Thyristor Drives*, Piscataway, NJ, 1983.
5. *Capacitors for Power Electronics*—Application Guides, CDM Cornell Dubilier, Liberty, Carolina do Sul. Disponível em: <http://www.cde.com/catalog/>. Acesso em: nov. 2011.

PARTE II
Transistores de potência e conversores CC-CC

Capítulo

4

Transistores de potência

Após a conclusão deste capítulo, os estudantes deverão ser capazes de:

- Listar as características de um transistor ideal que atua como chave.
- Descrever as características de chaveamento de diferentes transistores de potência, como MOSFETs, COOLMOS, BJTs, IGBTs e SITs.
- Descrever as limitações do uso de transistores como chaves.
- Descrever os requisitos de acionamento e os modelos de transistores de potência.
- Projetar circuitos de proteção de *di/dt* e de *dv/dt* para transistores.
- Determinar arranjos para operação de transistores em série e em paralelo.
- Descrever os modelos SPICE de MOSFETs, BJTs e IGBTs.
- Determinar as características e os requisitos de acionamento de BJTs, MOSFETs, JFETs e IGBTs.
- Descrever as técnicas de isolação entre o circuito de potência e o circuito de acionamento.

Símbolos e seus significados

Símbolo	Significado
$i; v$	Corrente e tensão instantâneas, respectivamente
$I; V$	Corrente e tensão CC, respectivamente
$I_G; I_D; I_S; I_{DS}$	Correntes de porta, de dreno, de fonte e saturada de MOSFETs, respectivamente
$I_B; I_C; I_E; I_{CS}$	Correntes de base, de coletor, de emissor e saturada de BJTs, respectivamente
$V_{GS}; V_{DS}$	Tensões porta-fonte e dreno-fonte de MOSFETs, respectivamente
$V_{BE}; V_{CE}$	Tensões base-emissor e coletor-emissor de BJTs, respectivamente
$I_C; V_{GS}; V_{CE}$	Corrente de coletor, tensões porta-fonte e coletor-emissor de IGBTs, respectivamente
$T_A; T_C; T_J; T_S$	Temperaturas ambiente, de encapsulamento, da junção e do dissipador, respectivamente
$t_d; t_r; t_n; t_s; t_f; t_o$	Tempos de atraso, de subida, de condução, de armazenamento, de descida e desligado de um transistor de chaveamento, respectivamente
$\beta_F (= h_{FE}); \alpha_F$	Ganho de corrente direta e razão de correntes coletor-emissor de BJTs, respectivamente
$R_C; R_D; R_G$	Resistência de coletor, de dreno e de porta, respectivamente

4.1 INTRODUÇÃO

Os transistores de potência têm as características de entrada em condução e de desligamento controladas. Quando utilizados como elementos de chaveamento, operam na região de saturação, o que resulta em baixa queda de tensão em condução. A velocidade de chaveamento dos transistores modernos é muito maior do que a dos tiristores, e esses dispositivos são amplamente empregados em conversores CC-CC e CC-CA, com diodos ligados em antiparalelo para propiciar fluxo de corrente bidirecional. No entanto, como suas especificações de tensão e corrente são menores que as dos tiristores, eles normalmente são usados em aplicações de baixa a média potência. Com o desenvolvimento da tecnologia de semicondutores de potência, as especificações nominais dos transistores de potência são melhoradas de maneira contínua. Os IGBTs são cada vez mais utilizados em aplicações de alta potência. Em termos gerais, os transistores de potência podem ser classificados em cinco categorias:

1. MOSFETs — transistores de efeito de campo de óxido metálico semicondutor (*metal oxide semiconductor field-effect transistors*).
2. COOLMOS.
3. BJTs — transistores bipolares de junção (*bipolar junction transistors*).
4. IGBTs — transistores bipolares de porta isolada (*insulated-gate bipolar transistors*).
5. SITs — transistores de indução estática (*static induction transistors*).

MOSFETs, COOLMOS, BJTs, IGBTs ou SITs podem ser considerados chaves ideais para explicar as técnicas de conversão de potência. Um transistor consegue operar como uma chave. A escolha entre um BJT e um MOSFET nos circuitos conversores não é óbvia, mas cada um deles pode substituir uma chave, desde que suas especificações de tensão e corrente atendam as exigências de saída do conversor. Os transistores existentes na prática diferem dos dispositivos ideais. Os transistores têm certas limitações e se restringem a algumas aplicações. As características e especificações de cada tipo devem ser examinadas para determinar sua adequação em uma aplicação específica.

O circuito de acionamento é parte de um conversor de energia e consiste em dispositivos semicondutores de potência. A saída de um conversor, que depende de como o acionamento comanda os dispositivos de chaveamento, é uma função direta deste. Portanto, as características do circuito de acionamento são fundamentais para obter a saída desejada e as exigências de controle de qualquer conversor de potência. O projeto de um circuito de acionamento exige conhecer características e necessidades de acionamento de dispositivos como tiristores, GTOs, BJTs, MOSFETs e IGBTs.

Como a eletrônica de potência é cada vez mais utilizada em aplicações que necessitam de circuitos de acionamento compactos, com controle avançado, alta velocidade e elevada eficiência, circuitos integrados (CIs) com circuitos de acionamento são cada vez mais oferecidos no mercado.

4.2 TRANSISTORES DE CARBETO DE SILÍCIO

Os dispositivos semicondutores de potência são fundamentais na determinação da topologia e no desempenho da conversão. Os dispositivos de potência têm evoluído ao longo dos anos, passando por diodos à base de silício, transistores bipolares, tiristores, MOSFETs, COOLMOS e IGBTs. Os IGBTs têm sido os dispositivos preferidos por suas características superiores de chaveamento, e os IGBTs de silício são utilizados em aplicações de eletrônica de potência com especificação de tensão entre 1,2 kV e 6,5 kV. Os dispositivos com base de silício praticamente já atingiram seus limites. Um salto quântico no desempenho dos dispositivos depende de um material ou de uma estrutura do dispositivo melhores.

Os materiais semicondutores com banda proibida larga (*wide-bandgap* — WBG), como o carbeto de silício (SiC), o nitreto de gálio (GaN) e o diamante, têm propriedades materiais intrínsecas. Os dispositivos semicondutores de materiais WBG têm um desempenho excepcional em comparação aos equivalentes de silício. A Tabela 4.1 mostra as principais propriedades materiais do silício e dos semicondutores WBG.[30] O 4H refere-se à estrutura cristalina SiC, usada em semicondutores de potência. Os materiais semicondutores são definidos pelas seguintes características desejáveis:[30,31,32,34,38,45]

- A banda proibida larga dos dispositivos WBG resulta em correntes de fuga muito menores e temperaturas de operação significativamente mais altas. Além disso, a tolerância à radiação é melhorada.
- O campo elétrico crítico maior significa que as camadas de bloqueio dos dispositivos WBG podem ser mais finas e ter concentrações maiores de dopagem, o que resulta em baixa resistência de condução, em comparação aos dispositivos equivalentes de silício.

TABELA 4.1
Propriedades do silício e de materiais semicondutores WBG.

Parâmetro	Si	GaAs	4H-SiC	6H-SiC	3C-SiC	2H-GaN	Diamante
Energia de banda proibida, E_g (eV)	1,1	1,42	3,3	3,0	2,3	3,4	5,5
Campo elétrico crítico, E_c (MV/cm)	0,25	0,6	2,2	3	1,8	3	10
Velocidade de arraste dos elétrons, $vsat$ (cm/s)	1×10^7	$1,2 \times 10^7$	2×10^7	2×10^7	$2,5 \times 10^7$	$2,2 \times 10^7$	$2,7 \times 10^7$
Condutividade térmica, λ (W/cm-K)	1,5	0,5	4,9	4,9	4,9	1,3	22

- A maior velocidade de saturação dos elétrons leva a frequências de operação mais altas.
- A maior condutividade térmica (por exemplo, SiC e diamante) melhora a dispersão do calor e permite a operação com maior densidade de potência.

Uma das maiores vantagens conferida por essa banda proibida larga é a prevenção de panes elétricas. Os dispositivos de silício, por exemplo, não conseguem suportar campos elétricos superiores a aproximadamente 300 kV por centímetro. Qualquer valor maior acaba puxando o fluxo de elétrons com ímpeto suficiente para remover outros elétrons da banda de valência. Esses elétrons liberados, por sua vez, aceleram e colidem com outros, criando uma avalanche que pode fazer a corrente aumentar muito, e eventualmente destruir o material. Como os elétrons do SiC necessitam de mais energia a fim de serem empurrados para a banda de condução, o material consegue sustentar campos elétricos mais fortes, alcançando cerca de dez vezes o máximo suportado pelo silício. Consequentemente, um dispositivo de SiC pode ter as mesmas dimensões de um de silício, mas suportar dez vezes mais tensão. Um dispositivo de SiC pode ter menos de um décimo da espessura de um de silício, mas ter a mesma especificação de tensão. Esses dispositivos mais finos são mais rápidos e possuem resistência menor, o que significa que menos energia é perdida como calor quando um dispositivo de potência SiC conduz eletricidade.[33]

O lançamento do diodo Schottky de carbeto de silício pela Infineon[30] marcou o início de uma nova era em termos de dispositivos semicondutores de potência. Os dispositivos de potência de carbeto de silício passaram de uma tecnologia de futuro promissor a uma alternativa poderosa ao estado da arte da tecnologia de silício (Si) em aplicações de eficiência, frequência e temperatura altas.[29] Os dispositivos de potência SiC têm muitas vantagens, como especificação de tensões mais elevadas, quedas menores de tensão, temperaturas máximas mais altas e maior condutividade térmica. Os transistores SiC são dispositivos unipolares, e não há praticamente nenhum efeito dinâmico associado ao acúmulo ou à remoção de cargas em excesso. À medida que a tecnologia SiC se desenvolver, espera-se que os custos de produção de dispositivos de potência SiC se equiparem aos daqueles com base em silício. Com início na década de 1990, os aperfeiçoamentos contínuos em placas SiC de cristal único resultaram em avanços significativos para a produção de materiais SiC epitaxiais compactos com baixo nível de defeitos e dispositivos SiC de alta tensão,[41,53] incluindo um GTO de 7 kV,[66] MOSFETs SiC de 10 kV[51] e IGBT de 13 kV.[64] Os seguintes tipos de dispositivo SiC estão atualmente disponíveis ou em desenvolvimento:

JFETs — transistores de efeito de campo de junção (*junction field-effect transistors*)
MOSFETs
BJTs
IGBTs

4.3 MOSFETs DE POTÊNCIA

Um MOSFET de potência é um dispositivo controlado por tensão e que requer apenas uma pequena corrente de entrada. A velocidade de chaveamento é muito alta, e os tempos de chaveamento são da ordem de nanossegundos. Os MOSFETs de potência são cada vez mais utilizados em conversores de baixa potência e de alta frequência.

Eles não apresentam problemas com o fenômeno da segunda avalanche como os BJTs. No entanto, têm empecilho com a descarga eletrostática e necessitam de cuidados especiais de manuseio. Além disso, é relativamente difícil protegê-los em condições de falta por curto-circuito.

Os dois tipos de MOSFET são: (1) depleção e (2) intensificação.[6-8] Um MOSFET tipo depleção de canal *n* é formado sobre um substrato de silício do tipo *p*, como mostra a Figura 4.1a, com duas seções de silício fortemente dopadas n^+, para conexões de baixa resistência. Os três terminais são chamados de *porta* ou *gate* (G), *dreno* (D) e *fonte* (S). A porta é isolada do canal por uma fina camada de óxido, e o substrato normalmente é conectado à fonte. A tensão porta-fonte V_{GS} pode ser tanto positiva quanto negativa. Se V_{GS} for negativa, alguns dos elétrons na área do canal *n* serão repelidos e uma região de depleção será criada abaixo da camada de óxido, resultando em um canal efetivo mais estreito e em uma resistência elevada do dreno para a fonte, R_{DS}. Se V_{GS} for suficientemente negativa, o canal ficará fechado, oferecendo um valor elevado de R_{DS}, e não haverá fluxo de corrente do dreno para a fonte ($I_{DS} = 0$). O valor de V_{GS} quando isso acontece é chamado de *tensão de pinçamento* (*pinch-off voltage*), V_P. Por outro lado, se V_{GS} for positiva, o canal se tornará mais largo e I_{DS} aumentará por conta da redução na R_{DS}. Com um MOSFET tipo depleção de canal *p*, as polaridades de V_{DS}, I_{DS} e V_{GS} são invertidas, como mostra a Figura 4.1b.

Um MOSFET tipo intensificação de canal *n* não possui canal físico, como mostra a Figura 4.2a. Se V_{GS} for positiva, uma tensão induzida atrairá os elétrons do substrato *p* e os acumulará na superfície abaixo da camada de óxido. Se V_{GS} for maior ou igual a um valor conhecido como *tensão de limiar* (*threshold voltage*), V_T, um número suficiente de elétrons será acumulado na forma de um canal *n* virtual, como indicam as áreas sombreadas na Figura 4.2a, e ocorrerá um fluxo de corrente do dreno para a fonte. As polaridades de V_{DS}, I_{DS} e V_{GS} são invertidas para um MOSFET tipo intensificação de canal *p*, como apresenta a Figura 4.2b. MOSFETs de potência de vários tamanhos são ilustrados na Figura 4.3.

FIGURA 4.1

MOSFETs tipo depleção.

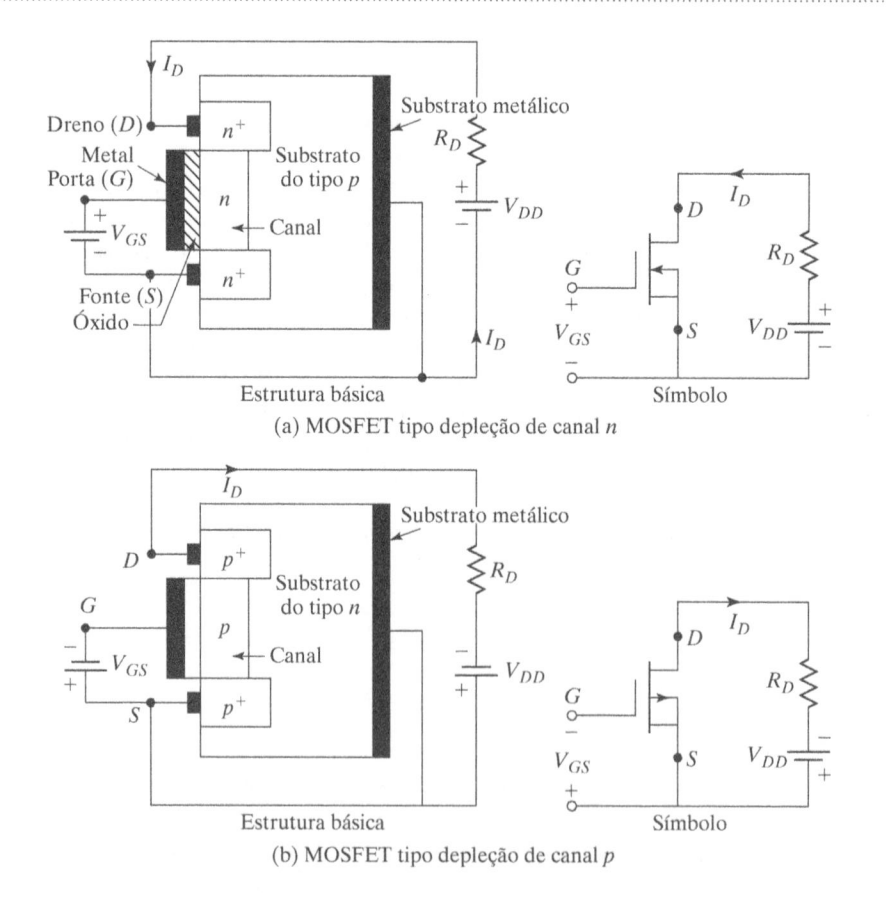

(a) MOSFET tipo depleção de canal *n*

(b) MOSFET tipo depleção de canal *p*

FIGURA 4.2
MOSFETs tipo intensificação.

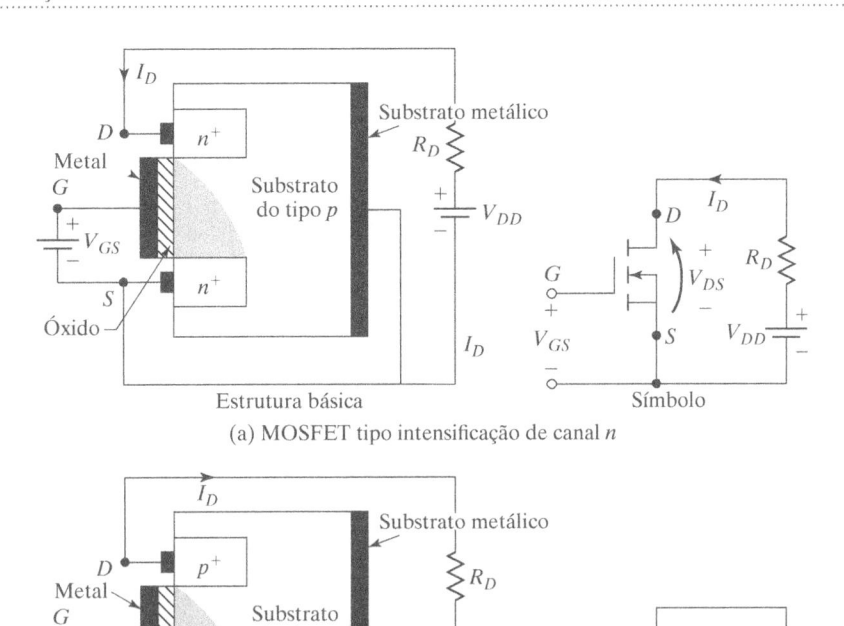

(a) MOSFET tipo intensificação de canal *n*

(b) MOSFET tipo intensificação de canal *p*

FIGURA 4.3
MOSFETs de potência (reproduzido com permissão da International Rectifier).

Como o MOSFET tipo depleção permanece ligado com tensão de porta-fonte V_{GS} zero, enquanto um tipo intensificação fica desligado com V_{GS} zero, geralmente utiliza-se MOSFETs tipo intensificação como dispositivos de chaveamento em eletrônica de potência. Para reduzir a resistência de condução por ter uma área condutora de corrente maior, a estrutura do tipo V é em geral usada para os MOSFETs de potência. O corte transversal de um MOSFET de potência, conhecido como MOSFET vertical (V), é mostrado na Figura 4.4a.

FIGURA 4.4
Seção transversal de um MOSFET.[10]

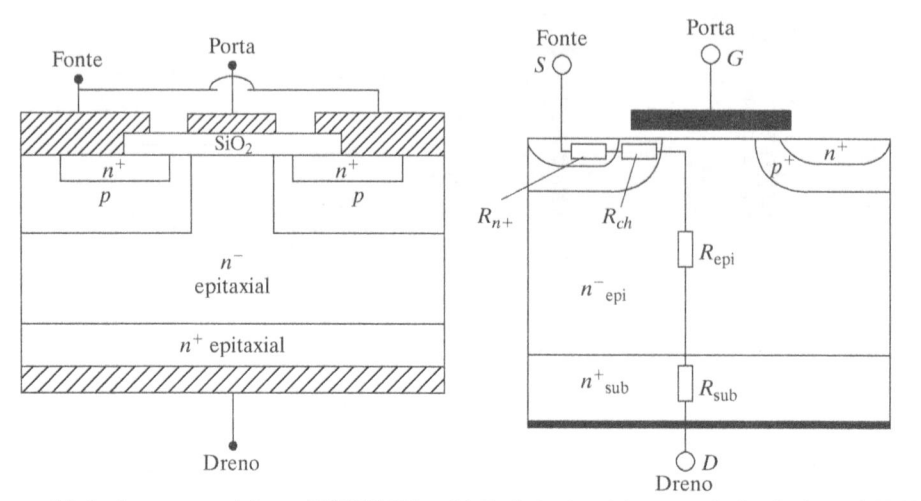

(a) Seção transversal de um MOSFET V   (b) Resistências série no estado ligado de um MOSFET V

Quando a porta tem uma tensão suficientemente positiva com relação à fonte, o efeito de seu campo elétrico puxa os elétrons da camada n^+ para a camada p. Isso abre um canal mais próximo da porta que, por sua vez, permite um fluxo de corrente do dreno para a fonte. Existe uma camada dielétrica de óxido de silício (SiO_2) entre o metal da porta e a junção n^+ e p. O MOSFET é altamente dopado no lado do dreno para criar um acoplamento (*buffer*) n^+ abaixo da camada de arraste n (*n-drift*). Esse acoplamento impede que a camada de depleção atinja o metal, nivela a tensão elétrica em toda a camada n e reduz a queda da tensão direta durante a condução. A camada de acoplamento também o torna um dispositivo assimétrico com capacidade de tensão reversa bastante baixa.

Os MOSFETs requerem baixa energia na porta e têm uma velocidade de chaveamento muito alta, além de baixas perdas de comutação. A resistência de entrada é muito alta, de 10^9 a 10^{11} Ω. Eles apresentam, no entanto, a desvantagem da alta resistência direta no estado ligado, como mostra a Figura 4.4b, e, portanto, de elevadas perdas de condução, o que os torna menos atraentes como dispositivos de potência. Por outro lado, são excelentes como dispositivos amplificadores de porta para tiristores (ver Capítulo 9).

4.3.1 Características em regime permanente

Os MOSFETs são dispositivos controlados por tensão e possuem uma impedância de entrada muito alta. A porta estabelece uma corrente de fuga muito pequena, da ordem de nanoampères. O ganho de corrente, que é a razão entre a corrente de dreno I_D e a de porta I_G, é geralmente da ordem de 10^9. Entretanto, esse não é um parâmetro importante. A *transcondutância*, que é a razão entre a corrente de dreno e a tensão de porta-fonte, define as características de transferência e é, por sua vez, um parâmetro fundamental.

As características de transferência dos MOSFETs de canal n e de canal p são mostradas na Figura 4.5. As características de transferência na Figura 4.5b para MOSFETs tipo intensificação de canal n podem ser usadas para determinar a corrente de dreno i_D no estado ligado a partir de[29]

$$i_D = K_n (v_{GS} - V_T)^2 \quad \text{para} \quad v_{GS} > V_T \quad \text{e} \quad v_{DS} \geq (v_{GS} - V_T) \tag{4.1}$$

onde K_n é a constante MOS, A/V²
 v_{GS} é a tensão porta-fonte, V
 V_T é a tensão de limiar, V

A Figura 4.6 mostra as características de saída de um MOSFET tipo intensificação de canal n. Existem três regiões de operação: (1) região de corte, em que $V_{GS} \leq V_T$; (2) região de pinçamento ou de saturação, em que $V_{DS} \geq V_{GS} - V_T$; e (3) região linear, em que $V_{DS} \leq V_{GS} - V_T$. O pinçamento ocorre em $V_{DS} = V_{GS} - V_T$. Na região linear,

FIGURA 4.5
Características de transferência de MOSFETs.

(a) MOSFET tipo depleção

(b) MOSFET tipo intensificação

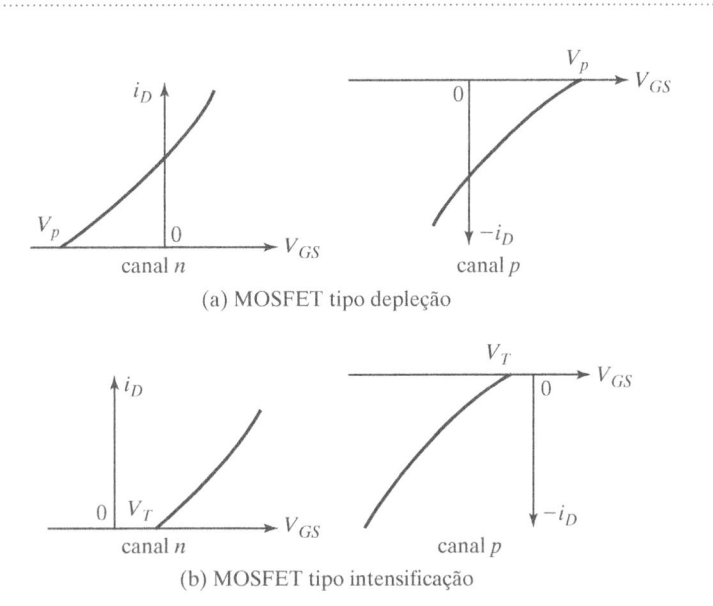

FIGURA 4.6
Características de saída do MOSFET tipo intensificação.

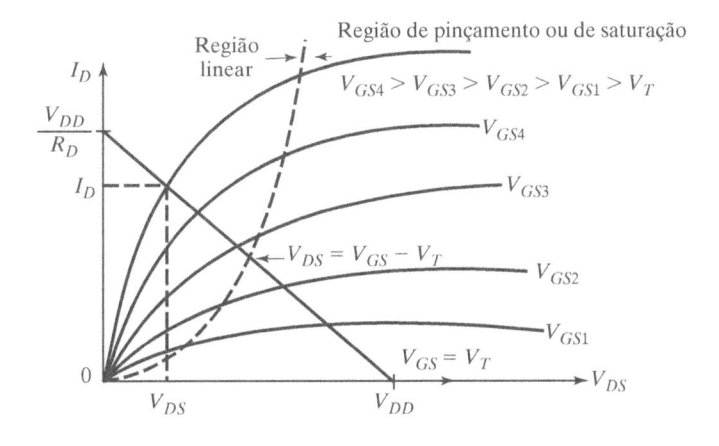

a corrente de dreno I_D varia na proporção da tensão dreno-fonte V_{DS}. Por causa da elevada corrente e da baixa tensão de dreno, os MOSFETs de potência são operados na região linear para ações de chaveamento. Na região de saturação, a corrente de dreno permanece quase constante para qualquer aumento no valor de V_{DS}, e os transistores são usados nessa região para amplificar a tensão. Deve-se observar que a saturação tem significado oposto ao dos transistores bipolares. Na região linear ou ôhmica, a tensão dreno-fonte v_{DS} é baixa, e a característica i_D-v_{DS} na Figura 4.6 pode ser descrita pela seguinte relação:

$$i_D = K_n[2(v_{GS} - V_T)v_{DS} - v_{DS}^2] \quad \text{para} \quad v_{GS} > V_T \quad \text{e} \quad 0 < v_{DS} < (v_{GS} - V_T) \tag{4.2}$$

que, para um valor pequeno de v_{DS} ($<<V_T$), pode ser aproximada para

$$i_D = K_n 2(v_{GS} - V_T)v_{DS} \tag{4.3}$$

A reta de carga de um MOSFET com uma resistência de carga R_D, como mostra a Figura 4.7a, pode ser descrita por

$$i_D = \frac{V_{DD} - v_{DS}}{R_D} \quad (4.4)$$

onde $i_D = V_{DD}/R_D$ em $v_{DS} = 0$ e $v_{DS} = V_{DD}$ em $i_D = 0$

A fim de manter baixo o valor de V_{DS}, a tensão porta-fonte V_{GS} deve ser mais elevada para que o transistor atue na região linear.

O modelo de chaveamento em regime permanente, que é o mesmo para ambos os tipos de MOSFET (depleção e intensificação), é mostrado na Figura 4.7. R_D é a resistência de carga. Uma grande resistência R_G, da ordem de megaohms, é ligada entre a porta e a fonte para estabelecer a tensão de porta em um nível definido. R_S ($<<R_G$) limita as correntes de carga das capacitâncias internas do MOSFET. A transcondutância g_m é definida como

$$g_m = \left.\frac{\Delta I_D}{\Delta V_{GS}}\right|_{V_{DS} = \text{constante}} \quad (4.5)$$

O ganho de transcondutância g_m pode ser determinado a partir das equações 4.1 e 4.2 no ponto de operação em $v_{GS} = V_{GS}$ e $i_D = I_D$ como

$$\begin{aligned} g_m = \frac{di_D}{dv_{GS}} &= 2K_n V_{DS}|_{V_{DS} = \text{constante}} \text{ (região linear)} \\ &= 2K_n(V_{GS} - V_T)|_{V_{DS} = \text{constante}} \text{ (região de saturação)} \end{aligned} \quad (4.6)$$

Assim, g_m depende de V_{GS} na região de saturação, enquanto permanece quase constante na região linear. Um MOSFET pode amplificar um sinal de tensão na região de saturação.

A resistência de saída, $r_o = R_{DS}$, que é definida como

$$R_{DS} = \frac{\Delta V_{DS}}{\Delta I_D} \quad (4.7)$$

é normalmente muito elevada na região de pinçamento, em geral da ordem de megaohms, e é muito pequena na região linear, muitas vezes da ordem de miliohms. Para um valor pequeno de v_{DS} ($<<V_T$) na região linear ou ôhmica, a Equação 4.3 dá a resistência dreno-fonte R_{DS} como

$$R_{DS} = \frac{v_{DS}}{i_D} = \frac{1}{K_n 2(v_{GS} - V_T)} \quad \text{para } v_{GS} > V_T \quad (4.8)$$

Portanto, a resistência R_{DS} no estado ligado da chave MOSFET pode ser diminuída pelo aumento da tensão de acionamento porta-fonte, v_{GS}.

Para os MOSFETs tipo depleção, a tensão de porta (ou de entrada) pode ser positiva ou negativa. Já os MOSFETs tipo intensificação respondem somente a uma tensão de porta positiva. Os MOSFETs de potência são geralmente tipo intensificação. E aqueles do tipo depleção são vantajosos e simplificam o projeto lógico em algumas aplicações que necessitam, de alguma forma, de chave CA ou CC de lógica compatível que permanece ligada quando falha a alimentação da parte lógica e V_{GS} se torna zero. As características dos MOSFETs tipo depleção não serão aprofundadas.

FIGURA 4.7

Modelo de chaveamento em regime permanente dos MOSFETs.

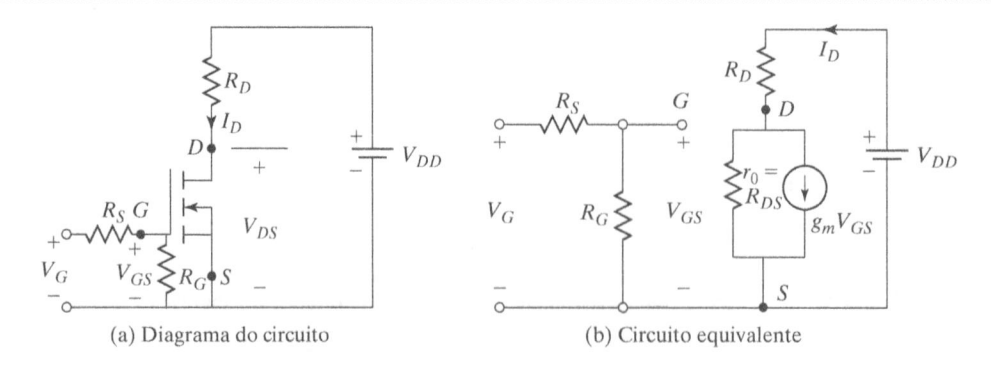

(a) Diagrama do circuito

(b) Circuito equivalente

4.3.2 Características de chaveamento

Sem nenhum sinal de porta, o MOSFET tipo intensificação pode ser considerado como dois diodos conectados em antissérie ou *back to back* (diodos *np* e *pn*, como mostra a Figura 4.2a), ou, ainda, como um transistor *NPN*. A estrutura de porta tem capacitâncias parasitas para a fonte, C_{gs}, e para o dreno, C_{gd}. O transistor *NPN* tem uma junção com polarização reversa do dreno para a fonte e oferece uma capacitância, C_{ds}. A Figura 4.8a indica o circuito equivalente de um transistor bipolar parasita em paralelo com um MOSFET. A região base-emissor de um transistor *NPN* é curto-circuitada na pastilha pela metalização do terminal da fonte, e a resistência da base para o emissor, por conta da resistência do material das regiões *n* e *p*, R_{be}, é pequena. Assim, pode-se considerar que um MOSFET possui um diodo interno; o circuito equivalente é apresentado na Figura 4.8b. As capacitâncias parasitas são dependentes de suas respectivas tensões.

O diodo interno embutido é muitas vezes chamado de *diodo de corpo* (*body diode*). A velocidade de chaveamento do diodo de corpo é muito menor do que a do MOSFET. Assim, um NMOS (semicondutor de óxido metálico de canal *n*) se comportará como um dispositivo não controlado. Consequentemente, poderá haver um fluxo de corrente da fonte para o dreno se as condições do circuito prevalecerem a uma corrente negativa. Isso ocorrerá se o NMOS comutar energia para uma carga indutiva e atuar como um diodo de roda livre, além de proporcionar um caminho para o fluxo de corrente da fonte para o dreno. O NMOS se comportará como um dispositivo não controlado na direção reversa. A folha de dados do NMOS normalmente fornece a especificação de corrente do diodo parasita.

Se for permitida a condução pelo diodo do corpo D_b, então uma corrente de pico elevada poderá ocorrer durante a transição de desligamento do diodo. A maioria dos MOSFETs não é preparada para lidar com essas correntes, e, por isso, podem ocorrer panes no dispositivo. Para evitar essa situação, podem ser adicionados diodos externos em série, D_2, e em antiparalelo, D_1, como na Figura 4.8c. Os MOSFETs de potência podem ser projetados para ter um diodo de corpo de recuperação rápida e para operar de forma confiável quando é permitido que o diodo de corpo conduza a corrente nominal do MOSFET. No entanto, a velocidade de chaveamento desses diodos de corpo ainda é um pouco lenta e pode ocorrer uma perda significativa de chaveamento por causa da carga armazenada no diodo. O projetista deve verificar as especificações nominais e a velocidade do diodo de corpo para lidar com as necessidades operacionais.

O modelo de chaveamento dos MOSFETs com capacitâncias parasitas é mostrado na Figura 4.9. Já as formas de onda e os tempos típicos do chaveamento são indicados na Figura 4.10. O *atraso na entrada em condução*, $t_{d(on)}$, é o tempo necessário para carregar a capacitância de entrada até o nível da tensão de limiar. O *tempo de subida*, t_r, é o tempo de carga da porta do nível de limiar até a tensão total de porta V_{GSP}, que é necessária para acionar o transistor na região linear. O *atraso no bloqueio*, $t_{d(off)}$, é o tempo exigido para a capacitância de entrada descarregar a partir da tensão de sobre-excitação (*overdrive*) da porta, V_1, até a região de pinçamento. A V_{GS} deve diminuir significativamente antes da V_{DS} começar a subir. O *tempo de descida*, t_f, o tempo necessário para que a capacitância de entrada descarregue a partir da região de pinçamento à tensão de limiar. Se $V_{GS} \leq V_T$, o transistor desliga.

FIGURA 4.8

Modelo do MOSFET tipo intensificação considerando os parasitas.

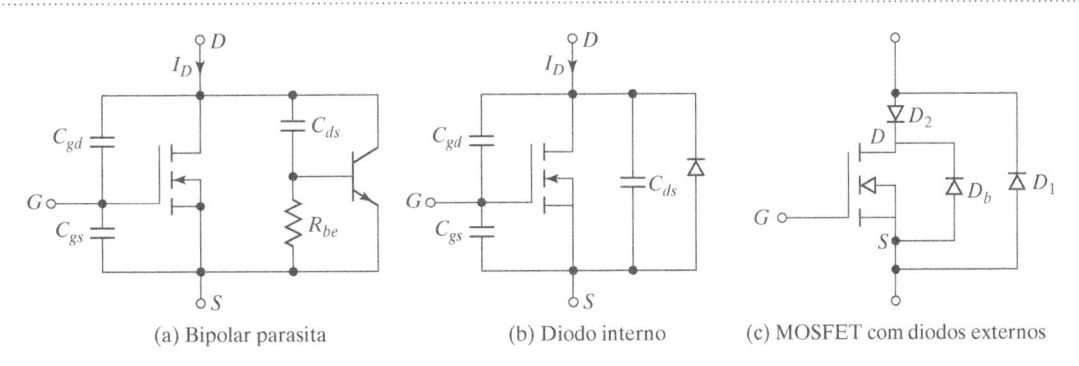

(a) Bipolar parasita (b) Diodo interno (c) MOSFET com diodos externos

FIGURA 4.9
Modelo de chaveamento dos MOSFETs.

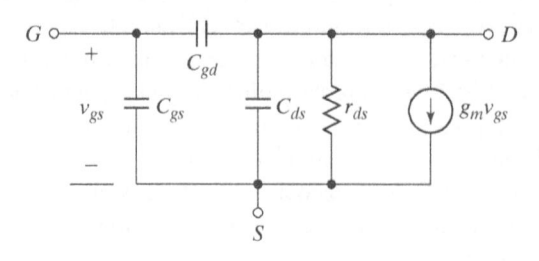

FIGURA 4.10
Formas de onda e tempos de chaveamento.

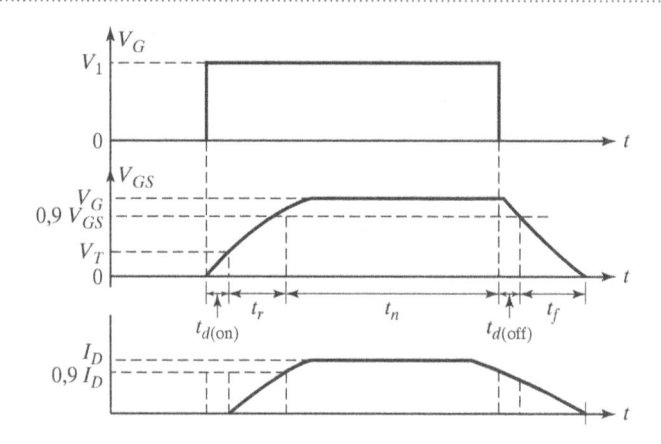

4.3.3 MOSFETs de carbeto de silício

A entrada porta-fonte de um JFET se comporta como uma junção *pn* reversamente polarizada. Um JFET requer uma quantidade finita de corrente de acionamento. Já a entrada porta-fonte de um MOSFET é isolada e, teoricamente, exige corrente zero de acionamento. O comportamento normalmente desligado do MOSFET SiC o torna atraente para os projetistas de conversores de eletrônica de potência. Os MOSFETs de alta tensão possuem duas grandes limitações: (1) as baixas mobilidades do canal causam resistência de condução adicional ao dispositivo e, portanto, o aumento das perdas de potência em condução; e (2) a falta de confiabilidade e a instabilidade da camada de óxido da porta, em especial durante longos períodos de tempo e em temperaturas elevadas. Problemas de fabricação também contribuem para a desaceleração do desenvolvimento do MOSFET SiC.

A tecnologia SiC passou por avanços significativos que agora permitem a fabricação de MOSFETs capazes de superar seus primos IGBT Si, em especial em alta potência e altas temperaturas.[37] A nova geração de MOSFETs SiC reduz a espessura da camada de arraste (*drift*) por cerca de um fator de 10, enquanto possibilita que o fator de dopagem aumente simultaneamente na mesma ordem de grandeza. O efeito global resulta em uma redução da resistência de arraste a um centésimo da resistência do MOSFET equivalente em silício. Os MOSFETs SiC oferecem vantagens significativas em relação aos dispositivos em silício, permitindo uma eficiência sem precedentes do sistema e/ou a redução de tamanho, peso e custo do sistema por meio de seu funcionamento com uma frequência maior. A resistência de condução típica de um MOSFET SiC de 1,2 kV com especificação de corrente de 10-20 A está na faixa de 80 a 160 mΩ.[35,36,67]

A seção transversal de uma estrutura típica do MOSFET SiC[43] é mostrada na Figura 4.11a. O dispositivo deve atuar normalmente desligado por causa da junção *pn* invertida entre a camada de arraste *n* e a parede *p*. Uma tensão porta-fonte positiva de limiar permite que o dispositivo rompa a junção *pn* e que ele conduza. A seção transversal de uma única célula de um DMOSFET 4H-SiC de 10 A, 10 kV, semelhante à Figura 4.11a, é apresentada na Figura 4.11b.[48] As estruturas gerais dos MOSFETs vistas nas figuras 4.11a e b são as mesmas. No entanto, as dimensões e as concentrações das camadas n^+ e p^+ determinam as características do MOSFET, como as especificações nominais de tensão e corrente. A Figura 4.12 mostra o transistor *NPN* parasita, os diodos, as resistências de arraste e o JFET dentro dos MOSFETs.[42]

FIGURA 4.11
Seção transversal de uma única célula de um DMOSFET 4H-SiC de 10 A, 10kV.

(a) MOSFET SiC [43]

(b) DMOSFET 4H-SiC de 10 A, 10 kV [48]

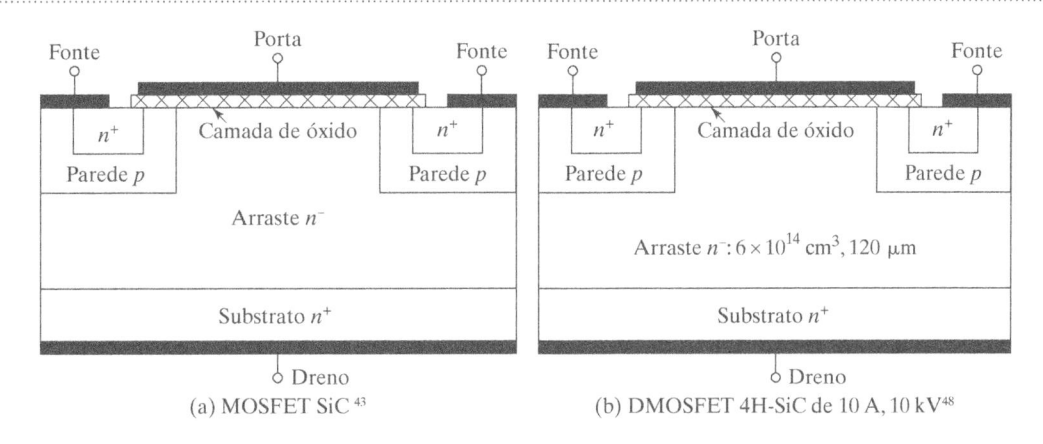

FIGURA 4.12
Dispositivos parasitas do MOSFET de canal n.[42]

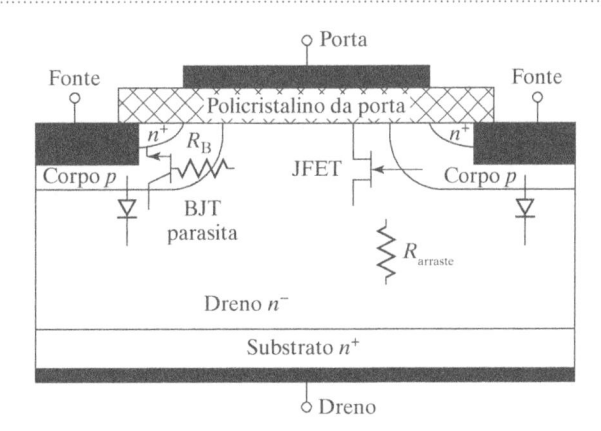

Pastilhas de MOSFET SiC com especificações nominais de 10 A e 10 kV também são fabricadas pela Cree como parte de um módulo meia-ponte de 120 A.[48] Quando comparado ao IGBT estado da arte Si de 6,5 kV, os MOSFETs SiC de 10 kV têm um desempenho melhor. Os MOSFETs de carbeto de silício podem superar os IGBTs e ser o dispositivo de escolha em eletrônica de potência de alta tensão. A seção transversal de um DMOSFET de porta em V é mostrada na Figura 4.13.[39]

FIGURA 4.13
Seção transversal de um 6H-MOSFET SiC de potência.[39]

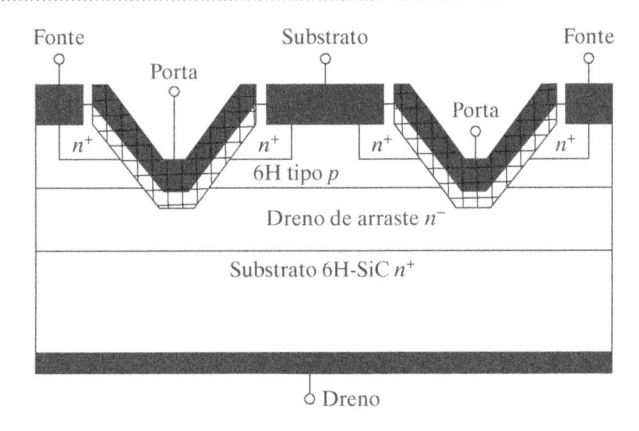

O dispositivo atua normalmente desligado. A aplicação de uma tensão porta-fonte positiva exaure a camada tipo *p* e reforça o canal *n*. Além disso, a remoção da tensão porta-fonte desliga o dispositivo. Por fim, a estrutura da porta em forma de V provoca entradas em condução e desligamentos mais rápidos.

4.4 COOLMOS

O COOLMOS,[9-11] que é uma nova tecnologia para MOSFETs de alta tensão, adota uma estrutura de compensação na região vertical de arraste do MOSFET para melhorar a resistência em condução. O dispositivo tem uma menor resistência no estado ligado em comparação aos outros MOSFETs com o mesmo encapsulamento. As perdas de condução são pelo menos cinco vezes menores quando confrontadas com as da tecnologia convencional. Ele é capaz de lidar com duas a três vezes mais potência de saída que o MOSFET convencional para o mesmo encapsulamento. A área ativa da pastilha do COOLMOS é aproximadamente cinco vezes menor que a de um MOSFET padrão.

A Figura 4.14 mostra a seção transversal de um COOLMOS. O dispositivo aumenta a dopagem da camada condutora de corrente dopada *n* em cerca de uma ordem de grandeza, sem alterar a própria capacidade de bloqueio. Um transistor com uma tensão de bloqueio V_{BR} alta requer uma camada epitaxial relativamente espessa e com baixa dopagem, levando à bem conhecida lei[12] que relaciona a resistência dreno-fonte com V_{BR} por

$$R_{DS(on)} = V_{BR}^{k_c} \quad (4.9)$$

onde k_c é uma constante entre 2,4 e 2,6.

Essa limitação é superada pela adição de colunas do tipo oposto ao da dopagem, que são aplicadas na região de arraste de modo que a dopagem total ao longo de uma linha perpendicular ao fluxo de corrente permaneça menor do que a carga de ruptura específica do material, que para o silício é de aproximadamente 2×10^{12} cm^{-2}. Esse conceito necessita de uma compensação da carga adicional na região *n* pelas regiões adjacentes de dopagem *p*. Essas cargas criam um campo elétrico lateral que não contribui para o perfil vertical do campo. Em outras palavras, a concentração de dopagem é integrada ao longo de uma linha perpendicular à interface criada pelas regiões *n* e *p*.

FIGURA 4.14
Seção transversal de um COOLMOS.

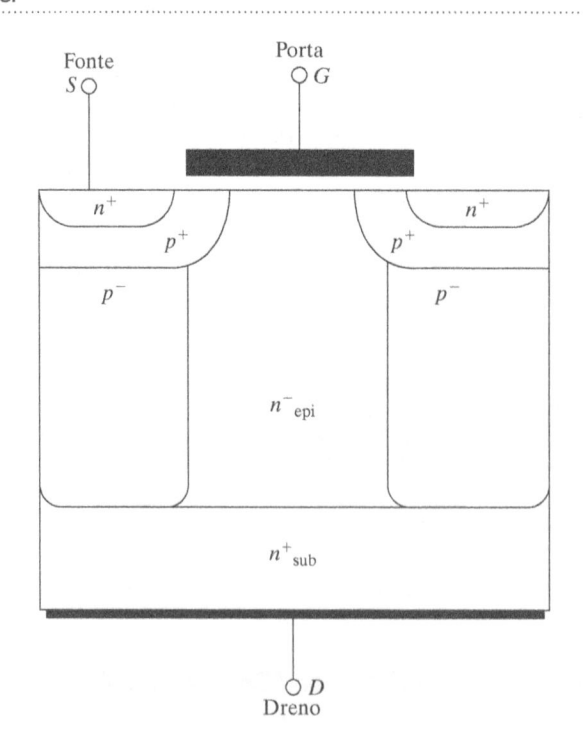

Os portadores majoritários fornecem apenas a condutividade elétrica. Como não há contribuição de corrente bipolar, as perdas de chaveamento são iguais às dos MOSFETs convencionais. A dopagem da tensão de sustentação da camada é aumentada em cerca de uma ordem de grandeza; as listras p verticais adicionais, que são inseridas na estrutura, compensam a corrente excedente conduzindo carga n. O campo elétrico dentro da estrutura é determinado pela carga líquida das duas colunas com dopagem oposta. Assim, pode-se obter uma distribuição de campo quase horizontal se ambas as regiões se equilibrarem perfeitamente entre si. A produção de partes adjacentes de regiões com dopagem p e n com carga líquida quase zero exige uma grande precisão na fabricação. Qualquer desequilíbrio de carga tem impacto na tensão de bloqueio do dispositivo. Para tensões mais elevadas de bloqueio, apenas a profundidade das colunas precisa ser aumentada, e não há necessidade de alteração da dopagem. Isso leva a uma relação linear[10] entre tensão de bloqueio e resistência de condução, como mostra a Figura 4.15. A resistência de condução de um COOLMOS de 600 V, 47 A, é 70 mΩ. O COOLMOS tem uma característica v-i com uma baixa tensão de limiar.[10]

Os dispositivos COOLMOS podem ser utilizados em aplicações até uma faixa de potência de 2 kVA, como em fontes de energia para estações de trabalho e servidores, unidades ininterruptas de alimentação (UPS), conversores de alta tensão para micro-ondas e sistemas médicos, fornos de indução e equipamento de solda. Esses dispositivos permitem substituir MOSFETs de potência convencionais em todas as aplicações, na maioria dos casos sem qualquer adaptação no circuito. Em frequências de chaveamento acima de 100 kHz, os dispositivos COOLMOS oferecem uma capacidade superior de lidar com a corrente, assim como uma menor área de pastilha para determinada corrente. Os dispositivos têm a vantagem de um diodo reverso intrínseco. Quaisquer oscilações parasitas, que poderiam causar valores negativos da tensão dreno-fonte, são fixadas (grampeadas) pelo diodo a um valor definido.

FIGURA 4.15
Relação linear entre tensão de bloqueio e resistência de condução.[10]

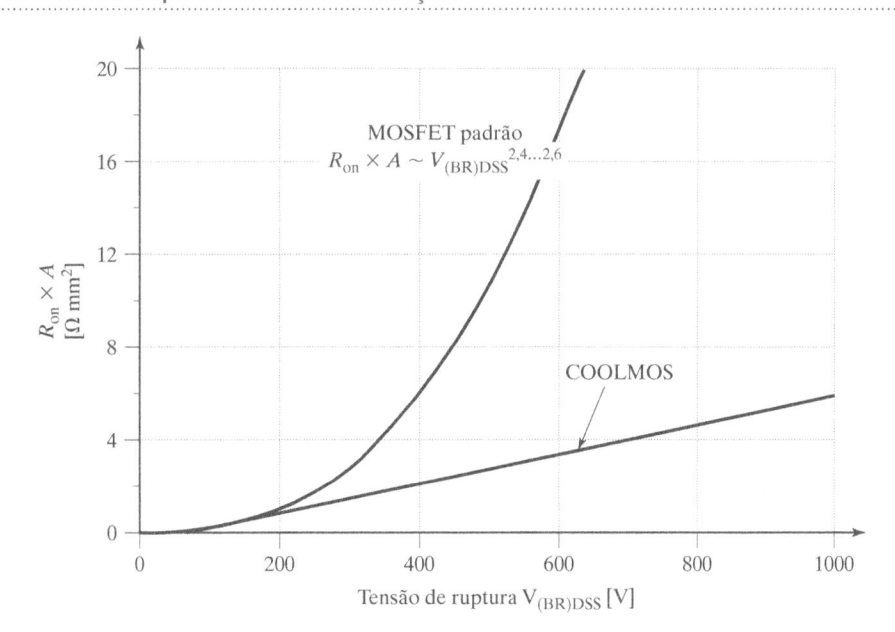

4.5 TRANSISTORES DE EFEITO DE CAMPO DE JUNÇÃO (JFETs)

Os transistores de efeito de campo de junção são simples em sua construção.[44] Esses dispositivos estão sendo substituídos pelos MOSFETs em aplicações de baixa tensão. No entanto, por conta das vantagens dos materiais de carbeto de silício e da sua simplicidade, JFETs com essa composição estão se tornando promissores em aplicações de chaveamento de potência. Os JFETs SiC apresentam coeficiente de temperatura positivo, o que facilita o paralelismo, chaveamento extremamente rápido, sem corrente de cauda, e baixa resistência de condução $R_{DS(on)}$, normalmente de 50 mΩ para um dispositivo de 650 V. Possuem também carga de porta e capacitância intrínseca baixas. Além disso, têm um diodo de corpo monoliticamente integrado com um desempenho de chaveamento comparável a um diodo de barreira Schottky SiC externo.

4.5.1 Operação e características dos JFETs

De modo diverso dos MOSFETs, os JFETs têm um canal normalmente fechado que conecta a fonte e o dreno. A porta é usada para controlar o fluxo de corrente através do canal e do dreno. De forma semelhante a dos MOSFETs, existem dois tipos de junção FET: canal n e canal p. A estrutura de um JFET de canal n aparece na Figura 4.16a. Um canal tipo n é imprensado entre duas regiões de porta tipo p. O canal é formado a partir de material ligeiramente dopado (baixa condutividade), em geral de silício ou carbeto de silício, com contatos metálicos ôhmicos nas extremidades. As regiões de porta são feitas de material tipo p fortemente dopado (alta condutividade), e muitas vezes são conectadas eletricamente através de contatos metálicos ôhmicos. O símbolo para um JFET de canal n é mostrado na Figura 4.16b, onde a seta aponta de uma região do tipo p para uma do tipo n.

Em JFETs de canal p, um canal tipo p é formado entre duas regiões de porta tipo n, como mostra a Figura 4.17a. O símbolo para um JFET de canal p é apresentado na Figura 4.17b. Nota-se que a direção da seta em um JFET de canal p é inversa a da seta de um JFET de canal n.

Para uma operação normal, o dreno de um JFET de canal n é mantido em um potencial positivo, e a porta, em um potencial negativo com relação à fonte, como indica a Figura 4.18a. As duas junções pn formadas entre a porta e o canal estão reversamente polarizadas. A corrente de porta I_G é muito pequena (da ordem de alguns nanoampères). Note-se que a corrente I_G é negativa para JFETs de canal n, e positiva para JFETs de canal p.

Para um JFET de canal p, o dreno é mantido em um potencial negativo, e a porta, em um potencial positivo em relação à fonte, como mostra a Figura 4.18b. As duas junções pn ainda estão reversamente polarizadas, e a corrente de porta I_G é insignificantemente pequena. A corrente de dreno de um JFET de canal p é causada pelos portadores majoritários (lacunas), e o fluxo segue da fonte para o dreno. A corrente de dreno de um JFET de canal n é causada pelos portadores majoritários (elétrons), e o fluxo segue do dreno para a fonte.

Características de transferência e de saída: suponhamos que a tensão porta-fonte de um JFET de canal n seja zero; $V_{GS} = 0$ V. Se V_{DS} é aumentada de zero para um valor pequeno (≈ 1 V), a corrente de dreno segue a lei de Ohm ($i_D = v_{DS}/R_{DS}$), e será diretamente proporcional a V_{DS}. Qualquer aumento no valor de V_{DS} para além de $|V_p|$, *a tensão de pinçamento*, fará o JFET operar na região de saturação, portanto, sem um aumento significativo da corrente de dreno. O valor da corrente de dreno que ocorre quando $V_{DS} = |V_p|$ (com $v_{GS} = 0$) é denominado corrente de saturação dreno-fonte, I_{DSS}.

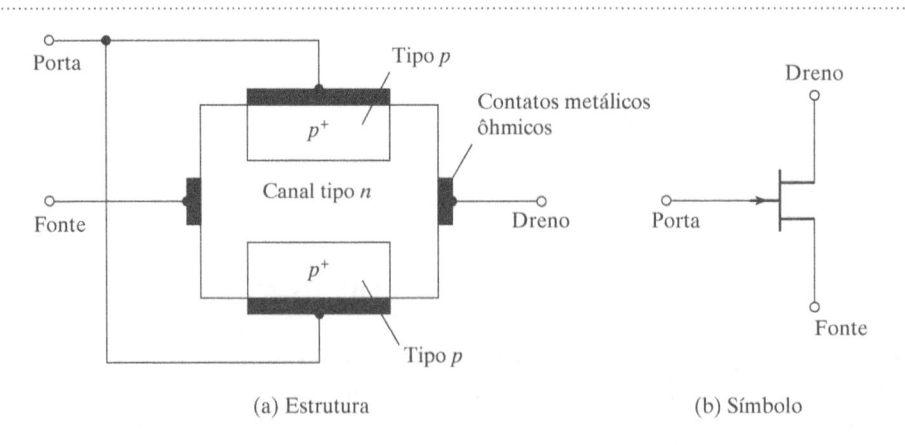

FIGURA 4.16
Estrutura e símbolo de um JFET de canal n.

(a) Estrutura (b) Símbolo

FIGURA 4.17
Estrutura e símbolo de um JFET de canal p.

(a) Estrutura

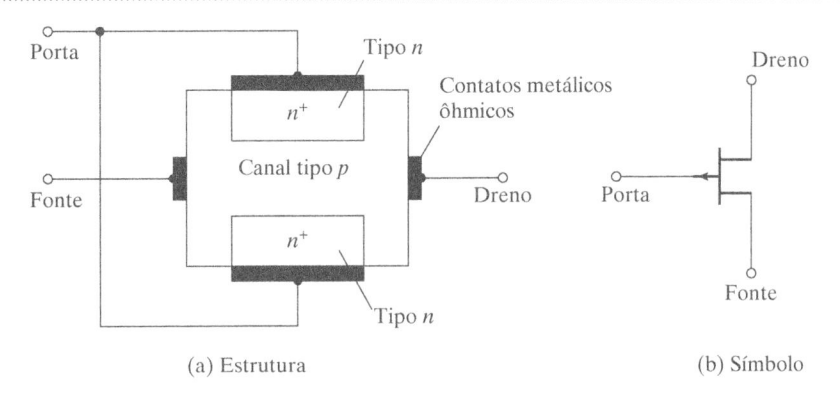

(b) Símbolo

FIGURA 4.18
Polarização de JFETs.

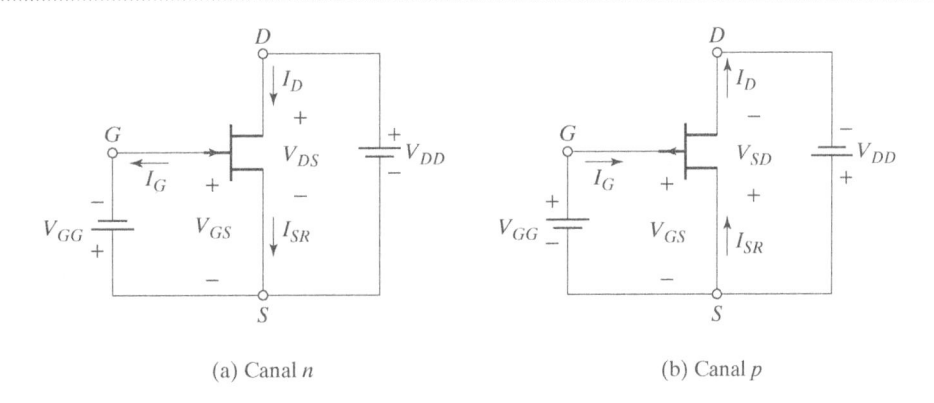

(a) Canal n

(b) Canal p

Quando a tensão dreno-fonte é próxima de zero, a região de depleção formada entre as regiões tipo p e tipo n tem uma largura quase uniforme ao longo do comprimento do canal, como mostra a Figura 4.19a. A largura dessa região de depleção pode variar alterando-se a tensão através dela, que é igual a $V_{GS} = 0$, se $V_{DS} = 0$. Os JFETs são geralmente fabricados com a dopagem na região da porta muito maior do que a na região do canal, para que a região de depleção se estenda mais no canal do que na porta. Quando V_{DS} é positiva e é aumentada, a largura da região de depleção deixa de ser uniforme ao longo do comprimento do canal. Ela torna-se mais larga na extremidade do dreno porque a polarização reversa na junção porta-canal é aumentada para $(V_{DS} + |V_{GS}|)$, como indica a Figura 4.19b. Quando a região de depleção se estende por todo o canal, este é pinçado.

As características i_D–v_{DS} para diversos valores de V_{GS} são mostradas na Figura 4.20a. As características de saída podem ser divididas em três regiões: ôhmica, de saturação e de corte. O aumento de v_{DS} para além da tensão de ruptura do JFET provoca uma ruptura por avalanche, na qual a corrente de dreno aumenta rapidamente. A tensão de ruptura para uma tensão de porta-fonte igual a zero é indicada como V_{BD}. Esse modo de operação deve ser evitado porque o JFET pode ser destruído pela excessiva dissipação de energia. Como a tensão reversa é maior na extremidade do dreno, a ruptura ocorre nela. A tensão de ruptura é especificada pelo fabricante.

Região ôhmica: na região ôhmica, a tensão dreno-fonte V_{DS} é baixa e o canal não sofre pinçamento. A corrente de dreno i_D pode ser expressa como

$$i_D = K_p \left[2(v_{GS} - V_p) v_{DS} - v_{DS}^2 \right] \text{ para } 0 < v_{DS} \leq (v_{GS} - V_p) \tag{4.10}$$

que, para um valor pequeno de V_{DS} ($\ll |V_p|$), pode ser reduzida para

FIGURA 4.19
Estrutura simplificada de um JFET de canal *n*.

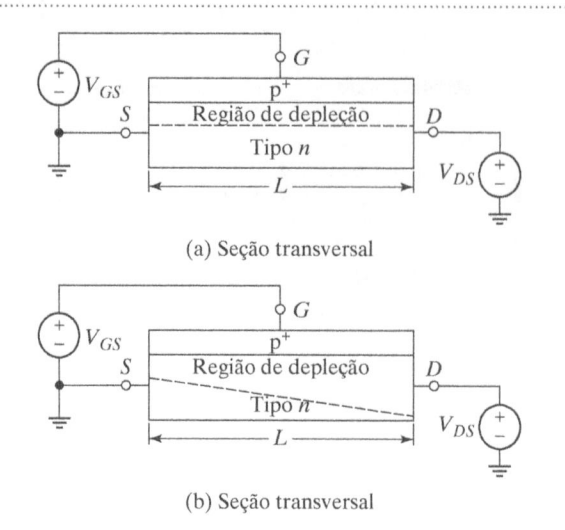

(a) Seção transversal

(b) Seção transversal

FIGURA 4.20
Características de um JFET de canal *n*.

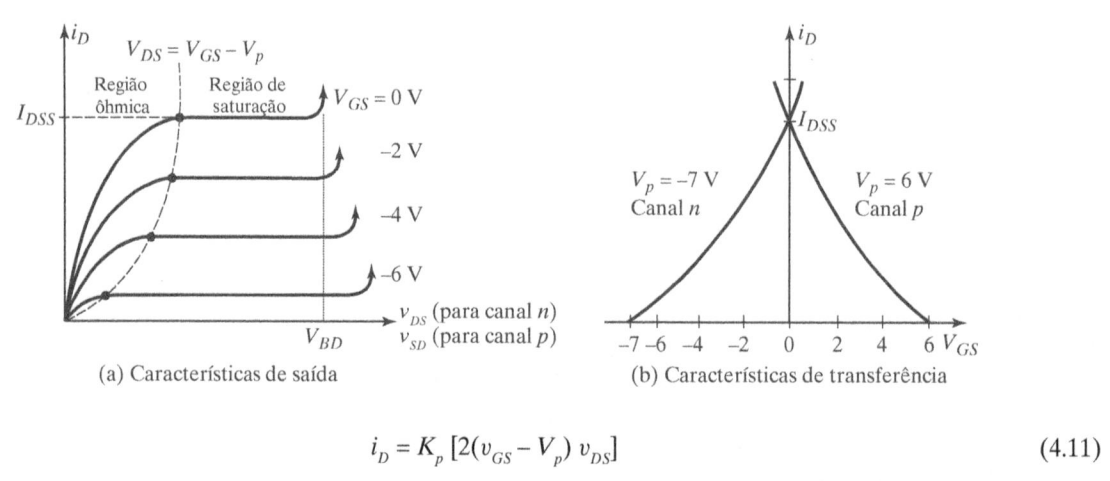

(a) Características de saída

(b) Características de transferência

$$i_D = K_p [2(v_{GS} - V_p) v_{DS}] \quad (4.11)$$

Onde $K_p = I_{DSS}/V_p^2$

Região de saturação: na região de saturação, $v_{DS} \geq (v_{GS} - v_p)$. A tensão dreno-fonte V_{DS} é maior do que a de pinçamento, e a corrente de dreno i_D é quase independente de V_{DS}. Para a operação nessa região, $v_{DS} \geq (v_{GS} - v_p)$. Substituindo a condição limitante $v_{DS} = v_{GS} - V_p$ na Equação 4.10, obtém-se a corrente de dreno

$$\begin{aligned} i_D &= K_p [2(v_{GS} - V_p)(v_{GS} - V_p) - (v_{GS} - V_p)^2] \\ &= K_p (v_{GS} - V_p)^2 \text{ para } v_{DS} \geq (v_{GS} - V_p) \text{ e } V_p \leq v_{GS} \leq 0 \text{ [para canal } n\text{]} \end{aligned} \quad (4.12)$$

A Equação 4.12 representa a característica de transferência, que é mostrada na Figura 4.20b, a ambos os tipos de canais, *n* e *p*. Para um dado valor de i_D, a Equação 4.12 dá dois valores de V_{GS}, e apenas um deles é a solução aceitável para que $V_p \leq v_{GS} \leq 0$. O local de pinçamento, que descreve a fronteira entre as regiões ôhmica e de saturação, pode ser obtido pela substituição de $v_{GS} = V_{DS} + V_p$ na Equação 4.12:

$$i_D = K_p(v_{DS} + V_p - V_p)^2 = K_p v_{DS}^2 \quad (4.13)$$

que define o local de pinçamento e forma uma parábola.

Região de corte: na região de corte, a tensão porta-fonte é menor do que a de pinçamento. Isto é, $v_{GS} < V_p$ para canal n e $v_{GS} > V_p$ para canal p, e o JFET está desligado. A corrente de dreno é zero: $i_D = 0$.

4.5.2 Estruturas JFET de carbeto de silício

Os JFETs de potência são novos dispositivos em evolução.[46,47,55,57] Os tipos de estrutura dos dispositivos de SiC atualmente disponíveis incluem:
JFET de canal lateral (LCJFET)
JFET vertical (VJFET)
JFET de trincheira vertical (VTJFET)
JFET de grade enterrada (*buried grid*) (BGJFET)
JFET de porta dupla e trincheira de canal vertical (DGVTJFET)

JFET de canal lateral (LCJFET): ao longo da última década, a melhoria no material de SiC e o desenvolvimento de *wavers* de 3 e 4 polegadas têm contribuído para a fabricação dos modernos JFETs SiC.[68] Os JFETs SiC atualmente disponíveis apresentam especificações nominais de 1200 V, embora dispositivos para 1700 V também estejam à disposição. A corrente nominal de JFETs normalmente ligados é de até 48 A, e a resistência de condução está na faixa de 45 a 100 mΩ. Um dos modelos modernos de JFET SiC é o chamado *JFET de canal lateral*, como mostra a Figura 4.21.[43]

O fluxo da corrente de carga através do dispositivo pode seguir em ambos os sentidos, dependendo das condições do circuito, e é controlado por uma porta enterrada p^+ e uma junção de fonte $pn +$.

Esse JFET SiC é um dispositivo normalmente ligado, e uma tensão negativa porta-fonte deve ser aplicada para desligar o dispositivo. O valor típico de tensão de pinçamento desse dispositivo está entre –16 e –26 V. Uma característica importante dessa estrutura é o diodo de corpo em antiparalelo, que é formado pelo lado da fonte p^+, a região de arraste n e o dreno n^{++}. Entretanto, a queda de tensão direta do diodo de corpo é maior em comparação à tensão no estado ligado do canal nas densidades de corrente nominais (ou inferiores).[68,69] Assim, a fim de proporcionar a função diodo em antiparalelo, o canal deve ser utilizado para minimizar as perdas de condução. O diodo de corpo pode ser empregado por segurança apenas em transições rápidas.[49,50]

JFET vertical (VJFET): uma estrutura típica de um JFET vertical de canal n[40] é mostrada na Figura 4.22a, ilustrando as duas regiões de depleção. Existem dois diodos parasitas,[62] como indica a Figura 4.22b. O dispositivo está normalmente ligado (no modo depleção), e é desligado por uma tensão negativa porta-fonte.

JFET de trincheira vertical (VTJFET): um esquema da seção transversal[43] da trincheira vertical do Semisouth Laboratories[49,50] é mostrado na Figura 4.23. Esse dispositivo pode ser tanto normalmente desligado (modo intensificação) quanto normalmente ligado (modo depleção), dependendo da espessura do canal vertical e dos níveis de dopagem da estrutura. Os dispositivos estão atualmente disponíveis em faixas de corrente de até 30 A e resistências de condução de 100 e 63 mΩ.

FIGURA 4.21
Seção transversal de um LCJFET SiC normalmente ligado.

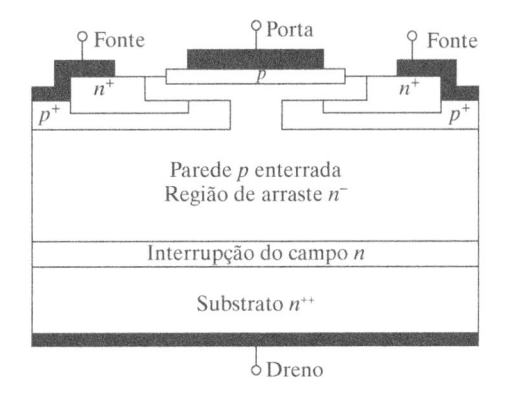

FIGURA 4.22
Uma estrutura típica de um JFET vertical SiC.

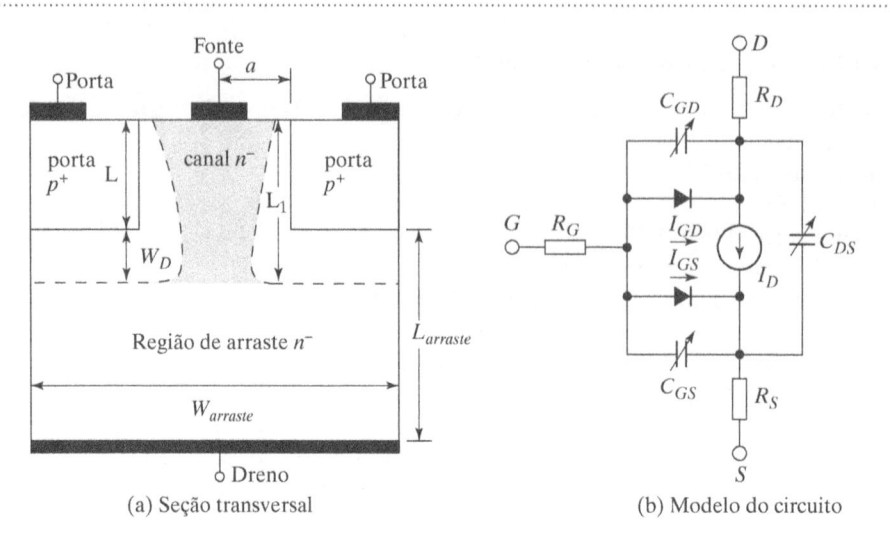

(a) Seção transversal

(b) Modelo do circuito

FIGURA 4.23
Seção transversal de um VTJFET SiC.

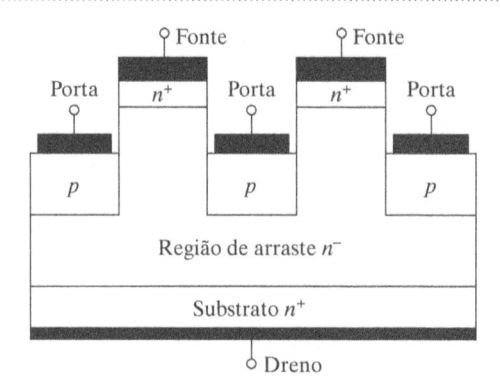

JFET de grade enterrada (*buried grid*) (BGJFET): a Figura 4.24a mostra a seção transversal de um JFET de grade enterrada. Ele faz uso de um pequeno campo celular que contribui para a baixa resistência de condução e para as altas densidades de corrente de saturação. Entretanto, ele não tem diodo de corpo em antiparalelo e apresenta dificuldades no processo de fabricação em comparação ao LCJFET.[51]

JFET de porta dupla e trincheira de canal vertical (DGVTJFET): a Figura 4.24b mostra a seção transversal de um JFET com porta dupla e trincheira de canal vertical, que é na verdade uma mistura do modelo LCJFET com o modelo BGJFET.[43,51] Esse dispositivo foi proposto pela DENSO.[51] O modelo combina a capacidade de chaveamento rápido por conta da baixa capacitância porta-dreno com a baixa resistência de condução por causa do pequeno campo celular e do controle de porta dupla. A estrutura da Figura 4.24a possui várias portas p para um controle de porta mais eficaz. Como ilustra a Figura 4.24b com uma porta T, não existe uma estrutura única. A estrutura, as dimensões e as concentrações das camadas n^+ e p^+ determinam as características do JFET, como as especificações nominais de tensão e corrente.

FIGURA 4.24

Seção transversal de BGJFET SiC e DGVTJFET SiC.

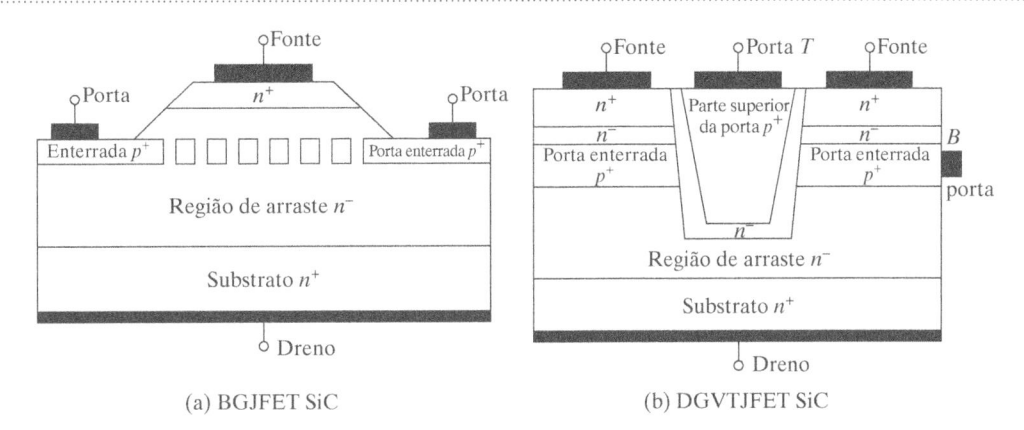

(a) BGJFET SiC

(b) DGVTJFET SiC

4.6 TRANSISTORES DE JUNÇÃO BIPOLAR (BJTs)

Um transistor bipolar é formado pela adição de uma segunda região p ou n a um diodo de junção pn. Com duas regiões n e uma p, duas junções são formadas, e esse dispositivo é conhecido como *transistor NPN*, como mostra a Figura 4.25a. Já com duas regiões p e uma n, esse dispositivo é conhecido como *transistor PNP*, como indica a Figura 4.25b. Os três terminais são chamados de *coletor, emissor* e *base*. Um transistor bipolar tem duas junções, uma coletor-base (CBJ) e uma base-emissor (BEJ).[1-5] Transistores *NPN* de vários tamanhos são ilustrados na Figura 4.26.

Há duas regiões n^+ para o emissor do transistor tipo *NPN* apresentado na Figura 4.27a, e duas regiões p^+ para o emissor do transistor tipo *PNP* mostrado na Figura 4.27b. Para o tipo *NPN*, a camada n do lado do emissor é mais larga, a base p, é estreita e a camada n do lado coletor, estreita e fortemente dopada. Para o tipo *PNP*, a camada p do lado emissor tem largura maior, a base n é estreita e a camada p do lado coletor, estreita e fortemente dopada. O fluxo das correntes de base e de coletor ocorre através de dois caminhos paralelos, resultando em uma baixa resistência de condução coletor-emissor, $R_{CE(ON)}$.

FIGURA 4.25

Transistores bipolares.

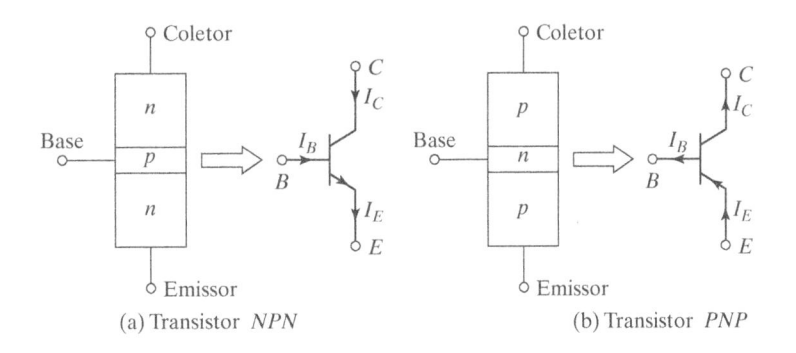

(a) Transistor *NPN*

(b) Transistor *PNP*

FIGURA 4.26

Transistores *NPN* (cortesia da Powerex, Inc.).

FIGURA 4.27
Seções transversais de BJTs.

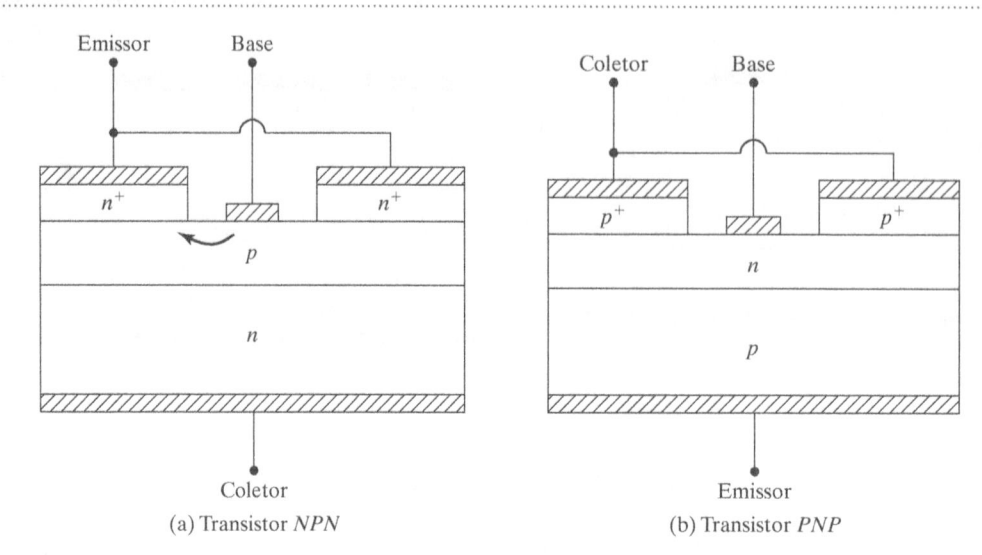

(a) Transistor *NPN*

(b) Transistor *PNP*

4.6.1 Características em regime permanente

Embora existam três configurações possíveis — coletor comum, base comum e emissor comum —, a de emissor comum, que é mostrada na Figura 4.28a para um transistor *NPN*, é a mais geralmente utilizada em aplicações de chaveamento. As características de entrada típicas da corrente de base I_B em relação à tensão base-emissor V_{BE} são indicadas na Figura 4.28b. A Figura 4.28c apresenta as características de saída típicas da corrente de coletor I_C em relação à tensão coletor-emissor V_{CE}. Para um transistor *PNP*, as polaridades de todas as correntes e tensões são invertidas.

Há três regiões de operação de um transistor: de corte, ativa e de saturação. Na região de corte, o transistor está desligado ou a corrente de base não é suficiente para ligá-lo, e ambas as junções estão reversamente polarizadas. Na região ativa, o transistor atua como um amplificador, em que a corrente de base é amplificada por um ganho e a tensão coletor-emissor diminui com essa corrente. A junção CB está reversamente polarizada, e a junção BE está diretamente polarizada. Na região de saturação, a corrente de base é suficientemente elevada para que a tensão coletor-emissor seja baixa, e o transistor atua como uma chave. Ambas as junções (CB e BE) estão diretamente polarizadas. A característica de transferência, que é um gráfico de V_{CE} em relação a I_B, é mostrada na Figura 4.29.

O modelo de um transistor *NPN* é apresentado na Figura 4.30 para operação para grandes sinais CC. A equação que relaciona as correntes é

$$I_E = I_C + I_B \tag{4.14}$$

A corrente de base é efetivamente a de entrada, e a corrente de coletor é a de saída. A razão entre a corrente de coletor I_C e a de base I_B é conhecida como *ganho de corrente* direta, β_F:

$$\beta_F = h_{FE} = \frac{I_C}{I_B} \tag{4.15}$$

A corrente de coletor tem duas parcelas: uma resultante da corrente de base, e a outra é a corrente de fuga da junção CB.

$$I_C = \beta_F I_B + I_{CEO} \tag{4.16}$$

onde I_{CEO} é a corrente de fuga de coletor para emissor com a base aberta, e pode ser considerada desprezável em comparação a $\beta_F I_B$.

A partir das equações 4.14 e 4.16,

$$I_E = I_B(1 + \beta_F) + I_{CEO} \tag{4.17}$$

$$\approx I_B(1 + \beta_F) \tag{4.18}$$

$$I_E \approx I_C\left(1 + \frac{1}{\beta_F}\right) = I_C \frac{\beta_F + 1}{\beta_F} \tag{4.19}$$

FIGURA 4.28

Características de transistores *NPN*.

(a) Diagrama do circuito

(b) Características de entrada

(c) Características de saída

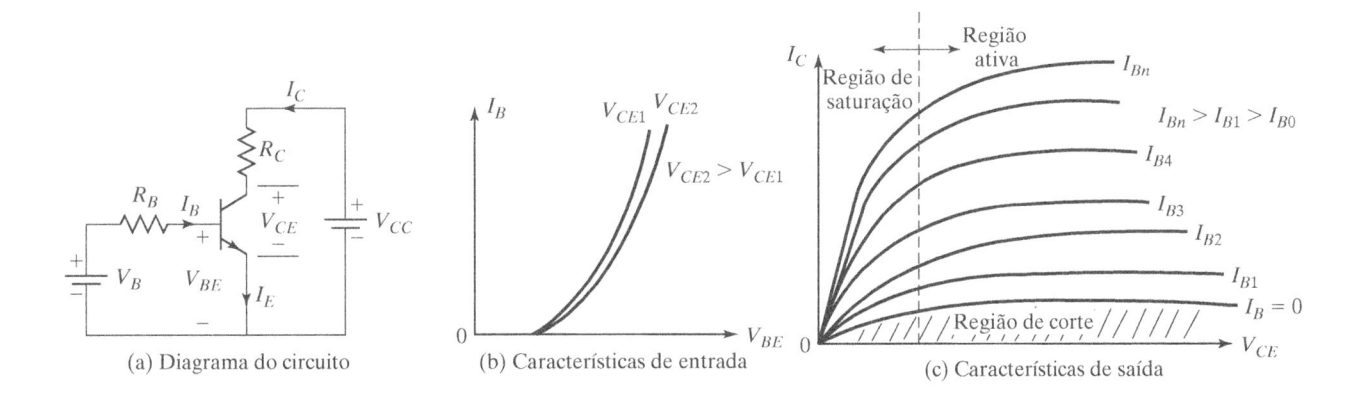

FIGURA 4.29

Curva característica de transferência.

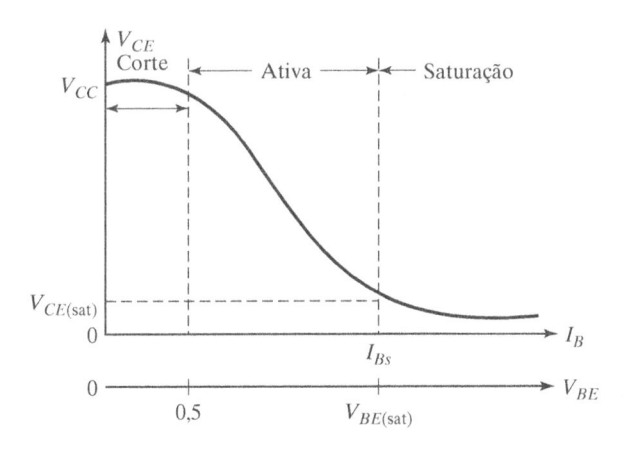

FIGURA 4.30

Modelo de transistores *NPN*.

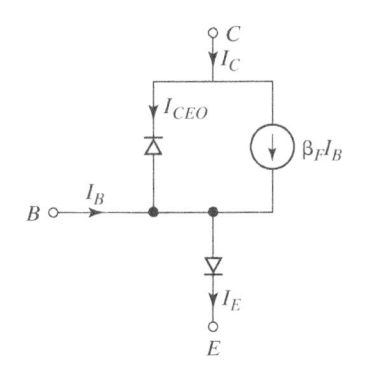

Como $\beta_F \gg 1$, a corrente de coletor pode ser expressa como

$$I_C \approx \alpha_F I_E \tag{4.20}$$

onde a constante α_F está relacionada a β_F por

$$\alpha_F = \frac{\beta_F}{\beta_F + 1} \tag{4.21}$$

ou

$$\beta_F = \frac{\alpha_F}{1 - \alpha_F} \tag{4.22}$$

Consideremos o circuito da Figura 4.31, onde o transistor opera como uma chave.

$$I_B = \frac{V_B - V_{BE}}{R_B} \tag{4.23}$$

$$V_C = V_{CE} = V_{CC} - I_C R_C = V_{CC} - \frac{\beta_F R_C}{R_B}(V_B - V_{BE})$$

$$V_{CE} = V_{CB} + V_{BE} \tag{4.24}$$

ou

$$V_{CB} = V_{CE} - V_{BE} \tag{4.25}$$

A Equação 4.25 indica que, desde que $V_{CE} \geq V_{BE}$, a junção CB estará reversamente polarizada, e o transistor, na região ativa. A corrente máxima de coletor na região ativa, que pode ser obtida estabelecendo $V_{CB} = 0$ e $V_{BE} = V_{CE}$, é

$$I_{CM} = \frac{V_{CC} - V_{CE}}{R_C} = \frac{V_{CC} - V_{BE}}{R_C} \tag{4.26}$$

e o valor correspondente da corrente de base é

$$I_{BM} = \frac{I_{CM}}{\beta_F} \tag{4.27}$$

Se a corrente de base for aumentada e ultrapassar I_{BM}, V_{BE} e a corrente de coletor aumentarão, e a V_{CE} ficará abaixo de V_{BE}. Esse processo continua até que a junção CB esteja diretamente polarizada com uma V_{BC} de aproximadamente 0,4 a 0,5 V. O transistor, então, entra em saturação. A *saturação do transistor* pode ser definida como o ponto acima do qual qualquer aumento na corrente de base não eleva significativamente a corrente de coletor.

Na saturação, a corrente de coletor permanece quase constante. Se a tensão de saturação coletor-emissor for $V_{CE(\text{sat})}$, a corrente de coletor será

$$I_{CS} = \frac{V_{CC} - V_{CE(\text{sat})}}{R_C} \tag{4.28}$$

e o valor correspondente da corrente de base será

$$I_{BS} = \frac{I_{CS}}{\beta_F} \tag{4.29}$$

FIGURA 4.31

Transistor como chave.

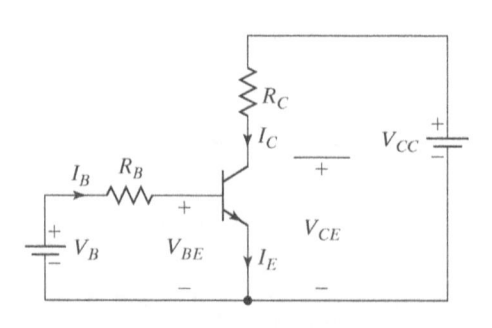

Normalmente, o circuito é projetado de modo que I_B seja maior do que I_{BS}. A razão de I_B e I_{BS} é chamada de *fator de saturação forçada* (*overdrive factor*):

$$\text{FS} = \frac{I_B}{I_{BS}} \tag{4.30}$$

e a relação de I_{CS} para I_B é chamada de β *forçado*, $\beta_{\text{forçado}}$, onde

$$\beta_{\text{forçado}} = \frac{I_{CS}}{I_B} \tag{4.31}$$

A perda de potência total nas duas junções é

$$P_T = V_{BE}I_B + V_{CE}I_C \tag{4.32}$$

Um valor elevado do FS não consegue reduzir significativamente a tensão coletor-emissor. No entanto, V_{BE} aumenta por causa da maior corrente de base, o que resulta em uma maior perda de potência na junção BE.

Exemplo 4.1 ▪ Determinação dos parâmetros de saturação de um BJT

O transistor bipolar na Figura 4.31 é especificado para ter β_F no intervalo de 8 a 40. A resistência de carga é $R_C = 11\,\Omega$. A tensão de alimentação CC é $V_{CC} = 200$ V, e a tensão de entrada para o circuito de base, $V_B = 10$ V. Para $V_{CE(\text{sat})} = 1,0$ V e $V_{BE(\text{sat})} = 1,5$ V, determine **(a)** o valor de R_B que resulte em saturação com um FS de 5, **(b)** o $\beta_{\text{forçado}}$ e **(c)** a perda de potência P_T no transistor.

Solução

$V_{CC} = 200$ V, $\beta_{\text{mín}} = 8$, $\beta_{\text{máx}} = 40$, $R_C = 11\,\Omega$, FS = 5, $V_B = 10$ V, $V_{CE(\text{sat})} = 1,0$ V e $V_{BE(\text{sat})} = 1,5$ V. A partir da Equação 4.28, $I_{CS} = (200 - 1,0)/11 = 18,1$ A. A partir da Equação 4.29, $I_{BS} = 18,1/\beta_{\text{mín}} = 18,1/8 = 2,2625$ A. A Equação 4.30 dá a corrente de base para um fator de saturação de 5,

$$I_B = 5 \times 2,2625 = 11,3125\,\text{A}$$

a. A Equação 4.23 dá o valor necessário de R_B,

$$R_B = \frac{V_B - V_{BE(\text{sat})}}{I_B} = \frac{10 - 1,5}{11,3125} = 0,7514\,\Omega$$

b. A partir da Equação 4.31, $\beta_{\text{forçado}} = 18,1/11,3125 = 1,6$.

c. A Equação 4.32 calcula a perda total de potência como

$$P_T = 1,5 \times 11,3125 + 1,0 \times 18,1 = 16,97 + 18,1 = 35,07\,\text{W}$$

Observação: para um FS de 10, $I_B = 22,625$ A, e a perda de potência é $P_T = 1,5 \times 22,625 + 18,1 = 52,04$ W. Quando o transistor está saturado, a tensão coletor-emissor não é reduzida em relação ao aumento da corrente de base. Entretanto, a perda de potência aumenta. Com um valor elevado do FS, o transistor pode ser danificado por conta da agitação térmica. Por outro lado, se o transistor estiver com a corrente muito baixa ($I_B < I_{CB}$), ele poderá operar na região ativa e V_{CE} aumentará, resultando em um aumento na perda de potência.

4.6.2 Características de chaveamento

Uma junção *pn* diretamente polarizada apresenta duas capacitâncias paralelas: uma da camada de depleção e uma de difusão. Por outro lado, uma junção *pn* reversamente polarizada tem apenas a capacitância de depleção. Em regime permanente, essas capacitâncias não desempenham nenhum papel. No entanto, em condições transitórias, elas influenciam os comportamentos de entrada em condução e bloqueio do transistor.

O modelo de um transistor em condições transitórias é mostrado na Figura 4.32, na qual C_{cb} e C_{be} são as capacitâncias efetivas das junções CB e BE, respectivamente. Essas capacitâncias são dependentes das tensões das

FIGURA 4.32
Modelo de um BJT em condição transitória.

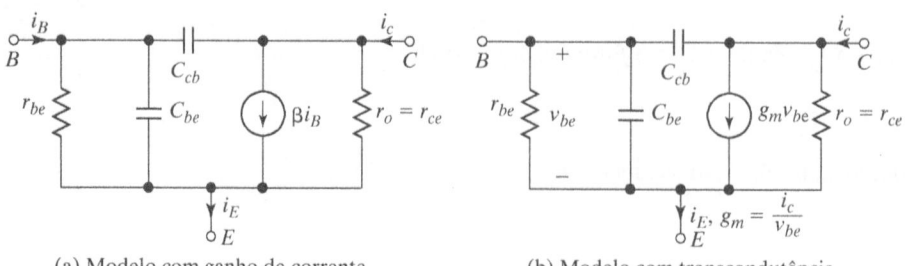

(a) Modelo com ganho de corrente

(b) Modelo com transcondutância

junções e da construção física do transistor. O C_{cb} afeta significativamente a capacitância de entrada por causa do efeito de multiplicação Miller.[6] A *transcondutância*, g_m, de um BJT é definida como a relação entre ΔI_C e ΔV_{BE}. As resistências do coletor para o emissor e da base para o emissor são r_{ce} e r_{be}, respectivamente.

Por causa das capacitâncias internas, o transistor não entra em condução instantaneamente. A Figura 4.33 ilustra as formas de onda e os tempos de chaveamento. À medida que a tensão de entrada v_B cresce de zero a V_1 e a corrente de base sobe para I_{B1}, a corrente de coletor não responde imediatamente. Há uma demora, conhecida como *tempo de atraso*, t_d, antes de haver qualquer fluxo de corrente de coletor. Esse atraso é necessário para carregar a capacitância da junção BE com a tensão de polarização direta V_{BE} (aproximadamente 0,7 V). Depois disso, a corrente de coletor cresce para o seu valor em regime permanente, I_{CS}. O tempo de subida t_r depende da constante de tempo determinada pela capacitância da junção BE.

FIGURA 4.33
Tempos de chaveamento de transistores bipolares.

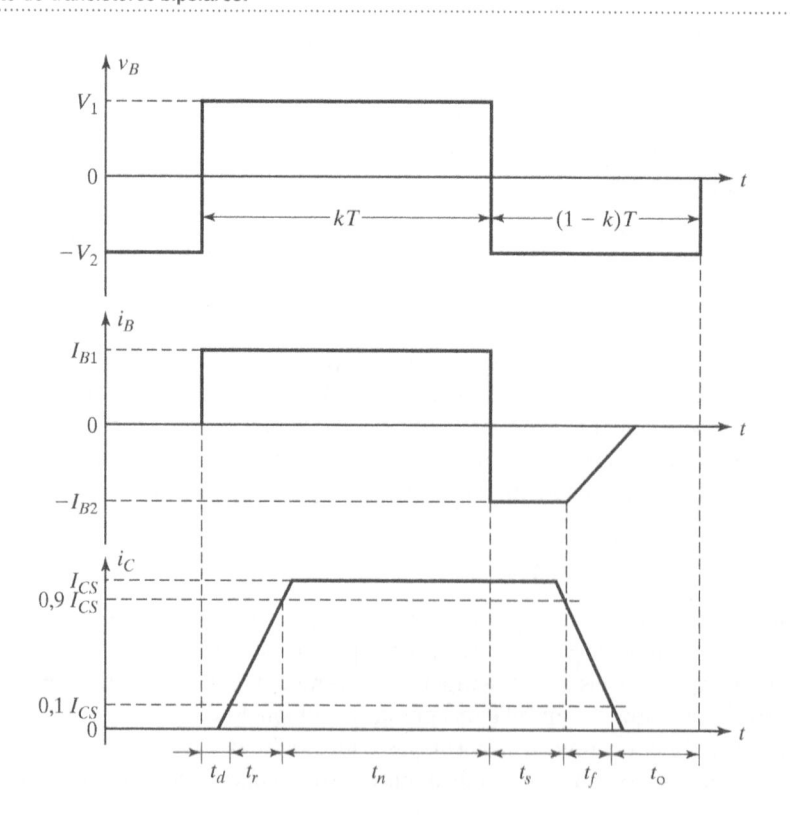

A corrente de base é normalmente maior do que a exigida para saturar o transistor. Em função disso, o excesso de carga dos portadores majoritários é armazenado na região de base. Quanto maior o FS, maior é a quantidade de carga extra armazenada na base. Essa carga extra, que é chamada de *carga de saturação*, é proporcional ao excesso de excitação da base, e a corrente correspondente I_e é:

$$I_e = I_B - \frac{I_{CS}}{\beta} = \text{FS} \times I_{BS} - I_{BS} = I_{BS}(\text{FS} - 1) \tag{4.33}$$

e a carga de saturação é dada por

$$Q_s = \tau_s I_e = \tau_s I_{BS}(\text{FS} - 1) \tag{4.34}$$

onde τ_s é conhecida como a *constante de tempo de armazenamento* do transistor.

Quando a tensão de entrada é invertida de V_1 para $-V_2$ e a corrente de base também é mudada para $-I_{B2}$, a corrente de coletor não se altera por um tempo t_s, chamado de *tempo de armazenamento*. O t_s é necessário para remover a carga de saturação da base. Quanto maior a corrente de coletor, maior a corrente de base, e mais tempo levará para as cargas armazenadas serem recuperadas, o que leva a um período de armazenamento maior. Como v_{BE} ainda é positiva, com apenas cerca de 0,7 V, a corrente de base inverte seu sentido por conta da mudança na polaridade de v_B de V_1 para $-V_2$. A corrente reversa $-I_{B2}$ ajuda a descarregar a base e a remover a carga extra. Sem $-I_{B2}$, a carga de saturação teria que ser retirada inteiramente por recombinação, e o tempo de armazenamento seria maior.

Uma vez removida a carga extra, a capacitância da junção BE é carregada até a tensão de entrada $-V_2$, e a corrente de base cai a zero. O tempo de descida t_f depende da constante de tempo, que é determinada pela capacitância da junção BE reversamente polarizada.

A Figura 4.34a mostra a carga extra armazenada na base de um transistor saturado. Durante o desligamento, essa carga extra é removida primeiro no tempo t_s, e o perfil da carga é mudado de *a* para *c*, como indica a Figura 4.34b. Durante o tempo de descida, o perfil da carga diminui a partir do perfil *c*, até que todas as cargas sejam removidas.

O tempo de entrada em condução t_{on} é a soma do tempo de atraso t_d com o de subida t_r:

$$t_{on} = t_d + t_r$$

e o tempo de desligamento t_{off} é a soma do tempo de armazenamento t_s com o de descida t_f:

$$t_{off} = t_s + t_f$$

FIGURA 4.34

Armazenamento de carga em transistores bipolares saturados.

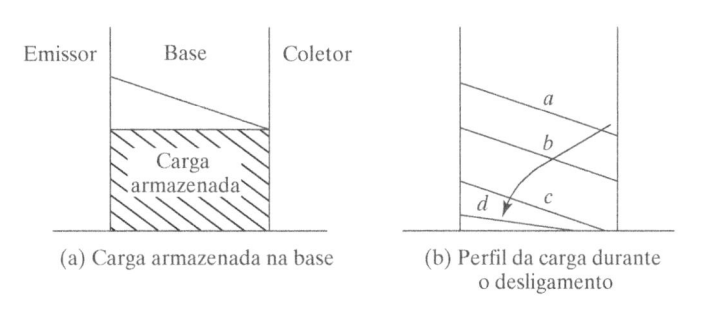

(a) Carga armazenada na base

(b) Perfil da carga durante o desligamento

Exemplo 4.2 ▪ Determinação da perda de chaveamento de um transistor

As formas de onda do transistor da Figura 4.31 que atua como chave são mostradas na Figura 4.35. Os parâmetros são $V_{CC} = 250$ V, $V_{BE(sat)} = 3$ V, $I_B = 8$ A, $V_{CS(sat)} = 2$ V, $I_{CS} = 100$ A, $t_d = 0,5$ μs, $t_r = 1$ μs, $t_s = 5$ μs, $t_f = 3$ μs e $f_s = 10$ kHz. O ciclo de trabalho é $k = 50\%$. A corrente de fuga coletor-emissor é $I_{CEO} = 3$ mA. Determine a perda de potência por causa da corrente de coletor (a) durante a entrada em condução $t_{on} = t_d + t_r$, (b) durante o período de condução t_n, (c) durante o tempo de desligamento $t_{off} = t_s + t_f$, (d) durante o tempo desligado t_o e (e) a perda média de potência total P_T. (f) Faça o gráfico da potência instantânea devido à corrente de coletor $P_c(t)$.

Solução

$T = 1/f_s = 100$ μs, $k = 0,5$, $kT = t_d + t_r + t_n = 50$ μs, $t_n = 50 - 0,5 - 1 = 48,5$ μs, $(1 - k)T = t_s + t_f + t_o = 50$ μs e $t_o = 50 - 5 - 3 = 42$ μs.

a. Durante o tempo de atraso, $0 \le t \le t_d$:

$$i_c(t) = I_{CEO}$$

$$v_{CE}(t) = V_{CC}$$

A potência instantânea por conta da corrente de coletor é

$$P_c(t) = i_c v_{CE} = I_{CEO} V_{CC} = 3 \times 10^{-3} \times 250 = 0,75 \text{ W}$$

FIGURA 4.35
Formas de onda de transistor atuando como chave.

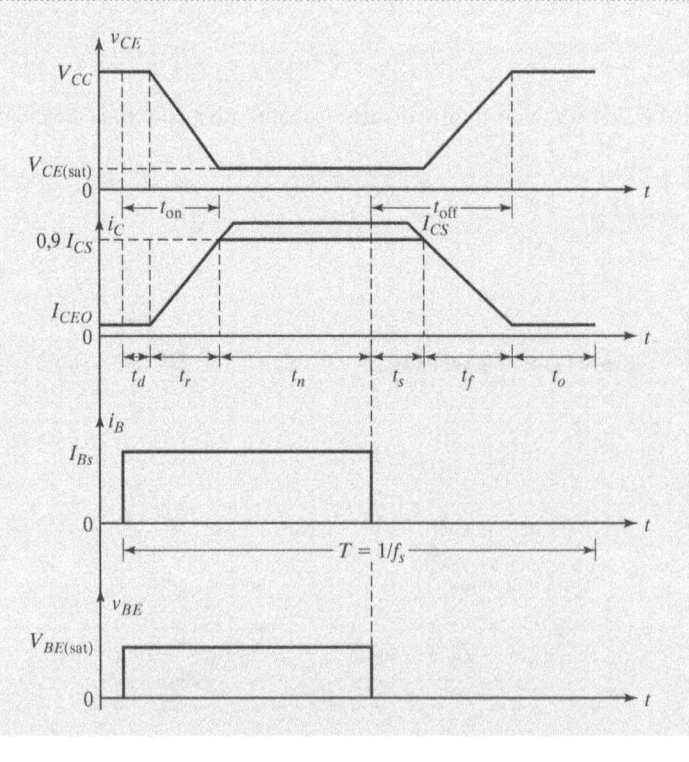

A perda média de potência durante o tempo de atraso é

$$P_d = \frac{1}{T}\int_0^{t_d} P_c(t)\,dt = I_{CEO}V_{CC}t_d f_s \qquad (4.35)$$
$$= 3 \times 10^{-3} \times 250 \times 0,5 \times 10^{-6} \times 10 \times 10^3 = 3,75\text{ mW}$$

Durante o tempo de subida, $0 \le t \le t_r$:

$$i_c(t) = \frac{I_{CS}}{t_r}t$$
$$v_{CE}(t) = V_{CC} + (V_{CE(\text{sat})} - V_{CC})\frac{t}{t_r} \qquad (4.36)$$
$$P_c(t) = i_c v_{CE} = I_{CS}\frac{t}{t_r}\left[V_{CC} + (V_{CE(\text{sat})} - V_{CC})\frac{t}{t_r}\right]$$

A potência $P_c(t)$ é máxima quando $t = t_m$, onde

$$t_m = \frac{t_r V_{CC}}{2[V_{CC} - V_{CE(\text{sat})}]} = \frac{1 \times 10^{-6} \times 250}{2(250 - 2)} = 0,504\ \mu s \qquad (4.37)$$

e a Equação 4.36 fornece a potência de pico

$$P_p = \frac{V_{CC}^2 I_{CS}}{4[V_{CC} - V_{CE(\text{sat})}]} = 250^2 \times \frac{100}{4(250-2)} = 6300\text{ W} \qquad (4.38)$$

$$P_r = \frac{1}{T}\int_0^{t_r} P_c(t)\,dt = f_s I_{CS} t_r \left[\frac{V_{CC}}{2} + \frac{V_{CE(\text{sat})} - V_{CC}}{3}\right] \qquad (4.39)$$
$$= 10 \times 10^3 \times 100 \times 1 \times 10^{-6}\left[\frac{250}{2} + \frac{2-250}{3}\right] = 42,33\text{ W}$$

A perda total de potência durante a entrada em condução é

$$P_{\text{on}} = P_d + P_r = 0,00375 + 42,33 = 42,33\text{ W} \qquad (4.40)$$

b. Durante o período de condução, $0 \le t \le t_n$:

$$i_c(t) = I_{CS}$$
$$v_{CE}(t) = V_{CE(\text{sat})}$$
$$P_c(t) = i_c v_{CE} = V_{CE(\text{sat})} I_{CS} = 2 \times 100 = 200\text{ W} \qquad (4.41)$$

$$P_n = \frac{1}{T}\int_0^{t_n} P_c(t)\,dt = V_{CE(\text{sat})} I_{CS} t_n f_s = 2 \times 100 \times 48,5 \times 10^{-6} \times 10 \times 10^3 = 97\text{ W}$$

c. Durante o período de armazenamento, $0 \le t \le t_s$:

$$i_c(t) = I_{CS}$$
$$v_{CE}(t) = V_{CE(\text{sat})}$$
$$P_c(t) = i_c v_{CE} = V_{CE(\text{sat})} I_{CS} = 2 \times 100 = 200 \text{ W}$$ (4.42)

$$P_s = \frac{1}{T} \int_0^{t_s} P_c(t)\, dt = V_{CE(\text{sat})} I_{CS} t_s f_s = 2 \times 100 \times 5 \times 10^{-6} \times 10 \times 10^3 = 10 \text{ W}$$

Durante o tempo de descida, $0 \le t \le t_f$:

$$i_c(t) = I_{CS}\left(1 - \frac{t}{t_f}\right), \text{ desprezando } I_{CEO}$$

$$v_{CE}(t) = \frac{V_{CC}}{t_f} t, \text{ desprezando } I_{CEO}$$ (4.43)

$$P_c(t) = i_c v_{CE} = V_{CC} I_{CS} \left[\left(1 - \frac{t}{t_f}\right)\frac{t}{t_f}\right]$$

Essa perda de potência durante o tempo de descida é máxima quando $t = t_f/2 = 1{,}5$ μs e a Equação 4.43 fornece a potência de pico,

$$P_m = \frac{V_{CC} I_{CS}}{4} = 250 \times \frac{100}{4} = 6250 \text{ W}$$ (4.44)

$$P_f = \frac{1}{T} \int_0^{t_f} P_c(t)\, dt = \frac{V_{CC} I_{CS} t_f f_s}{6} = \frac{250 \times 100 \times 3 \times 10^{-6} \times 10 \times 10^3}{6} = 125 \text{ W}$$ (4.45)

A perda de potência durante o desligamento é de

$$P_{\text{off}} = P_s + P_f = I_{CS} f_s \left(t_s V_{CE(\text{sat})} + \frac{V_{CC} t_f}{6}\right) = 10 + 125 = 135 \text{ W}$$ (4.46)

d. Durante o período desligado, $0 \le t \le t_o$:

$$i_c(t) = I_{CEO}$$
$$v_{CE}(t) = V_{CC}$$
$$P_c(t) = i_c v_{CE} = I_{CEO} V_{CC} = 3 \times 10^{-3} \times 250 = 0{,}75 \text{ W}$$
$$P_0 = \frac{1}{T} \int_0^{t_o} P_c(t)\, dt = I_{CEO} V_{CC} t_o f_s$$
$$= 3 \times 10^{-3} \times 250 \times 42 \times 10^{-6} \times 10 \times 10^3 = 0{,}315 \text{ W}$$ (4.47)

e. A perda total de potência no transistor por conta da corrente do coletor é

$$P_T = P_{\text{on}} + P_n + P_{\text{off}} + P_0 = 42{,}33 + 97 + 135 + 0{,}315 = 274{,}65 \text{ W}$$ (4.48)

f. O gráfico da potência instantânea é mostrado na Figura 4.36.

FIGURA 4.36
Gráfico da potência instantânea para o Exemplo 4.2.

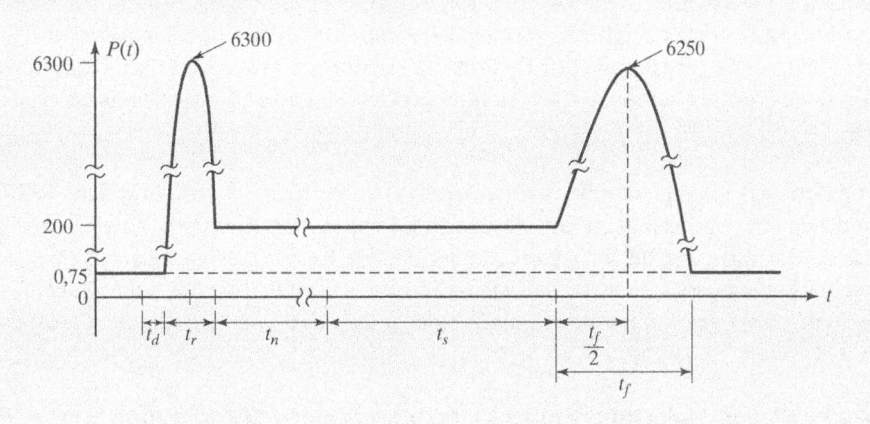

Observação: as perdas no chaveamento durante a transição de ligado para desligado e vice-versa são muito maiores do que as perdas em condução. O transistor deve ser protegido de avaria decorrente de uma alta temperatura na junção.

Exemplo 4.3 ▪ Determinação da perda no acionamento da base de um transistor

Para os parâmetros do Exemplo 4.2, calcule a perda média de potência devido à corrente de base.

Solução

$V_{BE(\text{sat})} = 3$ V, $I_B = 8$ A, $T = 1/f_s = 100$ µs, $k = 0,5$, $kT = 50$ µs, $t_d = 0,5$ µs, $t_r = 1$ µs, $t_n = 50 - 1,5 = 48,5$ µs, $t_s = 5$ µs, $t_f = 3$ µs, $t_{on} = t_d + t_r = 1,5$ µs e $t_{off} = t_s + t_f = 5 + 3 = 8$ µs.

Durante o período, $0 \leq t \leq (t_{on} + t_n)$:

$$i_b(t) = I_{BS}$$
$$v_{BE}(t) = V_{BE(\text{sat})}$$

A potência instantânea por conta da corrente de base é

$$P_b(t) = i_b v_{BE} = I_{BS} V_{BS(\text{sat})} = 8 \times 3 = 24 \text{ W}$$

Durante o período, $0 \leq t \leq t_o = (T - t_{on} - t_n - t_s - t_f)$: $P_b(t) = 0$. A perda média de potência é

$$\begin{aligned} P_B &= I_{BS} V_{BE(\text{sat})} (t_{on} + t_n + t_s + t_f) f_s \\ &= 8 \times 3 \times (1,5 + 48,5 + 5 + 3) \times 10^{-6} \times 10 \times 10^3 = 13,92 \text{ W} \end{aligned} \quad (4.49)$$

Observação: como a corrente de porta de um MOSFET é desprezável, a perda do acionamento de um MOSFET de potência é insignificantemente pequena.

4.6.3 Limites de chaveamento

Segunda avalanche ou segunda ruptura (*second breakdown* — SB). A SB, que é um fenômeno destrutivo, resulta do fluxo de corrente para uma pequena parte da base, produzindo pontos quentes localizados. Se a energia nesses pontos quentes for suficiente, o excessivo aquecimento localizado poderá danificar o transistor. Assim, a segunda avalanche é causada por uma agitação térmica localizada, resultante de altas concentrações de corrente. A concentração de corrente pode ser causada por defeitos na estrutura do transistor. A SB ocorre em determinadas combinações de tensão, corrente e tempo. Como o tempo está envolvido, a SB é basicamente um fenômeno dependente da energia.

Área de operação segura em polarização direta (*forward-biased safe operating area* — FBSOA). Durante as condições de entrada em condução e em estado ligado, a temperatura média da junção e a segunda avalanche limitam a capacidade do transistor de lidar com a potência. Os fabricantes geralmente fornecem as curvas da FBSOA em condições especificadas de teste. A FBSOA indica os limites i_c-v_{CE} de um transistor, e, para uma operação confiável, este não deve ser submetido a uma dissipação de energia maior do que a mostrada pela curva da FBSOA.

Área de operação segura em polarização reversa (*reverse-biased safe operating area* — RBSOA). Durante o desligamento, uma corrente e uma tensão elevadas devem ser suportadas pelo transistor, e, na maioria dos casos, a junção base-emissor precisa estar reversamente polarizada. A tensão coletor-emissor necessita ser mantida em um nível seguro igual ou abaixo de um valor especificado, de acordo com a corrente de coletor. Os fabricantes fornecem os limites I_C-V_{CE} durante o desligamento em polarização reversa como RBSOA.

Tensões de ruptura (*breakdown voltages*). Uma *tensão de ruptura* é definida como a tensão máxima absoluta entre dois terminais com o terceiro terminal aberto, em curto-circuito ou polarizado direta ou reversamente. Na ruptura, a tensão permanece de certa forma constante, enquanto a corrente sobe rápido. As tensões de ruptura a seguir são fornecidas pelos fabricantes:

V_{EBO}: tensão máxima entre os terminais do emissor e da base, com o terminal do coletor aberto.
V_{CEV} ou V_{CEX}: tensão máxima entre os terminais do coletor e do emissor a um valor negativo especificado aplicado entre a base e o emissor.
$V_{CEO(SUS)}$: tensão máxima suportada entre os terminais do coletor e do emissor com a base aberta. Esse valor é especificado com as máximas tensão e corrente do coletor, aparecendo simultaneamente em todo o dispositivo com um valor definido de indutância de carga.

Consideremos o circuito da Figura 4.37a. Quando a chave SW é fechada, a corrente de coletor aumenta e, após uma transição, a corrente de coletor em regime permanente é $I_{CS} = (V_{CC} - V_{CE(sat)})/R_C$. Para uma carga indutiva, a reta de carga seria a trajetória *ABC* mostrada na Figura 4.37b. Se a chave for aberta para remover a corrente de base, a corrente de coletor começará a cair, e o indutor induzirá uma tensão de $L(di/dt)$ para se opor à redução de corrente. O transistor é submetido a uma tensão transitória. Se essa tensão atingir o nível máximo suportado, a tensão de coletor permanecerá mais ou menos constante, e a corrente de coletor cairá. Após um curto período de tempo, o transistor passará ao estado desligado; a reta de carga de desligamento é indicada na Figura 4.37b pela trajetória *CDA*.

4.6.4 BJTs de carbeto de silício

Assim como o BJT de Si, o BJT de SiC é um dispositivo bipolar normalmente desligado, que combina uma baixa queda de tensão no estado ligado (0,32 V a 100 A/cm^2)[58] com um desempenho de chaveamento bastante rápido. A baixa queda de tensão no estado ligado é obtida por causa do cancelamento das junções base-emissor e base-coletor. Entretanto, o BJT SiC é um dispositivo comandado por corrente, o que significa que uma substancial corrente contínua de base é necessária para que o transistor conduza uma corrente de coletor. Os BJTs SiC são muito atraentes para aplicações de chaveamento de potência por conta do seu potencial para resistências de condução específicas muito baixas e alta temperatura de operação com elevadas densidades de energia.[56,57,58] Para os BJTs SiC,

FIGURA 4.37
Linhas de carga na entrada em condução e no desligamento.

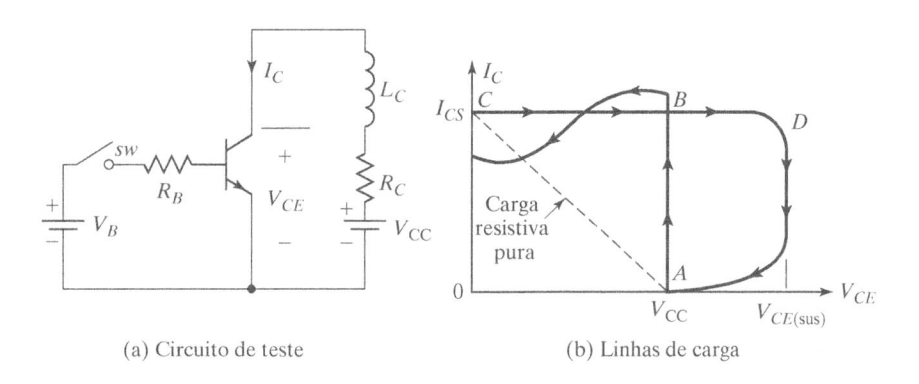

(a) Circuito de teste

(b) Linhas de carga

o ganho de corrente para emissor comum (β), a resistência de condução (R_{on}) e a tensão de ruptura são importantes à otimização que visa à competição com os dispositivos de potência à base de silício. Um trabalho considerável tem sido dedicado para melhorar o desempenho dos dispositivos BJTs SiC.

Os BJTs SiC disponíveis têm uma faixa de tensão de 1,2 kV e correntes nominais entre 6 e 40 A, com ganhos de corrente maiores que 70 em temperatura ambiente para um dispositivo 6 A.[59] No entanto, o ganho de corrente é fortemente dependente da temperatura e, em especial, cai mais de 50% a 25 °C, em comparação à temperatura ambiente. O desenvolvimento de BJTs SiC tem sido bem-sucedido, e, apesar da necessidade de uma corrente de base, os BJTs SiC apresentam um desempenho competitivo na faixa de kilovolts. Uma seção transversal de um BJT NPN SiC é mostrada na Figura 4.38a.[60] A extensão da terminação da junção (JTE) apresenta maior tensão de ruptura em comparação aos BJTs Si. O circuito equivalente para a resistência de condução[56] é indicado na Figura 4.38b. A estrutura, as dimensões e as concentrações das camadas n^+ e p^+ determinam as características do BJT, como as especificações de tensão e corrente.

FIGURA 4.38
Seção transversal do dispositivo BJT 4 H-SiC.

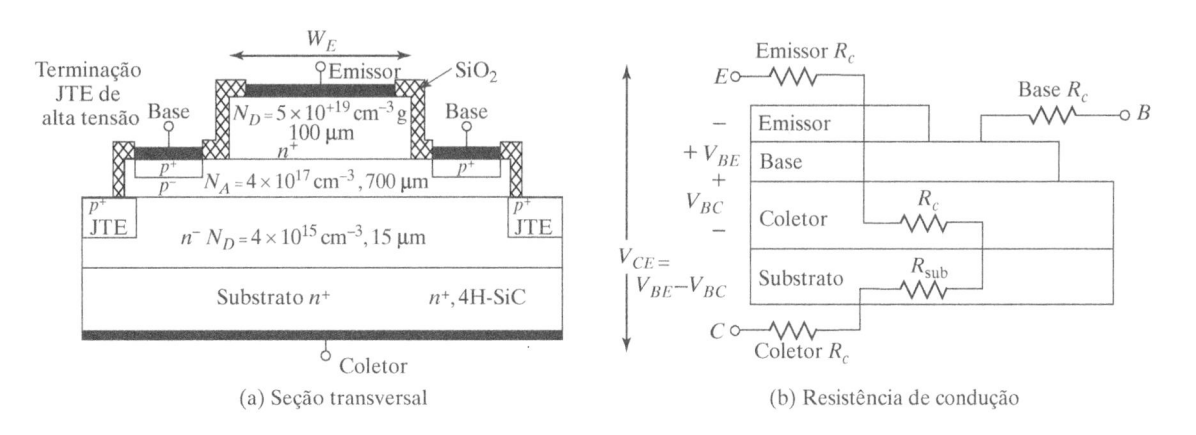

(a) Seção transversal

(b) Resistência de condução

4.7 IGBTs

Um IGBT combina as vantagens dos BJTs com as dos MOSFETs. Um IGBT tem uma elevada impedância de entrada, como os MOSFETs, e baixas perdas em condução, como os BJTs. Além disso, ele não apresenta o problema de segunda avalanche, como os BJTs. Por meio do projeto e da estrutura da pastilha, a resistência equivalente dreno-fonte R_{DS} é controlada para se comportar como a de um BJT.[13-14]

Na Figura 4.39a, está representada a seção transversal do silício de um IGBT, que é idêntica à de um MOSFET, exceto pelo substrato p^+. Entretanto, o desempenho de um IGBT está mais próximo de um BJT do que de um MOSFET. Isso se deve ao substrato p^+, que é responsável pela injeção de portadores minoritários na região n. O circuito equivalente é mostrado na Figura 4.39b, que pode ser simplificado para o da Figura 4.39c. Um IGBT é composto por quatro camadas alternadas *PNPN*, e poderia ficar retido (disparado) como um tiristor, dada a condição necessária: $(\alpha_{npn} + \alpha_{pnp}) > 1$. A camada de acoplamento n^+ e a ampla base epitaxial reduzem o ganho do terminal *NPN* pelo projeto interno, evitando, assim, a retenção. Os IGBTs têm duas estruturas: PT (*punch-through*) e NPT (*nonpunch-through*). Na estrutura IGBT PT, o tempo de chaveamento é reduzido pelo uso de uma camada

FIGURA 4.39

Seção transversal e circuito equivalente de IGBTs.

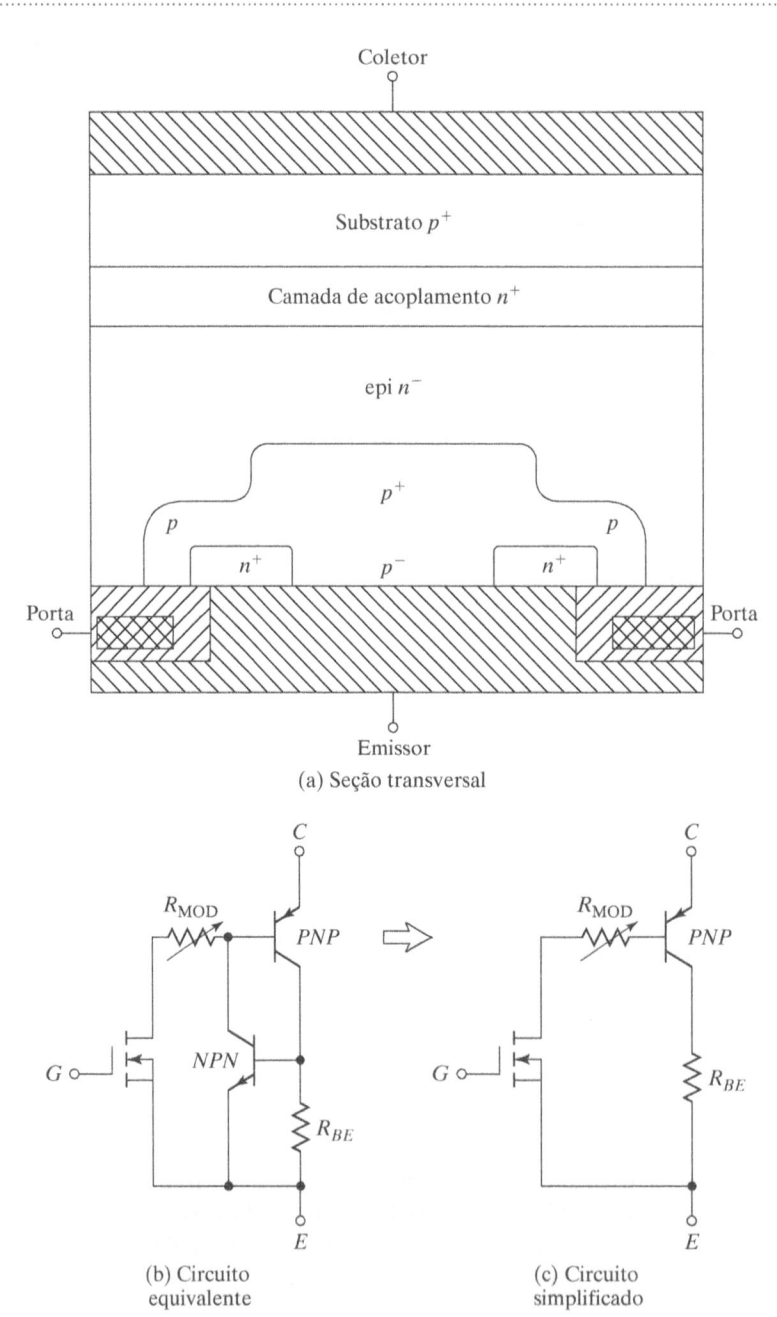

de acoplamento *n* fortemente dopada na região de arraste próxima ao coletor. Na estrutura NPT, a vida útil dos portadores é mantida maior do que a da estrutura PT, o que causa uma modulação da condutividade da região de arraste e reduz a queda de tensão no estado ligado. O IGBT é um dispositivo controlado por tensão, semelhante a um MOSFET de potência. Como um MOSFET, quando a porta fica positiva em relação ao emissor para que o dispositivo possa ligar, portadores *n* são atraídos para o canal *p* próximo à região da porta; isso resulta em uma polarização direta da base do transistor *NPN*, que, desse modo, executa a operação "ligar". Um IGBT é ligado simplesmente pela aplicação de uma tensão de porta positiva para abrir o canal para portadores *n*, e é desligado pela remoção da tensão de porta para fechar o canal. Isso requer um circuito de comando muito simples. O IGBT apresenta perdas menores de chaveamento e condução, e ao mesmo tempo compartilha muitas das características atraentes dos MOSFETs de potência, como facilidade de acionamento, corrente de pico, capacidade e robustez. Um IGBT é inerentemente mais rápido do que um BJT. Entretanto, a velocidade de chaveamento dos IGBTs é inferior à dos MOSFETs.

O símbolo e o circuito de um IGBT como chave são mostrados na Figura 4.40. Os três terminais são porta, coletor e emissor, em vez de porta, dreno e fonte, como em um MOSFET. As características de saída típicas de i_C em relação a v_{CE} são indicadas na Figura 4.41a para várias tensões porta-emissor v_{GE}. A curva característica de transferência típica de i_C em relação a v_{GE} é apresentada na Figura 4.41b. Os parâmetros e seus símbolos são semelhantes aos dos MOSFETs, exceto que as notações para fonte e dreno são mudadas para emissor e coletor, respectivamente. As especificações de um IGBT discreto podem ser de até 6500 V, 2400 A, e a frequência de chaveamento consegue chegar a 20 kHz. Os IGBTs são cada vez mais usados em aplicações de média potência, como acionamento de motores CC e CA, fontes de alimentação, relés de estado sólido e contatores.

À medida que os limites superiores das especificações nominais dos IGBTs disponíveis no mercado aumentam (por exemplo, chegando a 6500 V e 2400 A), os IGBTs encontram aplicações para substituir BJTs e MOSFETs convencionais que foram predominantemente utilizados como chaves.

FIGURA 4.40
Símbolo e circuito para um IGBT.

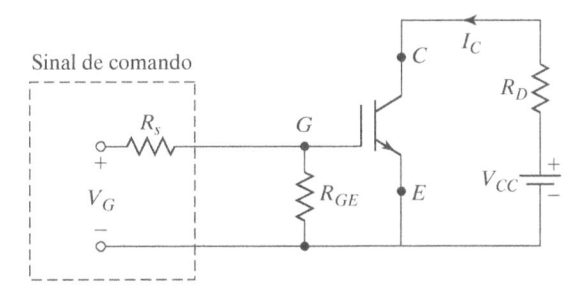

FIGURA 4.41
Características típicas de saída e de transferência de um IGBT.

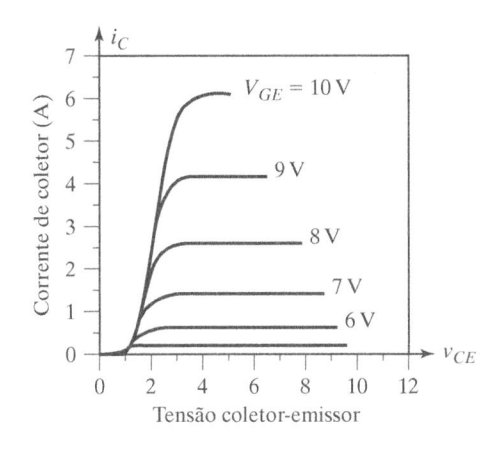

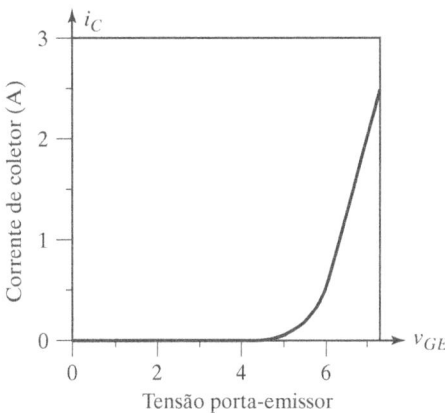

4.7.1 IGBTs de carbeto de silício

O IGBT à base de silício tem apresentado um desempenho excelente para uma ampla gama de especificações de tensão e corrente durante as últimas duas décadas.[63,65,66] Para aplicações de alta tensão, um IGBT é preferível por conta de suas exigências simples de acionamento e do seu grande sucesso no mundo do silício.[36] Nos últimos anos, estruturas MOS SiC com alta resistência quanto à ruptura e baixa densidade de carga de interface têm sido demonstradas, pavimentando o caminho para um possível desenvolvimento de IGBTs. Extensas pesquisas têm sido realizadas sobre os MOSFETs de potência 4H-SiC para tensões de bloqueio de até 10 kV.[62,63]

Para aplicações acima de 10 kV, os dispositivos bipolares são considerados favoráveis por causa da sua modulação de condutividade. Os IGBTs de SiC são mais atraentes do que os tiristores pela porta MOS e pelo desempenho superior de chaveamento. Tanto os IGBTs de canal n (IGBTs-n) quanto os IGBTs de canal p (IGBTs-p) têm sido desenvolvidos em 4H-SiC com altas tensões de bloqueio. Esses IGBTs apresentam forte modulação de condutividade na camada de arraste e uma melhoria significativa na resistência de condução em comparação ao MOSFET 10 kV. As vantagens dos IGBTs-p SiC, como a baixa resistência de condução, coeficiente de temperatura ligeiramente positivo, velocidade elevada e pequenas perdas de chaveamento, além de grande área de operação segura, torna-os adequados e atrativos para aplicações de alta potência/alta frequência. A seção transversal de um IGBT SiC[63] é mostrada na Figura 4.42a, e o circuito equivalente,[61] na Figura 4.42b. A estrutura, a dimensão e as concentrações das camadas n^+ e p^+ é que vão determinar as características do IGBT, como suas especificações de tensão e corrente.

FIGURA 4.42
Estrutura simplificada de um IGBT 4H-SiC de canal p.

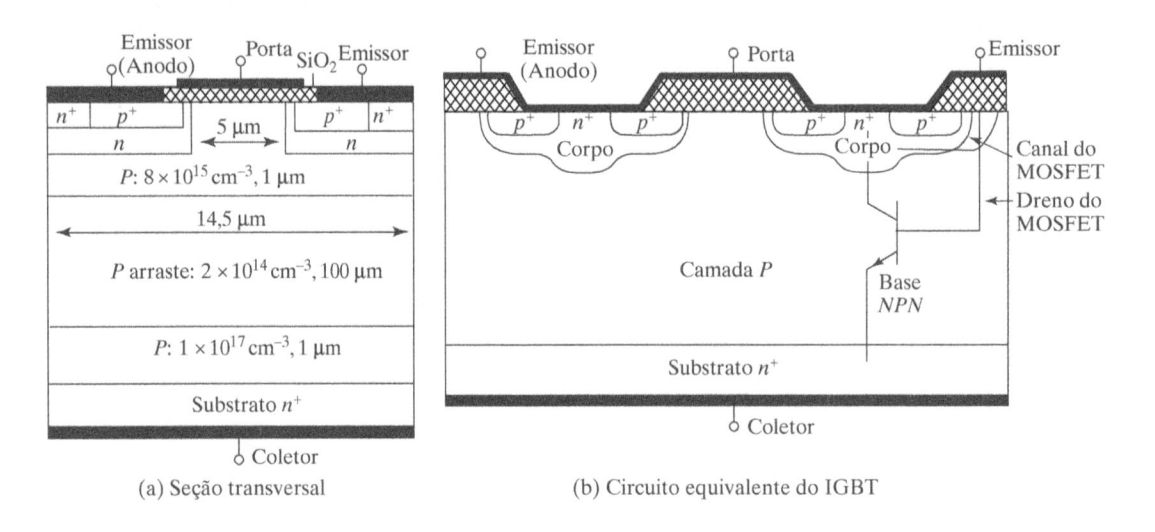

(a) Seção transversal

(b) Circuito equivalente do IGBT

4.8 SITs

Um SIT é um dispositivo de potência e frequência altas. Desde a invenção dos dispositivos estáticos de indução, no Japão, por J. Nishizawa,[17] o número de dispositivos nessa família é crescente.[19] Ele é, em essência, a versão em estado sólido da válvula triodo. A seção transversal de um SIT[15] e o seu símbolo são mostrados na Figura 4.43. Trata-se de um dispositivo de estrutura vertical com multicanais curtos. Assim, não está sujeito a limitações de área e é adequado para operações de alta potência e velocidade elevada. Os eletrodos da porta são enterrados dentro das camadas epi-n do dreno e da fonte. Um SIT é idêntico a um JFET, exceto pela construção das portas vertical e enterrada, o que resulta em uma resistência de canal mais baixa, causando uma queda menor. Um SIT tem um canal de comprimento curto, além de resistência série da porta, capacitância porta-fonte e resistência térmica baixas. Ele possui um baixo ruído, baixa distorção e capacidade de potência elevada em audiofrequência. Os tempos de entrada em condução e desligamento são muito pequenos, geralmente de 0,25 μs.

A queda de tensão em condução é elevada, normalmente de 90 V para um dispositivo de 180 A e de 18 V para um dispositivo de 18 A. O SIT é um dispositivo normalmente ligado, e uma tensão de porta negativa o mantém desligado. A característica de estar normalmente ligado e a queda em condução elevada limitam suas aplicações a conversões genéricas de potência. As curvas características típicas dos SITs são mostradas na Figura 4.44.[18] Uma barreira de potencial induzida eletrostaticamente controla a corrente em dispositivos estáticos de indução. Os SITs podem operar com potência de 100 KVA em 100 kHz ou de 10 VA em 10 GHz. As especificações dos SITs podem ser de até 1200 V, 300 A, e a velocidade de chaveamento consegue chegar a 100 kHz. Ele é mais adequado para aplicações de frequência e potência altas (por exemplo, amplificadores de áudio, VHF/UHF e micro-ondas).

FIGURA 4.43
Seção transversal e símbolo dos SITs.

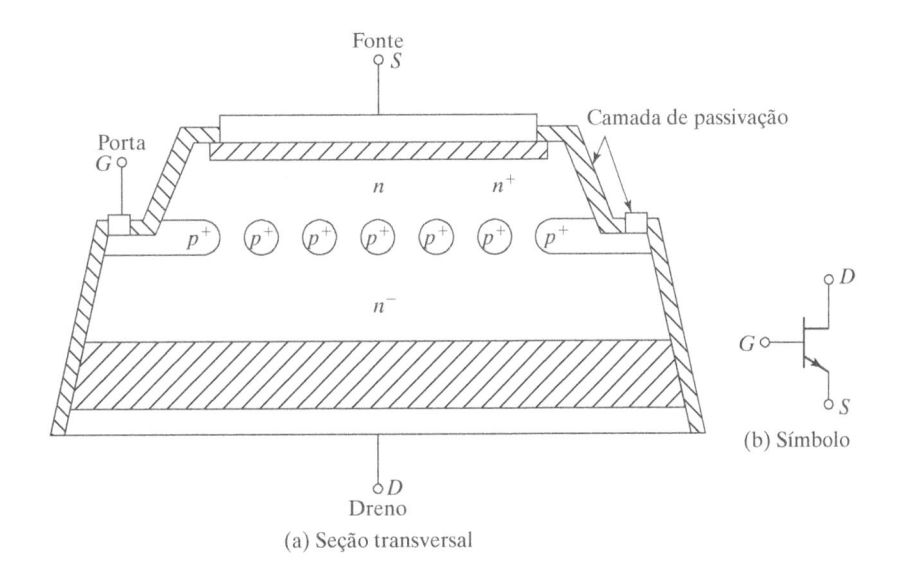

FIGURA 4.44
Características típicas de SITs.[18, 19]

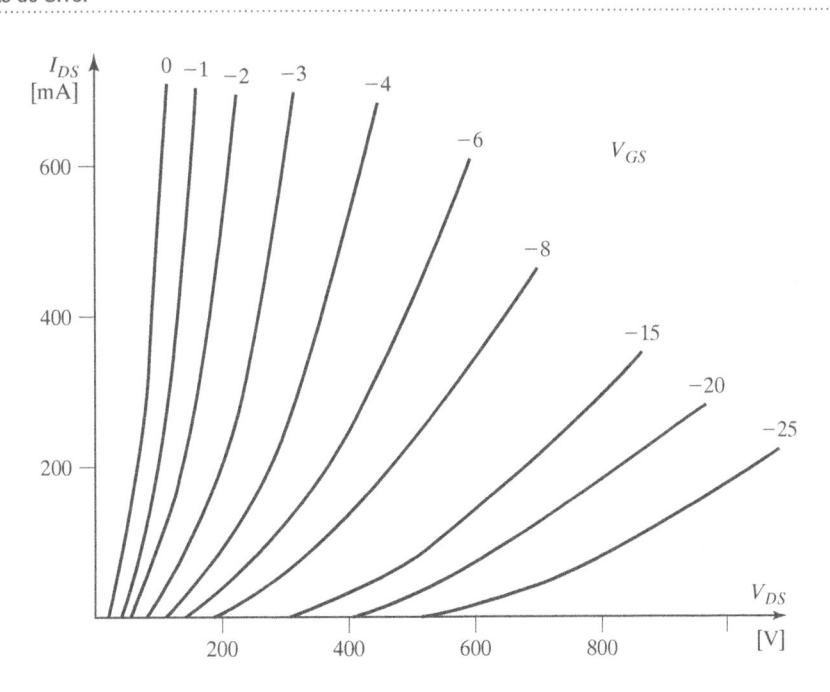

4.9 COMPARAÇÕES DE TRANSISTORES

A Tabela 4.2 mostra as comparações entre BJTs, MOSFETs e IGBTs. Um diodo é um dispositivo não controlado de um quadrante, enquanto um BJT ou um IGBT é um dispositivo controlado de um quadrante. Um transistor com um diodo em antiparalelo permite fluxos bidirecionais de corrente. Já um transistor em série com um diodo permite tensões bidirecionais.

Por causa do diodo interno, um MOSFET é um dispositivo em dois quadrantes que permite o fluxo de corrente nos dois sentidos. Qualquer transistor (MOSFETs, BJTs ou IGBTs) em combinação com diodos pode ser operado em quatro quadrantes, nos quais são possíveis tensões e correntes bidirecionais, como mostra a Tabela 4.3.

4.10 REDUÇÃO DE POTÊNCIA NOS TRANSISTORES

O circuito térmico equivalente é mostrado na Figura 4.45. Se a perda média de potência total for P_T, a temperatura do encapsulamento (invólucro) será

$$T_C = T_J - P_T R_{JC}$$

A temperatura do dissipador (*sink*) será

$$T_S = T_C - P_T R_{CS}$$

A temperatura ambiente é

$$T_A = T_S - P_T R_{SA}$$

e

$$T_J - T_A = P_T(R_{JC} + R_{CS} + R_{SA}) \tag{4.50}$$

onde R_{JC} = resistência térmica da junção até o encapsulamento, °C/W;
R_{CS} = resistência térmica do encapsulamento até o dissipador, °C/W;
R_{SA} = resistência térmica do dissipador até o ambiente, °C/W.

A dissipação máxima de potência P_T é geralmente especificada em $T_C = 25$ °C. Se a temperatura ambiente é aumentada para $T_A = T_{J(máx)} = 150$ °C, o transistor pode dissipar uma potência zero. Por outro lado, se a temperatura da junção for $T_C = 0$ °C, o dispositivo pode dissipar a potência máxima, e isso não é prático. Portanto, a temperatura ambiente e as resistências térmicas devem ser consideradas ao interpretarmos as faixas nominais dos dispositivos. Os fabricantes mostram as curvas de redução de potência para a redução térmica e para a redução decorrente da segunda avalanche.

FIGURA 4.45

Circuito térmico equivalente de um transistor.

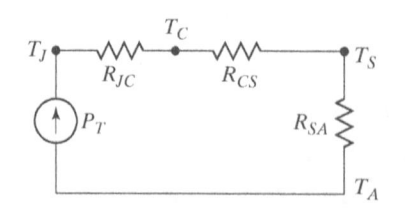

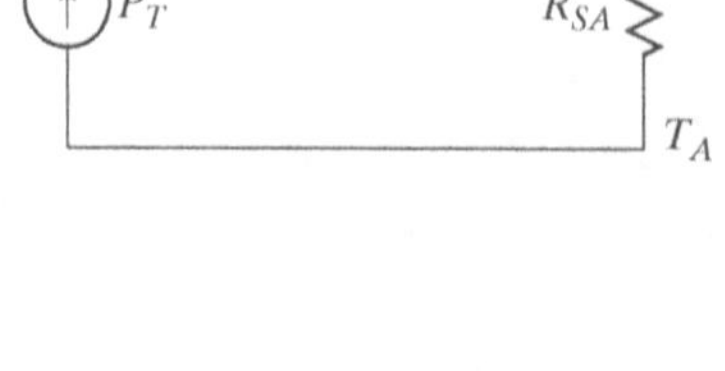

TABELA 4.2
Comparações de transistores de potência.

Tipo de chave	Variável de controle da base/porta	Característica do controle	Frequência de chaveamento	Queda de tensão no estado ligado	Especificação máx. de tensão V_s	Especificação máx. de corrente I_s	Vantagens	Limitações
MOSFET	Tensão	Contínuo	Muito alta	Alta	1 kV $S_s = V_s I_s$ = 0,1 MVA	150 A $S_s = V_s I_s$ = 0,1 MVA	Maior velocidade de chaveamento Baixa perda no chaveamento Circuito simples de acionamento Pequena potência na porta Coeficiente de temperatura negativo na corrente de dreno e facilidade para operação em paralelo	Alta queda no estado ligado, chegando a 10 V Menor capacidade de tensão no estado desligado Dispositivo unipolar em tensão
COOLMOS	Tensão	Contínuo	Muito alta	Baixa	1 kV	100 A	Exigência de acionamento e queda no estado ligado baixas	Dispositivo de baixa potência Baixas especificações de tensão e corrente
BJT	Corrente	Contínuo	Média 20 kHz	Baixa	1,5 kV $S_s = V_s I_s$ = 1,5 MVA	1 kA $S_s = V_s I_s$ = 1,5 MVA	Chaveamento simples Baixa queda no estado ligado Maior capacidade de tensão no estado desligado Alta perda no chaveamento	Dispositivo controlado por corrente e que requer uma corrente de base mais elevada para ligar; além disso, ela deve ser mantida no estado ligado Perda de potência no circuito de acionamento da base Tempo de recuperação de carga e chaveamento mais lento Região de segunda avalanche Grandes perdas de chaveamento Dispositivo unipolar em tensão
IGBT	Tensão	Contínuo	Alta	Média	3,5 kV $S_s = V_s I_s$ = 1,5 MVA	2 kA $S_s = V_s I_s$ = 1,5 MVA	Baixa tensão no estado ligado Pequena potência na porta	Menor capacidade de tensão no estado desligado Dispositivo unipolar em tensão
SIT	Tensão	Contínuo	Muito alta	Alta			Especificação de alta tensão	Maior queda de tensão no estado ligado Menores faixas de corrente

Observação: espera-se que as especificações de tensão e corrente aumentem à medida que a tecnologia se desenvolver.

TABELA 4.3
Quadrantes de funcionamento dos transistores com diodos.

Dispositivos	Suporta tensão positiva	Suporta tensão negativa	Fluxo de corrente positiva	Fluxo de corrente negativa	Símbolo
Diodo		x	x		
MOSFET	x		x	x	
MOSFET com dois diodos externos	x		x	x	
BJT/IGBT	x		x		
BJT/IGBT com um diodo em antiparalelo	x		x	x	
BJT/IGBT com um diodo em série	x	x	x		
Dois BJTs/IGBTs com dois diodos em série	x	x	x	x	

(*Continua*)

(Continuação)

Dois BJTs/IGBTs com dois diodos em antiparalelo	x	x	x	x	
BJT/IGBT com quatro diodos conectados em ponte	x	x	x	x	

Exemplo 4.4 ▪ Determinação da temperatura do encapsulamento de um transistor

A temperatura máxima da junção de um transistor é $T_J = 150\ °C$, e a temperatura ambiente é $T_A = 25\ °C$. Considere que as impedâncias térmicas sejam $R_{JC} = 0{,}4\ °C/W$, $R_{CS} = 0{,}1\ °C/W$ e $R_{SA} = 0{,}5\ °C/W$, e calcule **(a)** a dissipação máxima de potência e **(b)** a temperatura do encapsulamento.

Solução

a. $T_J - T_A = P_T(R_{JC} + R_{CS} + R_{SA}) = P_T R_{JA}$, $R_{JA} = 0{,}4 + 0{,}1 + 0{,}5 = 1{,}0$ e $150 - 25 = 1{,}0 P_T$, o que dá a dissipação máxima de potência $P_T = 125\ W$.

b. $T_C = T_J - P_T R_{JC} = 150 - 125 \times 0{,}4 = 100\ °C$.

4.11 LIMITAÇÕES DE *di/dt* E *dv/dt*

Os transistores necessitam de determinados tempos para ligar e desligar. Desprezando o tempo de atraso t_d e o de armazenamento t_s, as formas de onda típicas de tensão e corrente de um transistor que atua como chave são mostradas na Figura 4.46. Durante a entrada em condução, a corrente de coletor sobe, e a *di/dt* é

$$\frac{di}{dt} = \frac{I_L}{t_r} = \frac{I_{cs}}{t_r} \quad (4.51)$$

Durante o desligamento, a tensão coletor-emissor deve subir em relação à queda da corrente de coletor, e a *dv/dt* é

$$\frac{dv}{dt} = \frac{V_s}{t_f} = \frac{V_{cs}}{t_f} \quad (4.52)$$

As condições *di/dt* e *dv/dt* nas equações 4.51 e 4.52 são estabelecidas pelas características de chaveamento do transistor e devem ser satisfeitas durante a entrada em condução e o desligamento. Para manter a operação *di/dt* e *dv/dt* dentro dos limites permitidos do transistor, geralmente são necessários circuitos de proteção. Um transistor típico que atua como chave com proteção de *di/dt* e *dv/dt* é mostrado na Figura 4.47a, com as formas de onda de operação na Figura 4.47b. A rede *RC* ao longo do transistor é conhecida como *circuito de amortecimento* ou *snubber*, e limita a *dv/dt*. O indutor L_s, que restringe a *di/dt*, é às vezes chamado de *snubber em série*.

FIGURA 4.46
Formas de onda de tensão e corrente.

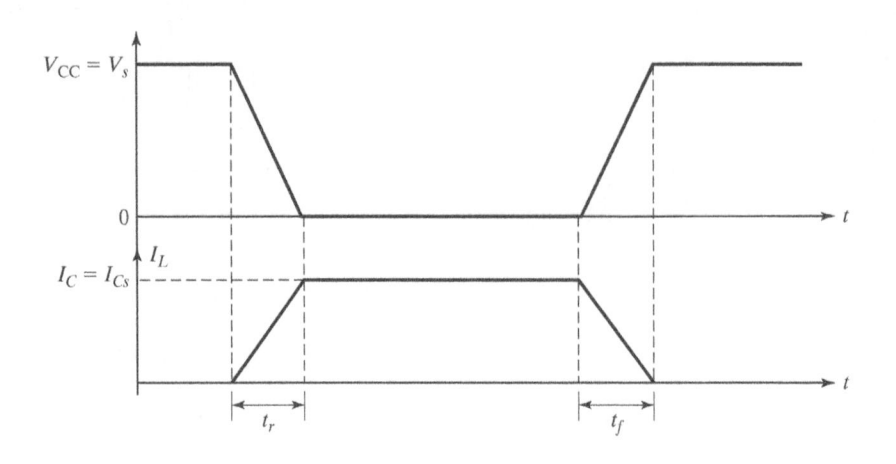

FIGURA 4.47
Transistor atuando como chave com proteção de *di/dt* e *dv/dt*.

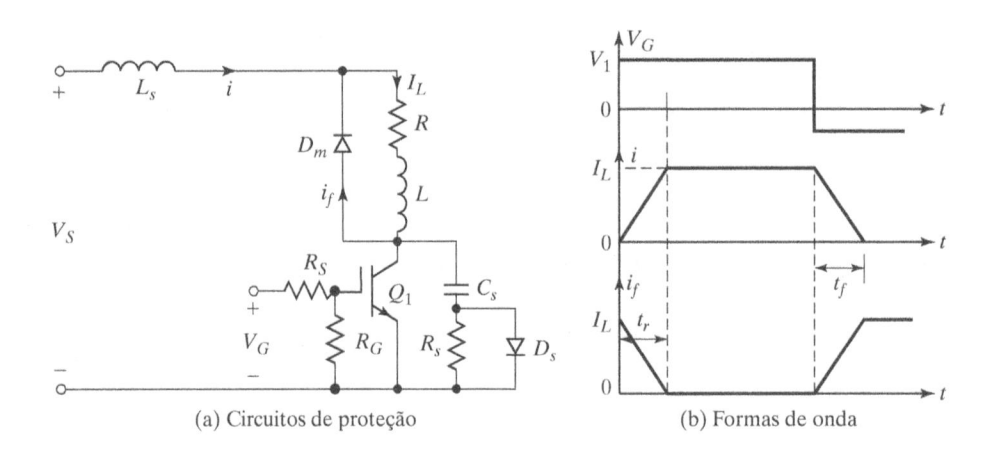

(a) Circuitos de proteção
(b) Formas de onda

Suponhamos que em condições de regime permanente a corrente de carga I_L circule livremente através do diodo D_m, que tem tempo de recuperação reversa desprezável. Quando o transistor Q_1 é ligado, a corrente do coletor sobe, e a do diodo D_m cai, porque D_m se comporta como um curto-circuito. O circuito equivalente durante a entrada em condução é indicado na Figura 4.48a, e a *di/dt* é

$$\frac{di}{dt} = \frac{V_s}{L_s} \tag{4.53}$$

Igualando a Equação 4.51 à Equação 4.53, obtém-se o valor de L_s,

$$L_s = \frac{V_s t_r}{I_L} \tag{4.54}$$

Durante o desligamento, a corrente de carga carrega o capacitor C_s, e o circuito equivalente é mostrado na Figura 4.48b. A tensão do capacitor aparece no transistor, e a *dv/dt* é

$$\frac{dv}{dt} = \frac{I_L}{C_s} \tag{4.55}$$

Igualando a Equação 4.52 com a Equação 4.55, obtém-se o valor necessário da capacitância,

$$C_s = \frac{I_L t_f}{V_s} \tag{4.56}$$

FIGURA 4.48
Circuitos equivalentes.

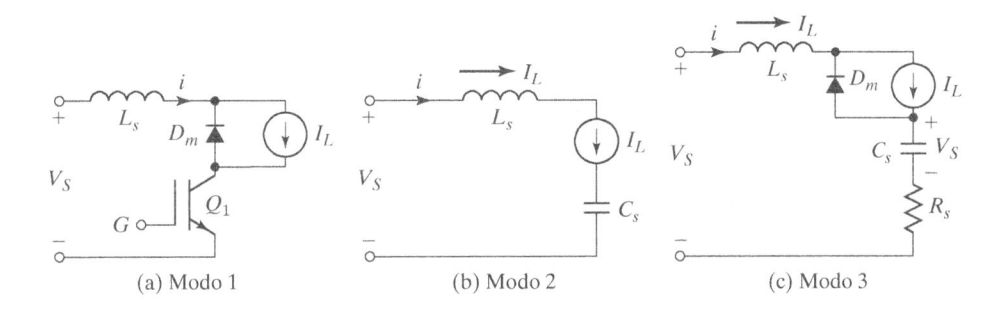

(a) Modo 1 (b) Modo 2 (c) Modo 3

Quando o capacitor é carregado com V_s, o diodo de roda livre entra em condução. Por conta da energia armazenada em L_s, existe um circuito em ressonância amortecido, como mostra a Figura 4.48c. A análise transitória do circuito RLC é discutida na Seção 17.5. O circuito RLC é, em geral, criticamente amortecido a fim de evitar oscilações. Para um amortecimento crítico unitário, $\delta = 1$, e a Equação 17.15 fornece

$$R_s = 2\sqrt{\frac{L_s}{C_s}} \qquad (4.57)$$

O capacitor C_s precisa descarregar através do transistor, e isso aumenta a especificação de corrente de pico deste. A descarga através do transistor pode ser evitada colocando o resistor R_s em paralelo com C_s, em vez de com D_s.

A corrente de descarga é mostrada na Figura 4.49. Ao escolher o valor de R_s, o tempo de descarga $R_s C_s = \tau_s$ também deve ser considerado. Um tempo de descarga de um terço do período de chaveamento T_s é geralmente adequado.

$$3R_s C_s = T_s = \frac{1}{f_s}$$

ou

$$R_s = \frac{1}{3 f_s C_s} \qquad (4.58)$$

FIGURA 4.49
Corrente de descarga de um capacitor *snubber*.

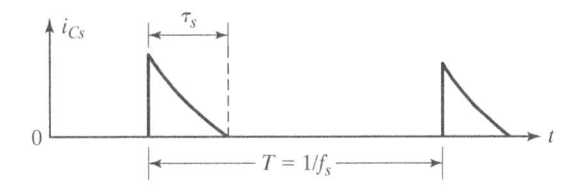

Exemplo 4.5 ▪ Projeto de *snubber* para limitar os valores de *dv/dt* e *di/dt* de uma chave BJT

Um transistor é operado como uma chave pulsada (*chopper*), como mostra a Figura 4.47, a uma frequência de $f_s = 10$ kHz. O arranjo do circuito é indicado na Figura 4.47a. A tensão CC de alimentação é $V_s = 220$ V, e a corrente de carga é $I_L = 100$ A. $V_{CE(sat)} = 0$ V. Os tempos de chaveamento são $t_d = 0$, $t_r = 3$ μs e $t_f = 1{,}2$ μs. Determine os valores de **(a)** L_s; **(b)** C_s; **(c)** R_s para a condição de circuito criticamente amortecido; **(d)** R_s, se o tempo de descarga for limitado a um terço do período de chaveamento;

(e) R_s, se a corrente de descarga de pico for limitada a 10% da corrente de carga; e (f) a perda de potência P_s decorrente do circuito RC, desprezando o efeito do indutor L_s sobre a tensão do capacitor C_s.

Solução

$I_L = 100$ A, $V_s = 220$ V, $f_s = 10$ kHz, $t_r = 3$ μs e $t_f = 1,2$ μs.

a. A partir da Equação 4.54, $L_s = V_s t_r / I_L = 220 \times 3/100 = 6,6$ μH.

b. A partir da Equação 4.56, $C_s = I_L t_f / V_s = 100 \times 1,2/220 = 0,55$ μF.

c. A partir da Equação 4.57, $R_s = 2\sqrt{L_s/C_s} = 2\sqrt{6,6/0,55} = 6,93$ Ω.

d. A partir da Equação 4.58, $R_s = 1/(3f_s C_s) = 10^3/(3 \times 10 \times 0,55) = 60,6$ Ω.

e. $V_s/R_s = 0,1 \times I_L$ ou $220/R_s = 0,1 \times 100$ ou $R_s = 22$ Ω.

f. A perda no *snubber*, desprezando a perda no diodo D_s, é

$$P_s \cong 0,5 C_s V_s^2 f_s \qquad (4.59)$$
$$= 0,5 \times 0,55 \times 10^{-6} \times 220^2 \times 10 \times 10^3 = 133,1 \text{ W}$$

4.12 OPERAÇÃO EM SÉRIE E EM PARALELO

Os transistores podem operar em série para aumentar a capacidade de tensão. É muito importante que os transistores conectados em série sejam ligados e desligados simultaneamente. Caso contrário, o dispositivo mais lento ao ligar e aquele mais rápido ao desligar ficarão sujeitos a toda a tensão do circuito coletor-emissor (ou dreno-fonte), e esse dispositivo específico pode ser destruído por conta da alta tensão. Os dispositivos devem ser equiparáveis com relação ao ganho, à transcondutância, à tensão de limiar, à tensão em condução e ao tempo de entrada em condução e de desligamento. Até mesmo as características de acionamento de porta ou de base precisam ser idênticas. Podem, ainda, ser usadas redes de divisão de tensão semelhantes às dos circuitos com diodos.

Os transistores são conectados em paralelo se um dispositivo não puder lidar com a demanda da corrente de carga. Para divisões iguais de corrente, os transistores devem ser equiparáveis em relação ao ganho, à transcondutância, à tensão de saturação e ao tempo de entrada em condução e de desligamento. Na prática, nem sempre é possível atender esses requisitos. Uma quantidade razoável de divisão de corrente (45 a 55% com dois transistores) pode ser obtida pela conexão em série dos resistores com os terminais do emissor (ou fonte), como mostra a Figura 4.50.

Os resistores na Figura 4.50 ajudam na divisão de corrente em condições de regime permanente. A divisão de corrente em condições dinâmicas pode ser conseguida pela conexão de indutores acoplados, como indica a Figura 4.51. Se a corrente através de Q_1 sobe, a $L(di/dt)$ através de L_1 aumenta, e uma tensão correspondente de polaridade oposta é induzida sobre o indutor L_2. O resultado é um caminho de baixa impedância, e a corrente é deslocada para Q_2. Os indutores podem gerar picos de tensão e ser caros e volumosos, especialmente em correntes elevadas.

FIGURA 4.50

Conexão de transistores em paralelo.

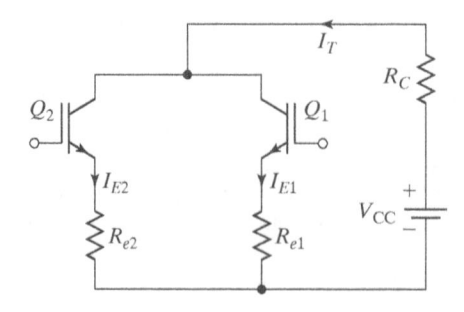

FIGURA 4.51
Divisão dinâmica da corrente.

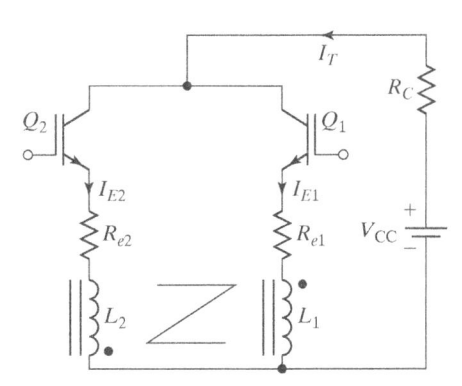

Os BJTs têm um coeficiente de temperatura negativo. Durante a divisão de corrente, se um BJT conduz mais corrente, sua resistência de condução diminui e sua corrente aumenta ainda mais, enquanto os MOSFETs têm um coeficiente de temperatura positivo e a operação em paralelo é relativamente fácil. O MOSFET que inicialmente atrai uma corrente maior aquece mais rápido e sua resistência de condução aumenta, o que resulta em um deslocamento de corrente para os outros dispositivos. Os IGBTs necessitam de cuidados especiais ao equiparar suas características por conta das variações dos coeficientes de temperatura com a corrente de coletor.

Exemplo 4.6 ▪ Determinação da divisão de corrente por dois MOSFETs em paralelo

Dois MOSFETs conectados em paralelo de forma semelhante à Figura 4.50 conduzem uma corrente total de $I_T = 20$ A. A tensão dreno-fonte do MOSFET M_1 é $V_{DS1} = 2,5$ V, e a do MOSFET M_2 é $V_{DS2} = 3$ V. Determine a corrente de dreno de cada transistor e a diferença na divisão dela se as resistências em série forem **(a)** $R_{s1} = 0,3\ \Omega$, $R_{s2} = 0,2\ \Omega$ e **(b)** $R_{s1} = R_{s2} = 0,5\ \Omega$.

Solução

a. $I_{D1} + I_{D2} = I_T$ e $V_{DS1} + I_{D1}R_{S1} = V_{DS2} + I_{D2}R_{S2} = V_{DS2} = R_{S2}(I_T - I_{D1})$.

$$I_{D1} = \frac{V_{DS2} - V_{DS1} + I_T R_{s2}}{R_{s1} + R_{s2}} = \frac{3 - 2,5 + 20 \times 0,2}{0,3 + 0,2} = 9\text{ A} \quad \text{ou}\quad 45\% \qquad (4.60)$$

$I_{D2} = 20 - 9 = 11$ A ou 55%

$\Delta I = 55 - 45 = 10\%$

b. $I_{D1} = \dfrac{3 - 2,5 + 20 \times 0,5}{0,5 + 0,5} = 10,5$ A ou 52,5%

$I_{D2} = 20 - 10,5 = 9,5$ A ou 47,5%

$\Delta I = 52,5 - 47,5 = 5\%$

4.13 MODELOS SPICE

Por causa do comportamento não linear dos circuitos de eletrônica de potência, as simulações com a ajuda de computador desempenham um papel importante no projeto e na análise de circuitos e sistemas de eletrônica de potência.[20] Os fabricantes de dispositivos muitas vezes fornecem os modelos SPICE para os dispositivos de potência.

4.13.1 Modelo SPICE de um BJT

O modelo PSpice, baseado no modelo integral de controle de carga de Gummel e Poon,[16] é mostrado na Figura 4.52a. Na Figura 4.52b, está representado o modelo estático (CC) gerado pelo PSpice. Se determinados parâmetros não forem especificados, o PSpice assume o modelo simples de Ebers-Moll, como indica a Figura 4.52c.

FIGURA 4.52
Modelo PSpice de um BJT.

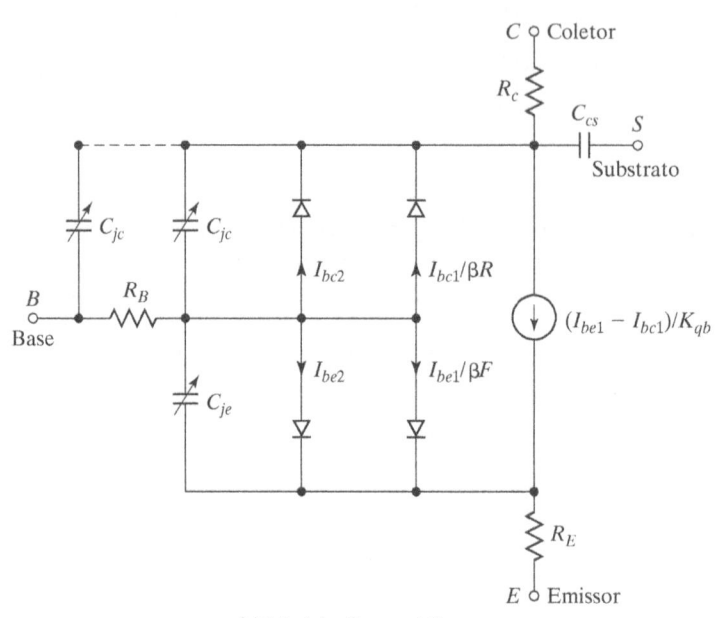

(a) Modelo Gummel-Poon

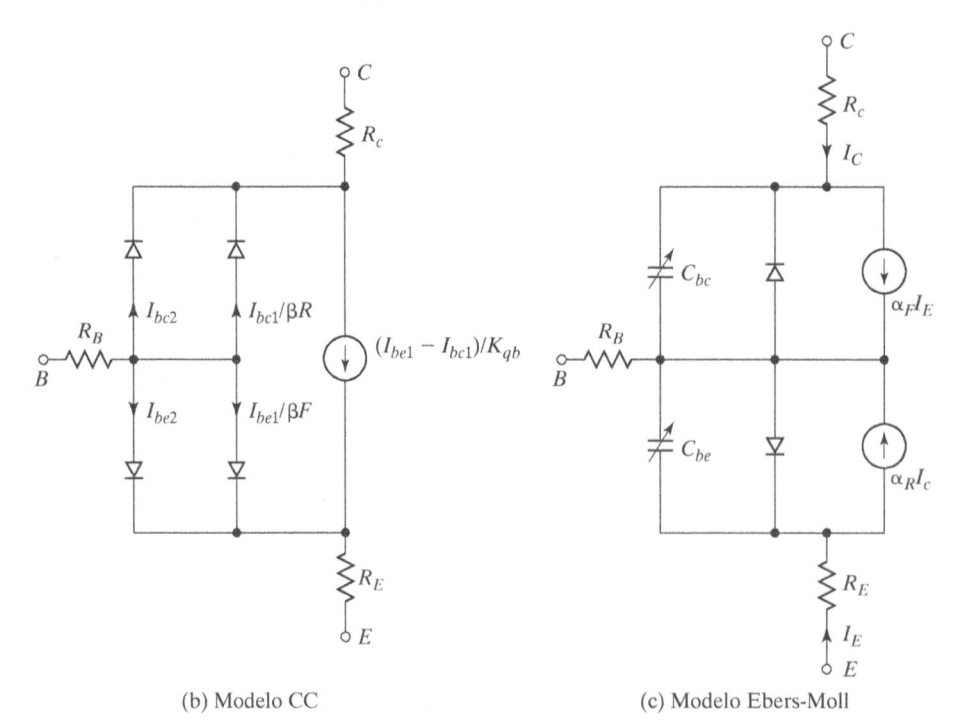

(b) Modelo CC

(c) Modelo Ebers-Moll

A declaração do modelo de transistores *NPN* tem a seguinte forma geral:

.MODEL QNOME NPN (P1=V1 P2=V2 P3=V3 ... PN=VN)

e a forma geral de transistores *PNP* é

.MODEL QNOME PNP (P1=V1 P2=V2 P3=V3 ... PN=VN)

onde QNOME é o nome do modelo BJT. *NPN* e *PNP* determinam o tipo do transistor. Já P1, P2, ... e V1, V2, ... são os parâmetros e seus valores, respectivamente. O símbolo para um BJT é Q, e seu nome deve começar com Q. A forma geral é

Q <nome> NC NB NE NS QNOME [(área) valor]

onde NC, NB, NE e NS são os nós de coletor, base, emissor e substrato, respectivamente. O nó do substrato é opcional. Se não for especificado, assume-se terra como padrão. A corrente positiva corresponde à corrente que entra em um terminal. Isto é, a corrente que flui do nó do coletor atravessa o dispositivo e vai até o nó do emissor em um BJT-*NPN*.

Os parâmetros que afetam o comportamento de chaveamento de um BJT em eletrônica de potência são:

IS   corrente de saturação *pn*
BF   Beta direto máximo ideal
CJE   Capacitância *pn* base-emissor com polarização zero
CJC   Capacitância *pn* base-coletor com polarização zero
TR   Tempo ideal de trânsito reverso
TF   Tempo ideal de trânsito direto

4.13.2 Modelo SPICE de um MOSFET

O modelo PSpice[16] de um MOSFET de canal *n* é mostrado na Figura 4.53a. Já o modelo estático (CC) que é gerado pelo PSpice é apresentado na Figura 4.53b. A declaração do modelo dos MOSFETs de canal *n* tem a seguinte forma geral:

.MODEL MNOME NMOS (P1=V1 P2=V2 P3=V3 ... PN=VN)

e a declaração dos MOSFETs de canal *p* tem a forma:

.MODEL MNOME PMOS (P1=V1 P2=V2 P3=V3 ... PN=VN)

onde MNOME é o nome do modelo, NMOS e PMOS são os símbolos para os tipos de MOSFET de canal *n* e canal *p*, respectivamente. O símbolo para um MOSFET é M. Os nomes dos MOSFETs devem começar com M, e eles apresentam a seguinte forma geral:

```
M<nome>    ND      NG      NS      NB    MNOME
+          [L=<valor]  [W=<valor>]
+          [AD=<valor>]  [AS=<valor>]
+          [PD=<valor>]  [PS=<valor>]
+          [NRD=<valor>]  [NRS=<valor>]
+          [NRG=<valor>]  [NRB=<valor>]
```

onde ND, NG, NS e NB são os nós de dreno, porta, fonte e corpo (ou substrato), respectivamente.

Os parâmetros que influenciam significativamente o comportamento de chaveamento de um MOSFET em eletrônica de potência são:

FIGURA 4.53
Modelo PSpice de um MOSFET de canal *n*.

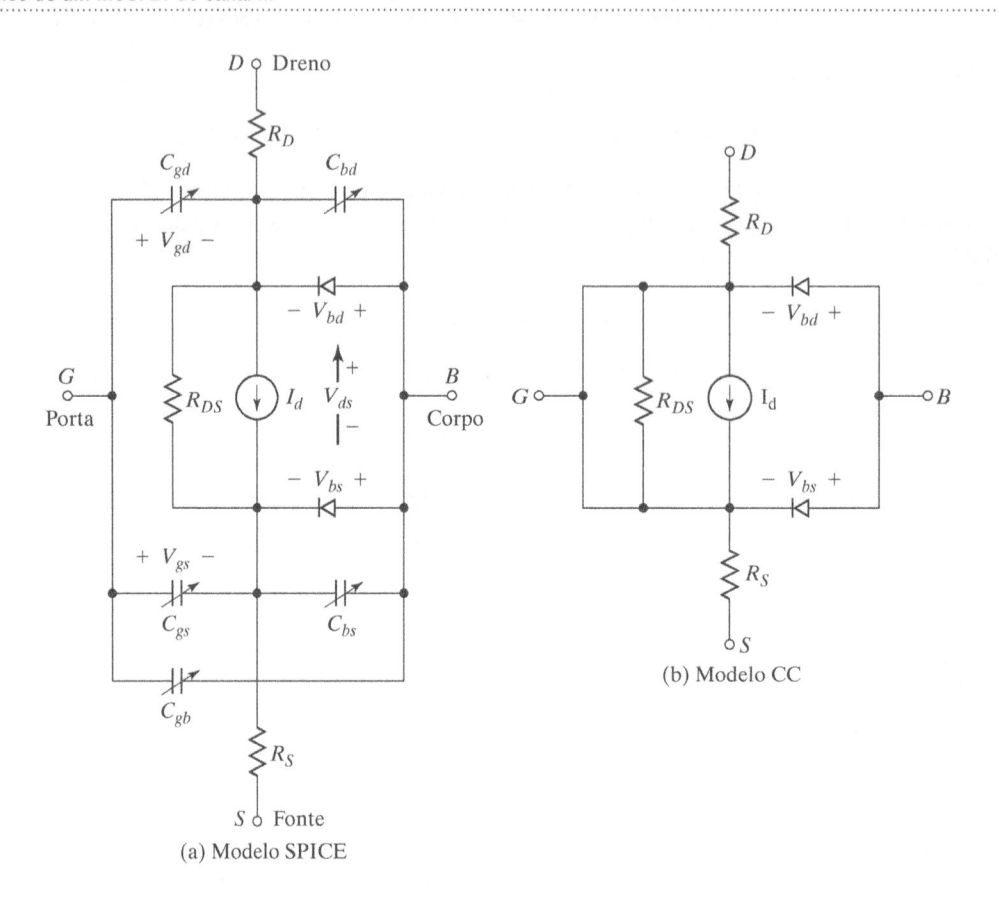

(a) Modelo SPICE

(b) Modelo CC

L	Comprimento do canal
W	Largura do canal
VTO	Tensão de limiar com polarização zero
IS	Corrente de saturação *pn* do corpo
CGSO	Capacitância da sobreposição porta-fonte e largura do canal
CGDO	Capacitância da sobreposição porta-dreno e largura do canal

O PSpice não possui modelo para os COOLMOS. Entretanto, os fabricantes fornecem opções para esses dispositivos.[11]

4.13.3 Modelo SPICE de um IGBT

O IGBT de canal *n* consiste em um transistor bipolar *PNP* que é acionado por um MOSFET de canal *n*. Portanto, o comportamento do IGBT é determinado pela física dos dispositivos bipolar e MOSFET. Vários efeitos dominam as características estáticas e dinâmicas do dispositivo. O circuito interno de um IGBT é mostrado na Figura 4.54a.

Um modelo de circuito IGBT,[16] que relaciona as correntes entre os nós dos terminais como uma função não linear das variáveis da componente e sua taxa de variação, é mostrado na Figura 4.54b. A capacitância da junção emissor-base, C_{eb}, é definida implicitamente pela tensão emissor-base como uma função da carga da base. I_{ceb} é a corrente de capacitor emissor-base que define a taxa de variação da carga de base. A corrente através da capacitância de redistribuição coletor-emissor I_{ccer} faz parte da corrente de coletor que, diferentemente de I_{css}, depende da taxa de variação da tensão base-emissor. I_{bss} é parte da corrente de base que não flui através de C_{eb} e que não depende da taxa de variação da tensão base-coletor.

FIGURA 4.54
Modelo de um IGBT.[16]

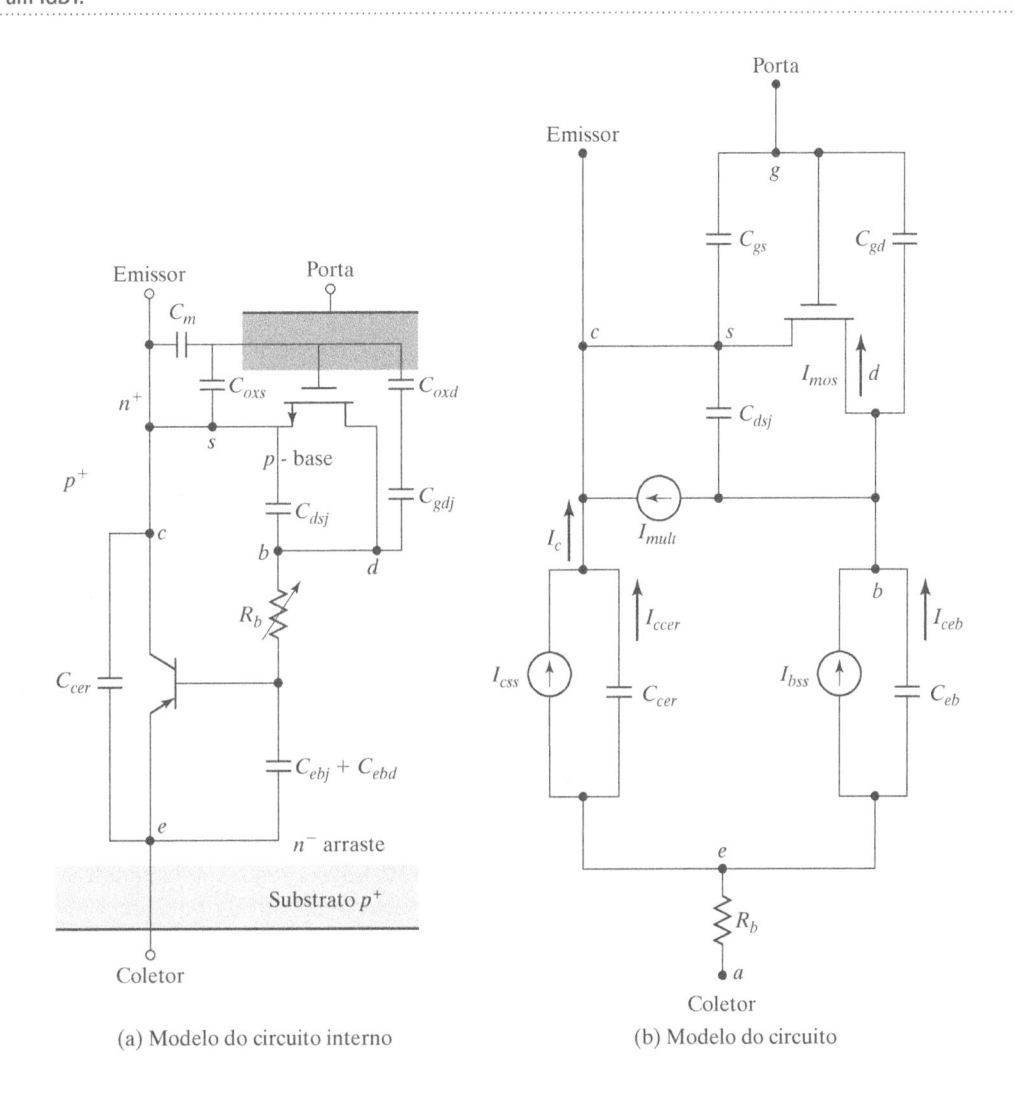

(a) Modelo do circuito interno

(b) Modelo do circuito

Há duas formas principais de modelar um IGBT no SPICE: (1) modelo composto e (2) modelo com equação. O modelo composto interliga os modelos SPICE existentes do BJT-*PNP* e do MOSFET de canal *n*. O circuito equivalente do modelo composto é mostrado na Figura 4.55a. Ele interliga os modelos existentes do PSpice para o BJT e para o MOSFET em uma configuração Darlington e utiliza as equações internas dos dois. O modelo calcula de forma rápida e confiável, mas não simula o comportamento do IGBT com precisão.

O modelo com equação[22,23] executa as equações com base na física e simula o transporte interno e a carga para representar com precisão o comportamento do circuito de um IGBT. Esse modelo é complicado, muitas vezes pouco confiável, e calcula com lentidão, pois as equações são deduzidas a partir da teoria complexa da física de semicondutores. O tempo de simulação pode ser 10 vezes maior do que com o modelo composto.

Existem muitos estudos sobre modelos SPICE de IGBTs, e Sheng[24] compara os méritos e as limitações de vários deles. A Figura 4.55b mostra o circuito equivalente do modelo Sheng[21] que acrescenta uma fonte de corrente do dreno para a porta. Verificou-se que a grande imprecisão nas propriedades elétricas dinâmicas está associada à modelagem da capacitância dreno-porta do MOSFET de canal *n*. Durante o chaveamento de alta tensão, a capacitância dreno-porta C_{dg} muda por duas ordens de grandeza em virtude de qualquer mudança na tensão dreno-porta V_{dg}. Isto é, C_{dg} é expressa pela equação

$$C_{dg} = \frac{\epsilon_{si} C_{oxd}}{\sqrt{\frac{2\epsilon_{si} V_{dg}}{qN_B}} C_{oxd} + A_{dg}\epsilon_{si}} \quad (4.61)$$

FIGURA 4.55
Circuitos equivalentes de modelos SPICE de um IGBT.[21]

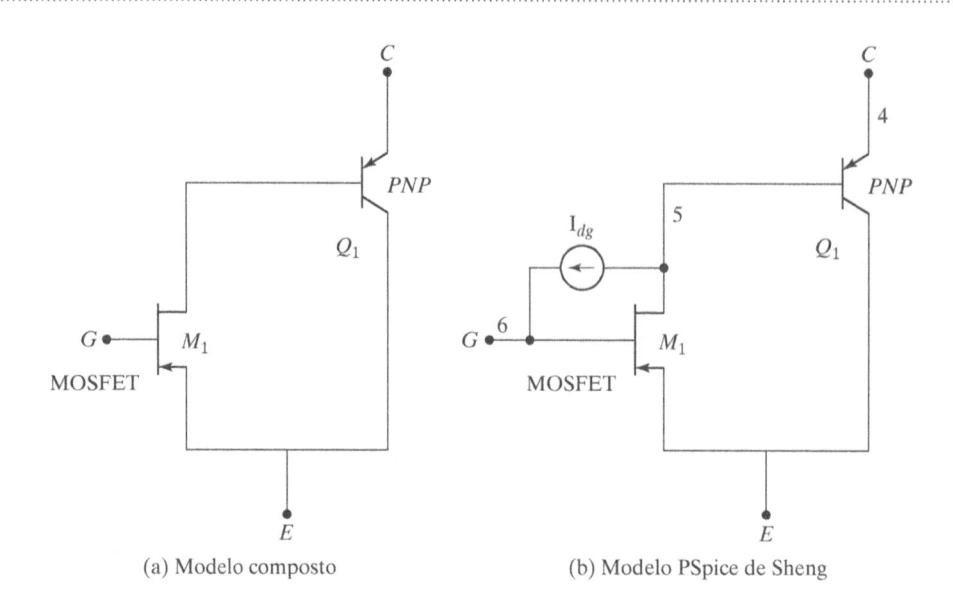

(a) Modelo composto   (b) Modelo PSpice de Sheng

onde A_{dg} é a área da porta sobre a base;
ϵ_{si} é a constante dielétrica do silício;
C_{oxd} é a capacitância da sobreposição de óxido porta-dreno;
q é a carga do elétron;
N_B é a densidade de dopagem da base.

O PSpice não incorpora um modelo de capacitância que envolve a raiz quadrática, que simula a variação da camada de carga espacial para uma junção homogênea. O modelo PSpice consegue implementar as equações que descrevem a capacitância porta-dreno, altamente não linear, no modelo composto, usando a função de modelagem comportamental analógica do PSpice.

4.14 CIRCUITO DE ACIONAMENTO DE MOSFET

Os MOSFETs são dispositivos controlados por tensão que possuem impedância de entrada muito alta. A porta tem uma corrente de fuga muito pequena, da ordem de nanoampères.

O tempo para ligar um MOSFET depende do tempo de carga da capacitância de entrada ou da porta. Esse tempo pode ser reduzido ao se conectar um circuito RC para carregar mais rapidamente a capacitância da porta, como mostra a Figura 4.56. Quando a tensão da porta é aplicada, a corrente inicial de carga da capacitância é

$$I_G = \frac{V_G}{R_S} \tag{4.62}$$

e o valor da tensão porta-fonte em regime permanente é

$$V_{GS} = \frac{R_G V_G}{R_S + R_1 + R_G} \tag{4.63}$$

onde R_s é a resistência interna da fonte do circuito de acionamento.

Para alcançar velocidades de chaveamento da ordem de 100 ns ou menos, o circuito de acionamento da porta deve ter uma baixa impedância de saída e a capacidade de fornecer e drenar correntes relativamente grandes. Na Figura 4.57 é indicado o arranjo *totem-pole*, capaz de fornecer e drenar uma corrente elevada. Os transistores *PNP* e *NPN* agem como seguidores de emissor e oferecem uma baixa impedância de saída. Esses transistores operam na região linear, em vez de no modo de saturação, minimizando, assim, o tempo de atraso. O sinal de comando para

FIGURA 4.56
Circuito de acionamento rápido da porta.

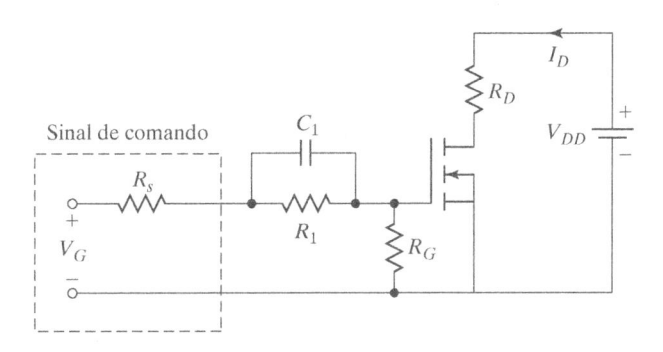

FIGURA 4.57
Circuito de acionamento com arranjo *totem-pole* e adequação da borda do pulso.

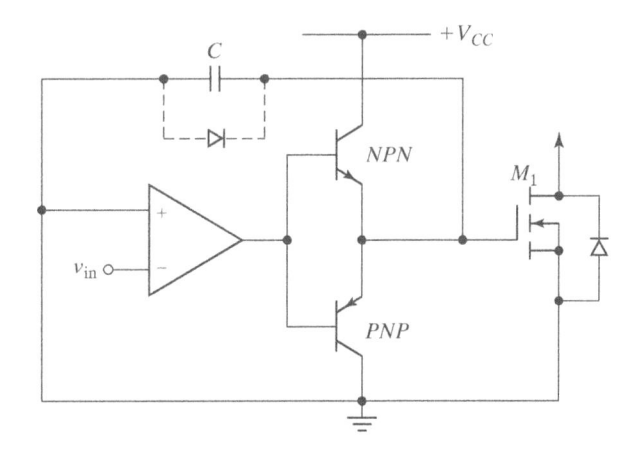

o MOSFET de potência pode ser gerado por um amplificador operacional (amp-op). A realimentação através do capacitor C regula a taxa de subida e de descida da tensão da porta, controlando, dessa forma, a taxa de subida e de descida da corrente de dreno do MOSFET. Um diodo em paralelo com o capacitor C permite que a tensão da porta varie rapidamente em um único sentido. No mercado, existem vários circuitos integrados (CIs), concebidos para acionar transistores e que são capazes de fornecer e drenar grandes correntes. O arranjo *totem-pole* em CIs de acionamento é, em geral, feito com dois dispositivos MOSFET.

■ **Principais pontos da Seção 4.14**

– Um MOSFET é um dispositivo controlado por tensão.
– A aplicação de uma tensão porta-fonte faz o dispositivo ligar com uma corrente de porta muito baixa.
– O circuito de acionamento da porta deve ter baixa impedância para um fechamento rápido.

4.15 CIRCUITO DE ACIONAMENTO DE JFET

O JFET SiC é um dispositivo controlado por tensão normalmente ligado. Para manter esse dispositivo no estado desligado, é necessária uma tensão porta-fonte negativa, menor do que a de pinçamento.[61,62]

Acionador de JFET SiC normalmente ligado. Um circuito acionador para o JFET SiC[43] é mostrado na Figura 4.58. O circuito de acionamento de porta[52] é uma rede conectada em paralelo constituída por um diodo D_1, um capacitor C e um resistor de valor elevado R_p, enquanto um resistor R_g é ligado em série com a porta. Durante o estado ligado de um JFET SiC, a saída do reforçador *(buffer)*, v_g, é igual a 0 V, e o dispositivo conduz a corrente máxima, I_{DSS}. Quando o JFET é desligado, a tensão do reforçador v_g muda de 0 V para a tensão negativa V_s. A corrente de pico da porta flui através do resistor de porta R_g e do capacitor C. A capacitância parasita da junção porta-fonte C_{gs} é carregada, e a tensão sobre o capacitor C se iguala à diferença entre $-V_s$ e a tensão de ruptura da porta.

Durante a operação em regime permanente do estado desligado, é necessária apenas uma pequena corrente para manter o JFET desligado, e ela é fornecida através do resistor R_p. O valor de R_p deve ser cuidadosamente escolhido para evitar a ruptura da junção porta-fonte. Em geral, uma resistência R_{GS} da ordem de megaohms é conectada entre a porta e a fonte a fim de proporcionar uma impedância fixa para que C_{gs} possa descarregar sua tensão. O circuito de acionamento deve ser protegido de um pico repentino possivelmente destrutivo no caso de a fonte de energia do acionador ser perdida.

Acionador de JFET SiC normalmente desligado. O JFET SiC normalmente desligado é um dispositivo controlado por tensão, mas, durante o estado de condução, é fundamental uma corrente de porta substancial para obtermos uma resistência razoável de condução. Ele também requer uma corrente de pico elevada para a porta, a fim de que a recarga da capacitância porta-fonte do dispositivo seja mais rápida. Um acionador de porta em dois estágios com resistores é mostrado na Figura 4.59.[43]

FIGURA 4.58
Acionador de JFET SiC normalmente ligado.[43]

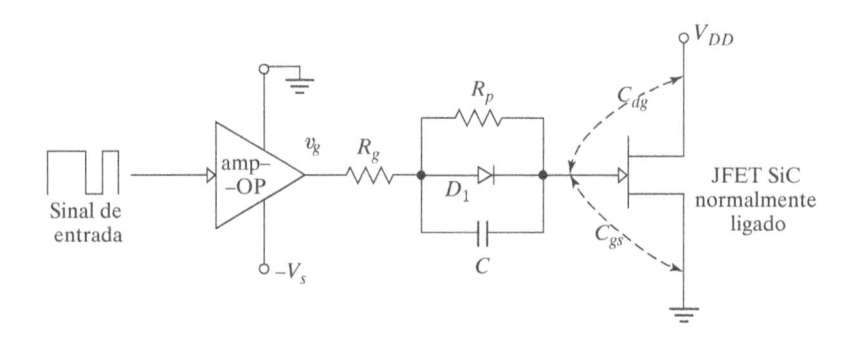

FIGURA 4.59
Acionador em dois estágios para JFET SiC normalmente desligado.[43]

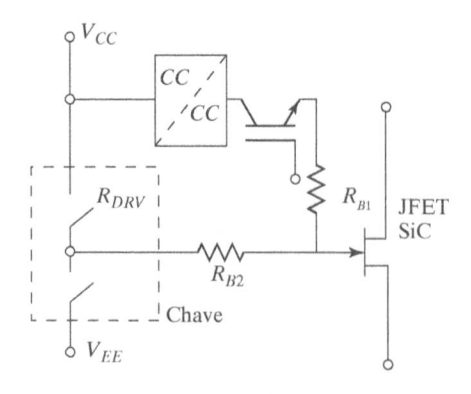

Esse acionador consiste de dois estágios:[53] o dinâmico, com um acionador padrão e um resistor R_{B2}, que fornece alta tensão e, portanto, elevadas correntes de pico durante um curto período de tempo para ligar e desligar o JFET rapidamente; e o estático, com um conversor CC-CC abaixador de tensão, um IGBT e um resistor R_{B1}. O IGBT auxiliar é ligado quando o estágio dinâmico é concluído. O estágio estático é capaz de fornecer uma corrente de porta durante o estado ligado do JFET. Esse circuito não necessita de capacitor de aumento de velocidade, que poderia limitar o ciclo de trabalho por conta dos tempos associados à carga e à descarga.

O circuito de acionamento de porta,[54] como o que vemos na Figura 4.60, pode proporcionar um desempenho de chaveamento rápido. Durante o estado ligado do JFET, um fluxo de corrente CC ocorre através de R_{CC} e D_{CC}, causando perdas muito baixas nesses dispositivos em virtude da baixa queda de tensão. Durante o desligamento e o estado desligado, a tensão zener do diodo D_3 ($V_{Z(D3)}$) é aplicada na porta, fazendo esse circuito ter uma alta imunidade a ruídos. Os diodos D_1 e D_2 minimizam o efeito Miller. Durante o fechamento, a soma de V_{CC} e da tensão através de C_{CA} (V_{CAC}) é aplicada na porta para um fechamento rápido. Esse comando de porta não tem limitações de ciclo de trabalho ou de frequência, ou autoaquecimento significativo.

FIGURA 4.60
Acionador em dois estágios para JFETs SiC normalmente desligados.[54]

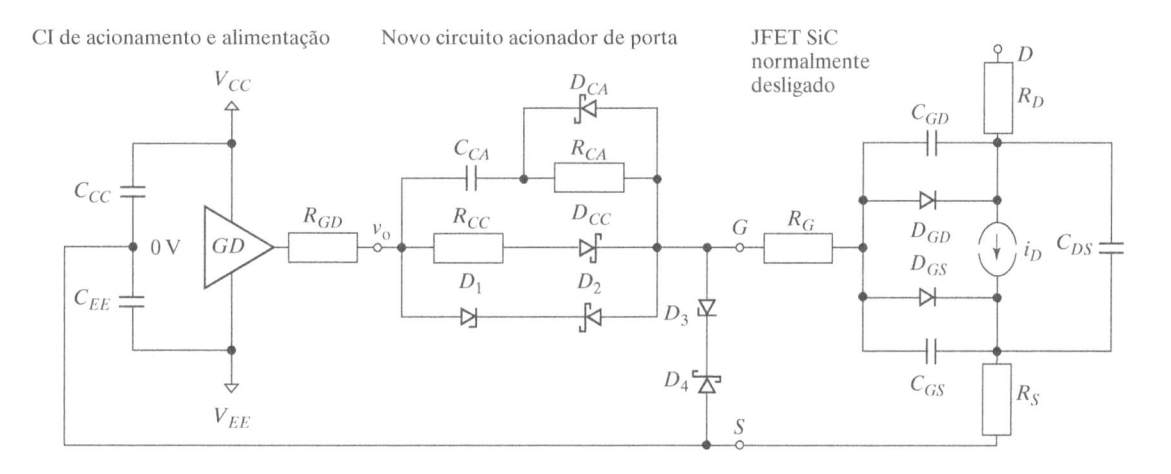

4.16 CIRCUITO DE ACIONAMENTO DE BJT

A velocidade de chaveamento pode ser aumentada pela redução do tempo de fechamento, t_{on}, e do tempo de desligamento, t_{off}. O t_{on} pode ser reduzido, permitindo um pico da corrente na base durante o fechamento, o que resulta em um baixo β forçado ($β_F$) no início. Após o fechamento, é possível aumentar $β_F$ até um valor suficientemente elevado para manter o transistor na região de quase saturação. O t_{off} pode ser reduzido pela inversão da corrente na base e permitir um pico dessa corrente durante o desligamento. O tempo de armazenamento diminui com o aumento do valor da corrente reversa na base, I_{B2}. Uma forma de onda típica para a corrente na base é mostrada na Figura 4.61.

À parte da forma fixa da corrente na base, como vemos na Figura 4.61, o β forçado pode ser continuamente controlado para coincidir com as variações da corrente no coletor. As técnicas comumente usadas para otimizar o acionamento de base de um transistor são:

1. Controle de fechamento.
2. Controle de desligamento.
3. Controle proporcional da base.
4. Controle antissaturação.

FIGURA 4.61
Forma de onda da corrente de acionamento de base.

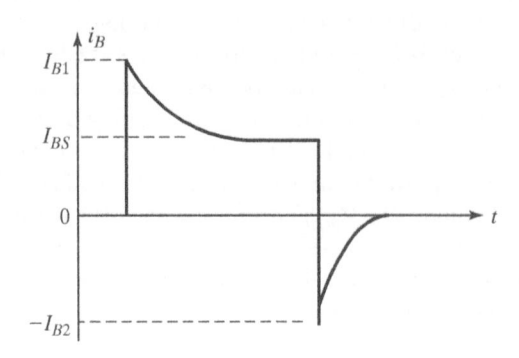

Controle de fechamento. O pico da corrente na base pode ser fornecido pelo circuito da Figura 4.62. Quando a tensão de entrada v_B é ligada, a corrente na base fica limitada pelo resistor R_1. O valor inicial da corrente na base é

$$I_{B1} = \frac{V_1 - V_{BE}}{R_1} \tag{4.64}$$

e o valor final da corrente na base é

$$I_{BS} = \frac{V_1 - V_{BE}}{R_1 + R_2} \tag{4.65}$$

O capacitor C_1 carrega até um valor final de

$$V_{c1} \cong V_1 \frac{R_2}{R_1 + R_2} \tag{4.66}$$

A constante de tempo de carga do capacitor é aproximadamente

$$\tau_1 = \frac{R_1 R_2 C_1}{R_1 + R_2} \tag{4.67}$$

Quando a tensão de entrada v_B torna-se zero, a junção base-emissor é reversamente polarizada, e C_1 descarrega em R_2. A constante de tempo de descarga é $\tau_2 = R_2 C_1$. Para permitir tempos suficientes de carga e de descarga, a largura do pulso da base deve ser $t_1 \geq 5\tau_1$, e o período do pulso desligado, $t_2 \geq 5\tau_2$. A frequência máxima de chaveamento é $f_s = 1/T = 1/(t_1 + t_2) = 0{,}2/(\tau_1 + \tau_2)$.

Controle de desligamento. Se a tensão de entrada na Figura 4.62 for alterada para $-V_2$ durante o desligamento, a tensão do capacitor na Equação 4.66, V_{c1}, é somada a V_2 como uma tensão reversa através do transistor. Haverá pico de corrente na base durante o desligamento. À medida que o capacitor C_1 descarrega, a tensão reversa pode ser reduzida para o valor em regime permanente V_2. Se forem necessárias características diferentes de fechamento e de desligamen-

FIGURA 4.62
Pico da corrente na base durante o fechamento.

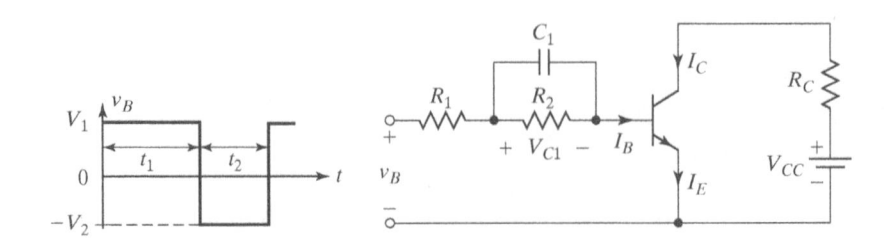

to, um circuito de desligamento (usando C_2, R_3 e R_4), como mostra a Figura 4.63, pode ser acrescentado. O diodo D_1 separa o circuito de comando da base em polarização direta daquele em polarização reversa durante o desligamento.

Controle proporcional da base. Esse tipo de controle tem vantagens sobre o circuito de comando constante. Se a corrente no coletor sofrer alterações por conta da mudança na demanda de carga, a corrente de comando na base é alterada na proporção da corrente no coletor. Um arranjo é mostrado na Figura 4.64. Quando a chave S_1 é ligada, um pulso de corrente de curta duração flui através da base do transistor Q_1, colocando-o em saturação. No momento em que a corrente no coletor começa a fluir, uma corrente correspondente é induzida na base por ação do transformador. Assim, o transistor mantém-se em condução e S_1 pode ser desligada. A relação de espiras é $N_2/N_1 = I_C/I_B = \beta$. Para a operação adequada do circuito, a corrente de magnetização (que deve ser muito menor do que a corrente no coletor) precisa ser a menor possível. A chave S_1 pode ser implementada por um transistor de pequeno sinal, e um circuito adicional é necessário para a descarga do capacitor C_1 e para desmagnetizar o núcleo do transformador durante o desligamento do transistor de potência.

Controle antissaturação. Se o transistor for fortemente acionado, o tempo de armazenamento, que é proporcional à corrente na base, aumenta, e a velocidade de chaveamento é reduzida. O tempo de armazenamento pode ser abreviado por meio da operação do transistor em saturação leve, em vez de saturação forte. Isso pode ser conseguido fixando-se ou grampeando-se a tensão coletor-emissor a um nível predeterminado, com a corrente no coletor sendo dada por

$$I_C = \frac{V_{CC} - V_{cm}}{R_C} \tag{4.68}$$

onde V_{cm} é a tensão de grampeamento e $V_{cm} > V_{CE(sat)}$. Um circuito com ação de grampeamento (conhecido como grampo de Baker) é mostrado na Figura 4.65.

FIGURA 4.63
Pico da corrente na base durante o fechamento e o desligamento.

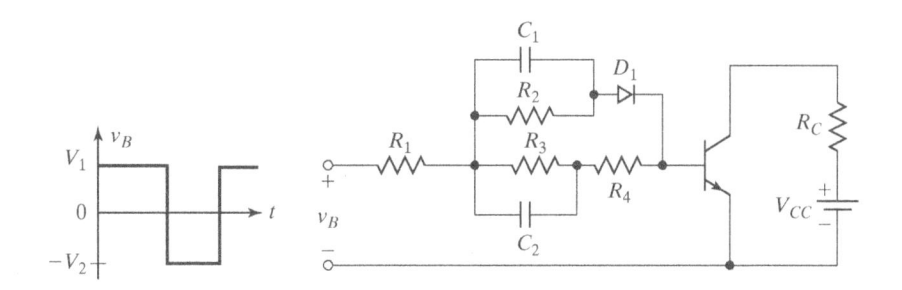

FIGURA 4.64
Circuito proporcional de comando de base.

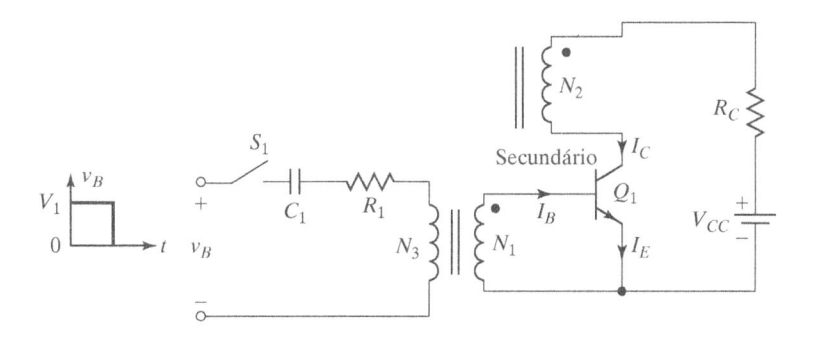

FIGURA 4.65
Circuito de grampeamento do coletor.

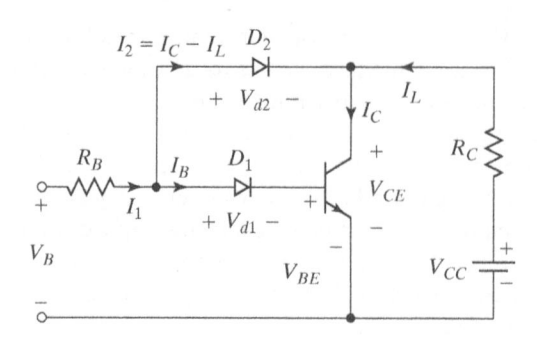

A corrente na base sem grampeamento, adequada para acionar fortemente o transistor, pode ser encontrada a partir de

$$I_B = I_1 = \frac{V_B - V_{d1} - V_{BE}}{R_B} \quad (4.69)$$

e a corrente no coletor correspondente é

$$I_C = \beta I_B \quad (4.70)$$

Após a corrente no coletor aumentar, o transistor é ligado e o grampeamento acontece (pelo fato de D_2 ficar diretamente polarizado e conduzir). Então,

$$V_{CE} = V_{BE} + V_{d1} - V_{d2} \quad (4.71)$$

A corrente na carga é

$$I_L = \frac{V_{CC} - V_{CE}}{R_C} = \frac{V_{CC} - V_{BE} - V_{d1} + V_{d2}}{R_C} \quad (4.72)$$

e a corrente no coletor com o grampeamento é

$$I_C = \beta I_B = \beta(I_1 - I_C + I_L) = \frac{\beta}{1 + \beta}(I_1 + I_L) \quad (4.73)$$

Para o grampeamento, $V_{d1} > V_{d2}$, o que pode ser obtido pela conexão de dois ou mais diodos no lugar de D_1. A resistência de carga R_C deve satisfazer a condição

$$\beta I_B > I_L$$

A partir da Equação 4.72,

$$\beta I_B R_C > (V_{CC} - V_{BE} - V_{d1} + V_{d2}) \quad (4.74)$$

A ação de grampeamento resulta em uma corrente reduzida no coletor e na quase eliminação do tempo de armazenamento. Ao mesmo tempo, consegue-se um fechamento rápido. Entretanto, pelo aumento de V_{CE}, a potência dissipada no transistor no estado ligado aumenta, enquanto a perda de potência no chaveamento diminui.

Exemplo 4.7 ▪ Determinação da tensão e da corrente do transistor com grampeamento

O circuito de comando de base na Figura 4.64 tem $V_{CC} = 100$ V, $R_C = 1,5\ \Omega$, $V_{d1} = 2,1$ V, $V_{d2} = 0,9$ V, $V_{BE} = 0,7$ V, $V_B = 15$ V, $R_B = 2,5\ \Omega$ e $\beta = 13,6$. Calcule (a) a corrente no coletor sem grampeamento, (b) a tensão coletor-emissor de grampeamento, V_{CE}, e (c) a corrente no coletor com grampeamento.

Solução
a. A partir da Equação 4.69, $I_1 = (15 - 2,1 - 0,7)/2,5 = 4,88$ A. Sem grampeamento, $I_C = 13,6 \times 4,88 = 66,368$ A.

b. A partir da Equação 4.71, a tensão de grampeamento é

$$V_{CE} = 0{,}7 + 2{,}1 - 0{,}9 = 1{,}9\,\text{V}$$

c. A partir da Equação 4.72, $I_L = (100 - 1{,}9)/1{,}5 = 65{,}4$ A. A Equação 4.73 fornece a corrente no coletor com grampeamento:

$$I_C = 13{,}6 \times \frac{4{,}88 + 65{,}4}{13{,}6 + 1} = 65{,}456\,\text{A}$$

Comando de base de BJT SiC: o BJT SiC é um dispositivo comandado por corrente e requer uma corrente de base substancial durante o estado ligado. O circuito de comando[43] visto na Figura 4.66 consiste em um capacitor de aumento de velocidade C_B, em paralelo com um resistor R_B. Assim, o desempenho de chaveamento depende da tensão de alimentação V_{CC}. Quanto maior a tensão de alimentação, mais rápidas serão as transições de chaveamento, mas, ao mesmo tempo, o consumo de energia aumentará. Portanto, deve haver um equilíbrio entre o desempenho no chaveamento e o consumo de energia do circuito de acionamento.

■ **Principais pontos da Seção 4.16**

- Um BJT é um dispositivo controlado por corrente.
- Um pico da corrente na base pode reduzir o tempo de fechamento, e a inversão da corrente na base, o tempo de desligamento.
- O tempo de armazenamento de um BJT aumenta com a quantidade de corrente de acionamento de base, e a saturação forçada deve ser evitada.

FIGURA 4.66

Comando de base com capacitor de aumento de velocidade para um BJT SiC.[43]

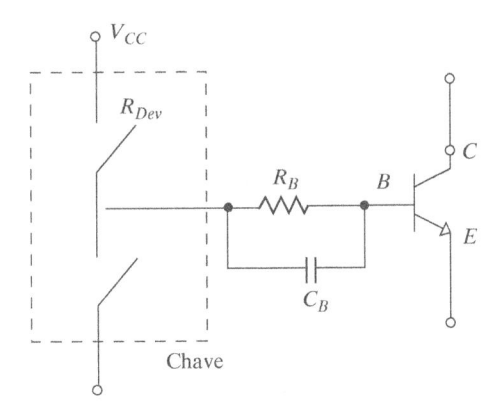

4.17 ISOLAÇÃO DOS CIRCUITOS DE ACIONAMENTO

Para operar transistores de potência como chaves, há a necessidade de se aplicar uma tensão de porta ou corrente de base apropriada a fim de acionar os transistores, de modo a conduzi-los à saturação para baixas tensões no estado ligado. O sinal de comando deve ser aplicado entre os terminais da porta e da fonte ou entre os terminais da base e do emissor. Os conversores de potência geralmente requerem vários transistores, e cada um deve ser comandado individualmente. A Figura 4.67a mostra a topologia de um inversor monofásico em ponte. A principal tensão CC é V_s com terminal de terra G.

FIGURA 4.67

Inversor monofásico em ponte e sinais de acionamento.

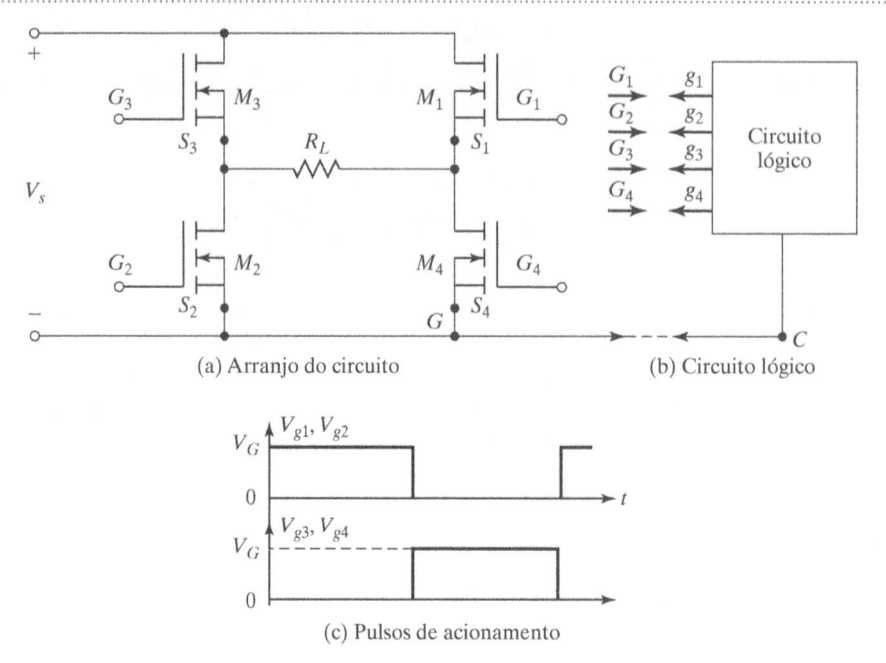

(a) Arranjo do circuito

(b) Circuito lógico

(c) Pulsos de acionamento

O circuito lógico na Figura 4.67b gera quatro pulsos. Esses pulsos, como indica a Figura 4.67c, são defasados no tempo para realizar a sequência lógica necessária à conversão de energia de CC para CA. Entretanto, esses quatro pulsos lógicos têm um terminal em comum, C. O terminal comum do circuito lógico pode ser conectado ao de terra G da principal fonte de alimentação CC, como mostra a linha tracejada que liga as figuras 4.67a e 4.67b.

O terminal g_1, que tem uma tensão V_{g1} em relação ao terminal C, não pode ser conectado diretamente ao da porta G_1. O sinal V_{g1} deve ser aplicado entre o terminal da porta G_1 e o da fonte S_1 do transistor M_1. Assim, há a necessidade de circuitos de isolação e interface entre o circuito lógico e os transistores de potência. No entanto, os transistores M_2 e M_4 podem ser comandados diretamente sem os circuitos de isolação ou de interface se os sinais lógicos forem compatíveis com os requisitos de comando de porta dos transistores.

A importância de aplicar o sinal de comando de um transistor entre seus terminais porta e fonte, em vez de aplicar a tensão de comando entre a porta e o ponto comum (terra) do circuito pode ser demonstrada com a Figura 4.68, em que a resistência de carga está conectada entre o terminal fonte e o terra. A tensão porta-fonte efetiva é

$$V_{GS} = V_G - R_L I_D(V_{GS}) \tag{4.75}$$

onde $I_D(V_{GS})$ varia com V_{GS}. O valor efetivo de V_{GS} diminui à medida que o transistor liga e ele atinge um valor em regime permanente, que é necessário para equilibrar a corrente de carga ou de dreno. O valor efetivo de V_{GS} é imprevisível, e tal arranjo não é adequado. Existem basicamente duas formas de isolar ou desprender (uso de alimentação flutuante — *floating*) o sinal de comando em relação ao terra:

1. Transformadores de pulso
2. Optoacopladores

FIGURA 4.68

Tensão de acionamento entre a porta e o terra.

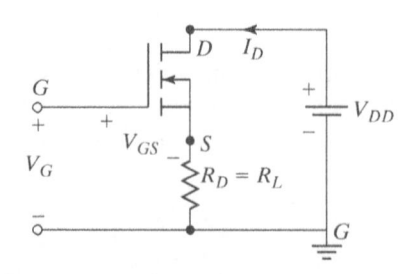

4.17.1 Transformadores de pulso

Os transformadores de pulso têm um enrolamento primário e podem apresentar um ou mais enrolamentos secundários. A existência de vários enrolamentos secundários permite sinais simultâneos de comando para transistores ligados em série e/ou em paralelo. A Figura 4.69 mostra um circuito de acionamento isolado por um transformador. O transformador deve ter uma indutância de dispersão muito pequena, e o tempo de subida do pulso de saída precisa ser também muito pequeno. Com um pulso relativamente longo e uma baixa frequência de chaveamento, o transformador poderia saturar, e sua saída seria distorcida.

FIGURA 4.69
Circuito de acionamento isolado por transformador.

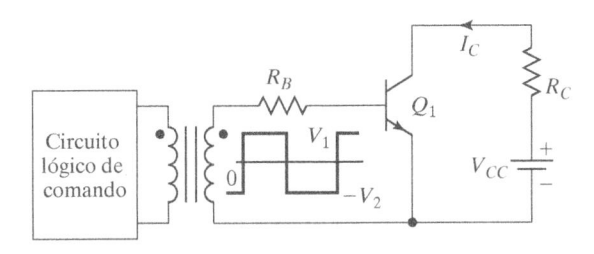

4.17.2 Optoacopladores

Os optoacopladores combinam um diodo emissor de luz infravermelha (ILED) com um fototransistor de silício. O sinal de entrada é aplicado ao ILED, e a saída é feita a partir do fototransistor. Os tempos de subida e de descida dos fototransistores são muito pequenos, com valores típicos de tempo de fechamento t_{on} = 2 a 5 μs e de desligamento t_{off} = 300 ns. Esses tempos limitam as aplicações de alta frequência. Um circuito de acionamento isolado utilizando um fototransistor é mostrado na Figura 4.70. O fototransistor poderia ser um par Darlington, e precisa de fontes de alimentação separadas que se adicionam à complexidade, ao custo e ao peso dos circuitos de comando.

■ **Principais pontos da Seção 4.17**

- O circuito de acionamento deve ser isolado do de potência por meio de dispositivos ou técnicas como os optoacopladores e os transformadores de pulso.

FIGURA 4.70
Circuito de acionamento isolado com optoacoplador.

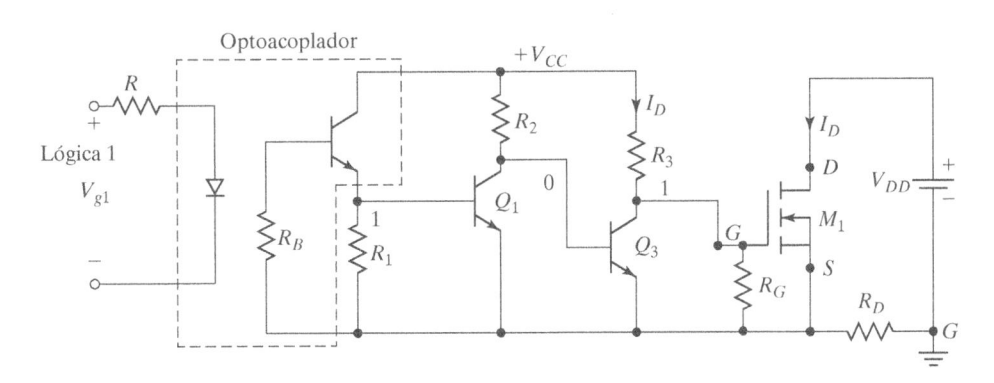

4.18 CIs DE ACIONAMENTO

Os requisitos dos circuitos de acionamento[25-28] para uma chave MOSFET ou IGBT, como mostra a Figura 4.71, são os seguintes:

- A tensão da porta deve ser de 10 a 15 V maior do que a da fonte ou do emissor. Como a alimentação do comando está ligada à linha principal de alta tensão $+V_s$, a tensão da porta precisa ser maior do que essa.
- A tensão da porta, que normalmente é referente ao terra, deve ser comandada a partir do circuito lógico. Assim, os sinais de controle precisam ser condicionados ao nível de tensão do terminal fonte (ou emissor) do dispositivo de potência, que na maioria das aplicações oscila entre as duas linhas V^+.
- Um dispositivo de potência conectado ao terra (chave inferior, *low-side*) muitas vezes comanda um dispositivo conectado à alimentação (chave superior, *high-side*). Assim, existem dispositivos de potência *high-side* e *low-side*. A energia absorvida pelo circuito de acionamento deve ser baixa para não afetar significativamente a eficiência geral do conversor de potência.

Existem várias técnicas, como mostra a Tabela 4.4, a ser utilizadas para satisfazer as necessidades de acionamento. Cada circuito básico pode ser aplicado em uma ampla variedade de configurações. Um CI de acionamento engloba a maioria das funções exigidas para comandar um dispositivo de potência superior e um inferior em um pacote compacto e de alto desempenho, com baixa dissipação de energia. O CI também deve ter algumas funções de proteção para operar em condições de sobrecarga ou de falta de energia.

Há três tipos de circuitos que podem realizar as funções de acionamento e de proteção. O primeiro é o reforçador (*buffer*) de saída, que é necessário para fornecer tensão de porta ou carga suficiente para o dispositivo de potência. O segundo são os condicionadores (*level shifters*), fundamentais para a interface entre os sinais de controle aos reforçadores de saída dos dispositivos superior e inferior. O terceiro é a detecção de condições de sobrecarga no dispositivo de potência e as medidas preventivas apropriadas tomadas no reforçador de saída, bem como no caso de realimentação com estado de falha.

FIGURA 4.71
MOSFET de potência conectado na linha de alta tensão.

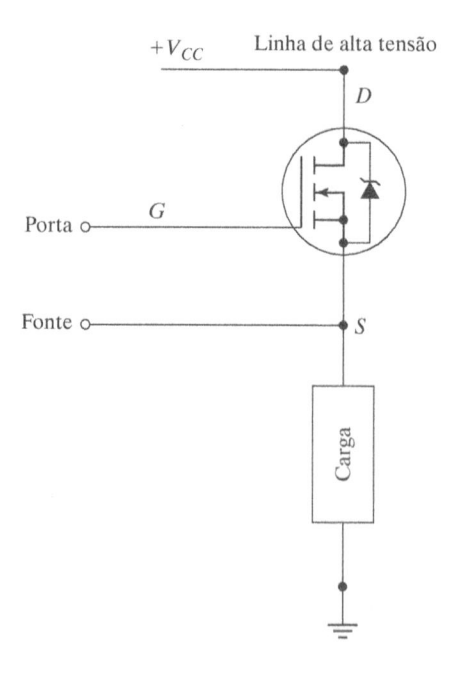

TABELA 4.4
Técnicas de acionamento[2] (cortesia do Grupo Siemens, Alemanha).

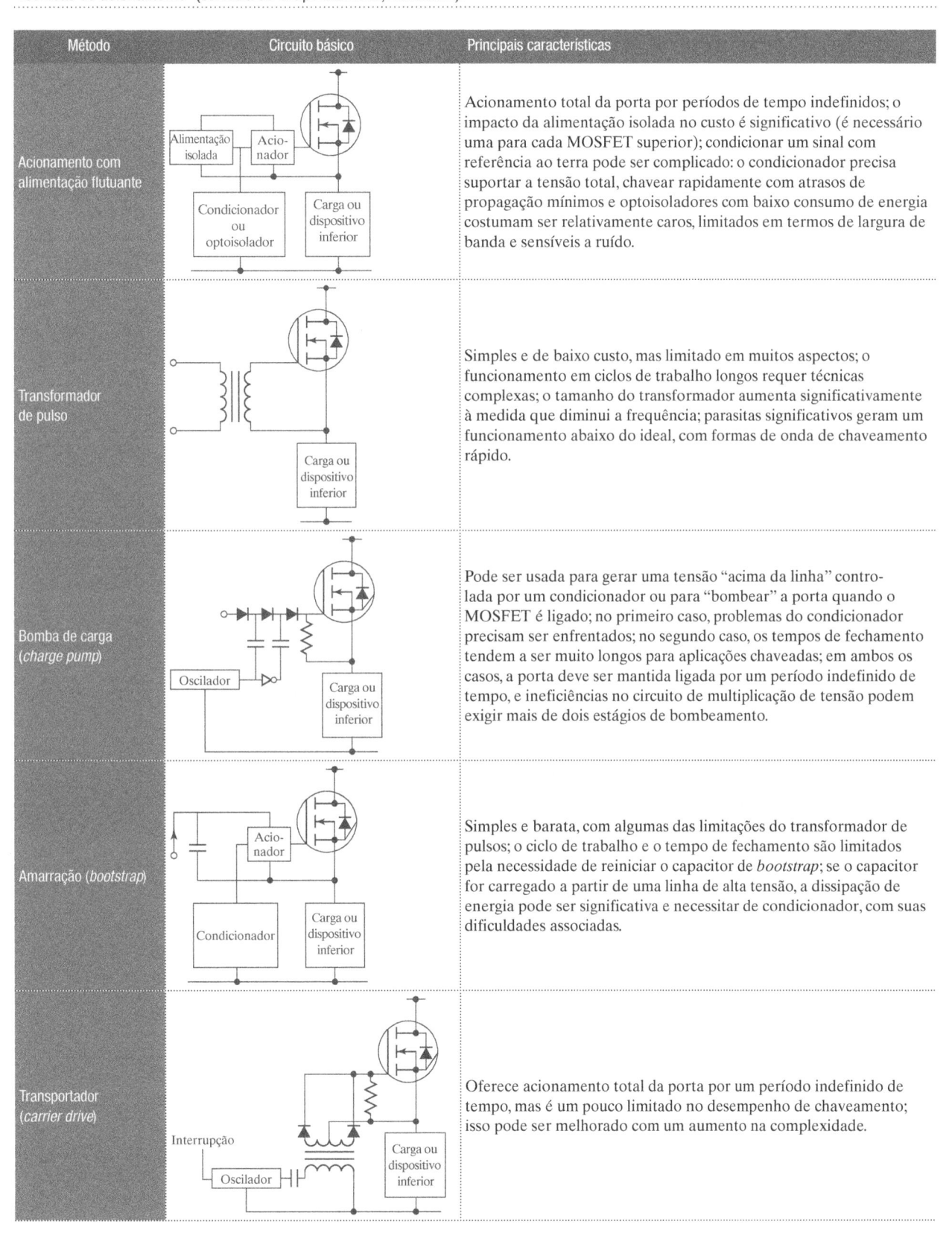

Método	Circuito básico	Principais características
Acionamento com alimentação flutuante		Acionamento total da porta por períodos de tempo indefinidos; o impacto da alimentação isolada no custo é significativo (é necessário uma para cada MOSFET superior); condicionar um sinal com referência ao terra pode ser complicado: o condicionador precisa suportar a tensão total, chavear rapidamente com atrasos de propagação mínimos e optoisoladores com baixo consumo de energia costumam ser relativamente caros, limitados em termos de largura de banda e sensíveis a ruído.
Transformador de pulso		Simples e de baixo custo, mas limitado em muitos aspectos; o funcionamento em ciclos de trabalho longos requer técnicas complexas; o tamanho do transformador aumenta significativamente à medida que diminui a frequência; parasitas significativos geram um funcionamento abaixo do ideal, com formas de onda de chaveamento rápido.
Bomba de carga (*charge pump*)		Pode ser usada para gerar uma tensão "acima da linha" controlada por um condicionador ou para "bombear" a porta quando o MOSFET é ligado; no primeiro caso, problemas do condicionador precisam ser enfrentados; no segundo caso, os tempos de fechamento tendem a ser muito longos para aplicações chaveadas; em ambos os casos, a porta deve ser mantida ligada por um período indefinido de tempo, e ineficiências no circuito de multiplicação de tensão podem exigir mais de dois estágios de bombeamento.
Amarração (*bootstrap*)		Simples e barata, com algumas das limitações do transformador de pulsos; o ciclo de trabalho e o tempo de fechamento são limitados pela necessidade de reiniciar o capacitor de *bootstrap*; se o capacitor for carregado a partir de uma linha de alta tensão, a dissipação de energia pode ser significativa e necessitar de condicionador, com suas dificuldades associadas.
Transportador (*carrier drive*)		Oferece acionamento total da porta por um período indefinido de tempo, mas é um pouco limitado no desempenho de chaveamento; isso pode ser melhorado com um aumento na complexidade.

RESUMO

Os transistores de potência são geralmente de cinco tipos: MOSFETs, COOLMOS, BJTs, IGBTs e SITs. Os MOSFETs são dispositivos controlados por tensão que exigem potências muito baixas para acionamento, e seus parâmetros são menos sensíveis à temperatura de junção. Não existe o problema da segunda avalanche e não há a necessidade de aplicar uma tensão negativa na porta durante o desligamento. As perdas de condução de dispositivos COOLMOS são reduzidas por um fator de cinco em comparação às da tecnologia convencional. Ele é capaz de lidar com duas a três vezes mais potência de saída em comparação a de um MOSFET-padrão com o mesmo encapsulamento.

O COOLMOS, que tem perda em condução muito baixa, é utilizado em aplicações de baixa potência e alta eficiência. Os BJTs são dispositivos controlados por corrente, e seus parâmetros são sensíveis à temperatura de junção. Eles sofrem o problema da segunda avalanche e necessitam de corrente reversa na base durante o desligamento para reduzir o tempo de armazenamento, mas têm baixa tensão de condução ou de saturação. Já os IGBTs, que combinam as vantagens de BJTs e MOSFETs, são dispositivos controlados por tensão e têm baixa tensão de condução, de modo semelhante aos BJTs. Além disso, IGBTs não apresentam o fenômeno de segunda avalanche. Por fim, os SITs são dispositivos de potência e de frequência altas. Eles são mais adequados para amplificadores de áudio, VHF/UHF e micro-ondas. Possuem característica de normalmente ligado e apresentam uma elevada queda de tensão de condução.

Os transistores podem ser conectados em série ou em paralelo. A operação em paralelo geralmente requer elementos de divisão de corrente. Por sua vez, a operação em série requer a equiparação dos parâmetros, especialmente durante a entrada em condução e o desligamento. Para manter a relação da tensão e da corrente dos transistores durante a entrada em condução e o desligamento, geralmente é necessário usar circuitos de amortecimento (*snubber*) a fim de limitar a di/dt e a dv/dt.

Os sinais de acionamento podem ser isolados do circuito de potência por transformadores de pulso ou optoacopladores. Os transformadores de pulso são simples, mas a indutância de dispersão deve ser muito pequena. Os transformadores podem saturar com baixa frequência e pulsos longos. Os optoacopladores requerem uma fonte de alimentação separada.

QUESTÕES PARA REVISÃO

4.1 O que é um transistor bipolar (BJT)?
4.2 Quais são os tipos de BJT?
4.3 Quais são as diferenças entre transistores *NPN* e transistores *PNP*?
4.4 Quais são as características de entrada dos transistores *NPN*?
4.5 Quais são as características de saída dos transistores *NPN*?
4.6 Quais são as três regiões de operação dos BJTs?
4.7 O que é o beta (β) dos BJTs?
4.8 Qual é a diferença entre beta, β, e beta forçado, β_f, dos BJTs?
4.9 O que é a transcondutância dos BJTs?
4.10 O que é o fator de saturação forçada dos BJTs?
4.11 Qual é o modelo de chaveamento dos BJTs?
4.12 Qual é a causa do tempo de atraso dos BJTs?
4.13 Qual é a causa do tempo de armazenamento dos BJTs?
4.14 Qual é a causa do tempo de subida dos BJTs?
4.15 Qual é a causa do tempo de descida dos BJTs?
4.16 O que é o modo de saturação dos BJTs?
4.17 O que é o tempo de entrada em condução dos BJTs?
4.18 O que é o tempo de desligamento dos BJTs?
4.19 O que é a FBSOA dos BJTs?

4.20 O que é a RBSOA dos BJTs?
4.21 Por que é necessário inverter a polarização dos BJTs durante o desligamento?
4.22 O que é segunda avalanche dos BJTs?
4.23 Quais são as vantagens e desvantagens dos BJTs?
4.24 O que é um MOSFET?
4.25 Quais são os tipos de MOSFET?
4.26 Quais são as diferenças entre MOSFETs tipo intensificação e MOSFETs tipo depleção?
4.27 O que é a tensão de pinçamento (*pinch-off*) dos MOSFETs?
4.28 O que é a tensão de limiar (*threshold*) dos MOSFETs?
4.29 O que é a transcondutância dos MOSFETs?
4.30 Qual é o modelo de chaveamento dos MOSFETs de canal *n*?
4.31 Quais são as características de transferência dos MOSFETs?
4.32 Quais são as características de saída dos MOSFETs?
4.33 Quais são as vantagens e desvantagens dos MOSFETs?
4.34 Por que os MOSFETs não necessitam de tensão de porta negativa durante o desligamento?
4.35 Por que o conceito de saturação é diferente para os BJTs e os MOSFETs?
4.36 O que é o tempo de entrada em condução dos MOSFETs?
4.37 O que é o tempo de desligamento dos MOSFETs?
4.38 O que é um SIT?
4.39 Quais são as vantagens dos SITs?
4.40 Quais são as desvantagens dos SITs?
4.41 O que é um IGBT?
4.42 Quais são as características de transferência dos IGBTs?
4.43 Quais são as características de saída dos IGBTs?
4.44 Quais são as vantagens e as desvantagens dos IGBTs?
4.45 Quais são as principais diferenças entre MOSFETs e BJTs?
4.46 Quais são os problemas da operação em paralelo dos BJTs?
4.47 Quais são os problemas da operação em paralelo dos MOSFETs?
4.48 Quais são os problemas da operação em paralelo dos IGBTs?
4.49 Quais são os problemas da operação em série dos BJTs?
4.50 Quais são os problemas da operação em série dos MOSFETs?
4.51 Quais são os problemas da operação em série dos IGBTs?
4.52 Quais são os propósitos do amortecedor em paralelo (*shunt snubber*) nos transistores?
4.53 Qual é o propósito do amortecedor em série (*series snubber*) nos transistores?
4.54 Quais são as vantagens dos transistores SiC?
4.55 Quais são as limitações dos transistores SiC?
4.56 O que é a tensão de pinçamento (*pinch-off*) dos JFETs?
4.57 Qual é a característica de transferência de um JFET?
4.58 Quais são as diferenças entre um MOSFET e um JFET?

PROBLEMAS

4.1 Os parâmetros de um MOSFET mostrado na Figura 4.7a são $V_{DD}=100\text{ V}, R_D=10\text{ m}\Omega, K_n=25,3\text{ mA/V}^2$, $V_T=4,83\text{ V}, V_{DS}=3,5\text{ V}$ e $V_{GS}=10\text{ V}$. Utilizando a Equação 4.2, determine a corrente de dreno I_D e a resistência dreno-fonte $R_{DS}=V_{DS}/I_D$.

4.2 Aplicando os parâmetros do circuito no Problema 4.1 e utilizando a Equação 4.3, determine a corrente de dreno I_D e a resistência dreno-fonte $R_{DS} = V_{DS}/I_D$.

4.3 Utilizando a Equação 4.2, faça o gráfico de i_D em relação a v_{DS}, e depois calcule a razão $R_{DS} = v_{DS}/i_D$ para $v_{DS} = 0$ a 10 V com um incremento de 0,1 V. Assuma que $K_n = 25,3$ mA/V^2 e $V_T = 4,83$ V.

4.4 Utilizando a Equação 4.3, faça o gráfico de i_D em relação a v_{DS}, e depois calcule a razão $R_{DS} = v_{DS}/i_D$ para $v_{DS} = 0$ a 10 V com um incremento de 0,1 V. Assuma que $K_n = 25,3$ mA/V^2 e $V_T = 4,83$ V.

4.5 Utilizando a Equação 4.8, faça o gráfico da resistência dreno-fonte $R_{DS} = v_{DS}/i_D$ para $v_{GS} = 0$ a 10 V com um incremento de 0,1 V. Assuma que $K_n = 25,3$ mA/V^2 e $V_T = 4,83$ V.

4.6 Utilizando a Equação 4.6, faça o gráfico da transcondutância g_m em relação a v_{GS} na região linear para $v_{GS} = 0$ a 10 V com um incremento de 0,1 V. Assuma que $K_n = 25,3$ mA/V^2 e $V_T = 4,83$ V.

4.7 O beta (β) do transistor bipolar na Figura 4.31 varia de 10 a 60. A resistência de carga é $R_C = 6$ Ω. A tensão de alimentação CC é $V_{CC} = 100$ V, e a tensão de entrada para o circuito de base, $V_B = 8$ V. Se $V_{CE(sat)} = 2,5$ V e $V_{BE(sat)} = 1,75$ V, encontre (a) o valor de R_B que resulte em saturação com um fator de saturação forçada de 20; (b) o β forçado; e (c) a perda de potência P_T no transistor.

4.8 O beta (β) do transistor bipolar na Figura 4.31 varia de 12 a 75. A resistência de carga é $R_C = 1,2$ Ω. A tensão de alimentação CC é $V_{CC} = 40$ V e a tensão de entrada para o circuito de base é $V_B = 6$ V. Se $V_{CE(sat)} = 1,2$ V, $V_{BE(sat)} = 1,6$ V e $R_B = 0,7$ Ω, determine (a) o FS; (b) o β forçado; e (c) a perda de potência P_T no transistor.

4.9 Um transistor é utilizado como chave, e as formas de onda são mostradas na Figura 4.35. Os parâmetros são $V_{CC} = 220$ V, $V_{BE(sat)} = 3$ V, $I_B = 8$ A, $V_{CE(sat)} = 2$ V, $I_{CS} = 100$ A, $t_d = 0,5$ μs, $t_r = 1$ μs, $t_s = 5$ μs, $t_f = 3$ μs e $f_s = 10$ kHz. O ciclo de trabalho é $k = 50\%$. A corrente de fuga de coletor-emissor é $I_{CEO} = 3$ mA. Determine a perda de potência por conta da corrente de coletor (a) durante a entrada em condução $t_{on} = t_d + t_r$; (b) durante o período de condução t_n; (c) durante o desligamento $t_{off} = t_s + t_f$; (d) durante o período desligado t_o; e (e) a perda média total de potência P_T. (f) Faça o gráfico da potência instantânea por conta da corrente de coletor $P_c(t)$.

4.10 A temperatura máxima da junção do transistor bipolar do Problema 4.9 é $T_j = 150$ °C, e a temperatura ambiente é $T_A = 30$ °C. Para as resistências térmicas $R_{JC} = 0,4$ °C/W e $R_{CS} = 0,05$ °C/W, calcule a resistência térmica do dissipador R_{SA} (dica: despreze a perda de potência decorrente do comando de base).

4.11 Para os parâmetros do Problema 4.9, calcule a perda média de potência P_B por conta da corrente de base.

4.12 Repita o Problema 4.9 para $V_{BE(sat)} = 2,3$ V, $I_B = 8$ A, $V_{CE(sat)} = 1,4$ V, $t_d = 0,1$ μs, $t_r = 0,45$ μs, $t_s = 3,2$ μs e $t_f = 1,1$ μs.

4.13 Um MOSFET é utilizado como chave, como mostra a Figura 4.10. Os parâmetros são $V_{DD} = 40$ V, $I_D = 25$ A, $R_{DS} = 28$ mΩ, $V_{GS} = 10$ V, $t_{d(on)} = 25$ ns, $t_r = 60$ ns, $t_{d(off)} = 70$ ns, $t_f = 25$ ns e $f_s = 20$ kHz. A corrente de fuga dreno-fonte é $I_{DSS} = 250$ μA. O ciclo de trabalho é $k = 60\%$. Determine a perda de potência por conta da corrente de dreno (a) durante a entrada em condução $t_{on} = t_d(n) + t_r$; (b) durante o período de condução t_n; (c) durante o desligamento $t_{off} = t_{d(off)} + t_f$; (d) durante o período desligado t_o; e (e) a perda média da potência total P_T.

4.14 A temperatura máxima da junção do MOSFET do Problema 4.13 é $T_j = 150$ °C, e a temperatura ambiente é $T_A = 32$ °C. Para as resistências térmicas $R_{JC} = 1$ K/W e $R_{CS} = 1$ K/W, calcule a resistência térmica do dissipador de calor R_{SA} (observação: $K = °C + 273$).

4.15 Dois BJTs estão conectados em paralelo, de forma semelhante à da Figura 4.50. A corrente total da carga é $I_T = 150$ A. A tensão coletor-emissor do transistor Q_1 é $V_{CE1} = 1,5$ V, e a do transistor Q_2 é $V_{CE2} = 1,1$ V. Determine a corrente de coletor de cada transistor e a diferença na divisão de corrente caso as resistências em série para a divisão de corrente sejam (a) $R_{e1} = 10$ mΩ e $R_{e2} = 20$ mΩ; e (b) $R_{e1} = R_{e2} = 20$ mΩ.

4.16 Um transistor é operado como uma chave *chopper* a uma frequência de $f_s = 20$ kHz. O arranjo do circuito é mostrado na Figura 4.47a. A tensão de entrada CC é $V_s = 400$ V, e a corrente de carga é $I_L = 120$ A. Os tempos de chaveamento são $t_r = 1$ μs e $t_f = 3$ μs. Determine os valores de (a) L_s; (b) C_s; (c) R_s para a condição criticamente amortecida; (d) R_s para o tempo de descarga limitado a um terço do período de chaveamento; (e) R_s para o pico da corrente de descarga limitado a 5% da corrente de carga; e **(f)** a perda de potência P_s por conta do amortecedor (*snubber*) R_C, desprezando o efeito do indutor L_s sobre a tensão do capacitor C_s. Assuma que $V_{CE(\text{sat})} = 0$.

4.17 Um MOSFET é operado como uma chave *chopper* a uma frequência de $f_s = 50$ kHz. O arranjo do circuito é mostrado na Figura 4.47a. A tensão de entrada CC do *chopper* é $V_s = 30$ V, e a corrente de carga é $I_L = 45$ A. Os tempos de chaveamento são $t_r = 60$ ns e $t_f = 25$ ns. Determine os valores de **(a)** L_s; **(b)** C_s; **(c)** R_s para a condição criticamente amortecida; **(d)** R_s para o tempo de descarga limitado a um terço do período de chaveamento; **(e)** R_s para o pico da corrente de descarga limitado a 5% da corrente de carga; e **(f)** a perda de potência P_s por conta do amortecedor (*snubber*) RC, desprezando o efeito do indutor L_s sobre a tensão do capacitor C_s. Assuma que $V_{CE(\text{sat})} = 0$.

4.18 A tensão do comando de base para o circuito, como mostra a Figura 4.62, é uma onda quadrada de 10 V. O pico da corrente de base é $I_{BO} \geq 1,5$ mA, e a corrente de base em regime permanente é $I_{BS} \geq 1$ mA. Encontre **(a)** os valores de C_1, R_1 e R_2; e **(b)** frequência de chaveamento máxima $f_{\text{máx}}$.

4.19 O circuito de comando de base na Figura 4.65 tem $V_{CC} = 400$ V, $R_C = 3,5$ Ω, $V_{d1} = 3,6$ V, $V_{d2} = 0,9$ V, $V_{BE(\text{sat})} = 0,7$ V, $V_B = 15$ V, $R_B = 1,1$ Ω e β = 12. Calcule **(a)** a corrente de coletor sem grampeamento; **(b)** a tensão de grampeamento do coletor V_{CE}; e **(c)** a corrente de coletor com grampeamento.

REFERÊNCIAS

1. BALIGA, B. J. *Power Semiconductor Devices*. Boston, MA: PWS Publishing, 1996.
2. GHANDI, S. K. *Semiconductor Power Devices*. Nova York: John Wiley & Sons, 1977.
3. SZE, S. M. *Modern Semiconductor Device Physics*. Nova York: John Wiley & Sons, 1998.
4. BALIGA, B. I.; CHEN, D. Y. *Power Transistors:* Device Design and Applications. Nova York: IEEE Press, 1984.
5. WESTINGHOUSE ELECTRIC. *Silicon Power Transistor Handbook*. Pittsburgh: Westinghouse Electric Corp, 1967.
6. SEVERNS, R.; ARMIJOS, J. *MOSPOWER Application Handbook*. Santa Clara, CA: Siliconix Corp, 1984.
7. CLEMENTE, S.; PELLY, B. R. "Understanding power MOSFET switching performance". *Solid-State Electronics*, v. 12, n. 12, p. 1133–1141, 1982.
8. GRANT, D. A.; GOWER, I. *Power MOSFETs:* Theory and Applications. Nova York: John Wiley & Sons, 1988.
9. LORENZ, L.; DEBOY, G.; KNAPP, A.; MARZ, M. "COOLMOS™—a new milestone in high voltage power MOS". *Proc. ISPSD 99*, Toronto, p. 3–10, 1999.
10. DEBOY, G.; MARZ, M.; STENGL, J. P.; STRACK, H.; TILHANYI, J.; WEBER, H. "A new generation of high voltage MOSFETs breaks the limit of silicon". *Proc. IEDM 98*, São Francisco, p. 683–685, 1998.
11. Infineon Technologies. *CoolMOS™:* Power Semiconductors. Alemanha: Siemens, 2001. Disponível em: <www.infineon.co>.
12. HU, C. "Optimum doping profile for minimum ohmic resistance and high breakdown voltage". *IEEE Transactions on Electronic Devices*, v. ED-26, n. 3, 1979.
13. BALIGA, B. J.; CHENG, M.; SHAFER, P.; SMITH, M. W. "The insulated gate transistor (IGT): a new power switching device". *IEEE Industry Applications Society Conference Record*, p. 354–363, 1983.
14. BALIGA, B. J.; ADLER, M. S.; LOVE, R. P.; GRAY, P. V.; ZOMMER, N. "The insulated gate transistor: a new three-terminal MOS controlled bipolar power device". *IEEE Transactions Electron Devices*, ED-31, p. 821–828, 1984.
15. *IGBT Designer's Manual*. El Segundo, CA. International Rectifier, 1991.
16. SHENAI, K. *Power Electronics Handbook*. Editado por M. H. Rashid. Los Angeles, CA: Academic Press, 2001. Capítulo 7.
17. NISHIZAWA, I.; YAMAMOTO, K. "High-frequency high-power static induction transistor". *IEEE Transactions on Electron Devices*, v. ED25, n. 3, p. 314–322, 1978.
18. NISHIZAWA, J.; TERAZAKI, T.; SHIBATA, J. "Field-effect transistor versus analog transistor (static induction transistor)". *IEEE Transactions on Electron Devices*, v. 22, n. 4, p. 185–197, abr. 1975.
19. WILAMOWSKI, B. M. *Power Electronics Handbook*. Editado por M. H. Rashid. Los Angeles, CA: Academic Press, 2001. Capítulo 9.
20. RASHID, M. H. *SPICE for Power Electronics and Electric Power*. Englewood Cliffs, NJ: Prentice-Hall, 1993.
21. SHENG, K.; FINNEY, S. J.; WILLIAM, B. W. "Fast and accurate IGBT model for PSpice". *Electronics Letters*, v. 32, n. 25, p. 2294–2295, 5 dez. 1996.
22. STROLLO, A. G. M. "A new IGBT circuit model for SPICE simulation". *Power Electronics Specialists Conference*, v. 1, p. 133–138, jun. 1997.
23. SHENG, K.; FINNEY, S. J.; WILLIAMS, B. W. "A new analytical IGBT model with improved electrical characteristics". *IEEE Transactions on Power Electronics*, v. 14, n. 1, p. 98–107, jan. 1999.

24. _____. "A review of IGBT models". *IEEE Transactions on Power Electronics*, v. 15, n. 6, p. 1250–1266, nov. 2000.
25. HEFNER, A. R. "An investigation of the drive circuit requirements for the power insulated gate bipolar transistor (IGBT)". *IEEE Transactions on Power Electronics*, v. 6, p. 208–219, 1991.
26. LICITRA, C. et al. "A new driving circuit for IGBT devices". *IEEE Transactions on Power Electronics*, v. 10, p. 373–378, 1995.
27. LEE, H. G. et al. "A new intelligent gate control scheme to drive and protect high power IGBTs". *European Power Electronics Conference Records*, p. 1400–1405, 1997.
28. BERNET, S. "Recent developments of high power converters for industry and traction applications". *IEEE Transactions on Power Electronics*, v. 15, n. 6, p. 1102–1117, nov. 2000.
29. ELASSER, A. et al. "A comparative evaluation of new silicon carbide diodes and state-of-the-art silicon diodes for power electronic applications". *IEEE Transactions on Industry Applications*, v. 39, n. 4, p. 915–921, jul./ago. 2003.
30. STEPHANI, D. "Status, prospects and commercialization of SiC power devices". *IEEE Device Research Conference*, Notre Dame, IN, p. 14, 25–27 jun. 2001.
31. NEUDECK, P. G. *The VLSI Handbook*. Boca Raton, FL: CRC Press LLC, 2006. Capítulo 5, Silicon Carbide Technology.
32. BALIGA, B. J. *Silicon Carbide Power Devices*. Hackensack, NJ: World Scientific, 2005.
33. OZPINECI, B.; TOLBERT, L. Silicon carbide: smaller, faster, tougher". *IEEE Spectrum*, out. 2011.
34. COOPER JR., J. A.; AGARWAL, A. "SiC power-switching devices — the second electronics revolution?". *Proc. of the IEEE*, v. 90, n. 6, p. 956–968, 2002.
35. PALMOUR, J. W. "High voltage silicon carbide power devices". Apresentado na ARPA-E Power Technologies Workshop. Arlington, VA, 9 fev. 2009.
36. AGARWAL, A. K. "An overview of SiC power devices". *Proc. International Conference Power, Control and Embedded Systems (ICPCES)*. Allahabad, Índia, p. 1–4, 29 nov.–1 dez. 2010.
37. STEVANOVIC, L. D. et al. "Recent advances in silicon carbide MOSFET power devices". *IEEE Applied Power Electronics Conference and Exposition (APEC)*, p. 401–407, 2010.
38. CALLANAN, Bob. "Application Considerations for Silicon Carbide MOSFETs". Cree Inc., Estados Unidos, jan. 2011.
39. PALMOUR, J. *High Temperature, Silicon Carbide Power MOSFET*. Cree Research, Inc., Durham, Carolina do Norte, jan. 2011.
40. RYU, S.-H.; et al. "10 kV, 5A 4H-SiC power DMOSFET". *Proc. of the 18th IEEE International Symposium on Power Semiconductor Devices and IC's (ISPSD '06)*, Nápoles, Itália, p. 1–4, jun. 2006.
41. AGARWAL, A. et al. "Power MOSFETs in 4H-SiC: device design and technology". In: *Silicon Carbide:* Recent Major Advances. CHOYKE, W. J.; MATSUNAMI, H.; PENSL, G. (eds.) Springer, Berlim, Alemanha, p. 785–812, 2004.
42. DODGE, J. Power MOSFET tutorial, Parte 1. Microsemi Corporation, 5 dez. 2006, Design Article, EE Times. Disponível em: <http://www.eetimes.com/design/power-management-design/4012128/Power-MOSFET-tutorial-Part-1#>. Acesso em: out. 2012.
43. RABKOWSKI, J.; PEFTITSIS, D.; NEE, H.-P. "Silicon carbide power transistors: A new era in power electronics is initiated". *IEEE Industrial Electronics Magazine*, p. 17–26, jun. 2012.
44. RASHID, M. H. *Microelectronic Circuits:* Analysis and Design. Florence, KY, Cengage Learning, 2011.
45. WONDRAK, W. et al. "SiC devices for advanced power and high-temperature applications". *IEEE Transactions on Industrial Electronics*, v. 48, n. 2, p. 238–244, abr. 2001.
46. KOSTOPOULOS, K. et al. "A compact model for silicon carbide JFET". *Proc. 2nd Panhellenic Conference on Electronics and Telecommunications (PACET)*. Tessalônica, Grécia, p. 176–185, 16–18 mar. 2012.
47. PLATANIA, E.; et al. "A physics-based model for a SiC JFET accounting for electric-field-dependent mobility". *IEEE Trans. on Industry Applications*, v. 47, n. 1, p. 199–211, jan. 2011.
48. ZHANG, Q. (Jon) et al. "SiC power devices for microgrids", *IEEE Transactions on Power Electronics*, v. 25, n. 12, p. 2889–2896, dez. 2010.
49. SANKIN, I.; et al. "Normally-off SiC VJFETs for 800 V and 1200 V power switching applications". *Proc. 20th International Symposium Power Semiconductor Devices and IC's, ISPSD*, p. 260–262, 18–22 mai. 2008.
50. KELLEY, R. L. et al. "Inherently safe DC/DC converter using a normally-on SiC JFET". *Proc. 20th Annual IEEE Applied Power Electronics Conference Exposition, APEC*, v. 3, p. 1561–1565, 6–10 mar. 2005.
51. MALHAN, R. K. et al. "Design, process, and performance of all-epitaxial normally-off SiC JFETs". *Physica Status Solidi A*, v. 206, n.10, p. 2308–2328, 2009.

52. ROUND, S. et al. "A SiC JFET driver for a 5 kW, 150 kHz three-phase PWM converter". *IEEE-Industry Application Society (IAS)*, 40th IAS Annual Meeting—Conference record v. 1, p. 410–416, 2005.
53. KELLEY, R. et al. "Improved two-stage DC-coupled gate driver for enhancement-mode SiC JFET". *Proc. 25th Annual IEEE Applied Power Electronics Conference Exposition (APEC)*, Atlanta, GA, p. 1838–1841, 2010.
54. WRZECIONKO, B. et al. "Novel AC coupled gate driver for ultra-fast switching of normally off SiC JFETs". *Proc. IECON 36th Annual Conference, IEEE Industrial Electronics Society*, p. 605–612, 7–10 nov. 2010.
55. BASU, S.; UNDELAND, T. M. "On understanding and driving SiC power JFETs. Power electronics and applications (EPE 2011)". *Proc. of the 2011-14th European Conference*, p. 1–9, 2011.
56. M. Domeji, "Silicon carbide bipolar junction transistors for power electronics applications". *TranSiC semiconductor*. Disponível em: <http://www.transic.com/>. Acesso em: out. 2012.
57. ZHANG, J. et al. "4H-SiC power bipolar junction transistor with a very low specific ON-resistance of 2.9 mΩ · cm2". *IEEE Electron Device Letters*, v. 27, n. 5, p. 368–370, mai. 2006.
58. LINDGREN, A.; DOMEIJ, M. "1200V 6A SiC BJTs with very low VCESAT and fast switching". In: em *Proc. 6th Int. Conf. Integrated Power Electronics Systems (CIPS)*, p. 1–5, 16–18 mar. 2010.
59. _____. "Degradation free fast switching 1200 V 50 A silicon carbide BJT's". *Proc. 26th Annual IEEE Applied Power Electronics Conference Exposition (APEC)*, p. 1064–1070, 6–11 mar. 2011.
60. LEE, H.-Seok.; et al. "1200-V 5.2-mΩ · cm2 4H-SiC BJTs with a high common-emitter current gain". *IEEE Electron Device Letters*, v. 28, n.11, p. 1007–1009, nov. 2007.
61. SAADEH, M. et al. "A Unified Silicon/Silicon Carbide IGBT Model". *IEEE Applied Power Electronics Conference and Exposition*, p. 1728–1733, 2012.
62. ZHANG, Q. J. et al. "12 kV p-channel IGBTs with low ON-resistance in 4 H-SiC". *IEEE Eletron Device Letters*, v. 29, n. 9, p. 1027–1029, set. 2008.
63. ZHANG, Q.; et al. "Design and characterization of high-voltage 4H-SiC p-IGBTs". *IEEE Transactions on Electron Devices*, v. 55, n. 8, p. 2121–2128, ago. 2008.
64. DAS, M. et al. "A 13 kV 4H-SiC N-channel IGBT with low Rdiff, on and fast switching". *Proc. of the International Conference on Silicon Carbide and Related Materials (ICSCRM '07)*, Quioto, Japão, out. 2007.
65. SINGH, R. et al. "High temperature SiC trench gate p-IGBTs". *IEEE Transactions on Electron Devices*, v. 50, n. 3, p. 774–784, mar. 2003.
66. VAN CAMPER, S. et al. "7 kV 4H-SiC GTO thyristor". *Materials Research Society Symposium Proceedings*, v. 742, São Francisco, Califórnia, Estados Unidos, estudo K7.7.1, abr. 2002.
67. COOPER JR., J. A. et al. "Status and prospects for SiC power MOSFETs". *IEEE Transactions Electron Devices*, v. 49, n. 4, p. 658–664, abr. 2002.
68. FRIEDRICHS, P.; RUPP, R. "Silicon carbide power devices-current developments and potential applications". *Proc. European Conference Power Electronics and Applications*, p. 1–11, 2005.
69. TOLSTOY, G. et al. "Performance tests of a 4.134.1 mm2 SiC LCVJFET for a DC/DC boost converter application". *Materials Science Forum*, v. 679–680, p. 722–725, 2011.

Capítulo 5

Conversores CC-CC

Após a conclusão deste capítulo, os estudantes deverão ser capazes de:

- Listar as características de um transistor ideal que atua como chave.
- Descrever a técnica de chaveamento para conversão CC-CC.
- Listar os tipos de conversor CC-CC.
- Descrever o princípio de operação dos conversores CC-CC.
- Listar os parâmetros de desempenho dos conversores CC.
- Analisar o projeto de conversores CC.
- Simular os conversores utilizando o SPICE.
- Descrever os efeitos da indutância de carga sobre a corrente e as condições para a corrente contínua.

Símbolos e seus significados

Símbolo	Significado
$v; i$	Tensão e corrente instantâneas, respectivamente
$f; T; k$	Frequência, período de chaveamento e ciclo de trabalho, respectivamente
$i(t); i_1(t); i_2(t)$	Corrente instantânea, corrente do modo 1 e corrente do modo 2, respectivamente
$I_1; I_2; I_3$	Correntes em regime permanente no início do modo 1, do modo 2 e do modo 3, respectivamente
$I_o; V_o$	Corrente e tensão rms de carga (saída), respectivamente
$I_L; i_L; v_L; v_C$	Corrente de pico na carga, corrente instantânea na carga, tensão da carga e tensão do capacitor, respectivamente
$\Delta I; \Delta I_{máx}$	Pico a pico da ondulação e conteúdo máximo de ondulação da corrente da carga, respectivamente
$P_o; P_i; R_i$	Potência de saída, potência de entrada e resistência efetiva de entrada, respectivamente
$t_1; t_2$	Tempos de duração do modo 1 e do modo 2, respectivamente
$v_r; v_{cr}$	Sinais de referência e de portadora, respectivamente
$V_a; I_a$	Tensão e corrente médias de saída, respectivamente
$V_s; v_o$	Tensão CC de entrada e tensão instantânea de saída, respectivamente

5.1 INTRODUÇÃO

Em muitas aplicações industriais, é necessário converter uma fonte de tensão CC fixa em uma variável. Um conversor CC-CC converte diretamente CC em CC, e é chamado apenas de "conversor CC". Um conversor CC pode ser considerado o equivalente CC de um transformador CA com uma relação de espiras continuamente variável. Assim como o transformador, ele pode ser usado para baixar ou elevar uma fonte de tensão CC.

Os conversores CC são amplamente utilizados no controle de tração de motores em automóveis elétricos, tróleibus, guindastes portuários, empilhadeiras e transportadores de mineração. Eles propiciam um controle uniforme (suave) de aceleração, alta eficiência e uma resposta dinâmica rápida. Os conversores CC podem ser utilizados em frenagem regenerativa de motores CC para devolver energia à fonte de alimentação, e essa característica resulta em economia energética para sistemas de transporte com paradas frequentes. Os conversores CC são utilizados em reguladores de tensão CC, e também em conjunto com um indutor para gerar uma fonte de corrente CC, em especial para os inversores de fonte de corrente. Os conversores CC-CC estão presentes na conversão de energia na área da tecnologia de energia renovável.

5.2 PARÂMETROS DE DESEMPENHO DE CONVERSORES CC-CC

Tanto a tensão de entrada quanto a de saída de um conversor CC-CC são CC. Esse tipo de conversor pode produzir uma tensão de saída fixa ou variável a partir de uma tensão CC fixa ou variável, como mostra a Figura 5.1a. Em termos ideais, a tensão de saída e a corrente de entrada devem ser um CC puro, mas, na prática, a primeira e a corrente de entrada de um conversor CC-CC contêm harmônicas ou ondulações, como indicam as figuras 5.1b e c. O conversor extrai corrente da fonte CC somente quando ele conecta a carga com a fonte de alimentação e a corrente de entrada pode ser descontínua.

A potência CC de saída é

$$P_{CC} = I_a V_a \tag{5.1}$$

onde V_a e I_a são a tensão média da carga e a corrente média da carga.

A potência CA de saída é

$$P_{CA} = I_o V_o \tag{5.2}$$

onde V_o e I_o são a tensão rms de carga e a corrente rms de carga.

A eficiência do conversor (e não a eficiência de potência) é

$$\eta_c = \frac{P_{CC}}{P_{CA}} \tag{5.3}$$

O conteúdo rms de ondulação da tensão de saída é

$$V_r = \sqrt{V_o^2 - V_a^2} \tag{5.4}$$

E o conteúdo rms de ondulação da corrente de entrada é

$$I_r = \sqrt{I_i^2 - I_s^2} \tag{5.5}$$

FIGURA 5.1

Relação entre entrada e saída de um conversor CC-CC.

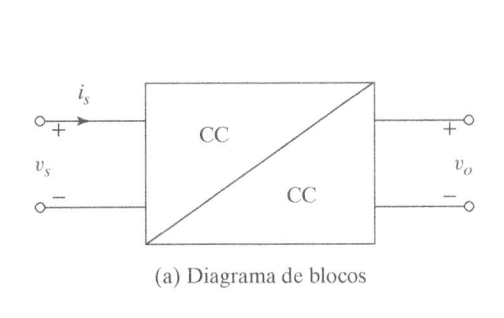

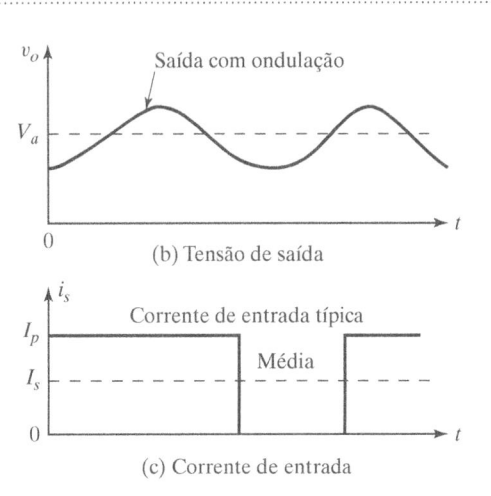

(a) Diagrama de blocos

(b) Tensão de saída

(c) Corrente de entrada

onde I_i e I_s são os valores rms e médio da corrente de alimentação CC.

Já o fator de ondulação da tensão de saída é

$$\text{FR}_o = \frac{V_r}{V_a} \tag{5.6}$$

O fator de ondulação da corrente de entrada é

$$\text{FR}_s = \frac{I_r}{I_s} \tag{5.7}$$

A eficiência de potência, que é a relação da potência de saída com a de entrada, depende das perdas de chaveamento que, por sua vez, dependem da frequência de chaveamento de um conversor. A frequência de chaveamento f deve ser alta para reduzir os valores e os tamanhos das capacitâncias e indutâncias. O projetista precisa levar em conta esses requisitos conflitantes. Em geral, f é maior do que a frequência de áudio de 18 kHz.

5.3 PRINCÍPIO DA OPERAÇÃO COMO ABAIXADOR DE TENSÃO

O princípio de operação pode ser explicado pela Figura 5.2a. No intervalo t_1, a chave SW, conhecida como pulsador (*chopper*), está fechada, e a tensão de entrada V_s aparece sobre a carga. No intervalo t_2, a chave permanece aberta, e a tensão sobre a carga é zero. As formas de onda da tensão de saída e da corrente de carga são mostradas na Figura 5.2b. A chave do conversor pode ser implementada com um (1) BJT de potência, um (2) MOSFET de potência, um (3) GTO ou um (4) IGBT. Os dispositivos existentes na prática têm uma queda de tensão finita que varia de 0,5 a 2 V, e, para simplificar, desprezaremos as quedas de tensão desses dispositivos semicondutores de potência.

A tensão média de saída é dada por

$$V_a = \frac{1}{T}\int_0^{t_1} v_0 \, dt = \frac{t_1}{T} V_s = ft_1 V_s = kV_s \tag{5.8}$$

e a corrente média de carga, $I_a = V_a/R = kV_s/R$,

onde T é o período de operação;

$k = t_1/T$ é o ciclo de trabalho ou razão cíclica da chave;

f é a frequência de chaveamento.

O valor rms da tensão de saída é encontrado a partir de

$$V_o = \sqrt{\frac{1}{T}\int_0^{kT} v_0^2 \, dt} = \sqrt{k}\, V_s \tag{5.9}$$

Supondo um conversor sem perdas, a potência de entrada do conversor é a mesma da de saída, e é dada por

$$P_i = \frac{1}{T}\int_0^{kT} v_0 i \, dt = \frac{1}{T}\int_0^{kT} \frac{v_0^2}{R} dt = k\frac{V_s^2}{R} \tag{5.10}$$

A resistência efetiva de entrada vista pela fonte é

$$R_i = \frac{V_s}{I_a} = \frac{V_s}{kV_s/R} = \frac{R}{k} \tag{5.11}$$

FIGURA 5.2
Conversor abaixador de tensão com carga resistiva.

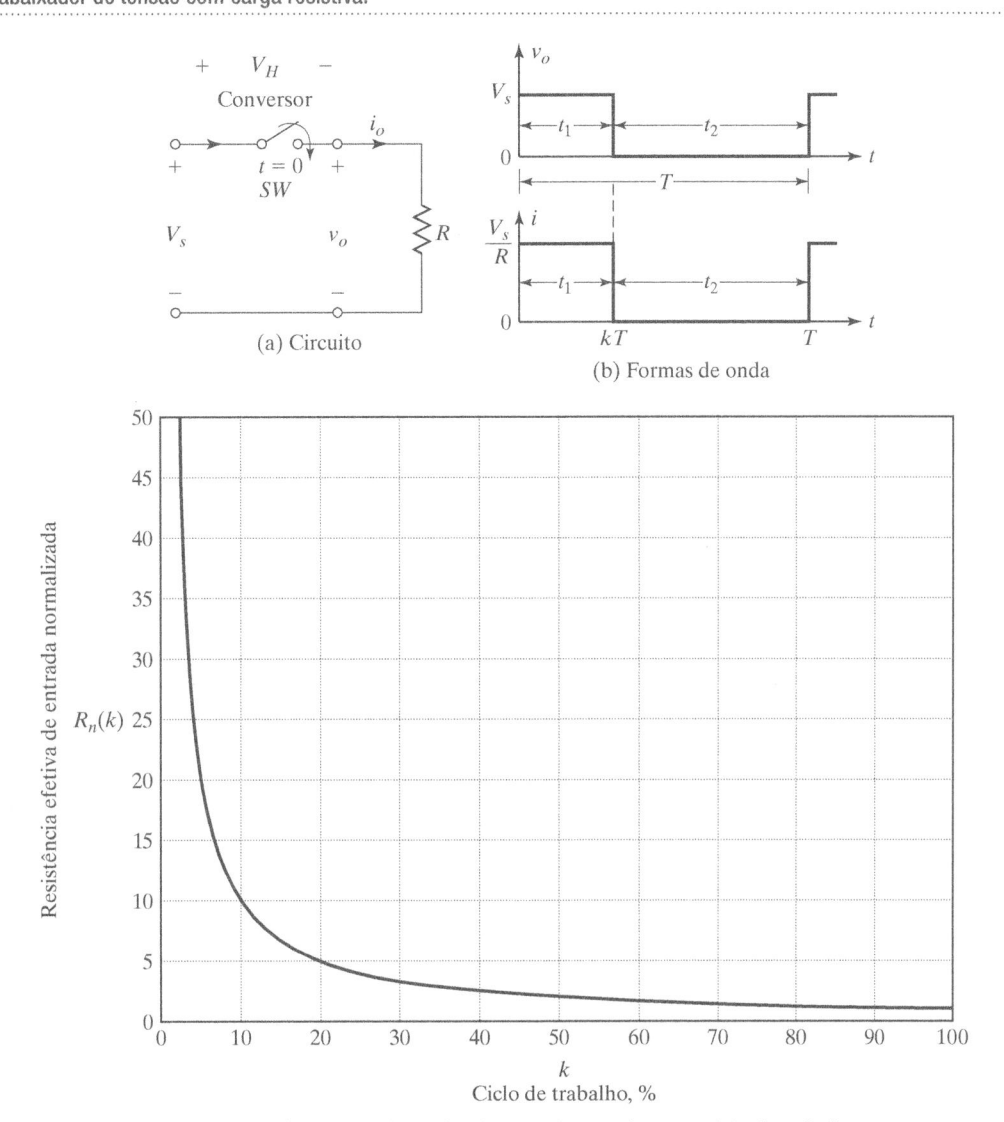

(a) Circuito

(b) Formas de onda

(c) Resistência efetiva de entrada em relação ao ciclo de trabalho

o que indica que o conversor faz que a resistência de entrada R_i seja uma resistência variável de R/k. A variação da resistência de entrada normalizada em relação ao ciclo de trabalho é mostrada na Figura 5.2c. Deve-se observar que a chave na Figura 5.2 poderia ser um BJT, um MOSFET, um IGBT ou um GTO.

O ciclo de trabalho k pode variar de 0 a 1, variando-se t_1, T ou f. Portanto, a tensão de saída V_o pode variar de 0 a V_s controlando-se k, e o fluxo de potência pode ser controlado.

1. *Operação em frequência constante*: a frequência do conversor, ou de chaveamento f (ou o período T), é mantida constante, e o tempo de chave ligada t_1 é variado. A largura do pulso também é variada, e esse tipo de controle é conhecido como *modulação por largura de pulso* (*pulse-width-modulation* — PWM).

2. *Operação em frequência variável*: a frequência de chaveamento f é variada. Tanto o tempo ligado, t_1, quanto o tempo desligado, t_2, podem ser mantidos constantes. Isso é chamado *modulação em frequência*. A frequência deve ser variada ao longo de um intervalo amplo para a obtenção da faixa completa da tensão de saída. Esse tipo de controle gera harmônicas em frequências imprevisíveis, e o projeto do filtro é difícil.

Exemplo 5.1 ▪ Determinação do desempenho de um conversor CC-CC

O conversor CC na Figura 5.2a tem uma carga resistiva $R = 10\,\Omega$, e a tensão de entrada é $V_s = 220$ V. Quando a chave do conversor permanece ligada, sua queda de tensão é $v_{ch} = 2$ V, e a frequência de operação é $f = 1$ kHz. Para um ciclo de trabalho de 50%, determine (a) a tensão média de saída V_a; (b) a tensão rms de saída V_o; (c) a eficiência do conversor; (d) a resistência efetiva de entrada R_i do conversor; (e) o fator de ondulação da tensão de saída FR_o; e (f) o valor rms da componente fundamental da tensão harmônica de saída.

Solução

$V_s = 220$ V, $k = 0{,}5$, $R = 10\,\Omega$ e $v_{ch} = 2$ V.

a. A partir da Equação 5.8, $V_a = 0{,}5 \times (220 - 2) = 109$ V.

b. A partir da Equação 5.9, $V_o = \sqrt{0{,}5} \times (220 - 2) = 154{,}15$ V.

c. A potência de saída pode ser encontrada a partir de

$$P_o = \frac{1}{T}\int_0^{kT} \frac{v_0^2}{R}\,dt = \frac{1}{T}\int_0^{kT}\frac{(V_s - v_{ch})^2}{R}\,dt = k\frac{(V_s - v_{ch})^2}{R}$$

$$= 0{,}5 \times \frac{(220-2)^2}{10} = 2376{,}2\,\text{W} \tag{5.12}$$

A potência de entrada pode ser encontrada a partir de

$$P_i = \frac{1}{T}\int_0^{kT} V_s i\,dt = \frac{1}{T}\int_0^{kT}\frac{V_s(V_s - v_{ch})}{R}\,dt = k\frac{V_s(V_s - v_{ch})}{R}$$

$$= 0{,}5 \times 220 \times \frac{220-2}{10} = 2398\,\text{W} \tag{5.13}$$

A eficiência do conversor é

$$\frac{P_o}{P_i} = \frac{2376{,}2}{2398} = 99{,}09\%$$

d. A partir da Equação 5.11,

$$R_i = V_s/I_a = V_s/(V_a/R) = 220/(109/10) = 20{,}18$$

e. Substituindo V_a a partir da Equação 5.8 e V_o a partir da Equação 5.9 na Equação 5.6, obtém-se o fator de ondulação

$$FR_o = \frac{V_r}{V_a} = \sqrt{\frac{1}{k} - 1}$$

$$= \sqrt{1/0{,}5 - 1} = 100\% \tag{5.14}$$

f. A tensão de saída, como mostra a Figura 5.2b, pode ser expressa na série de Fourier como

$$v_o(t) = kV_s + \sum_{n=1}^{\infty}\frac{V_s}{n\pi}\,\text{sen}\,2n\pi k\,\cos 2n\pi ft$$

$$+ \frac{V_s}{n\pi}\sum_{n=1}^{\infty}(1 - \cos 2n\pi k)\,\text{sen}\,2n\pi ft \tag{5.15}$$

A componente fundamental (para $n = 1$) da tensão harmônica de saída pode ser determinada a partir da Equação 5.15 como

$$v_1(t) = \frac{(V_s - v_{ch})}{\pi}[\text{sen } 2\pi k \cos 2\pi ft + (1 - \cos 2\pi k)\text{sen } 2\pi ft]$$
$$= \frac{(220-2) \times 2}{\pi}\text{sen}(2\pi \times 1000t) = 138{,}78 \text{ sen}(6283{,}2t)$$
(5.16)

e o valor eficaz (rms) é $V_1 = 138{,}78/\sqrt{2} = 98{,}13\,\text{V}$.

Observação: o cálculo da eficiência, que inclui as perdas por condução do conversor, não leva em conta as perdas por chaveamento em virtude da entrada em condução e do desligamento dos conversores na prática. A eficiência de um conversor na prática varia entre 92% e 99%.

■ Principais pontos da Seção 5.3

- Um pulsador (*chopper*), ou conversor CC abaixador, que atua como uma carga de resistência variável, pode produzir uma tensão de saída de 0 a V_s.
- Embora um conversor CC consiga operar com frequência fixa ou variável, ele normalmente opera em uma frequência fixa com um ciclo de trabalho variável.
- A tensão de saída contém harmônicas, e um filtro CC é necessário para suavizar as ondulações.

5.3.1 Geração do ciclo de trabalho

O ciclo de trabalho k pode ser gerado pela comparação de um sinal CC de referência v_r com um sinal de portadora dente de serra v_{cr}. Isso é mostrado na Figura 5.3, na qual V_r é o valor de pico de v_r e V_{cr}, o valor de pico de v_{cr}. O sinal da portadora v_{cr} é dado por

$$v_{cr} = \frac{V_{cr}}{T}t \tag{5.17}$$

que deve ser igualado ao sinal de referência $v_r = V_r$ em kT. Isto é,

$$V_r = \frac{V_{cr}}{T}kT$$

que fornece o ciclo de trabalho k como

$$k = \frac{V_r}{V_{cr}} = M \tag{5.18}$$

FIGURA 5.3
Comparação de um sinal de referência com um sinal de portadora.

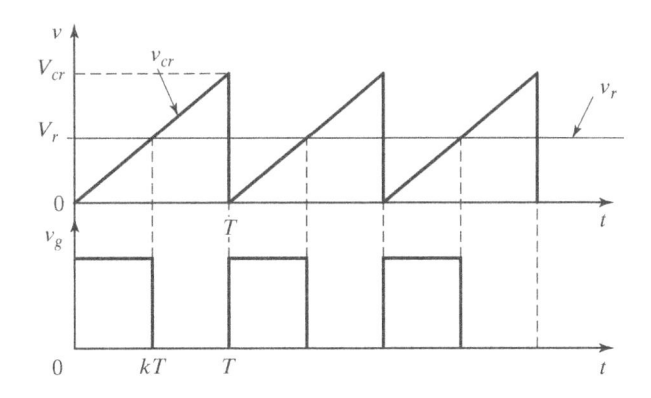

onde M é chamado de *índice de modulação*. Pela variação do sinal de referência v_r de 0 a V_{cr}, o ciclo de trabalho k pode variar de 0 a 1.

O algoritmo para gerar o sinal de comando é o seguinte:

1. Gerar uma forma de onda triangular de período T como sinal de portadora v_{cr} e um sinal CC de referência v_r.
2. Comparar esses sinais usando um comparador para gerar a diferença $(v_r - v_{cr})$ e, em seguida, um limitador rígido para obter um pulso de comando de onda quadrada de largura kT, que deve ser aplicado no dispositivo de chaveamento por meio de um circuito isolado.
3. Qualquer variação de v_r varia linearmente o ciclo de trabalho k.

5.4 CONVERSOR ABAIXADOR COM CARGA *RL*

Um conversor[1] com uma carga *RL* é mostrado na Figura 5.4. A operação do conversor pode ser dividida em dois modos. Durante o modo 1, a chave está ligada e a corrente flui da fonte para a carga. Já durante o modo 2, a chave está desligada e a corrente de carga continua a fluir através do diodo de roda livre D_m. Os circuitos equivalentes desses modos são apresentados na Figura 5.5a. Além disso, as formas de onda da corrente de carga e da tensão de saída são mostradas na Figura 5.5b, com o pressuposto de que a corrente de carga varia linearmente. No entanto, a corrente que flui através de uma carga *RL* sobe ou cai exponencialmente com uma constante de tempo. A constante de tempo de carga ($\tau = L/R$) é geralmente muito maior do que o período de chaveamento T. Assim, a aproximação linear é válida para muitas condições de circuito e pode-se obter expressões simplificadas com uma precisão razoável.

A corrente de carga para o modo 1 pode ser determinada a partir de

$$V_s = Ri_1 + L\frac{di_1}{dt} + E$$

que, com a corrente inicial $i_1(t=0) = I_1$, fornece a corrente de carga

$$i_1(t) = I_1 e^{-tR/L} + \frac{V_s - E}{R}\left(1 - e^{-tR/L}\right) \tag{5.19}$$

Esse modo é válido para $0 \le t \le t_1 (= kT)$; e, ao fim desse modo, a corrente de carga torna-se

$$i_1(t = t_1 = kT) = I_2 \tag{5.20}$$

A corrente de carga para o modo 2 pode ser determinada a partir de

$$0 = Ri_2 + L\frac{di_2}{dt} + E$$

FIGURA 5.4

Conversor CC com carga *RL*.

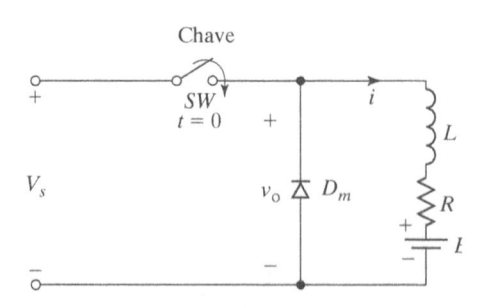

FIGURA 5.5
Circuito equivalente e formas de onda para carga *RL*.

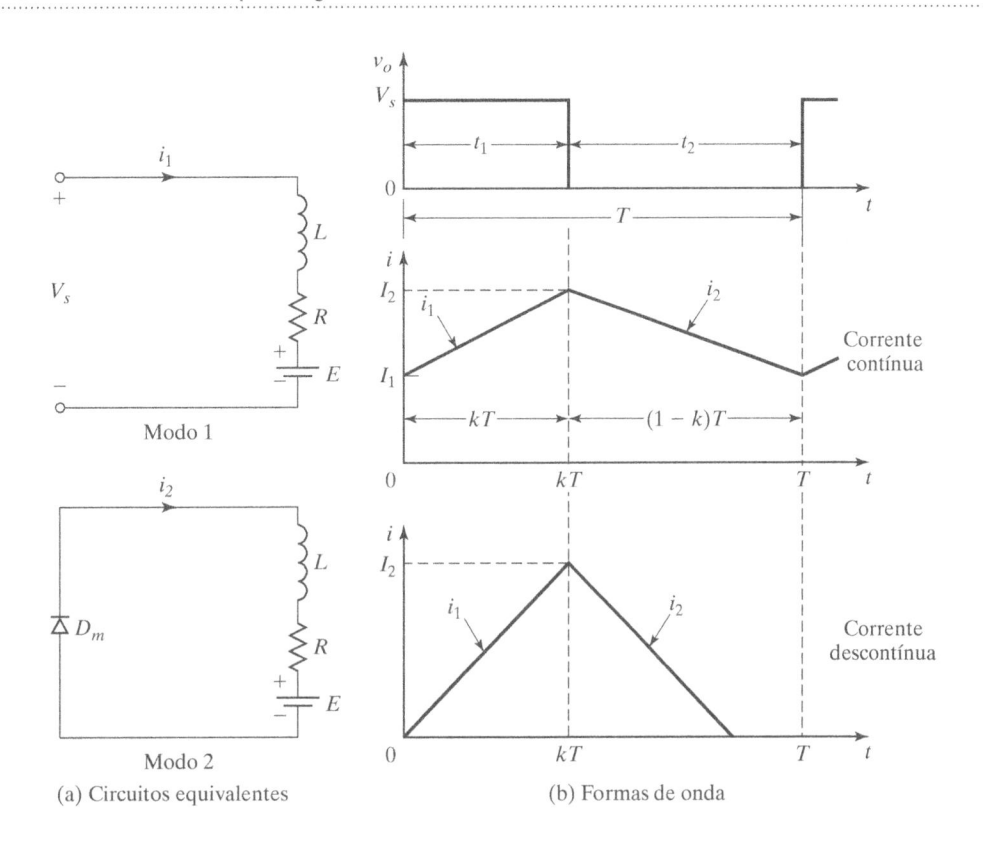

(a) Circuitos equivalentes
(b) Formas de onda

Com a corrente inicial $i_2(t = 0) = I_2$ e redefinindo-se a origem do tempo (isto é, $t = 0$) para o início do modo 2, obtemos

$$i_2(t) = I_2 e^{-tR/L} - \frac{E}{R}\left(1 - e^{-tR/L}\right) \quad (5.21)$$

Esse modo é válido para $0 \leq t \leq t_2 [= (1 - k)T]$. Ao final desse modo, a corrente de carga torna-se

$$i_2(t = t_2) = I_3 \quad (5.22)$$

Ao final do modo 2, a chave é ligada novamente no próximo ciclo após o tempo $T = 1/f = t_1 + t_2$.

Em condições de regime permanente, $I_1 = I_3$. A ondulação pico a pico da corrente de carga pode ser determinada a partir das equações 5.19 a 5.22. A partir das equações 5.19 e 5.20, I_2 é dado por

$$I_2 = I_1 e^{-kTR/L} + \frac{V_s - E}{R}\left(1 - e^{-kTR/L}\right) \quad (5.23)$$

A partir das equações 5.21 e 5.22, I_3 é

$$I_3 = I_1 = I_2 e^{-(1-k)TR/L} - \frac{E}{R}\left(1 - e^{-(1-k)TR/L}\right) \quad (5.24)$$

Resolvendo para I_1 e I_2, obtemos

$$I_1 = \frac{V_S}{R}\left(\frac{e^{kz} - 1}{e^z - 1}\right) - \frac{E}{R} \quad (5.25)$$

onde $z = \dfrac{TR}{L}$ é a razão entre o período de operação ou chaveamento e a constante de tempo de carga.

$$I_2 = \dfrac{V_s}{R}\left(\dfrac{e^{-kz} - 1}{e^{-z} - 1}\right) - \dfrac{E}{R} \tag{5.26}$$

A ondulação pico a pico da corrente é

$$\Delta I = I_2 - I_1$$

que, após as simplificações, torna-se

$$\Delta I = \dfrac{V_s}{R}\dfrac{1 - e^{-kz} + e^{-z} - e^{-(1-k)z}}{1 - e^{-z}} \tag{5.27}$$

A condição para a ondulação máxima

$$\dfrac{d(\Delta I)}{dk} = 0 \tag{5.28}$$

dá $e^{-kz} - e^{-(1-k)z} = 0$ ou $-k = -(1-k)$ ou $k = 0{,}5$. A ondulação máxima pico a pico da corrente (em $k = 0{,}5$) é

$$\Delta I_{máx} = \dfrac{V_s}{R}\,\text{tgh}\,\dfrac{R}{4fL} \tag{5.29}$$

Para $4fL \gg R$, $\text{tgh}\,\theta \approx \theta$, e a ondulação máxima da corrente pode ser aproximada a

$$\Delta I_{máx} = \dfrac{V_s}{4fL} \tag{5.30}$$

Observação: as equações 5.19 a 5.30 são válidas apenas para fluxo contínuo de corrente. A um tempo desligado grande, especialmente em baixa frequência e baixa tensão de saída, a corrente de carga pode ser descontínua. A corrente de carga seria contínua se $L/R \gg T$ ou $Lf \gg R$. Em caso de corrente de carga descontínua, $I_1 = 0$, e a Equação 5.19 torna-se

$$i_1(t) = \dfrac{V_s - E}{R}\left(1 - e^{-tR/L}\right)$$

e a Equação 5.21 é válida para $0 \le t \le t_2$, de tal modo que $i_2(t = t_2) = I_3 = I_1 = 0$, o que dá

$$t_2 = \dfrac{L}{R}\ln\left(1 + \dfrac{RI_2}{E}\right)$$

Pelo fato de $t = kT$, obtemos

$$i_1(t) = I_2 = \dfrac{V_s - E}{R}\left(1 - e^{-kz}\right)$$

que, após a substituição por I_2, torna-se

$$t_2 = \dfrac{L}{R}\ln\left[1 + \left(\dfrac{V_s - E}{E}\right)\left(1 - e^{-kz}\right)\right]$$

Condição para corrente contínua: para $I_1 \ge 0$, a Equação 5.25 dá

$$\left(\dfrac{e^{kz} - 1}{e^z - 1} - \dfrac{E}{V_s}\right) \ge 0$$

o que dá o valor da razão da força eletromotriz de carga (fem) $x = E/V_s$ como

$$x = \dfrac{E}{V_s} \le \dfrac{e^{kz} - 1}{e^z - 1} \tag{5.31}$$

Exemplo 5.2 ▪ Determinação da corrente de um conversor CC com carga RL

Um conversor está alimentando uma carga RL, como mostra a Figura 5.4, com $V_S = 220$ V, $R = 5\,\Omega$, $L = 7{,}5$ mH, $f = 1$ kHz, $k = 0{,}5$ e $E = 0$ V. Calcule (a) a corrente instantânea mínima da carga I_1; (b) a corrente instantânea de pico da carga I_2; (c) a ondulação máxima pico a pico da corrente de carga; (d) o valor médio da corrente de carga I_a; (e) a corrente rms de carga I_o; (f) a resistência efetiva de entrada R_i vista pela fonte; (g) a corrente rms da chave I_R; e (h) o valor crítico da indutância para corrente de carga contínua. Utilize o PSpice para fazer os gráficos da corrente de carga, da corrente de alimentação e da corrente do diodo de roda livre.

Solução

$V_S = 220$ V, $R = 5\,\Omega$, $L = 7{,}5$ mH, $E = 0$ V, $k = 0{,}5$ e $f = 1000$ Hz. A partir da Equação 5.23, $I_2 = 0{,}7165 I_1 + 12{,}473$, e, a partir da Equação 5.24, $I_1 = 0{,}7165 I_2 + 0$.

a. Calculando essas duas equações, obtém-se $I_1 = 18{,}37$ A.

b. $I_2 = 25{,}63$ A.

c. $\Delta I = I_2 - I_1 = 25{,}63 - 18{,}37 = 7{,}26$ A. A partir da Equação 5.29, $\Delta I_{máx} = 7{,}26$ A, e a Equação 5.30 dá o valor aproximado $\Delta I_{máx} = 7{,}33$ A.

d. A corrente média de carga é, aproximadamente,

$$I_a = \frac{I_2 + I_1}{2} = \frac{25{,}63 + 18{,}37}{2} = 22\,\text{A}$$

e. Supondo que a corrente de carga suba linearmente de I_1 para I_2, a corrente instantânea pode ser expressa como

$$i_1 = I_1 + \frac{\Delta I t}{kT} \quad \text{para } 0 < t < kT$$

O valor rms da corrente de carga pode ser encontrado a partir de

$$I_o = \sqrt{\frac{1}{kT}\int_0^{kT} i_1^2\, dt} = \sqrt{I_1^2 + \frac{(I_2 - I_1)^2}{3} + I_1(I_2 - I_1)} \tag{5.32}$$

$$= 22{,}1\,\text{A}$$

f. A corrente média da fonte é

$$I_s = k I_a = 0{,}5 \times 22 = 11\,\text{A}$$

e resistência efetiva de entrada $R_i = V_s/I_s = 220/11 = 20\,\Omega$.

g. A corrente rms do conversor pode ser encontrada a partir de

$$I_R = \sqrt{\frac{1}{T}\int_0^{kT} i_1^2\, dt} = \sqrt{k}\sqrt{I_1^2 + \frac{(I_2 - I_1)^2}{3} + I_1(I_2 - I_1)}$$

$$= \sqrt{k}\, I_o = \sqrt{0{,}5} \times 22{,}1 = 15{,}63\,\text{A} \tag{5.33}$$

h. Podemos reescrever a Equação 5.31 como

$$V_S\left(\frac{e^{kz} - 1}{e^z - 1}\right) = E$$

que, após iterações dá $z = TR/L = 52{,}5$ e $L = 1 \text{ ms} \times 5/52{,}5 = 0{,}096 \text{ mH}$. Os resultados da simulação SPICE[32] são mostrados na Figura 5.6, com a corrente de carga $I(R)$, a corrente de alimentação $-I(V_S)$ e a corrente de diodo $I(D_m)$. Obtemos $I_1 = 17{,}96 \text{ A}$ e $I_2 = 25{,}455 \text{ A}$.

FIGURA 5.6
Gráficos obtidos no SPICE para o Exemplo 5.2.

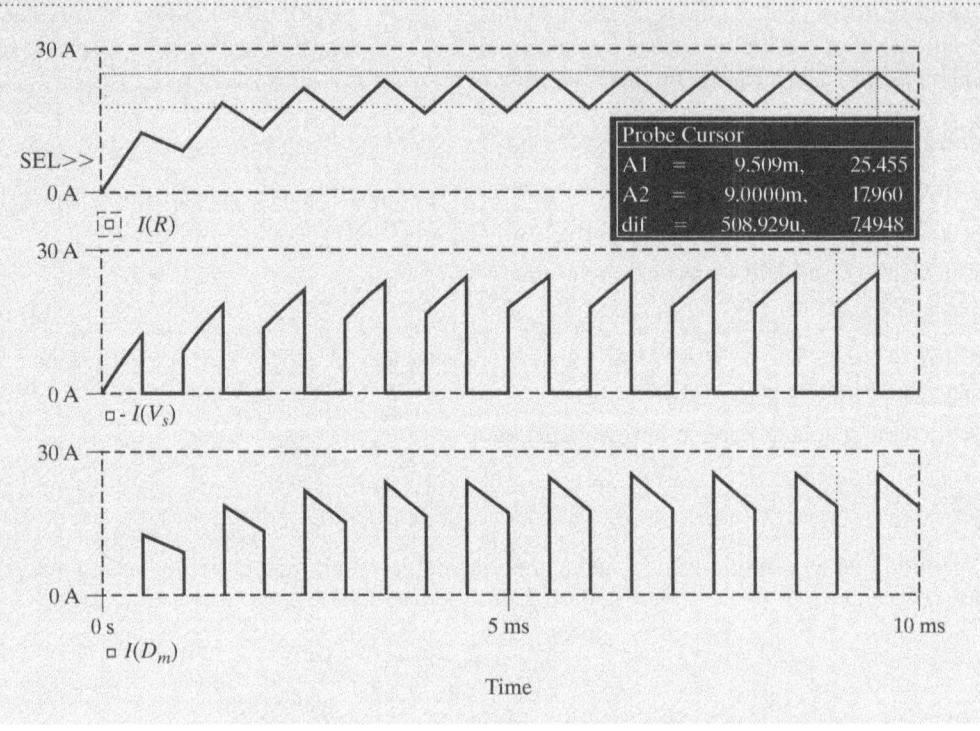

Exemplo 5.3 ▪ Determinação da indutância de carga para limitar a ondulação da corrente de carga

O conversor na Figura 5.4 tem uma resistência de carga $R = 0{,}25 \, \Omega$, tensão de entrada $V_S = 550 \text{ V}$ e tensão de bateria $E = 0 \text{ V}$. A corrente média de carga é $I_a = 200 \text{ A}$, e a frequência de operação, $f = 250 \text{ Hz}$. Utilize a tensão média de saída para calcular a indutância de carga L que limitaria a ondulação máxima da corrente de carga a 10% de I_a.

Solução

$V_s = 550 \text{ V}$, $R = 0{,}25 \, \Omega$, $E = 0 \text{ V}$, $f = 250 \text{ Hz}$, $T = 1/f = 0{,}004\text{s}$ e $\Delta i = 200 \times 0{,}1 = 20\text{A}$. A tensão média de saída $V_a = kV_S = RI_a$. Já a tensão através do indutor é dada por

$$L\frac{di}{dt} = V_s - RI_a = V_s - kV_s = V_s(1-k)$$

Se considerarmos que a corrente de carga sobe linearmente, $dt = t_1 = kT$ e $di = \Delta i$:

$$\Delta i = \frac{V_s(1-k)}{L}kT$$

Para o pior caso, as condições de ondulação são:

$$\frac{d(\Delta i)}{dk} = 0$$

Isso dá $k = 0{,}5$ e

$$\Delta i L = 20 \times L = 550(1 - 0{,}5) \times 0{,}5 \times 0{,}004$$

e o valor requerido da indutância é $L = 27{,}5$ mH.
Observação: para $\Delta I = 20$ A, a Equação 5.27 fornece $z = 0{,}036$ e $L = 27{,}194$ mH.

■ **Principais pontos da Seção 5.4**

- Uma carga indutiva pode tornar a corrente de carga contínua. No entanto, o valor crítico da indutância (necessária para a corrente contínua) é influenciado pela razão da fem da carga. A ondulação pico a pico da corrente de carga atinge o máximo em $k = 0{,}5$.

5.5 PRINCÍPIO DA OPERAÇÃO COMO ELEVADOR DE TENSÃO

Um conversor pode ser utilizado para elevar uma tensão CC, e um arranjo para essa operação elevadora é mostrado na Figura 5.7a. Quando a chave SW é fechada por um tempo t_1, a corrente no indutor L cresce, e a energia é armazenada nele. Se a chave for aberta pelo tempo t_2, a energia armazenada no indutor é transferida para a carga

FIGURA 5.7
Arranjo para operação como elevador de tensão.

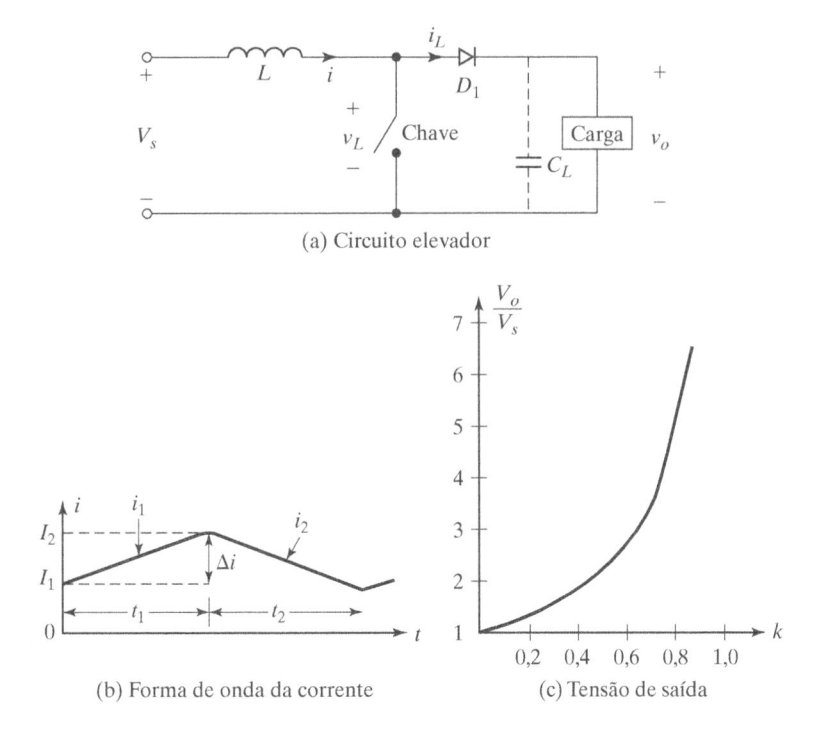

(a) Circuito elevador

(b) Forma de onda da corrente

(c) Tensão de saída

através do diodo D_1 e a corrente do indutor cai. Supondo que haja um fluxo contínuo de corrente, a forma de onda para a corrente do indutor é ilustrada na Figura 5.7b.

Quando a chave está ligada, a tensão sobre o indutor é

$$v_L = L\frac{di}{dt}$$

e isso resulta na ondulação pico a pico da corrente no indutor

$$\Delta I = \frac{V_s}{L}t_1 \tag{5.34}$$

A tensão média de saída é

$$v_o = V_s + L\frac{\Delta I}{t_2} = V_s\left(1 + \frac{t_1}{t_2}\right) = V_s\frac{1}{1-k} \tag{5.35}$$

Se um capacitor grande C_L for conectado em paralelo com a carga, como indica a linha tracejada na Figura 5.7a, a tensão de saída será contínua e v_o se tornará o valor médio V_a. Podemos observar a partir da Equação 5.35 que a tensão na carga pode ser elevada pela variação do ciclo de trabalho k, e a tensão mínima de saída será V_s quando $k = 0$. No entanto, o conversor não pode ficar ligado continuamente, de modo que $k = 1$. Para valores de k tendendo à unidade, a tensão de saída torna-se muito grande e fica muito sensível a variações em k, como apresenta a Figura 5.7c.

Esse princípio pode ser aplicado para transferir energia de uma fonte de tensão para outra, como na Figura 5.8a. Os circuitos equivalentes para os modos de operação são exibidos na Figura 5.8b, e as formas de onda da corrente, na Figura 5.8c. A corrente no indutor para o modo 1 é dada por

$$V_s = L\frac{di_1}{dt}$$

FIGURA 5.8

Arranjo para transferência de energia.

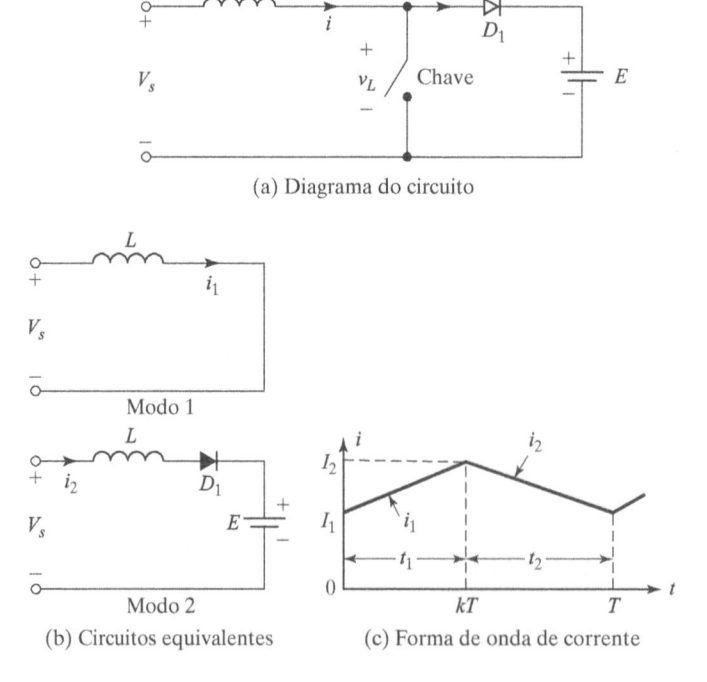

(a) Diagrama do circuito

(b) Circuitos equivalentes

(c) Forma de onda de corrente

e é expressa como

$$i_1(t) = \frac{V_s}{L}t + I_1 \qquad (5.36)$$

onde I_1 é a corrente inicial para o modo 1. Durante o modo 1, a corrente deve aumentar, e a condição necessária é

$$\frac{di_1}{dt} > 0 \quad \text{ou} \quad V_s > 0$$

A corrente para o modo 2 é dada por

$$V_s = L\frac{di_2}{dt} + E$$

e é resolvida como

$$i_2(t) = \frac{V_s - E}{L}t + I_2 \qquad (5.37)$$

onde I_2 é a corrente inicial para o modo 2. Para um sistema estável, a corrente deve diminuir, e a condição é

$$\frac{di_2}{dt} < 0 \quad \text{ou} \quad V_s < E$$

Se essa condição não for satisfeita, a corrente no indutor continuará a aumentar, e ocorrerá uma situação instável. Portanto, as condições para a transferência controlável de energia são

$$0 < V_s < E \qquad (5.38)$$

A Equação 5.38 indica que a fonte de tensão V_s deve ser menor que a tensão E para permitir a transferência de potência de uma fonte fixa (ou variável) para uma tensão CC fixa. Na frenagem elétrica de motores CC, na qual os motores operam como geradores CC, a tensão nos terminais cai à medida que a velocidade da máquina diminui. O conversor permite transferência de potência para uma fonte CC fixa ou para um reostato.

Quando a chave está ligada, a energia é transferida da fonte V_s para o indutor L. Se a chave for então desligada, uma parte da energia armazenada no indutor é transferida para a bateria E.

Observação: sem a ação do chaveamento periódico, v_s deve ser maior do que E para que seja transferida energia de V_s para E.

■ Principais pontos da Seção 5.5

– Um conversor CC elevador pode produzir uma tensão de saída maior do que a de entrada. A corrente de entrada pode ser transferida para uma fonte de tensão mais alta do que a tensão de entrada.

5.6 CONVERSOR ELEVADOR COM CARGA RESISTIVA

A Figura 5.9a representa um conversor elevador com carga resistiva. Quando a chave S_1 está fechada, a corrente aumenta, passando por L e pela chave. O circuito equivalente durante o modo 1 é mostrado na Figura 5.9b, e a corrente é descrita por

$$V_s = L\frac{d}{dt}i_1$$

que, para uma corrente inicial de I_1, resulta em

$$i_1(t) = \frac{V_s}{L}t + I_1 \qquad (5.39)$$

que é válida para $0 \leq t \leq kT$. Ao final do modo 1 em $t = kT$,

$$I_2 = i_1(t = kT) = \frac{V_s}{L}kT + I_1 \qquad (5.40)$$

FIGURA 5.9
Conversor elevador com carga resistiva.

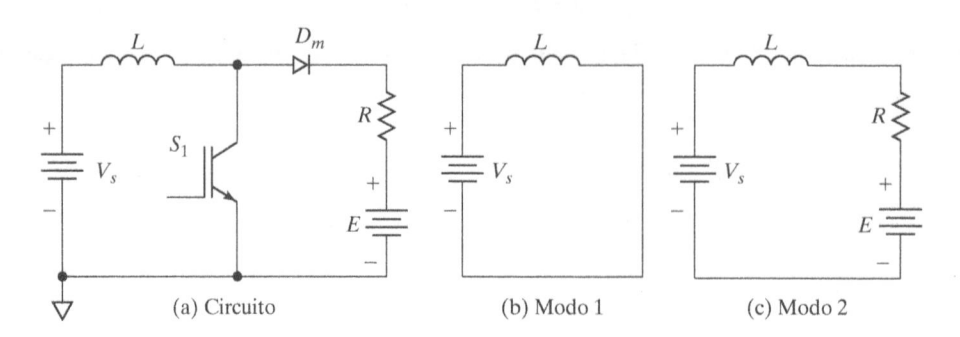

(a) Circuito (b) Modo 1 (c) Modo 2

Quando a chave S_1 é aberta, a corrente no indutor flui através da carga R.
O circuito equivalente é ilustrado na Figura 5.9c, e a corrente durante o modo 2 é descrita por

$$V_s = Ri_2 + L\frac{di_2}{dt} + E$$

que, para uma corrente inicial de I_2, fornece

$$i_2(t) = \frac{V_s - E}{R}\left(1 - e^{\frac{-tR}{L}}\right) + I_2 e^{\frac{-tR}{L}} \quad (5.41)$$

válida para $0 \leq t \leq (1-k)T$. Ao final do modo 2 em $t = (1-k)T$,

$$I_1 = i_2[t = (1-k)T] = \frac{V_s - E}{R}\left[1 - e^{-(1-k)z}\right] + I_2 e^{-(1-k)z} \quad (5.42)$$

onde $z = TR/L$. Calculando I_1 e I_2 a partir das equações 5.40 e 5.42, obtemos

$$I_1 = \frac{V_s kz}{R}\frac{e^{-(1-k)z}}{1 - e^{-(1-k)z}} + \frac{V_s - E}{R} \quad (5.43)$$

$$I_2 = \frac{V_s kz}{R}\frac{1}{1 - e^{-(1-k)z}} + \frac{V_s - E}{R} \quad (5.44)$$

A ondulação da corrente é dada por

$$\Delta I = I_2 - I_1 = \frac{V_s}{R}kT \quad (5.45)$$

Essas equações são válidas para $E \leq V_s$. Se $E \geq V_s$ e a chave S_1 do conversor for aberta, o indutor transfere sua energia armazenada através de R para a fonte, e a corrente no indutor é descontínua.

Exemplo 5.4 ▪ Determinação das correntes de um conversor CC elevador

O conversor elevador na Figura 5.9a tem $V_s = 10$ V, $f = 1$ kHz, $R = 5\ \Omega$, $L = 6,5$ mH, $E = 0$ V e $k = 0,5$. Encontre I_1, I_2 e ΔI. Utilize o SPICE para encontrar esses valores e fazer gráficos com as correntes na carga, no diodo e na chave.

Solução
As equações 5.43 e 5.44 dão $I_1 = 3,64$ A (3,3582 A, a partir do SPICE) e $I_2 = 4,4$ A (4,1507 A, a partir do SPICE). Os gráficos da corrente na carga $I(L)$, da corrente no diodo $I(D_m)$ e da corrente na chave $I_C(Q_1)$ são mostrados na Figura 5.10.

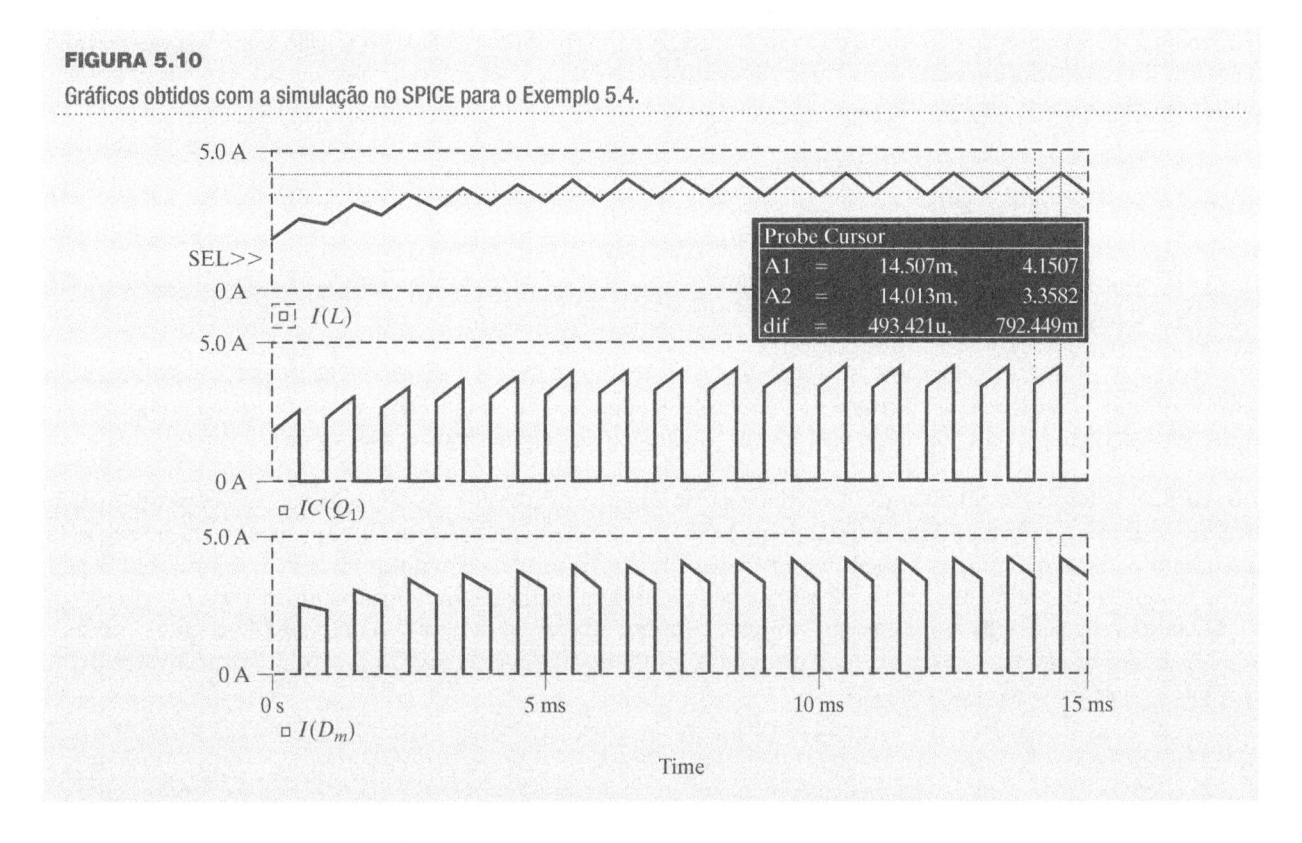

FIGURA 5.10
Gráficos obtidos com a simulação no SPICE para o Exemplo 5.4.

- **Principais pontos da Seção 5.6**

    – Com uma carga resistiva, a corrente de carga e a tensão são pulsantes. Um filtro de saída é necessário para suavizar a tensão de saída.

5.7 PARÂMETROS DE LIMITAÇÃO DE FREQUÊNCIA

Os dispositivos semicondutores de potência necessitam de um tempo mínimo para ligar e desligar. Portanto, o ciclo de trabalho k pode ser controlado apenas entre um valor mínimo $k_{mín}$ e um valor máximo $k_{máx}$, limitando, assim, os valores mínimo e máximo da tensão de saída. A frequência de chaveamento do conversor também é limitada. Pode-se observar a partir da Equação 5.30 que a ondulação da corrente de carga depende inversamente da frequência de operação f. A frequência deve ser a mais elevada possível para reduzir a ondulação da corrente de carga e para minimizar o tamanho de qualquer indutor adicional em série no circuito da carga.

Os parâmetros limitadores da frequência dos conversores abaixadores e elevadores são os seguintes:

- Ondulação da corrente do indutor ΔI_L;
- Frequência máxima de chaveamento $f_{máx}$;
- Condição para corrente contínua ou descontínua no indutor;
- Valor mínimo do indutor para manter a corrente nele contínua;
- Conteúdo de ondulação da tensão e da corrente de saída, também conhecido como conteúdo harmônico total DHT;
- Conteúdo de ondulação da corrente de entrada DHT.

5.8 CLASSIFICAÇÃO DOS CONVERSORES

O conversor abaixador na Figura 5.2a só permite fluxo de potência da fonte para a carga, e é denominado conversor de primeiro quadrante. A conexão de um diodo em antiparalelo com o transistor (chave) permite o fluxo bidirecional de corrente, operando em dois quadrantes. A inversão da polaridade da tensão sobre a carga permite tensão bidirecional. Dependendo dos sentidos dos fluxos de corrente e da polaridade de tensão, os conversores CC podem ser classificados em cinco tipos:

1. Conversor de primeiro quadrante
2. Conversor de segundo quadrante
3. Conversor de primeiro e segundo quadrantes
4. Conversor de terceiro e quarto quadrantes
5. Conversor de quatro quadrantes

Conversor de primeiro quadrante. A corrente flui para a carga. A tensão e a corrente na carga são positivas, como mostra a Figura 5.11a. Esse é um conversor de um único quadrante, e diz-se que ele funciona como um retificador. As equações nas seções 5.3 e 5.4 podem ser aplicadas na avaliação do desempenho do conversor de primeiro quadrante.

Conversor de segundo quadrante. A corrente sai da carga. A tensão da carga é positiva, mas a corrente é negativa, como mostra a Figura 5.11b. Esse também é um conversor de um único quadrante, mas opera no segundo quadrante e diz-se que funciona como um inversor. Um conversor de segundo quadrante é indicado na Figura 5.12a, na qual a bateria E é uma parte da carga e pode ser a força contraeletromotriz de um motor CC.

Quando a chave S_4 é ligada, a tensão E fornece corrente através do indutor L, e a tensão de carga v_L torna-se zero. A tensão instantânea de carga v_L e a corrente i_L são ilustradas nas figuras 5.12b e 5.12c, respectivamente. A corrente i_L, que aumenta, é descrita por

$$0 = L\frac{di_L}{dt} + Ri_L - E$$

que, com a condição inicial $i_L(t=0) = I_1$, dá

$$i_L = I_1 e^{-(R/L)t} + \frac{E}{R}(1 - e^{-(R/L)t}) \quad \text{para } 0 \le t \le kT \tag{5.46}$$

Em $t = t_1$

$$i_L(t = t_1 = kT) = I_2 \tag{5.47}$$

FIGURA 5.11

Classificação dos conversores CC.

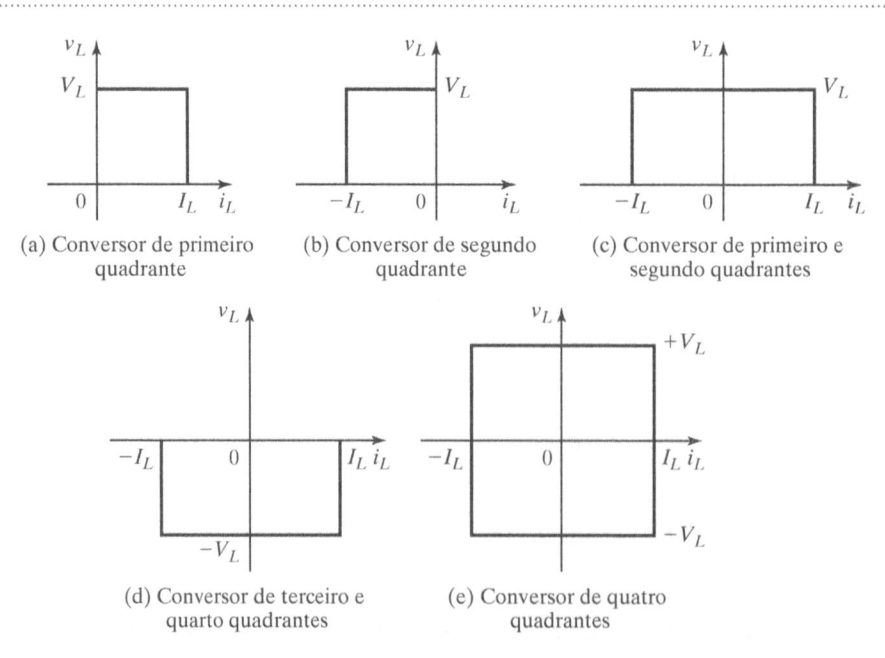

(a) Conversor de primeiro quadrante

(b) Conversor de segundo quadrante

(c) Conversor de primeiro e segundo quadrantes

(d) Conversor de terceiro e quarto quadrantes

(e) Conversor de quatro quadrantes

FIGURA 5.12
Conversor de segundo quadrante.

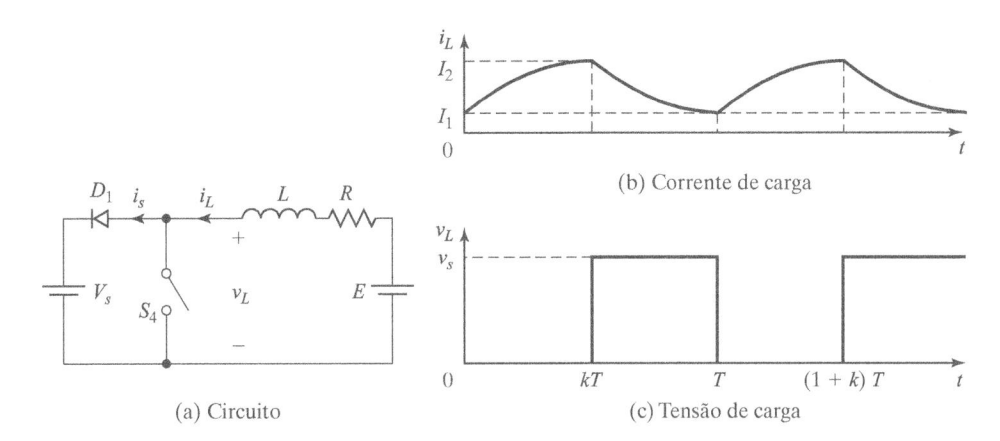

(a) Circuito

(b) Corrente de carga

(c) Tensão de carga

Quando a chave S_4 é desligada, uma quantidade de energia armazenada no indutor L é devolvida para a fonte V_s através do diodo D_1. A corrente de carga i_L cai. Redefinindo a origem do tempo $t = 0$, a corrente de carga i_L é descrita por

$$-V_s = L\frac{di_L}{dt} + Ri_L - E$$

que, com a condição inicial $i(t = t_2) = I_2$, dá

$$i_L = I_2 e^{-(R/L)t} + \frac{-V_s + E}{R}(1 - e^{-(R/L)t}) \quad \text{para } 0 \leq t \leq t_2 \qquad (5.48)$$

onde $t_2 = (1 - k)T$. Em $t = t_2$,

$$i_L(t = t_2) = I_1 \text{ para corrente contínua em regime permanente}$$
$$= 0 \text{ para corrente descontínua em regime permanente} \qquad (5.49)$$

Utilizando as condições de fronteira nas equações 5.47 e 5.49, podemos resolver para I_1 e I_2 como

$$I_1 = \frac{-V_S}{R}\left[\frac{1 - e^{-(1-k)z}}{1 - e^{-z}}\right] + \frac{E}{R} \qquad (5.50)$$

$$I_2 = \frac{-V_S}{R}\left(\frac{e^{-kz} - e^{-z}}{1 - e^{-z}}\right) + \frac{E}{R} \qquad (5.51)$$

onde $z = TR/L$

Conversor de primeiro e segundo quadrantes. A corrente de carga é positiva ou negativa, e a tensão de carga, sempre positiva, como mostra a Figura 5.11c. Esse circuito é conhecido como *conversor de dois quadrantes*. Os conversores de primeiro e de segundo quadrantes podem ser combinados para formar esse conversor, como indica a Figura 5.13. S_1 e D_4 operam como um conversor de primeiro quadrante, e S_4 e D_1, como um conversor de segundo quadrante. Deve-se tomar cuidado para assegurar que as duas chaves não sejam acionadas juntas; caso contrário, a tensão de alimentação V_S sofrerá um curto-circuito. Esse tipo de conversor pode funcionar como um retificador ou como um inversor.

Conversor de terceiro e quarto quadrantes. A tensão de carga é sempre negativa, e a corrente, positiva ou negativa, como mostra a Figura 5.11d. O circuito é ilustrado na Figura 5.14. S_3 e D_2 operam para produzir uma tensão e uma corrente de carga negativas. Quando S_3 é fechada, uma corrente negativa flui através da carga. Já quando S_3 é aberta, a corrente de carga flui livremente através do diodo D_2. S_2 e D_3 operam para produzir uma tensão negativa e uma corrente de carga positiva. Quando S_2 é fechada, há uma corrente de carga positiva que flui; quando S_2 é aberta, a corrente de carga flui livremente através do diodo D_3. É importante notar que a polaridade de E deve ser invertida para que esse circuito produza uma tensão negativa e uma corrente positiva. Esse é um conversor negativo de dois quadrantes. Ele também pode funcionar como um retificador ou como um inversor.

FIGURA 5.13
Conversor de primeiro e segundo quadrantes.

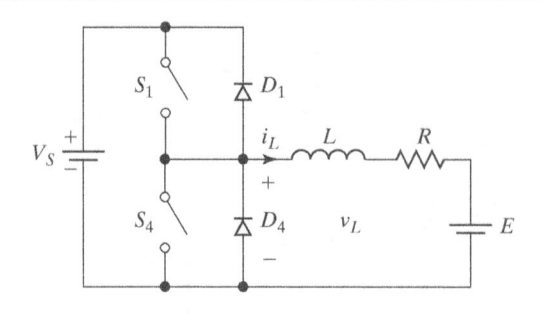

FIGURA 5.14
Conversor de terceiro e quarto quadrantes.

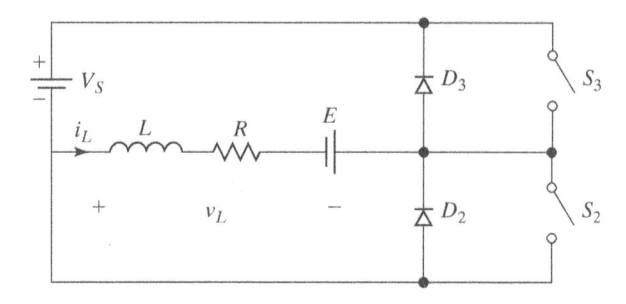

Conversor de quatro quadrantes.[2] A tensão e a corrente de carga podem ser positivas ou negativas, como mostra a Figura 5.11e. Um conversor de primeiro e segundo quadrantes e um de terceiro e quarto quadrantes podem ser combinados para formar o conversor de quatro quadrantes, como indica a Figura 5.15a. As polaridades da tensão de carga e das correntes aparecem na Figura 5.15b. Os dispositivos que estão em operação nos diferentes quadrantes são ilustrados na Figura 5.15c. Para a operação no quarto quadrante, a polaridade da bateria E deve ser invertida. Esse conversor é a base para o inversor monofásico de ponte completa da Seção 6.4.

Para uma carga indutiva com uma fem (E), por exemplo, um motor CC, o conversor de quatro quadrantes pode controlar o fluxo de potência e a velocidade do motor na direção direta (v_L positiva e i_L positiva), na frenagem direta regenerativa (v_L positiva e i_L negativa), no sentido inverso (v_L negativa e i_L negativa) e na frenagem inversa regenerativa (v_L negativa e i_L positiva).

■ **Principais pontos da Seção 5.8**

– Com o controle adequado das chaves, o conversor de quatro quadrantes pode operar e controlar o fluxo em qualquer um deles. Para a operação no terceiro e no quarto quadrantes, o sentido da fem E da carga deve ser invertido internamente.

5.9 REGULADORES CHAVEADOS

Os conversores CC podem ser utilizados como reguladores chaveados (*switching-mode regulators*) a fim de converter uma tensão CC, normalmente não regulada, em uma tensão de saída CC regulada. Ela é normalmente obtida utilizando-se modulação por largura de pulsos (PMW) com frequência fixa, e o dispositivo de chaveamento é em geral um BJT, MOSFET ou IGBT. Os elementos de um regulador chaveado são mostrados na Figura 5.16. Podemos observar a partir da Figura 5.2b que a saída dos conversores CC com carga resistiva é descontínua e contém harmônicas. A ondulação é muitas vezes reduzida por um filtro LC.

FIGURA 5.15
Conversor de quatro quadrantes.

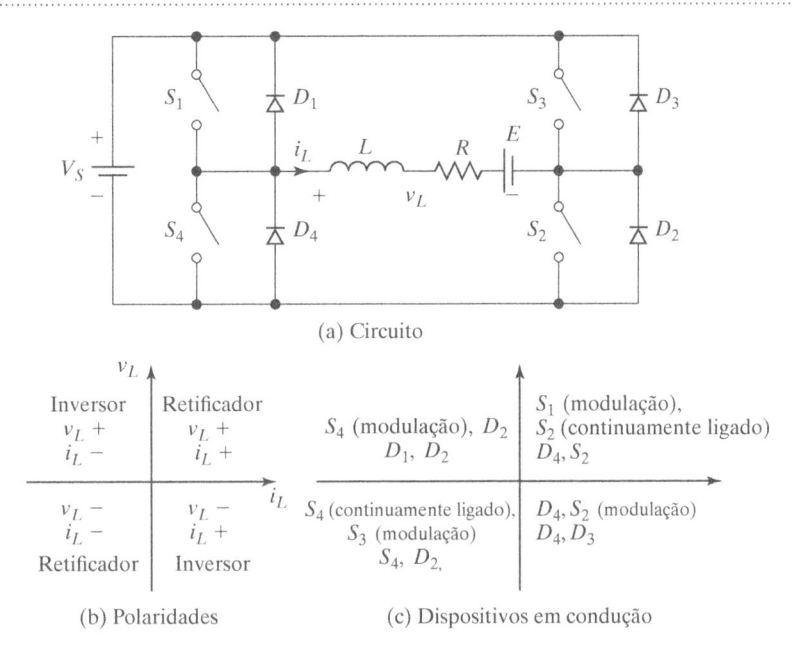

(a) Circuito

(b) Polaridades

Inversor $v_L +$ $i_L -$	Retificador $v_L +$ $i_L +$
Retificador $v_L -$ $i_L -$	Inversor $v_L -$ $i_L +$

(c) Dispositivos em condução

S_4 (modulação), D_2 D_1, D_2	S_1 (modulação), S_2 (continuamente ligado) D_4, S_2
S_4 (continuamente ligado), S_3 (modulação) S_4, D_2,	D_4, S_2 (modulação) D_4, D_3

Os reguladores chaveados estão disponíveis comercialmente na forma de circuitos integrados. O projetista pode selecionar a frequência de chaveamento escolhendo os valores de R e C de um oscilador de frequência. Como regra geral, para maximizar a eficiência, o período de oscilação mínimo deve ser aproximadamente 100 vezes maior do que o tempo de chaveamento do transistor; por exemplo, se um transistor tiver um tempo de chaveamento de 0,5 μs, o período do oscilador deverá ser de 50 μs, o que equivale à frequência máxima do oscilador de 20 kHz. Essa limitação deve-se às perdas de chaveamento no transistor, que aumentam com a frequência, reduzindo a eficiência do conversor. Além do mais, a perda no núcleo dos indutores limita a operação em alta frequência. No circuito da Figura 5.16, a tensão de controle v_e é obtida pela comparação da tensão de saída com o valor desejado (referência). A v_r pode ser comparada com uma tensão dente de serra v_{cr} a fim de gerar o sinal de controle PWM para o conversor CC. Existem quatro topologias básicas de regulador chaveado.[33,34]

1. Reguladores *buck*
2. Reguladores *boost*
3. Reguladores *buck-boost*
4. Reguladores *Cúk*

FIGURA 5.16
Elementos dos reguladores chaveados.

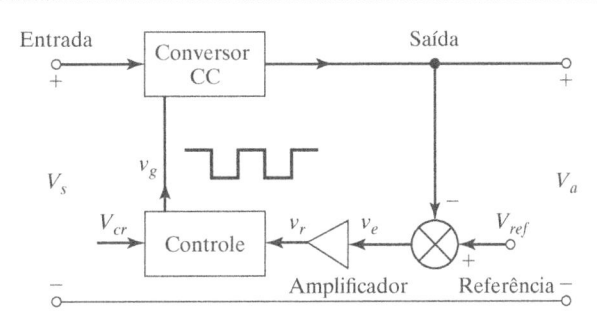

5.9.1 Reguladores *buck*

Em um regulador *buck*, a tensão média de saída V_a é menor do que a de entrada V_s — daí o nome "*buck*" (N. do tradutor: "patente menor em uma categoria militar"), e este é um regulador muito popular.[6,7] Na Figura 5.17a está representado o diagrama do circuito de um regulador *buck* que usa um BJT de potência, que é similar ao conversor abaixador visto anteriomente. O transistor Q_1 atua como uma chave controlada, e o diodo D_m é uma chave não controlada. Eles funcionam como duas chaves bidirecionais de um polo e um terminal (*single-pole-single-through* — SPST). O circuito na Figura 5.17a é muitas vezes representado por uma chave de dois terminais, como mostra a Figura 5.17b. A operação do circuito pode ser dividida em dois modos. O modo 1 começa quando o transistor Q_1 é ligado em $t = 0$. A corrente de entrada, que cresce, flui através do indutor de filtro L, do capacitor de filtro C e do resistor de carga R. O modo 2 começa quando o transistor Q_1 é desligado em $t = t_1$. O diodo de roda livre D_m conduz por conta da energia armazenada no indutor, e a corrente neste continua a fluir através de L, C, da carga e do diodo D_m. A corrente no indutor decresce até que o transistor Q_1 seja ligado novamente no ciclo seguinte. Os circuitos equivalentes para os modos de operação são indicados na Figura 5.17c. Na Figura 5.17d estão as formas de onda para tensões e correntes a um fluxo contínuo de corrente no indutor L. Dependendo da frequência de chaveamento, da indutância do filtro e da capacitância, a corrente no indutor pode ser descontínua. Nas formas de onda, a corrente cresce e decresce de forma linear, mas em circuitos práticos, não ideais, a chave tem uma resistência finita e não linear. Seu efeito pode ser desprezado na maioria das aplicações.

A tensão sobre o indutor L é, de forma geral,

$$e_L = L \frac{di}{dt}$$

Assumindo que a corrente no indutor cresce linearmente de I_1 para I_2 no tempo t_1,

$$V_s - V_a = L \frac{I_2 - I_1}{t_1} = L \frac{\Delta I}{t_1} \tag{5.52}$$

ou

$$t_1 = \frac{\Delta I \, L}{V_s - V_a} \tag{5.53}$$

e que a corrente no indutor decresce linearmente de I_2 para I_1 no tempo t_2,

$$-V_a = -L \frac{\Delta I}{t_2} \tag{5.54}$$

ou

$$t_2 = \frac{\Delta I \, L}{V_a} \tag{5.55}$$

onde $\Delta I = I_2 - I_1$ é a ondulação da corrente no indutor L. Calculando o valor de ΔI nas equações 5.52 e 5.54, obtém-se

$$\Delta I = \frac{(V_s - V_a) t_1}{L} = \frac{V_a t_2}{L}$$

Substituindo $t_1 = kT$ e $t_2 = (1-k)T$, obtém-se a tensão média de saída como

$$V_a = V_s \frac{t_1}{T} = kV_s \tag{5.56}$$

Assumindo que o circuito não tem perdas, $V_s I_s = V_a I_a = kV_s I_a$, e a corrente média de entrada é

$$I_s = kI_a \tag{5.57}$$

Ondulação da corrente no indutor. O período de chaveamento T pode ser expresso como

$$T = \frac{1}{f} = t_1 + t_2 = \frac{\Delta I \, L}{V_s - V_a} + \frac{\Delta I \, L}{V_a} = \frac{\Delta I \, L V_s}{V_a(V_s - V_a)} \tag{5.58}$$

FIGURA 5.17
Regulador *buck* com i_L contínua.

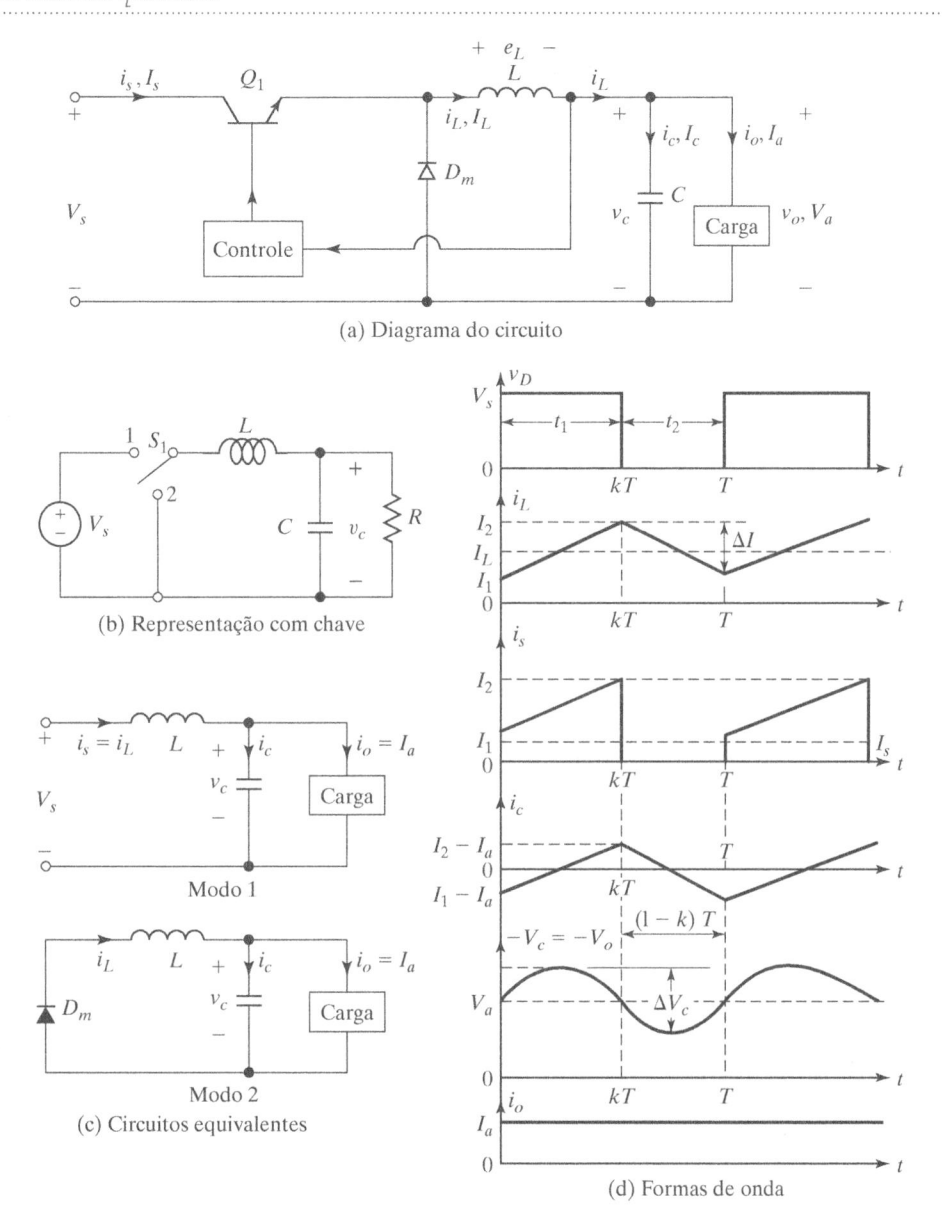

(a) Diagrama do circuito

(b) Representação com chave

(c) Circuitos equivalentes

(d) Formas de onda

o que dá a ondulação da corrente

$$\Delta I = \frac{V_a(V_s - V_a)}{fLV_s} \tag{5.59}$$

ou

$$\Delta I = \frac{V_s k(1 - k)}{fL} \tag{5.60}$$

Ondulação da tensão do capacitor. Utilizando a lei da corrente de Kirchhoff, podemos escrever a corrente no indutor i_L como

$$i_L = i_c + i_o$$

Se assumirmos que a ondulação da corrente de carga Δi_o é muito pequena e desprezável, $\Delta i_L = \Delta i_c$. A corrente média do capacitor, que flui por $t_1/2 + t_2/2 = T/2$, é

$$I_c = \frac{\Delta I}{4}$$

A tensão do capacitor é expressa como

$$v_c = \frac{1}{C}\int i_c\, dt + v_c(t=0)$$

e a ondulação da tensão do capacitor é

$$\Delta V_c = v_c - v_c(t=0) = \frac{1}{C}\int_0^{T/2}\frac{\Delta I}{4}\,dt = \frac{\Delta I\, T}{8C} = \frac{\Delta I}{8fC} \qquad (5.61)$$

Substituindo o valor de ΔI a partir da Equação 5.60 na Equação 5.61, obtém-se

$$\Delta V_c = \frac{V_a(V_s - V_a)}{8LCf^2 V_s} \qquad (5.62)$$

ou

$$\Delta V_c = \frac{V_s k(1-k)}{8LCf^2} \qquad (5.63)$$

Condição para corrente no indutor e tensão no capacitor contínuas. Se I_L for a corrente média no indutor, a ondulação da corrente nele será $\Delta I = 2I_L$.

Utilizando as equações 5.56 e 5.60, obtemos

$$\frac{V_S(1-k)k}{fL} = 2I_L = 2I_a = \frac{2kV_s}{R}$$

que dá o valor crítico do indutor L_c como

$$L_c = L = \frac{(1-k)R}{2f} \qquad (5.64)$$

Se V_c for a tensão média no capacitor, a ondulação da tensão nele será $\Delta V_c = 2V_a$. Utilizando as equações 5.56 e 5.63, obtemos

$$\frac{V_s(1-k)k}{8LCf^2} = 2V_a = 2kV_s$$

que dá o valor crítico do capacitor C_c como

$$C_c = C = \frac{1-k}{16Lf^2} \qquad (5.65)$$

O regulador *buck* precisa apenas de um transistor, é simples e tem uma eficiência elevada, maior que 90%. A di/dt da corrente de carga é limitada pelo indutor L. Entretanto, a corrente de entrada é descontínua, e geralmente é necessário um filtro de entrada para suavizar a sua forma de onda. O regulador fornece tensão unipolar e corrente unidirecional de saída. Ele exige um circuito de proteção em caso de possível curto-circuito no caminho do diodo.

Exemplo 5.5 ▪ Determinação dos valores do filtro *LC* para o regulador *buck*

O regulador *buck* na Figura 5.17a tem uma tensão de entrada $V_s = 12$ V. A tensão média de saída requerida é $V_a = 5$ V, com $R = 500\,\Omega$ e ondulação da tensão de saída de 20 mV. A frequência de chaveamento é 25 kHz. Para uma ondulação da corrente no indutor limitada a 0,8 A, determine **(a)** o ciclo de trabalho k; **(b)** a indutância L do filtro; **(c)** o capacitor C do filtro; e **(d)** os valores críticos de L e C.

Solução

$V_s = 12\,\text{V}, \Delta V_c = 20\,\text{mV}, \Delta I = 0,8\,\text{A}, f = 25\,\text{kHz}$ e $V_a = 5\,\text{V}$.

a. A partir da Equação 5.56, $V_a = kV_s$ e $k = V_a/V_s = 5/12 = 0{,}4167 = 41{,}67\%$.

b. A partir da Equação 5.59,

$$L = \frac{5(12-5)}{0{,}8 \times 25.000 \times 12} = 145{,}83\,\mu\text{H}$$

c. A partir da Equação 5.61,

$$C = \frac{0{,}8}{8 \times 20 \times 10^{-3} \times 25.000} = 200\,\mu\text{F}$$

d. A partir da Equação 5.64, obtemos

$$L_c = \frac{(1-k)R}{2f} = \frac{(1-0{,}4167) \times 500}{2 \times 25 \times 10^3} = 5{,}83\,\text{mH}$$

A partir da Equação 5.65,

$$C_c = \frac{1-k}{16Lf^2} = \frac{1-0{,}4167}{16 \times 145{,}83 \times 10^{-6} \times (25 \times 10^3)^2} = 0{,}4\,\mu\text{F}$$

5.9.2 Reguladores *boost*

Em um regulador *boost*,[8,9] a tensão de saída é maior do que a de entrada. Um regulador *boost* que usa um MOSFET de potência é mostrado na Figura 5.18a. O transistor M_1 atua como uma chave controlada, e o diodo D_m é uma chave não controlada. O circuito na Figura 5.18a é muitas vezes representado por uma chave de dois terminais, como indica a Figura 5.18b. A operação do circuito pode ser dividida em dois modos. O modo 1 começa quando o transistor M_1 é ligado em $t = 0$. A corrente de entrada, que cresce, flui através do indutor L e do transistor Q_1. O modo 2 se inicia quando o transistor M_1 é desligado em $t = t_1$. A corrente que fluía através do transistor passa, então, através de L, C, pela carga e pelo diodo D_m. A energia armazenada no indutor L é transferida para a carga, e a corrente no indutor decresce até o transistor M_1 ser ligado novamente no próximo ciclo. Os circuitos equivalentes para os modos de operação são ilustrados na Figura 5.18c. As formas de onda para tensões e correntes são exibidas na Figura 5.18d para uma corrente contínua de carga, supondo que ela cresce e decresce linearmente.

Assumindo que a corrente no indutor cresce linearmente de I_1 para I_2 no tempo t_1,

$$V_s = L\frac{I_2 - I_1}{t_1} = L\frac{\Delta I}{t_1} \tag{5.66}$$

ou

$$t_1 = \frac{\Delta I L}{V_s} \tag{5.67}$$

e que a corrente no indutor decresce linearmente de I_2 para I_1 no tempo t_2,

$$V_s - V_a = -L\frac{\Delta I}{t_2} \tag{5.68}$$

FIGURA 5.18
Regulador *boost* com i_L contínua.

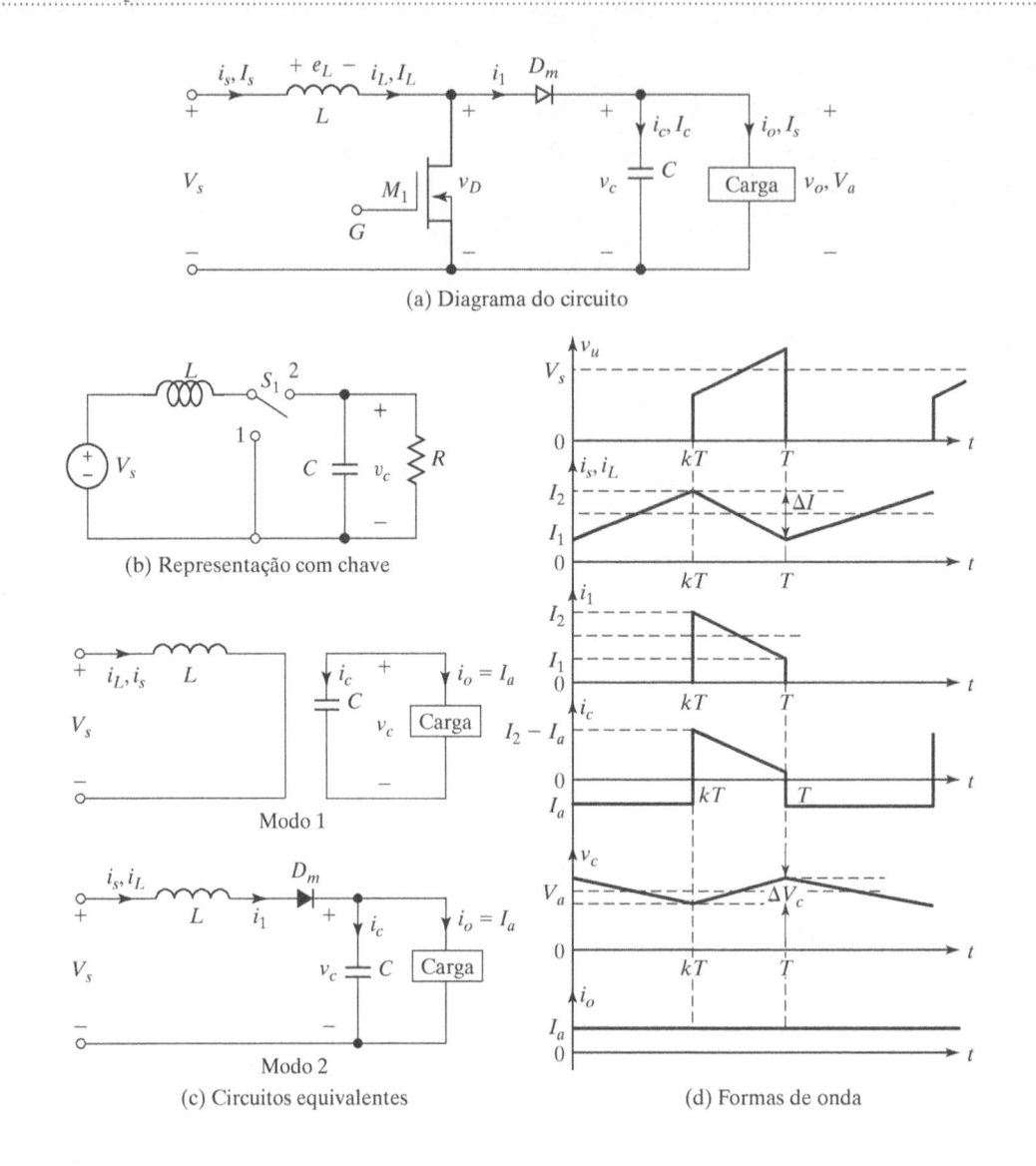

(a) Diagrama do circuito

(b) Representação com chave

(c) Circuitos equivalentes

(d) Formas de onda

ou

$$t_2 = \frac{\Delta I L}{V_a - V_s} \tag{5.69}$$

onde $\Delta I = I_2 - I_1$ é a ondulação da corrente no indutor L. A partir das equações 5.66 e 5.68,

$$\Delta I = \frac{V_s t_1}{L} = \frac{(V_a - V_s)t_2}{L}$$

Substituindo $t_1 = kT$ e $t_2 = (1-k)T$, obtém-se a tensão média de saída

$$V_a = V_s \frac{T}{t_2} = \frac{V_s}{1-k} \tag{5.70}$$

o que dá

$$(1-k) = \frac{V_s}{V_a} \tag{5.71}$$

Substituindo $k = t_1/T = t_1 f$ na Equação 5.71 obtém-se

$$t_1 = \frac{V_a - V_s}{V_a f} \quad (5.72)$$

Assumindo que o circuito não tem perdas, $V_s I_s = V_a I_a = V_s I_a/(1-k)$, e a corrente média de entrada é

$$I_s = \frac{I_a}{1-k} \quad (5.73)$$

Ondulação da corrente no indutor. O período de chaveamento T pode ser determinado a partir de

$$T = \frac{1}{f} = t_1 + t_2 = \frac{\Delta I L}{V_s} + \frac{\Delta I L}{V_a - V_s} = \frac{\Delta I L V_a}{V_s(V_a - V_s)} \quad (5.74)$$

e isso dá a ondulação pico a pico da corrente:

$$\Delta I = \frac{V_s(V_a - V_s)}{fLV_a} \quad (5.75)$$

ou

$$\Delta I = \frac{V_s k}{fL} \quad (5.76)$$

Ondulação da tensão do capacitor. Quando o transistor está ligado, o capacitor fornece a corrente de carga por $t = t_1$. A corrente média do capacitor durante o tempo t_1 é $I_c = I_a$, e a ondulação da tensão,

$$\Delta V_c = v_c - v_c(t=0) = \frac{1}{C}\int_0^{t_1} I_c \, dt = \frac{1}{C}\int_0^{t_1} I_a \, dt = \frac{I_a t_1}{C} \quad (5.77)$$

Substituindo $t_1 = (V_a - V_s)/(V_a f)$ a partir da Equação 5.72, obtém-se

$$\Delta V_c = \frac{I_a(V_a - V_s)}{V_a f C} \quad (5.78)$$

ou

$$\Delta V_c = \frac{I_a k}{fC} \quad (5.79)$$

Condição para corrente no indutor e tensão no capacitor contínuas. Se I_L for a corrente média no indutor, na condição crítica para condução contínua a ondulação da corrente no indutor é $\Delta I = 2I_L$.

Utilizando as equações 5.70, 5.73 e 5.76, obtemos

$$\frac{kV_s}{fL} = 2I_L = 2I_s = \frac{2V_s}{(1-k)^2 R}$$

que dá o valor crítico do indutor L_c como

$$L_c = L = \frac{k(1-k)^2 R}{2f} \quad (5.80)$$

Se V_c for a tensão média no capacitor, na condição crítica para condução contínua a ondulação da tensão no capacitor será $\Delta V_c = 2V_a$. Utilizando a Equação 5.79, temos

$$\frac{I_a k}{Cf} = 2V_a = 2I_a R$$

que dá o valor crítico do capacitor C_c como

$$C_c = C = \frac{k}{2fR} \qquad (5.81)$$

Um regulador *boost* consegue elevar a tensão de saída sem um transformador. Em virtude de só ter um transistor, sua eficiência é alta. A corrente de entrada é contínua. No entanto, um alto pico de corrente precisa fluir através do transistor de potência. A tensão de saída é muito sensível a mudanças no ciclo de trabalho k, e pode ser difícil estabilizar o regulador. A corrente média de saída é menor do que aquela no indutor por um fator de $(1 - k)$, e uma corrente rms muito mais elevada flui através do capacitor de filtro, o que resulta no uso de um capacitor e de um indutor de filtro maiores do que os de um regulador *buck*.

Exemplo 5.6 • **Determinação das correntes e tensões no regulador *boost***

Um regulador *boost* na Figura 5.18a tem uma tensão de entrada de $V_s = 5$ V. A tensão média de saída é $V_a = 15$ V, e a corrente média de carga, $I_a = 0{,}5$ A. A frequência de chaveamento é 25 kHz. Para $L = 150$ μH e $C = 220$ μF, determine **(a)** o ciclo de trabalho k; **(b)** a ondulação da corrente no indutor ΔI; **(c)** a corrente de pico no indutor I_2; **(d)** a ondulação da tensão do capacitor de filtro ΔV_c; e **(e)** os valores críticos de L e C.

Solução

$V_s = 5\,\text{V}, V_a = 15\,\text{V}, f = 25\,\text{kHz}, L = 150\,\mu\text{H}$ e $C = 220\,\mu\text{F}$.

a. A partir da Equação 5.70, $15 = 5/(1 - k)$ ou $k = 2/3 = 0{,}6667 = 66{,}67\%$.

b. A partir da Equação 5.75,

$$\Delta I = \frac{5 \times (15 - 5)}{25.000 \times 150 \times 10^{-6} \times 15} = 0{,}89\,\text{A}$$

c. A partir da Equação 5.73, $I_s = 0{,}5/(1 - 0{,}667) = 1{,}5$ A, e a corrente de pico no indutor é

$$I_2 = I_s + \frac{\Delta I}{2} = 1{,}5 + \frac{0{,}89}{2} = 1{,}945\,\text{A}$$

d. A partir da Equação 5.79,

$$\Delta V_c = \frac{0{,}5 \times 0{,}6667}{25.000 \times 220 \times 10^{-6}} = 60{,}61\,\text{mV}$$

e. $R = \dfrac{V_a}{I_a} = \dfrac{15}{0{,}5} = 30\,\Omega$

A partir da Equação 5.80, obtemos

$$L_c = \frac{(1 - k)kR}{2f} = \frac{(1 - 0{,}6667) \times 0{,}6667 \times 30}{2 \times 25 \times 10^3} = 133\,\mu\text{H}$$

E, a partir da Equação 5.81,

$$C_c = \frac{k}{2fR} = \frac{0{,}6667}{2 \times 25 \times 10^3 \times 30} = 0{,}44\,\mu\text{F}$$

5.9.3 Reguladores *buck-boost*

Um regulador *buck-boost* fornece uma tensão de saída que pode ser menor ou maior do que a de entrada. Como a polaridade da tensão de saída é oposta à da de entrada, esse regulador é também conhecido como *regulador inversor*. O arranjo do circuito de um regulador *buck-boost* é mostrado na Figura 5.19a. O transistor Q_1 atua como uma chave controlada, e o diodo D_m é uma chave não controlada. Eles operam como duas chaves de corrente bidirecional SPST. O circuito na Figura 5.19a é muitas vezes representado por uma chave com dois terminais, como indica a Figura 5.19b.

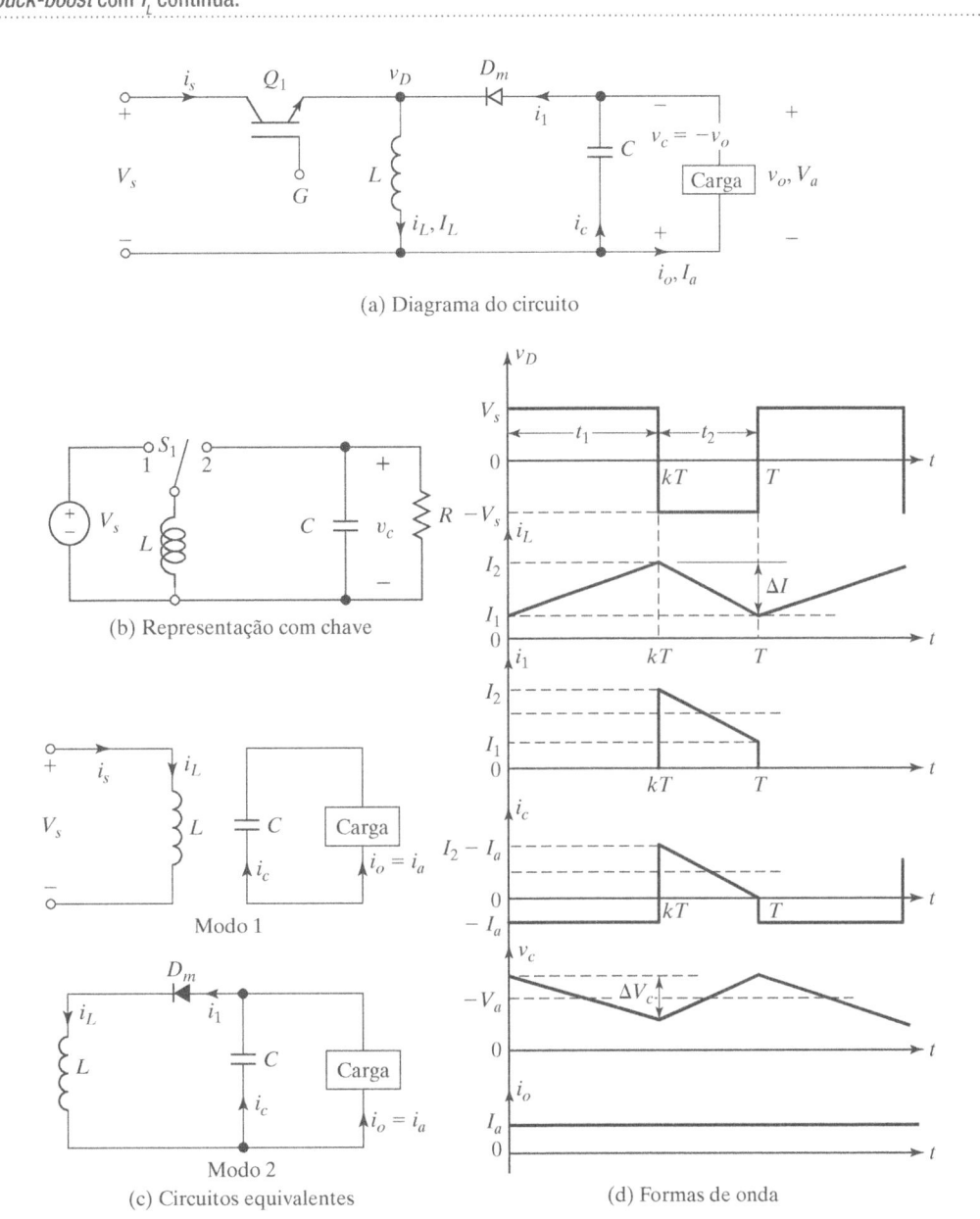

FIGURA 5.19
Regulador *buck-boost* com i_L contínua.

(a) Diagrama do circuito

(b) Representação com chave

(c) Circuitos equivalentes

(d) Formas de onda

A operação do circuito pode ser dividida em dois modos. Durante o modo 1, o transistor Q_1 é ligado e o diodo D_m está reversamente polarizado. A corrente de entrada, que cresce, flui através do indutor L e do transistor Q_1. Durante o modo 2, o transistor Q_1 é desligado e a corrente, que fluía através do indutor L, passa a fluir através de L, C, D_m e pela carga. A energia armazenada no indutor L é transferida para a carga, e a corrente no indutor decresce até o transistor Q_1 ser ligado novamente no ciclo seguinte. Os circuitos equivalentes para os modos são ilustrados na Figura 5.19c. Já as formas de onda para tensões e correntes em regime permanente são exibidas na Figura 5.19d para uma corrente de carga contínua.

Assumindo que a corrente no indutor cresce linearmente de I_1 para I_2 no tempo t_1,

$$V_s = L\frac{I_2 - I_1}{t_1} = L\frac{\Delta I}{t_1} \tag{5.82}$$

ou

$$t_1 = \frac{\Delta IL}{V_s} \quad (5.83)$$

e que a corrente no indutor decresce linearmente de I_2 para I_1 no tempo t_2,

$$V_a = -L\frac{\Delta I}{t_2} \quad (5.84)$$

ou

$$t_2 = \frac{-\Delta IL}{V_a} \quad (5.85)$$

onde $\Delta I = I_2 - I_1$ é a ondulação da corrente no indutor L. A partir das equações 5.82 e 5.84,

$$\Delta I = \frac{V_s t_1}{L} = \frac{-V_a t_2}{L}$$

Substituindo $t_1 = kT$ e $t_2 = (1-k)T$ a tensão média de saída é

$$V_a = -\frac{V_s k}{1-k} \quad (5.86)$$

Substituindo $t_1 = kT$ e $t_2 = (1-k)T$ na Equação 5.86, obtém-se

$$(1-k) = \frac{-V_s}{V_a - V_s} \quad (5.87)$$

Substituindo $t_2 = (1-k)T$ e $(1-k)$ a partir da Equação 5.87 na Equação 5.86, obtém-se

$$t_1 = \frac{V_a}{(V_a - V_s)f} \quad (5.88)$$

Assumindo que o circuito não tem perdas, $V_s I_s = -V_a I_a = V_s I_a k/(1-k)$, e a corrente média de entrada I_s está relacionada com a de saída I_a por

$$I_s = \frac{I_a k}{1-k} \quad (5.89)$$

Ondulação da corrente no indutor. O período de chaveamento T pode ser determinado a partir de

$$T = \frac{1}{f} = t_1 + t_2 = \frac{\Delta IL}{V_s} - \frac{\Delta IL}{V_a} = \frac{\Delta IL(V_a - V_s)}{V_s V_a} \quad (5.90)$$

e isso dá a ondulação da corrente

$$\Delta I = \frac{V_s V_a}{fL(V_a - V_s)} \quad (5.91)$$

ou

$$\Delta I = \frac{V_s k}{fL} \quad (5.92)$$

A corrente média no indutor é dada por

$$I_L = I_s + I_a = \frac{kI_a}{1-k} + I_a = \frac{I_a}{1-k} \quad (5.92a)$$

Ondulação da tensão do capacitor. Quando o transistor Q_1 está ligado, o capacitor de filtro fornece a corrente de carga por $t = t_1$. A corrente média de descarga do capacitor é $I_c = -I_a$, e a ondulação da tensão dele,

$$\Delta V_c = \frac{1}{C}\int_0^{t_1} -I_c\, dt = \frac{1}{C}\int_0^{t_1} I_a\, dt = \frac{I_a t_1}{C} \tag{5.93}$$

Substituindo $t_1 = V_a/[(V_a - V_s)f]$ a partir da Equação 5.88, obtém-se

$$\Delta V_c = \frac{I_a V_a}{(V_a - V_s)fC} \tag{5.94}$$

ou

$$\Delta V_c = \frac{I_a k}{fC} \tag{5.95}$$

Condição para corrente no indutor e tensão no capacitor contínuas. Se I_L for a corrente média no indutor, na condição crítica para condução contínua a ondulação da corrente no indutor será $\Delta I = 2I_L$. Utilizando as equações 5.86 e 5.92, obtemos

$$\frac{kV_s}{fL} = 2I_L = 2I_a = \frac{2kV_s}{(1-k)R}$$

que dá o valor crítico do indutor L_c como

$$L_c = L = \frac{(1-k)R}{2f} \tag{5.96}$$

Se V_c for a tensão média no capacitor, na condição crítica para condução contínua a ondulação da tensão no capacitor será $\Delta V_c = -2V_a$. Utilizando a Equação 5.95, obtemos

$$-\frac{I_a k}{Cf} = -2V_a = -2I_a R$$

que dá o valor crítico do capacitor C_c como

$$C_c = C = \frac{k}{2fR} \tag{5.97}$$

Um regulador *buck-boost* fornece inversão de polaridade da tensão de saída sem necessidade de um transformador. Ele tem alta eficiência. Em condição de falha do transistor, a di/dt da corrente de falha é limitada pelo indutor L e será V_s/L. A proteção quanto a um curto-circuito de saída é fácil de ser implementada. No entanto, a corrente de entrada é descontínua, e uma corrente de pico elevada flui através do transistor Q_1.

Exemplo 5.7 ▪ Determinação das correntes e tensões de um regulador *buck-boost*

O regulador *buck-boost* na Figura 5.19a tem uma tensão de entrada de $V_s = 12$ V. O ciclo de trabalho é $k = 0{,}25$, e a frequência de chaveamento, 25 kHz. A indutância é $L = 150$ μH, e a capacitância de filtro, $C = 220$ μF. A corrente média de carga é $I_a = 1{,}25$ A. Determine **(a)** a tensão média de saída V_a; **(b)** a ondulação da tensão de saída ΔV_c; **(c)** a ondulação da corrente no indutor ΔI; **(d)** a corrente de pico do transistor I_p; e **(e)** os valores críticos de L e C.

Solução

$V_s = 12$ V, $k = 0{,}25$, $I_a = 1{,}25$ A, $f = 25$ kHz, $L = 150$ μH e $C = 220$ μF.

a. A partir da Equação 5.86, $V_a = -12 \times 0{,}25/(1 - 0{,}25) = -4$ V.

b. A partir da Equação 5.95, a ondulação da tensão de saída é

$$\Delta V_c = \frac{1{,}25 \times 0{,}25}{25.000 \times 220 \times 10^{-6}} = 56{,}8 \text{ mV}$$

c. A partir da Equação 5.92, a ondulação da corrente no indutor é

$$\Delta I = \frac{12 \times 0,25}{25.000 \times 150 \times 10^{-6}} = 0,8\,\text{A}$$

d. A partir da Equação 5.89, $I_s = 1,25 \times 0,25/(1-0,25) = 0,4167$ A. Como I_s é a média da duração kT, a corrente pico a pico do transistor é

$$I_p = \frac{I_s}{k} + \frac{\Delta I}{2} = \frac{0,4167}{0,25} + \frac{0,8}{2} = 2,067\,\text{A}$$

e. $R = \dfrac{-V_a}{I_a} = \dfrac{4}{1,25} = 3,2\,\Omega$

A partir da Equação 5.96, obtemos

$$L_c = \frac{(1-k)R}{2f} = \frac{(1-0,25) \times 3,2}{2 \times 25 \times 10^3} = 48\,\mu\text{H}$$

Já pela Equação 5.97, temos

$$C_c = \frac{k}{2fR} = \frac{0,25}{2 \times 25 \times 10^3 \times 3,2} = 1,56\,\mu\text{F}.$$

5.9.4 Reguladores *Cúk*

O arranjo do circuito de um regulador *Cúk*[10] com IGBT é mostrado na Figura 5.20a. De forma semelhante ao *buck-boost*, o regulador *Cúk* fornece uma tensão de saída que é menor ou maior do que a de entrada, com polaridade oposta à da tensão de entrada. Ele recebe esse nome em homenagem ao seu inventor.[10] O transistor Q_1 atua como uma chave controlada, e o diodo D_m é uma chave não controlada. Eles operam como duas chaves de corrente bidirecional SPST. O circuito na Figura 5.20a é muitas vezes representado por uma chave com dois terminais, como indica a Figura 5.20b.

A operação do circuito pode ser dividida em dois modos. O modo 1 começa quando o transistor Q_1 é ligado em $t = 0$. A corrente através do indutor L_1 cresce. Ao mesmo tempo, a tensão do capacitor C_1 polariza reversamente o diodo D_m e o desliga. O capacitor C_1 descarrega sua energia sobre o circuito formado por C_1, C_2, a carga e L_2. Já o modo 2 se inicia quando o transistor Q_1 é desligado em $t = t_1$. O diodo D_m é diretamente polarizado, e o capacitor C_1, carregado através de L_1, D_m e da tensão de entrada V_s. A energia armazenada no indutor L_2 é transferida para a carga. O diodo D_m e o transistor Q_1 proporcionam uma ação síncrona de chaveamento. O capacitor C_1 é o meio para a transferência de energia da fonte para a carga. Os circuitos equivalentes para os modos são ilustrados na Figura 5.20c, e as formas de onda para tensões e correntes em regime permanente, na Figura 5.20d para uma corrente de carga contínua.

Assumindo que a corrente no indutor cresce linearmente de I_{L11} para I_{L12} no tempo t_1,

$$V_s = L_1 \frac{I_{L12} - I_{L11}}{t_1} = L_1 \frac{\Delta I_1}{t_1} \tag{5.98}$$

ou

$$t_1 = \frac{\Delta I_1 L_1}{V_s} \tag{5.99}$$

e por causa do capacitor carregado C_1, a corrente no indutor L_1 decresce linearmente de I_{L12} para I_{L11} no tempo t_2,

$$V_s - V_{c1} = -L_1 \frac{\Delta I_1}{t_2} \tag{5.100}$$

ou

$$t_2 = \frac{-\Delta I_1 L_1}{V_s - V_{c1}} \tag{5.101}$$

onde V_{c1} é a tensão média do capacitor C_1 e $\Delta I_1 = I_{L12} - I_{L11}$. A partir das equações 5.98 e 5.100,

$$\Delta I_1 = \frac{V_s t_1}{L_1} = \frac{-(V_s - V_{c1})t_2}{L_1}$$

Substituindo $t_1 = kT$ e $t_2 = (1-k)T$, a tensão média do capacitor C_1 é

$$V_{c1} = \frac{V_s}{1-k} \qquad (5.102)$$

Assumindo que a corrente do indutor de filtro L_2 cresce linearmente de I_{L21} para I_{L22} no tempo t_1,

$$V_{c1} + V_a = L_2 \frac{I_{L22} - I_{L21}}{t_1} = L_2 \frac{\Delta I_2}{t_1} \qquad (5.103)$$

FIGURA 5.20
Regulador *Cúk*.

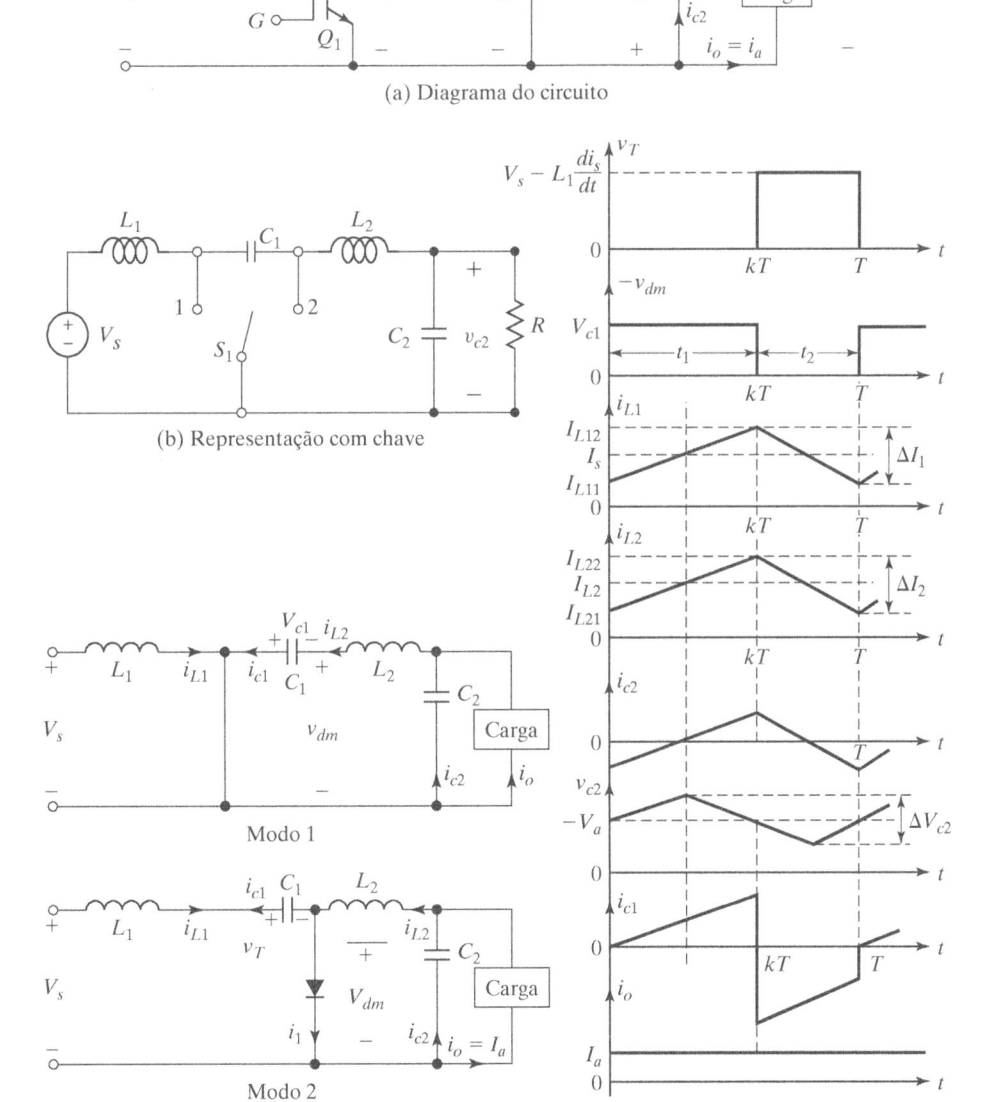

(a) Diagrama do circuito

(b) Representação com chave

(c) Circuitos equivalentes

Modo 1

Modo 2

(d) Formas de onda

ou

$$t_1 = \frac{\Delta I_2 L_2}{V_{c1} + V_a} \quad (5.104)$$

e que a corrente do indutor L_2 decresce linearmente de I_{L22} para I_{L21} no tempo t_2,

$$V_a = -L_2 \frac{\Delta I_2}{t_2} \quad (5.105)$$

ou

$$t_2 = -\frac{\Delta I_2 L_2}{V_a} \quad (5.106)$$

onde $\Delta I_2 = I_{L22} - I_{L21}$. A partir das equações 5.103 e 5.105,

$$\Delta I_2 = \frac{(V_{c1} + V_a)t_1}{L_2} = -\frac{V_a t_2}{L_2}$$

Substituindo $t_1 = kT$ e $t_2 = (1-k)T$, a tensão média do capacitor C_1 é

$$V_{c1} = -\frac{V_a}{k} \quad (5.107)$$

Igualando a Equação 5.102 à Equação 5.107, conseguimos encontrar a tensão média de saída:

$$V_a = -\frac{kV_s}{1-k} \quad (5.108)$$

o que dá

$$k = \frac{V_a}{V_a - V_s} \quad (5.109)$$

$$1 - k = \frac{V_s}{V_s - V_a} \quad (5.110)$$

Assumindo que o circuito não tem perdas, $V_s I_s = -V_a I_a = V_s I_a k / (1-k)$, e a corrente média de entrada é

$$I_s = \frac{kI_a}{1-k} \quad (5.111)$$

Ondulação das correntes nos indutores. O período de chaveamento T pode ser determinado a partir das equações 5.99 e 5.101:

$$T = \frac{1}{f} = t_1 + t_2 = \frac{\Delta I_1 L_1}{V_s} - \frac{\Delta I_1 L_1}{V_s - V_{c1}} = \frac{-\Delta I_1 L_1 V_{c1}}{V_s(V_s - V_{c1})} \quad (5.112)$$

que dá a ondulação da corrente do indutor L_1 como

$$\Delta I_1 = \frac{-V_s(V_s - V_{c1})}{fL_1 V_{c1}} \quad (5.113)$$

ou

$$\Delta I_1 = \frac{V_s k}{fL_1} \quad (5.114)$$

O período de chaveamento T também pode ser determinado a partir das equações 5.104 e 5.106:

$$T = \frac{1}{f} = t_1 + t_2 = \frac{\Delta I_2 L_2}{V_{c1} + V_a} - \frac{\Delta I_2 L_2}{V_a} = \frac{-\Delta I_2 L_2 V_{c1}}{V_a(V_{c1} + V_a)} \quad (5.115)$$

e isso dá a ondulação da corrente no indutor L_2 como

$$\Delta I_2 = \frac{-V_a(V_{c1} + V_a)}{fL_2 V_{c1}} \quad (5.116)$$

ou

$$\Delta I_2 = -\frac{V_a(1-k)}{fL_2} = \frac{kV_s}{fL_2} \qquad (5.117)$$

Ondulação das tensões dos capacitores. Quando o transistor Q_1 é desligado, o capacitor de transferência de energia C_1 é carregado pela corrente de entrada pelo tempo $t = t_2$. A corrente média de carga para C_1 é $I_{c1} = I_s$, e a ondulação da tensão do capacitor C_1 é

$$\Delta V_{c1} = \frac{1}{C_1}\int_0^{t_2} I_{c1}\,dt = \frac{1}{C_1}\int_0^{t_2} I_s\,dt = \frac{I_s t_2}{C_1} \qquad (5.118)$$

A Equação 5.110 dá $t_2 = V_s/[(V_s - V_a)f]$, e a Equação 5.118 torna-se

$$\Delta V_{c1} = \frac{I_s V_s}{(V_s - V_a)fC_1} \qquad (5.119)$$

ou

$$\Delta V_{c1} = \frac{I_s(1-k)}{fC_1} \qquad (5.120)$$

Se supusermos que a ondulação da corrente de carga Δi_o é desprezável, $\Delta i_{L2} = \Delta i_{c2}$. A corrente média de carga de C_2, que flui pelo tempo $T/2$, é $I_{c2} = \Delta I_2/4$, e a ondulação da tensão do capacitor C_2,

$$\Delta V_{c2} = \frac{1}{C_2}\int_0^{T/2} I_{c2}\,dt = \frac{1}{C_2}\int_0^{T/2}\frac{\Delta I_2}{4}\,dt = \frac{\Delta I_2}{8fC_2} \qquad (5.121)$$

ou

$$\Delta V_{c2} = \frac{V_a(1-k)}{8C_2L_2f^2} = \frac{kV_s}{8C_2L_2f^2} \qquad (5.122)$$

Condição para corrente no indutor e tensão no capacitor contínuas. Se I_{L1} for a corrente média no indutor L_1, a ondulação da corrente no indutor é $\Delta I_1 = 2I_{L1}$. Utilizando as equações 5.111 e 5.114, obtemos

$$\frac{kV_S}{fL_1} = 2I_{L1} = 2I_S = \frac{2kI_a}{1-k} = 2\left(\frac{k}{1-k}\right)^2\frac{V_S}{R}$$

que dá o valor crítico do indutor L_{c1} como

$$L_{c1} = L_1 = \frac{(1-k)^2 R}{2kf} \qquad (5.123)$$

Se I_{L2} for a corrente média do indutor L_2, a ondulação de corrente no indutor $\Delta I_2 = 2I_{L2}$. Utilizando as equações 5.108 e 5.117, obtemos

$$\frac{kV_S}{fL_2} = 2I_{L2} = 2I_a = \frac{2V_a}{R} = \frac{2kV_S}{(1-k)R}$$

que dá o valor crítico do indutor L_{c2} como

$$L_{c2} = L_2 = \frac{(1-k)R}{2f} \qquad (5.124)$$

Se V_{c1} for a tensão média do capacitor, a ondulação da tensão no capacitor $\Delta V_{c1} = 2V_a$. Utilizando $\Delta V_{c1} = 2V_a$ na Equação 5.120, obtemos

$$\frac{I_S(1-k)}{fC_1} = 2V_a = 2I_a R$$

que, após a substituição por I_s, dá o valor crítico do capacitor C_{c1} como

$$C_{c1} = C_1 = \frac{k}{2fR} \quad (5.125)$$

Se V_{c2} for a tensão média do capacitor, a ondulação da tensão do capacitor $\Delta V_{c2} = 2V_a$. Utilizando as equações 5.108 e 5.122, obtemos

$$\frac{kV_S}{8C_2L_2f^2} = 2V_a = \frac{2kV_S}{1-k}$$

que após substituir para L_2 a partir da Equação 5.124, dá o valor crítico do capacitor C_{c2} como

$$C_{c2} = C_2 = \frac{1}{8fR} \quad (5.126)$$

O regulador *Cúk* baseia-se na transferência de energia do capacitor. Consequentemente, a corrente de entrada é contínua. O circuito tem baixas perdas de chaveamento e eficiência elevada. Quando o transistor Q_1 é ligado, ele precisa conduzir as correntes dos indutores L_1 e L_2, e, como resultado, uma corrente de pico elevada flui através dele. Como o capacitor proporciona a transferência de energia, a ondulação de corrente do capacitor C_1 também é elevada. Esse circuito requer igualmente um capacitor e um indutor adicionais.

O conversor *Cúk*, que tem uma característica inversa do *buck-boost*, apresenta correntes não pulsantes nos terminais de entrada e de saída. O SEPIC (conversor com indutância simples no primário), que é um conversor *Cúk* não inversor, pode ser constituído pela troca das posições do diodo D_m e do indutor L_2 na Figura 5.20a. O SEPIC[35] é mostrado na Figura 5.21a. O *Cúk* e o SEPIC também apresentam uma característica desejável, de acordo com a qual o terminal da fonte do MOSFET é conectado diretamente com o aterramento comum. Isso simplifica a construção do circuito de acionamento. A tensão de saída do SEPIC e de seu inverso é $V_a = V_s k/(1-k)$. O inverso do SEPIC é constituído pela troca das posições das chaves e dos indutores, como indica a Figura 5.21b.

FIGURA 5.21

Conversor SEPIC.

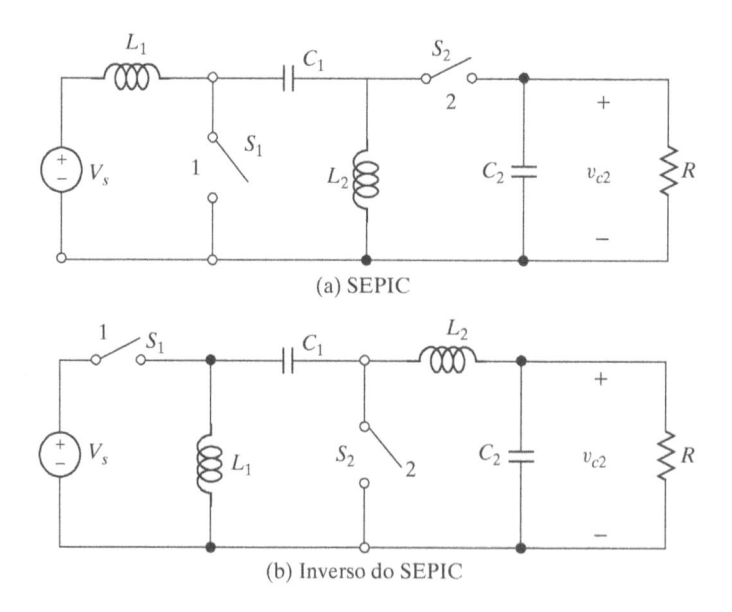

(a) SEPIC

(b) Inverso do SEPIC

Exemplo 5.8 ▪ Determinação das correntes e tensões no regulador *Cúk*

A tensão de entrada do conversor *Cúk* na Figura 5.20a é $V_s = 12$ V. O ciclo de trabalho é $k = 0,25$ e a frequência de chaveamento, 25 kHz. A indutância de filtro é $L_2 = 150$ μH, e a capacitância de filtro, $C_2 = 220$ μF. A capacitância da transferência de energia é $C_1 = 200$ μF, e a indutância, $L_1 = 180$ μH.

A corrente média da carga é $I_a = 1,25$ A. Determine **(a)** a tensão média de saída V_a; **(b)** a corrente média de entrada I_s; **(c)** a ondulação da corrente do indutor L_1, ΔI_1; **(d)** a ondulação da tensão do capacitor C_1, ΔV_{c1}; **(e)** a ondulação da corrente do indutor L_2, ΔI_2; **(f)** a ondulação da tensão do capacitor C_2, ΔV_{c2}; e **(g)** a corrente de pico do transistor I_p.

Solução

$V_s = 12$ V, $k = 0,25$, $I_a = 1,25$ A, $f = 25$ kHz, $L_1 = 180$ µH, $C_1 = 200$ µF, $L_2 = 150$ µH e $C_2 = 220$ µF.

a. A partir da Equação 5.108, $V_a = -0,25 \times 12/(1 - 0,25) = -4$ V.
b. A partir da Equação 5.111, $I_s = 1,25 \times 0,25/(1 - 0,25) = 0,42$ A.
c. A partir da Equação 5.114, $\Delta I_1 = 12 \times 0,25/(25.000 \times 180 \times 10^{-6}) = 0,67$ A.
d. A partir da Equação 5.120, $\Delta V_{c1} = 0,42 \times (1 - 0,25)/(25.000 \times 200 \times 10^{-6}) = 63$ mV.
e. A partir da Equação 5.117, $\Delta I_2 = 0,25 \times 12/(25.000 \times 150 \times 10^{-6}) = 0,8$ A.
f. A partir da Equação 5.121, $\Delta V_{c2} = 0,8/(8 \times 25.000 \times 220 \times 10^{-6}) = 18,18$ mV.
g. A tensão média sobre o diodo pode ser encontrada por

$$V_{dm} = -kV_{c1} = -V_a k \frac{1}{-k} = V_a \qquad (5.127)$$

Para um circuito sem perdas, $I_{L2}V_{dm} = V_a I_a$, e o valor médio da corrente no indutor L_2 é

$$I_{L2} = \frac{I_a V_a}{V_{dm}} = I_a \qquad (5.128)$$
$$= 1,25 \text{ A}$$

Portanto, a corrente de pico do transistor é

$$I_p = I_s + \frac{\Delta I_1}{2} + I_{L2} + \frac{\Delta I_2}{2} = 0,42 + \frac{0,67}{2} + 1,25 + \frac{0,8}{2} = 2,405 \text{ A}$$

5.9.5 Limitações da conversão em um único estágio

Os quatro reguladores usam somente um transistor, empregando apenas um estágio de conversão, e necessitam de indutores e capacitores para a transferência de energia. Por causa da limitação no manejo de corrente por um único transistor, a potência de saída dessas reguladores é pequena, geralmente da ordem de dezenas de watts. Para uma corrente maior, o tamanho dessas componentes aumenta, ampliando suas perdas e diminuindo a eficiência do conversor. Além disso, não há isolação entre as tensões de entrada e de saída, que é um critério muito desejável na maioria das aplicações. Para aplicações de alta potência, são utilizadas conversões em multiestágios, em que uma tensão CC é convertida em CA através de um inversor. A saída CA é isolada por um transformador, e depois convertida para CC através de retificadores. As conversões em multiestágios são discutidas na Seção 13.4.

■ Principais pontos da Seção 5.9

– Um regulador CC consegue produzir uma tensão de saída CC que é maior ou menor do que a de alimentação. Filtros LC podem ser utilizados para reduzir a ondulação da tensão de saída. Dependendo do tipo de regulador, a polaridade da tensão de saída pode ser o oposto da de entrada.

5.10 COMPARAÇÃO DE REGULADORES

Quando há um fluxo de corrente passando por um indutor, um campo magnético é criado. Qualquer alteração nessa corrente muda o campo, e uma fem é induzida. A fem atua na direção que mantém o fluxo na sua densidade original. Esse efeito é conhecido como *autoindução*. Um indutor limita a subida e a descida de suas correntes e tenta fazer a ondulação da corrente se manter baixa.

Não há mudança na posição da principal chave Q_1 para os reguladores *buck* e *buck-boost*. A chave Q_1 fica ligada à linha de alimentação CC. De modo semelhante, não há mudança na posição da principal chave Q_1 para os reguladores *boost* e *Cúk*. A chave Q_1 fica ligada entre as duas linhas de alimentação. Quando ela é fechada, a tensão de alimentação é aplicada no indutor L, que limita a taxa de subida da corrente de alimentação.

Na Seção 5.9, obtivemos o ganho de tensão dos reguladores assumindo a hipótese de que não existem resistências associadas com os indutores e os capacitores. No entanto, essas resistências, embora pequenas, podem reduzir significativamente o ganho.[11,12] A Tabela 5.1 resume os ganhos de tensão dos reguladores. Já as comparações dos ganhos de tensão para diferentes conversores são mostradas na Figura 5.22. A saída do SEPIC é o inverso do conversor *Cúk*, mas tem as mesmas características.

Os indutores e os capacitores funcionam como elementos de armazenamento de energia em reguladores chaveados e como elementos filtrantes para suavizar as harmônicas das correntes. Podemos observar a partir das equações B.17 e B.18, no Apêndice B, que a perda magnética aumenta com o quadrado da frequência. Por outro lado, uma frequência mais elevada reduz o tamanho dos indutores para os mesmos valores de ondulação de corrente e necessidade de filtragem. O projeto de conversores CC-CC requer um equilíbrio entre a frequência de chaveamento, os tamanhos dos indutores, os tamanhos dos capacitores e as perdas de chaveamento.

TABELA 5.1
Resumo dos ganhos dos reguladores.[11]

Regulador	Ganho de tensão $G(k) = V_a/V_s$, desprezando r_L e r_C	Ganho de tensão $G(k) = V_a/V_s$, considerando r_L e r_C
Buck	k	$\dfrac{kR}{R + r_L}$
Boost	$\dfrac{1}{1-k}$	$\dfrac{1}{1-k}\left[\dfrac{(1-k)^2 R}{(1-k)^2 R + r_L + k(1-k)\left(\dfrac{r_C R}{r_C + R}\right)}\right]$
Buck-boost	$\dfrac{-k}{1-k}$	$\dfrac{-k}{1-k}\left[\dfrac{(1-k)^2 R}{(1-k)^2 R + r_L + k(1-k)\left(\dfrac{r_C R}{r_C + R}\right)}\right]$

5.11 CONVERSOR *BOOST* COM VÁRIAS SAÍDAS

A fim de processar sinais digitais, a computação em alta velocidade necessita de uma tensão alta de alimentação V_S para um chaveamento rápido. Como o consumo de energia é proporcional ao quadrado de V_S, é aconselhável diminuir V_S quando forem necessárias velocidades menores de cálculo.[8,9] Um conversor *boost* pode ser usado para alimentar os núcleos de processadores de alta velocidade com uma tensão de alimentação muito baixa. A topologia de um *boost* com um indutor e duas saídas (*single-inductor dual output* — SIDO)[12] é mostrada na Figura 5.23.

As duas saídas V_{oa} e V_{ob} compartilham o indutor L e a chave S_I. A Figura 5.24 mostra os tempos do conversor. Ele funciona com duas fases complementares, φ_a e φ_b. Durante $\varphi_a = 1$, S_b está aberta, e nenhuma corrente flui para V_{ob}. A chave S_I é fechada primeiro.

A corrente no indutor, I_L, aumenta até o tempo $k_{1a}T$ terminar (determinado pela saída de um amplificador de erro), onde T é o período de chaveamento do conversor. Durante o tempo $k_{2a}T$, S_I é aberta e S_a é fechada para desviar a corrente do indutor para a saída V_{oa}. Um detector de corrente zero monitora a corrente no indutor, e, quando ela vai a zero, S_a é aberta novamente e o conversor entra no tempo $k_{3a}T$. A corrente no indutor permanece zero até $\varphi_b = 1$. Assim, k_{1a}, k_{2a} e k_{3a} devem satisfazer as condições

$$k_{1a} + k_{2a} \leq 0{,}5 \qquad (5.129)$$

$$k_{1a} + k_{2a} + k_{3a} = 1 \qquad (5.130)$$

Durante $\varphi_a = 1$, o controlador multiplexa a corrente do indutor na saída V_{oa}. De modo semelhante, o controlador multiplexa a corrente do indutor na saída V_{ob} durante $\varphi_b = 1$. O controlador regula as duas saídas alternadamente. Por conta da presença de $k_{3a}T$ e $k_{3b}T$, o conversor funciona no modo de condução descontínua (*discontinuous conduction mode* — DCM), essencialmente isolando o controle das duas saídas de tal forma que a variação de carga em uma saída não afete a outra. Portanto, o problema de regulação cruzada é atenuado. Outra vantagem do

FIGURA 5.22

Comparação de ganhos de tensão dos conversores.

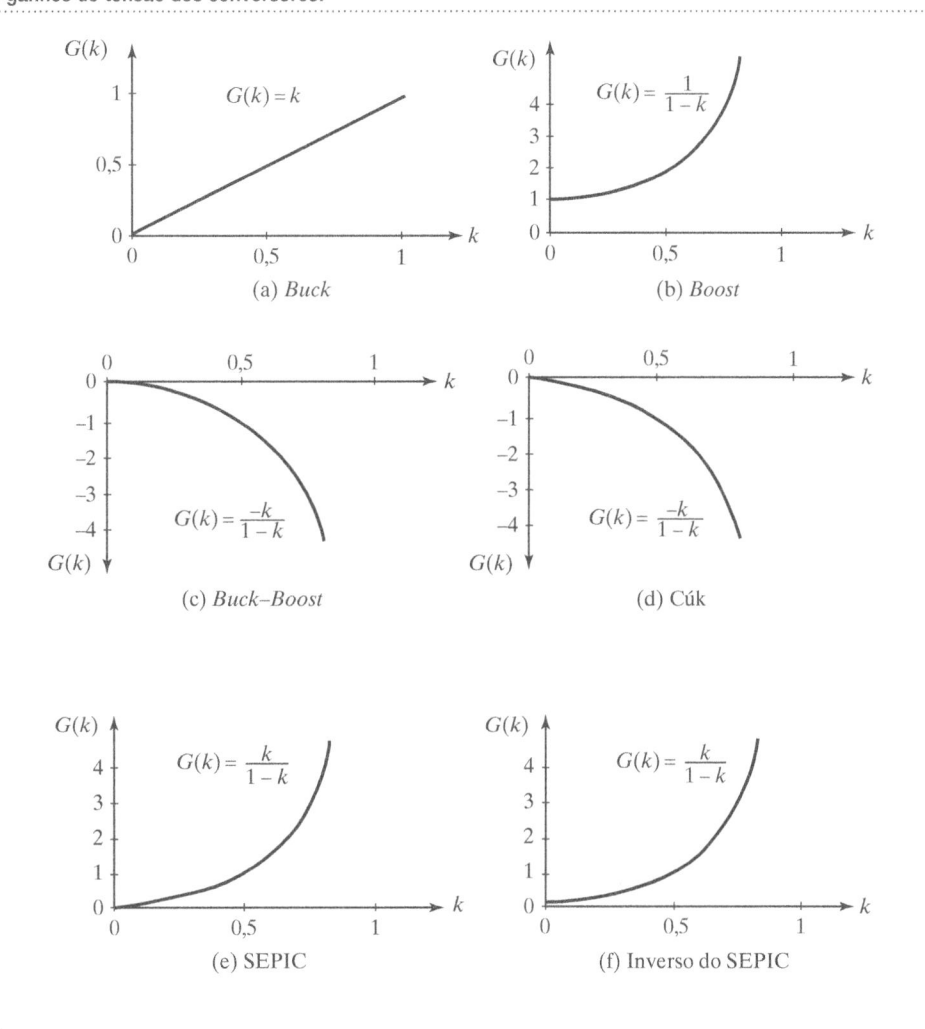

(a) Buck: $G(k) = k$

(b) Boost: $G(k) = \dfrac{1}{1-k}$

(c) Buck–Boost: $G(k) = \dfrac{-k}{1-k}$

(d) Cúk: $G(k) = \dfrac{-k}{1-k}$

(e) SEPIC: $G(k) = \dfrac{k}{1-k}$

(f) Inverso do SEPIC: $G(k) = \dfrac{k}{1-k}$

FIGURA 5.23

Conversor *boost* com um indutor e duas saídas.[12]

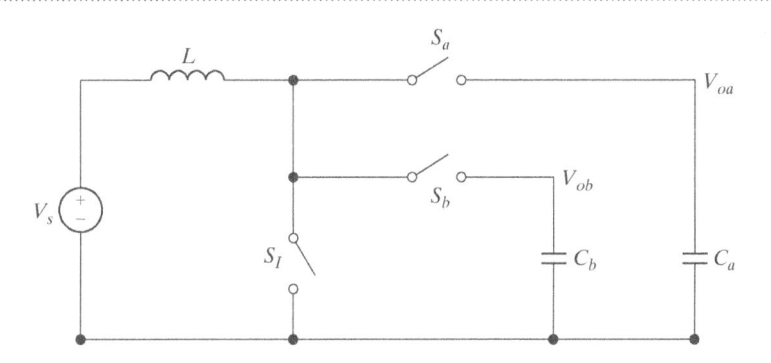

FIGURA 5.24
Diagrama de tempos para o conversor *boost* com um indutor e duas saídas.

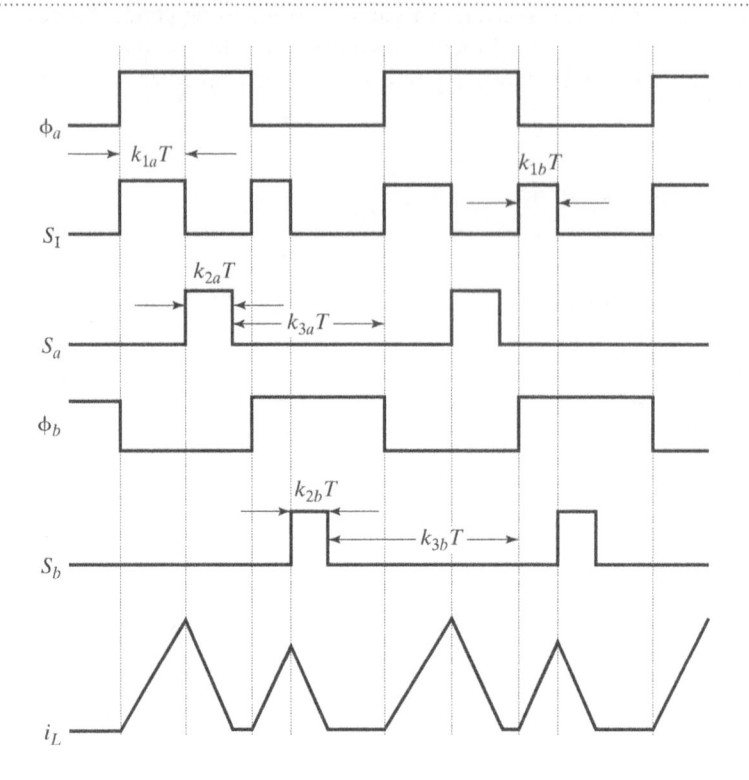

controle DCM é a compensação simples do sistema, pois existe apenas um polo do lado esquerdo na função de transferência do ganho de malha (*loop gain*) de cada uma das saídas.[13]

Com um controle similar de multiplexação no tempo, o conversor de saída dupla pode facilmente ser ampliado para ter N saídas, como mostra a Figura 5.25, se N fases não sobrepostas forem atribuídas para as saídas correspondentes, em conformidade. Ao empregar o controle de multiplexação no tempo (*time multiplexing* — TM), um único controlador é compartilhado por todas as saídas. É utilizada a retificação síncrona, no sentido de que o transistor que substitui o diodo é desligado quando a corrente do indutor tende a ficar negativa, eliminando, assim, quedas do diodo e aumentando a eficiência. Todas as chaves de alimentação e o controlador podem ser fabricados dentro de um encapsulamento[14,15] e, com apenas um indutor para todas as saídas, os componentes fora do encapsulamento são minimizados.

FIGURA 5.25
Topologia do conversor *boost* com N saídas.

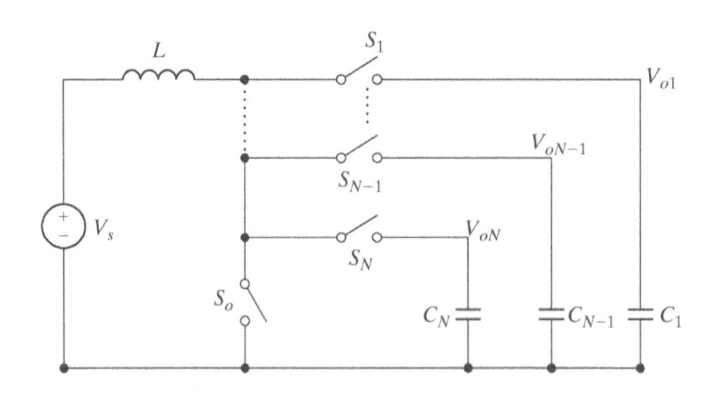

■ Principais pontos da Seção 5.11

- O conversor *boost* pode ser ampliado para produzir várias saídas utilizando um único indutor. Empregando o controle TM, somente um controlador é compartilhado por todas as saídas. Todas as chaves de potência e o controlador podem ser fabricados dentro do mesmo encapsulamento e, com apenas um indutor para todas as saídas, os componentes fora do dispositivo são minimizados. Esse conversor pode encontrar aplicações como fonte de alimentação para processadores digitais de sinal de alta velocidade.

5.12 CONVERSOR *BOOST* ALIMENTADO POR RETIFICADOR A DIODO

Os retificadores a diodo são os circuitos mais utilizados para aplicações em que a entrada é uma fonte CA (por exemplo, computadores, telecomunicações, iluminação fluorescente e condicionadores de ar). O fator de potência de retificadores a diodo com uma carga resistiva pode chegar a 0,9, e é menor com uma carga reativa. Com a ajuda de uma técnica moderna de controle, a corrente de entrada do retificador pode ser senoidal e em fase com a tensão de entrada, tendo, assim, um FP de entrada aproximadamente igual à unidade. Na Figura 5.26a, está representado um circuito com FP unitário que combina um retificador de ponte completa com um conversor *boost*. A corrente de entrada do conversor é controlada para seguir a forma de onda da tensão senoidal de entrada do retificador de onda completa através de um controle PWM.[16-23] Os sinais de controle PWM podem ser gerados pela técnica de histerese "*bang-bang*" (BBH). Essa técnica, que é mostrada na Figura 5.26b, tem a vantagem de produzir controle instantâneo de corrente, o que resulta em uma resposta rápida. No entanto, a frequência de chaveamento não é constante e varia muito durante cada semiciclo da tensão de entrada CA. A frequência também é sensível aos valores dos componentes do circuito.

A frequência de chaveamento pode ser mantida constante a partir da corrente de referência I_{ref} e da corrente de retroalimentação I_{fb} ponderadas ao longo do período de cada chaveamento. Isso é indicado na Figura 5.26c. I_{ref} é comparada com I_{fb}. Se $I_{ref} > I_{fb}$, o ciclo de trabalho é maior do que 50%; para $I_{ref} = I_{fb}$, o ciclo de trabalho é de 50%; para $I_{ref} < I_{fb}$, o ciclo de trabalho é inferior a 50%. O erro é forçado a permanecer entre o máximo e o mínimo da forma de onda triangular, e a corrente do indutor segue a onda senoidal de referência, que é sobreposta a uma forma de onda triangular. A corrente de referência I_{ref} é gerada a partir da tensão de erro $V_e (= V_{ref} - V_o)$ e da tensão de entrada V_{in} para o conversor *boost*.

O conversor *boost* também pode ser utilizado para correção do fator de potência de retificadores trifásicos a diodo, com filtros capacitivos na saída,[19,29] como ilustra a Figura 5.27. O conversor *boost* opera com corrente do indutor em DCM para alcançar uma forma senoidal da corrente de entrada. Esse circuito emprega apenas uma chave ativa, sem controle ativo da corrente. As desvantagens do conversor simples são a tensão de saída excessiva e a presença da quinta harmônica na corrente de fase. Esse tipo de conversor é geralmente usado em aplicações industriais e comerciais que necessitam de um alto fator de potência de entrada, porque a forma de onda da corrente de entrada segue automaticamente a da tensão de entrada. Além disso, o circuito tem uma eficiência extremamente elevada.

No entanto, se o circuito for implementado da forma convencional, com frequência constante, largura de banda reduzida, controle da realimentação da tensão de saída, que mantém o ciclo de trabalho da chave constante durante um período de linha retificada, a corrente de entrada do retificador apresentará uma harmônica de quinta ordem relativamente grande. Como resultado, com níveis de potência acima de 5 kW, a harmônica de quinta ordem impõe escolhas difíceis em termos de projeto, desempenho e custo para atender os níveis máximos permitidos de harmônicas de corrente, definidos pela norma IEC555-2.[30] Métodos de controle avançados, como o de injeção harmônica,[31] podem reduzir a harmônica de quinta ordem da corrente de entrada, de modo que o nível de potência em que o conteúdo harmônico da corrente de entrada atende a norma IEC555-2 é ampliado.

A Figura 5.28 exibe o diagrama de blocos da técnica robusta de injeção harmônica, que é analisada em algumas referências.[3-5] Um sinal de tensão proporcional à componente CA invertido da tensão de entrada retificada, trifásica de linha, é injetado na malha de realimentação da tensão de saída. O sinal injetado altera o ciclo de trabalho do retificador dentro do ciclo de fase para reduzir a harmônica de quinta ordem e melhorar a DHT das correntes de entrada do retificador.

FIGURA 5.26

Condicionamento de fator de potência de retificadores a diodo.

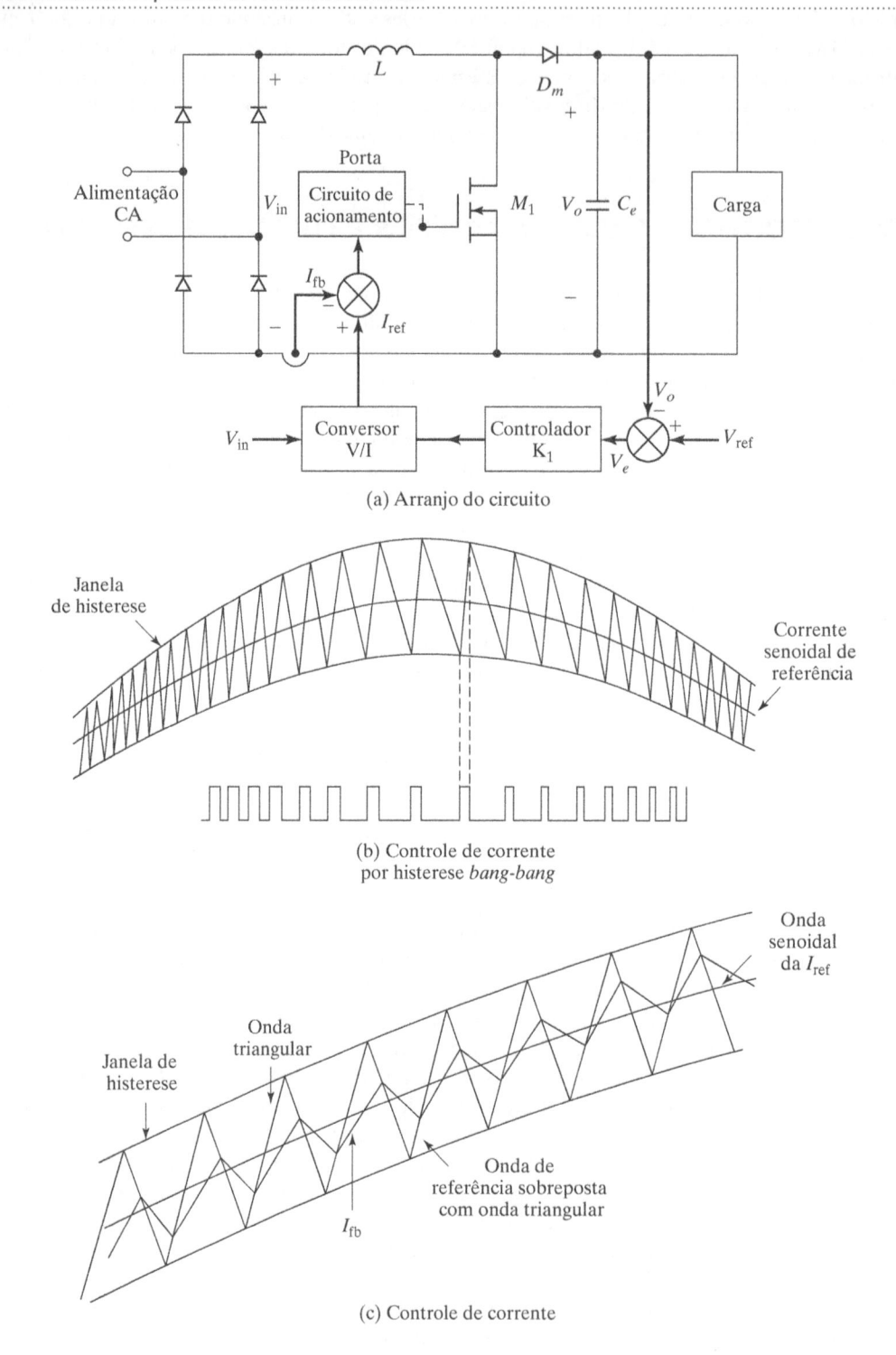

(a) Arranjo do circuito

(b) Controle de corrente por histerese *bang-bang*

(c) Controle de corrente

FIGURA 5.27
Conversor *boost* alimentado por um retificador trifásico.[29]

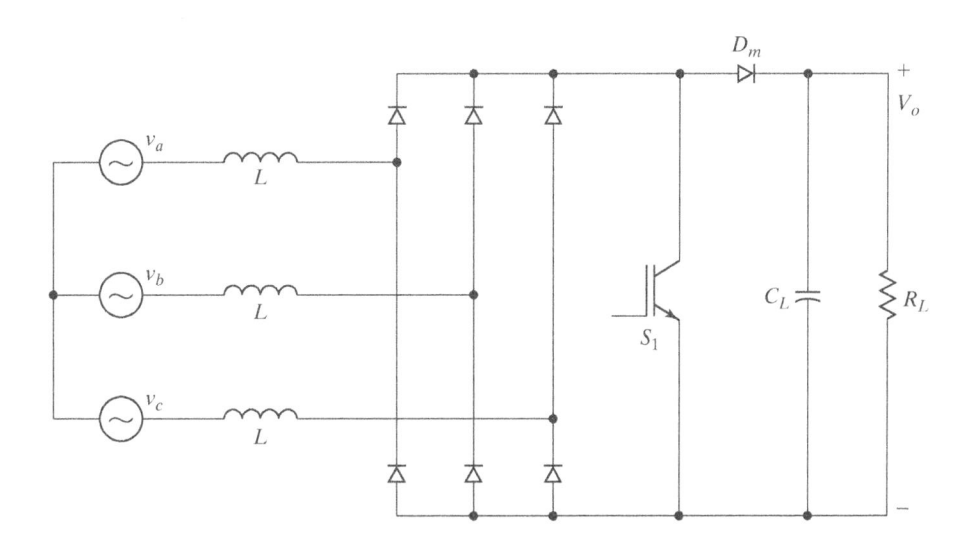

FIGURA 5.28
Retificador *boost* trifásico DCM com um método de injeção harmônica.[31]

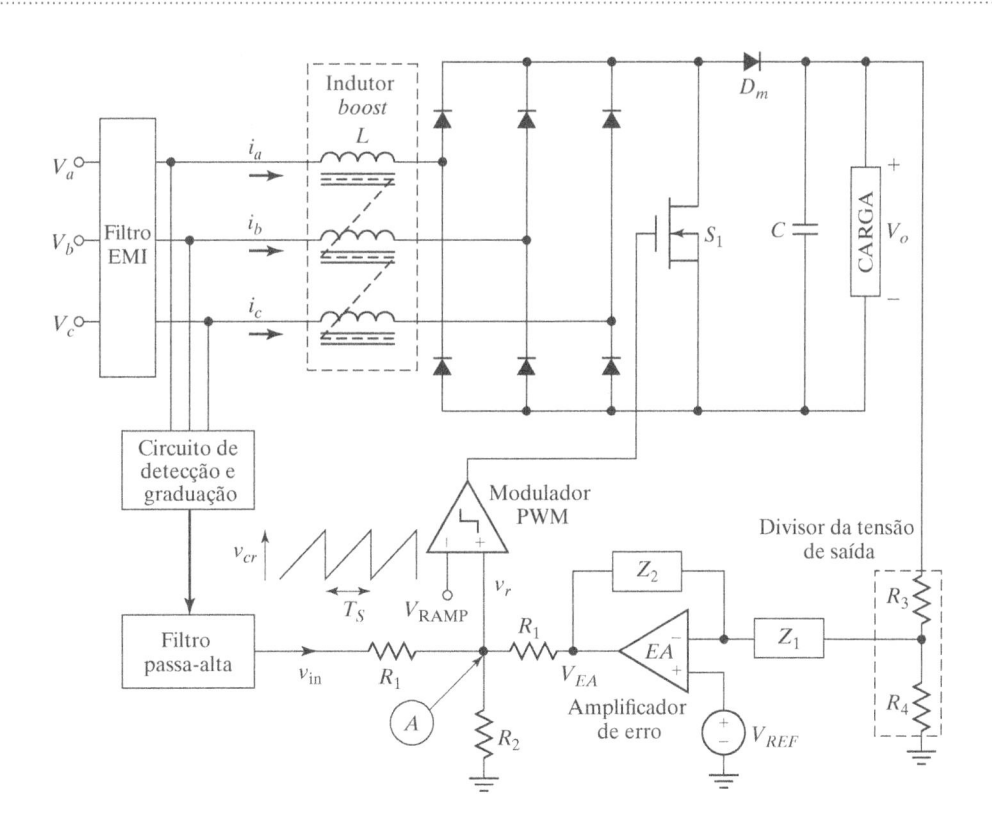

■ Principais pontos da Seção 5.12

– O retificador de ponte completa pode atuar em combinação com um conversor *boost* para formar um circuito com fator de potência unitário. Ao gerenciar a corrente do indutor *boost* com o auxílio da técnica de controle de realimentação, a corrente de entrada do retificador pode ficar senoidal e em fase com a tensão, de entrada tendo, assim, um FP de entrada aproximadamente unitário.

5.13 MODELOS MÉDIOS DE CONVERSORES

As equações obtidas na Seção 5.9 para as tensões médias de saída fornecem a saída em regime permanente em um ciclo de trabalho específico k. Os conversores em geral operam em malha fechada, como indica a Figura 5.26a, com a finalidade de manter a tensão de saída em um valor determinado, e o ciclo de trabalho é continuamente alterado para manter o nível de saída desejado. Uma pequena alteração no ciclo de trabalho causa uma pequena mudança na tensão de saída. Para análise e projeto do circuito de realimentação é necessário o modelo de pequenos sinais do conversor.

A tensão de saída, a corrente de saída e a corrente de entrada de um conversor variam em função do tempo. Suas formas de onda dependem do modo de operação. Um modelo médio considera a rede constituída por uma chave e um diodo como uma rede de interruptores de duas portas, como mostra a Figura 5.29a, e utiliza as quantidades médias para obter um modelo de pequenos sinais da rede de interruptores. Como resultado, as variáveis de chaveamento e o modelo se tornam invariantes em relação ao tempo, e o procedimento é chamado de *modelo médio dos interruptores* (*averaged switch model*).

O método de modelo médio é simples, e pode ser utilizado para a obtenção do modelo de pequenos sinais (também conhecido como modelo CA) do circuito de um conversor. Descreveremos as etapas para obter o modelo CA do conversor *boost*, que é cada vez mais utilizado na correção de fator de potência de entrada e para elevação de tensão em aplicações de energia renovável. Os modelos médios podem ser aplicados a outros tipos de conversor, como os retificadores, inversores, conversores ressonantes e retificadores controlados.

Etapa 1: identificar os terminais da rede de interruptores de duas portas, como mostra a Figura 5.29b.[36-38]

Etapa 2: escolher as variáveis independentes e dependentes do chaveamento. Quando a chave está ligada, tanto v_2 quanto i_1 não variam, e iremos defini-los como variáveis independentes. $i_1(t)$ flui através da chave, e depois para o terminal 3 da porta 2. $v_2(t)$ e $i_1(t)$ dependem das condições do circuito. As variáveis dependentes do chaveamento v_1 e i_2 se tornam

$$v_1 = f_1(i_1, v_2) \tag{5.131}$$

$$i_2 = f_2(i_1, v_2) \tag{5.132}$$

Substituindo a rede de interruptores por essas fontes variáveis, é obtido o circuito equivalente, como mostra a Figura 5.30a.

FIGURA 5.29

Rede de interruptores de duas portas do *boost*.

(a) Rede de interruptores de duas portas (b) Rede de interruptores do *boost*

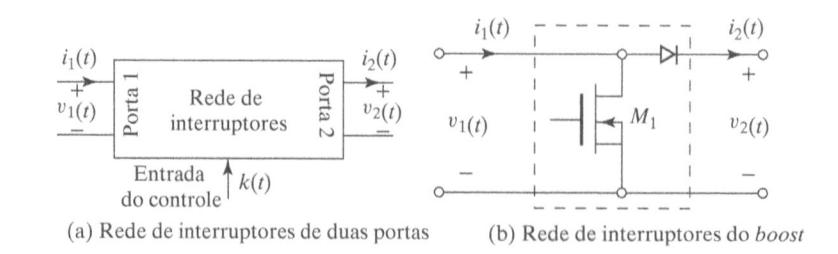

Etapa 3: fazer gráficos com as formas de onda das variáveis dependentes em função das independentes. No intervalo $t_1 = kT_S$, a chave está ligada, e $v_1(t)$ e $i_2(t)$ se tornam zero, como mostra a Figura 5.30b. Durante o intervalo desligado, $v_2(t)$ aumenta e $i_1(t)$ decresce a uma taxa que depende da impedância de carga (R, L).

Etapa 4: determinar os valores médios das variáveis dependentes no período de chaveamento. Em vez de calcular a média de formas de onda complexas que variam com o tempo, podemos simplesmente encontrar o valor médio de uma variável assumindo que as constantes de tempo do circuito do conversor são muito maiores do que o período de chaveamento T_S. Isto é, as constantes de tempo $RC \gg T_S$ e $L/R \gg T_S$. As ondulações das formas de onda $v_2(t)$ e $i_1(t)$ podem ser desprezadas. Com essas premissas, os valores médios são dados por

$$\langle v_1(t) \rangle T_S = (1-k) \langle v_1(t) \rangle T_S = k' \langle v_1(t) \rangle T_S \tag{5.133}$$

$$\langle i_2(t) \rangle T_S = (1-k) \langle i_1(t) \rangle T_S = k' \langle i_1(t) \rangle T_S \tag{5.134}$$

FIGURA 5.30
Formas de onda das fontes de tensão e corrente dependentes.

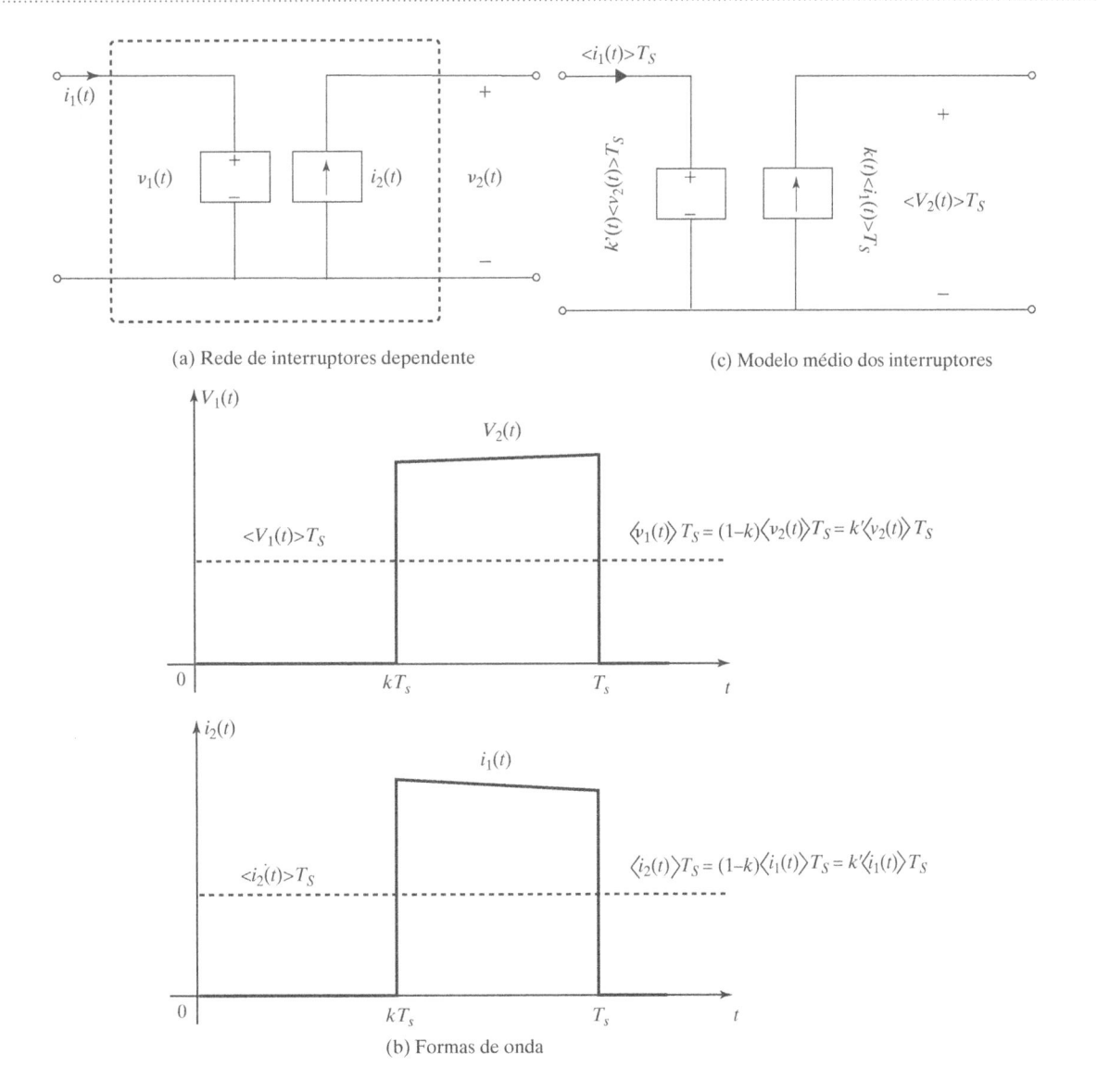

(a) Rede de interruptores dependente

(c) Modelo médio dos interruptores

(b) Formas de onda

em que $k' = 1 - k$. Substituindo esses valores médios de grande sinal para as variáveis dependentes, obtém-se o modelo médio dos interruptores, como mostra a Figura 5.30c.

Etapa 5: considerar uma pequena perturbação em torno dos valores médios de grande sinal. O ciclo de trabalho k é a variável de controle. Suponhamos que $k(t)$ seja alterado por uma pequena quantidade $\delta(t)$ em torno do grande sinal k e que a tensão de alimentação de entrada V_S possa, também, ser alterada por uma pequena quantidade $\tilde{v}_s(t)$. Isso causará pequenas variações nas variáveis dependentes em torno de seus valores de grande sinal, e obteremos as seguintes equações:

$$v_S(t) = V_S + \tilde{v}_s(t)$$
$$k(t) = k + \delta(t)$$
$$k'(t) = k' - \delta'(t)$$
$$\langle i(t) \rangle T_S = \langle i_1(t) \rangle T_S = I + \tilde{i}(t)$$
$$\langle v(t) \rangle T_S = \langle v_2(t) \rangle T_S = V + \tilde{v}(t)$$
$$\langle v_1(t) \rangle T_S = V_1 + \tilde{v}_1(t)$$
$$\langle i_2(t) \rangle T_S = I_2 + \tilde{i}_2(t)$$

Incluindo as pequenas mudanças nas fontes dependentes da Figura 5.30b, obtém-se o modelo completo do circuito do conversor *boost*, como indica a Figura 5.31.

Etapa 6: determinar um modelo linear de pequenos sinais. As fontes dependentes de grande sinal da Figura 5.31 têm termos não lineares decorrentes do produto de duas quantidades variáveis com o tempo. Podemos simplificá-los expandindo a equação sobre o ponto de operação, removendo os termos de segunda ordem que contêm o produto de pequenas quantidades. A fonte de tensão dependente do lado da entrada pode ser expandida para

$$(k' - \delta'(t))(V + \tilde{v}(t)) = k'(V + \tilde{v}(t)) - V\delta'(t) - \tilde{v}(t)\delta'(t) \tag{5.135}$$

que pode ser aproximada para

$$(k' - \delta'(t))(V + \tilde{v}(t)) \approx k'(V + \tilde{v}(t)) - V\delta'(t) \tag{5.136}$$

De modo semelhante, a fonte de corrente dependente do lado da saída pode ser expandida para

$$(k' - \delta'(t))(I + \tilde{i}(t)) = k'(I + \tilde{i}(t)) - I\delta'(t) - \tilde{i}(t)\delta'(t) \tag{5.137}$$

que pode ser aproximada para

$$(k' - \delta'(t))(I + \tilde{i}(t)) \approx k'(I + \tilde{i}(t)) - I\delta'(t) \tag{5.138}$$

FIGURA 5.31
Modelo do circuito do conversor *boost* com uma pequena perturbação em torno de um grande sinal.

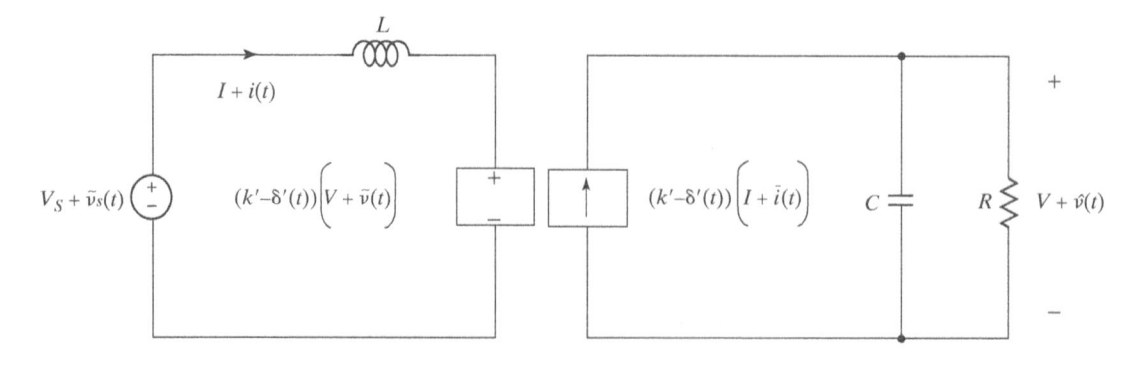

O primeiro termo na Equação 5.136 é decorrente da transformação da tensão de saída para o lado de entrada, como descrito pela Equação 5.70. Já o primeiro termo na Equação 5.138 é oriundo da transformação da corrente de entrada para o lado de saída, como apresentado pela Equação 5.73. Isto é, os primeiros termos são resultado do efeito da modificação de um transformador com relação de espiras de $k':1$. A combinação das equações 5.136 e 5.138 dá o circuito final do modelo médio CC e CA de pequenos sinais do conversor *boost*, como ilustra a Figura 5.32.

Seguindo as seis etapas descritas, podemos obter os modelos médios para o conversor *buck*[37,39] e para o conversor *buck-boost*,[35,38] como mostra a Figura 5.33. A rede de interruptores para o SEPIC é exibida na Figura 5.34a, e o modelo médio, na Figura 5.34b. Podemos fazer as seguintes observações a partir da obtenção do modelo médio para os conversores:

- A transformação das tensões e correntes CC e CA de pequenos sinais entre os lados de entrada e de saída ocorrem de acordo com uma relação de conversão.
- A variação do ciclo de trabalho por conta do sinal de acionamento da chave introduz variações de tensão e corrente CA de pequenos sinais.

FIGURA 5.32
Circuito do modelo médio CC e CA de pequenos sinais do conversor *boost*.

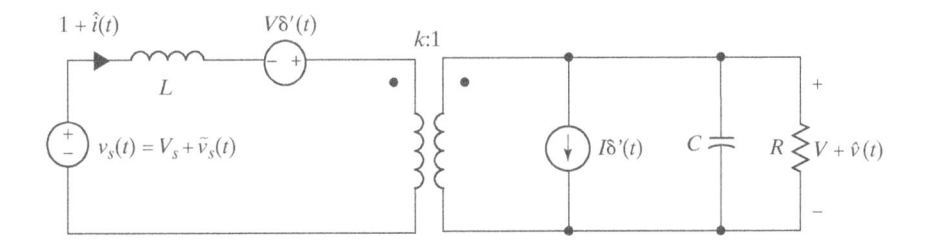

FIGURA 5.33
Circuito do modelo médio CC e CA de pequenos sinais dos conversores *buck* e *buck-boost*.

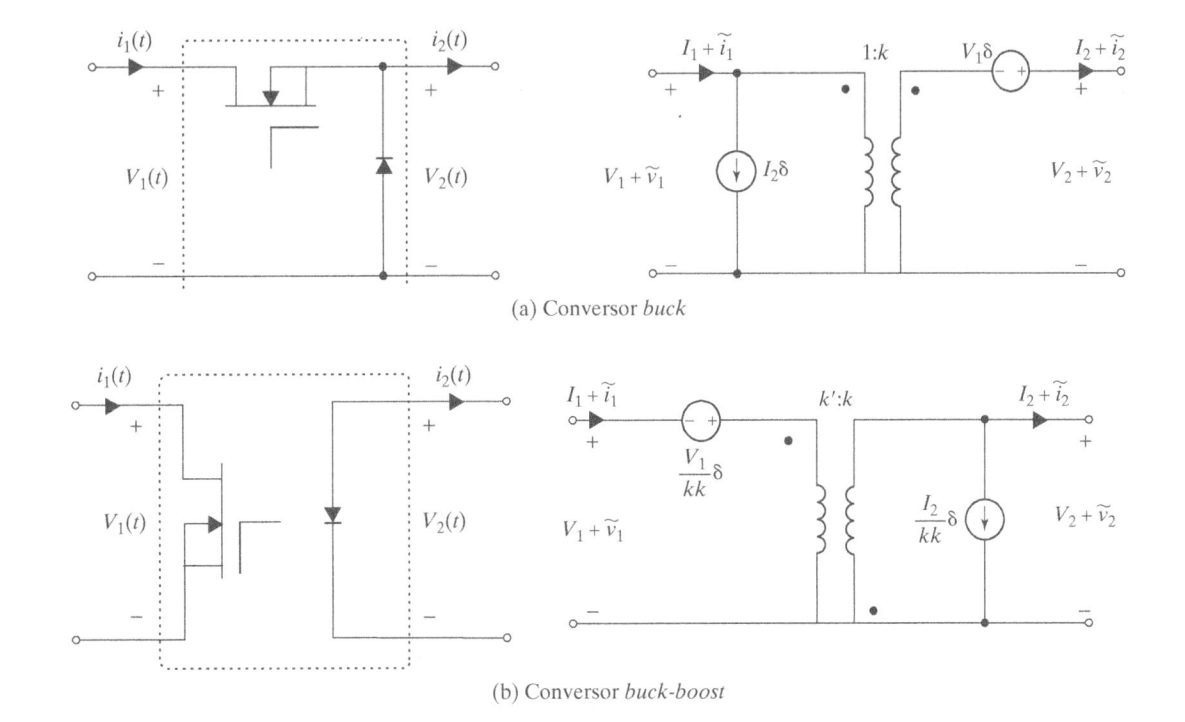

(a) Conversor *buck*

(b) Conversor *buck-boost*

FIGURA 5.34

Circuito do modelo médio CC e CA de pequenos sinais do SEPIC.

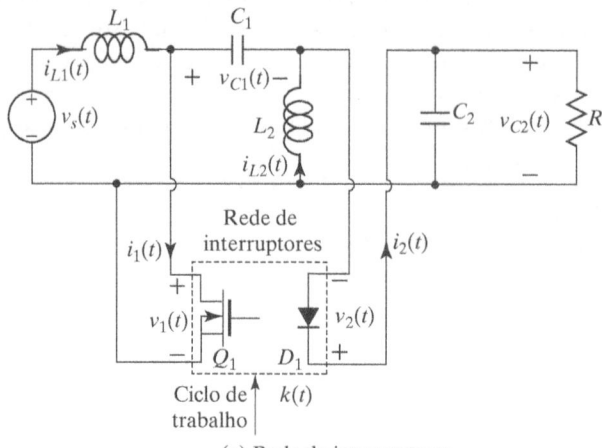

(a) Rede de interruptores

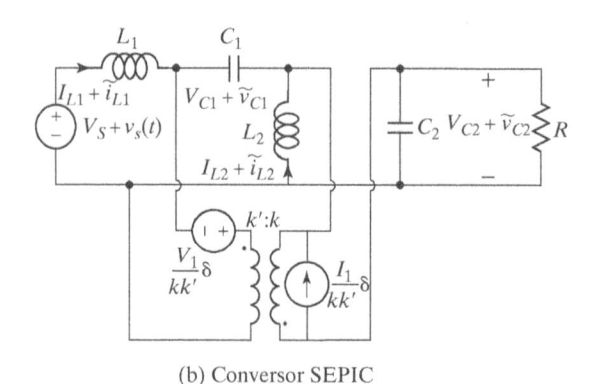

(b) Conversor SEPIC

- O diodo permite o fluxo de corrente, enquanto o transistor fica geralmente desligado. Isto é, ou o transistor ou o diodo conduzem em determinado instante.

- Se uma chave estiver conectada nos terminais da porta 1 ou da porta 2, uma fonte de tensão dependente estará conectada nos terminais. Por exemplo, os transistores no *boost* e no *buck-boost* e os diodos no *buck* e no *buck-boost*.

- Se uma chave estiver conectada entre os terminais da porta 1 e da porta 2, uma fonte de corrente dependente estará conectada nos terminais. Por exemplo, o transistor no *buck* e os diodos nos conversores *buck* e *boost*.[35]

■ Principais pontos da Seção 5.13

– Uma pequena alteração no ciclo de trabalho causa uma pequena mudança na tensão de saída. Para análise e projeto do circuito de realimentação é necessário o modelo de pequenos sinais dos conversores. A tensão de saída, a corrente de saída e a corrente de entrada de um conversor variam em função do tempo. Suas formas de onda dependem do modo de operação. Um modelo médio utiliza as quantidades médias para obter um modelo de pequenos sinais da rede de interruptores. Como resultado, as variáveis de chaveamento e o modelo se tornam invariantes em relação ao tempo, e o procedimento é chamado de modelo médio de interruptores. O método de cálculo de circuito pela média é simples, e pode ser utilizado para a obtenção do circuito do modelo de pequenos sinais (também conhecido como CA) de um conversor.

5.14 ANÁLISE DE REGULADORES NO ESPAÇO DE ESTADOS

Qualquer equação diferencial linear ou não linear de enésima ordem de uma variável dependente do tempo pode ser escrita[26] como n equações diferenciais de primeira ordem com n variáveis dependentes do tempo x_1 até x_n. Consideremos, por exemplo, a seguinte equação de terceira ordem:

$$y^m + a_2 y^n + a_1 y' + a_0 = 0 \tag{5.139}$$

em que y' é a primeira derivada de y, $y' = (d/dt)y$. Tomemos y como x_1. Então, a Equação 5.139 pode ser representada pelas três equações

$$x_1' = x_2 \tag{5.140}$$
$$x_2'' = x_3 \tag{5.141}$$
$$x_3'' = -a_0 x_1 - a_1 x_2 - a_3 x_3 \tag{5.142}$$

Em cada caso, n condições iniciais precisam ser conhecidas antes que se possa encontrar uma solução exata. Para qualquer sistema de enésima ordem, um conjunto de n variáveis independentes é necessário e suficiente para descrevê-lo completamente. As variáveis $x_1, x_2, ..., x_n$ são chamadas de *variáveis de estado* para o sistema. Se as condições iniciais de um sistema linear são conhecidas no tempo t_0, então podemos encontrar os estados dos sistemas para todo tempo $t > t_0$ e para determinado conjunto de fontes de entrada.

Todas as variáveis de estado são indicadas por x, e todas as fontes, por u. Consideremos o conversor *buck* básico da Figura 5.17a, que está redesenhado na Figura 5.35a, na qual a fonte CC V_s foi substituída pela fonte mais genérica u_1.

Modo 1. A chave S_1 está fechada, e a chave S_2, aberta. O circuito equivalente está representado na Figura 5.35b. Aplicando a lei de Kirchhoff das tensões (LKT), obtemos

$$u_1 = L x_1' + x_2$$
$$C x_2' = x_1 - \frac{1}{R} x_2$$

FIGURA 5.35
Conversor *buck* com variáveis de estado.

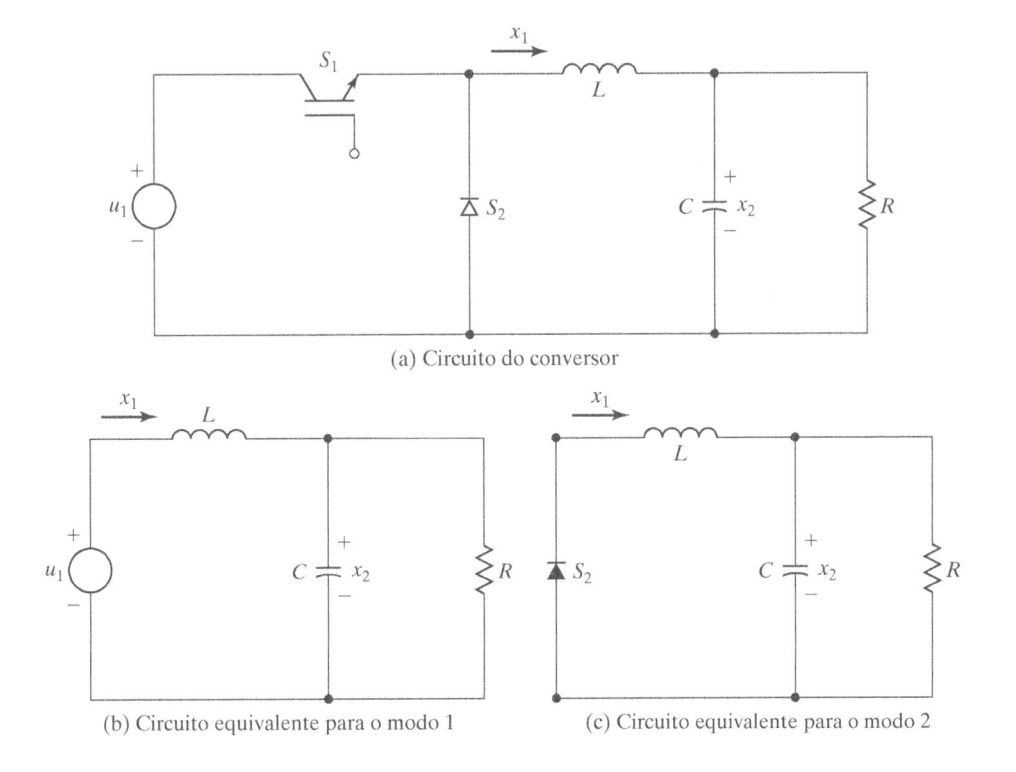

(a) Circuito do conversor

(b) Circuito equivalente para o modo 1

(c) Circuito equivalente para o modo 2

que pode ser rearranjado para

$$x_1' = \frac{-1}{L}x_2 + \frac{1}{L}u_1 \tag{5.143}$$

$$x_2' = \frac{1}{C}x_1 - \frac{1}{RC}x_2 \tag{5.144}$$

Essas equações podem ser escritas no formato universal:

$$x' = A_1 x + B_1 u_1 \tag{5.145}$$

onde x = vetor de estados = $\begin{pmatrix} x_1 \\ x_2 \end{pmatrix}$

A_1 = matriz de coeficientes de estado = $\begin{pmatrix} 0 & \frac{-1}{L} \\ \frac{1}{C} & \frac{-1}{RC} \end{pmatrix}$

u_1 = vetor de fontes

B_1 = matriz de coeficientes de fonte = $\begin{pmatrix} \frac{1}{L} \\ 0 \end{pmatrix}$

Modo 2. A chave S_1 está aberta, e a chave S_2, fechada. O circuito equivalente está representado na Figura 5.35c. Aplicando a LKT, obtemos

$$0 = Lx_1' + x_2$$

$$Cx_2' = x_1 - \frac{1}{R}x_2$$

que pode ser rearranjado para

$$x_1' = \frac{-1}{L}x_2 \tag{5.146}$$

$$x_2' = \frac{1}{C}x_1 - \frac{1}{RC}x_2 \tag{5.147}$$

Essas equações podem ser escritas no formato universal:

$$x' = A_2 x + B_2 u_1 \tag{5.148}$$

onde x = vetor de estados = $\begin{pmatrix} x_1 \\ x_2 \end{pmatrix}$

A_2 = matriz de coeficientes de estado = $\begin{pmatrix} 0 & \frac{-1}{L} \\ \frac{1}{C} & \frac{-1}{RC} \end{pmatrix}$

u_1 = vetor de fontes = 0

B_2 = matriz de coeficientes de fonte = $\begin{pmatrix} 0 \\ 0 \end{pmatrix}$

Em sistemas com realimentação, o ciclo de trabalho k é uma função de x, e também pode ser uma função de u. Assim, a solução total pode ser obtida por cálculo da média em espaço de estados, ou seja, somando os termos para cada análise no modo linear chaveado. Usando o formato universal, obtemos

$$A = A_1 k + A_2 (1-k) \tag{5.149}$$

$$B = B_1 k + B_2 (1-k) \tag{5.150}$$

Substituindo por A_1, A_2, B_1 e B_2, podemos encontrar

$$A = \begin{pmatrix} 0 & \dfrac{-1}{L} \\ \dfrac{1}{C} & \dfrac{-1}{RC} \end{pmatrix} \qquad (5.151)$$

$$B = \begin{pmatrix} \dfrac{k}{L} \\ 0 \end{pmatrix} \qquad (5.152)$$

que, por sua vez, conduzem às seguintes equações de estado:

$$x_1' = \frac{-1}{L}x_2 + \frac{k}{L}u_1 \qquad (5.153)$$

$$x_2' = \frac{1}{C}x_1 - \frac{1}{RC}x_2 \qquad (5.154)$$

Um circuito contínuo, mas não linear, como descrito pelas equações 5.153 e 5.154, está representado na Figura 5.36. Trata-se de um circuito não linear porque k, em geral, pode ser uma função de x_1, x_2 e u_1.

O modelo médio em espaço de estados é uma técnica de aproximação que, para frequências de chaveamento suficientemente altas, permite realizar uma análise de frequência de sinal em tempo contínuo separadamente da análise da frequência de chaveamento. Embora o sistema original seja linear para qualquer condição da chave, o resultante (isto é, o que vemos na Figura 5.36), em geral, é não linear. Portanto, há a necessidade de empregar aproximações de pequenos sinais para a obtenção do comportamento linearizado de pequenos sinais antes que outras técnicas,[27,28] como a transformada de Laplace e os diagramas de Bode, possam ser aplicadas.

■ Principais pontos da Seção 5.14

– O modelo médio em espaço de estados é uma técnica aproximada que pode ser aplicada para descrever as relações de entrada e saída de um conversor chaveado com diferentes modos de operação. Embora o sistema original seja linear para qualquer condição de chaveamento, o resultante, em geral, é não linear. Portanto, há a necessidade de empregar aproximações de pequenos sinais para a obtenção do comportamento linearizado de pequenos sinais antes que outras técnicas possam ser aplicadas.

FIGURA 5.36
Circuito equivalente contínuo do conversor *buck* com variáveis de estado.

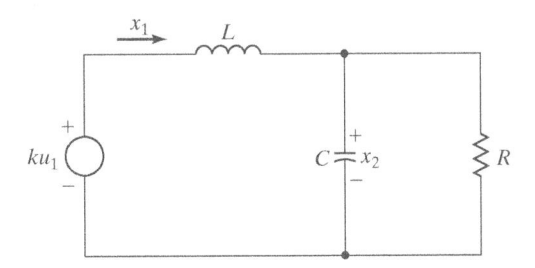

5.15 CONSIDERAÇÕES DE PROJETO PARA FILTROS DE ENTRADA E CONVERSORES

Podemos observar, a partir da Equação 5.14, que a tensão de saída contém harmônicas. Um filtro de saída do tipo C, LC ou L pode ser conectado à saída para reduzir as suas harmônicas.[24,25] As técnicas para projeto de filtros são semelhantes às dos exemplos 3.13 e 3.14.

Um conversor com uma carga altamente indutiva é mostrado na Figura 5.37a. A ondulação da corrente de carga é desprezável ($\Delta I = 0$). Se a corrente média de carga é I_a, a corrente de pico na carga é $I_m = I_a + \Delta I = I_a$. A corrente de entrada, que é da forma pulsada, como indica a Figura 5.37b, contém harmônicas e pode ser expressa na série de Fourier como

$$i_{nh}(t) = kI_a + \frac{I_a}{n\pi} \sum_{n=1}^{\infty} \text{sen } 2n\pi k \cos 2n\pi f t \\ + \frac{I_a}{n\pi} \sum_{n=1}^{\infty} (1 - \cos 2n\pi k) \text{sen } 2n\pi f t \quad (5.155)$$

A componente fundamental ($n = 1$) da corrente harmônica gerada pelo conversor no lado da entrada é dada por

$$i_{1h}(t) = \frac{I_a}{\pi} \text{sen } 2\pi k \cos 2\pi f t + \frac{I_a}{\pi}(1 - \cos 2\pi k)\text{sen } 2\pi f t \quad (5.156)$$

Na prática, um filtro de entrada, como ilustra a Figura 5.38, é geralmente conectado para eliminar as harmônicas geradas pelo conversor na linha de alimentação. O circuito equivalente para as correntes harmônicas estabelecidas pelo conversor é exibido na Figura 5.39, e o valor rms da enésima componente harmônica na alimentação pode ser calculado a partir de

$$I_{ns} = \frac{1}{1 + (2n\pi f)^2 L_e C_e} I_{nh} = \frac{1}{1 + (nf/f_0)^2} I_{nh} \quad (5.157)$$

onde f é a frequência de chaveamento, e $f_0 = 1/(2\pi \sqrt{L_e C_e})$, a frequência de ressonância do filtro. Se $(f/f_0) \gg 1$, o que é geralmente o caso, a enésima corrente harmônica na alimentação torna-se

$$I_{ns} = I_{nh} \left(\frac{f_0}{nf}\right)^2 \quad (5.158)$$

Uma frequência de chaveamento elevada reduz os tamanhos dos elementos do filtro de entrada, mas as frequências das harmônicas geradas pelo conversor na linha de alimentação também aumentam, o que pode causar problemas de interferência com os sinais de controle e comunicação.

FIGURA 5.37
Forma de onda da corrente de entrada do conversor.

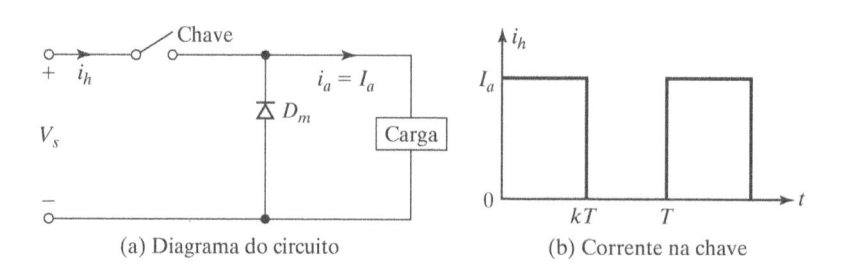

(a) Diagrama do circuito   (b) Corrente na chave

FIGURA 5.38
Conversor com filtro de entrada.

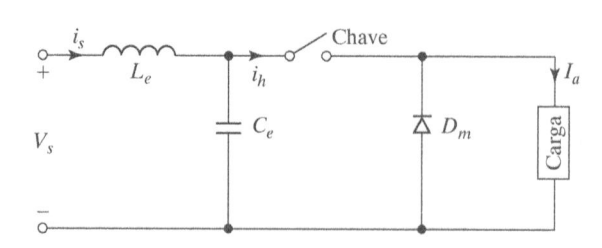

FIGURA 5.39
Circuito equivalente para correntes harmônicas.

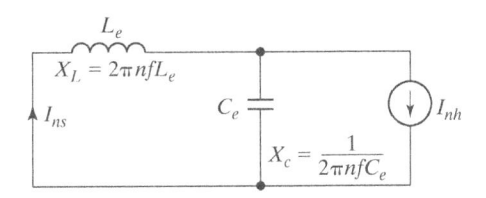

$$X_L = 2\pi n f L_e \qquad C_e \qquad X_C = \frac{1}{2\pi n f C_e}$$

I_{ns}, L_e, I_{nh}

Se a fonte tiver alguma indutância L_s, e a chave do conversor for fechada, como vemos na Figura 5.2a, uma quantidade de energia pode ser armazenada na indutância da fonte. Caso seja feita uma tentativa de abrir a chave do conversor, os dispositivos semicondutores de potência podem ser danificados por conta de uma tensão induzida resultante dessa energia armazenada. O filtro LC de entrada fornece uma fonte de baixa impedância para a ação do conversor.

Exemplo 5.9 ▪ Determinação da corrente harmônica de entrada de um conversor CC

Uma carga altamente indutiva é alimentada por um conversor, como mostra a Figura 5.37a. A corrente média de carga é $I_a = 100$ A, e a ondulação da corrente de carga pode ser desprezada ($\Delta I = 0$). Um filtro LC de entrada com $L_e = 0,3$ mH e $C_e = 4500$ µF é utilizado. Para o conversor operando a uma frequência de 350 Hz e um ciclo de trabalho de 0,5, determine o valor rms máximo da componente fundamental da corrente harmônica gerada pelo conversor na linha de alimentação.

Solução
Para $I_a = 100$ A, $f = 350$ Hz, $k = 0,50$, $C_e = 4500$ µF e $L_e = 0,3$ mH, $f_0 = 1/(2\pi\sqrt{C_e L_e}) = 136,98$ Hz. A Equação 5.156 pode ser escrita como

$$I_{1h}(t) = A_1 \cos 2\pi f t + B_1 \operatorname{sen} 2\pi f t$$

onde $A_1 = (I_a/\pi) \operatorname{sen} 2\pi k$ e $B_1 = (I_a/\pi)(1 - \cos 2\pi k)$. O valor de pico dessa corrente pode ser calculado a partir de

$$I_{ph} = \sqrt{A_1^2 + B_1^2} = \frac{\sqrt{2} I_a}{\pi}\sqrt{1 - \cos 2\pi k} \tag{5.159}$$

O valor rms dessa corrente é

$$I_{1h} = \frac{I_a}{\pi}\sqrt{1 - \cos 2\pi k} = 45,02 \text{ A}$$

e ela se torna máxima em $k = 0,5$. A componente fundamental da corrente harmônica gerada pelo conversor na linha de alimentação pode ser calculada a partir da Equação 5.157 e é dada por

$$I_{1s} = \frac{1}{1 + (f/f_0)^2} I_{1h} = \frac{45,02}{1 + (350/136,98)^2} = 5,98 \text{ A}$$

Se $f/f_0 \gg 1$, a corrente harmônica na alimentação torna-se aproximadamente

$$I_{1s} = I_{1h}\left(\frac{f_0}{f}\right)^2$$

Exemplo 5.10

Um conversor *buck* é mostrado na Figura 5.40. A tensão de entrada é $V_s = 110$ V, a tensão média da carga, $V_a = 60$ V, a corrente média da carga, $I_a = 20$ A e a frequência de chaveamento, $f = 20$ kHz. As ondulações são 2,5% para a tensão da carga, 5% para a corrente de carga e 10% para a corrente do filtro L_e. **(a)** Determine os valores de L_e, L e C_e. Utilize o PSpice **(b)** para verificar os resultados fazendo os gráficos de tensão instantânea do capacitor v_c e da corrente instantânea de carga i_L; e **(c)** para calcular os coeficientes de Fourier e a corrente de entrada i_s. Os parâmetros do modelo SPICE do transistor são IS = 6,734f, BF = 416,4, BR = 0,7371, CJC = 3,638P, CJE = 4,493P, TR = 239,5N e TF = 301,2P, e os do diodo são IS = 2,2E – 15, BV = 1800V, TT = 0.

Solução

$$V_s = 110\,\text{V}, V_a = 60\,\text{V}, I_a = 20\,\text{A}$$
$$\Delta V_c = 0{,}025 \times V_a = 0{,}025 \times 60 = 1{,}5\,\text{V}$$
$$R = \frac{V_a}{I_a} = \frac{60}{20} = 3\,\Omega$$

A partir da Equação 5.56

$$k = \frac{V_a}{V_s} = \frac{60}{110} = 0{,}5455$$

A partir da Equação 5.57,

$$I_s = kI_a = 0{,}5455 \times 20 = 10{,}91\,\text{A}$$
$$\Delta I_L = 0{,}05 \times I_a = 0{,}05 \times 20 = 1\,\text{A}$$
$$\Delta I = 0{,}1 \times I_a = 0{,}1 \times 20 = 2\,\text{A}$$

a. A partir da Equação 5.59, obtemos o valor de L_e:

$$L_e = \frac{V_a(V_s - V_a)}{\Delta I f V_s} = \frac{60 \times (110 - 60)}{2 \times 20\,\text{kHz} \times 110} = 681{,}82\,\mu\text{H}$$

E, a partir da Equação 5.61, obtemos o valor de C_e:

$$C_e = \frac{\Delta I}{\Delta V_c \times 8f} = \frac{2}{1{,}5 \times 8 \times 20\,\text{kHz}} = 8{,}33\,\mu\text{F}$$

Supondo um crescimento linear da corrente de carga I_L durante o tempo de $t = 0$ a $t_1 = kT$, podemos escrever, aproximadamente,

$$L\frac{\Delta I_L}{t_1} = L\frac{\Delta I_L}{kT} = \Delta V_C$$

FIGURA 5.40
Conversor *buck*.

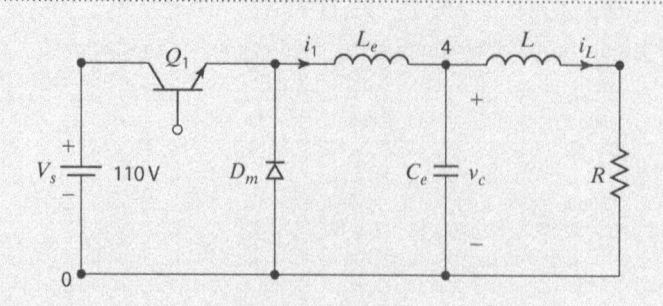

que dá o valor aproximado de L:

$$L = \frac{kT\Delta V_c}{\Delta I_L} = \frac{k\Delta V_c}{\Delta I_L f} \qquad (5.160)$$

$$= \frac{0{,}5454 \times 1{,}5}{1 \times 20\ \text{kHz}} = 40{,}91\ \mu\text{H}$$

b. $k = 0{,}5455$, $f = 20$ kHz, $T = 1/f = 50\ \mu\text{s}$ e $t_{on} = k \times T = 27{,}28\ \mu\text{s}$. O conversor *buck* para a simulação no PSpice está representado na Figura 5.41a. A tensão de acionamento V_g é mostrada na Figura 5.41b. A listagem do arquivo do circuito é a seguinte:

```
Exemplo 5.10   Conversor Buck
VS          1   0   DC      110V
VY          1   2   DC      0V      ; Fonte de tensão para medir a corrente de entrada
Vg          7   3   PULSE (0V 20V 0 0.1NS 0.1NS 27.28US 50US)
RB          7   6   250                     ; Resistência de base do transistor
LE          3   4   681.82UH
CE          4   0   8.33UF   IC=60V ; Tensão inicial
L           4   8   40.91UH
R           8   5   3
VX          5   0   DC      0V      ; Fonte de tensão para medir a corrente de carga
DM          0   3   DMOD                    ; Diodo de roda livre
.MODEL DMOD     D(IS=2.2E-15 BV=1800V TT=0) ; Parâmetros do modelo do diodo
Q1          2   6   3   QMOD                ; Chave BJT
.MODEL QMOD NPN (IS=6.734F BF=416.4 BR=.7371 CJC=3.638P
+ CJE=4.493P TR=239.5N TF=301.2P)           ; Parâmetros do modelo do BJT
.TRAN 1US   1.6MS 1.5MS   1US   UIC         ; Análise transitória
.PROBE
.options  abstol = 1.00n reltol = 0.01 vntol = 0.1 ITL5=50000 ; para convergência
.FOUR     20KHZ    I(VY)                    ; Análise de Fourier
.END
```

As formas de onda obtidas no PSpice são indicadas na Figura 5.42, na qual $I(VX)$ = corrente de carga, $I(L_e)$ = corrente no indutor L_e e $V(4)$ = tensão do capacitor. Utilizando o cursor do PSpice na Figura 5.42, obtém-se: $V_a = V_c = 59{,}462$ V, $\Delta V_c = 1{,}782$ V, $\Delta I = 2{,}029$ A, $\Delta I_L = 0{,}3278$ A e $I_a = 19{,}8249$ A. Isso confirma o projeto; entretanto, ΔI_L dá um resultado melhor do que o esperado.

c. Os coeficientes de Fourier da corrente de entrada são

```
FOURIER COMPONENTS OF TRANSIENT RESPONSE I(VY)
DC COMPONENT = 1.079535E+01
HARMONIC  FREQUENCY  FOURIER     NORMALIZED   PHASE       NORMALIZED
   NO       (HZ)     COMPONENT   COMPONENT    (DEG)       PHASE (DEG)
    1     2.000E+04  1.251E+01   1.000E+00   -1.195E+01    0.000E+00
    2     4.000E+04  1.769E+00   1.415E-01    7.969E+01    9.163E+01
    3     6.000E+04  3.848E+00   3.076E-01   -3.131E+01   -1.937E+01
    4     8.000E+04  1.686E+00   1.348E-01    5.500E+01    6.695E+01
    5     1.000E+05  1.939E+00   1.551E-01   -5.187E+01   -3.992E+01
    6     1.200E+05  1.577E+00   1.261E-01    3.347E+01    4.542E+01
    7     1.400E+05  1.014E+00   8.107E-02   -7.328E+01   -6.133E+01
    8     1.600E+05  1.435E+00   1.147E-01    1.271E+01    2.466E+01
    9     1.800E+05  4.385E-01   3.506E-02   -9.751E+01   -8.556E+01
      TOTAL HARMONIC DISTORTION =     4.401661E+01 PERCENT
```

FIGURA 5.41
Conversor *buck* para a simulação no PSpice.

(a) Circuito

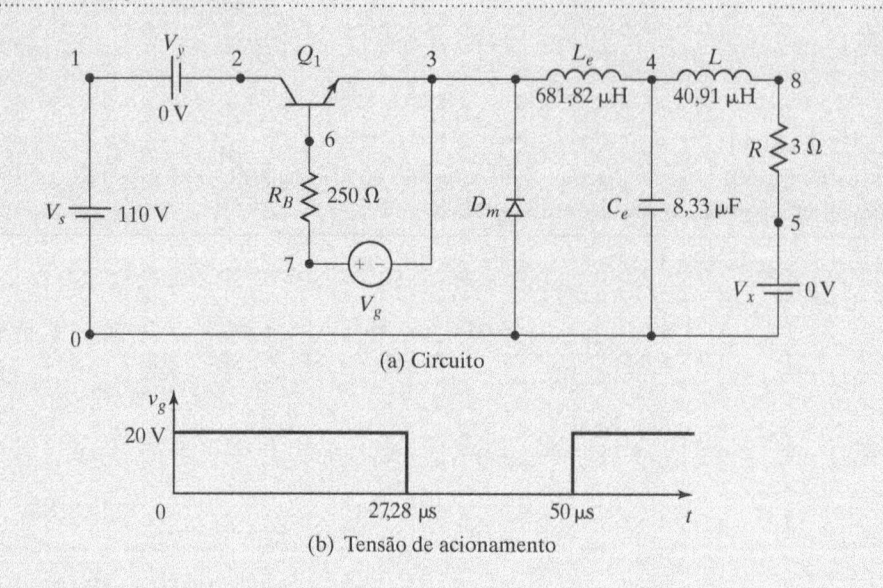

(b) Tensão de acionamento

FIGURA 5.42
Formas de onda obtidas no PSpice para o Exemplo 5.10.

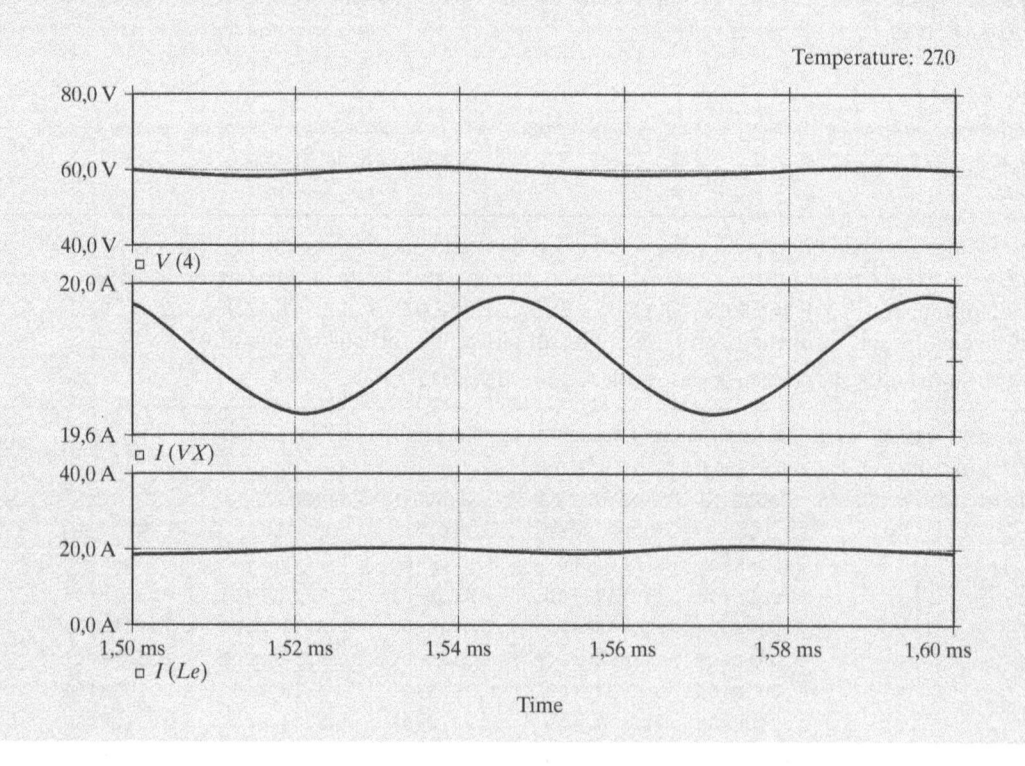

■ Principais pontos da Seção 5.15

– O projeto do circuito de um conversor CC-CC requer (1) determinar a topologia do conversor, (2) encontrar a tensão e as correntes dos dispositivos de chaveamento, (3) encontrar os valores e as capacidades dos elementos passivos, como capacitores e indutores, e (4) escolher a estratégia de controle e o algoritmo de comando para obter o resultado desejado.

5.16 CI DE ACIONAMENTO PARA CONVERSORES

Existem inúmeros CIs (circuitos integrados) de acionamento para comando de conversores de potência disponíveis comercialmente. Dentre eles, incluem-se: controle de modulação por largura de pulso (PWM),[41] controle de correção de fator de potência (PFC), controle combinado PWM e PFC, controle do modo corrente,[42] comando de ponte, comando servo, comandos de meia ponte, comando de motor de passo e comando de disparo de tiristor. Esses CIs podem ser utilizados em aplicações como conversores *buck* para carregadores de bateria, conversor *forward* dual para acionamento de motores de relutância chaveada, inversor de ponte completa com controle do modo corrente, inversor trifásico para acionamento de motor sem escovas e de indução, conversor *push-pull* em ponte para fontes de alimentação e controle PWM síncrono para fontes de alimentação chaveadas (SMPSs). O diagrama de blocos de um acionamento com VH flutuante MOS (MGD) típico de uso geral é mostrado na Figura 5.43.[40]

Os canais de lógica de entrada são controlados por entradas compatíveis com TTL/CMOS. Os limiares de transição são diferentes de dispositivo para dispositivo. Alguns MGDs têm o limiar de transição proporcional à alimentação lógica V_{DD} (3 a 20 V) e reforçadores de disparo Schmitt (*Schmitt trigger*) com histerese igual a 10% de V_{DD} para aceitar entradas com longo tempo de subida, enquanto outros MGDs têm uma transição fixa da lógica 0 para a 1, entre 1,5 e 2 V. Alguns, ainda, conseguem comandar apenas um dispositivo de potência superior, enquanto outros conseguem comandar um dispositivo de potência superior e um inferior. Outros conseguem comandar uma ponte trifásica completa. Qualquer comando superior consegue também comandar um dispositivo inferior. Os MGDs com dois canais de acionamento podem ter comandos duplos, porém independentes, de entrada ou um único comando de entrada com acionamento complementar e tempo morto predeterminado.

O estágio de saída inferior é constituído através de dois MOSFETs de canal *N* na configuração de totem pole ou de um inversor CMOS de canal *P* e um de canal *N*. O seguidor da fonte funciona como uma fonte de corrente e uma comum para a absorção de corrente. A fonte do acionador inferior é trazida de forma independente para o pino 2, de modo que uma conexão direta possa ser estabelecida com a do dispositivo de potência para o retorno da corrente de acionamento. Isso consegue evitar que qualquer um dos canais venha a operar em uma condição de bloqueio de tensão se V_{CC} estiver abaixo de um valor especificado (normalmente 8,2 V).

O canal superior é construído em uma "tensão de isolação" capaz de flutuar com relação ao terra comum (COM). A tensão "flutua" no potencial de V_S, que é estabelecido pela tensão aplicada ao V_{CC} (normalmente 15 V) e oscila entre os dois barramentos. A carga da porta do MOSFET superior é fornecida pelo capacitor de amarração (*bootstrap*) C_B, que é carregado pela alimentação V_{CC} através do diodo de amarração durante o tempo em que o dispositivo está desligado. Como o capacitor é carregado a partir de uma fonte de baixa tensão, a energia consumida para acionar a porta é pequena. Portanto, os transistores com comando MOS apresentam uma característica de entrada capacitiva, ou seja, fornecem uma carga à porta, em vez de uma corrente contínua para ligar o dispositivo.

Uma aplicação típica de um controlador PWM de modo corrente é mostrada na Figura 5.44. Suas características incluem modo de espera de baixa energia, partida suave, detecção de corrente de pico, bloqueio por subtensão de entrada, desligamento térmico e proteção contra sobretensão, além de alta frequência de chaveamento, de 100 kHz.

RESUMO

Um conversor CC pode ser utilizado como um transformador CC para baixar ou elevar uma tensão CC fixa. O conversor também pode ser empregado em reguladores de tensão chaveados e para transferência de energia entre duas fontes CC. No entanto, são geradas harmônicas nos lados de entrada e de carga do conversor, e elas podem ser reduzidas por meio de filtros de entrada e de saída. Um conversor pode operar com frequência fixa ou variável. Um com frequência variável gera harmônicas de frequências também variáveis, tornando difícil o projeto de filtros. Utiliza-se normalmente o conversor com frequência fixa. Para reduzir o tamanho dos filtros e a ondulação da corrente de carga, a frequência de chaveamento deve ser alta. Um método de modelamento utiliza as quantidades médias para obter um modelo de pequenos sinais da rede de interruptores. Como resultado, as variáveis de chaveamento e o modelo se tornam invariantes em relação ao tempo, e o procedimento é chamado de *modelo médio de interruptores*. A técnica de modelo médio em espaço de estados pode ser aplicada para descrever as relações entre entrada e saída de um conversor chaveado com diferentes modos de operação.

FIGURA 5.43

Diagrama de blocos de um acionamento MOS (cortesia de International Rectifier, Inc.).[40]

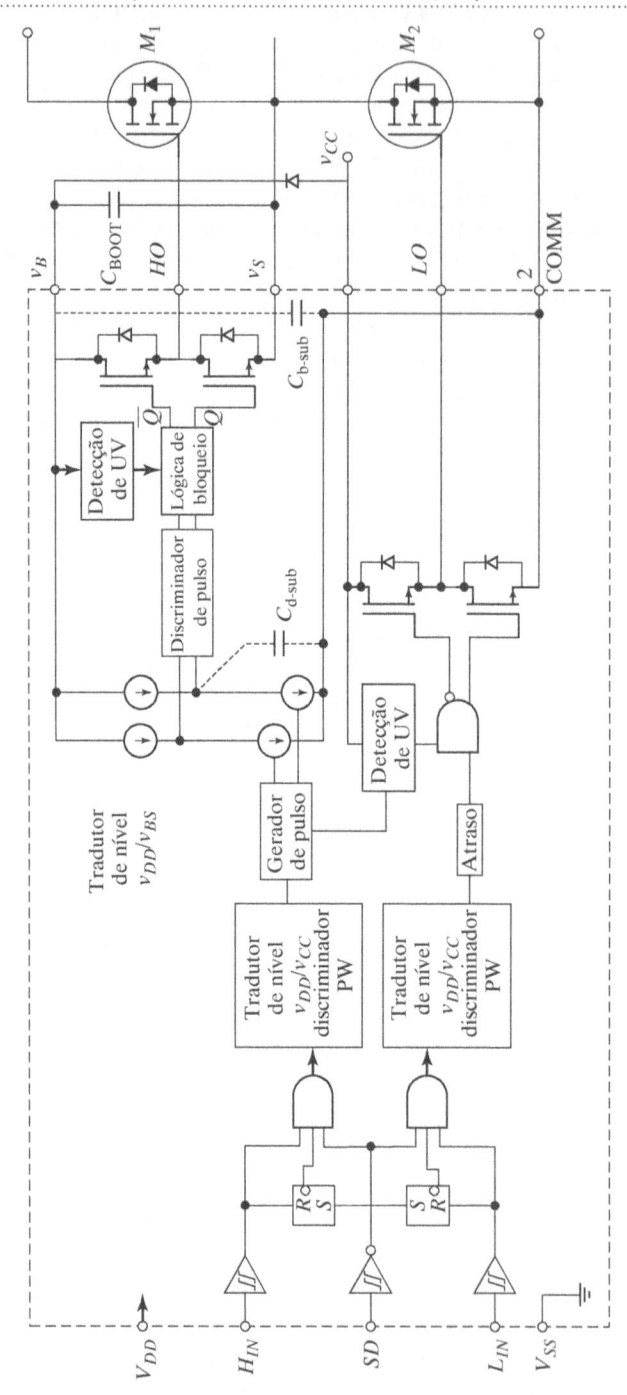

QUESTÕES PARA REVISÃO

5.1 O que é um pulsador, *chopper*, ou conversor CC-CC?
5.2 Qual é o princípio de funcionamento de um conversor abaixador?
5.3 Qual é o princípio de funcionamento de um conversor elevador?
5.4 O que é o controle por modulação por largura de pulso?

FIGURA 5.44
Aplicação típica de CI de controle de modelo corrente para fonte de alimentação chaveada (cortesia do Grupo Siemens, Alemanha).[42]

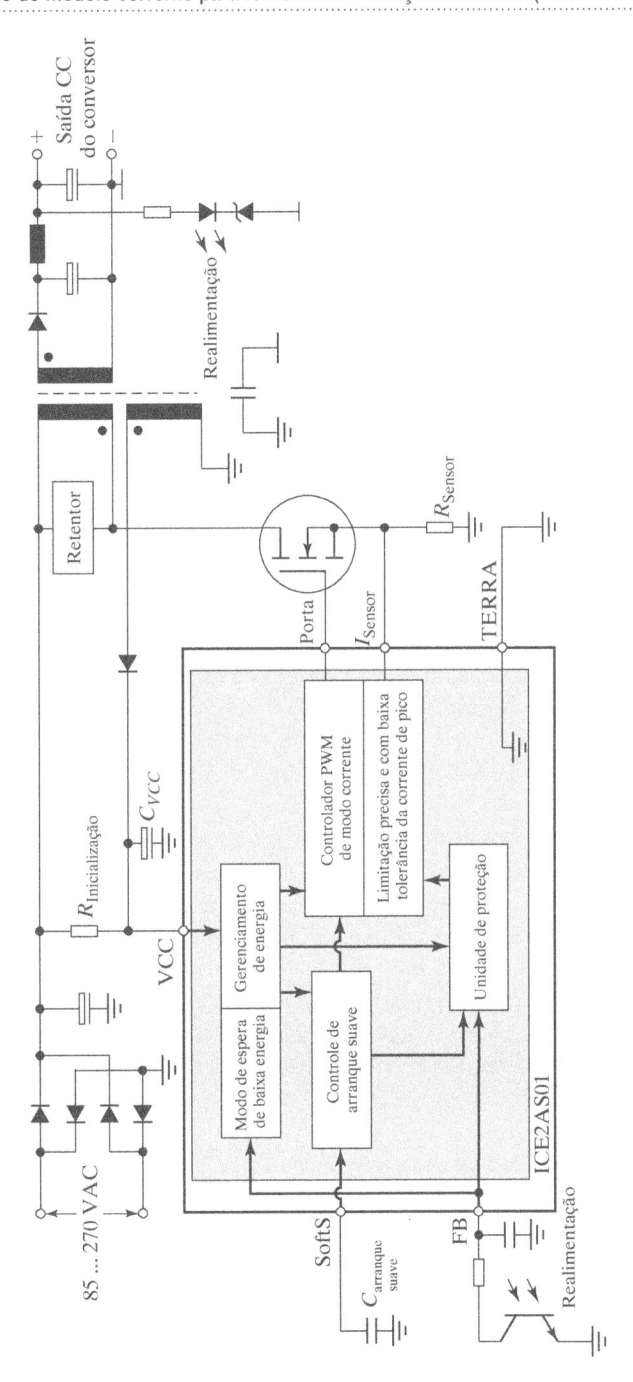

5.5 O que é o controle por modulação em frequência de um conversor?
5.6 Quais são as vantagens e desvantagens de um conversor de frequência variável?
5.7 Qual é o efeito da indutância na ondulação da corrente da carga?
5.8 Qual é o efeito da frequência de operação (ou chaveamento) na ondulação da corrente da carga?
5.9 Quais são as restrições para a transferência controlável de energia entre duas fontes de tensão CC?
5.10 Qual é o algoritmo para gerar o ciclo de trabalho de um conversor?
5.11 O que é o índice de modulação para um controle PWM?

5.12 O que é um conversor de primeiro e segundo quadrantes?

5.13 O que é um conversor de terceiro e quarto quadrantes?

5.14 O que é um conversor de quatro quadrantes?

5.15 Quais são os parâmetros que limitam a frequência de um conversor?

5.16 O que é um regulador chaveado?

5.17 Quais são os quatro tipos básicos de regulador chaveado?

5.18 Quais são as vantagens e desvantagens de um regulador *buck*?

5.19 Quais são as vantagens e desvantagens de um regulador *boost*?

5.20 Quais são as vantagens e desvantagens de um regulador *buck-boost*?

5.21 Quais são as vantagens e desvantagens de um regulador Cúk?

5.22 Em qual ciclo de trabalho a ondulação da corrente da carga torna-se máxima?

5.23 Quais são os efeitos da frequência de chaveamento nos tamanhos dos filtros?

5.24 O que é o modo descontínuo de operação de um regulador?

5.25 O que é um conversor *boost* com várias saídas?

5.26 Por que o conversor *boost* com várias saídas deve operar com controle de multiplexação no tempo?

5.27 Por que o conversor *boost* com várias saídas deve operar em modo descontínuo?

5.28 Como a corrente de entrada de um conversor *boost* alimentado por retificador pode ser senoidal e em fase com a tensão de entrada?

5.29 O que é um modelo médio de interruptores de um conversor?

5.30 O que é a técnica de cálculo da média no espaço de estados?

PROBLEMAS

5.1 O conversor CC da Figura 5.2a tem uma carga resistiva $R = 20\,\Omega$ e uma tensão de entrada $V_s = 220$ V. Quando a chave permanece ligada, sua queda de tensão é $V_{ch} = 1,5$ V, e a frequência de chaveamento é $f = 10$ kHz. Para um ciclo de trabalho de 80%, determine **(a)** a tensão média de saída V_a; **(b)** a tensão rms de saída V_o; **(c)** a eficiência do conversor; **(d)** a resistência efetiva de entrada R_i; e **(e)** o valor rms da componente fundamental das harmônicas na tensão de saída.

5.2 Um conversor alimenta uma carga RL, como mostra a Figura 5.4, com $V_s = 220$ V, $R = 5\,\Omega$, $L = 15,5$ mH, $f = 5$ kHz, $k = 0,5$ e $E = 20$ V. Calcule **(a)** a corrente instantânea mínima da carga I_1; **(b)** a corrente instantânea de pico da carga I_2; **(c)** a ondulação máxima da corrente na carga; **(d)** a corrente média de carga I_a; **(e)** a corrente rms de carga I_o; **(f)** a resistência efetiva de entrada R_i; e **(g)** o valor rms da corrente da chave I_R.

5.3 O conversor na Figura 5.4 tem uma resistência de carga $R = 0,25\,\Omega$, tensão de entrada $V_s = 220$ V e tensão da bateria $E = 10$ V. A corrente média da carga é $I_a = 200$ A, e a frequência de chaveamento, $f = 200$ Hz ($T = 5$ ms). Utilize a tensão média de saída para calcular o valor da indutância da carga L que limitaria a ondulação máxima da corrente de carga a 5% de I_a.

5.4 O conversor CC mostrado na Figura 5.8a é utilizado para controlar o fluxo de potência de uma tensão CC $V_s = 110$ V para uma bateria de tensão $E = 220$ V. A potência transferida para a bateria é 25 kW. A ondulação da corrente do indutor é desprezível. Determine **(a)** o ciclo de trabalho k; **(b)** a resistência efetiva de carga R_{eq}; e **(c)** a corrente média de entrada I_s.

5.5 Para o Problema 5.4, faça o gráfico da corrente instantânea do indutor e aquela através da bateria E se o indutor L tiver um valor finito de $L = 6,5$ mH, $f = 250$ Hz e $k = 0,5$.

5.6 Uma carga RL, como mostra a Figura 5.4, é controlada por um conversor. Para a resistência da carga $R = 0,2\,\Omega$, a indutância $L = 20$ mH, a tensão de alimentação $V_s = 600$, a tensão da bateria $E = 140$ V e a frequência de chaveamento $f = 250$ Hz, determine as correntes de carga mínima e máxima, a ondulação da corrente de carga e a corrente média de carga para $k = 0,1$ até $0,9$ com um incremento de $0,1$.

5.7 Determine a ondulação da corrente do Problema 5.6 utilizando as equações 5.29 e 5.30, e compare os resultados.

5.8 O conversor elevador da Figura 5.9a tem $R = 7,5\ \Omega$, $L = 6,5$ mH, $E = 5$ V e $k = 0,5$. Encontre I_1, I_2 e ΔI. Utilize o SPICE para definir esses valores e plotar as correntes de carga, do diodo e da chave.

5.9 O regulador *buck* da Figura 5.17a tem uma tensão de entrada $V_s = 15$ V. A tensão média de saída requerida é $V_a = 6,5$ V, com $I_a = 0,5$ A, e a ondulação da tensão de saída é 10 mV. A frequência de chaveamento é 20 kHz, e a ondulação da corrente do indutor, limitada a 0,25 A. Determine (a) o ciclo de trabalho k; (b) a indutância do filtro L; (c) o capacitor do filtro C; e (d) os valores críticos de L e C.

5.10 O regulador *boost* da Figura 5.18a tem uma tensão de entrada $V_s = 6$ V. A tensão média de saída é $V_a = 12$ V e a corrente média de carga, $I_a = 0,5$ A. A frequência de chaveamento é 20 kHz. Para $L = 250$ μH e $C = 440$ μF, determine (a) o ciclo de trabalho k; (b) a ondulação de corrente do indutor ΔI; (c) a corrente de pico do indutor I_2; (d) a ondulação da tensão do capacitor de filtro ΔV_c; e (e) os valores críticos de L e C.

5.11 O regulador *buck-boost* da Figura 5.19a tem uma tensão de entrada $V_s = 12$ V. O ciclo de trabalho é $k = 0,6$, e frequência de chaveamento, 25 kHz. A indutância é $L = 250$ μH e a capacitância de filtro, $C = 220$ μF. A corrente média de carga é $I_a = 1,2$ A. Determine (a) a tensão média de saída V_a; (b) a ondulação da tensão de saída ΔV_c; (c) a ondulação da corrente do indutor ΔI; (d) a corrente de pico do transistor I_p; e (e) os valores críticos de L e C.

5.12 O regulador Cúk da Figura 5.20a tem uma tensão de entrada $V_s = 15$ V. O ciclo de trabalho é $k = 0,45$, e a frequência de chaveamento é 25 kHz. A indutância de filtro é $L_2 = 350$ μH, e a capacitância de filtro, $C_2 = 220$ μF. A capacitância da transferência de energia é $C_1 = 400$ μF, e a indutância, $L_1 = 250$ μH. A corrente média da carga é $I_a = 1,2$ A. Determine (a) a tensão média de saída V_a; (b) a corrente média de entrada I_s; (c) a ondulação da corrente do indutor L_1, ΔI_1; (d) a ondulação da tensão do capacitor C_1, ΔV_{c1}; (e) a ondulação da corrente do indutor L_2, ΔI_2; (f) a ondulação da tensão do capacitor C_2, ΔV_{c2}; e (g) a corrente de pico do transistor I_p.

5.13 No Problema 5.12, para o regulador *Cúk*, encontre os valores críticos de L_1, C_1, L_2 e C_2.

5.14 O conversor *buck* da Figura 5.40 tem uma tensão CC de entrada $V_s = 110$ V, tensão média da carga $V_a = 80$ V e corrente média de carga $I_a = 15$ A. A frequência de chaveamento é $f = 10$ kHz. As ondulações são 5% para a tensão da carga, 2,5% para a corrente de carga e 10% para a corrente do filtro L_e. (a) Determine os valores de L_e, L e C_e. Utilize o PSpice (b) para verificar os resultados plotando a tensão instantânea do capacitor v_c e a corrente instantânea de carga i_L; e (c) para calcular os coeficientes de Fourier e a corrente de entrada i_s. Utilize os parâmetros do modelo SPICE do Exemplo 5.10.

5.15 O conversor *boost* da Figura 5.18a tem uma tensão CC de entrada $V_s = 5$ V. A resistência de carga R é 120 Ω. A indutância é $L = 150$ μH, e a capacitância de filtro, $C = 220$ μF. A frequência de chaveamento é $f = 20$ kHz, e o ciclo de trabalho do conversor, $k = 60\%$. Utilize o PSpice (a) para plotar a tensão de saída v_c, a corrente de entrada i_s e a tensão do MOSFET, v_T; e (b) para calcular os coeficientes de Fourier da corrente de entrada, i_s. Os parâmetros do modelo SPICE do MOSFET são L = 2U, W = 0,3, VTO = 2,831, KP = 20,53U, IS = 194E – 18, CGSO = 9,027N, CGDO = 1,679N.

5.16 Um conversor CC-CC opera com um ciclo de trabalho de $k = 0,4$. A resistência de carga é $R = 120\ \Omega$, a resistência do indutor, $r_L = 1\ \Omega$ e a resistência do capacitor de filtro, $r_c = 0,2\ \Omega$. Determine o ganho de tensão para (a) conversor *buck*, (b) conversor *boost* e (c) conversor *buck-boost*.

5.17 O ciclo de trabalho em regime permanente do conversor *buck* é $k = 50\%$, e a potência de saída, 150 W a uma tensão média de saída de $V_a = 20$ V. Para o ciclo de trabalho alterado por um pequeno valor de $\delta = +5\%$, utilize o modelo de pequenos sinais da Figura 5.33a a fim de determinar o porcentual de mudança na corrente de entrada I_1 e na tensão de saída V_2.

5.18 O ciclo de trabalho em regime permanente do conversor *boost* é $k = 50\%$, e a potência de saída, 150 W a uma tensão média de saída de $V_a = 20$ V. Se o ciclo de trabalho for alterado por um pequeno valor de $\delta = +5\%$, utilize o modelo de pequenos sinais da Figura 5.32 a fim de determinar o porcentual de mudança na tensão de entrada V_1 e na corrente de saída I_2.

5.19 O ciclo de trabalho em regime permanente do conversor *buck-boost* é $k = 40\%$, e a potência de saída, 150 W a uma tensão média de saída de $V_a = 20$ V. Se o ciclo de trabalho for alterado por um pequeno valor de $\delta = +5\%$, utilize o modelo de pequenos sinais da Figura 5.33b a fim de determinar o porcentual de mudança na tensão de entrada V_1 e na corrente de saída I_2.

5.20 O ciclo de trabalho em regime permanente do SEPIC é $k = 40\%$, e a potência de saída, 150 W a uma tensão média de saída de $V_a = 20$ V. Se o ciclo de trabalho for alterado por um pequeno valor de $\delta = +5\%$, utilize o modelo de pequenos sinais da Figura 5.34 a fim de determinar o porcentual de mudança na tensão de entrada V_1 e na corrente de saída I_2.

5.21 Plote a relação I_{ph}/I_a na Equação 5.159 para $k = 0$ a 1 com um incremento de 0,1.

5.22 O conversor de segundo quadrante da Figura 5.12a tem $V_S = 10$ V, $f = 2$ kHz, $R = 2,5$ Ω, $L = 4,5$ mH, $E = 5$ V e $k = 0,5$. Encontre I_1, I_2 e ΔI.

REFERÊNCIAS

1. BLEIJS, J. A. M.; GOW, J. A. "Fast maximum power point control of current-fed DC–DC converter for photovoltaic arrays". *Electronics Letters*, v. 37, n. 1, p. 5–6, jan. 2001.
2. FORSYTH, A. J.; MOLLOV, S. V. "Modeling and control of DC–DC converters". *Power Engineering Journal*, v. 12, n. 5, p. 229–236, 1998.
3. BARANOVSKI, A. L. et al. "Chaotic control of a DC–DC-Converter". *Proc. IEEE International Symposium on Circuits and Systems*, Genebra, Suíça, v. 2, p. II-108–II-111, 2000.
4. MATSUO, H. et al. "Design oriented analysis of the digitally controlled dc–dc converter". *Proc. IEEE Power Electronics Specialists Conference*, Galway, Reino Unido, p. 401–407, 2000.
5. RODRIGUEZ MARRERO, J. L.; SANTOS BUENO, R.; VERGHESE, G. C. "Analysis and control of chaotic DC–DC switching power converters". *Proc. IEEE International Symposium on Circuits and Systems*, Orlando, FL, v. 5, p. V-287–V-292, 1999.
6. IOANNIDIS, G.; KANDIANIS, A.; MANIAS, S. N. "Novel control design for the buck converter". *IEE Proceedings:* Electric Power Applications, v. 145, n. 1, p. 39–47, jan. 1998.
7. ORUGANTI, R.; PALANIAPPAN, M. "Inductor voltage control of buck-type single-phase ac–dc converter". *IEEE Transactions on Power Electronics*, v. 15, n. 2, p. 411–417, 2000.
8. THOTTUVELIL, V. J.; VERGHESE, G. C. "Analysis and control design of paralleled DC/DC converters with current sharing". *IEEE Transactions on Power Electronics*, v. 13, n. 4, p. 635–644, 1998.
9. BERKOVICH, Y.; IOINOVICI, A. "Dynamic model of PWM zero-voltage-transition DC–DC boost converter". *Proc. IEEE International Symposium on Circuits and Systems*, Orlando, FL, v. 5, p. V-254–V-25, 1999.
10. CÚK, S.; MIDDLEBROOK, R. D. "Advances in switched mode power conversion". *IEEE Transactions on Industrial Electronics*, v. IE30, n. 1, p. 10–29, 1983.
11. KIT SUM, K. *Switch Mode Power Conversion*—Basic Theory and Design. Nova York: Marcel Dekker, 1984. Capítulo 1.
12. MA, D. "A 1.8-V single-inductor dual-output switching converter for power reduction techniques". Simpósio sobre Circuitos VLSI, p. 137–140, 2001.
13. MIDDLEBROOK, R. D.; CÚK, S. "A general unified approach to modeling dc-to-dc converters in discontinuous conduction mode". *IEEE Power Electronics Specialist Conference*, p. 36–57, 1977.
14. CHUNG, H. S. H. "Design and analysis of a switched-capacitor-based step-up DC/DC converter with continuous input current". *IEEE Transactions on Circuits and Systems I:* Fundamental Theory and Applications, v. 46, n. 6, p. 722–730, 1999.
15. CHUNG, H. S. H.; HUI, S. Y. R.; TANG, S. C. "Development of low-profile DC/DC converter using switched--capacitor circuits and coreless PCB gate drive". *Proc. IEEE Power Electronics Specialists Conference*, Charleston, SC, v. 1, p. 48–53, 1999.
16. KAZERANI, M.; ZIOGAS, P. D.; IOOS, G. "A novel active current wave shaping technique for solid-state input power factor conditioners". *IEEE Transactions on Industrial Electronics*, v. IE38, n. 1, p. 72–78, 1991.
17. TAKAHASHI, B. I. "Power factor improvements of a diode rectifier circuit by dither signals". *Conference Proc. IEEE-IAS Annual Meeting*, Seattle, WA, p. 1279–1294, out. 1990.
18. PRASAD, A. R.; ZIOGAS, P. D. "An active power factor correction technique for three phase diode rectifiers". *IEEE Transactions on Power Electronics*, v. 6, n. 1, p. 83–92, 1991.
19. PRASAD, A. R.; ZIOGAS, P. D.; MANIAS, S. "A passive current wave shaping method for three phase diode rectifiers". *Proc. IEEE APEC-91 Conference Record*, p. 319–330, 1991.
20. DAWANDE, M. S.; DUBEY, G. K. "Programmable input power factor correction method for switch-mode rectifiers". *IEEE Transactions on Power Electronics*, v. 2, n. 4, p. 585–591, 1996.
21. DAWANDE, M. S.; KANETKAR, V. R.; DUBEY, G. K. "Three-phase switch mode rectifier with hysteresis current control". *IEEE Transactions on Power Electronics*, v. 2, n. 3, p. 466–471, 1996.
22. MEHL, E. L. M.; BARBI, I. "An improved high-power factor and low-cost three-phase rectifier". *IEEE Transactions on Industry Applications*, v. 33, n. 2, p. 485–492, 1997.

23. DANIEL, F.; CHAFFAI, R.; AL-HADDAD, K. "Three-phase diode rectifier with low harmonic distortion to feed capacitive loads". *IEEE APEC Conference Proc.*, p. 932–938, 1996.
24. FLOREZ-LIZARRAGA, M.; WITULSKI, A. F. "Input filter design for multiple-module DC power systems". *IEEE Transactions on Power Electronics*, v. 2, n. 3, p. 472–479, 1996.
25. ALFAYYOUMI, M.; NAYFEH, A. H.; BOROJEVIC, D. "Input filter interactions in DC–DC switching regulators". *Proc. IEEE Power Electronics Specialists Conference*, Charleston, SC, v. 2, p. 926–932, 1999.
26. MITCHELL, D. M. *DC–DC Switching Regulator*. Nova York: McGraw-Hill, 1988. Capítulos 2 e 4.
27. LEHMAN, B.; BASS, R. M. "Extensions of averaging theory for power electronic systems". *IEEE Transactions on Power Electronics*, v. 2, n. 4, p. 542–553, 1996.
28. BEVRANI, H.; ABRISHAMCHIAN, M.; SAFARI-SHAD, N. "Nonlinear and linear robust control of switching power converters". *Proc. IEEE International Conference on Control Applications*, v. 1, p. 808–813, 1999.
29. MUFIOZ, C. A.; BARBI, I. "A new high-power-factor three-phase ac–dc converter: analysis, design, and experimentation". *IEEE Transactions on Power Electronics*, v. 14, n. 1, p. 90–97, jan. 1999.
30. *IEC Publication 555*: Disturbances in supply systems caused by household appliances and similar equipment; Parte 2: Harmônicos.
31. JANG, Y.; JOVANOVIC, M. M. "A new input-voltage feed forward harmonic-injection technique with nonlinear gain control for single-switch, three-phase, DCM boost rectifiers". *IEEE Transactions on Power Electronics*, v. 28, n. 1, p. 268–277, mar. 2000.
32. RASHID, M. H. *SPICE for Power Electronics Using PSpice*. Englewood Cliffs, N.J.: Prentice-Hall, 1993. Capítulos 10 e 11.
33. WOOD, P. *Switching Power Converters*. Nova York: Van Nostrand Reinhold, 1981.
34. SEVEMS, R. P.; BLOOM, G. E. *Modern DC-to-DC Switch Mode Power Converter Circuits*. Nova York: Van Nostrand Reinhold, 1983.
35. ERICKSON, R. W. *Fundamentals of Power Electronics*. 2. ed. Nova York: Springer Publishing, jan. 2001.
36. ALLAN, L. et al. "Automatic modelling of power electronic converter, average model construction and Modelica model generation". *Proceedings 7th Modelica Conference*. Como, Itália, 20–22 set. 2009.
37. AMRAN, Y.; HULIEHEL, F.; BEN-YAAKOV, S. (Sam). "A unified SPICE compatible average model of PWM converters". *IEEE Transactions on Power Electronics*, v. 6, n. 4, out. 1991.
38. SANDERS, S. R. et al. "Generalized averaging method for power conversion circuits". *IEEE Transactions on Power Electronics*, v. 6, n. 2, p. 521–259, 1990.
39. GRAGGER, J. V.; HAUMER, A.; EINHORN, M. "Averaged model of a buck converter for efficiency analysis". *Engineering Letters*, v. 18, n. 1, fev. 2010.
40. "HV floating MOS-gate driver ICs". Application Note AN978, International Rectifier, Inc., El Segunda, CA, jul. 2001. Disponível em: <www.irf.com>.
41. "Enhanced generation of PWM controllers". Unitrode Application Note U-128, Texas Instruments, Dallas, Texas, 2000.
42. "Off-line SMPS current mode controller". Application Note ICE2AS01, Infineon Technologies, Munique, Alemanha, fev. 2001. Disponível em: <www.infineon.com>.

PARTE III
Inversores

Capítulo 6
Conversores CC-CA

Após a conclusão deste capítulo, os estudantes deverão ser capazes de:

- Descrever as técnicas de chaveamento para conversores CC-CA (inversores) e listar os tipos de inversor.
- Explicar o princípio de operação dos inversores.
- Listar e determinar os parâmetros de desempenho dos inversores.
- Listar as técnicas de modulação para a obtenção de forma de onda senoidal de saída e as técnicas para eliminar determinadas harmônicas da saída.
- Projetar e analisar inversores.
- Avaliar o desempenho dos inversores utilizando simulações no PSpice.
- Avaliar os efeitos das impedâncias sobre a corrente de carga.

Símbolos e seus significados

Símbolo	Significado
$d; p$	Largura de pulso e número de pulsos por semiciclo, respectivamente
$f; f_s$	Frequência de alimentação e de chaveamento, respectivamente
$M; A_r; A_c$	Índice de modulação, sinal de referência e sinal de portadora, respectivamente
P_{o1}	Potência fundamental de saída
$R; L$	Resistência e indutância de carga, respectivamente
$T_s; T$	Períodos de chaveamento e da tensão de saída, respectivamente
DHT; FD; FH_n	Distorção harmônica total, fator de distorção e fator da n-ésima harmônica, respectivamente
$V_o; V_{o1}$	Valor rms e componente fundamental da tensão de saída, respectivamente
$v_o; i_o$	Tensão e corrente instantânea de saída, respectivamente
$V_s; v_s(t); i_s(t)$	Tensão de alimentação CC, tensão e corrente instantânea de alimentação, respectivamente
$v_{an}; v_{bn}; v_{cn}$	Tensões instantâneas de fase de saída
$v_{ab}; v_{bc}; v_{ca}$	Tensões instantâneas de linha de saída
$V_L; V_P; V_{L1}$	Tensões rms de linha, de fase e componente fundamental da saída de linha, respectivamente

6.1 INTRODUÇÃO

Os conversores CC-CA são conhecidos como *inversores*. A função de um inversor é alterar uma tensão de entrada CC e transformá-la em uma tensão de saída CA simétrica, com amplitude e frequência desejadas.[1] A tensão de saída pode ser fixa ou variável em uma frequência fixa ou variável. Uma tensão de saída variável pode ser obtida pela variação da tensão de entrada CC, mantendo-se o ganho do inversor constante. Por outro lado, se a tensão de entrada CC for fixa e não controlável, uma tensão de saída variável pode ser obtida pela variação do ganho do inversor, o que normalmente é conseguido com o controle da modulação por largura de pulso (*pulse-width--modulation* — PWM) no inversor. O *ganho do inversor* pode ser definido como a relação entre a tensão de saída CA e a tensão de entrada CC.

A forma de onda da tensão de saída de um inversor ideal deve ser senoidal. Na prática, porém, ela não é senoidal e contém determinadas harmônicas. Para aplicações de baixa e média potência, tensões com onda quadrada ou quase quadrada podem ser aceitáveis, mas para aplicações de alta potência são necessárias formas de onda senoidais com baixa distorção. Com a disponibilidade de dispositivos semicondutores de potência de alta velocidade, os conteúdos harmônicos da tensão de saída podem ser significativamente minimizados ou reduzidos por meio de técnicas de chaveamento.

Os inversores são amplamente utilizados em aplicações industriais (por exemplo, acionadores de motor CA em velocidade variável, energia renovável,[26] transportes, aquecimento por indução, fontes de alimentação auxiliares e fontes de alimentação ininterrupta). A entrada pode ser uma bateria, uma célula combustível, uma célula solar ou outra fonte CC. As saídas monofásicas típicas são: (1) 120 V a 60 Hz, (2) 220 V a 50 Hz e (3) 115 V a 400 Hz. Para sistemas trifásicos de alta potência, as saídas típicas são: (1) 220 até 380 V a 50 Hz, (2) 120 até 208 V a 60 Hz e (3) 115 até 200 V a 400 Hz.

Em termos mais amplos, os inversores podem ser classificados em dois tipos: (1) monofásicos e (2) trifásicos. Cada um deles pode utilizar dispositivos com entrada em condução e desligamento controlados (p. ex., BJTs, MOSFETs, IGBTs, MCTs, SITs e GTOs). Esses inversores geralmente usam sinais de controle PWM para produzir uma tensão de saída CA. Um inversor é chamado de *inversor alimentado por tensão* (*voltage-fed inverter* — VFI) se a tensão de entrada for constante, de *inversor alimentado por corrente* (*current-fed inverter* — CFI) se a corrente de entrada for mantida constante e de *inversor com interligação CC variável* se a tensão de entrada for controlável. Se a tensão ou corrente de saída do inversor for forçada a passar pelo zero com a criação de um circuito ressonante *LC*, esse tipo de inversor é chamado de *inversor de pulso ressonante* e tem muitas aplicações na eletrônica de potência. O Capítulo 7 trata exclusivamente desse último.

6.2 PARÂMETROS DE DESEMPENHO

A tensão de entrada de um inversor é CC, e a tensão (ou corrente) de saída é CA, como mostra a Figura 6.1a. Em condições ideais, a saída deveria ser uma onda senoidal CA pura, mas, na prática, ela contém harmônicas ou ondulações, como indica a Figura 6.1b. O inversor somente extrai corrente da fonte de entrada CC quando conecta a carga à fonte de alimentação, e assim a corrente de entrada não é CC pura, contendo harmônicas, como na Figura 6.1c. A qualidade de um inversor é geralmente avaliada em termos dos parâmetros de desempenho vistos a seguir.

A potência de saída é dada por

$$P_{CA} = I_o V_o \cos \theta \qquad (6.1)$$
$$= I_o^2 R \qquad (6.1a)$$

onde V_o e I_o são a tensão e a corrente rms da carga, θ é o ângulo da impedância dela e R é a resistência.

A potência de entrada CA do inversor é

$$P_s = I_s V_s \qquad (6.2)$$

onde V_s e I_s são a tensão e a corrente média de entrada.

A ondulação rms da corrente de entrada é

$$I_r = \sqrt{I_i^2 - I_s^2} \qquad (6.3)$$

onde I_i e I_s são os valores rms e médio da corrente de alimentação CC.

O fator de ondulação ou de *ripple* da corrente de entrada é

$$FR_s = \frac{I_r}{I_s} \qquad (6.4)$$

FIGURA 6.1
Relação entre entrada e saída de um conversor CC-CA.

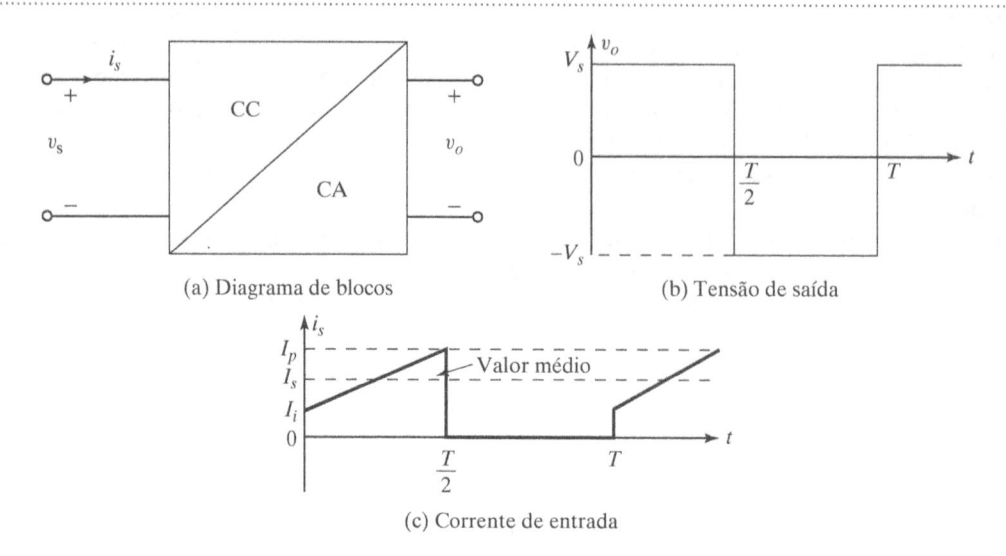

(a) Diagrama de blocos

(b) Tensão de saída

(c) Corrente de entrada

A eficiência de energia, que é a relação entre a potência de saída e a de entrada, depende das perdas de chaveamento, que, por sua vez, dependem da frequência de chaveamento do inversor.

Fator harmônico da *n*-ésima harmônica (FH$_n$). O fator harmônico (da *n*-ésima harmônica), que é uma medida da contribuição individual de uma harmônica, é definido como

$$\text{FH}_n = \frac{V_{\text{on}}}{V_{o1}} \quad \text{para } n > 1 \tag{6.5}$$

onde V_{o1} é o valor rms da componente fundamental, e V_{on}, o valor rms da *n*-ésima componente harmônica.

Distorção harmônica total (DHT). A distorção harmônica total, que é uma medida da proximidade do formato entre uma forma de onda e sua componente fundamental, é definida como

$$\text{DHT} = \frac{1}{V_{o1}} \sqrt{\sum_{n=2,3,\ldots}^{\infty} V_{\text{on}}^2} \tag{6.6}$$

Fator de distorção (FD). A DHT dá o conteúdo harmônico total, mas não indica o nível de cada componente harmônica. Se um filtro fosse utilizado na saída do inversor, as harmônicas de ordem superior poderiam ser atenuadas com mais eficácia. Portanto, é importante conhecer a frequência e a amplitude de cada harmônica. O FD indica a quantidade de distorção harmônica que resta em uma forma de onda específica após as harmônicas dessa forma de onda terem se submetido a uma atenuação de segunda ordem (isto é, terem sido divididas por n^2). Assim, o FD é uma medida da eficácia na redução de harmônicas indesejáveis sem ser preciso especificar os valores de um filtro de carga de segunda ordem, e é definido como

$$\text{FD} = \frac{1}{V_{o1}} \sqrt{\sum_{n=2,3,\ldots}^{\infty} \left(\frac{V_{\text{on}}}{n^2}\right)^2} \tag{6.7}$$

O FD de uma componente harmônica individual (ou *n*-ésima) é definido como

$$\text{FD}_n = \frac{V_{\text{on}}}{V_{o1} n^2} \quad \text{para } n > 1 \tag{6.8}$$

Harmônica de mais baixa ordem (LOH). A LOH é a componente harmônica com amplitude maior ou igual a 3% da componente fundamental, cuja frequência está mais próxima da fundamental.

■ Principais pontos da Seção 6.2

– Os parâmetros de desempenho, que avaliam a qualidade da tensão de saída do inversor, são FH, DHT, FD e LOH.

6.3 PRINCÍPIO DE OPERAÇÃO

O princípio dos inversores monofásicos[1] pode ser explicado com a ajuda da Figura 6.2a. O circuito inversor é composto por dois pulsadores (*choppers*). Quando apenas o transistor Q_1 está ligado por um tempo $T_0/2$, a tensão instantânea sobre a carga v_0 é $V_s/2$. Já quando somente o transistor Q_2 está ligado por um tempo $T_0/2$, $-V_s/2$ aparecerá na carga. O circuito lógico deve ser projetado de tal forma que Q_1 e Q_2 não sejam ligados ao mesmo tempo. A Figura 6.2b mostra as formas de onda para a tensão de saída e as correntes nos transistores para uma carga resistiva. Deve-se observar que para uma carga resistiva o deslocamento de fase é $\theta_1 = 0$. Esse inversor necessita de uma fonte CC de três fios, e, quando um transistor está desligado, sua tensão reversa é V_s, em vez de $V_s/2$. Esse inversor é conhecido como *inversor meia ponte*.

O valor eficaz (rms) da tensão de saída pode ser determinado a partir de

$$V_o = \sqrt{\frac{2}{T_0} \int_0^{T_0/2} \frac{V_s^2}{4} dt} = \frac{V_s}{2} \tag{6.9}$$

A tensão instantânea de saída pode ser expressa na série de Fourier como

$$v_o = \frac{a_0}{2} + \sum_{n=1}^{\infty}(a_n \cos(n\omega t) + b_n \,\text{sen}(n\omega t))$$

FIGURA 6.2
Inversor monofásico meia ponte.

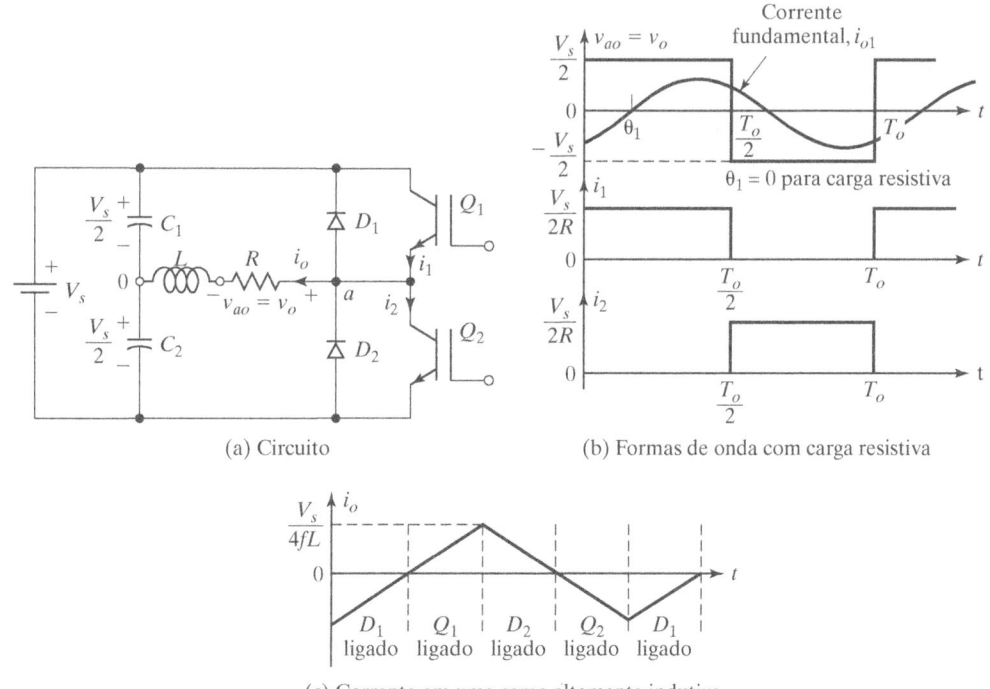

(a) Circuito

(b) Formas de onda com carga resistiva

(c) Corrente em uma carga altamente indutiva

Por conta da simetria de quarto de onda ao longo do eixo x, tanto a_0 quanto a_n são zero. Obtemos b_n como

$$b_n = \frac{1}{\pi}\left[\int_{-\frac{\pi}{2}}^{0} \frac{-V_s}{2}\operatorname{sen}(n\omega t)\,d(\omega t) + \int_{0}^{\frac{\pi}{2}} \frac{V_s}{2}\operatorname{sen}(n\omega t)\,d(\omega t)\right] = \frac{2V_s}{n\pi}$$

que dá a tensão instantânea de saída v_o como

$$v_0 = \sum_{n=1,3,5,\ldots}^{\infty} \frac{2V_s}{n\pi}\operatorname{sen} n\omega t$$
$$= 0 \quad \text{para } n = 2,4,\ldots \tag{6.10}$$

onde $\omega = 2\pi f_o$ é a frequência da tensão de saída em radianos por segundo. Em virtude da simetria de quarto de onda da tensão de saída ao longo do eixo x, as tensões harmônicas pares estão ausentes. Para $n = 1$, a Equação 6.10 dá o valor rms da componente fundamental como

$$V_{o1} = \frac{2V_s}{\sqrt{2}\pi} = 0{,}45 V_s \tag{6.11}$$

Para uma carga indutiva, a corrente da carga não pode mudar imediatamente com a tensão de saída. Se Q_1 for desligado em $t = T_0/2$, a corrente de carga continuará a fluir através de D_2, da carga e da metade inferior da fonte CC até que a corrente caia a zero. De modo semelhante, quando Q_2 é desligado em $t = T_0$, a corrente de carga flui através de D_1, da carga e da metade superior da fonte CC. Quando os diodos D_1 e D_2 conduzem, a energia é devolvida à fonte CC e esses diodos são conhecidos como *diodos de realimentação*. A Figura 6.2c mostra a corrente de carga e os intervalos de condução dos dispositivos para uma carga puramente indutiva. Pode-se observar que, para uma carga puramente indutiva, um transistor conduz apenas por $T_0/4$ (ou 90°). Dependendo do ângulo da impedância da carga, o período de condução de um transistor pode variar de 90° a 180°.

Quaisquer dispositivos de chaveamento (chaves) podem substituir os transistores. Se t_o for o tempo de desligamento de um dispositivo, deve haver um tempo de atraso mínimo de $t_d\,(= t_o)$ entre ele sendo desligado e o sinal de comando do próximo a ser ligado. Caso contrário, ocorreria uma condição de curto-circuito nos dois dispositivos. Portanto, o tempo máximo de condução de um dispositivo seria $t_{n(\text{máx})} = T_0/2 - t_d$. Na prática, todos os dispositivos necessitam de determinado tempo para ligar e para desligar. Para a operação bem-sucedida dos inversores, o circuito lógico deve levar isso em conta.

Para uma carga RL, a corrente instantânea i_0 pode ser determinada pela divisão da tensão de saída pela impedância da carga $Z = R + jn\omega L$. Assim, obtemos

$$i_0 = \sum_{n=1,3,5,\ldots}^{\infty} \frac{2V_s}{n\pi\sqrt{R^2 + (n\omega L)^2}}\operatorname{sen}(n\omega t - \theta_n) \tag{6.12}$$

onde $\theta_n = \operatorname{tg}^{-1}(n\omega L/R)$. Uma vez que I_{01} é a corrente rms fundamental da carga, a potência fundamental de saída (para $n = 1$) é

$$P_{01} = V_{o1} I_{01} \cos\theta_1 = I_{01}^2 R \tag{6.13}$$

$$= \left[\frac{2V_s}{\sqrt{2}\pi\sqrt{R^2 + (\omega L)^2}}\right]^2 R \tag{6.13a}$$

Observação: na maioria das aplicações (por exemplo, acionamento de motores elétricos), a potência de saída por conta da corrente fundamental é geralmente a potência útil, e a potência em virtude das correntes harmônicas é dissipada sob a forma de calor, o que aumenta a temperatura da carga.

Corrente de alimentação CC. Supondo um inversor sem perdas, a potência média absorvida pela carga deve ser igual à fornecida pela fonte CC. Assim, podemos escrever

$$\int_0^T v_s(t)\, i_s(t)\, dt = \int_0^T v_o(t)\, i_o(t)\, dt$$

onde T é o período da tensão CA de saída. Para uma carga indutiva e uma frequência de chaveamento relativamente elevada, a corrente de carga i_o é praticamente senoidal; portanto, apenas a componente fundamental da tensão CA de saída fornece energia à carga. Como a tensão de alimentação CC permanece constante $v_s(t) = V_s$, podemos escrever

$$\int_0^T i_s(t)\, dt = \frac{1}{V_s} \int_0^T \sqrt{2} V_{o1} \operatorname{sen}(\omega t)\, \sqrt{2} I_o \operatorname{sen}(\omega t - \theta_1)\, dt = T I_s$$

onde
V_{o1} é a tensão rms fundamental de saída;
I_o é a corrente rms de carga;
θ_1 é o ângulo da carga na frequência fundamental.

Assim, a corrente de alimentação CC I_s pode ser simplificada para

$$I_s = \frac{V_{o1}}{V_s} I_o \cos(\theta_1) \tag{6.14}$$

Sequência de acionamento. A sequência de acionamento para as chaves é a seguinte:

1. Gerar um sinal de comando de onda quadrada v_{g1} em uma frequência de saída f_o e um ciclo de trabalho de 50%. O sinal de acionamento v_{g2} deve ser de lógica invertida (complementar) à v_{g1}.
2. O sinal v_{g1} deve comandar a chave Q_1 através de um circuito de isolação, e v_{g2} pode comandar Q_2 sem circuito de isolação.

■ **Principais pontos da Seção 6.3**

– Uma tensão de saída CA pode ser obtida pela conexão alternada dos terminais positivos e negativos da fonte CC na carga por meio de chaveamentos adequados das chaves. A componente rms fundamental V_{o1} da tensão de saída é $0{,}45 V_s$.
– Diodos de realimentação são necessários para transferir a energia armazenada na indutância de carga de volta para a fonte CC.

Exemplo 6.1 ▪ Determinação dos parâmetros de um inversor monofásico meia ponte

O inversor monofásico meia ponte da Figura 6.2a tem uma carga resistiva $R = 2{,}4\ \Omega$, e a tensão CC de entrada é $V_s = 48$ V. Determine **(a)** a tensão rms de saída na frequência fundamental V_{o1}; **(b)** a potência de saída P_o; **(c)** as correntes média e de pico de cada transistor; **(d)** a tensão de pico de bloqueio reverso V_{BR} de cada transistor; **(e)** a corrente média de alimentação I_s; **(f)** a DHT; **(g)** o FD; e **(h)** o FH e a LOH.

Solução
$V_s = 48$ V e $R = 2{,}4\ \Omega$.
a. A partir da Equação 6.11, $V_{o1} = 0{,}45 \times 48 = 21{,}6$ V.

b. A partir da Equação 6.9, $V_o = V_s/2 = 48/2 = 24$ V. A potência de saída $P_o = V_o^2/R = 24^2/2,4 = 240$ W.

c. A corrente de pico do transistor é $I_p = 24/2,4 = 10$ A. Como cada transistor conduz por um ciclo de trabalho de 50%, a corrente média de cada um é $I_Q = 0,5 \times 10 = 5$ A.

d. A tensão de pico de bloqueio reverso $V_{BR} = 2 \times 24 = 48$ V.

e. A corrente média de alimentação é $I_s = P_o/V_S = 240/48 = 5$ A.

f. A partir da Equação 6.11, $V_{o1} = 0,45V_s$, e a tensão rms harmônica V_h é

$$V_h = \sqrt{\sum_{n=3,5,7,\ldots}^{\infty} V_{on}^2} = \sqrt{V_0^2 - V_{o1}^2} = 0,2176 V_s$$

A partir da Equação 6.6, DHT = $(0,2176V_s)/(0,45V_s) = 48,34\%$.

g. A partir da Equação 6.10, podemos encontrar V_{on} e, então, encontrar,

$$\sqrt{\sum_{n=3,5,\ldots}^{\infty} \left(\frac{V_{on}}{n^2}\right)^2} = \sqrt{\left(\frac{V_{o3}}{3^2}\right)^2 + \left(\frac{V_{o5}}{5^2}\right)^2 + \left(\frac{V_{o7}}{7^2}\right)^2 + \cdots} = 0,024$$

A partir da Equação 6.7, FD = $0,024V_s/(0,45V_s) = 5,382\%$.

h. A LOH é a terceira, $V_{o3} = V_{o1}/3$. A partir da Equação 6.5, $FH_3 = V_{o3}/V_{o1} = 1/3 = 33,33\%$, e, pela Equação 6.8, $FD_3 = (V_{o3}/3^2)/V_{o1} = 1/27 = 3,704\%$. Como $V_{o3}/V_{o1} = 33,33\%$, que é maior que 3%, LOH = V_{o3}.

6.4 INVERSORES MONOFÁSICOS EM PONTE

Um inversor de tensão (*voltage-source inverter* — VSI) monofásico em ponte é mostrado na Figura 6.3a. Ele é composto por quatro pulsadores. Quando os transistores Q_1 e Q_2 são ligados simultaneamente, a tensão de entrada V_s aparece na carga. Se os transistores Q_3 e Q_4 são ligados ao mesmo tempo, a tensão na carga é invertida e passa a ser $-V_s$. A forma de onda para a tensão de saída é indicada na Figura 6.3b.

FIGURA 6.3
Inversor monofásico em ponte completa.

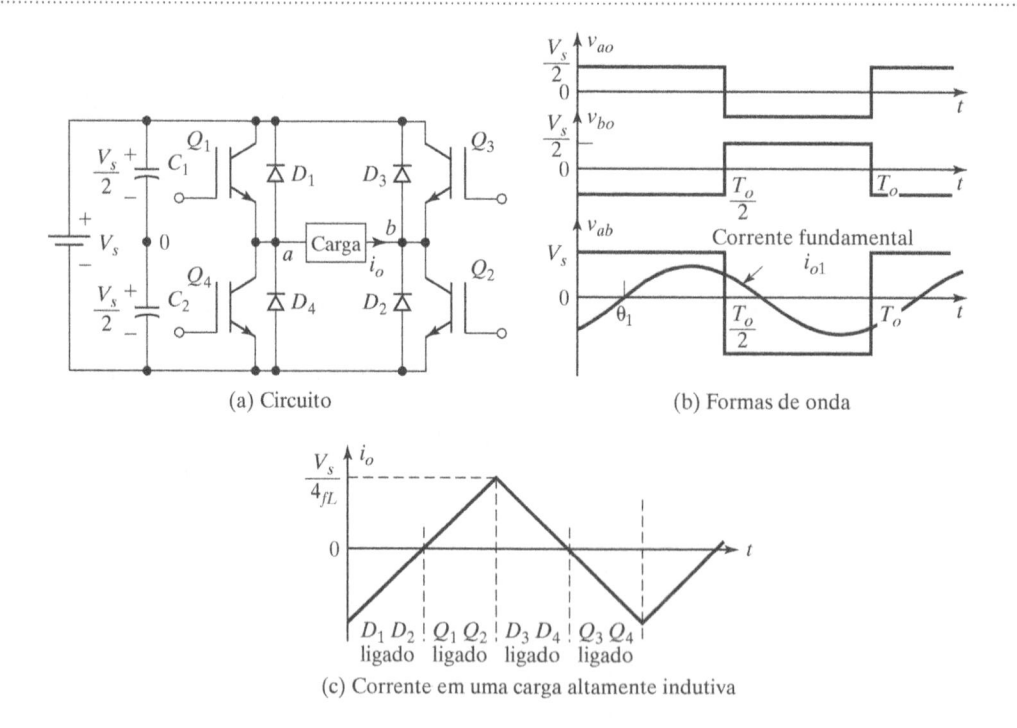

(a) Circuito

(b) Formas de onda

(c) Corrente em uma carga altamente indutiva

A Tabela 6.1 ilustra os cinco estados das chaves. Os transistores Q_1 a Q_4 na Figura 6.3a atuam como as chaves S_1 a S_4, respectivamente. Se duas chaves (uma superior e outra inferior) conduzem ao mesmo tempo, de modo que a tensão de saída seja $\pm V_s$, o estado delas é 1, e, se essas chaves estão desligadas ao mesmo tempo, o estado delas é 0.

A tensão rms de saída pode ser encontrada a partir de

$$V_o = \sqrt{\frac{2}{T_0} \int_0^{T_0/2} V_s^2 \, dt} = V_s \qquad (6.15)$$

A Equação 6.10 pode ser ampliada para expressar a tensão instantânea de saída em uma série de Fourier como

$$v_o = \sum_{n=1,3,5,\ldots}^{\infty} \frac{4V_s}{n\pi} \operatorname{sen} n\omega t \qquad (6.16)$$

e, para $n = 1$, a Equação 6.16 fornece o valor rms da componente fundamental como

$$V_{o1} = \frac{4V_s}{\sqrt{2}\pi} = 0{,}90 V_s \qquad (6.17)$$

Utilizando a Equação 6.12, a corrente instantânea de carga i_0 para uma carga RL torna-se

$$i_0 = \sum_{n=1,3,5,\ldots}^{\infty} \frac{4V_s}{n\pi\sqrt{R^2 + (n\omega L)^2}} \operatorname{sen}(n\omega t - \theta_n) \qquad (6.18)$$

onde $\theta_n = \operatorname{tg}^{-1}(n\omega L/R)$.

Quando os diodos D_1 e D_2 conduzem, a energia retorna para a fonte CC; portanto, eles são conhecidos como *diodos de realimentação*. A Figura 6.3c mostra a forma de onda da corrente para uma carga indutiva.

Corrente de alimentação CC. Desprezando quaisquer perdas, o equilíbrio instantâneo de potência dá

$$v_s(t)\, i_s(t) = v_o(t)\, i_o(t)$$

Para carga indutiva e frequência de chaveamento relativamente elevada, podemos considerar que a corrente de carga i_o e a tensão de saída sejam senoidais. Como a tensão de alimentação CC permanece constante $v_s(t) = V_s$, obtemos

$$i_s(t) = \frac{1}{V_s} \sqrt{2} V_{o1} \operatorname{sen}(\omega t)\, \sqrt{2} I_o \operatorname{sen}(\omega t - \theta_1)$$

que pode ser simplificado para encontrar a corrente de alimentação CC como

$$i_s(t) = \frac{V_{o1}}{V_s} I_o \cos(\theta_1) - \frac{V_{o1}}{V_s} I_o \cos(2\omega t - \theta_1) \qquad (6.19)$$

TABELA 6.1
Estados das chaves para um inversor de tensão monofásico em ponte completa.

Estado	Estado n°	Estado das chaves*	v_{ao}	v_{bo}	v_o	Componentes em condução
S_1 e S_2 estão ligadas, e S_4 e S_3, desligadas	1	10	$V_s/2$	$-V_s/2$	V_s	S_1 e S_2, se $i_o > 0$ D_1 e D_2, se $i_o < 0$
S_4 e S_3 estão ligadas, e S_1 e S_2, desligadas	2	01	$-V_s/2$	$V_s/2$	$-V_s$	D_4 e D_3, se $i_o > 0$ S_4 e S_3, se $i_o < 0$
S_1 e S_3 estão ligadas, e S_4 e S_2, desligadas	3	11	$V_s/2$	$V_s/2$	0	S_1 e D_3, se $i_o > 0$ D_1 e S_3, se $i_o < 0$
S_4 e S_2 estão ligadas, e S_1 e S_3, desligadas	4	00	$-V_s/2$	$-V_s/2$	0	D_4 e S_2, se $i_o > 0$ S_4 e D_2, se $i_o < 0$
S_1, S_2, S_3 e S_4 estão desligadas	5	desligado	$-V_s/2$ $V_s/2$	$V_s/2$ $-V_s/2$	$-V_s$ V_s	D_4 e D_3, se $i_o > 0$ D_1 e D_2, se $i_o < 0$

* 1 se a chave superior estiver ligada e 0 se a chave inferior estiver ligada.

onde

V_{o1} é a tensão rms fundamental de saída;
I_o é a corrente rms de carga;
θ_1 é o ângulo de impedância da carga na frequência fundamental.

A Equação 6.19 indica a presença de uma harmônica de segunda ordem da mesma ordem de grandeza que a corrente de alimentação CC. Essa harmônica é injetada de volta na fonte de alimentação CC. Portanto, o projeto deve considerar isso para garantir uma tensão de barramento CC quase constante. Normalmente, um grande capacitor é conectado na fonte de tensão CC, e ele é muito caro e exige espaço; essas duas características são indesejáveis, especialmente em fontes de alimentação de média a alta potência.

Exemplo 6.2 • Determinação dos parâmetros de um inversor monofásico em ponte completa

Repita o Exemplo 6.1 para o inversor monofásico em ponte completa da Figura 6.3a.

Solução

$V_s = 48$ V e $R = 2,4\ \Omega$.

a. A partir da Equação 6.17, $V_1 = 0,90 \times 48 = 43,2$ V.
b. A partir da Equação 6.15, $V_o = V_s = 48$ V. A potência de saída é $P_o = V_s^2/R = 48^2/2,4 = 960$ W.
c. A corrente de pico do transistor é $I_p = 48/2,4 = 20$ A. Como cada transistor conduz com um ciclo de trabalho de 50%, a corrente média em cada um é $I_Q = 0,5 \times 20 = 10$ A.
d. A tensão de pico de bloqueio reverso é $V_{BR} = 48$ V.
e. A corrente média de alimentação é $I_S = P_o/V_S = 960/48 = 20$ A.
f. A partir da Equação 6.17, $V_{o1} = 0,9 V_s$. A tensão rms harmônica V_h é

$$V_h = \sqrt{\sum_{n=3,5,7,\ldots}^{\infty} V_{on}^2} = \sqrt{V_0^2 - V_{o1}^2} = 0,4359 V_s$$

A partir da Equação 6.6, DHT = $0,4359 V_s/(0,9 V_s)$ = 48,43%.

g. $\sqrt{\sum_{n=3,5,7,\ldots}^{\infty} \left(\dfrac{V_{on}}{n^2}\right)^2} = 0,048 V_s$

A partir da Equação 6.7, FD = $0,048 V_s/(0,9 V_s)$ = 5,333%.

h. A LOH é a terceira, $V_3 = V_1/3$. A partir da Equação 6.5, $FH_3 = V_{o3}/V_{o1} = 1/3 = 33,33\%$, e, a partir da Equação 6.8, $FD_3 = (V_{o3}/3^2)/V_{o1} = 1/27 = 3,704\%$.

Observação: a tensão máxima de bloqueio reverso de cada transistor e a qualidade da tensão de saída para inversores em meia ponte e em ponte completa são as mesmas. No entanto, para inversores em ponte completa, a potência de saída é quatro vezes maior, e a componente fundamental é duas vezes maior que a dos inversores em meia ponte.

Exemplo 6.3 • Determinação da tensão e da corrente de saída de um inversor monofásico em ponte completa com uma carga *RLC*

O inversor em ponte completa da Figura 6.3a tem uma carga *RLC* com $R = 10\ \Omega$, $L = 31,5$ mH e $C = 112\ \mu$F. A frequência do inversor é $f_0 = 60$ Hz, e a tensão CC de entrada, $V_s = 220$ V. **(a)** Expresse a corrente instantânea de carga na série de Fourier. Calcule **(b)** a corrente rms de carga na frequência fundamental I_{o1}; **(c)** a DHT da corrente de carga; **(d)** a potência absorvida pela carga, P_o e a potência fundamental P_{o1}; **(e)** a corrente média da alimentação CC I_s; e **(f)** a corrente rms e de pico em cada transistor. **(g)** Desenhe a forma de onda da corrente fundamental de carga e mostre os intervalos de condução dos transistores e diodos. Calcule o tempo de condução **(h)** dos transistores, **(i)** dos diodos e **(j)** o ângulo de carga efetiva θ.

Solução
$V_s = 220$ V, $f_0 = 60$ Hz, $R = 10\Omega$, $L = 31,5$ mH, $C = 112$ μF e $\omega = 2\pi \times 60 = 377$ rad/s. A reatância indutiva para a n-ésima tensão harmônica é

$$X_L = j_n\omega L = j2n\pi \times 60 \times 31,5 \times 10^{-3} = j11,87n \; \Omega$$

A reatância capacitiva para a n-ésima tensão harmônica é

$$X_c = \frac{j}{n\omega C} = -\frac{j10^6}{2n\pi \times 60 \times 112} = \frac{-j23,68}{n} \; \Omega$$

A impedância para a n-ésima tensão harmônica é

$$|Z_n| = \sqrt{R^2 + \left(n\omega L - \frac{1}{n\omega C}\right)^2} = \sqrt{10^2 + (11,87n - 23,68/n)^2}$$

e o ângulo da impedância da carga para a n-ésima tensão harmônica é

$$\theta_n = \mathrm{tg}^{-1}\frac{11,87n - 23,68/n}{10} = \mathrm{tg}^{-1}\left(1,187n - \frac{2,368}{n}\right)$$

a. A partir da Equação 6.16, a tensão instantânea de saída pode ser expressa como

$$v_o(t) = 280,1 \,\mathrm{sen}\,(377t) + 93,4 \,\mathrm{sen}\,(3 \times 377t) + 56,02 \,\mathrm{sen}\,(5 \times 377t)$$
$$+ 40,02 \,\mathrm{sen}\,(7 \times 377t) + 31,12 \,\mathrm{sen}\,(9 \times 377t) + ...$$

Dividindo a tensão de saída pela impedância da carga e considerando o atraso apropriado por conta dos ângulos da impedância da carga, podemos obter a corrente instantânea:

$$i_o(t) = 18,1 \,\mathrm{sen}\,(377t + 49,72°) + 3,17 \,\mathrm{sen}\,(3 \times 377t - 70,17°)$$
$$+ \mathrm{sen}\,(5 \times 377t - 79,63°) + 0,5 \,\mathrm{sen}\,(7 \times 377t - 82,85°)$$
$$+ 0,3 \,\mathrm{sen}\,(9 \times 377t - 84,52°) + ...$$

b. A corrente de pico fundamental da carga é $I_{m1} = 18,1$ A. A corrente rms de carga na frequência fundamental é $I_{o1} = 18,1/\sqrt{2} = 12,8$ A.

c. Considerando até a nona harmônica, a corrente de pico de carga,

$$I_m = \sqrt{18,1^2 + 3,17^2 + 1,0^2 + 0,5^2 + 0,3^2} = 18,41 \text{ A}$$

A corrente rms harmônica de carga é

$$I_h = \frac{\sqrt{I_m^2 - I_{m1}^2}}{\sqrt{2}} = \frac{\sqrt{18,41^2 - 18,1^2}}{\sqrt{2}} = 2,3789 \text{ A}$$

Utilizando a Equação 6.6, a DHT da corrente de carga é

$$\mathrm{DHT} = \frac{\sqrt{I_m^2 - I_{m1}^2}}{I_{m1}} = \sqrt{\left(\frac{18,41}{18,1}\right)^2 - 1} = 18,59\%$$

d. A corrente rms de carga é $I_o \cong I_m/\sqrt{2} = 13,02$ A, e a potência na carga, $P_o = 13,02^2 \times 10 = 1695$ W. Utilizando a Equação 6.13, a potência fundamental de saída é

$$P_{o1} = I_{o1}^2 R = 12,8^2 \times 10 = 1638,4 \text{ W}$$

e. A corrente média de alimentação $I_s = P_o/V_s = 1695/220 = 7,7$ A.
f. A corrente de pico do transistor é $I_p \cong I_m = 18,41$ A. A corrente rms máxima permissível de cada transistor é $I_{Q(\mathrm{máx})} = I_o/\sqrt{2} = I_p/2 = 18,41/2 = 9,2$ A.
g. A forma de onda da corrente fundamental de carga $i_1(t)$ é mostrada na Figura 6.4.
h. A partir da Figura 6.4, o tempo de condução de cada transistor é encontrado aproximadamente a partir de $\omega t_0 = 180 - 49,72 = 130,28°$ ou $t_0 = 130,28 \times \pi/(180 \times 377) = 6031$ μs.

FIGURA 6.4
Formas de onda para o Exemplo 6.3.

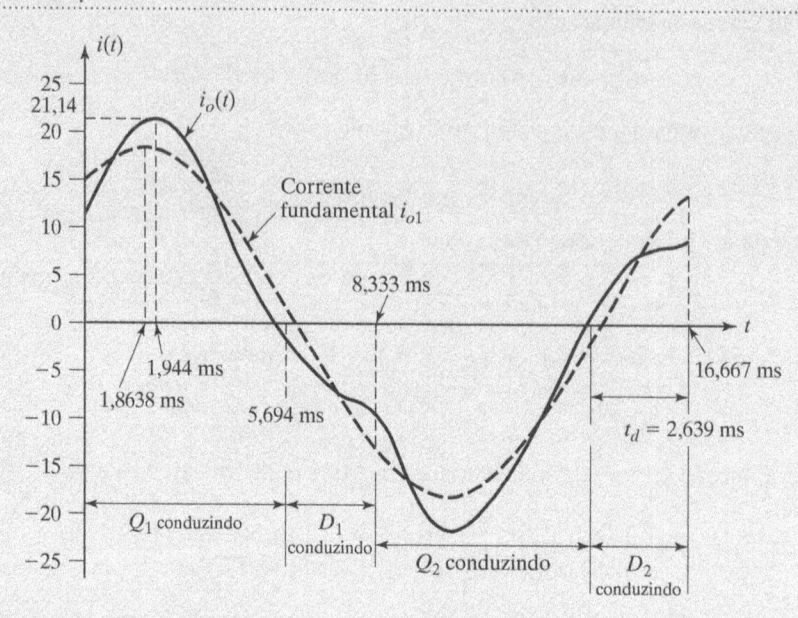

[Gráfico: formas de onda $i(t)$ e $i_o(t)$ com corrente fundamental i_{o1}. Valores indicados: 25, 21,14, 20, 15, 10, 5, 0, −5, −10, −15, −20, −25. Tempos: 1,8638 ms, 1,944 ms, 5,694 ms, 8,333 ms, 16,667 ms, $t_d = 2{,}639$ ms. Intervalos de condução: Q_1 conduzindo, D_1 conduzindo, Q_2 conduzindo, D_2 conduzindo.]

i. O tempo de condução de cada diodo é aproximadamente

$$t_d = (180 - 130{,}28) \times \frac{\pi}{180 \times 377} = 2302\,\mu s$$

j. O ângulo efetivo de carga pode ser encontrado a partir de

$$V_o I_o \cos\theta = P_o \text{ ou } 220 \times 13{,}02 \times \cos\theta = 1695$$

o que dá θ = 53,73°

Observações:

1. Para calcular os valores exatos da corrente de pico, do tempo de condução dos transistores e dos diodos, a corrente instantânea de carga $i_o(t)$ deve ser plotada como indica a Figura 6.4. O tempo de condução de um transistor deve satisfazer a condição $i_o(t = t_0) = 0$, e uma plotagem de $i_o(t)$ por um programa de computador dá $I_p = 21{,}14$ A, $t_0 = 5694$ μs e $t_d = 2639$ μs.
2. Esse exemplo pode ser repetido para avaliar o desempenho de um inversor com cargas R, RL ou RLC com uma mudança apropriada na impedância de carga Z_L e do ângulo de carga θ_n.

Sequência de acionamento. A sequência de acionamento para as chaves é a seguinte:

1. Gerar dois sinais de onda quadrada de comando de porta, v_{g1} e v_{g2} na frequência de saída f_o e com um ciclo de trabalho de 50%. Os sinais de acionamento v_{g3} e v_{g4} devem ter a lógica invertida (complementar) de v_{g1} e v_{g2}, respectivamente.
2. Os sinais v_{g1} e v_{g3} comandam Q_1 e Q_3, respectivamente, através de circuitos de isolação. Os sinais v_{g2} e v_{g4} podem comandar Q_2 e Q_4, respectivamente, sem circuitos de isolação.

■ Principais pontos da Seção 6.4

- O inversor em ponte completa necessita de quatro chaves e quatro diodos. A tensão de saída alterna entre $+V_s$ e $-V_s$. O valor rms da componente fundamental da tensão de saída V_1 é $0{,}9V_s$.
- O projeto de um inversor requer a determinação das correntes média, rms e de pico nas chaves e nos diodos.

6.5 INVERSORES TRIFÁSICOS

Os inversores trifásicos são normalmente utilizados em aplicações de alta potência. Para formar a configuração de um inversor trifásico, três inversores monofásicos de meia ponte (ou ponte completa) podem ser conectados em paralelo, como mostra a Figura 6.5a. Os sinais de acionamento dos inversores monofásicos devem ser adiantados ou atrasados em 120°, um em relação ao outro, para a obtenção de tensões trifásicas (fundamentais) equilibradas. Os enrolamentos primários dos transformadores devem ser isolados uns dos outros, enquanto os enrolamentos secundários podem ser conectados em estrela (Y) ou em triângulo (delta). O secundário do transformador em geral é conectado em delta para eliminar as harmônicas múltiplas de três ($n = 3, 6, 9, ...$) que aparecem nas tensões de saída, e a disposição do circuito é ilustrada na Figura 6.5b. Esse circuito necessita de três transformadores monofásicos, 12

FIGURA 6.5
Inversor trifásico formado por três inversores monofásicos.

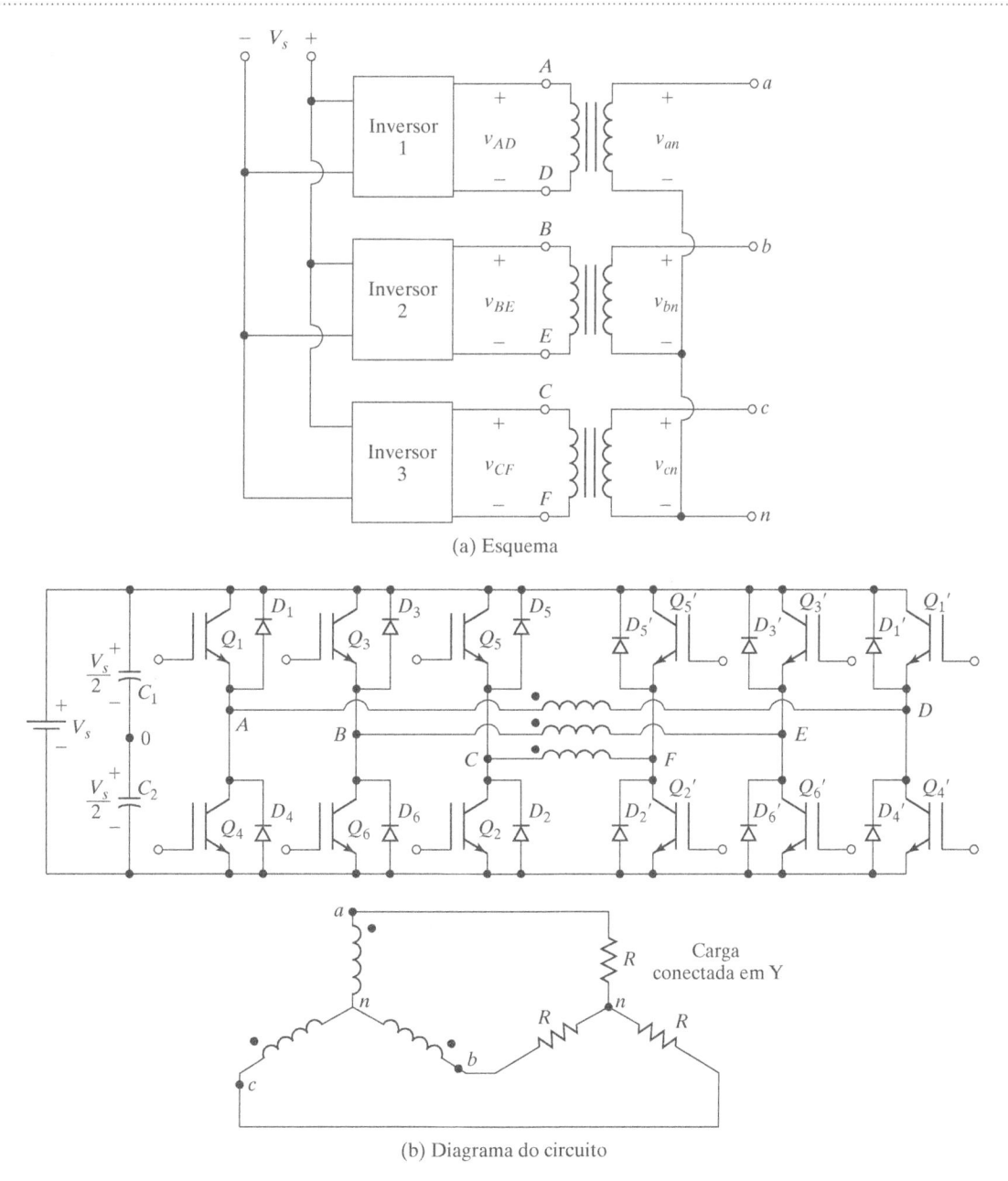

(a) Esquema

(b) Diagrama do circuito

transistores e 12 diodos. Se as tensões de saída dos inversores monofásicos não forem perfeitamente equilibradas em amplitudes e fases, as tensões de saída trifásicas ficarão desequilibradas.

Uma saída trifásica pode ser obtida a partir de uma configuração com seis transistores e seis diodos, como mostra a Figura 6.6a. Dois tipos de sinal de controle podem ser aplicados aos transistores: condução por 180° ou por 120°. A condução por 180° utiliza melhor as chaves e é o método preferido.

FIGURA 6.6

Inversor trifásico em ponte.

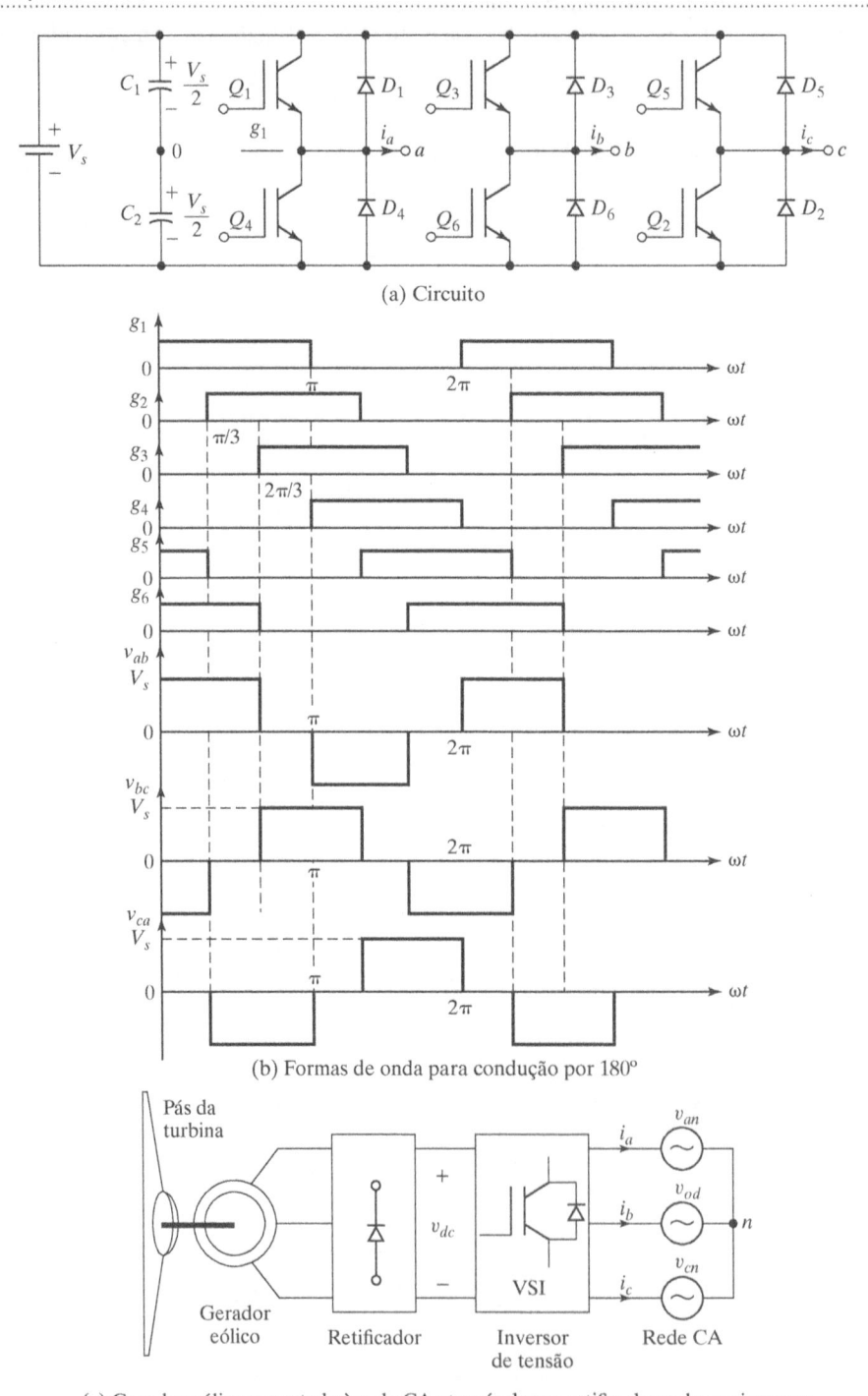

(a) Circuito

(b) Formas de onda para condução por 180°

(c) Gerador eólico conectado à rede CA através de um retificador e de um inversor

Esse circuito é conhecido como inversor trifásico em ponte, e é utilizado em muitas aplicações, incluindo sistemas de energia renovável, como ilustra a Figura 6.6c. O retificador converte a tensão CA do gerador eólico em uma tensão CC, e o inversor de tensão (VSI) converte a tensão CC em CA trifásicas compatíveis em tensão e frequência com a rede CA.

6.5.1 Condução por 180 graus

Cada transistor conduz por 180°. Em todo momento três transistores estão ligados. Quando o transistor Q_1 está ligado, o terminal *a* está conectado com o terminal positivo da tensão CC de entrada. Quando o transistor Q_4 está ligado, o terminal *a* está conectado ao terminal negativo da fonte CC. Existem seis modos de operação em um ciclo, e a duração de cada um é de 60°. Os transistores são numerados na ordem de seus sinais de comando (por exemplo, 123, 234, 345, 456, 561 e 612). Os sinais de acionamento apresentados na Figura 6.6b são deslocados 60° uns dos outros para a obtenção de tensões trifásicas (fundamentais) equilibradas.

A carga pode estar conectada em Y ou em delta, como exibe a Figura 6.7. As chaves de qualquer perna (ou braço) do inversor (S_1 e S_4, S_3 e S_6 ou S_5 e S_2) não podem ser ligadas simultaneamente; isso resultaria em um curto-circuito na tensão de alimentação. De forma semelhante, para evitar estados indefinidos e, portanto, tensões CA indefinidas na linha de saída, as chaves em qualquer perna do inversor não podem ser desligadas simultaneamente; isso pode resultar em tensões que dependem da polaridade da corrente de linha correspondente.

A Tabela 6.2 indica oito estados de chaves válidos. Os transistores Q_1 a Q_6 na Figura 6.5a atuam como as chaves S_1 a S_6, respectivamente. Se duas chaves, uma superior e outra inferior, conduzem ao mesmo tempo de modo que a tensão de saída seja $\pm V_s$, o estado das chaves é 1, e se elas são desligadas ao mesmo tempo, o estado das chaves é 0. Os estados 1 a 6 produzem tensões de saída diferentes de zero. Já os estados 7 e 8 produzem tensões de linha zero, e as correntes de linha fluem livremente através dos diodos de roda livre superior ou inferior. Para gerar determinada forma de onda de tensão, o inversor passa de um estado para outro. Assim, as tensões de linha de saída CA são constituídas pelos valores distintos de tensões de V_s, 0 e $-V_s$. Para gerar certa forma de onda, a seleção dos estados é feita em geral através de uma técnica de modulação que deve assegurar que apenas os estados válidos sejam utilizados.

Para uma carga conectada em delta, as correntes de fase podem ser obtidas diretamente a partir das tensões de linha. Uma vez que as correntes de fase sejam conhecidas, as de linha podem ser determinadas. A uma carga conectada em Y, as tensões de fase precisam ser determinadas para que as correntes de linha (ou fase) possam ser encontradas. Existem três modos de operação em um semiciclo, e os circuitos equivalentes são mostrados na Figura 6.8a para uma carga conectada em Y.

Durante o modo 1, para $0 \leq \omega t < \pi/3$, os transistores Q_1, Q_5 e Q_6 conduzem

$$R_{eq} = R + \frac{R}{2} = \frac{3R}{2}$$

$$i_1 = \frac{V_s}{R_{eq}} = \frac{2V_s}{3R}$$

$$v_{an} = v_{cn} = \frac{i_1 R}{2} = \frac{V_s}{3}$$

$$v_{bn} = -i_1 R = \frac{-2V_s}{3}$$

FIGURA 6.7
Carga conectada em delta e em Y.

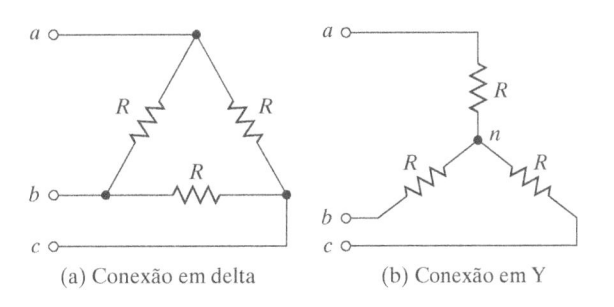

(a) Conexão em delta (b) Conexão em Y

TABELA 6.2
Estados das chaves para inversor de tensão trifásico.

Estado	Estado nº	Estado das chaves	v_{ab}	v_{bc}	v_{ca}	Vetor espacial
S_1, S_2 e S_6 estão ligadas, e S_4, S_5 e S_3, desligadas	1	100	V_s	0	$-V_s$	$\mathbf{V}_1 = 1 + j0{,}577 = 2/\sqrt{3}\,\angle 30°$
S_2, S_3 e S_1 estão ligadas, e S_5, S_6 e S_4, desligadas	2	110	0	V_s	$-V_s$	$\mathbf{V}_2 = j1{,}155 = 2/\sqrt{3}\,\angle 90°$
S_3, S_4 e S_2 estão ligadas, e S_6, S_1 e S_5, desligadas	3	010	$-V_s$	V_s	0	$\mathbf{V}_3 = -1 + j0{,}577 = 2/\sqrt{3}\,\angle 150°$
S_4, S_5 e S_3 estão ligadas, e S_1, S_2 e S_6, desligadas	4	011	$-V_s$	0	V_s	$\mathbf{V}_4 = -1 - j0{,}577 = 2/\sqrt{3}\,\angle 210°$
S_5, S_6 e S_4 estão ligadas, e S_2, S_3 e S_1, desligadas	5	001	0	$-V_s$	V_s	$\mathbf{V}_5 = -j1{,}155 = 2/\sqrt{3}\,\angle 270°$
S_6, S_1 e S_5 estão ligadas, e S_3, S_4 e S_2, desligadas	6	101	V_s	$-V_s$	0	$\mathbf{V}_6 = 1 - j0{,}577 = 2/\sqrt{3}\,\angle 330°$
S_1, S_3 e S_5 estão ligadas, e S_4, S_6 e S_2, desligadas	7	111	0	0	0	$\mathbf{V}_7 = 0$
S_4, S_6 e S_2 estão ligadas, e S_1, S_3 e S_5, desligadas	8	000	0	0	0	$\mathbf{V}_0 = 0$

Durante o modo 2, para $\pi/3 \leq \omega t < 2\pi/3$, os transistores Q_1, Q_2 e Q_6 conduzem,

$$R_{eq} = R + \frac{R}{2} = \frac{3R}{2}$$

$$i_2 = \frac{V_s}{R_{eq}} = \frac{2V_s}{3R}$$

$$v_{an} = i_2 R = \frac{2V_s}{3}$$

$$v_{bn} = v_{cn} = \frac{-i_2 R}{2} = \frac{-V_s}{3}$$

FIGURA 6.8
Circuitos equivalentes para carga resistiva conectada em Y.

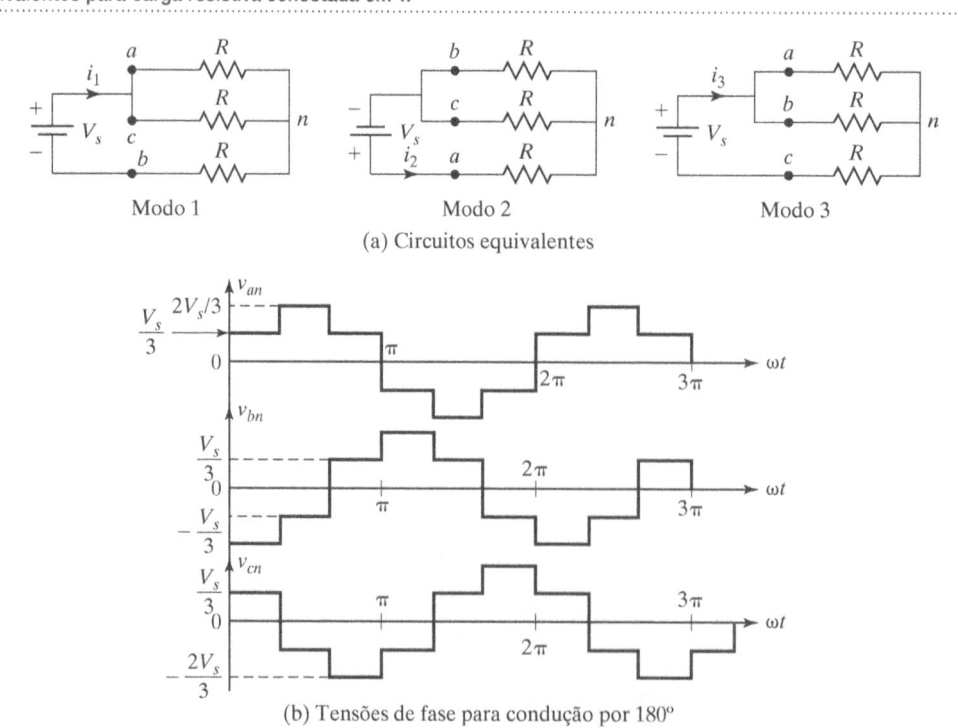

(a) Circuitos equivalentes

(b) Tensões de fase para condução por 180°

Durante o modo 3, para $2\pi/3 \leq \omega t < \pi$, os transistores Q_1, Q_2 e Q_3 conduzem

$$R_{eq} = R + \frac{R}{2} = \frac{3R}{2}$$

$$i_3 = \frac{V_s}{R_{eq}} = \frac{2V_s}{3R}$$

$$v_{an} = v_{bn} = \frac{i_3 R}{2} = \frac{V_s}{3}$$

$$v_{cn} = -i_3 R = \frac{-2V_s}{3}$$

As tensões de fase são indicadas na Figura 6.8b. A tensão instantânea de linha v_{ab} na Figura 6.6b pode ser expressa em uma série de Fourier:

$$v_{ab} = \frac{a_0}{2} + \sum_{n=1}^{\infty} \left(a_n \cos(n\omega t) + b_n \operatorname{sen}(n\omega t) \right)$$

Por conta da simetria de quarto de onda ao longo do eixo x, tanto a_0 quanto a_n são zero. Assumindo uma simetria ao longo do eixo y em $\omega t = \pi/6$, podemos escrever b_n como

$$b_n = \frac{1}{\pi}\left[\int_{-5\pi/6}^{-\pi/6} -V_s \operatorname{sen}(n\omega t)\, d(\omega t) + \int_{\pi/6}^{5\pi/6} V_s \operatorname{sen}(n\omega t)\, d(\omega t) \right] = \frac{4V_s}{n\pi} \operatorname{sen}\left(\frac{n\pi}{2}\right) \operatorname{sen}\left(\frac{n\pi}{3}\right)$$

que, reconhecendo que v_{ab} está defasado em relação a $\pi/6$ e que as harmônicas pares sejam zero, dá a tensão instantânea de linha v_{ab} (para uma carga conectada em Y) como

$$v_{ab} = \sum_{n=1,3,5,\ldots}^{\infty} \frac{4V_s}{n\pi} \operatorname{sen}\left(\frac{n\pi}{2}\right) \operatorname{sen}\left(\frac{n\pi}{3}\right) \operatorname{sen}\left[n\left(\omega t + \frac{\pi}{6}\right)\right] \qquad (6.20a)$$

Tanto v_{bc} quanto v_{ca} podem ser encontrados a partir da Equação 6.20a pela defasagem de v_{ab} por 120° e 240°, respectivamente.

$$v_{bc} = \sum_{n=1,3,5,\ldots}^{\infty} \frac{4V_s}{n\pi} \operatorname{sen}\left(\frac{n\pi}{2}\right) \operatorname{sen}\left(\frac{n\pi}{3}\right) \operatorname{sen}\left[n\left(\omega t - \frac{\pi}{2}\right)\right] \qquad (6.20b)$$

$$v_{ca} = \sum_{n=1,3,5,\ldots}^{\infty} \frac{4V_s}{n\pi} \operatorname{sen}\left(\frac{n\pi}{2}\right) \operatorname{sen}\left(\frac{n\pi}{3}\right) \operatorname{sen}\left[n\left(\omega t - \frac{7\pi}{6}\right)\right] \qquad (6.20c)$$

Podemos observar a partir das equações 6.20a a 6.20c que as harmônicas múltiplas de três ($n = 3, 9, 15, \ldots$) seriam zero nas tensões de linha.

A tensão rms de linha pode ser determinada a partir de

$$V_L = \sqrt{\frac{2}{2\pi} \int_0^{2\pi/3} V_s^2\, d(\omega t)} = \sqrt{\frac{2}{3}}\, V_s = 0{,}8165 V_s \qquad (6.21)$$

Pela da Equação 6.20a, a n-ésima componente rms da tensão de linha é

$$V_{Ln} = \frac{4V_s}{\sqrt{2}n\pi} \operatorname{sen}\left(\frac{n\pi}{3}\right) \qquad (6.22)$$

que, para $n = 1$, dá a tensão rms fundamental de linha.

$$V_{L1} = \frac{4V_s \operatorname{sen} 60°}{\sqrt{2}\pi} = 0{,}7797 V_s \qquad (6.23)$$

O valor rms das tensões de fase pode ser encontrado a partir da tensão de linha:

$$V_p = \frac{V_L}{\sqrt{3}} = \frac{\sqrt{2}V_s}{3} = 0{,}4714 V_s \tag{6.24}$$

Com cargas resistivas, os diodos em paralelo com os transistores não têm função. Se a carga é indutiva, a corrente em cada braço do inversor fica atrasada de sua tensão, como indica a Figura 6.9. Quando o transistor Q_4 na Figura 6.6a está desligado, o único caminho para a corrente de linha negativa i_a é através de D_1. Assim, o terminal da carga a será conectado à fonte CC através de D_1, até que a corrente de carga inverta sua polaridade em $t = t_1$. Durante o período $0 \leq t \leq t_1$, o transistor Q_1 não pode conduzir. De forma semelhante, o transistor Q_4 começa a conduzir somente em $t = t_2$. Os transistores devem ser continuamente acionados, pois o tempo de condução deles e dos diodos depende do fator de potência da carga.

Para uma carga conectada em Y, a tensão de fase é $v_{an} = v_{ab}/\sqrt{3}$, com um atraso de 30° a uma sequência positiva, $n = 1, 7, 13, 19, \ldots$, e com um avanço de fase de 30° a uma sequência negativa, $n = 5, 11, 17, 23, \ldots$ com relação a v_{ab}. Esse deslocamento de fase é independente da ordem da harmônica. Portanto, as tensões instantâneas de fase (para uma carga conectada em Y) são:

$$v_{aN} = \sum_{n=1} \frac{4V_s}{\sqrt{3}n\pi} \operatorname{sen}\left(\frac{n\pi}{2}\right) \operatorname{sen}\left(\frac{n\pi}{3}\right) \operatorname{sen}\left[n\left(\omega t + \frac{\pi}{6}\right) \mp \frac{\pi}{6}\right] \tag{6.25a}$$

$$v_{bN} = \sum_{n=1} \frac{4V_s}{\sqrt{3}n\pi} \operatorname{sen}\left(\frac{n\pi}{2}\right) \operatorname{sen}\left(\frac{n\pi}{3}\right) \operatorname{sen}\left[n\left(\omega t - \frac{\pi}{2}\right) \mp \frac{\pi}{6}\right] \tag{6.25b}$$

$$v_{bN} = \sum_{n=1} \frac{4V_s}{\sqrt{3}n\pi} \operatorname{sen}\left(\frac{n\pi}{2}\right) \operatorname{sen}\left(\frac{n\pi}{3}\right) \operatorname{sen}\left[n\left(\omega t - \frac{7\pi}{6}\right) \mp \frac{\pi}{6}\right] \tag{6.25c}$$

Dividindo a tensão instantânea de fase v_{aN} pela impedância da carga,

$$Z = R + jn\omega L$$

Utilizando a Equação 6.25a, a corrente de linha i_a para uma carga RL é dada por

$$i_a = \sum_{n=1,3,5,\ldots}^{\infty} \left[\frac{4V_s}{\sqrt{3}[n\pi\sqrt{R^2 + (n\omega L)^2}]} \operatorname{sen}\left(\frac{n\pi}{2}\right) \operatorname{sen}\left(\frac{n\pi}{3}\right) \right] \operatorname{sen}\left[n\left(\omega t + \frac{\pi}{6}\right) \mp \frac{\pi}{6} - \theta_n\right] \tag{6.26}$$

onde $\theta_n = \operatorname{tg}^{-1}(n\omega L/R)$.

Observação: para uma carga conectada em delta, as tensões de fase (v_{aN}, v_{bN} e v_{cN}) são iguais às de linha (v_{ab}, v_{bc} e v_{ca}), como apresenta a Figura 6.7a e indica a Equação 6.20.

FIGURA 6.9

Inversor trifásico com carga *RL*.

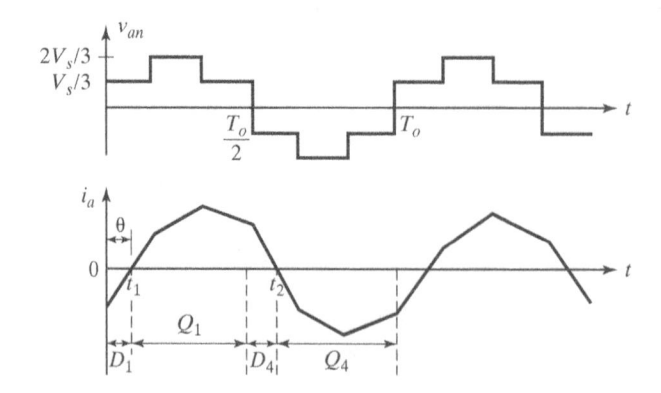

Corrente de alimentação CC. Desprezando as perdas, o equilíbrio de potência instantânea dá

$$v_s(t)\,i_s(t) = v_{ab}(t)\,i_a(t) + v_{bc}(t)\,i_b(t) + v_{ca}(t)\,i_c(t)$$

onde $i_a(t)$, $i_b(t)$ e $i_c(t)$ são as correntes de fase em uma carga conectada em delta. Supondo que as tensões de saída CA sejam senoidais e que a tensão de alimentação CC seja constante $v_s(t) = V_s$, obtemos a corrente de alimentação CC para uma sequência positiva

$$i_s(t) = \frac{1}{V_s}\left\{\begin{array}{l}\sqrt{2}V_{o1}\,\text{sen}(\omega t) \times \sqrt{2}I_o\,\text{sen}(\omega t - \theta_1) \\ +\sqrt{2}V_{o1}\,\text{sen}(\omega t - 120°) \times \sqrt{2}I_o\,\text{sen}(\omega t - 120° - \theta_1) \\ +\sqrt{2}V_{o1}\,\text{sen}(\omega t - 240°) \times \sqrt{2}I_o\,\text{sen}(\omega t - 240° - \theta_1)\end{array}\right\}$$

A corrente de alimentação CC pode ser simplificada para

$$I_s = 3\frac{V_{o1}}{V_s}I_o\cos(\theta_1) = \sqrt{3}\frac{V_{o1}}{V_s}I_L\cos(\theta_1) \tag{6.27}$$

onde
$I_L = \sqrt{3}I_o$ é a corrente rms de linha da carga;
V_{o1} é a tensão rms fundamental de linha de saída;
I_o é a corrente rms de fase da carga;
θ_1 é o ângulo de impedância da carga na frequência fundamental.

Assim, se as tensões da carga não possuem harmônicas, a corrente de alimentação CC também não. No entanto, como as tensões de linha da carga contêm harmônicas, a corrente de alimentação CC também as contém.

Sequência de acionamento. A sequência de acionamento para é a seguinte:

1. Gerar três sinais de acionamento de onda quadrada v_{g1}, v_{g3} e v_{g5} em uma frequência de saída f_0 com um ciclo de trabalho de 50%. Os sinais v_{g4}, v_{g6} e v_{g2} devem ter sinais de lógica invertida (complementar) às de v_{g1}, v_{g3} e v_{g5}, respectivamente. Os sinais são defasados um do outro em 60°.
2. Os sinais v_{g1}, v_{g3} e v_{g5} comandam Q_1, Q_3 e Q_5, respectivamente, através de circuitos de isolação. Os sinais v_{g2}, v_{g4} e v_{g6} podem comandar Q_2, Q_4 e Q_6, respectivamente, sem circuitos de isolação.

Exemplo 6.4 ▪ **Determinação da tensão e da corrente de saída de um inversor trifásico em ponte completa com uma carga RL**

O inversor trifásico da Figura 6.6a tem uma carga conectada em Y de $R = 5\,\Omega$ e $L = 23$ mH. A frequência do inversor é $f_0 = 60$ Hz, e a tensão CC de entrada, $V_s = 220$ V. **(a)** Expresse a tensão instantânea de linha $v_{ab}(t)$ e a corrente de linha $i_a(t)$ em uma série de Fourier. Determine **(b)** a tensão rms de linha V_L; **(c)** a tensão rms de fase V_p; **(d)** a tensão rms de linha V_{L1} na frequência fundamental; **(e)** a tensão rms de fase na frequência fundamental V_{p1}; **(f)** a DHT; **(g)** o FD; **(h)** o FH e o FD da LOH; **(i)** a potência na carga P_o; **(j)** a corrente média no transistor $I_{Q(med)}$; e **(k)** a corrente rms no transistor $I_{Q(\text{rms})}$.

Solução
$V_s = 220$ V, $R = 5\,\Omega$, $L = 23$ mH, $f_0 = 60$ Hz e $\omega = 2\pi \times 60 = 377$ rad/s.

a. Utilizando a Equação 6.20a, a tensão instantânea de linha $v_{ab}(t)$ pode ser escrita para uma sequência positiva como

$$\begin{aligned}v_{ab}(t) =\ & 242{,}58\,\text{sen}(377t + 30°) - 48{,}52\,\text{sen}\,5(377t + 30°) \\ & -34{,}66\,\text{sen}\,7(377t + 30°) + 22{,}05\,\text{sen}\,11(377t + 30°) \\ & +18{,}66\,\text{sen}\,13(377t + 30°) - 14{,}27\,\text{sen}\,17(377t + 30°) + \cdots\end{aligned}$$

$$Z_L = \sqrt{R^2 + (n\omega L)^2}\,\underline{/\text{tg}^{-1}(n\omega L/R)} = \sqrt{5^2 + (8{,}67n)^2}\,\underline{/\text{tg}^{-1}(8{,}67n/5)}$$

Utilizando a Equação 6.26, a corrente instantânea de linha (ou fase) para uma sequência positiva é dada por

$$i_{a(t)} = 14\,\text{sen}(377t - 60°) - 0{,}64\,\text{sen}(5 \times 377t + 36{,}6°)$$
$$-0{,}33\,\text{sen}(7 \times 377t + 94{,}7°) + 0{,}13\,\text{sen}(11 \times 377t + 213°)$$
$$+0{,}10\,\text{sen}(13 \times 377t + 272{,}5°) - 0{,}06\,\text{sen}(17 \times 377t + 391{,}9°) - \cdots$$

b. A partir da Equação 6.21, $V_L = 0{,}8165 \times 220 = 179{,}63$ V.
c. A partir da Equação 6.24, $V_P = 0{,}4714 \times 220 = 103{,}7$ V.
d. A partir da Equação 6.23, $V_{L1} = 0{,}7797 \times 220 = 171{,}53$ V.
e. $V_{p1} = V_{L1}/\sqrt{3} = 99{,}03$ V.
f. A partir da Equação 6.23, $V_{L1} = 0{,}7797 V_s$

$$\sqrt{\sum_{n=5,7,11,\ldots}^{\infty} V_{Ln}^2} = \sqrt{V_L^2 - V_{L1}^2} = 0{,}24236 V_s$$

A partir da Equação 6.6, DHT = $0{,}24236 V_s/(0{,}7797 V_s)$ = 31,08%. A tensão rms harmônica de linha é

g. $V_{Lh} = \sqrt{\sum_{n=5,7,11,\ldots}^{\infty} \left(\dfrac{V_{Ln}}{n^2}\right)^2} = 0{,}00941 V_s$

A partir da Equação 6.7, FD = $0{,}00941 V_s/(0{,}7797 V_s)$ = 1,211%.
h. A LOH é a quinta, $V_{L5} = V_{L1}/5$. A partir da Equação 6.5, $FH_5 = V_{L5}/V_{L1} = 1/5 = 20\%$, e, a partir da Equação 6.8, $FD_5 = (V_{L5}/5^2)/V_{L1} = 1/125 = 0{,}8\%$.
i. Para cargas conectadas em Y, a corrente de linha é igual à de fase, e a corrente rms de linha é

$$I_L = \frac{\sqrt{14^2 + 0{,}64^2 + 0{,}33^2 + 0{,}13^2 + 0{,}10^2 + 0{,}06^2}}{\sqrt{2}} = 9{,}91 \text{ A}$$

A potência na carga é $P_o = 3 I_L^2 R = 3 \times 9{,}91^2 \times 5 = 1473$ W.
j. A corrente média de alimentação é $I_s = P_o/220 = 1473/220 = 6{,}7$ A, e a corrente média no transistor, $I_{Q(med)} = 6{,}7/3 = 2{,}23$ A.
k. Como a corrente de linha é compartilhada por três transistores, o valor rms da corrente no transistor é $I_{Q(rms)} = I_L/\sqrt{3} = 9{,}91/\sqrt{3} = 5{,}72$ A.

6.5.2 Condução por 120 graus

Nesse tipo de controle, cada transistor conduz por 120°. Apenas dois deles permanecem ligados em qualquer instante de tempo. Os sinais de acionamento são mostrados na Figura 6.10. A sequência de condução dos transistores é 61, 12, 23, 34, 45, 56, 61. Existem três modos de operação em um semiciclo, e os circuitos equivalentes para uma carga conectada em Y são exibidos na Figura 6.11. Durante o modo 1 para $0 \leq \omega t \leq \pi/3$, os transistores 1 e 6 conduzem.

$$v_{an} = \frac{V_s}{2} \quad v_{bn} = -\frac{V_s}{2} \quad v_{cn} = 0$$

Durante o modo 2 para $\pi/3 \leq \omega t \leq 2\pi/3$, os transistores 1 e 2 conduzem.

$$v_{an} = \frac{V_s}{2} \quad v_{bn} = 0 \quad v_{cn} = -\frac{V_s}{2}$$

Durante o modo 3 para $2\pi/3 \leq \omega t \leq \pi$, os transistores 2 e 3 conduzem.

$$v_{an} = 0 \quad v_{bn} = \frac{V_s}{2} \quad v_{cn} = -\frac{V_s}{2}$$

FIGURA 6.10
Sinais de acionamento para condução por 120°.

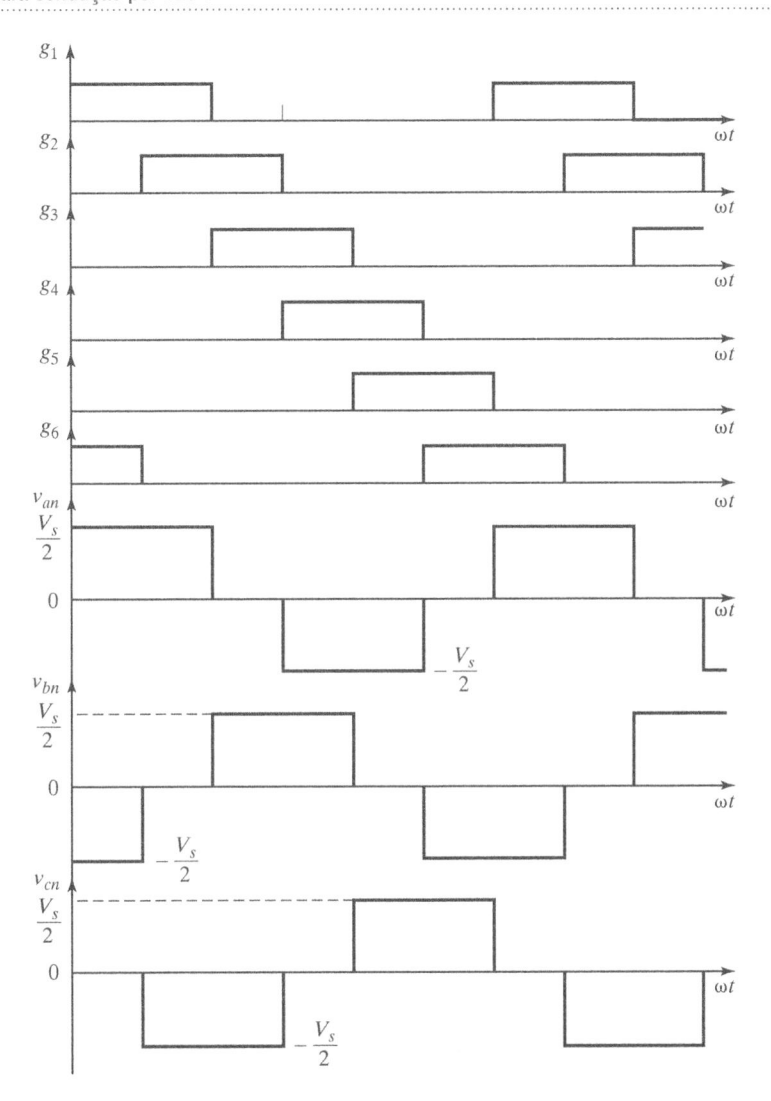

FIGURA 6.11
Circuitos equivalentes para carga resistiva conectada em Y.

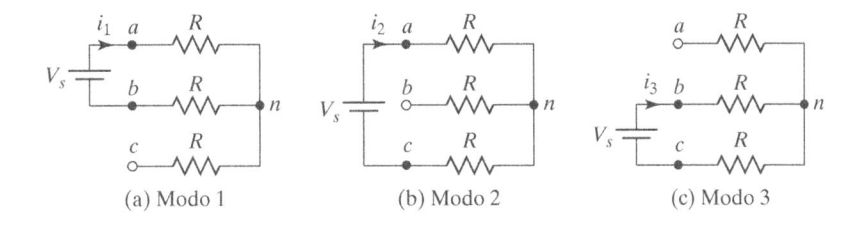

(a) Modo 1 (b) Modo 2 (c) Modo 3

As tensões de fase que são indicadas na Figura 6.10 podem ser expressas na série de Fourier como

$$v_{an} = \sum_{n=1,3,5,\ldots}^{\infty} \frac{2V_s}{n\pi} \operatorname{sen}\left(\frac{n\pi}{2}\right) \operatorname{sen}\left(\frac{n\pi}{3}\right) \operatorname{sen}\left[n\left(\omega t + \frac{\pi}{6}\right)\right] \tag{6.28a}$$

$$v_{bn} = \sum_{n=1,3,5,\ldots}^{\infty} \frac{2V_S}{n\pi} \operatorname{sen}\left(\frac{n\pi}{2}\right) \operatorname{sen}\left(\frac{n\pi}{3}\right) \operatorname{sen}\left[n\left(\omega t - \frac{\pi}{2}\right)\right] \quad (6.28b)$$

$$v_{cn} = \sum_{n=1,3,5,\ldots}^{\infty} \frac{2V_S}{n\pi} \operatorname{sen}\left(\frac{n\pi}{2}\right) \operatorname{sen}\left(\frac{n\pi}{3}\right) \operatorname{sen}\left[n\left(\omega t - \frac{7\pi}{6}\right)\right] \quad (6.28c)$$

A tensão de linha de a para b é $v_{ab} = \sqrt{3}\,v_{an}$, com um avanço de fase de 30° para uma sequência positiva, $n = 1$, 7, 13, 19, ..., e um atraso de fase de 30° para uma sequência negativa, $n = 5, 11, 17, 23, \ldots$ Essa mudança de fase é independente da ordem harmônica. Portanto, as tensões instantâneas de linha (para uma carga conectada em Y) são

$$v_{ab} = \sum_{n=1}^{\infty} \frac{2\sqrt{3}V_S}{n\pi} \operatorname{sen}\left(\frac{n\pi}{2}\right) \operatorname{sen}\left(\frac{n\pi}{3}\right) \operatorname{sen} n\left[\left(\omega t + \frac{\pi}{6}\right) \pm \frac{\pi}{6}\right] \quad (6.29a)$$

$$v_{bc} = \sum_{n=1}^{\infty} \frac{2\sqrt{3}V_S}{n\pi} \operatorname{sen}\left(\frac{n\pi}{2}\right) \operatorname{sen}\left(\frac{n\pi}{3}\right) \operatorname{sen} n\left[\left(\omega t - \frac{\pi}{2}\right) \pm \frac{\pi}{6}\right] \quad (6.29b)$$

$$v_{ca} = \sum_{n=1}^{\infty} \frac{2\sqrt{3}V_S}{n\pi} \operatorname{sen}\left(\frac{n\pi}{2}\right) \operatorname{sen}\left(\frac{n\pi}{3}\right) \operatorname{sen} n\left[\left(\omega t - \frac{7\pi}{6}\right) \pm \frac{\pi}{6}\right] \quad (6.29c)$$

Há um atraso de $\pi/6$ entre o desligamento de Q_1 e o acionamento de Q_4. Assim, não existe curto-circuito da fonte CC através dos transistores superior e inferior. Em qualquer instante no tempo, dois terminais da carga estão ligados à fonte CC, e o terceiro permanece aberto. O potencial desse terminal aberto depende das características da carga e é imprevisível. Como um transistor conduz por 120°, eles são menos utilizados em comparação àqueles da condução por 180° para a mesma condição de carga. Assim, a condução por 180° é a preferida e geralmente mais utilizada em inversores trifásicos.

■ **Principais pontos da Seção 6.5**

- O inversor trifásico em ponte necessita de seis chaves e de seis diodos. A componente rms fundamental V_{L1} da tensão de linha de saída é $0{,}7798V_s$, e a da tensão de fase é $V_{p1} = V_{L1}/\sqrt{3} = 0{,}45V_s$ para a condução por 180°. Para a condução por 120°, $V_{P1} = 0{,}3898V_s$ e $V_{L1} = \sqrt{3}\,V_{P1} = 0{,}6753V_s$. A condução por 180° é o método de controle preferido.
- O projeto de um inversor requer a determinação das correntes média, rms e de pico nas chaves e nos diodos.

6.6 CONTROLE DE TENSÃO DE INVERSORES MONOFÁSICOS

Em muitas aplicações industriais, várias vezes é necessário controlar a tensão de saída para (1) lidar com as variações da tensão CC de entrada, (2) regular a tensão dos inversores e (3) satisfazer os requisitos de controle de tensão e frequência constantes. Existem algumas técnicas diferentes para variar o ganho dos inversores. O método mais eficiente de controle do ganho (e da tensão de saída) é o de incorporar o controle PWM nos inversores. As técnicas comumente utilizadas são:

1. Modulação por largura de pulso único.
2. Modulação por largura de pulsos múltiplos.
3. Modulação por largura de pulso senoidal.
4. Modulação por largura de pulso senoidal modificada.
5. Controle por deslocamento de fase.

Dentre todas essas técnicas, a modulação por largura de pulso senoidal (SPWM) é em geral empregada para controle de tensão. No entanto, a modulação por largura de pulsos múltiplos fornece a base para uma melhor compreensão das técnicas de PWM. A SPWM modificada proporciona um controle limitado da tensão de saída CA. Já o controle por deslocamento de fase é normalmente usado em aplicações de alta tensão, em especial em deslocamento de fase por meio de conexões de transformador.

A SPWM, que é a mais utilizada, tem algumas desvantagens (por exemplo, baixa tensão fundamental de saída). As técnicas avançadas de modulação[26] listadas a seguir, que oferecem um desempenho melhor, também são na maioria das vezes aplicadas. Entretanto, elas não serão tratadas de forma mais detalhada neste livro.

- Modulação trapezoidal[3]
- Modulação escada[4]
- Modulação degrau[5,8]
- Modulação por injeção harmônica[6,7]
- Modulação delta[9]

6.6.1 Modulação por largura de pulsos múltiplos

Com o intuito de reduzir o conteúdo harmônico e aumentar as frequências das harmônicas para a diminuição do tamanho e dos custos dos filtros, geralmente são produzidos vários pulsos em cada semiciclo. A geração dos sinais de acionamento (Figura 6.12b) para ligar e desligar os transistores, como ilustra a Figura 6.12a, é feita pela comparação de um sinal de referência com uma onda portadora triangular. Os sinais de acionamento são mostrados

FIGURA 6.12
Modulação por largura de pulsos múltiplos.

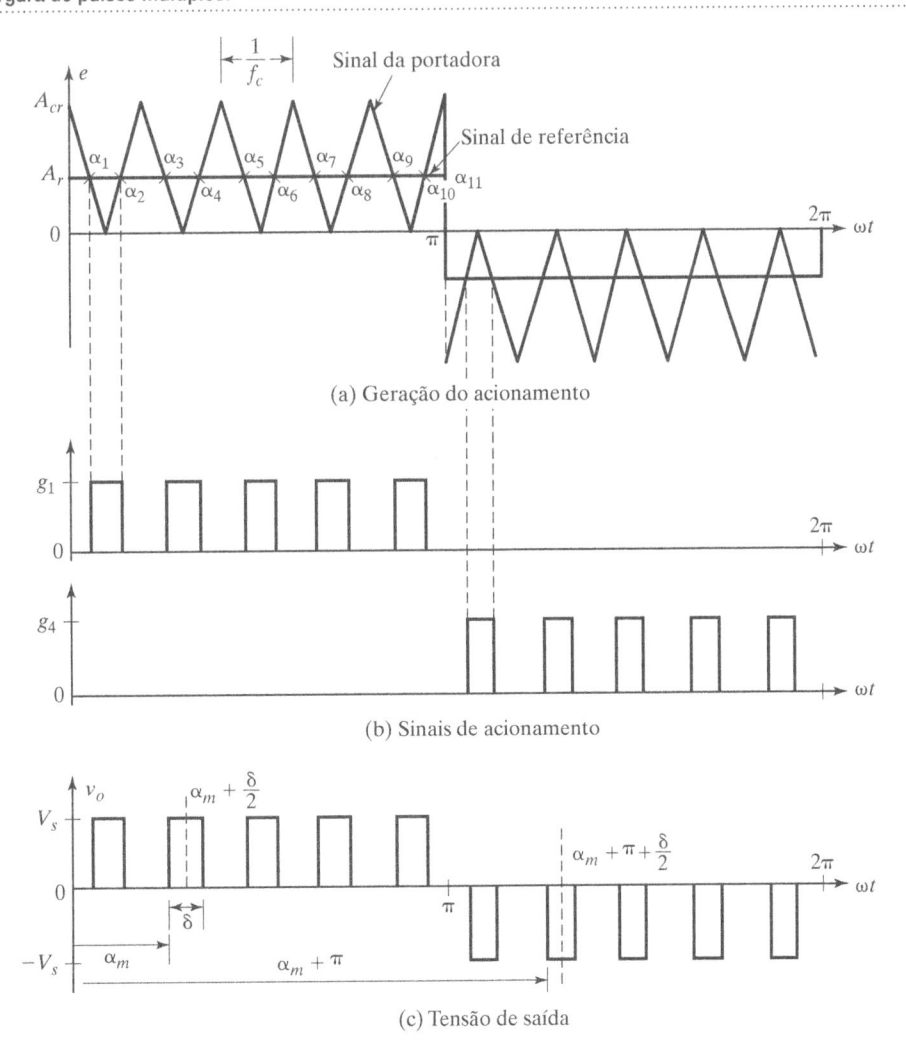

na Figura 6.12b. A frequência do sinal de referência estabelece a frequência de saída f_o, e a frequência da portadora f_c determina o número de pulsos por semiciclo p. O índice de modulação controla a tensão de saída. Esse tipo de modulação é também conhecido como *modulação por largura de pulso uniforme* (UPWM). O número de pulsos por semiciclo é determinado a partir de

$$P = \frac{f_c}{2f_o} = \frac{m_f}{2} \qquad (6.30)$$

onde $m_f = f_c/f_o$ é definida como a *razão da frequência de modulação*.

A tensão instantânea de saída é $v_o = V_s(g_1 - g_4)$. A tensão de saída para inversores monofásicos em ponte é apresentada na Figura 6.12c para UPWM.

Se δ for a largura de cada pulso, a tensão rms de saída pode ser encontrada a partir de

$$V_o = \sqrt{\frac{2p}{2\pi} \int_{(\pi/p - \delta)/2}^{(\pi/p + \delta)/2} V_s^2 \, d(\omega t)} = V_s \sqrt{\frac{p\delta}{\pi}} \qquad (6.31)$$

A variação do índice de modulação $M = A_r/A_{cr}$ de 0 até 1 varia a largura do pulso d de 0 até $T/2p$ (0 a π/p), e a tensão de saída V_o, de 0 até V_s. A forma geral de uma série de Fourier para a tensão instantânea de saída é

$$v_o(t) = \sum_{n=1,3,5,\ldots}^{\infty} B_n \operatorname{sen} n\omega t \qquad (6.32)$$

O coeficiente B_n na Equação 6.32 pode ser determinado ao considerarmos um par de pulsos tal que o pulso positivo de duração δ começa em $\omega t = \alpha$ e o negativo da mesma largura, em $\omega t = \pi + \alpha$. Isso é mostrado na Figura 6.12c. Os efeitos de todos os pulsos podem ser combinados para a obtenção da tensão de saída efetiva.

Se o pulso positivo do m-ésimo par começa em $\omega t = \alpha_m$ e termina em $\omega t = \alpha_m + \delta$, o coeficiente de Fourier para o par de pulsos é

$$b_n = \frac{2}{\pi} \left[\int_{\alpha_m}^{\alpha_m + \delta} \operatorname{sen}(n\omega t) \, d(\omega t) - \int_{\pi + \alpha_m}^{\pi + \alpha_m + \delta} \operatorname{sen}(n\omega t) \, d(\omega t) \right]$$

$$= \frac{4V_s}{n\pi} \operatorname{sen} \frac{n\delta}{2} \left[\operatorname{sen} n\left(\alpha_m + \frac{\delta}{2}\right) \right] \qquad (6.33)$$

O coeficiente B_n da Equação 6.32 pode ser determinado pela soma dos efeitos de todos os pulsos:

$$B_n = \sum_{m=1}^{2p} \frac{4V_s}{n\pi} \operatorname{sen} \frac{n\delta}{2} \left[\operatorname{sen} n\left(\alpha_m + \frac{\delta}{2}\right) \right] \qquad (6.34)$$

Um programa de computador é utilizado para avaliar o desempenho da modulação por pulsos múltiplos. A Figura 6.13 exibe o perfil das harmônicas em relação à variação do índice de modulação para cinco pulsos por semiciclo. A ordem das harmônicas é a mesma que a da modulação por pulso único. O fator de distorção é reduzido significativamente em comparação àquele da modulação de pulso único. Entretanto, pelo maior número de processos de chaveamento para ligar e desligar os transistores de potência, as perdas por chaveamento aumentam. Com valores maiores de p, as amplitudes da LOH são menores, mas as amplitudes de algumas harmônicas de ordem superior aumentam. No entanto, essas harmônicas de ordem superior produzem ondulação desprezável ou podem ser facilmente filtradas.

Por conta da simetria da tensão de saída ao longo do eixo x, $A_n = 0$ e as harmônicas pares (para $n = 2, 4, 6, \ldots$) estão ausentes.

O m-ésimo tempo t_m e o ângulo α_m da intersecção podem ser determinados a partir de

$$t_m = \frac{\alpha_m}{\omega} = (m - M)\frac{T_s}{2} \quad \text{para} \quad m = 1, 3, \ldots, 2p \qquad (6.35a)$$

$$t_m = \frac{\alpha_m}{\omega} = (m - 1 + M)\frac{T_s}{2} \quad \text{para} \quad m = 2, 4, \ldots, 2p \qquad (6.35b)$$

Como todas as larguras são as mesmas, obtemos a largura de pulso d (ou o ângulo de pulso δ)

$$d = \frac{\delta}{\omega} = t_{m+1} - t_m = MT_s \qquad (6.35c)$$

onde $T_s = T/2p$.

FIGURA 6.13
Perfil das harmônicas da modulação por largura de pulsos múltiplos.

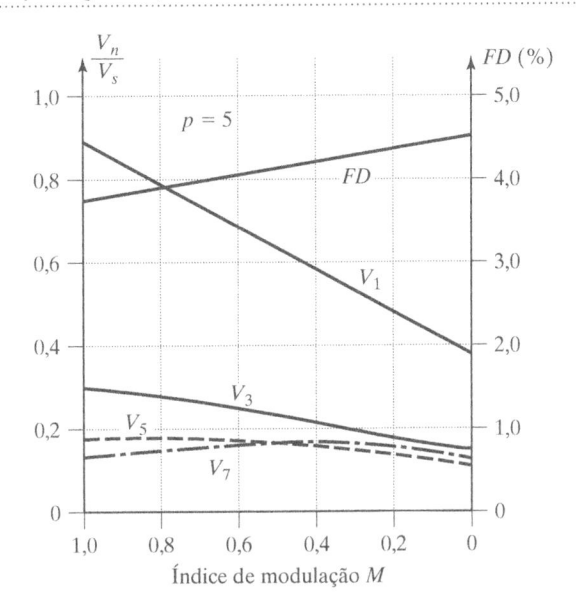

Sequência de acionamento. O algoritmo para geração de sinais de acionamento é o seguinte:

1. Gerar um sinal triangular da portadora v_{cr} de período de chaveamento $T_s = T/(2p)$. Comparar v_{cr} com um sinal de referência CC v_r para produzir a diferença $v_e = v_{cr} - v_r$, que deve passar por um limitador de ganho a fim de produzir uma onda quadrada de largura d em um período de chaveamento T_s.
2. Para produzir o sinal de acionamento g_1, multiplicar a onda quadrada resultante por um sinal unitário v_z, que deve ser um pulso unitário de ciclo de trabalho de 50% em um período T.
3. Para produzir o sinal de acionamento g_2, multiplicar a onda quadrada por um sinal de lógica inversa de v_z.

6.6.2 Modulação por largura de pulso senoidal

Como a tensão de saída desejada é uma onda senoidal, um sinal senoidal é utilizado como referência. Em vez de manter a mesma largura para todos os pulsos, como no caso da modulação de pulsos múltiplos, a largura de cada um varia na proporção da amplitude de uma onda senoidal avaliada no centro do mesmo pulso.[2] O FD e a LOH são reduzidos significativamente. Os sinais de acionamento, como mostra a Figura 6.14a, são gerados pela comparação de um sinal de referência senoidal com uma onda portadora triangular de frequência f_c. A modulação por largura de pulso senoidal (SPWM) é em geral empregada em aplicações industriais. A frequência do sinal de referência f_r determina a frequência de saída do inversor f_o; e sua amplitude de pico A_r controla o índice de modulação M, que, por sua vez, controla a tensão rms de saída V_o. A comparação do sinal bidirecional da portadora v_{cr} com dois sinais senoidais de referência, v_r e $-v_r$, como ilustra a Figura 6.14a, produz os sinais de acionamento g_1 e g_4, respectivamente, como na Figura 6.14b. A tensão de saída é $v_o = V_s(g_1 - g_4)$. Entretanto, g_1 e g_4 não podem ser liberados ao mesmo tempo. O número de pulsos por semiciclo depende da frequência da portadora. Dentro da restrição em que dois transistores do mesmo braço (Q_2 e Q_4) não podem conduzir ao mesmo tempo, a tensão instantânea de saída é indicada na Figura 6.14c. Os mesmos sinais de acionamento podem ser gerados pela utilização de uma onda portadora triangular unidirecional, como na Figura 6.14d. É mais fácil adotar esse método, e ele é o preferido. O sinal de acionamento g_1, que é o mesmo que g_2, é gerado através da determinação das intersecções do sinal triangular da portadora V_{cr} com o sinal de referência senoidal $v_r = V_r$ sen ωt. De modo semelhante, o sinal de acionamento g_4, que é o mesmo que g_3, é gerado pela determinação da intersecção do sinal triangular da portadora v_{cr} com o sinal de referência senoidal negativo $v_r = -V_r$ sen ωt. O algoritmo para geração de sinais de acionamento é semelhante ao do PWM uniforme da Seção 6.6.1, exceto pelo fato de o sinal de referência ser uma onda senoidal $v_r = V_r$ sen ωt, em vez de um sinal CC. A tensão de saída é $v_o = V_s(g_1 - g_4)$.

FIGURA 6.14

Modulação por largura de pulso senoidal.

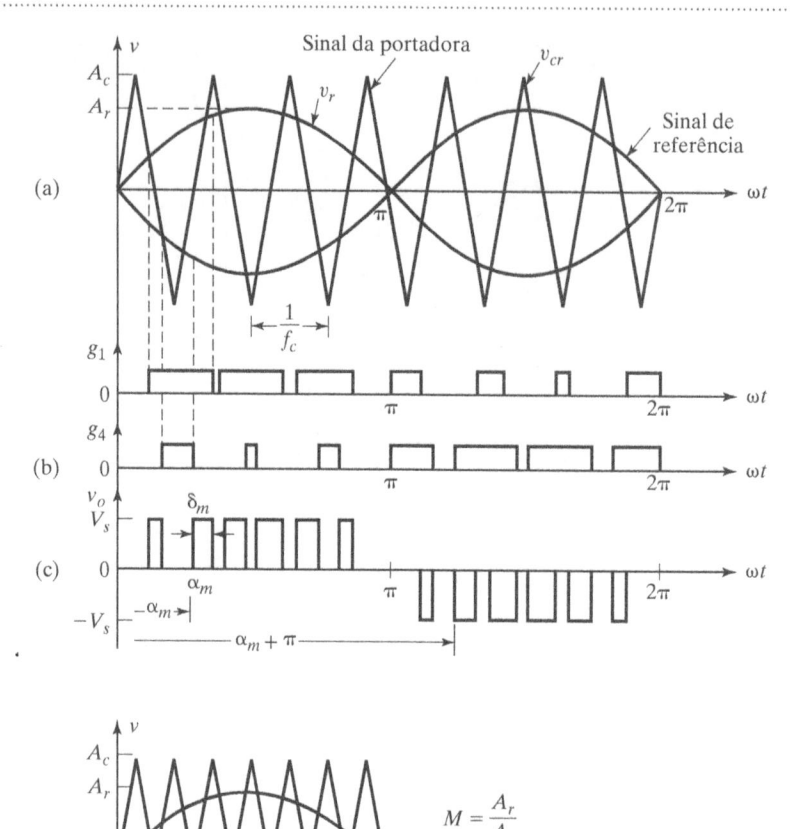

A tensão rms de saída pode ser alterada pela variação do índice de modulação M, definido por $M = A_r/A_c$. Pode-se observar que a área de cada pulso corresponde aproximadamente àquela sob a onda senoidal entre os pontos médios adjacentes dos períodos em que os sinais de acionamento estão desligados. Se δ_m for a largura do m-ésimo pulso, a Equação 6.31 pode ser ampliada para encontrar a tensão rms de saída pela soma das áreas médias sob cada pulso, como

$$V_o = V_s \sqrt{\sum_{m=1}^{2p} \frac{\delta_m}{\pi}} \qquad (6.36)$$

A Equação 6.34 também pode ser aplicada para determinar o coeficiente de Fourier da tensão de saída como

$$B_n = \sum_{m=1}^{2p} \frac{4V_s}{n\pi} \operatorname{sen} \frac{n\delta_m}{2} \left[\operatorname{sen} n\left(\alpha_m + \frac{\delta_m}{2} \right) \right] \quad \text{para } n = 1, 3, 5, \ldots \qquad (6.37)$$

Um programa de computador foi desenvolvido para determinar a largura dos pulsos e avaliar o perfil das harmônicas da modulação senoidal. O perfil das harmônicas é exibido na Figura 6.15 para cinco pulsos por semiciclo. O FD é significativamente reduzido em comparação ao da modulação de pulsos múltiplos. Esse tipo de modulação elimina todas as harmônicas menores ou iguais a $2p - 1$. Para $p = 5$, a LOH é a nona.

O m-ésimo tempo t_m e o ângulo α_m da interseção podem ser determinados a partir de

$$t_m = \frac{\alpha_m}{\omega} = t_x + m \frac{T_s}{2} \qquad (6.38a)$$

FIGURA 6.15
Perfil das harmônicas da modulação por largura de pulso senoidal.

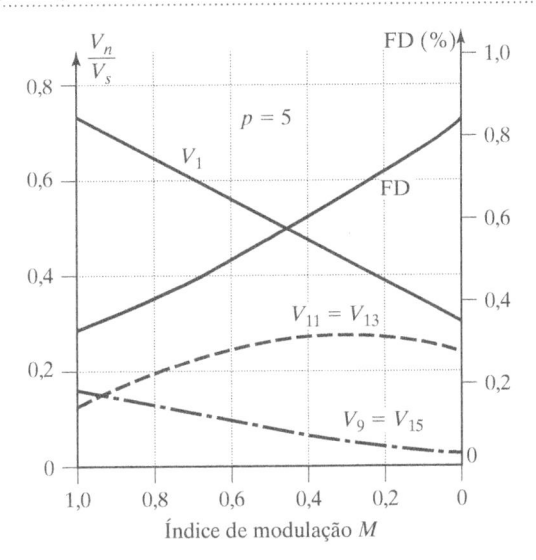

onde t_x pode ser resolvido a partir de

$$1 - \frac{2t}{T_s} = M \operatorname{sen}\left[\omega\left(t_x + \frac{mT_s}{2}\right)\right] \quad \text{para} \quad m = 1, 3, \ldots, 2p \tag{6.38b}$$

$$\frac{2t}{T_s} = M \operatorname{sen}\left[\omega\left(t_x + \frac{mT_s}{2}\right)\right] \quad \text{para} \quad m = 2, 4, \ldots, 2p \tag{6.38c}$$

onde $T_s = T/2(p+1)$. A largura do m-ésimo pulso d_m (ou ângulo de pulso δ_m) pode ser encontrada por

$$d_m = \frac{\delta_m}{\omega} = t_{m+1} - t_m \tag{6.38d}$$

A tensão de saída de um inversor contém harmônicas. A PWM as empurra para uma faixa de alta frequência, em torno da frequência de chaveamento f_c e seus múltiplos, ou seja, em torno das harmônicas m_f, $2m_f$, $3m_f$, e assim por diante. As frequências nas quais as harmônicas de tensão ocorrem podem ser relacionadas por

$$f_n = (jm_f \pm k)f_c \tag{6.39}$$

em que a n-ésima harmônica iguala-se à k-ésima banda lateral de j-ésima vezes a frequência da relação de modulação m_f:

$$\begin{aligned} n &= jm_f \pm k \\ &= 2jp \pm k \quad \text{para} \quad j = 1, 2, 3, \ldots \quad \text{e} \quad k = 1, 3, 5, \ldots \end{aligned} \tag{6.40}$$

A tensão de pico fundamental de saída para os controles PWM e SPWM pode ser encontrada aproximadamente a partir de

$$V_{m1} = dV_s \quad \text{para} \quad 0 \leq d \leq 1{,}0 \tag{6.41}$$

Para $d = 1$, a Equação 6.41 dá a amplitude máxima da tensão fundamental de saída como $V_{m1(\text{máx})} = V_s$. De acordo com a Equação 6.6, $V_{m1(\text{máx})}$ poderia chegar a $4V_s/\pi = 1{,}273V_s$, para uma saída em onda quadrada. Para aumentar a tensão fundamental de saída, d deveria ser elevado para além de 1,0. A fim de operação acima de $d = 1{,}0$ é chamada de *sobremodulação*. O valor de d em que $V_{m1(\text{máx})}$ é igual a $1{,}273V_s$ depende do número de pulsos por semiciclo p, e é aproximadamente 3 para $p = 7$, como mostra a Figura 6.16. A sobremodulação basicamente leva a uma operação de onda quadrada e soma mais harmônicas em comparação à operação na faixa linear (com $d \leq 1{,}0$). A sobremodulação é normalmente evitada em aplicações que necessitam de baixa distorção (por exemplo, fontes de alimentação ininterrupta [UPSs]).

FIGURA 6.16
Tensão máxima da fundamental de saída em relação ao índice de modulação M.

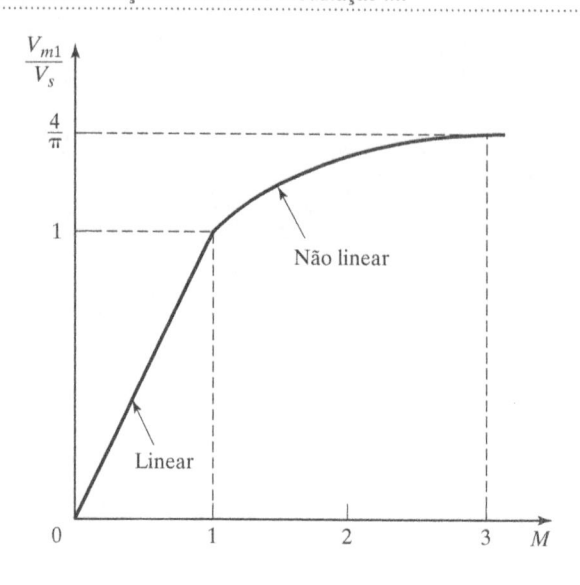

6.6.3 Modulação por largura de pulso senoidal modificada

A Figura 6.14c indica que as larguras dos pulsos mais próximos do pico da onda senoidal não mudam significativamente com a variação do índice de modulação. Isso ocorre por conta das características de uma onda senoidal, e a técnica SPWM pode ser modificada para que a onda portadora seja aplicada durante o primeiro e o último intervalos de 60° por semiciclo (por exemplo, de 0° a 60° e de 120° a 180°). Essa modulação por largura de pulso senoidal modificada (MSPWM) é mostrada na Figura 6.17. A componente fundamental é aumentada, e suas características harmônicas são melhoradas. Isso reduz o número de chaveamentos de dispositivos de potência, e também a perda por chaveamento.

O m-ésimo tempo t_m e o ângulo α_m da interseção podem ser determinados a partir de

$$t_m = \frac{\alpha_m}{\omega} = t_x + m\frac{T_s}{2} \quad \text{para} \quad m = 1, 2, 3, \ldots, p \qquad (6.42a)$$

onde t_x pode ser resolvido a partir de

FIGURA 6.17
Modulação por largura de pulso senoidal modificada.

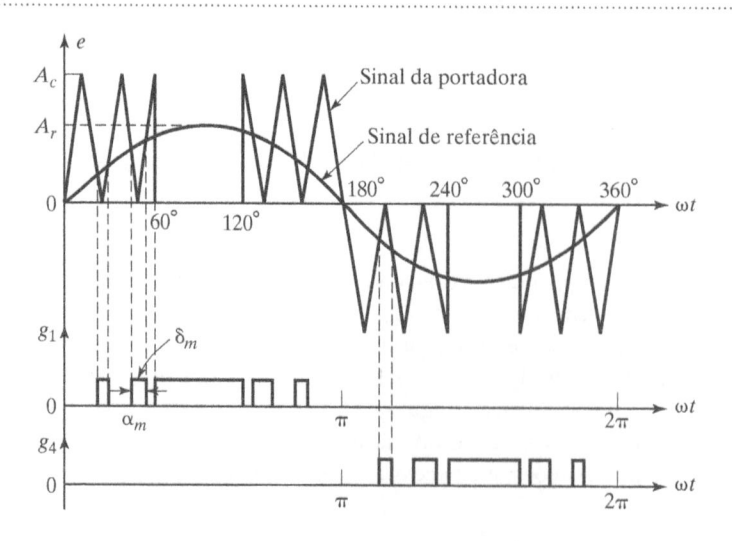

$$1 - \frac{2t}{T_s} = M\,\text{sen}\left[\omega\left(t_x + \frac{mT_s}{2}\right)\right] \quad \text{para} \quad m = 1, 3, \ldots, p \tag{6.42b}$$

$$\frac{2t}{T_s} = M\,\text{sen}\left[\omega\left(t_x + \frac{mT_s}{2}\right)\right] \quad \text{para} \quad m = 2, 4, \ldots, p \tag{6.42c}$$

As intersecções de tempo durante o último intervalo de 60° podem ser encontradas a partir de

$$t_{m+1} = \frac{\alpha_{m+1}}{\omega} = \frac{T}{2} - t_{2p-m} \quad \text{para} \quad m = p, p+1\ldots, 2p-1 \tag{6.42d}$$

onde $T_s = T/6(p+1)$. A largura do m-ésimo pulso d_m (ou ângulo de pulso δ_m) pode ser definida por

$$d_m = \frac{\delta_m}{\omega} = t_{m+1} - t_m \tag{6.42e}$$

Um programa de computador foi utilizado para determinar as larguras dos pulsos e avaliar o desempenho da SPWM modificada. O perfil das harmônicas é apontado na Figura 6.18 para cinco pulsos por semiciclo. O número de pulsos q no período de 60° está em geral relacionado com a razão de frequências, especialmente nos inversores trifásicos, por

$$\frac{f_c}{f_o} = 6q + 3 \tag{6.43}$$

A tensão instantânea de saída é $v_o = V_s(g_1 - g_4)$. O algoritmo para a geração de sinais de acionamento é semelhante ao da SPWM da Seção 6.6.1, exceto pelo fato de o sinal da referência ser uma onda senoidal de apenas 60° a 120°.

FIGURA 6.18
Perfil das harmônicas da modulação por largura de pulso senoidal modificada.

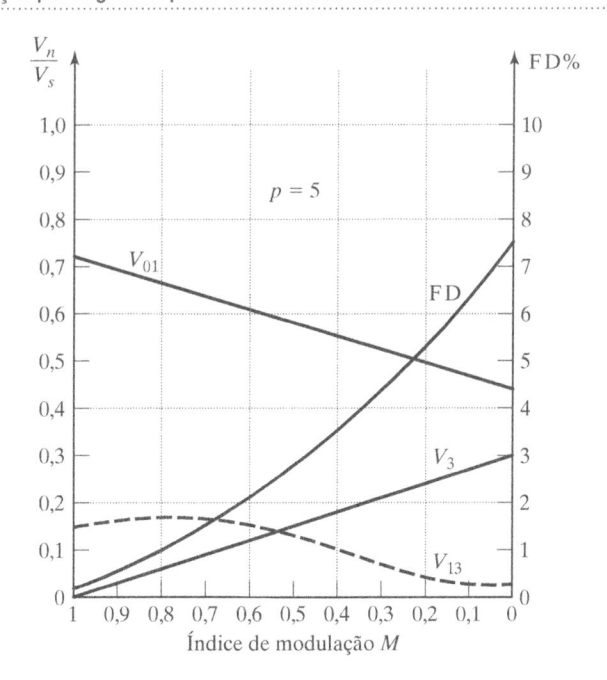

6.6.4 Controle por deslocamento de fase

O controle de tensão pode ser obtido por meio de vários inversores e pela soma das tensões de saída dos inversores individuais. Um inversor monofásico em ponte completa visto na Figura 6.3a pode ser considerado como a soma de dois inversores em meia ponte observados na Figura 6.2a. Um deslocamento de fase de 180° produz uma tensão de saída como indica a Figura 6.19c, enquanto um ângulo α de atraso (ou deslocamento) produz uma saída como na Figura 6.19e.

270 Eletrônica de potência

Por exemplo, o sinal de acionamento g_1 para o inversor em meia ponte pode ser atrasado por um ângulo α para produzir o sinal de acionamento g_2.

A tensão eficaz (rms) de saída é

$$V_o = V_s \sqrt{\frac{\alpha}{\pi}} \tag{6.44}$$

Se

$$V_{ao} = \sum_{n=1,3,5,\ldots}^{\infty} \frac{2V_s}{n\pi} \operatorname{sen} n\omega t$$

então

$$v_{bo} = \sum_{n=1,3,5,\ldots}^{\infty} \frac{2V_s}{n\pi} \operatorname{sen} n(\omega t - \alpha)$$

A tensão instantânea de saída é

$$v_{ab} = v_{ao} - v_{bo} = \sum_{n=1,3,5,\ldots}^{\infty} \frac{2V_s}{n\pi} [\operatorname{sen} n\omega t - \operatorname{sen} n(\omega t - \alpha)]$$

que, após utilizar sen A – sen B = 2sen[$(A - B)/2$]cos[$(A + B)/2$], pode ser simplificada para

$$v_{ab} = \sum_{n=1,3,5,\ldots}^{\infty} \frac{4V_s}{n\pi} \operatorname{sen} \frac{n\alpha}{2} \cos n\left(\omega t - \frac{\alpha}{2}\right) \tag{6.45}$$

FIGURA 6.19
Controle por deslocamento de fase.

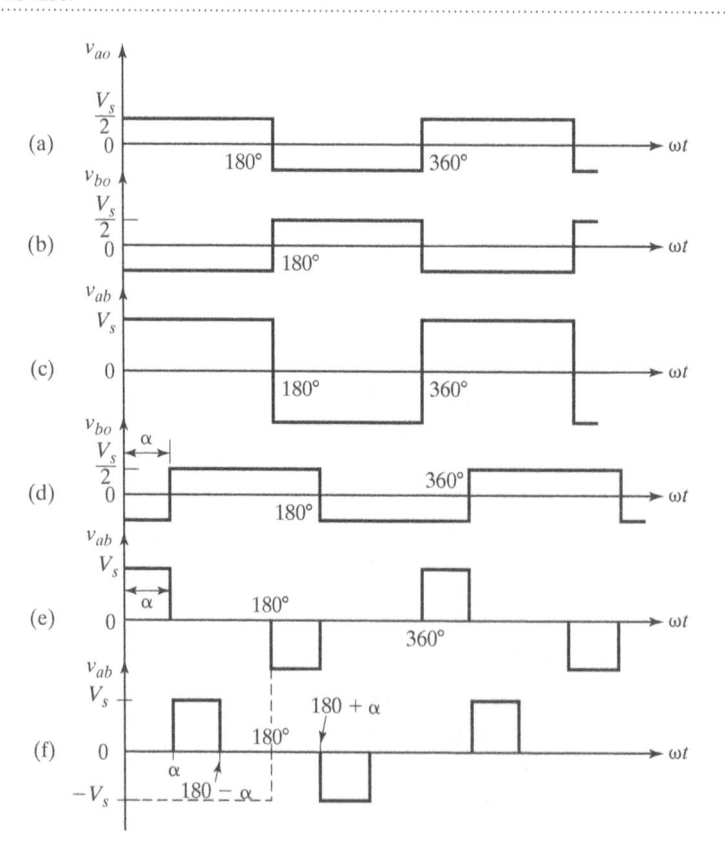

O valor rms da tensão fundamental de saída é

$$V_{o1} = \frac{4V_s}{\pi\sqrt{2}} \operatorname{sen} \frac{\alpha}{2} \tag{6.46}$$

A Equação 6.46 indica que a tensão de saída pode variar pela alteração do ângulo de atraso. Esse tipo de controle é especialmente útil em aplicações de alta potência, que requerem um grande número de chaves em paralelo.

Se os sinais de acionamento g_1 e g_2 são atrasados pelos ângulos $\alpha_1 = \alpha$ e $\alpha_2 (= \pi - \alpha)$, a tensão de saída v_{ab} tem uma simetria de quarto de onda em $\pi/2$, como mostra a Figura 6.19f. Assim, obtemos

$$v_{ao} = \sum_{n=1}^{\infty} \frac{2V_s}{n\pi} \operatorname{sen}(n(\omega t - \alpha)) \quad \text{para} \quad n = 1, 3, 5, \ldots$$

$$v_{bo} = \sum_{n=1}^{\infty} \frac{2V_s}{n\pi} \operatorname{sen}[n(\omega t - \pi + \alpha)] \quad \text{para} \quad n = 1, 3, 5, \ldots$$

$$v_{ab} = v_{ao} - v_{bo} = \sum_{n=1}^{\infty} \frac{4V_s}{n\pi} \cos(n\alpha) \operatorname{sen}(n\omega t) \quad \text{para} \quad n = 1, 3, 5 \tag{6.47}$$

6.7 CONTROLE DE TENSÃO DE INVERSORES TRIFÁSICOS

Um inversor trifásico pode ser considerado como três inversores monofásicos com suas saídas defasadas em 120°. As técnicas de controle de tensão discutidas na Seção 6.6 são aplicáveis aos inversores trifásicos. No entanto, as técnicas mais utilizadas para inversores trifásicos são as seguintes:

PWM senoidal
PWM de terceira harmônica
PWM 60°
Modulação por vetores espaciais

A PWM senoidal é muito empregada para controle de tensão, mas a amplitude da tensão de saída não pode superar a tensão de alimentação CC V_s sem que a operação ocorra na região de sobremodulação. A SPWM modificada (ou 60°) proporciona um controle limitado da tensão de saída CA. A PWM de terceira harmônica resulta em uma componente fundamental maior do que a alimentação disponível V_s. A modulação por vetores espaciais é mais flexível e pode ser programada para sintetizar a tensão de saída com uma implementação digital.

6.7.1 PWM senoidal

A geração de sinais de acionamento com PWM senoidal é mostrada na Figura 6.20a. Há três ondas senoidais de referência (v_{ra}, v_{rb} e v_{rc}), defasadas em 120° entre si. Uma onda portadora é comparada ao sinal de referência correspondente a uma fase a fim de gerar sinais de comando a ela.[10] A comparação do sinal da portadora v_{cr} com as fases de referência v_{ra}, v_{rb} e v_{rc} produz g_1, g_3 e g_5, respectivamente, como indica a Figura 6.20b. A operação das chaves Q_1 a Q_6 na Figura 6.6a é definida pela comparação das ondas senoidais de modulação (ou referência) com a onda portadora triangular. Quando $v_{ra} > v_{cr}$, a chave superior Q_1 na perna "a" do inversor é ligada. A chave inferior Q_4 atua de uma forma complementar, e, portanto, é desligada. Assim, os sinais de acionamento g_2, g_4 e g_6 são complementos de g_1, g_3 e g_5, respectivamente, como na Figura 6.20b. As tensões de fase como ilustra a Figura 6.20c para as linhas a e b são $v_{an} = V_s g_1$ e $v_{bn} = V_s g_3$. A tensão instantânea de linha de saída é $v_{ab} = V_s(g_1 - g_3)$. A tensão de saída, como na Figura 6.20c, é gerada pela eliminação da condição de que duas chaves no mesmo braço não podem conduzir ao mesmo tempo. A componente fundamental da tensão de linha, v_{ab}, como exibe a Figura 6.20d, é apontada como v_{ab1}.

A frequência da portadora normalizada m_f deve ser um múltiplo ímpar de três. Assim, todas as tensões de fase (v_{aN}, v_{bN} e v_{cN}) são idênticas, só que defasadas em 120° sem harmônicas pares; além disso, as harmônicas em frequências de múltiplos de três são idênticas em amplitude e fase, em todas elas. Por exemplo, se a tensão da nona harmônica na fase a for

$$v_{aN9}(t) = \hat{v}_9 \operatorname{sen}(9\omega t) \tag{6.48}$$

a nona harmônica correspondente na fase *b* será

$$v_{bN9}(t) = \hat{v}_9 \text{sen}[9(\omega t - 120°)] = \hat{v}_9 \text{sen}(9\omega t - 1080°) = \hat{v}_9 \text{sen}(9\omega t) \tag{6.49}$$

Assim, a tensão de linha de saída CA, $v_{ab} = v_{aN} - v_{bN}$, não contém a nona harmônica. Portanto, para múltiplos ímpares de três da frequência portadora normalizada m_f, as harmônicas na tensão de saída CA aparecem em frequências normalizadas f_h centradas em torno de m_f e de seus múltiplos, especificamente, com

$$n = jm_f \pm k \tag{6.50}$$

onde $j = 1, 3, 5,...$ para $k = 2, 4, 6,...$; e $j = 2, 4, ...$ para $k = 1, 5, 7, ...$, de tal modo que n não seja um múltiplo de três. Portanto, as harmônicas estão em $m_f \pm 2, m_f \pm 4, ..., 2m_f \pm 1, 2m_f \pm 5, ..., 3m_f \pm 2, 3m_f \pm 4, ..., 4m_f \pm 1, 4m_f \pm 5, ...$ Para uma corrente de carga CA quase senoidal, as harmônicas na corrente do barramento CC estão em frequências dadas por

$$n = jm_f \pm k \pm 1 \tag{6.51}$$

FIGURA 6.20
Modulação por largura de pulso senoidal para inversor trifásico.

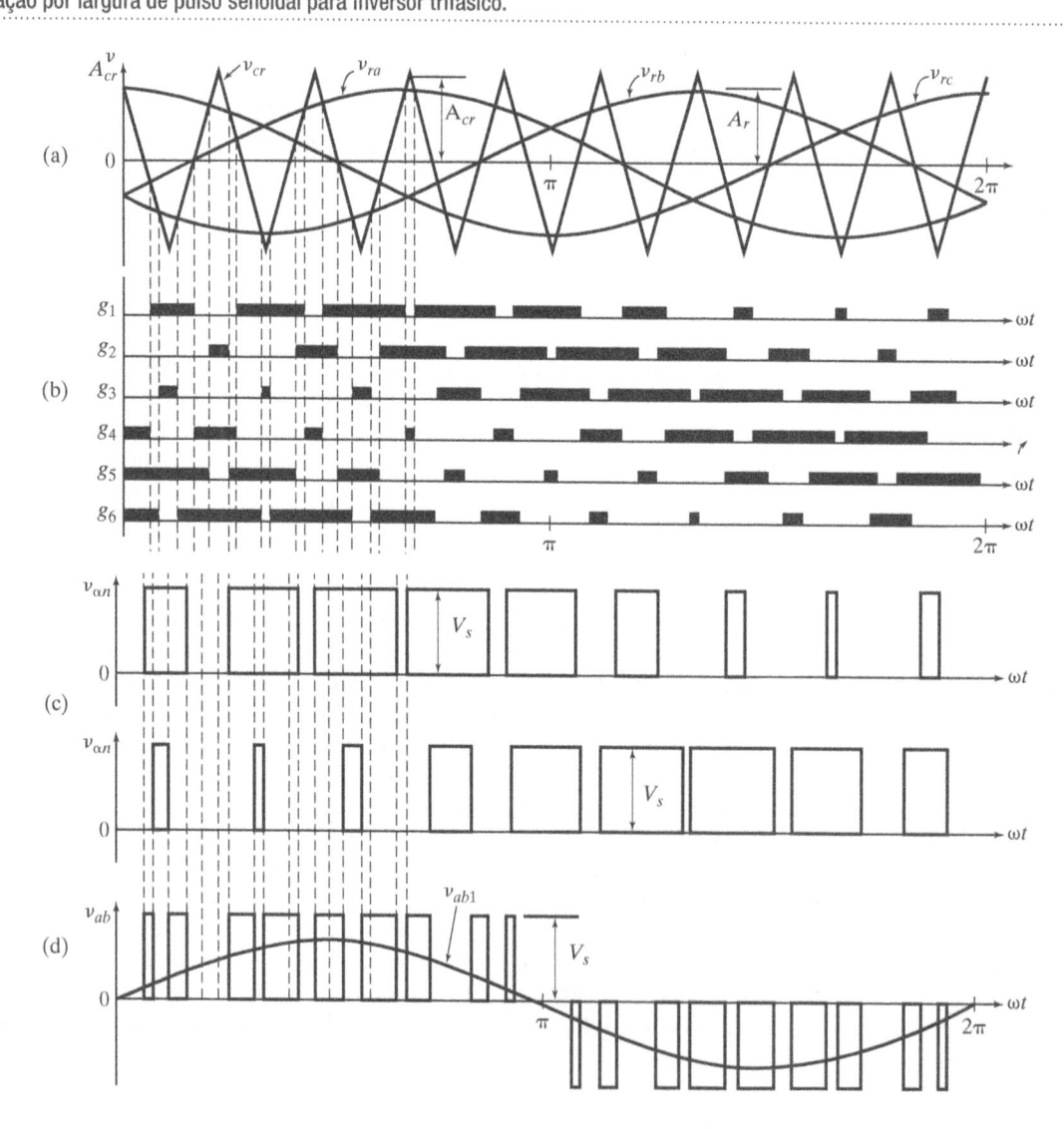

onde $j = 0, 2, 4, \ldots$ para $k = 1, 5, 7, \ldots$; e $j = 1, 3, 5, \ldots$ para $k = 2, 4, 6, \ldots$, tal que $n = jm_f \pm k$ é positivo, e não um múltiplo de três.

Como a amplitude máxima da tensão fundamental de fase na região linear ($M \leq 1$) é $V_s/2$, a amplitude máxima da tensão CA de linha fundamental de saída é $\hat{v}_{ab1} = \sqrt{3}\, V_s/2$. Portanto, pode-se escrever a amplitude máxima como

$$\hat{v}_{ab1} = M\sqrt{3}\,\frac{V_s}{2} \quad \text{para} \quad 0 < M \leq 1 \tag{6.52}$$

Sobremodulação. Para aumentar ainda mais a amplitude da tensão da carga, a amplitude do sinal de modulação $\hat{v}_r$ pode ficar maior do que a amplitude do sinal da portadora $\hat{v}_{cr}$, o que leva à sobremodulação.[11] A relação entre a amplitude da tensão CA de linha fundamental de saída e a tensão de barramento CC torna-se não linear. Assim, na região de sobremodulação, as tensões de linha variam entre

$$\sqrt{3}\,\frac{V_s}{2} < \hat{v}_{ab1} = \hat{v}_{bc1} = \hat{v}_{ca1} < \frac{4}{\pi}\sqrt{3}\,\frac{V_s}{2} \tag{6.53}$$

Valores grandes de M na técnica SPWM levam à sobremodulação completa. Esse caso é conhecido como operação de onda quadrada, como ilustra a Figura 6.21, em que os dispositivos de potência permanecem ligados por 180°. Nesse modo, o inversor não consegue variar a tensão de carga, exceto pela variação da tensão CC de alimentação V_s. A tensão CA de linha fundamental é dada por

$$\hat{v}_{ab1} = \frac{4}{\pi}\sqrt{3}\,\frac{V_s}{2} \tag{6.54}$$

A tensão CA de linha de saída contém as harmônicas f_n, onde $n = 6k \pm 1$ ($k = 1,2,3,\ldots$), e suas amplitudes são inversamente proporcionais à ordem de suas harmônicas n. Isto é

$$\hat{v}_{abn} = \frac{1}{n}\frac{4}{\pi}\sqrt{3}\,\frac{V_s}{2} \tag{6.55}$$

FIGURA 6.21
Operação de onda quadrada.

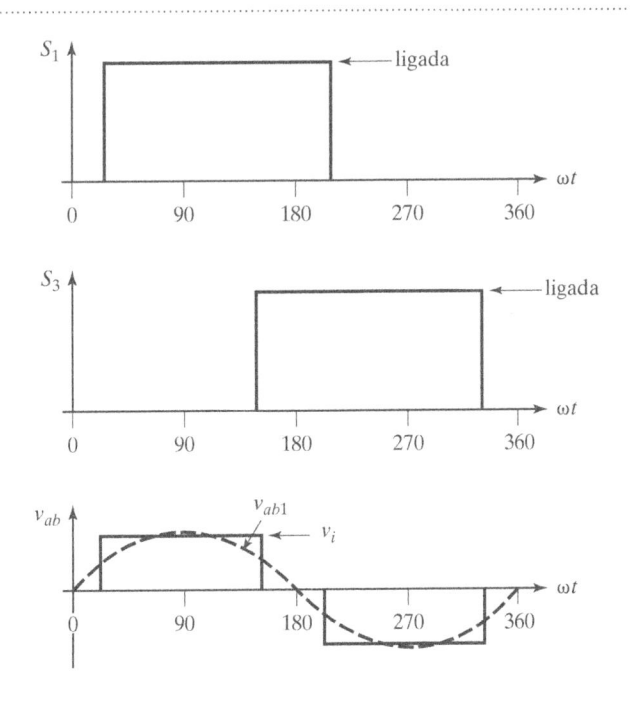

Exemplo 6.5 ▪ Determinação do limite admissível da fonte de entrada CC

Um inversor monofásico em ponte completa controla a potência em uma carga resistiva. O valor nominal da tensão CC de entrada é $V_s = 220$ V, e é utilizada uma modulação por largura de pulso uniforme com cinco pulsos por semiciclo. Para o controle requerido, a largura de cada pulso é 30°. **(a)** Determine a tensão rms da carga. **(b)** Se a fonte CC aumentar em 10%, determine a largura de pulso que manteria a mesma potência na carga. Se a largura máxima possível do pulso for 35°, estabeleça o limite mínimo admissível da fonte CC de entrada.

Solução
a. $V_s = 220$ V, $p = 5$ e $\delta = 30°$. A partir da Equação 6.31, $V_o = 220\sqrt{5 \times 30/180} = 200,8$ V.
b. $V_s = 1,1 \times 220 = 242$ V. Utilizando a Equação 6.31, $242\sqrt{5\delta/180} = 200,8$, e isso dá a largura de pulso necessária $\delta = 24,75°$.

Para manter a tensão de saída de 200,8 V na largura máxima possível do pulso de $\delta = 35°$, a tensão de entrada pode ser encontrada a partir de $200,8 = V_s\sqrt{5 \times 35/180}$, e isso fornece a tensão mínima admissível de entrada $V_s = 203,64$ V.

6.7.2 PWM 60 graus

A PWM 60° é semelhante à PWM modificada da Figura 6.17. A ideia por trás da PWM 60° é de "aplainar o topo" da forma de onda entre 60° e 120° e entre 240° e 300°. Os dispositivos de potência são mantidos ligados por um terço do ciclo (a plena tensão) e têm perdas de chaveamento reduzidas. Todas as harmônicas múltiplas de três (3°, 9°, 15°, 21°, 27° etc.) estão ausentes nas tensões trifásicas. A PWM 60° cria uma fundamental maior ($2/\sqrt{3}$) e utiliza mais da tensão CC disponível (tensão de fase $V_P = 0,57735V_s$ e tensão de linha $V_L = V_s$) do que a PWM senoidal. A forma de onda de saída pode ser aproximada pela fundamental e alguns dos primeiros termos, como na Figura 6.22.

6.7.3 PWM de terceira harmônica

O sinal de modulação (ou de referência) é gerado pela injeção de harmônicas selecionadas na onda senoidal. Assim, a forma de onda de referência na PWM de terceira harmônica[12] não é senoidal, mas constituída por uma componente fundamental e uma de terceira harmônica, como na Figura 6.23. Em consequência, a amplitude pico a pico da função de referência resultante não supera a tensão de alimentação CC V_s mas a componente fundamental é maior do que a alimentação disponível V_s.

A presença de exatamente a mesma componente de terceira harmônica em cada fase resulta em um cancelamento eficaz da componente de terceira harmônica no terminal neutro, e as tensões de fase (v_{aN}, v_{bN} e v_{cN}) são todas senoidais com amplitude de pico de $V_P = V_s/\sqrt{3} = 0,57735V_s$. A componente fundamental tem a mesma amplitude de pico $V_{P1} = 0,57735V_s$, e a tensão de linha é $V_L = \sqrt{3}\,V_P = \sqrt{3} \times 0,57735V_s = V_s$. Essa amplitude é cerca de 15,5% maior do que a alcançada pela PWM senoidal. Portanto, a PWM de terceira harmônica proporciona uma utilização melhor da tensão de alimentação CC do que a PWM senoidal.

6.7.4 Modulação por vetores espaciais

A modulação por vetores espaciais (*space vector modulation* — SVM) é bastante diferente dos métodos PWM. Com as PWMs, o inversor pode ser considerado três etapas separadas de comando *push-pull*, o que gera a forma de onda de cada fase de modo independente. A SVM, porém, trata o inversor como uma entidade única; especificamente, o inversor pode ser conduzido para oito estados diferentes, como indica a Tabela 6.2. A modulação é conseguida pelo chaveamento do estado do inversor.[13] As estratégias de controle são implementadas em sistemas digitais. A SVM é uma técnica de modulação digital em que o objetivo é gerar tensões PWM de linha na carga que sejam, em média, iguais a uma tensão determinada (ou de referência). Isso é feito em cada período de amostragem pela seleção adequada dos estados das chaves do inversor e do cálculo do tempo apropriado para cada estado. A seleção dos estados e de seus tempos é realizada pela transformação do vetor espacial (*space vector* — SV).[25]

FIGURA 6.22
Forma de onda de saída para PWM 60°.

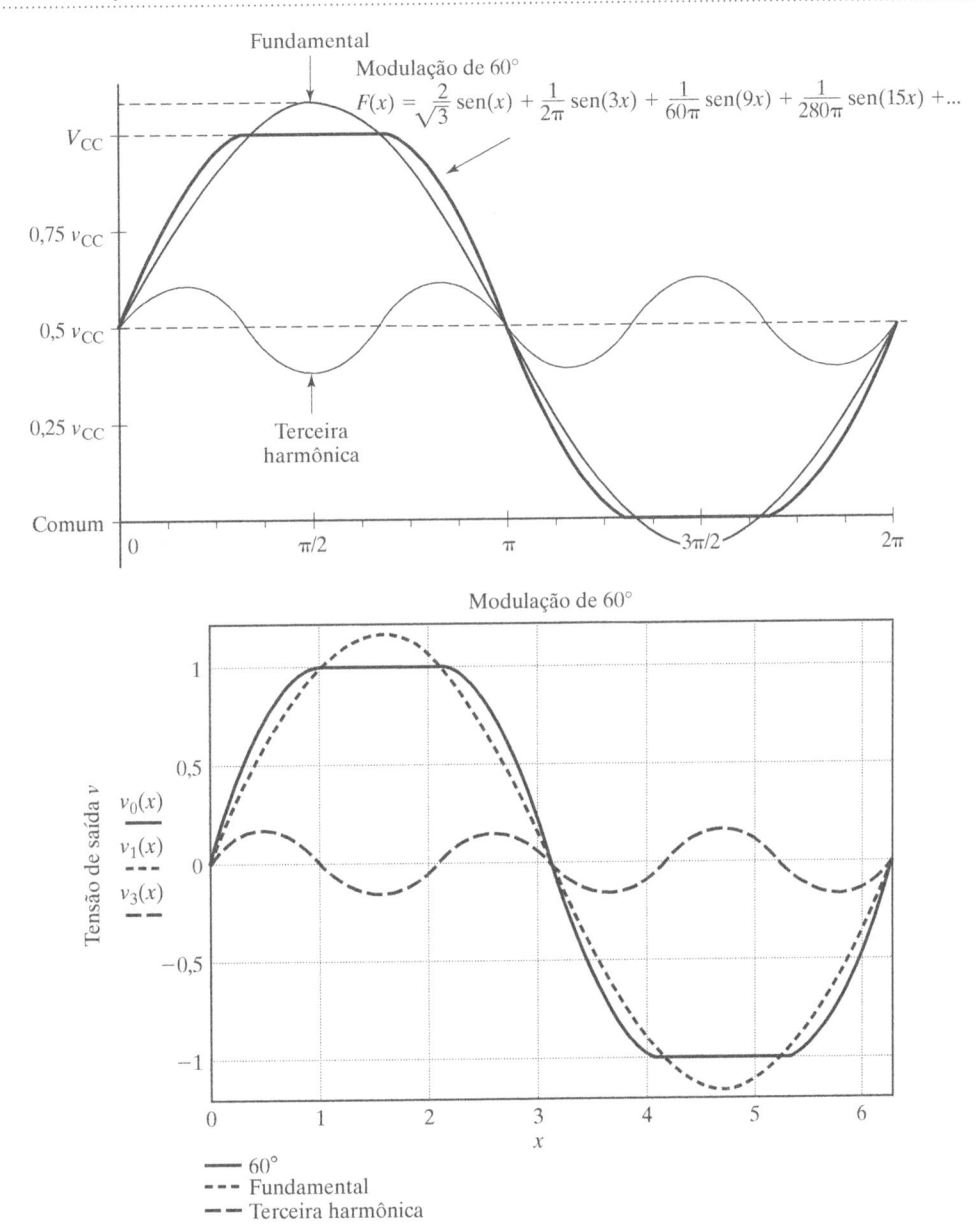

$$F(x) = \frac{2}{\sqrt{3}} \operatorname{sen}(x) + \frac{1}{2\pi} \operatorname{sen}(3x) + \frac{1}{60\pi} \operatorname{sen}(9x) + \frac{1}{280\pi} \operatorname{sen}(15x) + \ldots$$

Transformação espacial. Quaisquer três funções do tempo que satisfaçam

$$u_a(t) + u_b(t) + u_c(t) = 0 \tag{6.56}$$

podem ser representadas em um espaço estacionário bidimensional.[14] Como $v_c(t) = -v_a(t) - v_b(t)$, a terceira tensão pode ser facilmente calculada se quaisquer duas tensões de fase forem dadas. Portanto, é possível transformar as variáveis trifásicas em bifásicas por meio da transformação a–b–c/x–y (Apêndice F). As coordenadas são semelhantes às das tensões trifásicas, de modo que o vetor $[u_a\ 0\ 0]^T$ é colocado ao longo do eixo x, o vetor $[0\ u_b\ 0]^T$ está defasado em 120° e o vetor $[0\ 0\ u_c]^T$, em 240°. Isso é mostrado na Figura 6.24. O vetor espacial rotativo $\mathbf{u}(t)$ em notação complexa é, então, dado por

$$\mathbf{u}(t) = \frac{2}{3}[u_a + u_b e^{j(2/3)\pi} + u_c e^{-j(2/3)\pi}] \tag{6.57}$$

FIGURA 6.23
Forma de onda de saída para PWM de terceira harmônica.

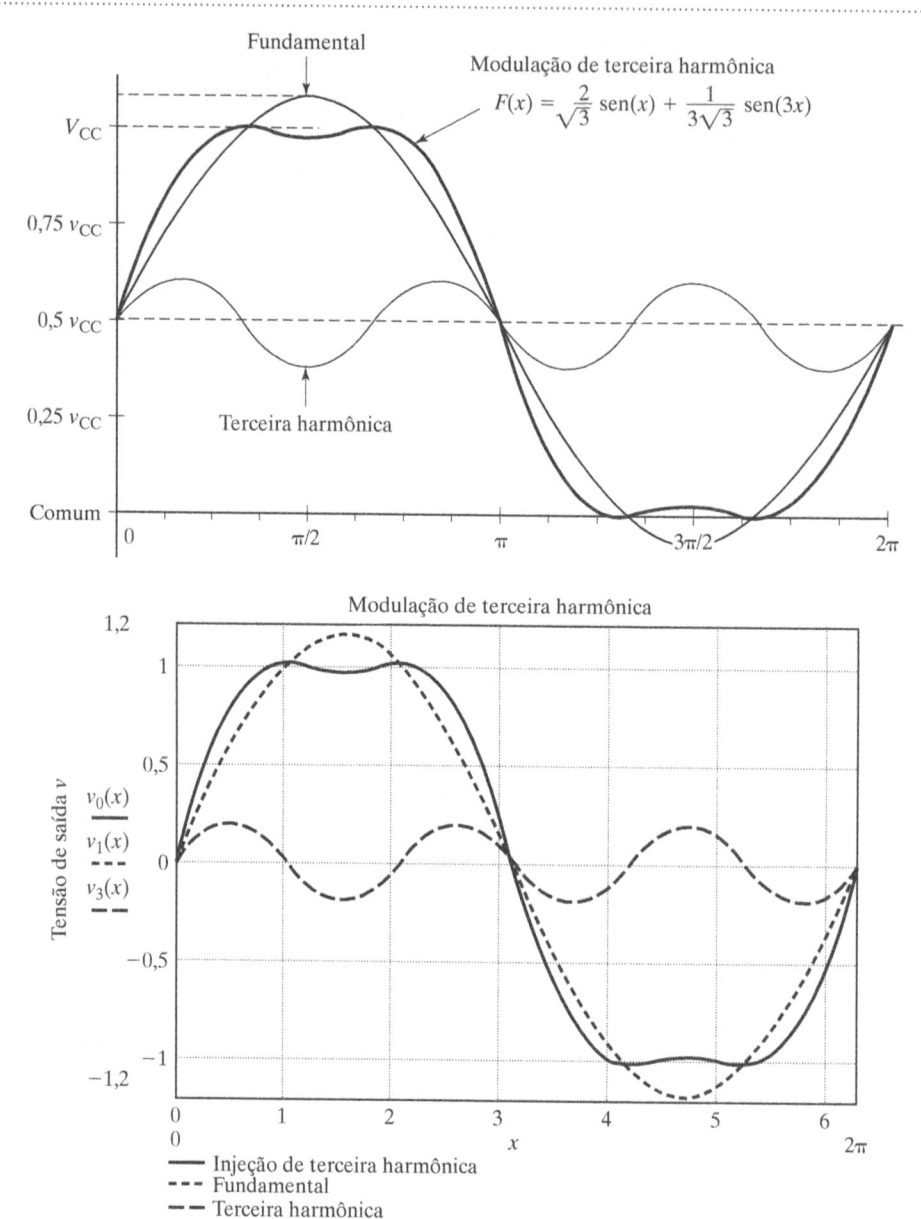

Gráfico superior: Fundamental, Modulação de terceira harmônica $F(x) = \frac{2}{\sqrt{3}}\,\text{sen}(x) + \frac{1}{3\sqrt{3}}\,\text{sen}(3x)$, Terceira harmônica, Comum. Eixo vertical: V_{CC}, $0{,}75\,v_{CC}$, $0{,}5\,v_{CC}$, $0{,}25\,v_{CC}$. Eixo horizontal: 0, $\pi/2$, π, $3\pi/2$, 2π.

Gráfico inferior: Modulação de terceira harmônica. Tensão de saída v: $v_0(x)$, $v_1(x)$, $v_3(x)$. Legenda: Injeção de terceira harmônica, Fundamental, Terceira harmônica.

onde 2/3 é um fator de escala. A Equação 6.57 pode ser escrita em componentes reais e imaginárias no domínio x–y como

$$\mathbf{u}(t) = u_x + j u_y \tag{6.58}$$

Utilizando as equações 6.57 e 6.58, podemos obter a transformação de coordenadas do eixo a–b–c para o eixo x–y como

$$\begin{pmatrix} u_x \\ u_y \end{pmatrix} = \frac{2}{3} \begin{pmatrix} 1 & \dfrac{-1}{2} & \dfrac{-1}{2} \\ 0 & \dfrac{\sqrt{3}}{2} & \dfrac{-\sqrt{3}}{2} \end{pmatrix} \begin{pmatrix} u_a \\ u_b \\ u_c \end{pmatrix} \tag{6.59}$$

FIGURA 6.24
Vetores nas coordenadas trifásicas e vetor espacial $u(t)$.

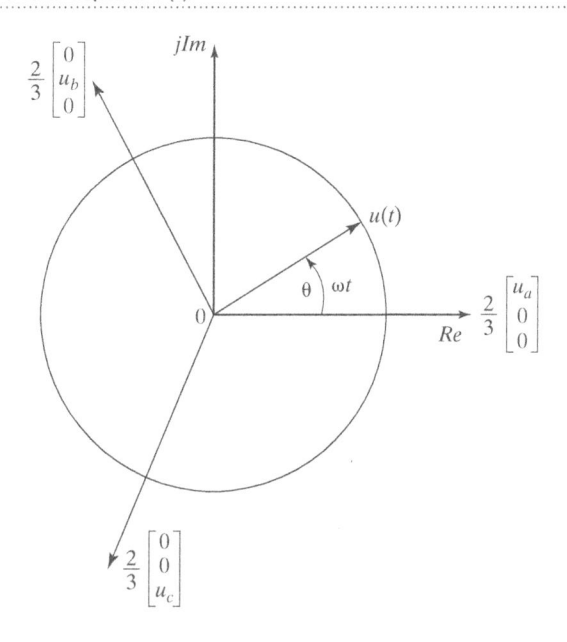

que também pode ser escrita como

$$u_x = \frac{2}{3}[v_a - 0{,}5(v_b + v_c)] \qquad (6.60a)$$

$$u_y = \frac{\sqrt{3}}{3}(v_b - v_c) \qquad (6.60b)$$

A transformação a partir do eixo x–y para o eixo α–β, que gira com uma velocidade angular ω, pode ser obtida através da rotação do eixo x–y com ωt, como dada por (Apêndice F)

$$\begin{pmatrix} u_\alpha \\ u_\beta \end{pmatrix} = \begin{pmatrix} \cos(\omega t) & \cos\left(\frac{\pi}{2} + \omega t\right) \\ \operatorname{sen}(\omega t) & \operatorname{sen}\left(\frac{\pi}{2} + \omega t\right) \end{pmatrix}\begin{pmatrix} u_x \\ u_y \end{pmatrix} = \begin{pmatrix} \cos(\omega t) & -\operatorname{sen}(\omega t) \\ \operatorname{sen}(\omega t) & \cos(\omega t) \end{pmatrix}\begin{pmatrix} u_x \\ u_y \end{pmatrix} \qquad (6.61)$$

Utilizando a Equação 6.57, podemos encontrar a transformação inversa

$$u_a = \operatorname{Re}(\mathbf{u}) \qquad (6.62a)$$

$$u_b = \operatorname{Re}(\mathbf{u}e^{-j(2/3)\pi}) \qquad (6.62b)$$

$$u_c = \operatorname{Re}(\mathbf{u}e^{j(2/3)\pi}) \qquad (6.62c)$$

Por exemplo, se u_a, u_b e u_c forem as tensões trifásicas de uma alimentação equilibrada com um valor de pico de V_m, podemos escrever

$$u_a = V_m \cos(\omega t) \qquad (6.63a)$$

$$u_b = V_m \cos(\omega t - 2\pi/3) \qquad (6.63b)$$

$$u_c = V_m \cos(\omega t + 2\pi/3) \qquad (6.63c)$$

Então, usando a Equação 6.57, obtemos a representação do vetor espacial

$$\mathbf{u}(t) = V_m e^{j\theta} = V_m e^{j\omega t} \tag{6.64}$$

que é um vetor de amplitude V_m que gira a uma velocidade constante ω em radianos por segundo.

Vetor espacial (SV). Os estados das chaves do inversor podem ser representados por valores binários q_1, q_2, q_3, q_4, q_5 e q_6; isto é, $q_k = 1$, quando uma chave é ligada, e $q_k = 0$, quando uma chave é desligada. Os pares q_1q_4, q_3q_6 e q_5q_2 são complementares. Portanto, $q_4 = 1 - q_1, q_6 = 1 - q_3$ e $q_2 = 1 - q_5$. Os estados das chaves ligado e desligado são apresentados na Figura 6.25.[13] Utilizando a relação trigonométrica $e^{j\theta} = \cos\theta + j\sen\theta$ para $\theta = 0, 2\pi/3$ ou $4\pi/3$, a Equação 6.57 dá a tensão de fase de saída nos estados das chaves (100) como

$$v_a(t) = \frac{2}{3}V_S; \quad v_b(t) = \frac{-1}{3}V_S; \quad v_c(t) = \frac{-1}{3}V_S \tag{6.65}$$

O vetor espacial correspondente $\mathbf{V_1}$ pode ser obtido pela substituição da Equação 6.65 na Equação 6.57:

$$\mathbf{V_1} = \frac{2}{3}V_S e^{j0} \tag{6.66}$$

De forma semelhante, podemos obter os seis vetores como

$$\mathbf{V_n} = \frac{2}{3}V_S e^{j(n-1)\frac{\pi}{3}} \quad \text{para } n = 1, 2, \ldots 6 \tag{6.67}$$

O vetor zero tem dois estados das chaves (111) e (000), um dos quais é redundante. O estado das chaves redundante pode ser utilizado para otimizar a operação do inversor, de modo a minimizar a frequência de chaveamento. A relação entre os vetores espaciais e os estados das chaves correspondentes é dada na Tabela 6.2. Deve-se observar que esses vetores não se movem no espaço e, assim, são chamados de estacionários. Por outro lado, o vetor $\mathbf{u}(t)$ na Figura 6.24 e na Equação 6.64 gira a uma velocidade angular de

$$\omega = 2\pi f \tag{6.68}$$

onde f é a frequência fundamental da tensão de saída do inversor.

Utilizando a transformação de trifásico para bifásico na Equação 6.59 e a tensão de linha ($\sqrt{3}$ da tensão de fase) como referência, as componentes α–β dos vetores da tensão rms de saída (valor de pico/$\sqrt{2}$) podem ser expressas como funções de q_1, q_3 e q_5:

$$\begin{pmatrix} V_{L\alpha} \\ V_{L\beta} \end{pmatrix} = \frac{2}{3}\sqrt{\frac{3}{2}} V_S \begin{pmatrix} 1 & \frac{-1}{2} & \frac{-1}{2} \\ 0 & \frac{\sqrt{3}}{2} & \frac{-\sqrt{3}}{2} \end{pmatrix} \begin{pmatrix} q_1 \\ q_3 \\ q_5 \end{pmatrix} \tag{6.69}$$

FIGURA 6.25

Os estados ligado e desligado das chaves do inversor.[13]

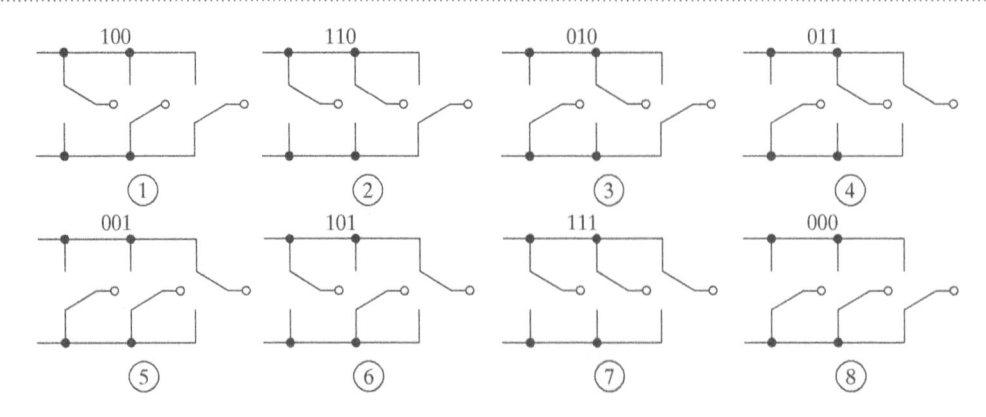

Utilizando o fator $\sqrt{2}$ para a conversão da tensão rms em seu valor de pico, o valor de pico da tensão de linha é $V_{L(pico)} = 2V_s/\sqrt{3}$, e o da tensão de fase, $V_{p(pico)} = V_s/\sqrt{3}$. Com a tensão de fase $\mathbf{V_a}$ como referência, o que geralmente é o caso, o vetor da tensão de linha $\mathbf{V_{ab}}$ conduz o vetor de fase por $\pi/6$. O valor de pico normalizado do vetor da n-ésima tensão de linha pode ser encontrado a partir de

$$\mathbf{V_n} = \frac{\sqrt{2} \times \sqrt{2}}{\sqrt{3}} e^{j(2n-1)\pi/6} = \frac{2}{\sqrt{3}} \left[\cos\left(\frac{(2n-1)\pi}{6}\right) + j\,\text{sen}\left(\frac{(2n-1)\pi}{6}\right) \right] \quad (6.70)$$

para $n = 0, 1, 2, 6$

Existem seis vetores diferentes de zero, $\mathbf{V_1}$–$\mathbf{V_6}$, e dois vetores iguais a zero, $\mathbf{V_0}$ e $\mathbf{V_7}$, como mostra a Figura 6.26. Definiremos um vetor de desempenho $\mathbf{U}$ como função da integral do tempo de $\mathbf{V_n}$, de modo que

$$\mathbf{U} = \int \mathbf{V_n}\,dt + \mathbf{U_0} \quad (6.71)$$

onde $\mathbf{U_0}$ é a condição inicial. De acordo com a Equação 6.71, $\mathbf{U}$ desenha uma trajetória hexagonal que é determinada pela magnitude e pelo tempo dos vetores de tensão. Se as tensões de saída forem puramente senoidais, então o vetor de desempenho $\mathbf{U}$ torna-se

$$\mathbf{U}^* = Me^{j\theta} = Me^{j\omega t} \quad (6.72)$$

onde M é o índice de modulação ($0 < M < 1$) para controle da amplitude da tensão de saída, e ω, a frequência de saída em radianos por segundo. $\mathbf{U}^*$ desenha uma trajetória circular, como indica a Figura 6.26, pelo círculo tracejado de raio $M = 1$, e se torna o vetor de referência $\mathbf{V_r}$. A trajetória de $\mathbf{U}$ pode ser controlada pela seleção de $\mathbf{V_n}$ e pelo ajuste da largura de tempo de $\mathbf{V_n}$ para seguir a trajetória de $\mathbf{U}^*$ o mais perto possível. Isso é chamado de método do lugar geométrico quase circular. As trajetórias de $\mathbf{U}$ e $\mathbf{U}^*$ ($= \mathbf{V_r}$) também são exibidas na Figura 6.26.

FIGURA 6.26

Representação do vetor espacial.

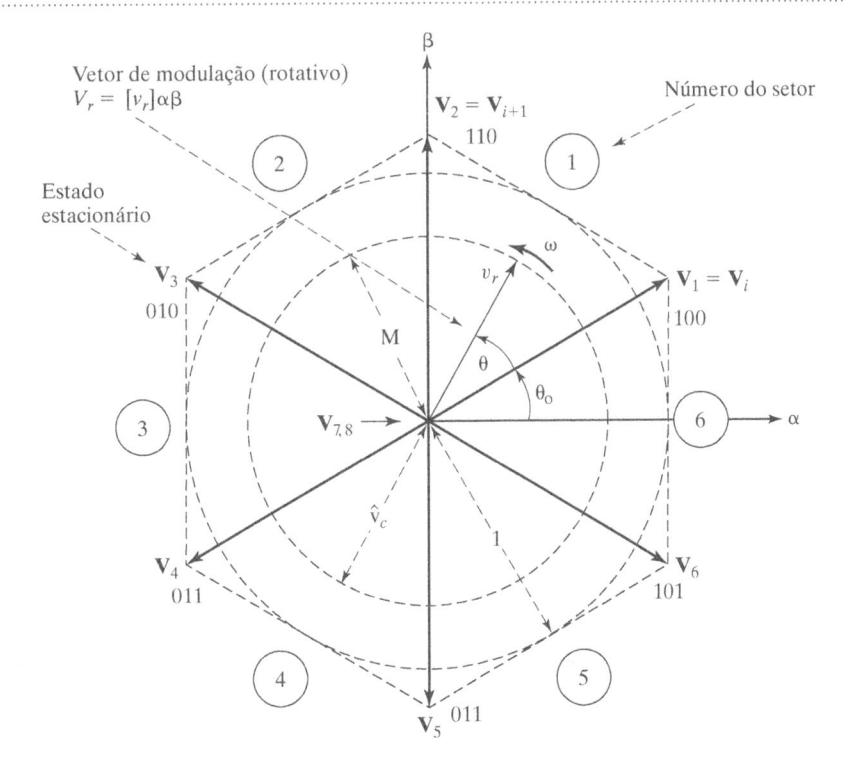

O deslocamento angular entre o vetor de referência $\mathbf{V}_r$ e o eixo α do sistema α–β pode ser obtido por

$$\theta(t) = \int_0^t \omega(t)\,dt + \theta_o \qquad (6.73)$$

Quando o vetor de referência (ou de modulação) $\mathbf{V}_r$ passa pelos setores, um por um, conjuntos diferentes de chaves ligarão ou desligarão, de acordo com os estados das chaves apresentados na Tabela 6.2. Como resultado, quando $\mathbf{V}_r$ faz uma rotação no espaço, a tensão de saída do inversor completa um ciclo ao longo do tempo. A frequência de saída do inversor corresponde à velocidade de rotação de $\mathbf{V}_r$, e sua tensão de saída pode ser ajustada pela variação da magnitude de $\mathbf{V}_r$.

Vetores de referência de modulação. Utilizando as equações 6.59 e 6.60, os vetores dos sinais de modulação da linha trifásica $[v_r]_{abc} = [v_{ra}\ v_{rb}\ v_{rc}]^T$ podem ser representados pelo vetor complexo $\mathbf{U}^* = \mathbf{V}_r = [v_r]_{\alpha\beta} = [v_{r\alpha}\ v_{r\beta}]^T$ dado por

$$v_{r\alpha} = \frac{2}{3}[v_{ra} - 0{,}5(v_{rb} + v_{cr})] \qquad (6.74)$$

$$v_{r\beta} = \frac{\sqrt{3}}{3}(v_{rb} - v_{rc}) \qquad (6.75)$$

Se os sinais de modulação da linha $[v_r]_{abc}$ são três formas de onda senoidais equilibradas com uma amplitude $A_c = 1$ e uma frequência angular ω, o sinal de modulação resultante no sistema estacionário α–β, $\mathbf{V}_c = [v_r]_{\alpha\beta}$, torna-se um vetor de amplitude fixa $MA_c\,(=M)$ que gira a uma frequência ω. Isso também é mostrado na Figura 6.26 por um círculo tracejado de raio M.

Chaveamento SV. O vetor de referência $\mathbf{V}_r$ em um setor específico pode ser sintetizado para produzir uma magnitude e uma posição determinadas a partir dos três vetores espaciais estacionários nas proximidades. Os sinais de acionamento para as chaves em cada setor também podem ser gerados. O objetivo do chaveamento SV é a aproximação do sinal de modulação senoidal da linha $\mathbf{V}_r$ com os oito vetores espaciais ($\mathbf{V}_n$, $n = 0, 2, ..., 7$). Entretanto, se o sinal de modulação $\mathbf{V}_r$ estiver caindo entre os vetores arbitrários $\mathbf{V}_n$ e $\mathbf{V}_{n+1}$, então os dois vetores diferentes de zero ($\mathbf{V}_n$ e $\mathbf{V}_{n+1}$) e um SV zero ($\mathbf{V}_z = \mathbf{V}_0$ ou $\mathbf{V}_7$) devem ser utilizados para a obtenção da tensão máxima de linha da carga e para a minimização da frequência de chaveamento. A título de exemplo, um vetor de tensão $\mathbf{V}_r$ na seção 1 pode ser construído pelos vetores $\mathbf{V}_1$ e $\mathbf{V}_2$ e por um dos dois vetores nulos ($\mathbf{V}_0$ ou $\mathbf{V}_7$). Em outras palavras, o estado $\mathbf{V}_1$ fica ativo pelo tempo T_1, $\mathbf{V}_2$ fica ativo por T_2 e um dos vetores nulos ($\mathbf{V}_0$ ou $\mathbf{V}_7$) fica ativo por T_z. Para uma frequência de chaveamento suficientemente elevada, o vetor de referência $\mathbf{V}_r$ pode ser considerado constante durante um período de chaveamento. Como os vetores $\mathbf{V}_1$ e $\mathbf{V}_2$ são constantes e $\mathbf{V}_z = 0$, podemos igualar o tempo da tensão do vetor de referência aos SVs:

$$\mathbf{V}_r \times T_s = \mathbf{V}_1 \times T_1 + \mathbf{V}_2 \times T_2 + \mathbf{V}_z \times T_z \qquad (6.76a)$$

$$T_s = T_1 + T_2 + T_z \qquad (6.76b)$$

que é definido como SVM. T_1, T_2 e T_z são os tempos de duração para os vetores $\mathbf{V}_1$, $\mathbf{V}_2$ e $\mathbf{V}_z$, respectivamente. A Equação 6.67 fornece os vetores espaciais no setor 1 como

$$\mathbf{V}_1 = \frac{2}{3}V_S;\quad \mathbf{V}_2 = \frac{2}{3}V_S e^{j\frac{\pi}{3}};\quad \mathbf{V}_z = 0;\quad \mathbf{V}_r = V_r e^{j\theta} \qquad (6.77)$$

onde V_r é a magnitude do vetor de referência, e θ, o ângulo de $\mathbf{V}_r$.

Isso é obtido pela utilização de dois SVs adjacentes com o ciclo de trabalho apropriado.[15-18] O diagrama vetorial é indicado na Figura 6.27.

Substituindo a Equação 6.77 na Equação 6.76a, temos

$$T_s V_r e^{j\theta} = T_1 \frac{2}{3}V_S + T_2 \frac{2}{3}V_S e^{j\frac{\pi}{3}} + T_z \times 0$$

que, após a conversão para coordenadas retangulares, dá o SVM como

$$T_s V_r(\cos\theta + j\,\mathrm{sen}\,\theta) = T_1 \frac{2}{3}V_S + T_2 \frac{2}{3}V_S\left(\cos\frac{\pi}{3} + j\,\mathrm{sen}\,\frac{\pi}{3}\right) + T_z \times 0$$

FIGURA 6.27
Determinação dos tempos dos estados.

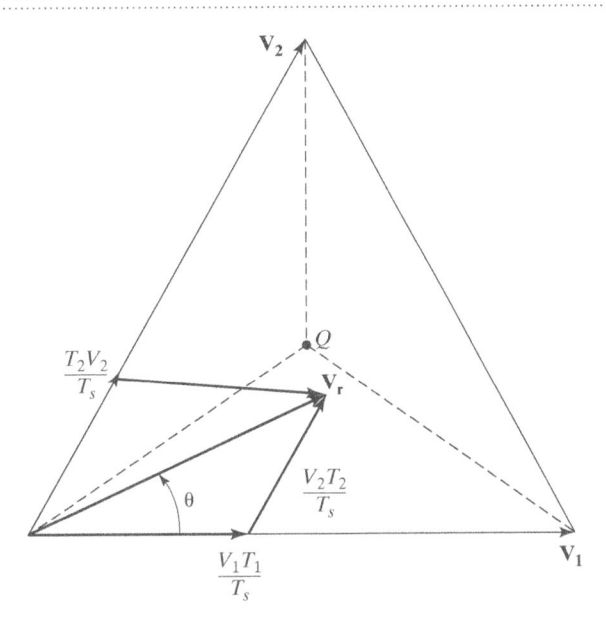

Igualando as partes real e imaginária em ambos os lados, obtemos

$$T_s V_r \cos\theta = T_1 \frac{2}{3} V_S + T_2 \frac{2}{3} V_S \cos\frac{\pi}{3} + T_z \times 0 \tag{6.78a}$$

$$jT_s V_r \,\text{sen}\,\theta = jT_2 \frac{2}{3} V_S \,\text{sen}\,\frac{\pi}{3} \tag{6.78b}$$

Calculando T_1, T_2 e T_z no setor 1 ($0 \leq \theta \leq \pi/3$), obtemos

$$T_1 = \frac{\sqrt{3}\, T_s V_r}{V_S} \,\text{sen}\!\left(\frac{\pi}{3} - \theta\right) \tag{6.79a}$$

$$T_2 = \frac{\sqrt{3}\, T_s V_r}{V_S} \,\text{sen}(\theta) \tag{6.79b}$$

$$T_z = T_s - T_1 - T_2 \tag{6.79c}$$

Se o vetor de referência V_r ficar no meio dos vetores V_1 e V_2, de modo que $\theta = \pi/6$, o tempo de duração é $T_1 = T_2$. Se V_r estiver mais perto de V_2, o tempo de duração é $T_2 > T_1$. Se V_r estiver alinhado na direção do ponto central, o tempo de duração é $T_1 = T_2 = T_z$. A relação entre os tempos de duração e o ângulo θ é apontada na Tabela 6.3.

As mesmas regras da Equação 6.79 podem ser aplicadas para o cálculo dos tempos de duração dos vetores nos setores 2 a 6, se for utilizado um θ_k modificado para o k-ésimo setor, em vez do θ usado nos cálculos.

$$\theta_k = \theta - (k-1)\frac{\pi}{3} \quad \text{para} \quad 0 \leq \theta_k \leq \pi/3 \tag{6.80}$$

Assume-se nos cálculos que o inversor opera a uma frequência constante e que permanece constante.

Índice de modulação. A Equação 6.79 pode ser expressa em termos do índice de modulação M, como segue:

$$T_1 = T_s M \,\text{sen}\!\left(\frac{\pi}{3} - \theta\right) \tag{6.81a}$$

$$T_2 = T_s M \,\text{sen}(\theta) \tag{6.81b}$$

TABELA 6.3
Relação entre os tempos de duração e o ângulo θ do vetor espacial para o setor 1.

Ângulo	$\theta = 0$	$0 \leq \theta \leq \pi/6$	$\theta = \pi/6$	$0 \leq \theta \leq \pi/3$	$\theta = \pi/3$
Tempo de duração T_1	$T_1 > 0$	$T_1 > T_2$	$T_1 = T_2$	$T_1 < T_2$	$T_1 = 0$
Tempo de duração T_2	$T_2 = 0$	$T_2 < T_1$	$T_1 = T_2$	$T_2 > T_1$	$T_2 > 0$

$$T_z = T_s - T_1 - T_2 \tag{6.81c}$$

onde M é dado por

$$M = \frac{\sqrt{3}\,V_r}{V_s} \tag{6.82}$$

Considere V_{a1} igual ao valor rms da componente fundamental da tensão de fase (fase a) de saída do inversor. V_r, que é o valor de pico de referência, está relacionado com V_{a1} por

$$V_r = \sqrt{2}\,V_{a1}$$

que, após a substituição na Equação 6.82, dá M como

$$M = \frac{\sqrt{3}\,V_r}{V_s} = \frac{\sqrt{6}\,V_{a1}}{V_s} \tag{6.83}$$

que mostra que a tensão rms de saída V_{a1} é proporcional ao índice de modulação M. Como o hexágono na Figura 6.26 é formado por seis vetores estacionários com um comprimento de $2V_s/3$, o valor máximo do vetor de referência é dado por

$$V_{r(\text{máx})} = \frac{2}{3}V_s \times \frac{\sqrt{3}}{2} = \frac{V_s}{\sqrt{3}} \tag{6.84}$$

Substituindo $V_{r(\text{máx})}$ na Equação 6.82, obtém-se o índice de modulação máximo $M_{\text{máx}}$:

$$M_{\text{máx}} = \frac{\sqrt{3}}{V_s} \times \frac{V_s}{\sqrt{3}} = 1 \tag{6.85}$$

o que dá a faixa do índice de modulação para SVM como

$$0 \leq M_{\text{máx}} \leq 1 \tag{6.86}$$

Sequência SV. A sequência SV deve assegurar que as tensões de linha na carga tenham a simetria de quarto de onda para reduzir as harmônicas pares em seu espectro. A fim de diminuir a frequência de chaveamento, também é necessário organizá-la de tal modo que a transição de uma para a seguinte seja realizada pelo chaveamento de apenas uma perna do inversor por vez. Isto é, uma chave é ligada, e a outra, desligada. A transição entre um setor no diagrama de vetor espacial e o seguinte não requer chaveamentos ou requer um número mínimo de chaveamentos. Embora não exista uma abordagem sistemática para gerar uma sequência SV, essas condições são atendidas pela sequência $\mathbf{V}_z, \mathbf{V}_n, \mathbf{V}_{n+1}\,\mathbf{V}_z$ (em que $\mathbf{V}_z$ é escolhido alternadamente entre $\mathbf{V}_0$ e $\mathbf{V}_7$). Se, por exemplo, o vetor de referência cai na seção 1, a sequência de chaveamento é $\mathbf{V}_0, \mathbf{V}_1, \mathbf{V}_2, \mathbf{V}_7, \mathbf{V}_2, \mathbf{V}_1, \mathbf{V}_0$. O intervalo de tempo $T_z\,(= T_0 = T_7)$ pode ser dividido e distribuído no início e no fim de cada período de amostragem T_s. A Figura 6.28 mostra a sequência e os segmentos das tensões trifásicas de saída durante dois períodos de amostragem. Em geral, os intervalos de tempo dos vetores nulos são igualmente distribuídos, como ilustra a Figura 6.28, com $T_z/2$ no início e $T_z/2$ no final.

O padrão SVM da Figura 6.28 tem as seguintes características:

1. Simetria de quarto de onda.
2. A soma dos tempos de duração para os sete segmentos equivale ao período de amostragem ($T_s = T_1 + T_2 + T_z$) ou a um múltiplo de T_s.

3. A transição do estado (000) para o (100) envolve apenas duas chaves e é realizada ligando Q_1 e desligando Q_4.
4. O estado das chaves (111) é selecionado para o segmento $T_z/2$ no centro a fim de reduzir o número de chaveamentos por período de amostragem. O estado das chaves (000) é selecionado para os segmentos $T_z/2$ em ambas as extremidades.
5. Cada uma das chaves no inversor liga e desliga uma vez por período de amostragem. A frequência de chaveamento f_{sw} dos dispositivos é, portanto, igual à frequência da amostragem $f_s = 1/T_s$ ou seu múltiplo.
6. O padrão da forma de onda indicada na Figura 6.28 pode ser produzido para uma duração de nT_s, que é um múltiplo (n) ou uma fração ($1/n$) do período de amostragem T_s, pela multiplicação ou divisão dos tempos de duração por n. Isto é, se multiplicarmos por 2, os segmentos cobrirão dois períodos de amostragem.

As tensões instantâneas de fase podem ser encontradas tirando a média do tempo dos SVs durante um período de chaveamento para o setor 1, como

$$v_{aN} = \frac{V_s}{2T_s}\left(\frac{-T_z}{2} + T_1 + T_2 + \frac{T_z}{2}\right) = \frac{V_s}{2}\,\text{sen}\left(\frac{\pi}{3} + \theta\right) \tag{6.87a}$$

$$v_{bN} = \frac{V_s}{2T_s}\left(\frac{-T_z}{2} - T_1 + T_2 + \frac{T_z}{2}\right) = V_s\frac{\sqrt{3}}{2}\,\text{sen}\left(\theta - \frac{\pi}{6}\right) \tag{6.87b}$$

$$v_{cN} = \frac{V_s}{T_s}\left(\frac{-T_z}{2} - T_1 - T_2 + \frac{T_z}{2}\right) = -V_{aN} \tag{6.87c}$$

FIGURA 6.28
Padrão da SVM.

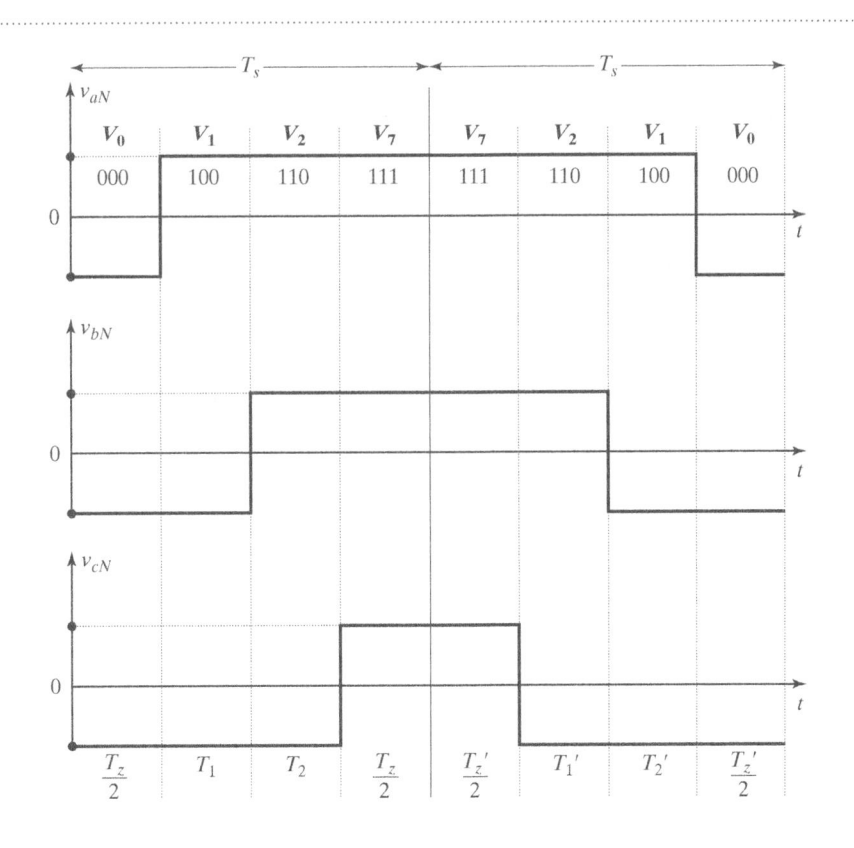

Para minimizar harmônicas não características na modulação SV, a frequência normalizada da amostragem f_{sn} deve ser um múltiplo inteiro de 6; isto é, $T \geq 6nT_s$ para $n = 1, 2, 3, ...$ Isso se deve ao fato de que os seis vetores precisam ser igualmente utilizados em um período para produzir tensões de linha de saída simétricas. Como exemplo, a Figura 6.29 mostra formas de onda típicas de uma modulação SV para $f_{sn} = 18$ e $M = 0,8$.

Sobremodulação. Na sobremodulação, o vetor de referência segue uma trajetória circular que estende os limites do hexágono.[19] As partes do círculo dentro do hexágono utilizam as mesmas equações SVM para a determinação dos tempos T_n, T_{n+1} e T_z do estado na Equação 6.81. No entanto, as partes do círculo fora do hexágono são restritas pelas fronteiras da forma geométrica, como na Figura 6.30, e os tempos T_n e T_{n+1} correspondentes dos estados podem ser encontrados a partir de:[20]

$$T_n = T_s \frac{\sqrt{3}\cos(\theta) - \text{sen}(\theta)}{\sqrt{3}\cos(\theta) + \text{sen}(\theta)} \tag{6.88a}$$

$$T_{n+1} = T_s \frac{2\text{sen}(\theta)}{\sqrt{3}\cos(\theta) + \text{sen}(\theta)} \tag{6.88b}$$

$$T_z = T_s - T_1 - T_2 = 0 \tag{6.88c}$$

O índice de modulação máximo M para SVM é $M_{máx} = 2/\sqrt{3}$. Para $0 < M \leq 1$, o inversor opera no SVM normal, e, para $M \geq 2/\sqrt{3}$, ele opera completamente no modo de saída de seis passos. A operação em seis passos comuta o

FIGURA 6.29
Formas de onda trifásicas para modulação por vetores espaciais ($M = 0,8$, $f_{sn} = 18$).

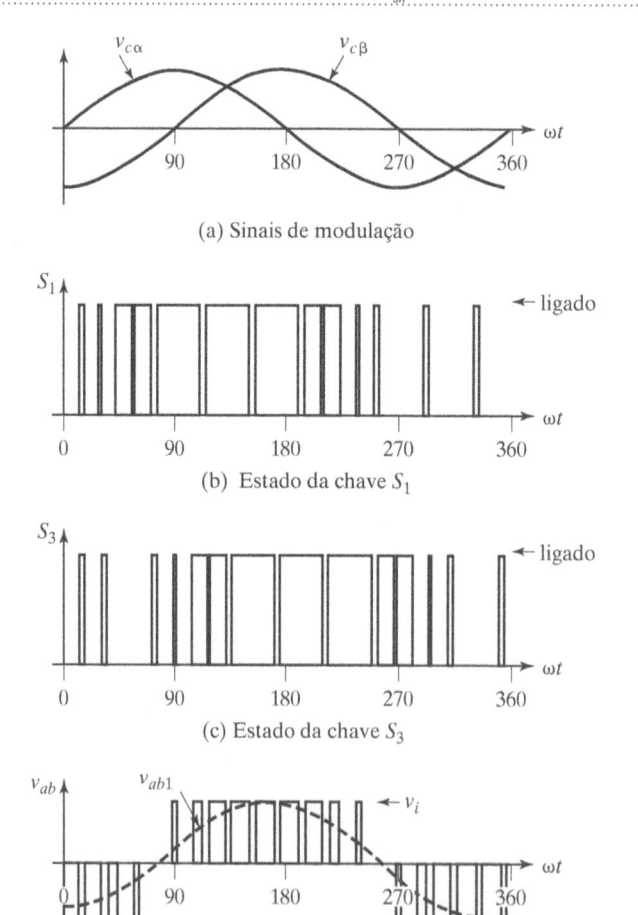

FIGURA 6.30
Sobremodulação.[20]

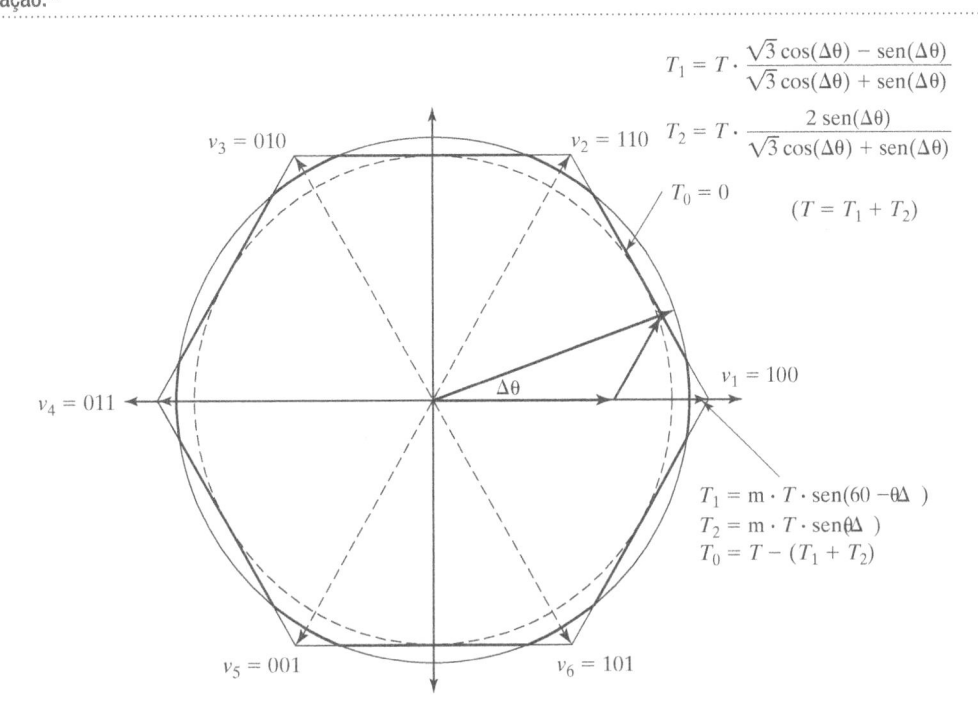

$$T_1 = T \cdot \frac{\sqrt{3}\cos(\Delta\theta) - \text{sen}(\Delta\theta)}{\sqrt{3}\cos(\Delta\theta) + \text{sen}(\Delta\theta)}$$

$$T_2 = T \cdot \frac{2\,\text{sen}(\Delta\theta)}{\sqrt{3}\cos(\Delta\theta) + \text{sen}(\Delta\theta)}$$

$$T_0 = 0 \qquad (T = T_1 + T_2)$$

$$T_1 = m \cdot T \cdot \text{sen}(60 - \theta\Delta)$$
$$T_2 = m \cdot T \cdot \text{sen}(\theta\Delta)$$
$$T_0 = T - (T_1 + T_2)$$

inversor apenas nos seis vetores mostrados na Tabela 6.2, minimizando, assim, o número de chaveamentos de cada vez. Para $1 < m < 2/\sqrt{3}$, o inversor opera em sobremodulação, que é normalmente utilizada como uma etapa de transição das técnicas SVM para a operação em seis passos. Embora a sobremodulação permita uma maior utilização da tensão CC de entrada do que as técnicas do padrão SVM, isso resulta em tensões de saída não senoidais com grau elevado de distorção, em especial a uma baixa frequência de saída.

Implementação da SVM. A Figura 6.28 indica a sequência de chaveamento apenas para o setor 1. Na prática, há a necessidade da sequência de chaveamento para os seis segmentos, como apresenta a Tabela 6.4. O diagrama de blocos para a implementação digital do algoritmo SVM é exibido na Figura 6.31. A implementação envolve os seguintes passos:

1. Transformação dos sinais de referência trifásicos para sinais em duas fases pela transformação a–b–c a α–β em duas componentes $v_{r\alpha}$ e $v_{r\beta}$ (equações 6.74 e 6.75).
2. Encontrar a magnitude V_r e o ângulo θ do vetor de referência.

$$V_r = \sqrt{v_{r\alpha}^2 + v_{r\beta}^2} \qquad (6.89a)$$

$$\theta = \text{tg}^{-1}\frac{v_{r\beta}}{v_{r\alpha}} \qquad (6.89b)$$

3. Calcular o ângulo do setor θ_k a partir da Equação 6.80.
4. Calcular o índice de modulação M a partir da Equação 6.82.
5. Calcular os tempos de duração T_1, T_2 e T_z a partir da Equação 6.81.
6. Determinar os sinais de acionamento e a sua sequência de acordo com a Tabela 6.4.

6.7.5 Comparação de técnicas PWM

Qualquer esquema de modulação pode ser utilizado para gerar as formas de onda CA de frequência e de tensão variáveis. A PWM senoidal compara uma portadora triangular de alta frequência com três sinais de referência

TABELA 6.4
Segmentos de chaveamento para todos os setores SVM.

Setor	Segmento	1	2	3	4	5	6	7
1	Vetor	V_0	V_1	V_2	V_7	V_2	V_1	V_0
	Estado	000	100	110	111	110	100	000
2	Vetor	V_0	V_3	V_2	V_7	V_2	V_3	V_0
	Estado	000	010	110	111	110	010	000
3	Vetor	V_0	V_3	V_4	V_7	V_4	V_3	V_0
	Estado	000	010	011	111	011	010	000
4	Vetor	V_0	V_5	V_4	V_7	V_4	V_5	V_0
	Estado	000	001	011	111	011	001	000
5	Vetor	V_0	V_5	V_6	V_7	V_6	V_5	V_0
	Estado	000	001	101	111	101	001	000
6	Vetor	V_0	V_1	V_6	V_7	V_6	V_1	V_0
	Estado	000	100	101	111	101	100	000

FIGURA 6.31
Diagrama de blocos da implementação digital do algoritmo SVM.

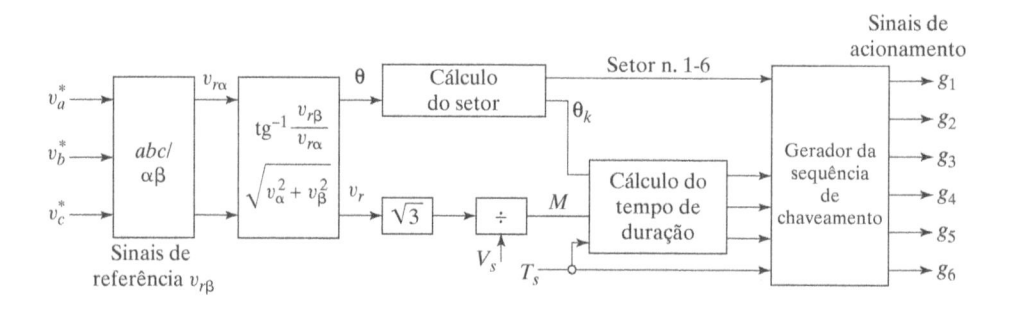

senoidais, conhecidos como sinais de modulação, para gerar os sinais de acionamento das chaves do inversor. Essa é basicamente uma técnica do domínio analógico, e é em geral utilizada em conversão de potência com implementação tanto analógica quanto digital. Por conta do cancelamento das componentes de terceira harmônica, e do melhor uso da alimentação CC, a PWM de terceira harmônica é a preferida em aplicações trifásicas. Em contraste com as técnicas PWM senoidal e de terceira harmônica, o método SV não considera cada uma das três tensões de modulação como entidades separadas. As três tensões são simultaneamente levadas em conta dentro de um sistema bidimensional de referência (plano α–β), e o vetor complexo de referência é processado como uma entidade única. A SVM tem as vantagens de menos harmônicas e um índice de modulação maior, além das características de implementação digital completa em um único dispositivo microprocessador. Em virtude da flexibilidade de manuseio, a SVM tem cada vez mais aplicações em conversores de potência e controle de motores. A Tabela 6.5 apresenta um resumo dos diferentes tipos de esquema de modulação para inversores trifásicos com $M = 1$.

- **Principais pontos da Seção 6.7**

    – As técnicas de modulação senoidal, de injeção harmônica e SVM são normalmente utilizadas para inversores trifásicos. Em virtude da flexibilidade de manuseio e implementação digital, a SVM tem cada vez mais aplicações em conversores de potência e controle de motores.

TABELA 6.5
Resumo das técnicas de modulação.

Tipo de modulação	Tensão de fase normalizada V_p/V_s	Tensão de linha normalizada V_L/V_s	Forma de onda de saída
PWM senoidal	0,5	$0,5 \times \sqrt{3} = 0,8666$	Senoidal
PWM 60°	$1/\sqrt{3} = 0,57735$	1	Senoidal
PWM de terceira harmônica	$1/\sqrt{3} = 0,57735$	1	Senoidal
SVM	$1/\sqrt{3} = 0,57735$	1	Senoidal
Sobremodulação	Maior do que o valor para $M = 1$	Maior do que o valor para $M = 1$	Não senoidal
Seis passos	$\sqrt{2}/3 = 0,4714$	$\sqrt{(2/3)} = 0,81645$	Não senoidal

6.8 REDUÇÃO DE HARMÔNICAS

Observamos nas seções 6.6 e 6.7 que o controle da tensão de saída dos inversores requer a variação do número de pulsos por semiciclo e das larguras daqueles gerados pelas técnicas de modulação. A tensão de saída contém harmônicas pares em todo o espectro da frequência. Algumas aplicações requerem tensão de saída fixa ou variável, mas determinadas harmônicas são indesejáveis quando se quer reduzir certos efeitos, como torque harmônico e aquecimento em motores, interferências e oscilações.

Deslocamento de fase. A Equação 6.45 indica que a n-ésima harmônica pode ser eliminada por uma escolha apropriada do ângulo de deslocamento α se

$$\cos n\alpha = 0$$

ou

$$\alpha = \frac{90°}{n} \tag{6.90}$$

e a terceira harmônica é eliminada se $\alpha = 90/3 = 30°$.

Entalhes bipolares na tensão de saída. Um par de harmônicas indesejáveis na saída de inversores monofásicos pode ser eliminado pela introdução de um par de *entalhes* (*recortes*) bipolares de tensão,[21] simetricamente colocados, como mostra a Figura 6.32.

A série de Fourier da tensão de saída pode ser expressa como

$$v_o = \sum_{n=1,3,5,\ldots}^{\infty} B_n \operatorname{sen} n\omega t \tag{6.91}$$

onde

$$B_n = \frac{4V_s}{\pi}\left[\int_0^{\alpha_1} \operatorname{sen} n\omega t\, d(\omega t) - \int_{\alpha_1}^{\alpha_2} \operatorname{sen} n\omega t\, d(\omega t) + \int_{\alpha_2}^{\pi/2} \operatorname{sen} n\omega t\, d(\omega t)\right]$$

$$= \frac{4V_s}{\pi}\frac{1 - 2\cos n\alpha_1 + 2\cos n\alpha_2}{n} \tag{6.92}$$

A Equação 6.92 pode ser ampliada para n entalhes por quarto de onda:

$$B_n = \frac{4V_s}{n\pi}\left(1 - 2\cos n\alpha_1 + 2\cos n\alpha_2 - 2\cos n\alpha_3 + 2\cos n\alpha_4 - \cdots\right) \tag{6.93}$$

$$B_n = \frac{4V_s}{n\pi}\left[1 + 2\sum_{k=1}^{m}(-1)^k \cos(n\alpha_k)\right] \quad \text{para } n = 1, 3, 5, \ldots \tag{6.94}$$

onde $\alpha_1 < \alpha_2 < \ldots < \alpha_k < \frac{\pi}{2}$.

FIGURA 6.32
Tensão de saída com dois entalhes bipolares por meia onda.

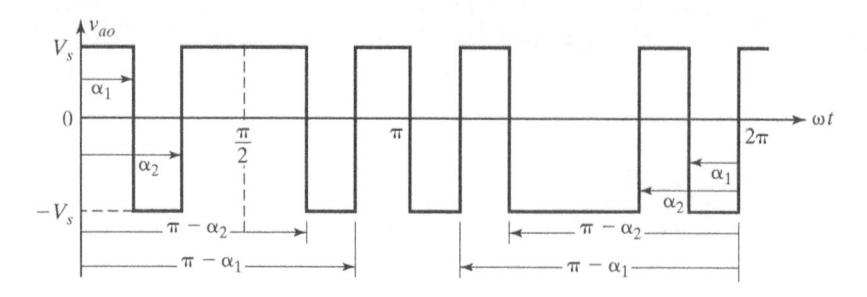

A terceira e a quinta harmônicas seriam eliminadas se $B_3 = B_5 = 0$, e a Equação 6.92 fornece as equações necessárias para serem resolvidas.

$$1 - 2\cos 3\alpha_1 + 2\cos 3\alpha_2 = 0 \quad \text{ou} \quad \alpha_2 = \frac{1}{3}\cos^{-1}(\cos 3\alpha_1 - 0{,}5)$$

$$1 - 2\cos 5\alpha_1 + 2\cos 5\alpha_2 = 0 \quad \text{ou} \quad \alpha_1 = \frac{1}{5}\cos^{-1}(\cos 5\alpha_2 + 0{,}5)$$

Essas equações podem ser solucionadas iterativamente ao se assumir, a princípio, que $\alpha_1 = 0$, e ao se repetir os cálculos para α_1 e α_2. O resultado é $\alpha_1 = 23{,}62°$ e $\alpha_2 = 33{,}3°$.

Entalhe unipolar na tensão de saída. Com entalhes unipolares de tensão, como na Figura 6.33, o coeficiente B_n é dado por

$$B_n = \frac{4V_s}{\pi}\left[\int_0^{\alpha_1} \operatorname{sen} n\omega t\, d(\omega t) + \int_{\alpha_2}^{\pi/2} \operatorname{sen} n\omega t\, d(\omega t)\right]$$

$$= \frac{4V_s}{\pi}\frac{1 - \cos n\alpha_1 + \cos n\alpha_2}{n} \qquad (6.95)$$

A Equação 6.95 pode ser ampliada para n entalhes por quarto de onda

$$B_n = \frac{4V_s}{n\pi}\left[1 + \sum_{k=1}^{m}(-1)^k \cos(n\alpha_k)\right] \quad \text{para} \quad n = 1, 3, 5, \ldots \qquad (6.96)$$

onde $\alpha_1 < \alpha_2 < \ldots < \alpha_k < \frac{\pi}{2}$.

A terceira e a quinta harmônicas seriam eliminadas se

$$1 - \cos 3\alpha_1 + \cos 3\alpha_2 = 0$$

FIGURA 6.33
Tensão de saída unipolar com dois entalhes por semiciclo.

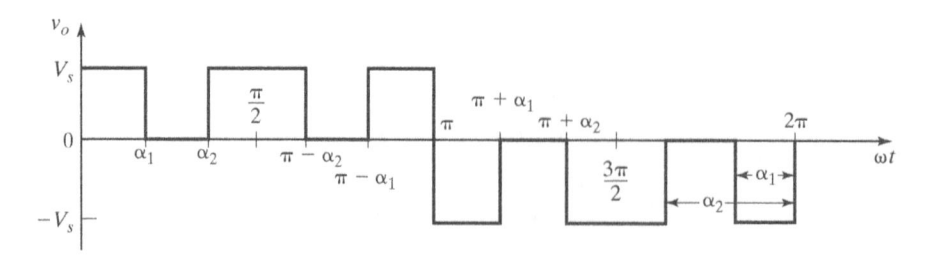

$$1 - \cos 5\alpha_1 + \cos 5\alpha_2 = 0$$

Resolvendo essas equações por iterações usando um programa Mathcad, obtemos $\alpha_1 = 17{,}83°$ e $\alpha_2 = 37{,}97°$.

Modulação 60 graus. O coeficiente B_n é dado por

$$B_n = \frac{4V_s}{n\pi}\left[\int_{\alpha_1}^{\alpha_2} \operatorname{sen}(n\omega t)\,d(\omega t) + \int_{\alpha_3}^{\alpha_4} \operatorname{sen}(n\omega t)\,d(\omega t) + \int_{\alpha_5}^{\alpha_6} \operatorname{sen}(n\omega t)\,d(\omega t)\right.$$

$$\left. + \int_{\pi/3}^{\pi/2} \operatorname{sen}(n\omega t)\,d(\omega t)\right]$$

$$B_n = \frac{4V_s}{n\pi}\left[\frac{1}{2} - \sum_{k=1}^{m}(-1)^k \cos(n\alpha_k)\right] \quad \text{para} \quad n = 1, 3, 5, \ldots \quad (6.97)$$

A técnica PWM senoidal modificada pode ser aplicada para gerar os entalhes que efetivamente eliminariam determinadas harmônicas na tensão de saída, como na Figura 6.34.

Conexões com transformador. As tensões de saída de dois ou mais inversores podem ser ligadas em série por meio de um transformador para reduzir ou eliminar certas harmônicas indesejáveis. O arranjo para combinar duas tensões de saída de inversores é mostrado na Figura 6.35a. As formas de onda da saída de cada inversor e a tensão de saída resultante são indicadas na Figura 6.35b. O segundo inversor está defasado em $\pi/3$.

A partir da Equação 6.6, a saída do primeiro inversor pode ser expressa como

$$v_{o1} = A_1 \operatorname{sen}\omega t + A_3 \operatorname{sen}3\omega t + A_5 \operatorname{sen}5\omega t + \ldots$$

Como a saída do segundo inversor v_{o2} é atrasada em $\pi/3$,

$$v_{o2} = A_1 \operatorname{sen}\left(\omega t - \frac{\pi}{3}\right) + A_3 \operatorname{sen}\left[3\left(\omega t - \frac{\pi}{3}\right)\right] + A_5 \operatorname{sen}\left[5\left(\omega t - \frac{\pi}{3}\right)\right] + \cdots$$

A tensão resultante v_o é obtida por adição de vetores.

$$v_o = v_{o1} + v_{o2} = \sqrt{3}\left\{A_1 \operatorname{sen}\left(\omega t - \frac{\pi}{6}\right) + A_5 \operatorname{sen}\left[5\left(\omega t + \frac{\pi}{6}\right)\right] + \cdots\right\}$$

Portanto, um deslocamento de fase de $\pi/3$ e a combinação de tensões por conexões com transformador eliminariam a terceira harmônica (e seus múltiplos ímpares de três). Deve-se observar que a componente fundamental resultante não é o dobro da tensão individual, e sim $\sqrt{3}/2\,(=0{,}866)$ das tensões de saída individuais e a saída efetiva foi reduzida em $(1 - 0{,}866 =)\ 13{,}4\%$.

As técnicas de eliminação de harmônicas, que são adequadas apenas para a tensão de saída fixa, aumentam a ordem das harmônicas e reduzem os tamanhos dos filtros de saída. No entanto, essa vantagem deve ser pesada contra o aumento das perdas de chaveamento dos dispositivos de potência e o aumento de ferro (ou perdas magnéticas) no transformador por conta das frequências de harmônicas mais elevadas.

FIGURA 6.34

Tensão de saída para modulação por largura de pulso senoidal modificada.

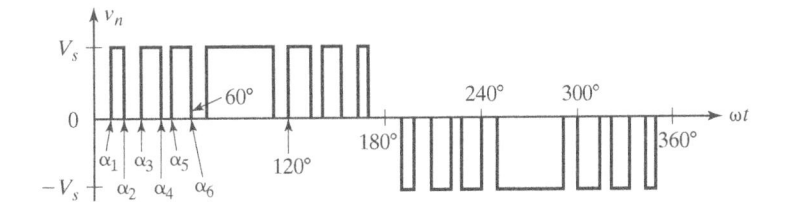

FIGURA 6.35
Eliminação de harmônicas por conexões com o transformador.

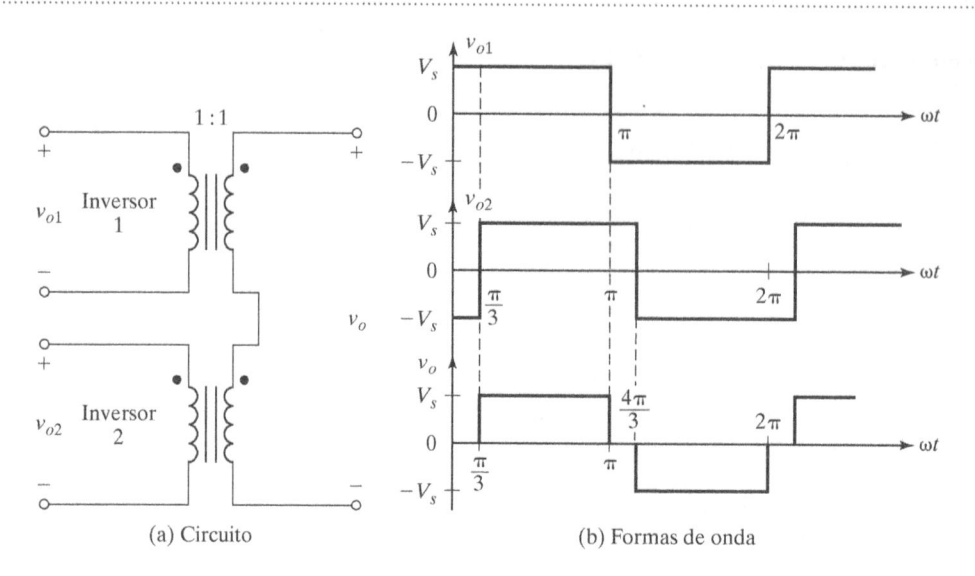

(a) Circuito (b) Formas de onda

Exemplo 6.6 ▪ Determinação do número de entalhes e seus ângulos

Um inversor monofásico de onda completa utiliza vários entalhes para obter a tensão bipolar, como mostra a Figura 6.32, e é aplicado para eliminar a quinta, a sétima, a décima primeira e a décima terceira harmônicas da onda de saída. Determine o número de entalhes e seus ângulos.

Solução
Para a eliminação da quinta, da sétima, da décima primeira e da décima terceira harmônicas, $A_5 = A_7 = A_{11} = A_{13} = 0$; isto é, $m = 4$. Seriam necessários quatro entalhes por quarto de onda. A Equação 6.93 dá o seguinte conjunto de equações não lineares simultâneas para resolver os ângulos:

$$1 - 2\cos 5\alpha_1 + 2\cos 5\alpha_2 - 2\cos 5\alpha_3 + 2\cos 5\alpha_4 = 0$$
$$1 - 2\cos 7\alpha_1 + 2\cos 7\alpha_2 - 2\cos 7\alpha_3 + 2\cos 7\alpha_4 = 0$$
$$1 - 2\cos 11\alpha_1 + 2\cos 11\alpha_2 - 2\cos 11\alpha_3 + 2\cos 11\alpha_4 = 0$$
$$1 - 2\cos 13\alpha_1 + 2\cos 13\alpha_2 - 2\cos 13\alpha_3 + 2\cos 13\alpha_4 = 0$$

A solução dessas equações por iteração usando um programa Mathcad dá
$$\alpha_1 = 10{,}55° \quad \alpha_2 = 16{,}09° \quad \alpha_3 = 30{,}91° \quad \alpha_4 = 32{,}87°$$

Observação: nem sempre é preciso eliminar a terceira harmônica (e seus múltiplos ímpares de três), que normalmente não está presente em conexões trifásicas. Portanto, em inversores trifásicos, é preferível eliminar a quinta, a sétima e a décima primeira harmônicas das tensões de saída, de modo que a LOH seja a décima terceira.

■ Principais pontos da Seção 6.8

– O ângulo de chaveamento dos inversores pode ser pré-selecionado para eliminar certas harmônicas nas tensões de saída.
– As técnicas de eliminação de harmônicas são adequadas somente para tensão de saída fixa, aumentam a ordem das harmônicas e reduzem os tamanhos dos filtros de saída.

6.9 INVERSORES DE CORRENTE

Nas seções anteriores, os inversores são alimentados a partir de uma fonte de tensão, e a corrente de carga é forçada a oscilar do positivo para o negativo — e vice-versa. Para lidar com as cargas indutivas, são necessários dispositivos de potência com diodos de roda livre, enquanto em um inversor de corrente (*current-source inverter* — CSI) a entrada comporta-se como uma fonte de corrente. A corrente de saída é mantida constante, independentemente da carga sobre o inversor, e a tensão de saída é forçada a variar. O diagrama do circuito de um inversor monofásico com transistores é mostrado na Figura 6.36a. Como é preciso haver um fluxo contínuo de corrente a partir da fonte, duas chaves devem estar em condução — uma da parte superior e outra da parte inferior. A sequência de condução é 12, 23, 34 e 41, como indica a Figura 6.36b. Já os estados das chaves são apresentados na Tabela 6.6. Os transistores Q_1 a Q_4 na Figura 6.36a atuam como as chaves S_1 a S_4, respectivamente. Se duas chaves, uma superior e outra inferior, conduzem ao mesmo tempo, de modo que a corrente de saída seja $\pm I_L$, o estado das chaves é 1; por outro lado, se essas chaves são desligadas ao mesmo tempo, o estado das chaves é 0. A forma de onda da corrente de saída é apontada na Figura 6.36c. Os diodos em série com os transistores são necessários para bloquear as tensões reversas nos transistores.

Quando dois dispositivos em braços diferentes conduzem, a corrente da fonte I_L flui através da carga; quando dois dispositivos do mesmo braço conduzem, a corrente da fonte é desviada da carga. O projeto da fonte de corrente é semelhante ao Exemplo 5.10. A série de Fourier da corrente de carga pode ser expressa como

$$i_0 = \sum_{n=1,3,5,\ldots}^{\infty} \frac{4I_L}{n\pi} \operatorname{sen} \frac{n\delta}{2} \operatorname{sen}(n\omega t) \tag{6.98}$$

A Figura 6.37a mostra o diagrama do circuito de um inversor de corrente trifásico. As formas de onda para os sinais de acionamento e as correntes de linha para uma carga conectada em Y são ilustradas na Figura 6.37b. Em qualquer instante, somente dois transistores conduzem simultaneamente. Cada dispositivo conduz por 120°. A partir da Equação 6.20a, a corrente instantânea por fase *a* de uma carga conectada em Y pode ser expressa como

$$i_a = \sum_{n=1,3,5,\ldots}^{\infty} \frac{4I_L}{n\pi} \operatorname{sen}\left(\frac{n\pi}{2}\right) \operatorname{sen}\left(\frac{n\pi}{3}\right) \operatorname{sen}\left[n\left(\omega t + \frac{\pi}{6}\right)\right] \tag{6.99}$$

A partir da Equação 6.25a, a corrente instantânea de fase para uma carga conectada em Y é dada por

$$i_a = \sum_{n=1}^{\infty} \frac{4I_L}{\sqrt{3}n\pi} \operatorname{sen}\left(\frac{n\pi}{2}\right) \operatorname{sen}\left(\frac{n\pi}{3}\right) \operatorname{sen}(n\omega t) \quad \text{para} \quad n = 1, 3, 5, \ldots \tag{6.100}$$

As técnicas PWM, SPWM, MSPWM ou SVM podem ser aplicadas para variar a corrente de carga e para melhorar a qualidade de suas formas de onda.

O CSI é um dual de um VSI. A tensão de linha de um VSI tem formato semelhante ao da corrente de linha de um CSI. As vantagens do CSI são: (1) como a corrente CC de entrada é controlada e limitada, falhas das chaves ou um curto-circuito não seriam problemas graves; (2) a corrente de pico dos dispositivos de potência é limitada; (3) os

TABELA 6.6
Estados das chaves para inversor de corrente (CSI) monofásico em ponte completa.

Estado	Estado nº	Estados das chaves $S_1S_2S_3S_4$	i_o	Componentes em condução
S_1 e S_2 estão ligadas, e S_4 e S_3, desligadas	1	1100	I_L	S_1 e S_2, D_1 e D_2
S_3 e S_4 estão ligadas, e S_1 e S_2, desligadas	2	0011	$-I_L$	S_3 e S_4, D_3 e D_4
S_1 e S_4 estão ligadas, e S_3 e S_2, desligadas	3	1001	0	S_1 e S_4, D_1 e D_4
S_3 e S_2 estão ligadas, e S_1 e S_4, desligadas	4	0110	0	S_3 e S_2, D_3 e D_2

FIGURA 6.36
Inversor de corrente monofásico.

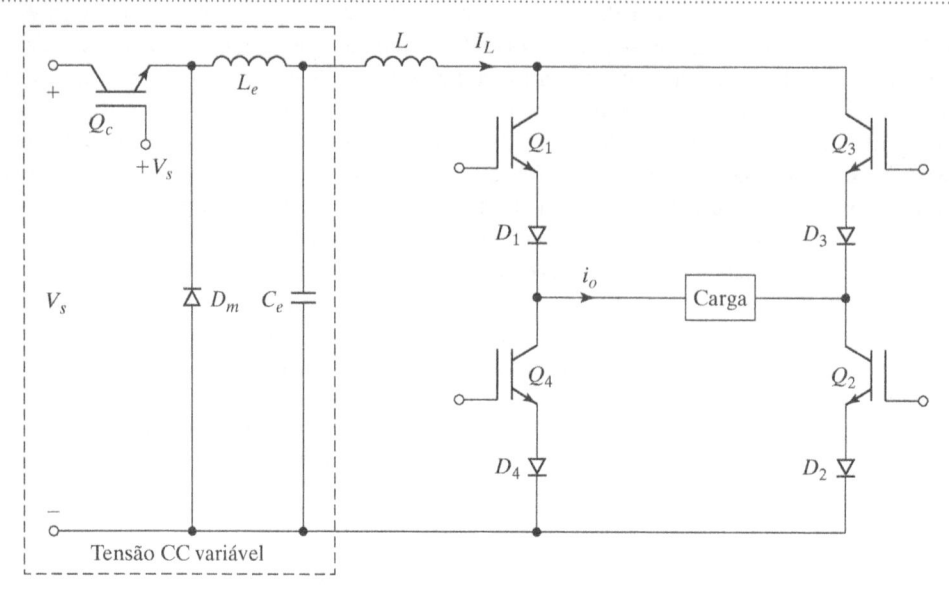

(a) CSI com transistores

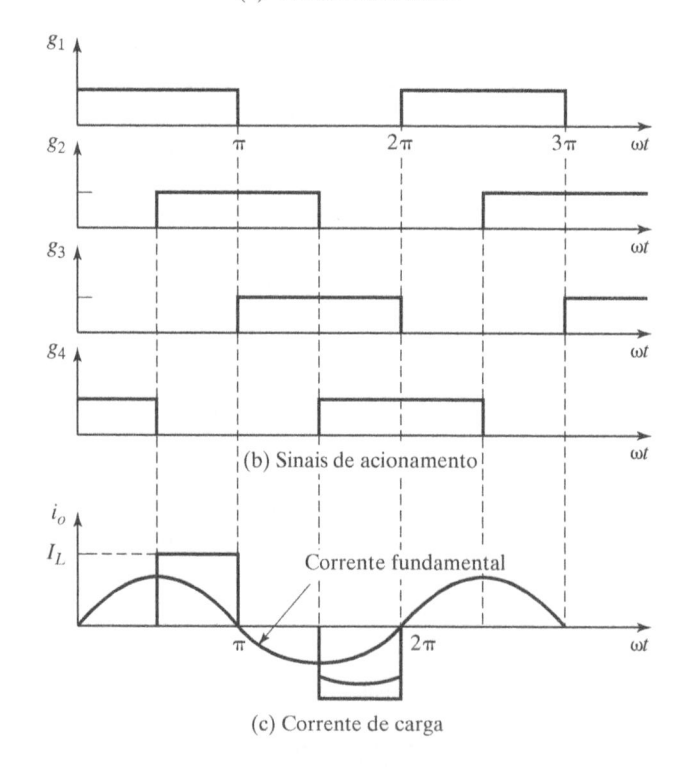

(b) Sinais de acionamento

(c) Corrente de carga

circuitos de comutação para tiristores são mais simples; e (4) é possível lidar com cargas reativas ou regenerativas sem diodos de roda livre.

Um CSI requer um indutor de entrada relativamente grande para apresentar características de fonte de corrente e um estágio conversor adicional para controlar a corrente. A resposta dinâmica é mais lenta. Por conta da transferência de corrente de um par de chaves para outro, há a necessidade de um filtro de saída para suprimir os picos na tensão de saída.

FIGURA 6.37
Inversor de corrente trifásico.

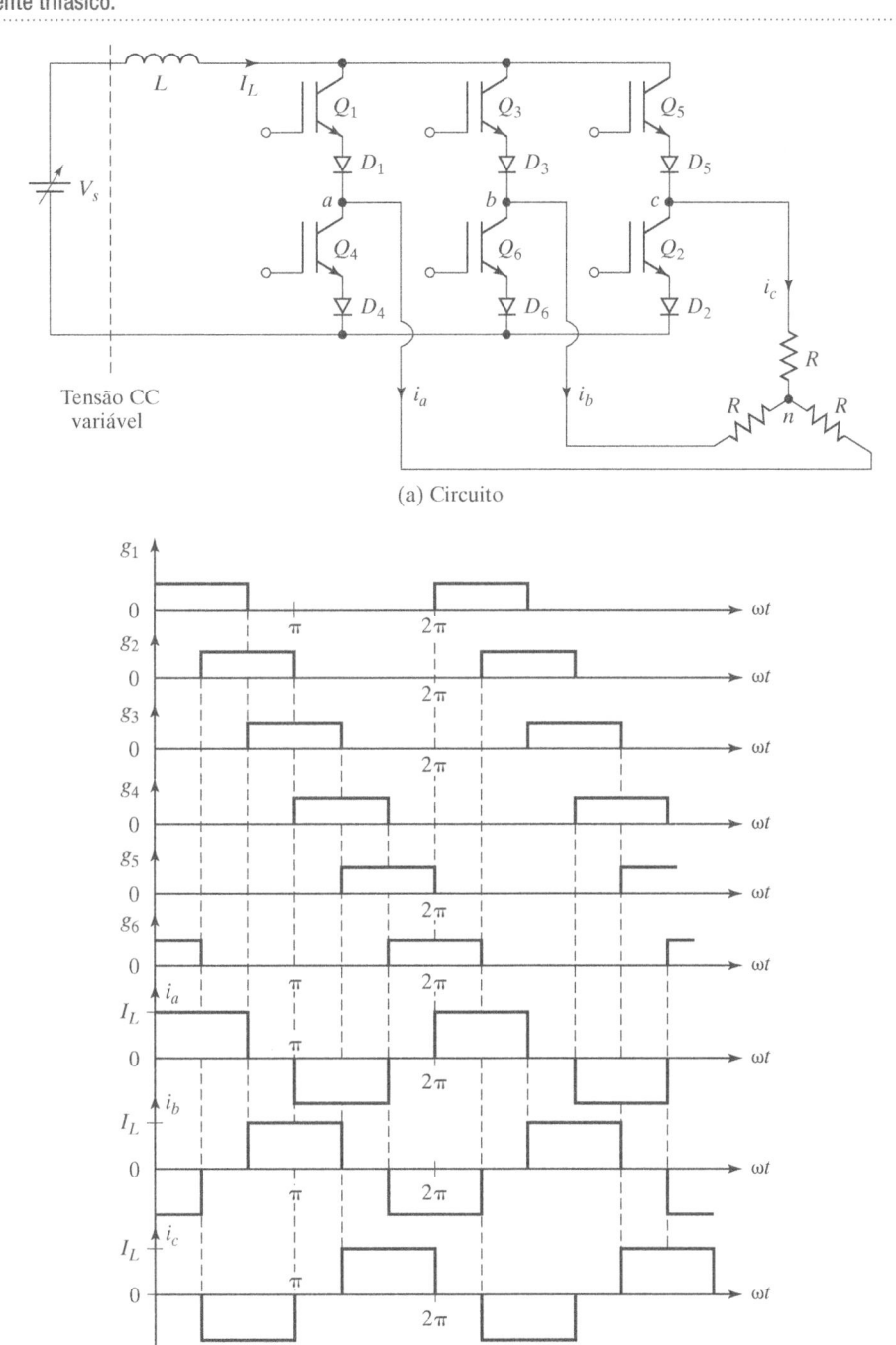

(a) Circuito

(b) Formas de onda

- **Principais pontos da Seção 6.9**

    - Um CSI é um dual do VSI. Em um VSI, a corrente da carga depende da impedância, enquanto em um CSI a tensão na carga é que depende da impedância. Por esse motivo, diodos são conectados em série com as chaves para protegê-los de tensões transitórias por conta do chaveamento da corrente de carga.

6.10 INVERSOR COM BARRAMENTO CC VARIÁVEL

A tensão de saída de um inversor pode ser controlada pela variação do índice de modulação (ou das larguras dos pulsos) e pela manutenção constante da tensão CC de entrada. Entretanto, nesse tipo de controle de tensão, uma gama de harmônicas estaria presente na tensão de saída. As larguras de pulsos podem ser mantidas fixas para eliminar ou reduzir determinadas harmônicas, e a tensão de saída pode ser controlada pela variação do nível de tensão de entrada CC. Tal arranjo, como mostra a Figura 6.38, é conhecido como *inversor com barramento CC variável*. Ele necessita de um estágio conversor adicional. E, com esse conversor, a potência não pode ser realimentada para a fonte CC. A fim de obter a qualidade e as harmônicas da tensão de saída desejadas, a forma desta última pode ser predeterminada, como ilustram a Figura 6.1b ou a Figura 6.36. A fonte de alimentação CC é variada para resultar em uma saída CA variável.

FIGURA 6.38
Inversor com barramento CC variável.

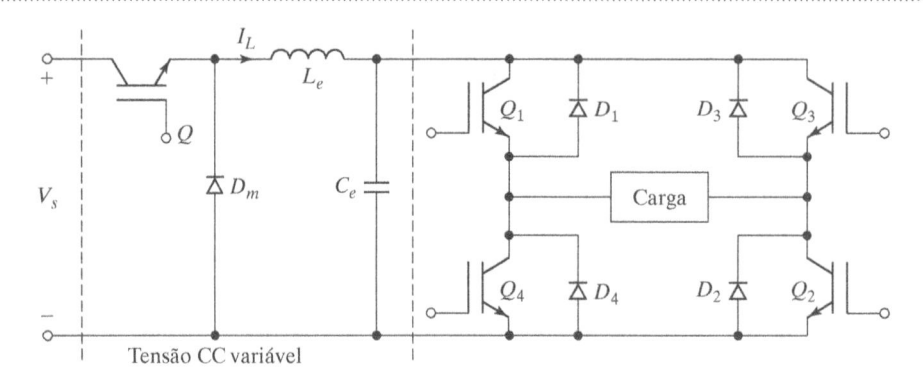

6.11 INVERSOR ELEVADOR

O VSI monofásico da Figura 6.3a utiliza a topologia *buck*, na qual a tensão média de saída é sempre menor do que a CC de entrada. Assim, se for necessária uma tensão de saída maior do que a de entrada, um conversor *boost* CC-CC deve ser utilizado entre a fonte CC e o inversor. Dependendo dos níveis de potência e de tensão, isso pode resultar em volume, peso e custo elevados e menor eficiência. Porém, a topologia ponte completa pode ser utilizada como um inversor elevador que consegue gerar uma tensão CA de saída maior do que a tensão de entrada CC.[22,23]

Princípio básico. Consideremos dois conversores CC-CC que alimentam uma carga resistiva R, como exibe a Figura 6.39a. Eles produzem uma onda senoidal de saída com polarização CC, de modo que cada fonte somente produza uma tensão unipolar, como na Figura 6.39b. As modulações dos conversores são defasadas em 180° entre si, de maneira que a excursão de tensão através da carga é maximizada. Assim, as tensões de saída são descritas por

$$v_a = V_{CC} + V_m \operatorname{sen} \omega t \qquad (6.101)$$

$$v_b = V_{CC} - V_m \operatorname{sen} \omega t \qquad (6.102)$$

Portanto, a tensão de saída é senoidal e dada por

$$v_o = v_a - v_b = 2V_m \operatorname{sen} \omega t \qquad (6.103)$$

Desse modo, uma tensão com nível CC aparece em cada extremidade da carga em relação ao terra, mas o diferencial de tensão CC através da carga é zero.

Circuito inversor *boost*. Cada conversor é um do tipo *boost* com corrente bidirecional, como mostra a Figura 6.40a. O inversor *boost* é composto por dois conversores *boost*, como apresenta a Figura 6.40b. A saída do inversor pode

FIGURA 6.39
Princípio do inversor elevador.

(a) Dois conversores CC-CC
(b) Tensões de saída

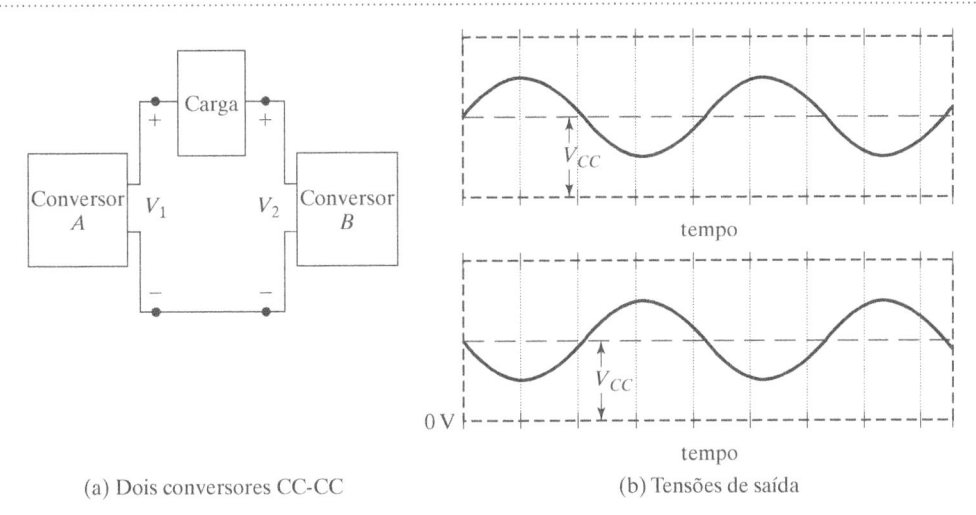

ser controlada por um dos seguintes métodos: (1) utilizar um ciclo de trabalho k para o conversor A e um ciclo de trabalho $(1-k)$ para o conversor B ou (2) utilizar um ciclo de trabalho diferente para cada conversor, de modo que cada um deles produza uma saída em onda senoidal com polarização CC. O segundo método é o preferido, e emprega controladores A e B para fazer as tensões dos capacitores v_a e v_b seguirem uma tensão senoidal de referência.

Operação do circuito. A operação do inversor pode ser explicada considerando apenas o conversor A, como mostra a Figura 6.41a, que pode ser simplificado para o da Figura 6.41b. Existem dois modos de operação: modo 1 e modo 2.

Modo 1: quando a chave S_1 está fechada e S_2 está aberta, como ilustra a Figura 6.42a, a corrente do indutor, i_{L1} cresce de forma linear, e o diodo D_2 é polarizado reversamente. O capacitor C_1 fornece energia para a carga e a tensão V_a diminui.
Modo 2: quando a chave S_1 está aberta e S_2 está fechada, como na Figura 6.42b, a corrente do indutor i_{L1} flui através do capacitor C_1 e da carga. A corrente i_{L1} diminui enquanto o capacitor C_1 é recarregado.

FIGURA 6.40
Inversor elevador composto por dois conversores *boost*.[22]

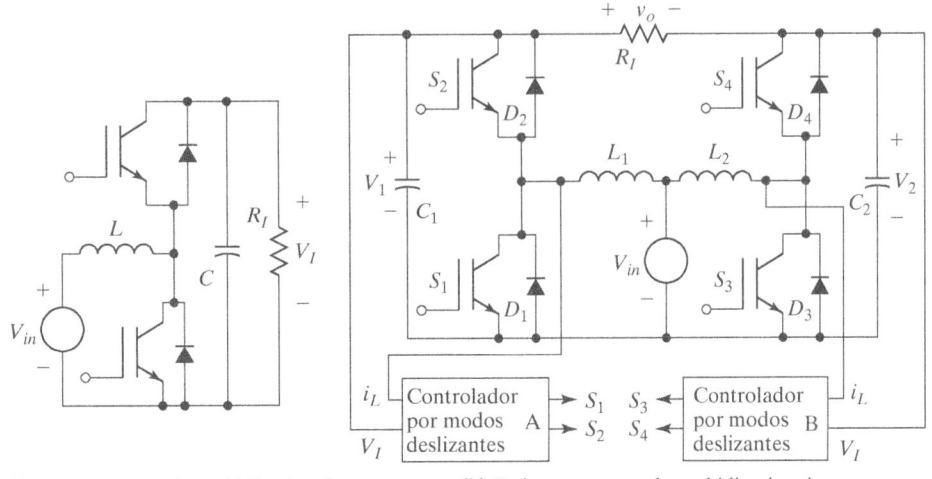

(a) Um conversor *boost* bidirecional
(b) Dois conversores *boost* bidirecionais

A tensão média de saída do conversor A, que opera no modo *boost*, pode ser encontrada a partir de

$$V_a = \frac{V_s}{1-k} \quad (6.104)$$

Já a tensão média de saída do conversor B, que opera no modo *buck*, pode ser encontrada a partir de

$$V_b = \frac{V_s}{k} \quad (6.105)$$

Portanto, a tensão média de saída é dada por

$$V_o = V_a - V_b = \frac{V_s}{1-k} - \frac{V_s}{k}$$

que fornece o ganho CC do inversor *boost* como

$$G_{CC} = \frac{V_o}{V_s} = \frac{2k-1}{(1-k)k} \quad (6.106)$$

onde k é o ciclo de trabalho. Deve-se observar que V_o é zero para $k = 0{,}5$. Se o ciclo de trabalho k variar em torno do ponto de repouso de 50%, há uma tensão CA através da carga. Como a tensão de saída na Equação 6.103 é duas vezes a componente senoidal do conversor A, a tensão de pico de saída é igual a

$$V_{o(pico)} = 2V_m = 2V_a - 2V_{CC} \quad (6.107)$$

Como um conversor *boost* não pode produzir uma tensão de saída mais baixa do que a de entrada, a componente CC deve satisfazer a condição:[24]

$$V_{CC} \geq 2(V_m + V_s) \quad (6.108)$$

FIGURA 6.41
Circuito equivalente para o conversor A.

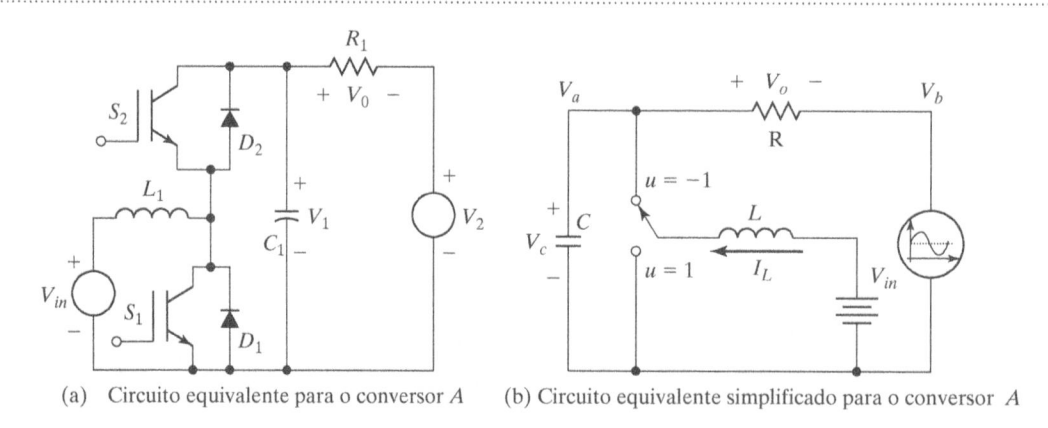

(a) Circuito equivalente para o conversor A

(b) Circuito equivalente simplificado para o conversor A

FIGURA 6.42
Circuitos equivalentes durante os modos de operação do conversor A.

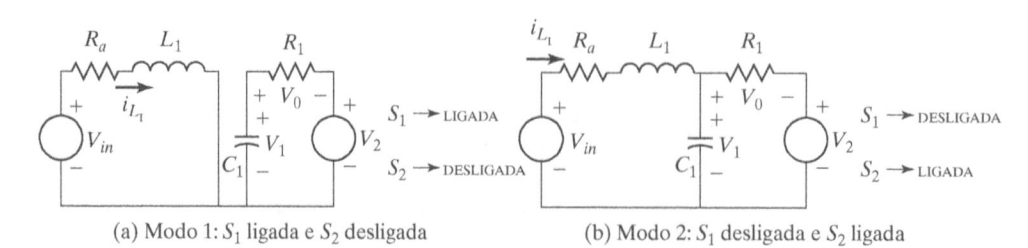

(a) Modo 1: S_1 ligada e S_2 desligada

(b) Modo 2: S_1 desligada e S_2 ligada

o que implica que existem muitos valores possíveis de V_{CC}. No entanto, o termo igual produz o menor estresse nos dispositivos. A partir das equações 6.104, 6.107 e 6.108, obtemos

$$V_{o(\text{pico})} = \frac{2V_s}{1-k} - 2\left(\frac{V_{o(\text{pico})}}{2} + V_s\right)$$

que dá o ganho de tensão CA

$$G_{CA} = \frac{V_{o(\text{pico})}}{V_s} = \frac{k}{1-k} \qquad (6.109)$$

Assim, $V_{o(\text{pico})}$ se torna V_s em $k = 0{,}5$. As características dos ganhos CC e CA do inversor *boost* são mostradas na Figura 6.43.

A corrente do indutor I_L, que depende da resistência da carga R e do ciclo de trabalho k, pode ser encontrada a partir de

$$I_L = \left[\frac{k}{1-k}\right]\frac{V_s}{(1-k)R} \qquad (6.110)$$

O estresse de tensão do inversor *boost* depende do ganho CA, G_{CA}, da tensão de pico de saída V_m e da corrente de carga I_L.

Inversor *buck-boost*. A topologia em ponte completa também pode ser operada como um inversor *buck-boost*,[24] como mostra a Figura 6.44. Ele tem quase as mesmas características que o inversor *boost* e pode gerar uma tensão CA de saída menor ou maior do que a tensão CC de entrada. A análise do conversor em regime permanente tem as mesmas condições que a do inversor *boost*.

■ Principais pontos da Seção 6.11

– Com uma sequência apropriada de acionamento, a topologia monofásica em ponte pode ser operada como um inversor elevador. O ganho de tensão depende do ciclo de trabalho.

FIGURA 6.43
Características de ganho do inversor *boost*.

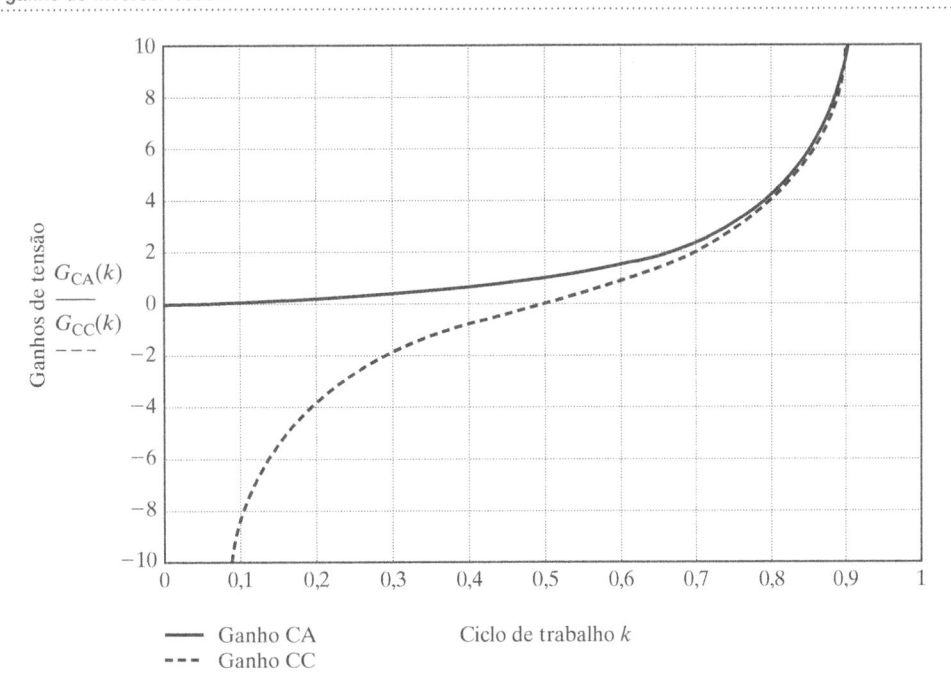

FIGURA 6.44
Inversor *buck-boost*.[23]

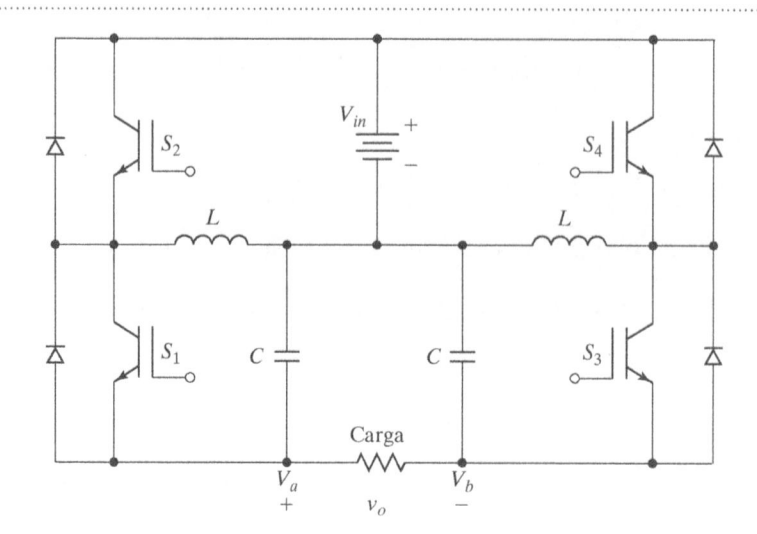

- Sequência de acionamento: S_1 é ligada durante kT, e S_2, durante $(1-k)T$. De forma semelhante, S_3 é ligada durante $(1-k)T$, e S_4, durante kT.

6.12 PROJETO DE INVERSORES

A determinação das especificações de tensão e corrente de dispositivos de potência em circuitos inversores depende dos tipos de inversor, da carga e dos métodos de controle de tensão e corrente. O projeto requer (1) a obtenção das expressões para a corrente instantânea de carga, e (2) as formas de onda da corrente para cada dispositivo e componente. Uma vez que a forma de onda da corrente seja conhecida, as especificações dos dispositivos de potência poderão ser determinadas. A avaliação das especificações de tensão requer o estabelecimento das tensões reversas de cada dispositivo.

Para reduzir as harmônicas de saída são necessários filtros de saída. A Figura 6.45 indica aqueles geralmente utilizados. Um filtro C é muito simples, como ilustra a Figura 6.45a, mas consome mais potência reativa. Um filtro sintonizado LC, como o da Figura 6.45b, consegue eliminar apenas uma frequência. Um filtro CLC, como vemos na Figura 6.45c, projetado de forma apropriada, é mais eficaz na redução de harmônicas de uma ampla largura de banda e consome menos potência reativa.

FIGURA 6.45
Filtros de saída.

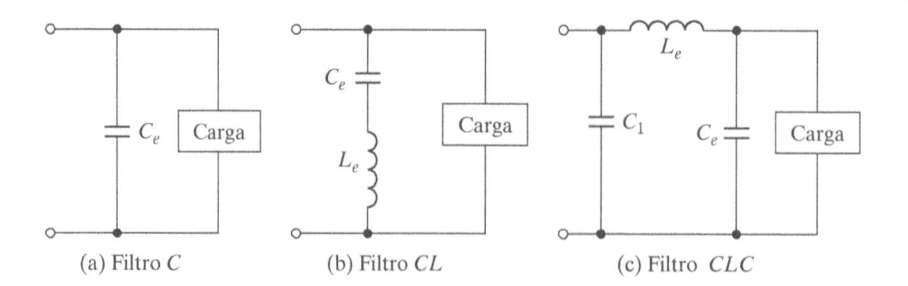

(a) Filtro C

(b) Filtro CL

(c) Filtro CLC

Exemplo 6.7 ▪ Determinação do valor do filtro C para eliminar determinadas harmônicas

O inversor monofásico em ponte completa da Figura 6.3a alimenta uma carga de $R = 10\,\Omega$, $L = 31{,}5$ mH e $C = 112$ µF. A tensão CC de entrada é $V_s = 220$ V, e a frequência do inversor, $f_o = 60$ Hz. A tensão de saída tem dois entalhes, de modo que a terceira e a quinta harmônicas são eliminadas. Determine **(a)** a expressão para a corrente de carga $i_o(t)$ e a **(b)** capacitância C_e de um filtro C de saída utilizado para eliminar a sétima harmônica e superiores.

Solução

A forma de onda da tensão de saída é mostrada na Figura 6.32. $V_s = 220$ V, $f_o = 60$ Hz, $R = 10\,\Omega$, $L = 31{,}5$ mH e $C = 112$ µF; $\omega_o = 2\pi \times 60 = 377$ rad/s.

A reatância indutiva para a n-ésima harmônica de tensão é

$$X_L = j2n\pi \times 60 \times 31{,}5 \times 10^{-3} = j11{,}87n\,\Omega$$

A reatância capacitiva para a n-ésima harmônica de tensão é

$$X_C = \frac{j}{2n\pi \times 60 \times 112 \times 10^{-6}} = -\frac{j23{,}68}{n}\,\Omega$$

A impedância para a n-ésima harmônica de tensão é

$$|Z_n| = \sqrt{10^2 + \left(11{,}87n - \frac{23{,}68}{n}\right)^2}$$

e o ângulo do fator de potência para a n-ésima tensão harmônica é

$$\theta_n = \mathrm{tg}^{-1}\frac{11{,}87n - 23{,}68/n}{10} = \mathrm{tg}^{-1}\left(1{,}187n - \frac{2{,}368}{n}\right)$$

a. A Equação 6.92 dá os coeficientes da série de Fourier:

$$B_n = \frac{4V_s}{\pi}\frac{1 - 2\cos n\alpha_1 + 2\cos n\alpha_2}{n}$$

Para $\alpha_1 = 23{,}62°$ e $\alpha_2 = 33{,}3°$, a terceira e a quinta harmônicas estariam ausentes. A partir da Equação 6.91, a tensão instantânea de saída pode ser expressa como

$$v_o(t) = 235{,}1\,\mathrm{sen}\,337t + 69{,}4\,\mathrm{sen}\,(7 \times 377t) + 114{,}58\,\mathrm{sen}\,(9 \times 377t)$$
$$+ 85{,}1\,\mathrm{sen}\,(11 \times 377t) + \cdots$$

Dividindo a tensão de saída pela impedância da carga e considerando o atraso apropriado por conta dos ângulos do fator de potência, obtém-se a corrente de carga

$$i_o(t) = 15{,}19\,\mathrm{sen}\,(377t + 49{,}74°) + 0{,}86\,\mathrm{sen}\,(7 \times 377t - 82{,}85°)$$
$$+ 1{,}09\,\mathrm{sen}\,(9 \times 377t - 84{,}52°) + 0{,}66\,\mathrm{sen}\,(11 \times 377t - 85{,}55°) + \cdots$$

b. As harmônicas de n-ésima ordem e superiores seriam significativamente reduzidas se a impedância do filtro fosse muito menor que a da carga. Uma proporção de 1:10 é em geral adequada. Assim

$$|Z_n| = 10 X_e$$

onde a impedância do filtro é $|X_e| = 1/(377 n C_e)$. O valor da capacitância do filtro C_e pode ser determinado a partir de

$$\sqrt{10^2 + \left(11{,}87n - \frac{23{,}68}{n}\right)^2} = \frac{10}{377 n C_e}$$

Para a sétima harmônica, $n = 7$ e $C_e = 47{,}3$ µF.

Exemplo 6.8 ▪ Simulação de um inversor monofásico com controle PWM com PSpice

O inversor monofásico da Figura 6.3a utiliza o controle PWM, como mostra a Figura 6.12a, com cinco pulsos por semiciclo. A tensão CC de alimentação é $V_s = 100$ V, o índice de modulação M, 0,6 e a frequência de saída, $f_o = 60$ Hz. A carga é resistiva com $R = 2,5$ Ω. Utilize o PSpice **(a)** para plotar a tensão de saída v_o e **(b)** para calcular seus coeficientes de Fourier. Os parâmetros do modelo SPICE do transistor são IS = 6,734F, BF = 416,4, CJC = 3,638P e CJE = 4,493P; e os dos diodos são IS = 2,2E – 15, BV = 1800V, TT = 0.

Solução

a. $M = 0,6, f_o = 60$ Hz, $T = 1/f_o = 16,667$ ms. Na Figura 6.46a, está representado o inversor para a simulação no PSpice. Um amplificador operacional, como na Figura 6.46b, é utilizado como comparador e produz os sinais de controle PWM. Os sinais de portadora e referência são exibidos na Figura 6.46c. A listagem do arquivo do circuito é a seguinte:

```
Exemplo 6.8       Inversor monofásico com controle PWM
VS         1   0    DC    100V
Vr        17   0    PULSE (50V 0V 0 833.33US 833.33US 1NS 16666.67US)
Rr        17   0    2MEG
Vc1       15   0    PULSE (0 -30V 0 1NS 1NS 8333.33US 16666.67US)
Rc1       15   0    2MEG
Vc3       16   0    PULSE (0 -30V 8333.33US 1NS 1NS 8333.33US 16666.67US)
Rc3       16   0    2MEG
R          4   5    2.5
*L         5   6    10MH            ; O indutor L está excluído
VX         3   4    DC    0V        ; Para medir a corrente de carga
VY         1   2    DC    0V        ; Para medir a corrente de entrada
D1         3   2    DMOD            ; Diodo
D2         0   6    DMOD            ; Diodo
D3         6   2    DMOD            ; Diodo
D4         0   3    DMOD            ; Diodo
.MODEL    DMOD  D (IS=2.2E-15 BV=1800V TT=0) ; Parâmetros do modelo do diodo
Q1         2   7    3    QMOD       ; BJT
Q2         6   9    0    QMOD       ; BJT
Q3         2  11    6    QMOD       ; BJT
Q4         3  13    0    QMOD       ; BJT
.MODEL QMOD NPN (IS=6.734F BF=416.4 CJC=3.638P CJE=4.493P); Parâmetros do BJT
Rg1        8   7    100
Rg2       10   9    100
Rg3       12  11    100
Rg4       14  13    100
*         Chamada do subcircuito da PWM
XPW1      17  15    8         3 PWM   ; Tensão de comando de Q1
XPW2      17  15   10         0 PWM   ; Tensão de comando de Q2
XPW3      17  16   12         6 PWM   ; Tensão de comando de Q3
XPW4      17  16   14         0 PWM   ; Tensão de comando de Q4
*         Subcircuito da PWM
.SUBCKT       PWM        1         2         3         4
*             nome do    entrada da entrada   +tensão   -tensão
*             modelo     ref.       portadora controle  controle
```

```
R1          1   5       1K
R2          2   5       1K
RIN         5   0       2MEG
RF          5   3       100K
RO          6   3       75
CO          3   4       10PF
E1          6   4   0   5   2E+5        ; Fonte de tensão controlada por tensão
.ENDS PWM                                ; Final do subcircuito
.TRAN 10US 16.67MS 0 10US                ; Análise transitória
.PROBE
.options abstol = 1.00n reltol = 0.01 vntol = 0.1 ITL5=20000 ; opções para convergência
.FOUR 60HZ V(3, 6)                       ; Análise de Fourier
.END
```

Na Figura 6.47, estão representados os gráficos obtidos na simulação com o PSpice, onde V(17) = sinal de referência, V(15) e V(16) = tensões das portadoras e V(3, 6) = tensão de saída.

b. Os coeficientes obtidos com a análise de Fourier estão listados abaixo.

```
FOURIER COMPONENTS OF TRANSIENT RESPONSE V (3, 6)
DC COMPONENT = 6.335275E-03
HARMONIC    FREQUENCY    FOURIER      NORMALIZED   PHASE        NORMALIZED
NO          (HZ)         COMPONENT    COMPONENT    (DEG)        PHASE (DEG)
1           6.000E+01    7.553E+01    1.000E+00    6.275E-02    0.000E+00
2           1.200E+02    1.329E-02    1.759E-04    5.651E+01    5.645E+01
3           1.800E+02    2.756E+01    3.649E-01    1.342E-01    7.141E-02
4           2.400E+02    1.216E-02    1.609E-04    6.914E+00    6.852E+00
5           3.000E+02    2.027E+01    2.683E-01    4.379E-01    3.752E-01
6           3.600E+02    7.502E-03    9.933E-05    -4.924E+01   -4.930E+01
7           4.200E+02    2.159E+01    2.858E-01    4.841E-01    4.213E-01
8           4.800E+02    2.435E-03    3.224E-05    -1.343E+02   -1.343E+02
9           5.400E+02    4.553E+01    6.028E-01    6.479E-01    5.852E-01
TOTAL HARMONIC DISTORTION = 8.063548E+01 PERCENT
```

Observação: para $M = 0,6$ e $p = 5$, um programa Mathcad para PWM uniforme fornece $V_1 = 54,59$ V (rms) e DHT = 100,65% em comparação aos valores $V_1 = 75,53/\sqrt{2} = 53,41$ V (rms) e DHT = 80,65% obtidos no PSpice. No cálculo da DHT, o PSpice considera por padrão apenas até a nona harmônica, em vez de todas elas. Assim, se as harmônicas maiores que a nona tiverem valor significativo em comparação à componente fundamental, o PSpice fornecerá um valor baixo e errado para a DHT. Entretanto, a partir da versão 8.0 é possível especificar o número de harmônicas a ser calculado. Por exemplo, o comando para calcular até a trigésima harmônica é .FOUR 60HZ 30 V(3,6). O valor padrão é a nona harmônica.

RESUMO

Os inversores podem fornecer tensões CA monofásicas e trifásicas a partir de uma tensão CC fixa ou variável. Existem várias técnicas de controle de tensão, e elas produzem um conjunto de harmônicas na tensão de saída. A SPWM é mais eficaz na redução da LOH. Com a escolha apropriada dos padrões de chaveamento para os dispositivos de potência, determinadas harmônicas podem ser eliminadas. A modulação SV possui aplicações cada vez maiores em conversores de potência e em controle de motores. O inversor de corrente (CSI) é um dual do inversor de tensão (VSI). Com sequência de acionamento e controle adequados, o inversor monofásico em ponte pode ser operado como um inversor elevador.

FIGURA 6.46
Inversor monofásico para simulação PSpice.

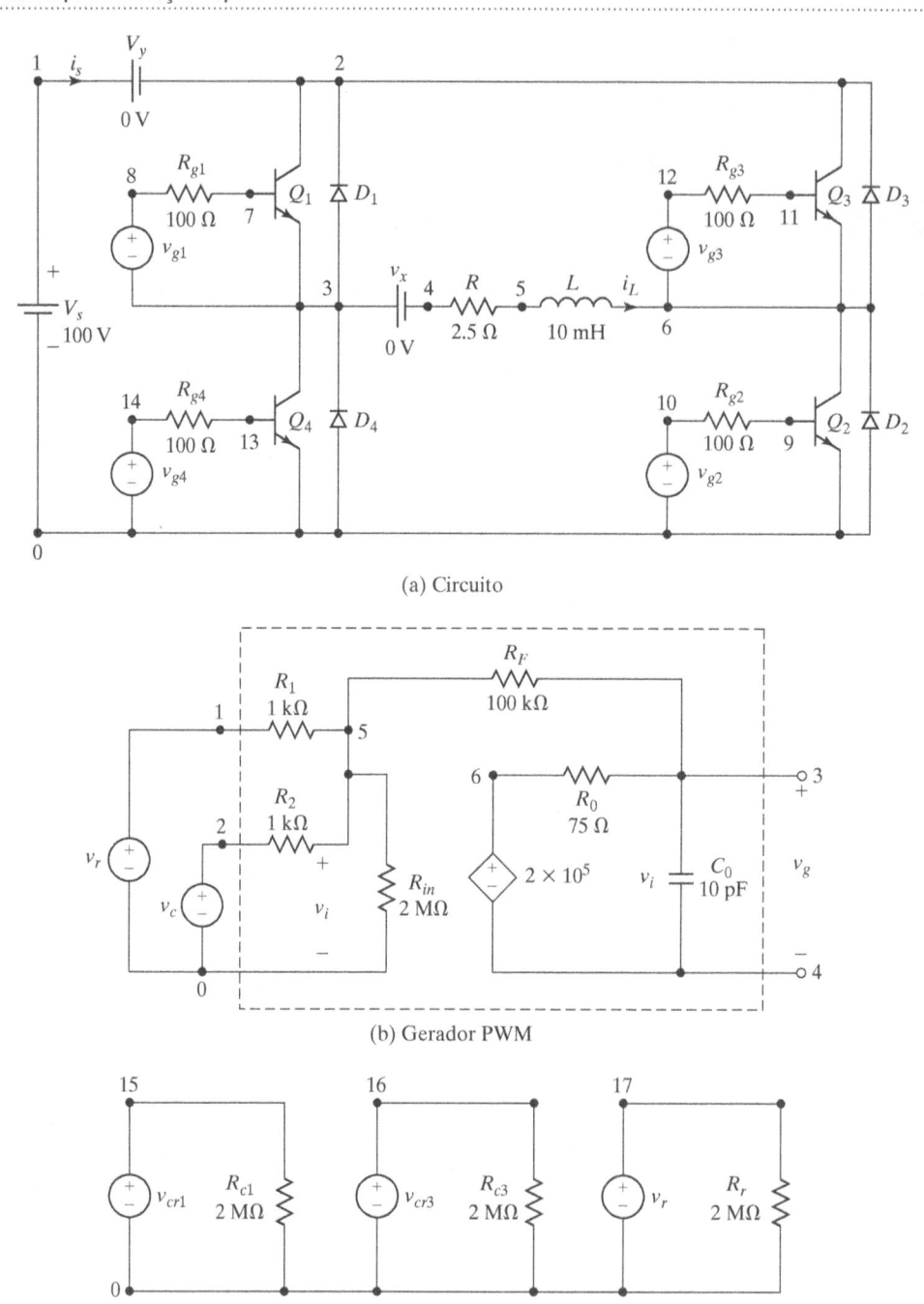

(a) Circuito

(b) Gerador PWM

(c) Sinais de portadora e referência

QUESTÕES PARA REVISÃO

6.1 O que é um inversor?
6.2 Qual é o princípio de operação de um inversor?
6.3 Quais são os tipos de inversor?
6.4 Quais são as diferenças entre inversores em meia ponte e em ponte completa?

FIGURA 6.47
Gráficos obtidos no PSpice para o Exemplo 6.8.

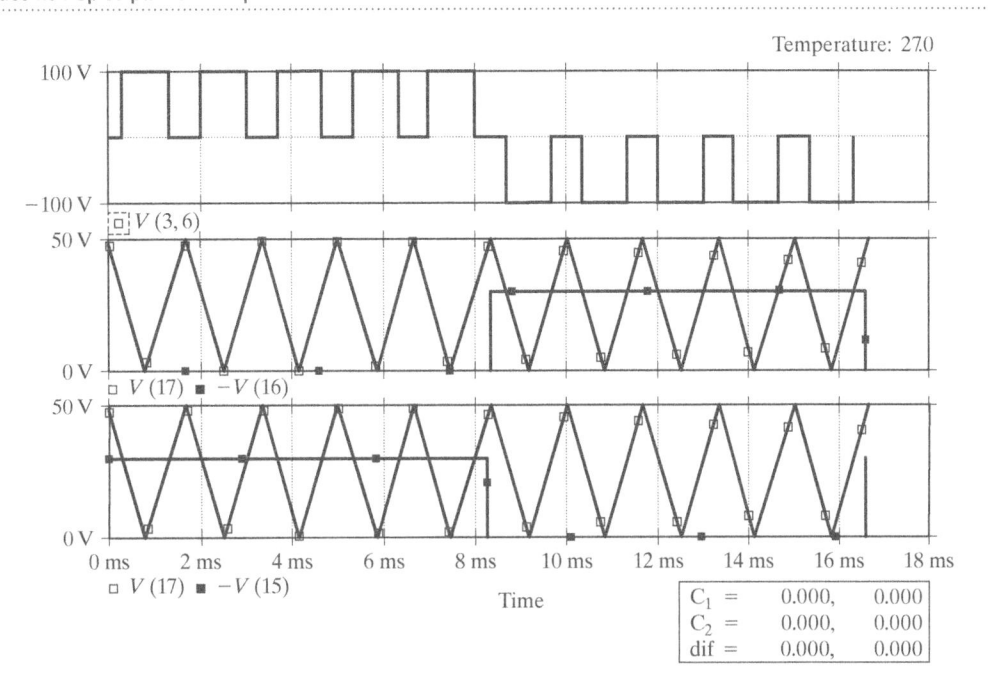

6.5 Quais são os parâmetros de desempenho dos inversores?
6.6 Qual a finalidade dos diodos de realimentação nos inversores?
6.7 Quais são os arranjos para a obtenção de tensões de saída trifásicas?
6.8 Quais são os métodos para controle de tensão nos inversores?
6.9 O que é PWM senoidal?
6.10 Qual é a finalidade da sobremodulação?
6.11 Por que a frequência da portadora normalizada m_f de um inversor trifásico deve ser um múltiplo ímpar de três?
6.12 O que é PWM de terceira harmônica?
6.13 O que é PWM 60°?
6.14 O que é modulação por vetores espaciais?
6.15 Quais são as vantagens da SVM?
6.16 O que é transformação do vetor espacial?
6.17 O que são vetores espaciais?
6.18 O que são estados das chaves de um inversor?
6.19 O que são vetores de referência de modulação?
6.20 O que é chaveamento do vetor espacial (SV)?
6.21 O que é sequência de vetor espacial (SV)?
6.22 O que são vetores nulos?
6.23 Quais são as vantagens e desvantagens do controle por deslocamento de fase?
6.24 Quais são as técnicas para redução de harmônicas?
6.25 Quais são os efeitos da eliminação de harmônicas de ordem mais baixa?
6.26 Quais são as vantagens e desvantagens dos inversores fonte de corrente (CSI)?
6.27 Quais são as principais diferenças entre inversores fonte de tensão (VSI) e fonte de corrente (CSI)?

6.28 Quais são as principais vantagens e desvantagens dos inversores com barramento CC variável?

6.29 Qual é o princípio básico de um inversor elevador?

6.30 Quais são os dois métodos para controle de tensão do inversor *boost*?

6.31 Qual é o ganho de tensão CC do inversor *boost*?

6.32 Qual é o ganho de tensão CA do inversor *boost*?

6.33 Quais são os motivos para a adição de um filtro na saída do inversor?

6.34 Quais são as diferenças entre filtros CC e CA?

PROBLEMAS

6.1 O inversor monofásico em meia ponte da Figura 6.2a tem uma carga resistiva de $R = 5\ \Omega$, e a tensão CC de entrada é $V_s = 220$ V. Determine **(a)** a tensão rms de saída na frequência fundamental V_1; **(b)** a potência de saída P_o; **(c)** as correntes média, rms e de pico de cada transistor; **(d)** a tensão de pico em estado desligado V_{BB} de cada transistor; **(e)** a distorção harmônica total DHT; **(f)** o fator de distorção FD; e **(g)** o fator harmônico e o fator de distorção da harmônica de mais baixa ordem.

6.2 Repita o Problema 6.1 para o inversor monofásico em ponte completa da Figura 6.3a.

6.3 O inversor em ponte completa na Figura 6.3a tem uma carga RLC, com $R = 6{,}5\ \Omega$, $L = 10$ mH e $C = 26\ \mu$F. A frequência do inversor é $f_o = 400$ Hz, e a tensão CC de entrada, $V_s = 220$ V. **(a)** Expresse a corrente instantânea de carga na série de Fourier. Calcule **(b)** a corrente rms de carga na frequência fundamental I_1; **(c)** a DHT da corrente de carga; **(d)** a corrente média de alimentação I_s; e **(e)** as correntes média, rms e de pico de cada transistor.

6.4 Repita o Problema 6.3 para $f_o = 60$ Hz, $R = 5\ \Omega$, $L = 25$ mH e $C = 10\ \mu$F.

6.5 Repita o Problema 6.3 para $f_o = 60$ Hz, $R = 6{,}5\ \Omega$, $L = 20$ mH e $C = 10\ \mu$F.

6.6 O inversor trifásico em ponte completa da Figura 6.6a tem uma carga resistiva conectada em Y de $R = 6{,}5\ \Omega$. A frequência do inversor é $f_o = 400$ Hz, e a tensão CC de entrada, $V_s = 220$ V. Expresse as tensões e as correntes instantâneas de fase na série de Fourier.

6.7 Repita o Problema 6.6 para as tensões de linha e as correntes de linha.

6.8 Repita o Problema 6.6 para uma carga conectada em delta.

6.9 Repita o Problema 6.7 para uma carga conectada em delta.

6.10 O inversor trifásico em ponte completa da Figura 6.6a tem uma carga conectada em Y, e cada fase consiste de $R = 4\ \Omega$, $L = 10$ mH e $C = 25\ \mu$F. A frequência do inversor é $f_o = 60$ Hz, e a tensão CC de entrada, $V_s = 220$ V. Determine as correntes rms, média e de pico dos transistores.

6.11 A tensão de saída de um inversor monofásico em ponte completa é controlada por PWM com um pulso por semiciclo. Determine a largura de pulso necessária para que a componente rms fundamental seja 70% da tensão CC de entrada.

6.12 Um inversor monofásico em ponte completa usa PWM uniforme com dois pulsos por semiciclo para controle de tensão. Plote o fator de distorção, a componente fundamental e as harmônicas de mais baixa ordem em relação ao índice de modulação.

6.13 Um inversor monofásico em ponte completa, que utiliza PWM uniforme com dois pulsos por semiciclo, tem uma carga de $R = 4\ \Omega$, $L = 15$ mH e $C = 25\ \mu$F. A tensão CC de entrada é $V_s = 220$ V. Expresse a corrente instantânea de carga $i_o(t)$ em uma série de Fourier para $M = 0{,}8, f_o = 60$ Hz.

6.14 Um inversor monofásico em ponte completa opera a 1 kHz e usa PWM uniforme com quatro pulsos por semiciclo para controle de tensão. Plote a componente fundamental, o fator de distorção e a DHT em relação ao índice de modulação M.

6.15 Um inversor monofásico em ponte completa usa PWM uniforme com sete pulsos por semiciclo para controle de tensão. Plote o fator de distorção, a componente fundamental e as harmônicas de mais baixa ordem em relação ao índice de modulação.

6.16 Um inversor monofásico em ponte completa opera a 1 kHz e usa SPWM com quatro pulsos por semiciclo para controle de tensão. Plote a componente fundamental, o fator de distorção e a DHT em relação ao índice de modulação M.

6.17 Um inversor monofásico em ponte completa usa SPWM com sete pulsos por semiciclo para controle de tensão. Plote a componente fundamental, o fator de distorção e a DHT em relação ao índice de modulação.

6.18 Repita o Problema 6.17 para uma SPWM modificada com cinco pulsos por semiciclo.

6.19 Um inversor monofásico em ponte completa opera a 1 kHz e usa SPWM modificada, como mostra a Figura 6.17, com três pulsos por semiciclo para controle de tensão. Plote a componente fundamental, o fator de distorção e a DHT em relação ao índice de modulação M.

6.20 Um inversor monofásico em ponte completa usa PWM uniforme com cinco pulsos por semiciclo. Determine a largura de pulso se a tensão rms de saída for 80% da tensão CC de entrada.

6.21 Um inversor monofásico em ponte completa usa controle por deslocamento de fase para variar a tensão de saída, e tem um pulso por semiciclo, como mostra a Figura 6.19f. Determine o ângulo de atraso (ou deslocamento) se a componente fundamental da tensão de saída for 70% da tensão CC de entrada.

6.22 Um inversor monofásico em meia ponte opera a 1 kHz e usa a modulação trapezoidal mostrada na Figura P6.22 com cinco pulsos por semiciclo para controle de tensão. Plote a componente fundamental, o fator de distorção e a DHT em relação ao índice de modulação M.

FIGURA P6.22 [26]

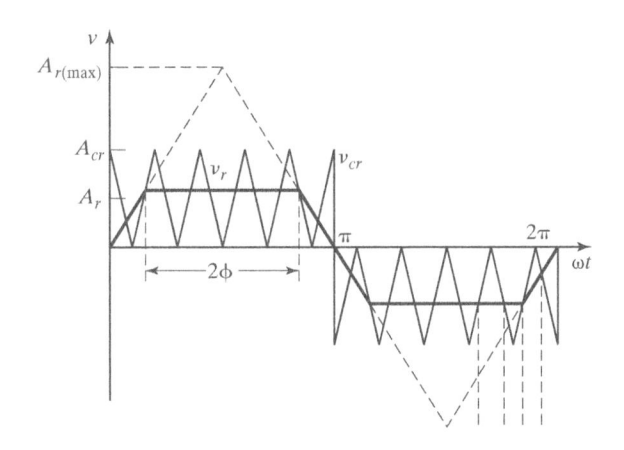

6.23 Um inversor monofásico em meia ponte opera a 1 kHz e usa a modulação escada mostrada na Figura P6.23 com sete pulsos por semiciclo para controle de tensão. Plote a componente fundamental, o fator de distorção e a DHT em relação ao índice de modulação M.

FIGURA P6.23 [26]

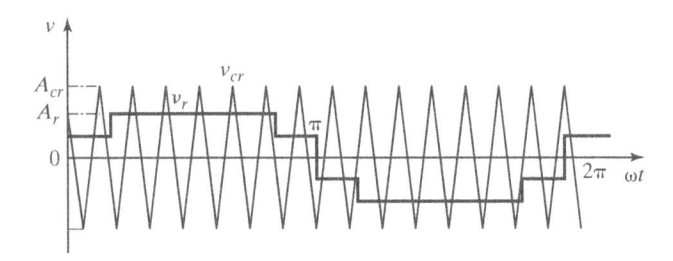

6.24 Um inversor monofásico em meia ponte opera a 1 kHz e usa a modulação degrau mostrada na Figura P6.24 com cinco pulsos por semiciclo para controle de tensão. Plote a componente fundamental, o fator de distorção e a DHT em relação ao índice de modulação M.

FIGURA P6.24 [26]

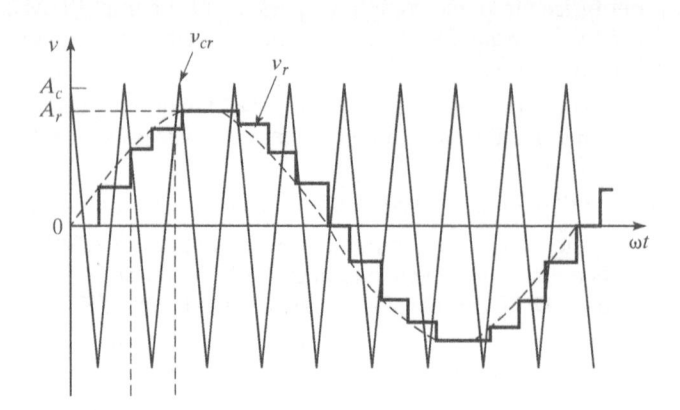

6.25 Um inversor monofásico em meia ponte opera a 1 kHz e usa a modulação de terceira e quinta harmônicas, como mostra a Figura P6.25, com seis pulsos por semiciclo para controle de tensão. Plote a componente fundamental, o fator de distorção e a DHT em relação ao índice de modulação M.

FIGURA P6.25 [26]

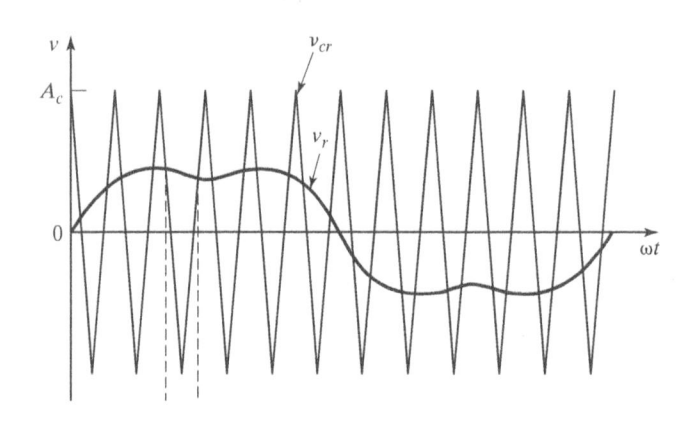

6.26 Um inversor monofásico em ponte completa utiliza vários entalhes bipolares e é aplicado para eliminar a terceira, a quinta, a sétima e a décima primeira harmônicas da forma de onda de saída. Determine o número de entalhes e seus ângulos.

6.27 Repita o Problema 6.26 para eliminar a terceira, a quinta, a sétima e a nona harmônicas.

6.28 Um inversor monofásico em ponte completa opera a 1 kHz e utiliza entalhes unipolares, como mostra a Figura 6.33. Ele é aplicado para eliminar a terceira, a quinta, a sétima e a nona harmônicas. Determine o número de entalhes e seus ângulos. Utilize o PSpice para verificar a eliminação dessas harmônicas.

6.29 Um inversor monofásico em ponte completa opera a 1 kHz e utiliza SPWM modificada, como mostra a Figura 6.34. Ele é aplicado para eliminar a terceira e a quinta harmônicas. Determine o número de pulsos e seus ângulos. Utilize o PSpice para verificar a eliminação dessas harmônicas.

6.30 Plote os tempos normalizados dos estados $T_1/(MT_s)$, $T_2/(MT_s)$ e $T_z/(MT_s)$ em relação ao ângulo θ (= 0 a $\pi/3$) entre dois vetores espaciais adjacentes.

6.31 Dois vetores adjacentes são $\mathbf{V}_1 = 1 + j0{,}577$ e $\mathbf{V}_2 = j1{,}155$. Para um ângulo entre eles de $\theta = \pi/6$ e um índice de modulação M de 0,8, calcule o vetor de modulação $\mathbf{V}_{cr}$.

6.32 Plote o padrão SVM e a expressão para os segmentos das tensões trifásicas de saída v_{an}, v_{bn} e v_{cn} no setor 2 durante dois intervalos de amostragem.

6.33 Plote o padrão SVM e a expressão para os segmentos das tensões trifásicas de saída v_{an}, v_{bn} e v_{cn} no setor 3 durante dois intervalos de amostragem.

6.34 Plote o padrão SVM e a expressão para os segmentos das tensões trifásicas de saída v_{an}, v_{bn} e v_{cn} no setor 4 durante dois intervalos de amostragem.

6.35 Plote o padrão SVM e a expressão para os segmentos das tensões trifásicas de saída v_{an}, v_{bn} e v_{cn} no setor 5 durante dois intervalos de amostragem.

6.36 Plote o padrão SVM e a expressão para os segmentos das tensões trifásicas de saída v_{an}, v_{bn} e v_{cn} no setor 6 durante dois intervalos de amostragem.

6.37 O inversor elevador da Figura 6.40b opera com um ciclo de trabalho $k = 0{,}6$. Determine (a) o ganho de tensão CC G_{CC}; (b) o ganho de tensão CA G_{CA}; e (c) as tensões instantâneas do capacitor v_a e v_b.

6.38 O inversor monofásico em ponte completa da Figura 6.3a alimenta uma carga de $R = 4\,\Omega$, $L = 15$ mH e $C = 30$ μF. A tensão CC de entrada é $V_s = 220$ V, e a frequência do inversor, $f_o = 400$ Hz. A tensão de saída tem dois entalhes, de modo que a terceira e a quinta harmônicas são eliminadas. Se um filtro sintonizado LC for utilizado para eliminar a sétima harmônica da tensão de saída, determine os valores apropriados das componentes do filtro.

6.39 O inversor monofásico em ponte completa da Figura 6.3a alimenta uma carga de $R = 4\,\Omega$, $L = 25$ mH e $C = 40$ μF. A tensão CC de entrada é $V_s = 220$ V, e a frequência do inversor $f_o = 60$ Hz. A tensão de saída tem três entalhes, de modo que a terceira, a quinta e a sétima harmônicas são eliminadas. Para um filtro de saída C utilizado para eliminar as harmônicas de nona ordem e superiores, determine o valor do capacitor do filtro C_e.

REFERÊNCIAS

1. BEDFORD, B. D.; HOFT, R. G. *Principle of Inverter Circuits*. Nova York: John Wiley & Sons, 1964.
2. OHNISHI, T.; OKITSU, H. "A novel PWM technique for three-phase inverter/converter". *International Power Electronics Conference*, p. 384–395, 1983.
3. TANIGUCHI, K.; IRIE, H. "Trapezoidal modulating signal for three-phase PWM inverter". *IEEE Transactions on Industrial Electronics*, v. IE3, n. 2, p. 193–200, 1986.
4. THORBORG, K.; NYSTORM, A. "Staircase PWM: an uncomplicated and efficient modulation technique for ac motor drives85 *IEEE Transactions on Power Electronics*, v. PE3, n. 4, p. 391–398, 1988.
5. SALMON, J. C.; OLSEN, S.; DURDLE, N. "A three-phase PWM strategy using a stepped 12 reference waveform". *IEEE Transactions on Industry Applications*, v. IA27, n. 5, p. 914–920, 1991.
6. BOOST, M. A.; ZIOGAS, P. D. "State-of-the-art carrier PWM techniques: A critical evaluation". *IEEE Transactions on Industry Applications*, v. IA24, n. 2, p. 271–279, 1988.
7. TANIGUSHI, K.; IRIE, H. "PWM technique for power MOSFET inverter," *IEEE Transactions on Power Electronics*, v. PE3, n. 3, p. 328–334, 1988.
8. OHSATO, M. H.; KIMURA, G.; SHIOYA, M. "Five-stepped PWM inverter used in photovoltaic systems". *IEEE Transactions on Industrial Electronics*, v. 38, p. 393–397, out. 1991.
9. ZIOGAS, P. D. "The delta modulation techniques in static PWM inverters". *IEEE Transactions on Industry Applications*, p. 199–204, mar./abr. 1981.
10. ESPINOZA, J. R. *Power Electronics Handbook*. Editado por M. H. Rashid. San Diego, CA: Academic Press, 2001. Capítulo 14 — Inverters.
11. LEE, D.-C.; LEE, G.-M. "Linear control of inverter output voltage in overmodulation". *IEEE Transactions on Industrial Electronics*, v. 44, n. 4, p. 590–592, ago. 1997.
12. BLAABJERG, F.; PEDERSEN, J. K.; THOEGERSEN, P. "Improved modulation techniques for PWM-V SI drives". *IEEE Transactions on Industrial Electronics*, v. 44, n. 1, p. 87–95, fev. 1997.
13. VAN DER BROECK, H. W.; SKUDELNY, H.-C.; STANKE, G. V. "Analysis and realization of a pulse-width modulator based on voltage space vectors". *IEEE Transactions on Industry Applications*, v. 24, n. 1, p. 142–150, jan./fev. 1988.
14. IWAJI, Y.; FUKUDA, S. "A pulse frequency modulated PWM inverter for induction motor drives". *IEEE Transactions on Power Electronics*, v. 7, n. 2, p. 404–410, abr. 1992.
15. LIU, H. L.; CHO, H. "Three-level space vector PWM in low index modulation region avoiding narrow pulse problem". *IEEE Transactions on Power Electronics*, v. 9, p. 481–486, set. 1994.
16. CHEN, T.-P.; LAI, Y.-S.; LIU, C.-H. "New space vector modulation technique for inverter control". *IEEE Power Electronics Specialists Conference*, v. 2, p. 777–782, 1999.
17. BOWES, S. R.; SINGH, G. S. "Novel space-vector-based harmonic elimination inverter control", *IEEE Transactions on Industry Applications*, v. 36, n. 2, p. 549–557, mar./abr. 2000.
18. JACOBINA, C. B.et al. "Digital scalar pulse-width modulation: A simple approach to introduce non-sinusoidal modulating waveforms". *IEEE Transactions on Power Electronics*, v. 16, n. 3, p. 351–359, maio 2001.
19. ZHAN, C. et al. "Novel voltage space vector PWM algorithm of 3-phase 4-wire power conditioner". *IEEE Power Engineering Society Winter Meeting*, v. 3, p. 1045–1050, 2001.
20. VALENTINE, R. *Motor Control Electronics Handbook*. Nova York: McGraw-Hill, 1996. Capítulo 8.

21. PATEL, H. S.; HOFT, R. G. "Generalized techniques of harmonic elimination and voltage control in thyristor converter". *IEEE Transactions on Industry Applications*, v. IA9, n. 3, p. 310–317, 1973; v. IA10, n. 5, p. 666–673, 1974.
22. CACERES, R. O.; BARBI, I. "A boost dc–ac converter: Operation, analysis, control and experimentation", *Industrial Electronics Control and Instrumentation Conference*, p. 546–551, nov. 1995.
23. _____. "A boost dc–ac converter: Analysis, design, and experimentation". *IEEE Transactions on Power Electronics*, v. 14, n. 1, p. 134–141, jan. 1999.
24. ALMAZAN, J. et al. "Comparison between the buck, boost and buck–boost inverters". *International Power Electronics Congress*, Acapulco, México, p. 341–346, out. 2000.
25. KWON, B. H.; MIN, B. D. "A fully software-controlled PWM rectifier with current link". *IEEE Transactions on Industrial Electronics*, v. 40, n. 3, p. 355–363, jun. 1993.
26. RASHID, M. H. *Power Electronics* — Devices, Circuits, and Applications. 3. ed. Upper Saddle River, NJ: Prentice Hall Inc., 2003. Capítulo 6.
27. WU, Bin et al. *Power Conversion and Control of Wind Energy Systems*. Nova York: Wiley-IEEE Press, 2011.

Capítulo 7

Inversores de pulso ressonante

Após a conclusão deste capítulo, os estudantes deverão ser capazes de:

- Listar os tipos de inversor de pulso ressonante.
- Explicar a técnica de chaveamento para inversores de pulso ressonante.
- Explicar a operação dos inversores de pulso ressonante.
- Explicar as características de frequência dos inversores de pulso ressonante.
- Enumerar os parâmetros de desempenho dos inversores de pulso ressonante.
- Explicar as técnicas de comutação com tensão e corrente zero dos inversores de pulso ressonante.
- Projetar e analisar inversores de pulso ressonante.

Símbolos e seus significados

Símbolo	Significado
$f_o; f_r; f_{máx}$	Frequências de saída, de ressonância e máxima de saída, respectivamente
$G(\omega); Q_s; Q_p$	Ganho no domínio da frequência e fator de qualidade de circuitos ressonantes em série e em paralelo, respectivamente
$i_1(t); i_2(t); i_3(t)$	Corrente instantânea durante os modos 1, 2 e 3, respectivamente
$I_M; I_R$	Correntes média e rms no dispositivo, respectivamente
$T_o; T_r$	Período da tensão de saída e da oscilação ressonante, respectivamente
u	Razão entre a frequência de saída e a de ressonância
$v_{c1}(t); v_{c2}(t); v_{c3}(t)$	Tensão instantânea no capacitor durante os modos 1, 2 e 3, respectivamente
$V_i; I_i$	Tensão e corrente rms fundamental de entrada, respectivamente
$V_s; V_C$	Tensão de alimentação CC e no capacitor, respectivamente
V_o	Tensão rms de saída
α	Fator de amortecimento
$\omega_o; \omega_r$	Frequência angular de saída e de ressonância, respectivamente

7.1 INTRODUÇÃO

As chaves em inversores controlados com modulação por largura de pulso (PWM) podem ser acionadas para sintetizar a forma desejada da tensão ou da corrente de saída. Entretanto, os dispositivos são ligados e desligados a plena carga com um alto valor de di/dt. As chaves são submetidas a um esforço elevado de tensão, e a perda de potência por chaveamento no dispositivo aumenta linearmente com a frequência de chaveamento. A perda na entrada em condução e no desligamento pode representar uma parcela significativa da perda total de potência. Além disso, há ainda a interferência eletromagnética por conta das altas di/dt e dv/dt nas formas de onda do conversor.

As desvantagens do controle PWM podem ser eliminadas ou minimizadas se as chaves forem "ligadas" e "desligadas" quando a tensão sobre o dispositivo ou sua corrente se tornar zero.[1] A tensão e a corrente são forçadas a passar por zero pela ação de um circuito ressonante LC, e, assim, esse tipo de circuito é chamado de *conversor de pulso ressonante*. Os conversores ressonantes podem ser classificados, de forma geral, em oito tipos:

- Inversores ressonantes série
- Inversores ressonantes paralelo
- Inversores ressonantes classe E
- Retificadores ressonantes classe E
- Conversores ressonantes com comutação com tensão zero (*zero-voltage-switching* — ZVS)
- Conversores ressonantes com comutação com corrente zero (*zero-current-switching* — ZCS)
- Conversores ressonantes ZVS de dois quadrantes
- Inversores com barramento CC ressonante

Os inversores ressonantes série produzem uma tensão de saída quase senoidal, e a corrente de saída depende das impedâncias de carga. O inversor ressonante paralelo produz uma corrente de saída quase senoidal, e a tensão de saída depende das impedâncias de carga. Esses tipos de inversor[13] são utilizados para produzir tensão ou corrente de saída de alta frequência, e muitas vezes atuam como intermediários entre uma fonte CC e uma fonte de alimentação CC. A tensão é elevada com um transformador de alta frequência, e, em seguida, retificada para uma fonte de alimentação CC.

O inversor e o retificador classe E são utilizados em aplicações de baixa potência. Os conversores com comutação com tensão zero ou com corrente zero são cada vez mais aplicados onde há a necessidade de baixas perdas de chaveamento e maior eficiência do conversor. Os conversores ZVS podem operar para obter uma saída em dois quadrantes. Os inversores com barramento CC ressonante são usados na produção de tensão de saída variável enquanto é mantida fixa a forma de onda de saída.

Um inversor deve converter uma tensão de alimentação CC em uma tensão de saída quase senoidal de magnitude e frequência conhecidas. Os parâmetros de desempenho dos inversores ressonantes são semelhantes aos dos inversores PWM discutidos no Capítulo 6.

7.2 INVERSORES RESSONANTES SÉRIE

Os inversores ressonantes série (ou série ressonantes) são baseados na oscilação ressonante da corrente. Os componentes de ressonância e a chave são colocados em série com a carga para formar um circuito subamortecido. A corrente que passa nas chaves cai a zero por conta das características naturais do circuito. Se a chave for um tiristor, diz-se que ele é autocomutado. Esse tipo de inversor produz uma forma de onda aproximadamente senoidal com uma alta frequência de saída, na faixa de 200 a 100 kHz, e é em geral utilizado em aplicações com saída relativamente fixa (por exemplo, aquecimento por indução, sonares, iluminação fluorescente ou geradores ultrassônicos). Em virtude da alta frequência de chaveamento, os componentes são pequenos.

Existem várias configurações de inversores ressonantes série, dependendo das conexões dos dispositivos de chaveamento e da carga. Os inversores série podem ser classificados em duas categorias:

1. Inversores ressonantes série com chaves unidirecionais.
2. Inversores ressonantes série com chaves bidirecionais.

Há três tipos de inversor ressonante série com chaves unidirecionais: básico, meia ponte e ponte completa. Os tipos em meia ponte e ponte completa são os mais utilizados. A análise do inversor do tipo básico permite a compreensão do princípio de operação e pode ser aplicada a outros tipos. De forma semelhante, as chaves bidirecionais podem ser utilizadas em inversores do tipo básico, meia ponte e ponte completa para melhorar a qualidade das formas de onda de entrada e de saída.

7.2.1 Inversores ressonantes série com chaves unidirecionais

A Figura 7.1a mostra o diagrama do circuito de um inversor série simples que usa dois transistores como chaves unidirecionais. Quando o transistor Q_1 é ligado, um pulso ressonante flui através da carga, a corrente cai a zero em $t = t_{1m}$ e Q_1 é desligado. O acionamento do transistor Q_2 provoca uma corrente ressonante reversa através da carga. A operação do circuito pode ser dividida em três modos, e os circuitos equivalentes são ilustrados na Figura 7.1b. Os sinais de acionamento para os transistores e as formas de onda para a corrente de carga e a tensão no capacitor são indicados nas figuras 7.1c, 7.1d e 7.1e.

O circuito ressonante série formado por L, C e a carga (considerada resistiva) deve ser subamortecido. Isto é,

$$R^2 < \frac{4L}{C} \tag{7.1}$$

FIGURA 7.1
Inversor ressonante série básico. (a) circuito, (b) circuitos equivalentes, (c) sinais de acionamento, (d) corrente de saída e (e) tensão no capacitor.

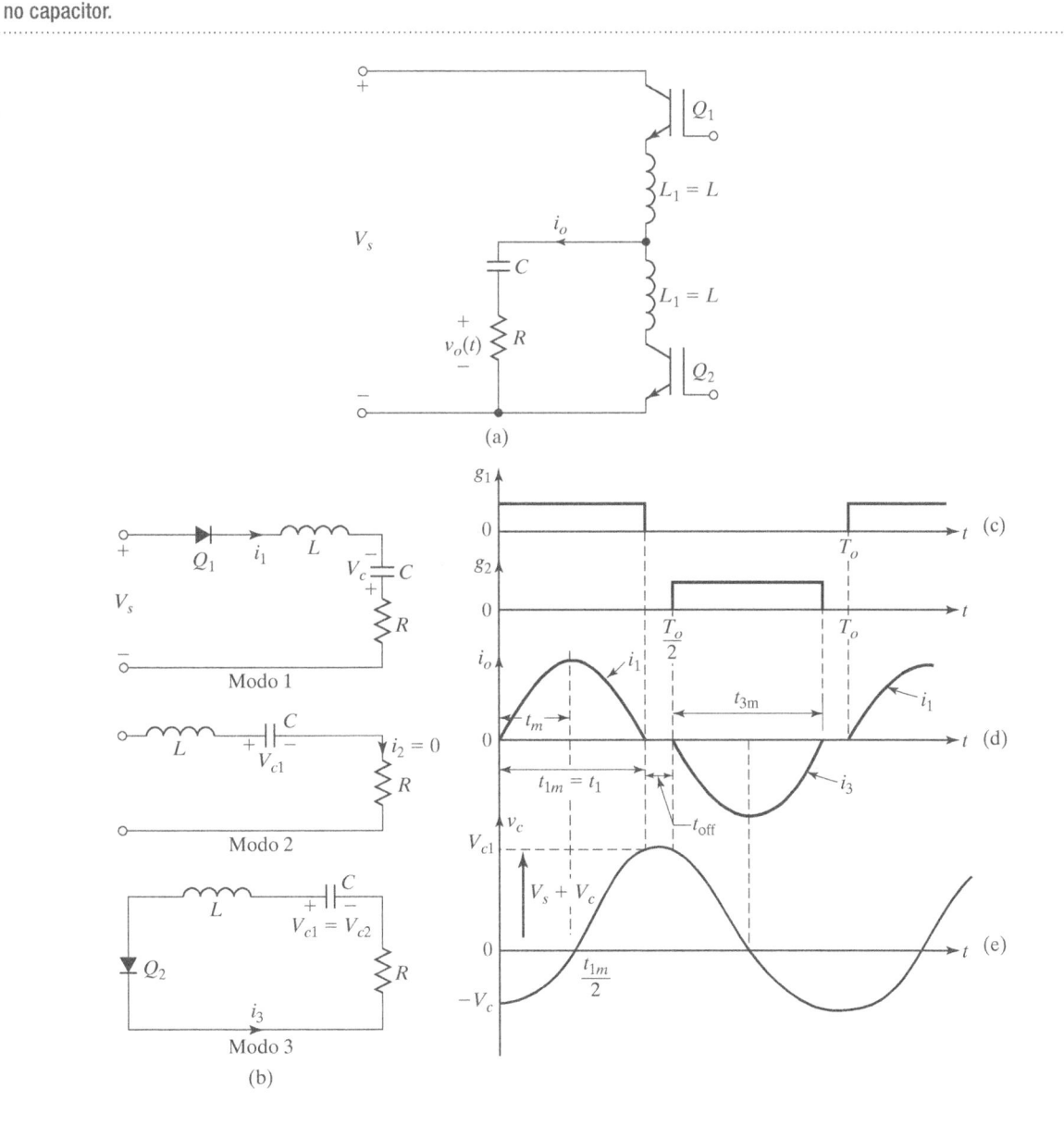

Modo 1. Esse modo começa quando Q_1 é ligado e um pulso ressonante de corrente flui através dele e da carga. A corrente instantânea de carga para esse modo é descrita por

$$L\frac{di_1}{dt} + Ri_1 + \frac{1}{C}\int i_1 dt + v_{c1}(t=0) = V_s \tag{7.2}$$

com condições iniciais $i_1(t=0) = 0$ e $v_{c1}(t=0) = -V_c$. Como o circuito é subamortecido, a solução da Equação 7.2 produz

$$i_1(t) = A_1 e^{-tR/2L} \operatorname{sen} \omega_r t \tag{7.3}$$

onde ω_r é a frequência de ressonância, determinada por

$$\omega_r = \sqrt{\frac{1}{LC} - \frac{R^2}{4L^2}} \tag{7.4}$$

A constante A_1 na Equação 7.3 pode ser determinada a partir da condição inicial:

$$\left.\frac{di_1}{dt}\right|_{t=0} = \frac{V_s + V_c}{\omega_r L} = A_1$$

e

$$i_1(t) = \frac{V_s + V_c}{\omega_r L} e^{-\alpha t} \operatorname{sen} \omega_r t \tag{7.5}$$

onde

$$\alpha = \frac{R}{2L} \tag{7.6}$$

O tempo t_m em que a corrente $i_1(t)$ na Equação 7.5 se torna máxima pode ser encontrado a partir da condição

$$\frac{di_1}{dt} = 0 \quad \text{ou} \quad \omega_r e^{-\alpha t_m} \cos \omega_r t_m - \alpha e^{-\alpha t_m} \operatorname{sen} \omega_r t_m = 0$$

e isso resulta em

$$t_m = \frac{1}{\omega_r} \operatorname{tg}^{-1} \frac{\omega_r}{\alpha} \tag{7.7}$$

A tensão no capacitor pode ser encontrada a partir de

$$v_{c1}(t) = \frac{1}{C}\int_0^t i_1(t)\,dt - V_c \tag{7.8}$$

$$= -(V_s + V_c) e^{-\alpha t}(\alpha \operatorname{sen}\omega_r t + \omega_r \cos \omega_r t)/\omega_r + V_s$$

Esse modo é válido para $0 \le t \le t_{1m}(=\pi/\omega_r)$ e termina quando $i_1(t)$ se torna zero em t_{1m}. Ao final desse modo,

$$i_1(t = t_{1m}) = 0$$

e

$$v_{c1}(t = t_{1m}) = V_{c1} = (V_s + V_c) e^{-\alpha \pi/\omega_r} + V_s \tag{7.9}$$

Modo 2. Durante esse modo, os transistores Q_1 e Q_2 estão desligados. Redefinindo a origem do tempo, $t = 0$, para o início desse modo, ele é válido para $0 \le t \le t_{2m}$:

$$i_2(t) = 0,\ v_{c2}(t) = V_{c1},\ v_{c2}(t = t_{2m}) = V_{c2} = V_{c1}$$

Modo 3. Esse modo começa quando Q_2 é ligado e uma corrente ressonante reversa flui através da carga. Redefinamos a origem do tempo, $t = 0$, para o início desse modo. A corrente de carga pode ser encontrada a partir de

$$L\frac{di_3}{dt} + Ri_3 + \frac{1}{C}\int i_3\, dt + v_{c3}(t = 0) = 0 \tag{7.10}$$

com condições iniciais $i_3(t = 0) = 0$ e $v_{c3}(t = 0) = -V_{c2} = -V_{c1}$. A solução da Equação 7.10 fornece

$$i_3(t) = \frac{V_{c1}}{\omega_r L} e^{-\alpha t} \operatorname{sen} \omega_r t \tag{7.11}$$

A tensão no capacitor pode ser encontrada a partir de

$$v_{c3}(t) = \frac{1}{C}\int_0^t i_3(t)\, dt - V_{c1}$$

$$= -V_{c1} e^{-\alpha t}(\alpha \operatorname{sen} \omega_r t + \omega_r \cos \omega_r t)/\omega_r \tag{7.12}$$

Esse modo é válido para $0 \leq t \leq t_{3m} = \pi/\omega_r$ e termina quando $i_3(t)$ torna-se zero. Ao final desse modo,

$$i_3(t = t_{3m}) = 0$$

e, em regime permanente,

$$v_{c3}(t = t_{3m}) = V_{c3} = V_c = V_{c1} e^{-\alpha \pi/\omega_r} \tag{7.13}$$

As equações 7.9 e 7.13 produzem

$$V_c = V_s \frac{1 + e^{-z}}{e^z - e^{-z}} = V_s \frac{e^z + 1}{e^{2z} - 1} = \frac{V_s}{e^z - 1} \tag{7.14}$$

$$V_{c1} = V_s \frac{1 + e^z}{e^z - e^{-z}} = V_s \frac{e^z(1 + e^z)}{e^{2z} - 1} = \frac{V_s e^z}{e^z - 1} \tag{7.15}$$

onde $z = \alpha\pi/\omega_r$. Adicionando V_c a partir da Equação 7.14 para V_s, obtém-se

$$V_s + V_c = V_{c1} \tag{7.16}$$

A Equação 7.16 indica que, em condições de regime permanente, os valores de pico da corrente positiva na Equação 7.5 e da corrente negativa na Equação 7.11 através da carga são os mesmos.

A corrente de carga $i_1(t)$ precisa ser zero, e Q_1, desligado antes que Q_2 seja ligado. Caso contrário, obtemos uma condição de curto-circuito nos transistores e na fonte CC. Portanto, o tempo disponível desligado $t_{2m} (= t_{\text{off}})$, conhecido como *zona morta*, deve ser maior do que o tempo de desligamento dos transistores, t_{off}.

$$\frac{\pi}{\omega_o} - \frac{\pi}{\omega_r} = t > t_{\text{off}} \tag{7.17}$$

onde ω_o é a frequência da tensão de saída em radianos por segundo. A Equação 7.17 indica que a máxima frequência possível de saída é limitada a

$$f_o \leq f_{\text{máx}} = \frac{1}{2(t_{\text{off}} + \pi/\omega_r)} \tag{7.18}$$

O circuito inversor ressonante na Figura 7.1a é muito simples. Por outro lado, ele fornece o conceito básico e descreve as equações características, que podem ser aplicadas a outros tipos de inversor ressonante. O fluxo de potência a partir da fonte CC é descontínuo. A fonte CC tem uma corrente de pico elevada e contém harmônicas. Pode-se fazer uma melhoria no inversor básico da Figura 7.1a se os indutores forem mutuamente acoplados como mostra a Figura 7.2. Quando Q_1 é ligado e a corrente $i_1(t)$ começa a subir, a tensão através de L_1 é positiva, com a polaridade indicada. A tensão induzida em L_2 agora se soma à tensão de C, polarizando reversamente Q_2, que pode ser desligado. O resultado é que o acionamento de um transistor permite que o outro seja desligado, mesmo antes de a corrente de carga atingir zero.

O inconveniente do alto pulso de corrente na fonte CC pode ser superado com uma configuração em meia ponte, como ilustra a Figura 7.3, onde $L_1 = L_2$ e $C_1 = C_2$. A potência é fornecida pela fonte CC durante os dois semiciclos da tensão de saída. Metade da corrente de carga é fornecida pelo capacitor C_1 ou C_2, e a outra metade, pela fonte CC.

Um inversor em ponte completa, que permite maior potência de saída, é mostrado na Figura 7.4. Quando Q_1 e Q_2 estão ligados, uma corrente ressonante positiva flui através da carga; e, quando Q_3 e Q_4 estão ligados, flui uma corrente negativa na carga. A corrente da fonte é contínua, mas pulsante.

FIGURA 7.2
Inversor ressonante série com indutores acoplados.

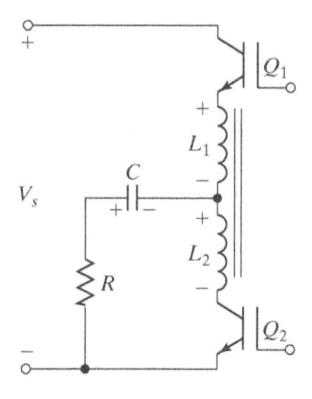

FIGURA 7.3
Inversor ressonante série em meia ponte.

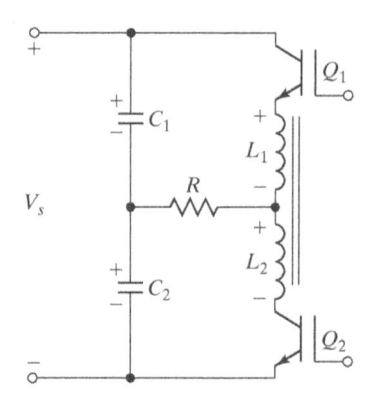

FIGURA 7.4
Inversor ressonante série em ponte completa.

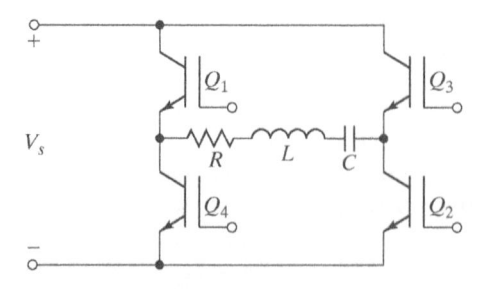

A frequência de ressonância e a zona morta disponível dependem da carga, e por esse motivo os inversores ressonantes são mais adequados para aplicações com carga fixa. A carga (ou resistor R) do inversor também poderia ser ligada em paralelo com o capacitor.

Escolha do dispositivo e requisitos de acionamento. As chaves podem ser implementadas por BJTs, MOSFETs, IGBTs, GTOs ou tiristores. No entanto, a escolha do dispositivo depende dos requisitos de potência de saída e frequência. Os tiristores, em geral, têm faixas maiores de tensão e corrente do que os transistores, que podem, porém, operar em frequências mais altas do que os primeiros.

Os tiristores exigem apenas um sinal de pulso de comando para ligar, e são naturalmente desligados no final da oscilação do semiciclo em $t = t_{1m}$. Os transistores, porém, exigem um pulso de comando contínuo. A largura de pulso t_{pw} do primeiro transistor Q_1 deve satisfazer a condição $t_{1m} < t_{pw} < T_o/2$ para que a oscilação ressonante possa completar o seu semiciclo antes do próximo transistor Q_2 ser ligado em $t = T_o/2 (> t_{1m})$.

Exemplo 7.1 ▪ Análise do inversor ressonante básico

O inversor ressonante série da Figura 7.2 tem $L_1 = L_2 = L = 50$ μH, $C = 6$ μF e $R = 2\ \Omega$. A tensão CC de entrada é $V_s = 220$ V, e a frequência da tensão de saída, $f_o = 7$ kHz. O tempo de desligamento dos transistores é $t_\text{off} = 10$ μs. Determine **(a)** o tempo de desligamento disponível (ou do circuito) t_off; **(b)** a frequência máxima permissível $f_\text{máx}$; **(c)** a tensão pico a pico do capacitor V_{pp}; e **(d)** a corrente de pico de carga I_p. **(e)** Esboce a corrente instantânea de carga $i_o(t)$, a tensão no capacitor $v_c(t)$ e a corrente CC de alimentação $i_s(t)$. Calcule **(f)** a corrente rms de carga I_o; **(g)** a potência de saída P_o; **(h)** a corrente média de alimentação I_s; e **(i)** as correntes média, de pico e rms do transistor.

Solução

$V_s = 220$ V, $C = 6$ μF, $L = 50$ μH, $R = 2\ \Omega$, $f_o = 7$ kHz, $t_q = 10$ μs e $\omega_o = 2\pi \times 7000 = 43.982$ rad/s. A partir da Equação 7.4,

$$\omega_r = \sqrt{\frac{1}{LC} - \frac{R^2}{4L^2}} = \sqrt{\frac{1}{50 \times 10^{-6} \times 6 \times 10^{-6}} - \frac{2^2}{4 \times (50 \times 10^{-6})^2}} = 54.160 \text{ rad/s}$$

A frequência de ressonância é $f_r = \omega_r/(2\pi) = 8619,8$ Hz, $T_r = 1/f_r = 116$ μs. A partir da Equação 7.6, $\alpha = 2/(2 \times 50 \times 10^{-6}) = 20.000$.

a. De acordo com a Equação 7.17, o máximo t_off é

$$t_\text{off} = \frac{\pi}{43.982} - \frac{\pi}{54.160} = 13,42\ \mu s$$

b. A partir da Equação 7.18, a frequência máxima possível é

$$f_\text{máx} = \frac{1}{2(10 \times 10^{-6} + \pi/54.160)} = 7352\ \text{Hz}$$

c. De acordo com a Equação 7.14,

$$V_c = \frac{V_s}{e^{\alpha\pi/\omega_r} - 1} = \frac{220}{e^{20\pi/54,16} - 1} = 100,4\ \text{V}$$

A partir da Equação 7.16, $V_{c1} = 220 + 100,4 = 320,4$ V. A tensão pico a pico do capacitor é $V_{pp} = 100,4 + 320,4 = 420,8$ V.

d. A partir da Equação 7.7, a corrente pico a pico, que é a mesma que a de pico da alimentação, ocorre em

$$t_m = \frac{1}{\omega_r} \operatorname{tg}^{-1} \frac{\omega_r}{\alpha} = \frac{1}{54.160} \operatorname{tg}^{-1} \frac{54,16}{20} = 22,47\ \mu s$$

e a Equação 7.5 fornece a corrente de pico de carga como

$$i_1(t = t_m) = I_p = \frac{320,4}{0,05416 \times 50} e^{-0,02 \times 22,47} \operatorname{sen}(54.160 \times 22,47 \times 10^{-6}) = 70,82\ \text{A}$$

e. Os esboços para $i(t)$, $v_c(t)$ e $i_s(t)$ são mostrados na Figura 7.5.

f. A corrente rms de carga é encontrada a partir das equações 7.5 e 7.11 por um método numérico, e o resultado é

$$I_o = \sqrt{2f_o \int_0^{T_r/2} i_0^2(t)\, dt} = 44{,}1\,\text{A}$$

g. A potência de saída é $P_o = 44{,}1^2 \times 2 = 3889$ W.

h. A corrente média de alimentação é $I_s = 3889/220 = 17{,}68$ A.

i. A corrente média no transistor é

$$I_M = f_o \int_0^{T_r/2} i_0(t)\, dt = 17{,}68\,\text{A}$$

A corrente de pico do transistor $I_{pico} = I_p = 70{,}82$ A, e a corrente eficaz (rms) do transistor é $I_R = I_o/\sqrt{2} = 44{,}1/\sqrt{2} = 31{,}18$ A.

FIGURA 7.5

Formas de onda para o Exemplo 7.1. (a) Corrente de saída, (b) corrente de entrada da alimentação e (c) tensão no capacitor.

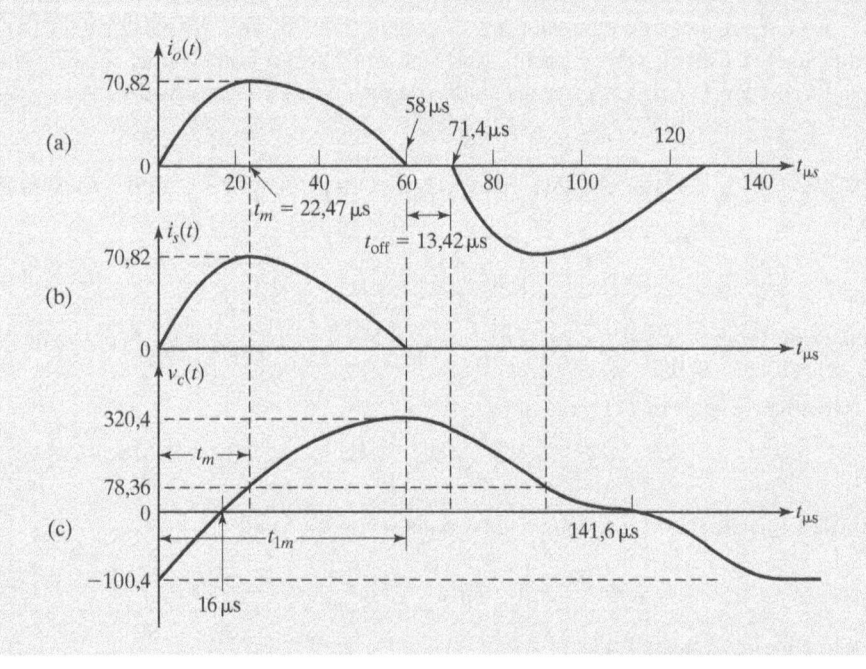

Exemplo 7.2 ▪ Análise do inversor ressonante em meia ponte

O inversor ressonante em meia ponte da Figura 7.3 opera a uma frequência de saída $f_o = 7$ kHz. Se $C_1 = C_2 = C = 3\,\mu\text{F}$, $L_1 = L_2 = L = 50\,\mu\text{H}$, $R = 2\,\Omega$ e $V_s = 220$ V, determine (a) a corrente de pico de alimentação I_{ps}; (b) a corrente média do transistor I_M; e (c) a corrente rms do transistor I_R.

Solução

$V_s = 220$ V, $C = 3\,\mu\text{F}$, $L = 50\,\mu\text{H}$, $R = 2\,\Omega$ e $f_o = 7$ kHz. A Figura 7.6a mostra o circuito equivalente quando o transistor Q_1 está conduzindo e Q_2 está desligado. Os capacitores C_1 e C_2 estão a princípio carregados com $V_{c1}(= V_s + V_c)$ e V_c, respectivamente, com as polaridades indicadas em condições de regime permanente. Como $C_1 = C_2$, a corrente de carga é compartilhada por igual por C_1 e a alimentação CC, como ilustra a Figura 7.6b.

A Figura 7.6c apresenta o circuito equivalente quando o transistor Q_2 está conduzindo e Q_1 está desligado. Os capacitores C_1 e C_2 estão a princípio carregados com $(V_s - V_{c1})$ e V_{c1}, respectivamente, com as polaridades indicadas. A corrente de carga é compartilhada por igual por C_1 e C_2, como mostra a Figura 7.6d, que pode ser simplificada na forma da Figura 7.6e.

Considerando a malha formada por C_2, a fonte CC, L e a carga, a corrente instantânea de carga pode ser descrita (a partir da Figura 7.6b) por

$$L \frac{di_o}{dt} + Ri_0 + \frac{1}{2C_2}\int i_o\, dt + v_{c2}(t=0) - V_s = 0 \qquad (7.19)$$

com as condições iniciais $i_0(t=0) = 0$ e $v_{c2}(t=0) = -V_c$. Para uma condição subamortecida e $C_1 = C_2 = C$, a Equação 7.5 é aplicável:

$$i_0(t) = \frac{V_s + V_c}{\omega_r L} e^{-\alpha t} \operatorname{sen} \omega_r t \qquad (7.20)$$

onde a capacitância efetiva é $C_e = C_1 + C_2 = 2C$ e

$$\omega_r = \sqrt{\frac{1}{2LC_2} - \frac{R^2}{4L^2}}$$

$$= \sqrt{\frac{1}{2 \times 50 \times 10^{-6} \times 3 \times 10^{-6}} - \frac{2^2}{4 \times (50 \times 10^{-6})^2}} = 54.160 \,\text{rad/s} \qquad (7.21)$$

A tensão no capacitor C_2 pode ser expressa por

$$v_{c2}(t) = \frac{1}{2C_2}\int_0^t i_0(t)\, dt - V_c$$

$$= -(V_s + V_c) e^{-\alpha t}(\alpha \operatorname{sen} \omega_r t + \omega_r \cos \omega_r t)/\omega_r + V_s \qquad (7.22)$$

FIGURA 7.6

Circuitos equivalentes para o Exemplo 7.2. (a) Quando a chave Q_1 está ligada e Q_2 está desligada, (b) (a) simplificado, (c) quando a chave Q_1 está desligada e Q_2 está ligada, (d) (c) simplificado, e (e) (c) ainda mais simplificado.

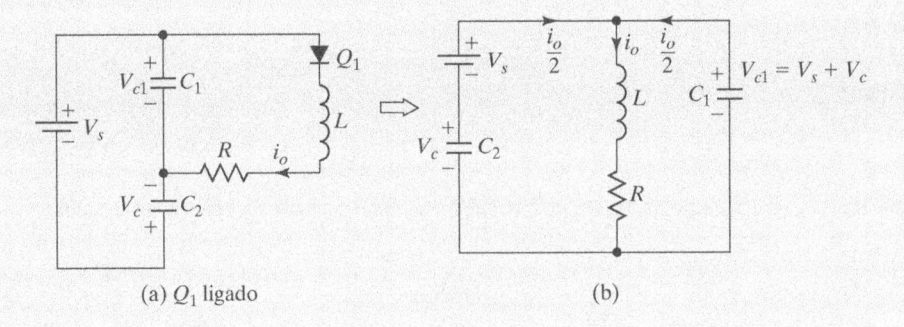

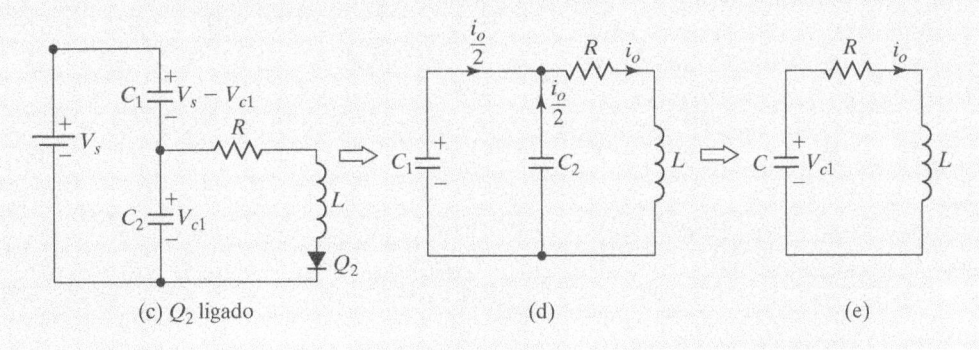

(a) Q_1 ligado

(b)

(c) Q_2 ligado

(d)

(e)

a. Como a frequência de ressonância é a mesma que a do Exemplo 7.1, os resultados desse exemplo são válidos, desde que a capacitância equivalente seja $C_e = C_1 + C_2 = 6$ μF. A partir do Exemplo 7.1, $V_c = 100,4$ V, $t_m = 22,47$ μs e $I_o = 44,1$ A. Pela Equação 7.20, a corrente de pico de carga é $I_p = 70,82$ A. A corrente de pico da alimentação, que é metade da de pico de carga, é $I_p = 70,82/2 = 35,41$ A.

b. A corrente média no transistor é $I_M = 17,68$ A.

c. A corrente rms no transistor é $I_R = I_o/\sqrt{2} = 31,18$ A.

Observação: para a mesma potência de saída e frequência de ressonância, as capacitâncias de C_1 e C_2 na Figura 7.3 devem ser metade daquelas das figuras 7.1 e 7.2. A corrente de pico de alimentação cai pela metade. A análise dos inversores série em ponte completa é semelhante à do inversor série básico da Figura 7.1a. Isto é, $i_3(t) = i_1(t) = (V_s + V_c)/(\omega_r L)e^{-\alpha t} \text{sen}(\omega_r t)$, nas condições de regime permanente.

7.2.2 Inversores ressonantes série com chaves bidirecionais

Para os inversores ressonantes com chaves unidirecionais, os dispositivos de potência precisam ser ligados em cada semiciclo da tensão de saída. Isso limita a frequência do inversor e a quantidade de energia transferida da fonte para a carga. Além disso, os dispositivos são submetidos a uma alta tensão de pico reversa.

O desempenho dos inversores série pode ser significativamente melhorado pela conexão de um diodo em antiparalelo com o dispositivo, como mostra a Figura 7.7a. Quando o dispositivo Q_1 é ligado, um pulso ressonante de corrente flui, e ele pode ser desabilitado quando D_1 começa a conduzir em $t = t_1$. No entanto, a oscilação ressonante continua através do diodo D_1 até que a corrente caia novamente a zero ao final de um ciclo. A forma de onda para a corrente de carga e os intervalos de condução dos dispositivos de potência são ilustrados nas figuras 7.7b e c.

Se o tempo de condução do diodo for maior do que o de desligamento do dispositivo, não há a necessidade de uma zona morta, e a frequência de saída f_o será a mesma que a de ressonância,

$$f_o = f_r = \frac{\omega_r}{2\pi} \tag{7.23}$$

onde f_r é a frequência de ressonância do circuito série, em hertz. O tempo mínimo de chaveamento do dispositivo t_{sw} consiste no tempo de atraso, no tempo de subida, no tempo de queda e no tempo de armazenamento; ou seja, $t_{sw} = t_d + t_r + t_f + t_s$. Assim, a frequência máxima do inversor é dada por

$$f_{s(\text{máx})} = \frac{1}{2t_{sw}} \tag{7.24}$$

e f_o deve ser menor que $f_{s(\text{máx})}$.

FIGURA 7.7

Inversor ressonante série básico com chaves bidirecionais. (a) Circuito, (b) corrente de saída e (c) tensão no capacitor.

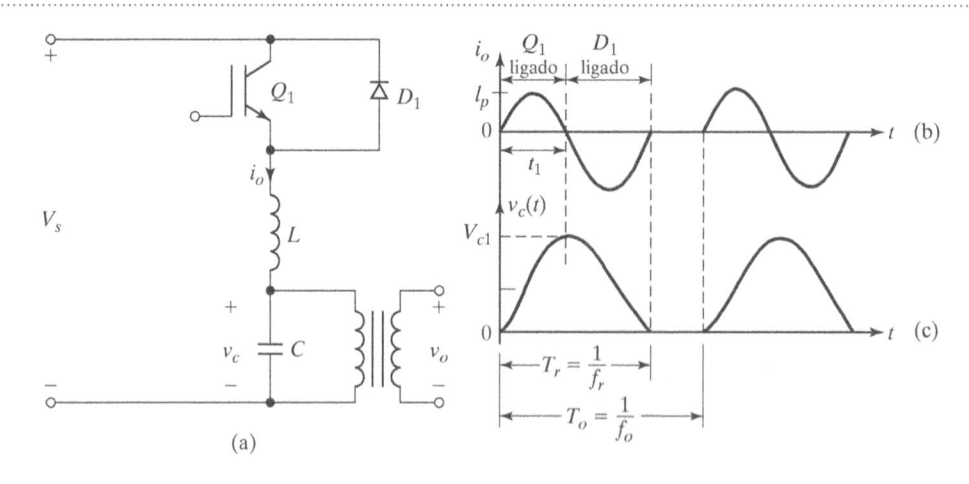

Se a chave for um tiristor com tempo de desligamento t_{off}, então a frequência máxima do inversor será dada por

$$f_{s(máx)} = \frac{1}{2t_{off}} \qquad (7.25)$$

Se a chave for implementada com um tiristor, qualquer indutância parasita por conta da malha interna deverá ser minimizada. O diodo D_1 deve ser conectado o mais próximo possível, e os cabos de ligação devem ser tão curtos quanto possível para reduzir qualquer indutância parasita na malha formada por Q_1 e D_1. Um conversor com tiristores precisará de considerações especiais de projeto. Como a tensão reversa durante o tempo de recuperação do tiristor Q_1 já é baixa, normalmente de 1 V, qualquer indutância no caminho do diodo reduziria a tensão reversa líquida nos terminais de Q_1, que poderia não desligar. Para superar esse problema, em geral utiliza-se um *tiristor de condução reversa* (*reverse conducting thyristor* — RCT). Um RCT é obtido pela integração de um tiristor assimétrico e um diodo de recuperação rápida em uma única pastilha de silício, e ele é ideal para inversores ressonantes série.

O diagrama do circuito para uma versão em meia ponte é mostrado na Figura 7.8a, e a forma de onda para a corrente de carga e os intervalos de condução dos dispositivos de potência são mostrados na Figura 7.8b. A configuração em ponte completa é indicada na Figura 7.9a. Os inversores podem operar em dois modos diferentes: sem sobreposição e com sobreposição. No modo sem sobreposição, o acionamento de um dispositivo transistor é atrasado até que a última oscilação da corrente através do diodo tenha sido concluída, como na Figura 7.8b. No modo com sobreposição, um dispositivo é ligado enquanto a corrente no diodo da outra parte ainda flui, como na Figura 7.9b. Embora a operação com sobreposição aumente a frequência de saída, a potência de saída também é aumentada.

A frequência máxima dos inversores com tiristores é limitada por conta das exigências de desligamento ou de comutação dos tiristores, geralmente de 12 a 20 µs, enquanto os transistores exigem apenas um microssegundo ou

FIGURA 7.8
Inversores série em meia ponte com chaves bidirecionais.

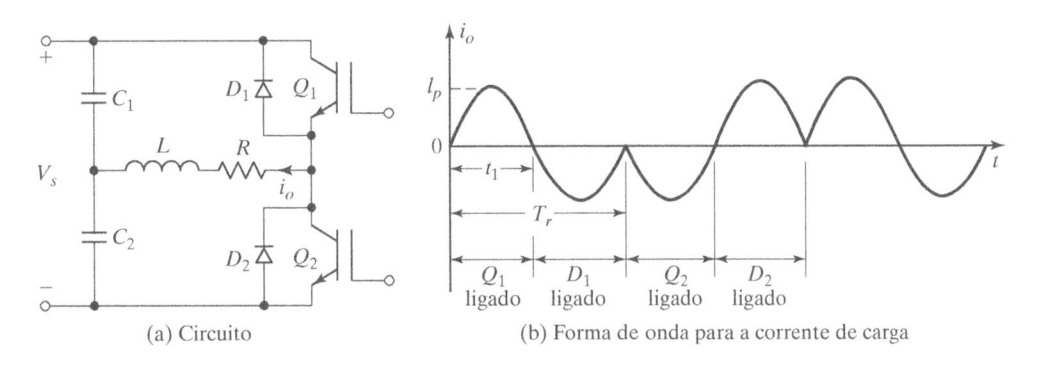

(a) Circuito

(b) Forma de onda para a corrente de carga

FIGURA 7.9
Inversores série em ponte completa com chaves bidirecionais.

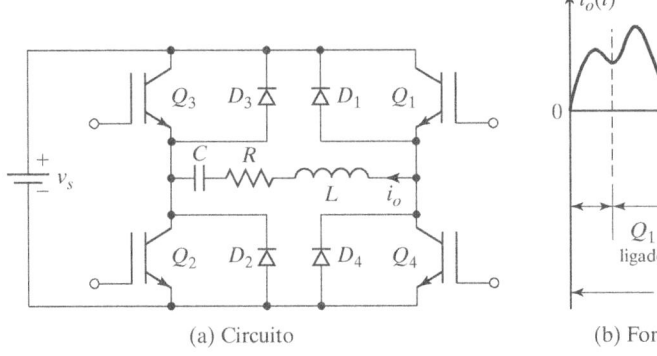

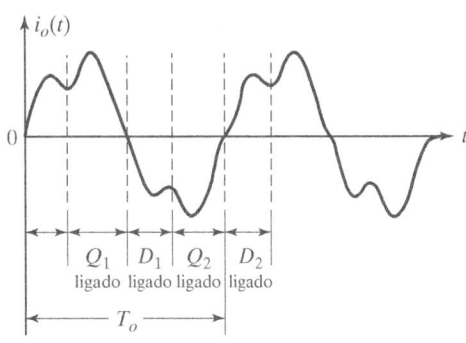

(a) Circuito

(b) Forma de onda para a corrente de carga

menos. O inversor com transistor pode operar na frequência de ressonância. Um inversor transistorizado em meia ponte é mostrado na Figura 7.10 com uma carga conectada por transformador. O transistor Q_2 pode ser ligado quase instantaneamente após o transistor Q_1 ser desligado.

FIGURA 7.10
Inversor ressonante em meia ponte com transformador.

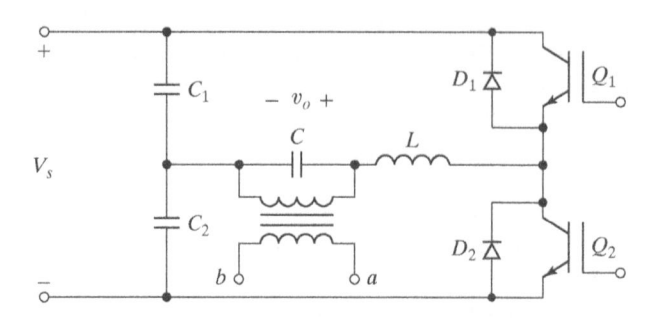

Exemplo 7.3 ▪ Determinação das correntes e tensões de um inversor ressonante simples

O inversor ressonante da Figura 7.7a tem $C = 2$ μF, $L = 20$ μH, $R = \infty$ e $V_s = 220$ V. O tempo de chaveamento do transistor é $t_{sw} = 12$ μs. Já a frequência de saída é $f_o = 20$ kHz. Determine (a) a corrente de pico de alimentação I_p; (b) a corrente média do dispositivo I_M; (c) a corrente rms do dispositivo I_R; (d) a tensão pico a pico no capacitor V_{pp}; (e) a frequência máxima permissível de saída $f_{máx}$; e (f) a corrente média de alimentação I_s.

Solução

Quando o dispositivo Q_1 é ligado, a corrente é descrita por

$$L\frac{di_0}{dt} + \frac{1}{C}\int i_0\, dt + v_c(t=0) = V_s$$

com as condições iniciais $i_0(t = 0) = 0$, $v_c(t = 0) = V_c = 0$. Calculando a corrente, obtém-se

$$i_0(t) = V_s\sqrt{\frac{C}{L}}\, \text{sen}\, \omega_r t \qquad (7.26)$$

e a tensão no capacitor é

$$v_c(t) = V_s(1 - \cos \omega_r t) \qquad (7.27)$$

onde

$$\omega_r = 1/\sqrt{LC}$$

$$\omega_r = \frac{10^6}{\sqrt{20 \times 2}} = 158.114\, \text{rad/s} \quad \text{e} \quad f_r = \frac{158.114}{2\pi} = 25.165\, \text{Hz}$$

$$T_r = \frac{1}{f_r} = \frac{1}{25.165} = 39{,}74\, \mu\text{s} \quad t_1 = \frac{T_r}{2} = \frac{39{,}74\mu}{2} = 19{,}87\, \mu\text{s}$$

Em $\omega_r t = \pi$,

$$v_c(\omega_r t = \pi) = V_{c1} = 2V_s = 2 \times 220 = 440\, \text{V}$$

$$v_c(\omega_r t = 0) = V_c = 0$$

a. $I_p = V_s\sqrt{C/L} = 220\sqrt{2/20} = 69{,}57\, \text{A}$.

b. $I_M = f_o \int_0^\pi I_p\, \text{sen}\, \theta\, d\theta = I_p f_o/(\pi f_r) = 69{,}57 \times 20.000/(\pi \times 25.165) = 17{,}6\, \text{A}$

c. $I_R = I_p\sqrt{f_o t_1/2} = 69{,}57\sqrt{20.000 \times 19{,}87 \times 10^{-6}/2} = 31{,}01$ A.

d. A tensão pico a pico no capacitor é $V_{pp} = V_{c1} - V_c = 440$ V.

e. A partir da Equação 7.24, $f_{máx} = 10^6/(2 \times 12) = 41{,}67$ kHz.

f. Como não há perda de potência no circuito, $I_s = 0$.

Exemplo 7.4 ▪ Análise do inversor ressonante em meia ponte com chaves bidirecionais

O inversor ressonante em meia ponte da Figura 7.8a é operado a uma frequência $f_o = 3{,}5$ kHz. Para $C_1 = C_2 = C = 3$ μF, $L = 50$ μH, $R = 2$ Ω e $V_s = 220$ V, determine **(a)** a corrente de pico de alimentação I_p; **(b)** a corrente média do dispositivo I_M; **(c)** a corrente rms no dispositivo I_R; **(d)** a corrente rms na carga I_o; e **(e)** a corrente média de alimentação I_s.

Solução

$V_s = 220$ V, $C_e = C_1 + C_2 = 6$ μF, $L = 50$ μH, $R = 2$ Ω e $f_o = 3500$ Hz. A análise desse inversor é semelhante à daquele da Figura 7.3. Em vez de dois pulsos de corrente, existem quatro pulsos em um ciclo completo da tensão de saída, com um pulso através de cada um dos dispositivos Q_1, D_1, Q_2 e D_2. A Equação 7.20 é aplicável. Durante o semiciclo positivo, a corrente flui através de Q_1; durante o semiciclo negativo, a corrente flui através de D_1. Em um controle sem sobreposição, há dois ciclos ressonantes durante o período inteiro da frequência de saída f_o. A partir da Equação 7.21,

$$\omega_r = 54.160 \text{ rad/s} \quad f_r = \frac{54.160}{2\pi} = 8619{,}9 \text{ Hz}$$

$$T_r = \frac{1}{8619{,}9} = 116 \text{ μs} \quad t_1 = \frac{116 \text{ μ}}{2} = 58 \text{ μs}$$

$$T_0 = \frac{1}{3500} = 285{,}72 \text{ μs}$$

O período desligado da corrente de carga é

$$t_d = T_0 - T_r = 285{,}72 - 116 = 169{,}72 \text{ μs}$$

Como t_d é maior do que zero, o inversor opera no modo sem sobreposição. A partir da Equação 7.14, $V_c = 100{,}4$ V e $V_{c1} = 220 + 100{,}4 = 320{,}4$ V.

a. A partir da Equação 7.7,

$$t_m = \frac{1}{54.160} \text{tg}^{-1} \frac{54.160}{20.000} = 22{,}47 \text{ μs}$$

$$i_0(t) = \frac{V_s + V_c}{\omega_r L} e^{-\alpha t} \text{sen} \, \omega_r t$$

e a corrente de pico da carga torna-se $I_p = i_o(t = t_m) = 70{,}82$ A.

b. Um dispositivo conduz por um tempo t_1. A corrente média no dispositivo pode ser encontrada a partir de

$$I_M = f_o \int_0^{t_1} i_0(t) \, dt = 8{,}84 \text{ A}$$

c. A corrente rms no dispositivo é

$$I_R = \sqrt{f_o \int_0^{t_1} i_0^2(t) \, dt} = 22{,}05 \text{ A}$$

d. A corrente rms de carga $I_o = 2I_R = 2 \times 22{,}05 = 44{,}1$ A.

e. $P_o = 44{,}1^2 \times 2 = 3889$ W, e a corrente média de alimentação é $I_s = 3889/220 = 17{,}68$ A.

322 Eletrônica de potência

Observação: com chaves bidirecionais, as faixas de corrente do dispositivo são reduzidas. Para a mesma potência de saída, a corrente média no dispositivo cai para a metade, e a corrente rms é $1/\sqrt{2}$ das correntes de um inversor com chaves unidirecionais.

Exemplo 7.5 ▪ Análise do inversor ressonante em ponte completa com chaves bidirecionais

O inversor ressonante em ponte completa da Figura 7.9a é operado em uma frequência $f_o = 3,5$ kHz. Para $C = 6$ μF, $L = 50$ μH, $R = 2$ Ω e $V_s = 220$ V, determine **(a)** a corrente de pico de alimentação I_p; **(b)** a corrente média no dispositivo I_M; **(c)** a corrente rms no dispositivo I_R; **(d)** a corrente rms de carga I_o; e **(e)** a corrente média de alimentação I_s.

Solução

$V_s = 220$ V, $C = 6$ μF, $L = 50$ μH, $R = 2$ Ω e $f_o = 3500$ Hz. A partir da Equação 7.21, $\omega_r = 54.160$ rad/s, $f_r = 54.160/(2\pi) = 8619,9$ Hz, $\alpha = 20.000$, $T_r = 1/8619,9 = 116$ μs, $t_1 = 116/2 = 58$ μs e $T_0 = 1/3500 = 285,72$ μs. O período desligado da corrente de carga é $t_d = T_0 - T_r = 285,72 - 116 = 169,72$ μs, e o inversor opera no modo sem sobreposição.

Modo 1. Esse modo começa quando Q_1 e Q_2 são ligados. Uma corrente ressonante flui através de Q_1, de Q_2, da carga e da fonte. O circuito equivalente durante o modo 1 é mostrado na Figura 7.11a, com a tensão inicial no capacitor indicada. A corrente instantânea é descrita por

$$L\frac{di_0}{dt} + Ri_0 + \frac{1}{C}\int i_0\,dt + v_c(t=0) = V_s$$

com as condições iniciais $i_0(t=0) = 0$, $v_{c1}(t=0) = -V_c$, e a solução para a corrente resulta

$$i_0(t) = \frac{V_s + V_c}{\omega_r L} e^{-\alpha t} \operatorname{sen} \omega_r t \qquad (7.28)$$

$$v_c(t) = -(V_s + V_c) e^{-\alpha t} (\alpha \operatorname{sen} \omega_r t + \omega_r \cos \omega_r t) + V_s \qquad (7.29)$$

Os dispositivos Q_1 e Q_2 são desligados em $t_1 = \pi/\omega_r$, quando $i_1(t)$ se torna zero.

$$V_{c1} = v_c(t=t_1) = (V_s + V_c) e^{-\alpha \pi/\omega_r} + V_s \qquad (7.30)$$

Modo 2. Esse modo começa quando Q_3 e Q_4 são ligados. Uma corrente ressonante reversa flui através de Q_3, de Q_4, da carga e da fonte. O circuito equivalente durante o modo 2 é mostrado na Figura 7.11b, com a tensão inicial no capacitor indicada. A corrente instantânea é descrita por

$$L\frac{di_0}{dt} + Ri_0 + \frac{1}{C}\int i_0\,dt + v_c(t=0) = -V_s$$

FIGURA 7.11
Circuitos equivalentes dos modos de operação de um inversor ressonante em ponte completa.

(a) Modo 1   (b) Modo 2

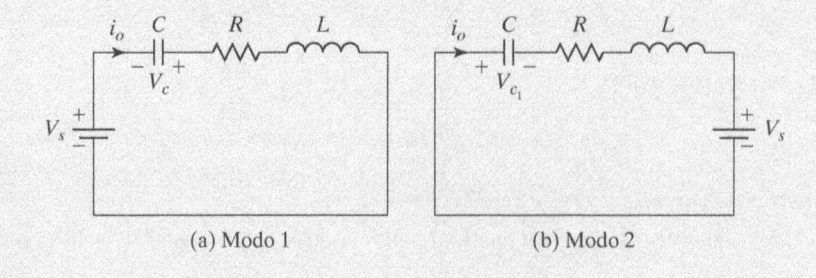

com as condições iniciais $i_2(t=0) = 0$ e $v_c(t=0) = V_{c1}$, e a solução para a corrente resulta

$$i_0(t) = -\frac{V_s + V_{c1}}{\omega_r L} e^{-\alpha t} \operatorname{sen} \omega_r t \tag{7.31}$$

$$v_c(t) = (V_s + V_{c1}) e^{-\alpha t} (\alpha \operatorname{sen} \omega_r t + \omega_r \cos \omega_r t)/\omega_r - V_s \tag{7.32}$$

Os dispositivos Q_3 e Q_4 são desligados em $t_1 = \pi/\omega_r$, quando $i_0(t)$ se torna zero.

$$V_c = -v_c(t = t_1) = (V_s + V_{c1}) e^{-\alpha \pi/\omega_r} + V_s \tag{7.33}$$

Calculando V_c e V_{c1} a partir das equações 7.30 e 7.33, obtemos

$$V_c = V_{c1} = V_s \frac{e^z + 1}{e^z - 1} \tag{7.34}$$

onde $z = \alpha\pi/\omega_r$. Para $z = 20.000\pi/54.160 = 1{,}1601$, a Equação 7.34 dá $V_c = V_{c1} = 420{,}9$ V.

a. A partir da Equação 7.7,

$$t_m = \frac{1}{54.160} \operatorname{tg}^{-1} \frac{54.160}{20.000} = 22{,}47 \,\mu\text{s}$$

A partir da Equação 7.28, a corrente de pico da carga é $I_p = i_0(t = t_m) = 141{,}64$ A.

b. Um dispositivo conduz pelo tempo t_1. A corrente média no dispositivo pode ser encontrada a partir da Equação 7.28:

$$I_M = f_o \int_0^{t_1} i_0(t)\, dt = 17{,}68 \text{ A}$$

c. A corrente rms do dispositivo pode ser estabelecida a partir da Equação 7.28:

$$I_R = \sqrt{f_o \int_0^{t_1} i_0^2(t)\, dt} = 44{,}1 \text{ A}$$

d. A corrente rms da carga é $I_o = 2I_R = 2 \times 44{,}1 = 88{,}2$ A.

e. $P_o = 88{,}2^2 \times 2 = 15.556$ W, e a corrente média de alimentação é $I_s = 15.556/220 = 70{,}71$ A.

Observação: comparando-se um inversor em meia ponte com os mesmos parâmetros do circuito, a potência de entrada é quatro vezes maior, e as correntes no dispositivo, duas vezes maiores.

■ **Principais pontos da Seção 7.2**

- Para os mesmos parâmetros do circuito, a potência de saída de um inversor em ponte completa é quatro vezes maior, e as correntes do dispositivo são duas vezes maiores do que as do inversor em meia ponte. Para a mesma potência de saída, a corrente média no dispositivo de um inversor com chaves bidirecionais é a metade da de um dispositivo de um inversor com chaves unidirecionais. Portanto, os inversores em meia ponte e em ponte completa com chaves bidirecionais são mais utilizados em geral.
- O inversor básico da Figura 7.1a descreve as características de um inversor em meia ponte, e o Exemplo 7.5 detalha as de um inversor em ponte completa.

7.3 RESPOSTA EM FREQUÊNCIA PARA INVERSORES RESSONANTES SÉRIE

Pode-se observar a partir das formas de onda das figuras 7.7b e 7.8b que, pela variação da frequência de chaveamento $f_s(=f_o)$, é possível variar a tensão de saída. A resposta em frequência do ganho de tensão mostra as limitações de ganho em relação às variações de frequência.[2] Existem três ligações possíveis da resistência de carga R em relação aos componentes de ressonância: (1) em série, (2) em paralelo e (3) uma combinação série-paralelo.

7.3.1 Resposta em frequência para cargas em série

Nas figuras 7.4, 7.8 e 7.9a, a resistência de carga R forma um circuito em série com os componentes de ressonância L e C. O circuito equivalente é mostrado na Figura 7.12a. A tensão de entrada v_c é uma onda quadrada cuja componente fundamental tem um pico de $V_{i(pico)} = 4V_s/\pi$, e seu valor rms é $V_i = 4V_s/(\sqrt{2}\pi)$. Utilizando a regra do divisor de tensão no domínio da frequência, o ganho de tensão para o circuito ressonante em série é dado por

$$G(j\omega) = \frac{V_o}{V_i}(j\omega) = \frac{1}{1 + j\omega L/R - j/(\omega C R)}$$

Sejam $\omega_0 = 1/\sqrt{LC}$ a frequência de ressonância e $Q_s = \omega_0 L/R$ o fator de qualidade. Substituindo L, C e R em termos de Q_s e ω_0, obtemos

$$G(j\omega) = \frac{v_o}{v_i}(j\omega) = \frac{1}{1 + jQ_s(\omega/\omega_0 - \omega_0/\omega)} = \frac{1}{1 + jQ_s(u - 1/u)}$$

onde $u = \omega/\omega_0$. O módulo de $G(j\omega)$ pode ser determinado a partir de

$$|G(j\omega)| = \frac{1}{\sqrt{1 + Q_s^2(u - 1/u)^2}} \tag{7.35}$$

FIGURA 7.12

Resposta em frequência para carga em série.

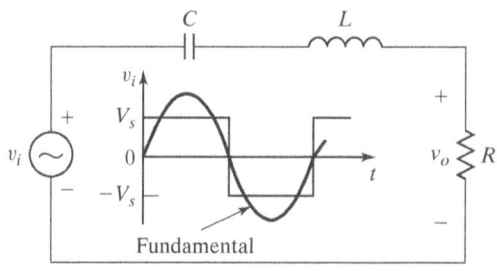

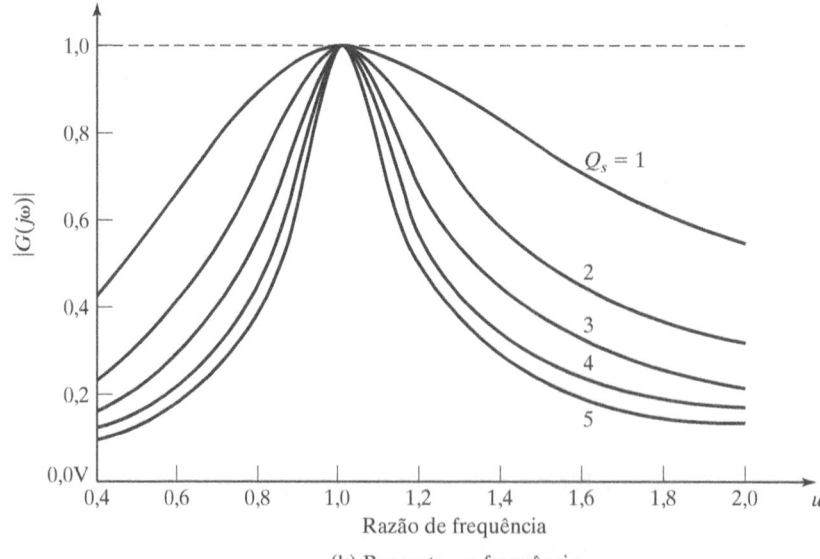

(a) Circuito com carga em série

(b) Resposta em frequência

A Figura 7.12b apresenta o gráfico do módulo de $G(j\omega)$ em função da razão de frequências para Q_s variando de 1 a 5. Para uma tensão contínua de saída, a frequência de chaveamento deve ser maior do que a de ressonância f_0.

Se o inversor opera próximo da ressonância e ocorre um curto-circuito na carga, a corrente sobe a um valor elevado, em especial para uma corrente de carga alta. No entanto, a corrente de saída pode ser controlada pelo aumento da frequência de chaveamento. A corrente através das chaves diminui quando a corrente de carga diminui, havendo, assim, perdas menores de condução e uma alta eficiência para a carga parcial. O inversor em série é mais apropriado para aplicações de alta tensão e baixa corrente. A saída máxima ocorre na ressonância, e o ganho máximo para $u = 1$ é $|G(j\omega)|_{máx} = 1$.

Em condições carga, $R = \infty$ e $Q_s = 0$. Assim, a curva seria simplesmente uma linha horizontal. Isto é, para $Q_s = 1$, a curva característica tem uma baixa "seletividade", e a tensão de saída muda de maneira significativa entre as condições sem carga e plena carga, o que produz uma baixa regulação. O inversor ressonante é em geral utilizado em aplicações que requerem apenas uma saída de tensão fixa. Porém, algumas regulações sem carga podem ser obtidas pelo controle da proporção do tempo em frequências menores que a de ressonância (como na Figura 7.8b). Esse tipo de controle apresenta duas desvantagens: (1) limita a variação da frequência para cima e para baixo a partir da frequência de ressonância e, (2) por conta de um baixo fator Q, necessita de uma grande mudança na frequência para ganhar uma ampla faixa de controle da tensão de saída.

Exemplo 7.6 ▪ Determinação dos valores de L e C para um inversor ressonante com carga em série a fim de gerar uma potência de saída específica

O inversor ressonante série da Figura 7.8a com carga em série fornece uma potência na carga de $P_L = 1$ kW em ressonância. A resistência de carga é $R = 10\ \Omega$, e a frequência de ressonância, $f_0 = 20$ kHz. Determine (a) a tensão CC de entrada V_s; (b) o fator de qualidade Q_s se for necessário reduzir a potência na carga para 250 W por controle de frequência, de modo que $u = 0,8$; (c) o indutor L; e (d) o capacitor C.

Solução

a. Como na ressonância $u = 1$ e $|G(j\omega)|_{máx} = 1$, a tensão fundamental de pico na carga é $V_p = V_{i(pico)} = 4V_s/\pi$.

$$P_L = \frac{V_p^2}{2R} = \frac{4^2 V_s^2}{2R\pi^2} \quad \text{ou} \quad 1000 = \frac{4^2 V_s^2}{2\pi^2 \times 10}$$

o que resulta em $V_s = 110$ V.

b. Para reduzir a potência na carga por $(1000/250 =)$ 4, o ganho de tensão deve ser reduzido por 2 em $u = 0,8$. Ou seja, a partir da Equação 7.35, obtemos $1 + Q_s^2(u - 1/u)^2 = 2^2$, o que dá $Q_s = 3,85$.

c. Q_s é definido por

$$Q_s = \frac{\omega_0 L}{R}$$

ou

$$3,85 = \frac{2\pi \times 20\,\text{kHz} \times L}{10}$$

o que resulta em $L = 306,37\ \mu H$.

d. $f_0 = 1/(2\pi\sqrt{LC})$ ou $20\,\text{kHz} = 1/(2\pi\sqrt{306,37\,\mu H \times C})$, o que resulta em $C = 0,2067\ \mu F$.

7.3.2 Resposta em frequência para cargas em paralelo

Com a carga conectada diretamente em paralelo com o capacitor C (ou por meio de um transformador), como mostra a Figura 7.7a, o circuito equivalente é o apresentado na Figura 7.13a. Utilizando a regra do divisor de tensão no domínio da frequência, o ganho de tensão é dado por

$$G(j\omega) = \frac{V_o}{V_i}(j\omega) = \frac{1}{1 - \omega^2 LC + j\omega L/R}$$

FIGURA 7.13
Resposta em frequência para carga em paralelo.

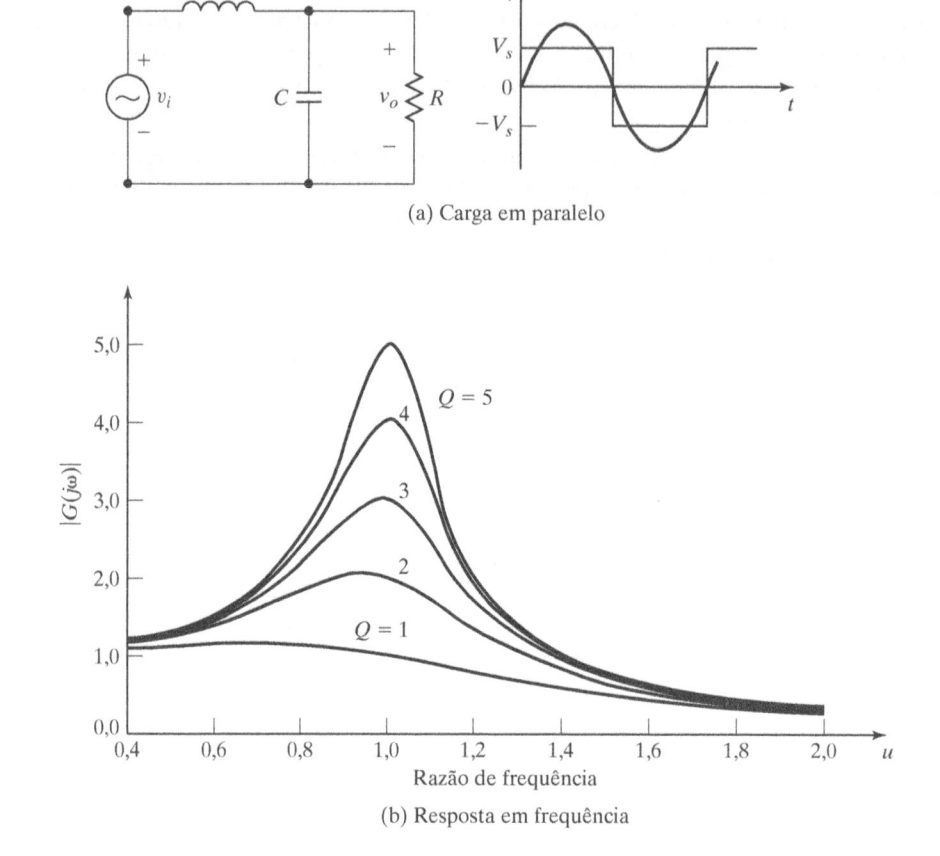

(a) Carga em paralelo

(b) Resposta em frequência

Sejam $\omega_0 = 1/\sqrt{LC}$ a frequência de ressonância e $Q = 1/Q_s = R/(\omega_0 L)$ o fator de qualidade. Substituindo L, C e R em termos de Q e ω_0, obtemos

$$G(j\omega) = \frac{V_o}{V_i}(j\omega) = \frac{1}{[1 - (\omega/\omega_o)^2] + j(\omega/\omega_o)/Q} = \frac{1}{(1 - u^2) + ju/Q}$$

onde $u = \omega/\omega_0$. A amplitude de $G(j\omega)$ pode ser encontrada a partir de

$$|G(j\omega)| = \frac{1}{\sqrt{(1 - u^2)^2 + (u/Q)^2}} \tag{7.36}$$

A Figura 7.13b mostra o gráfico do módulo de $G(j\omega)$ em função da razão de frequências para Q_s variando de 1 a 5. O ganho máximo ocorre perto da ressonância para $Q > 2$, e seu valor para $u = 1$ é

$$|G(j\omega)|_{máx} = Q \tag{7.37}$$

Quando não há carga, $R = \infty$ e $Q = \infty$. Assim, a tensão de saída na ressonância é função da carga, e pode ser muito alta sem carga se a frequência de operação não for aumentada. No entanto, a tensão de saída é em geral controlada na condição sem carga pela variação da frequência acima da ressonância. A corrente conduzida pelas chaves é independente da carga, mas aumenta com a tensão CC de entrada. Dessa forma, a perda por condução permanece relativamente constante, o que resulta em baixa eficiência com uma carga leve.

Se o capacitor estiver em curto-circuito por causa de uma falha na carga, a corrente é limitada pelo indutor L. Esse tipo de inversor é naturalmente à prova de curto-circuito, e é o preferido para aplicações com especificações de curtos-circuitos graves. Ele é usado em especial em aplicações de baixa tensão e alta corrente, nas quais a faixa de tensão de entrada é relativamente estreita, na maioria das vezes até $\pm 15\%$.

Exemplo 7.7 • Determinação dos valores de L e C para inversor ressonante com carga em paralelo a fim de gerar uma potência de saída específica

Um inversor ressonante série com carga em paralelo fornece uma potência de carga de $P_L = 1$ kW a uma tensão de pico senoidal na carga de $V_p = 330$ V e em ressonância. A resistência de carga é $R = 10\,\Omega$, e a frequência de ressonância, $f_0 = 20$ kHz. Determine **(a)** a tensão CC de entrada V_s; **(b)** a razão de frequência u se for necessário reduzir a potência na carga para 250 W por controle de frequência; **(c)** o indutor L; e **(d)** o capacitor C.

Solução
a. O pico da componente fundamental de uma tensão quadrada é $V_p = 4V_s/\pi$.

$$P_L = \frac{V_p^2}{2R} = \frac{4^2 V_s^2}{2\pi^2 R} \quad \text{ou} \quad 1000 = \frac{4^2 V_s^2}{2\pi^2 \times 10}$$

que dá $V_s = 110$ V. $V_{i(\text{pico})} = 4V_s/\pi = 4 \times 110/\pi = 140{,}06$ V.

b. A partir da Equação 7.37, o fator de qualidade é $Q = V_p/V_{i(\text{pico})} = 330/140{,}06 = 2{,}356$. Para reduzir a potência na carga por $(1000/250 =) 4$, o ganho de tensão deve ser reduzido por 2. Ou seja, pela Equação 7.36, obtemos

$$(1 - u^2)^2 + (u/2{,}356)^2 = 2^2$$

que dá $u = 1{,}693$.

c. Q é definido por

$$Q = \frac{R}{\omega_0 L} \quad \text{ou} \quad 2{,}356 = \frac{R}{2\pi \times 20\,\text{kHz}\, L}$$

que dá $L = 33{,}78\,\mu$H.

d. $f_0 = 1/(2\pi\sqrt{LC})$ ou $20\,\text{kHz} = 1/(2\pi\sqrt{33{,}78\,\mu\text{H} \times C})$, que dá $C = 1{,}875\,\mu$F.

7.3.3 Resposta em frequência para cargas em série-paralelo

Na Figura 7.10, o capacitor $C_1 = C_2 = C_s$ forma um circuito em série, e o capacitor C está em paralelo com a carga. Esse circuito apresenta um compromisso entre as características de uma carga em série e as de uma carga em paralelo. O circuito equivalente é mostrado na Figura 7.14a. Utilizando a regra do divisor de tensão no domínio da frequência, o ganho de tensão é dado por

$$G(j\omega) = \frac{V_o}{V_i}(j\omega) = \frac{1}{1 + C_p/C_s - \omega^2 L C_p + j\omega L/R - j/(\omega C_s R)}$$

Sendo $\omega_0 = 1/\sqrt{LC_s}$ a frequência de ressonância e $Q_s = \omega_0 L/R$ o fator de qualidade, pode-se substituir L, C e R em termos de Q_s e ω_0 e obter

$$G(j\omega) = \frac{V_0}{V_i}(j\omega) = \frac{1}{1 + C_p/C_s - \omega^2 L C_p + jQ_s(\omega/\omega_0 - \omega_0/\omega)}$$

$$= \frac{1}{1 + (C_p/C_s)(1 - u^2) + jQ_s(u - 1/u)}$$

onde $u = \omega/\omega_0$. A amplitude de $G(j\omega)$ pode ser determinada por

$$|G(j\omega)| = \frac{1}{\sqrt{[1 + (C_p/C_s)(1 - u^2)]^2 + Q_s^2(u - 1/u)^2}} \qquad (7.38)$$

A Figura 7.14b mostra o gráfico do módulo de $G(j\omega)$ em função da razão de frequências para Q_s variando de 1 a 5, e $C_p/C_s = 1$. Esse inversor combina as melhores características da carga em série e da carga em paralelo, eliminando

FIGURA 7.14
Resposta em frequência para carga em série-paralelo.

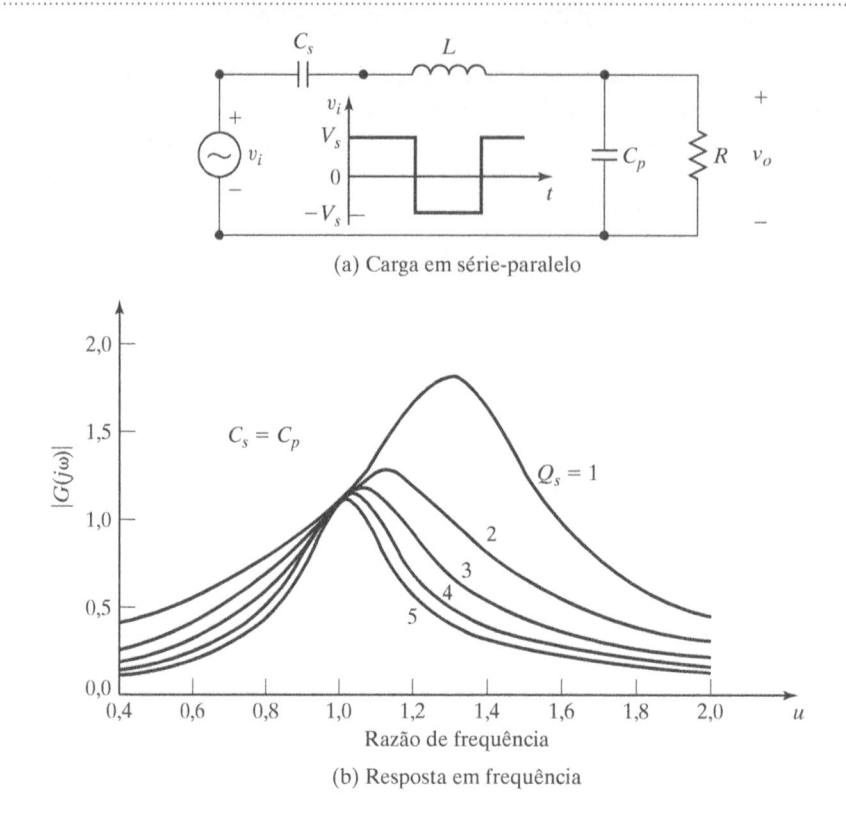

(a) Carga em série-paralelo

(b) Resposta em frequência

os pontos fracos, como a falta de regulação para a carga em série e a corrente de carga independente para a carga em paralelo.

À medida que C_p fica menor, o inversor apresenta as características da carga em série. Com um valor razoável de C_p, o inversor mostra algumas das características da carga em paralelo e pode operar sem carga. Quando C_p fica menor, a frequência superior necessária para uma tensão de saída específica aumenta. A escolha $C_p = C_s$ é geralmente um bom meio termo entre a eficiência em carga parcial e a regulação sem carga com uma frequência superior razoável. Para fazer a corrente diminuir com a carga a fim de manter uma alta eficiência em carga parcial, o Q a plena carga é escolhido entre 4 e 5. Um inversor em série-paralelo consegue operar dentro de um intervalo maior de tensão de entrada e de carga, desde vazio até a plena carga, mantendo ao mesmo tempo uma excelente eficiência.

- **Principais pontos da Seção 7.3**

  - O ganho de um inversor ressonante torna-se máximo em $u = 1$. Os inversores ressonantes são normalmente utilizados em aplicações que necessitam de uma tensão de saída fixa.
  - O inversor com carga em série é utilizado em especial em aplicações de alta tensão e de baixa corrente. Já o inversor com carga em paralelo é utilizado principalmente em aplicações de baixa tensão e de alta corrente. O inversor com carga em série-paralelo consegue operar dentro de intervalos mais amplos de tensão de entrada, e a carga pode variar desde vazio até a plena carga.

7.4 INVERSORES RESSONANTES PARALELO

Um inversor ressonante paralelo é o dual de um inversor ressonante série. Ele é alimentado a partir de uma fonte de corrente, de modo que o circuito apresenta uma alta impedância para a corrente de chaveamento. Um circuito ressonante paralelo é mostrado na Figura 7.15. Como a corrente é continuamente controlada, esse inversor

FIGURA 7.15
Circuito ressonante paralelo.

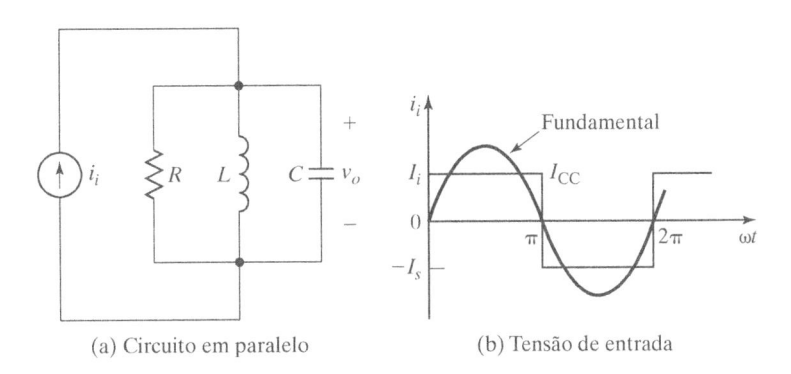

(a) Circuito em paralelo (b) Tensão de entrada

oferece uma proteção melhor contra curto-circuito em condições de falha. Somando as correntes através de R, L e C, obtém-se

$$C\frac{dv}{dt} + \frac{v}{R} + \frac{1}{L}\int v\, dt = I_s$$

com as condições iniciais $v(t=0) = 0$ e $i_L(t=0) = 0$. Essa equação é semelhante à Equação 7.2 se i for substituído por v, R por $1/R$, L por C, C por L e V_s por I_s. Utilizando a Equação 7.5, a tensão v é dada por

$$v = \frac{I_s}{\omega_r C} e^{-\alpha t} \operatorname{sen} \omega_r t \tag{7.39}$$

onde $\alpha = 1/(2RC)$. A frequência de ressonância amortecida ω_r é dada por

$$\omega_r = \sqrt{\frac{1}{LC} - \frac{1}{4R^2C^2}} \tag{7.40}$$

Utilizando a Equação 7.7, a tensão v na Equação 7.39 torna-se máxima em t_m dado por

$$t_m = \frac{1}{\omega_r} \operatorname{tg}^{-1} \frac{\omega_r}{\alpha} \tag{7.41}$$

que pode ser aproximado para π/ω_r. A impedância de entrada é dada por

$$Z(j\omega) = \frac{V_o}{I_i}(j\omega) = R\frac{1}{1 + jR/\omega L + j\omega CR}$$

onde I_i é a corrente rms CA de entrada, e $I_i = 4I_s/\sqrt{2}\pi$. O fator de qualidade Q_p é

$$Q_p = \omega_0 CR = \frac{R}{\omega_0 L} = R\sqrt{\frac{C}{L}} = 2\delta \tag{7.42}$$

onde δ é o fator de amortecimento e $\delta = \alpha/\omega_0 = (R/2)\sqrt{C/L}$. Substituindo L, C e R em termos de Q_p e ω_0, obtemos

$$Z(j\omega) = \frac{V_o}{I_i}(j\omega) = \frac{1}{1 + jQ_p(\omega/\omega_0 - \omega_0/\omega)} = \frac{1}{1 + jQ_p(u - 1/u)}$$

onde $u = \omega/\omega_0$. A amplitude de $Z(j\omega)$ pode ser encontrada a partir de

$$|Z(j\omega)| = \frac{1}{\sqrt{1 + Q_p^2(u - 1/u)^2}} \tag{7.43}$$

que é idêntica ao ganho de tensão $|G(j\omega)|$ na Equação 7.35. O gráfico da amplitude está representado na Figura 7.12. Um inversor ressonante em paralelo é ilustrado na Figura 7.16a. O indutor L_e atua como uma fonte de corrente, e o capacitor C é o elemento ressonante. L_m é a indutância mútua do transformador e opera como o indutor ressonante.

FIGURA 7.16
Inversor ressonante paralelo.

(a) Circuito

(b) Circuito equivalente

(c) Sinais de acionamento

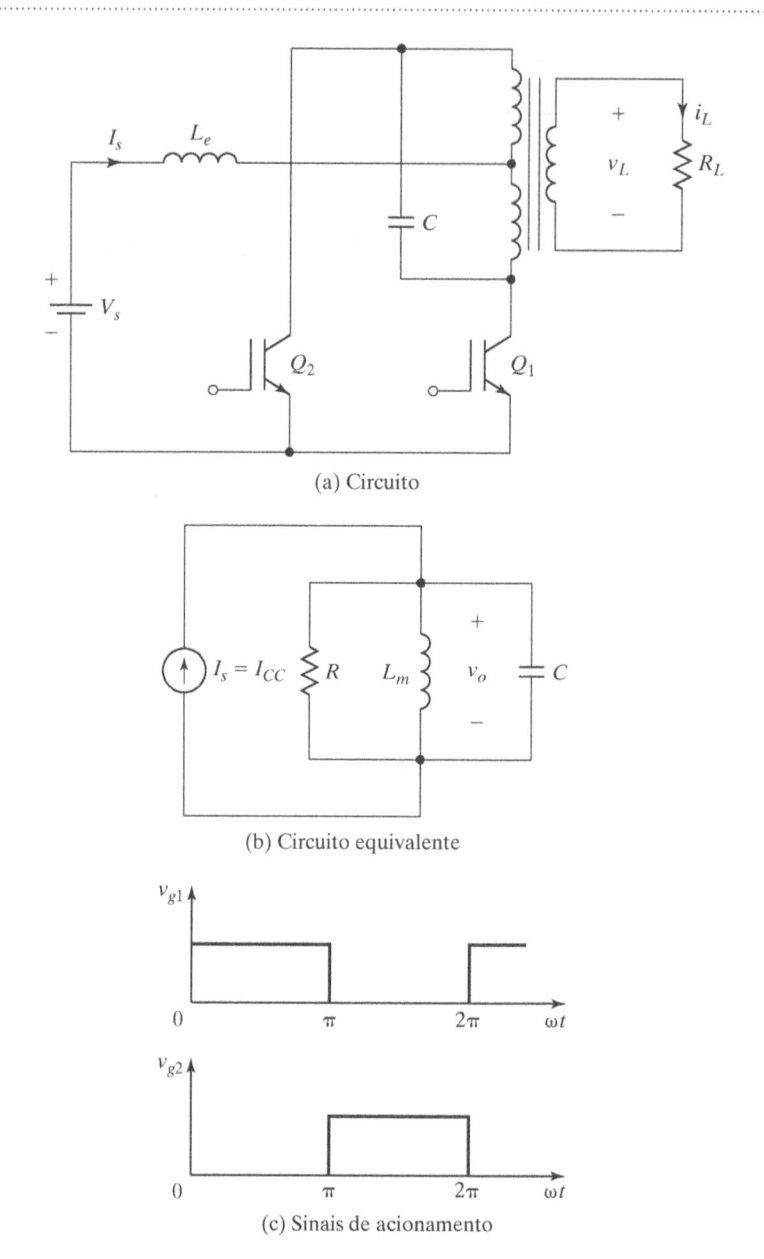

Uma corrente constante é chaveada alternadamente no circuito ressonante pelos transistores Q_1 e Q_2. Os sinais de acionamento são mostrados na Figura 7.16c. No circuito equivalente indicado na Figura 7.16b, a resistência de carga R_L está referida ao lado primário, e as indutâncias de dispersão do transformador foram desprezadas. Na Figura 7.17, é demonstrado um inversor ressonante utilizado na prática, que alimenta uma lâmpada fluorescente.

Exemplo 7.8 ▪ Determinação dos valores de *L* e *C* de um inversor ressonante paralelo para gerar uma potência de saída específica

O inversor ressonante paralelo da Figura 7.16a fornece uma potência na carga de $P_L = 1$ kW a uma tensão de pico senoidal na carga de $V_p = 170$ V e em ressonância. A resistência de carga é $R = 10\ \Omega$,

FIGURA 7.17
Inversor ressonante utilizado na prática (cortesia da Universal Lighting Technologies).

e a frequência de ressonância, $f_0 = 20$ kHz. Determine **(a)** a corrente CC de entrada I_s; **(b)** o fator de qualidade Q_p se for necessário reduzir a potência na carga para 250 W por controle de frequência, de modo que $u = 1{,}25$; **(c)** o indutor L; e **(d)** o capacitor C.

Solução

a. Como na ressonância $u = 1$ e $|Z(j\omega)|_{\text{máx}} = 1$, o pico da corrente fundamental na carga é $I_p = 4I_s/\pi$.

$$P_L = \frac{I_p^2 R}{2} = \frac{4^2 I_s^2 R}{2\pi^2} \quad \text{ou} \quad 1000 = \frac{4^2 I_s^2 10}{2\pi^2}$$

que dá $I_s = 11{,}1$ A.

b. Para reduzir a potência na carga por $(1000/250 =)$ 4, a impedância deve ser reduzida por 2 em $u = 1{,}25$. Ou seja, a partir da Equação 7.43, obtemos $1 + Q_p^2 (u - 1/u)^2 = 2^2$, que dá $Q_p = 3{,}85$.

c. Q_p é definido por $Q_p = \omega_0 CR$ ou $3{,}85 = 2\pi \times 20$ kHz $\times C \times 10$, que dá $C = 3{,}06$ μF.

d. $f_0 = 1/(2\pi\sqrt{LC})$ ou $20\,\text{kHz} = 1/(2\pi\sqrt{3{,}06\,\mu\text{F} \times L})$, que dá $L = 20{,}67$ μH.

■ **Principais pontos da Seção 7.4**

– Um inversor ressonante paralelo é o dual de um inversor ressonante série. Uma corrente constante é chaveada alternadamente no circuito ressonante, e a corrente de carga torna-se quase independente das variações da impedância de carga.

7.5 CONTROLE DE TENSÃO DE INVERSORES RESSONANTES

Os inversores quase ressonantes (*quasi-resonant inverters* — QRIs)[3] são normalmente utilizados para controlar a tensão de saída. Os QRIs podem ser considerados um híbrido dos conversores ressonantes e dos PWM. O princípio básico é substituir a chave de potência nos conversores PWM por uma ressonante. As formas de onda da corrente ou tensão na chave são forçadas a oscilar de um modo quase senoidal. Uma grande família de circuitos conversores convencionais pode ser transformada em seus conversores ressonantes equivalentes.[4]

Pode-se aplicar uma topologia em ponte, como a mostrada na Figura 7.18a, a fim de conseguir o controle da tensão de saída. A frequência de chaveamento f_s é mantida constante na frequência de ressonância f_0. Pelo chaveamento simultâneo de dois dispositivos, pode-se obter uma *onda quase quadrada*, como ilustra a Figura 7.18b. A tensão eficaz fundamental de entrada é dada por

$$V_i = \frac{4V_S}{\sqrt{2}\pi} \cos \alpha \tag{7.44}$$

onde α é o ângulo de controle. Pela variação de α, de 0 a $\pi/2$ a uma frequência constante, a tensão V_i pode ser controlada de $4V_S/(\pi\sqrt{2})$ até 0.

FIGURA 7.18

Controle de tensão quase quadrada para inversor ressonante série.

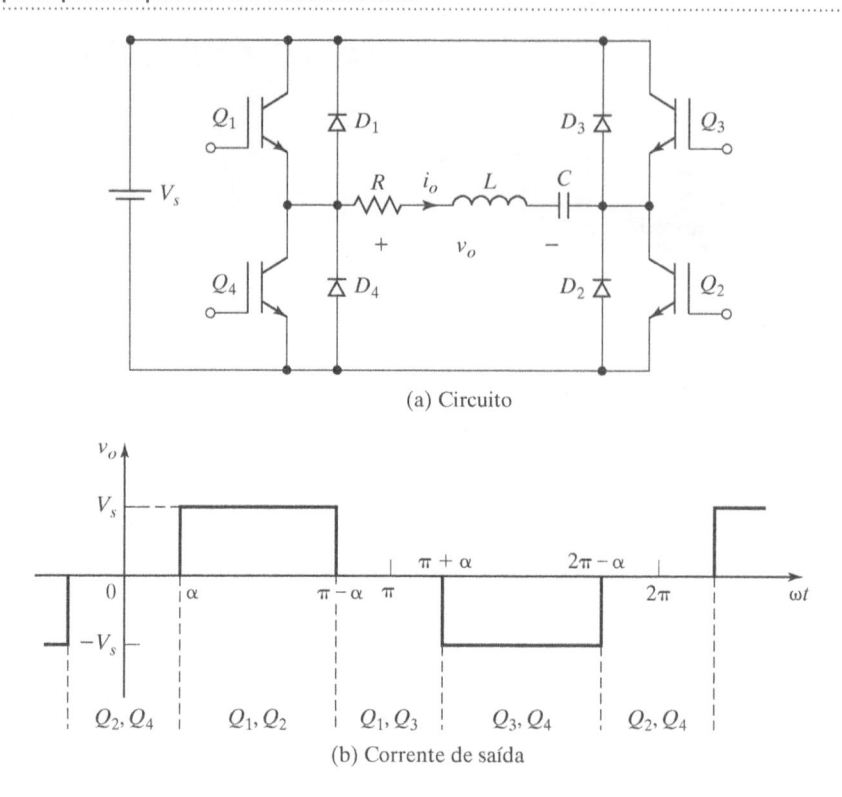

(a) Circuito

(b) Corrente de saída

A topologia em ponte na Figura 7.19a consegue controlar a tensão de saída. A frequência de chaveamento f_s é mantida constante na frequência de ressonância f_o. Pelo chaveamento simultâneo de dois dispositivos pode-se obter uma *onda quase quadrada*, como indica a Figura 7.19b. A corrente rms fundamental de entrada é dada por

$$I_i = \frac{4I_s}{\sqrt{2}\pi} \cos \alpha \qquad (7.45)$$

Pela variação de α, de 0 a $\pi/2$ em uma frequência constante, a corrente I_i pode ser controlada de $4I_s/(\sqrt{2}\pi)$ até 0.

Esse conceito pode ser estendido a aplicações de alta tensão CC (HVDC), nas quais a tensão CA é convertida em CC, e, em seguida, convertida de volta em CA. A transmissão é normalmente feita a uma corrente CC constante I_{CC}. Um circuito com saída monofásica é mostrado na Figura 7.19c.

7.6 INVERSOR RESSONANTE CLASSE E

Um inversor ressonante classe E utiliza apenas um transistor e tem baixas perdas por chaveamento, gerando uma alta eficiência de mais de 95%. O circuito é mostrado na Figura 7.20a. Ele é normalmente utilizado em aplicações de baixa potência, nas quais se requer menos de 100 W, em especial em reatores eletrônicos de alta frequência para lâmpadas. A chave precisa suportar uma alta tensão. Esse inversor é em geral usado com tensão de saída fixa. No entanto, a tensão de saída pode variar, mudando-se a frequência de chaveamento. A operação do circuito pode ser dividida nos modos a seguir.

Modo 1. Durante esse modo, o transistor Q_1 está ligado. O circuito equivalente é mostrado na Figura 7.20b. A corrente da chave i_T é composta pela corrente da fonte i_s e pela corrente de carga i_o. Para obter uma corrente de saída quase senoidal, os valores de L e C são escolhidos a fim de ter um alto fator de qualidade, $Q \geq 7$, e baixo fator de amortecimento, geralmente $\delta \leq 0{,}072$. A chave é desligada com tensão zero. Quando a chave é desligada, sua corrente é imediatamente desviada para o capacitor C_e.

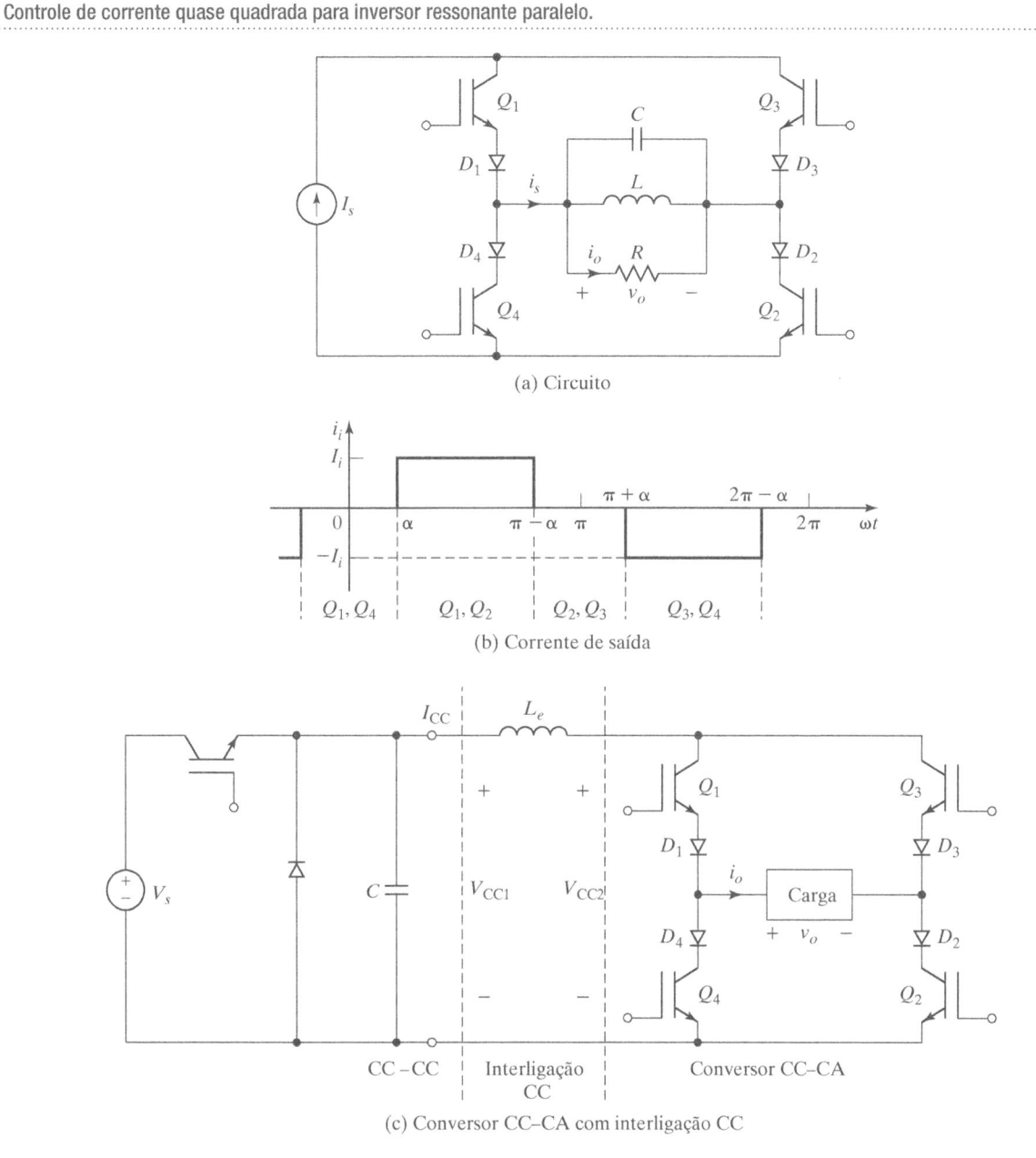

FIGURA 7.19
Controle de corrente quase quadrada para inversor ressonante paralelo.

(a) Circuito

(b) Corrente de saída

(c) Conversor CC–CA com interligação CC

Modo 2. Durante esse modo, o transistor Q_1 está desligado. O circuito equivalente é mostrado na Figura 7.20b. A corrente do capacitor i_c torna-se a soma de i_s com i_o. A tensão na chave aumenta de 0 até um valor máximo, e cai a zero novamente. Quando a tensão na chave cai a zero, $i_c = C_e dv_T/dt$ em geral é negativa. Assim, a tensão na chave tenderia a ser negativa. Para limitar essa tensão negativa, um diodo é conectado em antiparalelo, como indica a Figura 7.20a pela linha tracejada. Se a chave for um MOSFET, a tensão negativa é limitada à queda de tensão de seu diodo intrínseco.

Modo 3. Esse modo só existe se a tensão na chave cair a zero com uma inclinação negativa finita. O circuito equivalente é semelhante ao do modo 1, exceto pelas condições iniciais. A corrente de carga cai a zero no fim do modo 3. Entretanto, se os parâmetros do circuito fossem tais que a tensão na chave caísse a zero com uma inclinação zero, não haveria necessidade de um diodo, e esse modo não existiria. Ou seja, $v_T = 0$ e $dv_T/dt = 0$. Os parâmetros ótimos que geralmente satisfazem essas condições e geram a eficiência máxima são dados por[5,6]

FIGURA 7.20

Inversor ressonante classe E. (a) Circuito, (b) circuitos equivalentes, (c) corrente de saída, (d) corrente no transistor, (e) corrente no capacitor e (f) tensão no transistor.

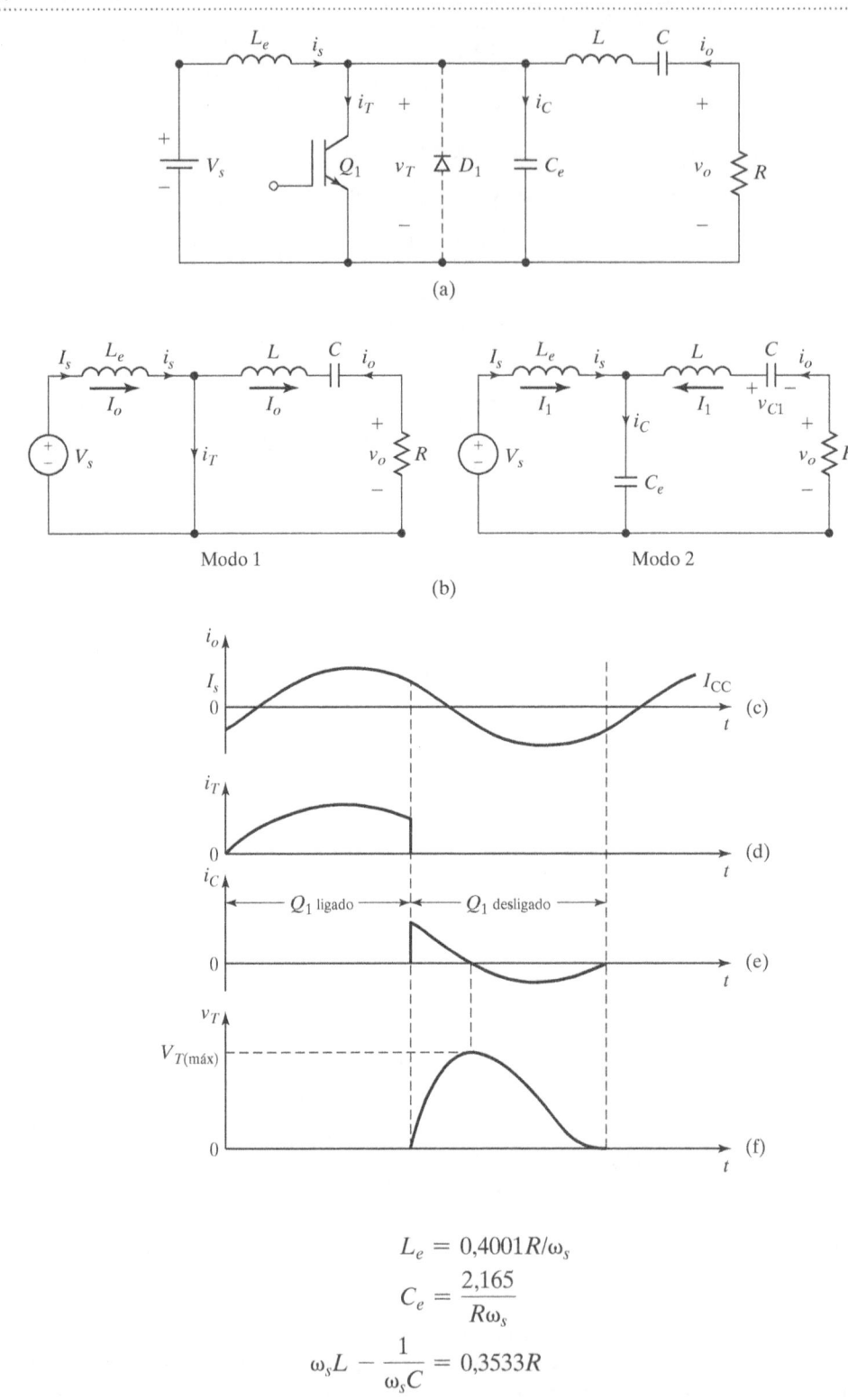

$$L_e = 0{,}4001 R/\omega_s$$

$$C_e = \frac{2{,}165}{R\omega_s}$$

$$\omega_s L - \frac{1}{\omega_s C} = 0{,}3533 R$$

onde ω_s é a frequência de chaveamento. O ciclo de trabalho é $k = t_{on}/T_s = 30{,}4\%$. As formas de onda da corrente de saída, corrente na chave e tensão na chave são mostradas na Figura 7.20c-f.

Exemplo 7.9 • Determinação dos valores ótimos de Cs e Ls para um inversor classe E

O inversor classe E da Figura 7.20a opera em ressonância e tem $V_s = 12$ V e $R = 10\ \Omega$. A frequência de chaveamento é $f_s = 25$ kHz. **(a)** Determine os valores ótimos de L, C, C_e e L_e. **(b)** Utilize o PSpice para fazer gráficos com a tensão de saída v_o e a tensão na chave v_T para $k = 0,304$. Suponha que $Q = 7$.

Solução

$V_s = 12$ V, $R = 10\ \Omega$ e $\omega_s = 2\pi f_s = 2\pi \times 25$ kHz $= 157{,}1$ krad/s.

a.

$$L_e = \frac{0{,}4001R}{\omega_s} = 0{,}4001 \times \frac{10}{157{,}1\,\text{krad/s}} = 25{,}47\,\mu\text{H}$$

$$C_e = \frac{2{,}165}{R\omega_s} = \frac{2{,}165}{10 \times 157{,}1\,\text{krad/s}} = 1{,}38\,\mu\text{F}$$

$$L = \frac{QR}{\omega_s} = \frac{7 \times 10}{157{,}1\,\text{krad/s}} = 445{,}63\,\mu\text{H}$$

$\omega_s L - 1/\omega_s C = 0{,}3533R$ ou $7 \times 10 - 1/\omega_s C = 0{,}3533 \times 10$, o que dá $C = 0{,}0958\ \mu\text{F}$. O fator de amortecimento é

$$\delta = (R/2)\sqrt{C/L} = (10/2)\sqrt{0{,}0958/445{,}63} = 0{,}0733$$

que é muito pequeno, e a corrente de saída deve ser essencialmente senoidal. A frequência de ressonância é

$$f_0 = \frac{1}{2\pi\sqrt{LC}} = \frac{1}{2\pi\sqrt{445{,}63\,\mu\text{H} \times 0{,}0958\,\mu\text{F}}} = 24{,}36\,\text{kHz}$$

b. $T_s = 1/f_s = 1/25$ kHz $= 40\ \mu$s e $t_{on} = kT_s = 0{,}304 \times 40 = 12{,}24\ \mu$s. O circuito para a simulação no PSpice é mostrado na Figura 7.21a, e a tensão de acionamento, na Figura 7.21b. A listagem do arquivo do circuito é a seguinte:

```
Exemplo 7.9     Inversor ressonante classe E
VS          1   0   DC      12V
VY          1   2   DC      0V      ; Fonte de tensão para medir a corrente de entrada
VG          8   0   PULSE (0V 20V 0 1NS 1NS 12.24US 40US)
RB          8   7   250             ; Resistência de base do acionador
R           6   0   10
LE          2   3   25.47UH
CE          3   0   1.38UF
C           3   4   0.0958UF
L           5   6   445.63UH
VX          4   5   DC      0V      ; Fonte de tensão para medir a corrente de carga em L2
Q1          3   7   0       MODQ1                      ; Chave BJT
.MODEL MODQ1 NPN (IS=6.734F BF=416.4 ISE=6.734F BR=.7371
+       CJE=3.638P  MJC=.3085 VJC=.75 CJE=4.493P MJE=.2593 VJE=.75
+       TR=239.5N   TF=301.2P)      ; Parâmetros do modelo do BJT
.TRAN   2US   300US   180US   1US UIC       ; Análise transitória
.PROBE
.OPTIONS ABSTOL = 1.00N RELTOL = 0.01 VNTOL = 0.1 ITL5=20000 ; convergência
.END
```

Os gráficos obtidos com o PSpice são mostrados na Figura 7.22, na qual V(3) = tensão na chave e V(6) = tensão de saída. Utilizando o cursor do PSpice na Figura 7.22, obtém-se $V_{o(pp)} = 29{,}18$ V, $V_{T(pico)} = 31{,}481$ V e a frequência de saída $f_o = 1/(2 \times 19{,}656\ \mu) = 25{,}44$ kHz (esperado 24,36 kHz).

FIGURA 7.21
Inversor ressonante classe E para simulação no PSpice.

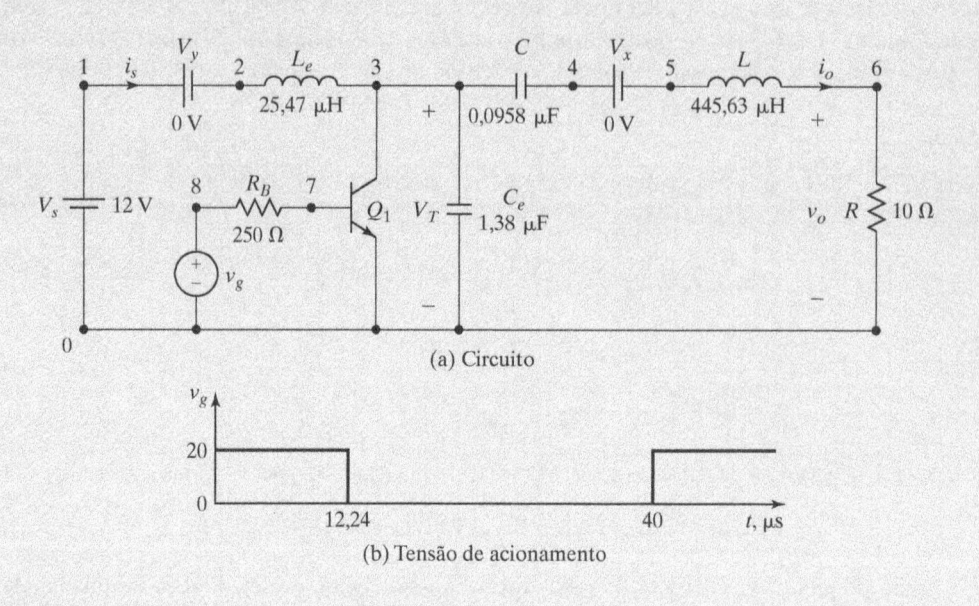

(a) Circuito

(b) Tensão de acionamento

FIGURA 7.22
Gráficos do PSpice para o Exemplo 7.9.

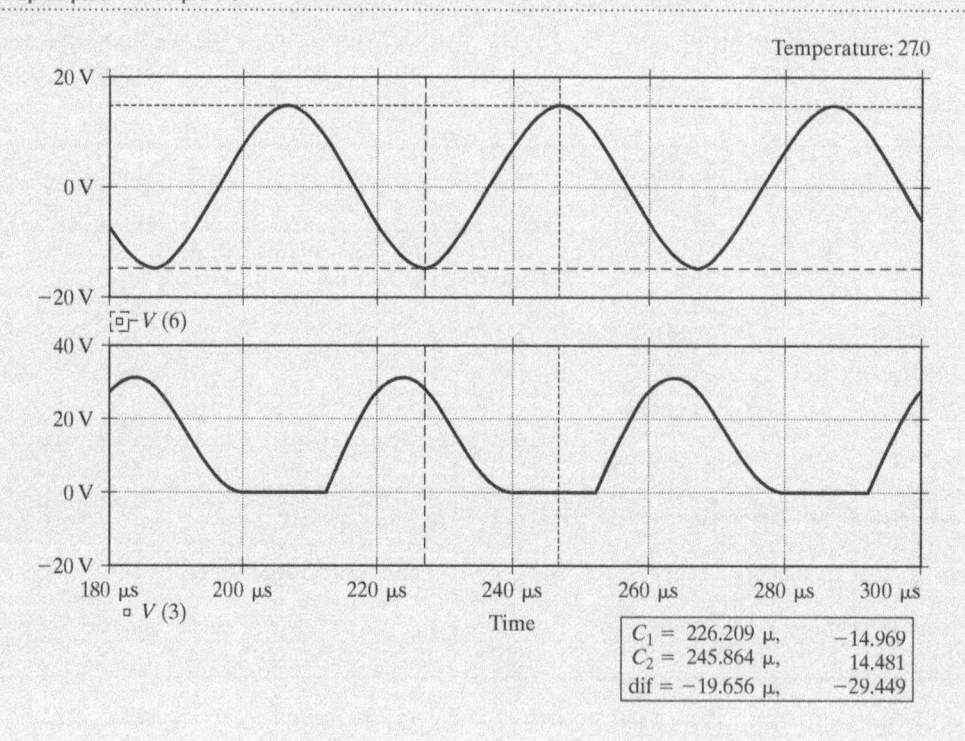

$C_1 = 226{,}209\ \mu,\quad -14{,}969$
$C_2 = 245{,}864\ \mu,\quad 14{,}481$
$\text{dif} = -19{,}656\ \mu,\quad -29{,}449$

■ Principais pontos da Seção 7.6

– Um inversor classe E que requer apenas um dispositivo de chaveamento é adequado para aplicações de baixa potência que necessitam de menos de 100 W. Ele geralmente é utilizado para tensão de saída fixa.

7.7 RETIFICADOR RESSONANTE CLASSE E

Como os conversores CC-CC geralmente são constituídos por um inversor ressonante CC-CA e por um retificador CA-CC, um retificador a diodo em alta frequência tem desvantagens como perdas por condução e chaveamento, oscilações parasitas e corrente de entrada com elevado conteúdo harmônico. Um retificador ressonante classe E,[7] como mostra a Figura 7.23a, supera essas limitações. Ele usa o princípio de chaveamento em tensão zero do diodo. Isto é, o diodo desliga em tensão zero. A capacitância de junção do diodo, C_j, está incluída na capacitância

FIGURA 7.23

Retificador ressonante classe E. (a) Circuito, (b) circuitos equivalentes, (c) tensão de entrada, (d) corrente no indutor, (e) corrente no diodo e (f) corrente no capacitor.

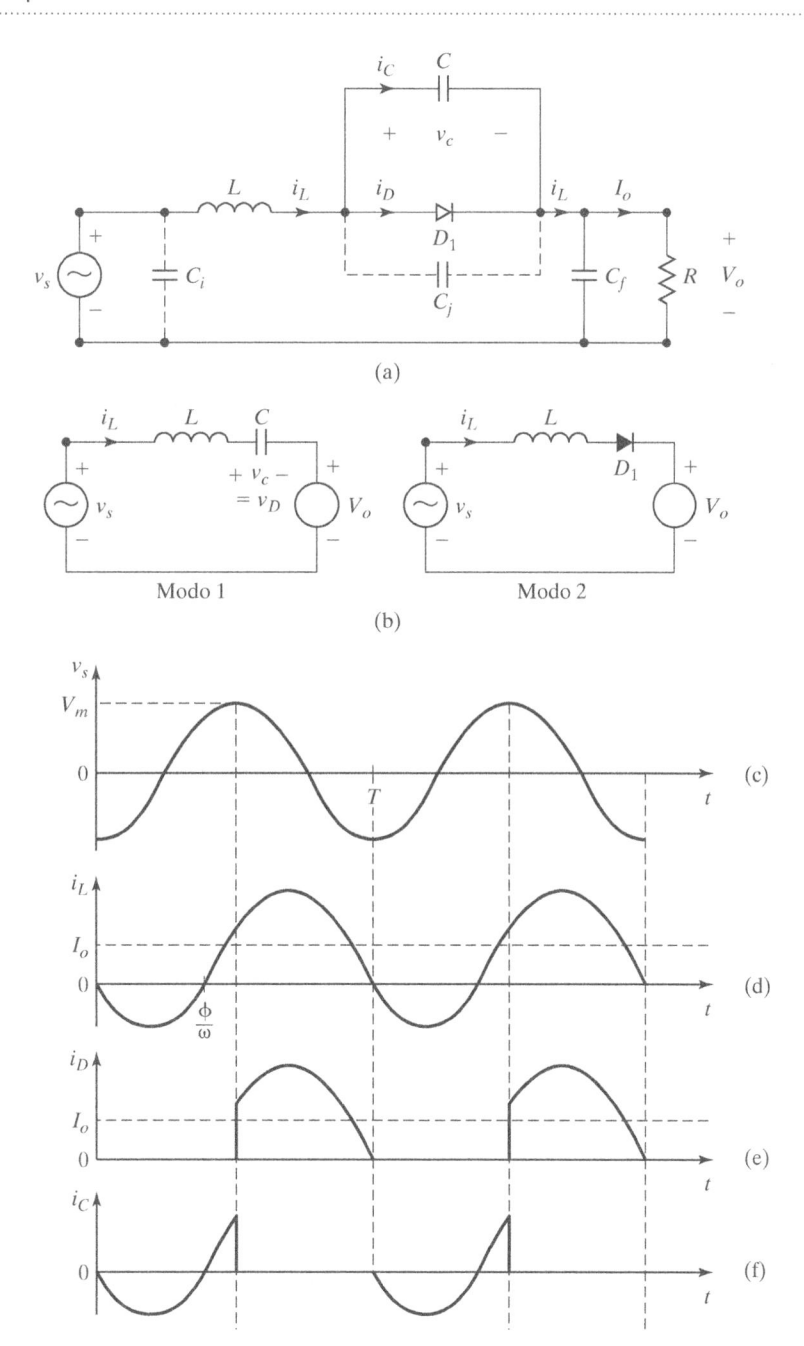

ressonante C e, portanto, não afeta negativamente a operação do circuito. Esta pode ser dividida em dois modos: 1 e 2. Suponhamos que a capacitância do filtro C_f seja suficientemente grande, tal que a tensão de saída V_o permaneça constante. A tensão de entrada é $v_s = V_m \, \text{sen} \, \omega t$.

Modo 1. Durante esse modo, o diodo está desligado. O circuito equivalente é ilustrado na Figura 7.23b. Os valores de L e C são tais que $\omega L = 1/(\omega C)$ na frequência de operação f. A tensão que aparece em L e C é $v_{(LC)} = V_s \, \text{sen} \, \omega t - V_o$.

Modo 2. Durante esse modo, o diodo está em condução. O circuito equivalente é apresentado na Figura 7.23b. A tensão que aparece em L é $v_L = V_s \, \text{sen} \, \omega t - V_o$. Quando a corrente do diodo i_D, que é a mesma do indutor i_L, atinge zero, o diodo bloqueia (desliga). Nessa situação, $i_D = i_L = 0$ e $v_D = v_C = 0$. Isto é, $i_c = C \, dv_c/dt = 0$, o que dá $dv_c/dt = 0$. Portanto, a tensão no diodo é zero no bloqueio, o que reduz as perdas por chaveamento. A corrente no indutor pode ser expressa aproximadamente por

$$i_L = I_m \, \text{sen} \, (\omega t - \phi) - I_o \tag{7.46}$$

onde $I_m = V_m/R$ e $I_o = V_o/R$. Quando o diodo está em condução, o deslocamento de fase ϕ é de 90°. Quando ele está desligado, o deslocamento é 0°, desde que $\omega L = 1/(\omega C)$. Portanto, ϕ tem um valor entre 0° e 90°, que depende da resistência de carga R. A corrente pico a pico é $2V_m/R$. A corrente de entrada tem uma componente CC I_o e um atraso de fase ϕ, como indica a Figura 7.23d. Para melhorar o fator de potência de entrada, um capacitor de entrada em geral é conectado, como mostram as linhas tracejadas na Figura 7.23a.

Exemplo 7.10 ▪ Determinação dos valores de Ls e Cs para um retificador classe E

O retificador classe E na Figura 7.23a fornece uma potência de carga de $P_L = 400$ mW a $V_o = 4$ V. O pico da tensão de alimentação é $V_m = 10$ V, e a frequência da alimentação, $f = 250$ kHz. A ondulação na tensão CC de saída é $\Delta V_o = 40$ mV. **(a)** Determine os valores de L, C e C_f; e **(b)** as correntes rms e CC de L e C. **(c)** Utilize o PSpice para fazer os gráficos da tensão de saída v_o e da corrente do indutor i_L.

Solução

$V_m = 10$ V, $V_o = 4$ V, $\Delta V_o = 40$ mV e $f = 250$ kHz.

a. Escolha um valor adequado de C. Adote $C = 10$ nF. Considere a frequência de ressonância $f_o = f = 250$ kHz. 250 kHz $= f_o = 1/[2\pi\sqrt{L \times 10\text{nF}}]$, o que dá $L = 40,5$ μH. $P_L = V_o^2/R$ ou 400 mW $= 4^2/R$, o que dá $R = 40$ Ω. $I_o = V_o/R = 4/40 = 100$ mA. O valor da capacitância C_f é dado por

$$C_f = \frac{I_o}{2f \Delta V_o} = \frac{100 \text{ mA}}{2 \times 250 \text{ kHz} \times 40 \text{ mV}} = 5 \, \mu\text{F}$$

b. $I_m = V_m/R = 10/40 = 250$ mH. A corrente rms do indutor I_L é

$$I_{L(\text{rms})} = \sqrt{100^2 + \frac{250^2}{2}} = 203,1 \text{ mA}$$

$$I_{L(\text{CC})} = 100 \text{ mA}$$

A corrente rms do capacitor C é

$$I_{C(\text{rms})} = \frac{250}{\sqrt{2}} = 176,78 \text{ mA}$$

$$I_{C(\text{CC})} = 0$$

c. $T = 1/f = 1/250$ kHz $= 4$ μs. O circuito para a simulação no PSpice é mostrado na Figura 7.24. A listagem do arquivo do circuito é a seguinte:

```
Exemplo 7.10  Retificador ressonante classe E
VS    1   0   SIN (0   10V   250KHZ)
VY    1   2   DC    0V    ; Fonte de tensão para medir a corrente de entrada
R     4   5   40
L     2   3   40.5UH
C     3   4   10NF
CF    4   0   5UF
VX    5   0   DC    0V    ; Fonte de tensão para medir a corrente de carga
D1    3   4   DMOD                ; Diodo do retificador
.MODEL DMOD D                     ; Parâmetros do diodo padrão
.TRAN 0.1US  1220US 1200US 0.1US UIC  ; Análise transitória
.PROBE
.OPTIONS ABSTOL = 1.00N RETOL1 = 0.01 VNTOL = 0.1 ITL5=40000 ; convergência
.END
```

Os gráficos obtidos no PSpice são indicados na Figura 7.25, na qual $I(L)$ = corrente no indutor e $V(4)$ = tensão de saída. Utilizando o cursor do PSpice na Figura 7.25, obtém-se $V_o = 3{,}98$ V, $\Delta V_o = 63{,}04$ mV e $i_{L(pp)} = 489{,}36$ mA.

FIGURA 7.24
Retificador ressonante classe E para simulação no PSpice.

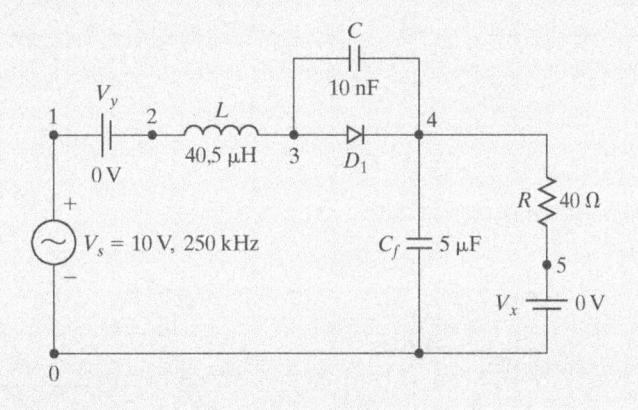

Principais pontos da Seção 7.7

– Um retificador classe E utiliza apenas um diodo, que bloqueia com tensão zero. A perda por condução no diodo é reduzida, e o conteúdo harmônico da corrente de entrada é baixo.

7.8 CONVERSORES RESSONANTES COM COMUTAÇÃO COM CORRENTE ZERO

As chaves do conversor ressonante com comutação com corrente zero (ZCS) são ligadas e desligadas com corrente nula. O circuito ressonante composto pela chave S_1, pelo indutor L e pelo capacitor C é mostrado na Figura 7.26a. O indutor L é ligado em série com a chave de alimentação S_1 para a obtenção da ZCS. Ele é classificado por Liu et al.[8] em dois tipos: L e M. Em ambos os tipos, o indutor L limita a di/dt da corrente da chave, e L e C constituem um circuito ressonante em série. Quando a corrente na chave é zero, existe uma corrente $i = C_j dv_T/dt$ que flui através da capacitância interna C_j por conta de uma inclinação finita da tensão sobre a chave no desligamento. Esse fluxo de corrente causa dissipação de energia na chave e limita o chaveamento em alta frequência.

340 Eletrônica de potência

FIGURA 7.25
Gráficos do PSpice para o Exemplo 7.10.

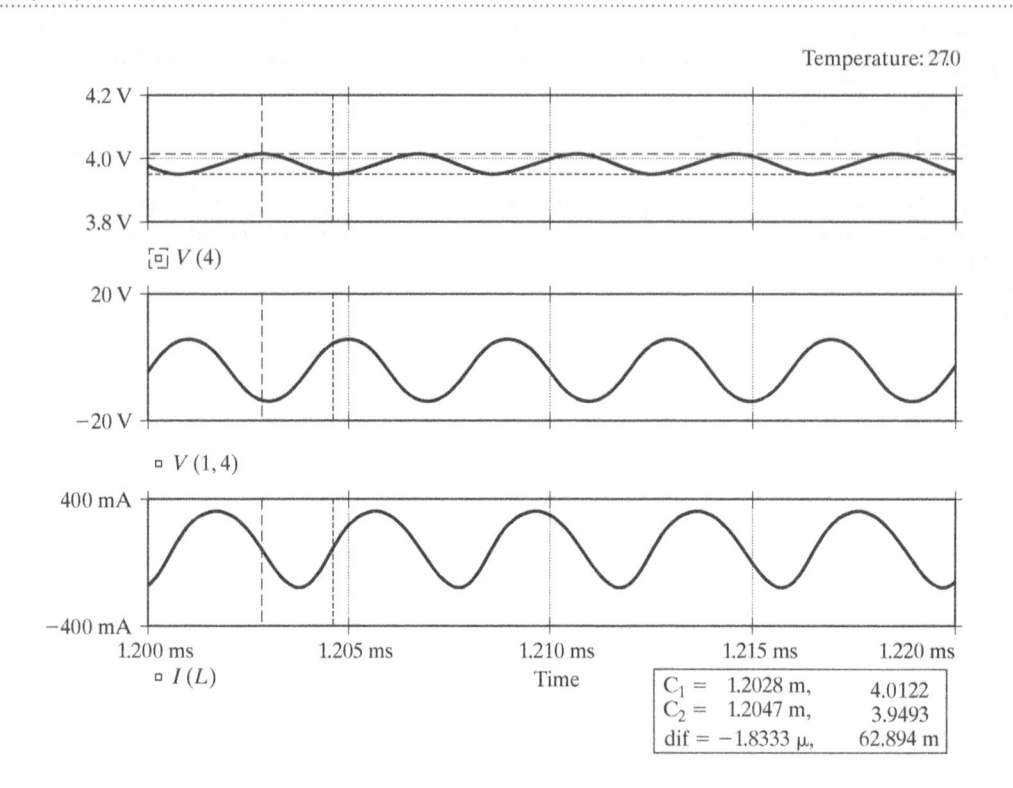

Temperature: 27.0

V(4)

V(1,4)

I(L)

$C_1 =$	1.2028 m,	4.0122
$C_2 =$	1.2047 m,	3.9493
dif $=$	-1.8333 μ,	62.894 m

FIGURA 7.26
Configurações de chaves para conversores ressonantes ZCS.

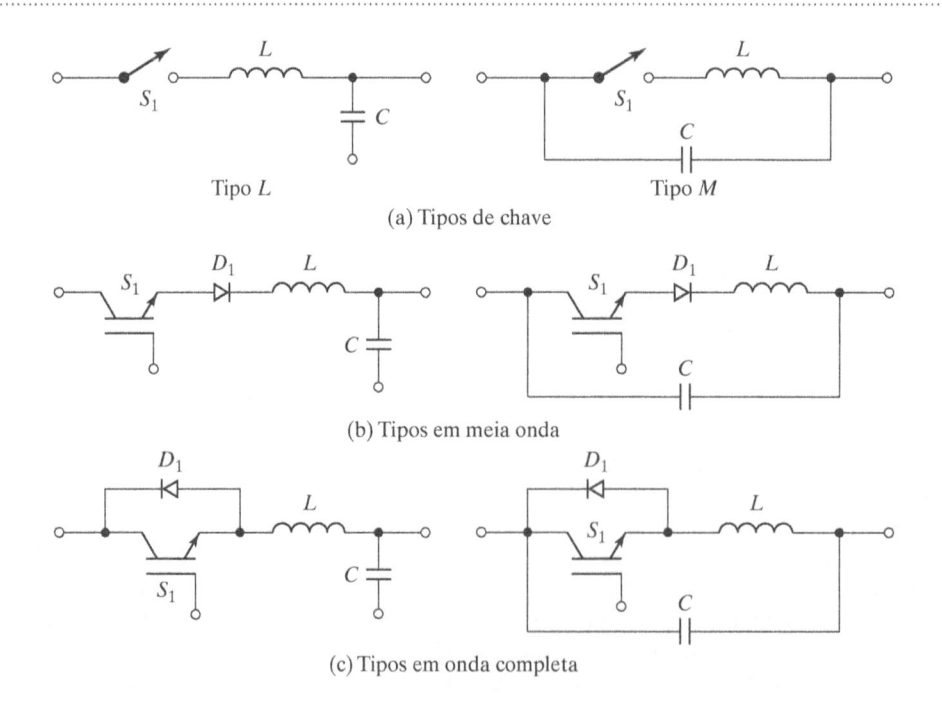

Tipo L Tipo M

(a) Tipos de chave

(b) Tipos em meia onda

(c) Tipos em onda completa

A chave pode ser implementada com uma configuração em meia onda, como indica a Figura 7.26b, na qual o diodo D_1 permite um fluxo de corrente unidirecional, ou com uma configuração em onda completa, como ilustra a Figura 7.26c, na qual a corrente da chave pode fluir de forma bidirecional. Na prática, os dispositivos não desligam em corrente zero em decorrência de seus tempos de recuperação. Consequentemente, uma quantidade de energia pode ficar presa no indutor L da configuração tipo M, e transitórios de tensão aparecem na chave. Isso favorece a configuração do tipo L sobre a do tipo M. Para a configuração do tipo L, C pode ser um capacitor eletrolítico polarizado, enquanto a capacitância C para a configuração do tipo M precisa ser um capacitor CA.

7.8.1 Conversor ressonante ZCS tipo L

Um conversor ressonante ZCS do tipo L é mostrado na Figura 7.27a. A operação do circuito pode ser dividida em cinco modos, cujos circuitos equivalentes são indicados na Figura 7.27b. Redefiniremos a origem do tempo, $t = 0$, no início de cada modo.

Modo 1. Esse modo é válido para $0 \le t \le t_1$. A chave S_1 é ligada, e o diodo D_m conduz. A corrente no indutor i_L, que aumenta linearmente, é dada por

$$i_L = \frac{V_s}{L} t \tag{7.47}$$

Esse modo termina no tempo $t = t_1$, quando $i_L(t = t_1) = I_o$. Isto é, $t_1 = I_o L/V_s$.

Modo 2. Esse modo é válido para $0 \le t \le t_2$. A chave S_1 permanece ligada, mas o diodo D_m está desligado. A corrente do indutor i_L é dada por

$$i_L = I_m \operatorname{sen} \omega_0 t + I_o \tag{7.48}$$

onde $I_m = V_s \sqrt{C/L}$ e $\omega_0 = 1/\sqrt{LC}$. A tensão no capacitor v_c é dada por

$$v_c = V_s(1 - \cos \omega_0 t)$$

A corrente de pico na chave, que ocorre em $t = (\pi/2)\sqrt{LC}$, é

$$I_p = I_m + I_o$$

A tensão de pico no capacitor é

$$V_{c(pico)} = 2V_s$$

Esse modo termina em $t = t_2$, quando $i_L(t = t_2) = I_o$ e $v_c(t = t_2) = V_{c2} = 2V_s$. Portanto, $t_2 = \pi\sqrt{LC}$.

Modo 3. Esse modo é válido para $0 \le t \le t_3$. A corrente do indutor, que decresce de I_o a zero, é dada por

$$i_L = I_o - I_m \operatorname{sen} \omega_0 t \tag{7.49}$$

A tensão no capacitor é dada por

$$v_c = 2V_s \cos \omega_0 t \tag{7.50}$$

Esse modo termina em $t = t_3$, quando $i_L(t = t_3) = 0$ e $v_c(t = t_3) = V_{c3}$. Assim, $t_3 = \sqrt{LC} \operatorname{sen}^{-1}(1/x)$, onde $x = I_m/I_o = (V_s/I_o)\sqrt{C/L}$.

Modo 4. Esse modo é válido para $0 \le t \le t_4$. O capacitor fornece a corrente de carga I_o, e sua tensão é

$$v_c = V_{c3} - \frac{I_o}{C} t \tag{7.51}$$

Esse modo termina em $t = t_4$, quando $v_c(t = t_4) = 0$. Assim, $t_4 = V_{c3} C/I_o$.

FIGURA 7.27

Conversor ressonante ZCS tipo L. (a) Circuito, (b) circuitos equivalentes, (c) corrente do indutor e (d) tensão no capacitor.

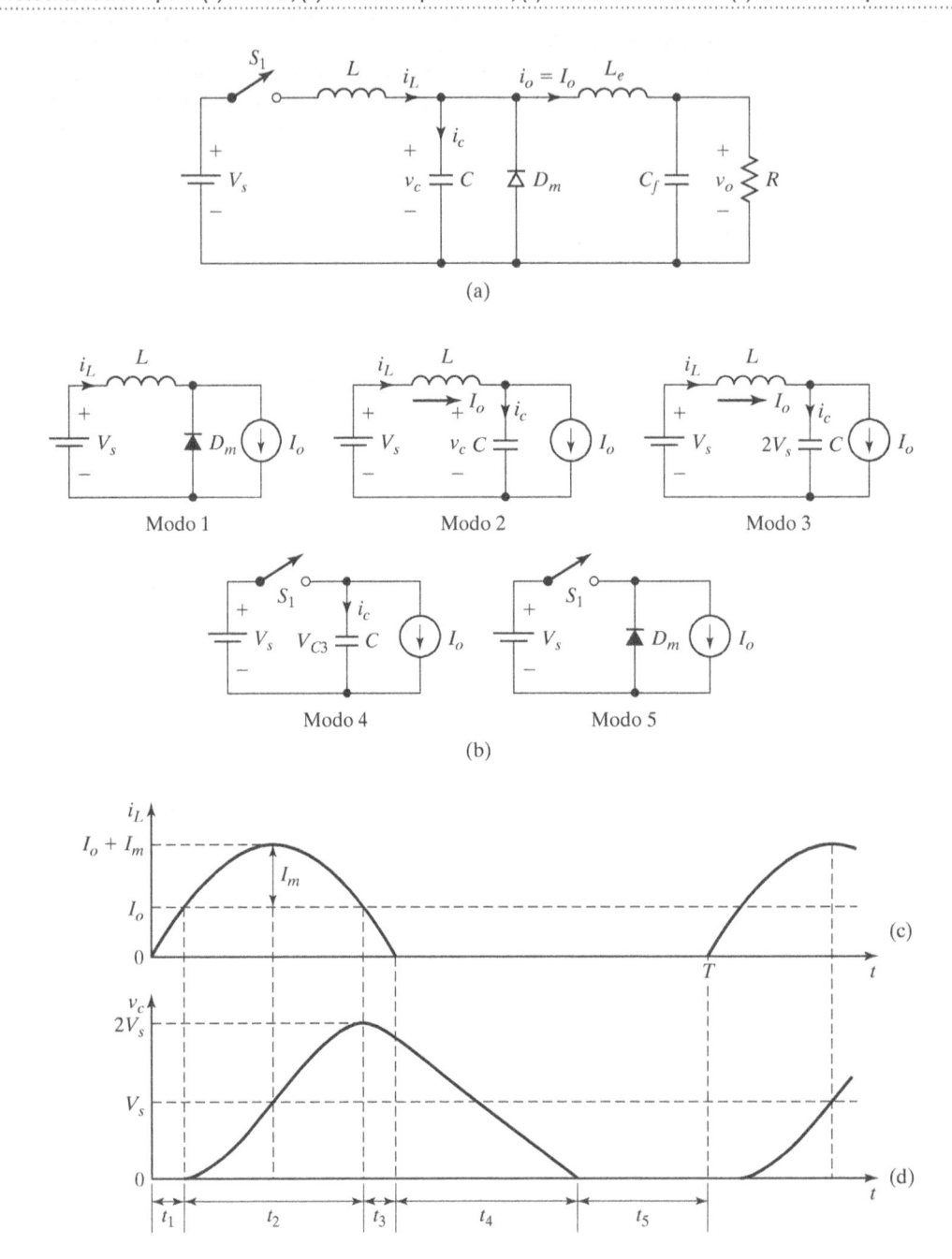

Modo 5. Esse modo é válido para $0 \leq t \leq t_5$. Quando a tensão no capacitor tende a ser negativa, o diodo D_m conduz. A corrente de carga I_o flui através do diodo D_m. Esse modo termina em $t = t_5$, quando a chave S_1 é ligada novamente e o ciclo é repetido. Isto é, $t_5 = T - (t_1 + t_2 + t_3 + t_4)$.

As formas de onda de i_L e v_c são mostradas nas figuras 7.27c e 7.27d. A tensão de pico na chave é igual à tensão CC de alimentação V_s. Como a corrente na chave é zero na entrada em condução e no desligamento, a perda por chaveamento, que é o produto de v e i, torna-se muito pequena. O pico da corrente ressonante I_m deve ser maior do que a corrente de carga I_o, e isso estabelece um limite para o valor mínimo da resistência de carga R. Entretanto, colocando-se um diodo em antiparalelo com a chave, pode-se fazer a tensão de saída ficar insensível às variações da carga.

Exemplo 7.11 ▪ Determinação dos valores de L e C para um inversor ZCS

O conversor ressonante ZCS da Figura 7.27a fornece uma potência máxima de $P_L = 400$ mW a $V_o = 4$ V, e a tensão de alimentação é $V_s = 12$ V, e a frequência máxima de operação, $f_{máx} = 50$ kHz. Determine os valores de L e C. Suponha que os intervalos t_1 e t_3 sejam muito pequenos e que $x = 1,5$.

Solução

$V_s = 12$ V, $f = f_{máx} = 50$ kHz e $T = 1/50$ kHz $= 20$ μs. $P_L = V_o I_o$ ou 400 mW $= 4 I_o$, que dá $I_o = 100$ mA. A frequência máxima ocorre quando $t_5 = 0$. Como $t_1 = t_3 = t_5 = 0$, $t_2 + t_4 = T$. Substituindo $t_4 = 2V_s C/I_m$ e usando $x = (V_s/I_o)\sqrt{C/L}$, obtém-se

$$\pi\sqrt{LC} + \frac{2V_s C}{I_o} = T \quad \text{ou} \quad \frac{\pi V_s}{x I_o} C + \frac{2V_s}{I_o} C = T$$

o que dá $C = 0,0407$ μF. Assim, $L = (V_s/x I_o)^2 C = 260,52$ μH.

7.8.2 Conversor ressonante ZCS tipo M

Um conversor ressonante ZCS tipo M é mostrado na Figura 7.28a. A operação do circuito pode ser dividida em cinco modos, cujos circuitos equivalentes são ilustrados na Figura 7.28b. Redefiniremos a origem do tempo, $t = 0$, no início de cada modo. As equações dos modos de operação são semelhantes às do conversor tipo L, exceto as seguintes:

Modo 2. A tensão no capacitor v_c é dada por

$$v_c = V_s \cos \omega_0 t \tag{7.52}$$

A tensão de pico no capacitor é $V_{c(pico)} = V_s$. Ao final desse modo em $t = t_2$, $v_c(t = t_2) = V_{c2} = -V_s$.

Modo 3. A tensão no capacitor é

$$v_c = -V_s \cos \omega_0 t \tag{7.53}$$

Ao final desse modo em $t = t_3$, $v_c(t = t_3) = V_{c3}$. Deve-se observar que V_{c3} pode ser um valor negativo.

Modo 4. Esse modo termina em $t = t_4$ quando $v_c(t = t_4) = V_s$. Assim, $t_4 = (V_s - V_{c3})C/I_o$. As formas de onda para i_L e v_c são indicadas nas figuras 7.28c e 7.28d.

▪ Principais pontos da Seção 7.8

– Uma chave com corrente zero (ZC) molda a forma de onda da corrente na chave durante o seu tempo de condução, criando uma condição ZC para ela desligar.

7.9 CONVERSORES RESSONANTES COM COMUTAÇÃO COM TENSÃO ZERO

As chaves de um conversor ressonante ZVS ligam e desligam com tensão nula.[9] O circuito ressonante é mostrado na Figura 7.29a. O capacitor C é ligado em paralelo com a chave S_1 para a obtenção da ZVS. A capacitância interna da chave C_j é acrescentada ao capacitor C, e isso afeta somente a frequência de ressonância, não contribuindo, assim, para a dissipação de potência na chave. Se a chave for implementada com um transistor Q_1 e

FIGURA 7.28
Conversor ressonante ZCS tipo *M*. (a) Circuito, (b) circuitos equivalentes, (c) corrente do indutor e (d) tensão no capacitor.

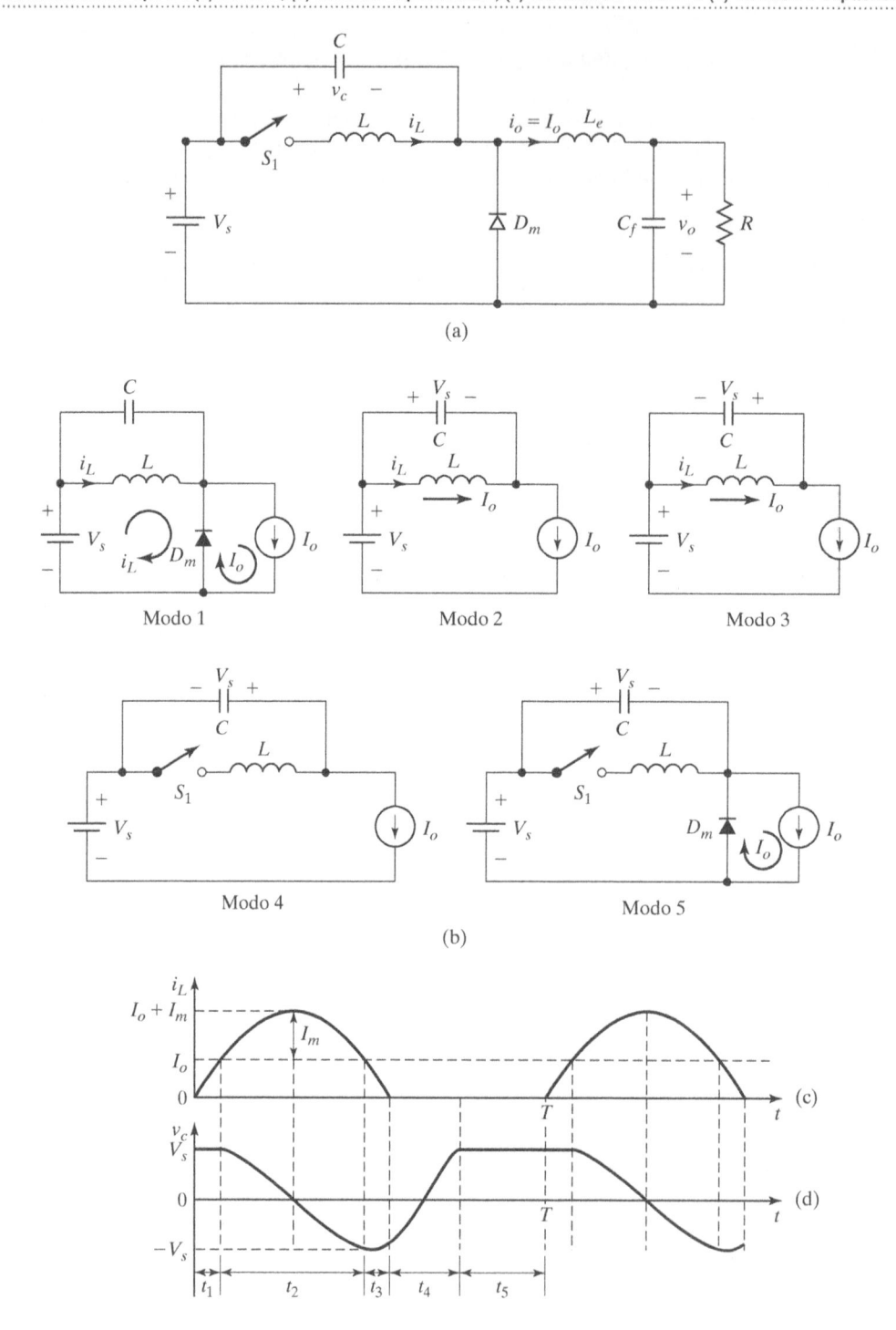

um diodo em antiparalelo D_1, como indica a Figura 7.29b, a tensão sobre C é grampeada por D_1, e a chave opera em uma configuração de meia onda. Se o diodo D_1 for conectado em série com Q_1, como na Figura 7.29c, a tensão sobre C pode oscilar livremente, e a chave opera em uma configuração de onda completa. Um conversor ressonante ZVS é ilustrado na Figura 7.30a. O conversor ressonante ZVS é o dual do conversor ressonante ZCS da Figura 7.28a. As equações para o conversor ressonante ZCS tipo *M* podem ser aplicadas se i_L for substituído

FIGURA 7.29
Configurações da chave para conversores ressonantes ZVS.

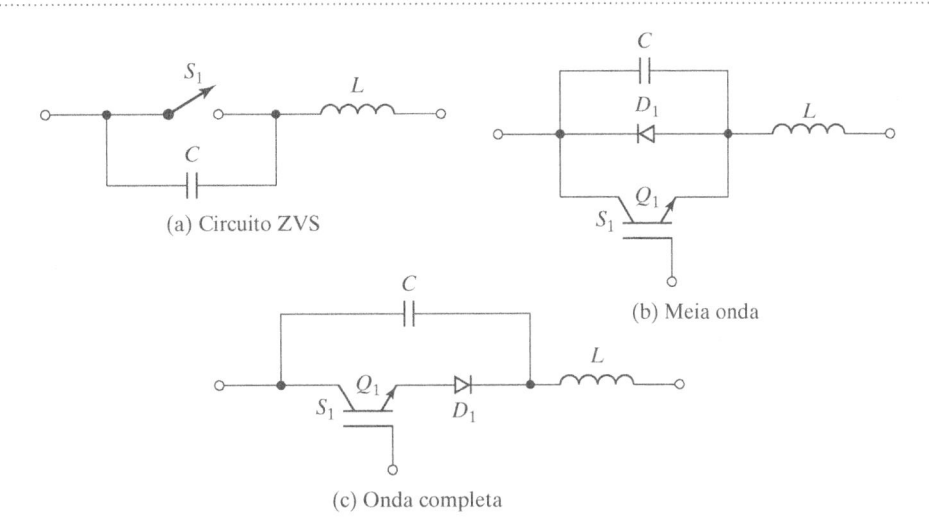

(a) Circuito ZVS

(b) Meia onda

(c) Onda completa

por v_c e vice-versa, L por C e vice-versa, e V_s por I_o e vice-versa. A operação do circuito pode ser dividida em cinco modos, cujos circuitos equivalentes são apontados na Figura 7.30b. Redefiniremos a origem do tempo, $t = 0$, no início de cada modo.

Modo 1. Esse modo é válido para $0 \le t \le t_1$. Tanto a chave S_1 quanto o diodo D_m estão desligados. O capacitor C carrega a uma taxa constante pela corrente de carga I_o. A tensão no capacitor v_c, que cresce, é dada por

$$v_c = \frac{I_o}{C} t \tag{7.54}$$

Esse modo termina no tempo $t = t_1$, quando $v_c(t = t_1) = V_s$. Isto é, $t_1 = V_s C/I_o$.

Modo 2. Esse modo é válido para $0 \le t \le t_2$. A chave S_1 ainda está desligada, mas o diodo D_m começa a conduzir. A tensão no capacitor v_c é dada por

$$v_c = V_m \operatorname{sen} \omega_0 t + V_s \tag{7.55}$$

onde $V_m = I_o \sqrt{L/C}$. A tensão de pico na chave, que ocorre em $t = (\pi/2)\sqrt{LC}$, é

$$V_{T(\text{pico})} = V_{c(\text{pico})} = I_o \sqrt{\frac{L}{C}} + V_s \tag{7.56}$$

A corrente no indutor i_L é dada por

$$i_L = I_o \cos \omega_0 t \tag{7.57}$$

Esse modo termina em $t = t_2$, quando $v_c(t = t_2) = V_s$ e $i_L(t = t_2) = -I_o$. Portanto, $t_2 = \pi\sqrt{LC}$.

Modo 3. Esse modo é válido para $0 \le t \le t_3$. A tensão no capacitor, que decresce de V_s a zero, é

$$v_c = V_s - V_m \operatorname{sen} \omega_0 t \tag{7.58}$$

A corrente no indutor i_L é dada por

$$i_L = -I_o \cos \omega_0 t \tag{7.59}$$

346 Eletrônica de potência

FIGURA 7.30
Conversor ressonante ZVS. (a) Circuito, (b) circuitos equivalentes, (c) tensão no capacitor e (d) corrente no indutor.

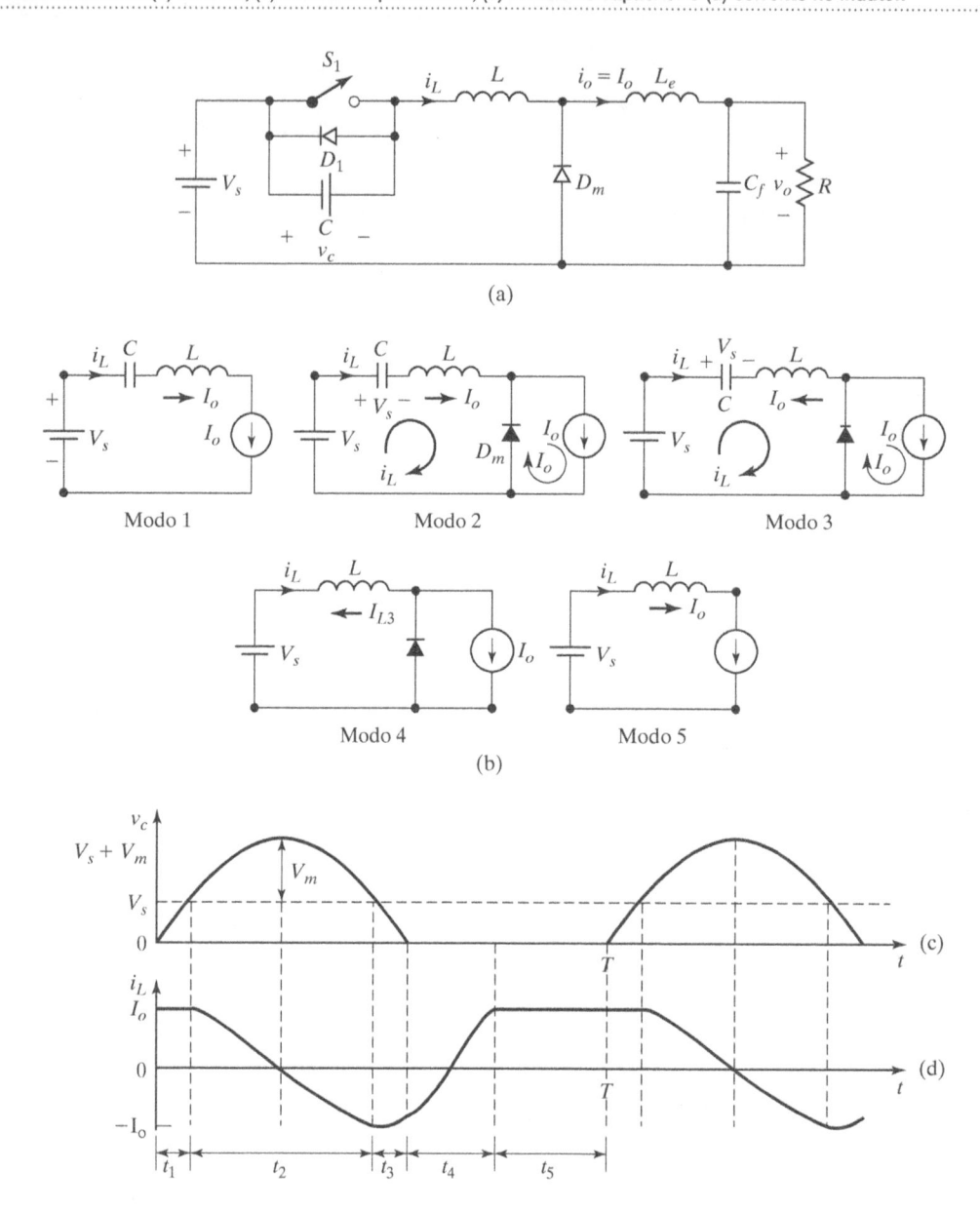

Esse modo termina em $t = t_3$, quando $v_c(t = t_3) = 0$ e $i_L(t = t_3) = I_{L3}$. Assim,

$$t_3 = \sqrt{LC}\, \text{sen}^{-1} x$$

onde $x = V_s/V_m = (V_s/I_o)\sqrt{C/L}$.

Modo 4. Esse modo é válido para $0 \le t \le t_4$. A chave S_1 é ligada e o diodo D_m permanece em condução. A corrente no indutor, que aumenta linearmente de I_{L3} até I_o, é dada por

$$i_L = I_{L3} + \frac{V_s}{L} t \tag{7.60}$$

Esse modo termina em $t = t_4$, quando $i_L(t = t_4) = 0$. Assim, $t_4 = (I_o - I_{L3})(L/V_s)$. Observe que I_{L3} é um valor negativo.

Modo 5. Esse modo é válido para $0 \leq t \leq t_5$. A chave S_1 está ligada, mas D_m está desligado. A corrente de carga I_o flui através da chave. Esse modo termina em $t = t_5$, quando a chave S_1 é desligada novamente e o ciclo é repetido. Isto é, $t_5 = T - (t_1 + t_2 + t_3 + t_4)$.

As formas de onda de i_L e v_c são apresentadas nas figuras 7.30c e 7.30d. A Equação 7.56 mostra que o pico de tensão na chave $V_{T(\text{pico})}$ é dependente da corrente de carga I_o. Portanto, uma grande variação na corrente de carga resulta em uma grande variação da tensão sobre a chave. Por esse motivo, os conversores ZVS são utilizados apenas para aplicações de carga constante. A chave deve ser ligada somente em tensão zero. Caso contrário, a energia armazenada em C será dissipada na chave. Para evitar essa situação, o diodo em antiparalelo D_1 precisa conduzir antes da chave entrar em condução.

■ Principais pontos da Seção 7.9

– Um circuito ZVS molda a forma de onda da tensão na chave durante o período de desligamento para criar uma condição para a chave ligar com tensão zero.

7.10 COMPARAÇÃO ENTRE CONVERSORES RESSONANTES ZCS E ZVS

Os conversores ZCS conseguem eliminar as perdas por chaveamento no desligamento e reduzir as perdas por chaveamento na entrada em condução. Como um capacitor relativamente grande está conectado em paralelo com o diodo D_m, a operação do inversor fica insensível à capacitância da junção do diodo. Quando MOSFETs de potência são utilizados para ZCS, a energia armazenada na capacitância do dispositivo é dissipada durante a entrada em condução. Essa perda capacitiva é proporcional à frequência de chaveamento. Durante a entrada em condução, uma taxa elevada de mudança de tensão pode aparecer no circuito de acionamento por conta do acoplamento através do capacitor Miller, o que aumenta as perdas por chaveamento e o ruído. Outra limitação é que as chaves atuam com grande esforço em decorrência da alta corrente, e isso resulta em maiores perdas por condução. Deve-se observar, porém, que a ZCS é especialmente eficaz na redução das perdas por chaveamento em dispositivos de potência com grande corrente de cauda no processo de desligamento (por exemplo, os IGBTs).

Pelas naturezas do tanque ressonante e da ZCS, a corrente de pico na chave é muito maior do que em uma onda quadrada. Além disso, uma alta tensão se estabelece sobre a chave no estado desligado após a oscilação ressonante. Quando a chave é ligada novamente, a energia armazenada no capacitor de saída descarrega através da chave, causando uma perda significativa de potência em altas frequências e tensões elevadas. Essa perda por chaveamento pode ser reduzida por meio da ZVS.

A ZVS elimina a perda capacitiva na entrada em condução e é adequada para a operação de alta frequência. Sem nenhum grampeamento de tensão, as chaves podem ficar sujeitas a um esforço excessivo, que é proporcional à carga.

Para ambas, ZCS e ZVS, o controle da tensão de saída pode ser alcançado pela variação da frequência. A ZCS opera com um controle constante no período ligado, enquanto a ZVS opera com um controle constante no período desligado.

7.11 CONVERSORES RESSONANTES ZVS DE DOIS QUADRANTES

O conceito ZVS pode ser estendido a um conversor de dois quadrantes, como mostra a Figura 7.31a, na qual os capacitores $C_+ = C_- = C/2$. O indutor L tem um valor tal que forma um circuito ressonante. A frequência de ressonância é $f_o = 1/(2\pi\sqrt{LC})$, e é muito maior do que a frequência de chaveamento f_s. Supondo que a capacitância do filtro no lado de entrada C_e seja grande, a carga pode ser substituída por uma tensão CC, V_{CC}, como indica a Figura 7.31b. As operações do circuito podem ser divididas em seis modos. Os circuitos equivalentes para os vários modos são mostrados na Figura 7.31e.

FIGURA 7.31

Conversor ressonante ZVS de dois quadrantes. (a) Circuito, (b) circuito simplificado, (c) tensão de carga de saída, (d) corrente de carga no indutor e (e) circuitos equivalentes.

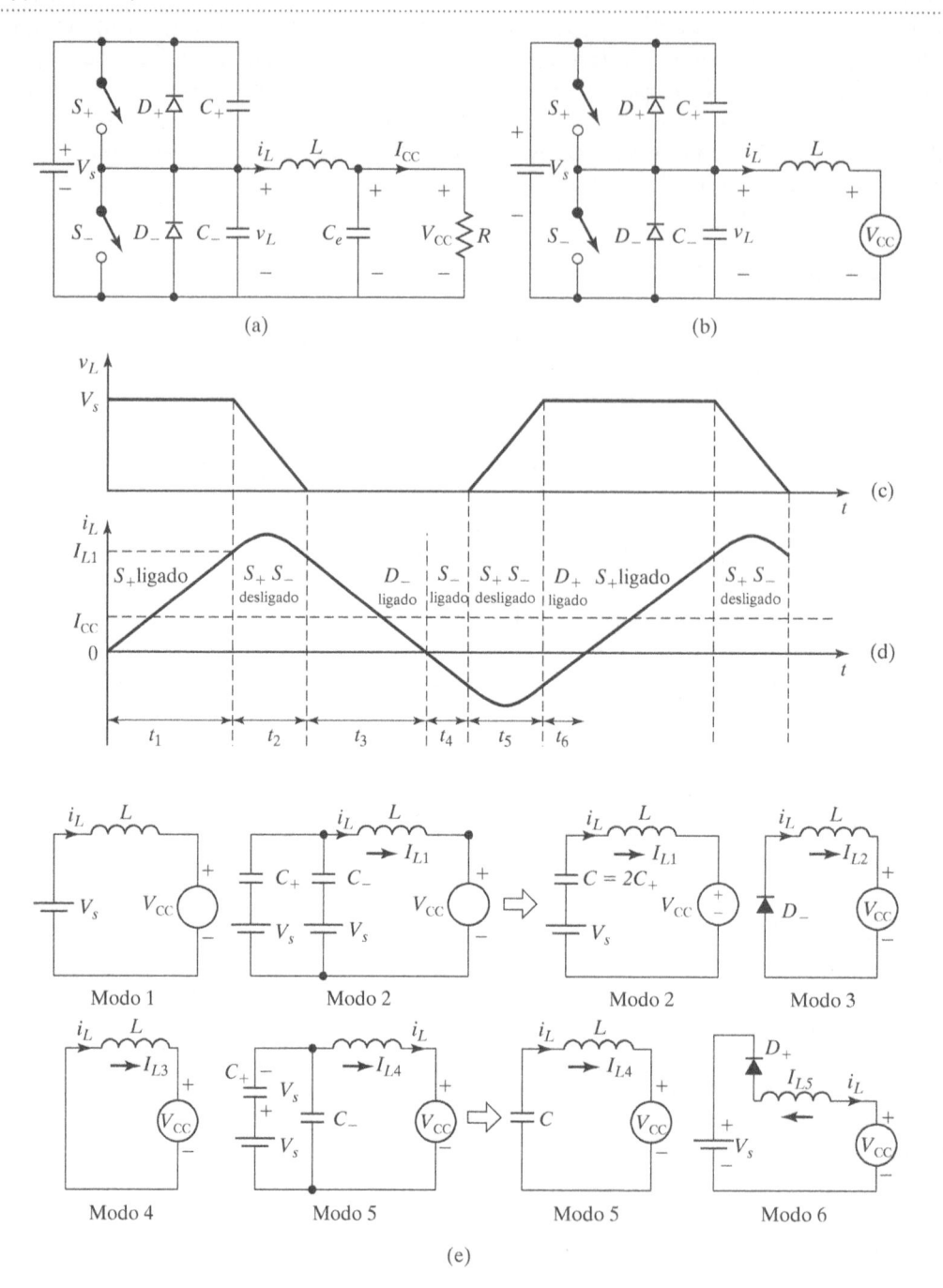

Modo 1. A chave S_+ é ligada. Assumindo uma corrente inicial $I_{L0} = 0$, a corrente do indutor i_L é dada por

$$i_L = \frac{V_s}{L} t \qquad (7.61)$$

Esse modo termina quando a tensão sobre o capacitor C_+ é zero e S_+ é desligada. A tensão em C_- é V_s.

Modo 2. As chaves S_+ e S_- estão ambas desligadas. Esse modo começa com C_+ com tensão zero e C_- com V_s. O equivalente desse modo pode ser simplificado em um circuito ressonante de C e L com uma corrente inicial no indutor I_{L1}. A corrente i_L pode ser aproximadamente representada por

$$i_L = (V_s - V_{CC})\sqrt{\frac{L}{C}}\,\text{sen}\,\omega_0 t + I_{L1} \tag{7.62}$$

A tensão v_o pode ser aproximada como decrescendo linearmente de V_s para 0. Isto é,

$$v_o = V_s - \frac{V_s C}{I_{L1}} t \tag{7.63}$$

Esse modo termina quando v_o torna-se zero e o diodo D_- começa a conduzir.

Modo 3. O diodo D_- está em condução. A corrente i_L cai linearmente de $I_{L2}(=I_{L1})$ para 0.

Modo 4. A chave S_- é ligada quando i_L e v_o tornam-se zero. A corrente no indutor i_L continua a decrescer na direção negativa para I_{L4}, até que a tensão na chave se torna zero, e S_- é desligada.

Modo 5. As chaves S_+ e S_- são ambas desligadas. Esse modo começa com C_- com tensão zero e C_+ com V_s, e é semelhante ao modo 2. A tensão v_o pode ser aproximada como um crescimento linear de 0 até V_s. Esse modo termina quando v_o tende a ficar maior do que V_s e o diodo D_+ começa a conduzir.

Modo 6. O diodo D_+ está em condução; i_L cai linearmente de I_{L5} até zero. Esse modo termina quando $i_L = 0$. S_+ é ligado e o ciclo se repete.

As formas de onda de i_L e v_o são mostradas nas figuras 7.31c e 7.31d. Para a ZVS, i_L deve fluir em ambos os sentidos para que um diodo conduza antes que sua chave seja ligada. Escolhendo-se uma frequência de ressonância f_o muito maior do que a frequência de chaveamento, a tensão de saída pode ficar uma onda quase quadrada. A tensão de saída pode ser regulada por controle de frequência. A tensão na chave é grampeada em apenas V_s. No entanto, as chaves têm de conduzir i_L, que possui ondulações elevadas e pico maior do que a corrente de carga I_o. O conversor pode operar sob o modo de corrente regulada para ser obtida a forma de onda desejada de i_L.

O circuito na Figura 7.31a pode ser estendido para um inversor monofásico em meia ponte, como ilustra a Figura 7.32. Uma versão trifásica é mostrada na Figura 7.33a, na qual a indutância de carga L constitui o circuito ressonante. Um braço de um circuito trifásico, no qual se utiliza um indutor ressonante em separado,[10] é indicado na Figura 7.33b.

FIGURA 7.32
Inversor ressonante ZVS monofásico.

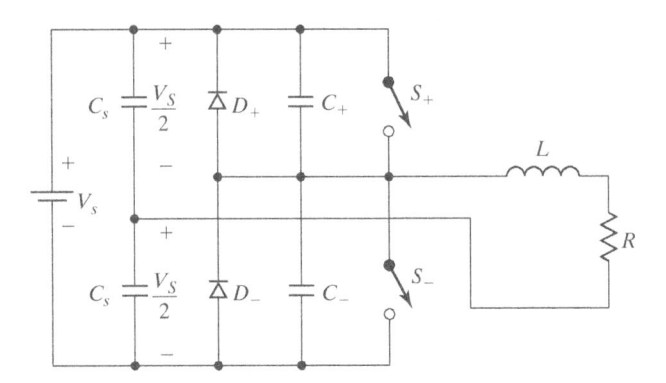

7.12 INVERSORES COM BARRAMENTO CC RESSONANTE

Nos inversores com barramento CC ressonante, um circuito ressonante é ligado entre a tensão CC de entrada e o inversor PWM, de forma que a tensão de entrada do inversor oscile entre zero e um valor ligeiramente maior que duas vezes a tensão CC de entrada. O barramento ressonante, que é semelhante ao inversor classe E da Figura 7.20a, é mostrado na Figura 7.34a, na qual I_o é a corrente consumida pelo inversor. Supondo um circuito sem perdas e $R = 0$, a tensão no barramento é

$$v_c = V_s(1 - \cos \omega_0 t) \tag{7.64}$$

FIGURA 7.33
Inversor ressonante ZVS trifásico.

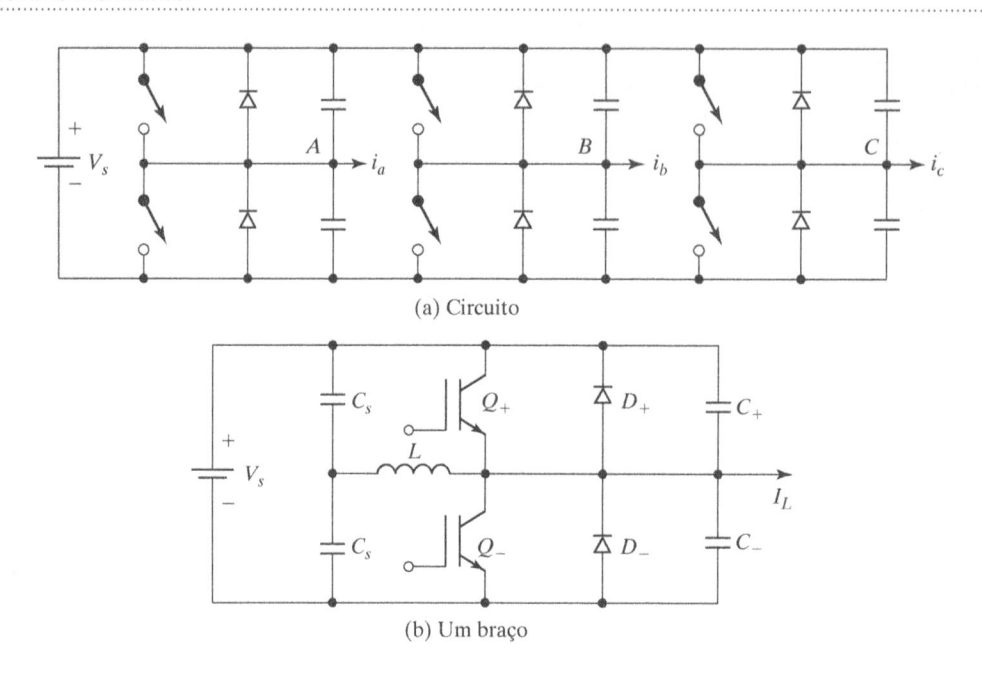

(a) Circuito

(b) Um braço

FIGURA 7.34
Barramento CC ressonante. (a) Circuito, (b) corrente no indutor e (c) tensão no transistor.

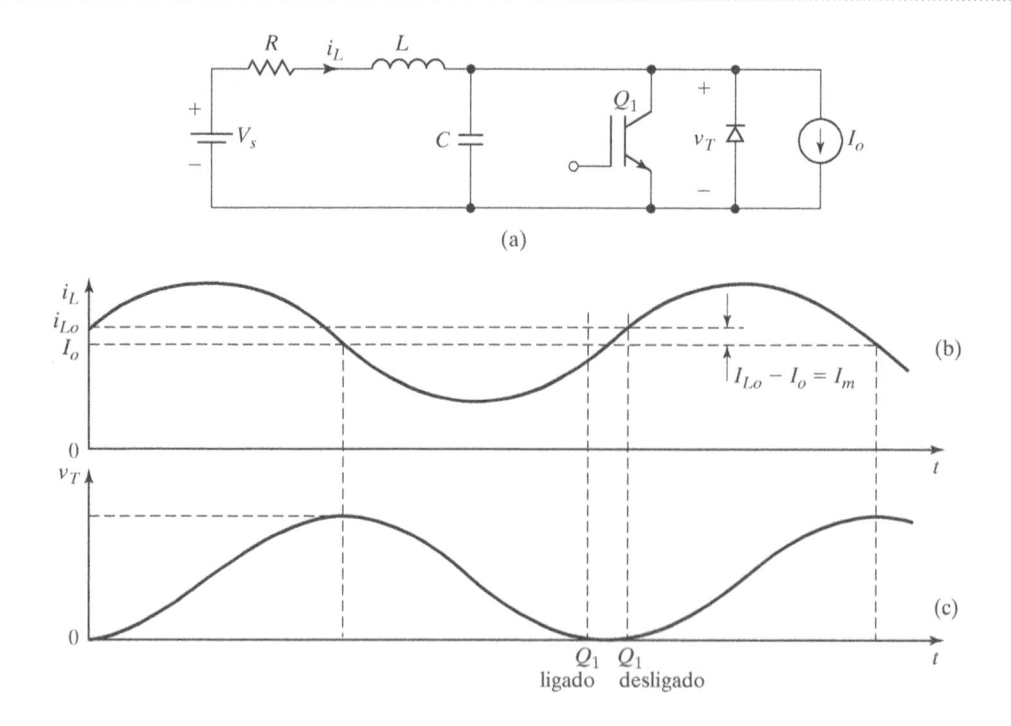

(a)

(b)

(c)

Q_1 ligado Q_1 desligado

e a corrente do indutor i_L é

$$i_L = V_s\sqrt{\frac{C}{L}}\,\text{sen}\,\omega_0 t + I_o \tag{7.65}$$

Em condições sem perdas, a oscilação continua e não há a necessidade de ligar a chave S_1. Na prática, porém, existe a perda de potência em R, i_L é uma senoidal amortecida e S_1 é ligada para levar a corrente para o nível inicial. O valor de R é pequeno, e o circuito, subamortecido. Nessas condições, i_L e v_c podem ser consideradas[11]

$$i_L \approx I_o + e^{\alpha t}\left[\frac{V_s}{\omega L}\,\text{sen}\,\omega_0 t + (I_{Lo} - I_o)\cos\omega_0 t\right] \tag{7.66}$$

e

$$v_c \approx V_s + e^{-\alpha t}[\omega_o L(I_{Lo} - I_o)\,\text{sen}\,\omega_0 t - V_s\cos\omega_0 t] \tag{7.67}$$

As formas de onda de v_c e i_L são mostradas nas Figuras 7.34b e c. A chave S_1 é ligada quando a tensão no capacitor cai a zero, e é desligada quando a corrente i_L alcança o nível da corrente inicial I_{Lo}. Pode-se notar que a tensão no capacitor depende apenas da diferença $I_m(= I_{Lo} - I_o)$, e não da corrente de carga I_o. Assim, o circuito de controle deve monitorar $(i_L - I_o)$ quando a chave estiver conduzindo e desligá-la quando o valor desejado de I_m for alcançado.

Um inversor trifásico com barramento CC ressonante[12] é indicado na Figura 7.35a. Os seis dispositivos inversores são comandados de forma a estabelecer oscilações periódicas sobre o circuito LC do barramento CC. Os dispositivos são ligados e desligados com tensões zero no barramento, realizando, assim, comutações sem perdas

FIGURA 7.35

Inversor trifásico com barramento CC ressonante. (a) Inversor com barramento CC, (b) tensão do tanque e (c) tensão de saída.

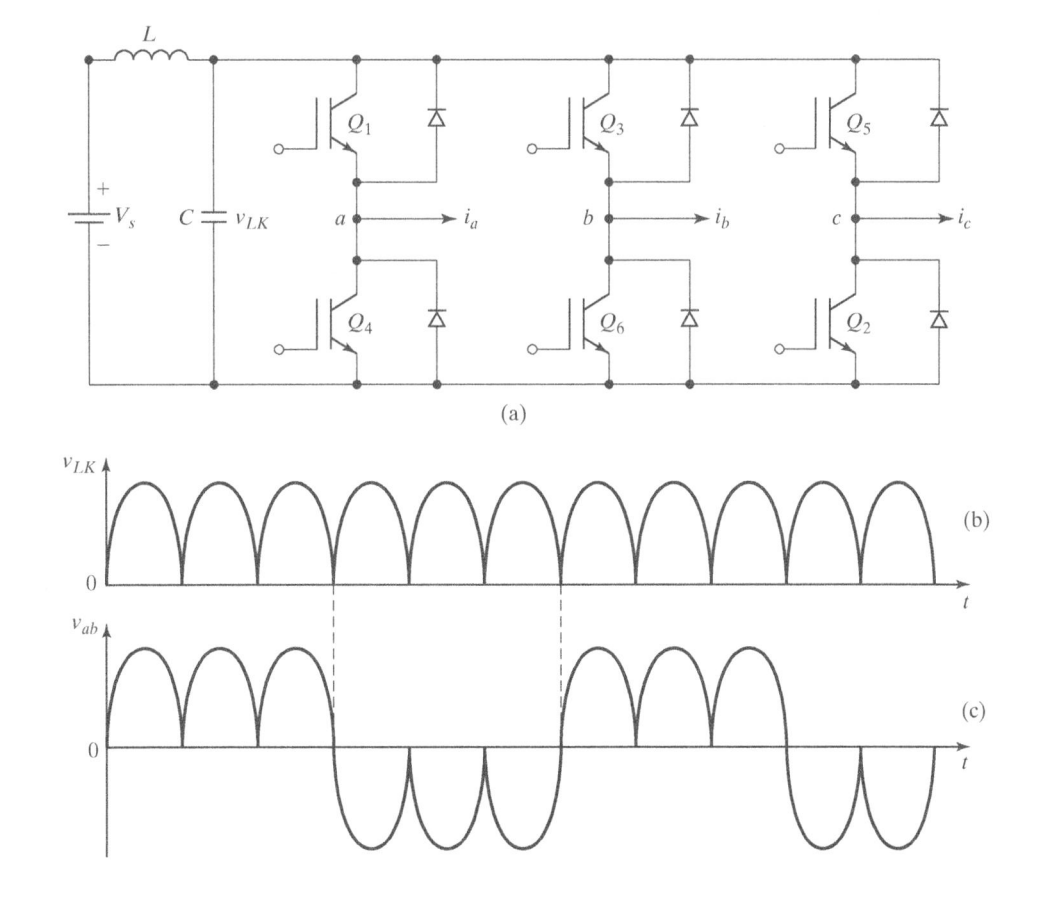

em todos eles. As formas de onda da tensão de barramento e da tensão de linha do inversor são ilustradas nas figuras 7.35b e 7.35c.

O ciclo do barramento CC ressonante é normalmente iniciado com um valor fixo da corrente inicial do capacitor. Isso faz a tensão sobre o barramento CC ressonante ultrapassar $2V_s$, e todos os dispositivos inversores ficam sujeitos a esse esforço de alta tensão. Um grampo ativo,[12] como indica a Figura 7.36a, pode limitar a tensão do barramento, como mostrado nas figuras 7.36b e 7.36c. O fator de grampeamento k está relacionado com o período do tanque T_k e a frequência de ressonância $\omega_0 = 1/\sqrt{LC}$ por

$$T_k \omega_0 = 2\left[\cos^{-1}(1-k) + \frac{\sqrt{k(2-k)}}{k-1}\right] \quad \text{para } 1 \leq k \leq 2 \tag{7.68}$$

Ou seja, para um valor fixo de k, T_k pode ser determinado para um dado circuito ressonante. Para $k = 1{,}5$, o período do tanque T_k deve ser igual a $7{,}65\sqrt{LC}$.

FIGURA 7.36

Inversor com barramento CC ressonante e grampeamento ativo. (a) Circuito, (b) tensão do tanque e (c) tensão de saída.

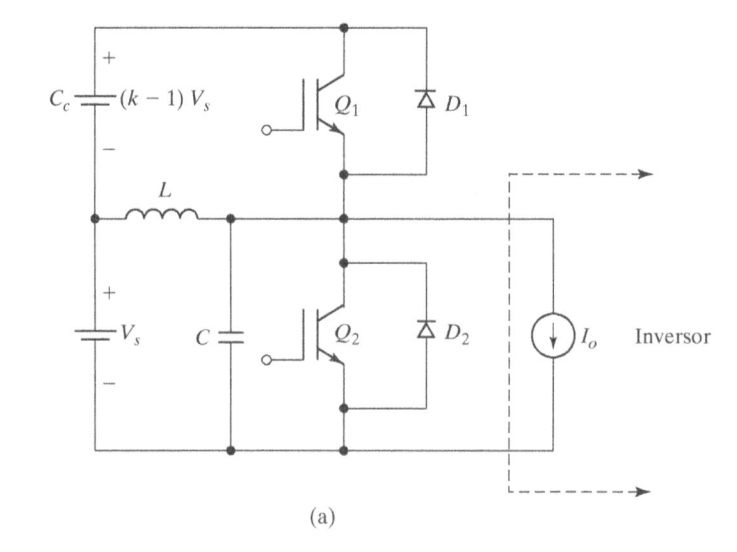

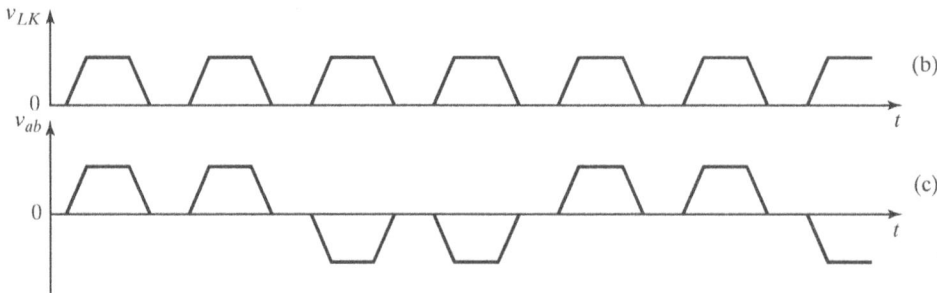

RESUMO

Os inversores ressonantes são utilizados em aplicações de alta frequência que necessitam de tensão de saída fixa. A frequência de ressonância máxima é limitada pelos tempos de desligamento dos tiristores ou transistores. Os inversores ressonantes permitem uma regulação restrita da tensão de saída. Os inversores ressonantes paralelo são alimentados a partir de uma fonte CC constante e fornecem uma tensão de saída senoidal. Os inversores e retificadores ressonantes classe E são simples e utilizados principalmente para aplicações de baixa potência e frequência elevada. Os conversores ZVS e ZCS estão se tornando cada vez

Capítulo 7 – Inversores de pulso ressonante   353

mais populares porque as chaves comutam em corrente ou tensão zero, eliminando, assim, as perdas por chaveamento. Nos inversores com barramento CC ressonante, um circuito ressonante é conectado entre a alimentação CC e o inversor. Os pulsos de tensão ressonante são produzidos na entrada do inversor, e os dispositivos do inversor são ligados e desligados em tensão zero.

QUESTÕES PARA REVISÃO

7.1 Qual é o princípio dos inversores ressonantes série?
7.2 O que é a zona morta de um inversor ressonante?
7.3 Quais são as vantagens e desvantagens dos inversores ressonantes com chaves bidirecionais?
7.4 Quais são as vantagens e desvantagens dos inversores ressonantes com chaves unidirecionais?
7.5 Qual é a condição necessária para a oscilação ressonante série?
7.6 Qual é a finalidade dos indutores acoplados em inversores ressonantes em meia ponte?
7.7 Quais são as vantagens dos tiristores de condução reversa nos inversores ressonantes?
7.8 O que é um controle com sobreposição nos inversores ressonantes?
7.9 O que é um controle sem sobreposição nos inversores?
7.10 Quais são os efeitos da carga em série em um inversor ressonante série?
7.11 Quais são os efeitos da carga em paralelo em um inversor ressonante série?
7.12 Quais são os efeitos das cargas em série e em paralelo em um inversor ressonante série?
7.13 Quais são os métodos para controle de tensão de inversores ressonantes série?
7.14 Quais são as vantagens dos inversores ressonantes paralelo?
7.15 O que é um inversor ressonante classe E?
7.16 Quais são as vantagens e limitações de inversores ressonantes classe E?
7.17 O que é um retificador ressonante classe E?
7.18 Quais são as vantagens e limitações de retificadores ressonantes classe E?
7.19 Qual é o princípio dos conversores ressonantes com comutação em corrente zero (ZCS)?
7.20 Qual é o princípio dos conversores ressonantes com comutação em tensão zero (ZVS)?
7.21 Quais são as vantagens e limitações dos conversores ZCS?
7.22 Quais são as vantagens e limitações dos conversores ZVS?

PROBLEMAS

7.1 O inversor ressonante série básico da Figura 7.1a tem $L_1 = L_2 = L = 25$ μH, $C = 2$ μF e $R = 4$ Ω. A tensão CC de entrada é $V_s = 220$ V, e a frequência de saída, $f_o = 6,5$ kHz. O tempo de desligamento dos transistores é $t_{off} = 15$ μs. Determine (a) o tempo de desligamento disponível (ou do circuito) t_{off}; (b) a frequência máxima permissível $f_{máx}$; (c) a tensão pico a pico do capacitor V_{pp}; e (d) a corrente de pico de carga I_p. (e) Esboce a corrente instantânea de carga $I_o(t)$, a tensão no capacitor $v_c(t)$ e a corrente CC de alimentação $i_s(t)$. Calcule (f) a corrente rms de carga I_o; (g) a potência de saída P_o; (h) a corrente média de alimentação I_s; e (i) as correntes média, de pico e rms do transistor.

7.2 O inversor ressonante em meia ponte da Figura 7.3 utiliza controle sem sobreposição. A frequência do inversor é $f_o = 8,5$ kHz. Se $C_1 = C_2 = C = 2$ μF, $L_1 = L_2 = L = 40$ μH, $R = 1,2$ Ω e $V_s = 220$ V, determine (a) a corrente de pico de alimentação I_{ps}; (b) a corrente média do transistor I_M; e (c) a corrente rms do transistor I_R.

7.3 O inversor ressonante da Figura 7.7a tem $C = 2$ μF, $L = 20$ μH, $R = \infty$ e $V_s = 220$ V. O tempo de desligamento do transistor é $t_{off} = 12$ μs, e a frequência de saída, $f_o = 15$ kHz. Determine (a) a corrente de pico de alimentação I_p; (b) a corrente média do transistor I_M; (c) a corrente rms do transistor I_R;

(d) a tensão pico a pico no capacitor V_{pp}; **(e)** a frequência máxima permissível de saída $f_{máx}$; e **(f)** a corrente média de alimentação I_s.

7.4 O inversor ressonante em meia ponte da Figura 7.8a opera na frequência f_o = 3,5 kHz no modo sem sobreposição. Para $C_1 = C_2 = C$ = 2 µF, L = 20 µH, R = 1,5 Ω e V_s = 220 V, determine **(a)** o pico da corrente de alimentação I_p; **(b)** a corrente média do transistor I_M; **(c)** a corrente rms do transistor I_R; **(d)** a corrente rms de carga I_o; e **(e)** a corrente média de alimentação I_s.

7.5 Repita o Problema 7.4 com um controle com sobreposição, de modo que os acionamentos de Q_1 e Q_2 sejam adiantados com 50% da frequência de ressonância.

7.6 O inversor ressonante em ponte completa da Figura 7.9a opera em uma frequência f_o = 3,5 kHz. Para C = 2 µF, L = 20 µH, R = 1,2 Ω e V_s = 220 V, determine **(a)** o pico da corrente de alimentação I_p; **(b)** a corrente média do transistor I_M; **(c)** a corrente rms do transistor I_R; **(d)** a corrente rms de carga I_o; e **(e)** a corrente média de alimentação I_s.

7.7 Um inversor ressonante série com carga em série fornece uma potência na carga de P_L = 2 kW em ressonância. A resistência de carga é R = 5 Ω, e a frequência de ressonância, f_0 = 25 kHz. Determine **(a)** a tensão CC de entrada V_s; **(b)** o fator de qualidade Q_s, se for necessário reduzir a potência na carga para 500 W por controle de frequência, de modo que u = 0,8; **(c)** o indutor L; e **(d)** o capacitor C.

7.8 Um inversor ressonante série com carga em paralelo fornece uma potência de P_L = 2 kW a uma tensão de pico senoidal de V_p = 330 V e em ressonância. A resistência de carga é R = 5 Ω, e a frequência de ressonância, f_0 = 25 kHz. Determine **(a)** a tensão CC de entrada V_s; **(b)** a razão de frequência u, se for necessário reduzir a potência na carga para 500 W por controle de frequência; **(c)** o indutor L; e **(d)** o capacitor C.

7.9 Um inversor ressonante paralelo fornece uma potência na carga de P_L = 2 kW a uma tensão senoidal com pico de V_p = 170 V e em ressonância. A resistência de carga é R = 5 Ω, e a frequência de ressonância é f_0 = 25 kHz. Determine **(a)** a corrente CC de entrada I_s, **(b)** o fator de qualidade Q_p se for necessário reduzir a potência na carga para 500 W por controle de frequência de modo que u = 1,25, **(c)** o indutor L e **(d)** o capacitor C.

7.10 O inversor classe E da Figura 7.20a opera em ressonância e tem V_s = 18 V e R = 5 Ω. A frequência de chaveamento é f_s = 50 kHz. **(a)** Determine os valores ótimos de L, C, C_e e L_e. **(b)** Utilize o PSpice para fazer um gráfico de tensão de saída v_o e da tensão na chave v_T para k = 0,304. Suponha que Q = 7.

7.11 O retificador classe E da Figura 7.23a fornece uma potência de carga de P_L = 1,5 W a V_o = 5 V. O pico da tensão de alimentação é V_m = 12 V, e a frequência da alimentação, f = 350 kHz. A ondulação na tensão de saída é ΔV_o = 20 mV. **(a)** Determine os valores de L, C e C_f; e **(b)** as correntes rms e CC de L e C_f. **(c)** Utilize o PSpice para fazer um gráfico de tensão de saída v_o e da corrente do indutor i_L.

7.12 O conversor ressonante ZCS da Figura 7.27a fornece uma potência máxima de P_L = 1,5 W a V_o = 5 V. A tensão de alimentação é V_s = 15 V, e a frequência máxima de operação, $f_{máx}$ = 40 kHz. Determine os valores de L e C. Suponha que os intervalos t_1 e t_3 sejam muito pequenos e que $x = I_m/I_o$ = 1,5.

7.13 O conversor ressonante ZVS da Figura 7.30a fornece uma potência de carga de P_L = 1 W a V_o = 5 V. A tensão de alimentação é V_s = 15 V, e a frequência de operação, f = 40 kHz. L = 150 µH e C = 0,05 µF. **(a)** Determine a tensão de pico V_{pico} e a corrente de pico I_{pico} na chave; e **(b)** a duração de cada modo.

7.14 Para o circuito com grampeamento ativo da Figura 7.36, plote a relação f_o/f_k para $1 < k \leq 2$.

REFERÊNCIAS

1. FORSYTH, A. J. "Review of resonant techniques in power electronic systems". *IEEE Power Engineering Journals,* p. 110–120, 1996.
2. STEIGERWALD, R. L. "A compromise of half-bridge resonance converter topologies". *IEEE Transactions on Power Electronics,* v. PE3, n. 2, p. 174–182, 1988.
3. LIU, K.; ORUGANTI, R.; LEE, F. C. Y. "Quasi-resonant converters: topologies and characteristics". *IEEE Transactions on Power Electronics,* v. PE2, n. 1, p. 62–71, 1987.
4. HUI, R. S. Y.; CHUNG, H. S. *Power Electronics Handbook.* Editado por M. H. Rashid. San Diego, CA: Academic Press, 2001. Capítulo 15 — Resonant and Soft-Switching Converter.

5. SOKAL, N. O.; SOKAL, A. D. "Class E: a new class of high-efficiency tuned single-ended switching power amplifiers". *IEEE Journal of Solid-State Circuits*, v. 10, n. 3, p. 168–176, 1975.
6. ZULISKI, R. E. "A high-efficiency self-regulated class-E power inverter/converter". *IEEE Transactions on Industrial Electronics*, v. IE-33, n. 3, p. 340–342, 1986.
7. KAZIMIERCZUK, M. K.; JOZWIK, I. "Class-E zero-voltage switching and zero-current switching rectifiers". *IEEE Transactions on Circuits and Systems*, v. CS-37, n. 3, p. 436–444, 1990.
8. LEE, F. C. "High-frequency quasi-resonant and multi-resonant converter technologies". *IEEE International Conference on Industrial Electronics*, p. 509–521, 1988.
9. TABISZ, W. A.; LEE, F. C. "DC analysis and design of zero-voltage switched multi-resonant converters". *IEEE Power Electronics Specialist Conference*, p. 243–251, 1989.
10. HENZE, C. P.; MARTIN, H. C.; PARSLEY, D. W. "Zero-voltage switching in high frequency power converters using pulse-width modulation". *IEEE Applied Power Electronics Conference*, p. 33–40, 1988.
11. DEVAN, D. M. "The resonant DC link converter: a new concept in static power conversion". *IEEE Transactions on Industry Applications*, v. IA-25, n. 2, p. 317–325, 1989.
12. DEVAN, D. M.; SKIBINSKI, G. "Zero-switching loss inverters for high power applications". *IEEE Transactions on Industry Applications*, v. IA-25, n. 4, p. 634–643, 1989.
13. KAZIMIERCZUK, M. K.; CZARKOWSKI, D. *Resonant Power Converters*. 2. ed. Nova York: Wiley-IEEE Press, abr. 2011.

Capítulo 8

Inversores multinível

Após a conclusão deste capítulo, os estudantes deverão ser capazes de:

- Listar os tipos de inversor multinível.
- Descrever a técnica de chaveamento para inversores multinível e seus tipos.
- Descrever o princípio de operação dos inversores multinível.
- Listar as principais características dos inversores multinível e seus tipos.
- Listar as vantagens e desvantagens dos inversores multinível.
- Descrever a estratégia de controle para resolver o desequilíbrio de tensão nos capacitores.
- Listar as possíveis aplicações dos inversores multinível.

Símbolos e seus significados

Símbolo	Significado
I_o; I_m	Corrente de saída instantânea e de pico, respectivamente
V_a; V_b; V_c	Tensões rms das linhas a, b e c, respectivamente
V_{an}; V_{bn}; V_{cn}	Tensões rms das fases a, b e c, respectivamente
V_{CC}; E_m	Tensão de alimentação CC e tensão no capacitor, respectivamente
m	Número de níveis
V_1; V_2; V_3; V_4; V_5	Tensões dos níveis 1, 2, ... 5, respectivamente
V_D	Tensão de bloqueio do diodo

8.1 INTRODUÇÃO

Os inversores fonte de tensão produzem uma tensão ou corrente de saída com níveis 0 ou $\pm V_{CC}$. Eles são conhecidos como inversores de dois níveis. Para obter uma tensão de saída de qualidade ou uma forma de onda de corrente com uma quantidade mínima de conteúdo de ondulação, esses dispositivos necessitam de uma frequência de chaveamento elevada com várias estratégias de modulação por largura de pulso (PWM). Em aplicações de potência e tensão altas, esses inversores de dois níveis têm, no entanto, algumas limitações para operar em alta frequência, principalmente por conta das perdas por chaveamento e restrições quanto às especificações dos dispositivos. Além disso, as chaves semicondutoras devem ser usadas de forma a evitar os problemas associados com as suas combinações série-paralelo, que são necessárias para aumentar a capacidade de lidar com altas tensões e correntes.

Os inversores multinível têm atraído grande interesse nos setores de energia, transporte e energia renovável.[12] Eles apresentam um novo conjunto de características que são muito adequadas para a compensação de potência reativa. Pode ser mais fácil produzir um inversor de potência e tensão altas com estrutura multinível por causa da maneira como os esforços de tensão no dispositivo são controlados na estrutura. O aumento do número de níveis de tensão no inversor sem necessidade de especificações mais elevadas nos dispositivos individuais pode aumentar a faixa de potência. A estrutura única dos inversores multinível de fonte de tensão lhes permite alcançar tensões elevadas com baixas harmônicas sem o uso de transformadores ou chaves sincronizadas ligadas em série. À medida que o número dos níveis de tensão aumenta, o conteúdo harmônico das formas de onda da tensão de saída diminui significativamente.[1,2] A entrada é CC, e a saída, em termos ideais, deve ser uma onda senoidal. Os parâmetros de desempenho dos inversores multinível são semelhantes aos dos inversores PWM discutidos no Capítulo 6.

8.2 CONCEITO MULTINÍVEL

Consideremos um sistema inversor trifásico,[4] como mostra a Figura 8.1a, com uma tensão CC de V_{CC}. Capacitores ligados em série constituem o tanque de energia para o inversor e fornecem alguns nós nos quais o inversor multinível pode ser conectado. Cada capacitor tem a mesma tensão E_m, que é dada por

$$E_m = \frac{V_{CC}}{m-1} \tag{8.1}$$

onde m indica o número de níveis. O termo *nível* refere-se ao número de nós que o inversor pode acessar. Um inversor com m níveis necessita de $(m-1)$ capacitores.

As tensões de fase de saída podem ser definidas como aquelas entre os terminais de saída do inversor e o ponto terra indicado por "0" na Figura 8.1a. Além disso, as tensões e correntes do nó de entrada podem ser chamadas de tensões nos terminais de entrada do inversor em relação ao terra e às correntes correspondentes a partir de cada

FIGURA 8.1

Topologia geral de inversores multinível.

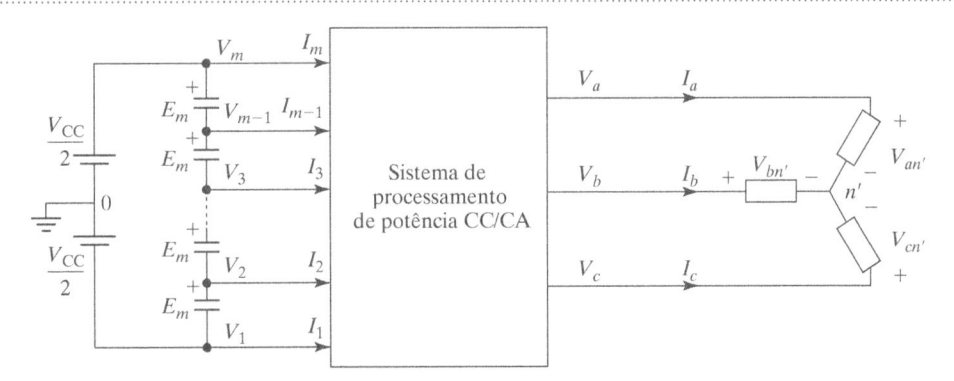

(a) Sistema trifásico multinível de processamento de potência

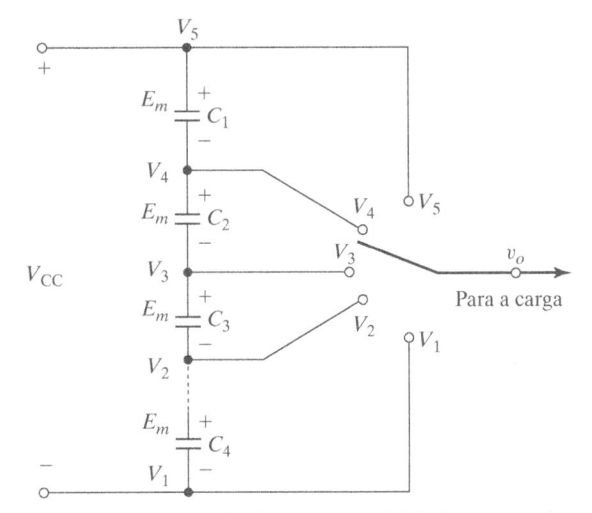

(b) Esquema de um polo de inversor multinível com uma chave

nó dos capacitores para o inversor, respectivamente. Por exemplo, as tensões (CC) dos nós de entrada são indicadas por V_1, V_2 etc., e as correntes (CC) deles, por I_1, I_2 etc., como mostra a Figura 8.1a. V_a, V_b e V_c são os valores eficazes (rms) das tensões de linha da carga; I_a, I_b e I_c são os valores rms das correntes de linha da carga. A Figura 8.1b mostra o esquema de um polo em um inversor multinível, onde v_o indica uma tensão de fase de saída que pode assumir qualquer nível, dependendo da seleção do nó de tensão (CC) V_1, V_2 etc. Assim, um polo em um inversor multinível pode ser considerado uma chave com um polo e múltiplos terminais (*single-pole, multiple-throw, SPMT*). Ao ligar a chave a um nó de cada vez, é possível obter a saída desejada. A Figura 8.2 mostra a tensão de saída típica de um inversor de cinco níveis.

A atuação efetiva da chave requer dispositivos de chaveamento bidirecional para cada nó. A estrutura topológica do inversor multinível deve: (1) ter o mínimo possível de dispositivos de chaveamento; (2) conseguir suportar tensão de entrada muito elevada para aplicações de alta potência; e (3) ter menor frequência de chaveamento para cada dispositivo de comutação.

FIGURA 8.2

Tensão de saída típica de um inversor multinível de cinco níveis.

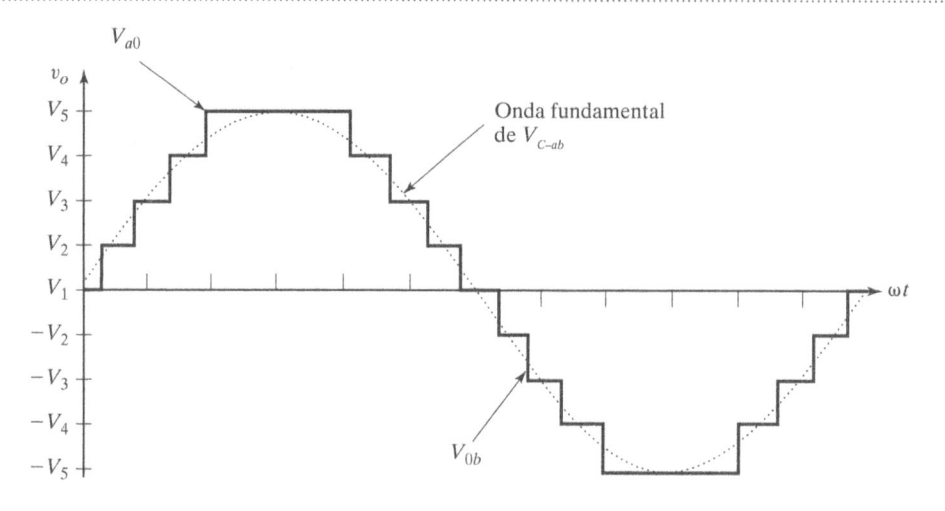

8.3 TIPOS DE INVERSOR MULTINÍVEL

O objetivo geral do conversor multinível é sintetizar uma tensão quase senoidal a partir de vários níveis de tensões CC, normalmente obtidas a partir de fontes de tensão com capacitores. À medida que o número de níveis aumenta, a forma de onda sintetizada na saída tem mais degraus, produzindo uma onda em forma de escada que se aproxima da forma de onda desejada. Além disso, quanto mais degraus são acrescentados à forma de onda, menor é a distorção harmônica da onda de saída, aproximando-se de zero enquanto aumenta o número de níveis. Com esse aumento, a tensão que pode ser obtida pela soma de vários níveis também aumenta. A tensão de saída durante o semiciclo positivo pode ser encontrada a partir de

$$v_{a0} = \sum_{n=1}^{m} E_n SF_n \tag{8.2}$$

onde SF_n é a função de chaveamento ou controle do n-ésimo nó e assume um valor de 0 ou 1. Geralmente, as tensões dos terminais do capacitor E_1, E_2, ... têm todas o mesmo valor, E_m. Assim, o pico de tensão de saída é $v_{a0(pico)} = (m-1)E_m = V_{CC}$. Para gerar uma tensão de saída com valores positivos e negativos, a topologia do circuito tem outra chave para produzir a parte negativa v_{0b}, de modo que $v_{ab} = v_{a0} + v_{0b} = v_{a0} - v_{b0}$.

Os inversores multinível podem ser classificados em três tipos:[5]

- Inversor multinível com diodo de grampeamento;
- Inversor multinível com capacitores flutuantes;
- Inversor multinível em cascata.

Existem três tipos de inversor multinível com diodo de grampeamento: básico, melhorado e modificado. A versão modificada tem muitas vantagens. O tipo com capacitor flutuante utiliza capacitores, em vez de diodos de grampeamento, e seu desempenho é semelhante ao dos inversores com diodo de grampeamento. O tipo em cascata consiste em inversores em meia ponte, e a qualidade das formas de onda de saída é superior à dos outros tipos. No entanto, cada meia ponte requer uma fonte CC em separado. Diferentemente dos inversores com diodo de grampeamento ou com capacitores flutuantes, o inversor em cascata não necessita de diodos de grampeamento de tensão ou de capacitores de equilíbrio de tensão.

8.4 INVERSOR MULTINÍVEL COM DIODO DE GRAMPEAMENTO

Um inversor multinível (m níveis) com diodo de grampeamento (*diode-clamped multilevel inverter* — DCMLI) normalmente consiste em ($m-1$) capacitores no barramento CC e produz m níveis na tensão de fase. A Figura 8.3a mostra uma perna, e a Figura 8.3b, um conversor com diodo de grampeamento de cinco níveis em ponte completa. A ordem de numeração das chaves é S_{a1}, S_{a2}, S_{a3}, S_{a4}, S'_{a1}, S'_{a2}, S'_{a3} e S'_{a4}. O barramento CC consiste de quatro capacitores, C_1, C_2, C_3 e C_4. Para uma tensão CC do barramento, V_{CC}, a tensão em cada capacitor é $V_{CC}/4$, e o esforço de tensão de cada dispositivo está limitado ao nível de tensão de um capacitor, $V_{CC}/4$, através dos diodos de grampeamento. Uma perna do inversor de m níveis requer ($m-1$) capacitores, $2(m-1)$ chaves e $(m-1)(m-2)$ diodos de grampeamento.

8.4.1 Princípio de operação

Para produzir uma tensão de saída em escada, consideremos como exemplo apenas uma perna do inversor de cinco níveis, como mostra a Figura 8.3a. Já uma ponte monofásica com duas pernas é indicada na Figura 8.3b. A *linha CC* 0 é o ponto de referência da tensão de fase de saída. As etapas para sintetizar as tensões dos cinco níveis são as seguintes:

1. Para um nível de tensão de saída $v_{a0} = V_{CC}$, ligar todas as chaves da metade superior, S_{a1} até S_{a4}.

FIGURA 8.3

Inversor multinível em ponte de cinco níveis com diodo de grampeamento.[4]

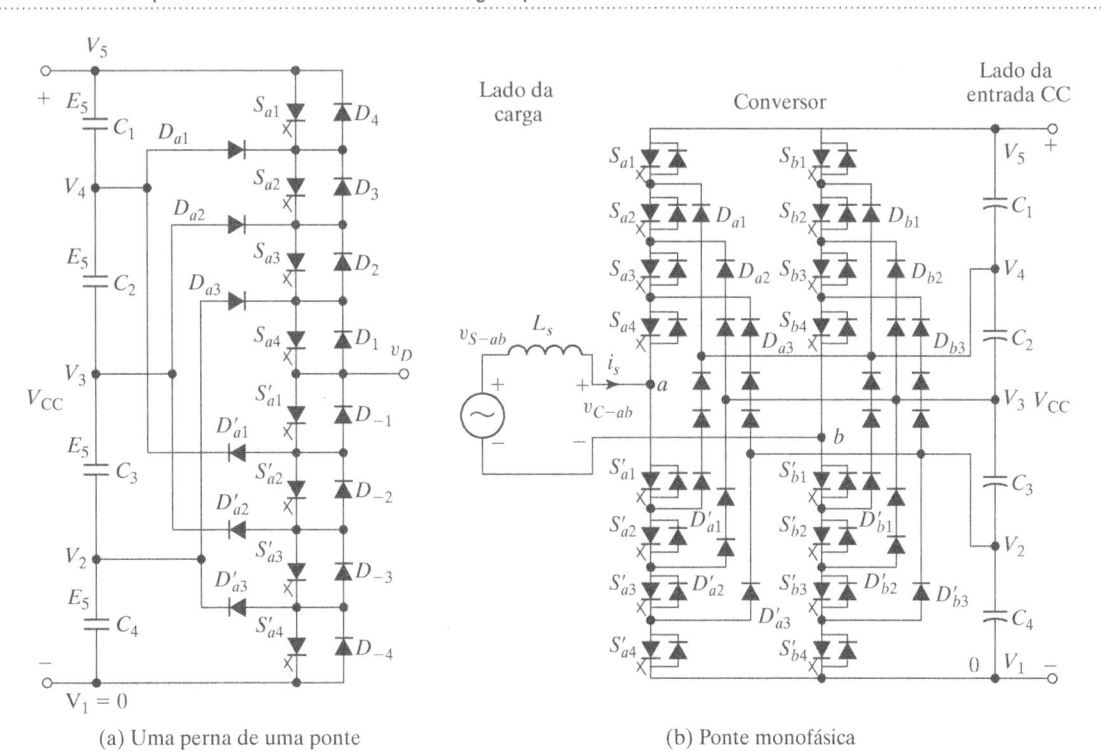

(a) Uma perna de uma ponte   (b) Ponte monofásica

2. Para um nível de tensão de saída $v_{a0} = 3V_{CC}/4$, ligar três chaves superiores, S_{a2} até S_{a4}, e uma chave inferior S'_{a1}.
3. Para um nível de tensão de saída $v_{a0} = V_{CC}/2$, ligar duas chaves superiores, S_{a3} e S_{a4}, e duas chaves inferiores, S'_{a1} e S'_{a2}.
4. Para um nível de tensão de saída $v_{a0} = V_{CC}/4$, ligar uma chave superior, S_{a4}, e três chaves inferiores, S'_{a1} até S'_{a3}.
5. Para um nível de tensão de saída $v_{a0} = 0$, ligar todas as chaves da metade inferior, S'_{a1} até S'_{a4}.

A Tabela 8.1 mostra os níveis de tensão e os estados das chaves correspondentes. A condição de estado 1 significa que a chave está ligada, e o estado 0, que a chave está desligada. Deve-se observar que cada chave é ligada apenas uma vez por ciclo e que há quatro pares de chaves complementares em cada fase. Esses pares para uma perna do inversor são (S_{a1}, S'_{a1}), (S_{a2}, S'_{a2}), (S_{a3}, S'_{a3}) e (S_{a4}, S'_{a4}). Assim, se uma chave dos pares complementares está ligada, a outra do mesmo par precisa estar desligada. Quatro chaves estão sempre ligadas ao mesmo tempo.

A Figura 8.4 mostra a forma de onda da tensão de fase do inversor de cinco níveis. A tensão de linha é composta pela tensão positiva de fase da perna do terminal *a* e pela tensão negativa de fase da perna do terminal *b*. Cada tensão de fase da perna acompanha metade da onda senoidal. A tensão de linha resultante é uma onda em escada com nove níveis. Isso implica que um conversor de *m* níveis tem *m* níveis de tensão de fase de perna de saída e $(2m - 1)$ níveis de tensão de linha de saída.

TABELA 8.1

Níveis de tensão com diodo de grampeamento e os estados das chaves.

Saída v_{a0}	Estados das chaves							
	S_{a1}	S_{a2}	S_{a3}	S_{a4}	S'_{a1}	S'_{a2}	S'_{a3}	S'_{a4}
$V_5 = V_{CC}$	1	1	1	1	0	0	0	0
$V_4 = 3V_{CC}/4$	0	1	1	1	1	0	0	0
$V_3 = V_{CC}/2$	0	0	1	1	1	1	0	0
$V_2 = V_{CC}/4$	0	0	0	1	1	1	1	0
$V_1 = 0$	0	0	0	0	1	1	1	1

FIGURA 8.4

Formas de onda da tensão fundamental e de fase de um inversor de cinco níveis.

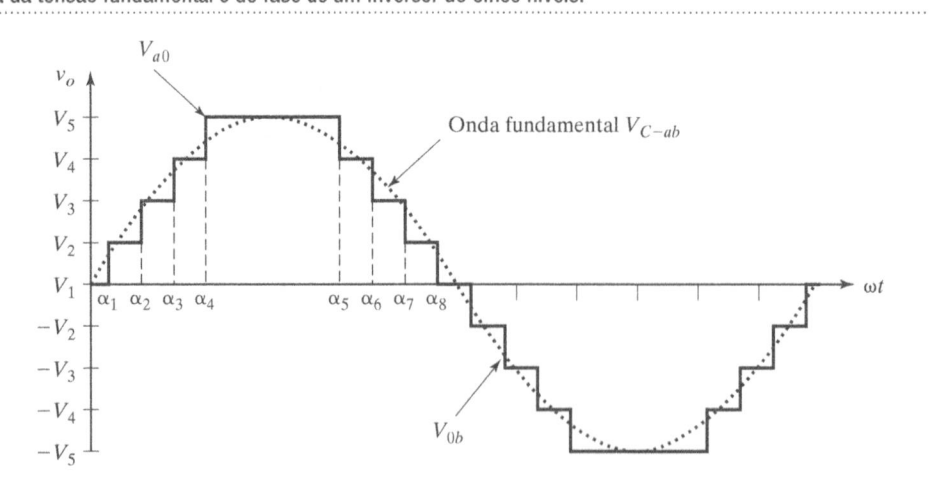

8.4.2 Características do inversor com diodo de grampeamento

As principais características são as seguintes:

1. *Elevada especificação de tensão de bloqueio para os diodos*: embora cada chave seja solicitada a bloquear apenas um nível de tensão de $V_{CC}/(m-1)$, os diodos de grampeamento necessitam ter diferentes especificações de tensão reversa de bloqueio. Por exemplo, quando todos os dispositivos inferiores S'_{a1} até S'_{a4} estão ligados, o diodo D'_{a1} precisa bloquear tensões de três capacitores, ou $3V_{CC}/4$. De forma semelhante, os diodos D_{a2} e D'_{a2} necessitam bloquear $2V_{CC}/4$, e D_{a3}, bloquear $V_{CC}/4$. Embora cada chave principal deva bloquear a tensão nominal de bloqueio, a tensão de bloqueio de cada diodo de grampeamento no inversor depende de sua posição na estrutura. Em uma perna do nível m pode haver dois diodos, cada um vendo uma tensão de bloqueio de

$$V_D = \frac{m-1-k}{m-1} V_{CC} \quad (8.3)$$

   onde m é o número de níveis;
   k vai de 1 a $(m-2)$;
   V_{CC} é a tensão total do barramento CC.

   Se a especificação de tensão de bloqueio de cada diodo for a mesma que a da chave, o número de diodos necessários para cada fase é $N_D = (m-1) \times (m-2)$. Esse número representa um aumento quadrático em m. Assim, para $m = 5$, $N_D = (5-1) \times (5-2) = 12$. Quando m for muito elevado, o número de diodos tornará impraticável a implementação do sistema, o que, na verdade, acaba limitando o número de níveis.

2. *Especificações desiguais das chaves*: podemos perceber a partir da Tabela 8.1 que a chave S_{a1} conduz apenas durante $v_{a0} = V_{CC}$, enquanto a chave S_{a4}, ao longo de todo o ciclo, exceto durante o intervalo em que $v_{a0} = 0$. Esse ciclo de condução desigual requer chaves com especificações diferentes de corrente. Portanto, se o projeto do inversor utilizar o ciclo de trabalho médio para encontrar as especificações dos dispositivos, as chaves superiores poderão ser superdimensionadas, e as chaves inferiores estarão subdimensionadas. Se o projeto utilizar a condição de pior caso, então cada fase terá $2 \times (m-2)$ dispositivos superiores superdimensionados.

3. *Desequilíbrio de tensão nos capacitores*: como os níveis de tensão nos terminais dos capacitores são diferentes, as correntes fornecidas pelos capacitores também são diferentes. Ao operar com fator de potência unitário, o tempo de descarga para a operação inversora (ou tempo de carga para a operação retificadora) de cada capacitor é diferente. Tal perfil de carga do capacitor se repete a cada semiciclo, e o resultado são tensões desequilibradas entre os capacitores de níveis diferentes. Esse problema de desequilíbrio de tensão em um conversor multinível pode ser resolvido por meio da utilização de abordagens como a substituição dos capacitores por uma fonte de tensão CC controlada, reguladores de tensão PWM ou baterias.

As principais vantagens do inversor com diodo de grampeamento podem ser resumidas como segue:

- Quando o número de níveis é alto o suficiente, o conteúdo harmônico é baixo o suficiente para evitar a necessidade de filtros.
- A eficiência do inversor é alta porque todos os dispositivos são chaveados na frequência fundamental.
- O método de controle é simples.

Já as principais desvantagens do inversor com diodo de grampeamento podem ser sintetizadas como:

- Há a necessidade de uma quantidade excessiva de diodos de grampeamento quando o número de níveis é elevado.
- É difícil controlar o fluxo de potência real (ou ativa) do conversor individual em sistemas com vários conversores.

8.4.3 Inversor com diodo de grampeamento melhorado

O problema de múltiplas tensões de bloqueio dos diodos de grampeamento pode ser enfrentado por meio da ligação de um número apropriado de diodos em série, como mostra a Figura 8.5. Entretanto, por conta das diferenças nas características dos diodos, a divisão de tensão não é igual. Uma versão melhorada do inversor com diodo de grampeamento[6] é apresentada na Figura 8.6 para cinco níveis. A ordem de numeração das chaves é S_1, S_2, S_3, S_4, S_1', S_2', S_3' e S_4'. Há um total de 8 chaves e 12 diodos com a mesma especificação de tensão, igual à do inversor com diodos de grampeamento e conectados em série. Essa arquitetura piramidal pode ser estendida para qualquer número de níveis, a menos que haja uma limitação de ordem prática. Uma perna do inversor de cinco níveis requer $(m-1) = 4$ capacitores, $2(m-1) = 8$ chaves e $(m-1)(m-2) = 12$ diodos de grampeamento.

Princípio de operação. O inversor com diodo de grampeamento modificado pode ser decomposto em células de chaveamento de dois níveis. Para um inversor de m níveis, existem $(m-1)$ células de chaveamento. Assim, para $m = 5$, há 4 células: na célula 1, S_2, S_3 e S_4 estão sempre ligadas, enquanto S_1 e S_1' são acionadas alternadamente para produzir uma tensão de saída $V_{CC}/2$ e $V_{CC}/4$, respectivamente. De forma semelhante, na célula 2, S_3, S_4 e S_1' estão sempre ligadas, enquanto S_2 e S_2' são acionadas alternadamente para produzir uma tensão de saída $V_{CC}/4$ e 0, respectivamente. Na célula 3, S_4, S_1' e S_2' estão sempre ligadas, enquanto S_3 e S_3' são acionadas alternadamente para produzir uma tensão de saída 0 e $-V_{CC}/2$, respectivamente. Na última célula, 4, S_1', S_2' e S_3' estão sempre ligadas, enquanto S_4 e S_4' são acionadas alternadamente para produzir uma tensão de saída $-V_{CC}/4$ e $-V_{CC}/2$, respectivamente.

FIGURA 8.5

Inversor multinível com diodos de grampeamento em série.[6]

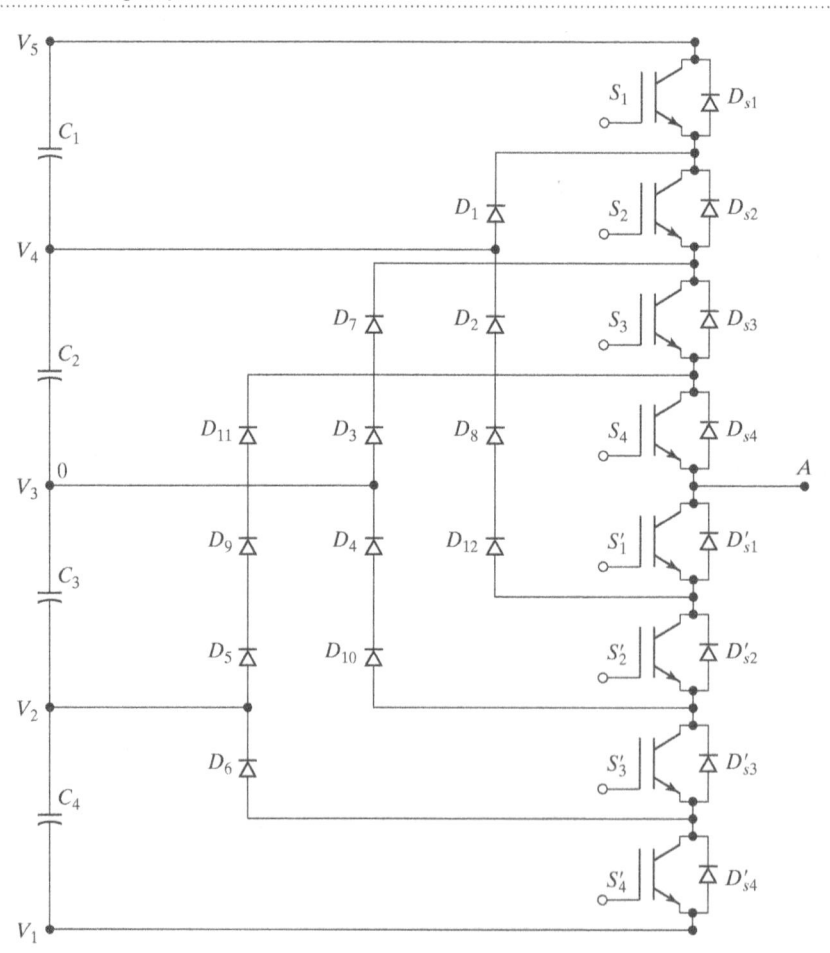

FIGURA 8.6
Inversor com diodos de grampeamento modificado, com diodos distribuídos.[6]

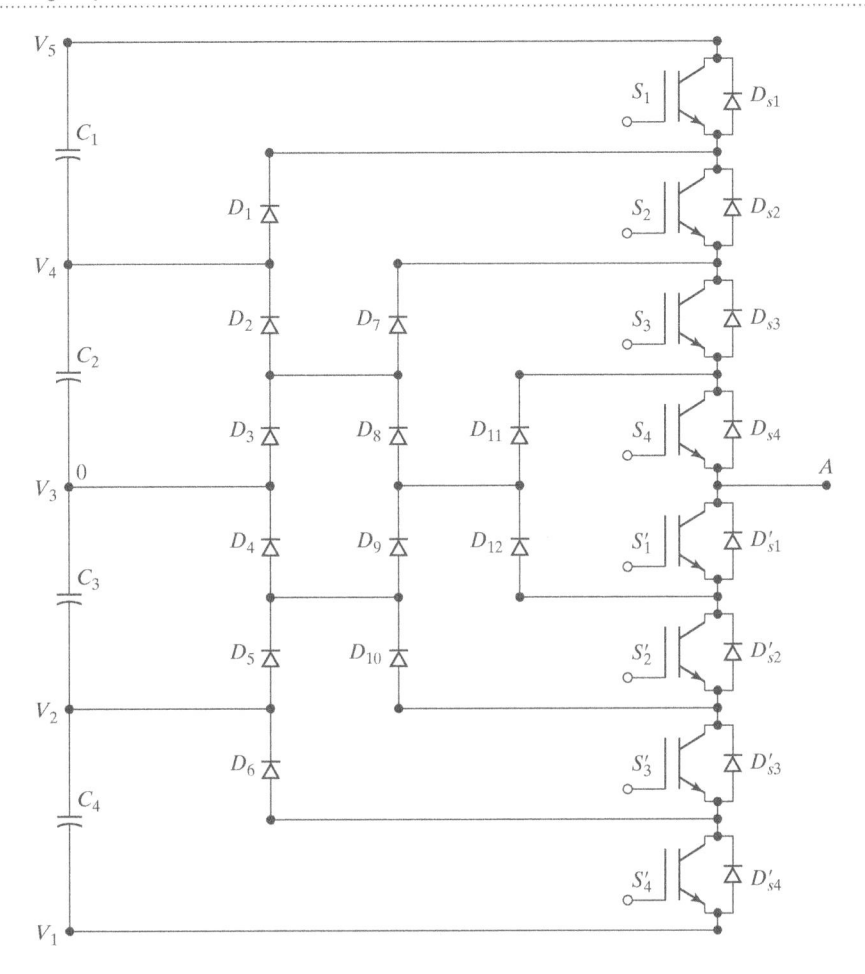

Cada célula de chaveamento funciona na realidade como um inversor normal de dois níveis, exceto que cada caminho em sentido direto ou de roda livre na célula envolve $(m-1)$ dispositivos, em vez de apenas um. Tomando a célula 2 como exemplo, o caminho em sentido direto do braço superior envolve D_1, S_2, S_3 e S_4, enquanto o caminho de roda livre dele, S'_1, D_{12}, D_8 e D_2, conectando a saída do inversor com o nível $V_{CC}/4$ para fluxo de corrente positiva ou negativa. O caminho em sentido direto do braço inferior envolve S'_1, S'_2, D_{10} e D_4, enquanto o caminho de roda livre dele, D_3, D_7, S_3 e S_4, conectando a saída do inversor com o nível 0 para o fluxo de corrente positiva ou negativa. As seguintes regras regem o chaveamento de um inversor de m níveis:

1. A qualquer momento, deve haver $(m-1)$ chaves vizinhas que estejam ligadas.
2. Para cada duas chaves vizinhas, a chave externa só pode ser ligada quando a interna estiver ligada.
3. Para cada duas chaves vizinhas, a chave interna só pode ser desligada quando a externa estiver desligada.

8.5 INVERSOR MULTINÍVEL COM CAPACITORES FLUTUANTES

A Figura 8.7 mostra um conversor monofásico de cinco níveis em ponte completa baseado em um inversor multinível com capacitores flutuantes (*flying-capacitors multilevel inverter* — FCMLI).[5] A ordem de numeração das chaves é $S_{a1}, S_{a2}, S_{a3}, S_{a4}, S'_{a4}, S'_{a3}, S'_{a2}$ e S'_{a1}. Observe que a ordem é sequenciada de maneira diferente daquela que vemos no inversor com diodos de grampeamento da Figura 8.3. A numeração não é importante, desde que as chaves sejam ligadas e desligadas na sequência correta para produzir a forma de onda de saída desejada. Cada perna de fase tem

FIGURA 8.7

Diagrama do circuito de um inversor monofásico de cinco níveis com capacitores flutuantes.[5]

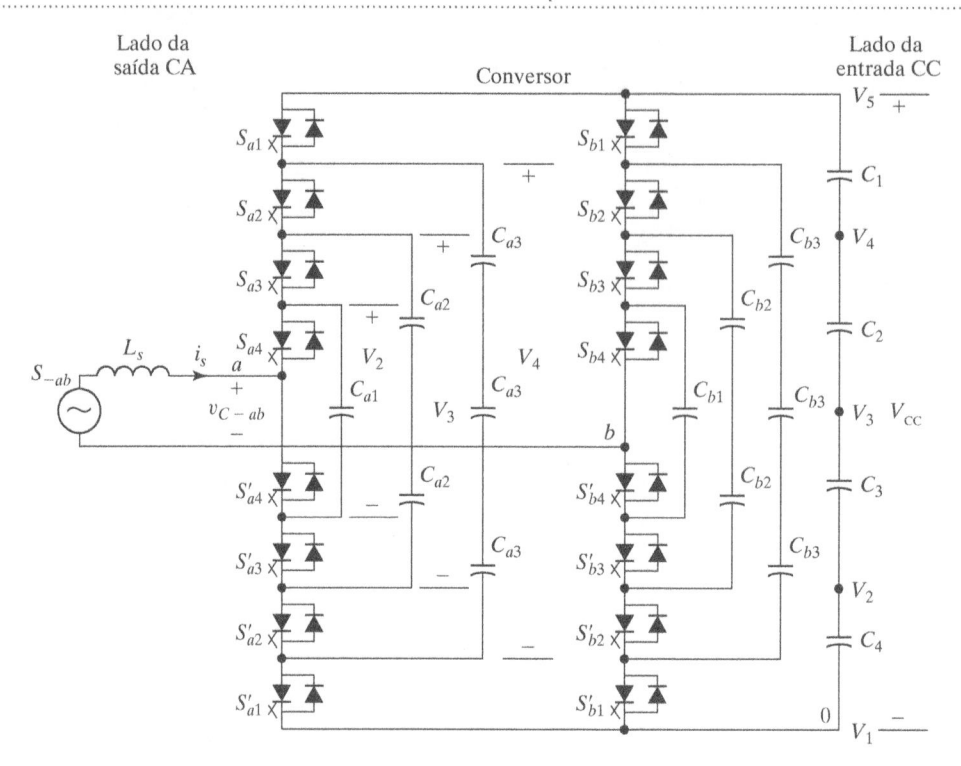

uma estrutura idêntica. Supondo que cada capacitor tenha a mesma especificação de tensão, a conexão em série deles indicará o nível de tensão entre os pontos de grampeamento. Três capacitores de equilíbrio do circuito interno (C_{a1}, C_{a2} e C_{a3}) para a perna de fase a são independentes daqueles para a perna de fase b. Todas as pernas de fase compartilham os mesmos capacitores do barramento CC, C_1 até C_4.

O nível de tensão para o conversor com capacitores flutuantes é semelhante ao do tipo diodo de grampeamento. Ou seja, a tensão de fase v_{a0} de um conversor com m níveis tem m níveis (incluindo o nível de referência), e a tensão de linha v_{ab} tem $(2m-1)$ níveis. Supondo que cada capacitor tenha a mesma especificação de tensão que a chave, o barramento CC necessita de $(m-1)$ capacitores para um conversor de m níveis. O número de capacitores necessários para cada fase é $N_C = \sum_{j=1}^{m}(m-j)$. Assim, para $m = 5$, $N_C = 10$.

8.5.1 Princípio de operação

Para produzir uma tensão de saída em escada, consideremos como exemplo uma perna do inversor de cinco níveis da Figura 8.7. A linha CC 0 é o ponto de referência da tensão de fase de saída. As etapas para sintetizar as tensões dos cinco níveis são as seguintes:

1. Para um nível de tensão de saída $v_{a0} = V_{CC}$, ligar todas as chaves da metade superior S_{a1} até S_{a4}.
2. Para um nível de tensão de saída $v_{a0} = 3V_{CC}/4$, existem quatro combinações:
   a. $v_{a0} = V_{CC} - V_{CC}/4$ ao ligarmos os dispositivos S_{a1}, S_{a2}, S_{a3} e S'_{a4}.
   b. $v_{a0} = 3V_{CC}/4$ ao ligarmos os dispositivos S_{a2}, S_{a3}, S_{a4} e S'_{a1}.
   c. $v_{a0} = V_{CC} - 3V_{CC}/4 + V_{CC}/2$ ao ligarmos os dispositivos S_{a1}, S_{a3}, S_{a4} e S'_{a2}.
   d. $v_{a0} = V_{CC} - V_{CC}/2 + V_{CC}/4$ ao ligarmos os dispositivos S_{a1}, S_{a2}, S_{a4} e S'_{a3}.
3. Para um nível de tensão de saída $v_{a0} = V_{CC}/2$, existem seis combinações:
   a. $v_{a0} = V_{CC} - V_{CC}/2$ ao ligarmos os dispositivos S_{a1}, S_{a2}, S'_{a3} e S'_{a4}.

b. $v_{a0} = V_{CC}/2$ ao ligarmos os dispositivos S_{a3}, S_{a4}, S'_{a1} e S'_{a2}.
c. $v_{a0} = V_{CC} - 3V_{CC}/4 + V_{CC}/2 - V_{CC}/4$ ao ligarmos os dispositivos S_{a1}, S_{a3}, S'_{a2} e S'_{a4}.
d. $v_{a0} = V_{CC} - 3V_{CC}/4 + V_{CC}/4$ ao ligarmos os dispositivos S_{a1}, S_{a4}, S'_{a2} e S'_{a3}.
e. $v_{a0} = 3V_{CC}/4 - V_{CC}/2 + V_{CC}/4$ ao ligarmos os dispositivos S_{a2}, S_{a4}, S'_{a1} e S'_{a3}.
f. $v_{a0} = 3V_{CC}/4 - V_{CC}/4$ ao ligarmos os dispositivos S_{a2}, S_{a3}, S'_{a1} e S'_{a4}.

4. Para um nível de tensão de saída $v_{a0} = V_{CC}/4$, existem quatro combinações:
   a. $v_{a0} = V_{CC} - 3V_{CC}/4$ ao ligarmos os dispositivos S_{a1}, S'_{a2}, S'_{a3} e S'_{a4}.
   b. $v_{a0} = V_{CC}/4$ ao ligarmos os dispositivos S_{a4}, S'_{a1}, S'_{a2} e S'_{a3}.
   c. $v_{a0} = V_{CC}/2 - V_{CC}/4$ ao ligarmos os dispositivos S_{a3}, S'_{a1}, S'_{a2} e S'_{a4}.
   d. $v_{a0} = 3V_{CC}/4 - V_{CC}/2$ ao ligarmos os dispositivos S_{a2}, S'_{a1}, S'_{a3} e S'_{a4}.

5. Para um nível de tensão de saída $v_{a0} = 0$, ligar todas as chaves da metade inferior, S'_{a1} até S'_{a4}.

Existem muitas combinações possíveis para as chaves para gerar uma tensão de saída de cinco níveis. A Tabela 8.2 apresenta uma combinação para os estados das chaves e os níveis de tensão correspondentes. A utilização dessa combinação de chaveamento requer que cada dispositivo seja acionado apenas uma vez por ciclo. Pode-se observar a partir da Tabela 8.2 que as chaves têm tempos diferentes de condução. Da mesma forma que o inversor com diodo de grampeamento, a tensão de linha é composta pela tensão positiva de fase da perna do terminal a e pela tensão negativa de fase da perna do terminal b. A tensão de linha resultante é uma onda em escada com nove níveis. Isso implica que um conversor de m níveis tem m níveis de tensão de fase de saída de perna e $(2m-1)$ níveis de tensão de linha de saída.

TABELA 8.2
Uma combinação possível das chaves de um inversor com capacitores flutuantes.

Saída v_{a0}	S_{a1}	S_{a2}	S_{a3}	S_{a4}	S'_{a4}	S'_{a3}	S'_{a2}	S'_{a1}
$V_5 = V_{CC}$	1	1	1	1	0	0	0	0
$V_4 = 3V_{CC}/4$	1	1	1	0	1	0	0	0
$V_3 = V_{CC}/2$	1	1	0	0	1	1	0	0
$V_2 = V_{CC}/4$	1	0	0	0	1	1	1	0
$V_1 = 0$	0	0	0	0	1	1	1	1

8.5.2 Características do inversor com capacitores flutuantes

As principais características são as seguintes:

1. *Grande número de capacitores*: o inversor necessita de um grande número de capacitores de armazenamento. Supondo que a especificação de tensão de cada capacitor seja a mesma que a de uma chave, um conversor de m níveis precisa de um total de $(m-1) \times (m-2)/2$ capacitores auxiliares por fase de perna, além dos $(m-1)$ capacitores principais do barramento CC. Já o conversor de m níveis com diodos de grampeamento requer apenas $(m-1)$ capacitores da mesma especificação de tensão. Assim, para $m = 5$, $N_C = 4 \times 3/2 + 4 = 10$ em comparação com $N_C = 4$ para o tipo com diodo de grampeamento.

2. *Equilíbrio de tensão nos capacitores*: diferentemente do inversor com diodo de grampeamento, o FCMLI tem redundância em seus níveis internos de tensão. Um nível de tensão é redundante se duas ou mais combinações válidas de chaves conseguem sintetizá-lo. A disponibilidade de redundâncias de tensão permite controlar as tensões individuais dos capacitores. Para a produção da mesma tensão de saída, o inversor pode envolver combinações diferentes de capacitores, permitindo a carga ou descarga preferencial de capacitores individuais. Essa flexibilidade facilita a manipulação das tensões dos capacitores e também as mantêm em seus valores apropriados. É possível empregar duas ou mais combinações de chaves para os níveis médios de tensão (por exemplo, $3V_{CC}/4$, $V_{CC}/2$ e $V_{CC}/4$) em um ou vários ciclos de

saída a fim de equilibrar a carga e a descarga dos capacitores. Assim, pela seleção adequada das combinações de chaves, o conversor multinível com capacitores flutuantes pode ser usado em conversões de potência real. No entanto, nessa situação, a seleção de uma combinação de chaves fica muito complicada e a frequência de chaveamento precisa ser maior do que a fundamental.

As principais vantagens do inversor com capacitores flutuantes podem ser resumidas como segue:

- A grande quantidade de capacitores de armazenamento pode permitir a operação durante cortes de energia.
- Esses inversores fornecem redundância na combinação de chaves para o equilíbrio de diferentes níveis de tensão.
- Da mesma forma que o inversor tipo diodo de grampeamento com mais níveis, o conteúdo harmônico é baixo o suficiente para evitar a necessidade de filtros.
- Tanto o fluxo da potência real quanto o da reativa podem ser controlados.

As principais desvantagens do inversor com capacitores flutuantes podem ser sintetizadas como:

- Há necessidade de uma quantidade excessiva de capacitores de armazenamento quando o número de níveis é elevado. Os inversores com muitos níveis dificultam a integração do circuito, devido ao volume dos capacitores, que também são mais caros.
- O controle do inversor pode ser muito complicado e, além disso, a frequência de chaveamento e as perdas por chaveamento são altas para a transmissão de potência real.

8.6 INVERSOR MULTINÍVEL EM CASCATA

Um inversor multinível em cascata consiste em uma série de unidades inversoras em ponte H (monofásica, ponte completa). A função geral desse inversor multinível é sintetizar uma tensão desejada por várias fontes CC independentes (*separate dc sources* — SDCSs) que podem ser obtidas a partir de baterias, células de combustível ou células solares. A Figura 8.8a mostra a estrutura básica de um inversor monofásico em cascata com SDCSs.[7] Cada SDCS é conectado a um inversor em ponte H. As tensões dos terminais CA dos diversos níveis dos inversores são conectadas em série. Diferentemente do inversor com diodo de grampeamento ou com capacitores flutuantes, o inversor em cascata não necessita de diodos de grampeamento de tensão nem de capacitores de equilíbrio de tensão.

8.6.1 Princípio de operação

A Figura 8.8b mostra a forma de onda da tensão de fase sintetizada de um inversor em cascata de cinco níveis com quatro SDCSs. A tensão de fase de saída é sintetizada pela soma das quatro saídas do inversor, $v_{an} = v_{a1} + v_{a2} + v_{a3} + v_{a4}$. Cada nível do inversor consegue gerar três saídas de tensão diferentes, $+V_{CC}$, 0 e $-V_{CC}$, por meio da ligação da fonte CC com o lado de saída CA por diversas combinações das quatro chaves, S_1, S_2, S_3 e S_4. Utilizando o nível superior como exemplo, ligar S_1 e S_2 gera $v_{a4} = +V_{CC}$. Já ligar S_2 e S_3 gera $v_{a4} = -V_{CC}$. Desligar todas as chaves gera $v_{a4} = 0$. A tensão de saída CA de cada nível pode ser obtida da mesma maneira. Se N_S for o número de fontes CC, a quantidade de níveis da tensão de fase de saída é $m = N_S + 1$. Assim, um inversor em cascata de cinco níveis necessita de quatro SDCSs e quatro pontes completas. O controle dos ângulos de condução nos diferentes níveis do inversor pode minimizar a distorção harmônica da tensão de saída.

A tensão de saída do inversor é quase senoidal e tem menos de 5% de distorção harmônica total (DHT), com cada um dos chaveamentos em ponte H apenas na frequência fundamental. Se a corrente de fase i_a, como mostra a Figura 8.8b, é senoidal e está adiantada ou atrasada em relação à tensão de fase v_{an} por 90°, a carga média para cada capacitor CC é igual a zero ao longo de um ciclo. Portanto, todas as tensões dos capacitores SDCS podem ser equilibradas.

Cada unidade de ponte H gera uma forma de onda quase quadrada pela defasagem dos tempos de chaveamento das pernas positiva e negativa da fase. A Figura 8.9b mostra os tempos de chaveamento para gerar a forma de onda

FIGURA 8.8
Inversor monofásico multinível em cascata em ponte H.[7]

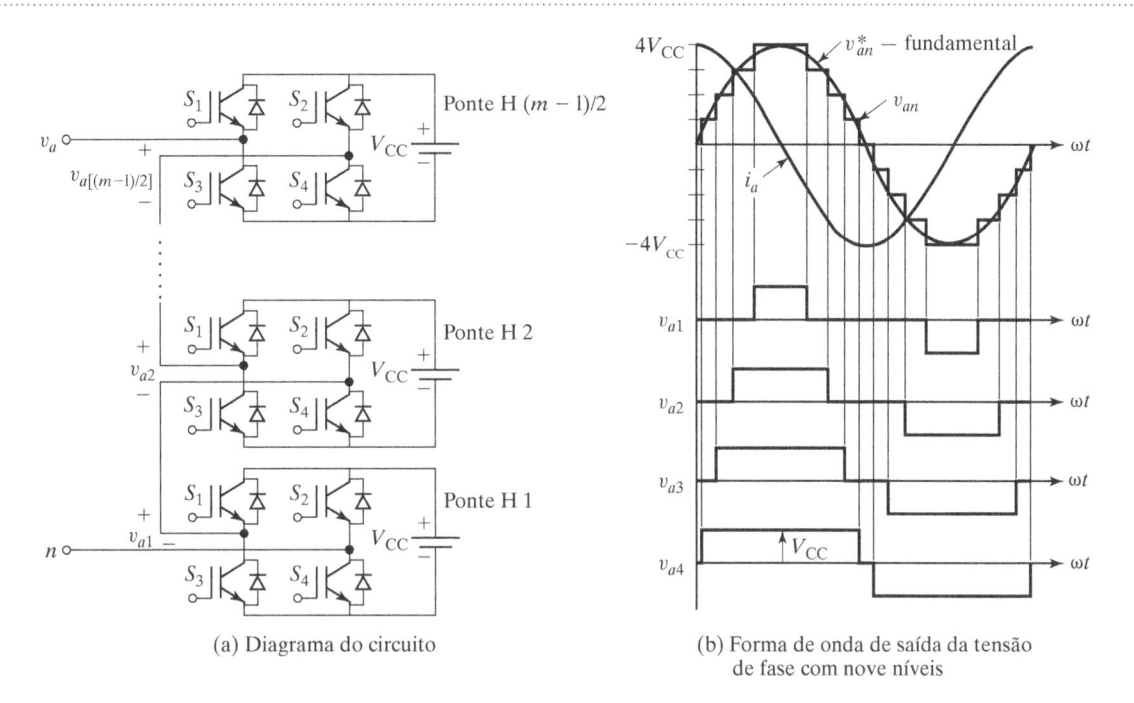

(a) Diagrama do circuito

(b) Forma de onda de saída da tensão de fase com nove níveis

FIGURA 8.9
Geração de forma de onda quase quadrada.[7]

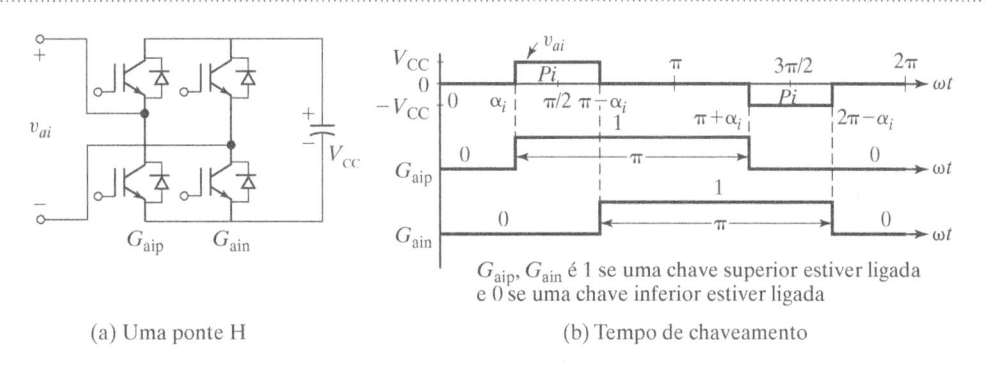

(a) Uma ponte H

(b) Tempo de chaveamento

G_{aip}, G_{ain} é 1 se uma chave superior estiver ligada e 0 se uma chave inferior estiver ligada

quase quadrada da ponte H da Figura 8.9a. Deve-se observar que cada chave sempre conduz por 180° (ou meio ciclo), independentemente da largura de pulso da onda quase quadrada. Esse método de chaveamento iguala o esforço de corrente de todas as chaves.

8.6.2 Características do inversor em cascata

As principais características são as seguintes:

- Para conversões de potência real de CA para CC e, em seguida, de CC para CA, os inversores em cascata necessitam de fontes CC independentes. A estrutura de fontes CC independentes é apropriada para várias fontes de energia renovável, por exemplo, célula de combustível, fotovoltaica e biomassa.
- Não é possível ligar fontes CC entre dois conversores de modo *back-to-back*, pois há chances de um curto-circuito ser introduzido quando dois conversores em conexão *back-to-back* não apresentam chaveamento sincronizado.

368 Eletrônica de potência

As principais vantagens do inversor em cascata podem ser resumidas da seguinte forma:

- Comparado com os inversores com diodo de grampeamento e com capacitores flutuantes, esse tipo requer o menor número de componentes para atingir o mesmo número de níveis de tensão.
- É possível otimizar o desenho e a integração do circuito porque cada nível possui a mesma estrutura e não há necessidade de adicionar diodos de grampeamento ou capacitores de equilíbrio de tensão.
- Pode-se utilizar técnicas de comutação suave para reduzir as perdas por chaveamento e os esforços do dispositivo.

A principal desvantagem do inversor em cascata é a seguinte:

- Há necessidade de fontes CC independentes para conversões de potência real, limitando, assim, suas aplicações.

Exemplo 8.1 ▪ Determinação dos ângulos de chaveamento para eliminar harmônicas específicas

A forma de onda da tensão de fase de um inversor em cascata é mostrada na Figura 8.10 para $m = 6$ (incluindo o nível 0). Encontre **(a)** a série de Fourier geral da tensão de fase; **(b)** os ângulos de chaveamento para eliminar a 5ª, a 7ª, a 11ª e a 13ª harmônicas se o pico da tensão fundamental de fase for 80% do seu valor máximo; e **(c)** a componente fundamental B_1, a DHT e o fator de distorção (FD).

Solução

a. Para um inversor em cascata com m níveis (incluindo o 0) por semiciclo, a tensão de saída por perna é

$$v_{an} = v_{a1} + v_{a2} + v_{a3} + \cdots + v_{am-1} \tag{8.4}$$

Por conta da simetria de quarto de onda ao longo do eixo x, os coeficientes de Fourier A_0 e A_n são zero. Obtemos B_n como sendo

$$B_n = \frac{4V_{CC}}{\pi}\left[\int_{\alpha_1}^{\pi/2}\text{sen}(n\omega t)\,d(\omega t) + \int_{\alpha_2}^{\pi/2}\text{sen}(n\omega t)\,d(\omega t) + \cdots + \int_{\alpha_{m-1}}^{\pi/2}\text{sen}(n\omega t)\,d(\omega t)\right] \tag{8.5}$$

FIGURA 8.10
Troca do padrão de chaveamento do inversor em cascata para equilibrar a carga da bateria.[7]

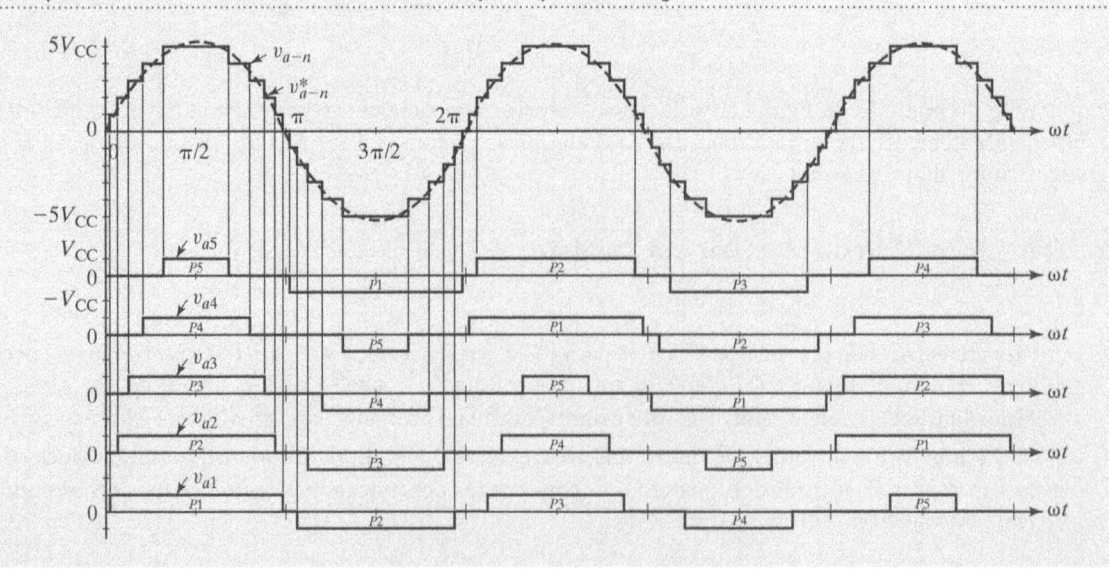

$$B_n = \frac{4V_{CC}}{n\pi}\left[\sum_{j=1}^{m-1}\cos(n\alpha_j)\right] \quad (8.6)$$

que dá a tensão instantânea de fase v_{an} como

$$v_{an}(\omega t) = \frac{4V_{CC}}{n\pi}\left[\sum_{j=1}^{m-1}\cos(n\alpha_j)\right]\operatorname{sen}(n\omega t) \quad (8.7)$$

b. Se o pico da tensão de fase de saída $V_{an(pico)}$ deve ser igual à tensão de fase da portadora $V_{cr(pico)} = (m-1)V_{CC}$, então o índice de modulação torna-se

$$M = \frac{V_{cr(pico)}}{V_{an(pico)}} = \frac{V_{cr(pico)}}{(m-1)V_{CC}} \quad (8.8)$$

Os ângulos de condução $\alpha_1, \alpha_2, \ldots, \alpha_{m-1}$ podem ser escolhidos de tal forma que a distorção harmônica total da tensão de fase é minimizada. Esses ângulos são normalmente escolhidos de modo a cancelar algumas harmônicas predominantes de baixa frequência. Assim, para eliminar a 5ª, a 7ª, a 11ª e a 13ª harmônicas, desde que o pico da tensão fundamental de fase seja 80% de seu valor máximo, devemos resolver as seguintes equações para o índice de modulação $M = 0{,}8$:

$$\begin{aligned}\cos(5\alpha_1) + \cos(5\alpha_2) + \cos(5\alpha_3) + \cos(5\alpha_4) + \cos(5\alpha_5) &= 0\\ \cos(7\alpha_1) + \cos(7\alpha_2) + \cos(7\alpha_3) + \cos(7\alpha_4) + \cos(7\alpha_5) &= 0\\ \cos(11\alpha_1) + \cos(11\alpha_2) + \cos(11\alpha_3) + \cos(11\alpha_4) + \cos(11\alpha_5) &= 0\\ \cos(13\alpha_1) + \cos(13\alpha_2) + \cos(13\alpha_3) + \cos(13\alpha_4) + \cos(13\alpha_5) &= 0\\ \cos(\alpha_1) + \cos(\alpha_2) + \cos(\alpha_3) + \cos(\alpha_4) + \cos(\alpha_5) &= (m-1)M\\ &= 5 \times 0{,}8 = 4\end{aligned} \quad (8.9)$$

Esse conjunto de equações não lineares transcendentais pode ser resolvido por um método iterativo, como o de Newton-Raphson. Utilizando o Mathcad, obtemos

$$\alpha_1 = 6{,}57°,\ \alpha_2 = 18{,}94°,\ \alpha_3 = 27{,}18°,\ \alpha_4 = 45{,}15°\ \text{e}\ \alpha_5 = 62{,}24°$$

Assim, se a saída do inversor for simetricamente chaveada durante o semiciclo positivo da tensão fundamental para $+V_{CC}$ a 6,57°, $+2V_{CC}$ a 18,94°, $+3V_{CC}$ a 27,18°, $+4V_{CC}$ a 45,15° e $+5V_{CC}$ a 62,24°, e de forma semelhante no semiciclo negativo para $-V_{CC}$ a 186,57°, $-2V_{CC}$ a 198,94°, $-3V_{CC}$ a 207,18°, $-4V_{CC}$ a 225,15° e $-5V_{CC}$ a 242,24°, a tensão de saída não conterá a 5ª, a 7ª, a 11ª e a 13ª harmônicas.
c. Utilizando o Mathcad, obtemos $B_1 = 5{,}093\%$, DHT = $5{,}975\%$ e FD = $0{,}08\%$

Observação: o ciclo de trabalho para cada um dos níveis de tensão é diferente. Isso significa que a fonte CC do nível 1 descarrega muito antes do que a do nível 5. Entretanto, utilizando um sistema de troca do padrão de chaveamento entre os diversos níveis a cada semiciclo, como mostra a Figura 8.10, todas as baterias podem ser igualmente usadas (descarregadas) ou carregadas.[7] Por exemplo, se a primeira sequência de pulsos for $P_1, P_2, \ldots, P_5$, então a sequência seguinte será P_2, P_3, P_4, P_5, P_1, e assim por diante.

8.7 APLICAÇÕES

Há um grande interesse na utilização de inversores do tipo fonte de tensão em aplicações de alta potência, como em sistemas de distribuição de energia para fontes controladas de potência reativa. Na operação em regime permanente, um inversor pode produzir uma corrente reativa controlada e operar como um STATCOM, compensador estático de volt-ampère reativo (VAR). Além disso, esses inversores conseguem reduzir o tamanho físico do compensador e melhorar o seu desempenho durante as contingências do sistema de energia. A utilização de um conversor de alta tensão possibilita a conexão direta com o sistema de distribuição de alta tensão (por exemplo, 13 kV), eliminando o transformador de distribuição e reduzindo o custo do sistema. Além do mais, o conteúdo harmônico da forma de onda do inversor pode ser reduzido com técnicas de controle adequadas, e, portanto, a eficiência do sistema pode ser melhorada. Dentre as aplicações mais comuns dos conversores multinível, podemos citar: (1) compensação de energia reativa, (2) interligação *back-to-back* e (3) acionamentos de velocidade variável.

8.7.1 Compensação de potência reativa

Um inversor converte uma tensão CC em uma tensão CA; com um deslocamento de fase de 180°, o inversor pode operar como um conversor CA-CC, ou seja, como um retificador controlado. Com uma carga puramente capacitiva, o inversor que opera como um conversor CA-CC consegue drenar corrente reativa da fonte CA. A Figura 8.11 mostra o diagrama do circuito de um conversor multinível conectado diretamente a um sistema de energia para compensação de potência reativa. O lado da carga está conectado à fonte CA, e o lado CC está aberto, sem ligação com qualquer tensão CC. Para o controle do fluxo de potência reativa, o acionamento do inversor é defasado em 180°. Os capacitores do lado CC atuam como a carga.

Quando um conversor multinível drena potência reativa pura, a tensão e a corrente de fase ficam defasadas de 90°, e a carga e a descarga do capacitor podem ser equilibradas. Esse conversor, ao atuar em compensação de potência reativa, é chamado de gerador estático de VAR (*static-VAR generator* — SVG). Os três tipos de conversores multinível podem ser utilizados em compensação de potência reativa sem ter o problema de desequilíbrio de tensão.

A relação do vetor da tensão de alimentação $\mathbf{V}_S$ com o vetor da tensão do conversor $\mathbf{V}_C$ é simplesmente $\mathbf{V}_S = \mathbf{V}_C + j\mathbf{I}_C X_S$, onde $\mathbf{I}_C$ é o vetor da corrente do conversor, e X_s, a reatância do indutor L_S. A Figura 8.12a mostra que a tensão do conversor está em fase com a tensão de alimentação com uma corrente reativa adiantada, enquanto a Figura 8.12b apresenta uma corrente reativa em atraso. A polaridade e a amplitude da corrente reativa são controladas pela amplitude da tensão do conversor $\mathbf{V}_C$, que é uma função da tensão do barramento CC e do índice de modulação de tensão, como expressam as equações 8.7 e 8.8.

FIGURA 8.11

Um conversor multinível conectado com um sistema de energia para compensação de potência reativa.[5]

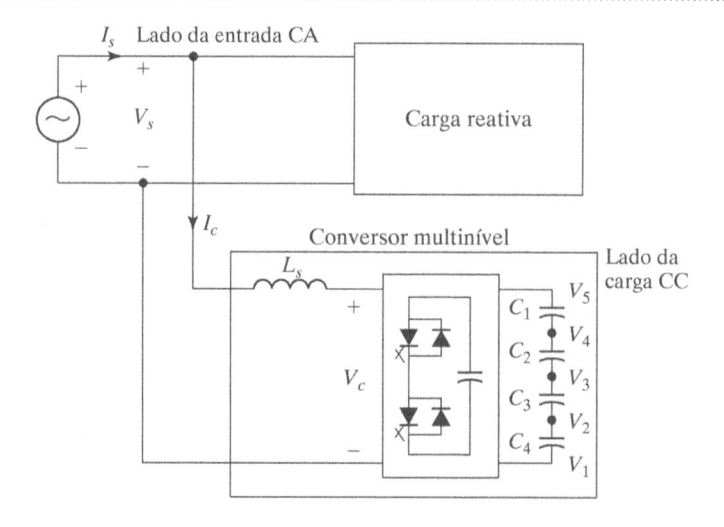

FIGURA 8.12

Diagramas fasoriais das tensões de alimentação e do conversor para compensação de potência reativa.

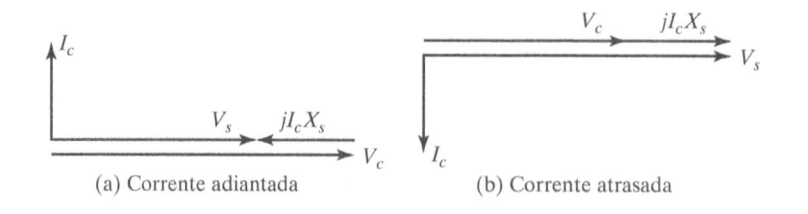

(a) Corrente adiantada   (b) Corrente atrasada

8.7.2 Interligação *back-to-back*

A Figura 8.13 mostra dois conversores multinível com diodo de grampeamento interconectados com um barramento CC formado por capacitores. O conversor do lado esquerdo funciona como um retificador conectado com a rede pública, e o conversor do lado direito atua como inversor para alimentar a carga CA. Cada chave permanece ligada uma vez por ciclo fundamental. A tensão sobre cada capacitor permanece bem equilibrada, e ao mesmo tempo é mantida a onda de tensão em escada, pois os desequilíbrios nas tensões dos capacitores em ambos os lados tendem a se compensar mutuamente. Esse circuito é conhecido por interligação *back-to-back*.

A interligação *back-to-back* que conecta dois sistemas assíncronos pode ser considerada (1) um variador de frequência, (2) um comutador de fase ou (3) um controlador de fluxo de potência. O fluxo de potência entre dois sistemas pode ser controlado de forma bidirecional. A Figura 8.14 mostra o diagrama fasorial para transmissão de potência real da fonte para a carga. Esse diagrama indica que a corrente da fonte pode estar adiantada, em fase ou atrasada em relação à tensão da fonte. A tensão do conversor está defasada da tensão da fonte por um ângulo de potência δ. Se a tensão da fonte for constante, então o fluxo de corrente ou de potência pode ser controlado pela tensão do conversor. Para $\delta = 0$, a corrente está adiantada ou atrasada em 90°, o que significa que apenas potência reativa é gerada.

FIGURA 8.13

Sistema de interligação *back-to-back* que utiliza dois conversores multinível com diodo de grampeamento.[5]

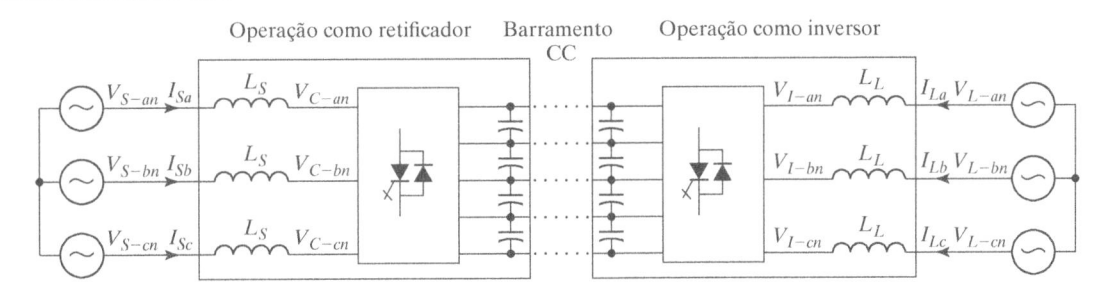

FIGURA 8.14

Diagrama fasorial da tensão da fonte, da tensão do conversor e da corrente, que mostra conversões de potência real.

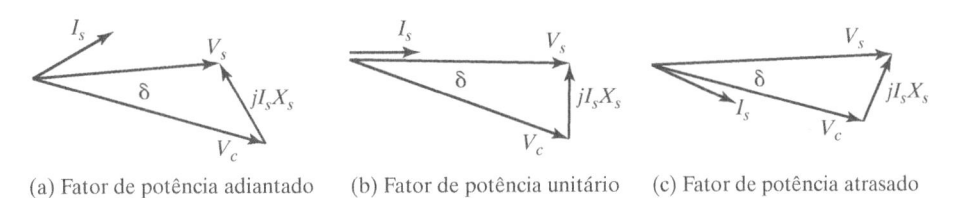

(a) Fator de potência adiantado   (b) Fator de potência unitário   (c) Fator de potência atrasado

8.7.3 Acionamentos de velocidade variável

A interligação *back-to-back* pode ser aplicada a um acionamento de velocidade variável (velocidade ajustável, ASD, ou inversor de frequência) compatível com uma rede pública, na qual a entrada é uma fonte CA de frequência constante a partir da rede elétrica, e a saída é a carga CA de frequência variável. Para um sistema ideal compatível com a rede pública, é requerido um fator de potência unitário, harmônicas desprezáveis, nenhuma interferência eletromagnética (EMI) e alta eficiência. As principais diferenças quando se utiliza a mesma estrutura para ASDs e para interligação *back-to-back* são o projeto do controle e o tamanho do capacitor. Como o ASD necessita operar em frequências diferentes, o capacitor do barramento CC precisa ser bem dimensionado para evitar uma grande oscilação de tensão em condições dinâmicas.

8.8 CORRENTES NOS DISPOSITIVOS DE CHAVEAMENTO

Tomemos um inversor de três níveis em meia ponte, como o que vemos na Figura 8.15a, onde V_o e I_0 indicam a tensão e a corrente rms de carga, respectivamente. Suponha que a indutância de carga seja grande o suficiente e que os capacitores mantenham suas tensões de modo que a corrente de saída seja senoidal, de acordo com

$$i_o = I_m \operatorname{sen}(\omega t - \phi) \tag{8.10}$$

onde I_m é o valor de pico da corrente de carga e ϕ é o ângulo da impedância de carga.

A Figura 8.15b mostra uma forma de onda típica da corrente em cada dispositivo de chaveamento com um controle simples em degraus da tensão de fase de saída. As chaves mais internas, como S_4 e S'_1, conduzem mais corrente que as chaves mais externas, como S_1 e S'_4.

Cada corrente de nó de entrada pode ser expressa em relação à função de chaveamento SF_n como

$$i_n = SF_n i_o \quad \text{para } n = 1, 2, ..., m \tag{8.11}$$

Como a chave de um polo e múltiplos terminais do inversor multinível, mostrada na Figura 8.1b, está sempre ligada a um, e apenas um, nó de entrada a cada instante, a corrente de carga de saída pode ser obtida a partir de um, e apenas um, nó de entrada. Isto é,

$$i_o = \sum_{n=1}^{m} i_n \tag{8.12}$$

e o valor rms de cada corrente é expresso como

$$I_{o(\text{rms})}^2 = \sum_{n}^{m} I_{n(\text{rms})}^2 \tag{8.13}$$

em que $I_{n(\text{rms})}$ é a corrente rms do n-ésimo nó dada por

$$I_{n(\text{rms})} = \sqrt{\frac{1}{2\pi} \int_0^{2\pi} SF_n i_o^2 \, d(\omega t)} \quad \text{para} \quad n = 1, 2, \ldots, m \tag{8.14}$$

Para um chaveamento equilibrado com relação ao terra, obtemos

$$i_{1(\text{rms})}^2 = i_{5(\text{rms})}^2 \quad \text{e} \quad i_{2(\text{rms})}^2 = i_{4(\text{rms})}^2 \tag{8.15}$$

Deve-se observar que, pela estrutura, as correntes através das chaves opostas como $S'_1,...,S'_4$ teriam a mesma corrente rms que $S_4, ..., S_1$, respectivamente.

FIGURA 8.15

Inversor de três níveis em meia ponte com diodo de grampeamento.[4]

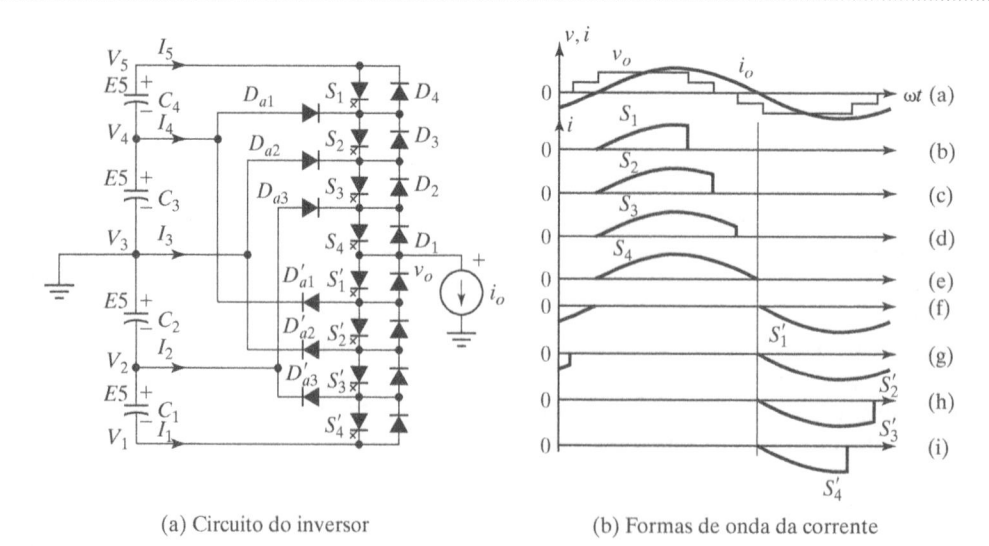

(a) Circuito do inversor   (b) Formas de onda da corrente

8.9 EQUILÍBRIO DA TENSÃO DO CAPACITOR DO BARRAMENTO CC

O equilíbrio das tensões dos capacitores que atuam como um reservatório de energia é muito importante para que o inversor multinível funcione satisfatoriamente. A Figura 8.16a mostra o esquema de um inversor em meia ponte com três níveis, e a Figura 8.16b ilustra a tensão de saída em degraus e a corrente de carga senoidal $i_o = I_m \operatorname{sen}(\omega t - \phi)$.

O valor médio da corrente do nó de entrada, i_1, é dado por

$$I_{1(med)} = \frac{1}{2\pi} \int_{\alpha_2}^{\pi-\alpha_2} i_o d(\omega t) = \frac{1}{2\pi} \int_{\alpha_2}^{\pi-\alpha_2} I_m \operatorname{sen}(\omega t - \phi) d(\omega t) = \frac{I_m}{\pi} \cos\phi \cos\alpha_2 \quad (8.16)$$

De forma semelhante, o valor médio da corrente do nó de entrada, i_2, é dado por

$$I_{2(med)} = \frac{1}{2\pi} \int_{\alpha_1}^{\alpha_2} i_o d(\omega t) = \frac{1}{2\pi} \int_{\alpha_1}^{\alpha_2} I_m \operatorname{sen}(\omega t - \phi) d(\omega t) = \frac{I_m}{\pi} \cos\phi (\cos\alpha_1 - \cos\alpha_2) \quad (8.17)$$

Por simetria, $I_{3(med)} = 0$, $I_{4(med)} = -I_{2(med)}$ e $I_{5(med)} = -I_{1(med)}$. Assim, cada tensão de capacitor deve ser regulada de modo que cada um deles forneça a corrente média por ciclo da seguinte forma:

$$I_{C1(med)} = I_{1(med)} = \frac{I_m}{\pi} \cos\phi \cos\alpha_2 \quad (8.18)$$

$$I_{C2(med)} = I_{1(med)} + I_{2(med)} = \frac{I_m}{\pi} \cos\phi \cos\alpha_1 \quad (8.19)$$

Portanto, $I_{C1(med)} < I_{C2(med)}$ para $\alpha_1 < \alpha_2$. Isso resulta no desequilíbrio de carga do capacitor, e mais carga flui do capacitor interno C_2 (ou C_3) do que do externo C_1 (ou C_4). A tensão de cada capacitor deve ser regulada para fornecer a quantidade apropriada de corrente média, caso contrário, sua tensão V_{C2} (ou V_{C3}) vai para o nível do terra conforme o tempo passa. As equações 8.18 e 8.19 podem ser estendidas para o n-ésimo capacitor de um conversor multinível, como segue

FIGURA 8.16

Distribuição da carga dos capacitores.[4]

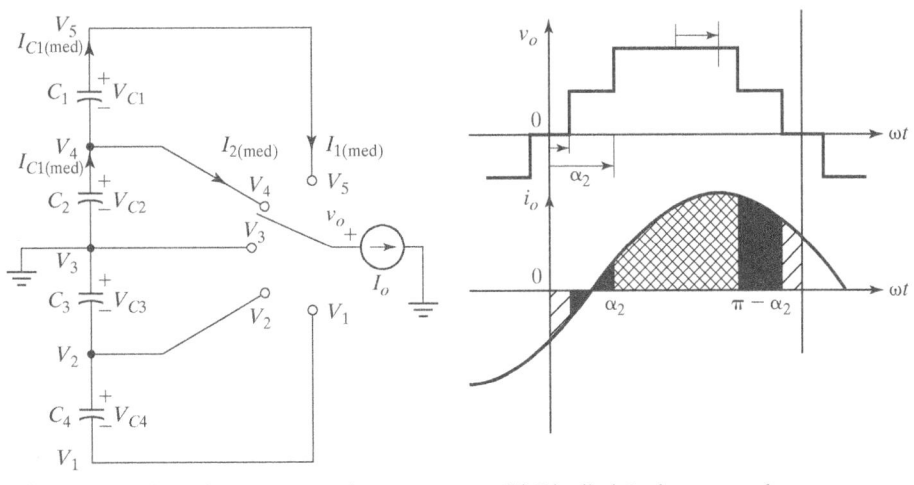

(a) Esquema de um inversor em meia ponte com três níveis

(b) Distribuição da corrente de carga

$$I_{Cn(\text{med})} = \frac{I_m}{\pi} \cos \phi \cos \alpha_n \qquad (8.20)$$

as equações 8.18 e 8.19 dão

$$\frac{\cos \alpha_2}{\cos \alpha_1} = \frac{I_{C2(\text{med})}}{I_{C1(\text{med})}} \qquad (8.21)$$

que pode ser generalizada para o n-ésimo e $(n-1)$-ésimo capacitores

$$\frac{\cos \alpha_n}{\cos \alpha_{n-1}} = \frac{I_{Cn(\text{med})}}{I_{C(n-1)(\text{med})}} \qquad (8.22)$$

o que significa que o desequilíbrio de carga nos capacitores existe independentemente da condição de carga, e que isso varia conforme a estratégia de controle, assim como $\alpha_1, \alpha_2, ..., \alpha_n$. A aplicação de uma estratégia de controle que force a transferência de energia dos capacitores externos para os internos pode resolver esse problema de desequilíbrio.[8-11]

8.10 CARACTERÍSTICAS DOS INVERSORES MULTINÍVEL

Um inversor multinível pode eliminar a necessidade do transformador elevador e reduzir as harmônicas produzidas pelo inversor. Embora a estrutura do inversor multinível tenha sido inicialmente introduzida como um meio de reduzir o conteúdo harmônico da forma de onda de saída, verificou-se[1] que a tensão do barramento CC poderia ser aumentada além da faixa de tensão de um dispositivo de potência individual pelo uso de uma rede de grampeamento de tensão que consiste em diodos. Uma estrutura multinível com mais de três níveis consegue reduzir significativamente o conteúdo harmônico.[2,3] Utilizando técnicas de grampeamento de tensão, a especificação de KV do sistema pode ser estendida para além dos limites de um dispositivo individual. Uma característica intrigante das estruturas de inversores multinível é a sua capacidade de ampliar a faixa de quilovolt-ampère (KVA), e também de melhorar em muito o desempenho harmônico sem precisar recorrer às técnicas PWM. As principais características de uma estrutura multinível são as seguintes:

- A tensão e a potência de saída aumentam com o número de níveis. O acréscimo de um nível de tensão implica em adicionar um dispositivo principal de chaveamento para cada fase.
- O conteúdo harmônico diminui com o aumento do número de níveis, reduzindo a necessidade de filtros.
- Com níveis adicionais de tensão, a forma de onda de tensão tem mais ângulos de chaveamento livres, que podem ser pré-selecionados para eliminação de harmônicas.
- Na ausência de quaisquer técnicas de PWM, as perdas por chaveamento podem ser evitadas. O aumento da tensão e da potência de saída não requer um aumento da especificação do dispositivo individual.
- O equilíbrio estático e dinâmico de tensão entre os dispositivos de chaveamento está incorporado na estrutura, através de diodos de grampeamento ou capacitores.
- Os dispositivos de chaveamento não encontram nenhum problema de desequilíbrio de tensão. Por esse motivo, os inversores multinível podem ser facilmente utilizados em aplicações de alta potência, como acionamento de grandes motores e alimentação de rede pública.
- A tensão fundamental de saída do inversor é definida pela tensão do barramento CC, V_{CC}, que pode ser controlada através de um barramento CC variável.

8.11 COMPARAÇÕES ENTRE CONVERSORES MULTINÍVEL

Os conversores multinível[8] conseguem substituir os sistemas existentes que utilizam conversores multipulsos tradicionais sem a necessidade de transformadores. Para um sistema trifásico, a relação entre o número de níveis m e o número de pulsos p pode ser representada pela fórmula $p = 6 \times (m - 1)$. Já os três conversores podem ser utilizados nas aplicações em sistemas de alta tensão e alta potência, como um SVG sem problemas de desequilíbrio de tensão, pois ele não drena potência real. O conversor tipo diodo de grampeamento é mais adequado para sistemas de interligação *back-to-back* que operam como um controlador do fluxo de potência unificado. Os outros dois tipos também podem ser apropriados para interligação *back-to-back*, mas necessitariam de mais chaveamentos por ciclo e de técnicas de controle mais avançadas para equilibrar a tensão. Os inversores multinível talvez encontrem aplicações em acionadores de velocidade variável nos quais o uso dos conversores multinível não só resolva os problemas de harmônicas e de EMI, como também evite falhas nos motores ocasionadas por dv/dt induzidas pelo chaveamento em alta frequência.

A Tabela 8.3 compara a necessidade de componentes por fase (perna) entre os três conversores multinível. Supõe-se que todos os dispositivos possuam a mesma faixa de tensão, mas não necessariamente a mesma de corrente. O inversor em cascata usa uma ponte completa em cada nível, em comparação à versão em meia ponte para os outros dois tipos. O inversor em cascata requer o menor número de componentes e tem potencial para aplicações de interface com a rede pública por causa da possibilidade de aplicação de técnicas de modulação e de chaveamento suave.

TABELA 8.3

Comparação da necessidade de componentes por perna dos três conversores multinível.[5]

Componente	Diodo de grampeamento	Capacitores flutuantes	Inversores em cascata
Dispositivos principais de chaveamento	$(m-1) \times 2$	$(m-1) \times 2$	$(m-1) \times 2$
Diodos principais	$(m-1) \times 2$	$(m-1) \times 2$	$(m-1) \times 2$
Diodos de grampeamento	$(m-1) \times (m-2)$	0	0
Capacitores do barramento CC	$(m-1)$	$(m-1)$	$(m-1)/2$
Capacitores de equilíbrio	0	$(m-1) \times (m-2)/2$	0

RESUMO

Os conversores multinível podem ser aplicados a sistemas de interface com a rede pública e em acionamento de motores. Esses conversores oferecem uma baixa DHT na tensão de saída, uma alta eficiência e um fator de potência elevado. Existem três tipos de conversor multinível: (1) com diodo de grampeamento, (2) com capacitores flutuantes e (3) em cascata. Dentre as principais vantagens dos conversores multinível, podemos citar as seguintes:

- São adequados em aplicações de alta tensão e alta corrente.
- Têm uma eficiência mais elevada, pois os dispositivos podem ser chaveados a uma baixa frequência.
- O fator de potência está próximo da unidade para inversores multinível utilizados como retificadores a fim de converter CA em CC.
- O problema de EMI não existe.
- Não surgem problemas de desequilíbrio de carga nem quando os conversores estão no modo de carga (retificação), nem quando eles estão no modo de acionamento (inversão).

Os conversores multinível requerem o equilíbrio da tensão nos capacitores do barramento CC ligados em série. Os capacitores tendem a sobrecarregar ou a descarregar completamente, condição essa em que o conversor multinível opera como um conversor de três níveis, a menos que seja concebido um controle explícito para equilibrar a carga dos capacitores. A técnica de equilíbrio de tensão deve ser aplicada ao capacitor durante as operações do retificador e do inversor. Assim, a potência real entregue ao capacitor será a mesma que ele fornece, e a carga líquida sobre o capacitor ao longo de um ciclo permanecerá a mesma.

QUESTÕES PARA REVISÃO

8.1 O que é um conversor multinível?

8.2 Qual é o conceito básico dos conversores multinível?

8.3 Quais são as características de um conversor multinível?

8.4 Quais são os tipos de conversores multinível?

8.5 O que é um inversor multinível com diodo de grampeamento?

8.6 Quais são as vantagens de um inversor multinível com diodo de grampeamento?

8.7 Quais são as desvantagens de um inversor multinível com diodo de grampeamento?

8.8 Quais são as vantagens de um inversor multinível com diodo de grampeamento modificado?

8.9 O que é um inversor multinível com capacitores flutuantes?

8.10 Quais são as vantagens de um inversor multinível com capacitores flutuantes?

8.11 Quais são as desvantagens de um inversor multinível com capacitores flutuantes?

8.12 O que é um inversor multinível em cascata?

8.13 Quais são as vantagens de um inversor multinível em cascata?

8.14 Quais são as desvantagens de um inversor multinível em cascata?

8.15 O que é um sistema de interligação *back-to-back*?

8.16 O que o desequilíbrio de tensão do capacitor significa?

8.17 Quais são as possíveis aplicações dos inversores multinível?

PROBLEMAS

8.1 Um inversor monofásico com diodo de grampeamento tem $m = 5$. Determine a série de Fourier geral e a DHT da tensão de fase.

8.2 Um inversor monofásico com diodo de grampeamento tem $m = 7$. Determine a tensão de pico e as faixas de corrente dos diodos e dos dispositivos de chaveamento para $V_{CC} = 5$ kV e $i_o = 50$ sen $(\theta - \pi/3)$.

8.3 Um inversor monofásico com diodo de grampeamento tem $m = 5$. Encontre (a) as correntes instantânea, média e rms de cada diodo; e (b) as correntes média e rms do capacitor se $V_{CC} = 5$ kV e $i_o = 50$ sen $(\theta - \pi/3)$.

8.4 Um inversor multinível monofásico com capacitores flutuantes tem $m = 5$. Determine a série de Fourier geral e a DHT da tensão de fase.

8.5 Um inversor multinível monofásico com capacitores flutuantes tem $m = 7$. Determine o número de capacitores, a tensão de pico e as faixas de corrente dos diodos e dos dispositivos de chaveamento para $V_{CC} = 5$ kV.

8.6 Compare o número de capacitores e diodos para inversores com diodo de grampeamento, com capacitores flutuantes e em cascata para $m = 5$.

8.7 Um inversor multinível monofásico em cascata tem $m = 5$. Determine a tensão de pico e as faixas de corrente média e rms da ponte H para $V_{CC} = 1$ kV e $i_o = 150$ sen $(\theta - \pi/6)$.

8.8 Um inversor multinível monofásico em cascata tem $m = 5$. Determine a corrente média de cada fonte CC independente (SDCS) para $V_{CC} = 1$ kV e $i_o = 150$ sen $(\theta - \pi/6)$.

8.9 Um inversor multinível monofásico em cascata tem $m = 5$. Determine (a) a série de Fourier geral e a DHT da tensão de fase; (b) os ângulos de chaveamento para eliminar a 5ª, a 7ª, a 11ª e 13ª harmônicas.

8.10 Um inversor multinível monofásico em cascata tem $m = 5$. Determine (a) a série de Fourier geral e a DHT da tensão de fase; (b) os ângulos de chaveamento para eliminar a 5ª, a 7ª e a 11ª harmônicas para uma tensão de pico de fase fundamental de 60% do seu valor máximo.

8.11 Refaça a Tabela 8.1, mostrando os níveis de tensão e seus estados de chaveamento correspondentes para um inversor com diodo de grampeamento para $m = 7$.

8.12 Refaça a Tabela 8.1, mostrando os níveis de tensão e seus estados de chaveamento correspondentes para um inversor com diodo de grampeamento para $m = 9$.

8.13 Refaça a Tabela 8.2, mostrando os níveis de tensão e seus estados de chaveamento correspondentes para um inversor do tipo capacitor flutuante para $m = 7$.

8.14 Refaça a Tabela 8.2, mostrando os níveis de tensão e seus estados de chaveamento correspondentes para um inversor do tipo capacitor flutuante para $m = 9$.

REFERÊNCIAS

1. NABAE, A.; TAKAHASHI, I.; AKAGI, H. "A new neutral-point clamped PWM inverter". *IEEE Transactions on Industry Applications*, v. IA-17, n. 5, p. 518–523, set./out. 1981.
2. BHAGWAT, P. M.; STEFANOVIC, V. R. "Generalized structure of a multilevel PWM inverter". *IEEE Transactions on Industry Applications*, v. 19, n. 6, p. 1057–1069, nov./dez. 1983.
3. CARPITA, M.; TECONI, S. "A novel multilevel structure for voltage source inverter". *Proc. European Power Electronics*, p. 90–94, 1991.
4. CHOI, N. S.; CHO, L. G.; CHO, G. H. "A general circuit topology of multilevel inverter". *IEEE Power Electronics Specialist Conference*, p. 96–103, 1991.
5. LAI, J.-S.; PENG, F. Z. "Multilevel converters—a new breed of power converters". *IEEE Transactions on Industry Applications*, v. 32, n. 3, p. 509–517, maio/jun. 1996.
6. YUAN, X.; BARBI, I. "Fundamentals of a new diode clamping multilevel inverter". *IEEE Transactions on Power Electronics*, v. 15, n. 4, p. 711–718, jul. 2000.
7. TOLBERT, L. M.; PENG, F. Z.; HABETLER, T. G. "Multilevel converters for large electric drives". *IEEE Transactions on Industry Applications*, v. 35, n. 1, p. 36–44, jan./fev. 1999.
8. HOCHGRAF, C. et al "Comparison of multilevel inverters for static-var compensation". *IEEF-IAS Annual Meeting Record*, p. 921–928, 1994.
9. TOLBERT, L. M.; HABETLER, T. G. "Novel multilevel inverter carrier-based PWM method". *IEEE Transactions on Industry Applications*, v. 35, n. 5, p. 1098–1107, set./out. 1999.
10. TOLBERT, L. M.; PENG, F. Z.; HABETLER, T. "Multilevel PWM methods at low modulation indices", *IEEE Transactions on Power Electronics*, v. 15, n. 4, p. 719–725, jul. 2000.
11. SEO, J. H.; CHOI, C. H.; HYUN, D. S. "A new simplified space–vector PWM method for three-level inverters".*IEEE Transactions on Power Electronics*, v. 16, n. 4, p. 545–550, jul. 2001.
12. WU, B.; LANG, Y.; ZARGARI, N.; KOURO, S. *Power Conversion and Control of Wind Energy Systems*. Nova York: Wiley-IEEE Press, ago. 2011.

PARTE IV
Tiristores e conversores tiristorizados

Capítulo 9
Tiristores

Após a conclusão deste capítulo, os estudantes deverão ser capazes de:

- Listar os diferentes tipos de tiristor.
- Descrever as características de entrada em condução e desligamento dos tiristores.
- Descrever o modelo de um tiristor com dois transistores.
- Explicar as limitações dos tiristores como chaves.
- Descrever as características de acionamento e os requisitos de controle dos diferentes tipos de tiristor e seus modelos.
- Aplicar os modelos SPICE de tiristores.

Símbolos e seus significados

Símbolo	Significado
α	Razão de corrente do modelo de tiristor com transistores
$C_j; V_j$	Capacitância e tensão da junção, respectivamente
$i_T; v_{AK}$	Corrente instantânea do tiristor e tensão anodo-catodo, respectivamente
$I_C; I_B; I_E$	Corrente de coletor, de base e de emissor do modelo de tiristor com transistores, respectivamente
$I_A; I_K$	Corrente de anodo e catodo dos tiristores, respectivamente
$I_L; I_H$	Corrente de travamento (*latching*) e manutenção (*holding*) dos tiristores, respectivamente
$t_{rr}; t_q$	Tempo de recuperação reversa e tempo de desligamento dos tiristores, respectivamente
$V_{BO}; V_{AK}$	Tensão de ruptura (*breakdown*) e tensão anodo-catodo dos tiristores, respectivamente

9.1 INTRODUÇÃO

Os tiristores compõem uma família de dispositivos semicondutores de potência. Eles são amplamente utilizados em circuitos eletrônicos de potência[51] e operados como chaves biestáveis, passando do estado de não condução para o de condução. Podem ser considerados chaves ideais para muitas aplicações, mas, na prática, apresentam certas características e limitações.

Os tiristores convencionais são projetados sem a capacidade de desligamento controlado pela porta (também referida como gatilho) e, assim, conseguem passar de seu estado de condução para o de não condução somente quando sua corrente é levada a zero por outros meios. Os tiristores de desligamento pela porta (GTOs) são projetados para conseguir controle tanto de entrada em condução quanto de desligamento.

Em comparação aos transistores, os tiristores têm perdas menores no estado de condução e maior capacidade de potência. Por outro lado, os transistores geralmente apresentam desempenho superior no chaveamento em termos de maior rapidez e perdas menores por comutação. Tem havido um contínuo avanço no sentido de se obter dispositivos com as melhores características dos dois tipos (isto é, perdas menores por chaveamento e no estado ligado, e ao mesmo tempo uma maior capacidade de potência).

Os tiristores, que estão sendo substituídos por transistores de potência em aplicações de baixa e média potência, são principalmente utilizados em aplicações de alta potência.

Os dispositivos de injeção de junção dupla com base em carbeto de silício (SiC) que atuam como tiristores podem melhorar muitas dessas limitações, oferecendo tensão menor no estado ligado, chaveamento em vários quilo-hertz e facilidade de paralelismo, pois eles necessitam de camadas epitaxiais mais finas (com maior dopagem) com menor vida útil dos portadores e baixa densidade intrínseca dos portadores para atingir a tensão de bloqueio de determinado dispositivo.[60] O tiristor SiC, com injeção de portadores nos dois lados e forte modulação da condutividade na região de arraste (*drift*), consegue manter uma baixa queda de tensão direta a altas temperaturas, mesmo para tensão de bloqueio na faixa de 10 a 25 kV. Os tiristores SiC de alta tensão (10-25 kV) terão aplicações importantes em serviços públicos essenciais no futuro, bem como em aplicações de potência pulsada, pois conseguem reduzir em muito o número de dispositivos ligados em série em comparação aos dispositivos de silício, o que permite uma enorme redução em tamanho, peso, complexidade de controle e custo de refrigeração dos sistemas eletrônicos de potência, além de uma melhoria na eficiência e na confiabilidade dos sistemas. Portanto, não há dúvida de que o tiristor SiC é um dos dispositivos mais promissores para aplicações em chaveamento de alta tensão (> 5 kV).

9.2 CARACTERÍSTICAS DOS TIRISTORES

O tiristor é um dispositivo semicondutor de quatro camadas de estrutura *PNPN* com três junções *pn*. Ele tem três terminais: anodo, catodo e porta (gatilho). A Figura 9.1 mostra o símbolo do tiristor e a seção transversal das três junções *pn*. Os tiristores são fabricados por difusão.

A seção transversal de um tiristor é ilustrada na Figura 9.2a, que pode ser dividida em duas seções, *NPN* e *PNP*, como na Figura 9.2b. Quando a tensão de anodo é positiva em relação a de catodo, as junções J_1 e J_3 estão diretamente polarizadas. A junção J_2 está inversamente polarizada, e somente uma pequena corrente de fuga flui do anodo para o catodo. Diz-se, então, que o tiristor está na condição de *bloqueio direto* ou em *estado desligado* (*off-state*), e a corrente de fuga é conhecida como *corrente de estado desligado*, I_D. Se a tensão anodo-catodo, V_{AK}, for aumentada para um valor elevado o suficiente, a junção inversamente polarizada J_2 se rompe. Isso é conhecido como *ruptura por avalanche*, e a tensão correspondente é chamada de *tensão de ruptura direta*, V_{BO}. Como as junções J_1 e J_3 já estão diretamente polarizadas, há um movimento livre de portadores pelas três junções, o que resulta em uma grande corrente de anodo no sentido direto. O dispositivo está, então, no *estado de condução* ou *estado ligado* (*on-state*). A queda de tensão se deve à queda ôhmica nas quatro camadas e é pequena, em geral de 1 V. No estado ligado, a corrente de anodo é limitada pela impedância ou pela resistência externa R_L, como mostra a Figura 9.3a. A corrente de anodo deve ser superior a um valor conhecido como *corrente de travamento* (*latching current*), I_L, para manter a quantidade necessária do fluxo de portadores na junção; caso contrário, o dispositivo volta para a condição de bloqueio à medida que a tensão anodo-catodo é reduzida. A *corrente de travamento*, I_L, é a mínima corrente de anodo necessária para manter o tiristor no estado de condução imediatamente após ele ter sido ligado e o sinal de acionamento ter sido removido. A curva característica *v–i* típica de um tiristor é indicada na Figura 9.3b.[1]

Quando um tiristor conduz, ele se comporta como um diodo em condução, e não há controle sobre o dispositivo. Ele continua a conduzir porque não existe camada de depleção na junção J_2 por conta do movimento livre de

FIGURA 9.1

Símbolo do tiristor e três junções *pn*.

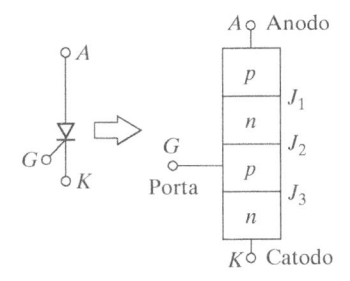

FIGURA 9.2
Seção transversal de um tiristor.

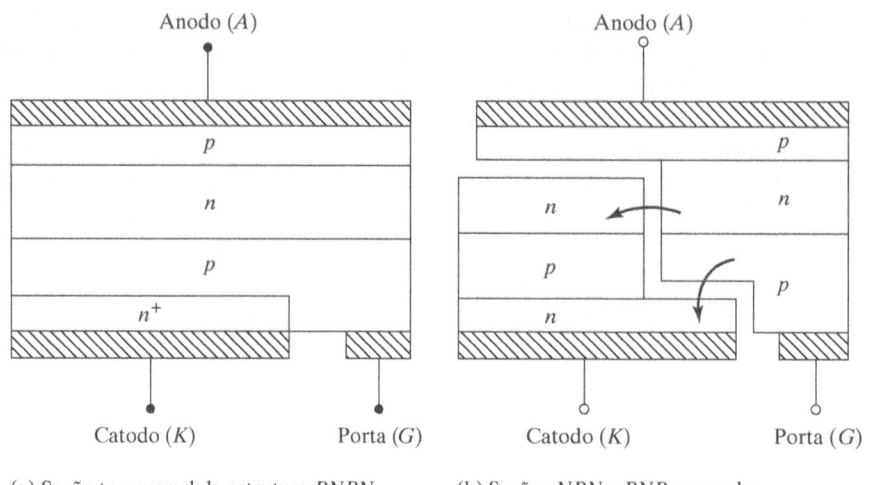

(a) Seção transversal da estrutura PNPN

(b) Seções NPN e PNP separadas

FIGURA 9.3
Circuito do tiristor e curva característica v-i.

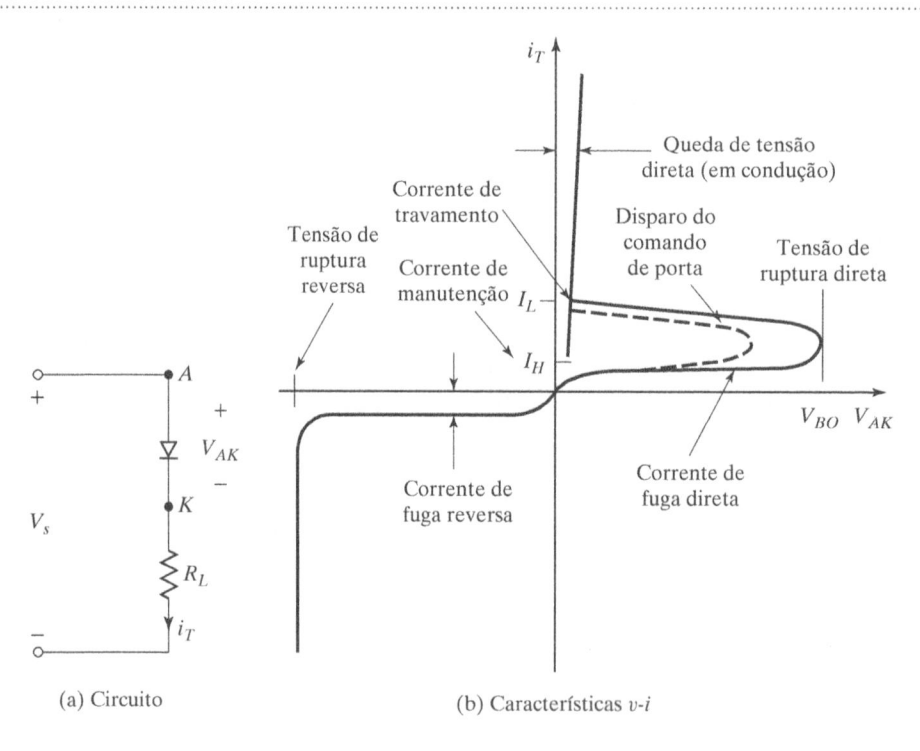

(a) Circuito

(b) Características v-i

portadores. No entanto, se a corrente direta de anodo for reduzida abaixo de um nível conhecido como *corrente de manutenção* (*holding current*), I_H, uma região de depleção se desenvolverá em torno da junção J_2 em virtude do número reduzido de portadores, e o tiristor passará para a condição de bloqueio. A corrente de manutenção é da ordem de miliampères, e é menor do que a de travamento I_L. Isto é, $I_L > I_H$. A *corrente de manutenção*, I_H, é a corrente mínima de anodo que mantém o tiristor no estado ligado.

Quando a tensão de catodo é positiva com relação à do anodo, a junção J_2 está diretamente polarizada, mas as junções J_1 e J_3 estão inversamente polarizadas. Isso funciona como dois diodos ligados em série com tensão reversa sobre eles. O tiristor está, então, no estado de bloqueio reverso, e uma corrente reversa de fuga conhecida como *corrente reversa*, I_R, flui através do dispositivo.

Um tiristor pode ser ligado a partir do aumento da tensão direta V_{AK} acima de V_{BO}, mas esse procedimento pode ser destrutivo. Na prática, a tensão direta é mantida abaixo de V_{BO}, e o tiristor é ligado pela aplicação de uma tensão positiva entre a porta e o catodo. Isso é mostrado na Figura 9.3b pelas linhas tracejadas. Quando um tiristor é ligado por um sinal de acionamento e sua corrente de anodo é maior do que a de manutenção, o dispositivo continua a conduzir por conta da realimentação positiva, mesmo que o sinal de acionamento seja removido. Um tiristor é um dispositivo de retenção ou travamento.

■ Principais pontos da Seção 9.2

Um tiristor pertence à família de dispositivos de quatro camadas. Sendo um dispositivo de retenção, ele trava em condução plena no sentido direto quando a tensão no anodo é positiva em relação à tensão no catodo e somente quando um pulso de tensão ou corrente é aplicado ao seu terminal de porta.

- A corrente direta de anodo de um tiristor deve ser superior à sua corrente de travamento para ficar no estado de condução; caso contrário, o dispositivo retorna para a condição de bloqueio quando a tensão anodo-catodo é reduzida.
- Se a corrente direta de anodo de um tiristor for reduzida abaixo de sua corrente de manutenção, o dispositivo deixa de conduzir (destrava) e permanece no estado de bloqueio.
- Quando um tiristor conduz, ele se comporta como um diodo em condução e não há controle sobre o dispositivo. Isto é, o dispositivo não pode ser desligado por outro pulso de acionamento, seja positivo ou negativo.

9.3 MODELO DE TIRISTOR COM DOIS TRANSISTORES

A ação regenerativa ou de travamento por conta de uma realimentação positiva pode ser demonstrada pelo uso de um modelo de tiristor com dois transistores. Um tiristor pode ser considerado como dois transistores complementares, um *PNP*, Q_1, e outro *NPN*, Q_2, como mostra a Figura 9.4a. O circuito equivalente do modelo é ilustrado na Figura 9.4b.

A corrente de coletor I_C de um transistor está relacionada, em geral, com a corrente de emissor I_E e com a de fuga da junção coletor-base I_{CBO} como

$$I_C = \alpha I_E + I_{CBO} \tag{9.1}$$

FIGURA 9.4

Modelo de tiristor com dois transistores.

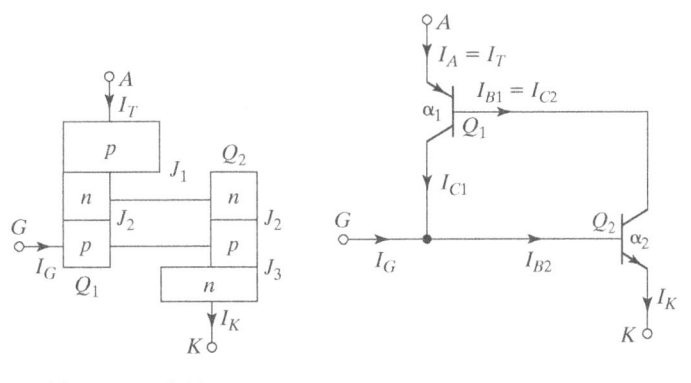

(a) Estrutura básica   (b) Circuito equivalente

e o ganho de *corrente de base comum* é definido como $\alpha \simeq I_C/I_E$. Para o transistor Q_1, a corrente de emissor é a de anodo I_A, e a corrente de coletor I_{C1} pode ser encontrada a partir da Equação 9.1:

$$I_{C1} = \alpha_1 I_A + I_{CBO1} \tag{9.2}$$

onde α_1 é o ganho de corrente e I_{CBO1} é a corrente de fuga para Q_1. De forma semelhante, para o transistor Q_2, a corrente de coletor I_{C2} é

$$I_{C2} = \alpha_2 I_K + I_{CBO2} \tag{9.3}$$

onde α_2 é o ganho de corrente e I_{CBO2} é a corrente de fuga para Q_2. Combinando I_{C1} e I_{C2}, obtemos

$$I_A = I_{C1} + I_{C2} = \alpha_1 I_A + I_{CBO1} + \alpha_2 I_K + I_{CBO2} \tag{9.4}$$

Para uma corrente de acionamento I_G, $I_K = I_A + I_G$, e, isolando-se I_A na Equação 9.4, obtém-se

$$I_A = \frac{\alpha_2 I_G + I_{CBO1} + I_{CBO2}}{1 - (\alpha_1 + \alpha_2)} \tag{9.5}$$

O ganho de corrente α_1 varia com a corrente de emissor $I_A = I_E$; e α_2 varia com $I_K = I_A + I_G$. Uma variação típica do ganho de corrente com a corrente de emissor I_E é mostrada na Figura 9.5. Se a corrente de acionamento I_G for repentinamente aumentada, por exemplo, de 0 para 1 mA, a corrente de anodo I_A é também aumentada de imediato, o que elevará ainda mais α_1 e α_2. O ganho de corrente α_2 depende de I_A e I_G. O aumento nos valores de α_1 e α_2 aumenta ainda mais I_A. Portanto, há um efeito regenerativo ou de realimentação positiva. Se $(\alpha_1 + \alpha_2)$ tender à unidade, o denominador da Equação 9.5 se aproxima de zero, o que resulta em um valor grande da corrente de anodo I_A, e o tiristor é ligado com uma pequena corrente de acionamento.

Em condições transitórias, as capacitâncias das junções *pn* influenciam as características do tiristor, como mostra a Figura 9.6. Se um tiristor está no estado de bloqueio, um rápido aumento da tensão aplicada sobre o dispositivo causaria um fluxo elevado de corrente através dos capacitores da junção. A corrente através do capacitor C_{j2} pode ser expressa como

$$i_{j2} = \frac{d(q_{j2})}{dt} = \frac{d}{dt}(C_{j2} V_{j2}) = V_{j2}\frac{dC_{j2}}{dt} + C_{j2}\frac{dV_{j2}}{dt} \tag{9.6}$$

onde C_{j2} e V_{j2} são a capacitância e a tensão da junção J_2, respectivamente, e q_{j2} é a carga na junção. Se a taxa de aumento de tensão dv/dt for grande, então i_{j2} será grande, e isso resultará no aumento das correntes de fuga I_{CBO1} e

FIGURA 9.5

Variação típica do ganho de corrente em função da corrente de emissor.

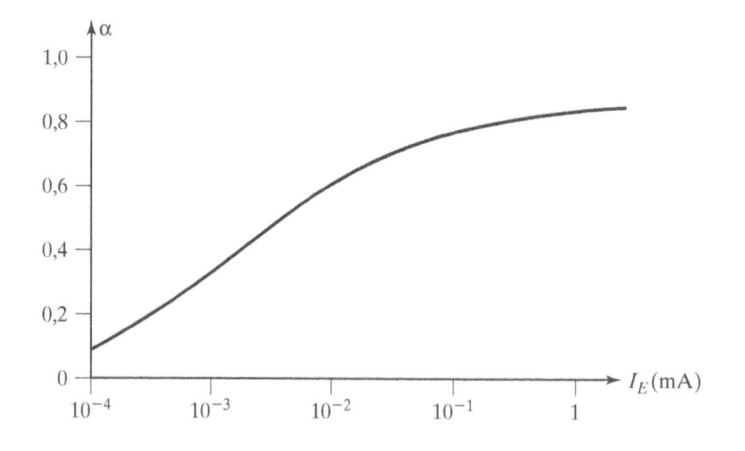

FIGURA 9.6
Modelo de tiristor com dois transistores para o estado transitório.

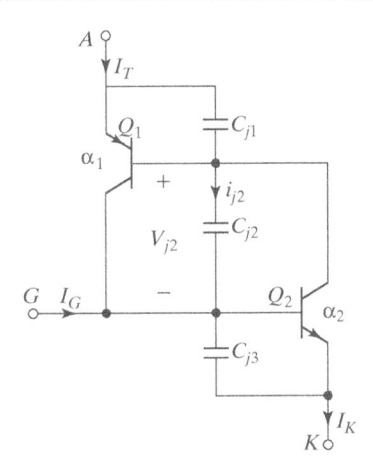

I_{CBO2}. De acordo com a Equação 9.5, valores suficientemente elevados de I_{CBO1} e I_{CBO2} podem fazer $(\alpha_1 + \alpha_2)$ tender à unidade e resultar em um disparo indesejável do tiristor. No entanto, uma corrente elevada através dos capacitores de junção também pode danificar o dispositivo.

■ Principais pontos da Seção 9.3

- Durante o processo de entrada em condução de um tiristor, há um efeito regenerativo ou de realimentação positiva. Como consequência, um tiristor pode ser ligado com uma pequena corrente de acionamento e travar em condução ao transportar um grande valor de corrente de anodo.
- Se um tiristor está em estado de bloqueio, um rápido aumento da tensão aplicada sobre o dispositivo pode causar um elevado fluxo de corrente através de seu capacitor de junção interna. Essa corrente pode ser grande o suficiente para danificar o dispositivo. Portanto, a *dv/dt* aplicada deve ser menor do que o valor nominal.

9.4 ATIVAÇÃO DO TIRISTOR

Um tiristor é ligado pelo aumento da corrente de anodo. Isso pode ser obtido das seguintes formas:

Térmica. Se a temperatura de um tiristor for elevada, há um aumento no número de pares elétrons-lacunas, o que aumenta as correntes de fuga. Esse aumento na corrente faz $(\alpha_1 + \alpha_2)$ aumentar. Por conta da ação regenerativa, $(\alpha_1 + \alpha_2)$ pode tender à unidade e o tiristor pode ser ligado. Esse tipo de disparo pode causar instabilidade térmica e é normalmente evitado.

Luz. Se for permitido que a luz atinja as junções de um tiristor, os pares elétrons-lacunas aumentam e o tiristor pode ser ligado. Os tiristores ativados por luz são acionados, permitindo-se que a luz atinja a pastilha de silício.

Tensão elevada. Se a tensão direta anodo-catodo for maior do que a tensão direta de ruptura V_{BO}, haverá um fluxo suficiente de corrente de fuga para iniciar o disparo regenerativo. Esse tipo de disparo é destrutivo e deve ser evitado.

dv/dt. Pode-se notar a partir da Equação 9.6 que, se a taxa de aumento da tensão anodo-catodo for elevada, a corrente de carga das junções capacitivas poderá ser suficiente para ligar o tiristor. Um valor elevado da corrente de carga talvez danifique o tiristor, e o dispositivo deve ser protegido contra uma alta *dv/dt*. Os fabricantes especificam a máxima *dv/dt* permitida dos tiristores.

Corrente de acionamento. Se um tiristor estiver diretamente polarizado, a injeção de corrente de acionamento pela aplicação de tensão positiva entre os terminais da porta e do catodo o ligará. À medida que a corrente do acionamento é aumentada, a tensão direta de bloqueio diminui, como mostra a Figura 9.7.

A Figura 9.8 mostra a forma de onda da corrente de anodo após a aplicação do sinal de comando de porta. Existe um atraso, conhecido como *tempo de entrada em condução* (*turn-on time*), t_{on}, entre a aplicação do sinal de acionamento e a condução de um tiristor. t_{on} é definido como o intervalo de tempo entre 10% da corrente de acionamento em regime permanente $(0,1I_G)$ e 90% da corrente em estado ligado do tiristor na condição de regime permanente $(0,9I_T)$. Ele é a soma do *tempo de atraso* t_d e do *tempo de subida* t_r. t_d é definido como o tempo entre 10% da corrente de acionamento $(0,1I_G)$ e 10% da corrente em estado ligado do tiristor $(0,1I_T)$. Já t_r é o tempo necessário para a corrente de anodo subir de 10% da corrente no estado ligado $(0,1I_T)$ para 90% da corrente no estado ligado $(0,9I_T)$. Esses tempos são retratados na Figura 9.8.

Os seguintes pontos devem ser considerados no projeto de um circuito de acionamento:

1. O sinal de acionamento deve ser removido após o tiristor ser ligado. Um sinal contínuo de acionamento aumentaria a perda de potência na junção da porta.
2. Enquanto o tiristor estiver inversamente polarizado, não deve haver sinal de acionamento; caso contrário, o tiristor pode falhar por conta de um aumento da corrente de fuga.

FIGURA 9.7
Efeitos da corrente de acionamento na tensão direta de bloqueio.

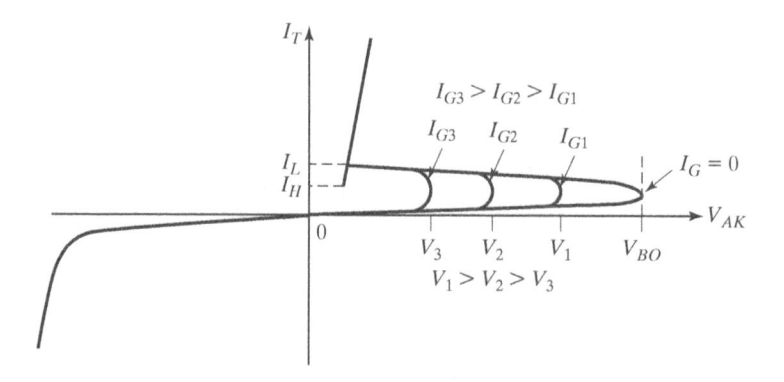

FIGURA 9.8
Características da entrada em condução.

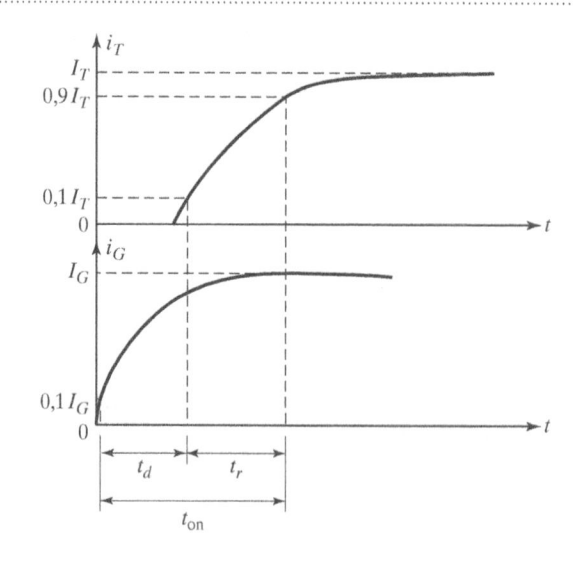

3. A largura do pulso de acionamento t_G deve ser maior do que o tempo necessário para a corrente de anodo subir até o valor da corrente de travamento I_L. Na prática, normalmente utiliza-se uma largura de pulso t_G maior do que o tempo de entrada em condução t_{on} do tiristor.

Exemplo 9.1 • Determinação do valor crítico de *dv/dt* para um tiristor

A capacitância da junção inversamente polarizada J_2 é C_{J2} = 20 pF, e pode ser considerada independente da tensão no estado desligado. O valor limite da corrente de carga para ligar o tiristor é 16 mA. Determine o valor crítico de *dv/dt*.

Solução

C_{J2} = 20 pF e i_{J2} = 16 mA. Como $d(C_{J2})/dt = 0$, podemos encontrar o valor crítico de *dv/dt* a partir da Equação 9.6:

$$\frac{dv}{dt} = \frac{i_{J2}}{C_{J2}} = \frac{16 \times 10^{-3}}{20 \times 10^{-12}} = 800 \,\text{V}/\mu\text{s}$$

9.5 DESLIGAMENTO DO TIRISTOR

Um tiristor que esteja no estado ligado pode ser desligado pela redução da corrente direta para um nível abaixo da corrente de manutenção I_H. Existem várias técnicas para desligar um tiristor. Em todas as técnicas de comutação, a corrente de anodo é mantida abaixo da corrente de manutenção por um tempo suficientemente longo para que todos os portadores em excesso nas quatro camadas sejam eliminados ou recombinados.

Em virtude das duas junções *pn* externas J_1 e J_3, as características de desligamento são semelhantes às de um diodo, exibindo um tempo de recuperação reversa t_{rr} e uma corrente de pico de recuperação reversa I_{RR}. I_{RR} pode ser muito maior do que a corrente reversa normal de bloqueio I_R. Em um circuito conversor comutado pela rede em que a tensão de entrada é alternada, como mostra a Figura 9.9a, uma tensão reversa aparece sobre o tiristor imediatamente após a corrente direta passar pelo valor zero. Essa tensão reversa acelera o processo de desligamento pela eliminação do excesso de portadores das junções *pn* J_1 e J_3. As equações 2.5 e 2.6 podem ser aplicadas para calcular t_{rr} e I_{RR}.

A junção *pn* interna J_2 necessita de um tempo conhecido como *tempo de recombinação*, t_{rc}, para recombinar o excesso de portadores. Uma tensão reversa negativa pode reduzir esse tempo de recombinação. t_{rc} depende da amplitude da tensão reversa. As características de desligamento são mostradas nas figuras 9.9a e b para um circuito comutado pela rede e para um circuito com comutação forçada, respectivamente.

O tempo de desligamento t_q é a soma do tempo de recuperação reversa t_{rr} e do tempo de recombinação t_{rc}. No final do desligamento, uma camada de depleção se desenvolve na junção J_2 e o tiristor recupera sua capacidade de suportar tensão direta. Em todas as técnicas de comutação, uma tensão reversa é aplicada sobre o tiristor durante o processo de desligamento.

O *tempo de desligamento* (turn-off time), t_q, é o valor mínimo do intervalo de tempo entre o instante em que a corrente no estado ligado vai a zero e aquele em que o tiristor é capaz de suportar uma tensão direta sem ligar. O t_q depende do valor de pico da corrente e da tensão instantânea no estado ligado.

A *carga de recuperação reversa*, Q_{RR}, é a quantidade de carga que precisa ser recuperada durante o processo de desligamento. Seu valor é determinado a partir da área delimitada pelo caminho da corrente de recuperação reversa. O valor de Q_{RR} depende da taxa de queda da corrente no estado ligado e do valor de pico da corrente no estado ligado antes do desligamento. Q_{RR} causa perda de energia correspondente dentro do dispositivo.

9.6 TIPOS DE TIRISTOR

Os tiristores são fabricados quase exclusivamente por difusão. A corrente de anodo necessita de um tempo finito para se propagar por toda a área da junção, a partir do ponto perto da porta, quando o sinal de acionamento

FIGURA 9.9
Características de desligamento.

(a) Circuito com tiristor comutado pela rede

(b) Circuito de comutação forçada de tiristor

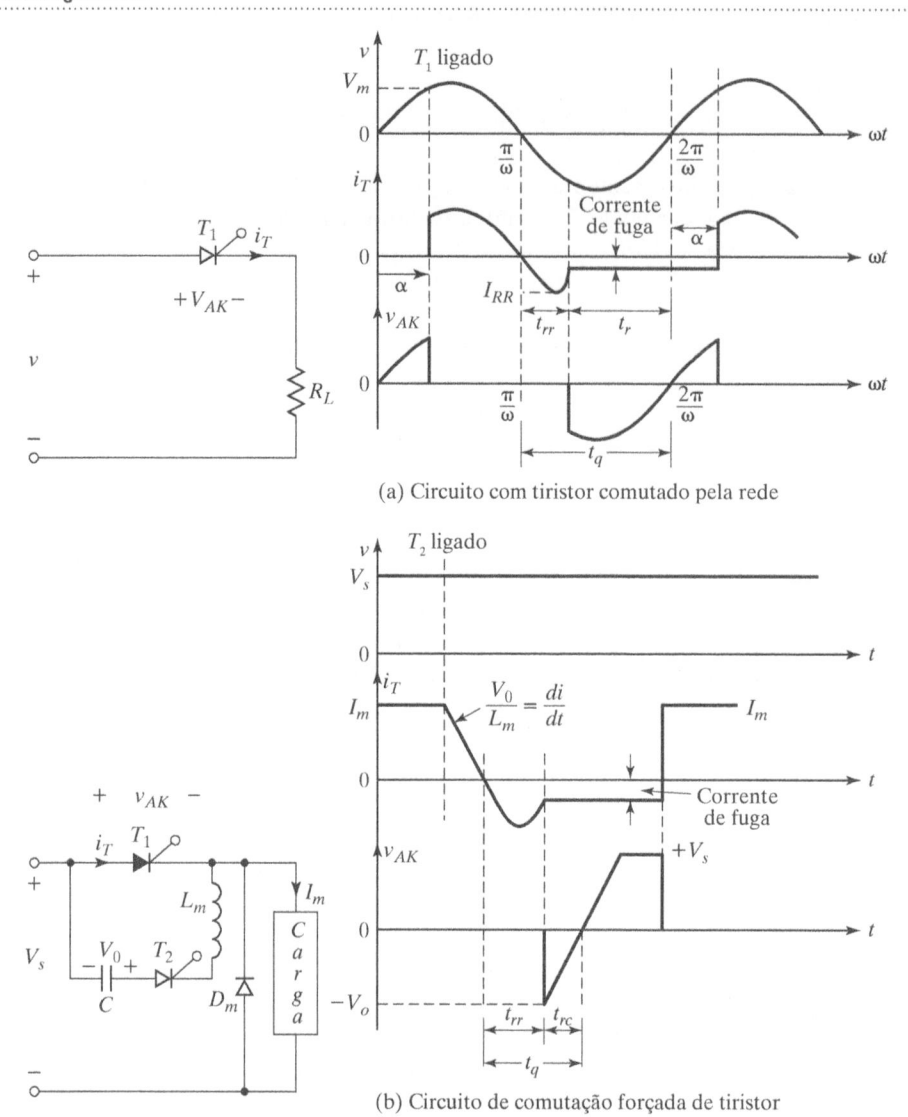

é iniciado para ligar o tiristor. Os fabricantes utilizam várias estruturas de porta para controlar a di/dt, o tempo de entrada em condução e o de desligamento. Os tiristores podem ser facilmente ligados com um pulso curto. Para desligar, eles necessitam de circuitos específicos de acionamento ou estruturas internas especiais a fim de auxiliar no processo. Existem várias versões de tiristor com capacidade de desligamento, e o objetivo de qualquer dispositivo novo é melhorar essa capacidade. Com o surgimento de novos dispositivos com capacidade de ligar e desligar, aquele com apenas a capacidade de ligar é chamado de "tiristor convencional", ou simplesmente de "tiristor". Outros membros da família dos tiristores ou SCR adquiriram outros nomes baseados em acrônimos. O uso do termo *tiristor* é geralmente destinado ao tipo convencional. Dependendo da constituição física e do comportamento de ligar e desligar, os tiristores podem ser genericamente classificados em 13 categorias:

1. Tiristores controlados por fase (*phase-controlled thyristors* — SCRs)
2. Tiristores bidirecionais controlados por fase (*bidirectional phase-controlled thyristors* — BCTs)
3. Tiristores assimétricos de chaveamento rápido (*fast switching asymmetrical thyristors* — ASCRs)
4. Retificadores controlados de silício ativados por luz (*light-activated silicon-controlled rectifiers* — LASCRs)
5. Tiristores tríodos bidirecionais (*bidirectional triode thyristors* — TRIACs)

6. Tiristores de condução reversa (*reverse-conducting thyristors* — RCTs)
7. Tiristores de desligamento pela porta (*gate turn-off thyristors* — GTOs)
8. Tiristores controlados por FET (*FET-controlled thyristors* — FET-CTHs)
9. Tiristores desligados por MOS (*MOS turn-off thyristors* — MTOs)
10. Tiristores de desligamento (controle) pelo emissor (*emitter turn-off [control] thyristors* — ETOs)
11. Tiristores de comutação por porta integrada (*integrated gate-commutated thyristors* — IGCTs)
12. Tiristores controlados por MOS (*MOS-controlled thyristors* — MCTs)
13. Tiristores de indução estática (*static induction thyristors* — SITHs)

Observação: os GTOs e os IGCTs são cada vez mais utilizados em aplicações de alta potência.

9.6.1 Tiristores controlados por fase

Esse tipo de tiristor geralmente opera na frequência da rede e é desligado por comutação natural. Um tiristor inicia a condução no sentido direto quando um pulso de corrente é aplicado da porta para o catodo, e rapidamente trava em condução plena com uma pequena queda de tensão. Ele não consegue forçar sua corrente de volta a zero por intermédio de seu sinal de acionamento; em vez disso, ele conta com o comportamento natural do circuito para que a corrente chegue a zero. Quando a corrente de anodo chega a zero, o tiristor recupera sua capacidade de tensão reversa de bloqueio em algumas dezenas de microssegundos e consegue bloquear a tensão direta até que o próximo pulso de acionamento seja aplicado. O tempo de desligamento t_q é da ordem de 50 a 100 μs. Esse tipo é o mais adequado para aplicações de chaveamento em baixa velocidade, e é também conhecido como *tiristor conversor*. Como um tiristor é basicamente um dispositivo controlado feito de silício, ele também é chamado de *retificador controlado de silício* (SCR).

A tensão no estado ligado V_T varia, em geral, de aproximadamente 1,15 V, para dispositivos de 600 V, a 2,5 V, para os de 4000 V; e, para um tiristor de 1200 V, 5500 A, ela é normalmente de 1,25 V. Os tiristores modernos utilizam uma amplificação de acionamento, na qual um tiristor auxiliar T_A é ligado por um sinal de acionamento e, em seguida, a saída amplificada de T_A é aplicada como o sinal de acionamento do tiristor principal T_M. Isso é mostrado na Figura 9.10. O acionamento amplificado permite elevadas características dinâmicas com dv/dt típica de 1000 V/μs e di/dt de 500 A/μs, e simplifica o projeto do circuito pela redução ou pela minimização do indutor de limitação da di/dt e dos circuitos de proteção de dv/dt.

Por seu baixo custo, alta eficiência, robustez e capacidade de alta tensão e corrente, esses tiristores são amplamente utilizados em conversores CC-CA com alimentação principal em 50 ou 60 Hz e em aplicações de baixo custo em que a capacidade de desligamento não é um fator importante. Muitas vezes a capacidade de desligamento não oferece vantagens suficientes para justificar um custo maior e as perdas dos dispositivos. Eles são utilizados em quase todas as transmissões de alta tensão CC (HVDC) e em uma grande porcentagem de aplicações industriais.

FIGURA 9.10

Tiristor com acionamento amplificado.

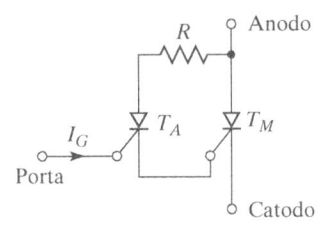

9.6.2 Tiristores bidirecionais controlados por fase

O BCT[5] é um novo conceito para controle de fase em alta potência. Seu símbolo é mostrado na Figura 9.11a. Ele é um dispositivo único, que reúne as vantagens de ter dois tiristores em um só encapsulamento, o que permite o projeto de um equipamento mais compacto, além de simplificar o sistema de refrigeração e aumentar a confiabilidade

FIGURA 9.11

Tiristor bidirecional controlado por fase.[5]

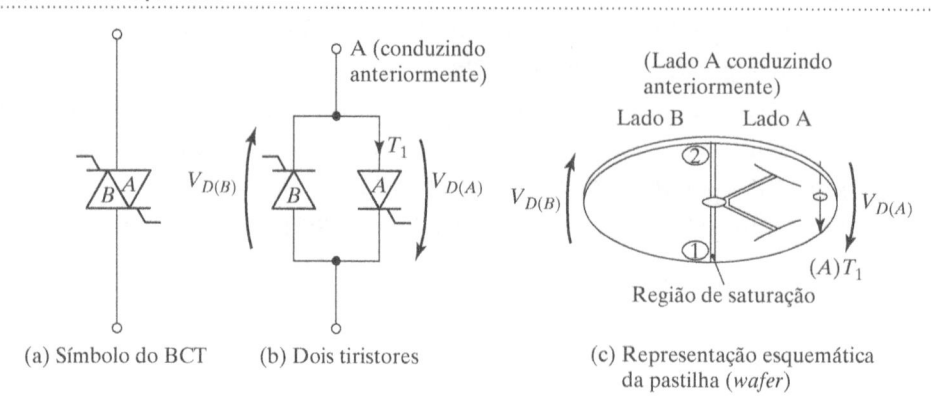

(a) Símbolo do BCT   (b) Dois tiristores   (c) Representação esquemática da pastilha (*wafer*)

do sistema. Os BCTs possibilitam que os projetistas atendam exigências maiores com relação a tamanho, integração, confiabilidade e custo do produto final. Eles são adequados para aplicações como compensadores estáticos de volt-ampère reativo (VAR), chaves estáticas, partidas suaves e acionadores de motores. A especificação máxima de tensão pode chegar a 6,5 kV em 1,8 kA, e a especificação máxima de corrente pode atingir 3 kA a 1,8 kV.

O comportamento elétrico de um BCT corresponde ao de dois tiristores em antiparalelo integrados em uma pastilha de silício, como apresenta a Figura 9.11b. Cada metade tem desempenho semelhante ao de um tiristor correspondente em pastilha completa, com relação às suas propriedades estáticas e dinâmicas. A pastilha BCT tem regiões de anodo e catodo em cada face. Os tiristores A e B estão identificados na pastilha pelas letras A e B, respectivamente.

Um dos grandes desafios na integração das duas metades de tiristores é evitar interferências prejudiciais entre elas em todas as condições relevantes de operação. O dispositivo deve mostrar grande uniformidade entre os parâmetros das duas metades, como a carga de recuperação reversa e as quedas de tensão no estado ligado. As regiões 1 e 2 indicadas na Figura 9.11c são as mais sensíveis em relação ao pico de corrente com a reaplicação da tensão "reversa" e à capacidade t_q do BCT.

Entrada em condução e desligamento. Um BCT tem duas portas: uma para o acionamento da corrente direta e uma para a corrente reversa. Esse tiristor é ligado com um pulso de corrente em uma de suas portas, e desligado se a corrente de anodo cair abaixo da corrente de manutenção por conta do comportamento natural da tensão ou da corrente.

9.6.3 Tiristores assimétricos de chaveamento rápido

Esses tiristores são utilizados em aplicações de chaveamento de alta velocidade com comutação forçada (por exemplo, nos inversores ressonantes do Capítulo 7 e nos inversores do Capítulo 6). Eles têm tempo de desligamento rápido, geralmente de 5 a 50 μs, dependendo da faixa de tensão. A queda de tensão direta em estado ligado varia aproximadamente como uma função inversa do tempo de desligamento t_q. Esse tipo de tiristor é também conhecido como *tiristor inversor*.

Esses tiristores têm dv/dt elevada, normalmente de 1000 V/μs, e di/dt de 100 A/μs. O desligamento rápido e a di/dt, elevada são muito importantes para a redução do tamanho e do peso dos componentes do circuito de comutação ou reativo. A tensão no estado ligado de um tiristor de 1800 V, 2200 A, é geralmente de 1,7 V. Os tiristores inversores com uma capacidade de bloqueio reverso muito limitada, normalmente de 10 V, e um tempo de desligamento muito rápido, entre 3 e 5 μs, são em geral conhecidos como *tiristores assimétricos* (ASCRs).[14] Tiristores de chaveamento rápido de vários tamanhos são ilustrados na Figura 9.12.

9.6.4 Retificadores controlados de silício ativados por luz

Esse dispositivo é ligado através de radiação direta de luz sobre a pastilha de silício. Os pares elétrons-lacunas que são criados por conta da radiação produzem uma corrente de disparo sob a influência do campo elétrico. A es-

FIGURA 9.12

Tiristores de chaveamento rápido (cortesia de Powerex Inc.).

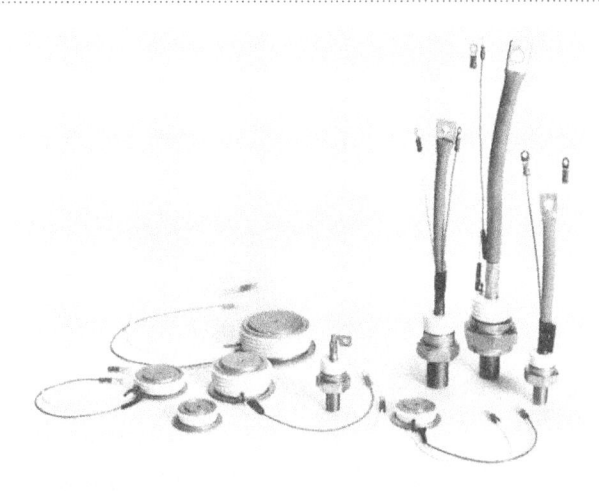

trutura da porta é projetada para apresentar sensibilidade suficiente para acionamento a partir de fontes luminosas normais (LED, por exemplo) e para que se obtenham elevadas capacidades de dv/dt e di/dt.

Os LASCRs são utilizados em aplicações de transmissão de alta tensão e alta corrente (por exemplo, HVDC) e de compensação estática de potência reativa ou compensação VAR. Um LASCR oferece isolamento elétrico completo entre a fonte de disparo por luz e o dispositivo de chaveamento de um conversor de potência, que flutua em um potencial que chega a algumas centenas de quilovolts. A faixa de tensão de um LASCR pode ser de até 4 kV, em 1500 A, com uma potência de disparo por luz de menos de 100 mW. A di/dt típica é 250 A/µs e a dv/dt pode chegar a 2000 V/µs.

9.6.5 Tiristores triodos bidirecionais

Um TRIAC consegue conduzir em ambos os sentidos, e é normalmente utilizado em controle de fase CA (por exemplo, controladores de tensão CA do Capítulo 11). Ele pode ser considerado dois SCRs conectados em antiparalelo com uma conexão de porta em comum, como mostra a Figura 9.13a. Seu símbolo é apresentado na Figura 9.13b, e as características v-i, na Figura 9.13c.

Como o TRIAC é um dispositivo bidirecional, seus terminais não podem ser chamados de anodo e catodo. Se o terminal MT_2 for positivo em relação ao MT_1, o TRIAC pode ser ligado pela aplicação de um sinal de porta positivo entre a porta G e o terminal MT_1. Se o terminal MT_2 for negativo em relação ao MT_1, ele é ligado pela aplicação de um sinal de porta negativo entre a porta G e o terminal MT_1. Não é necessário ter ambas as polaridades dos sinais de porta, pois um TRIAC pode ser ligado tanto por um sinal de porta positivo quanto por um negativo. Na prática, as sensibilidades variam de um quadrante para outro, e os TRIACs normalmente são operados no quadrante I^+ (tensão e corrente de porta positivas) ou no quadrante III^- (tensão e corrente de porta negativas).

9.6.6 Tiristores de condução reversa

Em muitos circuitos de conversores e inversores, um diodo em antiparalelo é conectado a um SCR para permitir um fluxo de corrente reversa por conta da carga indutiva e para melhorar a condição de desligamento do circuito de comutação. O diodo grampeia a tensão reversa de bloqueio do SCR em 1 ou 2 V em condições de regime permanente. No entanto, em condições transitórias, a tensão reversa pode chegar a 30 V em virtude da tensão induzida na indutância parasita do circuito dentro do dispositivo.

Um RCT é um compromisso entre as características do dispositivo e as exigências do circuito; ele pode ser considerado um tiristor com um diodo em antiparalelo incorporado, como mostra a Figura 9.14. Um RCT também é conhecido como ASCR. A tensão direta de bloqueio varia de 400 a 2000 V, e a faixa de corrente vai até 500 A. A tensão reversa de bloqueio é geralmente de 30 a 40 V. Como a relação de corrente direta através do tiristor quanto

FIGURA 9.13
Características de um TRIAC.

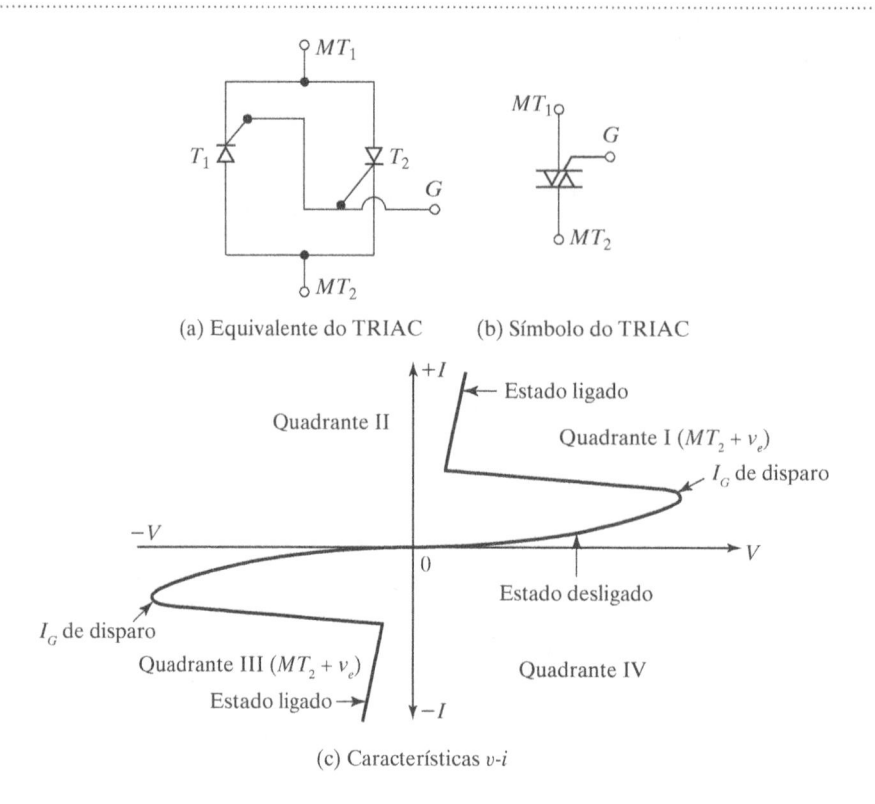

(a) Equivalente do TRIAC (b) Símbolo do TRIAC

(c) Características v-i

FIGURA 9.14
Tiristor de condução reversa.

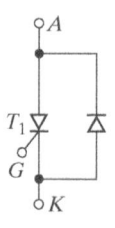

à corrente reversa de um diodo é fixa para determinado dispositivo, as suas aplicações ficam limitadas a projetos de circuitos específicos.

9.6.7 Tiristores de desligamento pela porta

Um GTO, do mesmo modo que um SCR, pode ser ligado pela aplicação de um sinal de porta positivo. Entretanto, um GTO pode ser desligado por um sinal de porta negativo. Um GTO é um dispositivo sem travamento e pode ser construído com especificações de corrente e tensão semelhantes às de um SCR.[7-10] Um GTO é ligado pela aplicação de um pulso positivo de curta duração, e desligado por um pulso negativo de curta duração em sua porta. Os GTOs têm as seguintes vantagens sobre os SCRs: (1) eliminação dos componentes do circuito de comutação forçada, o que resulta em redução de custo, peso e volume; (2) redução de ruído acústico e eletromagnético por conta da eliminação dos indutores de comutação; (3) desligamento mais rápido, o que permite altas frequências de chaveamento; e (4) conversores mais eficientes.[15]

Em aplicações de baixa potência, os GTOs têm as seguintes vantagens sobre os transistores bipolares: (1) maior capacidade de tensão de bloqueio; (2) alta relação entre a corrente de pico controlável e a corrente média; (3) alta relação entre a corrente máxima de surto e a corrente média, geralmente de 10:1; (4) ganho elevado no estado ligado (corrente de anodo e de porta), geralmente de 600; e (5) sinal de porta pulsado de curta duração. Em condições de surto, um GTO entra em saturação mais profunda em virtude da ação regenerativa. Por outro lado, um transistor bipolar tende a sair da saturação.

Da mesma forma que um tiristor, o GTO é um dispositivo com retenção em condução (*latch-on*), mas ele também é de retenção desligado (*latch-off*). O símbolo do GTO é mostrado na Figura 9.15a, e sua seção transversal interna, na Figura 9.15b. Comparado com um tiristor convencional, ele tem uma camada n^+ adicional perto do anodo que forma um circuito de desligamento entre a porta e o catodo em paralelo com a porta de acionamento. O circuito equivalente, apresentado na Figura 9.15c, é semelhante ao de um tiristor, indicado na Figura 9.4b, exceto por seu mecanismo interno de desligamento. Se um grande pulso de corrente passa do catodo para a porta a fim de tirar um número suficiente de portadores de carga do catodo, isto é, do emissor do transistor *NPN* (Q_1), o transistor *PNP* (Q_2) pode sair da ação regenerativa. Quando o transistor Q_1 é desligado, o Q_2 fica com a base aberta, e o GTO retorna ao estado não condutor.

Entrada em condução. O GTO tem uma estrutura de porta altamente interligada (*interdigitated*) sem porta regenerativa, como mostra, mais adiante, a Figura 9.19. Consequentemente, há a necessidade de um grande pulso inicial de disparo para ligar um GTO. Um pulso típico de acionamento e seus parâmetros importantes são ilustrados na Figura 9.16a. Os valores mínimo e máximo de I_{GM} podem ser obtidos a partir da folha de dados. Já o valor de di_g/dt em relação ao tempo de entrada em condução é fornecido nas características do dispositivo na folha de dados. A taxa de aumento da corrente de porta di_g/dt afeta as perdas na entrada em condução do dispositivo. A duração do pulso I_{GM} não deve ser inferior à metade do tempo mínimo especificado na folha de dados. Um período de tempo mais longo será necessário se a di/dt da corrente de anodo for baixa, de modo que I_{GM} se mantenha até que um nível suficiente de corrente de anodo seja estabelecido.

Estado ligado. Uma vez que o GTO esteja ligado, a corrente direta de porta deve continuar por todo o período de condução para assegurar que o dispositivo permaneça em condução. Caso contrário, ele não consegue conduzir durante o período de estado ligado. A corrente de porta no estado ligado deve ser de pelo menos 1% do pulso de acionamento para garantir que a porta continue travada.

Desligamento. O desempenho de desligamento de um GTO é fortemente influenciado pelas características do circuito de desligamento da porta. Portanto, as características do circuito de desligamento devem corresponder aos requisitos do dispositivo. O processo de desligamento envolve a extração da carga da porta e o período de avalanche desta, além do decaimento da corrente de anodo. A quantidade de extração de carga é um parâmetro do dispositivo, e seu valor não é afetado de forma significativa pelas condições do circuito externo. A corrente inicial de pico de desligamento e o tempo de desligamento, que são parâmetros importantes do processo, dependem dos compo-

FIGURA 9.15
Tiristor de desligamento pela porta (GTO).

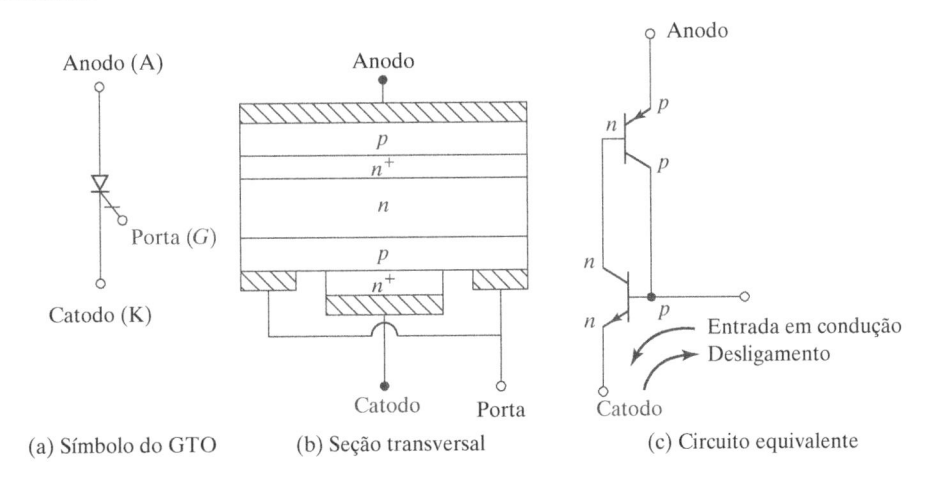

(a) Símbolo do GTO (b) Seção transversal (c) Circuito equivalente

FIGURA 9.16

Pulsos típicos de acionamento e desligamento do GTO.[8]

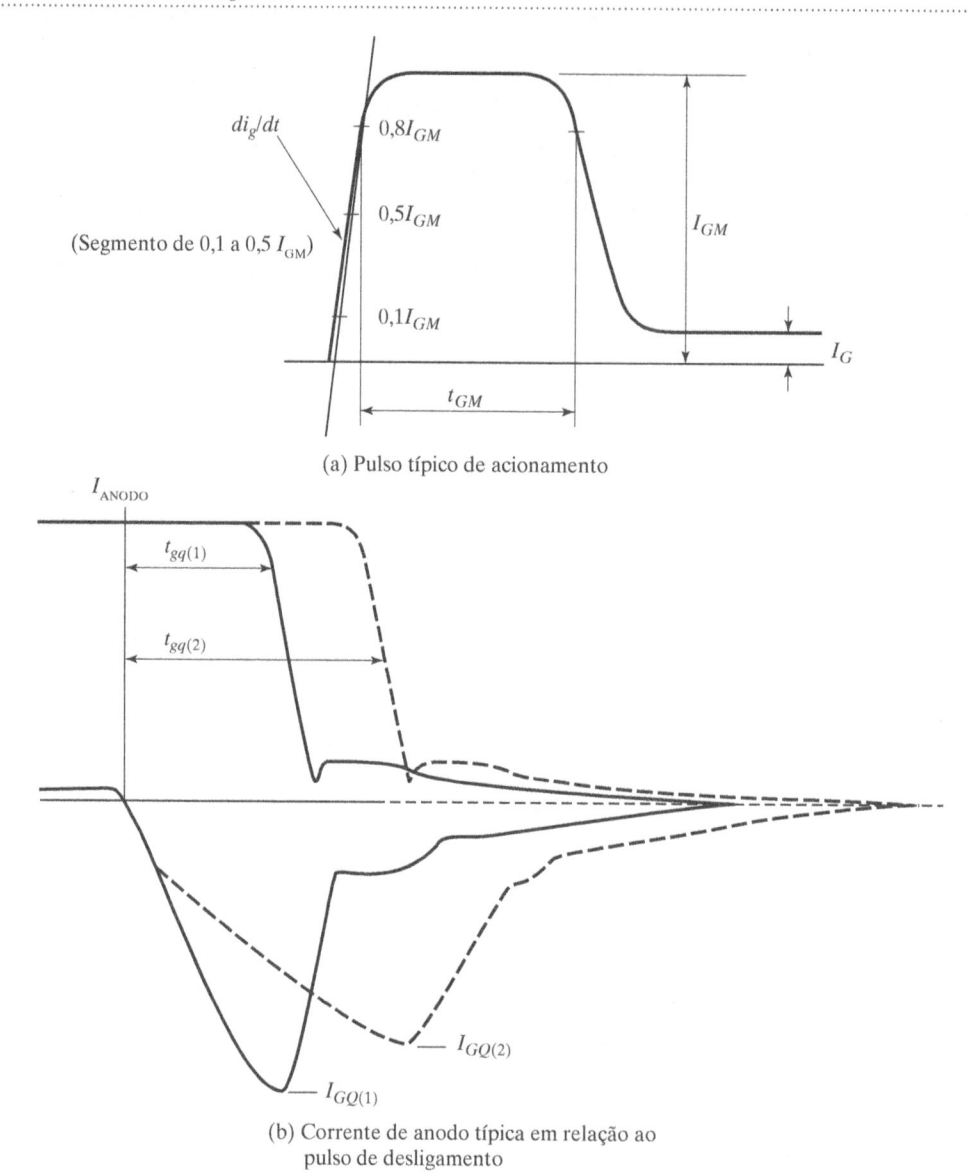

(a) Pulso típico de acionamento

(b) Corrente de anodo típica em relação ao pulso de desligamento

nentes do circuito externo. Uma corrente de anodo típica em relação ao pulso de desligamento é mostrada na Figura 9.16b. A folha de dados do dispositivo fornece os valores típicos para I_{GQ}. O GTO tem uma corrente de cauda longa no final do desligamento, e o próximo acionamento deve esperar até que a carga residual no lado do anodo seja dissipada através do processo de recombinação.

Um arranjo do circuito de desligamento de um GTO é ilustrado na Figura 9.17a. Como o GTO requer uma grande corrente de desligamento, um capacitor C carregado normalmente é usado para fornecer a corrente necessária de desligamento de porta. O indutor L limita a di/dt da corrente de porta por meio do circuito formado por R_1, R_2, SW_1 e L. A tensão de alimentação do circuito de porta V_{GS} deve ser selecionada para dar o valor V_{GQ} requerido. Os valores de R_1 e R_2 também devem ser minimizados.

Durante o período no estado desligado, que começa após a queda da corrente de cauda a zero, a porta deve permanecer, em termos ideais, com polarização reversa. Isso garante a capacidade máxima de bloqueio. A polarização reversa pode ser obtida ao se manter SW_1 fechada durante todo o período em estado desligado ou pela utilização

FIGURA 9.17

Um circuito de desligamento do GTO.[8]

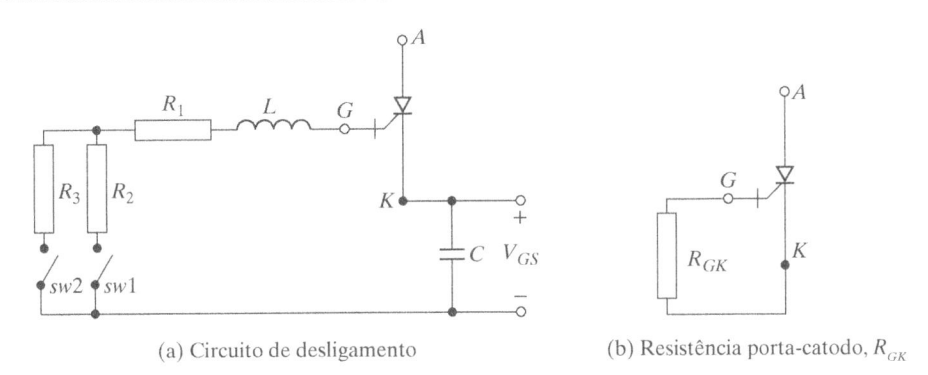

(a) Circuito de desligamento

(b) Resistência porta-catodo, R_{GK}

de um circuito SW_2 e R_3 de impedância maior, para aplicar uma tensão negativa mínima. Esse circuito SW_2 e R_3 de impedância maior deve prover a corrente de fuga da porta.

Em caso de falha das fontes auxiliares do circuito de desligamento da porta, esta pode permanecer na condição inversamente polarizada, e o GTO talvez não consiga bloquear a tensão. Para assegurar que a tensão de bloqueio do dispositivo seja mantida, deve-se aplicar uma resistência mínima porta-catodo (R_{GK}), como mostra a Figura 9.17b. O valor de R_{GK} para determinada tensão de linha pode ser obtido a partir da folha de dados.

Um GTO tem um ganho baixo durante o desligamento, em geral seis, e necessita de um pulso relativamente alto de corrente negativa para desligar. Ele tem uma tensão maior do que os SCRs no estado ligado. A tensão no estado ligado de um GTO típico de 1200 V, 550 A, é normalmente de 3,4 V. Um GTO de 200 V, 160 A, do tipo 160PFT é ilustrado na Figura 9.18, e as junções desse GTO, na Figura 9.19.

Os GTOs são utilizados em especial em conversores fonte de tensão, nos quais é necessário um diodo de recuperação rápida em antiparalelo para cada GTO. Assim, os GTOs normalmente não precisam de capacidade de tensão reversa. Esses GTOs são conhecidos como GTOs *assimétricos*. Isso se consegue por meio de uma camada intermediária (*buffer*), constituída por uma camada n^+ fortemente dopada na extremidade da camada n. Os GTOs assimétricos têm queda de tensão menor e especificações mais elevadas de tensão e corrente.

A *corrente controlável de pico no estado ligado* I_{TGQ} é o valor de pico da corrente no estado ligado que pode ser desligada pelo controle da porta. A tensão no estado desligado é reaplicada imediatamente após o desligamento, e a dv/dt reaplicada só é limitada pela capacitância do amortecedor (*snubber*). Uma vez que o GTO esteja desligado, a

FIGURA 9.18

Um GTO de 200 V, 160 A (cortesia de Vishay Intertechnology, Inc.).

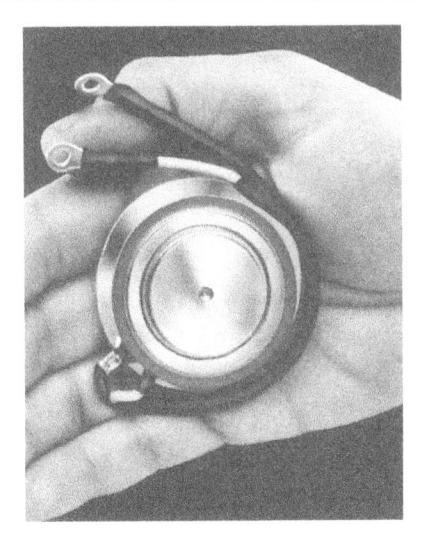

FIGURA 9.19

Junções do GTO de 160 A da Figura 9.18 (cortesia de Vishay Intertechnology, Inc.).

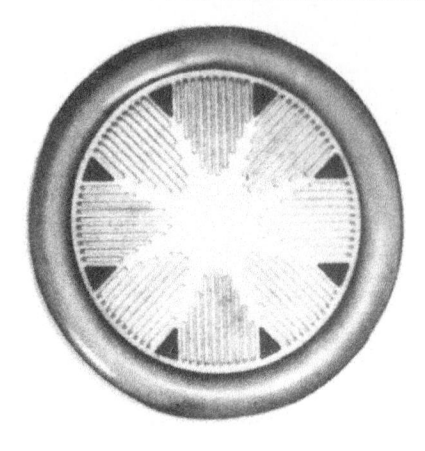

corrente de carga I_L, que é desviada para o capacitor amortecedor (e que ao mesmo tempo o carrega), determina a dv/dt reaplicada.

$$\frac{dv}{dt} = \frac{I_L}{C_s}$$

onde C_s é a capacitância do amortecedor.

GTOs de carbeto de silício. Os GTOs 4H-SiC são dispositivos de chaveamento rápido com um tempo de desligamento menor do que 1μs.[54-58] Esses dispositivos têm uma tensão maior de bloqueio, maior corrente total e baixo tempo de chaveamento, baixa queda de tensão no estado ligado e uma alta densidade de corrente. As características de acionamento para ligar e desligar esses dispositivos são os parâmetros mais importantes que caracterizam o desempenho dos GTOs. Os GTOs 4H-SiC têm baixa queda de tensão no estado ligado e uma alta densidade de corrente comutável.[59,61] A seção transversal de um GTO SiC é mostrada na Figura 9.20a, que tem um anodo e duas conexões de portas paralelas para um melhor controle de porta. Ele tem duas extensões da terminação da junção (JTEs) do tipo *n*. A Figura 9.20b ilustra a estrutura com uma porta e duas conexões de anodo para resistências menores no estado ligado. Ambas as estruturas têm portas do tipo *n*. A Figura 9.20c mostra três junções *pn* dos GTOs.

9.6.8 Tiristores controlados por FET

Um dispositivo FET-CTH[40] é a soma de um MOSFET com um tiristor em paralelo, como exibe a Figura 9.21. Se uma tensão suficiente for aplicada na porta do MOSFET, em geral de 3 V, uma corrente de disparo para o tiristor é gerada internamente. Ele tem uma alta velocidade de chaveamento e elevadas di/dt e dv/dt.

Esse dispositivo pode ser acionado como os tiristores convencionais, mas não pode ser desligado por meio de controle de porta. Ele encontra aplicações onde o acionamento ótico é usado para fornecer isolação elétrica entre a entrada ou o sinal de controle e o dispositivo de chaveamento do conversor de potência.

9.6.9 MTOs

O MTO foi desenvolvido pela Silicon Power Company (SPCO).[16] Ele é a soma de um GTO com um MOSFET, que, juntos, superam as limitações da capacidade de desligamento do GTO. A principal desvantagem dos GTOs é que eles necessitam de um circuito de comando com pulso elevado de corrente para a porta com baixa impedância. O circuito de porta deve fornecer uma corrente de desligamento cuja amplitude de pico típica é de 35% da corrente a ser controlada. O MTO proporciona a mesma funcionalidade que o GTO, mas utiliza um comando de porta que precisa fornecer apenas o nível de tensão necessário para ligar e desligar os transistores MOS. A Figura 9.22 mostra o símbolo, a estrutura e o circuito equivalente do MTO. Sua estrutura é semelhante à de um GTO e mantém as van-

FIGURA 9.20

Seção transversal esquemática do tiristor GTO SiC.[59]

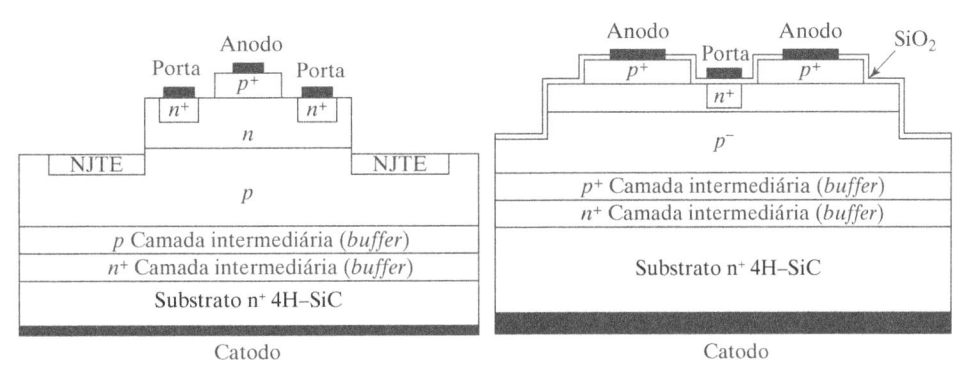

(a) Seção transversal com duas conexões de porta[59]

(b) Seção transversal com duas conexões anodo

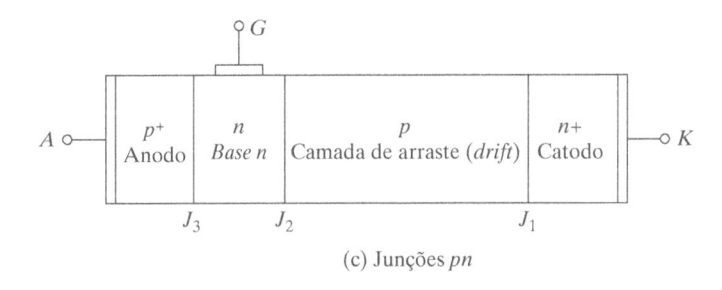

(c) Junções pn

FIGURA 9.21

Tiristor controlado por FET.

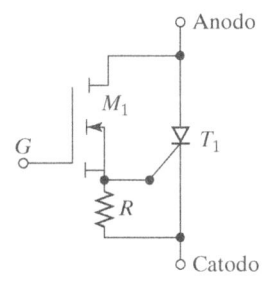

tagens da alta tensão (até 10 kV) e da corrente elevada (até 4000 A). Os MTOs podem ser utilizados em aplicações de alta potência, variando de 1 a 20 MVA.[17-20]

Entrada em condução. Da mesma forma que um GTO, o MTO é ativado pela aplicação de um pulso de corrente na porta de acionamento. O pulso de acionamento liga o transistor NPN, Q_1, que, em seguida, liga o transistor PNP, Q_2, e retém o MTO ligado.

Desligamento. Para desligar o MTO, um pulso de tensão é aplicado na porta do MOSFET. Ligando os MOSFETs, forma-se um curto-circuito entre o emissor e a base do transistor NPN, Q_1, o que interrompe o processo de retenção. Em contraste, um GTO é desligado pela eliminação de corrente suficiente entre o emissor e a base do transistor NPN através de um grande pulso negativo a fim de parar a ação de retenção regenerativa. Em função dessa diferença, o MTO desliga muito mais rápido do que um GTO, e as perdas associadas ao tempo de armazenamento são praticamente eliminadas. Além disso, o MTO tem uma dv/dt maior e necessita de componentes amortecedores muito menores. Semelhante a um GTO, o MTO tem uma corrente de cauda longa no final do desligamento, e o

FIGURA 9.22

Tiristor desligado por MOS (MTO).

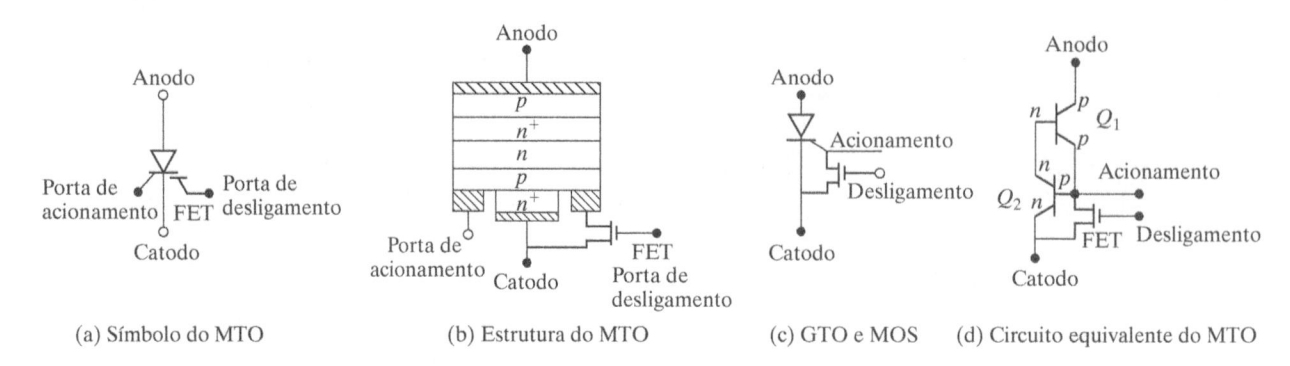

(a) Símbolo do MTO (b) Estrutura do MTO (c) GTO e MOS (d) Circuito equivalente do MTO

acionamento seguinte deve esperar até que a carga residual no lado do anodo seja dissipada através do processo de recombinação.

9.6.10 ETOs

O ETO é um dispositivo híbrido MOS-GTO[21,22] que agrega as vantagens do GTO às do MOSFET. O ETO foi inventado no Virginia Power Electronics Center em colaboração com a SPCO.[17] O símbolo do ETO, seu circuito equivalente e a estrutura *pn* são mostrados na Figura 9.23. O ETO tem duas portas: uma normal para acionamento e uma com um MOSFET em série para o desligamento. ETOs de alta potência com especificação de corrente de até 4 kA e especificação de tensão de até 6 kV têm sido apresentados.[23]

Entrada em condução. Um ETO é ligado pela aplicação de tensões positivas nas duas portas. Uma tensão positiva na porta 2 liga o MOSFET Q_E em série com o catodo, e desliga o MOSFET Q_G conectado na porta. Uma corrente de injeção na porta GTO (através da porta 1) liga o ETO por conta da existência do GTO.

Desligamento. Quando um sinal de tensão negativa é aplicado ao MOSFET Q_E em série com o catodo, ele desliga e transfere toda a corrente para fora do catodo (emissor *n* do transistor *npn* do GTO) na direção da base via o MOSFET Q_G conectado na porta. Isso interrompe o processo de travamento regenerativo e resulta em um desligamento rápido.

É importante notar que tanto o MOSFET Q_E quanto o MOSFET Q_G não são submetidos a um esforço de alta tensão, qualquer que seja a tensão sobre o ETO. Isso ocorre porque a estrutura interna da porta-catodo do GTO é uma junção *PN*. A desvantagem do MOSFET em série é que ele precisa conduzir a corrente principal do

FIGURA 9.23

Tiristor desligado pelo emissor (ETO).[22]

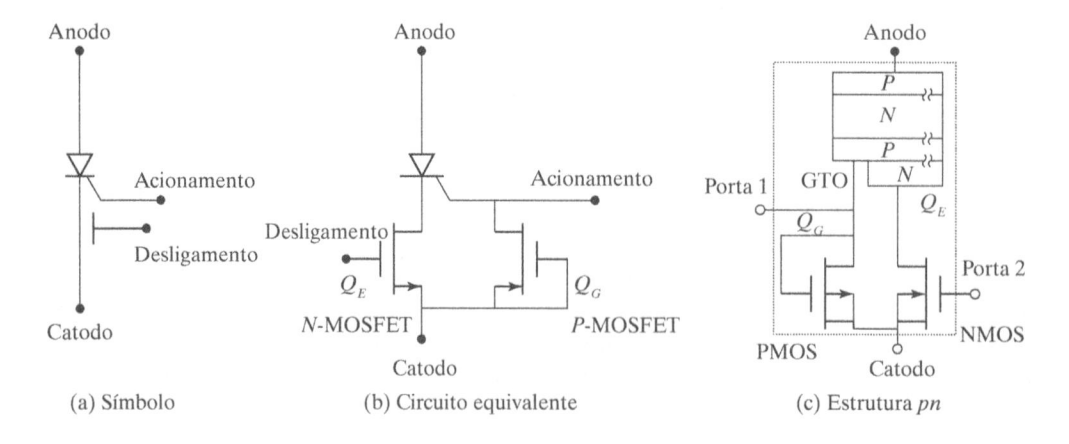

(a) Símbolo (b) Circuito equivalente (c) Estrutura *pn*

GTO, aumentando a queda de tensão total em aproximadamente 0,3 a 0,5 V com suas perdas correspondentes. De modo semelhante a um GTO, o ETO tem uma corrente de cauda longa ao término do desligamento, e o acionamento seguinte deve esperar até que a carga residual no lado do anodo seja dissipada por meio do processo de recombinação.

ETOs de carbeto de silício. O conceito de ETO Si também se aplica à tecnologia do tiristor SiC. Pela integração do GTO SiC de alta tensão com os MOSFETs de potência de silício, espera-se que o ETO SiC não apenas simplifique a interface do usuário, como também melhore a velocidade de chaveamento e o desempenho dinâmico do dispositivo. Um dispositivo tiristor SiC controlado por MOS, também conhecido como tiristor SiC de desligamento pelo emissor (ETO), tem se mostrado uma tecnologia promissora para futuras aplicações de chaveamento de tensão e frequência altas.

O primeiro protótipo mundial do ETO SiC tipo p de 4,5 kV baseado em uma porta de desligamento SiC tipo p de 0,36 cm² apresenta uma queda de tensão direta de 4,6 V a uma densidade de corrente de 25 A/cm² e uma perda de energia no desligamento de 9,88 mJ.[61] O dispositivo conseguiu operar a uma frequência de 4 kHz com um sistema convencional de gerenciamento térmico. Essa capacidade de frequência é quase quatro vezes superior à dos dispositivos de potência de silício da classe 4,5 kV. Um ETO SiC tipo n de alta tensão (10 kV) tem um equilíbrio muito melhor no desempenho do que o do ETO tipo p por conta do menor ganho de corrente no transistor bipolar inferior do GTO SiC tipo n.[62] O circuito equivalente simplificado de um ETO SiC é ilustrado na Figura 9.24a, e seu símbolo, na Figura 9.24b. Um NMOS e um PMOS são ligados em cascata com um transistor *NPN*.

FIGURA 9.24

ETO SiC tipo p.[62]

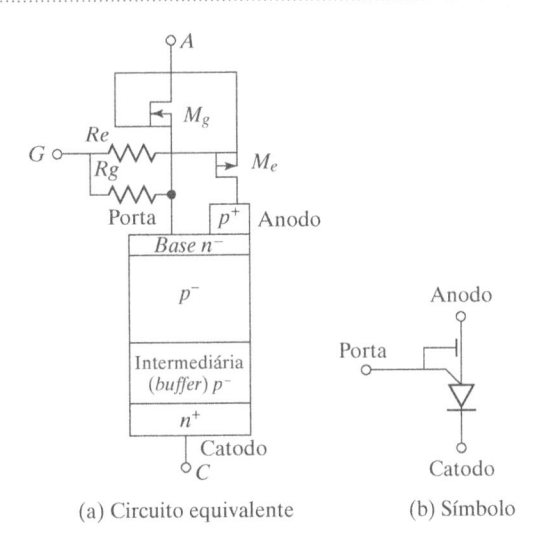

(a) Circuito equivalente (b) Símbolo

9.6.11 IGCTs

O IGCT integra um tiristor comutado pela porta (*gate commutated thyristor* — GCT) com o circuito de acionamento em uma placa de circuito impresso de várias camadas.[24,25] O IGCT é um GTO de chaveamento dissipativo (*hard*) com um pulso de corrente de porta muito grande e rápido, tão grande quanto a corrente máxima, que tira toda a corrente do catodo para a porta em cerca de 1 µs a fim de garantir um desligamento rápido.

A estrutura interna e o circuito equivalente de um IGCT são semelhantes aos do GTO mostrado na Figura 9.14b. A seção transversal de um IGCT é exibida na Figura 9.25. Um IGCT também pode ter um diodo reverso integrado, como apresenta a junção n^+n^-p no lado direito da Figura 9.25. Semelhante a um GTO, a um MTO e a um ETO, a camada intermediária n equilibra o esforço de tensão na camada n^-, reduz a espessura dela, diminui as perdas por condução no estado ligado e torna o dispositivo assimétrico. A camada p de anodo é construída fina e ligeiramente dopada para permitir uma remoção mais rápida das cargas do lado dele durante o desligamento.

FIGURA 9.25

Seção transversal do IGCT com um diodo reverso.

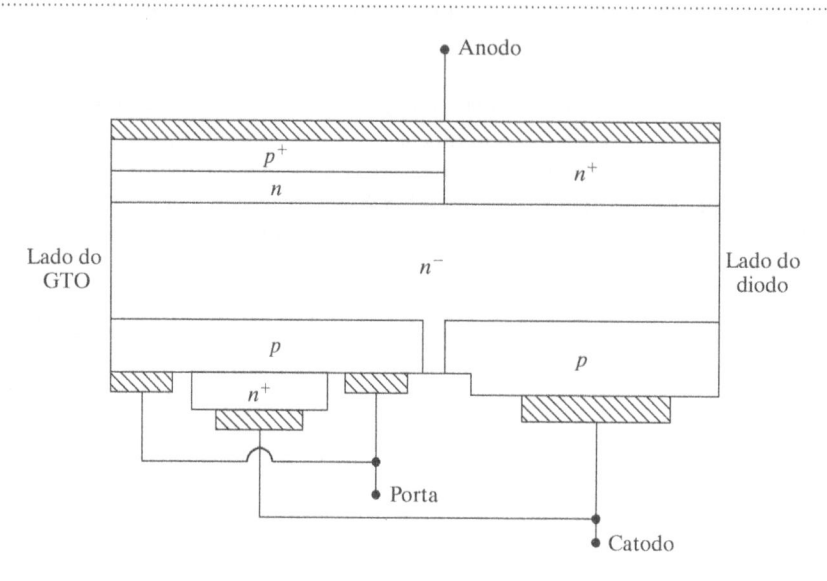

Entrada em condução. Semelhante a um GTO, o IGCT é ligado pela aplicação de uma corrente de disparo em sua porta.

Desligamento. O IGCT é desligado por uma placa de acionamento de várias camadas que consegue fornecer um pulso de desligamento com crescimento rápido, por exemplo, uma corrente de porta de 4 kA/μs com uma tensão porta-catodo de apenas 20 V. Com essa taxa de corrente de porta, o lado do catodo do transistor *NPN* é totalmente desligado em cerca de 1 μs, e o lado do anodo do transistor *PNP* é efetivamente deixado com uma base aberta e desligado quase de imediato. Por conta da duração muito curta do pulso, a energia de acionamento é bastante reduzida, e o consumo de energia do acionamento, minimizado. A necessidade de potência de acionamento é reduzida por um fator de cinco em comparação à do GTO. Para aplicar uma corrente de porta alta e que cresce rapidamente, o IGCT incorpora um reforço especial a fim de reduzir a indutância do circuito de porta ao mínimo possível. Esse recurso também é necessário para circuitos de acionamento do MTO e do ETO.

9.6.12 MCTs

Um MCT reúne as características de um tiristor regenerativo de quatro camadas com uma estrutura de porta MOS. Da mesma forma que o IGBT, que agrega as vantagens da junção bipolar com as estruturas de efeito de campo, um MCT é um aperfeiçoamento em relação a um tiristor com um par de MOSFETs para ligar e desligar. Embora existam vários dispositivos na família MCT com diferentes combinações de estruturas de canal e de porta,[26] o MCT de canal *p* é amplamente divulgado na literatura.[27,28] Um esquema de uma célula MCT *p* é mostrado na Figura 9.26a. Já o circuito equivalente é ilustrado na Figura 9.26b, e o símbolo, na Figura 9.26c.[29-36] A estrutura *NPNP* pode ser representada por um transistor *NPN*, Q_1, e um transistor *PNP*, Q_2. Quanto à estrutura de porta MOS, ela pode ser indicada por um MOSFET de canal *p* (M_1) e um MOSFET de canal *n* (M_2).

Em virtude de uma estrutura *NPNP* em vez de uma *PNPN* de um SCR normal, o anodo serve como terminal de referência ao qual todos os sinais de porta são aplicados. Consideremos que o MCT esteja em seu estado de bloqueio direto e que uma tensão negativa V_{GA} seja aplicada. Um canal *p* (ou uma camada de inversão) é formado no material dopado *n*, fazendo lacunas fluírem lateralmente a partir do emissor *p* E_2 de Q_2 (fonte S_1 do MOSFET M_1 de canal *p*) através do canal *p* na direção da base *p* B_1 de Q_1 (dreno D_1 do MOSFET M_1 de canal *p*). Esse fluxo de lacunas é a corrente de base para o transistor *NPN*, Q_1. Em seguida, o emissor n^+ E_1 de Q_1 injeta elétrons que são coletados na base *n* B_2 (e coletor *n* C_1), que faz o emissor *p* E_2 inserir lacunas na base *n* B_2, de modo que o transistor *PNP*, Q_2, seja ligado e retenha o MCT. Em resumo, uma tensão de porta negativa V_{GA} liga o MOSFET M_1 de canal *p*, fornecendo, assim, a corrente de base para o transistor Q_2.

FIGURA 9.26

Esquema e circuito equivalente para MCTs de canal *p*.

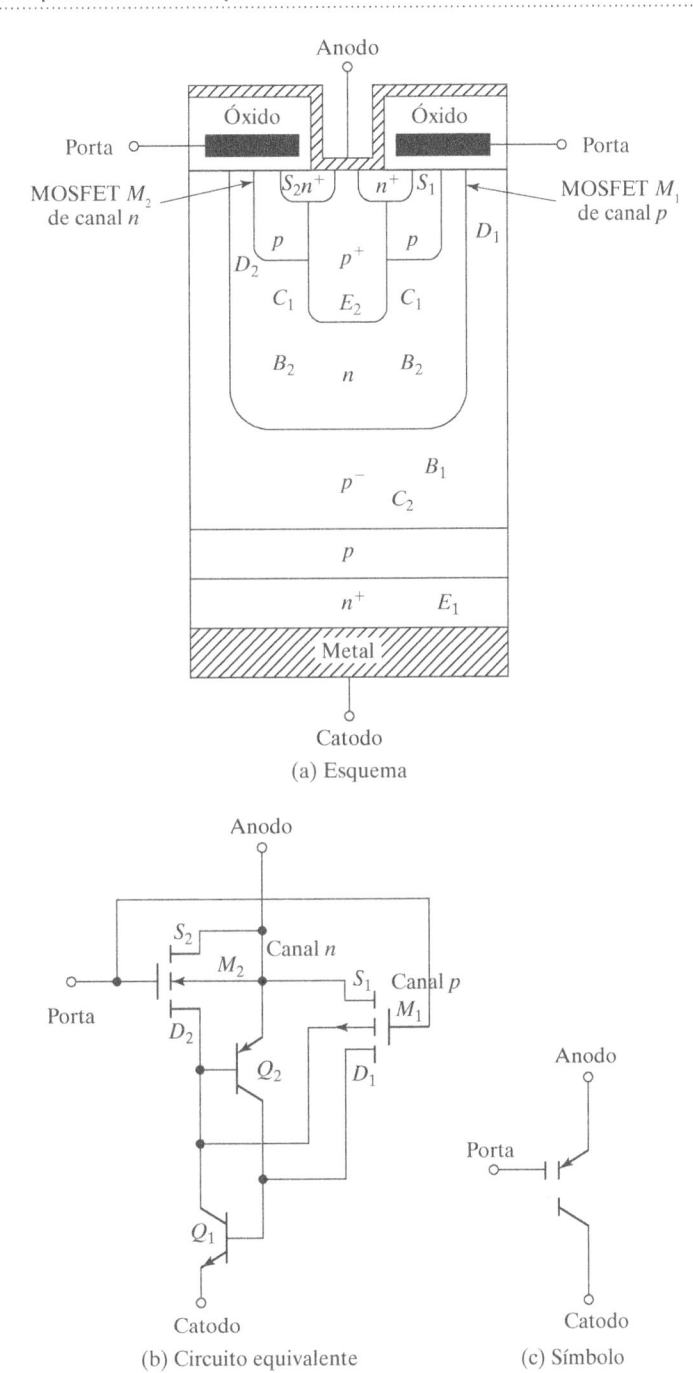

(a) Esquema

(b) Circuito equivalente

(c) Símbolo

Consideremos que o MCT esteja em seu estado de condução e que uma tensão positiva V_{GA} seja aplicada. Um canal *n* é formado no material dopado *p*, fazendo os elétrons fluírem lateralmente a partir da base *n* B_2 de Q_2 (fonte S_2 do MOSFET M_2 de canal *n*) através do canal *n* na direção do emissor fortemente dopado n^+ E_2 de Q_2 (dreno D_2 do MOSFET M_2 de canal n^+). Esse fluxo de elétrons desvia a corrente de base do transistor *PNP*, Q_2, de modo que sua junção base-emissor desligue e lacunas não estejam disponíveis para coleta pela base *p* B_1 de Q_1 (e coletor *p* C_2 de Q_2). A eliminação dessa corrente de lacunas na base *p* B_1 faz o transistor *NPN*, Q_1, ser desligado e o MCT retornar ao seu estado de bloqueio. Em resumo, um pulso positivo de porta V_{GA} desvia a corrente em condução pela base de Q_1, desligando, assim, o MCT.

Na fabricação real, um MCT é composto por um grande número de células (~100.000), e cada uma delas contém uma base ampla de transistor *NPN* e uma estreita de transistor *PNP*. Embora cada transistor *PNP* em uma célula seja fornecido com um MOSFET de canal *n* em seu emissor e na base, apenas uma pequena porcentagem (~4%) de transistores *PNP* é fornecida com MOSFETs de canal *p* em seu emissor e no coletor. A pequena porcentagem de células PMOS em um MCT fornece uma corrente suficiente apenas para ligar, e o grande número de células NMOS, bastante corrente para desligar.

Como a porta do MCT de canal *p* é referenciada com respeito ao anodo em vez do catodo, ela é às vezes chamada de MCT complementar (C-MCT). Para um MCT de canal *n*, o dispositivo *PNPN* é aquele representado por um transistor *PNP*, Q_1, e um transistor *NPN*, Q_2. A porta do MCT de canal *n* é referenciada com respeito ao catodo.

Entrada em condução. Quando o MCT de canal *p* está em estado de bloqueio direto, ele pode ser ligado pela aplicação de um pulso negativo em sua porta com relação ao anodo. Já quando um MCT de canal *n* está em estado de bloqueio direto, ele pode ser ligado pela aplicação de um pulso positivo em sua porta com relação ao catodo. Um MCT permanece no estado ligado até que a corrente do dispositivo seja invertida ou um pulso de desligamento seja aplicado em sua porta.

Desligamento. Quando um MCT de canal *p* está no estado ligado, ele pode ser desligado pela aplicação de um pulso positivo em sua porta com relação ao anodo. Já quando um MCT de canal *n* está no estado ligado, ele pode ser desligado pela aplicação de um pulso negativo em sua porta com relação ao catodo.

O MCT pode ser operado como dispositivo controlado pela porta se sua corrente for menor do que o pico da corrente controlável. A tentativa de desligar o MCT com correntes mais altas do que o pico de sua corrente controlável nominal pode resultar na destruição do dispositivo. Para valores maiores de corrente, o MCT precisa ser desligado como um SCR comum. As larguras de pulso de porta não são críticas para correntes menores nos dispositivos. Para correntes maiores, a largura do pulso de desligamento deve ser maior. Além disso, a porta drena uma corrente de pico durante o desligamento. Em muitas aplicações, incluindo inversores e conversores, é necessário que haja um pulso contínuo de porta durante todo o período ligado, ou desligado, para evitar ambiguidade de estado.

O MCT tem (1) baixa queda de tensão direta durante a condução; (2) tempo rápido de ligamento, geralmente de 0,4 μs, e tempo rápido de desligamento, geralmente de 1,25 μs para um MCT de 500 V, 300 A; (3) baixas perdas de chaveamento; (4) baixa capacidade de tensão reversa de bloqueio; e (5) alta impedância de entrada de porta, o que simplifica muito os circuitos de comando. Ele pode efetivamente ser ligado em paralelo para chavear correntes elevadas com diminuições modestas da faixa de corrente por dispositivo. Ele não pode ser facilmente acionado a partir de um transformador de pulsos se for necessária uma polarização contínua para evitar a ambiguidade de estado.

A estrutura MOS está distribuída por toda a superfície do dispositivo, o que resulta em acionamento e desligamento rápidos com baixas perdas por chaveamento. A potência ou energia necessária para acionamento e desligamento é muito pequena, e o tempo de atraso por conta do armazenamento da carga também é muito pequeno. Portanto, o MCT tem potencial para ser o tiristor com capacidade de desligamento quase definitivo, com baixas perdas de comutação e no estado ligado, e de velocidade rápida de chaveamento para aplicações em conversores de alta potência.

9.6.13 SITHs

O SITH, também conhecido como diodo controlado por campo (*field-controlled diode* — FCD), foi apresentado pela primeira vez por Tesznerna década de 1960.[41] Um SITH é um dispositivo de portadores minoritários. Consequentemente, o SITH tem baixa resistência ou queda de tensão no estado ligado e pode ser fabricado para faixas mais elevadas de tensão e corrente. Ele tem velocidade alta de chaveamento e capacidades elevadas de dv/dt e di/dt. O tempo de chaveamento é da ordem de 1 a 6 μs. Já a faixa de tensão[42-46] pode ir até 2500 V, e a faixa de corrente é limitada a 500 A. Esse dispositivo é extremamente sensível ao processo de fabricação, e pequenas perturbações podem produzir grandes alterações nas suas características. Com o advento da tecnologia SiC, foi fabricado um SITH 4H-SiC com uma tensão direta de bloqueio de 300 V.[47] A seção transversal da estrutura de meia célula SITH é mostrada na Figura 9.27a, seu circuito equivalente, na Figura 9.27b e seu símbolo, na Figura 9.27c.

Entrada em condução. Um SITH é normalmente ligado pela aplicação de uma tensão de porta positiva em relação ao catodo. O SITH liga rapidamente, desde que a corrente e a tensão do comando de porta sejam sufi-

FIGURA 9.27
Seção transversal e circuito equivalente de um SITH.[49]

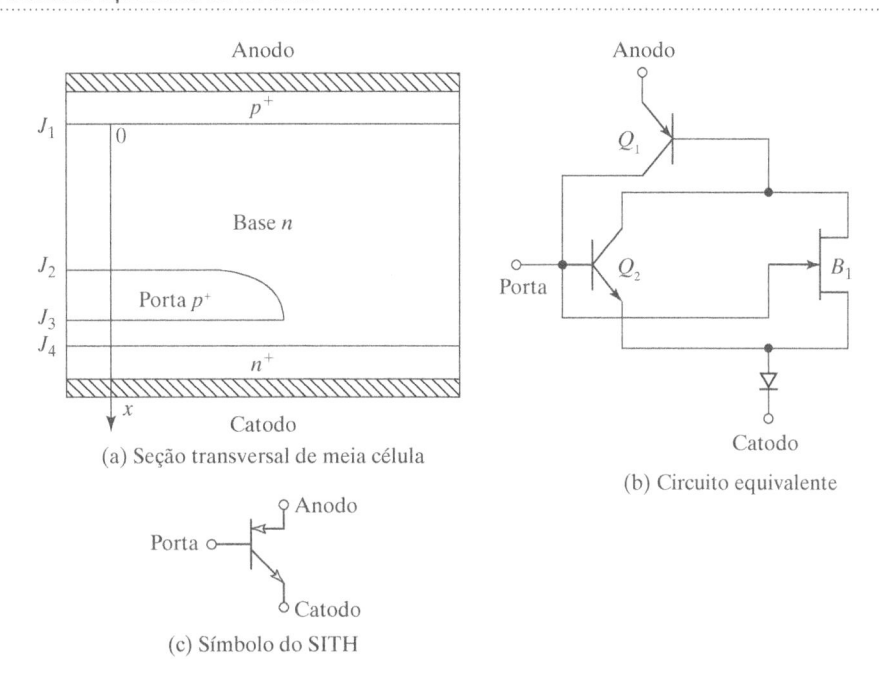

(a) Seção transversal de meia célula

(b) Circuito equivalente

(c) Símbolo do SITH

cientes. A princípio, o diodo porta-catodo PiN liga e injeta elétrons a partir da região de catodo N^+ dentro da região de base entre a porta P^+ e o catodo N^+ e dentro do canal, modulando, assim, a resistividade deste. Uma tensão de porta positiva reduz a barreira de potencial no canal, que gradualmente se torna condutivo. Quando os elétrons atingem a junção J_1, o anodo p^+ começa a injetar lacunas dentro da base, fornecendo a corrente de base do transistor Q_2. À medida que aumenta a corrente de base, Q_2 é levado à saturação, e a junção J_2 acaba ficando diretamente polarizada. O dispositivo está, então, totalmente ligado.

A porta p^+ e a região do canal podem ser representadas pelo modelo de um transistor de efeito de campo de junção (JFET) que opera no modo bipolar. Os elétrons fluem a partir do catodo para a região da base sob a porta p^+ através do canal, fornecendo a corrente de base do transistor p^+n-p^+. Por conta do nível elevado de dopagem da porta p^+, nenhum elétron flui para a porta p^+. Uma parcela da corrente de lacunas flui através da porta p^+ e do canal diretamente para o catodo. A corrente restante de lacunas flui através da porta p^+ para o canal como corrente de porta do JFET de modo bipolar (*bipolar mode* JFET — BMFET). A curta distância entre o catodo e a porta resulta em uma concentração grande e uniforme de portadores nessa região; portanto, a queda de tensão é desprezável.

Desligamento. Um SITH normalmente é desligado pela aplicação de uma tensão de porta negativa quanto ao catodo. Se uma tensão suficientemente negativa for aplicada na porta, uma camada de depleção se forma em torno da porta p^+. A camada de depleção em J_2 gradualmente se estende para dentro do canal. Uma barreira de potencial é criada no canal, estreitando-o e removendo os portadores em excesso. Se a tensão de porta for suficientemente grande, a camada de depleção das regiões adjacentes à porta se funde no canal e acaba desligando o fluxo da corrente de elétrons ali. Por fim, a camada de depleção interrompe completamente o canal. Apesar de não haver corrente de elétrons, a corrente de lacunas continua a fluir por conta do decaimento lento do excesso de portadores restantes na base. A remoção da corrente de canal também interrompe a injeção de elétrons e lacunas dentro da região entre a porta e o catodo; então, o diodo parasita PiN desliga. A tensão de porta negativa estabelece uma barreira de potencial no canal que impede o transporte de elétrons do catodo para o anodo. O SITH consegue suportar uma alta tensão de anodo com uma pequena corrente de fuga e interrompe completamente o canal.

9.6.14 Comparações entre tiristores

A Tabela 9.1 mostra as comparações entre diferentes tiristores em termos de controle de porta, vantagens e limitações.

TABELA 9.1

Comparações entre diferentes tiristores.

Tipo de chave	Controle de porta	Característica do controle	Frequência de chaveamento	Queda de tensão no estado ligado	Faixa máxima de tensão	Faixa máxima de corrente	Vantagens	Limitações
SCRs controlados por fase	Corrente para ligar Sem controle de desligamento	Liga com um sinal de pulso Desliga com comutação natural	Baixa – 60 Hz	Baixa	1,5 kV, 0,1 MVA	1 kA, 0,1 MVA	Acionamento simples. Dispositivo de retenção. Ganho no acionamento é muito alto. Dispositivo de baixo custo, alta tensão e alta corrente.	Baixa velocidade de chaveamento. Mais adequados para aplicações entre 50 e 60 Hz comutadas pela rede. Não podem ser desligados com controle de porta.
Tiristores bidirecionais	Duas portas Corrente para ligar Sem controle de desligamento	Liga com um sinal de pulso Desliga com comutação natural	Baixa – 60 Hz	Baixa	6,5 kV a 1,8 kA, 0,1 MVA	3 kA a 1,8 kV, 0,1 MVA	O mesmo que em SCRs controlados por fase, exceto que tem duas portas e a corrente pode fluir em ambos os sentidos. Combina dois SCRs *back-to-back* em um único dispositivo.	Semelhantes às dos SCRs controlados por fase.
Tiristores ativados por luz (LASCRs)	Sinal de luz para ligar Sem controle de desligamento	Liga com um sinal de pulso Desliga com comutação natural	Baixa – 60 Hz	Baixa			O mesmo que em SCRs controlados por fase, exceto que a porta é isolada e pode ser operada a distância.	Semelhantes às dos SCRs controlados por fase.

(*continua*)

Nota: as especificações de tensão e corrente estão sujeitas a mudanças com a evolução da tecnologia de semicondutores de potência.

TABELA 9.1 (continuação)

Tipo de chave	Controle de porta	Característica do controle	Frequência de chaveamento	Queda de tensão no estado ligado	Faixa máxima de tensão	Faixa máxima de corrente	Vantagens	Limitações
TRIAC	Corrente para ligar Sem controle de desligamento	Liga pela aplicação de um sinal de pulso na porta para fluxo de corrente em ambos os sentidos. Desliga com comutação natural.	Baixa – 60 Hz	Baixa			O mesmo que em SCRs controlados por fase, exceto que a corrente pode fluir em ambos os sentidos. Tem uma porta para acionamento em ambos os sentidos. Atua como dois SCRs conectados *back-to-back*.	Semelhantes às dos SCRs controlados por fase, exceto pelas aplicações para baixa potência.
Tiristores de desligamento rápido	Corrente para ligar Sem controle de desligamento	Liga com um sinal de pulso. Desliga com comutação natural.	Média – 5 kHz	Baixa			O mesmo que em SCRs controlados por fase, exceto que o desligamento é mais rápido. Mais adequados para conversores de comutação forçada em aplicações de potência média a alta.	Semelhantes às dos SCRs controlados por fase.
GTOs	Corrente para controle de acionamento e desligamento	Liga com um sinal de pulso positivo. Desliga com um pulso negativo.	Média – 5 kHz	Baixa			Semelhantes aos tiristores de desligamento rápido, exceto que podem ser desligados com um sinal de porta negativo.	O ganho de desligamento é baixo, entre 5 e 8, e necessita de uma grande corrente de porta para desligar uma grande corrente no estado ligado. Há uma corrente de cauda longa durante o desligamento. Embora seja um dispositivo de travamento, necessita de uma corrente mínima de porta para manter o estado ligado.

(*continua*)

TABELA 9.1 (continuação)

Tipo de chave	Controle de porta	Característica do controle	Frequência de chaveamento	Queda de tensão no estado ligado	Faixa máxima de tensão	Faixa máxima de corrente	Vantagens	Limitações
MTOs	Duas portas; controla o acionamento e o desligamento. Pulso de corrente para ligar e sinal de tensão para desligar	Ligam com um pulso positivo de corrente na porta de acionamento. Desligam com uma tensão positiva na porta MOS de desligar que destrava o dispositivo.	Média – 5 kHz	Baixa	10 kV a 20 MVA, 4,5 kV a 500 A	4 kA a 20 MVA	Semelhantes às dos GTOs, exceto que podem ser ligados através da porta normal e desligados pela porta MOSFET. Por causa da porta MOS, necessitam de uma corrente muito baixa para desligar, e o tempo para isso é pequeno.	Semelhantes aos GTOs, têm uma corrente de cauda longa durante o desligamento.
ETOs	Duas portas; controla o acionamento e o desligamento	Ligam com um pulso positivo de corrente na porta de acionamento e um pulso positivo de tensão na porta MOS de desligar. Desligam com um pulso negativo de tensão na porta MOS de desligar.	Média – 5 kHz	Média			Por causa do MOS em série, a transferência de corrente para a região do catodo e o desligamento são rápidos. O MOSFET em série precisa conduzir a corrente principal de anodo.	Semelhantes aos GTOs, têm uma corrente de cauda longa durante o desligamento. O MOSFET em série precisa conduzir a corrente principal de anodo, e isso aumenta a queda de tensão no estado ligado em aproximadamente 0,3 a 0,5 V, além das perdas por condução.
IGCTs	Duas portas; controla o acionamento e o desligamento	Ligados com um pulso positivo de corrente na porta de acionamento. Desligados pela aplicação de um rápido aumento de corrente negativa a partir de uma placa de circuito de comando de porta com várias camadas.	Média – 5 kHz	Baixa	5 kV a 400 A		Atuam como um GTO de chaveamento *hard*. Desligamento muito rápido em virtude da elevada corrente de porta para desligar, com crescimento também rápido. Necessitam de baixa potência de porta para desligar. Podem ter um diodo interno em antiparalelo.	Semelhantes a outros dispositivos GTO, a indutância do circuito de comando de porta e do catodo deve ter um valor muito baixo.

(*continua*)

Capítulo 9 – Tiristores **405**

TABELA 9.1 (*continuação*)

Tipo de chave	Controle de porta	Característica do controle	Frequência de chaveamento	Queda de tensão no estado ligado	Faixa máxima de tensão	Faixa máxima de corrente	Vantagens	Limitações
MCTs	Duas portas; controlam o acionamento e o desligamento	Ligados pelo MCT de canal *p* com uma tensão negativa em relação ao anodo e desligados com tensão positiva.	Média – 5 kHz	Média			Reúnem as vantagens dos GTOs e da porta MOSFET em um único dispositivo. A potência/energia necessárias para ligar e desligar são muito pequenas, e o tempo de atraso por conta de armazenamento da carga também é muito pequeno; sendo dispositivos tiristores de travamento, têm uma baixa queda de tensão no estado ligado.	Têm potencial para ser tiristores praticamente definitivos em termos de desligamento com baixas perdas de comutação e no estado ligado, e de velocidade rápida de chaveamento para aplicações em conversores de alta potência.
SITHs	Uma porta; controlam o acionamento e o desligamento	Ligados pela aplicação de uma tensão de comando positiva na porta e desligados com uma tensão negativa na porta.	Alta – 100 kHz	Baixa – 1,5 V a 300 A, 2,6 V a 900 A	2500 V		Dispositivos de portadores minoritários. Baixa resistência ou queda de tensão no estado ligado. Têm velocidades altas de chaveamento e capacidades elevadas de *dv/dt* e *di/dt*.	Dispositivos controlados pelo campo e necessitam de uma tensão contínua de porta. São extremamente sensíveis ao processo, e pequenas perturbações no processo de fabricação podem produzir grandes alterações nas características deles.

Exemplo 9.2 ▪ Determinação da corrente média no estado ligado de um tiristor

Um tiristor conduz uma corrente, como mostra a Figura 9.28, e o pulso dela é repetido a uma frequência de $f_s = 50$ Hz. Determine a corrente média no estado ligado I_T.

Solução

$I_p = I_{TM} = 1000$ A, $T = 1/f_s = 1/50 = 20$ ms e $t_1 = t_2 = 5$ μs. A corrente média no estado ligado é

$$I_T = \frac{1}{20.000}[0,5 \times 5 \times 1000 + (20.000 - 2 \times 5) \times 1000 + 0,5 \times 5 \times 1000] = 999,5 \text{ A}$$

FIGURA 9.28
Forma de onda da corrente do tiristor.

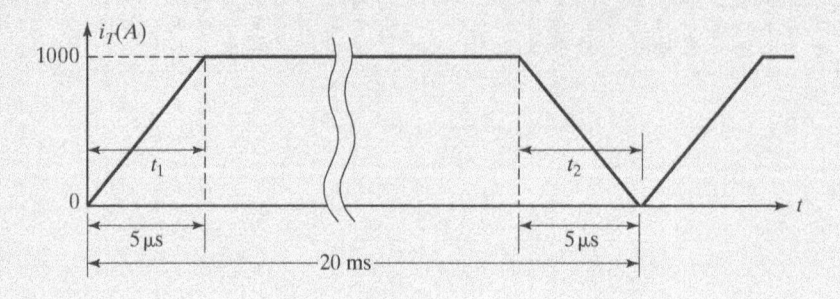

9.7 OPERAÇÃO EM SÉRIE DE TIRISTORES

Para aplicações de alta tensão, dois ou mais tiristores podem ser conectados em série para atender a especificação de tensão. Entretanto, por conta do grande número de fabricantes, os atributos dos tiristores do mesmo tipo não são idênticos. A Figura 9.29 mostra as características em estado desligado de dois tiristores. Para a mesma corrente de estado desligado, suas tensões são diferentes.

No caso dos diodos, apenas as tensões de bloqueio reverso devem ser divididas, enquanto para os tiristores, as redes de compartilhamento de tensão são necessárias tanto para a condição reversa quanto para a de estado desligado. A divisão de tensão é normalmente realizada pela conexão de resistores em cada tiristor, como ilustra a Figura 9.30. Para uma divisão igual da tensão, as correntes no estado desligado são diferentes, como na Figura 9.31.

FIGURA 9.29
Características no estado desligado de dois tiristores.

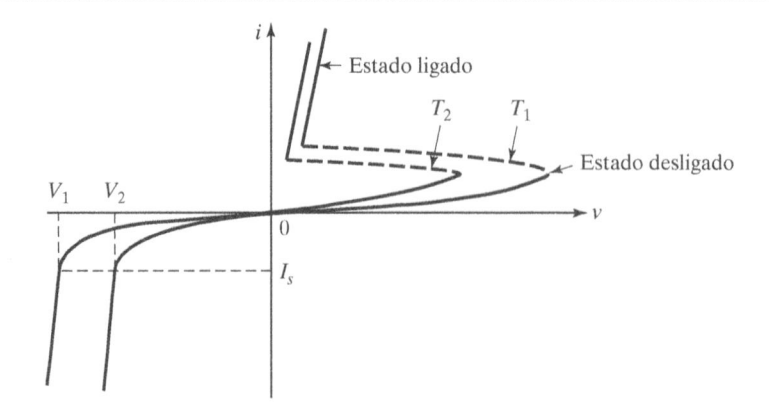

FIGURA 9.30
Três tiristores conectados em série.

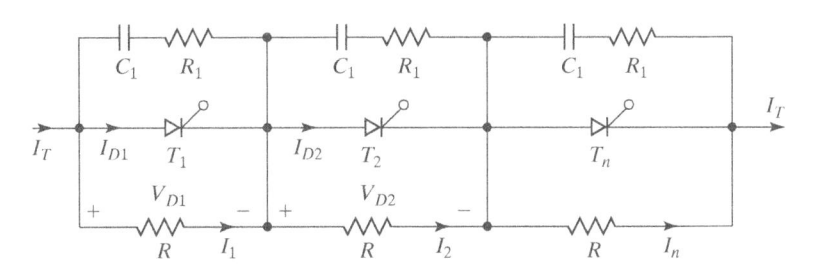

FIGURA 9.31
Correntes diretas de fuga com divisão igual de tensão.

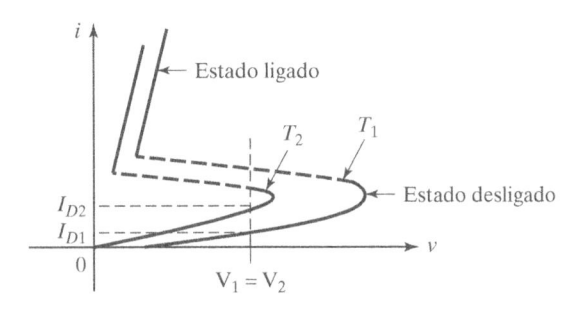

Considere n_s tiristores na sequência em série. A corrente no estado desligado do tiristor T_1 é I_{D1}, e as dos outros tiristores são iguais, de modo que $I_{D2} = I_{D3} = I_{Dn}$ e $I_{D1} < I_{D2}$. Como o tiristor T_1 tem a menor corrente no estado desligado, ele receberá a maior tensão.

Se I_1 for a corrente pelo resistor R através de T_1, e as correntes pelos outros resistores forem iguais, de modo que $I_2 = I_3 = I_n$, a propagação dela no estado desligado será

$$\Delta I_D = I_{D2} - I_{D1} = I_T - I_2 - I_T + I_1 = I_1 - I_2 \quad \text{ou} \quad I_2 = I_1 - \Delta I_D$$

A tensão sobre T_1 é $V_{D1} = RI_1$. Utilizando a lei de Kirchhoff das tensões, obtém-se

$$\begin{aligned} V_s &= V_{D1} + (n_s - 1) I_2 R = V_{D1} + (n_s - 1)(I_1 - \Delta I_D) R \\ &= V_{D1} + (n_s - 1) I_1 R - (n_s - 1) R \Delta I_D \\ &= n_s V_{D1} - (n_s - 1) R \Delta I_D \end{aligned} \quad (9.7)$$

O cálculo da Equação 9.7 para a tensão V_{D1} sobre T_1 resulta em

$$V_{D1} = \frac{V_s + (n_s - 1) R \Delta I_D}{n_s} \quad (9.8)$$

V_{D1} é máxima quando ΔI_D é máxima. Para $I_{D1} = 0$ e $\Delta I_D = I_{D2}$, a Equação 9.8 dá o pior caso de tensão no estado desligado sobre T_1:

$$V_{DS(\text{máx})} = \frac{V_s + (n_s - 1) RI_{D2}}{n_s} \quad (9.9)$$

Durante o desligamento, as diferenças na carga armazenada causam divergências na divisão da tensão reversa, como mostra a Figura 9.32. O tiristor com a menor carga recuperada (ou tempo de recuperação reversa) enfrenta a maior tensão transitória. As capacitâncias das junções que controlam a distribuição da tensão transitória não são apropriadas, e normalmente é necessário conectar um capacitor C_1 em cada tiristor, como indica a Figura 9.30. R_1 limita a corrente de descarga. A mesma rede RC é geralmente utilizada tanto para a divisão de tensão transitória quanto para a proteção dv/dt.

FIGURA 9.32
Tempo de recuperação reversa e divisão de tensão.

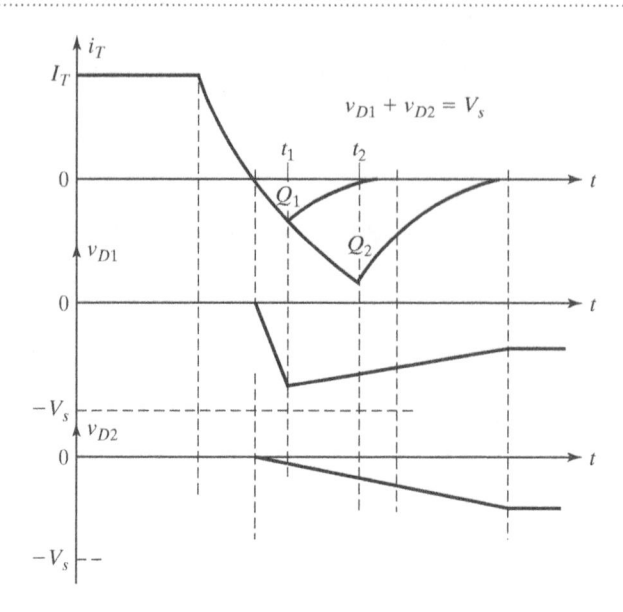

A tensão transitória sobre T_1 pode ser determinada pela aplicação da relação da diferença de tensão:

$$\Delta V = R\Delta I_D = \frac{Q_2 - Q_1}{C_1} = \frac{\Delta Q}{C_1} \quad (9.10)$$

onde Q_1 é a carga armazenada de T_1, e Q_2, a carga dos outros tiristores, de modo que $Q_2 = Q_3 = Q_n$ e $Q_1 < Q_2$. Substituindo a Equação 9.10 na Equação 9.8, obtém-se

$$V_{D1} = \frac{1}{n_s}\left[V_s + \frac{(n_s - 1)\Delta Q}{C_1}\right] \quad (9.11)$$

O pior caso de divisão da tensão transitória, que ocorre quando $Q_1 = 0$ e $\Delta Q = Q_2$, é

$$V_{DT(\text{máx})} = \frac{1}{n_s}\left[V_s + \frac{(n_s - 1)Q_2}{C_1}\right] \quad (9.12)$$

Um fator de redução de tensão, que normalmente é utilizado para aumentar a confiabilidade da sequência de tiristores, é definido como

$$\text{FRT} = 1 - \frac{V_s}{n_s V_{DS(\text{máx})}} \quad (9.13)$$

Exemplo 9.3 • Determinação da divisão de tensão de tiristores conectados em série

Dez tiristores são utilizados em uma sequência para suportar uma tensão de $V_s = 15$ kV. As diferenças máximas da corrente de fuga e da recuperação de carga dos tiristores são 10 mA e 150 µC, respectivamente. Cada tiristor tem uma resistência de divisão de tensão de $R = 56$ kΩ e capacitância de $C_1 = 0{,}5$ µF. Determine **(a)** a máxima divisão de tensão em regime permanente $V_{DS(\text{máx})}$; **(b)** o fator de redução da tensão em regime permanente; **(c)** a máxima divisão da tensão transitória $V_{DT(\text{máx})}$; e **(d)** o fator de redução da tensão transitória.

Solução

$n_s = 10$, $V_s = 15$ kV, $\Delta I_D = I_{D2} = 10$ mA e $\Delta Q = Q_2 = 150$ µC.

a. A partir da Equação 9.9, a máxima divisão da tensão em regime permanente é

$$V_{DS(\text{máx})} = \frac{15.000 + (10 - 1) \times 56 \times 10^3 \times 10 \times 10^{-3}}{10} = 2004\,\text{V}$$

b. A partir da Equação 9.13, o fator de redução em regime permanente é

$$\text{FRT} = 1 - \frac{15.000}{10 \times 2004} = 25{,}15\%$$

c. A partir da Equação 9.12, a máxima divisão da tensão transitória é

$$V_{DT(\text{máx})} = \frac{15.000 + (10 - 1) \times 150 \times 10^{-6}/(0{,}5 \times 10^{-6})}{10} = 1770\,\text{V}$$

d. A partir da Equação 9.13, o fator de redução transitório é

$$\text{FRT} = 1 - \frac{15.000}{10 \times 1770} = 15{,}25\%$$

Observação: cada resistor terá uma perda de potência de 71,75 W, o que é apenas aceitável para aplicações de alta potência.

9.8 OPERAÇÃO EM PARALELO DE TIRISTORES

Quando tiristores são conectados em paralelo, a corrente de carga não é compartilhada igualmente por conta das diferenças em suas características. Se um tiristor conduz mais corrente do que outros, sua dissipação de potência aumenta, o que eleva a temperatura da junção e diminui a resistência interna. Por sua vez, a corrente também aumenta e pode danificar o tiristor. Essa instabilidade térmica pode ser evitada com um dissipador de calor em comum, que abordamos na Seção 17.2, de modo que todas as unidades operem à mesma temperatura.

Uma pequena resistência, como mostra a Figura 9.33a, pode ser conectada em série com cada tiristor para forçar uma divisão igual de correntes, mas pode haver uma considerável perda de potência nas resistências em série. Uma abordagem comum para o problema da divisão de correntes em tiristores é utilizar indutores magneticamente acoplados, como indica a Figura 9.33b. Se a corrente através do tiristor T_1 aumenta, uma tensão de polaridade oposta será induzida nos enrolamentos do tiristor T_2, e a impedância através do caminho de T_2 será reduzida, aumentando, assim, o fluxo de corrente através de T_2.

FIGURA 9.33

Divisão de correntes em tiristores.

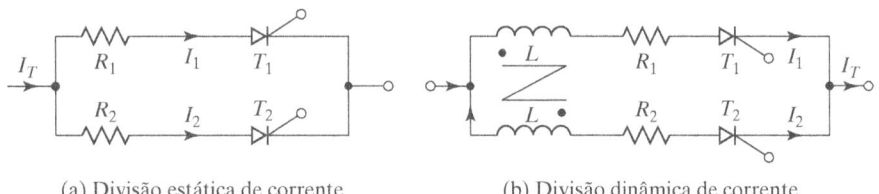

(a) Divisão estática de corrente   (b) Divisão dinâmica de corrente

9.9 PROTEÇÃO CONTRA *di/dt*

Um tiristor necessita de um tempo mínimo para repartir uniformemente a condução de corrente por todas as junções. Se a taxa de crescimento da corrente de anodo for muito alta em comparação à velocidade de espraiamento do processo de entrada em condução, pode ocorrer um "ponto quente" localizado em virtude da alta densidade de corrente, e o dispositivo talvez falhe em função da temperatura excessiva.

Na prática, os dispositivos devem ser protegidos contra *di/dt* elevadas. Como exemplo, consideremos o circuito da Figura 9.34. Durante a operação em regime permanente, D_m conduz quando o tiristor T_1 está desligado. Se T_1 for disparado quando D_m ainda estiver conduzindo, a *di/dt* poderá ser muito alta e limitada apenas pela indutância parasita do circuito.

Na prática, a *di/dt* é limitada pela adição de um indutor em série L_s, como mostra a Figura 9.34. A *di/dt* no sentido direto é

$$\frac{di}{dt} = \frac{V_s}{L_s} \qquad (9.14)$$

onde L_s é a indutância em série, incluindo qualquer indutância parasita.

FIGURA 9.34
Circuito de chaveamento de tiristor com indutor limitador de *di/dt*.

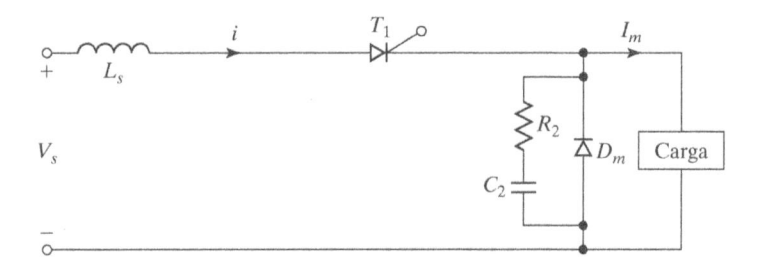

9.10 PROTEÇÃO CONTRA *dv/dt*

Se a chave S_1 da Figura 9.35a for fechada em $t = 0$, um degrau de tensão poderá ser aplicado sobre o tiristor T_1, e a *dv/dt*, ser alta o suficiente para ligar o dispositivo. A *dv/dt* pode ser limitada conectando-se o capacitor C_s, como indica a Figura 9.35a. Quando o tiristor T_1 é ligado, a corrente de descarga do capacitor fica limitada pelo resistor R_s, como na Figura 9.35b.

Com um circuito RC conhecido como circuito amortecedor (*snubber*), a tensão sobre o tiristor cresce exponencialmente, como ilustra a Figura 9.35c, e a *dv/dt* do circuito pode ser encontrada aproximadamente a partir de

$$\frac{dv}{dt} = \frac{0{,}632V_s}{\tau} = \frac{0{,}632V_s}{R_s C_s} \qquad (9.15)$$

O valor da constante de tempo de amortecimento $\tau = R_s C_s$ pode ser determinado a partir da Equação 9.15 para um valor conhecido de *dv/dt*. O valor de R_s é encontrado a partir da corrente de descarga I_{TD}.

$$R_s = \frac{V_s}{I_{TD}} \qquad (9.16)$$

É possível utilizar resistores diferentes para a *dv/dt* e para a descarga, como mostra a Figura 9.35d. A *dv/dt* é limitada por R_1 e C_s. A corrente de descarga é limitada por $(R_1 + R_2)$, de forma que

$$I_{TD} = \frac{V_s}{R_1 + R_2} \qquad (9.17)$$

A carga pode formar um circuito em série com a rede de amortecimento, como na Figura 9.35e. A partir das equações 2.40 e 2.41, o coeficiente de amortecimento δ de uma equação de segunda ordem é

$$\delta = \frac{\alpha}{\omega_0} = \frac{R_s + R}{2}\sqrt{\frac{C_s}{L_s + L}} \qquad (9.18)$$

onde L_s é a indutância parasita, e L e R são a indutância e a resistência de carga, respectivamente.

Para limitar o pico de tensão aplicado sobre o tiristor, utiliza-se um coeficiente de amortecimento na faixa de 0,5 a 1,0. Se a indutância de carga for elevada, o que normalmente é o caso, R_s pode ser grande e C_s, pequena para manter o valor desejado do coeficiente de amortecimento. Um valor elevado de R_s reduz a corrente de descarga, e um valor baixo de C_s reduz a perda no amortecedor (*snubber*). Os circuitos da Figura 9.35 devem ser totalmente

FIGURA 9.35

Circuitos de proteção contra *dv/dt*.

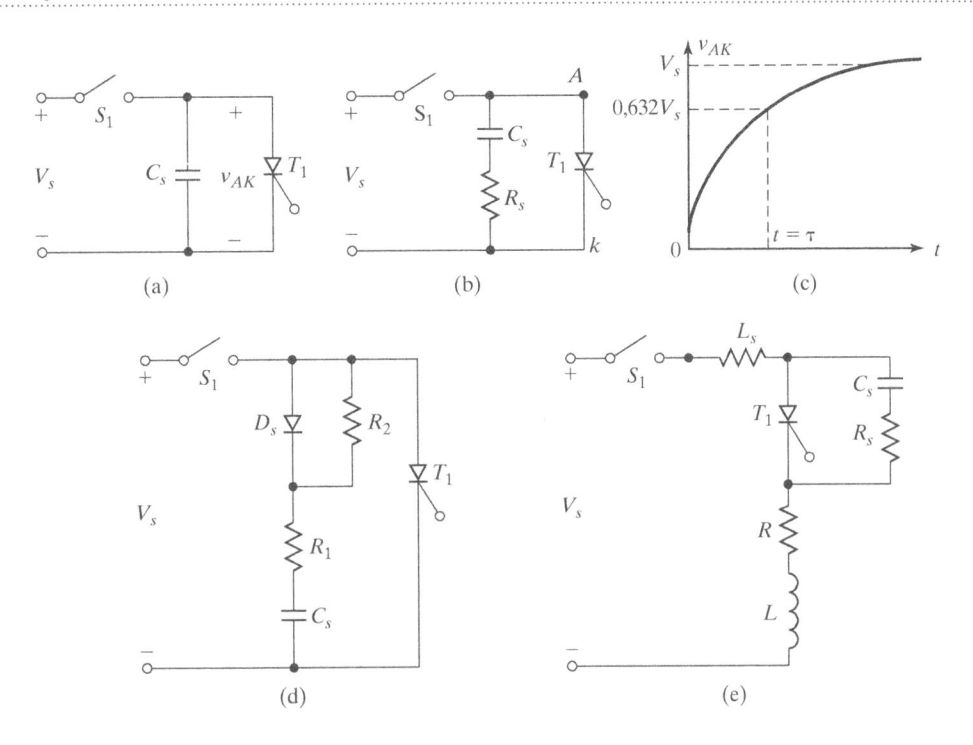

analisados a fim de determinar o valor necessário do coeficiente de amortecimento para limitar a *dv/dt* ao valor desejado. Uma vez que o coeficiente de amortecimento seja conhecido, R_s e C_s podem ser encontrados. A mesma rede RC ou amortecedora é normalmente usada tanto para proteção de *dv/dt* quanto para suprimir a tensão transitória por conta do tempo de recuperação reversa. A supressão da tensão transitória é analisada na Seção 17.6.

Exemplo 9.4 ▪ Determinação dos valores do circuito amortecedor (*snubber*) para um circuito com tiristor

A tensão de entrada da Figura 9.35e é $V_s = 200$ V, com resistência de carga de $R = 5\ \Omega$. As indutâncias de carga e parasita são desprezáveis, e o tiristor é operado a uma frequência de $f_s = 2$ kHz. Se a *dv/dt* exigida for 100 V/μs e a corrente de descarga precisar ser limitada a 100 A, determine **(a)** os valores de R_s e C_s; **(b)** a perda no amortecedor; e **(c)** a especificação de potência do resistor do amortecedor.

Solução

$dv/dt = 100$ V/μs, $I_{TD} = 100$ A, $R = 5\ \Omega$, $L = L_s = 0$ e $V_s = 200$ V.

a. A partir da Figura 9.35e, a corrente de carga do capacitor do amortecedor (*snubber*) pode ser expressa como

$$V_s = (R_s + R)i + \frac{1}{C_s}\int i\, dt + v_c(t = 0)$$

Com a condição inicial $v_c(t = 0) = 0$, a corrente de carga é encontrada como

$$i(t) = \frac{V_s}{R_s + R} e^{-t/\tau} \qquad (9.19)$$

onde $\tau = (R_s + R)C_s$. A tensão direta sobre o tiristor é

$$v_T(t) = V_s - \frac{RV_s}{R_s + R} e^{-t/\tau} \qquad (9.20)$$

Em $t = 0$, $v_T(0) = V_s - RV_s/(R_s + R)$ e em $t = \tau$, $v_T(\tau) = V_s - 0{,}368 RV_s/(R_s + R)$:

$$\frac{dv}{dt} = \frac{v_T(\tau) - v_T(0)}{\tau} = \frac{0{,}632 RV_s}{C_s(R_s + R)^2} \qquad (9.21)$$

A partir da Equação 9.16, $R_s = V_s/I_{TD} = 200/100 = 2\,\Omega$. A Equação 9.21 dá

$$C_s = \frac{0{,}632 \times 5 \times 200 \times 10^{-6}}{(2 + 5)^2 \times 100} = 0{,}129\,\mu F$$

b. A perda no amortecedor é

$$P_s = 0{,}5 C_s V_s^2 f_s = 0{,}5 \times 0{,}129 \times 10^{-6} \times 200^2 \times 2000 = 5{,}2\,W \qquad (9.22)$$

c. Assumindo que toda a energia armazenada em C_s seja dissipada apenas em R_s, a faixa de potência do resistor do amortecedor é 5,2 W.

9.11 MODELOS SPICE PARA TIRISTORES

Quando um novo dispositivo é adicionado à lista da família dos tiristores, surge a questão de um modelo de cálculo auxiliado por computador. Os modelos para os novos dispositivos estão em desenvolvimento. Existem modelos SPICE publicados para tiristores convencionais, para GTOs, MCTs e SITHs.

9.11.1 Modelo SPICE de tiristor

Suponhamos que o tiristor, como o mostrado na Figura 9.36a, seja operado a partir de uma fonte de alimentação CA. Ele deve exibir as seguintes características:

1. Chavear para o estado ligado com a aplicação de uma pequena tensão positiva de porta, desde que a tensão anodo-catodo seja positiva.
2. Permanecer no estado ligado enquanto fluir a tensão de anodo.
3. Chavear para o estado desligado quando a corrente de anodo passar pelo zero para a direção negativa.

A ação de chaveamento do tiristor pode ser representada pelo modelo de uma chave controlada por tensão e por uma fonte de corrente polinomial.[23] Isso é mostrado na Figura 9.36b. O processo de acionamento pode ser explicado pelas seguintes etapas:

1. Para uma tensão positiva de porta V_g entre os nós 3 e 2, a corrente é $I_g = I(VX) = V_g/R_G$.
2. A corrente de porta I_g ativa a fonte F_1 controlada por corrente e produz uma corrente de valor $F_g = P_1 I_g = P_1 I(VX)$, tal que $F_1 = F_g + F_a$.
3. A fonte de corrente F_g produz uma tensão com crescimento rápido V_R sobre a resistência R_T.
4. À medida que a tensão V_R aumenta, ultrapassando zero, a resistência R_S da chave S_1 controlada por tensão diminui de R_{OFF} para R_{ON}.
5. À medida que a resistência R_S da chave S_1 diminui, a corrente de anodo $I_a = I(VY)$ aumenta, desde que a tensão anodo-catodo seja positiva. Essa corrente de anodo I_a crescente produz uma corrente $F_a = P_2 I_a = P_2 I(VY)$, o que resulta em um aumento do valor da tensão V_R.
6. Isso produz uma condição regenerativa com a chave sendo rapidamente levada para baixa resistência (estado ligado). A chave permanece ligada se a tensão de porta V_g for removida.
7. A corrente de anodo I_a continua a fluir enquanto ela for positiva e a chave permanecer no estado ligado.

FIGURA 9.36
Modelo SPICE de tiristor.

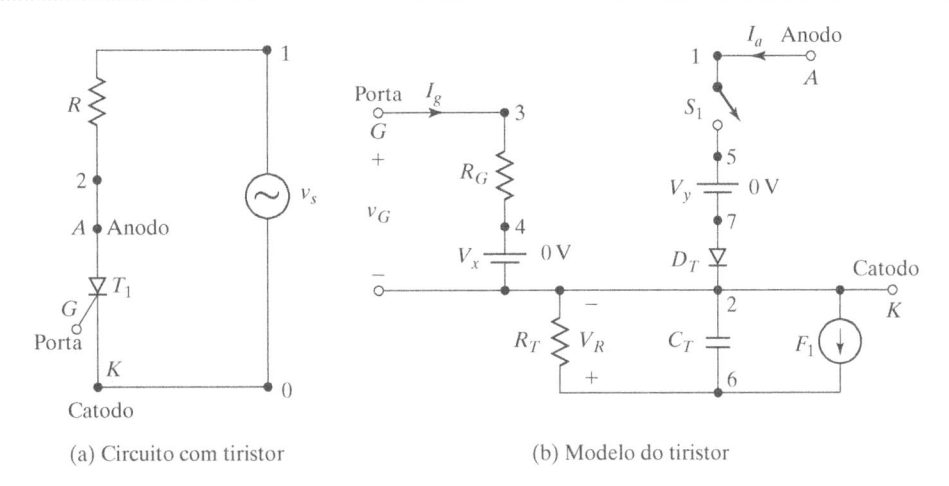

(a) Circuito com tiristor

(b) Modelo do tiristor

Durante o desligamento, a corrente de porta é desligada e $I_g = 0$. Isto é, $F_g = 0$, $F_1 = F_g + F_a = F_a$. A operação de desligamento pode ser explicada pelas seguintes etapas:

1. À medida que a corrente de anodo I_a se torna negativa, a corrente F_1 se inverte, desde que a tensão de porta V_g não esteja mais presente.
2. Com uma F_1 negativa, o capacitor C_T descarrega através da fonte de corrente F_1 e da resistência R_T.
3. Com a queda da tensão V_R a um nível baixo, a resistência R_S da chave S_1 aumenta de baixa (R_{ON}) para alta (R_{OFF}).
4. Essa é novamente uma condição regenerativa, com a resistência da chave sendo rapidamente levada para o valor R_{OFF} na medida em que a tensão V_R se torna zero.

Esse modelo funciona bem com um circuito conversor em que a corrente do tiristor cai a zero por conta das características naturais da corrente. Entretanto, para um conversor CA-CC em onda completa com uma corrente de carga contínua, como discutido no Capítulo 10, a corrente de um tiristor é desviada para outro tiristor, e esse modelo pode não dar a saída verdadeira. Esse problema pode ser resolvido com a adição do diodo D_T, como mostra a Figura 9.36b. O diodo impede qualquer fluxo de corrente reversa através do tiristor resultante do disparo de outro tiristor no circuito.

Esse modelo de tiristor pode ser usado como um subcircuito. A chave S_1 é controlada pela tensão de controle V_R conectada entre os nós 6 e 2. Os parâmetros da chave ou do diodo podem ser ajustados para produzir a queda desejada da tensão do tiristor no estado ligado. Utilizaremos os parâmetros do diodo IS = 2,2E – 15, BV = 1800V, TT = 0; e os parâmetros da chave RON = 0,0125, ROFF = 10E + 5, VON = 0,5V, VOFF = OV. A definição do subcircuito para o modelo SCR de tiristor pode ser descrita como se segue:

```
*      Subcircuito para modelo de tiristor com CA
.SUBCKT  SCR           1       3        2
*       nome do       anodo tensão de  catodo
*       modelo              controle
S1       1     5    6    2        SMOD         ; Chave controlada por tensão
RG       3     4    50
VX       4     2    DC      0V
VY       5     7    DC      0V
DT       7     2    DMOD                       ; diodo
RT       6     2    1
CT       6     2    10UF
F1       2     6    POLY(2)    VX    VY    0    50    11
```

```
. MODEL SMOD VSWITCH (RON=0.0125 ROFF=10E+5 VON=0.5V VOFF=0V)  ; Modelo da chave
. MODEL DMOD D(IS=2.2E-15 BV=1800V TT=0)    ; Parâmetros do modelo do diodo
. ENDS SCR                                  ; Final do subcircuito
```

Um modelo de circuito como o indicado na Figura 9.36b incorpora o comportamento de chaveamento de um tiristor apenas em condições CC. Ele não inclui os efeitos de segunda ordem, como sobretensão, dv/dt, tempo de atraso t_d, tempo de desligamento t_q, resistência no estado ligado R_{on} e tensão ou corrente de limiar de porta. O modelo de Gracia[4] ilustrado na Figura 9.37 inclui esses parâmetros, que podem ser extraídos da folha de dados do dispositivo.

FIGURA 9.37

Modelo completo de SCR.[4]

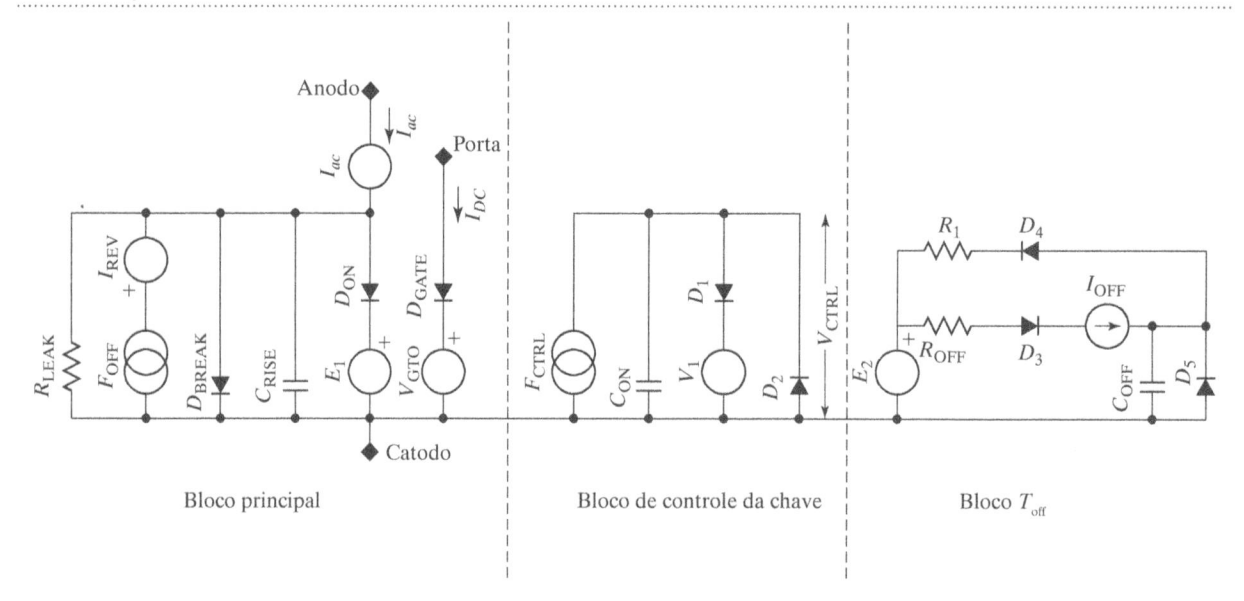

9.11.2 Modelo SPICE de GTO

Um GTO pode ser representado pelo modelo com dois transistores exibido na Figura 9.15c. No entanto, um modelo GTO[6,11-13] consistindo de dois tiristores conectados em paralelo produz características melhores no estado ligado, no acionamento e no desligamento. Na Figura 9.38 está representado um modelo GTO com quatro transistores.

Quando uma tensão anodo-catodo V_{AK} for positiva e não houver tensão de porta, o modelo GTO estará no estado desligado como um tiristor comum. Quando uma pequena tensão é aplicada sobre a porta, I_{B2} deixa de ser zero; portanto, $I_{C1} = I_{C2}$ não é zero. Pode haver um fluxo de corrente do anodo para o catodo. Quando um pulso negativo de porta é aplicado ao modelo GTO, a junção *PNP* perto do catodo se comporta como um diodo. O diodo é inversamente polarizado porque a tensão de porta é negativa com relação ao catodo. Portanto, o GTO interrompe a condução.

Quando a tensão anodo-catodo é negativa, isto é, a tensão de anodo é negativa em relação ao catodo, o modelo GTO atua como um diodo inversamente polarizado. Isso ocorre porque o transistor *PNP* vê uma tensão negativa no emissor, e o transistor *NPN*, uma tensão positiva. Portanto, os dois transistores estão no estado desligado, e o GTO não pode conduzir. A descrição do subcircuito SPICE do modelo GTO é a seguinte:

```
.SUBCIRCUIT    1       2       3       ; Subcircuito do GTO
*Terminal      anodo   catodo  porta
Q1    5   4   1        DPNP    PNP     ; Transistor PNP com modelo DPNP
Q3    7   6   1        DPNP    PNP
```

```
Q2          4    5    2           DNPN     NPN        ; Transistor NPN com modelo DNPN
Q4          6    7    2           DNPN     NPN
R1          7    5    10ohms
R2          6    4    10ohms
R3          3    7    10ohms
.MODEL           DPNP      PNP    ; Modelo de um transistor PNP ideal
.MODEL           DNPN      NPN    ; Modelo de um transistor NPN ideal
.ENDS                             ; Final do subcircuito
```

FIGURA 9.38
Modelo GTO com quatro transistores.[12]

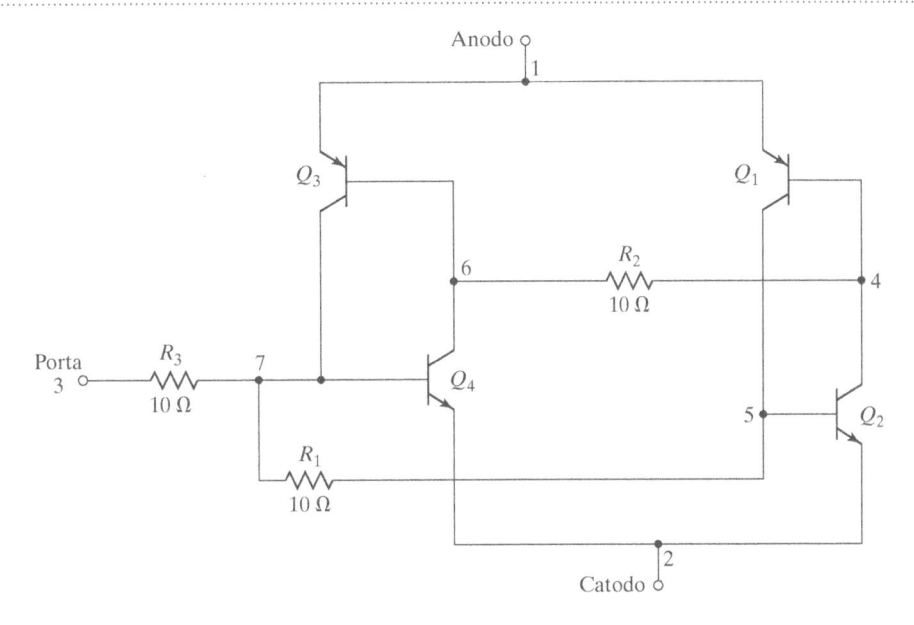

9.11.3 Modelo SPICE de MCT

O equivalente do MCT, como mostra a Figura 9.39a, tem uma seção SCR com duas seções MOSFET integradas para ligar e desligar. Como a integração do MCT é complexa, é muito difícil obter um modelo exato de circuito para o dispositivo.[39] O modelo de Yuvarajan,[37] indicado na Figura 9.39b, é bem simples e obtido a partir da expansão do modelo SCR[2,3] pela inclusão das características de acionamento e desligamento do MCT. Os parâmetros do modelo podem ser obtidos a partir das folhas de dados dos fabricantes. Esse modelo, porém, não simula todas as características do MCT, como tensão de ruptura e tensão de ruptura direta, operação de alta frequência e tensão de pico na entrada em condução. O modelo de Arsov[38] é uma modificação do de Yuvarajan, e é obtido a partir do circuito equivalente do nível transistor do MCT pela expansão do modelo SCR.[3]

9.11.4 Modelo SPICE de SITH

O modelo SITH de Wang,[49] que se baseia nos mecanismos físicos operacionais internos do dispositivo do circuito equivalente da Figura 9.27b, consegue prever tanto as características estáticas quanto as dinâmicas do dispositivo.[48,50] Ele leva em conta efeitos da estrutura, vida útil e temperatura do dispositivo, e pode ser executado em simuladores de circuito do tipo do PSpice como um subcircuito.

9.12 DIACs

Um DIAC, ou "diodo para corrente alternada", também é um membro da família dos tiristores. Ele é exatamente como um TRIAC sem o terminal de porta. A seção transversal de um DIAC está representada na Figura 9.40a.

FIGURA 9.39
Modelo de um MCT.[37]

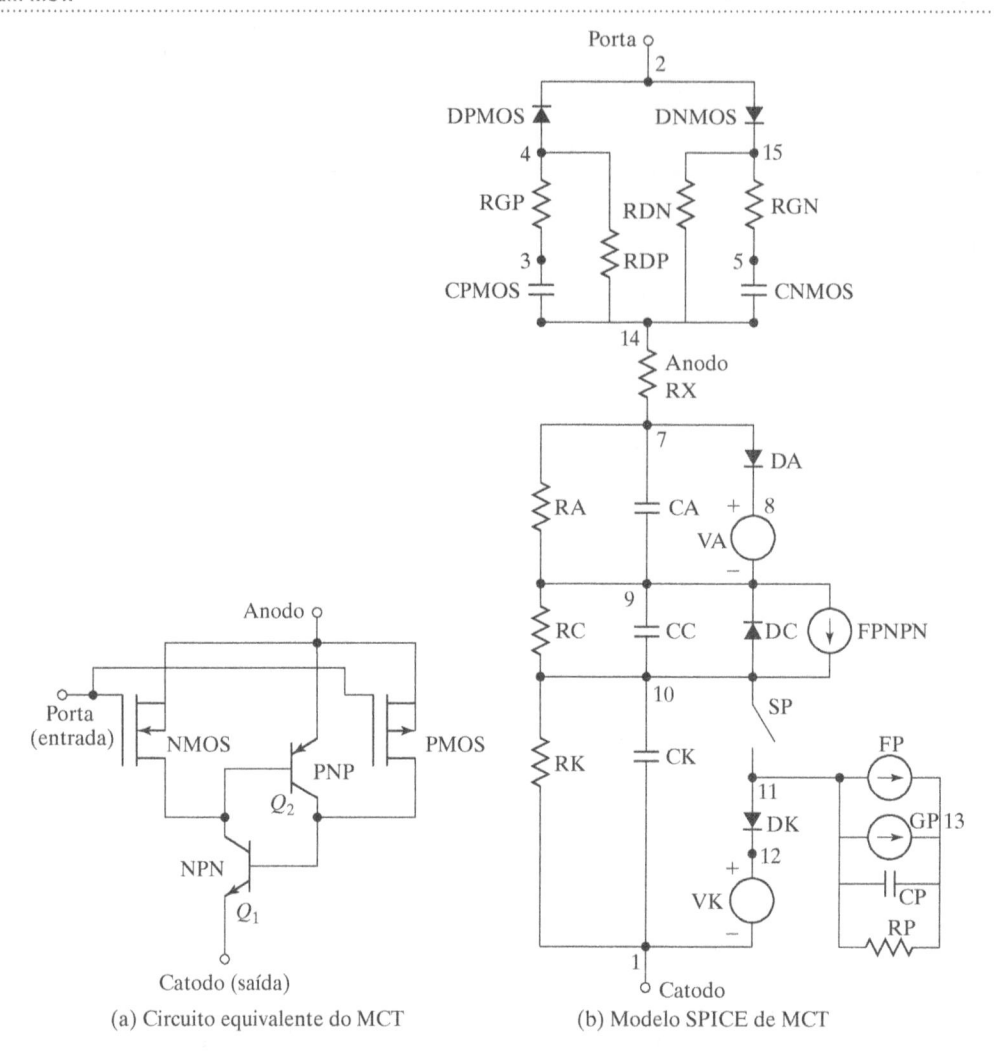

(a) Circuito equivalente do MCT

(b) Modelo SPICE de MCT

Seu circuito equivalente é um par de diodos invertidos de quatro camadas. Ambos os símbolos mostrados nas Figuras 9.40b e c são muito utilizados. Um DIAC é um dispositivo semicondutor *PNPN* estruturado em quatro camadas com dois terminais, MT_2 e MT_1. Não há terminal de controle nesse dispositivo. A estrutura do DIAC se assemelha à de um transistor de junção bipolar (BJT).

Um DIAC pode ser comutado do estado desligado para o ligado com qualquer polaridade da tensão aplicada. Considerando que ele é um dispositivo bilateral como o TRIAC, as designações dos terminais são arbitrárias. A comutação do estado desligado para o ligado é obtida pela simples superação da tensão de ruptura direta por avalanche em qualquer um dos dois sentidos.

A característica *v-i* típica de um DIAC é ilustrada na Figura 9.41. Quando o terminal MT_2 é positivo o suficiente para romper a junção N_2-P_2, a corrente consegue fluir do terminal MT_2 para o MT_1 através do caminho P_1-N_2-P_2-N_3. Se a polaridade do terminal MT_1 for positiva o suficiente para romper a junção N_2-P_1, a corrente fluirá através do caminho P_2-N_2-P_1-N_1. Um DIAC pode ser considerado como dois diodos conectados em série, em sentidos opostos.

Quando a tensão aplicada em qualquer polaridade é menor do que a de ruptura direta por avalanche V_{BO}, o DIAC está no estado desligado (ou no estado de não condução), e uma quantidade muito pequena de *corrente de fuga* flui através do dispositivo. No entanto, quando a magnitude da tensão aplicada supera a tensão de ruptura direta por avalanche V_{BO}, a ruptura ocorre, e a corrente do DIAC cresce rapidamente, como indica a Figura 9.41.

FIGURA 9.40
Seção transversal de um DIAC e seus símbolos.

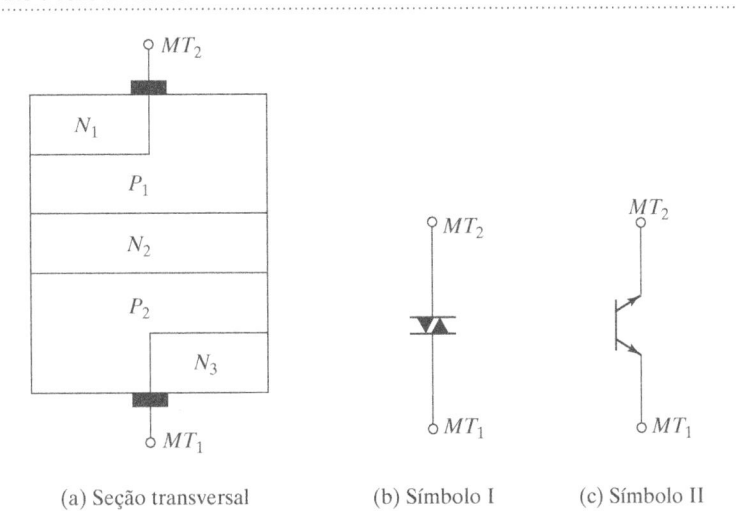

(a) Seção transversal (b) Símbolo I (c) Símbolo II

Quando a corrente começa a fluir, há uma queda de tensão no estado ligado ΔV, por conta do fluxo da corrente de carga. Se o DIAC estiver conectado a uma tensão de alimentação CA senoidal, como mostra a Figura 9.42, a corrente de carga fluirá somente quando a tensão de alimentação superar a de ruptura direta em qualquer direção. Deve-se observar que geralmente os DIACs não são utilizados sozinhos, mas com outros dispositivos tiristores como o TRIAC, como ilustra a Figura 9.43, para gerar sinais de disparo de porta.

FIGURA 9.41
Características *v-i* de DIACs.

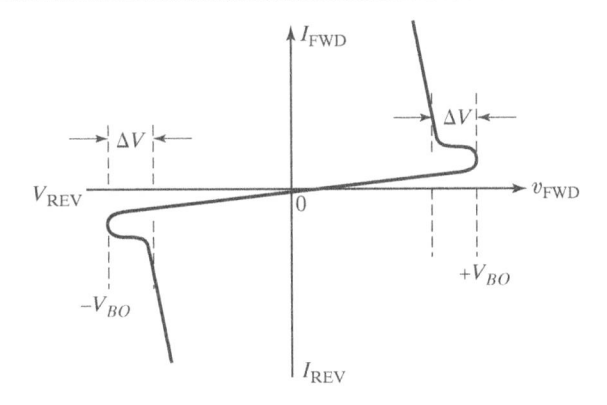

FIGURA 9.42
Formas de onda de tensão e corrente de um circuito com DIAC.

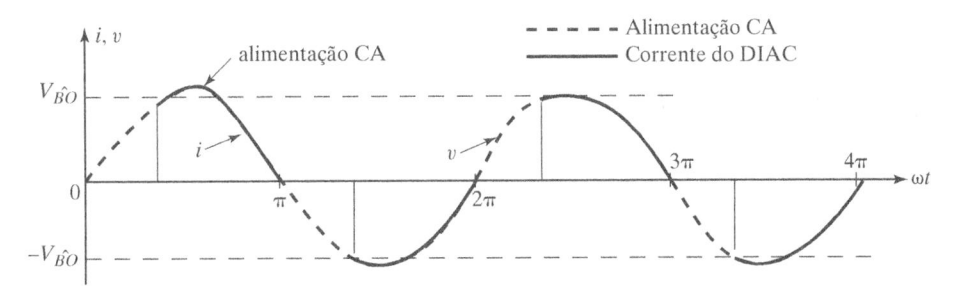

FIGURA 9.43

DIAC para acionar um TRIAC.

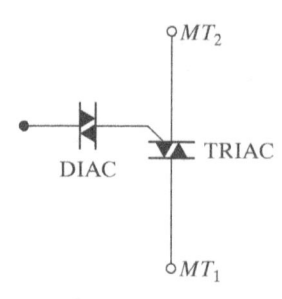

9.13 CIRCUITOS DE DISPARO DE TIRISTORES

Em conversores tiristorizados existem diferentes potenciais em vários terminais.[53] O circuito de potência é submetido a uma tensão elevada, geralmente superior a 100 V, e o circuito de comando é mantido a uma tensão baixa, normalmente de 12 a 30 V. Há a necessidade de um circuito de isolação entre o tiristor e seu circuito gerador de pulso de porta. A isolação pode ser realizada por transformadores de pulsos ou por optoacopladores. Um optoacoplador pode ser um fototransistor ou um foto-SCR, como mostra a Figura 9.44. Um pulso curto na entrada do ILED (LED infravermelho), D_1, liga o foto-SCR T_1, e o tiristor de potência T_L é acionado. Esse tipo de isolação necessita de uma fonte de alimentação V_{CC} em separado e aumenta o custo e o peso do circuito de disparo.

Um arranjo simples de isolação[1] com transformadores de pulsos é indicado na Figura 9.45a. Quando um pulso de tensão adequada é aplicado na base de um transistor de chaveamento Q_1, o transistor satura e a tensão CC, V_{CC}, aparece no primário do transformador, induzindo uma tensão pulsada sobre o secundário deste, aplicada entre os terminais da porta e do catodo do tiristor. Quando o pulso é removido da base do transistor Q_1, ele desliga e uma tensão de polaridade oposta é induzida no primário e o diodo de roda livre D_m conduz. A corrente por conta da energia magnética do transformador através de D_m decai para zero. Durante esse decaimento transitório, uma tensão reversa correspondente é induzida no secundário. A largura do pulso pode ser aumentada conectando-se um capacitor C em paralelo com o resistor R, como ilustra a Figura 9.45b. O transformador conduz corrente unidirecional, e o núcleo magnético pode saturar, limitando, assim, a largura do pulso. Esse tipo de isolação é adequado para pulsos normalmente de 50 a 100 μs.

Em muitos conversores de potência com cargas indutivas, o período de condução de um tiristor depende do fator de potência da carga (FP); portanto, o início da condução de um tiristor não é bem definido. Nessa situação é em geral necessário acionar continuamente os tiristores. No entanto, um comando contínuo de porta aumenta as perdas do tiristor. Um trem de pulsos, que é preferível, pode ser obtido com um enrolamento auxiliar, como na Figura 9.45c. Quando o transistor Q_1 é ligado, uma tensão também é induzida no enrolamento auxiliar N_3 na base

FIGURA 9.44

Isolação com foto-SCR.

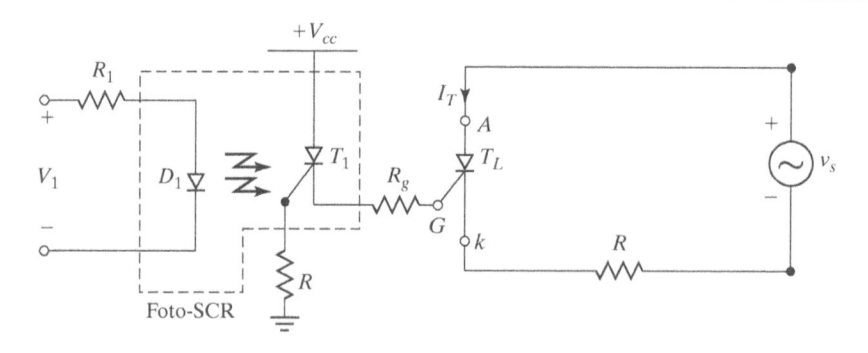

FIGURA 9.45

Isolação com transformador de pulsos.

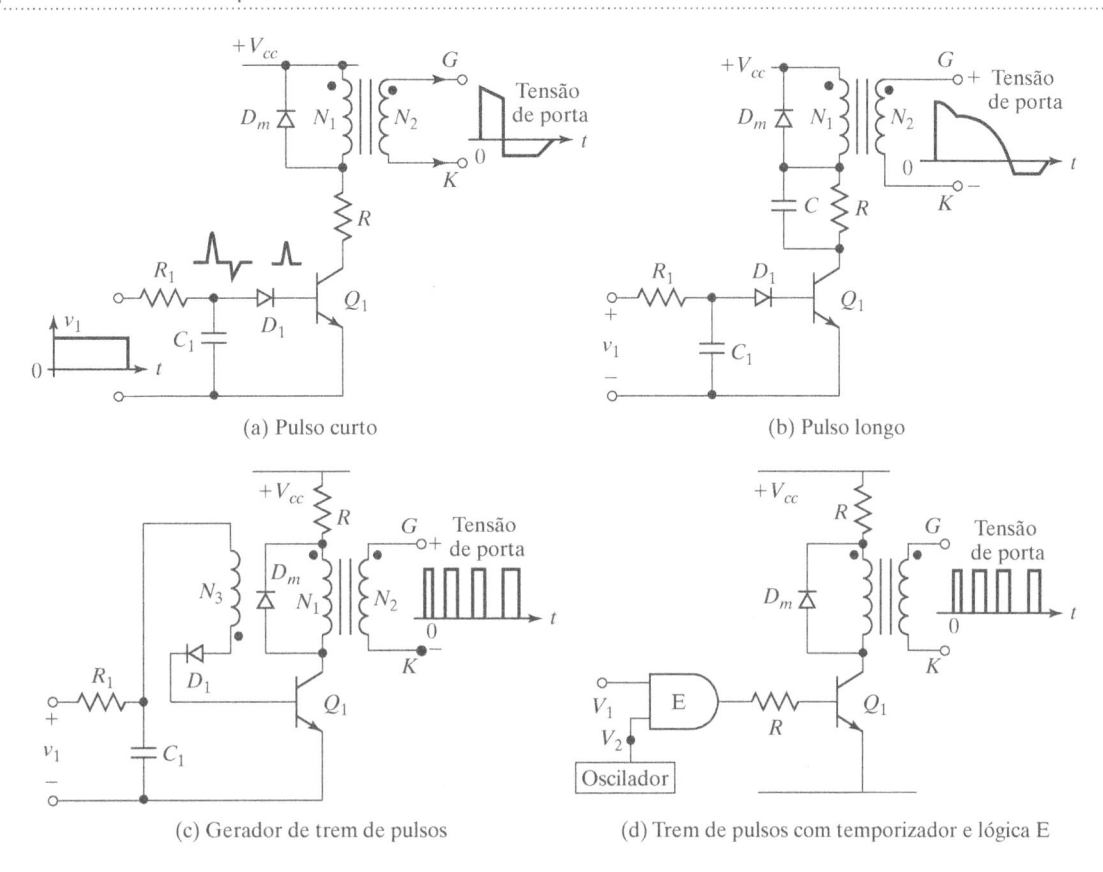

(a) Pulso curto

(b) Pulso longo

(c) Gerador de trem de pulsos

(d) Trem de pulsos com temporizador e lógica E

do transistor Q_1, de modo que o diodo D_1 seja inversamente polarizado e Q_1 desligue. Enquanto isso, o capacitor C_1 carrega através de R_1 e liga Q_1 novamente. Esse processo de acionamento e desligamento continua enquanto houver um sinal de entrada v_1 para o isolador. Em vez de utilizar o enrolamento auxiliar como um oscilador de bloqueio, uma porta lógica E com um oscilador (ou um temporizador) pode gerar um trem de pulsos, como indica a Figura 9.45d. Na prática, a porta E não consegue acionar o transistor Q_1 de modo direto, e um estágio amplificador (*buffer*) normalmente é conectado antes do transistor.

A saída dos circuitos de porta da Figura 9.44 ou da Figura 9.45 é, na maioria das vezes, conectada entre a porta e o catodo, com outros componentes de proteção da porta, como mostra a Figura 9.46. O resistor R_g na Figura 9.46a aumenta a capacidade de dv/dt do tiristor, reduz o tempo de desligamento e aumenta as correntes de manutenção e de travamento. O capacitor C_g na Figura 9.46b remove as componentes de ruído de alta frequência e aumenta a capacidade de dv/dt, além do tempo de atraso da porta. O diodo D_g na Figura 9.46c protege a porta contra tensões negativas. Entretanto, para SCRs assimétricos é desejável ter uma quantidade de tensão negativa na porta a fim de melhorar a capacidade de dv/dt, e também reduzir o tempo de desligamento. Todos esses recursos podem ser somados, como ilustra a Figura 9.46d, na qual o diodo D_1 permite apenas os pulsos positivos, e R_1 amortece qualquer oscilação transitória e limita a corrente de porta.

■ **Principais pontos da Seção 9.13**

- A aplicação de um sinal de pulso liga um tiristor.
- O circuito de comando de porta de baixo nível de tensão deve ser isolado do circuito de alto nível de potência por meio de técnicas de isolação.
- A porta deve ser protegida contra acionamento por uma elevada frequência ou um sinal de interferência.

FIGURA 9.46

Circuitos de proteção da porta.

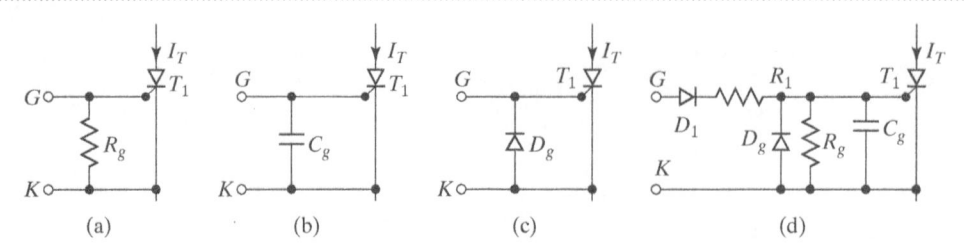

(a) (b) (c) (d)

9.14 TRANSISTOR DE UNIJUNÇÃO

O transistor de unijunção (UJT) é geralmente utilizado para a geração de sinais de comando de SCRs.[52] Um circuito básico de comando com UJT é mostrado na Figura 9.47a. Ele tem três terminais, chamados de emissor E, base um B_1 e base dois B_2. Entre B_1 e B_2, a unijunção tem as características de uma resistência comum. Essa é a resistência entre bases R_{BB}, e tem valores na faixa de 4,7 a 9,1 kΩ. As características estáticas de um UJT são ilustradas na Figura 9.47b.

Quando uma tensão de alimentação CC V_s é aplicada, o capacitor C carrega através do resistor R, pois o circuito do emissor do UJT está no estado aberto. A constante de tempo do circuito de carga é $\tau_1 = RC$. Quando a tensão de emissor V_E, que é a tensão do capacitor v_C, atinge a *tensão de pico* V_p, o UJT liga, e o capacitor C descarrega através de R_{B1} a uma taxa determinada pela constante de tempo $\tau_2 = R_{B1}C$. τ_2 é muito menor que τ_1. Quando a tensão de emissor V_E decai ao ponto de vale, V_v, o emissor cessa a condução, o UJT desliga e o ciclo de carga é repetido. As formas de onda do emissor e das tensões de disparo são mostradas na Figura 9.47c.

A forma de onda da tensão de disparo V_{B1} é idêntica à corrente de descarga do capacitor C. A tensão de disparo V_{B1} deve ser projetada a fim de ter um valor suficientemente grande para ligar o SCR. O período de oscilação T é de certa forma independente da tensão de alimentação CC V_s, e é dado por

$$T = \frac{1}{f} \approx RC \ln \frac{1}{1 - \eta} \tag{9.23}$$

onde o parâmetro η é chamado de *razão intrínseca de equilíbrio*. O valor de η situa-se entre 0,51 e 0,82.

O resistor R é limitado a um valor entre 3 kΩ e 3 MΩ. O limite superior é definido pela exigência de que a linha de carga formada por R e V_s tenha intersecção com as características do dispositivo à direita do ponto de pico, mas à esquerda do ponto de vale. Se a linha de carga não passar à direita do ponto de pico, o UJT não consegue ligar. Essa condição pode ser satisfeita se $V_s - I_p R > V_p$. Isto é,

$$R < \frac{V_s - V_p}{I_p} \tag{9.24}$$

No ponto de vale, $I_E = I_V$ e $V_E = V_v$, de modo que a condição para o limite inferior de R que assegure o desligamento seja $V_s - I_v R < V_v$. Isto é,

$$R > \frac{V_s - V_v}{I_v} \tag{9.25}$$

A faixa recomendada da tensão de alimentação V_s é de 10 a 35 V. Para valores fixos de η, a tensão de pico V_p varia com aquela entre as duas bases, V_{BB}. V_p é dada por

$$V_p = \eta V_{BB} + V_D \, (= 0{,}5\text{V}) \approx \eta V_S + V_D \, (= 0{,}5\text{V}) \tag{9.26}$$

onde V_D é a queda de tensão direta de um diodo. A largura do pulso de disparo t_g é

$$t_g = R_{B1} C \tag{9.27}$$

FIGURA 9.47
Circuito de disparo com UJT.

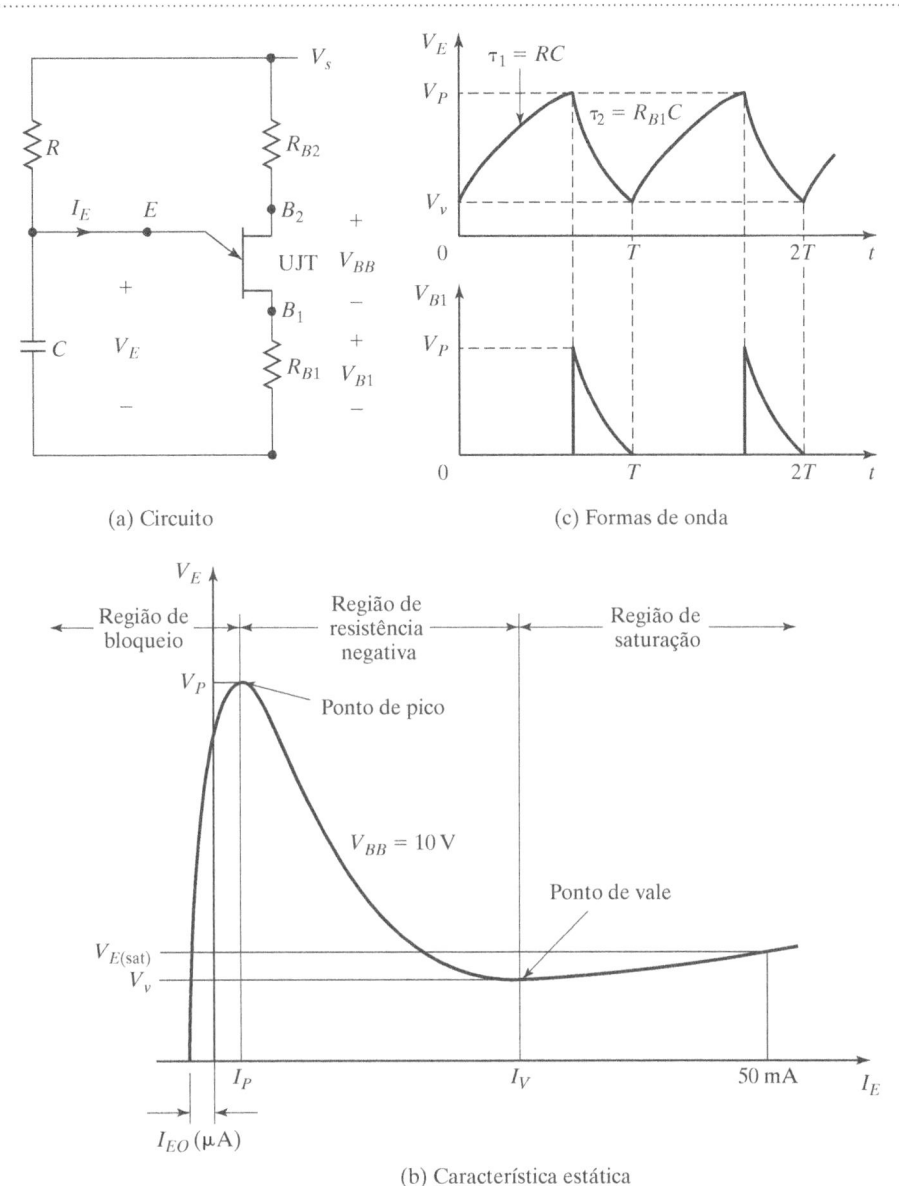

(a) Circuito

(b) Característica estática

(c) Formas de onda

Em geral, R_{B1} é limitada a um valor abaixo de 100 Ω, embora valores de até 2 ou 3 kΩ sejam possíveis em algumas aplicações. Um resistor R_{B2} é normalmente conectado em série com a base dois para compensar a diminuição de V_p por conta do aumento de temperatura e para proteger o UJT de uma possível instabilidade térmica. O resistor R_{B2} tem um valor de 100 Ω ou maior e pode ser determinado aproximadamente por

$$R_{B2} = \frac{10^4}{\eta V_s} \qquad (9.28)$$

Exemplo 9.5 • Determinação dos valores de um circuito de comando com UJT

Projete o circuito de comando da Figura 9.47a. Os parâmetros do UJT são $V_s = 30\,\text{V}, \eta = 0{,}51, I_p = 10\,\mu\text{A}$, $V_v = 3{,}5\,\text{V}$ e $I_v = 10\,\text{mA}$. A frequência de oscilação é $f = 60\,\text{Hz}$, e a largura do pulso de disparo, $t_g = 50\,\mu\text{s}$. Suponha que $V_D = 0{,}5$.

Solução

$T = 1/f = 1/60$ Hz $= 16{,}67$ ms. A partir da Equação 9.26, $V_p = 0{,}51 \times 30 + 0{,}5 = 15{,}8$ V. Seja $C = 0{,}5$ µF. A partir das equações 9.24 e 9.25, os valores limitantes de R são

$$R < \frac{30 - 15{,}8}{10\ \mu A} = 1{,}42\ M\Omega$$

$$R > \frac{30 - 3{,}5}{10\ mA} = 2{,}65\ k\Omega$$

A partir da Equação 9.23, $16{,}67$ ms $= R \times 0{,}5\ \mu F \times \ln[1/(1-0{,}51)]$, o que dá $R = 46{,}7$ kΩ, que está dentro dos valores limitantes. A tensão de pico da porta $V_{B1} = V_p = 15{,}8$ V. A partir da Equação 9.27,

$$R_{B1} = \frac{t_g}{C} = \frac{50\ \mu s}{0{,}5\ \mu F} = 100\ \Omega$$

A partir da Equação 9.28,

$$R_{B2} = \frac{10^4}{0{,}51 \times 30} = 654\ \Omega$$

■ Principais pontos da Seção 9.14

- O UJT pode gerar um sinal de comando para tiristores.
- Quando a tensão de emissor atinge a tensão do ponto de pico, o UJT liga; quando a tensão de emissor cai ao ponto de decaimento, ele desliga.

9.15 TRANSISTOR DE UNIJUNÇÃO PROGRAMÁVEL

O transistor de unijunção programável (*programmable unijunction transistor* — PUT) é um pequeno tiristor mostrado na Figura 9.48a. Um PUT pode ser utilizado como oscilador de relaxação, como indica a Figura 9.48b. A tensão de porta V_G é obtida a partir da alimentação pelo divisor resistivo formado por R_1 e R_2 e determina a tensão do ponto de pico V_p. No caso do UJT, V_p é fixada para um dispositivo pela tensão de alimentação CC. No entanto, a V_p de um PUT pode ser variada alterando-se os resistores R_1 e R_2. Se a tensão de anodo V_A for menor do que a tensão de porta V_G, o dispositivo pode permanecer no seu estado desligado. Se V_A exceder a tensão de porta por uma tensão direta de um diodo V_D, o ponto de pico será atingido e o dispositivo ligará. A corrente de pico I_p e a corrente do ponto de vale I_v dependem ambas da impedância equivalente sobre a porta, $R_G = R_1 R_2/(R_1 + R_2)$, e da tensão de alimentação CC V_s. Em geral, R_k é limitada a um valor abaixo de 100 Ω.

V_p é dado por

$$V_p = \frac{R_2}{R_1 + R_2} V_s \tag{9.29}$$

que dá a relação intrínseca como

$$\eta = \frac{V_p}{V_s} = \frac{R_2}{R_1 + R_2} \tag{9.30}$$

R e C controlam a frequência com R_1 e R_2. O período de oscilação T é dado aproximadamente por

$$T = \frac{1}{f} \approx RC \ln \frac{V_s}{V_s - V_p} = RC \ln\left(1 + \frac{R_2}{R_1}\right) \tag{9.31}$$

A corrente de porta I_G no ponto de vale é dada por

$$I_G = (1 - \eta)\frac{V_s}{R_G} \tag{9.32}$$

FIGURA 9.48
Circuito de disparo com PUT.

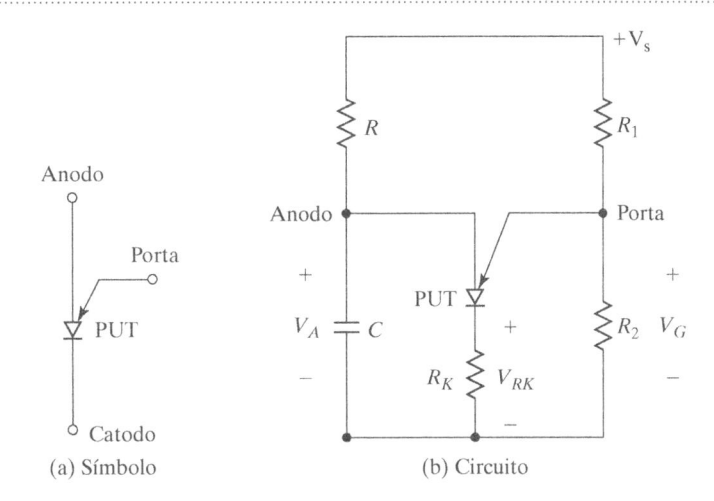

(a) Símbolo

(b) Circuito

onde $R_G = R_1 R_2/(R_1 + R_2)$. R_1 e R_2 podem ser encontrados a partir de

$$R_1 = \frac{R_G}{\eta} \tag{9.33}$$

$$R_2 = \frac{R_G}{1 - \eta} \tag{9.34}$$

Exemplo 9.6 ▪ **Determinação dos valores de um circuito de comando com UJT programável**

Projete o circuito de comando da Figura 9.48b. Os parâmetros do PUT são $V_s = 30$ V e $I_G = 1$ mA. A frequência de oscilação é $f = 60$ Hz. A largura do pulso é $t_g = 50$ µs, e a tensão de pico do disparo, $V_{Rk} = 10$ V.

Solução

$T = 1/f = 1/60$ Hz $= 16,67$ ms. A tensão de pico do disparo $V_{Rk} = V_p = 10$ V. Seja $C = 0,5$ µF. A partir da Equação 9.27, $R_k = t_g/C = 50$ µs/0,5 µF $= 100$ Ω. A partir da Equação 9.30, $\eta = V_p/V_s = 10/30 = 1/3$. A partir da Equação 9.31, 16,67 ms $= R \times 0,5$ µF $\times \ln[30/(30 - 10)]$, o que dá $R = 82,2$ kΩ. Para $I_G = 1$ mA, a Equação 9.32 dá $R_G = (1 - \frac{1}{3}) \times 30/1$ mA $= 20$ kΩ. A partir da Equação 9.33,

$$R_1 = \frac{R_G}{\eta} = 20 \text{ k}\Omega \times \frac{3}{1} = 60 \text{ k}\Omega$$

A partir da Equação 9.34,

$$R_2 = \frac{R_G}{1 - \eta} = 20 \text{ k}\Omega \times \frac{3}{2} = 30 \text{ k}\Omega$$

▪ Principais pontos da Seção 9.15

- O PUT pode gerar um sinal de comando para tiristores.
- A tensão do ponto de pico pode ser ajustada a partir de um circuito externo composto geralmente por dois resistores que formam um divisor de tensão. Assim, pode-se variar a frequência dos pulsos de comando.

RESUMO

Existem 13 tipos de tiristor. Apenas os GTOs, SITHs, MTOs, ETOs, IGCTs e MCTs são dispositivos de desligamento de porta. Cada tipo tem vantagens e desvantagens. As características dos tiristores na prática diferem significativamente dos dispositivos ideais. Apesar de haver várias formas de ligar tiristores, o controle pela porta é a mais prática. Por conta das capacitâncias de junção e dos limites de acionamento, os tiristores devem ser protegidos contra di/dt elevadas e falhas de dv/dt. Uma rede de amortecimento (*snubber*) é normalmente utilizada para proteção contra dv/dt elevada. Em virtude da carga recuperada, um pouco de energia é armazenada nos indutores de di/dt e parasitas; os dispositivos devem ser protegidos contra essa energia. As perdas por chaveamento dos GTOs são muito maiores do que as dos SCRs normais. Os componentes de amortecimento (*snubber*) dos GTOs são fundamentais para o seu desempenho.

Pelas diferenças nas características dos tiristores do mesmo tipo, as operações em série e em paralelo necessitam de redes de divisão de tensão e de corrente para protegê-los em condições transitórias e em regime permanente. Há a necessidade de uma forma de isolação entre o circuito de potência e os de comando de porta. A isolação por transformador de pulsos é simples, porém, eficaz. Para cargas indutivas, um trem de pulsos reduz as perdas nos tiristores, e é normalmente utilizado para disparo de tiristores. Os UJTs e PUTs são utilizados para a geração de pulsos de disparo.

QUESTÕES PARA REVISÃO

9.1 Qual é a característica v-i dos tiristores?
9.2 Qual é a condição de estado desligado dos tiristores?
9.3 Qual é a condição de estado ligado dos tiristores?
9.4 Qual é a corrente de travamento dos tiristores?
9.5 Qual é a corrente de manutenção dos tiristores?
9.6 Qual é o modelo de tiristor com dois transistores?
9.7 Quais são as formas de acionamento dos tiristores?
9.8 Qual é o tempo de entrada em condução dos tiristores?
9.9 Qual é o objetivo da proteção di/dt?
9.10 Qual é o método comum de proteção di/dt?
9.11 Qual é o objetivo da proteção dv/dt?
9.12 Qual é o método comum de proteção dv/dt?
9.13 Qual é o tempo de desligamento dos tiristor?
9.14 Quais são os tipos de tiristor?
9.15 O que é um SCR?
9.16 Qual é a diferença entre um SCR e um TRIAC?
9.17 Qual é a característica de desligamento dos tiristores?
9.18 Quais são as vantagens e desvantagens dos GTOs?
9.19 Quais são as vantagens e desvantagens dos SITHs?
9.20 Quais são as vantagens e desvantagens dos RCTs?
9.21 Quais são as vantagens e desvantagens dos LASCRs?
9.22 Quais são as vantagens e desvantagens dos tiristores bidirecionais?
9.23 Quais são as vantagens e desvantagens dos MTOs?
9.24 Quais são as vantagens e desvantagens dos ETOs?
9.25 Quais são as vantagens e desvantagens dos IGCTs?

9.26 O que é uma rede de amortecimento (*snubber*)?

9.27 Quais são as considerações de projeto das redes de amortecimento?

9.28 Qual é a técnica mais comum de divisão de tensão nos tiristores conectados em série?

9.29 Quais são as técnicas mais comuns de divisão de corrente nos tiristores conectados em paralelo?

9.30 Qual é o efeito do tempo de recuperação reversa na divisão de tensão transitória nos transistores conectados em paralelo?

9.31 O que é o fator de redução de tensão dos tiristores conectados em série?

9.32 O que é um UJT?

9.33 O que é a tensão de pico de um UJT?

9.34 O que é a tensão do ponto de vale de um UJT?

9.35 O que é relação intrínseca de equilíbrio de um UJT?

9.36 O que é um PUT?

9.37 Quais são as vantagens de um PUT em relação a um UJT?

PROBLEMAS

9.1 A capacitância da junção de um tiristor pode ser considerada independente da tensão no estado desligado. O valor limite da corrente de carga para ligar o tiristor é 10 mA. Para o valor crítico de dv/dt igual a 800 V/μs, determine a capacitância da junção.

9.2 A capacitância da junção de um tiristor é C_{J2} = 25 pF, e ela pode ser considerada independente da tensão no estado desligado. O valor limite da corrente de carga para ligar o tiristor é 15 mA. Para um capacitor de 0,01 μF conectado em paralelo com o tiristor, determine o valor crítico de dv/dt.

9.3 Um circuito com tiristor é mostrado na Figura P9.3. A capacitância de junção do tiristor é C_{J2} = 20 pF e pode ser considerada independente da tensão no estado desligado. O valor limite da corrente de carga para ligar o tiristor é 5 mA, e o valor crítico de dv/dt, 200 V/μs. Determine o valor de C_s para que o tiristor não dispare por conta da dv/dt.

FIGURA P9.3

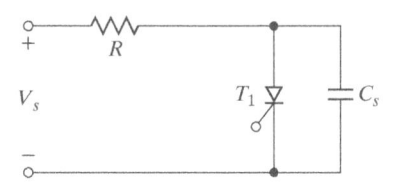

9.4 A tensão de entrada na Figura 9.35e é V_s = 200 V, com uma resistência de carga de R = 10 Ω e uma indutância de carga de L = 50 μH. Para o coeficiente de amortecimento 0,7 e a corrente de descarga do capacitor 5 A, determine **(a)** os valores de R_s e C_s; e **(b)** a dv/dt máxima.

9.5 Repita o Problema 9.4 para uma tensão de entrada CA dada por v_s = 179 sen 377t.

9.6 Um tiristor conduz uma corrente, como mostra a Figura P9.6. A frequência de chaveamento é f_s = 60 Hz. Determine a corrente média no estado ligado I_T.

9.7 Um conjunto de tiristores ligados em série deve suportar uma tensão CC de V_s = 15 kV. As diferenças máximas de corrente de fuga e de carga recuperada dos tiristores são 10 mA e 150 μC, respectivamente. Um fator de redução de 15% é aplicado para as divisões de tensão transitória e em regime permanente dos tiristores. Para uma tensão máxima compartilhada em regime permanente de 1000 V, determine **(a)** a resistência R de divisão de tensão em regime permanente para cada tiristor e **(b)** a capacitância C_1 da tensão transitória para cada tiristor.

9.8 Dois tiristores são ligados em paralelo para dividir uma corrente total de carga $I_L = 500$ A. A queda de tensão no estado ligado de um tiristor é $V_{T1} = 1{,}0$ V, a 300 A, e a do outro tiristor, $V_{T2} = 1{,}5$ V, a 300 A. Determine os valores das resistências em série para forçar a divisão de correntes com 10% de diferença. A tensão total é $v = 2{,}5$ V.

9.9 Repita o Exemplo 9.1 a fim de encontrar o valor crítico de dv/dt para um tiristor se $C_{j2} = 40$ nF e $i_{j2} = 10$ mA.

9.10 Repita o Exemplo 9.2 a fim de encontrar a corrente média no estado ligado de um tiristor I_T, para um pulso de corrente que é repetido a uma frequência $f_s = 1$ kHz.

9.11 Repita o Exemplo 9.3 a fim de encontrar a divisão de tensão de tiristores ligados em série para $\eta_s = 20$, $V_s = 30$ kV, $\Delta I_D = 15$ mA, $\Delta Q = 200$ μC, $R = 47$ kΩ e $C_1 = 0{,}47$ μF.

9.12 Repita o Exemplo 9.4 a fim de encontrar os valores do circuito amortecedor (*snubber*) para um circuito com tiristor se $dv/dt = 250$ V/μs, $I_{TD} = 200$ A, $R = 10$ Ω, $L_s = 0$, $V_s = 240$ V e $f_s = 1$ kHz.

9.13 Projete o circuito de disparo da Figura 9.47a. Os parâmetros do UJT são $V_s = 30$ V, $\eta = 0{,}66$, $I_p = 10$ μA, $V_v = 2{,}5$ V e $I_v = 10$ mA. A frequência de oscilação é $f = 1$ kHz, e a largura do pulso de porta, $t_g = 40$ μs.

9.14 Projete o circuito de disparo da Figura 9.48b. Os parâmetros do PUT são $V_s = 30$ V e $I_G = 1{,}5$ mA. A frequência de oscilação é $f = 1$ kHz. A largura do pulso de porta é $t_g = 40$ μs, e o pico do pulso de disparo, $V_{Rk} = 8$ V.

9.15 Uma fonte 240V, 50Hz, é conectada ao circuito RC de disparo da Figura P9.15. Para R variável de 1,5 a 24 kΩ, $V_{GT} = 2{,}5$ V e $C = 0{,}47$ μF, determine os valores mínimo e máximo do ângulo de disparo α.

FIGURA P9.6

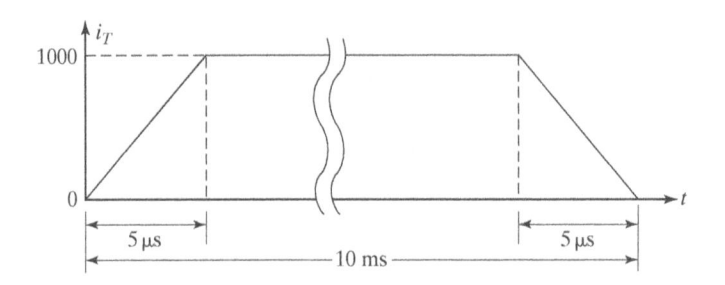

FIGURA P9.15

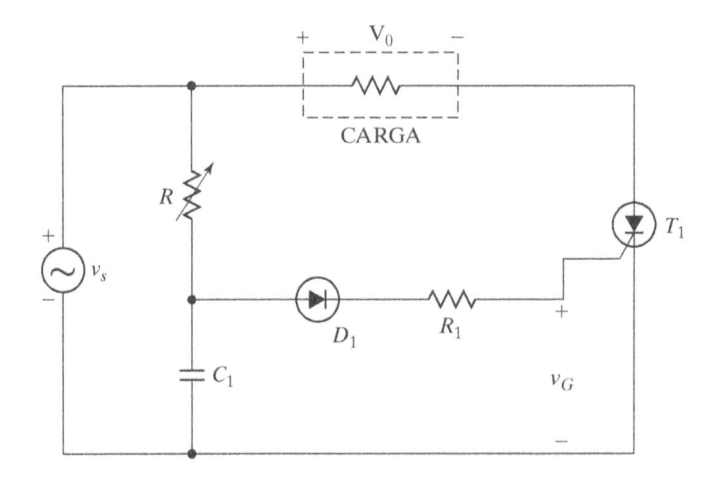

REFERÊNCIAS

1. GENERAL ELECTRIC. GRAFHAM, D. R.; GOLDEN, F. B. *SCR Manual*. 6. ed. Englewood Cliffs, NJ: Prentice Hall, 1982.
2. GIACOLETTO, L. I. "Simple SCR and TRIAC PSpice computer models". *IEEE Transactions on Industrial Electronics*, v. IE36, n. 3, p. 451–455, 1989.
3. AVANT, R. W.; LEE, F. C. "The J3 SCR model applied to resonant converter simulation". *IEEE Transactions on Industrial Electronics*, v. IE-32, p. 1–12, fev. 1985.
4. GRACIA, F. I.; ARIZTI, F.; ARANCETA, F. I. "A nonideal macro-model of thyristor for transient analysis in power electronic systems". *IEEE Transactions Industrial Electronics*, v. 37, p. 514–520, dez. 1990.
5. *Bi-directional control thyristor*. ABB Semiconductors, Lenzburg, Suíça, fev. 1999. Disponível em: <www.abbsemi.com>.
6. RASHID, M. H. *SPICE for Power Electronics*. Upper Saddle River, NJ: Prentice-Hall, 1995.
7. _____. *Power Electronics Handbook*. Editado por M. H. Rashid. San Diego, CA: Academic Press, 2001. Capítulo 4 — Gate Turn-Off Thyristors GTOs.
8. Westcode Semiconductor: Planilhas de dados do GTO. Disponível em: <www.westcode.com/ws-gto.html>.
9. GRANT, D.; HONDA, A. *Applying International Rectifier's Gate Turn-Off Thyristors*. El Segundo, CA: International Rectifier, Application Note AN-315A.
10. HASHIMOTO, O. et al. "Turn-on and turnoff characteristics of a 4.5-kV 3000-A gate turn-off thyristor". *IEEE Transactions on Industrial Applications*, v. IA22, n. 3, p. 478–482, 1986.
11. HO, E. Y.; SEN, P. C. "Effect of gate drive on GTO thyristor characteristics". *IEEE Transactions on Industrial Electronics*, v. IE33, n. 3, p. 325–331, 1986.
12. EL-AMIN, M. A. I. "GTO PSpice model and its applications". *The Fourth Saudi Engineering Conference*, v. III, p. 271–277, nov. 1995.
13. BUSATTO, G.; IANNUZZO, F.; FRATELLI, L. "PSpice model for GTOs". *Proceedings of Symposium on Power Electronics Electrical Drives, Advanced Machine Power Quality*, SPEEDAM Conference, Sorrento, Itália, col. 1, p. P2/5–10, 3-5 jun. 1998.
14. CHAMUND, D. J. "Characterisation of 3.3 kV asymmetrical thyristor for pulsed power application". *IEEE Symposium Pulsed Power 2000*, Londres, Sumário n. 00/053, p. 35/1–4, 3-4 maio 2000.
15. FUKUI, H.; AMANO, H.; MIYA, H. "Paralleling of gate turn-off thyristors". *IEEE Industrial Applications Society Conference Record*, p. 741–746, 1982.
16. PICCONE, D. E. et al. "The MTO thyristor—A new high power bipolar MOS thyristor". *IEEE Industrial Applications Society Conference Record*, p. 1472–1473, out. 1996.
17. "MTO data-sheets". Silicon Power Corporation (SPCO), Exton, PA. Disponível em: <www.siliconopower.com>.
18. RODRIGUES, R. et al. "MTO™ thyristor power switches". *Power Systems World '97*, Baltimore, MD, p. 3–53–64, 6-12 set. 1997.
19. PICCONE, D. et al. "MTO—A MOS turn-off disc-type thyristor for high voltage power conversion". *IEEE Industrial Applications Society Conference Record*, p. 1472–1473, 1996.
20. CARDOSO, B. J.; LIPO, T. A. "Application of MTO thyristors in current stiff converters with resonant snubbers". *IEEE Transactions on Industry Applications*, v. 37, n. 2, p. 566–573, mar./abr. 2001.
21. LI, Y.; HUANG, A. Q.; LEE, F. C. "Introducing the emitter turn-off thyristor". *IEEE Industrial Applications Society Conference Record*, p. 860–864, 1998.
22. LI, Y.; HUANG, A. Q. "The emitter turn-off thyristor—A new MOS-bipolar high power device". *Proc. 1997 Virginia Polytechnic Power Electronics Center Seminar*, p. 179–183, 28-30 set. 1997.
23. YUXIN, L.; HUANG, A. Q.; MOTTO, K. "Experimental and numerical study of the emitter turn-off thyristor (ETO)". *IEEE Transactions on Power Electronics*, v. 15, n. 3, p. 561–574, maio 2000.
24. STEIMER, P. K. et al. "IGCT—A new emerging technology for high power, low cost inverters". *IEEE Industry Applications Society Conference Record*, Nova Orleans, LA, p. 1592–1599, 5-9 out. 1997.
25. GRUNING, H. E.; ODEGARD, B. "High performance low cost MVA inverters realized with integrated gate commutated thyristors (IGCT)". *European Power Electronics Conference*, p. 2060–2065, 1997.
26. LINDNER, S. et al. "A new range of reverse conducting gate commutated thyristors for high voltage, medium power application". *European Power Electronics Conference*, p. 1117–1124, 1997.

27. "Data Sheet—Reverse conducting IGCTs", ABB Semiconductors, Lenzburg, Suíça, 1999.
28. GRUENING, H. E.; ZUCKERBERGER, A. "Hard drive of high power GTO's: Better switching capability obtained through improved gate-units". *IEEE Industry Applications Society Conference Record*, p. 1474–1480, 6-10 out. 1996.
29. BALIGA, B. J. et al. "The insulated gate transistor: A new three-terminal MOS-controlled bipolar power device". *IEEE Transactions on Electron Devices*, v. ED-31, n. 6, p. 821–828, jun. 1984.
30. TEMPLE, V. A. K. "MOS controlled thyristors: A class of power devices", *IEEE Transactions on Electron Devices*, v. ED33, n. 10, p. 1609–1618, 1986.
31. IAHNS, T. M. et al. "Circuit utilization characteristics of MOS-controlled thyristors". *IEEE Transactions on Industry Applications*, v. 27, n. 3, p. 589–597, maio/jun. 1991.
32. "MCT User's Guide". Harris Semiconductor Corp. Melbourne, FL, 1995.
33. YUVARAJAN, S. *Power Electronics Handbook*. Editado por M. H. Rashid. San Diego, CA: Academic Press, 2001. Capítulo 8 — MOS – Controlled Thyristors — MCTs.
34. VENKATARAGHAVAN, P.; BALIGA, B. J. "The dv/dt capability of MOS-gated thyristors". *IEEE Transactions on Power Electronics*, v. 13, n. 4, p. 660–666, jul. 1998.
35. BAYNE, S. B.; PORTNOY, W. M.; HEFNER JR., A. R.; "MOS-gated thyristors (MCTs) for repetitive high power switching", *IEEE Transactions on Power Electronics*, v. 6, n. 1, p. 125–131, jan. 2001.
36. CARDOSO, B. J.; LIPO, T. A. "Application of MTO thyristors in current stiff converters with resonant snubbers". *IEEE Transactions on Industry Applications*, v. 37, n. 2, p. 566–573, mar./abr. 2001.
37. YUVARAJAN, S.; QUEK, D. "A PSpice model for the MOS controlled thyristor", *IEEE Transactions on Industrial Electronics*, v. 42, p. 554–558, out. 1995.
38. ARSOV, G. L.; PANOVSKI, L. P. "An improved PSpice model for the MOS-controlled thyristor". *IEEE Transactions on Industrial Electronics*, v. 46, n. 2, p. 473–477, abr. 1999.
39. HOSSAIN, Z. et al. "Physics-based MCT circuit model using the lumped-charge modeling approach". *IEEE Transactions on Power Electronics*, v. 16, n. 2, p. 264–272, mar. 2001.
40. TESZNER, S.; GICQUEL, R. "Gridistor—A new field effect device". *Proc. IEEE*, v. 52, p. 1502–1513, 1964.
41. NISHIZAWA, J. et al. "Low-loss high-speed switching devices, 2300-V 150-A static induction thyristor". *IEEE Transactions on Electron Devices*, v. ED-32, n. 4, p. 822–830, 1985.
42. NAKAMURA, Y. et al. "Very high speed static induction thyristor". *IEEE Transactions on Industry Applications*, v. IA22, n. 6, p. 1000–1006, 1986.
43. NISHIZAWA, J. et al. "A low-loss high-speed switching device; Rhe 2500-V 300-A static induction thyristor". *IEEE Transactions on Electron Devices*, v. ED-33, n. 4, p. 507–515, 1986.
44. TERASAWA, Y.; MIMURA, A.; MIYATA, K. "A 2.5 kV static induction thyristor having new gate and shorted p-emitter structures". *IEEE Transactions on Electron Devices*, v. ED-33, n. 1, p. 91–97, 1986.
45. MAEDA, M.; et al. "Fast-switching-speed, low-voltage-drop static induction thyristor". *Electrical Engineering in Japan*, v. 116, n. 3, p. 107–115, 1996.
46. SINGH, R.; IRVINE, K.; PALMOUR, J. "4H-SiC buried gate field controlled thyristor". *Annual Device Research Conference Digest*, p. 34–35, 1997.
47. METZNER, D.; SCHRODER, D. "A SITH-model for CAE in power-electronics". *International Symposium on Semiconductor Devices ICs*. Tóquio, Japão, p. 204–210, 1990.
48. FUKASE, M. A.; NAKAMURA, T.; NISHIZAWA, J. I. "A circuit simulator of the SITh". *IEEE Transactions on Power Electronics*, v. 7, n. 3, p. 581–591, jul. 1992.
49. WANG, J.; WILLIAMS, B. W. "A new static induction thyristor (SITh) analytical model". *IEEE Transactions on Power Electronics*, v. 14, n. 5, p. 866–876, set. 1999.
50. YAMADA, S. et al. "A consideration on electrical characteristics of high power SIThs". *International Symposium on Power Semiconductor Devices and ICs*, ISPSD'98. Quioto, Japão, p. 241–244, 3-6 jun. 1998.
51. BERNET, S. "Recent developments in high power converters for industry and traction applications". *IEEE Transactions on Power Electronics*, v. 15, n. 6, p. 1102–1117, nov. 2000.
52. Transistor Manual. *Unijunction Transistor Circuits*, 7. ed. Syracuse, NY: General Electric Company, 1964. Publication 450.37.
53. KHAN, Irshad. *Power Electronics Handbook*. Editado por M. H. Rashid. Burlington, MA: Elsevier Publishing, 2010. Capítulo 20 — Gate Drive Circuits for Power Converters.

54. PALMOUR, J W. et al. "4H-SiC high temperature power devices". In: *Proceedings of the Third International Conference on High-Temperature Electron* (HiTEC). Albuquerque, NM, v. 2, p. XVI-9–XVI-14, 9-14 jun. 1996.
55. LI, B.; CAO, L.; ZHAO, J. H. "High current density 800-V 4H-SiC gate turn-off thyristors". *IEEE Electron Device Letters*, v. 20, p. 219–222, maio 1999.
56. CASADY, J. B. et al. "4H-SiC gate turn-off (GTO) thyristor development". *Materials Science Forum*, v. 264–268, p. 1069–1072, 1998.
57. SESHADRI, S.; et al. "Current status of SiC power switching devices: Diodes & GTOs". em *Proceedings of the Materials Research Society of Spring Managements.* São Francisco, CA, abr. 1999.
58. FEDISON, J. B.; et al. "Factors influencing the design and performance of 4H-SiC GTO thyristors". In: *Proceedings of the International Conference on Silicon Carbide and Related Materials.* Research Triangle Park, NC, out. 1999.
59. RYU, Sei-Hyung et al. "3100 V, Asymmetrical, Gate Turn-Off (GTO) Thyristors in 4H-SiC". *IEEE Electron Device Letters*, v. 22, n. 3, p. 127–129, mar. 2001.
60. PÂQUES, Gontran et al. "High-Voltage 4H-SiC Thyristors with a Graded Etched Junction Termination Extension". *IEEE Electron Device Letters*, v. 32, n. 10, p. 1421–1423, out. 2011.
61. CAMPER, S. V. et al. "7 kV 4H-SiC GTO thyristor". Apresentado no *Materials Research Society Symposium*, São Francisco, CA, v. 742, Estudo K7.7.1, 2003.
62. WANG, Jun et al. "Silicon Carbide Emitter Turn-off Thyristor, A Promising Technology For High Voltage and High Frequency Applications". 978-1-422-2812-0/09/$25.00 ©2009 IEEE.

Capítulo 10

Retificadores controlados

Após a conclusão deste capítulo, os estudantes deverão ser capazes de:

- Listar os tipos de retificador controlado.
- Explicar o funcionamento dos retificadores controlados.
- Explicar as características dos retificadores controlados.
- Calcular os parâmetros de desempenho dos retificadores controlados.
- Analisar projetos de circuitos com retificadores controlados.
- Avaliar o desempenho de retificadores controlados utilizando simulações SPICE.
- Avaliar os efeitos das indutâncias na corrente de carga.

Símbolos e seus significados

Símbolo	Significado
α	Ângulo de disparo de um conversor
$A_r; A_{cr}$	Magnitude de pico dos sinais de referência e da portadora, respectivamente
FH; FF; FD; FP; FUT	Fator harmônico, de forma, de deslocamento, de potência e de utilização do transformador, respectivamente
$i_s; i_o$	Corrente instantânea de alimentação de entrada e de carga de saída, respectivamente
$I_R; I_M$	Corrente rms e média do tiristor, respectivamente
$I_{rms}; V_{rms}$	Tensão rms de saída e corrente rms de saída, respectivamente
M	Índice de modulação
$P_{CA}; P_{CC}$	Potência CA e CC de saída, respectivamente
$v_{an}; v_{bn}; v_{cn}$	Tensão instantânea das fases a, b e c, respectivamente
$v_{ab}; v_{bc}; v_{ca}$	Tensão instantânea de linha das linhas a, b e c, respectivamente
$v_{g1}; v_{g2}$	Tensão instantânea de acionamento para os dispositivos de chaveamento S_1 e S_2, respectivamente
$v_p; v_s$	Tensão instantânea no primário e no secundário de um transformador, respectivamente
$v_o; V_{CC}$	Tensão instantânea e média de saída, respectivamente
V_m	Tensão de alimentação de pico de entrada

10.1 INTRODUÇÃO

Vimos no Capítulo 3 que os retificadores com diodos fornecem apenas uma tensão de saída fixa. Para obter tensões de saída controladas, são utilizados tiristores com controle de fase no lugar de diodos. A tensão de saída dos retificadores com tiristores é controlada variando-se o ângulo de atraso ou de disparo dos tiristores. Um tiristor com controle de fase é disparado pela aplicação de um pulso de curta duração em sua porta e desligado por conta da *comutação natural* ou *de rede*. No caso de uma carga altamente indutiva, ele é desligado pelo disparo de outro tiristor do retificador durante o semiciclo negativo da tensão de entrada.

Esses retificadores de fase controlada são simples e mais baratos, com eficiência, em geral, acima de 95%. Como esses retificadores controlados convertem CA em CC, eles também são chamados de *conversores CA-CC* e utilizados amplamente em aplicações industriais, em especial em acionamentos de velocidade variável, na faixa de potência fracionária de cavalo-vapor (cv) até o nível de megawatts.

Os conversores com controle de fase podem ser classificados em dois tipos, dependendo da alimentação de entrada: (1) monofásicos e (2) trifásicos. Cada tipo pode ser subdividido em (a) semiconversor, (b) conversor completo e (c) conversor dual. Um *semiconversor* é um conversor de um quadrante e possui uma única polaridade de tensão e corrente de saída. Um *conversor completo* é um conversor de dois quadrantes, e a polaridade de sua tensão de saída pode ser positiva ou negativa. Entretanto, a corrente de saída de um conversor completo tem apenas uma polaridade. Já um *conversor dual* pode operar em quatro quadrantes, e tanto a tensão quanto a corrente de saída podem ser positivas ou negativas. Em algumas aplicações, os conversores são conectados em série para operar em tensões maiores e para melhorar o fator de potência de entrada (FP). Os semiconversores têm algumas vantagens, por exemplo, melhor fator de potência de entrada e menos dispositivos de chaveamento.[27] Os conversores completos permitem operações em dois quadrantes e apresentam uma faixa mais ampla de controle de tensão de saída. Os semiconversores não serão abordados em detalhes neste livro. Apenas os seguintes tipos de conversor serão analisados:

- Conversores monofásicos completos e duais
- Conversores trifásicos completos e duais
- Conversores monofásicos completos em série
- Conversores de doze pulsos
- Conversores com controle por modulação por largura de pulso (PWM)

Da mesma forma que ocorre com os retificadores com diodos, a tensão de alimentação de entrada é uma onda senoidal de 120 V, 60 Hz, ou 240 V, 50 Hz. A tensão CC de saída contém ondulações em diferentes frequências harmônicas. Os parâmetros de desempenho dos retificadores controlados são parecidos com os dos diodos retificadores discutidos no Capítulo 3. O método da série de Fourier semelhante ao dos diodos retificadores pode ser aplicado na análise do desempenho dos conversores de fase controlada com cargas *RL*. No entanto, para simplificar a análise, a indutância de carga pode ser considerada suficientemente alta, de forma que a corrente de carga seja contínua e tenha ondulação desprezável.

10.2 CONVERSORES MONOFÁSICOS COMPLETOS

O arranjo do circuito de um conversor monofásico completo é mostrado na Figura 10.1a com uma carga altamente indutiva, de forma que a corrente de carga seja contínua e sem ondulações.[10] Durante o semiciclo positivo, os tiristores T_1 e T_2 estão em polarização direta. Quando os dois tiristores são ligados simultaneamente em $\omega t = \alpha$, a carga é conectada à alimentação de entrada através de T_1 e T_2. Por conta da carga indutiva, os tiristores T_1 e T_2 continuam a conduzir para além de $\omega t = \pi$, mesmo que a tensão de entrada já seja negativa. No semiciclo negativo da tensão de entrada, os tiristores T_3 e T_4 estão em polarização direta. O acionamento desses tiristores aplica a tensão de alimentação sobre os tiristores T_1 e T_2 como tensão reversa de bloqueio. T_1 e T_2 são desligados em razão da *comutação de rede* ou *natural*, e a corrente de carga é transferida deles para T_3 e T_4. A Figura 10.1b mostra as regiões de operação do conversor, e as figuras 10.1c a 10.1f, as formas de onda para a tensão de entrada, a tensão de saída e as correntes de saída e de entrada.

Durante o período de α até π, a tensão de entrada v_s e a corrente de entrada i_s são positivas, e a potência flui da alimentação para a carga. Diz-se que o conversor opera no modo *retificação*. No período de π até $\pi + \alpha$, a tensão de entrada v_s é negativa e a corrente de entrada i_s é positiva, e o fluxo de potência é reverso, indo da carga para a alimentação. Diz-se que o conversor opera no *modo inversão*. Esse conversor é amplamente utilizado em aplicações industriais de até 15 kW.[1] Dependendo do valor de α, a tensão média de saída pode ser positiva ou negativa e proporciona uma operação em dois quadrantes.

FIGURA 10.1

Conversor monofásico completo. (a) Circuito, (b) quadrante, (c) tensão de alimentação de entrada, (d) tensão de saída, (e) corrente de carga constante e (f) corrente de alimentação de entrada.

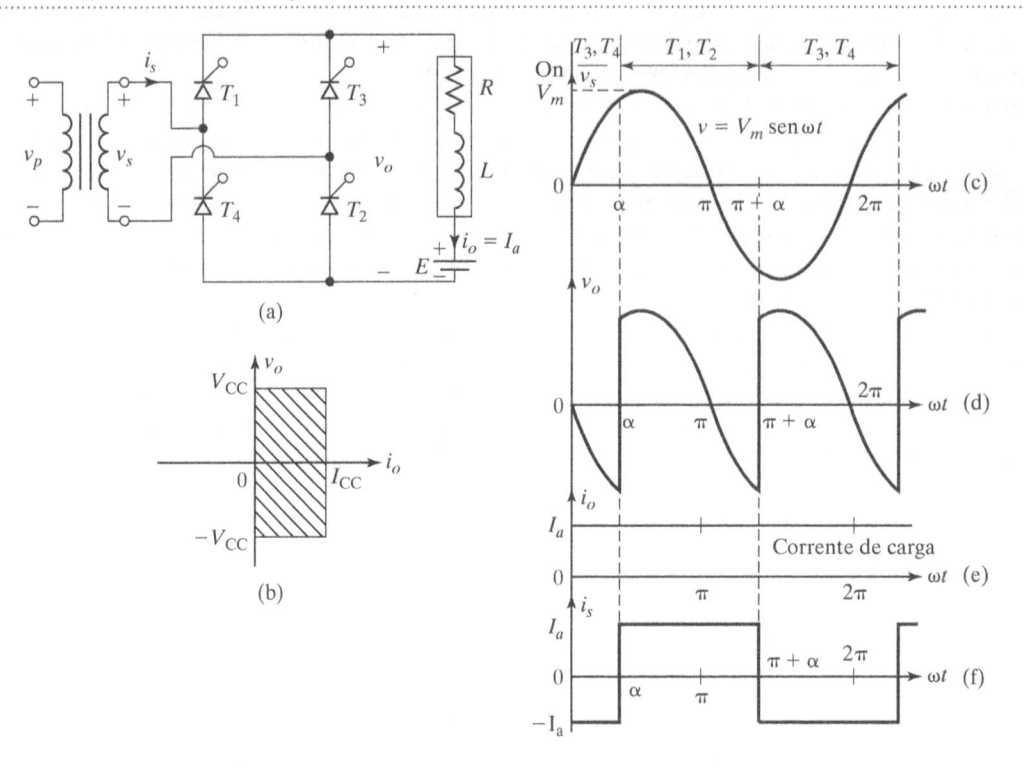

A tensão média de saída pode ser encontrada a partir de

$$V_{CC} = \frac{2}{2\pi} \int_{\alpha}^{\pi+\alpha} V_m \operatorname{sen} \omega t \, d(\omega t) = \frac{2V_m}{2\pi}[-\cos \omega t]_{\alpha}^{\pi+\alpha} = \frac{2V_m}{\pi} \cos \alpha \qquad (10.1)$$

e V_{CC} pode variar de $2V_m/\pi$ a $-2V_m/\pi$ pela variação de α de 0 a π. A máxima tensão média de saída é $V_{dm} = 2V_m/\pi$, e a tensão média de saída normalizada é

$$V_n = \frac{V_{CC}}{V_{dm}} = \cos \alpha \qquad (10.2)$$

O valor rms da tensão de saída é dado por

$$V_{rms} = \sqrt{\frac{2}{2\pi} \int_{\alpha}^{\pi+\alpha} V_m^2 \operatorname{sen}^2 \omega t \, d(\omega t)} = \sqrt{\frac{V_m^2}{2\pi} \int_{\alpha}^{\pi+\alpha} (1 - \cos 2\omega t) \, d(\omega t)} = \frac{V_m}{\sqrt{2}} = V_s \qquad (10.3)$$

Com uma carga puramente resistiva, os tiristores T_1 e T_2 podem conduzir de α até π, e os tiristores T_3 e T_4, de $\pi + \alpha$ até 2π.

Exemplo 10.1 ▪ Determinação do fator de potência de entrada de um conversor monofásico completo

O conversor completo da Figura 10.1a está conectado a uma alimentação de 120 V, 60 Hz. A corrente de carga I_a é contínua, e seu conteúdo de ondulação, desprezável. A relação de espiras do transformador é unitária. **(a)** Expresse a corrente de entrada na série de Fourier; determine o FH da corrente de entrada, o FD e o FP da entrada. **(b)** Para um ângulo de disparo $\alpha = \pi/3$, calcule V_{CC}, V_n, V_{rms}, FH, FD e FP.

Solução
a. A forma de onda para a corrente de entrada é mostrada na Figura 10.1c, e a corrente instantânea de entrada pode ser expressa na série de Fourier como

$$i_s(t) = a_0 + \sum_{n=1,2,\ldots}^{\infty} (a_n \cos n\omega t + b_n \operatorname{sen} n\omega t)$$

onde

$$a_0 = \frac{1}{2\pi} \int_{\alpha}^{2\pi+\alpha} i_s(t)\, d(\omega t) = \frac{1}{2\pi}\left[\int_{\alpha}^{\pi+\alpha} I_a\, d(\omega t) - \int_{\pi+\alpha}^{2\pi+\alpha} I_a\, d(\omega t)\right] = 0$$

$$a_n = \frac{1}{\pi} \int_{\alpha}^{2\pi+\alpha} i_s(t) \cos n\omega t\, d(\omega t)$$

$$= \frac{1}{\pi}\left[\int_{\alpha}^{\pi+\alpha} I_a \cos n\omega t\, d(\omega t) - \int_{\pi+\alpha}^{2\pi+\alpha} I_a \cos n\omega t\, d(\omega t)\right]$$

$$= \begin{cases} -\dfrac{4I_a}{n\pi} \operatorname{sen} n\alpha & \text{para } n = 1, 3, 5, \ldots \\ 0 & \text{para } n = 2, 4, \ldots \end{cases}$$

$$b_n = \frac{1}{\pi} \int_{\alpha}^{2\pi+\alpha} i(t) \operatorname{sen} n\omega t\, d(\omega t)$$

$$= \frac{1}{\pi}\left[\int_{\alpha}^{\pi+\alpha} I_a \operatorname{sen} n\omega t\, d(\omega t) - \int_{\pi+\alpha}^{2\pi+\alpha} I_a \operatorname{sen} n\omega t\, d(\omega t)\right]$$

$$= \begin{cases} \dfrac{4I_a}{n\pi} \cos n\alpha & \text{para } n = 1, 3, 5, \ldots \\ 0 & \text{para } n = 2, 4, \ldots \end{cases}$$

Como $a_0 = 0$, a corrente de entrada pode ser escrita como

$$i_s(t) = \sum_{n=1,3,5,\ldots}^{\infty} \sqrt{2}\, I_n \operatorname{sen}(n\omega t + \phi_n)$$

onde

$$\phi_n = \operatorname{tg}^{-1} \frac{a_n}{b_n} = -n\alpha \tag{10.4}$$

e ϕ_n é o ângulo de deslocamento da n-ésima harmônica da corrente. O valor rms da n-ésima harmônica da corrente de entrada é

$$I_{sn} = \frac{1}{\sqrt{2}} \sqrt{a_n^2 + b_n^2} = \frac{4I_a}{\sqrt{2}\, n\pi} = \frac{2\sqrt{2}\, I_a}{n\pi} \tag{10.5}$$

e o valor rms da corrente fundamental é

$$I_{s1} = \frac{2\sqrt{2}\, I_a}{\pi}$$

O valor rms da corrente de entrada pode ser calculado a partir da Equação 10.5 como

$$I_s = \sqrt{\sum_{n=1,3,5,\ldots}^{\infty} I_{sn}^2}$$

I_s também pode ser determinada diretamente a partir de

$$I_s = \sqrt{\frac{2}{2\pi} \int_{\alpha}^{\pi+\alpha} I_a^2 \, d(\omega t)} = I_a$$

Pela Equação 3.22, o FH é encontrado como

$$FH = \sqrt{\left(\frac{I_s}{I_{s1}}\right)^2 - 1} = 0{,}483 \quad \text{ou} \quad 48{,}3\%$$

A partir das equações 3.21 e 10.4, o FD é

$$FD = \cos \phi_1 = \cos(-\alpha) \tag{10.6}$$

Pela Equação 3.23, o FP é definido como

$$FP = \frac{I_{s1}}{I_s} \cos(-\alpha) = \frac{2\sqrt{2}}{\pi} \cos \alpha \tag{10.7}$$

b. $\alpha = \pi/3$

$$V_{CC} = \frac{2V_m}{\pi} \cos \alpha = 54{,}02 \text{ V} \quad \text{e} \quad V_n = 0{,}5 \text{ pu}$$

$$V_{rms} = \frac{V_m}{\sqrt{2}} = V_s = 120 \text{ V}$$

$$I_{s1} = \left(2\sqrt{2}\, \frac{I_a}{\pi}\right) = 0{,}90032 I_a \quad \text{e} \quad I_s = I_a$$

$$FH = \sqrt{\left(\frac{I_s}{I_{s1}}\right)^2 - 1} = 0{,}4834 \quad \text{ou} \quad 48{,}34\%$$

$$\phi_1 = -\alpha \quad \text{e} \quad FD = \cos(-\alpha) = \cos \frac{-\pi}{3} = 0{,}5$$

$$FP = \frac{I_{s1}}{I_s} \cos(-\alpha) = 0{,}45 \text{ (em atraso)}$$

Observação: a componente fundamental da corrente de entrada é sempre 90,03% de I_a, e o FH permanece constante em 48,34%.

10.2.1 Conversores monofásicos completos com carga RL

A operação do conversor da Figura 10.1a pode ser dividida em dois modos idênticos: modo 1, quando T_1 e T_2 conduzem, e modo 2, quando T_3 e T_4 conduzem. As correntes de saída durante esses modos são semelhantes, e basta considerar apenas um deles para encontrar a corrente de saída i_L.

O modo 1 é válido para $\alpha \leq \omega t \leq (\alpha + \pi)$. Se $v_s = \sqrt{2}\, V_s \operatorname{sen} \omega t$ for a tensão de entrada, a corrente de carga i_L durante o modo 1 pode ser encontrada a partir de

$$L \frac{di_L}{dt} + Ri_L + E = |\sqrt{2}\, V_s \operatorname{sen} \omega t| \quad \text{para } i_L \geq 0$$

cuja solução está na forma

$$i_L = \frac{\sqrt{2}\, V_s}{Z} \operatorname{sen}(\omega t - \theta) + A_1 e^{-(R/L)t} - \frac{E}{R} \quad \text{para} \quad i_L \geq 0$$

em que a impedância de carga é $Z = \sqrt{R^2 + (\omega L)^2}$ e o ângulo de carga, $\theta = \text{tg}^{-1}(\omega L/R)$.

A constante A_1, que pode ser determinada a partir da condição inicial $\omega t = \alpha$, $i_L = I_{Lo}$, é encontrada como

$$A_1 = \left[I_{Lo} + \frac{E}{R} - \frac{\sqrt{2}\,V_s}{Z}\operatorname{sen}(\alpha - \theta)\right] e^{(R/L)(\alpha/\omega)}$$

A substituição de A_1 dá i_L como

$$i_L = \frac{\sqrt{2}\,V_s}{Z}\operatorname{sen}(\omega t - \theta) - \frac{E}{R} + \left[I_{Lo} + \frac{E}{R} - \frac{\sqrt{2}\,V_s}{Z}\operatorname{sen}(\alpha - \theta)\right] e^{(R/L)(\alpha/\omega - t)} \quad \text{para } i_L \geq 0 \quad (10.8)$$

Ao término do modo 1 na condição de regime permanente, $i_L(\omega t = \pi + \alpha) = I_{L1} = I_{Lo}$. Aplicando essa condição na Equação 10.8 e calculando I_{Lo}, obtemos

$$I_{Lo} = I_{L1} = \frac{\sqrt{2}\,V_s}{Z}\left[\frac{-\operatorname{sen}(\alpha - \theta) - \operatorname{sen}(\alpha - \theta)e^{-(R/L)(\pi/\omega)}}{1 - e^{-(R/L)(\pi/\omega)}}\right] - \frac{E}{R} \quad \text{para } I_{Lo} \geq 0 \quad (10.9)$$

O valor crítico de α em que I_o se torna zero pode ser calculado para valores conhecidos de θ, R, L, E e V_s por um método iterativo. A corrente rms de um tiristor pode ser encontrada a partir da Equação 10.8 como

$$I_R = \sqrt{\frac{1}{2\pi}\int_{\alpha}^{\pi+\alpha} i_L^2\, d(\omega t)}$$

A corrente rms de saída pode, então, ser determinada a partir de

$$I_{\text{rms}} = \sqrt{I_R^2 + I_R^2} = \sqrt{2}\,I_R$$

A corrente média de um tiristor também pode ser encontrada pela Equação 10.8 como

$$I_M = \frac{1}{2\pi}\int_{\alpha}^{\pi+\alpha} i_L\, d(\omega t)$$

A corrente média de saída pode ser definida a partir de

$$I_{CC} = I_M + I_M = 2I_M$$

Corrente de carga descontínua. O valor crítico de α_c em que I_{Lo} torna-se zero pode ser calculado. Dividindo a Equação 10.9 por $\sqrt{2}V_s/Z$ e substituindo $R/Z = \cos\theta$ e $\omega L/R = \text{tg}\,\theta$, obtemos

$$0 = \frac{V_s\sqrt{2}}{Z}\operatorname{sen}(\alpha - \theta)\left[\frac{1 + e^{-\left(\frac{R}{L}\right)\left(\frac{\pi}{\omega}\right)}}{1 - e^{-\left(\frac{R}{L}\right)\left(\frac{\pi}{\omega}\right)}}\right] + \frac{E}{R}$$

que pode ser resolvido para o valor crítico de α como

$$\alpha_c = \theta - \operatorname{sen}^{-1}\left[\frac{1 - e^{-\left(\frac{\pi}{\text{tg}(\theta)}\right)}}{1 + e^{-\left(\frac{\pi}{\text{tg}(\theta)}\right)}}\frac{x}{\cos(\theta)}\right] \quad (10.10)$$

onde $x = E/(\sqrt{2}V_s)$ é a razão de tensão e θ, o ângulo da impedância de carga para $\alpha \geq \alpha_c$, $I_{Lo} = 0$. A corrente de carga que é descrita pela Equação 10.8 flui apenas durante o período $\alpha \leq \omega t \leq \beta$. Em $\omega t = \beta$, ela cai novamente a zero. As equações obtidas para o caso descontínuo do retificador com diodos na Seção 3.4 podem ser aplicadas ao retificador controlado.

Sequência de acionamento. A sequência de acionamento é a seguinte:

1. Gerar um sinal de pulso na passagem da tensão de alimentação positiva v_s por zero. Atrasar o pulso pelo ângulo desejado α e aplicar o mesmo pulso entre os terminais da porta e do catodo de T_1 e T_2 através dos circuitos de isolação da porta.

2. Gerar outro pulso com ângulo de disparo $\alpha + \pi$ e aplicá-lo entre os terminais da porta e da fonte de T_3 e T_4 através dos circuitos de isolação da porta.

Exemplo 10.2 ▪ **Determinação das especificações de corrente do conversor monofásico completo com uma carga *RL***

O conversor monofásico completo da Figura 10.1a tem uma carga *RL* com $L = 6{,}5$ mH, $R = 0{,}5$ Ω e $E = 10$ V. A tensão de entrada é $V_s = 120$ V (rms) a 60 Hz. Determine **(a)** a corrente de carga I_{Lo} em $\omega t = \alpha = 60°$; **(b)** a corrente média do tiristor I_M; **(c)** a corrente rms do tiristor I_R; **(d)** a corrente rms de saída I_{rms}; **(e)** a corrente média de saída I_{CC}; e **(f)** o ângulo crítico de disparo α_c.

Solução

$\alpha = 60°, R = 0{,}5$ Ω, $L = 6{,}5$ mH, $f = 60$ Hz, $\omega = 2\pi \times 60 = 377$ rad/s, $V_s = 120$ V e $\theta = \mathrm{tg}^{-1}(\omega L/R) = 78{,}47°$.

a. A corrente de carga em regime permanente em $\omega t = \alpha$ é $I_{Lo} = 49{,}34$ A.
b. A integração numérica de i_L na Equação 10.8 gera a corrente média do tiristor como $I_M = 44{,}05$ A.
c. Por integração numérica de i_L^2 entre os limites $\omega t = \alpha$ a $\pi + \alpha$, obtemos a corrente rms do tiristor como $I_R = 63{,}71$ A.
d. A corrente rms de saída $I_{rms} = \sqrt{2}\, I_R = \sqrt{2} \times 63{,}71 = 90{,}1$ A.
e. A corrente média de saída $I_{CC} = 2I_A = 2 \times 44{,}04 = 88{,}1$ A.

A partir da Equação 10.10 e por iteração obtemos o ângulo crítico de disparo $\alpha_c = 73{,}23°$.

■ **Principais pontos da Seção 10.2**

– Pela variação do ângulo de disparo α de 0 a π, pode-se variar a tensão média de saída de $2V_m/\pi$ a $-2V_m/\pi$, desde que a carga seja altamente indutiva e sua corrente, contínua.

– Para uma carga puramente resistiva, o ângulo de disparo α pode ser variado de 0 a $\pi/2$, produzindo uma tensão de saída na faixa de $2V_m/\pi$ a 0.

– O conversor completo pode operar em dois quadrantes para uma carga altamente indutiva e em apenas um quadrante para uma carga puramente resistiva.

10.3 CONVERSORES DUAIS MONOFÁSICOS

Vimos na Seção 10.2 que os conversores monofásicos completos com cargas indutivas permitem apenas uma operação em dois quadrantes. Se dois desses conversores completos forem conectados *back-to-back*, como mostra a Figura 10.2a, tanto a tensão de saída quanto o fluxo da corrente de carga podem ser invertidos. Esse sistema proporciona um funcionamento em quatro quadrantes e é chamado de *conversor dual*. Os conversores duais são normalmente utilizados em acionamentos de velocidade variável de alta potência. Se α_1 e α_2 são os ângulos de disparo dos conversores 1 e 2, respectivamente, as tensões médias de saída correspondentes são V_{CC1} e V_{CC2}. Os ângulos de disparo são controlados de forma que um conversor opere como retificador e o outro, como inversor — mas ambos produzem a mesma tensão média de saída. As figuras 10.2b a 10.2f mostram as formas de onda de saída para dois conversores, em que as duas tensões médias de saída são as mesmas. A Figura 10.2b apresenta as características *v–i* de um conversor dual.

FIGURA 10.2

Conversor dual monofásico. (a) Circuito, (b) quadrante, (c) tensão de alimentação de entrada, (d) tensão de saída para o conversor 1, (e) tensão de saída para o conversor 2 e (f) tensão no indutor de circulação.

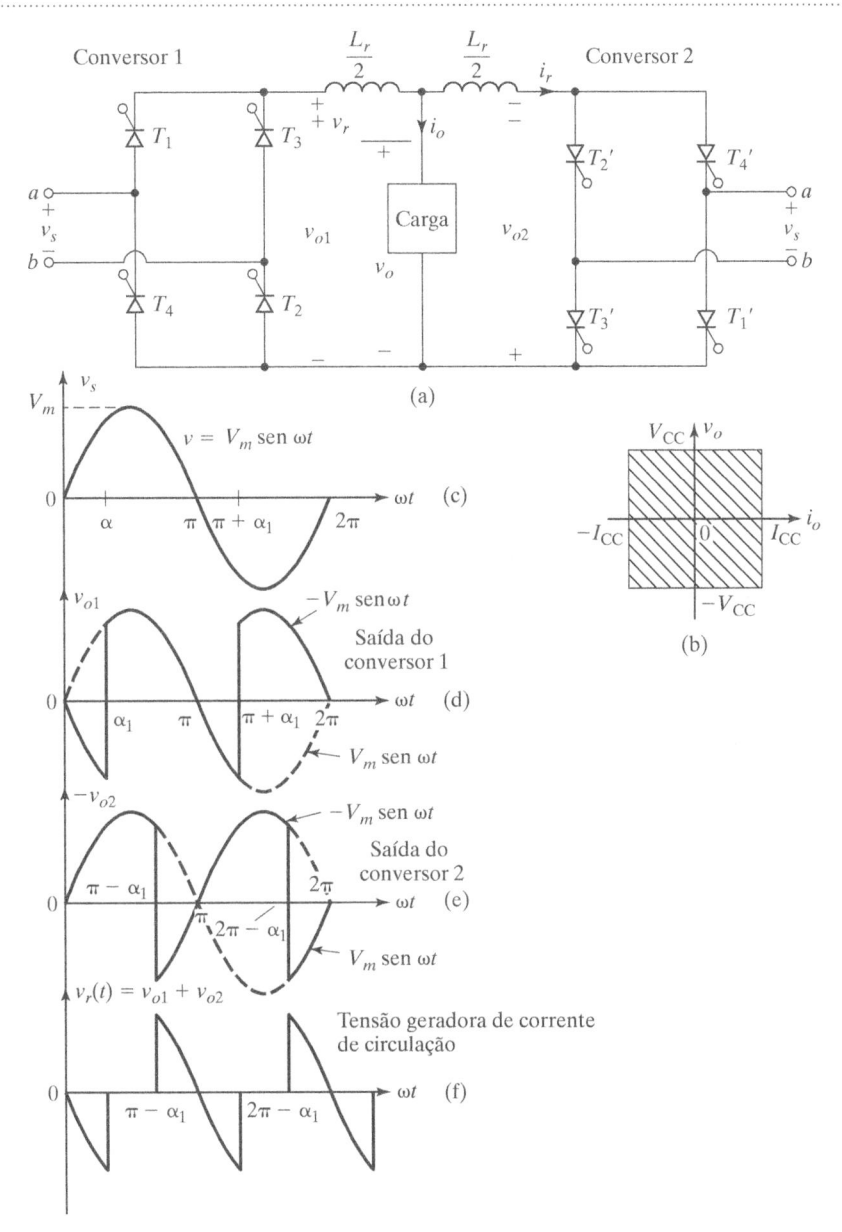

A partir da Equação 10.1, as tensões médias de saída são

$$V_{CC1} = \frac{2V_m}{\pi} \cos \alpha_1 \tag{10.11}$$

e

$$V_{CC2} = \frac{2V_m}{\pi} \cos \alpha_2 \tag{10.12}$$

Como um conversor está em retificação e o outro, em inversão,

$$V_{CC1} = -V_{CC2} \quad \text{ou} \quad \cos \alpha_2 = -\cos \alpha_1 = \cos(\pi - \alpha_1)$$

Portanto,

$$\alpha_2 = \pi - \alpha_1 \qquad (10.13)$$

Como as tensões instantâneas de saída dos dois conversores estão defasadas, pode haver uma diferença de tensão instantânea e isso pode resultar em uma corrente de circulação entre os dois conversores. Essa corrente de circulação não flui através da carga, e normalmente é limitada por um *reator de corrente de circulação L_r*, como mostra a Figura 10.2a.

Se v_{o1} e v_{o2} forem as tensões instantâneas de saída dos conversores 1 e 2, respectivamente, a corrente de circulação poderá ser encontrada por meio da integração da diferença de tensão instantânea a começar por $\omega t = \pi - \alpha_1$. Como as duas tensões médias de saída durante o intervalo $\omega t = \pi + \alpha_1$ a $2\pi - \alpha_1$ são iguais e opostas, suas contribuições para a corrente instantânea de circulação i_r são iguais a zero.

$$\begin{aligned} i_r &= \frac{1}{\omega L_r} \int_{\pi-\alpha_1}^{\omega t} v_r \, d(\omega t) = \frac{1}{\omega L_r} \int_{\pi-\alpha_1}^{\omega t} (v_{o1} + v_{o2}) \, d(\omega t) \\ &= \frac{V_m}{\omega L_r} \left[\int_{2\pi-\alpha_1}^{\omega t} \mathrm{sen}\,\omega t \, d(\omega t) - \int_{2\pi-\alpha_1}^{\omega t} -\mathrm{sen}\,\omega t \, d(\omega t) \right] \\ &= \frac{2V_m}{\omega L_r}(\cos \alpha_1 - \cos \omega t) \quad i_r > 0 \text{ para } 0 \le \alpha_1 < \frac{\pi}{2} \\ & \qquad\qquad\qquad\qquad\qquad i_r < 0 \text{ para } \frac{\pi}{2} < \alpha_1 \le \pi \end{aligned} \qquad (10.14)$$

Para $\alpha_1 = 0$, somente o conversor 1 opera; para $\alpha_1 = \pi$, somente o conversor 2 opera. Para $0 \le \alpha_1 < \pi/2$, o conversor 1 fornece uma corrente de carga positiva $+i_o$, e, assim, a corrente de circulação só pode ser positiva. Para $\pi/2 < \alpha_1 \le \pi$, o conversor 2 fornece uma corrente de carga negativa $-i_o$, e, assim, somente uma corrente de circulação negativa pode fluir. Em $\alpha_1 = \pi/2$, o conversor 1 fornece circulação positiva durante o primeiro semiciclo, e o conversor 2, circulação negativa durante o segundo semiciclo.

A corrente de circulação instantânea depende do ângulo de disparo. Para $\alpha_1 = 0$, sua magnitude torna-se mínima quando $\omega t = n\pi, n = 0, 2, 4, \ldots$, e máxima quando $\omega t = n\pi, n = 1, 3, 5, \ldots$. Se a corrente de carga de pico for I_p, um dos conversores que controla o fluxo de potência pode conduzir uma corrente de pico de $(I_p + 4V_m/\omega L_r)$.

Os conversores duais podem operar com ou sem corrente de circulação. Em caso de operação sem corrente de circulação, apenas um conversor opera de cada vez e conduz a corrente de carga, e o outro é completamente bloqueado pela inibição dos pulsos de acionamento. Entretanto, a operação com corrente de circulação tem as seguintes vantagens:

1. A corrente de circulação mantém a condução contínua de ambos os conversores ao longo de todo o intervalo de controle, independentemente da carga.
2. Como um conversor funciona sempre como retificador e o outro, como inversor, é possível haver fluxo de potência em um dos dois sentidos em qualquer instante do tempo.
3. Como ambos os conversores estão em condução contínua, o tempo de resposta para a mudança de operação de um quadrante a outro é menor.

Sequência de acionamento. A sequência de acionamento é a seguinte:

1. Comandar o conversor positivo com um ângulo de disparo de $\alpha_1 = \alpha$.
2. Comandar o conversor negativo com um ângulo de disparo de $\alpha_2 = \pi - \alpha$ através dos circuitos de isolação da porta.

Exemplo 10.3 • Determinação das correntes de pico de um conversor dual monofásico

O conversor dual monofásico da Figura 10.2a opera a partir de uma fonte de alimentação de 120 V, 60 Hz, e a resistência de carga é $R = 10\,\Omega$. A indutância de circulação é $L_r = 40$ mH; os ângulos de disparo são $\alpha_1 = 60°$ e $\alpha_2 = 120°$. Calcule a corrente de circulação de pico e a corrente de pico do conversor 1.

Solução
$\omega = 2\pi \times 60 = 377$ rad/s, $\alpha_1 = 60°$, $V_m = \sqrt{2} \times 120 = 169{,}7$ V, $f = 60$ Hz e $L_r = 40$ mH. Para $\omega t = 2\pi$ e $\alpha_1 = \pi/3$, a Equação 10.14 dá a corrente de circulação de pico

$$I_r(\text{máx}) = \frac{2V_m}{\omega L_r}(1 - \cos\alpha_1) = \frac{169{,}7}{377 \times 0{,}04} = 11{,}25 \text{ A}$$

A corrente de carga de pico é $I_p = 169{,}71/10 = 16{,}97$ A. A corrente de pico do conversor 1 é $(16{,}97 + 11{,}25) = 28{,}22$ A.

■ Principais pontos da Seção 10.3

- O conversor dual consiste em dois conversores completos: um que produz tensão de saída positiva e outro que produz tensão de saída negativa. Variando o ângulo de disparo α de 0 a π, a tensão média de saída pode variar de $2V_m/\pi$ a $-2V_m/\pi$, desde que a carga seja altamente indutiva e sua corrente seja contínua.
- Para uma carga altamente indutiva, o conversor dual consegue operar em quatro quadrantes. A corrente pode fluir para dentro e para fora da carga. Há a necessidade de um indutor CC para reduzir a corrente de circulação.

10.4 CONVERSORES TRIFÁSICOS COMPLETOS

Os conversores trifásicos[2,11] são bastante utilizados em aplicações industriais até o nível de 120 kW, no qual é necessária a operação em dois quadrantes. A Figura 10.3a mostra um circuito de conversor completo com uma carga altamente indutiva. Esse circuito é conhecido como uma ponte trifásica. Os tiristores são ligados em um intervalo de $\pi/3$. A frequência de ondulação da tensão de saída é $6f_s$, e as exigências de filtragem são menores que as dos conversores de meia onda. Em $\omega t = \pi/6 + \alpha$, o tiristor T_6 já está conduzindo, e o T_1 é ligado. Durante o intervalo $(\pi/6 + \alpha) \leq \omega t \leq (\pi/2 + \alpha)$, os tiristores T_1 e T_6 conduzem, e a tensão de linha $v_{ab}(= v_{an} - v_{bn})$ aparece sobre a carga. Em $\omega t = \pi/2 + \alpha$, o tiristor T_2 está ligado, e o tiristor T_6 é inversamente polarizado de imediato. O tiristor T_6 é desligado por conta da comutação natural. Durante o intervalo $(\pi/2 + \alpha) \leq \omega t \leq (5\pi/6 + \alpha)$, os tiristores T_1 e T_2 conduzem e a tensão de linha v_{ac} aparece sobre a carga. Se os tiristores forem numerados como indicado na Figura 10.3a, a sequência de disparo é 12, 23, 34, 45, 56 e 61. As figuras 10.3b a 10.3h mostram as formas de onda para a tensão de entrada e a de saída, correntes através dos tiristores, a corrente de entrada e a de carga.

Se as tensões de fase forem definidas como

$$v_{an} = V_m \text{sen}\,\omega t$$

$$v_{bn} = V_m \text{sen}\left(\omega t - \frac{2\pi}{3}\right)$$

$$v_{cn} = V_m \text{sen}\left(\omega t + \frac{2\pi}{3}\right)$$

as tensões de linha correspondentes serão

$$v_{ab} = v_{an} - v_{bn} = \sqrt{3}\,V_m \text{sen}\left(\omega t + \frac{\pi}{6}\right)$$

$$v_{bc} = v_{bn} - v_{cn} = \sqrt{3}\,V_m \text{sen}\left(\omega t - \frac{\pi}{2}\right)$$

$$v_{ca} = v_{cn} - v_{an} = \sqrt{3}\,V_m \text{sen}\left(\omega t + \frac{5\pi}{6}\right)$$

FIGURA 10.3

Conversor trifásico completo. (a) Circuito, (b) sequência de disparo, (c) tensões de fase, (d) tensão de saída (tensões de linha), (e) corrente através do tiristor T_1, (f) corrente através do tiristor T_2, (g) corrente de entrada e (h) corrente de carga constante.

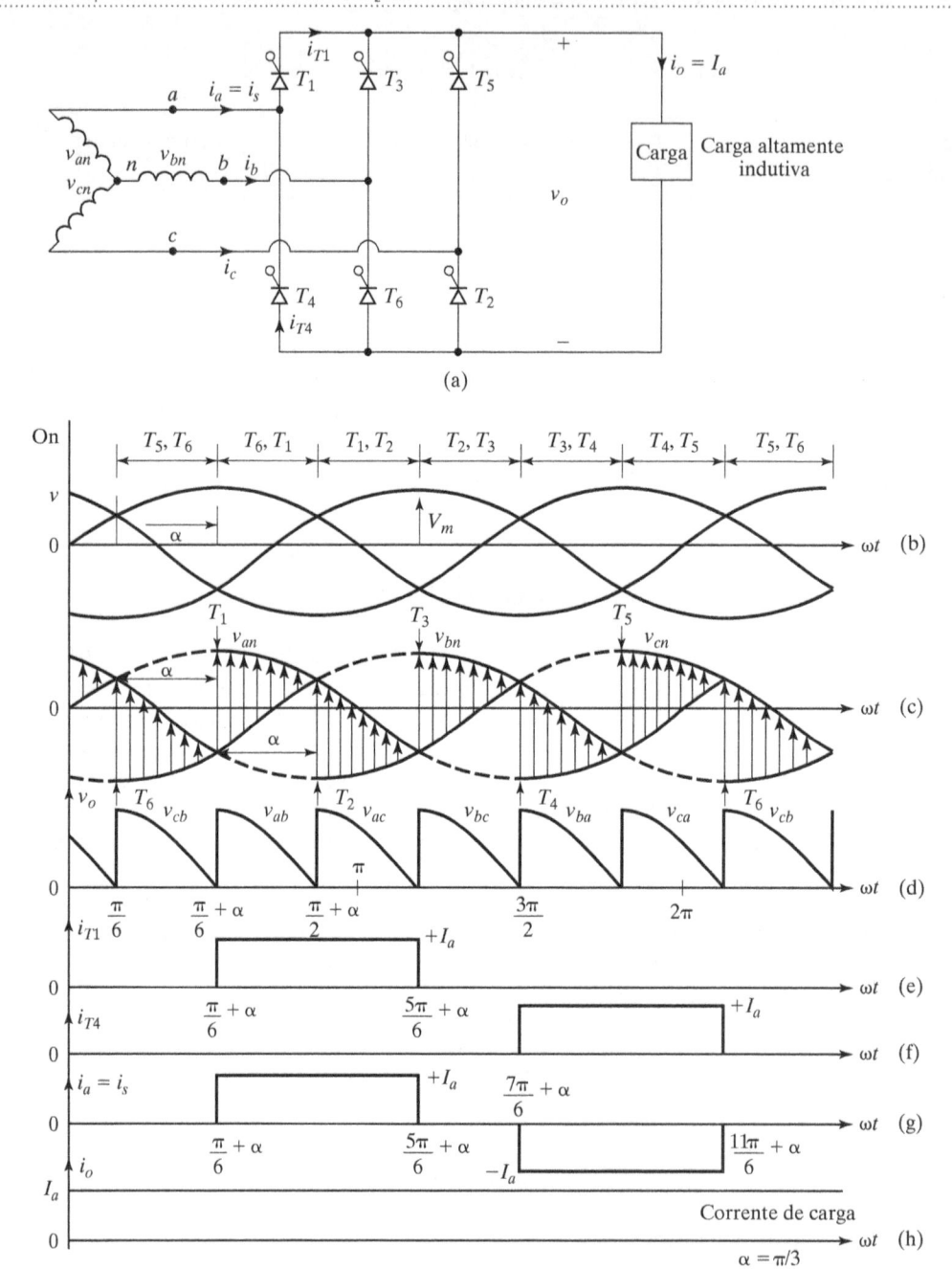

A tensão média de saída é encontrada a partir de

$$V_{CC} = \frac{3}{\pi} \int_{\pi/6+\alpha}^{\pi/2+\alpha} v_{ab}\, d(\omega t) = \frac{3}{\pi} \int_{\pi/6+\alpha}^{\pi/2+\alpha} \sqrt{3}\, V_m \operatorname{sen}\left(\omega t + \frac{\pi}{6}\right) d(\omega t) = \frac{3\sqrt{3}\, V_m}{\pi} \cos\alpha \quad (10.15)$$

A máxima tensão média de saída para o ângulo de disparo α = 0 é

$$V_{dm} = \frac{3\sqrt{3}\, V_m}{\pi}$$

e a tensão média de saída normalizada é

$$V_n = \frac{V_{CC}}{V_{dm}} = \cos\alpha \tag{10.16}$$

O valor rms da tensão de saída é encontrado a partir de

$$V_{rms} = \sqrt{\frac{3}{\pi} \int_{\pi/6+\alpha}^{\pi/2+\alpha} 3 V_m^2 \operatorname{sen}^2\!\left(\omega t + \frac{\pi}{6}\right) d(\omega t)}$$

$$= \sqrt{3}\, V_m \sqrt{\frac{1}{2} + \frac{3\sqrt{3}}{4\pi}\cos 2\alpha} \tag{10.17}$$

As figuras 10.3b a 10.3h mostram as formas de onda para α = π/3. Para α > π/3, a tensão instantânea de saída v_o terá uma parte negativa. Como a corrente através dos tiristores não pode ser negativa, a corrente de carga é sempre positiva. Assim, com uma carga resistiva, a tensão instantânea da carga não pode ser negativa e o conversor completo se comporta como um semiconversor.

Sequência de acionamento. A sequência de acionamento é a seguinte:

1. Gerar um sinal de pulso na passagem por zero da tensão de fase positiva v_{an}. Atrasar o pulso pelo ângulo desejado α + π/6 e aplicá-lo nos terminais da porta e do catodo de T_1 através dos circuitos de isolação da porta.

2. Gerar mais cinco pulsos, cada um defasado em π/6 em relação ao outro para comandar as portas de T_2, T_3, ..., T_6, respectivamente, através dos circuitos de isolação da porta.

Exemplo 10.4 ▪ Determinação do desempenho de um conversor trifásico de onda completa

O conversor trifásico de onda completa da Figura 10.3a é operado a partir de uma fonte de alimentação trifásica de 208 V, 60 Hz, conectada em Y, e a resistência de carga é R = 10 Ω. Se for necessário obter uma tensão média de saída de 50% da máxima possível, calcule **(a)** o ângulo de disparo α; **(b)** as correntes rms e média de saída; **(c)** as correntes média e rms do tiristor; **(d)** a eficiência de retificação; **(e)** o FUT e **(f)** o FP de entrada.

Solução
A tensão de fase V_s = 208/$\sqrt{3}$ = 120,1 V, $V_m = \sqrt{2}\, V_s$ = 169,83 V, V_n = 0,5 e R = 10 Ω. A máxima tensão de saída $V_{dm} = 3\sqrt{3} V_m/\pi = 3\sqrt{3} \times 169,83/\pi$ = 280,9 V. A tensão média de saída V_{CC} = 0,5 × 280,9 = 140,45 V.

a. A partir da Equação 10.16, 0,5 = cos α, e o ângulo de disparo α = 60°.
b. A corrente média de saída $I_{CC} = V_{CC}/R$ = 140,45/10 = 14,05 A. A partir da Equação 10.17,

$$V_{rms} = \sqrt{3} \times 169,83 \sqrt{\frac{1}{2} + \frac{3\sqrt{3}}{4\pi}\cos(2\times 60°)} = 159,29\ \text{V}$$

e a corrente rms, I_{rms} = 159,29/10 = 15,93 A.
c. A corrente média de um tiristor $I_M = I_{CC}/3$ = 14,05/3 = 4,68 A, e a corrente rms de um tiristor $I_R = I_{rms}\sqrt{2/6} = 15,93\sqrt{2/6}$ = 9,2 A.
d. A partir da Equação 3.3, a eficiência de retificação é

$$\eta = \frac{V_{CC} I_{CC}}{V_{rms} I_{rms}} = \frac{140,45 \times 14,05}{159,29 \times 15,93} = 0,778 \quad \text{ou} \quad 77,8\%$$

e. A corrente rms de linha de entrada $I_s = I_{rms}\sqrt{4/6} = 13$ A, e a faixa VAR de entrada $VI = 3V_sI_s = 3 \times 120{,}1 \times 13 = 4683{,}9$ VA. A partir da Equação 3.8, FUT $= V_{CC}I_{CC}/VI = 140{,}45 \times 14{,}05/4683{,}9 = 0{,}421$.

f. A potência de saída $P_o = I_{rms}^2 R = 15{,}93^2 \times 10 = 2537{,}6$ W. O FP $= P_o/VI = 2537{,}6/4683{,}9 = 0{,}542$ (em atraso).

Observação: o FP é menor do que o dos semiconversores trifásicos, mas é maior do que o dos conversores trifásicos de meia onda.

Exemplo 10.5 ▪ Determinação do fator de potência de entrada de um conversor trifásico completo

A corrente de carga do conversor trifásico completo da Figura 10.3a é contínua, e o conteúdo de ondulação, desprezável. **(a)** Expresse a corrente de entrada na série de Fourier e determine o FH da corrente de entrada, o FD e o FP de entrada. **(b)** Para um ângulo de disparo $\alpha = \pi/3$, calcule V_n, FH, FD e FP.

Solução

a. A forma de onda para a corrente de entrada é mostrada na Figura 10.3g, e a corrente instantânea de entrada de uma fase pode ser expressa na série de Fourier como

$$i_s(t) = a_0 + \sum_{n=1,2,\ldots}^{\infty} (a_n \cos n\omega t + b_n \operatorname{sen} n\omega t)$$

onde

$$a_o = \frac{1}{2\pi}\int_0^{2\pi} i_s(t)\, d(\omega t) = 0$$

$$a_n = \frac{1}{\pi}\int_0^{2\pi} i_s(t) \cos n\omega t\, d(\omega t)$$

$$= \frac{1}{\pi}\left[\int_{\pi/6+\alpha}^{5\pi/6+\alpha} I_a \cos n\omega t\, d(\omega t) - \int_{7\pi/6+\alpha}^{11\pi/6+\alpha} I_a \cos n\omega t\, d(\omega t)\right]$$

$$= \begin{cases} -\dfrac{4I_a}{n\pi}\operatorname{sen}\dfrac{n\pi}{3}\operatorname{sen} n\alpha & \text{para } n = 1, 3, 5, \ldots \\ 0 & \text{para } n = 2, 4, 6, \ldots \end{cases}$$

$$b_n = \frac{1}{\pi}\int_0^{2\pi} i_s(t) \operatorname{sen} n\omega t\, d(\omega t)$$

$$= \frac{1}{\pi}\left[\int_{\pi/6+\alpha}^{5\pi/6+\alpha} I_a \operatorname{sen} n\omega t\, d(\omega t) - \int_{7\pi/6+\alpha}^{11\pi/6+\alpha} I_a \operatorname{sen} n\omega t\, d(\omega t)\right]$$

$$= \begin{cases} \dfrac{4I_a}{n\pi}\cos\dfrac{n\pi}{6}\cos n\alpha & \text{para } n = 1, 3, 5, \ldots \\ 0 & \text{para } n = 2, 4, 6, \ldots \end{cases}$$

Como $a_0 = 0$ e as correntes de harmônicas triplas (para n = múltiplo de 3) estarão ausentes em uma alimentação trifásica equilibrada, a corrente de entrada poderá ser escrita como

$$i_s(t) = \sum_{n=1,3,5,\ldots}^{\infty} \sqrt{2} I_{sn} \operatorname{sen}(n\omega t + \phi_n) \quad \text{para } n = 1, 5, 7, 11, 13, \ldots$$

onde

$$\phi_n = \operatorname{tg}^{-1}\frac{a_n}{b_n} = -n\alpha \tag{10.18}$$

O valor rms da n-ésima harmônica da corrente de entrada é dado por

$$I_{sn} = \frac{1}{\sqrt{2}} \sqrt{a_n^2 + b_n^2} = \frac{2\sqrt{2}\,I_a}{n\pi} \operatorname{sen} \frac{n\pi}{3} \qquad (10.19)$$

O valor rms da corrente fundamental é

$$I_{s1} = \frac{\sqrt{6}}{\pi} I_a = 0{,}7797 I_a$$

A corrente rms de entrada é

$$I_s = \sqrt{\frac{2}{2\pi} \int_{\pi/6+\alpha}^{5\pi/6+\alpha} I_a^2 \, d(\omega t)} = I_a \sqrt{\frac{2}{3}} = 0{,}8165 I_a$$

$$\mathrm{FH} = \sqrt{\left(\frac{I_s}{I_{s1}}\right)^2 - 1} = \sqrt{\left(\frac{\pi}{3}\right)^2 - 1} = 0{,}3108 \quad \text{ou} \quad 31{,}08\%$$

$$\mathrm{FD} = \cos\phi_1 = \cos(-\alpha)$$

$$\mathrm{FP} = \frac{I_{s1}}{I_s} \cos(-\alpha) = \frac{3}{\pi} \cos\alpha = 0{,}9549\,\mathrm{FD}$$

b. Para $\alpha = \pi/3$, $V_n = \cos(\pi/3) = 0{,}5$ pu, FH = 31,08%, FD = cos 60° = 0,5 e FP = 0,478 (em atraso).

Observação: podemos notar que o FP de entrada depende do ângulo de disparo α.

10.4.1 Conversores trifásicos completos com carga *RL*

A partir da Figura 10.3d, a tensão de saída é

$$v_o = v_{ab} = \sqrt{2}\,V_{ab} \operatorname{sen}\left(\omega t + \frac{\pi}{6}\right) \quad \text{para } \frac{\pi}{6} + \alpha \le \omega t \le \frac{\pi}{2} + \alpha$$

$$= \sqrt{2}\,V_{ab} \operatorname{sen} \omega t' \qquad \text{para } \frac{\pi}{3} + \alpha \le \omega t' \le \frac{2\pi}{3} + \alpha$$

onde $\omega t' = \omega t + \pi/6$ e V_{ab} é a tensão de linha (rms) de entrada. Escolhendo v_{ab} como a tensão de referência no tempo, a corrente de carga i_L pode ser encontrada a partir de

$$L \frac{di_L}{dt} + R i_L + E = \sqrt{2}\,V_{ab} \operatorname{sen} \omega t' \quad \text{para } \frac{\pi}{3} + \alpha \le \omega t' \le \frac{2\pi}{3} + \alpha$$

cuja solução a partir da Equação 10.8 é

$$i_L = \frac{\sqrt{2}\,V_{ab}}{Z} \operatorname{sen}(\omega t' - \theta) - \frac{E}{R}$$
$$+ \left[I_{L1} + \frac{E}{R} - \frac{\sqrt{2}\,V_{ab}}{Z} \operatorname{sen}\left(\frac{\pi}{3} + \alpha - \theta\right) \right] e^{(R/L)[(\pi/3+\alpha)/\omega - t']} \qquad (10.20)$$

onde $Z = \sqrt{R^2 + (\omega L)^2}$ e $\theta = \mathrm{tg}^{-1}(\omega L/R)$. Em uma condição de regime permanente, $i_L(\omega t' = 2\pi/3 + \alpha) = i_L(\omega t' = \pi/3 + \alpha) = I_{L1}$. Aplicando essa condição à Equação 10.20, obtemos o valor de I_{L1} como

$$I_{L1} = \frac{\sqrt{2}\,V_{ab}}{Z} \frac{\operatorname{sen}(2\pi/3 + \alpha - \theta) - \operatorname{sen}(\pi/3 + \alpha - \theta) e^{-(R/L)(\pi/3\omega)}}{1 - e^{-(R/L)(\pi/3\omega)}}$$
$$- \frac{E}{R} \quad \text{para } I_{L1} \ge 0 \qquad (10.21)$$

Corrente de carga descontínua. Estabelecendo $I_{L1} = 0$ na Equação 10.21, dividindo por $\sqrt{2}V_s/Z$ e substituindo $R/Z = \cos\theta$ e $\omega L/R = \mathrm{tg}\,\theta$, obtemos o valor crítico da razão de tensão $x = E/(\sqrt{2}V_{ab})$ como

$$x = \left[\frac{\operatorname{sen}\left(\frac{2\pi}{3} + \alpha - \theta\right) - \operatorname{sen}\left(\frac{\pi}{3} + \alpha - \theta\right)e^{-\left(\frac{\pi}{3\operatorname{tg}(\theta)}\right)}}{1 - e^{-\left(\frac{\pi}{3\operatorname{tg}(\theta)}\right)}}\right]\cos(\theta) \qquad (10.22)$$

que pode ser resolvido para o valor crítico de $\alpha = \alpha_c$ a valores conhecidos de x e θ. Para $\alpha \geq \alpha_c$, $I_{L1} = 0$. A corrente de carga que é descrita pela Equação 10.20 flui apenas durante o período $\alpha \leq \omega t \leq \beta$. Em $\omega t = \beta$, a corrente de carga cai a zero novamente. As equações obtidas para o caso descontínuo do diodo retificador na Seção 3.8 podem ser aplicadas ao retificador controlado.

Exemplo 10.6 • Determinação das especificações de corrente do conversor trifásico completo com uma carga RL

O conversor trifásico completo da Figura 10.3a tem uma carga de $L = 1,5$ mH, $R = 2,5\ \Omega$ e $E = 10$ V. A tensão de linha de entrada é $V_{ab} = 208$ V (rms), 60 Hz. O ângulo de disparo é $\alpha = \pi/3$. Determine **(a)** a corrente de carga em regime permanente I_{L1} em $\omega t' = \pi/3 + \alpha$ (ou $\omega t = \pi/6 + \alpha$); **(b)** a corrente média do tiristor I_M; **(c)** a corrente rms do tiristor I_R; **(d)** a corrente rms de saída I_{rms}; e **(e)** a corrente média de saída I_{CC}.

Solução

$\alpha = \pi/3$, $R = 2,5\ \Omega$, $L = 1,5$ mH, $f = 60$ Hz, $\omega = 2\pi \times 60 = 377$ rad/s, $V_{ab} = 208$ V, $Z = \sqrt{R^2 + (\omega L)^2} = 2,56\ \Omega$ e $\theta = \operatorname{tg}^{-1}(\omega L/R) = 12,74°$.

a. A corrente de carga em regime permanente em $\omega t' = \pi/3 + \alpha$ é $I_{L1} = 20,49$ A.

b. A integração numérica de i_L na Equação 10.20, entre os limites $\omega t' = \pi/3 + \alpha$ a $2\pi/3 + \alpha$, dá a corrente média do tiristor, $I_M = 17,42$ A.

c. Por integração numérica de i_L^2, entre os limites $\omega t' = \pi/3 + \alpha$ a $2\pi/3 + \alpha$, obtém-se a corrente rms do tiristor, $I_R = 31,32$ A.

d. A corrente rms de saída $I_{rms} = \sqrt{3}I_R = \sqrt{3} \times 31,32 = 54,25$ A.

e. A corrente média de saída $I_{CC} = 3I_A = 3 \times 17,42 = 52,26$ A.

■ Principais pontos da Seção 10.4

- A frequência da ondulação de saída é seis vezes a de alimentação.
- O conversor trifásico completo é muito utilizado em aplicações práticas.
- Ele pode operar em dois quadrantes, desde que a carga seja altamente indutiva e mantenha a corrente contínua.

10.5 CONVERSORES DUAIS TRIFÁSICOS

Em muitos acionamentos de velocidade variável, em geral há a necessidade de operação em quatro quadrantes, e os conversores duais trifásicos são amplamente utilizados em aplicações até o nível de 2000 kW. A Figura 10.4a mostra conversores duais trifásicos em que dois deles são conectados *back-to-back*. Vimos, na Seção 10.3, que, por conta das diferenças de tensões instantâneas entre as tensões de saída dos conversores, uma corrente de circulação flui através deles. A corrente de circulação é normalmente limitada pelo indutor de circulação L_r, como indica a Figura 10.4a. Os dois conversores são controlados de tal forma que, se α_1 for o ângulo de disparo do conversor 1, o do conversor 2 é $\alpha_2 = \pi - \alpha_1$. As figuras 10.4b a 10.4f apresentam as formas de onda para as tensões de entrada, de saída e sobre o indutor L_r. A operação de cada conversor é idêntica à do conversor trifásico completo. Durante o intervalo $(\pi/6 + \alpha_1) \leq \omega t \leq (\pi/2 + \alpha_1)$, a tensão de linha v_{ab} aparece na saída do conversor 1, e v_{bc} aparece no conversor 2.

FIGURA 10.4

Conversor dual trifásico. (a) Circuito, (b) sequências de disparo, (c) tensões de alimentação de entrada, (d) tensão de saída para o conversor 1, (e) tensão de saída para o conversor 2 e (f) tensão no indutor de circulação.

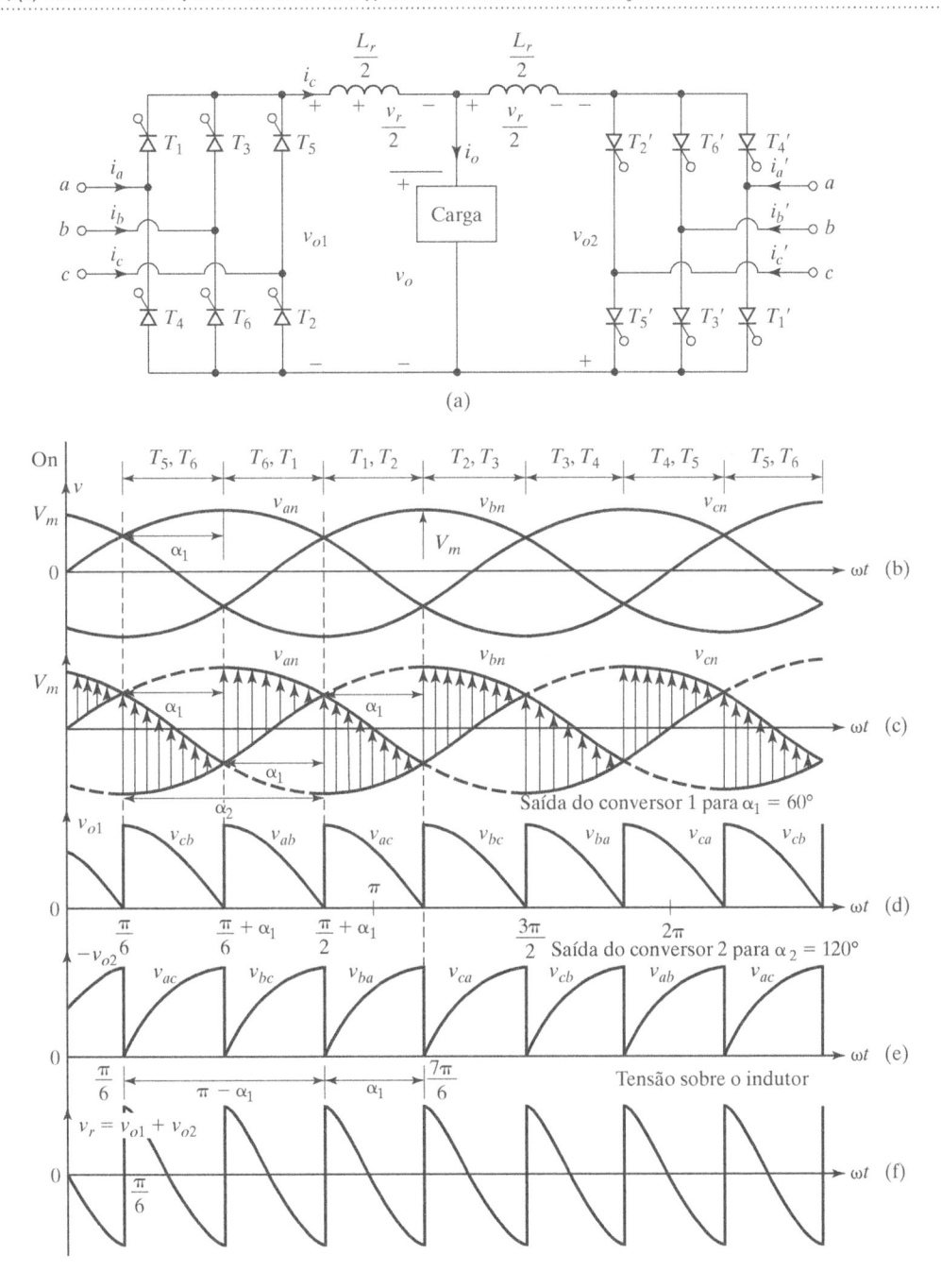

Se v_{o1} e v_{o2} forem as tensões de saída dos conversores 1 e 2, respectivamente, a tensão instantânea sobre o indutor durante o intervalo $(\pi/6 + \alpha_1) \leq \omega t \leq (\pi/2 + \alpha_1)$ será

$$v_r = v_{o1} + v_{o2} = v_{ab} - v_{bc}$$
$$= \sqrt{3}\, V_m \left[\operatorname{sen}\left(\omega t + \frac{\pi}{6}\right) - \operatorname{sen}\left(\omega t - \frac{\pi}{2}\right) \right] \quad (10.23)$$
$$= 3 V_m \cos\left(\omega t - \frac{\pi}{6}\right)$$

A corrente de circulação pode ser encontrada a partir de

$$i_r(t) = \frac{1}{\omega L_r}\int_{\pi/6+\alpha_1}^{\omega t} v_r \, d(\omega t) = \frac{1}{\omega L_r}\int_{\pi/6+\alpha_1}^{\omega t} 3V_m \cos\left(\omega t - \frac{\pi}{6}\right) d(\omega t)$$
$$= \frac{3V_m}{\omega L_r}\left[\operatorname{sen}\left(\omega t - \frac{\pi}{6}\right) - \operatorname{sen} \alpha_1\right]$$
(10.24)

A corrente de circulação depende do ângulo de disparo α_1 e da indutância L_r. Essa corrente é máxima quando $\omega t = 2\pi/3$ e $\alpha_1 = 0$. Mesmo sem qualquer carga externa, os conversores operariam continuamente por conta da corrente de circulação, como resultado da ondulação de tensão sobre o indutor. Isso permite uma reversão suave da corrente de carga durante a transição da operação de um quadrante para outro e proporciona respostas dinâmicas rápidas, em especial para acionamentos de motores elétricos.

Sequência de acionamento. A sequência de acionamento é a seguinte:

1. Semelhante ao conversor dual monofásico, comandar o conversor positivo com um ângulo de disparo de $\alpha_1 = \alpha$.
2. Comandar o conversor negativo com um ângulo de disparo de $\alpha_2 = \pi - \alpha$ através dos circuitos de isolação da porta.

■ Principais pontos da Seção 10.5

- O conversor dual trifásico é utilizado para aplicações de alta potência de até 2000 kW.
- Para uma carga altamente indutiva, o conversor dual pode operar em quatro quadrantes. A corrente pode fluir para dentro e para fora da carga.
- Há a necessidade de um indutor CC para reduzir a corrente de circulação.

10.6 CONTROLE POR MODULAÇÃO POR LARGURA DE PULSOS (PWM)

O fator de potência dos conversores por controle de fase depende do ângulo de disparo α e geralmente é baixo, em especial na faixa de baixa tensão de saída. Esses conversores geram harmônicas na alimentação. Comutações forçadas através de acionamento e desligamento dos dispositivos de chaveamento, como mostra a Figura 10.5, podem melhorar o FP de entrada e reduzir os níveis de harmônicas. Os dispositivos de chaveamento Q_1 e Q_2 são ligados simultaneamente, enquanto Q_3 e Q_4 são desligados. Da mesma forma, os dispositivos de chaveamento Q_3 e Q_4 são ligados ao mesmo tempo, enquanto Q_1 e Q_2 são desligados. A tensão de saída dependerá do tipo de algoritmo de controle dos dispositivos de chaveamento. Essas técnicas de comutação forçada têm se tornado atraentes para a conversão CC-CA.[3,4] Com o avanço dos dispositivos semicondutores de potência (por exemplo, GTOs, IGBTs e IGCTs), a comutação forçada pode ser utilizada para conversores CC-CA práticos.[12-14] As técnicas básicas de comutação forçada para conversores CC-CA podem ser classificadas da seguinte forma:

1. Controle do ângulo de extinção.
2. Controle de ângulo simétrico.
3. Modulação por largura de pulso (PWM).
4. PWM senoidal monofásico.
5. Controle PWM trifásico.

No controle do ângulo de extinção, a componente fundamental da corrente de entrada está adiantada em relação à tensão de entrada, e o fator de deslocamento (e o FP) é capacitivo. Em algumas aplicações, essa característica pode ser desejável para simular uma carga capacitiva e para compensar as quedas de tensão na linha. No controle de ângulo simétrico, a componente fundamental da corrente de entrada está em fase com a tensão de entrada, e o

FIGURA 10.5
Conversor monofásico com controle PWM.

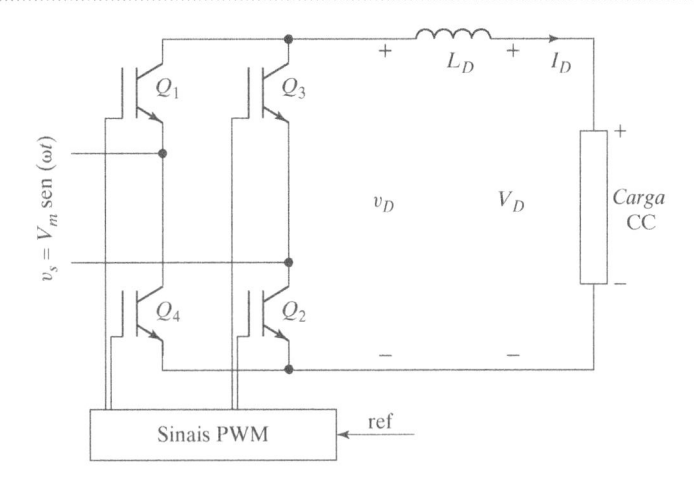

[Figura: Conversor monofásico com controle PWM, com transistores Q_1, Q_2, Q_3, Q_4, fonte $v_s = V_m \operatorname{sen}(\omega t)$, indutor L_D, corrente I_D, tensões v_D, V_D, Carga CC, e bloco "Sinais PWM" com entrada "ref".]

FD é unitário. Esses tipos de controle[27] são utilizados em algumas aplicações e não serão tratados em mais detalhes neste livro. O controle PWM senoidal é o mais empregado. No entanto, a operação e a análise do controle PWM permitem a compreensão das técnicas tanto do PWM quanto do controle PWM senoidal.

10.6.1 Controle PWM

Se a tensão de saída de conversores monofásicos for controlada pela variação do ângulo de disparo, haverá apenas um pulso por semiciclo na corrente de entrada do conversor, e, assim, a harmônica de ordem mais baixa será a terceira. É difícil filtrar a corrente harmônica de ordem inferior. No controle PWM, as chaves do conversor são ligadas e desligadas várias vezes durante um semiciclo, e a tensão de saída é controlada pela variação da largura dos pulsos.[15-17] Os sinais de acionamento são gerados pela comparação de uma onda triangular com um sinal CC, como mostra a Figura 10.6g. As figuras 10.6a a 10.6f indicam a tensão de entrada, a de saída e a corrente de entrada. As harmônicas de ordem inferior podem ser eliminadas ou reduzidas selecionando-se o número de pulsos por semiciclo. Aumentando-se o número de pulsos aumenta-se também a magnitude das harmônicas de ordem superior, mas estas podem ser facilmente filtradas.

A tensão de saída e os parâmetros de desempenho do conversor podem ser determinados em duas etapas: (1) pela consideração de apenas um par de pulsos, tal que, se um pulso inicia em $\omega t = \alpha_1$ e termina em $\omega t = \alpha_1 + \delta_1$, o outro inicia em $\omega t = \pi + \alpha_1$ e termina em $\omega t = (\pi + \alpha_1 + \delta_1)$; e (2) pela combinação dos efeitos de todos os pares. Se o m-ésimo pulso inicia em $\omega t = \alpha_m$ e sua largura é δ_m, a tensão média de saída por causa de um número p de pulsos é encontrada a partir de

$$V_{CC} = \sum_{m=1}^{p} \left[\frac{2}{2\pi} \int_{\alpha_m}^{\alpha_m + \delta_m} V_m \operatorname{sen} \omega t \, d(\omega t) \right]$$

$$= \frac{V_m}{\pi} \sum_{m=1}^{p} [\cos \alpha_m - \cos(\alpha_m + \delta_m)]$$

(10.25)

Se a corrente de carga com um valor médio de I_a for contínua e tiver ondulação desprezável, a corrente instantânea de entrada pode ser expressa na série de Fourier como

$$i_s(t) = A_0 + \sum_{n=1,3,\ldots}^{\infty} (A_n \cos n\omega t + B_n \operatorname{sen} n\omega t)$$

(10.26)

Em razão da simetria da forma de onda da corrente de entrada, não pode haver harmônicas pares e A_0 deve ser zero. Além disso, os coeficientes da Equação 10.26 serão

$$A_n = \frac{1}{\pi} \int_0^{2\pi} i_s(t) \cos n\omega t \, d(\omega t)$$

FIGURA 10.6

Controle por PWM. (a) Tensão de alimentação de entrada, (b) tensão de saída, (c) corrente de linha através da chave S_1, (d) corrente através da chave S_3, (e) corrente de alimentação de entrada, (f) corrente de carga constante e (g) geração de sinais de acionamento.

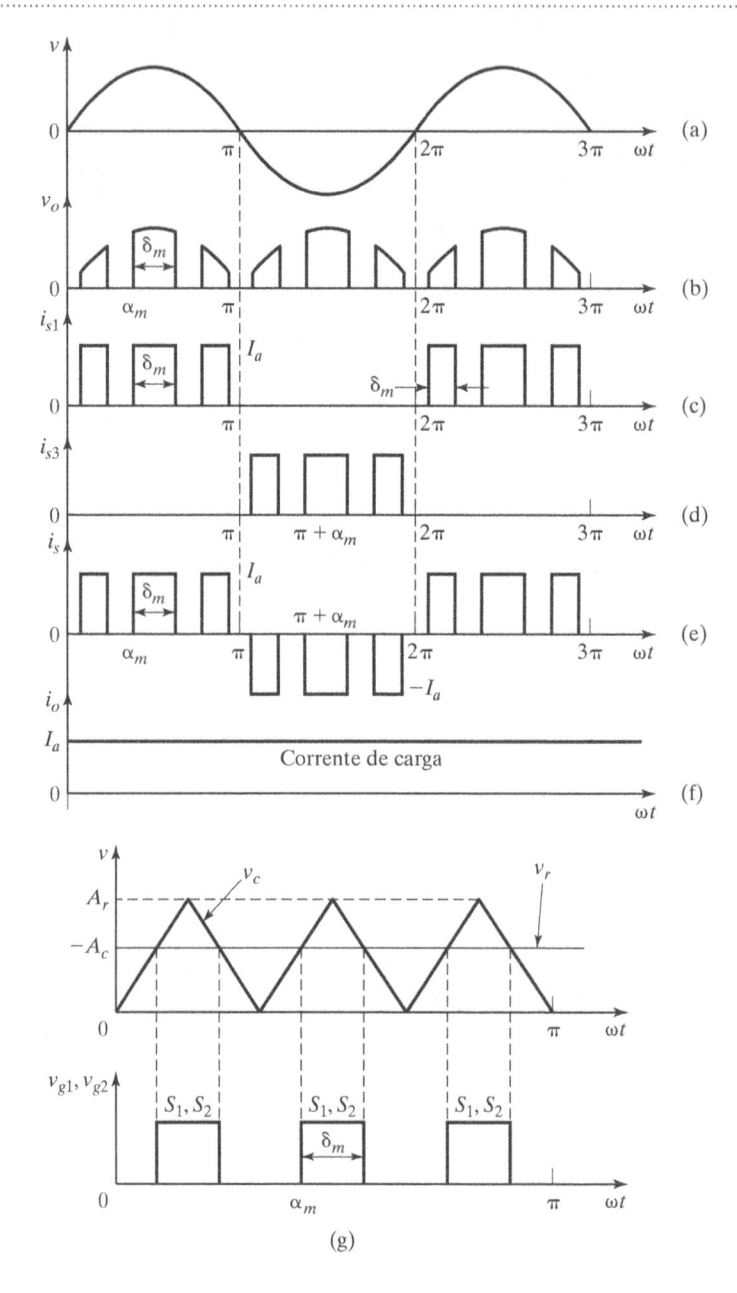

$$= \sum_{m=1}^{p}\left[\frac{2}{\pi}\int_{\alpha_m+\delta_n/2}^{\alpha_m+\delta_m} I_a \cos n\omega t\, d(\omega) - \frac{2}{\pi}\int_{\pi+\alpha_m}^{\pi+\alpha_m+\delta_m/2} I_a \cos n\omega t\, d(\omega t)\right] = 0$$

$$B_n = \frac{1}{\pi}\int_0^{2\pi} i_s(t)\,\text{sen}\, n\omega t\, d(\omega t)$$

$$= \sum_{m=1}^{p}\left[\frac{2}{\pi}\int_{\alpha_m+\delta_m/2}^{\alpha_m+\delta_m} I_a \text{sen}\, n\omega t\, d(\omega t) - \frac{2}{\pi}\int_{\pi+\alpha_m}^{\pi+\alpha_m+\delta_m/2} I_a \text{sen}\, n\omega t\, d(\omega t)\right]$$

$$B_n = \frac{4I_a}{n\pi} \sum_{m=1}^{p} \mathrm{sen}\left(\frac{n\delta_m}{4}\right)\left[\mathrm{sen}\left[n\left(\alpha_m + \frac{3\delta_m}{4}\right)\right]\right.$$
$$\left.- \mathrm{sen}\left[n\left(\alpha_m + \frac{\delta_m}{4} + \pi\right)\right]\right] \quad \text{para } n = 1, 3, 5, \ldots$$
(10.27)

A Equação 10.26 pode ser reescrita como

$$i_s(t) = \sum_{n=1,3,\ldots}^{\infty} \sqrt{2}\, I_n \mathrm{sen}(n\omega t + \phi_n)$$
(10.28)

onde $\phi_n = \mathrm{tg}^{-1}(A_n/B_n) = 0$ e $I_n = \sqrt{A_n^2 + B_n^2}/\sqrt{2} = B_n/\sqrt{2}$.

10.6.2 PWM senoidal monofásico

As larguras de pulsos podem ser variadas para controlar a tensão de saída. Se houver p pulsos por semiciclo com largura igual, a largura máxima de um pulso será π/p. Entretanto, as larguras dos pulsos podem ser diferentes. É possível escolher as larguras dos pulsos de tal forma que determinadas harmônicas são eliminadas. Existem diferentes métodos para variar as larguras dos pulsos, e o mais comum é o da modulação por largura de pulso senoidal (SPWM).[18-20] No controle SPWM, como mostram as figuras 10.7a-e, as larguras dos pulsos são geradas pela comparação de uma tensão portadora triangular v_c de amplitude A_c e frequência f_c com uma tensão de referência senoidal retificada v_r de amplitude variável A_r e frequência $2f_s$. A tensão senoidal retificada v_r está em fase com a tensão de fase de entrada v_s e tem o dobro da frequência de alimentação f_s. As larguras dos pulsos (e a tensão de saída) são variadas alterando-se a amplitude A_r ou o índice de modulação M de 0 a 1. O *índice de modulação* é definido como

$$M = \frac{A_r}{A_c}$$
(10.29)

FIGURA 10.7

Controle por largura de pulso senoidal. (a) Geração de sinais de acionamento, (b) corrente através da chave S_1, (c) corrente através da chave S_3, (d) corrente de entrada e (e) corrente de carga constante.

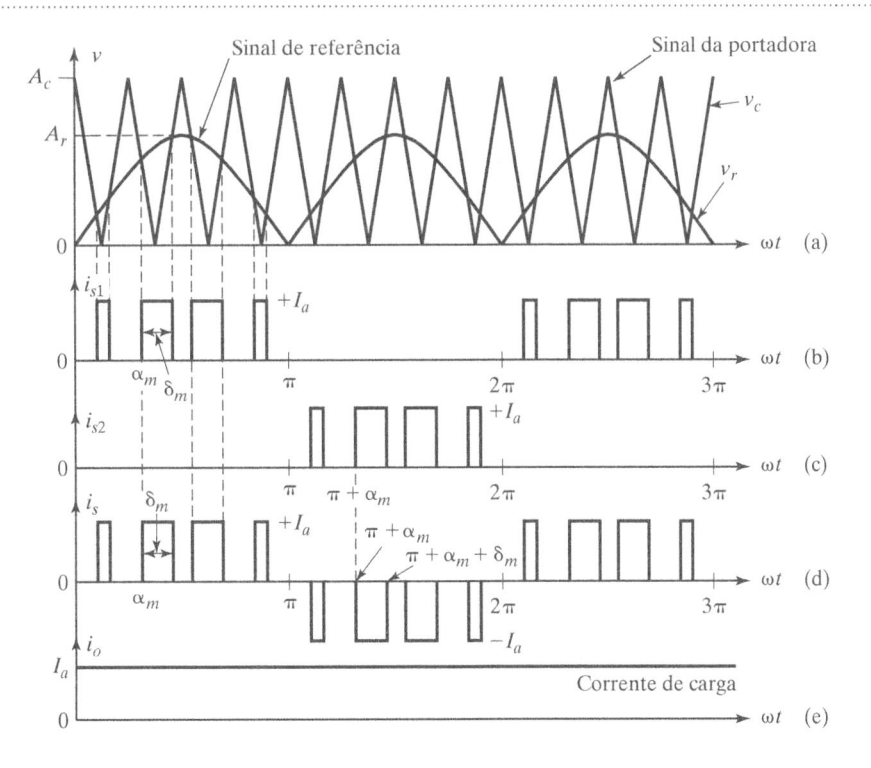

Em um controle PWM senoidal, o FD é unitário e o FP, melhorado. As harmônicas de ordem inferior são eliminadas ou reduzidas. Com quatro pulsos por semiciclo, por exemplo, a harmônica de ordem mais baixa é a quinta; com seis pulsos por semiciclo, a harmônica de ordem mais baixa é a sétima. Programas de computador podem ser utilizados para avaliar os desempenhos dos controles PWM uniforme e SPWM, respectivamente.

Observações:

1. Para uma modulação de pulsos múltiplos, os pulsos são uniformemente distribuídos e têm as mesmas larguras, $\delta = \delta_m$. Para um SPWM, os pulsos não são uniformemente distribuídos e suas larguras são diferentes. As equações da Seção 10.6.1, que são obtidas em sua forma geral, podem ser utilizadas para um SPWM.

2. De forma semelhante aos inversores PWM, os sinais de acionamento dos conversores são gerados por comparação de um sinal de portadora v_c com um sinal de referência v_r para manter a tensão ou a corrente desejada. Para os retificadores, uma entrada senoidal i_s que esteja em fase com a tensão de alimentação v_s é desejável, pois permite a obtenção de um elevado FP de entrada com um valor baixo de DHT da corrente de entrada.

10.6.3 Retificador trifásico PWM

Há duas topologias de circuito para retificadores trifásicos: (1) um retificador fonte de corrente, no qual a reversão da potência é feita por reversão da tensão CC, e (2) um retificador fonte de tensão, no qual a reversão de potência é feita por inversão da corrente no barramento CC. A Figura 10.8 mostra os circuitos básicos para

FIGURA 10.8

Topologias básicas para retificadores PWM comutados pela rede: (a) retificador fonte de corrente; (b) retificador fonte de tensão.

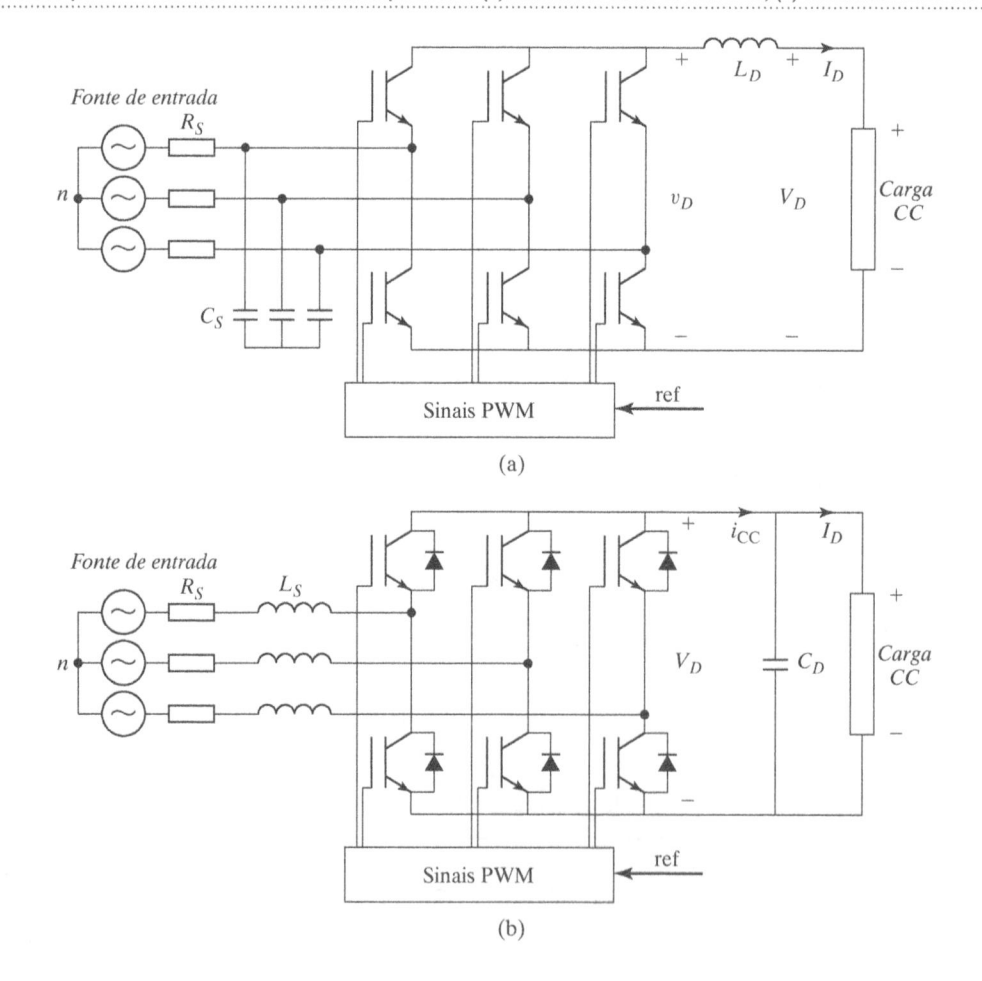

essas duas topologias.⁵ O indutor L_D na Figura 10.8a mantém uma corrente constante para a carga, enquanto os capacitores do lado da entrada fornecem caminhos de baixa impedância para a corrente de carga. O capacitor C_D na Figura 10.8b mantém uma tensão constante para a carga, enquanto as indutâncias do lado da entrada asseguram a continuidade das correntes de linha e melhoram o fator de potência de entrada.

O retificador trifásico fonte de tensão com uma malha de controle de realimentação é mostrado na Figura 10.9a. A tensão do barramento CC é mantida em um valor de referência desejado por meio de uma malha de controle de realimentação. Ela é medida e comparada a uma referência V_{ref}. O sinal de erro liga e desliga os seis dispositivos de chaveamento do retificador. Os fluxos de potência da fonte CA e para ela podem ser controlados de acordo com os requisitos da tensão do barramento CC. A tensão V_D é medida no lado CC do capacitor C_D. Controlando a tensão do barramento CC de modo que o fluxo de corrente seja invertido nele pode-se controlar a reversão da potência.

No modo retificador de operação, a corrente I_D é positiva, e o capacitor C_D, descarregado através da carga CC. O sinal de erro pede ao circuito de controle mais energia da fonte de alimentação CA. O circuito de controle obtém energia da fonte de alimentação gerando os sinais PWM apropriados para os dispositivos de chaveamento. Há um fluxo maior de corrente do lado CA para o lado CC, e a tensão do capacitor é recuperada. No modo inversor de operação, I_D se torna negativa e o capacitor C_D é sobrecarregado. O sinal de erro pede ao controle para descarregar o capacitor e devolve energia para a rede CA.

O PWM pode controlar tanto a potência ativa quanto a reativa. Assim, esse tipo de retificador pode ser utilizado para a correção de FP. A forma de onda da corrente CA também pode ser mantida quase senoidal pela redução da contaminação harmônica na rede de alimentação. O PWM liga e desliga as chaves de um modo preestabelecido, geralmente uma forma de onda senoidal de tensão ou corrente.²⁶ Um exemplo da modulação de uma fase é mostrado na Figura 10.9b, onde V_{MOD} é o sinal de modulação.

Dependendo da estratégia de controle, um retificador com comutação forçada pode ser operado como inversor ou como retificador.²² Por isso, ele é muitas vezes chamado de conversor. Dois desses conversores são geralmente ligados em cascata a fim de controlar o fluxo de potência da fonte de alimentação CA para a carga e vice-versa, como ilustra a Figura 10.10. O primeiro conversor converte CA em uma tensão do barramento CC

FIGURA 10.9
Retificador fonte de tensão com comutação forçada.

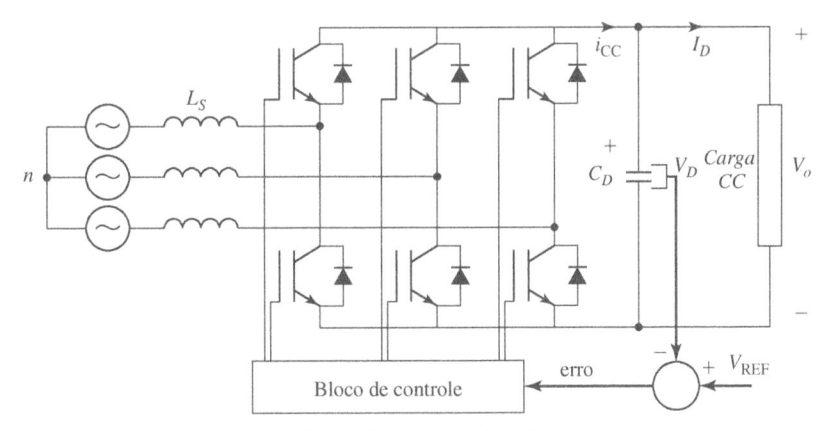

(a) Circuito de retificador fonte de tensão

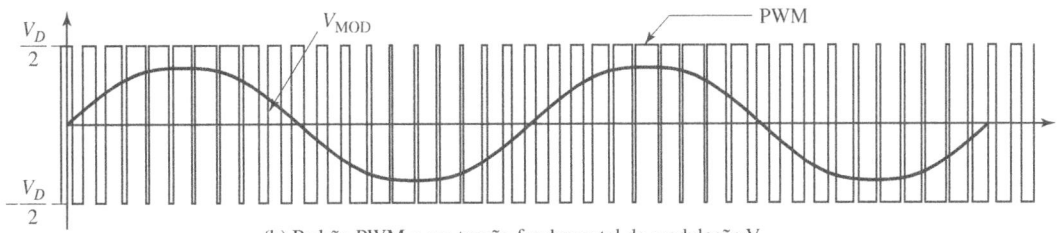

(b) Padrão PWM e sua tensão fundamental de modulação V_{MOD}

variável, e o segundo converte CC em uma CA variável a uma frequência fixa ou variável.[23-25] Técnicas avançadas de controle (por exemplo, modulação vetorial espacial e SPWM) conseguem manter uma corrente de entrada quase senoidal a partir de fonte CA com FP unitário e fornecer uma tensão ou uma corrente de saída quase senoidal para a carga.[6,7,21] Técnicas avançadas de controle podem ser utilizadas para gerar uma saída trifásica a partir de uma alimentação monofásica.[8,9]

FIGURA 10.10

Dois conversores em cascata com comutação forçada.

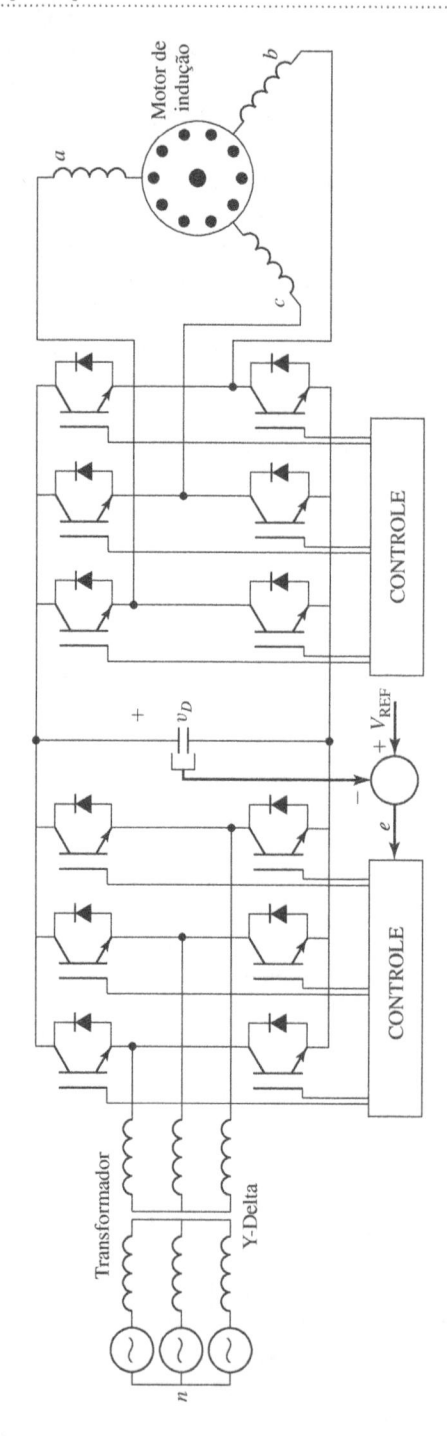

■ Principais vantagens:

- A corrente ou tensão pode ser modulada gerando menos contaminação harmônica.
- O FP pode ser controlado, e até mesmo se tornar capacitivo.
- O circuito pode ser construído como retificador fonte de tensão ou como retificador fonte de corrente.
- O FP pode ser invertido por meio da reversão da corrente no barramento CC.

■ Principais pontos da Seção 10.6

- Os conversores de comutação forçada permitem controle do FP a partir da fonte CA para a carga CC e vice-versa, minimizando o conteúdo harmônico e mantendo o FP de entrada elevado.
- A mesma topologia de circuito pode ser utilizada para retificação (CA-CC) e inversão (CC-CA).
- Tiristores e GTO são especialmente empregados para aplicações de altas tensão e potência.

10.7 CONVERSORES MONOFÁSICOS EM SÉRIE

Para aplicações de alta tensão, dois ou mais conversores podem ser ligados em série para dividir a tensão e também melhorar o FP. A Figura 10.11a mostra dois conversores completos que estão ligados em série, e a relação de espiras entre o primário e o secundário é $N_p/N_s = 2$. Pelo fato de não haver diodos de roda livre, os dois conversores devem funcionar ao mesmo tempo.

No modo de retificação, um dos conversores está na posição de avanço total ($\alpha_1 = 0$) e o ângulo de disparo do outro conversor, α_2, varia de 0 a π para controlar a tensão de saída CC. As figuras 10.11b e 10.11c apresentam a tensão de entrada, a tensão de saída, a corrente de entrada para os conversores e a corrente de alimentação de entrada.

No modo de inversão, um dos conversores está na posição de atraso total, $\alpha_2 = \pi$, e o ângulo de disparo do outro conversor, α_1, varia de 0 a π para controlar a tensão média de saída. A Figura 10.11d indica as características v–i dos conversores completos em série.

A partir da Equação 10.1, as tensões médias de saída dos dois conversores são

$$V_{CC1} = \frac{2V_m}{\pi} \cos \alpha_1$$

$$V_{CC2} = \frac{2V_m}{\pi} \cos \alpha_2$$

A tensão média de saída resultante é

$$V_{CC} = V_{CC1} + V_{CC2} = \frac{2V_m}{\pi}(\cos \alpha_1 + \cos \alpha_2) \tag{10.30}$$

A máxima tensão média de saída para $\alpha_1 = \alpha_2 = 0$ é $V_{dm} = 4V_m/\pi$. No modo de retificação, $\alpha_1 = 0$ e $0 \leq \alpha_2 \leq \pi$; então

$$V_{CC} = V_{CC1} + V_{CC2} = \frac{2V_m}{\pi}(1 + \cos \alpha_2) \tag{10.31}$$

e a tensão de saída CC normalizada é

$$V_n = \frac{V_{CC}}{V_{dm}} = 0{,}5(1 + \cos \alpha_2) \tag{10.32}$$

No modo de inversão, $0 \leq \alpha_1 \leq \pi$ e $\alpha_2 = \pi$; então

$$V_{CC} = V_{CC1} + V_{CC2} = \frac{2V_m}{\pi}(\cos \alpha_1 - 1) \tag{10.33}$$

e a tensão média de saída normalizada é

$$V_n = \frac{V_{CC}}{V_{dm}} = 0{,}5(\cos \alpha_1 - 1) \tag{10.34}$$

454 Eletrônica de potência

FIGURA 10.11
Conversores monofásicos completos.

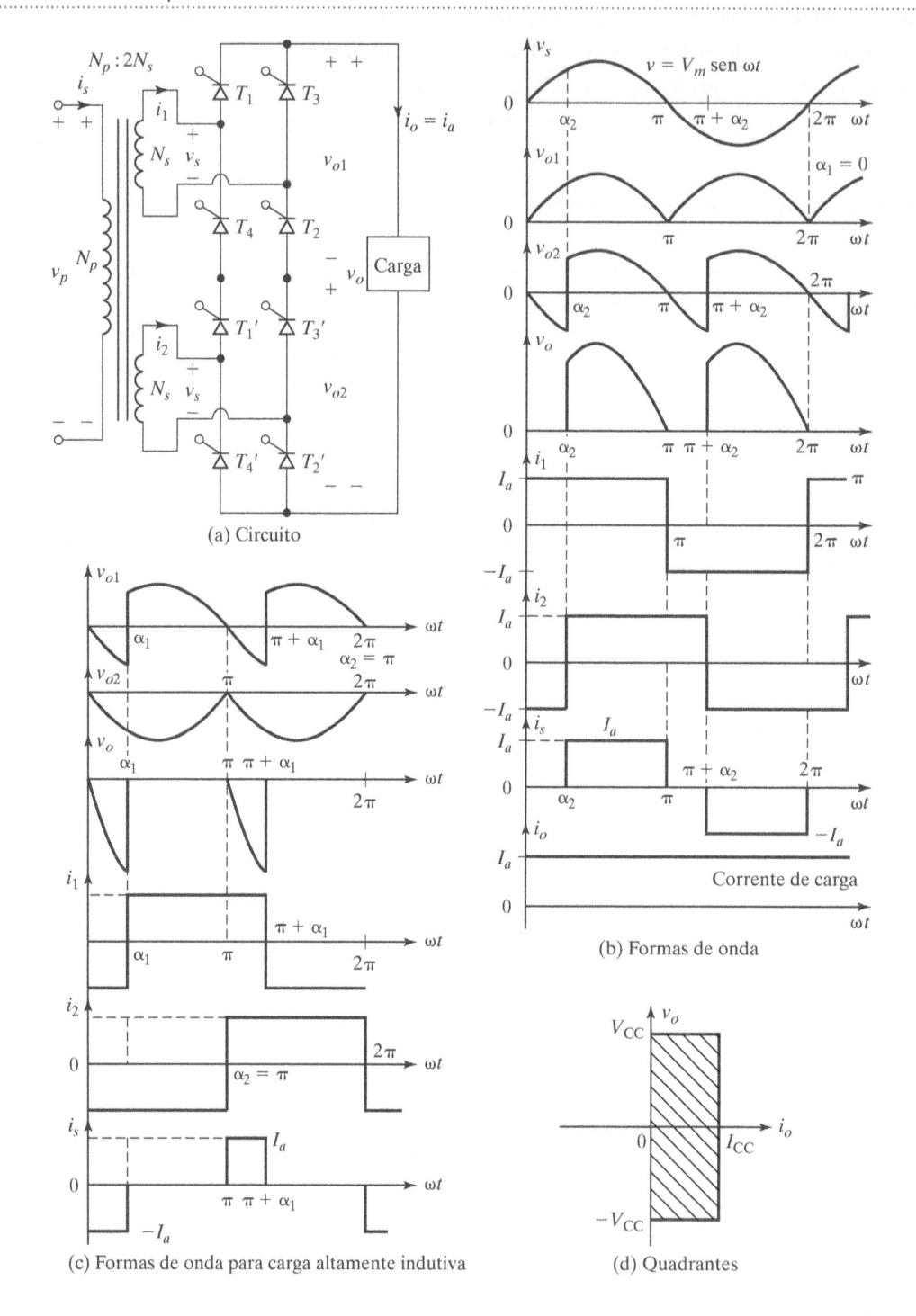

(a) Circuito

(b) Formas de onda

(c) Formas de onda para carga altamente indutiva

(d) Quadrantes

Sequência de acionamento. A sequência de acionamento é a seguinte:

1. Gerar um sinal de pulso na passagem por zero da tensão de fase positiva v_s.
2. Atrasar o pulso pelos ângulos desejados $\alpha_1 = 0$ e $\alpha_2 = \alpha$ para o conversor 1 e para o conversor 2, respectivamente, por meio dos circuitos de isolação da porta.

Exemplo 10.7 ▪ Determinação do fator de potência de entrada de conversores monofásicos completos em série

A corrente de carga (com um valor médio de I_a) dos conversores completos em série da Figura 10.11a é contínua, e o conteúdo de ondulação, desprezável. A relação de espiras do transformador é $N_p/N_s = 2$. Os conversores operam no modo de retificação tal que $\alpha_1 = 0$ e α_2 varie de 0 a π.
(a) Expresse a corrente de alimentação de entrada na série de Fourier e determine o FH da corrente de entrada, o FD e o FP de entrada. **(b)** Para um ângulo de disparo $\alpha_2 = \pi/2$ e uma tensão de pico de entrada $V_m = 162$ V, calcule V_{CC}, V_n, V_{rms}, FH, FD e FP.

Solução
a. A forma de onda da corrente de entrada é mostrada na Figura 10.11b, e a corrente instantânea de entrada da alimentação pode ser expressa na série de Fourier como

$$i_s(t) = \sum_{n=1,2,\ldots}^{\infty} \sqrt{2} I_n \operatorname{sen}(n\omega t + \phi_n) \quad (10.35)$$

onde $\phi_n = -n\alpha_2/2$. A Equação 10.5 fornece o valor rms da n-ésima harmônica da corrente de entrada

$$I_{sn} = \frac{4 I_a}{\sqrt{2}\, n\pi} \cos\frac{n\alpha_2}{2} = \frac{2\sqrt{2} I_a}{n\pi} \cos\frac{n\alpha_2}{2} \quad (10.36)$$

O valor rms da corrente fundamental é

$$I_{s1} = \frac{2\sqrt{2} I_a}{\pi} \cos\frac{\alpha_2}{2} \quad (10.37)$$

A corrente rms de entrada é encontrada como

$$I_s = I_a \sqrt{1 - \frac{\alpha_2}{\pi}} \quad (10.38)$$

A partir da Equação 3.22

$$FH = \sqrt{\left[\frac{\pi(\pi - \alpha_2)}{4(1 + \cos\alpha_2)} - 1\right]} \quad (10.39)$$

A partir da Equação 3.21

$$FD = \cos\phi_1 = \cos\left(-\frac{\alpha_2}{2}\right) \quad (10.40)$$

A partir da Equação 3.23

$$FP = \frac{I_{s1}}{I_s}\cos\frac{\alpha_2}{2} = \frac{\sqrt{2}(1 + \cos\alpha_2)}{[\pi(\pi - \alpha_2)]^{1/2}} \quad (10.41)$$

b. $\alpha_1 = 0$ e $\alpha_2 = \pi/2$. A partir da Equação 10.30,

$$V_{CC} = \left(2 \times \frac{162}{\pi}\right)\left(1 + \cos\frac{\pi}{2}\right) = 103{,}13\ \text{V}$$

A partir da Equação 10.32, $V_n = 0{,}5$ pu e

$$V_{rms}^2 = \frac{2}{2\pi}\int_{\alpha 2}^{\pi} (2V_s)^2 \operatorname{sen}^2\omega t\, d(\omega t)$$

$$V_{rms} = \sqrt{2} V_s \sqrt{\frac{1}{\pi}\left(\pi - \alpha_2 + \frac{\operatorname{sen} 2\alpha_2}{2}\right)} = V_m = 162\ \text{V}$$

$$I_{s1} = I_a \frac{2\sqrt{2}}{\pi}\cos\frac{\pi}{4} = 0{,}6366 I_a \quad \text{e} \quad I_s = 0{,}7071 I_a$$

$$FH = \sqrt{\left(\frac{I_s}{I_{s1}}\right)^2 - 1} = 0{,}4835 \quad \text{ou}\quad 48{,}35\%$$

$$\phi_1 = -\frac{\pi}{4} \quad \text{e} \quad FD = \cos\left(-\frac{\pi}{4}\right) = 0{,}7071$$

$$FP = \frac{I_{s1}}{I_s}\cos(-\phi_1) = 0{,}6366 \ (\text{em atraso})$$

Observação: o desempenho dos conversores completos em série é semelhante ao dos semiconversores monofásicos.

■ Principais pontos da Seção 10.7

– Os semiconversores e os conversores completos podem ser ligados em série para dividir a tensão, e também para melhorar o FP de entrada.

10.8 CONVERSORES DE DOZE PULSOS

Uma ponte trifásica produz uma tensão de saída de seis pulsos. Para aplicações de alta potência, como nos casos de transmissão CC de alta tensão e acionamento de motores CC, geralmente é necessária uma saída de 12 pulsos a fim de reduzir as ondulações de saída e aumentar as frequências da ondulação. Duas pontes de 6 pulsos podem ser combinadas tanto em série quanto em paralelo para produzir uma saída efetiva de 12 pulsos. Duas configurações são mostradas na Figura 10.12. É possível conseguir um deslocamento de fase de 30° entre os enrolamentos secundários pela conexão de um secundário em Y e o outro em delta (Δ).

Os dois conversores na Figura 10.12a estão ligados em série, e a tensão de saída efetiva é o dobro da média de um único conversor. Isto é, $v_o = v_{o1} + v_{o2}$. A mesma corrente de carga $i_{a1} = i_{a2} = I_a$ flui através de ambos os conversores. Aqueles na Figura 10.12b estão ligados em paralelo, e a tensão de saída efetiva é a mesma que a de um único conversor, $v_o = v_{o1} = v_{o2}$, mas a corrente em cada conversor é a metade da corrente total de carga I_a. Isto é, a corrente de carga I_a é o dobro da de um único conversor, $i_{a1} + i_{a2} = 2\,i_{a1} = I_a$. Dois indutores equivalentes, L_1 e L_2, são ligados para assegurar uma divisão igual de corrente em condições dinâmicas. Com o ponto de conexão nos indutores conforme mostrado, se a corrente através do conversor cair, a $L\,di/dt$ sobre L_1 diminui e uma tensão correspondente de polaridade oposta é induzida sobre o indutor $L_2 (= L_1)$. O resultado é um caminho de baixa impedância através do conversor 2, e a corrente é desviada para ele.

10.9 PROJETO DE CIRCUITOS CONVERSORES

O projeto de circuitos conversores requer a determinação das especificações dos dispositivos de chaveamento (por exemplo, tiristores) e dos diodos. As chaves e os diodos são especificados por corrente média, corrente rms, corrente de pico e tensão reversa máxima. No caso de retificadores controlados, as especificações de corrente dos dispositivos dependem do ângulo de disparo (ou controle). Já as especificações dos dispositivos de potência devem ser definidas nas condições de pior caso, e isso ocorre quando o conversor fornece a máxima tensão média de saída, V_{dm}.

A saída dos conversores contém harmônicas que dependem do ângulo de controle (ou disparo), e a condição de pior caso geralmente surge quando a tensão de saída é mínima. Os filtros de entrada e de saída devem ser projetados na condição de tensão de saída mínima. As etapas envolvidas no projeto de conversores e filtros são semelhantes às do projeto de circuitos retificadores na Seção 3.11.

Exemplo 10.8 ▪ Determinação das especificações do tiristor de um conversor trifásico completo

Um conversor trifásico completo, como aquele mostrado na Figura 10.3a, opera a partir de uma alimentação trifásica de 230 V, 60 Hz. A carga é altamente indutiva, e a corrente média da carga, $I_a = 150$ A, com conteúdo de ondulação desprezável. Para um ângulo de disparo $\alpha = \pi/3$, determine as especificações dos tiristores.

FIGURA 10.12

Configurações para saída de 12 pulsos.

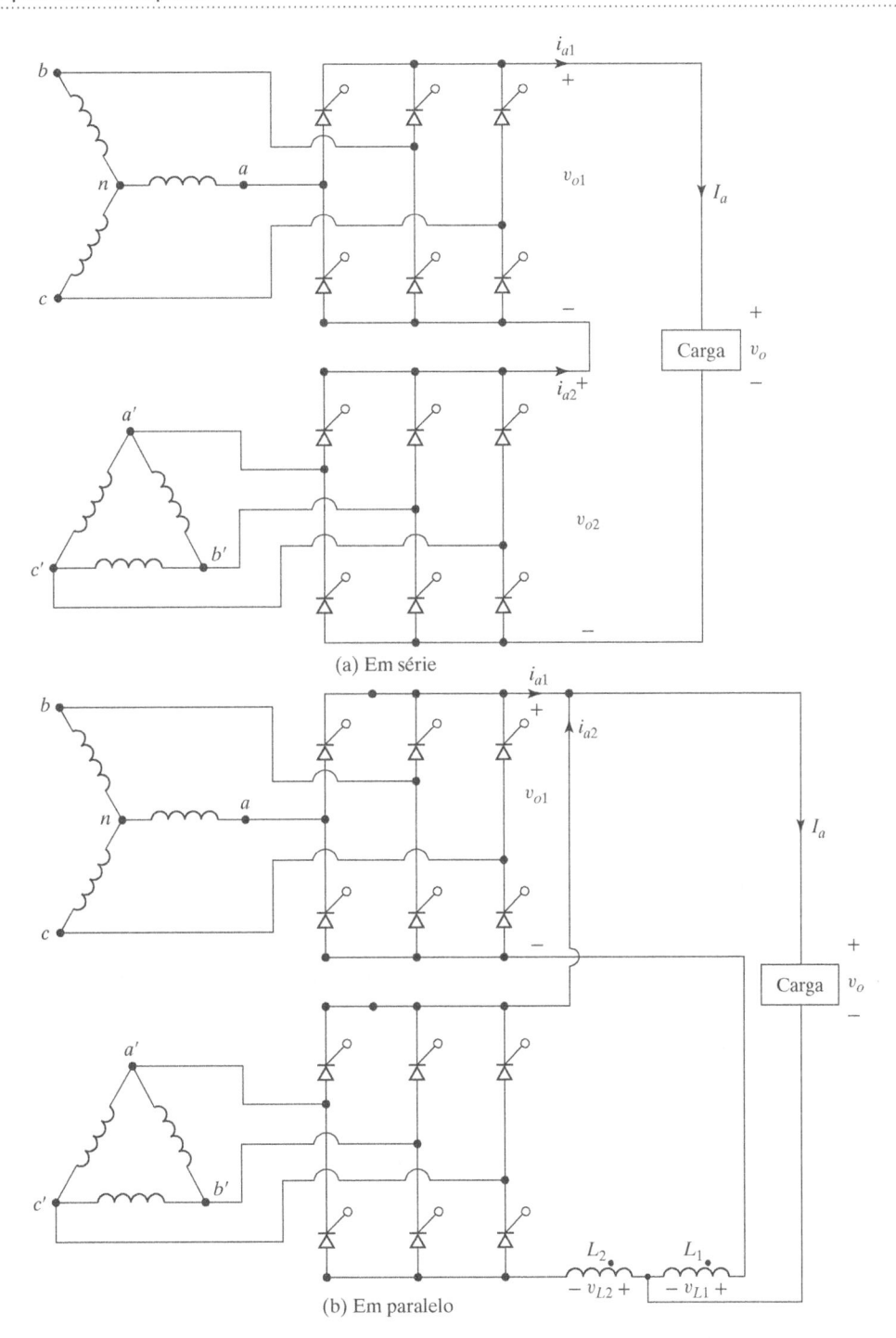

(a) Em série

(b) Em paralelo

Solução

As formas de onda para as correntes do tiristor são apresentadas nas figuras 10.3e-g. $V_s = 230/\sqrt{3} = 132,79$ V, $V_m = 187,79$ V e $\alpha = \pi/3$. A partir da Equação 10.17, $V_{CC} = 3(\sqrt{3}/\pi) \times 187,79 \times \cos(\pi/3) = 155,3$ V. A potência de saída $P_{CC} = 155,3 \times 150 = 23.295$ W. A corrente média através de um tiristor é $I_M = 150/3 = 50$ A. Já a corrente rms através de um tiristor é $I_R = 150\sqrt{2/6} = 86,6$ A. Por fim, a corrente de pico através de um tiristor é $I_{PT} = 150$ A. A tensão reversa máxima é a amplitude de pico da tensão de linha PIV $= \sqrt{3}V_m = \sqrt{3} \times 187,79 = 325,27$ V.

Exemplo 10.9 • Determinação do valor de um filtro C de saída para um conversor monofásico completo

Um conversor monofásico completo, como o mostrado na Figura 10.13, utiliza controle por ângulo de disparo e é alimentado a partir de uma rede de 120 V, 60 Hz. **(a)** Utilize o método da série de Fourier para obter a expressão para a tensão de saída $v_o(t)$ e a corrente de carga $i_o(t)$ em função do ângulo de disparo α. **(b)** Para $\alpha = \pi/3$, $E = 10$ V, $L = 20$ mH e $R = 10$ Ω, determine o valor rms da corrente harmônica de ordem mais baixa na carga. **(c)** Se no caso de (b) um capacitor de filtro for conectado à carga, determine o seu valor para reduzir a corrente harmônica de ordem mais baixa a 10% do valor sem o capacitor. **(d)** Utilize o PSpice para representar graficamente a tensão de saída e a corrente de carga e para calcular a DHT da corrente de carga e o FP de entrada com o capacitor de filtro de saída de (c).

Solução

a. A forma de onda para a tensão de saída é indicada na Figura 10.1d. A frequência da tensão de saída é o dobro daquela da rede de alimentação. A tensão instantânea de saída pode ser expressa na série de Fourier como

$$v_o(t) = V_{CC} + \sum_{n=2,4,\ldots}^{\infty} (a_n \cos n\omega t + b_n \operatorname{sen} n\omega t) \tag{10.42}$$

onde

$$V_{CC} = \frac{1}{2\pi} \int_{\alpha}^{2\pi+\alpha} V_m \operatorname{sen} \omega t \, d(\omega t) = \frac{2V_m}{\pi} \cos \alpha$$

$$a_n = \frac{2}{\pi} \int_{\alpha}^{\pi+\alpha} V_m \operatorname{sen} \omega t \cos n\omega t \, d(\omega t) = \frac{2V_m}{\pi}\left[\frac{\cos(n+1)\alpha}{n+1} - \frac{\cos(n-1)\alpha}{n-1}\right]$$

$$b_n = \frac{2}{\pi} \int_{\alpha}^{\pi+\alpha} V_m \operatorname{sen} \omega t \operatorname{sen} n\omega t \, d(\omega t) = \frac{2V_m}{\pi}\left[\frac{\operatorname{sen}(n+1)\alpha}{n+1} - \frac{\operatorname{sen}(n-1)\alpha}{n-1}\right]$$

FIGURA 10.13
Conversor monofásico completo com carga *RL*.

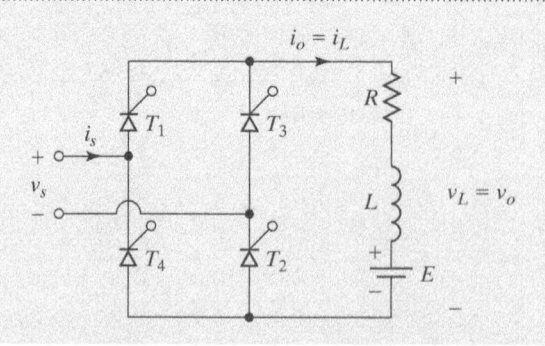

A impedância da carga é

$$Z = R + j(n\omega L) = \sqrt{R^2 + (n\omega L)^2} \,\underline{/\theta_n}$$

e $\theta_n = \text{tg}^{-1}(n\omega L/R)$. Dividindo o $v_o(t)$ da Equação 10.42 pela impedância da carga Z e simplificando os termos de seno e cosseno, obtém-se a corrente instantânea da carga como

$$i_o(t) = I_{CC} + \sum_{n=2,4,\ldots}^{\infty} \sqrt{2} I_n \,\text{sen}(n\omega t + \phi_n - \theta_n) \tag{10.43}$$

onde $I_{CC} = (V_{CC} - E)/R$, $\phi_n = \text{tg}^{-1}(A_n/B_n)$ e

$$I_n = \frac{1}{\sqrt{2}} \frac{\sqrt{a_n^2 + b_n^2}}{\sqrt{R^2 + (n\omega L)^2}}$$

b. Se $\alpha = \pi/3$, $E = 10$ V, $L = 20$ mH, $R = 10\,\Omega$, $\omega = 2\pi \times 60 = 377$ rad/s, $V_m = \sqrt{2} \times 120 = 169{,}71$ V e $V_{CC} = 54{,}02$ V.

$$I_{CC} = \frac{54{,}02 - 10}{10} = 4{,}40 \text{ A}$$

$a_2 = -0{,}833, b_2 = -0{,}866, \phi_2 = -223{,}9°, \theta_2 = 56{,}45°$

$a_4 = 0{,}433, b_4 = -0{,}173, \phi_4 = -111{,}79°, \theta_4 = 71{,}65°$

$a_6 = -0{,}029, b_6 = 0{,}297, \phi_6 = -5{,}5°, \theta_6 = 77{,}53°$ \hfill (10.44)

$$i_L(t) = 4{,}4 + \frac{2V_m}{\pi\sqrt{R^2 + (n\omega L)^2}} [1{,}2\,\text{sen}(2\omega t + 223{,}9° - 56{,}45°) +$$

$$0{,}47\,\text{sen}(4\omega t + 111{,}79° - 71{,}65°) + 0{,}3\,\text{sen}(6\omega t - 5{,}5° - 77{,}53°) + \ldots\,]$$

$$= 4{,}4 + \frac{2 \times 169{,}71}{\pi\sqrt{10^2 + (7{,}54n)^2}} [1{,}2\,\text{sen}(2\omega t + 167{,}45°)$$

$$+ 0{,}47\,\text{sen}(4\omega t + 40{,}14°) + 0{,}3\,\text{sen}(6\omega t - 80{,}03°) + \ldots\,]$$

A segunda harmônica é a de mais baixa ordem, e seu valor rms é

$$I_2 = \frac{2 \times 169{,}71}{\pi\sqrt{10^2 + (7{,}54 \times 2)^2}} \left(\frac{1{,}2}{\sqrt{2}}\right) = 5{,}07 \text{ A}$$

c. A Figura 10.14 mostra o circuito equivalente para as harmônicas. Utilizando a regra do divisor de corrente, a corrente harmônica através da carga é dada por

$$\frac{I_h}{I_n} = \frac{1/(n\omega C)}{\sqrt{R^2 + [n\omega L - 1/(n\omega C)]^2}}$$

FIGURA 10.14
Circuito equivalente para as harmônicas.

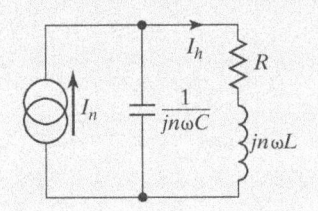

Para $n = 2$ e $\omega = 377$,

$$\frac{I_h}{I_n} = \frac{1/(2 \times 377C)}{\sqrt{10^2 + [2 \times 7{,}54 - 1/(2 \times 377C)]^2}} = 0{,}1$$

o que resulta em $C = -670$ μF ou 793 μF. Assim, $C = 793$ μF.

d. A tensão de pico de alimentação é $V_m = 169{,}7$ V. Para $\alpha_1 = 60°$, o tempo de atraso $t_1 = (60/360) \times (1000/60$ Hz$) \times 1000 = 2777{,}78$ μs, e o tempo de atraso $t_2 = (240/360) \times (1000/60$ Hz$) \times 1000 = 11.111{,}1$ μs. O circuito do conversor monofásico completo para a simulação PSpice é mostrado na Figura 10.15a. Já as tensões de porta V_{g1}, V_{g2}, V_{g3} e V_{g4} para os tiristores são indicadas na Figura 10.15b. A definição do subcircuito para o modelo de SCR é descrita na Seção 9.11.

FIGURA 10.15

Conversor monofásico completo para simulação PSpice.

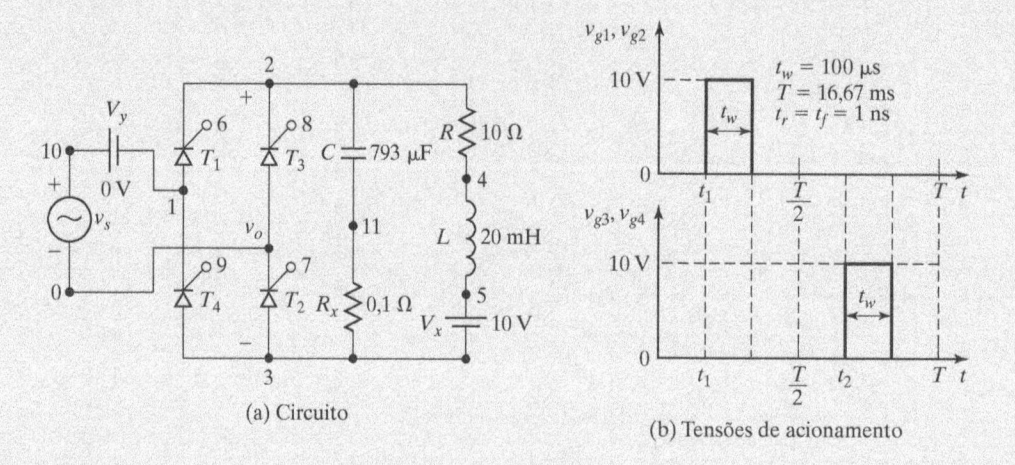

(a) Circuito

(b) Tensões de acionamento

A listagem do arquivo do circuito é a seguinte:

```
Exemplo 10.9  Conversor monofásico completo
VS    10   0   SIN (0 169. 7V 60HZ)
Vg1    6   2   PULSE (0V 10V 2777.8US 1NS 1NS 100US 16666.7US)
Vg2    7   0   PULSE (0V 10V 2777.8US 1NS 1NS 100US 16666.7US)
Vg3    8   2   PULSE (0V 10V 11111.1US 1NS 1NS 100US 16666.7US)
Vg4    9   1   PULSE (0V 10V 11111.1US 1NS 1NS 100US 16666.7US)
R      2   4   10
L      4   5   20MH
C      2  11   793UF
RX    11   3   0.1           ; Para resolver problemas de convergência
VX     5   3   DC   10V      ; Tensão CC na carga
VY    10   1   DC   0V       ; Fonte de tensão para medição da corrente de entrada
* Chamada para o subcircuito SCR
XT1    1   6   2   SCR       ; Tiristor T1
XT3    0   8   2   SCR       ; Tiristor T3
XT2    3   7   0   SCR       ; Tiristor T2
XT4    3   9   1   SCR       ; Tiristor T4
* O subcircuito SCR deve ser inserido
```

```
.TRAN     10US    35MS    16.67MS         ; Análise transitória
.PROBE
.options  abstol = 1.00u reltol = 1.0 m vntol = 0.1 ITL5=10000
.FOUR     120HZ   I(VX)                   ; Análise de Fourier
.END
```

Os gráficos da tensão de saída V(2, 3) e da corrente de carga I(VX) obtidos no PSpice são mostrados na Figura 10.16.

FIGURA 10.16

Gráficos obtidos no SPICE para o Exemplo 10.9. (a) Corrente de alimentação de entrada e (b) tensão de saída.

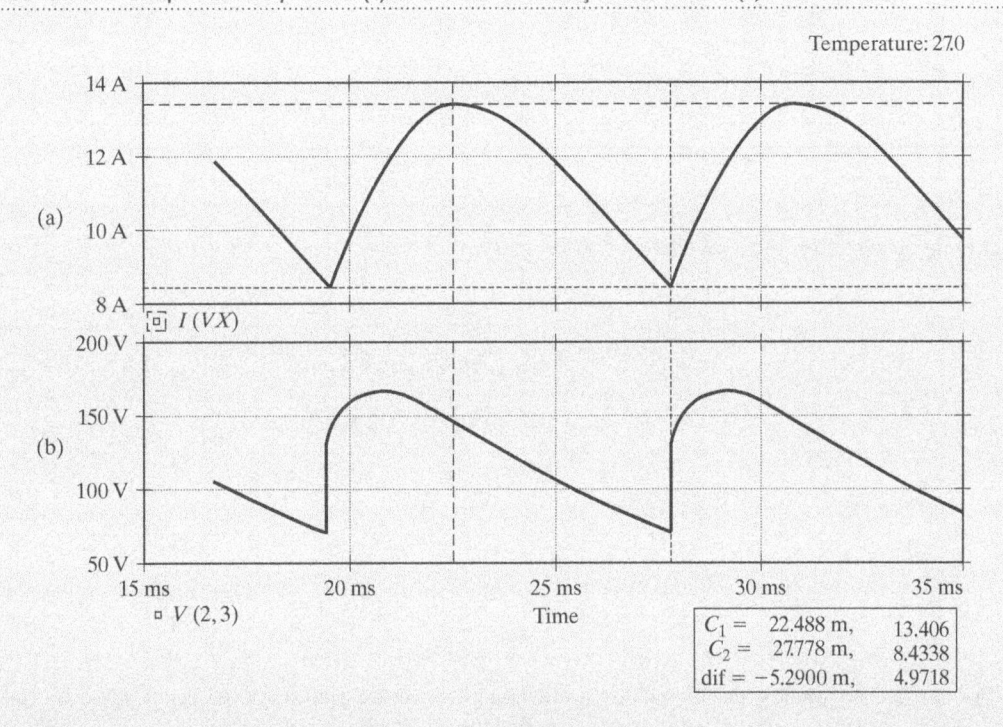

As componentes de Fourier para a corrente de carga são:

```
FOURIER COMPONENTS OF TRANSIENT RESPONSE I (VX)
DC COMPONENT = 1.147163E+01
HARMONIC   FREQUENCY    FOURIER      NORMALIZED    PHASE        NORMALIZED
   NO        (HZ)      COMPONENT     COMPONENT     (DEG)        PHASE (DEG)
   1       1.200E+02   2.136E+00     1.000E+00    -1.132E+02    0.000E+00
   2       2.400E+02   4.917E-01     2.302E-01     1.738E+02    2.871E+02
   3       3.600E+02   1.823E-01     8.533E-02     1.199E+02    2.332E+02
   4       4.800E+02   9.933E-02     4.650E-02     7.794E+01    1.912E+02
   5       6.000E+02   7.140E-02     3.342E-02     2.501E+01    1.382E+02
   6       7.200E+02   4.339E-02     2.031E-02    -3.260E+01    8.063E+01
   7       8.400E+02   2.642E-02     1.237E-02    -7.200E+01    4.123E+01
   8       9.600E+02   2.248E-02     1.052E-02    -1.126E+02    6.192E+01
   9       1.080E+03   2.012E-02     9.420E-03    -1.594E+02   -4.617E+01
TOTAL HARMONIC DISTORTION = 2.535750E+01 PERCENT
```

Para calcular o FP de entrada, precisamos encontrar as componentes de Fourier da corrente de entrada, que são as mesmas da corrente através da fonte VY.

```
FOURIER COMPONENTS OF TRANSIENT RESPONSE I (VY)
DC COMPONENT = 1.013355E-02
HARMONIC     FREQUENCY    FOURIER      NORMALIZED   PHASE        NORMALIZED
NO           (HZ)         COMPONENT    COMPONENT    (DEG)        PHASE (DEG)
1            6.000E+01    2.202E+01    1.000E+00    5.801E+01    0.000E+00
2            1.200E+02    2.073E-02    9.415E-04    4.033E+01    -1.768E+01
3            1.800E+02    1.958E+01    8.890E-01    -3.935E+00   -6.194E+01
4            2.400E+02    2.167E-02    9.841E-04    -1.159E+01   -6.960E+01
5            3.000E+02    1.613E+01    7.323E-01    -5.968E+01   -1.177E+02
6            3.600E+02    2.218E-02    1.007E-03    -6.575E+01   -1.238E+02
7            4.200E+02    1.375E+01    6.243E-01    -1.077E+02   -1.657E+02
8            4.800E+02    2.178E-02    9.891E-04    -1.202E+02   -1.783E+02
9            5.400E+02    1.317E+01    5.983E-01    -1.542E+02   -2.122E+02
TOTAL HARMONIC DISTORTION = 1.440281E+02 PERCENT
```

DHT = 144% = 1,44.
O ângulo de deslocamento $\phi_1 = 58,01°$

$$FD = \cos \phi_1 = \cos(-58,01) = 0,53 \text{ (em atraso)}$$

$$FP = \frac{I_{s1}}{I_s} \cos \phi_1 = \frac{1}{\sqrt{1 + (\%DHT/100)^2}} \cos \phi_1 \qquad (10.45)$$

$$= \frac{1}{\sqrt{1 + 1,44^2}} \times 0,53 = 0,302 \text{ (em atraso)}$$

Observações:

1. As análises anteriores são válidas apenas se o ângulo de disparo α for maior do que α_0, que é dado por

$$\alpha_0 = \text{sen}^{-1}\frac{E}{V_m} = \text{sen}^{-1}\frac{10}{169,71} = 3,38°$$

2. Por causa do capacitor de filtro C, uma elevada corrente de pico de carga flui a partir da fonte, e a DHT da corrente de entrada tem um valor elevado de 144%.

3. Sem o capacitor C, a corrente de carga torna-se descontínua, a corrente de pico de carga da segunda harmônica é $i_{2(pico)} = 5,845$ A, I_{CC} é 6,257 A, a DHT da corrente de carga é 14,75% e a DHT da corrente de entrada é 15,66%.

■ **Principais pontos da Seção 10.9**

- O projeto de um circuito conversor requer (a) calcular as especificações de tensão e corrente dos dispositivos de potência, (b) encontrar a série de Fourier da tensão de saída e da corrente de entrada e (c) calcular os valores dos filtros de entrada e saída nas condições do pior caso.

10.10 EFEITOS DAS INDUTÂNCIAS DA CARGA E DA FONTE

Podemos notar a partir da Equação 10.44 que as harmônicas da corrente de carga dependem das indutâncias da carga. No Exemplo 10.4, o FP de entrada é calculado para uma carga puramente resistiva, e no Exemplo 10.5, para uma altamente indutiva. Podemos também observar que o FP de entrada depende do FP da carga.

Na obtenção das tensões de saída e dos critérios de desempenho dos conversores, assumimos que a fonte de alimentação não tem indutâncias e resistências. Normalmente, os valores das resistências de linha são pequenos e podem ser desprezados. O valor da queda de tensão por conta das indutâncias é igual ao dos retificadores e não muda pelo controle de fase. A Equação 3.82 pode ser aplicada para calcular a queda de tensão em virtude da reatância de comutação de linha, L_c. Se todas as indutâncias de linha forem iguais, a Equação 3.83 fornecerá a queda de tensão como $V_{6x} = 6fL_c I_{CC}$ para um conversor trifásico completo.

A queda de tensão não depende do ângulo de disparo α_1 na operação normal. No entanto, o ângulo de comutação (ou sobreposição) μ varia com o ângulo de disparo. À medida que este é aumentado, o ângulo de sobreposição fica menor. Isso é ilustrado na Figura 10.17. A integral tensão-tempo, como mostram as áreas hachuradas, é igual a $I_{CC}L_c$ e independe das tensões. Enquanto a tensão da fase de comutação aumenta, o tempo necessário para comutar fica menor, mas o "volt-segundos" permanece o mesmo.

Se V_x for a queda de tensão média por comutação em decorrência da sobreposição, e V_y, a redução da tensão média por conta do controle do ângulo de fase, a tensão média de saída para um ângulo de disparo α será

$$V_{CC}(\alpha) = V_{CC}(\alpha = 0) - V_y = V_{dm} - V_y \qquad (10.46)$$

e

$$V_y = V_{dm} - V_{CC}(\alpha) \qquad (10.47)$$

onde V_{dm} = máxima tensão média de saída possível. A tensão média de saída com ângulo de sobreposição μ e duas comutações é

$$V_{CC}(\alpha + \mu) = V_{CC}(\alpha = 0) - 2V_x - V_y = V_{dm} - 2V_x - V_y \qquad (10.48)$$

Substituindo V_y a partir da Equação 10.47 na Equação 10.48, podemos escrever a queda de tensão em decorrência da sobreposição como

$$2V_x = 2f_s I_{CC} L_c = V_{CC}(\alpha) - V_{CC}(\alpha + \mu) \qquad (10.49)$$

O ângulo de sobreposição μ pode ser determinado a partir da Equação 10.49 para valores conhecidos da corrente de carga I_{CC}, da indutância de comutação L_c e do ângulo de disparo α. Deve-se observar que a Equação 10.49 se aplica apenas ao conversor monofásico completo.

FIGURA 10.17

Relação entre o ângulo de disparo e o de sobreposição.

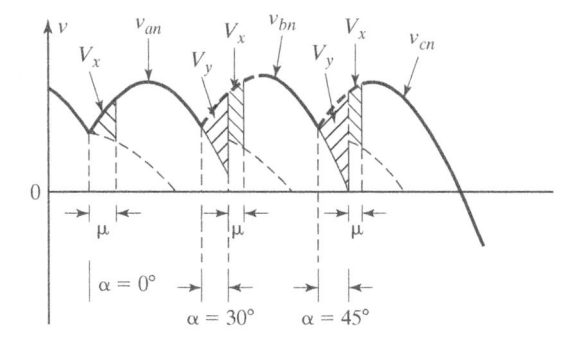

Exemplo 10.10 • Determinação do ângulo de sobreposição para um conversor trifásico completo

Um conversor trifásico completo é alimentado a partir de uma fonte trifásica de 230 V, 60 Hz. A corrente de carga é contínua e tem ondulação desprezável. Para uma corrente média de carga $I_{CC} = 150$ A e uma indutância de comutação $L_c = 0,1$ mH, determine o ângulo de sobreposição quando (a) $\alpha = 10°$, (b) $\alpha = 30°$ e (c) $\alpha = 60°$.

Solução

$V_m = \sqrt{2} \times 230/\sqrt{3} = 187{,}79$ V e $V_{dm} = 3\sqrt{3}V_m/\pi = 310{,}61$ V. A partir da Equação 10.15, $V_{CC}(\alpha) = 310{,}6 \cos\alpha$ e

$$V_{CC}(\alpha + \mu) = 310{,}61 \cos(\alpha + \mu)$$

Para um conversor trifásico, a Equação 10.49 pode ser modificada para

$$6V_x = 6f_s I_{CC} L_c = V_{CC}(\alpha) - V_{CC}(\alpha + \mu) \tag{10.50}$$

$$6 \times 60 \times 150 \times 0{,}1 \times 10^{-3} = 310{,}61[\cos\alpha - \cos(\alpha + \mu)]$$

a. Para $\alpha = 10°$, $\mu = 4{,}66°$;
b. Para $\alpha = 30°$, $\mu = 1{,}94°$;
c. Para $\alpha = 60°$, $\mu = 1{,}14°$.

Exemplo 10.11 • Determinação do valor mínimo da largura do pulso de acionamento para um conversor monofásico completo

A corrente de manutenção dos tiristores no conversor monofásico completo da Figura 10.1a é $I_H = 500$ mA, e o tempo de atraso, $t_d = 1{,}5$ μs. O conversor é alimentado a partir de uma fonte de 120 V, 60 Hz, e tem uma carga de $L = 10$ mH e $R = 10$ Ω. O conversor opera com um ângulo de disparo de $\alpha = 30°$. Determine o valor mínimo da largura do pulso de comando de porta t_G.

Solução

$I_H = 500$ mA $= 0{,}5$ A, $t_d = 1{,}5$ μs, $\alpha = 30° = \pi/6$, $L = 10$ mH e $R = 10$ Ω. O valor instantâneo da tensão de entrada é $v_s(t) = V_m \sen \omega t$, onde $V_m = \sqrt{2} \times 120 = 169{,}7$ V.
Em $\omega t = \alpha$,

$$V_1 = v_s(\omega t = \alpha) = 169{,}7 \times \sen\frac{\pi}{6} = 84{,}85 \text{ V}$$

A taxa de crescimento da corrente de anodo di/dt no instante do disparo é aproximadamente

$$\frac{di}{dt} = \frac{V_1}{L} = \frac{84{,}85}{10 \times 10^{-3}} = 8485 \text{ A/s}$$

Se a di/dt for considerada constante por um curto período após o disparo da porta, o tempo t_1 necessário para que a corrente de anodo suba até o nível da corrente de manutenção é calculado a partir de $t_1 \times (di/dt) = I_H$ ou $t_1 \times 8485 = 0{,}5$, e isso dá $t_1 = 0{,}5/8485 = 58{,}93$ μs. Portanto, a largura mínima do pulso de comando de porta é

$$t_G = t_1 + t_d = 58{,}93 + 1{,}5 = 60{,}43 \text{ μs}$$

■ Principais pontos da Seção 10.10

- As harmônicas da corrente de carga e o FP de entrada dependem do FP da carga.
- Na prática, uma fonte de alimentação tem reatância de rede. Portanto, a transferência de corrente de um dispositivo para outro não será instantânea. Haverá uma sobreposição conhecida como ângulo de comutação ou de sobreposição, que diminuirá a tensão de saída efetiva do conversor.

RESUMO

Neste capítulo, vimos que a tensão média de saída (e a potência de saída) de conversores CA-CC pode ser controlada por meio da variação do tempo de condução dos dispositivos de potência. Dependendo dos tipos de fonte de alimentação, os conversores podem ser monofásicos ou trifásicos. Para cada tipo de fonte de alimentação, eles podem ser conversores de meia onda, semiconversores ou conversores completos. Os semiconversores e os conversores completos são amplamente utilizados em aplicações práticas. Embora os semiconversores proporcionem um FP de entrada melhor que o dos conversores completos, eles são adequados apenas para operações em um único quadrante. Os conversores completos e os duais permitem operações em dois e em quatro quadrantes, respectivamente. Os conversores trifásicos são normalmente utilizados em aplicações de alta potência, e a frequência das ondulações de saída é maior.

O FP de entrada, que depende da carga, pode ser melhorado, e a faixa de tensão, aumentada por meio da conexão de conversores em série. Por meio de comutações forçadas, o FP pode ser melhorado ainda mais, e determinadas harmônicas de ordem inferior podem ser reduzidas ou eliminadas.

A corrente de carga pode ser contínua ou descontínua, dependendo da constante de tempo da carga e do ângulo de disparo. Para a análise dos conversores utiliza-se o método da série de Fourier. No entanto, outras técnicas (por exemplo, aproximação da função de transferência ou multiplicação do espectro da função de chaveamento) podem ser empregadas na análise dos circuitos de chaveamento de potência. O controle do ângulo de disparo não afeta a queda de tensão em decorrência das indutâncias de comutação, e essa queda é a mesma que a dos retificadores normais com diodos.

QUESTÕES PARA REVISÃO

10.1 O que é uma comutação natural ou por rede?

10.2 O que é um retificador controlado?

10.3 O que é um conversor?

10.4 O que é o controle do ângulo de disparo dos conversores?

10.5 O que é um conversor completo? Desenhe dois circuitos de conversores completos.

10.6 O que é um conversor dual? Desenhe dois circuitos de conversores duais.

10.7 Qual é o princípio do controle de fase?

10.8 Qual é a causa da corrente de circulação nos conversores duais?

10.9 Por que é necessário um indutor para a corrente de circulação nos conversores duais?

10.10 Quais são as vantagens e desvantagens dos conversores em série?

10.11 Como o ângulo de disparo de um conversor está relacionado com o de outro conversor em um sistema dual?

10.12 O que é o modo de inversão dos conversores?

10.13 O que é o modo de retificação dos conversores?

10.14 Qual é a frequência da harmônica de ordem mais baixa nos semiconversores trifásicos?

10.15 Qual é a frequência da harmônica de ordem mais baixa nos conversores trifásicos completos?

10.16 Como os tiristores de desligamento pela porta são ligados e desligados?

10.17 Como um tiristor de controle de fase é ligado e desligado?

10.18 O que é uma comutação forçada? Quais são as vantagens da comutação forçada para os conversores CA-CC?

10.19 O que é o controle através da modulação por largura de pulsos dos conversores?

10.20 O que é o controle por PWM senoidal de um conversor?

10.21 O que é o índice de modulação?

10.22 Como se varia a tensão de saída de um conversor por controle de fase?

10.23 Como se varia a tensão de saída de um conversor de controle PWM senoidal?

10.24 O ângulo de comutação depende do ângulo de disparo dos conversores?

10.25 A queda de tensão em decorrência das indutâncias de comutação depende do ângulo de disparo dos conversores?

10.26 O fator de potência de entrada dos conversores depende do fator de potência da carga?

10.27 As ondulações da tensão de saída dos conversores dependem do ângulo de disparo?

PROBLEMAS

10.1 O conversor na Figura P10.1 está conectado a uma alimentação de 120 V, 60 Hz, e tem uma carga puramente resistiva de $R = 10\ \Omega$. Para um ângulo de disparo $\alpha = \pi/2$, determine (a) a eficiência de retificação; (b) o fator de forma (FF); (c) o fator de ondulação (FR); (d) o fator de utilização do transformador (FUT); (e) a tensão reversa máxima (PIV) do tiristor T_1.

FIGURA P10.1

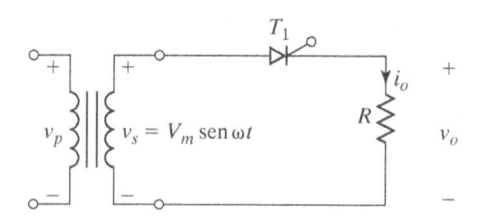

10.2 O conversor monofásico de meia onda da Figura P10.1 opera a partir de uma fonte de alimentação de 120 V, 60 Hz. Para uma carga resistiva $R = 5\ \Omega$ e um ângulo de disparo $\alpha = \pi/3$, determine (a) a eficiência; (b) o fator de forma; (c) o fator de ondulação; (d) o fator de utilização do transformador; e (e) a tensão reversa máxima do tiristor T_1.

10.3 O conversor monofásico de meia onda da Figura P10.1 opera a partir de uma fonte de alimentação de 120 V, 60 Hz, e a carga resistiva é $R = 5\ \Omega$. Para uma tensão média de saída de 25% da máxima tensão média de saída possível, calcule (a) o ângulo de disparo; (b) as correntes rms e média de saída; (c) as correntes média e rms do tiristor; e (d) o fator de potência de entrada.

10.4 O conversor monofásico de meia onda da Figura P10.1 opera a partir de uma fonte de alimentação de 120 V, 60 Hz, e um diodo de roda livre está conectado à carga. A carga consiste de resistência $R = 5\ \Omega$, indutância $L = 5$ mH e tensão de bateria $E = 20$ V, conectadas em série. (a) Expresse a tensão instantânea de saída na série de Fourier; e (b) determine o valor rms da corrente harmônica de saída de ordem mais baixa. Suponha que $\alpha = \pi/6$.

10.5 O semiconversor monofásico da Figura P10.5 está conectado a uma fonte de alimentação de 120 V, 60 Hz. A corrente de carga I_a pode ser considerada contínua, e seu conteúdo de ondulação é desprezável. Ainda, a relação de espiras do transformador é unitária. (a) Expresse a corrente de entrada na série de Fourier; além disso, determine o fator harmônico da corrente de entrada, o de deslocamento e o de potência de entrada. (b) Para um ângulo de disparo $\alpha = \pi/2$, calcule V_{CC}, V_{rms}, FH, FD e FP.

FIGURA P10.5

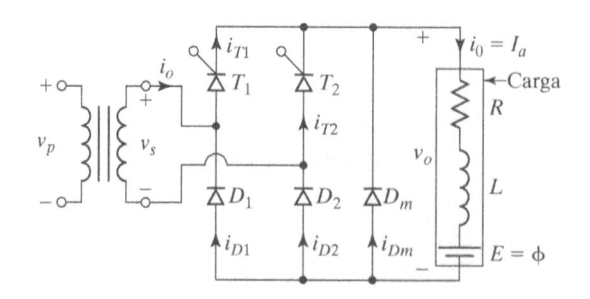

10.6 O semiconversor monofásico da Figura P10.5 tem uma carga RL de $L = 6,5$ mH, $R = 2,5\ \Omega$ e $E = 10$ V. A tensão de entrada é $V_s = 120$ V (rms) a 60 Hz. Determine (a) a corrente de carga I_{Lo} em $\omega t = 0$ e a corrente de carga I_{L1} em $\omega t = \alpha = 60°$; (b) a corrente média do tiristor I_M; (c) a corrente rms do tiristor I_R; (d) a corrente rms de saída I_{rms}; (e) a corrente média de saída I_{CC}; e (f) o valor crítico do ângulo de disparo α_c para a continuidade da corrente de carga.

10.7 O semiconversor monofásico da Figura P10.5 opera a partir de uma fonte de alimentação de 120 V, 60 Hz. A corrente de carga com um valor médio de I_a é contínua com conteúdo de ondulação desprezável. A relação de espiras do transformador é unitária. Para um ângulo de disparo $\alpha = \pi/6$, calcule (a) o fator harmônico da corrente de entrada; (b) o fator de deslocamento; e (c) o fator de potência de entrada.

10.8 Repita o Problema 10.3 para o semiconversor monofásico da Figura P10.5.

10.9 O semiconversor monofásico da Figura P10.5 opera a partir de uma fonte de alimentação de 120 V, 60 Hz. A carga consiste em resistência $R = 5\ \Omega$, indutância $L = 5$ mH, e tensão de bateria $E = 20$ V, conectada em série. (a) Expresse a tensão de saída na série de Fourier e (b) determine o valor rms da corrente harmônica de saída de ordem mais baixa.

10.10 Repita o Problema 10.7 para o conversor monofásico completo da Figura 10.1a.

10.11 Repita o Problema 10.3 para o conversor monofásico completo da Figura 10.1a.

10.12 Repita o Problema 10.9 para o conversor monofásico completo da Figura 10.1a.

10.13 O conversor dual da Figura 10.2a opera a partir de uma fonte de alimentação de 120 V, 60 Hz, e fornece corrente média sem ondulações de $I_{CC} = 25$ A. A indutância de circulação é $L_r = 5$ mH, e os ângulos de disparo são $\alpha_1 = 30°$ e $\alpha_2 = 150°$. Calcule o valor máximo da corrente de circulação e a corrente de pico do conversor 1.

10.14 O semiconversor monofásico em série da Figura P10.14 opera a partir de uma fonte de alimentação de 120 V, 60 Hz, e a resistência de carga é $R = 5\ \Omega$. Para uma tensão média de saída de 75% da máxima tensão média de saída possível, calcule (a) os ângulos de disparo dos conversores; (b) a corrente rms e média de saída; (c) as correntes média e rms do tiristor; e (d) o fator de potência de entrada.

FIGURA P10.14

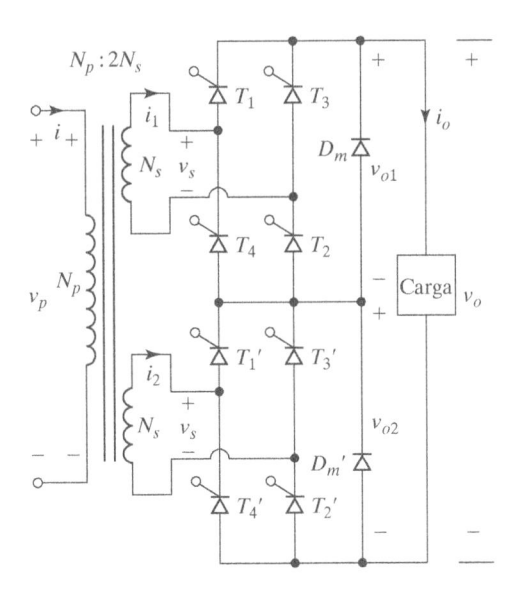

10.15 O semiconversor monofásico em série da Figura P10.14 opera a partir de uma fonte de alimentação de 120 V, 60 Hz. A corrente de carga com um valor médio de I_a é contínua com conteúdo de ondulação desprezável. A relação de espiras do transformador é $N_p/N_s = 2$. Para ângulos de disparo $\alpha_1 = 0$ e $\alpha_2 = \pi/3$, calcule (a) o fator harmônico da corrente de entrada; (b) o fator de deslocamento; e (c) o fator de potência de entrada.

10.16 Repita o Problema 10.14 para o conversor monofásico completo em série da Figura 10.11a.

10.17 Repita o Problema 10.15 para o conversor monofásico completo em série da Figura 10.11a.

10.18 O conversor trifásico de meia onda da Figura P10.18 opera a partir de uma fonte de alimentação trifásica de 208 V, 60 Hz, conectada em Y, e a resistência de carga é $R = 10\ \Omega$. Se for necessário obter uma tensão média de saída de 50% da máxima tensão de saída possível, calcule (a) o ângulo de disparo α; (b) as correntes rms e média de saída; (c) as correntes média e rms do tiristor; (d) a eficiência de retificação; (e) o FUT; e (f) o FP de entrada.

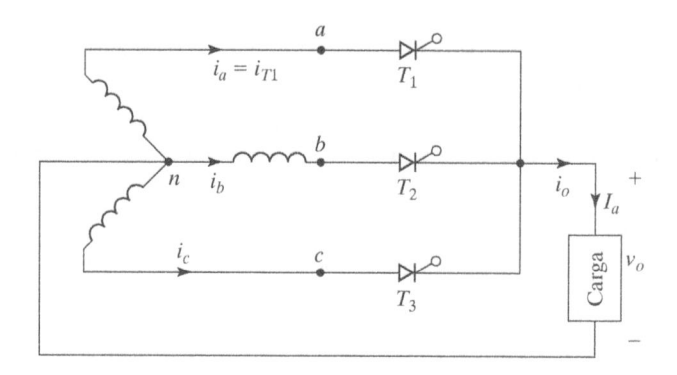

FIGURA P10.18

10.19 O conversor trifásico de meia onda da Figura P10.18 opera a partir de uma fonte de alimentação trifásica de 220 V, 60 Hz, conectada em Y, e um diodo de roda livre é conectado à carga. A corrente de carga com um valor médio de I_a é contínua, e o conteúdo de ondulação, desprezável. Para um ângulo de disparo $\alpha = \pi/3$, calcule (a) o fator harmônico da corrente de entrada; (b) o fator de deslocamento; e (c) o fator de potência de entrada.

10.20 O conversor trifásico de meia onda da Figura P10.18 opera a partir de uma fonte de alimentação trifásica de 220 V, 60 Hz, conectada em Y, e a resistência de carga é $R = 5\ \Omega$. Para uma tensão média de saída de 25% da máxima tensão média de saída possível, calcule (a) o ângulo de disparo; (b) as correntes rms e média de saída; (c) as correntes média e rms do tiristor; (d) a eficiência de retificação; (e) o fator de utilização do transformador; e (f) o fator de potência de entrada.

10.21 O conversor trifásico de meia onda da Figura P10.18 opera a partir de uma fonte de alimentação trifásica de 220 V, 60 Hz, conectada em Y, e um diodo de roda livre é conectado à carga. A carga consiste em resistência $R = 10\ \Omega$, indutância $L = 5$ mH e tensão de bateria $E = 20$ V, conectada em série. (a) Expresse a tensão instantânea de saída na série de Fourier; e (b) determine o valor rms da harmônica de ordem mais baixa da corrente de saída. Suponha que $\alpha = \pi/6$.

10.22 O semiconversor trifásico da Figura P10.22 opera a partir de uma fonte de alimentação trifásica de 208 V, 60 Hz, conectada em Y, e a resistência de carga é $R = 10\ \Omega$. Se for necessário obter uma tensão média de saída de 50% da máxima tensão de saída possível, calcule (a) o ângulo de disparo α; (b) as correntes rms e média de saída; (c) as correntes média e rms do tiristor; (d) a eficiência de retificação; (e) o FUT; e (f) o FP de entrada.

10.23 O semiconversor trifásico da Figura P10.22 opera a partir de uma fonte de alimentação trifásica de 220 V, 60 Hz, conectada em Y. A corrente de carga com um valor médio de I_a é contínua com conteúdo de ondulação desprezável. A relação de espiras do transformador é unitária. Para um ângulo de disparo $\alpha = 2\pi/3$, calcule (a) o fator harmônico da corrente de entrada; (b) o fator de deslocamento; e (c) o fator de potência de entrada.

10.24 Repita o Problema 10.20 para o semiconversor trifásico da Figura P10.22.

10.25 Repita o Problema 10.20 para uma tensão média de saída de 90% da máxima tensão de saída possível.

10.26 Repita o Problema 10.21 para o semiconversor trifásico da Figura P10.22. Suponha que $L = 5$ mH.

FIGURA P10.22

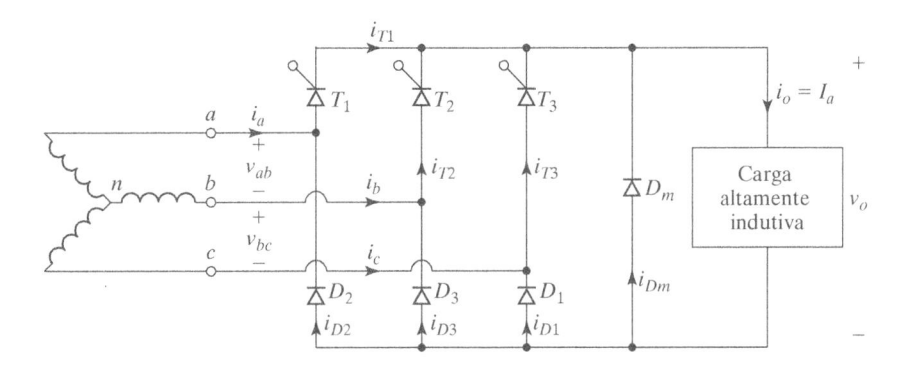

10.27 Repita o Problema 10.23 para o conversor trifásico completo da Figura 10.3a.

10.28 Repita o Problema 10.20 para o conversor trifásico completo da Figura 10.3a.

10.29 Repita o Problema 10.21 para o conversor trifásico completo da Figura 10.3a.

10.30 O conversor dual trifásico da Figura 10.4a opera a partir de uma fonte de alimentação trifásica de 220 V, 60 Hz, conectada em Y, e a resistência de carga $R = 5\ \Omega$. A indutância de circulação é $L_r = 5$ mH e os ângulos de disparo são $\alpha_1 = 60°$ e $\alpha_2 = 120°$. Calcule a corrente de circulação de pico e a corrente de pico dos conversores.

10.31 O semiconversor monofásico da Figura P10.5 tem uma carga RL de $L = 1,5$ mH, $R = 2,5\ \Omega$ e $E = 0$ V. A tensão de entrada é $V_s = 120$ V (rms) a 60 Hz. **(a)** Determine (1) a corrente de carga I_o em $\omega t = 0$ e a corrente de carga I_1 em $\omega t = \alpha = 30°$, (2) a corrente média do tiristor I_M, (3) a corrente rms do tiristor I_R, (4) a corrente rms de saída I_{rms}, e (5) a corrente média de saída I_{CC}. **(b)** Utilize o SPICE para conferir seus resultados.

10.32 O conversor monofásico completo da Figura 10.1a tem uma carga RL com $L = 4,5$ mH, $R = 2,5\ \Omega$ e $E = 10$ V. A tensão de entrada é $V_s = 120$ V (rms) a 60 Hz. **(a)** Determine (1) a corrente de carga I_o em $\omega t = \alpha = 30°$, (2) a corrente média do tiristor I_M, (3) a corrente rms do tiristor I_R, (4) a corrente rms de saída I_{rms} e (5) a corrente média de saída I_{CC}. **(b)** Utilize o SPICE para conferir seus resultados.

10.33 O conversor trifásico completo da Figura 10.3a tem uma carga de $L = 1,5$ mH, $R = 1,5\ \Omega$ e $E = 0$ V. A tensão de linha de entrada é $V_{ab} = 208$ V (rms), 60 Hz. O ângulo de disparo é $\alpha = \pi/6$. **(a)** Determine (1) a corrente de carga em regime permanente I_1 em $\omega t' = \pi/3 + \alpha$ (ou $\omega t = \pi/6 + \alpha$), (2) a corrente média do tiristor I_M, (3) a corrente rms do tiristor I_R, (4) a corrente rms de saída I_{rms} e (5) a corrente média de saída I_{CC}. **(b)** Utilize o SPICE para conferir seus resultados.

10.34 O conversor monofásico completo da Figura 10.5 opera com controle por ângulo simétrico, como mostra a Figura P10.34. A corrente de carga com um valor médio de I_a é contínua e com conteúdo de ondulação desprezável. **(a)** Expresse a corrente de entrada do conversor na série de Fourier e determine o FH da corrente de entrada, o FD e o FP de entrada. **(b)** Se o ângulo de condução for $\alpha = \pi/3$ e a tensão de pico de entrada, $V_m = 169,93$ V, calcule V_{CC}, V_{rms}, FH, FD e FP.

10.35 O semiconversor monofásico da Figura P10.5 opera a partir de uma fonte de alimentação de 120 V, 60 Hz, e utiliza controle por ângulo de extinção. A corrente de carga com um valor médio de I_a é contínua e tem conteúdo de ondulação desprezável. Se o ângulo de extinção for $\beta = \pi/3$, calcule **(a)** as saídas V_{CC} e V_{rms}; **(b)** o fator harmônico da corrente de entrada; **(c)** o fator de deslocamento; e **(d)** o fator de potência de entrada.

10.36 Repita o Problema 10.35 para o conversor monofásico completo da Figura 10.5a.

10.37 Repita o Problema 10.35 com controle por ângulo simétrico.

10.38 Repita o Problema 10.35 com o controle por ângulo de extinção.

10.39 O semiconversor monofásico da Figura P10.5 opera com um controle PWM senoidal e é alimentado a partir de uma fonte de 120 V, 60 Hz. A corrente de carga com um valor médio de I_a é contínua, com

FIGURA P10.34

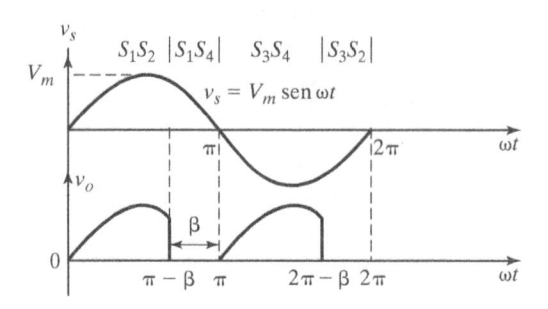

conteúdo de ondulação desprezável. Há cinco pulsos por semiciclo, e eles são $\alpha_1 = 7{,}93°$, $\delta_1 = 5{,}82°$; $\alpha_2 = 30°$, $\delta_2 = 16{,}25°$; $\alpha_3 = 52{,}07°$, $\delta_3 = 127{,}93°$; $\alpha_4 = 133{,}75°$, $\delta_4 = 16{,}25°$; e $\alpha_5 = 166{,}25°$, $\delta_5 = 5{,}82°$. Calcule **(a)** V_{CC} e V_{rms}; **(b)** o fator harmônico da corrente de entrada; **(c)** o fator de deslocamento; e **(d)** o fator de potência de entrada.

10.40 Repita o Problema 10.39 para cinco pulsos por semiciclo com largura igual, $M = 0{,}8$.

10.41 Um semiconversor trifásico como o mostrado na Figura P10.22 opera a partir de uma fonte de alimentação trifásica de 220 V, 60 Hz, conectada em Y. A corrente de carga é contínua e tem ondulação desprezável. A corrente média de carga é $I_{CC} = 150$ A, e a indutância de comutação por fase, $L_c = 0{,}5$ mH. Determine o ângulo de sobreposição para **(a)** $\alpha = \pi/6$ e **(b)** $\alpha = \pi/3$.

10.42 A corrente de manutenção dos tiristores do conversor trifásico completo da Figura 10.3a é $I_H = 200$ mA, e o tempo de atraso, 2,5 μs. O conversor é alimentado a partir de uma fonte trifásica de 208 V, 60 Hz, conectada em Y, e tem uma carga de $L = 8$ mH e $R = 1{,}5\ \Omega$; ele é operado com um ângulo de disparo de $\alpha = 60°$. Determine a largura mínima do pulso de comando de porta t_G.

10.43 Repita o Problema 10.42 para $L = 0$.

REFERÊNCIAS

1. RODRÍGUEZ, J.; WEINSTEIN, A. *Power Electronics Handbook*. Editado por M. H. Rashid. Burlington, MA: Elsevier Publishing, 2011. Capítulo 11 — Single-Phase Controlled Rectifiers.
2. DIXON, J. *Power Electronics Handbook*. Editado por M. H. Rashid. Burlington, MA: Elsevier Publishing, 2011. Capítulo 12 — Three-Phase Controlled Rectifiers.
3. ZIOGAS, P. D. et al. "A refined PWM scheme for voltage and current source converters". *IEEE-IAS Annual Meeting*, p. 997–983, 1990.
4. WU, R.; DEWAN, S. B.; SLEMON, G.R. "Analysis of an AC-to-DC voltage source converter using PWM with phase and amplitude control". *IEEE Transactions on Industry Applications*, v. 27, n. 2, p. 355–364, mar./abr. 1991.
5. KWON, B.-H.; MIN, B.-D. "A fully software-controlled PWM rectifier with current link". *IEEE Transactions on Industrial Electronics*, v. 40, n. 3, p. 355–363, jun. 1993.
6. PAN, C.-T.; SHIEH, J.-J. "A new space-vector control-strategies for three-phase step-up/down ac/dc converter". *IEEE Transactions on Industrial Electronics*, v. 47, n. 1, p. 25–35, fev. 2000.
7. ENJETI, P. N.; RAHMAN, A. "A new single-phase to three-phase converter with active input current shaping for low cost AC motor drives". *IEEE Transactions on Industry Applications*, v. 29, n. 4, p. 806–813, jul./ago. 1993.
8. PAN, C.-T.; SHIEH, J.-J. "A single-stage three-phase boost-buck AC/DC converter based on generalized zero-space vectors". *IEEE Transactions on Power Electronics*, v. 14, n. 5, p. 949–958, set. 1999.
9. TAEK, H.; LIPO, T. A. "VSI-PWM rectifier/inverter system with reduced switch count". *IEEE Transactions on Industry Applications*, v. 32, n. 6, p. 1331–1337, nov./dez. 1996.
10. RODRÍGUEZ, J.; WEINSTEIN, A. *Power Electronics Handbook*. Editado por M. H. Rashid. San Diego, CA: Academic Press, 2001. Capítulo 11 — Single-Phase Controlled Rectifiers.
11. DIXON, J. *Power Electronics Handbook*. Editado por M. H. Rashid. San Diego, CA: Academic Press, 2001. Capítulo 12 — Three-Phase Controlled Rectifiers.

12. ZIOGAS, P. D. "Optimum voltage and harmonic control PWM techniques for 3-phase static UPS systems". *IEEE Transactions on Industry Applications*, v. IA-I6, n. 4, p. 542–546, 1980.
13. ZIOGAS, P. D. et al. "A refined PWM scheme for voltage and current source converters". *IEEE-IAS Annual Meeting*, p. 997–983, 1990.
14. BOOST, M. A.; ZIOGAS, P. "State-of-the-Art PWM techniques, a critical evaluation". *IEEE Transactions on Industry Applications*, v. 24, n. 2, p. 271–280, mar./abr. 1988.
15. RUAN, X.; ZHOU, L.; YAN, Y. "Soft-switching PWM three-level converters". *IEEE Transactions on Power Electronics*, v. 16, n. 5, p. 612–622, set. 2001.
16. WU, R.; DEWAN, S. B.; SLEMON, G. R. "A PWM AC-to-DC converter with fixed switching frequency". *IEEE Transactions on Industry Applications*, v. 26, n. 5, p. 880–885, set./out. 1990.
17. DIXON, J. W.; OOI, B.-T. "Indirect current control of a unity power factor sinusoidal current boost type three--phase rectifier". *IEEE Transactions on Industrial Electronics*, v. 35, n. 4, p. 508–515, nov. 1988.
18. WU, R.; DEWAN, S. B.; SLEMON, G. R. "Analysis of an AC-to-DC voltage source converter using PWM with phase and amplitude control". *IEEE Transactions on Industry Applications*, v. 27, n. 2, p. 355–364, mar./abr. 1991.
19. ITOH, R.; ISHIZAKA, K. "Three-phase flyback AC–DC convertor with sinusoidal supply currents". *IEE Proceedings Electric Power Applications*, Parte B, v. 138, n. 3, p. 143–151, maio 1991.
20. PAN, C. T.; CHEN, T. C. "Step-up/down three-phase AC to DC convertor with sinusoidal input current and unity power factor". *IEE Proceedings Electric Power Applications*, v. 141, n. 2, p. 77–84, mar. 1994.
21. PAN, C.-T.; SHIEH, J.-J. "A new space-vector control strategies for three-phase step-up/down ac/dc converter". *IEEE Transactions on Industrial Electronics*, v. 47, n. 1, p. 25–35, fev. 2000.
22. BOYS, J. T.; GREEN, A. W. "Current-forced single-phase reversible rectifier". *IEE Proceedings Electric Power Applications*, Parte B, v. 136, n. 5, p. 205–211, set. 1989.
23. ENJETI, P. N.; RAHMAN, A. "A new single-phase to three-phase converter with active input current shaping for low cost AC motor drives". *IEEE Transactions on Industry Applications*, v. 29, n. 4, p. 806–813, jul./ago. 1993.
24. COVIC, G. A.; PETERS, G. L.; BOYS, J. T. "An improved single phase to three phase converter for low cost AC motor drives". *International Conference on Power Electronics and Drive Systems*, v. 1, p. 549–554, 1995.
25. PAN, C.-T.; SHIEH, J.-J. "A single-stage three-phase boost-buck AC/DC converter based on generalized zero-space vectors". *IEEE Transactions on Power Electronics*, v. 14, n. 5, p. 949–958, set. 1999.
26. TAEK, H.; LIPO, T. A. "VSI-PWM rectifier/inverter system with reduced switch count". *IEEE Transactions on Industry Applications*, v. 32, n. 6, p. 1331–1337, nov./dez. 1996.
27. RASHID, M. H. *Power Electronics*—Circuits, Devices and Applications. 3. ed. Upper Saddle River, NJ: Pearson Education, Inc., 2004. Capítulo 10.

Capítulo 11

Controladores de tensão CA

Após a conclusão deste capítulo, os estudantes deverão ser capazes de:

- Listar os tipos de controlador de tensão CA.
- Descrever o funcionamento dos controladores de tensão CA.
- Descrever as características dos controladores de tensão CA.
- Enumerar os parâmetros de desempenho dos controladores de tensão CA.
- Descrever a operação dos conversores matriciais.
- Projetar e analisar controladores de tensão CA.
- Avaliar o desempenho de controladores de tensão CA utilizando simulações SPICE.
- Avaliar os efeitos das indutâncias da carga sobre a corrente.

Símbolos e seus significados

Símbolo	Significado
α; β	Ângulo de disparo e de extinção, respectivamente
f_s; f_o	Frequência da fonte de alimentação da entrada e da saída, respectivamente
FH; FF; FD; FP; FUT	Fatores harmônico, de forma, de deslocamento, de potência e de utilização do transformador, respectivamente
i_1; i_2	Corrente instantânea durante o modo 1 e o modo 2, respectivamente
i_a; i_b; i_c	Corrente instantânea das linhas a, b e c, respectivamente
i_{ab}; i_{bc}; i_{ca}	Corrente instantânea de fase entre as linhas a, b e c, respectivamente
I_a; I_b; I_c	Corrente RMS das linhas a, b e c, respectivamente
I_{ab}; I_{bc}; I_{ca}	Corrente RMS de fase entre as linhas a, b e c, respectivamente
I_R; I_M	Corrente RMS e média do tiristor, respectivamente
i_P; i_N; i_o	Correntes instantâneas de carga do conversor P, do conversor N e de saída, respectivamente
k	Ciclo de trabalho
v_s; i_s	Tensão e corrente instantânea da fonte de alimentação de entrada, respectivamente
v_o; i_o	Tensão e corrente instantânea de saída, respectivamente
V_{CC1}; V_{CC2}	Tensão média de saída dos conversores 1 e 2, respectivamente
v_{g1}; v_{g2}	Tensão instantânea de sinal de acionamento dos dispositivos S_1 e S_2, respectivamente
V_s; V_o	Tensão rms da fonte de alimentação de entrada e de saída, respectivamente
v_{AN}; v_{BN}; v_{CN}	Tensão instantânea das fases a, b e c, respectivamente
v_{AB}; v_{BC}; v_{CA}	Tensão instantânea de linha das linhas a, b e c, respectivamente
VA ; P_o	Volt-amp (potência aparente) e potência de saída, respectivamente

11.1 INTRODUÇÃO

Se uma chave com tiristor for conectada entre uma alimentação CA e a carga, o fluxo de potência poderá ser controlado variando-se o valor rms da tensão CA aplicada sobre a carga. Esse tipo de circuito de potência é conhecido como *controlador de tensão CA*. As aplicações mais comuns dos controladores de tensão CA são: aquecimento industrial, comutação de conexões de transformadores em carga, controles de iluminação, controle de velocidade de motores de indução polifásicos e controle de eletroímãs CA. Para a transferência de potência, normalmente são utilizados dois tipos de controle:

1. Controle liga-desliga (*on-off*).
2. Controle do ângulo de fase.

No controle liga-desliga, as chaves (tiristores) conectam a carga à alimentação CA por alguns ciclos da tensão de entrada e, em seguida, a desconectam por alguns ciclos. No controle do ângulo de fase, as chaves conectam a carga à alimentação CA durante uma parte de cada ciclo da tensão de entrada.

Os controladores de tensão CA podem ser classificados em dois tipos: (1) controladores monofásicos e (2) controladores trifásicos, com cada tipo subdividido em: (a) controle unidirecional, ou de meia onda, e (b) controle bidirecional, ou de onda completa. Dependendo das conexões das chaves, existem várias configurações de controladores trifásicos.

O controle liga-desliga é utilizado apenas em algumas poucas aplicações. Os semiconversores de meia onda têm algumas vantagens, como um melhor fator de potência de entrada e menos chaves.[14,15] Os controladores de onda completa têm uma faixa mais ampla de controle de tensão de saída e um fator de potência melhor do que o dos controladores de meia onda. Estes últimos e o controle liga-desliga não serão tratados em detalhes neste livro.[14] Apenas os seguintes tipos de controlador de tensão CA serão examinados:

Controlador monofásico de onda completa
Controlador trifásico de onda completa
Controlador trifásico bidirecional com conexão delta (triângulo)
Comutador de conexões de transformadores monofásicos
Cicloconversores
Controlador de tensão CA com controle PWM

Os tiristores que conseguem ser ligados e desligados em alguns poucos microssegundos podem ser operados como chaves de ação rápida para substituir disjuntores mecânicos e eletromecânicos. Para aplicações CC de baixa potência, transistores de potência também podem ser utilizados como chaves. As chaves estáticas[14] têm muitas vantagens (por exemplo, velocidades de chaveamento muito rápidas, falta de peças móveis e ausência de repique de contato no fechamento).

Como a tensão de entrada é CA, os tiristores são comutados pela rede, e os tiristores com controle de fase, que são relativamente mais baratos e mais lentos do que os de chaveamento rápido, são em geral utilizados. Para aplicações de até 400 Hz, havendo TRIACs disponíveis para atender as faixas de tensão e corrente de uma aplicação específica, eles são os mais empregados.

Em função da comutação natural ou pela rede, não há a necessidade de circuitos adicionais de comutação, e, portanto, os circuitos para controladores de tensão CA são muito simples. Por conta da natureza das formas de onda de saída, a análise para a obtenção de expressões explícitas aos parâmetros de desempenho dos circuitos não é simples, principalmente no caso de conversores controlados pelo ângulo de fase com cargas *RL*. Para fins de simplificação, as cargas neste capítulo serão consideradas resistivas na comparação dos desempenhos das várias configurações. Na prática, porém, as cargas são do tipo *RL*, e é assim que devem ser consideradas no projeto e na análise dos controladores de tensão CA.

11.2 PARÂMETROS DE DESEMPENHO DE CONTROLADORES DE TENSÃO CA

Um controlador de tensão CA produz uma tensão CA variável a uma frequência fixa ou variável a partir de uma tensão de alimentação CA fixa, como mostra a Figura 11.1a. A tensão de entrada para um controlador de tensão CA

FIGURA 11.1

Relação entre entrada e saída de um controlador de tensão CA.
(a) Diagrama de blocos, (b) tensão de entrada, (c) tensão de saída e (d) corrente de entrada.

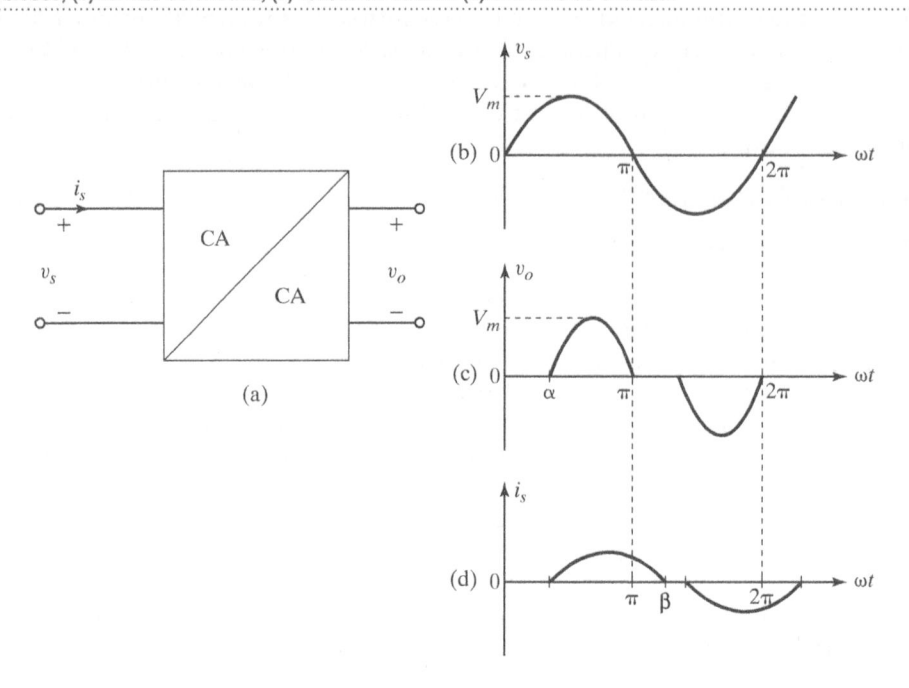

é a rede normal de alimentação CA de 120 V, 60 Hz, ou de 240 V, 50 Hz, como indica a Figura 11.1b. Idealmente, a saída deve ser uma onda senoidal pura a uma frequência fixa ou variável, mas, na prática, a saída de um controlador de tensão contém harmônicas ou ondulações, como ilustra a Figura 11.1c. O controlador de tensão conduz corrente da fonte de entrada CA somente quando o conversor conecta a carga à fonte de alimentação; e, assim, a corrente de entrada não é uma CA pura e contém harmônicas, como mostra a Figura 11.1d. No lado da entrada, os parâmetros de desempenho dos controladores de tensão CA são semelhantes aos dos retificadores com diodos (Capítulo 3) e aos dos retificadores controlados (Capítulo 10). São eles:

Potência de entrada, P_i
Corrente rms de entrada, I_s
Fator de potência de entrada, FP_i
Distorção harmônica total da corrente de entrada, DHT_i
Fator de crista da corrente de entrada, FC_i
Fator harmônico da corrente de entrada, FH_i
Fator de forma da corrente de entrada, FF_i
Fator de utilização do transformador de entrada, FUT_i
Fator de ondulação da corrente de entrada, FR_i

No lado da saída, os parâmetros de desempenho dos controladores de tensão CA são semelhantes aos dos inversores (Capítulo 6). São eles:

Potência de saída, P_o
Corrente rms de saída, I_o
Frequência de saída, f_o
Distorção harmônica total da tensão de saída, DHT_v
Fator de crista da tensão de saída, FC_v
Fator harmônico da tensão de saída, FH_v
Fator de forma da tensão de saída, FF_v
Fator de ondulação da tensão de saída, FR_v

11.3 CONTROLADORES MONOFÁSICOS DE ONDA COMPLETA COM CARGAS RESISTIVAS

Um controlador monofásico de onda completa com carga resistiva é mostrado na Figura 11.2a. Durante o semiciclo positivo da tensão de entrada, o fluxo de potência é controlado pela variação do ângulo de disparo do tiristor T_1; o tiristor T_2 controla o fluxo de potência durante o semiciclo negativo da tensão de entrada. Os pulsos de disparo de T_1 e T_2 são defasados em 180°. As formas de onda da tensão de entrada, da tensão de saída e dos sinais de comando de porta para T_1 e T_2 são mostradas nas figuras 11.2b-e.

Se $v_s = \sqrt{2} V_s \operatorname{sen} \omega t$ for a tensão de entrada, e os ângulos de disparo dos tiristores T_1 e T_2 forem iguais ($\alpha_2 = \pi + \alpha_1$), a tensão rms de saída poderá ser encontrada a partir de

$$V_o = \sqrt{\frac{2}{2\pi} \int_\alpha^\pi 2V_s^2 \operatorname{sen}^2 \omega t \, d(\omega t)} = \sqrt{\frac{4V_s^2}{4\pi} \int_\alpha^\pi (1 - \cos 2\omega t) \, d(\omega t)} = V_s \sqrt{\frac{1}{\pi}\left(\pi - \alpha + \frac{\operatorname{sen} 2\alpha}{2}\right)} \quad (11.1)$$

Variando-se α de 0 a π, V_o pode variar de V_s a 0.

Na Figura 11.2a, os circuitos de acionamento para os tiristores T_1 e T_2 devem ser isolados. É possível ter um catodo em comum para T_1 e T_2 adicionando-se dois diodos, como mostra a Figura 11.3. O tiristor T_1 e o diodo D_1 conduzem juntos durante o semiciclo positivo; o tiristor T_2 e o diodo D_2 conduzem durante o semiciclo negativo. Como esse circuito pode ter um terminal em comum para os sinais de comando de porta de T_1 e T_2, apenas um circuito de isolação é necessário, mas à custa de dois diodos de potência. Uma vez que dois dispositivos de potência conduzem ao mesmo tempo, há um aumento das perdas de condução, e a eficiência diminui.

Pode-se também construir um controlador monofásico de onda completa com um tiristor e quatro diodos, como mostra a Figura 11.4a. O sinal de acionamento é indicado na Figura 11.4d. Os quatro diodos atuam como uma ponte retificadora. A tensão no tiristor T_1 e sua corrente são sempre unidirecionais. Com uma carga resistiva, a corrente do tiristor cairia a zero por conta da comutação natural em cada semiciclo, como ilustra a Figura 11.4c. Entretanto, se houver uma grande indutância no circuito, o tiristor T_1 pode não desligar em cada semiciclo da tensão de entrada, e isso resultaria na perda de controle. Seria necessário detectar a passagem da corrente de carga por zero para garantir o desligamento do tiristor em condução antes de disparar no próximo semiciclo. Três dispositivos de potência conduzem ao mesmo tempo, e a eficiência também é reduzida. A ponte retificadora e o tiristor (ou transistor) atuam

FIGURA 11.2

Controlador monofásico de onda completa.
(a) Circuito, (b) tensão de alimentação de entrada, (c) tensão de saída, (d) pulso de disparo para T_1 e (e) pulso de disparo para T_2.

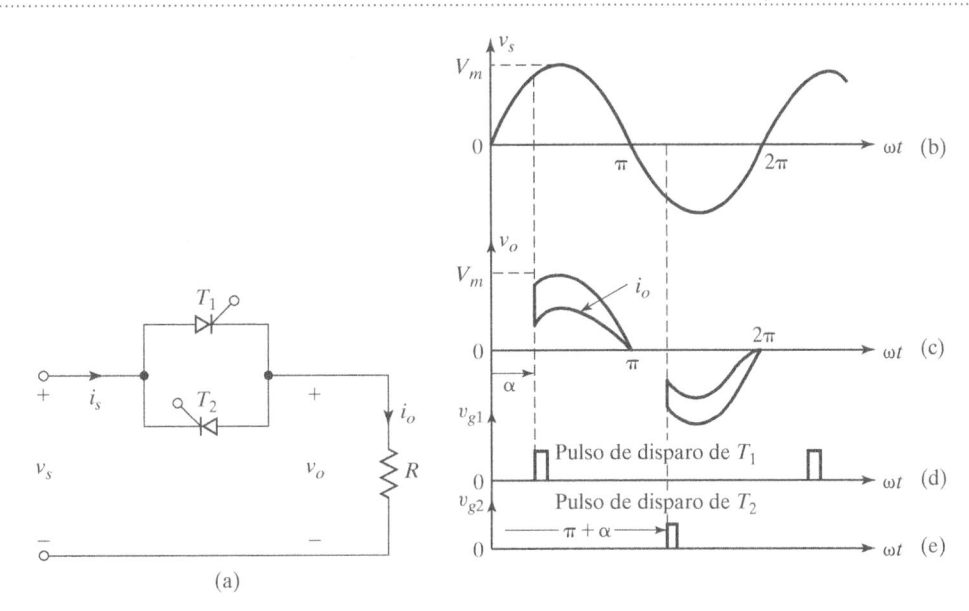

FIGURA 11.3
Controlador monofásico de onda completa com catodo em comum.

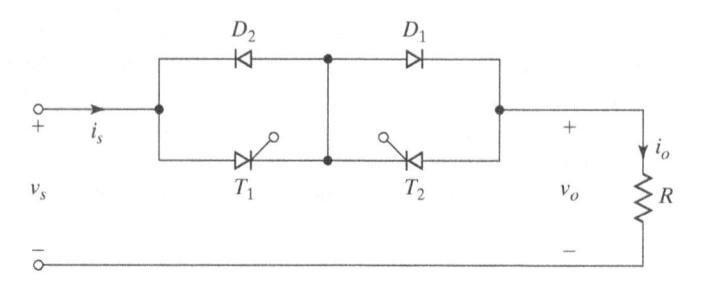

FIGURA 11.4
Controlador monofásico de onda completa com um tiristor.
(a) Circuito, (b) tensão de entrada, (c) corrente de saída e (d) pulso de disparo para T_1.

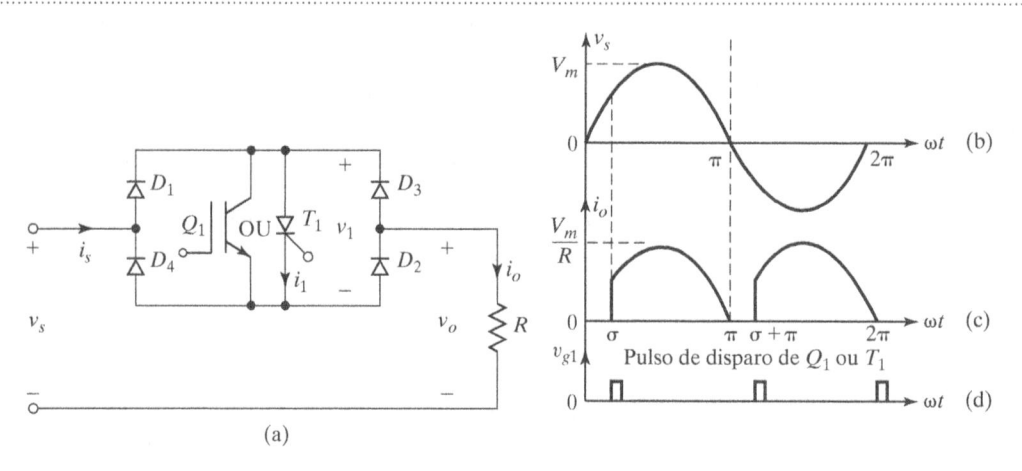

como uma *chave bidirecional*, que comercialmente está disponível como um único dispositivo com uma perda de condução relativamente baixa.

Sequência de acionamento. A sequência de acionamento é a seguinte:

1. Gerar um sinal de pulso na passagem da tensão positiva de alimentação v_s por zero.
2. Atrasar o pulso pelo ângulo α desejado para disparar T_1 através de um circuito de isolação da porta.
3. Gerar outro pulso com ângulo de atraso $\alpha + \pi$ para disparar T_2.

Exemplo 11.1 ▪ Determinação dos parâmetros de desempenho de um controlador monofásico de onda completa

O controlador de tensão CA monofásico de onda completa da Figura 11.2a tem uma carga resistiva de $R = 10\ \Omega$, e a tensão de entrada é $V_s = 120$ V (rms), 60 Hz. Os ângulos de disparo dos tiristores T_1 e T_2 são iguais: $\alpha_1 = \alpha_2 = \alpha = \pi/2$. Determine **(a)** a tensão rms de saída V_o; **(b)** o FP de entrada; **(c)** a corrente média dos tiristores I_M; e **(d)** a corrente rms dos tiristores I_R.

Solução

$$R = 10\,\Omega,\ V_s = 120\,\text{V},\ \alpha = \pi/2\ \text{e}\ V_m = \sqrt{2} \times 120 = 169{,}7\,\text{V}.$$

a. A partir da Equação 11.1, a tensão rms de saída é

$$V_o = \frac{120}{\sqrt{2}} = 84{,}85\,\text{V}$$

b. O valor rms da corrente de carga é $I_o = V_o/R = 84{,}85/10 = 8{,}485$ A, e a potência da carga, $P_o = I_o^2 R = 8{,}485^2 \times 10 = 719{,}95$ W. Como a corrente de entrada é a mesma que a de carga, a potência aparente nominal (VA) de entrada é

$$\text{VA} = V_s I_s = V_s I_o = 120 \times 8{,}485 = 1018{,}2\,\text{W}$$

O FP de entrada é

$$\text{FP} = \frac{P_o}{\text{VA}} = \frac{V_o}{V_s} = \sqrt{\frac{1}{\pi}\left(\pi - \alpha + \frac{\text{sen}\,2\alpha}{2}\right)} = \frac{1}{\sqrt{2}} = \frac{719{,}95}{1018{,}2} = 0{,}707\,(\text{em atraso}) \quad (11.2)$$

c. A corrente média do tiristor é

$$I_M = \frac{1}{2\pi R}\int_\alpha^\pi \sqrt{2}\,V_s\,\text{sen}\,\omega t\,d(\omega t) = \frac{\sqrt{2}\,V_s}{2\pi R}(\cos\alpha + 1) = \sqrt{2} \times \frac{120}{2\pi \times 10} = 2{,}7\,\text{A} \quad (11.3)$$

d. O valor rms da corrente do tiristor é

$$I_R = \sqrt{\frac{1}{2\pi R^2}\int_\alpha^\pi 2V_s^2\,\text{sen}^2\,\omega t\,d(\omega t)} = \sqrt{\frac{2V_s^2}{4\pi R^2}\int_\alpha^\pi (1 - \cos 2\omega t)\,d(\omega t)}$$

$$= \frac{V_s}{\sqrt{2}\,R}\sqrt{\frac{1}{\pi}\left(\pi - \alpha + \frac{\text{sen}\,2\alpha}{2}\right)} = \frac{120}{2 \times 10} = 6\,\text{A} \quad (11.4)$$

■ Principais pontos da Seção 11.3

– Variando-se o ângulo de disparo α de 0 a π, é possível variar a tensão rms de saída de V_s a 0.
– A saída desse controlador não contém componente CC.

11.4 CONTROLADORES MONOFÁSICOS DE ONDA COMPLETA COM CARGAS INDUTIVAS

A Seção 11.3 tratou de controladores monofásicos com cargas resistivas. Na prática, a maioria das cargas é, até certo ponto, indutiva. Um controlador de onda completa com uma carga RL é mostrado na Figura 11.5a. Suponhamos que o tiristor T_1 seja ligado durante o semiciclo positivo e conduza a corrente de carga. Por conta da indutância no circuito, a corrente do tiristor T_1 não cai a zero em $\omega t = \pi$, quando a tensão de entrada começa a ficar negativa. O tiristor T_1 continua a conduzir até que sua corrente i_1 caia a zero em $\omega t = \beta$. O ângulo de condução do tiristor T_1 é $\delta = \beta - \alpha$ e depende do ângulo de disparo α e do ângulo θ do FP da carga. As formas de onda da corrente do tiristor, dos pulsos de acionamento e da tensão de entrada são mostradas nas figuras 11.5b-f.

Se $v_s = \sqrt{2}V_s\,\text{sen}\,\omega t$ for a tensão instantânea de entrada e o ângulo de disparo do tiristor T_1, α, a corrente do tiristor i_1 pode ser encontrada a partir de

FIGURA 11.5

Controlador monofásico de onda completa com carga RL.
(a) Circuito, (b) tensão de entrada, (c) pulsos de disparo para T_1 e T_2, (d) corrente através do tiristor T_1, (e) pulsos contínuos de disparo para T_1 e T_2 e (f) trem de pulsos de disparo para T_1 e T_2.

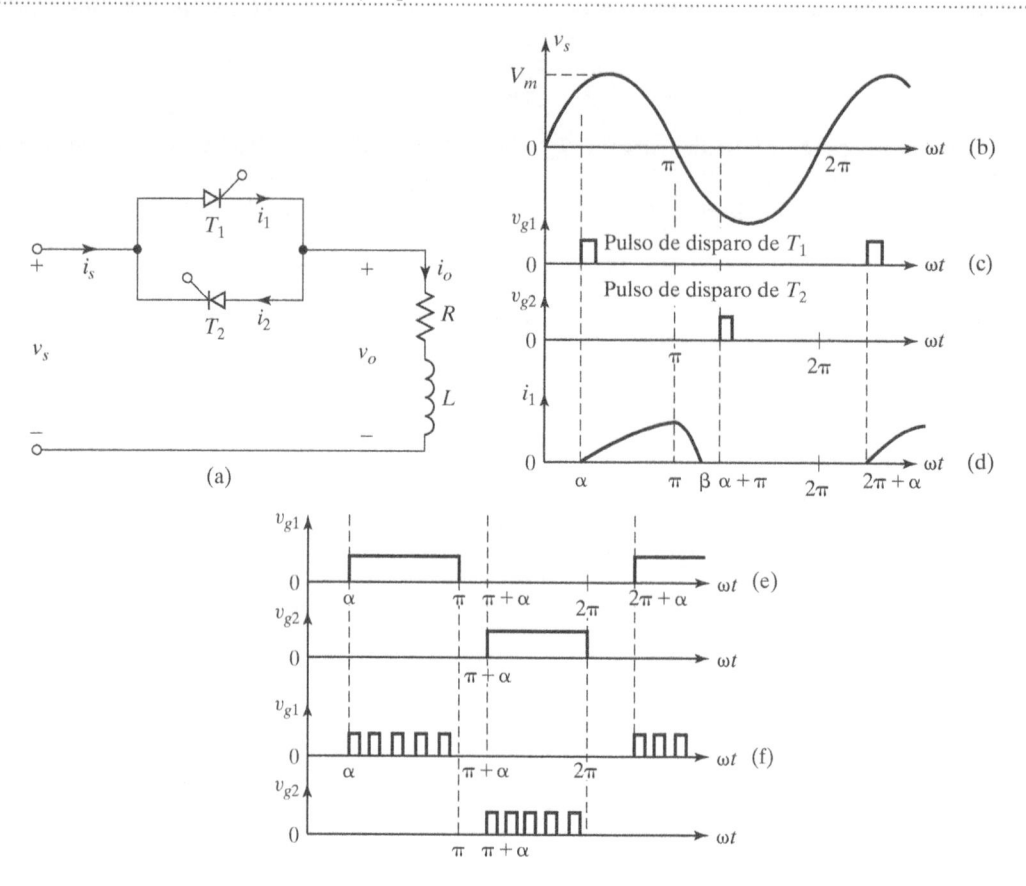

$$L\frac{di_1}{dt} + Ri_1 = \sqrt{2}\,V_s\,\text{sen}\,\omega t \tag{11.5}$$

A solução da Equação 11.5 é da forma

$$i_1 = \frac{\sqrt{2}V_s}{Z}\text{sen}(\omega t - \theta) + A_1 e^{-(R/L)t} \tag{11.6}$$

onde a impedância de carga $Z = \sqrt{R^2 + (\omega L)^2}$ e o ângulo de carga $\theta = \text{tg}^{-1}(\omega L/R)$.

A constante A_1 pode ser determinada a partir da condição inicial em $\omega t = \alpha$, $i_1 = 0$. Pela Equação 11.6, A_1 é encontrada como

$$A_1 = -\frac{\sqrt{2}V_s}{Z}\text{sen}(\alpha - \theta)e^{(R/L)(\alpha/\omega)} \tag{11.7}$$

A substituição de A_1 a partir da Equação 11.7 na Equação 11.6 produz

$$i_1 = \frac{\sqrt{2}V_s}{Z}[\text{sen}(\omega t - \theta) - \text{sen}(\alpha - \theta)e^{(R/L)(\alpha/\omega - t)}] \tag{11.8}$$

O ângulo β, quando a corrente i_1 cai a zero e o tiristor T_1 é desligado, pode ser calculado pela condição $i_1(\omega t = \beta) = 0$ na Equação 11.8, e é dado pela relação

$$\text{sen}(\beta - \theta) = \text{sen}(\alpha - \theta)\,e^{(R/L)(\alpha - \beta)/\omega} \tag{11.9}$$

O ângulo β, que também é conhecido como *ângulo de extinção*, pode ser determinado a partir dessa equação transcendental e requer um método iterativo de solução. Uma vez que β seja conhecido, o ângulo de condução δ do tiristor T_1 pode ser encontrado a partir de

$$\delta = \beta - \alpha \tag{11.10}$$

A tensão rms de saída é

$$V_o = \sqrt{\frac{2}{2\pi}\int_\alpha^\beta 2V_s^2 \text{sen}^2\omega t\, d(\omega t)} = \sqrt{\frac{4V_s^2}{4\pi}\int_\alpha^\beta (1-\cos 2\omega t)\, d(\omega t)} = \frac{V_s}{Z}\sqrt{\frac{1}{\pi}\left(\beta - \alpha + \frac{\text{sen}\, 2\alpha}{2} - \frac{\text{sen}\, 2\beta}{2}\right)} \tag{11.11}$$

A corrente rms do tiristor pode ser encontrada a partir da Equação 11.8 como

$$I_R = \sqrt{\frac{1}{2\pi}\int_\alpha^\beta i_1^2\, d(\omega t)} = \frac{V_s}{Z}\sqrt{\frac{1}{\pi}\int_\alpha^\beta \left[\text{sen}(\omega t - \theta) - \text{sen}(\alpha - \theta)e^{(R/L)(\alpha/\omega - t)}\right]^2 d(\omega t)} \tag{11.12}$$

e a corrente rms de saída pode então ser determinada pela combinação da corrente rms de cada tiristor como

$$I_o = \sqrt{I_R^2 + I_R^2} = \sqrt{2}\, I_R \tag{11.13}$$

O valor médio da corrente do tiristor também pode ser encontrado a partir da Equação 11.8 como

$$I_M = \frac{1}{2\pi}\int_\alpha^\beta i_1\, d(\omega t) = \frac{\sqrt{2}V_s}{2\pi Z}\int_\alpha^\beta \left[\text{sen}(\omega t - \theta) - \text{sen}(\alpha - \theta) e^{(R/L)(\alpha/\omega - t)}\right] d(\omega t) \tag{11.14}$$

Os sinais de disparo dos tiristores podem ser pulsos curtos para um controlador com cargas resistivas. Porém, esses pulsos curtos não são apropriados para cargas indutivas. Isso pode ser explicado com a Figura 11.5c. Quando o tiristor T_2 é ligado em $\omega t = \pi + \alpha$, T_1 ainda está conduzindo por conta da indutância da carga. No momento em que a corrente do tiristor T_1 cai a zero e este é desligado em $\omega t = \beta = \alpha + \delta$, o pulso de disparo do T_2 já cessou e, consequentemente, esse tiristor não pode ser ligado. Como resultado disso, apenas T_1 opera, causando formas de onda assimétricas da tensão e da corrente de saída. Essa dificuldade pode ser resolvida por meio de sinais contínuos de comando de porta com uma duração de $(\pi - \alpha)$, como mostra a Figura 11.5e. Assim que a corrente de T_1 cai a zero, o tiristor T_2 (com pulsos de disparo ilustrados na Figura 11.5e) é ligado. No entanto, um pulso contínuo de disparo aumenta as perdas de chaveamento dos tiristores e requer um transformador de isolação maior para o circuito de acionamento. Na prática, normalmente se utiliza um trem de pulsos de curta duração a fim de superar esses problemas (como mostra a Figura 11.5f).

As formas de onda da tensão de saída v_o, da corrente de saída i_o e da tensão sobre T_1, v_{T1} são apresentadas na Figura 11.6 para uma carga *RL*. Pode haver um ângulo curto de manutenção (*hold-off*) γ após a passagem da corrente por zero (indo para valores negativos).

A Equação 11.8 indica que a tensão (e a corrente) de carga pode ser senoidal se o ângulo de disparo α for menor do que o da carga θ. Se α for maior do que θ, a corrente da carga será descontínua, e não senoidal.

Observações:

1. Se $\alpha = \theta$, a partir da Equação 11.9,

$$\text{sen}(\beta - \theta) = \text{sen}(\beta - \alpha) = 0 \tag{11.15}$$

e

$$\beta - \alpha = \delta = \pi \tag{11.16}$$

2. Como o ângulo de condução δ não pode ser maior do que π e a corrente de carga tem de passar por zero, o ângulo de disparo α não pode ser menor do que θ, e a faixa de controle do ângulo de disparo será

$$\theta \leq \alpha \leq \pi \tag{11.17}$$

3. Se $\alpha \leq \theta$ e os pulsos de disparo dos tiristores forem de longa duração, a corrente da carga não muda com α, mas ambos os tiristores conduzem por π. O tiristor T_1 ligaria em $\omega t = \theta$, e o T_2, em $\omega t = \pi + \theta$.

FIGURA 11.6

Formas de onda típicas de controlador de tensão CA monofásico com uma carga *RL*.
(a) Tensão de alimentação de entrada e corrente de saída, (b) tensão de saída e (c) tensão sobre o tiristor T_1.

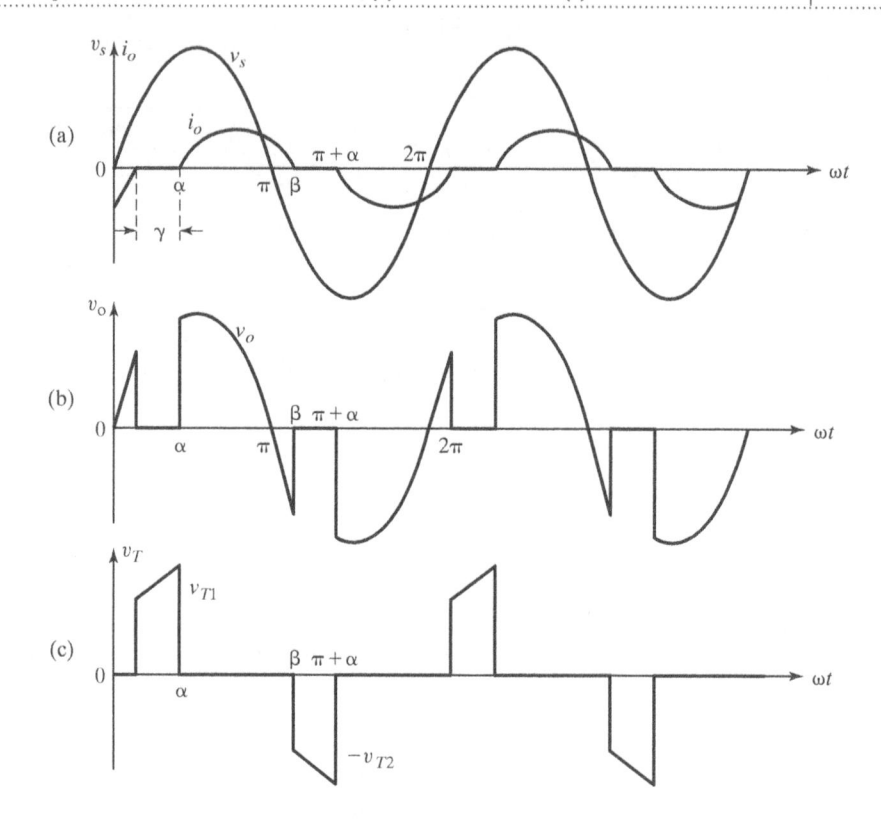

Sequência de acionamento. A sequência de acionamento é a seguinte:

1. Gerar um trem de sinais de pulsos na passagem por zero da tensão positiva de alimentação v_s.[1]
2. Atrasar esse pulso pelo ângulo α desejado para disparar T_1 através de um circuito de isolação da porta.
3. Gerar outro pulso contínuo com ângulo de disparo α + π.

Exemplo 11.2 ▪ Determinação dos parâmetros de desempenho de um controlador monofásico de onda completa com carga *RL*

O controlador monofásico de onda completa da Figura 11.5a alimenta uma carga *RL*. A tensão rms de entrada é V_s = 120 V, 60 Hz. A carga é tal que *L* = 6,5 mH e *R* = 2,5 Ω. Os ângulos de disparo dos tiristores são iguais: $\alpha_1 = \alpha_2 = \pi/2$. Determine (a) o ângulo de condução do tiristor T_1, δ; (b) a tensão rms de saída V_o; (c) a corrente rms do tiristor I_R; (d) a corrente rms de saída I_o; (e) a corrente média de um tiristor I_M; e (f) o FP de entrada.

Solução

$R = 2,5\ \Omega$, $L = 6,5$ mH, $f = 60$ Hz, $\omega = 2\pi \times 60 = 377$ rad/s, $V_s = 120$ V, α = 90° e $\theta = \text{tg}^{-1}(\omega L/R) = 44,43°$.

a. O ângulo de extinção pode ser determinado a partir da solução da Equação 11.9, e uma solução iterativa produz β = 220,35°. O ângulo de condução é δ = β − α = 220,35 − 90 = 130,35°.

b. A partir da Equação 11.11, a tensão rms de saída é $V_o = 68,09$ V.

c. A integração numérica da Equação 11.12 entre os limites $\omega t = \alpha$ a β dá a corrente rms do tiristor como $I_R = 15{,}07$ A.

d. A partir da Equação 11.13, $I_o = \sqrt{2} \times 15{,}07 = 21{,}3$ A.

e. A integração numérica da Equação 11.14 dá a corrente média do tiristor como $I_M = 8{,}23$ A.

f. A potência de saída $P_o = 21{,}3^2 \times 2{,}5 = 1134{,}2$ W, e a potência aparente de entrada, VA $= 120 \times 21{,}3 = 2556$ W; portanto,

$$\text{FP} = \frac{P_o}{\text{VA}} = \frac{1134{,}200}{2556} = 0{,}444 \text{ (em atraso)}$$

Observação: a ação de chaveamento dos tiristores torna as equações para as correntes não lineares. Um método numérico de solução para o ângulo de condução e para as correntes do tiristor é mais eficiente do que as técnicas clássicas. Um programa de computador é utilizado para resolver esse exemplo. Deve haver incentivo para conferir os resultados desse exemplo e a utilidade de uma solução numérica, especialmente na resolução de equações não lineares de circuitos com tiristores.

■ Principais pontos da Seção 11.4

– Uma carga indutiva prolonga a corrente de carga para além de π. A corrente de carga poderá ser contínua se o ângulo de disparo α for menor do que o de impedância da carga θ.

– Para $\alpha > \theta$, o que geralmente é o caso, a corrente de carga é descontínua. Assim, a faixa de controle é $\theta \leq \alpha \leq \pi$.

11.5 CONTROLADORES TRIFÁSICOS DE ONDA COMPLETA

Os controladores unidirecionais, que contêm corrente CC de entrada e maior conteúdo harmônico por conta da natureza assimétrica da forma de onda da tensão de saída, não são normalmente utilizados em acionamentos de motores CA; em geral, emprega-se um controle bidirecional trifásico.

O diagrama do circuito de um controlador trifásico de onda completa (ou bidirecional) é mostrado na Figura 11.7, com uma carga resistiva conectada em Y (estrela). A sequência de disparo dos tiristores é $T_1, T_2, T_3, T_4, T_5, T_6$.

Se definirmos as tensões instantâneas de fase de entrada como

FIGURA 11.7

Controlador trifásico bidirecional.

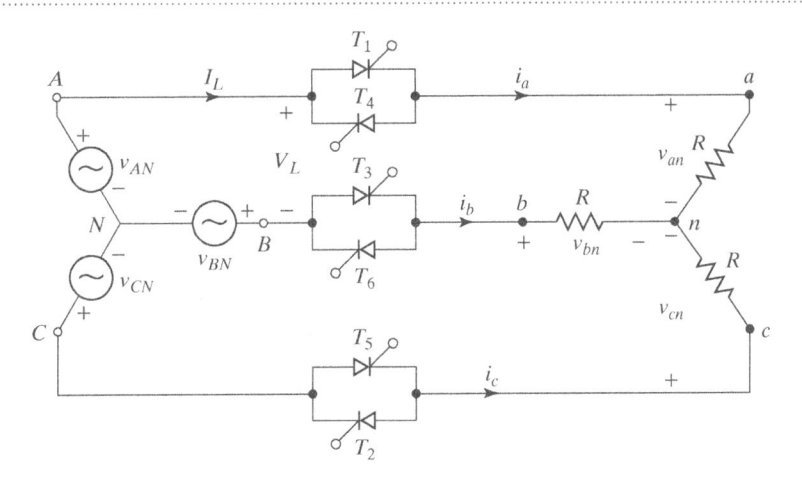

$$v_{AN} = \sqrt{2}\, V_s \operatorname{sen} \omega t$$

$$v_{BN} = \sqrt{2}\, V_s \operatorname{sen}\left(\omega t - \frac{2\pi}{3}\right)$$

$$v_{CN} = \sqrt{2}\, V_s \operatorname{sen}\left(\omega t - \frac{4\pi}{3}\right)$$

as tensões instantâneas de linha de entrada serão

$$v_{AB} = \sqrt{6}\, V_s \operatorname{sen}\left(\omega t + \frac{\pi}{6}\right)$$

$$v_{BC} = \sqrt{6}\, V_s \operatorname{sen}\left(\omega t - \frac{\pi}{2}\right)$$

$$v_{CA} = \sqrt{6}\, V_s \operatorname{sen}\left(\omega t - \frac{7\pi}{6}\right)$$

As formas de onda das tensões de entrada, os ângulos de condução dos tiristores e as tensões de fase de saída são indicados na Figura 11.8 para $\alpha = 60°$ e $\alpha = 120°$. Para $0 \leq \alpha < 60°$, imediatamente antes do disparo de T_1, dois

FIGURA 11.8

Formas de onda para controlador trifásico bidirecional.
(a) Tensões de linha de entrada, (b) tensões de fase de entrada, (c) pulsos de disparo dos tiristores e (d) tensão de fase de saída.

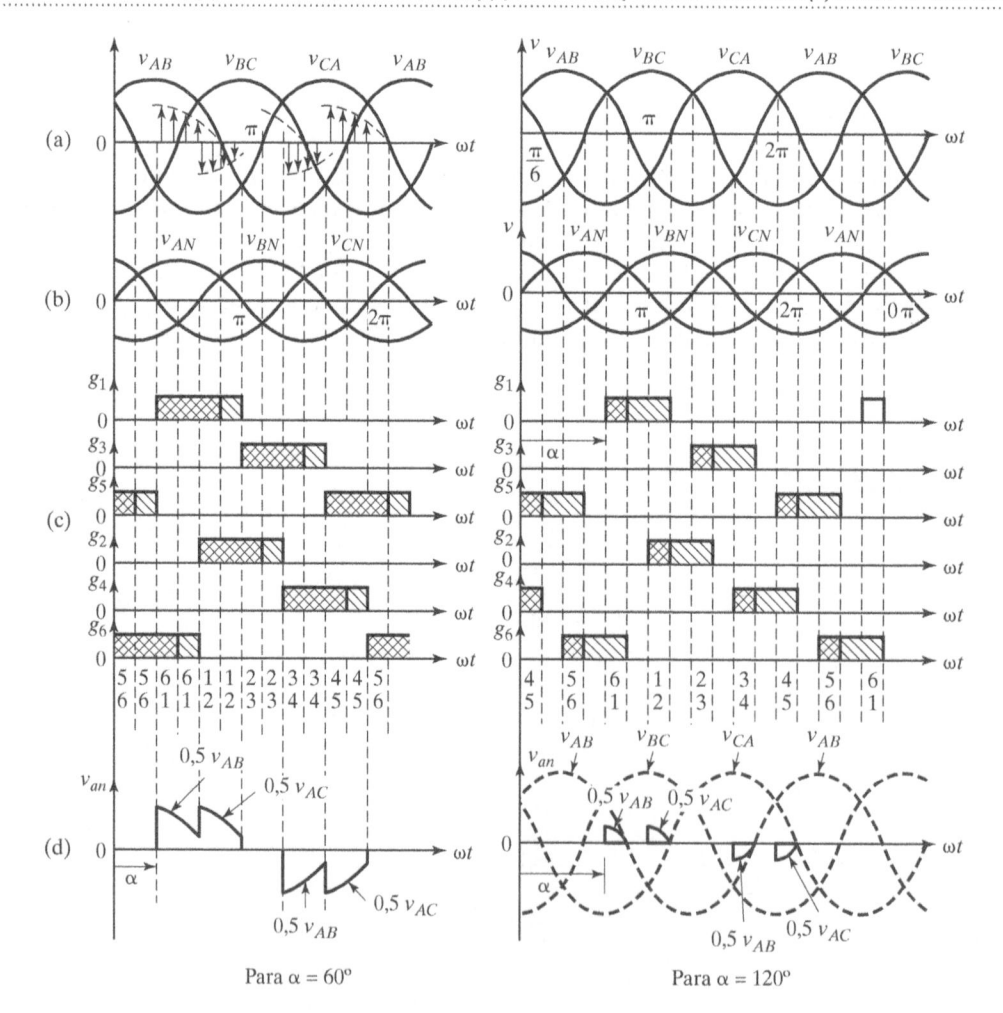

tiristores conduzem. Quando T_1 é ligado, três tiristores conduzem. Um tiristor desliga quando sua corrente tenta se inverter. As condições alternam entre dois e três tiristores conduzindo.

Para $60° \leq \alpha < 90°$, somente dois tiristores conduzem ao mesmo tempo, e para $90° \leq \alpha < 150°$ há períodos em que nenhum tiristor está ligado. Para $\alpha \geq 150°$, não há período em que dois tiristores estejam conduzindo, e a tensão de saída torna-se zero em $\alpha = 150°$. A faixa do ângulo de disparo é

$$0 \leq \alpha \leq 150° \tag{11.18}$$

De forma semelhante aos controladores de meia onda, a expressão para a tensão rms de fase de saída depende da faixa dos ângulos de disparo. A tensão rms de saída para uma carga conectada em Y pode ser encontrada como se segue. Para $0 \leq \alpha < 60°$:

$$\begin{aligned}
V_o &= \sqrt{\frac{1}{2\pi}\int_0^{2\pi} v_{an}^2 \, d(\omega t)} \\
&= \sqrt{6}V_s \left\{ \frac{2}{2\pi}\left[\int_\alpha^{\pi/3} \frac{\mathrm{sen}^2\omega t}{3} d(\omega t) + \int_{\pi/4}^{\pi/2+\alpha} \frac{\mathrm{sen}^2\omega t}{4} d(\omega t) \right.\right. \\
&\quad + \int_{\pi/3+\alpha}^{2\pi/3} \frac{\mathrm{sen}^2\omega t}{3} d(\omega t) + \int_{\pi/2}^{\pi/2+\alpha} \frac{\mathrm{sen}^2\omega t}{4} d(\omega t) \\
&\quad \left.\left. + \int_{2\pi/3+\alpha}^{\pi} \frac{\mathrm{sen}^2\omega t}{3} d(\omega t) \right] \right\}^{1/2} \\
&= \sqrt{6}V_s \sqrt{\frac{1}{\pi}\left(\frac{\pi}{6} - \frac{\alpha}{4} + \frac{\mathrm{sen}\,2\alpha}{8}\right)}
\end{aligned} \tag{11.19}$$

Para $60° \leq \alpha < 90°$:

$$\begin{aligned}
V_o &= \sqrt{6}V_s \sqrt{\frac{2}{2\pi}\left[\int_{\pi/2-\pi/3+\alpha}^{5\pi/6-\pi/3+\alpha} \frac{\mathrm{sen}^2\omega t}{4} d(\omega t) + \int_{\pi/2-\pi/3+\alpha}^{5\pi/6-\pi/3+\alpha} \frac{\mathrm{sen}^2\omega t}{4} d(\omega t)\right]} \\
&= \sqrt{6}V_s \sqrt{\frac{1}{\pi}\left(\frac{\pi}{12} + \frac{3\,\mathrm{sen}\,2\alpha}{16} + \frac{\sqrt{3}\cos 2\alpha}{16}\right)}
\end{aligned} \tag{11.20}$$

Para $90° \leq \alpha \leq 150°$:

$$\begin{aligned}
V_o &= \sqrt{6}V_s \sqrt{\frac{2}{2\pi}\left[\int_{\pi/2-\pi/3+\alpha}^{\pi} \frac{\mathrm{sen}^2\omega t}{4} d(\omega t) + \int_{\pi/2-\pi/3+\alpha}^{\pi} \frac{\mathrm{sen}^2\omega t}{4} d(\omega t)\right]} \\
&= \sqrt{6}V_s \sqrt{\frac{1}{\pi}\left(\frac{5\pi}{24} - \frac{\alpha}{4} + \frac{\mathrm{sen}\,2\alpha}{16} + \frac{\sqrt{3}\cos 2\alpha}{16}\right)}
\end{aligned} \tag{11.21}$$

Os dispositivos de potência de um controlador trifásico bidirecional podem ser conectados em conjunto, como mostra a Figura 11.9. Esse arranjo também é conhecido como *controle por união* (*tie control*), e permite a montagem de todos os tiristores como uma única unidade. Entretanto, esse arranjo não é possível para controle de motores, pois os terminais dos enrolamentos geralmente não estão acessíveis.

Sequência de acionamento. A sequência de acionamento é a seguinte:

1. Gerar um sinal de pulso na passagem por zero da tensão positiva de alimentação de fase v_{an}.
2. Atrasar o pulso pelos ângulos α, $\alpha + 2\pi/3$ e $\alpha + 4\pi/3$ para disparar T_1, T_3 e T_5 através de circuitos de isolação da porta.
3. De forma semelhante, gerar pulsos com ângulos de disparo $\pi + \alpha$, $5\pi/3 + \alpha$ e $7\pi/3 + \alpha$ para disparar T_2, T_4 e T_6.

FIGURA 11.9

Arranjo para o controle bidirecional trifásico por união (*tie control*).

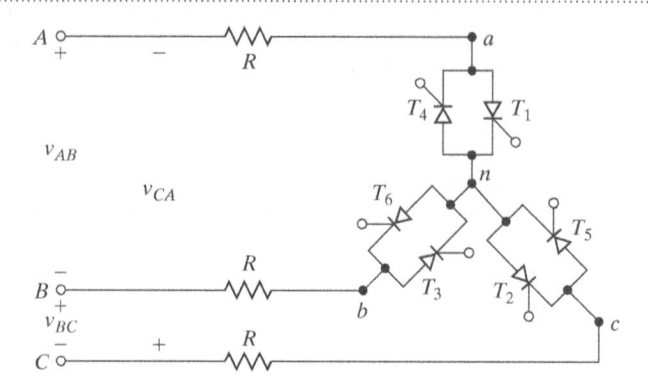

Exemplo 11.3 • Determinação dos parâmetros de desempenho de um controlador trifásico de onda completa

O controlador trifásico de onda completa da Figura 11.9 alimenta uma carga resistiva conectada em Y com $R = 10\,\Omega$, e a tensão de linha de entrada é 208 V (rms), 60 Hz. O ângulo de disparo é $\alpha = \pi/3$. Determine **(a)** a tensão rms de fase de saída V_o; **(b)** o FP de entrada; e **(c)** a expressão para a tensão instantânea de saída da fase a.

Solução

$$V_L = 208\,\text{V},\ V_s = V_L/\sqrt{3} = 208/\sqrt{3} = 120\,\text{V},\ \alpha = \pi/3\ \text{e}\ R = 10\,\Omega.$$

a. A partir da Equação 11.19, a tensão rms de fase de saída é $V_o = 100{,}9$ V.

b. A corrente rms de fase da carga é $I_a = 100{,}9/10 = 10{,}09$ A, e a potência de saída,

$$P_o = 3I_a^2 R = 3 \times 10{,}09^2 \times 10 = 3054{,}24\,\text{W}$$

Como a carga está conectada em Y, a corrente de fase é igual à de linha: $I_L = I_a = 10{,}09$ A. A potência aparente de entrada é

$$\text{VA} = 3\,V_s I_L = 3 \times 120 \times 10{,}09 = 3632{,}4\,\text{VA}$$

O FP é

$$\text{FP} = \frac{P_o}{\text{VA}} = \frac{3054{,}24}{3632{,}4} = 0{,}84\ (\text{em atraso})$$

c. Se a tensão de fase de entrada for tomada como referência como $v_{AN} = 120\sqrt{2}\,\text{sen}\,\omega t = 169{,}7\,\text{sen}\,\omega t$, as tensões instantâneas de linha de entrada serão

$$v_{AB} = 208\sqrt{2}\,\text{sen}\left(\omega t + \frac{\pi}{6}\right) = 294{,}2\,\text{sen}\left(\omega t + \frac{\pi}{6}\right)$$

$$v_{BC} = 294{,}2\,\text{sen}\left(\omega t - \frac{\pi}{2}\right)$$

$$v_{CA} = 294{,}2\,\text{sen}\left(\omega t - \frac{7\pi}{6}\right)$$

A tensão instantânea de fase de saída v_{an}, que depende do número de dispositivos conduzindo, pode ser determinada a partir da Figura 11.8a como se segue:

Para $0 \leq \omega t < \pi/3$: $v_{an} = 0$
Para $\pi/3 \leq \omega t < 2\pi/3$: $v_{an} = v_{AB}/2 = 147{,}1 \text{ sen } (\omega t + \pi/6)$
Para $2\pi/3 \leq \omega t < \pi$: $v_{an} = v_{AC}/2 = -v_{CA}/2 = 147{,}1 \text{ sen } (\omega t - 7\pi/6 - \pi)$
Para $\pi \leq \omega t < 4\pi/3$: $v_{an} = 0$
Para $4\pi/3 \leq \omega t < 5\pi/3$: $v_{an} = v_{AB}/2 = 147{,}1 \text{ sen } (\omega t + \pi/6)$
Para $5\pi/3 \leq \omega t < 2\pi$: $v_{an} = v_{AC}/2 = 147{,}1 \text{ sen } (\omega t - 7\pi/6 - \pi)$

Observação: o FP, que depende do ângulo de disparo α, em geral é baixo em comparação ao do controlador de meia onda.

■ Principais pontos da Seção 11.5

- Variando-se o ângulo de disparo α de 0 a $5\pi/6$, pode-se variar a tensão rms de fase de saída de V_s a 0.
- O arranjo do controle por união (*tie control*) não é adequado para controle de motores.

11.6 CONTROLADORES TRIFÁSICOS DE ONDA COMPLETA CONECTADOS EM DELTA

Se for viável ter acesso aos terminais de um sistema trifásico, os elementos de controle (ou dispositivos de potência) e a carga podem ser conectados em delta (triângulo), como mostra a Figura 11.10. Como a corrente de fase em um sistema normal trifásico é apenas $1/\sqrt{3}$ da corrente de linha, as faixas de corrente dos tiristores seriam menores do que isso se os tiristores (ou elementos de controle) fossem colocados na linha.

Suponhamos que as tensões instantâneas de linha sejam

$$v_{AB} = v_{ab} = \sqrt{2}\, V_s \text{ sen } \omega t$$

$$v_{BC} = v_{bc} = \sqrt{2}\, V_s \text{ sen }\left(\omega t - \frac{2\pi}{3}\right)$$

$$v_{CA} = v_{ca} = \sqrt{2}\, V_s \text{ sen }\left(\omega t - \frac{4\pi}{3}\right)$$

As tensões de linha de entrada, as correntes de fase e de linha e os sinais de disparo dos tiristores são apresentados na Figura 11.11 para $\alpha = 120°$ e uma carga resistiva.

FIGURA 11.10

Controlador trifásico conectado em delta (triângulo).

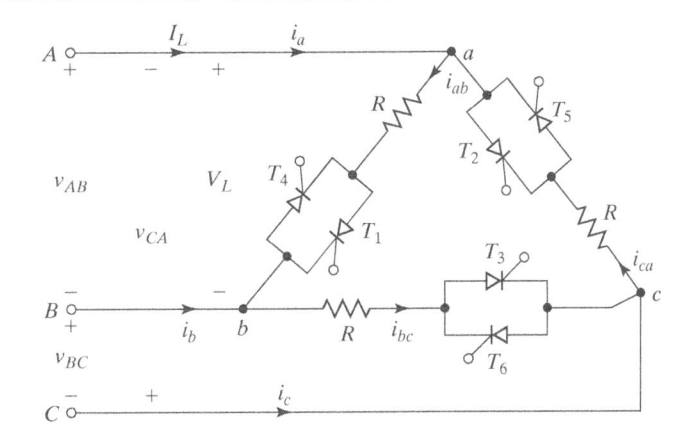

FIGURA 11.11

Formas de onda para controlador conectado em delta.

(a) Tensões de linha de entrada, (b) pulsos de disparo dos tiristores, (c) correntes de fase de saída e (d) correntes de linha de saída.

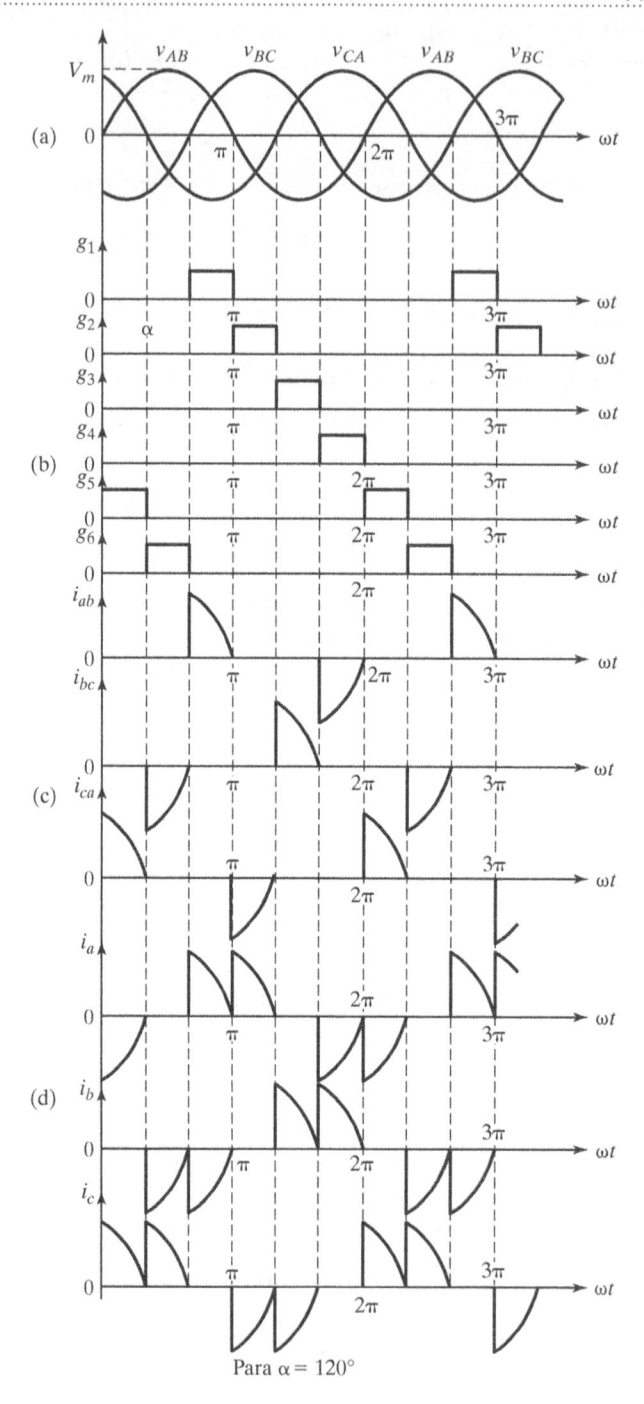

Para $\alpha = 120°$

Para cargas resistivas, a tensão rms de fase de saída pode ser determinada a partir de

$$V_o = \sqrt{\frac{1}{2\pi}\int_\alpha^{2\pi} v_{ab}^2 d(\omega t)} = \sqrt{\frac{2}{2\pi}\int_\alpha^{\pi} 2 V_s^2 \operatorname{sen} \omega t\, d(\omega t)} = V_s\sqrt{\frac{1}{\pi}\left(\pi - \alpha + \frac{\operatorname{sen} 2\alpha}{2}\right)} \quad (11.22)$$

A máxima tensão de saída é obtida quando $\alpha = 0$; a faixa de controle do ângulo de disparo seria

$$0 \le \alpha \le \pi \quad (11.23)$$

As correntes de linha, que podem ser determinadas a partir das correntes de fase, são

$$i_a = i_{ab} - i_{ca}$$
$$i_b = i_{bc} - i_{ab}$$
$$i_c = i_{ca} - i_{bc} \quad (11.24)$$

Podemos observar, a partir da Figura 11.11, que as correntes de linha dependem do ângulo de disparo e podem ser descontínuas. O valor rms das correntes de linha e de fase para os circuitos da carga pode ser determinado por solução numérica ou por análise de Fourier. Se I_n for o valor rms da n-ésima componente harmônica de uma corrente de fase, o valor rms desta poderá ser encontrado a partir de

$$I_{ab} = \sqrt{I_1^2 + I_3^2 + I_5^2 + I_7^2 + I_9^2 + I_{11}^2 + \cdots + I_n^2} \quad (11.25)$$

Por causa da conexão delta, as componentes harmônicas triplas (isto é, aquelas de ordem $n = 3m$, em que m é um número inteiro ímpar) das correntes de fase fluiriam em torno do delta e não apareceriam na linha. Isso ocorre porque as harmônicas de sequência zero nas três fases da carga estão em fase. A corrente rms de linha torna-se

$$I_a = \sqrt{3}\sqrt{I_1^2 + I_5^2 + I_7^2 + I_{11}^2 + \cdots + I_n^2} \quad (11.26)$$

Como resultado, o valor rms da corrente de linha não segue a relação normal de um sistema trifásico, de modo que

$$I_a < \sqrt{3} I_{ab} \quad (11.27)$$

Uma forma alternativa de controladores conectados em delta que requer apenas três tiristores e simplifica o circuito de controle é mostrada na Figura 11.12. Esse arranjo também é conhecido como *controlador de ponto neutro*.

FIGURA 11.12

Controlador trifásico com três tiristores.

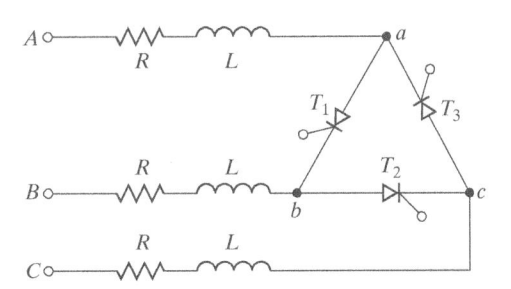

Exemplo 11.4 ▪ Determinação dos parâmetros de desempenho de um controlador trifásico conectado em delta

O controlador trifásico bidirecional conectado em delta da Figura 11.10 tem uma carga resistiva de $R = 10\ \Omega$. A tensão de linha é $V_s = 208$ V (rms), 60 Hz, e o ângulo de disparo, $\alpha = 2\pi/3$. Determine **(a)** a tensão rms de fase de saída V_o; **(b)** as expressões para as correntes instantâneas i_a, i_{ab} e i_{ca}; **(c)** a corrente rms de fase de saída I_{ab} e a corrente rms de linha I_a; **(d)** o FP de entrada; e **(e)** a corrente rms de um tiristor I_R.

Solução

$V_L = V_s = 208$ V, $\alpha = 2\pi/3$, $R = 10\ \Omega$ e o valor de pico da corrente de fase é $I_m = \sqrt{2} \times 208/10 = 29{,}4$ A.

a. A partir da Equação 11.22, $V_a = 92$ V.

b. Supondo que i_{ab} seja o fasor de referência e $i_{ab} = I_m$ sen ωt, as correntes instantâneas são:

Para $0 \le \omega t < \pi/3$:
$I_{ab} = 0$
$i_{ca} = I_m$ sen $(\omega t - 4\pi/3)$
$i_a = i_{ab} - i_{ca} = -I_m$ sen $(\omega t - 4\pi/3)$

Para $\pi/3 < \omega t < 2\pi/3$: $i_{ab} = i_{ca} = i_a = 0$

Para $2\pi/3 < \omega t < \pi$:
$i_{ab} = I_m$ sen ωt
$i_{ca} = 0$
$i_a = i_{ab} - i_{ca} = I_m$ sen ωt

Para $\pi < \omega t < 4\pi/3$:
$i_{ab} = 0$
$i_{ca} = I_m$ sen $(\omega t - 4\pi/3)$
$i_a = i_{ab} - i_{ca} = -I_m$ sen $(\omega t - 4\pi/3)$

Para $4\pi/3 < \omega t < 5\pi/3$: $i_{ab} = i_{ca} = i_a = 0$

Para $5\pi/3 < \omega t < 2\pi$:
$i_{ab} = I_m$ sen ωt
$i_{ca} = 0$
$i_a = i_{ab} - i_{ca} = I_m$ sen ωt

c. Os valores rms de i_{ab} e i_a são determinados por integração numérica utilizando o programa Mathcad. Recomendamos a verificação dos resultados.

$$I_{ab} = 9{,}2\ A \qquad I_L = I_a = 13{,}01\ A \qquad \frac{I_a}{I_{ab}} = \frac{13{,}01}{9{,}2} = 1{,}1414 \ne \sqrt{3}$$

d. A potência de saída

$$P_o = 3I_{ab}^2 R = 3 \times 9{,}2^2 \times 10 = 2537$$

A potência aparente é calculada como

$$VA = 3V_s I_{ab} = 3 \times 208 \times 9{,}2 = 5739$$

O FP é

$$FP = \frac{P_o}{VA} = \frac{2537}{5739} = 0{,}442 \text{ (em atraso)}$$

e. A corrente do tiristor pode ser determinada a partir da corrente de fase

$$I_R = \frac{I_{ab}}{\sqrt{2}} = \frac{9{,}2}{\sqrt{2}} = 6{,}5\ A$$

Observação: para o controlador de tensão CA da Figura 11.12, a corrente de linha I_a não está relacionada com a de fase I_{ab} por um fator de $\sqrt{3}$. Isso se deve à descontinuidade da corrente da carga na presença de um controlador de tensão CA.

■ Principais pontos da Seção 11.6

– Embora o controlador conectado em delta tenha faixas de corrente menores do que aquelas do controlador de onda completa, ele não é utilizado para controle de motores.

11.7 COMUTADORES DE CONEXÕES DE TRANSFORMADORES MONOFÁSICOS

Os tiristores podem ser utilizados como chaves estáticas para a mudança de conexões de transformadores com carga. Os comutadores estáticos de conexões têm a vantagem de ação de chaveamento muito rápida. A transição pode ser controlada para lidar com as condições de carga, e é suave. O diagrama do circuito de um comutador de transformadores monofásicos é mostrado na Figura 11.13. Embora um transformador consiga ter vários enrolamentos secundários, apenas dois são apresentados para fins de simplificação.

A relação de espiras do transformador de entrada é tal que, se a tensão instantânea no primário for

$$v_p = \sqrt{2}\, V_s \operatorname{sen} \omega t = \sqrt{2}\, V_p \operatorname{sen} \omega t$$

as tensões instantâneas nos secundários serão

$$v_1 = \sqrt{2}\, V_1 \operatorname{sen} \omega t$$

e

$$v_2 = \sqrt{2}\, V_2 \operatorname{sen} \omega t$$

Um comutador de conexões (derivações) é mais comumente utilizado para cargas resistivas de aquecimento. Quando apenas os tiristores T_3 e T_4 são alternadamente ligados com um ângulo de disparo de $\alpha = 0$, a tensão da carga é mantida a um nível reduzido de $V_o = V_1$. Se a tensão total de saída é necessária, somente os tiristores T_1 e T_2 são alternadamente ligados com um ângulo de disparo de $\alpha = 0$, e a tensão total é $v_o = V_1 + V_2$.

Os pulsos de acionamento dos tiristores podem ser controlados para variar a tensão da carga. O valor rms da tensão da carga V_o pode ser variado dentro de três faixas possíveis:

$$0 < V_o < V_1$$

$$0 < V_o < (V_1 + V_2)$$

e

$$V_1 < V_o < (V_1 + V_2)$$

Faixa de controle 1: $0 \leq V_o \leq V_1$. Para variar a tensão de carga dentro dessa faixa, os tiristores T_1 e T_2 permanecem desligados. Os tiristores T_3 e T_4 podem operar como um controlador de tensão monofásico. A tensão instantânea v_o e a corrente i_o são mostradas na Figura 11.14c para uma carga resistiva. A tensão rms da carga, que pode ser determinada a partir da Equação 11.1, é

FIGURA 11.13

Comutador monofásico de conexões de transformadores.

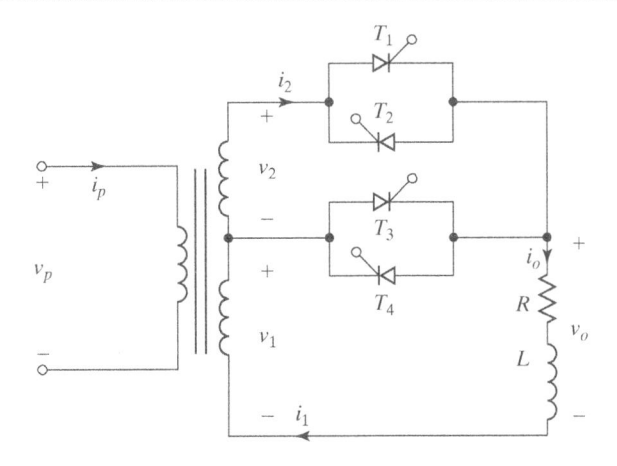

$$V_o = V_1 \sqrt{\frac{1}{\pi}\left(\pi - \alpha + \frac{\operatorname{sen} 2\alpha}{2}\right)} \tag{11.28}$$

e a faixa do ângulo de disparo é $0 \leq \alpha \leq \pi$.

Faixa de controle 2: $0 \leq V_o \leq (V_1 + V_2)$. Os tiristores T_3 e T_4 permanecem desligados. Os tiristores T_1 e T_2 operam como um controlador de tensão monofásico. A Figura 11.14d indica a tensão v_o e a corrente i_o para uma carga resistiva. A tensão rms da carga pode ser encontrada a partir de

$$V_o = (V_1 + V_2)\sqrt{\frac{1}{\pi}\left(\pi - \alpha + \frac{\operatorname{sen} 2\alpha}{2}\right)} \tag{11.29}$$

e a faixa do ângulo de disparo é $0 \leq \alpha \leq \pi$.

FIGURA 11.14

Formas de onda para comutador de conexões de transformadores.
(a) Tensão no secundário 1, (b) tensão no secundário 2, (c) tensão de saída para o caso 1, (d) tensão de saída para o caso 2 e (e) tensão de saída para o caso 3.

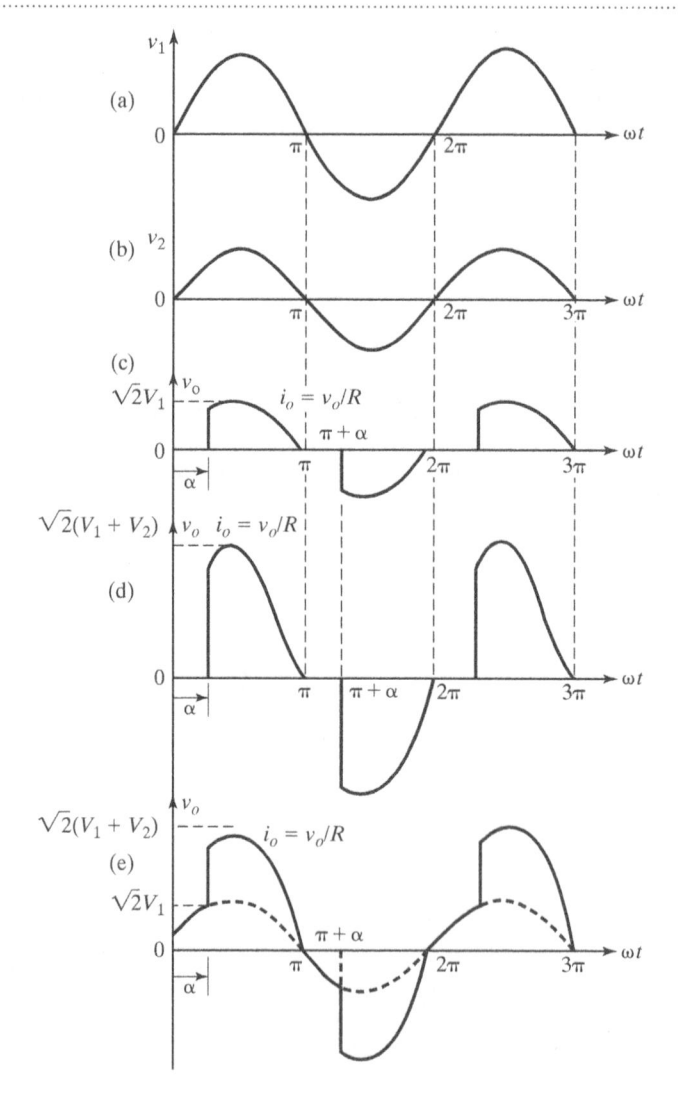

Faixa de controle 3: $V_1 < V_o < (V_1 + V_2)$. O tiristor T_3 é ligado em $\omega t = 0$, e a tensão do secundário v_1 aparece sobre a carga. Se o tiristor T_1 for ligado em $\omega t = \alpha$, o T_3 ficará inversamente polarizado por conta da tensão do secundário v_2 e desligará. A tensão que aparece sobre a carga é $(v_1 + v_2)$. Em $\omega t = \pi$, T_1, autocomutado e T_4 é ligado. A tensão do secundário v_1 aparece sobre a carga até que T_2 seja ligado em $\omega t = \pi + \alpha$. Quando T_2 é ligado em $\omega t = \pi + \alpha$, T_4 é desligado em virtude da tensão reversa v_2 e a tensão da carga resulta $(v_1 + v_2)$. Em $\omega t = 2\pi$, T_2 é autocomutado, T_3, ligado novamente e o ciclo se repete. A tensão instantânea v_o e a corrente i_o são mostradas na Figura 11.14e para uma carga resistiva.

Um comutador de conexões com esse tipo de controle também é conhecido como *comutador síncrono de conexões*. Ele utiliza controle em duas etapas. Uma parte da tensão do secundário v_2 é sobreposta a uma tensão senoidal v_1. Consequentemente, os conteúdos harmônicos são menores do que se fossem obtidos por um atraso de fase normal, como discutido anteriormente para a faixa de controle 2. A tensão rms da carga pode ser encontrada a partir de

$$V_o = \sqrt{\frac{1}{2\pi}\int_0^{2\pi} v_0^2 \, d(\omega t)}$$

$$= \sqrt{\frac{2}{2\pi}\left[\int_0^{\alpha} 2V_1^2 \mathrm{sen}^2 \omega t \, d(\omega t) + \int_{\alpha}^{\pi} 2(V_1 + V_2)^2 \mathrm{sen}^2 \omega t \, d(\omega t)\right]}$$

$$= \sqrt{\frac{V_1^2}{\pi}\left(\alpha - \frac{\mathrm{sen}\,2\alpha}{2}\right) + \frac{(V_1 + V_2)^2}{\pi}\left(\pi - \alpha + \frac{\mathrm{sen}\,2\alpha}{2}\right)} \qquad (11.30)$$

Com cargas *RL*, o circuito de acionamento de um comutador síncrono de conexões necessita de um projeto cuidadoso. Suponhamos que os tiristores T_1 e T_2 estejam desligados, enquanto os tiristores T_3 e T_4 são ligados durante o semiciclo alternado na passagem pelo zero da corrente de carga. A corrente de carga seria, então,

$$i_o = \frac{\sqrt{2}V_1}{Z}\mathrm{sen}(\omega t - \theta)$$

onde $Z = \sqrt{R^2 + (\omega L)^2}$ e $\theta = \mathrm{tg}^{-1}(\omega L/R)$.

A corrente instantânea da carga i_o é mostrada na Figura 11.15a. Se T_1 for então ligado em $\omega t = \alpha$, em que $\alpha < \theta$, o segundo enrolamento do transformador ficará em curto-circuito, pois o tiristor T_3 ainda estará conduzindo uma

FIGURA 11.15

Formas de onda de tensão e corrente para carga *RL*. (a) Tensão e corrente de saída, (b) tensão de saída e (c) corrente de saída e componente fundamental.

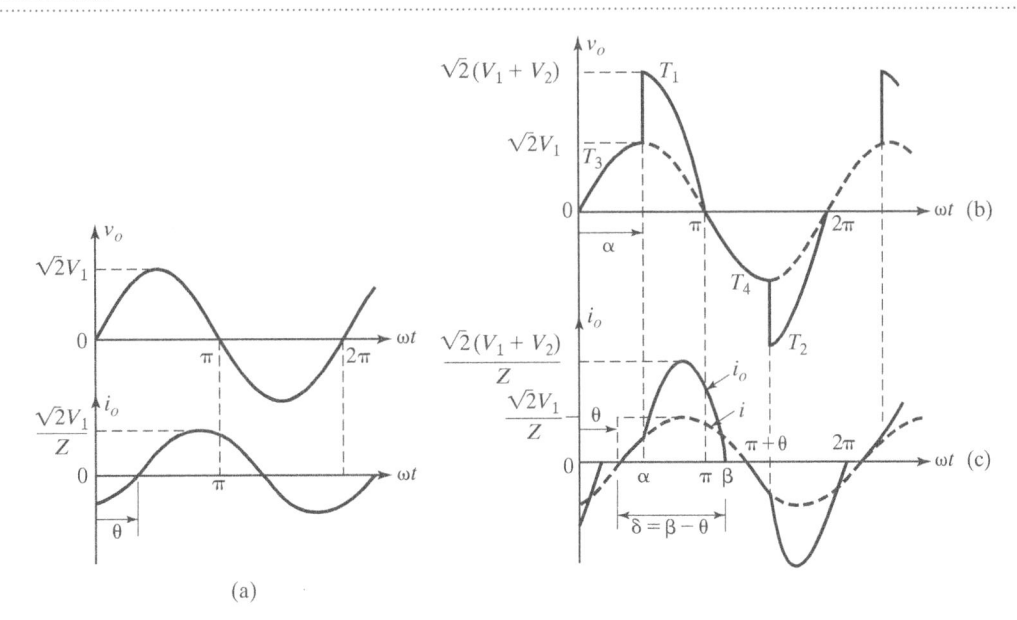

corrente por conta da carga indutiva. Portanto, o circuito de controle deve ser projetado de tal forma que T_1 não seja ligado até que T_3 desligue e $i_o \geq 0$. De modo semelhante, T_2 não deve ser ligado até que T_4 desligue e $i_o \leq 0$. As formas de onda da tensão da carga v_o e da corrente da carga i_o são apresentadas nas figuras 11.15b e 11.15c para $\alpha > \theta$. A corrente de saída contém harmônicas, e sua componente fundamental é indicada pelas linhas tracejadas.

Sequência de acionamento. A sequência de acionamento é a seguinte:

1. Para a tensão de saída $0 \leq V_o \leq V_1$, acionar T_3 e T_4 com ângulos de disparo α e $\pi + \alpha$, respectivamente, enquanto os sinais de acionamento de T_1 e T_2 são desativados.
2. Para a tensão de saída $0 \leq V_o \leq (V_1 + V_2)$, acionar T_1 e T_2 com ângulos de disparo α e $\pi + \alpha$, respectivamente, enquanto os sinais de acionamento de T_3 e T_4 são desativados.

Exemplo 11.5 • Determinação dos parâmetros de desempenho para um comutador monofásico de conexões

O circuito na Figura 11.13 é controlado como um comutador síncrono de conexões. A tensão no primário é 240 V (rms), 60 Hz. As tensões nos secundários são $V_1 = V_2 = 120$ V. Para uma resistência de carga de $R = 10\ \Omega$ e uma tensão rms na carga de 180 V, determine (a) o ângulo de disparo dos tiristores T_1 e T_2; (b) a corrente rms dos tiristores T_1 e T_2; (c) a corrente rms dos tiristores T_3 e T_4; e (d) o FP de entrada.

Solução

$V_o = 180$ V, $V_p = 240$ V, $V_1 = 120$ V, $V_2 = 120$ V e $R = 10\ \Omega$.

a. O valor necessário do ângulo de disparo α para $V_o = 180$ V pode ser calculado a partir da Equação 11.30 de duas maneiras: (1) faça o gráfico de V_o em função de α e encontre o valor necessário de α, ou (2) utilize um método iterativo de solução. Utilizando um programa no Mathcad para resolver a Equação 11.30 por iterações, obtem-se $\alpha = 98°$.

b. A corrente rms dos tiristores T_1 e T_2 pode ser encontrada a partir da Equação 11.29:

$$I_{R1} = \sqrt{\frac{1}{2\pi R^2}\int_\alpha^\pi 2(V_1+V_2)^2 \mathrm{sen}^2\omega t\, d(\omega t)} = \frac{V_1+V_2}{\sqrt{2}R}\sqrt{\frac{1}{\pi}\left(\pi - \alpha + \frac{\mathrm{sen}\,2\alpha}{2}\right)} = 10{,}9\text{ A} \quad (11.31)$$

c. A corrente rms dos tiristores T_3 e T_4 é encontrada a partir de

$$I_{R3} = \sqrt{\frac{1}{2\pi R^2}\int_0^\alpha 2V_1^2 \mathrm{sen}^2\omega t\, d(\omega t)} = \frac{V_1}{\sqrt{2}R}\sqrt{\frac{1}{\pi}\left(\alpha - \frac{\mathrm{sen}\,2\alpha}{2}\right)} = 6{,}5\text{ A} \quad (11.32)$$

d. A corrente rms do segundo enrolamento secundário (superior) é $I_2 = \sqrt{2}\,I_{R1} = 15{,}4$ A. A corrente rms do primeiro enrolamento secundário (inferior), que é a corrente rms total dos tiristores T_1, T_2, T_3 e T_4, é

$$I_1 = \sqrt{(\sqrt{2}\,I_{R1})^2 + (\sqrt{2}\,I_{R3})^2} = 17{,}94\text{ A}$$

A potência aparente nominal do primário ou do secundário é $VA = V_1 I_1 + V_2 I_2 = 120 \times 17{,}94 + 120 \times 15{,}4 = 4000{,}8$. A potência de carga é $P_o = V_o^2/R = 3240$ W, e o FP é

$$FP = \frac{P_o}{VA} = \frac{3240}{4000{,}8} = 0{,}8098 \text{ (em atraso)}$$

■ Principais pontos da Seção 11.7

– A tensão em cada conexão pode ser mantida fixa ou variada dependendo dos ângulos de disparo dos tiristores.
– Com uma carga RL, o circuito de acionamento do comutador de conexões necessita de um projeto cuidadoso, caso contrário, os enrolamentos secundários do transformador podem sofrer curto-circuito.

11.8 CICLOCONVERSORES

Os controladores de tensão CA fornecem uma tensão de saída variável, mas a frequência da tensão de saída é fixa, e o conteúdo harmônico, elevado, especialmente na faixa de baixa tensão de saída. Uma tensão de saída variável a uma frequência variável pode ser obtida a partir de conversões em dois estágios: CA fixa para CC variável (por exemplo, retificadores controlados discutidos no Capítulo 10) e CC variável para CA variável a uma frequência variável (por exemplo, inversores, discutidos no Capítulo 6). Entretanto, os cicloconversores podem eliminar a necessidade de um ou mais conversores intermediários. Um cicloconversor é um variador de frequência direta que converte energia CA em uma frequência em energia CA em outra por conversão CA-CA, sem estágio intermediário.

A maioria dos cicloconversores é com comutação natural, e a frequência máxima de saída é limitada a um valor que é apenas uma fração da frequência da fonte de alimentação. Consequentemente, as principais aplicações dos cicloconversores ocorrem em acionamentos de motores CA de baixa velocidade, na faixa de até 15.000 kW com frequências de 0 a 20 Hz. Os acionamentos CA serão discutidos no Capítulo 15.

Com o desenvolvimento das técnicas de conversão de potência e métodos modernos de controle, os acionamentos de motores alimentados por inversores vêm tomando o lugar dos alimentados por cicloconversores. No entanto, as evoluções recentes em dispositivos de chaveamento de potência em alta frequência e microprocessadores permitem sintetizar e executar estratégias avançadas de conversão para variadores diretos de frequência com comutação forçada (*forced-commutated direct-frequency changers* — FCDFCs) a fim de otimizar a eficiência e reduzir os conteúdos harmônicos.[1,2] As funções de chaveamento dos FCDFCs podem ser programadas para combinar as funções de chaveamento dos conversores CA-CC e CC-CA. Por conta da natureza complexa das deduções envolvida nos FCDFCs, os cicloconversores com comutação forçada não serão discutidos em mais detalhes.

11.8.1 Cicloconversores monofásicos

O princípio de operação dos cicloconversores do tipo monofásico/monofásico pode ser explicado com a ajuda da Figura 11.16a. Os dois conversores monofásicos controlados são operados como retificadores em ponte. No entanto, seus ângulos de disparo são tais que a tensão de saída de um conversor é igual e oposta à do outro. Se o conversor *P* estiver operando sozinho, a tensão média de saída é positiva, e, se somente o conversor *N* estiver operando, a tensão de saída é negativa. A Figura 11.16b mostra o circuito equivalente simplificado do conversor dual. Já as figuras 11.16c-e ilustram as formas de onda para a tensão de saída e os sinais de acionamento dos conversores positivo e negativo, com o positivo ligado durante o tempo $T_0/2$ e o negativo operando durante $T_0/2$. A frequência da tensão de saída é $f_o = 1/T_0$.

Se α_p for o ângulo de disparo do conversor positivo, o do conversor negativo será $\alpha_n = \pi - \alpha_p$. A tensão média de saída do conversor positivo é igual e oposta à do conversor negativo.

$$V_{CC2} = -V_{CC1} \tag{11.33}$$

De modo semelhante aos conversores duais das seções 10.3 e 10.5, os valores instantâneos das duas tensões de saída podem não ser iguais. É possível que grandes correntes harmônicas circulem entre os conversores.

A corrente de circulação pode ser eliminada pela supressão dos sinais de acionamento para o conversor que não estiver fornecendo corrente à carga. Um cicloconversor monofásico com um transformador de conexão central, como mostra a Figura 11.17, possui um reator intergrupos, que mantém um fluxo contínuo de corrente, e também limita a corrente de circulação.

Sequência de acionamento. A sequência de acionamento[1] é a seguinte:

1. Durante a primeira metade do período da frequência de saída $T_0/2$, operar o conversor *P* como um retificador controlado normal (Seção 10.2) com um ângulo de disparo de $\alpha_p = \alpha$; ou seja, disparar T_1 e T_2 em α e T_3 e T_4 em $\pi + \alpha$.
2. Durante a segunda metade do período da frequência de saída $T_0/2$, operar o conversor *N* como um retificador controlado normal com um ângulo de disparo de $\alpha_n = \pi - \alpha$; ou seja, disparar T'_1 e T'_2 em $\pi - \alpha$ e T'_3 e T'_4 em $2\pi - \alpha$.

FIGURA 11.16

Cicloconversor do tipo monofásico/monofásico. (a) Circuito, (b) circuito equivalente, (c) tensão de entrada, (d) tensão de saída e (e) períodos de condução para os conversores P e N.

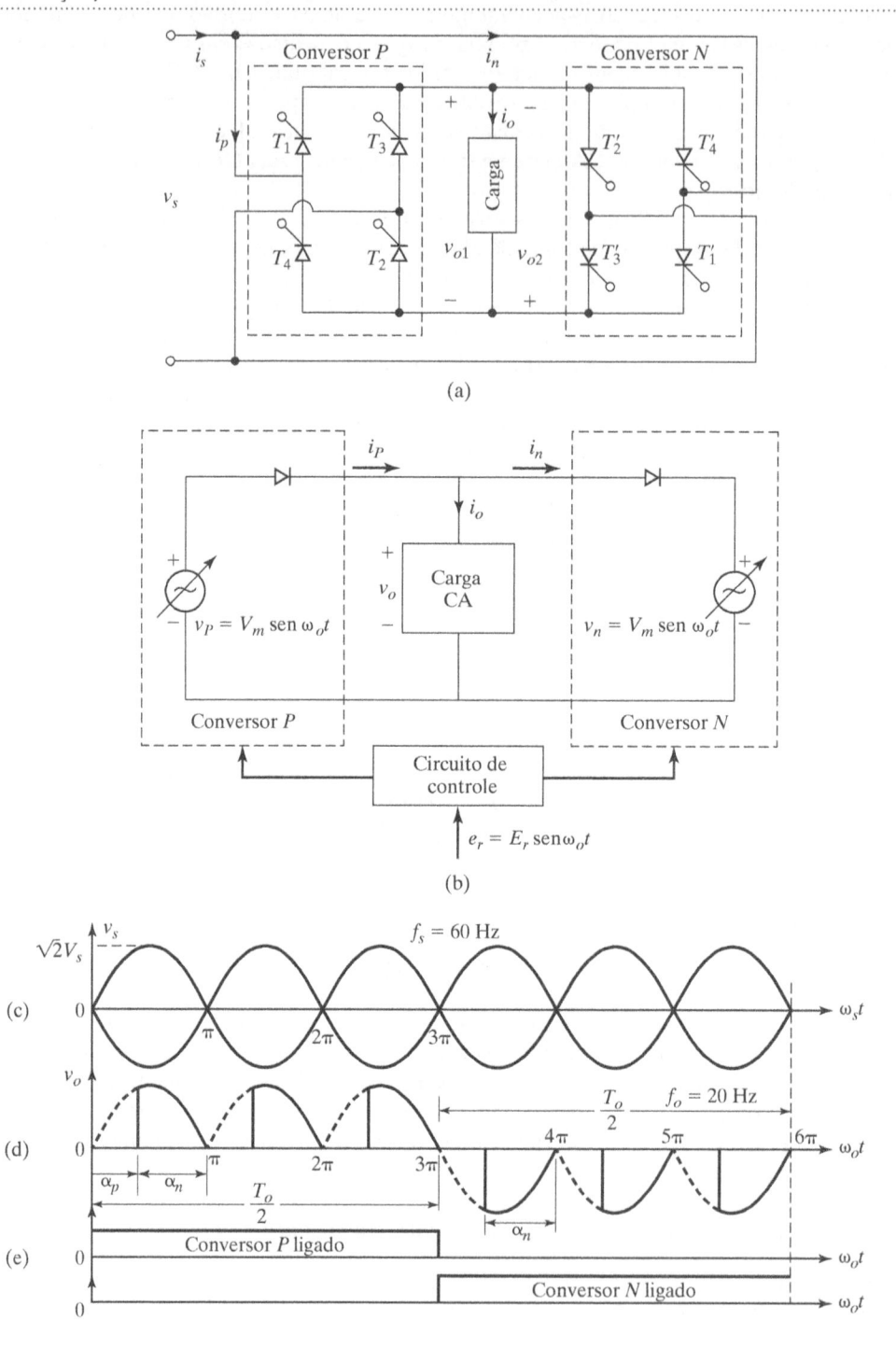

FIGURA 11.17

Cicloconversor com reator intergrupos.

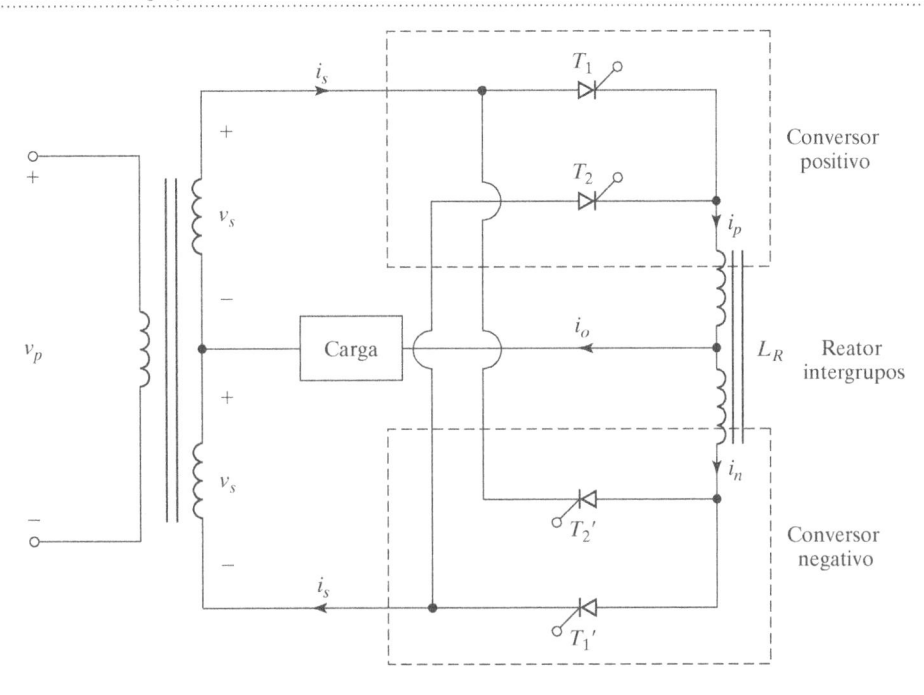

Exemplo 11.6 ▪ Determinação dos parâmetros de desempenho de um cicloconversor monofásico

A tensão de entrada para o cicloconversor da Figura 11.16a é 120 V (rms), 60 Hz. A resistência da carga é 5 Ω e a indutância dela, $L = 40$ mH. A frequência da tensão de saída é 20 Hz. Para os conversores operando como semiconversores, tal que $0 \leq \alpha \leq \pi$ com ângulo de disparo $\alpha_p = 2\pi/3$, determine **(a)** o valor rms da tensão de saída V_o; **(b)** a corrente rms de cada tiristor I_R; e **(c)** o FP de entrada.

Solução

$V_s = 120$ V, $f_s = 60$ Hz, $f_o = 20$ Hz, $R = 5$ Ω, $L = 40$ mH, $\alpha_p = 2\pi/3$, $\omega_0 = 2\pi \times 20 = 125{,}66$ rad/s e $X_L = \omega_0 L = 5{,}027$ Ω.

a. Para $0 \leq \alpha \leq \pi$, a Equação 11.1 dá a tensão rms de saída como sendo

$$V_o = V_s \sqrt{\frac{1}{\pi}\left(\pi - \alpha + \frac{\operatorname{sen} 2\alpha}{2}\right)} = 53 \text{ V} \qquad (11.34)$$

b. $Z = \sqrt{R^2 + (\omega_0 L)^2} = 7{,}09$ Ω e $\theta = \operatorname{tg}^{-1}(\omega_0 L/R) = 45{,}2°$. A corrente rms da carga é $I_o = V_o/Z = 53/7{,}09 = 7{,}48$ A. A corrente rms através de cada conversor é $I_P = I_N = I_o/\sqrt{2} = 5{,}29$ A, e a corrente rms através de cada tiristor, $I_R = I_P/\sqrt{2} = 3{,}74$ A.

c. A corrente rms de entrada é $I_s = I_o = 7{,}48$ A, a potência aparente, VA $= V_s I_s = 897{,}6$ VA e a potência de saída, $P_o = V_o I_o \cos\theta = 53 \times 7{,}48 \times \cos 45{,}2° = 279{,}35$ W. Utilizando a Equação 11.1, o FP de entrada é

$$\text{FP} = \frac{P_o}{V_s I_s} = \frac{V_o \cos\theta}{V_s} = \cos\theta \sqrt{\frac{1}{\pi}\left(\pi - \alpha + \frac{\operatorname{sen} 2\alpha}{2}\right)} = \frac{279{,}35}{897{,}6} = 0{,}311 \text{ (em atraso)} \qquad (11.35)$$

Observação: a Equação 11.35 não inclui o conteúdo harmônico na tensão de saída e dá o valor aproximado de FP. O valor real é menor do que o dado pela Equação 11.35. As equações 11.34 e 11.35 também são válidas para cargas resistivas.

11.8.2 Cicloconversores trifásicos

O diagrama do circuito de um cicloconversor trifásico/monofásico é mostrado na Figura 11.18a. Os dois conversores CA-CC são retificadores trifásicos controlados. A síntese da forma de onda de saída para uma frequência de 12 Hz é indicada na Figura 11.18c. O conversor positivo opera durante metade do período da frequência de saída, e o negativo, durante a outra metade do período. A análise desse cicloconversor é semelhante à dos cicloconversores do tipo monofásico/monofásico.

O controle de motores CA requer uma tensão trifásica com frequência variável. O cicloconversor da Figura 11.18a pode ser ampliado para permitir a saída trifásica utilizando-se 6 conversores trifásicos, como mostra a Figura 11.19a. Cada fase consiste de 6 tiristores, ilustrados na Figura 11.19b, e um total de 18 tiristores é necessário. Se forem empregados 6 conversores trifásicos de onda completa, serão necessários 36 tiristores.

FIGURA 11.18

Cicloconversor trifásico/monofásico. (a) Circuito, (b) tensões de linha, (c) tensão de saída e (d) períodos de condução para os conversores *P* e *N*.

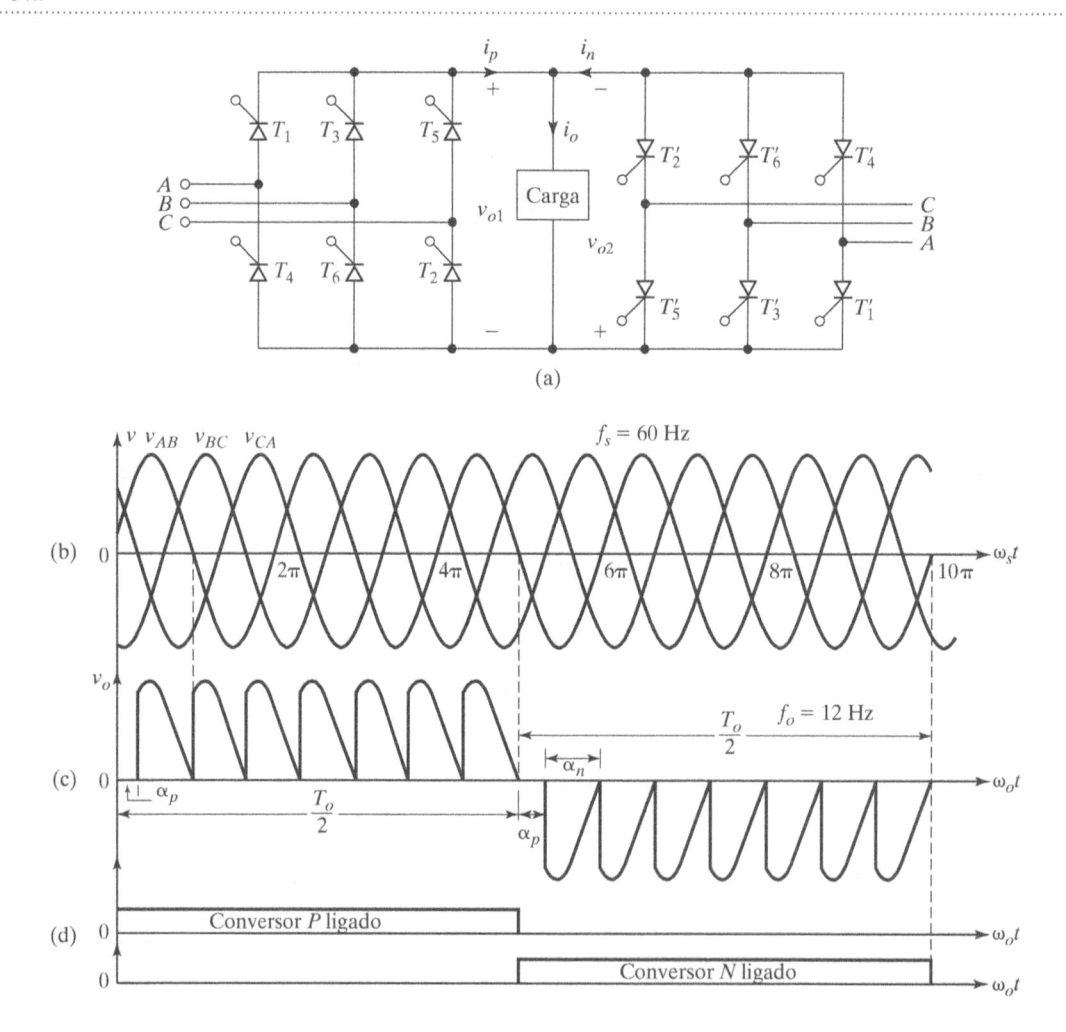

FIGURA 11.19

Cicloconversor trifásico/trifásico.

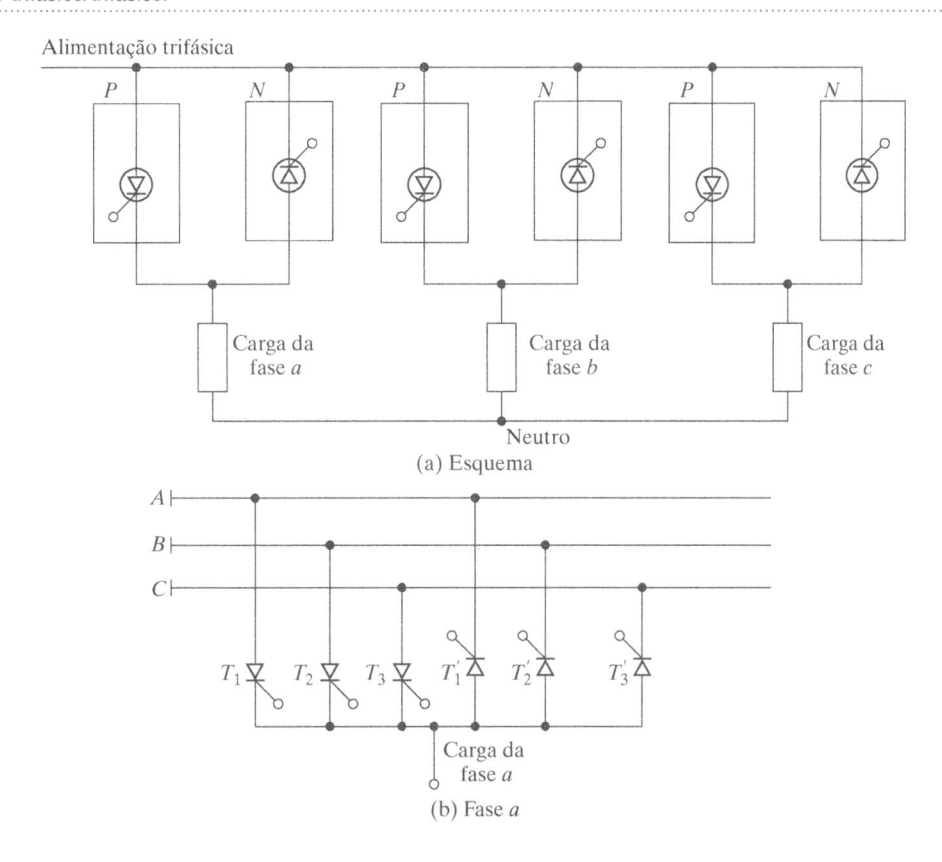

[Alimentação trifásica]

(a) Esquema

(b) Fase *a*

Sequência de acionamento. A sequência de acionamento[1] é a seguinte:

1. Durante a primeira metade do período da frequência de saída $T_o/2$, operar o conversor *P* como um retificador controlado trifásico normal (Seção 11.5) com um ângulo de disparo de $\alpha_p = \alpha$.
2. Durante a segunda metade do período $T_o/2$, operar o conversor *N* como um retificador controlado trifásico normal com um ângulo de disparo de $\alpha_n = \pi - \alpha$.

11.8.3 Redução das harmônicas de saída

Podemos observar a partir das figuras 11.16d e 11.18c que a tensão de saída não é puramente senoidal e que, portanto, ela contém harmônicas. A Equação 11.35 mostra que o FP de entrada depende do ângulo de disparo dos tiristores e é baixo, especialmente quando a tensão de saída é baixa.

A tensão de saída dos cicloconversores é basicamente composta de segmentos de tensões de entrada, e o valor médio de um segmento depende do ângulo de disparo para ele. Se os ângulos de disparo dos segmentos forem variados de tal modo que os valores médios correspondam o máximo possível às variações da tensão de saída senoidal desejada, as harmônicas poderão ser minimizadas.[2,3]

A Equação 10.1 indica que a tensão média de saída de um segmento é uma função cosseno do ângulo de disparo. Os ângulos de disparo para os segmentos podem ser gerados pela comparação de um sinal cossenoidal na frequência da fonte ($v_c = \sqrt{2} V_s \cos \omega_s t$) com uma tensão de referência senoidal ideal na frequência de saída ($v_r = \sqrt{2} V_r \mathrm{sen}\, \omega_0 t$). A Figura 11.20 ilustra a geração dos sinais de acionamento para os tiristores do cicloconversor da Figura 11.18a.

A máxima tensão média de um segmento (que ocorre para $\alpha_p = 0$) deve ser igual ao valor de pico da tensão de saída; por exemplo, a partir da Equação 10.1,

$$V_p = \frac{2\sqrt{2} V_s}{\pi} = \sqrt{2} V_o \qquad (11.36)$$

FIGURA 11.20

Geração de sinais de acionamento. (a) Tensão de entrada, (b) tensão de referência na frequência de saída, (c) períodos de condução para os conversores P e N, (d) pulsos de acionamento e (e) tensão de saída.

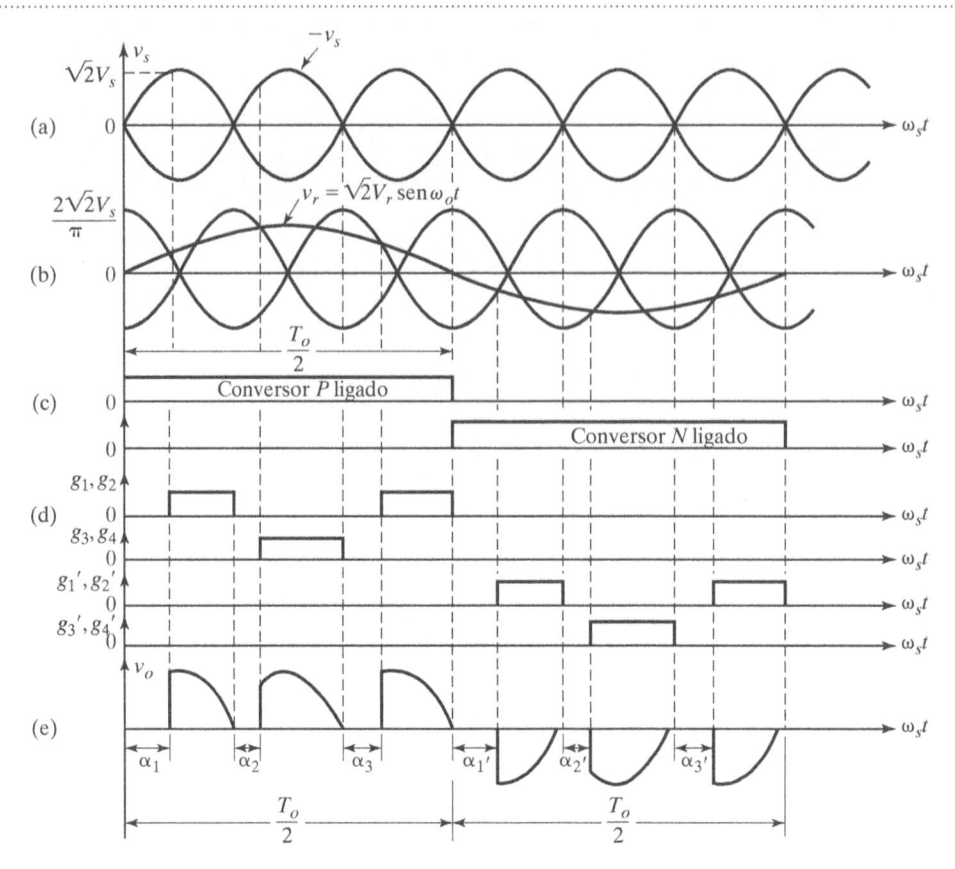

que dá o valor rms da tensão de saída como

$$V_o = \frac{2V_s}{\pi} = \frac{2V_p}{\pi} \tag{11.37}$$

Exemplo 11.7 ▪ Determinação dos parâmetros de desempenho de um cicloconversor monofásico com um sinal de referência cossenoidal

Repita o Exemplo 11.6 considerando que os ângulos de disparo do cicloconversor são gerados por comparação de um sinal cossenoidal na frequência da fonte de alimentação com um sinal senoidal na frequência de saída, como mostra a Figura 11.20.

Solução

$V_s = 120$ V, $f_s = 60$ Hz, $f_o = 20$ Hz, $R = 5\ \Omega$, $L = 40$ mH, $\alpha_p = 2\pi/3$, $\omega_0 = 2\pi \times 20 = 125{,}66$ rad/s e $X_L = \omega_0 L = 5{,}027\ \Omega$.

a. A partir da Equação 11.37, o valor rms da tensão de saída é

$$V_o = \frac{2V_s}{\pi} = 0{,}6366 V_s = 0{,}6366 \times 120 = 76{,}39\ \text{V}$$

b. $Z = \sqrt{R^2 + (\omega_0 L)^2} = 7{,}09\ \Omega$ e $\theta = \text{tg}^{-1}(\omega_0 L/R) = 45{,}2°$. A corrente rms da carga é $I_o = V_o/Z = 76{,}39/7{,}09 = 10{,}77$ A. A corrente rms através de cada conversor é $I_P = I_N = I_L/\sqrt{2} = 7{,}62$ A, e a corrente rms através de cada tiristor é $I_R = I_p/\sqrt{2} = 5{,}39$ A.

c. A corrente rms de entrada $I_s = I_o = 10{,}77$ A, a potência aparente, VA $= V_s I_s = 1292{,}4$ VA e a potência de saída,

$$P_o = V_o I_o \cos\theta = 0{,}6366 V_s I_o \cos\theta = 579{,}73\ \text{W}.$$

O FP de entrada é

$$\text{FP} = 0{,}6366 \cos\theta = \frac{579{,}73}{1292{,}4} = 0{,}449\ (\text{em atraso}) \tag{11.38}$$

Observação: a Equação 11.38 mostra que o FP de entrada é independente do ângulo de disparo α e depende apenas do ângulo da carga θ. No entanto, para o controle normal do ângulo de fase, o FP de entrada depende tanto do ângulo de disparo α quanto do ângulo da carga θ. Se compararmos a Equação 11.35 com a Equação 11.38, há um valor crítico do ângulo de disparo α_c, que é dado por

$$\sqrt{\frac{1}{\pi}\left(\pi - \alpha_c + \frac{\text{sen}\,2\alpha_c}{2}\right)} = 0{,}6366 \tag{11.39}$$

Para $\alpha < \alpha_c$, o controle normal do ângulo de disparo apresentaria um FP melhor, e a solução da Equação 11.39 daria $\alpha_c = 98{,}59°$.

■ Principais pontos da Seção 11.8

- Um cicloconversor é basicamente um conversor dual monofásico ou trifásico.
- Uma tensão de saída CA é obtida pelo disparo do conversor P apenas durante o primeiro período $T_o/2$ para a produção da tensão positiva, e do conversor N somente durante o segundo período $T_o/2$ para a produção da tensão negativa.

11.9 CONTROLADORES DE TENSÃO CA COM CONTROLE PWM

Foi mostrado na Seção 10.6 que o FP de entrada de retificadores controlados pode ser melhorado com a utilização de modulação por largura de pulsos (PWM). Os controladores tiristorizados com comutação natural introduzem harmônicas de ordem inferior tanto no lado da carga quanto no da alimentação, e têm FP de entrada baixo. O desempenho dos controladores de tensão CA pode ser melhorado pelo controle PWM.[4] A configuração do circuito de um controlador de tensão CA monofásico é ilustrada na Figura 11.21a. Já os sinais de acionamento das chaves são apresentados na Figura 11.21b. As chaves S_1 e S_2 são ligadas e desligadas várias vezes durante os semiciclos positivo e negativo da tensão de entrada, respectivamente. S'_1 e S'_2 fornecem os caminhos de livre circulação para a corrente de carga, enquanto S_1 e S_2 estiverem desligadas. Os diodos evitam que tensões reversas apareçam sobre as chaves.

A tensão de saída é mostrada na Figura 11.22a. Para uma carga resistiva, a corrente de carga se assemelha à tensão de saída. Com uma carga RL, a corrente cresce no sentido positivo ou negativo quando a chave S_1 ou S_2 são ligadas, respectivamente. Da mesma forma, a corrente de carga cai quando S'_1 ou S'_2 são ligadas. A corrente de carga é mostrada na Figura 11.22b, com uma carga RL.

■ Principais pontos da Seção 11.9

- Utilizando dispositivos de chaveamento rápido, técnicas PWM podem ser aplicadas nos controladores de tensão CA para a produção de tensão de saída variável com um FP de entrada melhor.

FIGURA 11.21

Controlador de tensão CA com controle PWM.

(a) Circuito (b) Sinais de acionamento

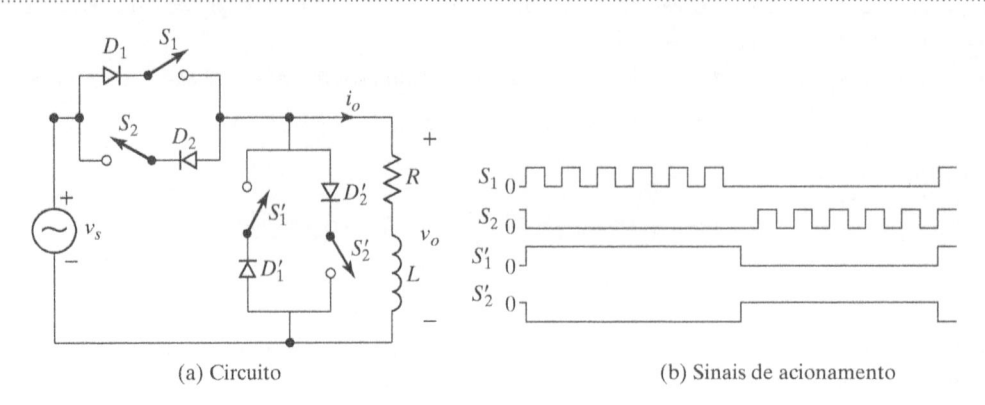

FIGURA 11.22

Tensão de saída e corrente de carga de um controlador de tensão CA. (a) Tensão de saída e (b) corrente de saída.

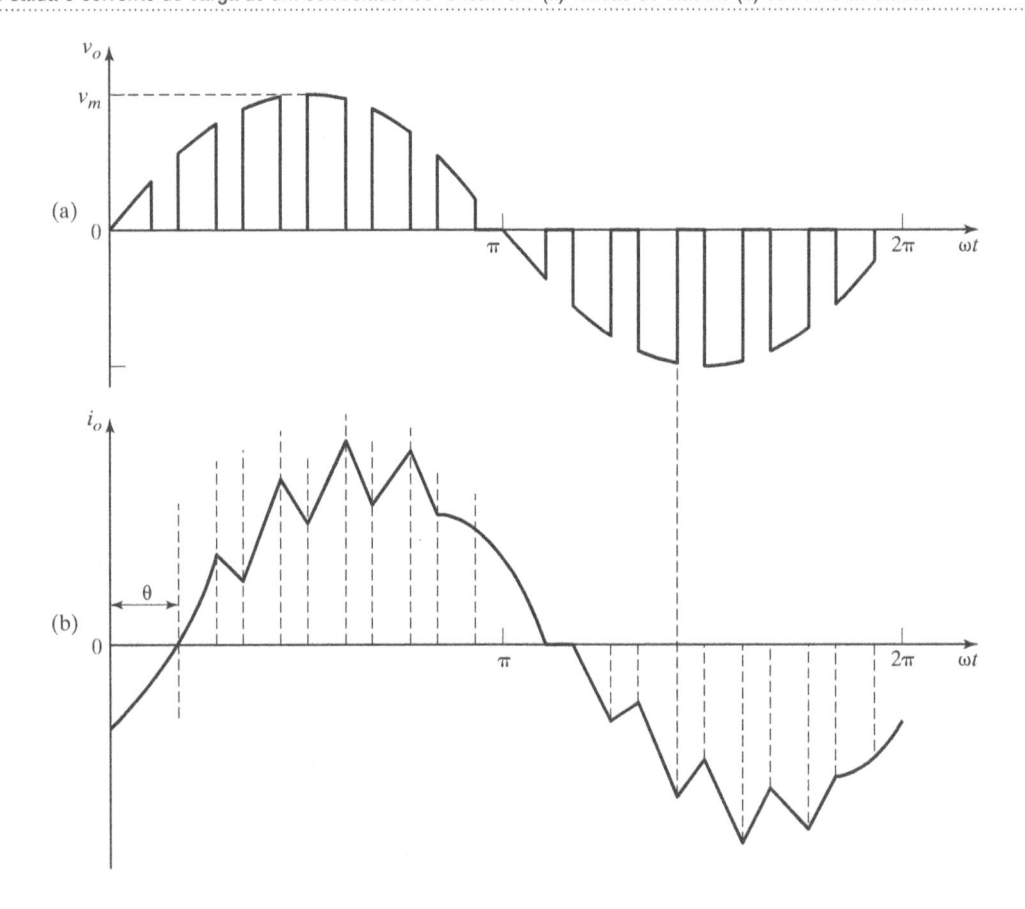

11.10 CONVERSOR MATRICIAL

O conversor matricial utiliza chaves bidirecionais totalmente controladas para conversão direta de CA em CA. Trata-se de um conversor de estágio único que necessita apenas de 9 chaves para a conversão de trifásico para trifásico.[5-7] É uma alternativa para o inversor-retificador de tensão PWM de dupla face. O diagrama do circuito do conversor matricial trifásico para trifásico (3ϕ-3ϕ) é mostrado na Figura 11.23a.[8,9] As nove chaves bidirecionais estão dispostas de tal forma que qualquer uma das três fases de entrada pode ser conectada com qualquer tensão de saída através da matriz de

FIGURA 11.23

(a) Circuito do conversor matricial (3ϕ-3ϕ) com filtro de entrada e (b) matriz de chaveamento para o conversor.

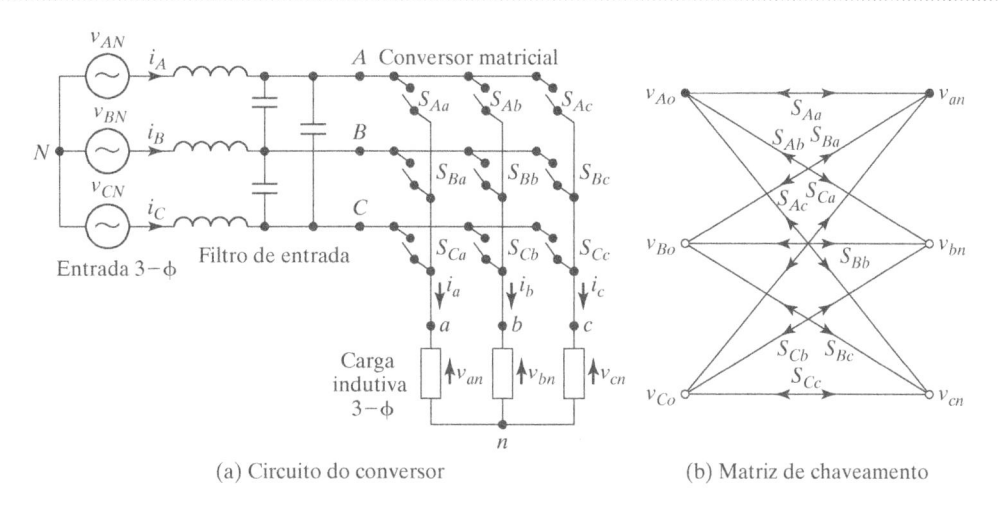

(a) Circuito do conversor

(b) Matriz de chaveamento

chaveamento da Figura 11.23b. Assim, a tensão em qualquer terminal de entrada pode aparecer em qualquer terminal ou quaisquer terminais de saída, enquanto a corrente em qualquer fase da carga pode ser extraída de qualquer fase ou quaisquer fases da alimentação de entrada. Um filtro *LC* de entrada CA é em geral utilizado para eliminar correntes harmônicas no lado de entrada, e a carga é suficientemente indutiva para manter a continuidade das correntes de saída.[10] O termo *matriz* se deve ao fato de ser empregada exatamente uma chave para cada uma das possíveis conexões entre a entrada e a saída. As chaves devem ser controladas de tal forma que, em qualquer momento, uma, e apenas uma, das três chaves conectadas a uma fase de saída fecha para evitar um curto-circuito das linhas de alimentação ou interromper o fluxo da corrente em uma carga indutiva. Com essas restrições, embora existam 512 (= 2^9) estados possíveis do conversor, apenas 27 combinações de chaves são permitidas para produzir as tensões de linha de saída e as correntes de fase de entrada. Para determinado conjunto de tensões trifásicas de entrada, qualquer conjunto desejado de tensões trifásicas de saída pode ser sintetizado pela adoção de uma estratégia de chaveamento adequada.[11,12]

O conversor matricial consegue conectar qualquer fase de entrada (*A*, *B* e *C*) com qualquer fase de saída (*a*, *b* e *c*) a qualquer instante. Quando conectadas, as tensões v_{an}, v_{bn}, v_{cn} nos terminais de saída se relacionam com as tensões v_{AN}, v_{BN}, v_{CN} através de

$$\begin{bmatrix} V_{an} \\ V_{bn} \\ V_{cn} \end{bmatrix} = \begin{bmatrix} S_{Aa} & S_{Ba} & S_{Ca} \\ S_{Ab} & S_{Bb} & S_{cb} \\ S_{Ac} & S_{Bc} & S_{Cc} \end{bmatrix} \begin{bmatrix} V_{AN} \\ V_{BN} \\ V_{CN} \end{bmatrix} \quad (11.40)$$

onde S_{Aa} a S_{Cc} são as variáveis de comutação das chaves correspondentes. Para uma carga linear equilibrada conectada em Y nos terminais de saída, as correntes de fase de entrada estão associadas às de saída por

$$\begin{bmatrix} i_A \\ i_B \\ i_C \end{bmatrix} = \begin{bmatrix} S_{Aa} & S_{Ab} & S_{Ac} \\ S_{Ba} & S_{Bb} & S_{Bc} \\ S_{Ca} & S_{Cb} & S_{Cc} \end{bmatrix}^T \begin{bmatrix} i_a \\ i_b \\ i_c \end{bmatrix} \quad (11.41)$$

onde a matriz das variáveis de comutação na Equação 11.41 é a transposta da respectiva matriz na Equação 11.40. O conversor matricial deve ser controlado com uma sequência específica programada adequadamente dos valores das variáveis de comutação, o que resulta em tensões equilibradas de saída com a frequência e a amplitude desejadas, enquanto as correntes de entrada estão em equilíbrio e em fase em relação às tensões de entrada. No entanto, a máxima tensão pico a pico de saída não pode ser maior do que a diferença mínima de tensão entre duas fases de entrada. Independentemente da estratégia de chaveamento, há um limite físico para a tensão de saída que se pode obter, e a máxima relação de transferência de tensão é 0,866. Os métodos de controle para conversores matriciais devem ter capacidade independente das tensões de saída e correntes de entrada. Geralmente são utilizados três tipos de método:[12] (1) Venturini, com base em uma abordagem matemática de análise da função de transferência,[5] (2) PWM e (3) modulação vetorial espacial.[3]

O conversor matricial tem as vantagens de (1) fluxo de potência bidirecional, (2) formas de onda de entrada-saída senoidal com frequência de chaveamento moderada, (3) possibilidade de projeto compacto por conta da ausência de componentes reativos no barramento CC e (4) FP de entrada controlável independente da corrente de carga de saída. No entanto, as aplicações práticas dos conversores matriciais são muito limitadas. Os principais motivos são: (1) indisponibilidade de chaves monolíticas bilaterais totalmente controladas com capacidade de operação em alta frequência, (2) implementação complexa da regra de controle, (3) limitação intrínseca da relação de tensão de entrada-saída e (4) comutação e proteção das chaves. Com o controle PWM vetorial espacial utilizando a sobremodulação, a relação de transferência de tensão pode ser aumentada para 1,05, à custa de mais harmônicas e grandes capacitores de filtro.[13]

■ Principais pontos da Seção 11.10

– O conversor matricial é de estágio único. Ele utiliza chaves bidirecionais totalmente controladas para conversão direta de CA em CA. É uma alternativa para o inversor-retificador fonte de tensão PWM de dupla face.

11.11 PROJETO DE CIRCUITOS CONTROLADORES DE TENSÃO CA

As especificações dos dispositivos de potência devem ser determinadas para a condição do pior caso, que ocorre quando o conversor fornece o máximo valor rms da tensão de saída V_o. Os filtros de entrada e saída também devem ser projetados para as condições do pior caso. A saída de um controlador de potência contém harmônicas, e o ângulo de disparo para a condição do pior caso de um arranjo específico de circuito precisa ser determinado. As etapas envolvidas no projeto de circuitos de potência e filtros são semelhantes às do projeto de circuitos retificadores, visto na Seção 3.11.

Exemplo 11.8 ▪ Determinação das especificações dos dispositivos do controlador monofásico de onda completa

Um controlador de tensão CA monofásico de onda completa na Figura 11.2a controla o fluxo de potência a partir de uma fonte de alimentação CA de 230 V, 60 Hz, para uma carga resistiva. A potência máxima de saída desejada é 10 kW. Calcule (a) a faixa máxima da corrente rms dos tiristores I_{RM}; (b) a faixa máxima da corrente média dos tiristores I_{MM}; (c) a corrente de pico dos tiristores I_p; e (d) o valor de pico da tensão do tiristor V_p.

Solução

$P_o = 10.000$ W, $V_s = 230$ V e $V_m = \sqrt{2} \times 230 = 325,3$ V. A potência máxima será fornecida quando o ângulo de disparo for $\alpha = 0$. A partir da Equação 11.1, o valor rms da tensão de saída é $V_o = V_s = 230$ V, $P_o = V_o^2/R = 230^2/R = 10.000$, e a resistência da carga, $R = 5,29\ \Omega$.

a. O valor rms máximo da corrente de carga $I_{oM} = V_o/R = 230/5,29 = 43,48$ A, e o valor rms máximo da corrente no tiristor, $I_{RM} = I_{oM}/\sqrt{2} = 30,75$ A.

b. A partir da Equação 11.3, a máxima corrente média dos tiristores é

$$I_{MM} = \frac{\sqrt{2} \times 230}{\pi \times 5,29} = 19,57\ A$$

c. A corrente de pico do tiristor é $I_p = V_m/R = 325,3/5,29 = 61,5$ A.

d. A tensão de pico do tiristor é $V_p = V_m = 325,3$ V.

Exemplo 11.9 ▪ Determinação das tensões e correntes harmônicas de um controlador monofásico de onda completa

Um controlador monofásico de onda completa na Figura 11.5a controla a potência para uma carga RL, e a tensão de alimentação é 120 V (rms), 60 Hz. (a) Utilize o método da série de Fourier para obter expressões para a tensão de saída $v_o(t)$ e corrente de carga $i_o(t)$ em função do ângulo de disparo α; **(b)** Determine o ângulo de disparo para a quantidade máxima de corrente harmônica de ordem mais baixa na carga; **(c)** Para $R = 5\Omega$, $L = 10$ mH e $\alpha = \pi/2$, defina o valor rms da terceira harmônica da corrente; **(d)** Para um capacitor conectado à carga (Figura 11.24a), calcule o valor da capacitância a fim de reduzir a corrente da terceira harmônica para 10% do valor sem o capacitor.

Solução

a. A forma de onda para a tensão de entrada é mostrada na Figura 11.5b. A tensão instantânea de saída, como indica a Figura 11.24b, pode ser expressa na série de Fourier como

$$v_o(t) = V_{CC} + \sum_{n=1,2,\ldots}^{\infty} a_n \cos n\omega t + \sum_{n=1,2,\ldots}^{\infty} b_n \operatorname{sen} n\omega t \tag{11.42}$$

onde

$$V_{CC} = \frac{1}{2\pi} \int_0^{2\pi} V_m \operatorname{sen} \omega t \, d(\omega t) = 0$$

$$a_n = \frac{1}{\pi}\left[\int_\alpha^\beta \sqrt{2}\, V_s \operatorname{sen} \omega t \cos n\omega t \, d(\omega t) + \int_{\pi+\alpha}^{\pi+\beta} \sqrt{2}\, V_s \operatorname{sen} \omega t \cos n\omega t \, d(\omega t)\right]$$

$$= \frac{\sqrt{2}V_s}{2\pi}\left[\frac{\cos(1-n)\alpha - \cos(1-n)\beta + \cos(1-n)(\pi+\alpha) - \cos(1-n)(\pi+\beta)}{1-n}\right.$$

$$\left. + \frac{\cos(1+n)\alpha - \cos(1+n)\beta + \cos(1+n)(\pi+\alpha) - \cos(1+n)(\pi+\beta)}{1+n}\right]$$

$$\text{para } n = 3, 5, \ldots \tag{11.43}$$

$$= 0 \quad \text{para } n = 2, 4, \ldots$$

$$b_n = \frac{1}{\pi}\left[\int_\alpha^\beta \sqrt{2}\, V_s \operatorname{sen} \omega t \operatorname{sen} n\omega t \, d(\omega t) + \int_{\pi+\alpha}^{\pi+\beta} \sqrt{2}\, V_s \operatorname{sen} \omega t \operatorname{sen} n\omega t \, d(\omega t)\right]$$

$$= \frac{\sqrt{2}V_s}{2\pi}\left[\frac{\operatorname{sen}(1-n)\beta - \operatorname{sen}(1-n)\alpha + \operatorname{sen}(1-n)(\pi+\beta) - \operatorname{sen}(1-n)(\pi+\alpha)}{1-n}\right.$$

$$\left. - \frac{\operatorname{sen}(1+n)\beta - \operatorname{sen}(1+n)\alpha + \operatorname{sen}(1+n)(\pi+\beta) - \operatorname{sen}(1+n)(\pi+\alpha)}{1+n}\right]$$

$$\text{para } n = 3, 5, \ldots \tag{11.44}$$

$$= 0 \quad \text{para } n = 2, 4, \ldots$$

FIGURA 11.24

Conversor monofásico completo com carga *RL*.

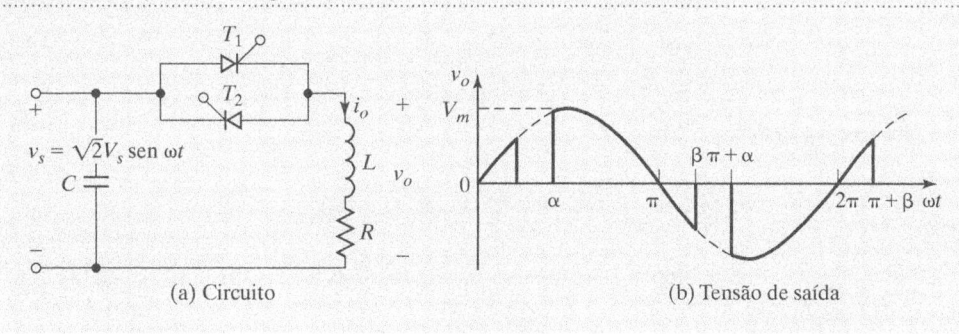

(a) Circuito (b) Tensão de saída

$$a_1 = \frac{1}{\pi}\left[\int_\alpha^\beta \sqrt{2}\, V_s \operatorname{sen} \omega t \cos \omega t\, d(\omega t) + \int_{\pi+\alpha}^{\pi+\beta} \sqrt{2}\, V_s \operatorname{sen} \omega t \cos \omega t\, d(\omega t)\right]$$

$$= \frac{\sqrt{2}V_s}{2\pi}[\operatorname{sen}^2\beta - \operatorname{sen}^2\alpha + \operatorname{sen}^2(\pi+\beta) - \operatorname{sen}^2(\pi+\alpha)] \quad \text{para } n=1 \quad (11.45)$$

$$b_1 = \frac{1}{\pi}\left[\int_\alpha^\beta \sqrt{2}\, V_s \operatorname{sen}^2\omega t\, d(\omega t) + \int_{\pi+\alpha}^{\pi+\beta} \sqrt{2}\, V_s \operatorname{sen}^2\omega t\, d(\omega t)\right]$$

$$= \frac{\sqrt{2}V_s}{2\pi}\left[2(\beta-\alpha) - \frac{\operatorname{sen}2\beta - \operatorname{sen}2\alpha + \operatorname{sen}2(\pi+\beta) - \operatorname{sen}2(\pi+\alpha)}{2}\right]$$
$$\text{para } n=1 \quad (11.46)$$

A impedância da carga é

$$Z = R + j(n\omega L) = \sqrt{R^2 + (n\omega L)^2}\,\underline{/\theta_n}$$

e $\theta_n = \operatorname{tg}^{-1}(n\omega L/R)$. Dividindo $v_o(t)$ na Equação 11.42 pela impedância da carga Z e simplificando os termos de seno e cosseno, obtém-se a corrente de carga como

$$i_o(t) = \sum_{n=1,3,5,\ldots}^{\infty} \sqrt{2}\, I_n \operatorname{sen}(n\omega t - \theta_n + \phi_n) \quad (11.47)$$

em que $\phi_n = \operatorname{tg}^{-1}(a_n/b_n)$ e

$$I_n = \frac{1}{\sqrt{2}} \frac{\sqrt{a_n^2 + b_n^2}}{\sqrt{R^2 + (n\omega L)^2}} \quad (11.48)$$

b. A terceira harmônica é a de ordem mais baixa. O cálculo da terceira harmônica para diversos valores do ângulo de disparo mostra que ela é máxima para $\alpha = \pi/2$. A distorção harmônica aumenta, e a qualidade da corrente de entrada diminui com o aumento dos ângulos de disparo. As variações das harmônicas de baixa ordem com o ângulo de disparo são indicadas na Figura 11.25. Existem somente harmônicas ímpares na corrente de entrada por conta da simetria de meia onda.

c. Para $\alpha = \pi/2$, $L = 6{,}5$ mH, $R = 2{,}5\,\Omega$, $\omega = 2\pi \times 60 = 377$ rad/s e $V_s = 120$ V. A partir do Exemplo 11.2, obtemos o ângulo de extinção como $\beta = 220{,}35°$. Para valores conhecidos de α, β, R, L e V_s, os valores de a_n e b_n da série de Fourier na Equação 11.42 e a corrente de carga i_o na Equação 11.47 podem ser calculados. A corrente de carga é dada por

$i_o(t) = 28{,}93\operatorname{sen}(\omega t - 44{,}2° - 18°) + 7{,}96\operatorname{sen}(3\omega t - 71{,}2° + 68{,}7°)$
$\quad + 2{,}68\operatorname{sen}(5\omega t - 78{,}5° - 68{,}6°) + 0{,}42\operatorname{sen}(7\omega t - 81{,}7° + 122{,}7°)$
$\quad + 0{,}59\operatorname{sen}(9\omega t - 83{,}5° - 126{,}3°) + \ldots$

O valor rms da terceira harmônica da corrente é

$$I_3 = \frac{7{,}96}{\sqrt{2}} = 5{,}63\text{ A}$$

d. A Figura 11.26 mostra o circuito equivalente para a corrente harmônica. Utilizando a regra do divisor de corrente, a corrente harmônica através da carga é dada por

$$\frac{I_h}{I_n} = \frac{X_c}{\sqrt{R^2 + (n\omega L - X_c)^2}}$$

onde $X_c = 1/(n\omega C)$. Para $n = 3$ e $\omega = 377$,

$$\frac{I_h}{I_n} = \frac{X_c}{\sqrt{2{,}5^2 + (3 \times 0{,}377 \times 6{,}5 - X_c)^2}} = 0{,}1$$

que dá $X_c = -0{,}858$ ou $0{,}7097$. Como X_c não pode ser negativo, $X_c = 0{,}7097 = 1/(3 \times 377\,C)$ ou $C = 1245{,}94\,\mu\text{F}$.

FIGURA 11.25

Conteúdo harmônico como função do ângulo de disparo para um controlador de tensão monofásico com carga *RL*.

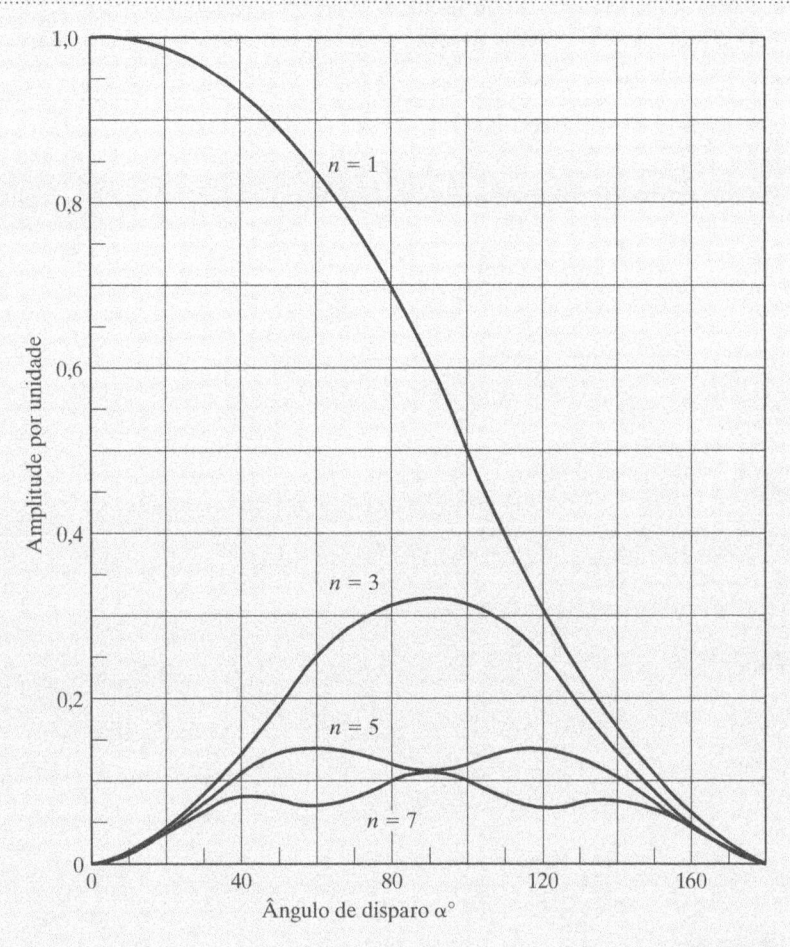

FIGURA 11.26

Circuito equivalente para a corrente harmônica.

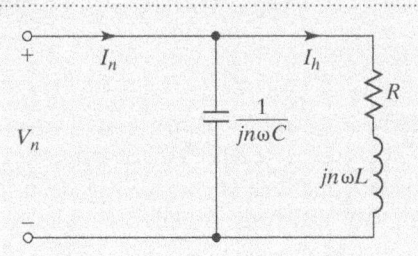

Exemplo 11.10 ▪ Simulação PSpice do controlador monofásico de onda completa

O controlador de tensão CA monofásico da Figura 11.5a tem uma carga de $R = 2,5\ \Omega$ e $L = 6,5$ mH. A tensão de alimentação é 120 V (rms), 60 Hz; já o ângulo de disparo é $\alpha = \pi/2$. Utilize o PSpice para representar o gráfico da tensão de saída e da corrente de carga e para calcular a distorção harmônica total (DHT) da tensão de saída, da corrente de saída e o FP de entrada.

Solução

A corrente de carga dos controladores de tensão CA é do tipo CA, e a corrente de um tiristor é sempre reduzida a zero. Não há a necessidade do diodo D_T da Figura 9.36b, e o modelo do tiristor pode ser simplificado para o da Figura 11.27. Esse modelo pode ser utilizado como um subcircuito. A definição do subcircuito para o modelo de SCR pode ser descrita da seguinte forma:[15]

```
*Subcircuito para um tiristor CA
.SUBCKT    SCR        1        3         2
*        nome do    anodo   +tensão de  catodo
*         modelo             controle
S1     1    5     6     2    SMOD         ; Chave
RG     3    4     50
VX     4    2     DC  0V
VY     5    2     DC  0V
RT     2    6     1
CT     6    2     10UF
F1     2    6     POLY(2)   VX   VY   0   50   11
.MODEL   SMOD    VSWITCH (RON=0.01 ROFF=10E+5 VON=0.1V VOFF=OV)
.ENDS SCR                              ; Final do subcircuito
```

FIGURA 11.27
Modelo SPICE de um tiristor em CA.

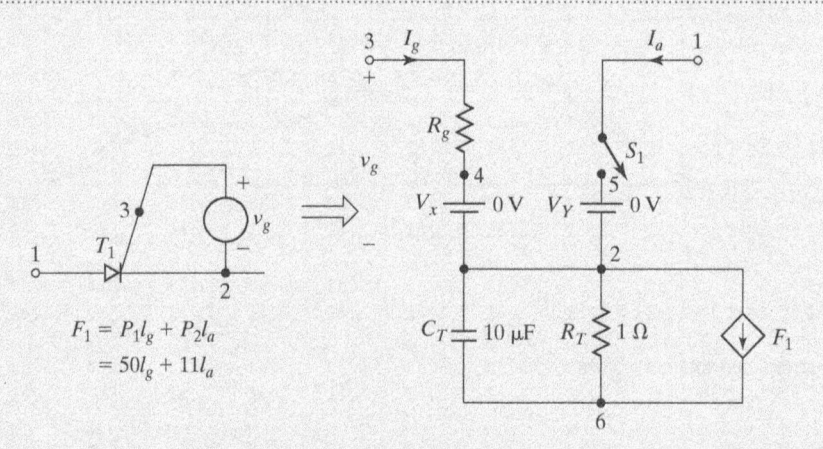

A tensão de pico de alimentação é $V_m = 169{,}7$ V. Para $\alpha_1 = \alpha_2 = 90°$, o tempo de atraso é $t_1 = (90/360) \times (1000/60 \text{ Hz}) \times 1000 = 4166{,}7$ μs. Um amortecedor (*snubber*) série com $C_s = 0{,}1$ μF e $R_s = 750$ Ω é conectado em paralelo com o tiristor a fim de lidar com a tensão transitória por conta da carga indutiva. O controlador de tensão CA monofásico para a simulação PSpice é mostrado na Figura 11.28a. Já as tensões de porta V_{g1} e V_{g2} para os tiristores são ilustradas na Figura 11.28b.
A listagem do arquivo do circuito é a seguinte:

```
Exemplo 11.10  Controlador monofásico de tensão CA
VS   1   0   SIN     (0 169.7V 60HZ)
Vg1  2   4   PULSE   (0V 10V  4166.7US 1NS 1NS 100US 16666.7US)
Vg2  3   1   PULSE   (0V 10V 12500.0US 1NS 1NS 100US 16666.7US)
R    4   5   2.5
```

```
L       5    6    6.5MH
VX      6    0    DC   0V           ; Fonte de tensão para medir a corrente de carga
*   C   4    0         1245.94UF    ; Filtro de saída
CS      1    7    0.1UF
RS      7    4    750
*   Chamada do subcircuito SCR
XT1     1    2    4    SCR                      ; Tiristor T1
XT2     4    3    1    SCR                      ; Tiristor T2
*   O subcircuito SCR deve ser incluído
.TRAN   10US    33.33MS                         ; Análise transitória
.PROBE
.options abstol = 1.00n reltol = 1.0m vntol = 1.0m ITL5=10000
.FOUR   60HZ V(4)                               ; Análise de Fourier
.END
```

Os gráficos obtidos no PSpice para a tensão instantânea de saída V(4) e para a corrente de carga I(VX) são indicados na Figura 11.29.

FIGURA 11.28

Controlador de tensão CA monofásico para simulação PSpice. (a) Circuito, (b) pulso de acionamento para o tiristor T_1 e (c) pulso de acionamento para o tiristor T_2.

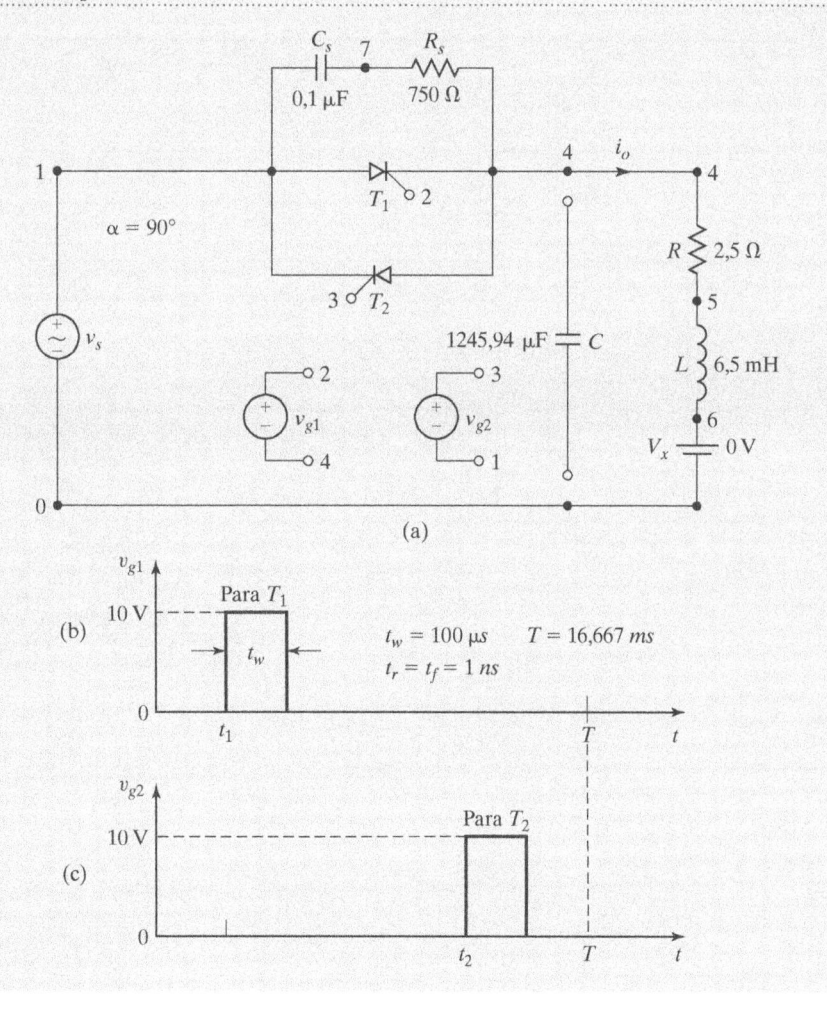

As componentes de Fourier da tensão de saída são as seguintes:

```
FOURIER COMPONENTS OF TRANSIENT RESPONSE V (4)
DC COMPONENT = 1.784608E-03
HARMONIC    FREQUENCY    FOURIER      NORMALIZED    PHASE        NORMALIZED
  NO         (HZ)        COMPONENT    COMPONENT     (DEG)        PHASE (DEG)
  1         6.000E+01    1.006E+02    1.000E+00    -1.828E+01    0.000E+00
  2         1.200E+02    2.764E-03    2.748E-05     6.196E+01    8.024E+01
  3         1.800E+02    6.174E+01    6.139E-01     6.960E+01    8.787E+01
  4         2.400E+02    1.038E-03    1.033E-05     6.731E+01    8.559E+01
  5         3.000E+02    3.311E+01    3.293E-01    -6.771E+01   -4.943E+01
  6         3.600E+02    1.969E-03    1.958E-05     1.261E+02    1.444E+02
  7         4.200E+02    6.954E+00    6.915E-02     1.185E+02    1.367E+02
  8         4.800E+02    3.451E-03    3.431E-05     1.017E+02    1.199E+02
  9         5.400E+02    1.384E+01    1.376E-01    -1.251E+02   -1.068E+02
TOTAL HARMONIC DISTORTION = 7.134427E+01 PERCENT
```

FIGURA 11.29

Gráficos obtidos para o Exemplo 11.10.

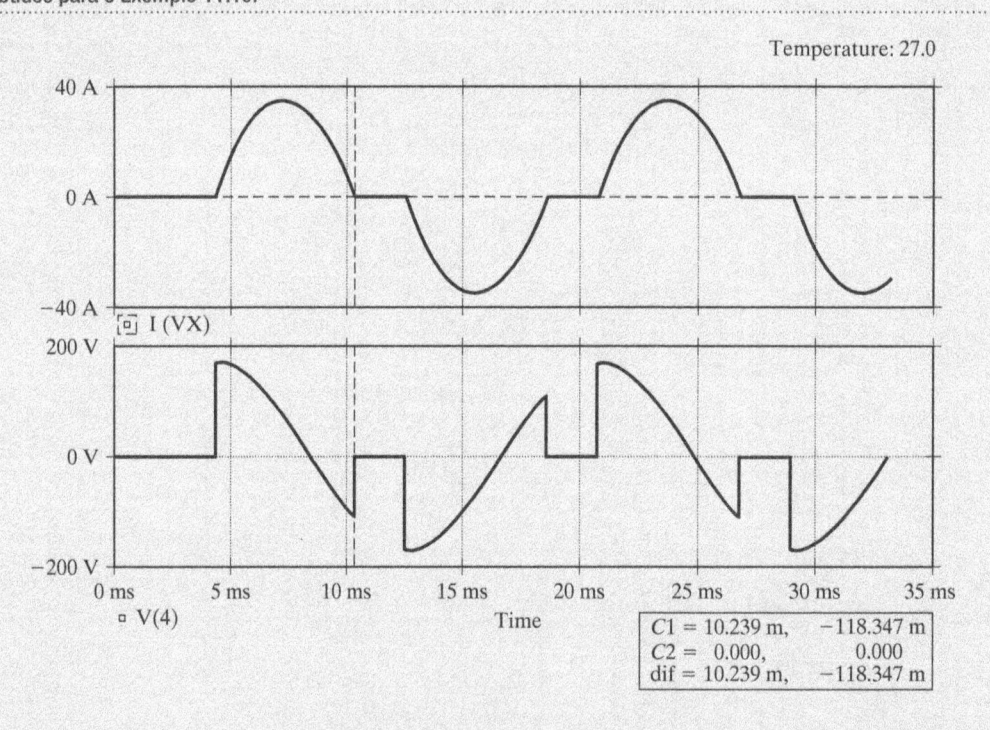

As componentes de Fourier da corrente de saída, que é a mesma que a da entrada, são as seguintes:

```
FOURIER COMPONENTS OF TRANSIENT RESPONSE I (VX)
DC COMPONENT = -2.557837E-03
 HARMONIC    FREQUENCY    FOURIER      NORMALIZED    PHASE        NORMALIZED
   NO (HZ)   COMPONENT    COMPONENT    (DEG)         PHASE        (DEG)
    1        6.000E+01    2.869E+01    1.000E+00    -6.253E+01    0.000E+00
    2        1.200E+02    4.416E-03    1.539E-04    -1.257E+02   -6.319E+01
```

```
     3        1.800E+02    7.844E+00    2.735E-01   -2.918E+00    5.961E+01
     4        2.400E+02    3.641E-03    1.269E-04   -1.620E+02   -9.948E+01
     5        3.000E+02    2.682E+00    9.350E-02   -1.462E+02   -8.370E+01
     6        3.600E+02    2.198E-03    7.662E-05    1.653E+02    2.278E+02
     7        4.200E+02    4.310E-01    1.503E-02    4.124E+01    1.038E+02
     8        4.800E+02    1.019E-03    3.551E-05    1.480E+02    2.105E+02
     9        5.400E+02    6.055E-01    2.111E-02    1.533E+02    2.158E+02
TOTAL HARMONIC DISTORTION = 2.901609E+01 PERCENT
```

DHT da corrente de entrada = 29,01% = 0,2901
Ângulo de deslocamento $\phi_1 = -62,53°$
FD = $\cos \phi_1 = \cos(-62,53) = 0,461$ (em atraso)
A partir da Equação 10.96, o FP de entrada é

$$FP = \frac{1}{\sqrt{1 + DHT^2}} \cos \phi_1 = \frac{1}{\sqrt{1 + 0,2901^2}} \times 0,461 = 0,443 \text{ (em atraso)}$$

■ Principais pontos da Seção 11.11

– O projeto de um controlador de tensão CA requer a determinação das especificações dos dispositivos e das componentes dos filtros nos lados de entrada e saída.

– Há a necessidade de filtros para suavizar a tensão de saída e a corrente de entrada, visando reduzir a quantidade de injeção de harmônicas na alimentação de entrada pelos filtros CA.

11.12 EFEITOS DAS INDUTÂNCIAS DA CARGA E DA FONTE

Na obtenção das tensões de saída, consideramos que a fonte não possui indutância. O efeito de qualquer indutância da fonte seria o de atrasar o desligamento dos tiristores. Os tiristores não desligariam na passagem pelo zero da tensão de entrada, como mostra a Figura 11.30b, e os pulsos de acionamento de curta duração poderiam não ser adequados. O conteúdo harmônico da tensão de saída também aumentaria.

Vimos na Seção 11.4 que a indutância da carga tem um papel significativo no desempenho dos controladores de potência. Embora a tensão de saída seja uma forma de onda pulsada, a indutância da carga tenta manter um fluxo contínuo de corrente, como indicam as figuras 11.5b e 11.30b. Podemos também observar a partir das equações 11.35 e 11.38 que o FP de entrada de um conversor de potência depende do FP da carga. Em virtude das características de chaveamento dos tiristores, qualquer indutância no circuito torna a análise mais complexa.

RESUMO

O controlador de tensão CA pode utilizar o controle liga-desliga ou o do ângulo de fase. O controle liga-desliga é mais adequado para sistemas que têm uma constante de tempo elevada. Os controladores de onda completa são normalmente os empregados em aplicações industriais. Em razão das características de chaveamento dos tiristores, uma carga indutiva torna mais complexa a solução das equações que descrevem o desempenho dos controladores, e um método iterativo de solução é mais conveniente. O FP de entrada dos controladores, que varia com o ângulo de disparo, geralmente é baixo, em especial para baixas tensões de saída. Os controladores de tensão CA podem ser utilizados como comutadores estáticos de conexões de transformadores.

Os controladores de tensão fornecem uma tensão de saída em uma frequência fixa. Dois retificadores de fase controlada conectados como conversores duais podem operar como conversores de frequência direta, conhecidos como *cicloconversores*. Com o desenvolvimento de dispositivos de potência de chaveamento rápido, tornou-se possível a comutação forçada dos cicloconversores; entretanto, ela requer a sintetização de funções de chaveamento para os dispositivos de potência.

FIGURA 11.30

Efeitos da indutância sobre a corrente e a tensão da carga. (a) Tensão de entrada, (b) tensão e corrente de saída com indutância na carga e (c) tensão e corrente de saída sem qualquer indutância na carga.

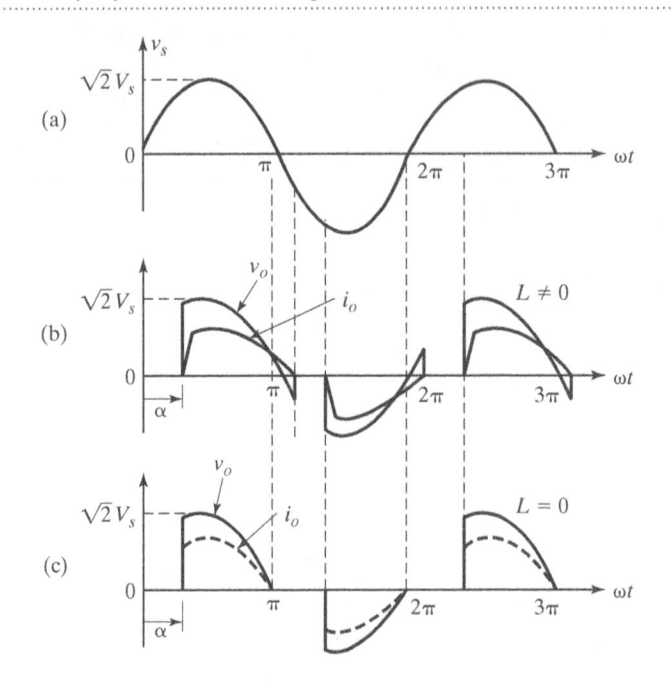

QUESTÕES PARA REVISÃO

11.1 Quais são as vantagens e desvantagens do controle por ângulo de fase?
11.2 Quais são os efeitos da indutância da carga sobre o desempenho dos controladores de tensão CA?
11.3 O que é ângulo de extinção?
11.4 Quais são as vantagens e desvantagens dos controladores de onda completa?
11.5 O que é um arranjo de controle por união (*tie control*)?
11.6 O que é um conversor matricial?
11.7 Quais são as etapas envolvidas na determinação das formas de onda da tensão de saída dos controladores trifásicos de onda completa?
11.8 Quais são as vantagens e desvantagens dos controladores conectados em delta (triângulo)?
11.9 Qual é a faixa de controle do ângulo de disparo para controladores monofásicos de onda completa?
11.10 Quais são as vantagens e desvantagens de um conversor matricial?
11.11 Qual é a faixa de controle do ângulo de disparo para controladores trifásicos de onda completa?
11.12 Quais são as vantagens e desvantagens dos comutadores de conexões de transformadores?
11.13 Quais são os métodos para o controle da tensão de saída dos comutadores de conexões de transformadores?
11.14 O que é um comutador síncrono de conexões?
11.15 O que é um cicloconversor?
11.16 Quais são as vantagens e desvantagens dos cicloconversores?
11.17 Quais são as vantagens e desvantagens dos controladores de tensão CA?
11.18 Qual é o princípio de operação dos cicloconversores?
11.19 Quais são os efeitos da indutância da carga sobre o desempenho dos cicloconversores?
11.20 Quais são os três arranjos possíveis para um controlador de tensão CA monofásico de onda completa?

11.21 Quais são as vantagens das técnicas de redução das harmônicas senoidais para os cicloconversores?

11.22 Quais são os requisitos do sinal de acionamento dos tiristores para os controladores de tensão com cargas RL?

11.23 Quais são os efeitos das indutâncias da fonte e da carga?

11.24 Quais são as condições para o projeto do pior caso dos dispositivos de potência aos controladores de tensão CA?

11.25 Quais são as condições para o projeto do pior caso dos filtros da carga aos controladores de tensão CA?

PROBLEMAS

11.1 O controlador de tensão CA da Figura P11.1 tem uma carga resistiva de $R = 10\ \Omega$, e a tensão eficaz de entrada é $V_s = 120\ V$, 60 Hz. A chave (tiristor) é ligada durante $n = 25$ ciclos e desligada por $m = 75$ ciclos. Determine (a) a tensão rms de saída V_o; (b) o fator de potência de entrada (FP); e (c) a corrente média e eficaz dos tiristores.

FIGURA P11.1

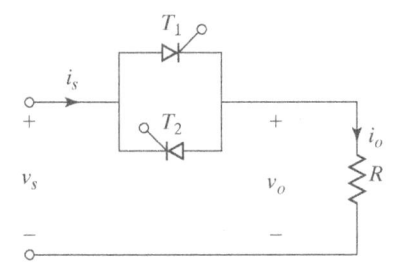

11.2 O controlador de tensão CA da Figura P11.1 é utilizado para o aquecimento de uma carga resistiva de $R = 2,5\ \Omega$, e a tensão de entrada é $V_s = 120\ V$ (rms), 60 Hz. O tiristor é ligado durante $n = 125$ ciclos e desligado por $m = 75$ ciclos. Determine (a) a tensão rms de saída V_o; (b) o FP de entrada; e (c) a corrente média e rms do tiristor.

11.3 O controlador de tensão CA da Figura P11.1 utiliza um controle liga-desliga para o aquecimento de uma carga resistiva de $R = 2\ \Omega$, e a tensão de entrada é $V_s = 208\ V$ (rms), 60 Hz. Para a potência de saída desejada $P_o = 3$ kW, determine (a) o ciclo de trabalho k e (b) o FP de entrada.

11.4 O controlador de tensão CA monofásico da Figura P11.4 tem uma carga resistiva de $R = 10\ \Omega$, e a tensão rms de entrada é $V_s = 120\ V$, 60 Hz. O ângulo de disparo do tiristor T_1 é $\alpha = \pi/2$. Determine (a) o valor rms da tensão de saída V_o; (b) o FP de entrada; e (c) a corrente rms de entrada I_s.

FIGURA P11.4

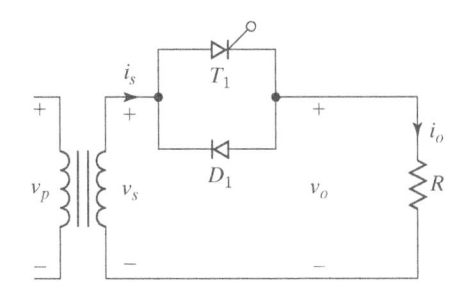

11.5 O controlador de tensão CA monofásico de meia onda da Figura 11.1a tem uma carga resistiva de $R = 2,5\ \Omega$, e a tensão de entrada é $V_s = 120\ V$ (rms), 60 Hz. O ângulo de disparo do tiristor T_1 é $\alpha = \pi/3$. Determine (a) a tensão rms de saída V_o; (b) o FP de entrada; e (c) a corrente média de entrada.

11.6 O controlador de tensão CA monofásico de meia onda da Figura 11.1a tem uma carga resistiva de $R = 2,5\ \Omega$, e a tensão de entrada é $V_s = 208$ V (rms), 60 Hz. Para a potência de saída desejada $P_o = 2$ kW, determine (a) o ângulo de disparo α e (b) o FP de entrada.

11.7 O controlador de tensão CA monofásico de onda completa da Figura 11.2a tem uma carga resistiva de $R = 2,5\ \Omega$, e a tensão de entrada é $V_s = 120$ V (rms), 60 Hz. Os ângulos de disparo dos tiristores T_1 e T_2 são iguais: $\alpha_1 = \alpha_2 = \alpha = 2\pi/3$. Determine (a) a tensão rms de saída V_o; (b) o FP de entrada; (c) a corrente média dos tiristores I_M; e (d) a corrente rms dos tiristores I_R.

11.8 O controlador de tensão CA monofásico de onda completa da Figura 11.2a tem uma carga resistiva de $R = 1,2\ \Omega$, e a tensão de entrada é $V_s = 120$ V (rms), 60 Hz. Para a potência de saída desejada $P_o = 7,5$ kW, determine (a) os ângulos de disparo dos tiristores T_1 e T_2; (b) a tensão rms de saída V_o; (c) o FP de entrada; (d) a corrente média dos tiristores I_M; e (e) a corrente rms dos tiristores I_R.

11.9 A carga de um controlador de tensão CA é resistiva, com $R = 1,2\ \Omega$. A tensão de entrada é $V_s = 120$ V (rms), 60 Hz. Faça o gráfico do FP em função do ângulo de disparo para os controladores monofásicos de meia onda e de onda completa.

11.10 O controlador monofásico de onda completa da Figura 11.5a alimenta uma carga RL. A tensão de entrada é $V_s = 120$ V (rms), 60 Hz. A carga é tal que $L = 5$ mH e $R = 5\ \Omega$. Os ângulos de disparo dos tiristores T_1 e T_2 são iguais, com $\alpha = \pi/3$. Determine (a) o ângulo de condução do tiristor T_1, δ; (b) a tensão rms de saída V_o; (c) a corrente rms do tiristor I_R; (d) a corrente rms de saída I_o; (e) a corrente média de um tiristor I_M; e (f) o FP de entrada.

11.11 O controlador monofásico de onda completa da Figura 11.5a alimenta uma carga RL. A tensão de entrada é $V_s = 120$ V (rms), 60 Hz. Faça o gráfico do FP em relação ao ângulo de disparo α para (a) $L = 5$ mH e $R = 5\ \Omega$ e (b) $R = 5\ \Omega$ e $L = 0$.

11.12 O controlador trifásico unidirecional da Figura P11.12 alimenta uma carga resistiva conectada em Y com $R = 5\ \Omega$, e a tensão de linha de entrada é 208 V (rms), 60 Hz. O ângulo de disparo é $\alpha = \pi/6$. Determine (a) a tensão rms de fase de saída V_o; (b) a potência de entrada; e (c) a expressão para a tensão instantânea de saída da fase a.

FIGURA P11.12
Controlador trifásico unidirecional.

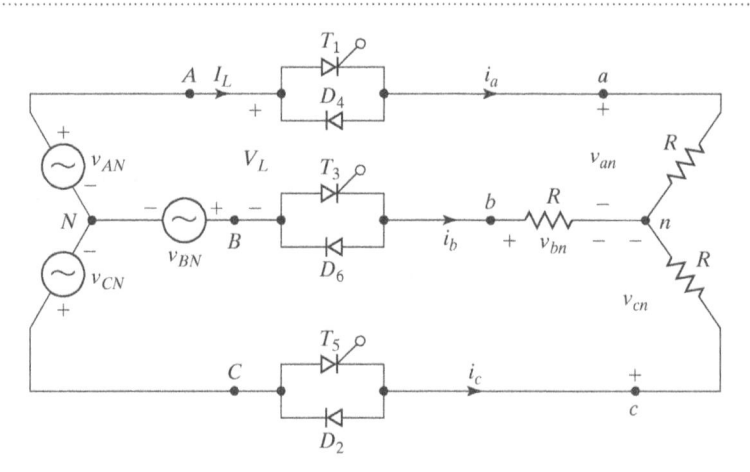

11.13 O controlador trifásico unidirecional da Figura P11.12 alimenta uma carga resistiva conectada em Y com $R = 2,5\ \Omega$, e a tensão de linha de entrada é 208 V (rms), 60 Hz. Para a potência de saída desejada $P_o = 12$ kW, determine (a) o ângulo de disparo α; (b) a tensão rms de fase de saída V_o; e (c) o FP de entrada.

11.14 O controlador trifásico unidirecional da Figura P11.12 alimenta uma carga resistiva conectada em Y com $R = 5\ \Omega$, e a tensão de linha de entrada é 208 V (rms), 60 Hz. O ângulo de disparo é $\alpha = 2\pi/3$. Determine (a) a tensão rms de fase de saída V_o; (b) o FP de entrada; e (c) a expressão para a tensão instantânea de saída da fase a.

11.15 Repita o Problema 11.12 para o controlador trifásico bidirecional da Figura 11.7.

11.16 Repita o Problema 11.13 para o controlador trifásico bidirecional da Figura 11.7.

11.17 Repita o Problema 11.14 para o controlador trifásico bidirecional da Figura 11.7.

11.18 O controlador trifásico bidirecional da Figura 11.7 alimenta uma carga conectada em Y de $R = 5\,\Omega$ e $L = 10$ mH. A tensão de linha de entrada é 208 V, 60 Hz. Já o ângulo de disparo é $\alpha = \pi/2$. Faça o gráfico da corrente de linha para o primeiro ciclo após o controlador ser ligado.

11.19 Um controlador de tensão CA trifásico alimenta uma carga resistiva conectada em Y de $R = 5\Omega$, e a tensão de linha de entrada é $V_s = 208$ V, 60 Hz. Faça o gráfico do FP em relação ao ângulo de disparo α para **(a)** o controlador de meia onda da Figura P11.12 e **(b)** o controlador de onda completa da Figura 11.7.

11.20 O controlador trifásico bidirecional com conexão delta da Figura 11.10 tem uma carga resistiva de $R = 2,5\,\Omega$. Para a tensão de linha $V_s = 208$ V, 60 Hz, e o ângulo de disparo $\alpha = \pi/3$, determine **(a)** a tensão rms de fase de saída V_o; **(b)** as expressões para as correntes instantâneas, i_a, i_{ab} e i_{ca}; **(c)** a corrente rms de fase de saída I_{ab}; e a corrente rms de linha de saída I_a; **(d)** o FP de entrada; e **(e)** a corrente rms dos tiristores I_R.

11.21 O circuito na Figura 11.13 é controlado como um comutador síncrono de conexões. A tensão primária é 208 V, 60 Hz. As tensões secundárias são $V_1 = 120$ V e $V_2 = 88$ V. Para a resistência da carga $R = 2,5\,\Omega$ e a tensão rms da carga 180 V, determine **(a)** os ângulos de disparo dos tiristores T_1 e T_2; **(b)** a corrente rms dos tiristores T_1 e T_2; **(c)** a corrente rms dos tiristores T_3 e T_4; e **(d)** o FP de entrada.

11.22 A tensão de entrada para o cicloconversor monofásico/monofásico na Figura 11.16a é 120 V, 60 Hz. A resistência da carga é 2,5 Ω, e a indutância da carga, $L = 40$ mH. A frequência da tensão de saída é 20 Hz. Para um ângulo de disparo dos tiristores $\alpha_p = 2\pi/4$, determine **(a)** a tensão rms de saída V_o; **(b)** a corrente rms de cada tiristor e **(c)** o FP de entrada.

11.23 Repita o Problema 11.22 se $L = 0$.

11.24 Para o Problema 11.22, faça o gráfico do fator de potência em relação ao ângulo de disparo α. Suponha uma carga resistiva com $L = 0$.

11.25 Repita o Problema 11.22 para o cicloconversor trifásico/monofásico da Figura 11.18a, com $L = 0$.

11.26 Repita o Problema 11.22 para ângulos de disparo gerados pela comparação de um sinal cossenoidal na frequência da fonte de alimentação com um sinal senoidal de referência na frequência de saída, como mostra a Figura 11.20.

11.27 Para o Problema 11.26, faça o gráfico da potência de entrada em relação ao ângulo de disparo.

11.28 O controlador de tensão CA monofásico de onda completa da Figura 11.4a controla a potência a partir de uma fonte CA de 208 V, 60 Hz, para uma carga resistiva. A potência máxima de saída desejada é 5 kW. Calcule **(a)** a faixa máxima da corrente rms do tiristor; **(b)** a faixa máxima da corrente média do tiristor; e **(c)** a tensão de pico do tiristor.

11.29 O controlador de tensão CA trifásico de onda completa da Figura P11.12 é utilizado para controlar a potência a partir de uma fonte CA de 2300 V, 60 Hz, a uma carga resistiva conectada em delta (triângulo). A potência máxima de saída desejada é 100 kW. Calcule **(a)** a faixa máxima da corrente rms do tiristor I_{RM}; **(b)** a faixa máxima da corrente média dos tiristores I_{MM}; e **(c)** o valor de pico da tensão do tiristor V_p.

11.30 O controlador monofásico de onda completa da Figura 11.5a controla a potência para uma carga RL, e a tensão de alimentação é 208 V, 60 Hz. A carga é $R = 5\,\Omega$ e $L = 6,5$ mH. **(a)** Determine o valor rms da terceira harmônica da corrente. **(b)** Para um capacitor conectado à carga, calcule o valor da capacitância para reduzir a corrente da terceira harmônica na carga para 5% da corrente de carga, $\alpha = \pi/3$. **(c)** Utilize o PSpice para fazer o gráfico da tensão de saída e a corrente de carga, e para calcular a distorção harmônica total (DHT) da tensão e da corrente de saída, além do FP de entrada com e sem o capacitor de filtro de saída do item (b).

REFERÊNCIAS

1. CHATTOPADHYAY, A. K. *Power Electronics Handbook*. Editado por M. H. Rashid. Burlington, MA: Elsevier Publishing, 2011. Capítulo 16 — AC-AC Converters.

2. ISHIGURU, A.; FURUHASHI, T.; OKUMA, S. "A novel control method of forced-commutated cycloconverters using instantaneous values of input line voltages". *IEEE Transactions on Industrial Electronics*, v. 38, n. 3, p. 166–172, jun. 1991.
3. HUBER, L.; BOROJEVIC, D.; BURANY, N. "Analysis, design and implementation of the space-vector modulator for forced-commutated cycloconverters". *IEE Proceedings Parte B*, v. 139, n. 2, p. 103–113, mar. 1992.
4. AD'DOWEESH, K. E. "An exact analysis of an ideal static ac chopper". *International Journal of Electronics*, v. 75, n. 5, p. 999–1013, 1993.
5. VENTURINI, M. "A new sine-wave in sine-wave out conversion technique eliminates reactive elements". *Proceedings Powercon 7*, p. E3.1–3.13, 1980.
6. ALESINA, A.; VENTURINI, M. "Analysis and design of optimum amplitude nine-switch direct ac–ac converters". *IEEE Transactions on Power Electronics*, v. 4, n. 1, p. 101–112, jan. 1989.
7. ZIOGAS, P. D.; KHAN, S. I.; RASHID, M. "Some improved forced commutated cycloconverter structures". *IEEE Transactions on Industry Applications*, v. 21, p. 1242–1253, jul./ago. 1985.
8. _____. "Analysis and design of forced-commutated cycloconverter structures and improved transfer characteristics". *IEEE Transactions on Industrial Electronics*, v. 3, n. 3, p. 271–280, ago. 1986.
9. HOLMES, D. G.; LIPO, T. A. "Implementation of a controlled rectifier using ac–ac matrix converter theory". *IEEE Transactions on Power Electronics*, v. 7, n. 1, p. 240–250, jan. 1992.
10. HUBER, L.; BOROJEVIC, D. "Space vector modulated three-phase to three-phase matrix converter with input power factor correction". *IEEE Transactions on Industry Applications*, v. 31, p. 1234–1246, nov./dez. 1995.
11. ZHANG, L.; WATTHANASARN, C.; SHEPHERD, W. "Analysis and comparison of control strategies for ac–ac matrix converters". *IEE Proceedings of Electric Power Applications*, v. 145, n. 4, p. 284–294, jul. 1998.
12. WHEELER, P.; GRANT, D. "Optimised input filter design and low-loss switching techniques for a practical matrix converter". *IEE Proceedings of Electric Power Applications*, v. 144, n. 1, p. 53–59, jan. 1997.
13. MAHLEIN, J.; SIMON, O.; BRAUN, M. "A matrix-converter with space-vector control enabling overmodulation". *Conference Proceedings of EPE'99*, Lausanne, p. 1–11, set. 1999.
14. RASHID, M. H. *Power Electronics* — Circuits, Devices, and Applications. 3. ed. Upper Saddle River, NJ: Pearson Education, Inc., 2004. Capítulo 11.
15. _____. *SPICE for Power Electronics and Electric Power*. Boca Raton, FL: CRC Press, 2012.

PARTE V
Eletrônica de potência: aplicações e proteções

Capítulo 12

Sistemas flexíveis de transmissão CA

Após a conclusão deste capítulo, os estudantes deverão ser capazes de:

- Listar os tipos de compensador estático de reativos.
- Listar os tipos de técnicas de compensação para linhas de transmissão.
- Explicar o funcionamento e as características das técnicas de compensação.
- Descrever as técnicas de implementação da compensação por chaveamento de dispositivos de eletrônica de potência para controle do fluxo de energia.
- Listar as vantagens e desvantagens de determinado compensador para uma aplicação específica.
- Determinar os valores dos componentes dos compensadores.

Símbolos e seus significados

Símbolo	Significado
α	Ângulo de disparo
δ	Ângulo entre as tensões das extremidades emissora e receptora
$f; \omega_n$	Frequência de alimentação em hertz e frequência natural em rad/s, respectivamente
$i_C(t); I_c$	Corrente instantânea e rms do capacitor, respectivamente
$i_L(t); I_L$	Corrente instantânea e rms do indutor, respectivamente
$I_{sm}; I_{mr}$	Magnitude das correntes das extremidades emissora e receptora, respectivamente
n	Raiz quadrada da razão de impedância
$P; Q$	Potência ativa e reativa, respectivamente
$Q_s; Q_r$	Potência reativa das extremidades emissora e receptora, respectivamente
$P_p; Q_p$	Potência ativa e reativa transmitida, respectivamente
$V_s; V_r; V_d$	Tensão por fase das extremidades emissora, receptora e do ponto intermediário, respectivamente
$V_{sm}; V_{mr}$	Magnitude da tensão das extremidades emissora e receptora, respectivamente
V_m	Valor de pico da tensão de alimentação
$Z; Y$	Impedância e admitância, respectivamente

12.1 INTRODUÇÃO

A operação de uma linha de transmissão de energia CA é geralmente limitada por um ou mais parâmetros de rede (por exemplo, a impedância da linha) e variáveis operacionais (por exemplo, tensões e correntes). Em função disso, a linha de energia não consegue direcionar o fluxo de potência entre as estações geradoras. Por conseguinte, outras linhas de transmissão paralelas com capacidade adequada de transportar quantidades adicionais de potência talvez não sejam capazes de suprir a demanda de energia. Os *sistemas flexíveis de transmissão CA* (*flexible ac transmission systems* — FACTS) constituem uma nova tecnologia, e sua principal função é aumentar a capacidade de controle e transferência de energia em sistemas CA. A tecnologia FACTS utiliza o chaveamento de dispositivos da eletrônica de potência para controlar o fluxo de energia na faixa de poucas dezenas a algumas centenas de megawatts.

Os dispositivos FACTS que possuem uma função de controle integrado são conhecidos como *controladores FACT* (*FACT controllers*). Eles podem ser constituídos por tiristores, com apenas a entrada em condução controlada pelo acionamento, ou por dispositivos de potência com capacidade de desligamento pelo circuito de acionamento. Os controladores FACTS conseguem gerenciar os parâmetros inter-relacionados da linha e outras variáveis operacionais que comandam o funcionamento dos sistemas de transmissão, incluindo a impedância em série, a impedância em paralelo, a corrente, a tensão, o ângulo de fase e o amortecimento de oscilações em várias frequências abaixo da nominal. Ao proporcionar maior flexibilidade, os controladores FACTS possibilitam que uma linha de transmissão transporte energia mais próximo de sua especificação térmica.

A tecnologia dos FACTS oferece oportunidades para controle de energia e aumento da capacidade útil das linhas atuais, novas e ampliadas. A perspectiva de que a corrente através de uma linha possa ser controlada a um custo razoável cria um grande potencial para o aumento da capacidade das linhas existentes com condutores maiores e com o uso de um dos controladores FACTS a fim de permitir que a energia correspondente flua através dessas linhas em condições normais ou de contingência.

A filosofia dos FACTS consiste em utilizar a eletrônica de potência para controlar o fluxo de energia em uma rede de transmissão, permitindo, assim, que a linha de transmissão seja utilizada em sua plena capacidade. Os dispositivos controlados por eletrônica de potência, como os compensadores estáticos de reativos, vêm sendo usados em redes de transmissão há muitos anos. No entanto, o dr. N. Hingorani[1] desenvolveu o conceito dos FACTS como uma ideia de controle total da rede.

O fluxo de energia em uma linha de transmissão pode ser controlado por (a) compensação de corrente, conhecida como *compensação paralela*; (b) compensação de tensão, conhecida como *compensação série*; (c) compensação de fase, conhecida como *compensação do ângulo de fase*; e (d) combinação das compensações de corrente e de tensão, conhecida como *controlador unificado do fluxo de potência*. Dependendo de como um compensador é conectado na linha de transmissão entre a alimentação e a carga, ele pode ser classificado em um dos seguintes tipos:

- Compensador paralelo
- Compensador série
- Compensador do ângulo de fase
- Controlador unificado do fluxo de potência

Na compensação paralela, uma corrente é injetada no sistema no ponto de conexão. O compensador paralelo é conectado, em termos ideais, no ponto médio da linha de transmissão. Em um compensador série, uma tensão em série com a linha de transmissão é introduzida para controlar o fluxo de corrente. Ambos os compensadores, paralelo e série, podem ser implementados com diversos arranjos de circuito.

12.2 PRINCÍPIO DA TRANSMISSÃO DE ENERGIA

Para modelar sua operação, uma linha de transmissão pode ser representada por uma reatância em série, com as tensões nas extremidades de emissão e recepção. Isso é mostrado na Figura 12.1a para uma fase de um sistema trifásico. Portanto, todos os valores, como tensões e correntes, são definidos por fase. V_s e V_r são as tensões por fase das extremidades emissora e receptora, respectivamente. Elas representam os equivalentes de Thévenin com relação ao ponto médio. A impedância correspondente ($jX/2$) de cada equivalente de Thévenin indica a "impedância de curto-circuito" localizada no lado direito ou no esquerdo desse ponto médio. Como mostra o diagrama fasorial da Figura 12.1b, δ é o ângulo de fase entre elas.

Para simplificar, consideremos que a magnitude das tensões nos terminais permaneça constante e igual a V. Isto é, $V_s = V_r = V_d = V$. As tensões dos dois terminais podem ser expressas em notação fasorial em coordenadas retangulares da seguinte forma:

$$V_s = Ve^{j\delta/2} = V\left(\cos\frac{\delta}{2} + j\,\text{sen}\,\frac{\delta}{2}\right) \qquad (12.1)$$

$$V_r = Ve^{-j\delta/2} = V\left(\cos\frac{\delta}{2} - j\,\text{sen}\,\frac{\delta}{2}\right) \qquad (12.2)$$

FIGURA 12.1

Fluxo de potência em uma linha de transmissão.[3]

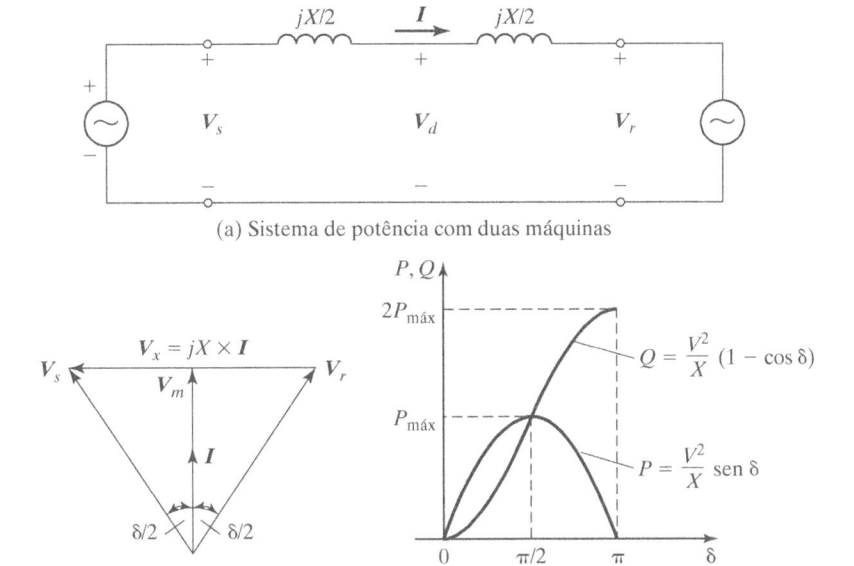

(a) Sistema de potência com duas máquinas

(b) Diagrama fasorial

(c) Potência em função do ângulo

onde δ é o ângulo entre V_s e V_r. Assim, a tensão fasorial no ponto médio, V_d, é o valor médio de V_s e V_r, dado por

$$V_d = \frac{V_s + V_r}{2} = V_m e^{j0} = V \cos\frac{\delta}{2} \angle 0° \qquad (12.3)$$

O fasor da corrente de linha é dado por

$$\mathbf{I} = \frac{V_s - V_r}{X} = \frac{2V}{X} \operatorname{sen}\frac{\delta}{2} \angle 90° \qquad (12.4)$$

onde a magnitude de $|\mathbf{I}|$ é $I = 2\,V/X \operatorname{sen} \delta/2$. Para uma linha sem perdas, a potência é a mesma em ambas as extremidades e no ponto médio. Assim, obtemos a potência ativa (real), P, como dada por

$$P = |V_d||\mathbf{I}| = \left(V \cos\frac{\delta}{2}\right) \times \left(\frac{2V}{X} \operatorname{sen}\frac{\delta}{2}\right) = \frac{V^2}{X} \operatorname{sen} \delta \qquad (12.5)$$

A potência reativa na extremidade receptora, Q_r, é igual e oposta à potência reativa, Q_s, fornecida pelas fontes. Assim, a potência reativa Q para a linha é dada por

$$Q = Q_s = -Q_r = V|\mathbf{I}| \operatorname{sen}\frac{\delta}{2} = V \times \left(\frac{2V}{X} \operatorname{sen}\frac{\delta}{2}\right) \times \operatorname{sen}\frac{\delta}{2} = \frac{V^2}{X}\left(1 - \cos\delta\right) \qquad (12.6)$$

A potência ativa P na Equação 12.5 se torna máxima, $P_{máx} = V^2/X$, em $\delta = 90°$, e a potência reativa Q na Equação 12.6 se torna máxima, $Q_{máx} = 2V^2/X$, em $\delta = 180°$. Os gráficos das potências ativa P e reativa Q em função do ângulo δ são mostrados na Figura 12.1c. Para um valor constante da reatância da linha, X, variando-se o ângulo δ pode-se controlar a potência transmitida P. No entanto, qualquer alteração na potência ativa também modifica a demanda de potência reativa nas extremidades emissora e receptora.

Variáveis controláveis. O fluxo de potência e de corrente pode ser controlado por um dos seguintes meios:

1. A aplicação de uma tensão no ponto médio também pode aumentar ou diminuir a magnitude da potência.
2. A aplicação de uma tensão em série com a linha, e em quadratura de fase com o fluxo de corrente, pode aumentar ou diminuir a magnitude do fluxo de corrente. Como o fluxo de corrente fica atrasado em relação à tensão por 90°, há injeção de potência reativa em série.
3. Se uma tensão com magnitude e fase variável for aplicada em série, então as variações de amplitude e ângulo de fase podem controlar ambos os fluxos de corrente, ativa e reativa. Isso requer a injeção de potência ativa e de potência reativa em série.
4. O aumento e a diminuição do valor da reatância X provocam uma diminuição e um aumento da altura das curvas de potência, respectivamente, como mostra a Figura 12.1c. Para determinado fluxo de potência, a variação de X altera proporcionalmente o ângulo δ entre as tensões nos terminais.
5. O fluxo de potência também pode ser controlado pela regulagem da magnitude das tensões das extremidades emissora e receptora, V_s e V_r. Esse tipo de controle tem muito mais influência sobre o fluxo de potência reativa do que sobre o de potência ativa.

Portanto, podemos concluir que o fluxo de potência em uma linha de transmissão pode ser controlado por (1) aplicação de uma tensão em paralelo, V_m, no ponto médio, (2) variação da reatância X e (3) aplicação de uma tensão com uma magnitude variável em série com a linha.

■ **Principais pontos da Seção 12.2**

— Pela variação da impedância da linha, X, do ângulo δ e da diferença de tensão, pode-se controlar o fluxo de potência em uma linha de transmissão.

12.3 PRINCÍPIO DA COMPENSAÇÃO PARALELA

O objetivo final da aplicação de uma compensação paralela em um sistema de transmissão é fornecer potência reativa para aumentar a energia transmissível e torná-la mais compatível com a demanda de carga existente. Assim, o compensador paralelo deve conseguir minimizar a sobretensão da linha em condições de carga leve e manter os níveis de tensão em condições de carga pesada. Um compensador paralelo ideal é conectado no ponto médio da linha de transmissão, como mostra a Figura 12.2a. A tensão do compensador, que está em fase com a tensão do ponto médio, V_m, tem uma amplitude de V idêntica às das tensões das extremidades emissora e receptora. Isto é, $V_m = V_s = V_r = V$. Na realidade, o compensador no ponto médio segmenta a linha de transmissão em duas partes independentes: (1) o primeiro segmento, com uma impedância de $jX/2$, transporta potência da extremidade emissora até o ponto médio, e (2) o segundo segmento, também com uma impedância de $jX/2$, transporta potência do ponto médio até a extremidade receptora.

Um compensador ideal não tem perdas, ou seja, a potência ativa é a mesma na extremidade emissora, no ponto médio e na extremidade receptora. Utilizando o diagrama fasorial, como mostra a Figura 12.2b, obtemos a magnitude da componente de tensão a partir da Equação 12.3 e a componente de corrente a partir da Equação 12.4 como

$$V_{sm} = V_{mr} = V \cos \frac{\delta}{4} \tag{12.7a}$$

$$I_{sm} = I_{mr} = I = \frac{4V}{X} \operatorname{sen} \frac{\delta}{4} \tag{12.7b}$$

Com as equações 12.7a e 12.7b, a potência ativa transmitida, P_p, para compensação paralela é dada por

$$P_p = V_{sm}I_{sm} = V_{mr}I_{mr} = V_m I_{sm} \cos \frac{\delta}{4} = VI \cos \frac{\delta}{4}$$

que, após a substituição de I a partir da Equação 12.7b, torna-se

FIGURA 12.2
Linha de transmissão com compensador paralelo ideal.[2]

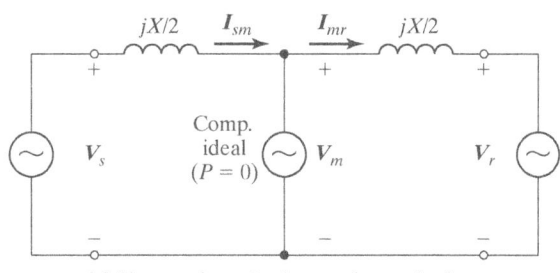

(a) Sistema de potência com duas máquinas

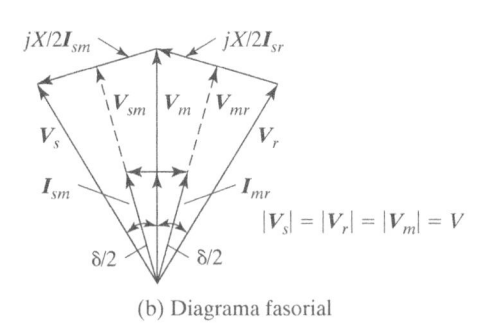

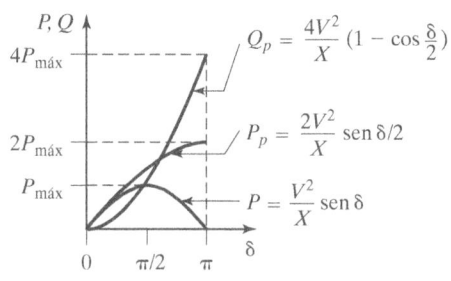

(b) Diagrama fasorial

(c) Potência em função do ângulo

$$P_p = \frac{4V^2}{X} \operatorname{sen}\frac{\delta}{4} \times \cos\frac{\delta}{4} = \frac{2V^2}{X} \operatorname{sen}\frac{\delta}{2} \tag{12.8}$$

A potência reativa Q_s na extremidade emissora, que é igual e oposta à da receptora, Q_r, é dada por

$$Q_s = -Q_r = VI \operatorname{sen}\frac{\delta}{4} = \frac{4V^2}{X} \operatorname{sen}^2\left(\frac{\delta}{4}\right) = \frac{2V^2}{X}\left(1 - \cos\frac{\delta}{2}\right) \tag{12.9}$$

A potência reativa Q_p fornecida pela compensação paralela é dada por

$$Q_p = 2VI \operatorname{sen}\frac{\delta}{4} = \frac{8V^2}{X} \operatorname{sen}^2\left(\frac{\delta}{4}\right)$$

que pode ser reescrita como

$$Q_p = \frac{4V^2}{X}\left(1 - \cos\frac{\delta}{2}\right) \tag{12.10}$$

Assim, P_p torna-se máxima, $P_{p(\text{máx})} = 2V^2/X$, em $\delta = 180°$, e Q_p torna-se máxima, $Q_{p(\text{máx})} = 4V^2/X$, em $\delta = 180°$. Os gráficos das potências ativa P_p e reativa Q_p em função do ângulo δ são mostrados na Figura 12.2c. A potência máxima transmitida, $P_{p(\text{máx})}$, aumenta significativamente para o dobro do valor não compensado $P_{\text{máx}}$ na Equação 12.5 para $\delta = 90°$, mas à custa de ampliar a demanda por potência reativa $Q_{p(\text{máx})}$ no compensador paralelo e, também, nos terminais das extremidades.

Deve-se observar que o ponto médio da linha de transmissão é a melhor localização para o compensador paralelo. Isso porque o afundamento (ou queda) de tensão ao longo da linha de transmissão não compensada é maior no ponto médio. Além disso, a compensação no ponto médio quebra a linha de transmissão em dois segmentos iguais para os quais a potência máxima transmissível é a mesma. Para segmentos desiguais, a potência transmissível do segmento mais longo claramente determinaria o limite total da transmissão.

■ Principais pontos da Seção 12.3

– A aplicação de uma tensão no ponto médio e em quadratura com a corrente de linha pode aumentar a potência transmissível, mas à custa de ampliar a demanda por potência reativa.

12.4 COMPENSADORES PARALELO

Na compensação paralela, uma corrente é injetada no sistema no ponto de conexão. Isso pode ser feito variando-se uma impedância paralela, uma fonte de tensão ou uma fonte de corrente. Enquanto a corrente injetada está em quadratura de fase com a tensão de linha, a compensação paralela somente fornece ou consome potência reativa variável.[2,3] Para controlar a corrente injetada ou a tensão de compensação podem ser utilizados conversores de potência com tiristores, tiristores de desligamento pela porta (GTOs), tiristores controlados por MOS (MCTs) ou transistores bipolares de porta isolada (IGBTs).

12.4.1 Reator controlado por tiristor

Um reator controlado por tiristor (*thyristor-controlled reactor* — TCR) consiste em um reator (indutor) fixo (geralmente com núcleo de ar) de indutância L e em uma chave bidirecional com tiristores, SW, como mostra a Figura 12.3a. A corrente através do indutor pode ser controlada desde zero (quando a chave é aberta) até o máximo (quando a chave é fechada), variando-se o ângulo de disparo α do tiristor. Isso é indicado na Figura 12.3b, na qual σ é o ângulo de condução da chave, de modo que $\sigma = \pi - 2\alpha$. Quando $\alpha = 0$, a chave é permanentemente fechada e não tem nenhum efeito sobre a corrente do indutor. Se o acionamento da chave for retardado por um ângulo α com relação à crista (ou pico) V_m da tensão de alimentação, $v(t) = V_m \cos \omega t = \sqrt{2} V \cos \omega t$, a corrente instantânea do indutor pode ser expressa em função de α como

$$i_L(t) = \frac{1}{L} \int_\alpha^{\omega t} v(t)\, dt = \frac{V_m}{\omega L}(\operatorname{sen} \omega t - \operatorname{sen} \alpha) \tag{12.11}$$

FIGURA 12.3

Reator controlado por tiristor (TCR).[2]

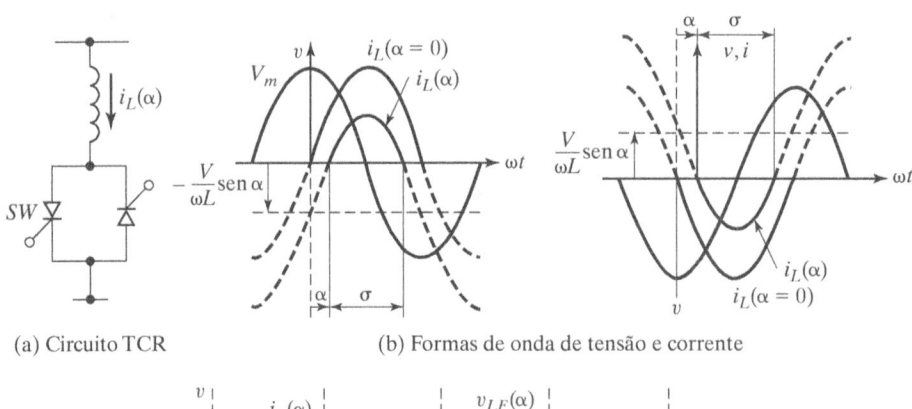

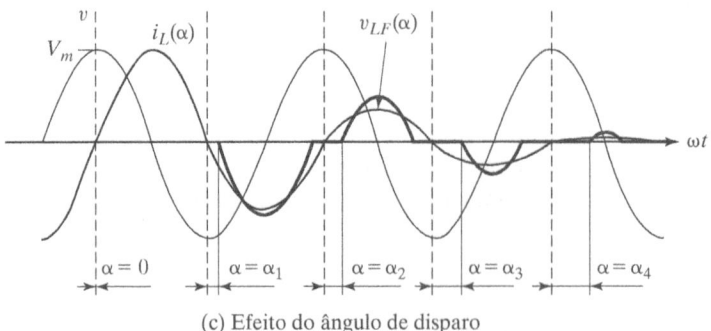

(a) Circuito TCR

(b) Formas de onda de tensão e corrente

(c) Efeito do ângulo de disparo

que é válida para $\alpha \leq \omega t \leq \pi - \alpha$. Para o intervalo subsequente do semiciclo negativo, os sinais dos termos na Equação 12.11 se invertem. O termo $(V_m/(\omega L))$ sen α na Equação 12.11 é simplesmente uma constante dependente de α pela qual a corrente senoidal obtida em $\alpha = 0$ é compensada, deslocada para baixo durante os semiciclos positivos de corrente positiva e para cima durante os semiciclos negativos. A corrente $i_L(t)$ está no máximo quando $\alpha = 0$ e é zero quando $\alpha = \pi/2$. As formas de onda de $i_L(t)$ para vários valores de α ($\alpha_1, \alpha_2, \alpha_3, \alpha_4$) são mostradas na Figura 12.3c. Utilizando a Equação 12.11, a corrente eficaz (rms) fundamental do reator pode ser encontrada como

$$I_{LF}(\alpha) = \frac{V}{\omega L}\left(1 - \frac{2}{\pi}\alpha - \frac{1}{\pi}\operatorname{sen}2\alpha\right) \quad (12.12)$$

que dá a admitância em função de α como

$$Y_L(\alpha) = \frac{I_{LF}}{V} = \frac{1}{\omega L}\left(1 - \frac{2}{\pi}\alpha - \frac{1}{\pi}\operatorname{sen}2\alpha\right) \quad (12.13)$$

Assim, o compensador pode variar a impedância, $Z_L(\alpha) = 1/Y_L(\alpha)$, e a corrente de compensação. Por conta do controle do ângulo de fase, as correntes harmônicas de baixa ordem também aparecem. Talvez haja a necessidade de filtros passivos para eliminar essas harmônicas. Transformadores com conexões Y-delta são normalmente utilizados na extremidade emissora para evitar a injeção de harmônicas na linha de alimentação CA.

12.4.2 Capacitor chaveado por tiristor

O capacitor chaveado por tiristor (*thyristor-switched capacitor* – TSC) consiste de uma capacitância fixa C, de uma chave bidirecional com tiristores, SW, e de um reator relativamente pequeno limitador de pico, L. Isso é mostrado na Figura 12.4a. A chave é operada para ligar ou desligar o capacitor. Utilizando a LKT no domínio s de Laplace, obtemos

$$V(s) = \left(Ls + \frac{1}{Cs}\right)I(s) + \frac{V_{c0}}{s} \quad (12.14)$$

FIGURA 12.4

Capacitor chaveado por tiristor (TSC).[2] (a) Circuito TSC, (b) tensões e correntes instantâneas e (c) tensão instantânea na chave.

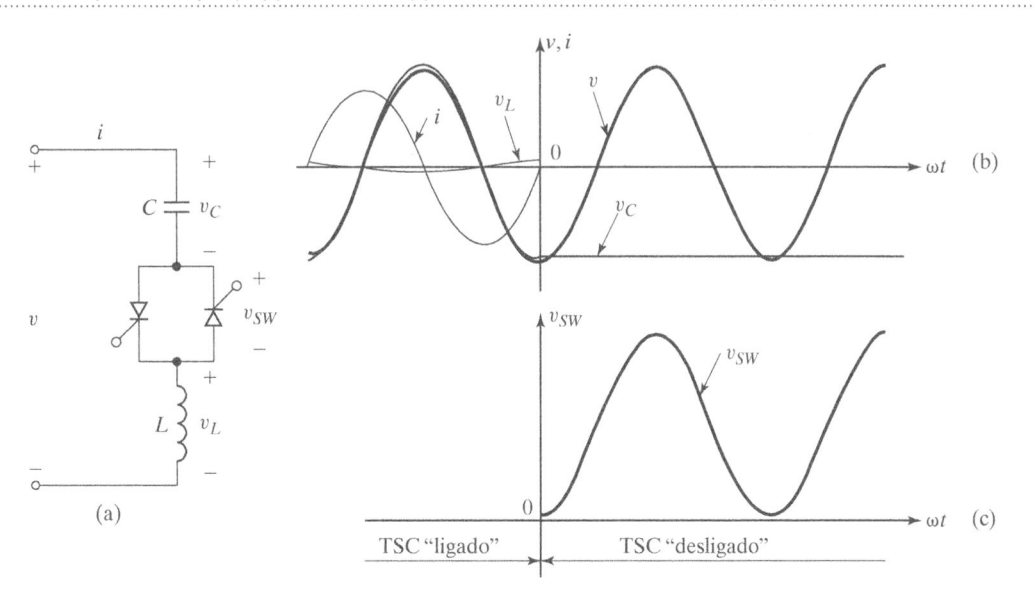

onde V_{c0} é a tensão inicial do capacitor. Supondo uma tensão senoidal de $v = V_m \text{sen}(\omega t + \alpha)$, a Equação 12.14 pode ser resolvida para a corrente instantânea $i(t)$ como dada por

$$i(t) = V_m \frac{n^2}{n^2 - 1} \omega C \cos(\omega t + \alpha) - n\omega C \left(V_{c0} - \frac{n^2 V_m}{n^2 - 1} \text{sen}\,\alpha \right)$$
$$\times \text{sen}\,\omega_n t - V_m \omega C \cos \alpha \cos \omega_n t \qquad (12.15)$$

onde ω_n é a frequência natural do circuito LC, dada por

$$\omega_n = \frac{1}{\sqrt{LC}} = n\omega \qquad (12.16)$$

$$n = \frac{1}{\sqrt{\omega^2 LC}} = \sqrt{\frac{X_C}{X_L}} \qquad (12.17)$$

Para obter chaveamento sem transitórios, os últimos dois termos no lado direito da Equação 12.15 devem ser iguais a zero; isto é, as seguintes condições devem ser satisfeitas:

Condição 1

$$\cos \alpha = 0 \text{ ou sen } \alpha = 1 \qquad (12.18a)$$

Condição 2

$$V_{c0} = \pm V_m \frac{n^2}{n^2 - 1} \qquad (12.18b)$$

A primeira condição implica que o capacitor é fechado no pico da tensão de alimentação. A segunda significa que o capacitor deve ser carregado a uma tensão maior do que a de alimentação antes do disparo. Assim, para uma operação sem transitórios, a corrente em regime permanente (quando o TSC está fechado) é dada por

$$i(t) = V_m \frac{n^2}{n^2 - 1} \omega C \cos(\omega t + 90°) = -V_m \frac{n^2}{n^2 - 1} \omega C \text{ sen}\,\omega t \qquad (12.19)$$

O TSC pode ser desconectado na corrente zero pela remoção prévia do sinal de comando do tiristor. Entretanto, na passagem da corrente por zero, a tensão no capacitor atinge seu valor de pico de $V_{c0} = \pm V_m n^2/(n^2 - 1)$. O capacitor desconectado permanece carregado com essa tensão, como mostra a Figura 12.4b, e, consequentemente, a tensão sobre o TSC quando não em condução varia entre zero e o valor pico a pico da tensão CA aplicada, como indica a Figura 12.4b. A tensão na chave é apresentada na Figura 12.4c.

Se a tensão sobre o capacitor desconectado permaneceu inalterada, o TSC pode voltar a ser ligado, sem nenhum transitório, no pico apropriado da tensão CA aplicada; isso é mostrado na Figura 12.5a para um capacitor positivamente carregado, e na Figura 12.5b para um negativamente carregado. Na prática, a tensão no capacitor descarrega lentamente entre os períodos de acionamento (ou chaveamento), e a tensão e a impedância do sistema podem mudar de maneira abrupta, tornando problemática qualquer estratégia de controle. Assim, o capacitor deve ser reconectado em uma tensão residual entre zero e $\pm V_m n^2/(n^2 - 1)$. Isso pode ser feito com o mínimo possível de perturbação transitória se o TSC for ligado naqueles instantes em que a tensão residual no capacitor e a tensão CA aplicada forem iguais. Assim, o TSC deve ser ligado quando a tensão sobre ele for zero, ou seja, com chaveamento em tensão zero (ZVS). Caso contrário, haverá transitórios de chaveamento. Esses transitórios são causados pela dv/dt diferente de zero no instante do chaveamento que, sem o reator em série, resultaria em uma corrente instantânea de $i = C\,dv/dt$ através do capacitor.

As *regras* para chaveamento sem transitórios são:

1. Se a tensão residual no capacitor V_{c0} for menor do que o pico da tensão CA, V_m (isto é, $V_{c0} < V_m$), então o TSC deve ser ligado quando a tensão instantânea CA, $v(i)$, tornar-se igual àquela no capacitor, $v(t) = V_{c0}$.
2. Se a tensão residual no capacitor V_{c0} for igual ou maior do que o pico da tensão CA (isto é, $V_{c0} \geq V_m$), então o TSC deve ser ligado quando a tensão instantânea CA estiver em seu pico $v(t) = V_m$, de modo que aquela através de TSC seja mínima (isto é, $V_{c0} - V_m$).

FIGURA 12.5

Capacitor chaveado por tiristor com chaveamento sem transitórios.[2] (a) Capacitor positivamente carregado e (b) capacitor negativamente carregado.

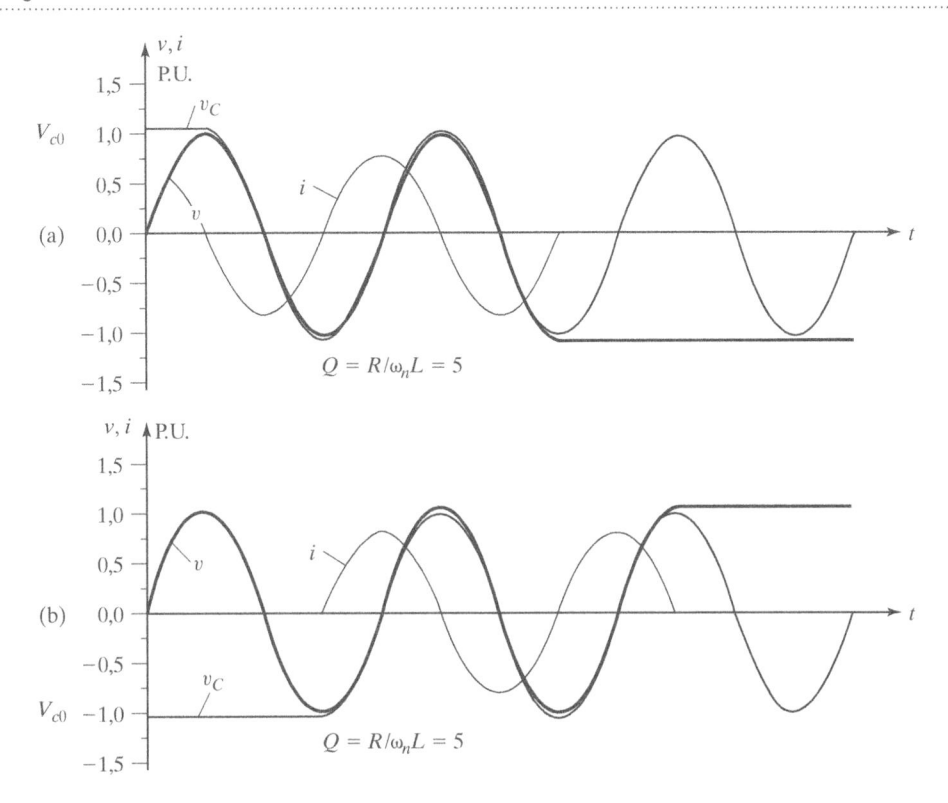

Se a chave for ligada durante m_{on} ciclos e desligada durante m_{off} ciclos da tensão de entrada, a corrente rms do capacitor pode ser encontrada a partir de

$$I_c = \sqrt{\frac{m_{on}}{2\pi(m_{on} + m_{off})} \int_0^{2\pi} i^2(t)\, d(\omega t)}$$

$$= \sqrt{\frac{m_{on}}{2\pi(m_{on} + m_{off})} \int_0^{2\pi} \left(-V_m \frac{n^2}{n^2-1} \omega C \operatorname{sen}\omega t\right)^2 d(\omega t)}$$

$$= \frac{n^2 V_m}{(n^2-1)\sqrt{2}} \omega C \sqrt{\frac{m_{on}}{m_{on}+m_{off}}} = \frac{n^2 V_m}{(n^2-1)\sqrt{2}} \omega C \sqrt{k} \qquad (12.20)$$

onde $k = m_{on}/(m_{on} + m_{off})$ é chamado de *ciclo de trabalho* da chave.

12.4.3 Compensador estático de reativos

O uso de TCR ou TSC permitiria apenas uma compensação capacitiva ou uma indutiva. No entanto, na maioria das aplicações, é desejável ter a possibilidade de ambas as compensações. Um compensador estático de reativos (*static VAR compensator* — SVC) consiste em um TCR em paralelo com um ou mais TSCs.[4,7] O arranjo geral de um SVC é mostrado na Figura 12.6. Os elementos reativos do compensador são conectados à linha de transmissão

FIGURA 12.6

Arranjo geral de um compensador estático de reativos (SVC).[4]

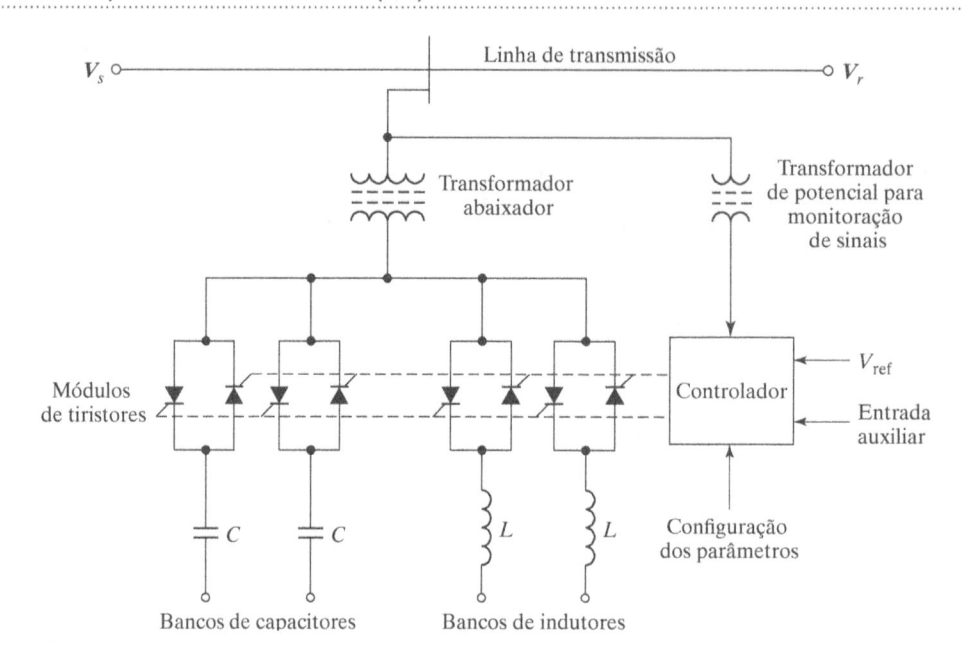

atrás de um transformador para evitar que eles tenham de suportar a tensão total do sistema. Um sistema de controle determina os instantes exatos de disparo dos reatores de acordo com uma estratégia predeterminada. Ela geralmente visa manter a tensão da linha de transmissão a um nível fixo. Por esse motivo, o sistema de controle tem uma entrada de tensão do sistema feita por meio de um transformador de potencial (TP); além disso, podem existir outros parâmetros de entrada (ou variáveis) para o sistema de controle. Ele assegura que a tensão do compensador permaneça mais ou menos constante por meio de ajuste do ângulo de condução.[5,6]

12.4.4 Compensador estático de reativos avançado

Um compensador estático de reativos avançado é, essencialmente, um inversor fonte de tensão, como mostra a Figura 12.7. Um inversor fonte de corrente também pode ser utilizado.[11] Ele é conhecido simplesmente como *compensador estático* ou *STATCOM*. Se a tensão de linha, V, estiver em fase com a tensão de saída do conversor, V_o, e tiver a mesma magnitude de forma que $V \angle 0° = V_o \angle 0°$, não pode haver nenhum fluxo de corrente para dentro ou para fora do compensador e não há troca de potência reativa com a linha. Se a tensão do conversor for então aumentada, a diferença de tensão entre V e V_o aparece através da reatância de dispersão do transformador abaixador. Consequentemente, uma corrente adiantada em relação a V é atraída e o compensador se comporta como um capacitor, gerando VARs. Por outro lado, se $V > V_o$, o compensador atrai uma corrente atrasada, atuando como um indutor, e absorve VARs. Esse compensador funciona essencialmente como um compensador síncrono, no qual a excitação pode ser maior ou menor do que a tensão no terminal. Essa operação permite o controle contínuo da potência reativa, mas a uma velocidade muito maior, em especial com um conversor de comutação forçada utilizando GTOs, MCTs ou IGBTs.

As principais características de um STATCOM são: (1) ampla faixa de operação que proporciona reatância capacitiva total mesmo com baixa tensão, (2) especificação nominal menor que a do equivalente convencional SVC para conseguir a mesma estabilidade e (3) aumento da especificação de transitórios e capacidade superior de lidar com perturbações dinâmicas do sistema. Caso um dispositivo de armazenamento CC (como um arranjo de bobina supercondutora) substitua o capacitor, será possível trocar potência tanto ativa quanto reativa com o sistema. Em condições de baixa demanda, a bobina supercondutora pode fornecer energia, a ser liberada para o sistema em condições de contingência.

FIGURA 12.7
Arranjo geral de um compensador estático de reativos avançado (STATCOM).[4]

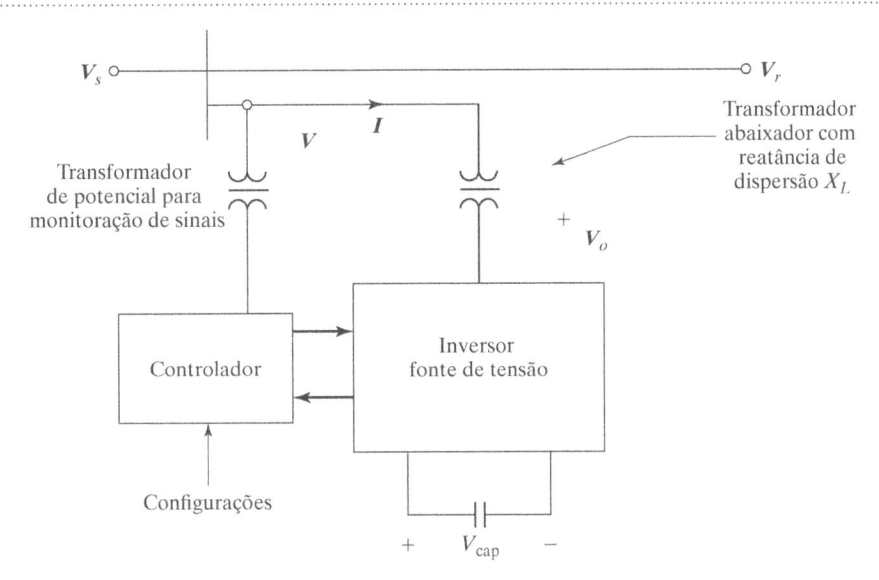

■ Principais pontos da Seção 12.4

- Os compensadores paralelo geralmente são constituídos de tiristores, GTOs, MCTs ou IGBTs.
- Existem quatro tipos deles: (1) TCRs, (2) TSCs, (3) SVCs e (4) STATCOM.

Exemplo 12.1 ▪ Determinação da reatância indutiva e do ângulo de disparo do TCR

As informações relativas a uma linha de transmissão com um TCR, como mostra a Figura 12.3a, são $V = 220$ V, $f = 60$ Hz, $X = 1{,}2\ \Omega$ e $P_p = 56$ kW. A corrente máxima do TCR é $I_{L(máx)} = 100$ A. Determine **(a)** o ângulo de fase δ; **(b)** a corrente de linha I; **(c)** a potência reativa Q_p do compensador paralelo; **(d)** a corrente através do TCR; **(e)** a reatância da indutância X_L; e **(f)** o ângulo de disparo do TCR se I_L for 60% da corrente máxima.

Solução
$V = 220$ V, $f = 60$ Hz, $X = 1{,}2\ \Omega$, $\omega = 2\pi f = 377$ rad/s, $P_p = 56$ kW, $I_{L(máx)} = 100$ A, $k = 0{,}6$.

a. Utilizando a Equação 12.8, $\delta = 2\operatorname{sen}^{-1}\left(\dfrac{XP_p}{2V^2}\right) = 2\operatorname{sen}^{-1}\left(\dfrac{1{,}2 \times 56 \times 10^3}{2 \times 220^2}\right) = 87{,}93°$.

b. Utilizando a Equação 12.7b, $I = \dfrac{4V}{X}\operatorname{sen}\dfrac{\delta}{4} = \dfrac{4 \times 220}{1{,}2} \times \operatorname{sen}\dfrac{87{,}93}{4} = 274{,}5$ A.

c. Utilizando a Equação 12.10, $Q_p = \dfrac{4V^2}{X}\left(1 - \cos\dfrac{\delta}{2}\right) = \dfrac{4 \times 220^2}{1{,}2}\left(1 - \cos\dfrac{87{,}93}{2}\right) = 45{,}21$ kVAr.

d. A corrente através de TCR, $I_Q = \dfrac{Q_p}{V} = \dfrac{45{,}21 \times 10^3}{220} = 205{,}504$ A.

e. A reatância da indutância $X_L = \dfrac{V}{I_{L(máx)}} = \dfrac{220}{100} = 2{,}2\ \Omega$.

f. $I_L = kI_{L(máx)} = 0{,}6 \times 100 = 60$ A.

Empregando a Equação 12.12, $60 = 220/2{,}2 \times \left(1 - \dfrac{2}{\pi}\alpha - \dfrac{1}{\pi}\operatorname{sen}2\alpha\right)$. Com o Mathcad obtém-se o ângulo de disparo $\alpha = 18{,}64°$.

12.5 PRINCÍPIO DA COMPENSAÇÃO SÉRIE

Pode-se colocar uma tensão em série com a linha de transmissão para controlar o fluxo de corrente e, portanto, as transmissões de energia da extremidade emissora para a receptora. Um compensador série ideal, representado pela fonte de tensão V_c, é conectado no meio de uma linha de transmissão, como mostra a Figura 12.8. A corrente que flui pela linha é dada por:

$$I = \frac{V_s - V_r - V_c}{jX} \quad (12.21)$$

Se a tensão V_c em série aplicada estiver em quadratura com relação à corrente de linha, o compensador série não poderá fornecer ou absorver potência ativa. Ou seja, a potência nos terminais da fonte V_c só pode ser reativa. Isso significa que a impedância equivalente capacitiva ou indutiva pode substituir a fonte de tensão V_c. A impedância equivalente da linha de transmissão é determinada por:

$$X_{eq} = X - X_{comp} = X(1-r) \quad (12.22)$$

onde

$$r = \frac{X_{comp}}{X} \quad (12.23)$$

e r é o grau da compensação série, $0 \leq r \leq 1$. X_{comp} é a reatância equivalente da compensação série, que é positiva se for capacitiva e negativa se for indutiva. Utilizando a Equação 12.4, a magnitude da corrente através da linha é

$$I = \frac{2V}{(1-r)X} \operatorname{sen} \frac{\delta}{2} \quad (12.24)$$

Utilizando a Equação 12.5, a potência ativa que flui pela linha de transmissão é

$$P_c = V_c I = \frac{V^2}{(1-r)X} \operatorname{sen} \delta \quad (12.25)$$

Utilizando a Equação 12.6, a potência reativa Q_c nos terminais da fonte V_c é

$$Q_c = I^2 X_{comp} = \frac{2V^2}{X} \times \frac{r}{(1-r)^2}(1 - \cos \delta) \quad (12.26)$$

FIGURA 12.8

Compensador série ideal de uma linha de transmissão.

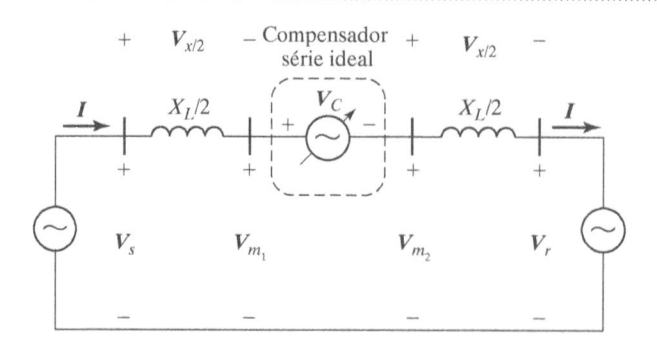

Se a fonte V_c estiver compensando apenas potência reativa capacitiva, a corrente de linha se apresenta adiantada em relação à tensão V_c em 90°. Para compensação indutiva, a corrente de linha estará atrasada em relação à tensão V_c em 90°. A compensação indutiva pode ser usada quando for necessário diminuir a energia que flui na linha. Em ambas as compensações, capacitiva e indutiva, nenhuma potência ativa é absorvida ou gerada pela fonte V_c. No entanto, a capacitiva é a mais utilizada.

A impedância capacitiva em série pode diminuir a impedância série efetiva total da linha de transmissão a partir da extremidade emissora para a receptora e, portanto, aumentar a energia transmissível. Uma linha compensada com capacitor em série com dois segmentos idênticos é mostrada na Figura 12.9a. Suponhamos que as magnitudes das tensões nos terminais permaneçam constantes e iguais a V. Para $V_s = V_r = V$, os fasores da tensão e da corrente correspondentes são indicados na Figura 12.9b. Admitindo que as tensões nas extremidades sejam as mesmas, a magnitude da tensão total na indutância série da linha, $V_x = 2V_{x/2}$, é aumentada pela magnitude da tensão oposta sobre o capacitor em série, $-V_c$. Isso resulta em um aumento na corrente de linha.

A Equação 12.25 mostra que a potência transmitida pode ser consideravelmente aumentada variando-se o grau da compensação série, r. Os gráficos das potências ativa P_C e reativa Q_C em função do ângulo δ são mostrados na Figura 12.9c. A potência transmitida P_C aumenta rapidamente com o grau da compensação série, r. Além disso, a potência reativa Q_C fornecida pelo capacitor em série aumenta acentuadamente com r e varia com o ângulo δ de um modo semelhante ao da potência reativa da linha P_C.

De acordo com a Equação 12.5, uma grande impedância série reativa de uma linha de transmissão longa pode limitar a transmissão de potência. Nesses casos, a impedância do capacitor de compensação série consegue cancelar uma parte da reatância real da linha, e, assim, a impedância efetiva é reduzida como se a linha tivesse sido fisicamente encurtada.

■ Principais pontos da Seção 12.5

- Pode-se aplicar uma tensão em série que esteja em quadratura com relação à corrente de linha, aumentando, assim, a corrente e a potência transmissível.
- O capacitor em série não fornece nem absorve potência ativa.

FIGURA 12.9

Compensação série com capacitor.[2]

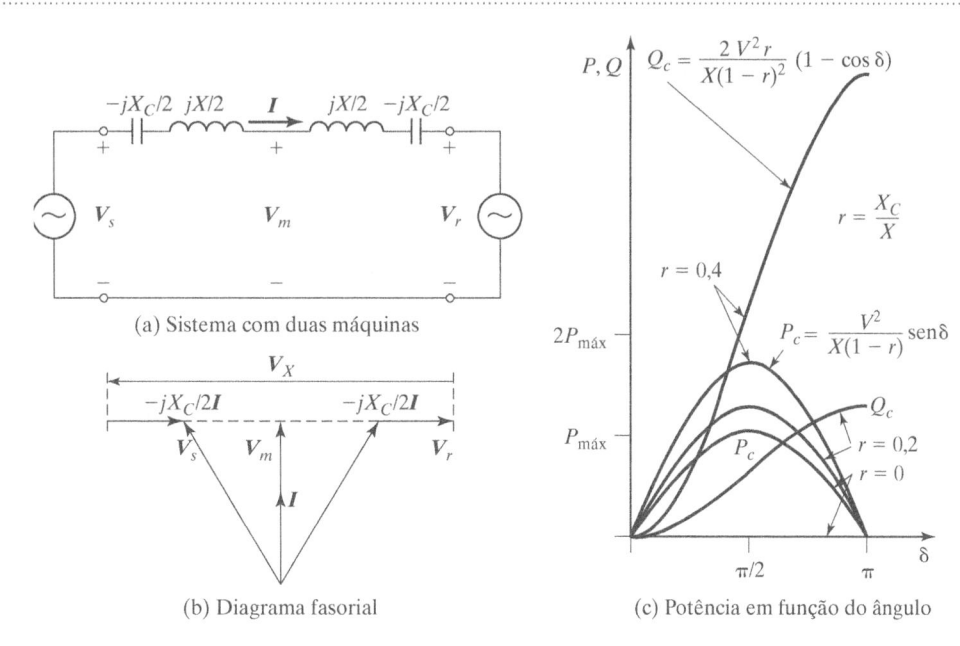

(a) Sistema com duas máquinas

(b) Diagrama fasorial

(c) Potência em função do ângulo

$$Q_c = \frac{2V^2 r}{X(1-r)^2}(1-\cos\delta)$$

$$r = \frac{X_C}{X}$$

$$P_c = \frac{V^2}{X(1-r)}\operatorname{sen}\delta$$

12.6 COMPENSADORES SÉRIE

Um compensador série, em princípio, injeta uma tensão em série com a linha. A impedância variável multiplicada pelo fluxo de corrente que passa por ela representa uma tensão em série aplicada na linha. Enquanto a tensão estiver em quadratura de fase com a corrente de linha, o compensador série fornecerá ou consumirá apenas potência reativa variável. Portanto, o compensador série poderia ser uma impedância variável (por exemplo, um capacitor ou um indutor) ou uma fonte variável baseada em eletrônica de potência na frequência principal, e em frequências subsíncronas e harmônicas (ou uma combinação de ambas), para atender a estratégia de controle desejada.

12.6.1 Capacitor série chaveado por tiristor

O capacitor série chaveado por tiristor (TSSC) consiste em alguns capacitores em série, cada um deles com uma chave em paralelo, composta por dois tiristores em antiparalelo. O arranjo do circuito é mostrado na Figura 12.10a. Um capacitor é inserido quando a chave correspondente é desligada, e desviado quando ela é ligada. Assim, se todas as chaves estiverem desligadas, a capacitância equivalente da sequência será $C_{eq} = C/m$, e, se todas as chaves estiverem ligadas ao mesmo tempo, $C_{eq} = 0$. O valor da capacitância efetiva, e, portanto, o grau da compensação série, é controlado de forma gradual, aumentando ou diminuindo o número de capacitores em série.

Um tiristor é comutado "naturalmente", ou seja, ele desliga quando a corrente passa por zero. Assim, um capacitor pode ser inserido na linha apenas nas passagens da corrente de linha por zero; ou seja, com chaveamento em corrente zero (ZCS). Como a inserção só pode ocorrer com a corrente de linha igual a zero, o capacitor pode ser carregado do zero ao máximo durante todo o semiciclo da corrente de linha e descarregar desse máximo até zero pelas sucessivas correntes de linha de polaridade oposta durante todo o semiciclo seguinte. Isso resulta em uma tensão de compensação CC que é igual à amplitude da tensão CA do capacitor, como mostra a Figura 12.10b.

Para minimizar o pico inicial da corrente pela chave e o transitório resultante de acordo com a condição $v_C = C\, dv/dt$, os tiristores devem ser ligados somente quando a tensão no capacitor for zero. A compensação CC e a exigência de $v_C = 0$ podem causar um atraso de até um ciclo completo, o que estabeleceria o limite teórico para o tempo de resposta possível do TSSC. Por causa da limitação de di/dt dos tiristores, seria necessário, na prática, o uso de um indutor limitante de corrente em série com a chave. Um indutor em série com a chave resulta em um novo circuito de potência conhecido como *capacitor série controlado por tiristor* (TCSC), que pode melhorar significativamente as características de operação e desempenho do TSSC.

FIGURA 12.10

Capacitor série chaveado por tiristor (TSSC).[2]

(a) Capacitores conectados em série

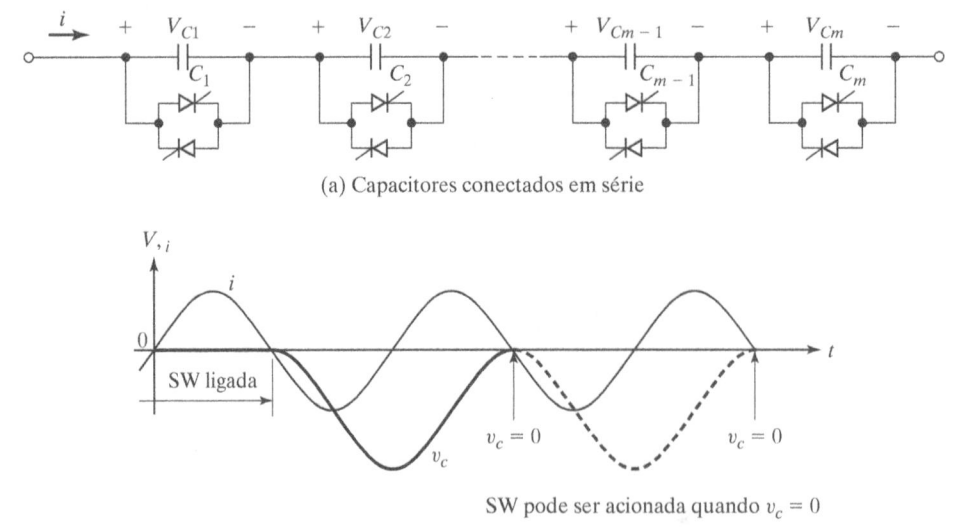

(b) Comutação com corrente zero e deslocamento da tensão do capacitor

12.6.2 Capacitor série controlado por tiristor

O TCSC consiste em um capacitor de compensação série em paralelo com um indutor controlado por tiristor (TCR), como mostra a Figura 12.11. Esse arranjo tem estrutura semelhante ao do TSSC. Se a impedância do reator X_L for suficientemente menor que a do capacitor X_C, ele poderá operar no modo liga-desliga como o TSSC. Com a variação do ângulo de disparo α, pode-se alternar a impedância indutiva do TCR. Assim, o TCSC consegue proporcionar um capacitor continuamente variável pelo cancelamento parcial da capacitância efetiva de compensação pelo TCR. Portanto, a impedância em regime permanente do TCSC é a de um circuito LC paralelo que consiste em uma impedância capacitiva fixa X_C e uma impedância indutiva variável X_L. A impedância efetiva do TCSC é dada por

$$X_T(\alpha) = \frac{X_C X_L(\alpha)}{X_L(\alpha) - X_C} \qquad (12.27a)$$

onde $X_L(\alpha)$, que pode ser encontrado a partir da Equação 12.13, é dado por

$$X_L(\alpha) = X_L \frac{\pi}{\pi - 2\alpha - \operatorname{sen} 2\alpha} \quad \text{para} \quad X_L \leq X_L(\alpha) \leq \infty \qquad (12.27b)$$

onde $X_L = \omega L$, e α é o ângulo de disparo medido a partir da crista da tensão no capacitor ou da passagem da corrente de linha por zero.

O TCSC se comporta como um circuito LC paralelo ajustável para a corrente de linha. À medida que a impedância do indutor controlado $X_L(\alpha)$ é variada de seu máximo (infinito) para o seu mínimo (ωL), o TCSC aumenta a sua impedância capacitiva mínima, $X_{T(\text{mín})} = X_C = 1/(\omega C)$, até que a ressonância em paralelo ocorra em $X_C = X_L(\alpha)$, e $X_{T(\text{máx})}$ teoricamente torne-se infinita. Diminuindo $X_L(\alpha)$ ainda mais, a impedância $X_T(\alpha)$ torna-se indutiva, atingindo o seu valor mínimo de $X_C X_L/(X_L - X_C)$ em α = 0; ou seja, o capacitor é, com efeito, desligado pelo TCR. Em geral, a impedância do indutor X_L é menor do que a do capacitor X_C. O ângulo α tem dois valores limitantes: (1) um para indutivo, $\alpha_{L(\text{lim})}$, e (2) um para capacitivo, $\alpha_{C(\text{lim})}$. O TCSC tem duas faixas de operação em torno da ressonância de seu circuito interno: (1) uma é a faixa $\alpha_{C(\text{lim})} \leq \alpha \leq \pi/2$, em que $X_T(\alpha)$ é capacitiva, e (2) a outra é $0 \leq \alpha \leq \alpha_{L(\text{lim})}$, em que $X_T(\alpha)$ é indutiva.

FIGURA 12.11
Capacitor série controlado por tiristor (TCSC).

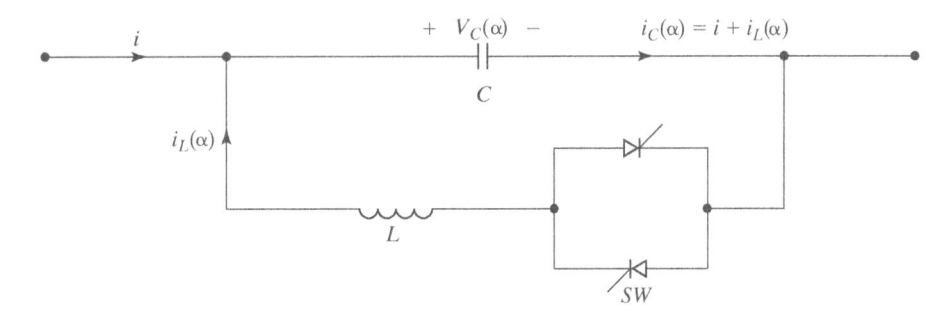

12.6.3 Capacitor série controlado por comutação forçada

O capacitor série controlado por comutação forçada (FCSC) consiste em um capacitor fixo em paralelo com um tipo de dispositivo de comutação forçada como um GTO, um MCT ou um IGBT. Um arranjo de circuito GTO é mostrado na Figura 12.12a. Ele é semelhante ao TSC, exceto que a chave bidirecional com tiristor é substituída por um dispositivo bidirecional de comutação forçada. Quando a chave SW de GTO é fechada, a tensão no capacitor v_C é zero; quando a chave é aberta, v_C torna-se máxima. A chave pode controlar a tensão CA, v_C, no capacitor a uma dada corrente de linha i. Portanto, fechando e abrindo a chave em cada semiciclo em sincronismo com a frequência do sistema CA é possível controlar a tensão no capacitor.

O GTO é ligado sempre que a tensão no capacitor passa por zero, e é desligado com um ângulo de atraso γ (0 ≤ γ ≤ π/2) medido em relação ao pico da corrente de linha ou à passagem da tensão de linha por zero.

FIGURA 12.12

Capacitor série controlado por comutação forçada (FCSC).[2]

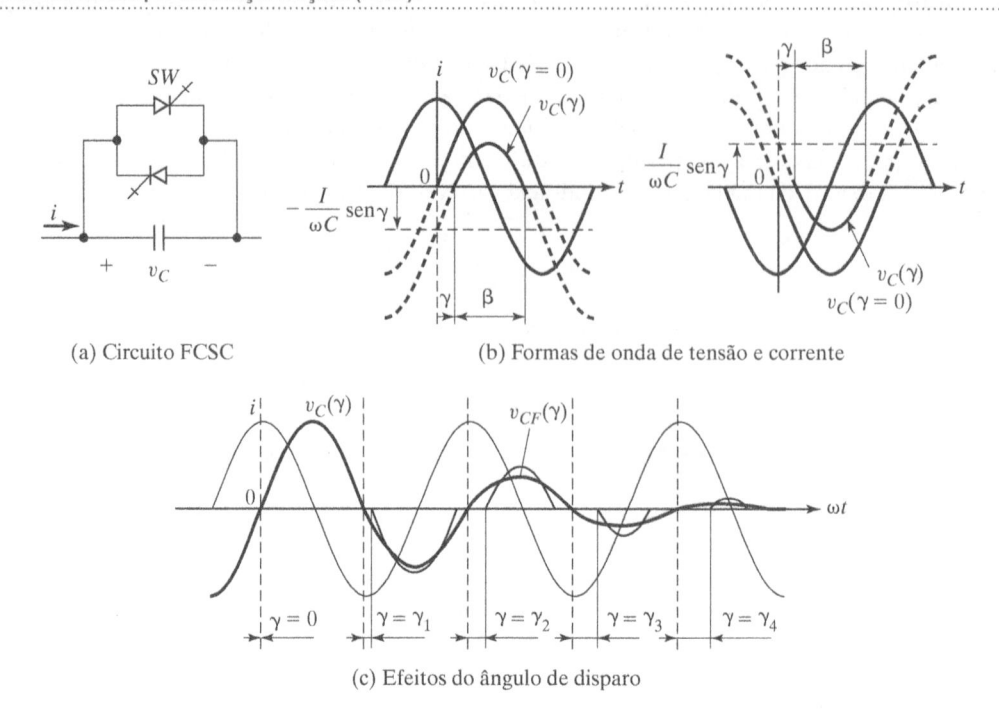

(a) Circuito FCSC

(b) Formas de onda de tensão e corrente

(c) Efeitos do ângulo de disparo

A Figura 12.12b mostra a corrente de linha i e a tensão no capacitor v_C em um ângulo de atraso γ para um semiciclo positivo e um negativo. A chave SW é ligada de 0 a γ e desligada de $(\pi - \gamma)$ a π. Para $\gamma = 0$, a chave está permanentemente aberta e não tem efeito sobre a tensão resultante no capacitor v_C.

Se a abertura da chave for atrasada por um ângulo γ em relação à corrente de linha $i = I_m \cos \omega t = \sqrt{2} I \cos \omega t$, a tensão no capacitor pode ser expressa como função de γ da seguinte forma:

$$v_C(t) = \frac{1}{C}\int_{\gamma}^{\omega t} i(t)\, dt = \frac{I_m}{\omega C}(\operatorname{sen}\omega t - \operatorname{sen}\gamma) \qquad (12.28)$$

que é válida para $\gamma \leq \omega t \leq \pi - \gamma$. Para o intervalo subsequente do semiciclo negativo, os sinais dos termos na Equação 12.28 se invertem. O termo $(I_m/\omega C)\operatorname{sen}\gamma$ na Equação 12.28 é simplesmente uma constante dependente de γ pela qual a tensão senoidal obtida em $\gamma = 0$ é compensada, deslocada para baixo nos semiciclos positivos e para cima nos semiciclos negativos.

O acionamento do GTO no instante da passagem da tensão por zero controla o intervalo (ou o ângulo) não condutor (ou de bloqueio) λ. Isto é, o ângulo de atraso do desligamento γ define o ângulo de bloqueio predominante $\beta = \pi - 2\gamma$. Assim, à medida que o ângulo de atraso do desligamento aumenta, o aumento correspondente da compensação resulta na redução do ângulo de bloqueio β da chave, e na consequente diminuição da tensão no capacitor. No atraso máximo de $\gamma = \pi/2$, a compensação também atinge o seu máximo de $I_m/\omega C$, no qual o ângulo de bloqueio β e a tensão no capacitor $v_C(t)$ se tornam zero. A tensão $v_C(t)$ é máxima quando $\gamma = 0$, e torna-se zero quando $\gamma = \pi/2$. Portanto, a magnitude da tensão no capacitor pode ser variada continuamente do máximo de $I_m/\omega C$ a zero pela alternância do atraso do desligamento de $\gamma = 0$ a $\gamma = \pi/2$. As formas de onda de $v_C(t)$ para vários valores de γ ($\gamma_1, \gamma_2, \gamma_3, \gamma_4$) são mostradas na Figura 12.12c.

A Equação 12.28 é idêntica à Equação 12.11, e, portanto, o FCSC é o dual do TCR. Como vemos na Equação 12.12, a tensão fundamental do capacitor pode ser encontrada a partir de

$$V_{CF}(\gamma) = \frac{I}{\omega C}\left(1 - \frac{2}{\pi}\gamma - \frac{1}{\pi}\operatorname{sen}2\gamma\right) \qquad (12.29)$$

que dá a impedância em função de γ como

$$X_C(\gamma) = \frac{V_{CF}(\gamma)}{I} = \frac{1}{\omega C}\left(1 - \frac{2}{\pi}\gamma - \frac{1}{\pi}\operatorname{sen}2\gamma\right) \quad (12.30)$$

onde $I = I_m/\sqrt{2}$ é a corrente rms de linha. Assim, o FCSC se comporta como uma impedância capacitiva variável, enquanto o TCR, como uma impedância indutiva variável.

12.6.4 Compensador estático de reativos série

O uso de TSC, TCSC ou FCSC permite a compensação série capacitiva. O compensador estático de reativos série (SSVC) consiste em um dos compensadores série. O arranjo geral de um SSVC é mostrado na Figura 12.13 com um TCSC. O sistema de controle recebe uma tensão de entrada do sistema a partir de um transformador de potencial (TP) e uma corrente de entrada do sistema a partir de um transformador de corrente (TC). Pode haver outros parâmetros adicionais de entrada para o sistema de controle. A estratégia de controle do compensador série é normalmente baseada na obtenção de um fluxo de energia de linha determinado, além da capacidade de amortecer oscilações de energia.

FIGURA 12.13
Arranjo geral de um compensador estático de reativos série.[4]

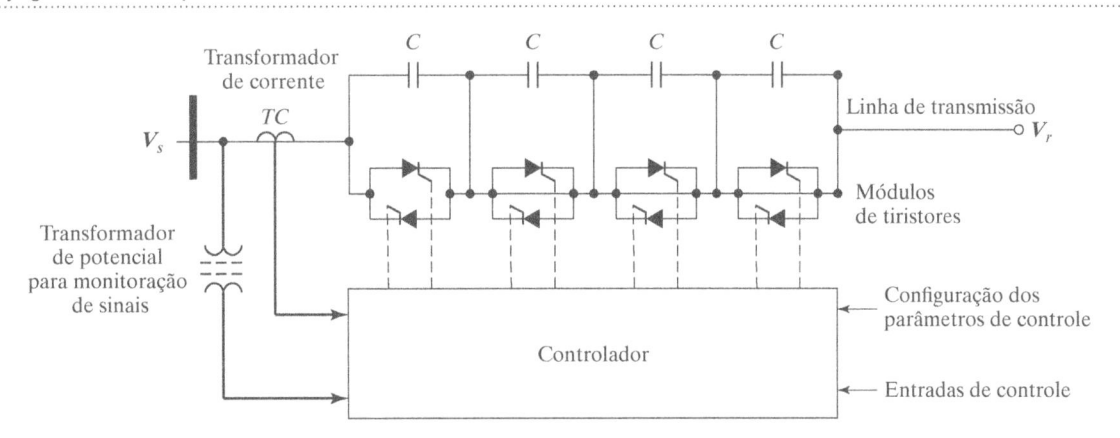

12.6.5 SSVC avançado

O compensador série é o circuito dual da versão paralela da Figura 12.7. A Figura 12.14 mostra o arranjo geral de um compensador série avançado. Ele utiliza o inversor de tensão (VSI) com um capacitor no lado CC para substituir os capacitores chaveados dos compensadores série convencionais. A saída do conversor é disposta de modo a aparecer em série com a linha de transmissão utilizando o transformador em série. A tensão de saída do conversor V_c, que pode ser estabelecida com qualquer fase relativa e qualquer magnitude dentro de seus limites operacionais, é ajustada para parecer adiantada em relação à corrente de linha em 90°, comportando-se, assim, como um capacitor. Se o ângulo entre V_c e a corrente de linha não fosse de 90°, o compensador série estaria trocando potência ativa com a linha de transmissão, o que seria claramente impossível, pois o compensador na Figura 12.14 não possui fonte de potência ativa.

Esse tipo de compensação série pode proporcionar um grau contínuo pela variação da magnitude de V_c. Além disso, ele consegue inverter a fase de V_c, aumentando a reatância total da linha. Isso pode ser desejável para limitar falhas de corrente ou para amortecer oscilações de energia. Em geral, o compensador série controlável pode ser utilizado para aumentar a estabilidade em relação aos transitórios, amortecer ressonância subsíncrona quando são utilizados outros capacitores fixos e elevar a capacidade de potência da linha.

Nenhuma variação na corrente de linha leva a uma variação de V_c. Assim, o conversor apresenta impedância praticamente zero na frequência fundamental do sistema de energia. A tensão aplicada na linha pelo conversor não é obtida a partir de uma reatância capacitiva real e não pode entrar em ressonância. Portanto, esse compensador pode ser utilizado a fim de produzir ressonância subsíncrona, ou seja, ressonância entre o capacitor em série e a indutância da linha.

FIGURA 12.14
Arranjo geral de um compensador estático de reativos série avançado.[4]

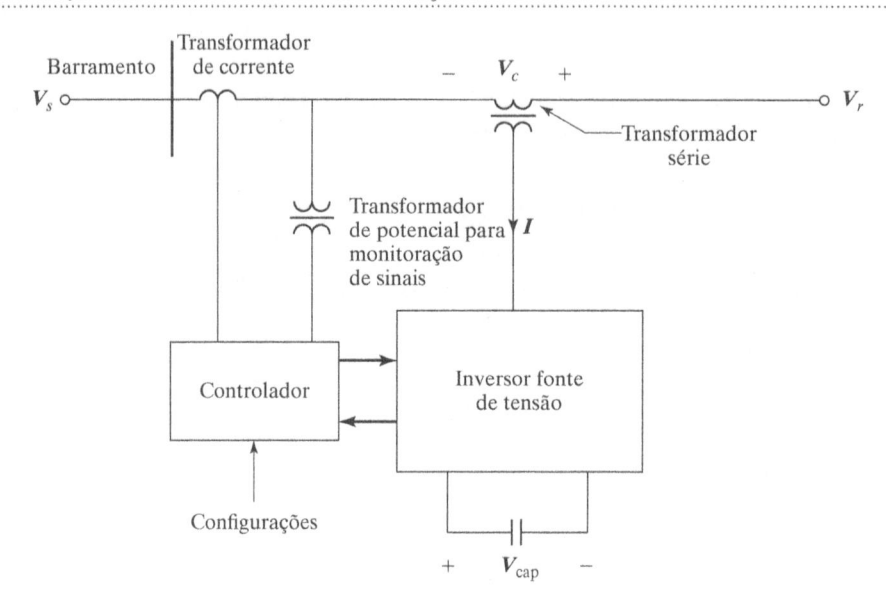

- **Principais pontos da Seção 12.6**

    - Os compensadores série geralmente são constituídos de tiristores, GTOs, MCTs ou IGBTs.
    - Existem cinco tipos deles: (1) TSSCs, (2) TCSCs, (3) FCSCs, (4) SSVCs e (5) compensador estático de reativos série avançado (SSTATCOM).

Exemplo 12.2 ▪ Determinação da reatância da compensação série e do ângulo de disparo

Os dados de uma linha de transmissão, como mostra a Figura 12.8, são $V = 220$ V, $f = 60$ Hz, $X = 12$ Ω e $P_c = 56$ kW. As informações do TCSC são $\delta = 80°$, $C = 20$ μF e $L = 0,4$ mH. Determine (a) o grau de compensação r; (b) a reatância capacitiva de compensação X_{comp}; (c) a corrente de linha, I; (d) a potência reativa Q_c; (e) o ângulo de disparo do TCSC se a reatância capacitiva efetiva for $X_T = -50$ Ω; e (f) faça o gráfico de $X_L(\alpha)$ e $X_T(\alpha)$ em função do ângulo de disparo.

Solução
$V = 220$ V, $f = 60$ Hz, $X = 12$ Ω, $\omega = 2\pi f = 377$ rad/s, $P_c = 56$ kW, $C = 20$ μF e $L = 0,4$ mH, $X_C = -1/\omega C = -132,63$ Ω, $X_L = \omega L = 0,151$ Ω.

a. Utilizando a Equação 12.25, $r = 1 - \dfrac{V^2}{XP_c}\operatorname{sen}\delta = 1 - \dfrac{220^2 \times \operatorname{sen}(80°)}{12 \times 56 \times 10^3} = 0,929$.

b. A reatância capacitiva de compensação $X_{comp} = r \times X = 0,929 \times 12 = 11,15$ Ω.

c. Utilizando a Equação 12.24, $I = \dfrac{2V}{(1-r)X}\operatorname{sen}\dfrac{\delta}{2} = \dfrac{2 \times 220}{(1-0,929) \times 12} \times \operatorname{sen}\dfrac{80}{2} = 332,29$ A.

d. Utilizando a Equação 12.26,

$$Q_c = \dfrac{2V^2}{X} \times \dfrac{r}{(1-r)^2}(1 - \cos\delta) = \dfrac{2 \times 220^2 \times 0,929}{12 \times (1-0,929)^2} \times (1 - \cos 80°) = 1,104 \text{ MVAr}$$

e. Utilizando a Equação 12.27,

$$X_L(\alpha) = X_L \frac{\pi}{\pi - 2\alpha - \mathrm{sen}\, 2\alpha}$$

$$X_T(\alpha) = -50 = \frac{X_C X_L(\alpha)}{X_L(\alpha) - X_C}$$

que, com o Mathcad, dá o ângulo $\alpha = 80{,}575°$

f. O gráfico de $X_L(\alpha)$ e $X_T(\alpha)$ em relação ao ângulo α é mostrado na Figura 12.15.

FIGURA 12.15
Impedância do TCSC e impedância efetiva em relação ao ângulo de disparo.

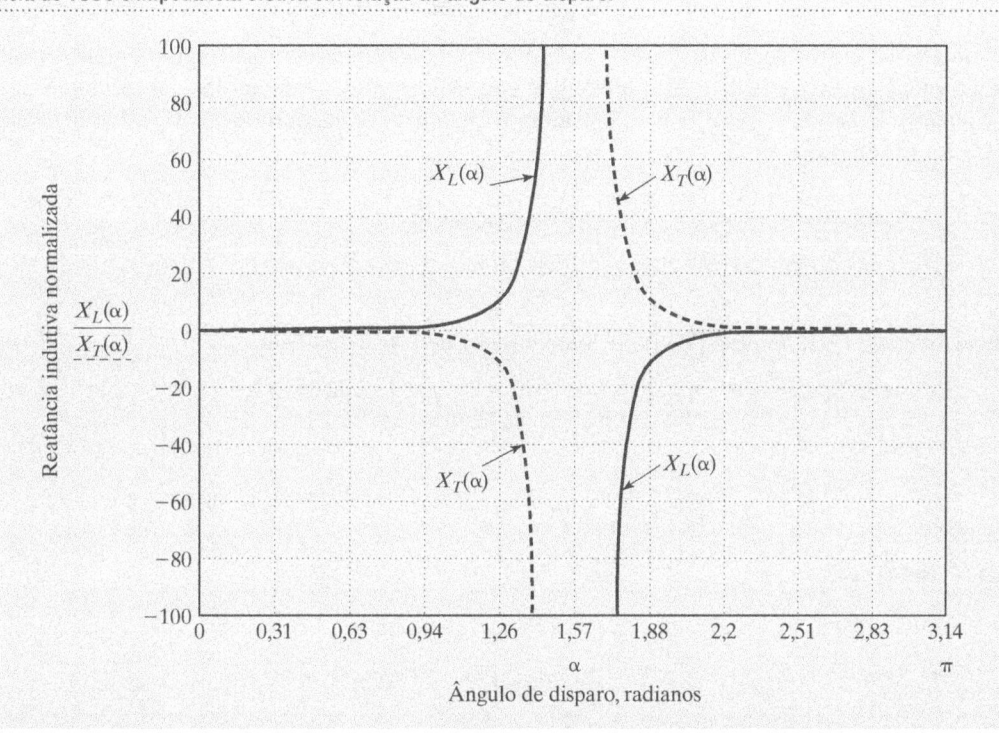

12.7 PRINCÍPIO DA COMPENSAÇÃO POR ÂNGULO DE FASE

A compensação por ângulo de fase é um caso especial do compensador série da Figura 12.8. O fluxo de energia é controlado pelo ângulo de fase. O compensador de fase é inserido entre o gerador da extremidade emissora e a linha de transmissão. Ele é uma fonte de tensão CA com amplitude e ângulo de fase controláveis. Um compensador de fase ideal é mostrado na Figura 12.16a; ele controla a diferença de fase entre os dois sistemas CA e, portanto, consegue gerenciar a troca de energia entre esses dois sistemas. A tensão efetiva da extremidade emissora é a soma da tensão da extremidade emissora V_s com a tensão do compensador V_σ, como mostra o diagrama fasorial da Figura 12.16b. O ângulo σ entre V_s e V_σ pode ser variado de tal forma que a alteração dele não resulte em uma mudança de magnitude. Isto é,

$$V_{seff} = V_s + V_\sigma \tag{12.31a}$$

$$|V_{seff}| = |V_s| = V_{seff} = V_s = V \tag{12.31b}$$

Controlando-se o ângulo σ de forma independente, é possível manter a potência transmitida em um nível desejado, não importa o ângulo de transmissão δ. Assim, por exemplo, a potência pode ser mantida no seu valor de pico após o ângulo δ exceder o ângulo de potência de pico π/2 através do controle da amplitude da tensão de compensação, de modo que o ângulo de fase efetivo (δ − σ) entre as tensões das extremidades emissora e receptora permaneça em π/2. A partir do diagrama fasorial, a potência transmitida com compensação de fase é dada por

$$P_a = \frac{V^2}{X} \operatorname{sen}(\delta - \sigma) \tag{12.32}$$

Já a potência reativa transmitida com compensação de fase é dada por

$$Q_a = \frac{2V^2}{X}[1 - \cos(\delta - \sigma)] \tag{12.33}$$

Diferentemente de outros compensadores paralelo e série, o compensador de ângulo precisa conseguir lidar com ambas as potências, ativa e reativa. Isso pressupõe que as magnitudes das tensões dos terminais permanecem constantes e iguais a V. Isto é, $V_{seff} = V_s = V_r = V$. Podemos encontrar as magnitudes de V_σ e I a partir do diagrama fasorial da Figura 12.16b como

$$V_\sigma = 2V \operatorname{sen}\frac{\sigma}{2} \tag{12.34}$$

$$I = \frac{2V}{X} \operatorname{sen}\frac{\delta}{2} \tag{12.35}$$

A potência aparente (volt-ampère [VA]) no compensador de fase é dada por

$$VA_a = V_a I = \frac{4V^2}{X} \operatorname{sen}\left(\frac{\delta}{2}\right) \operatorname{sen}\left(\frac{\sigma}{2}\right) \tag{12.36}$$

FIGURA 12.16

Compensação por ângulo de fase.[2]

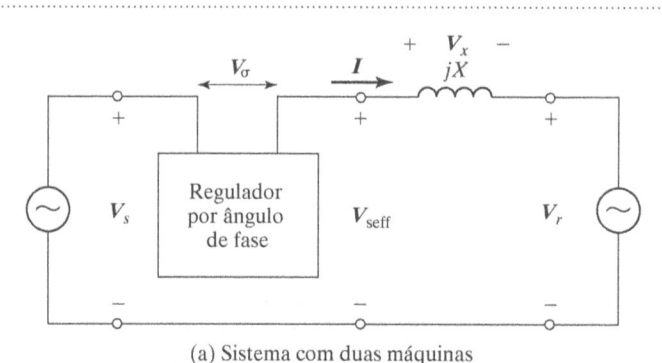

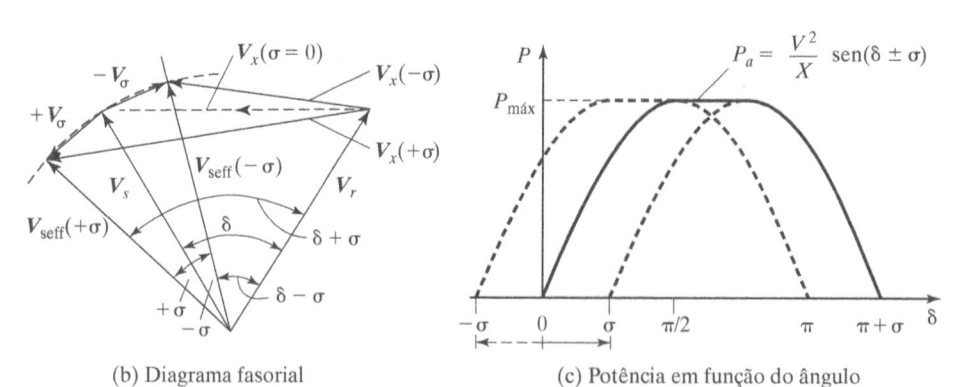

(a) Sistema com duas máquinas

(b) Diagrama fasorial

(c) Potência em função do ângulo

O gráfico da potência ativa P_a em relação ao ângulo δ no intervalo $\pm \sigma$ é mostrado na Figura 12.16c. A curva com a parte superior plana indica a faixa de ação da compensação de fase. Esse tipo de compensação não aumenta a energia transmissível da linha não compensada. A potência ativa P_a e a potência reativa Q_a permanecem as mesmas que as do sistema não compensado com o ângulo de transmissão equivalente δ. No entanto, teoricamente é possível manter a potência no seu valor máximo com qualquer ângulo δ na faixa $\pi/2 < \delta < \pi/2 + \sigma$ deslocando a curva $P_a \times \delta$ para a direita. A curva $P_a \times \delta$ também pode ser deslocada para a esquerda através da inserção da tensão de compensação de ângulo com uma polaridade oposta. Portanto, a transferência de energia pode ser aumentada, e a potência máxima, alcançada com um ângulo gerador menor do que $\pi/2$; ou seja, em $\delta = \pi/2 - \sigma$. O efeito de conectar o compensador de fase em reverso é mostrado pela quebra da curva.

Se o ângulo σ do fasor V_σ em relação ao fasor V_s for mantido fixo em $\pm 90°$, o compensador de fase torna-se um *reforçador em quadratura* (*quadrature booster* — QB) que apresenta as seguintes relações:

$$V_{seff} = V_s + V_\sigma \qquad (12.37a)$$

$$|V_{seff}| = V_{seff} = \sqrt{V_s^2 + V_\sigma^2} \qquad (12.37b)$$

O diagrama fasorial do compensador de ângulo do tipo QB é mostrado na Figura 12.17a, e sua potência transmitida P_b com o compensador reforçador é dada por

$$P_b = \frac{V^2}{X}\left(\operatorname{sen}\delta + \frac{V_\sigma}{V}\cos\delta\right) \qquad (12.38)$$

A potência transmitida P_b em relação ao ângulo δ como uma função paramétrica da tensão de quadratura aplicada V_σ é indicada na Figura 12.17b. A potência máxima transmissível aumenta com a tensão aplicada V_σ, pois, diferentemente do compensador por ângulo de fase, o QB aumenta a magnitude da tensão efetiva na extremidade emissora.

■ Principais pontos da Seção 12.7

- O compensador de fase é inserido entre o gerador da extremidade emissora e a linha de transmissão.
- Esse compensador é uma fonte de tensão CA com amplitude e ângulo de fase controláveis.

FIGURA 12.17

Diagrama fasorial e potência transmitida de um reforçador em quadratura.[2] (a) Diagrama fasorial e (b) potência transmitida.

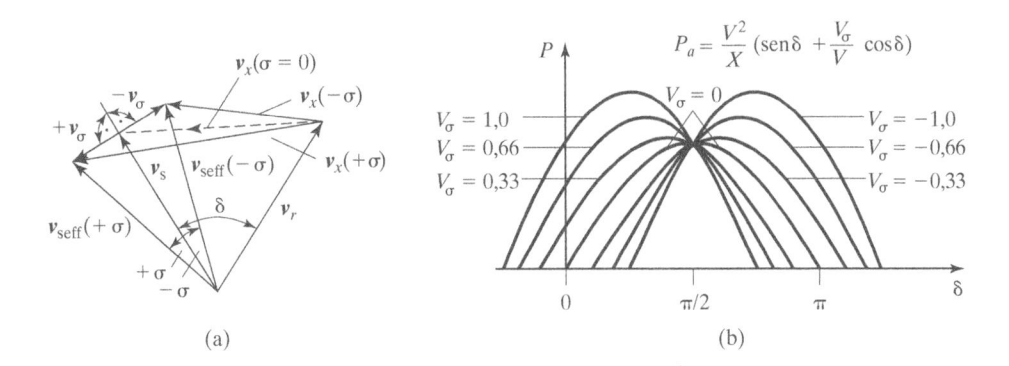

12.8 COMPENSADOR POR ÂNGULO DE FASE

Quando um tiristor é utilizado para compensação por ângulo de fase, ele é chamado de deslocador de fase (*phase shifter*). A Figura 12.18a mostra o arranjo geral de um deslocador de fase. O *transformador de excitação* com conexão paralela pode ter enrolamentos separados idênticos ou não idênticos por fase. As chaves com tiristores são ligadas formando um comutador de conexões em carga. Já os tiristores são conectados em antiparalelo, constituindo chaves bidirecionais com comutação natural. O dispositivo tiristor comutador de conexões controla a tensão para o secundário do transformador em série.

Empregando o controle de fase, pode-se monitorar a magnitude da tensão em série V_q. Para evitar a excessiva geração de harmônicas são utilizados vários comutadores. O comutador pode conectar completamente o enrolamento de excitação, ou não — isso permite que a tensão em série, V_q, assuma de 1 a 27 valores diferentes de tensão, dependendo do estado das 12 chaves no comutador de conexões.[4] Deve-se observar que o arranjo da mudança entre os transformadores de excitação e em série assegura que V_q *esteja sempre a 90°* de V (a tensão do primário do transformador de excitação), como mostra a Figura 12.18b. Por isso, ele recebe o nome de reforçador em *quadratura*. Uma característica importante do deslocador de fase é que a potência ativa só pode fluir do paralelo para os transformadores em série. Portanto, o fluxo de potência reversa não é possível.

O deslocador de fase controla a magnitude de V_q e o deslocamento de fase α para a tensão da extremidade emissora.[8] Esse controle pode ser obtido pela detecção do ângulo do gerador ou utilizando-se medições de potência. O controlador também pode ser configurado para amortecer as oscilações de potência. Os deslocadores de fase, como os compensadores série de capacitores, permitem o controle da potência através da rede e do compartilhamento de potência entre circuitos paralelos. Os capacitores em série são mais adequados para linhas de longa distância porque, diferentemente dos deslocadores de fase, eles reduzem de maneira efetiva a reatância da linha e, em consequência, os problemas de controle de tensão e de potência reativa associados à transmissão de longa distância. Os deslocadores de fase são mais indicados para controle do fluxo de potência em redes compactas de alta densidade de energia.

FIGURA 12.18

Arranjo geral de um deslocador de fase.[4]

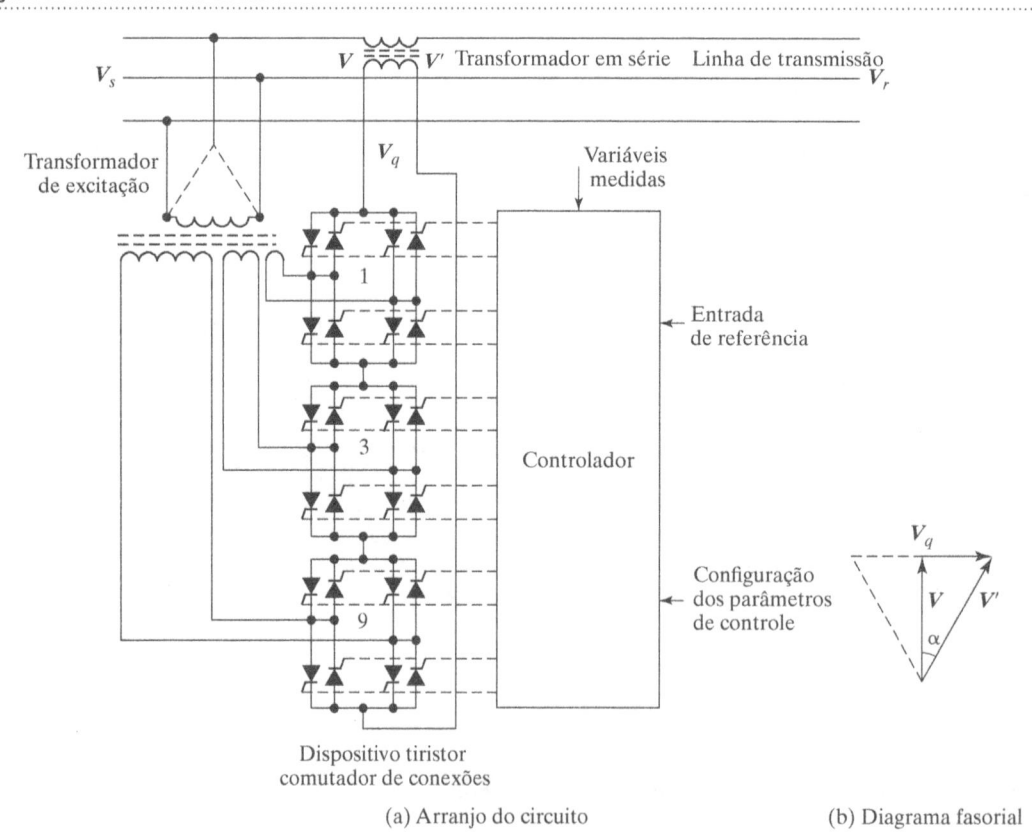

(a) Arranjo do circuito

(b) Diagrama fasorial

Principais pontos da Seção 12.8

- Um dispositivo comutador de conexões é utilizado como um deslocador de fase (*phase shifter*).
- Esse dispositivo controla a tensão em série através do secundário de um transformador em série.

12.9 CONTROLADOR UNIFICADO DO FLUXO DE POTÊNCIA

O *controlador unificado do fluxo de potência* (UPFC) consiste[12] em um compensador paralelo avançado e um compensador série com um barramento CC em comum, como mostra a Figura 12.19a. A capacidade de armazenamento de energia do capacitor CC é geralmente pequena. Portanto, a potência ativa retirada (gerada) pelo conversor paralelo deve ser igual à potência ativa gerada (retirada) pelo conversor série. Caso contrário, a tensão do barramento CC pode aumentar ou diminuir com relação à tensão nominal, dependendo da potência líquida absorvida ou gerada por ambos os conversores. Por outro lado, a potência reativa no conversor paralelo ou série pode ser escolhida de forma independente, dando uma maior flexibilidade para o controle do fluxo de energia.[9]

O controle de energia é obtido pela adição da tensão em série V_{inj} à V_s, dando, assim, a tensão de linha V_L, como mostra a Figura 12.19b. Com dois conversores, o UPFC pode fornecer potência ativa, além de reativa. Como qualquer necessidade de potência ativa pode ser suprida através do conversor com conexão paralela, a tensão aplicada V_{inj} consegue assumir qualquer fase em relação à corrente de linha. Como não há nenhuma restrição sobre V_{inj}, o lugar geométrico dela passa a ser um círculo centrado em V_s, com um raio máximo igual à magnitude máxima de $V_{inj} = |V_{inj}|$.

O UPFC é o compensador mais completo, e pode funcionar em qualquer um dos modos de compensação; daí o seu nome. Deve-se observar que o UPFC mostrado na Figura 12.19a é válido para a energia que flui de V_s para V_L. Se o fluxo de potência for invertido, pode ser necessário alterar a conexão do compensador paralelo. Em um UPFC mais geral com fluxo de potência bidirecional, seria necessário ter dois compensadores paralelo: um na extremidade emissora e o outro na extremidade receptora.

Principais pontos da Seção 12.9

- O UPFC é um compensador completo.
- Esse compensador pode funcionar em qualquer um dos modos de compensação.

FIGURA 12.19

Controlador unificado do fluxo de potência (UPFC).[4]

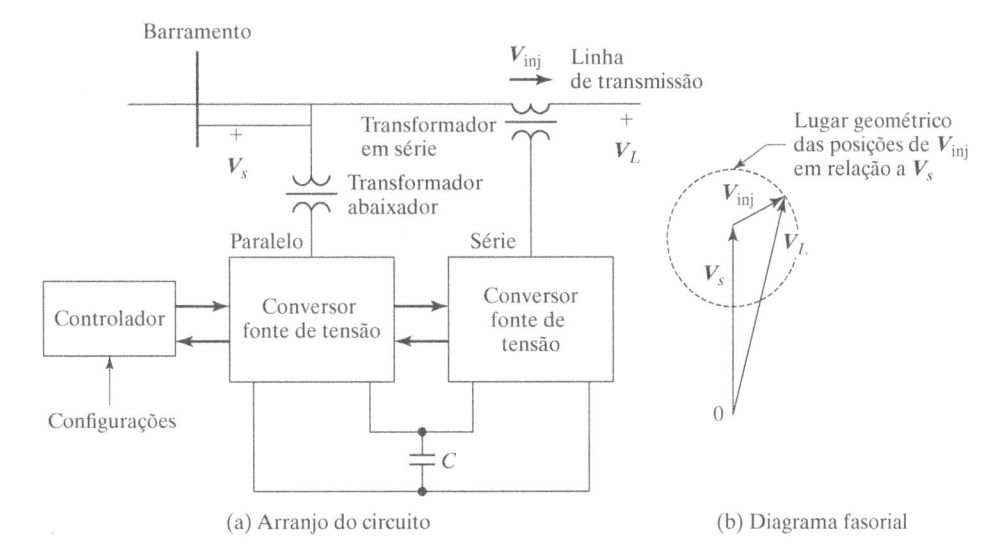

(a) Arranjo do circuito
(b) Diagrama fasorial

12.10 COMPARAÇÕES DE COMPENSADORES

O controlador paralelo é como uma fonte que retira ou injeta corrente na linha. Portanto, ele é um bom meio de controlar a tensão no ponto de conexão ou em torno dele. Ele pode injetar apenas corrente reativa indutiva ou capacitiva, ou uma combinação de corrente ativa e reativa para um controle mais eficaz da tensão e do amortecimento das oscilações de tensão. Um controlador paralelo é independente da outra linha e muito mais eficaz para manter uma tensão desejada no nó de uma subestação.

O controlador série tem impacto na tensão de condução e, assim, interfere diretamente no fluxo de corrente e potência. Dessa forma, se o objetivo for controlar o fluxo de corrente ou potência e amortecer oscilações, o controlador série para a mesma capacidade de milhões de volt-ampère (MVA) será muito mais poderoso do que o controlador paralelo. O tamanho em MVA de um controlador série é pequeno em comparação com o do paralelo. No entanto, o controlador paralelo não permite a monitoração do fluxo de energia nas linhas.

Uma compensação em série, como a que vemos na Figura 12.8, é apenas um caso particular do compensador por ângulo de fase apresentado na Figura 12.16, com a diferença de que este pode fornecer potência ativa, enquanto o compensador série oferece ou absorve apenas potência reativa.

Normalmente, o controlador por ângulo de fase é conectado perto da linha de transmissão nas extremidades emissora ou receptora, enquanto o compensador série, no meio da linha. Se o objetivo for controlar o fluxo de potência ativa através da linha de transmissão, a localização do compensador é apenas uma questão de conveniência. A distinção básica é que o compensador por ângulo de fase pode precisar de uma fonte de energia, enquanto o compensador série, não.

A Figura 12.20 mostra as características da transferência de potência ativa para sistemas CA sem compensação, com compensação paralela e série, e com compensação com deslocamento de fase.[10] Dependendo do grau de compensação, o compensador série é a melhor escolha para aumentar a capacidade de transferência de energia. O deslocador de fase é importante para interligar dois sistemas com diferença de fase excessiva ou incontrolável. Já o compensador paralelo é a melhor opção para aumentar a margem de estabilidade. Na verdade, para um determinado ponto de operação, no caso de ocorrer uma falha transitória, as três compensações apresentadas aumentam consideravelmente a margem de estabilidade. No entanto, isso vale em especial para a compensação paralela.

O UPFC reúne as características dos três compensadores e produz um tipo mais completo. No entanto, ele necessita de duas fontes de tensão: uma em série e outra em paralelo. Essas duas fontes podem operar separadamente como um compensador reativo série ou paralelo, e também compensar a potência ativa. Os conversores fonte de corrente com base em tiristores sem capacidade de desligamento pela porta apenas consomem, sem poder fornecer, potência reativa, enquanto os conversores fonte de tensão com dispositivos de desligamento pela porta conseguem fornecer potência reativa. Os principais utilizados em controladores FACTS são os conversores fonte de tensão. Tais conversores são baseados em dispositivos com capacidade de desligamento pela porta.

FIGURA 12.20

Características da transferência de energia com compensações e sem compensação.[10]

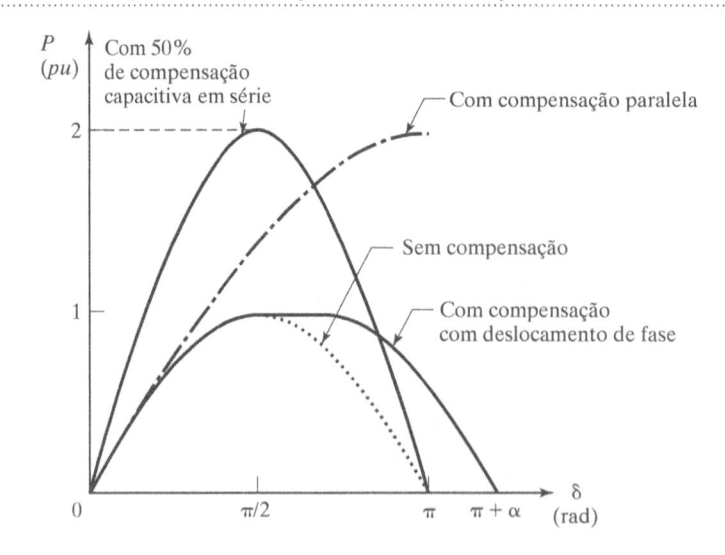

Principais pontos da Seção 12.10

- Cada compensador realiza funções distintas e é adequado para uma aplicação específica.
- O UPFC reúne as características dos três compensadores, produzindo um tipo mais completo.

RESUMO

A quantidade de energia transferida da extremidade emissora para a receptora é limitada pelos parâmetros operacionais da linha de transmissão, como a impedância da linha, o ângulo de fase entre as tensões do emissor e do receptor, além da magnitude das tensões. A energia transferível pode ser aumentada por um dos quatro métodos de compensação: paralelo, série, ângulo-fase e série-paralelo. Esses métodos são geralmente executados com chaveamento de dispositivos de eletrônica de potência com uma adequada estratégia de controle. Os compensadores são conhecidos como controladores FACTS.

QUESTÕES PARA REVISÃO

12.1 Quais são os parâmetros para o controle de energia em uma linha de transmissão?
12.2 Qual é o princípio básico da compensação paralela?
12.3 O que é um reator controlado por tiristor (TCR)?
12.4 O que é um capacitor chaveado por tiristor (TSC)?
12.5 Quais são as regras para chaveamento sem transitório do capacitor chaveado por tiristor?
12.6 O que é um compensador estático de reativos (SVC)?
12.7 O que é um STATCOM?
12.8 Qual é o princípio básico da compensação série?
12.9 O que é um capacitor série chaveado por tiristor (TSSC)?
12.10 O que é um capacitor série controlado por tiristor (TCSC)?
12.11 O que é um capacitor série controlado por comutação forçada (FCSC)?
12.12 O que é um compensador estático de reativos série (SSVC)?
12.13 O que é um STATCOM série?
12.14 Qual é o princípio básico da compensação por ângulo de fase?
12.15 O que é um deslocador de fase?
12.16 O que é um reforçador em quadratura (QB)?
12.17 O que é um controlador unificado do fluxo de potência (UPFC)?

PROBLEMAS

12.1 As informações relativas a uma linha de transmissão sem compensação na Figura 12.1a são $V = 220$ V, $f = 60$ Hz, $X = 12{,}2$ Ω e $\delta = 70°$. Determine **(a)** a corrente de linha I; **(b)** a potência ativa P; e **(c)** a potência reativa Q.

12.2 As informações relativas a uma linha de transmissão com compensação paralela na Figura 12.2a são $V = 220$ V, $f = 60$ Hz, $X = 1{,}2$ Ω e $\delta = 70°$. Determine **(a)** a corrente de linha I; **(b)** a potência ativa P_p; e **(c)** a potência reativa Q_p.

12.3 As informações relativas a um compensador em paralelo com um TCR, como mostra a Figura 12.3a, são $V = 480$ V, $f = 60$ Hz, $X = 1{,}2$ Ω e $P_p = 96$ kW. A corrente máxima do TCR é $I_{L(\text{máx})} = 150$ A. Determine **(a)** o ângulo de fase δ; **(b)** a corrente de linha I; **(c)** a potência reativa Q_p; **(d)** a corrente através do TCR; **(e)** a reatância da indutância X_L; e **(f)** o ângulo de atraso do TCR se I_L for 60% da corrente máxima.

12.4 As informações relativas a uma linha de transmissão com um TCR, como mostra a Figura 12.3a, são $V_s = 220$ V, $f = 60$ Hz, $X = 1,4$ Ω e $P_p = 65$ kW. A corrente máxima do TCR é $I_{L(máx)} = 120$ A. Determine **(a)** o ângulo de fase δ; **(b)** a corrente de linha I; **(c)** a potência reativa Q_p do compensador paralelo; **(d)** a corrente através do TCR; **(e)** a reatância da indutância X_L; e **(f)** o ângulo de disparo do TCR se I_L for 70% da corrente máxima.

12.5 As informações relativas a um compensador paralelo com um TSC, como mostra a Figura 12.4a, são $V = 480$ V, $f = 60$ Hz, $X = 1,2$ Ω, δ = 70°, $C = 20$ μF e $L = 200$ μH. A chave de tiristor é operada com $m_{on} = 2$ e $m_{off} = 1$. Determine **(a)** a tensão no capacitor V_{c0} no chaveamento; **(b)** a tensão pico a pico no capacitor $V_{c(pp)}$; **(c)** a corrente rms do capacitor I_c; e **(d)** a corrente de pico da chave, $I_{SW(pico)}$.

12.6 As informações relativas a uma linha de transmissão série, como mostra a Figura 12.8, são $V_s = 220$ V, $f = 60$ Hz, $X = 12$ Ω e $P_p = 65$ kW. As informações relativas ao TCSC são δ = 80°, $C = 25$ μF e $L = 0,5$ mH. Determine **(a)** o grau de compensação r; **(b)** a reatância capacitiva de compensação X_{comp}; **(c)** a corrente de linha I; **(d)** a potência reativa Q_c; **(e)** o ângulo α do TCSC se a reatância capacitiva efetiva for $X_T = -40$ Ω; e **(f)** faça um gráfico de $X_L(α)$ e $X_T(α)$ em relação ao ângulo α.

12.7 As informações relativas a uma linha de transmissão com compensação série na Figura 12.9a são $V = 220$ V, $f = 60$ Hz, $X = 12$ Ω e δ = 70°. O grau de compensação é $r = 70\%$. Determine **(a)** a corrente de linha, I, **(b)** a potência ativa P_p e **(c)** a potência reativa Q_p.

12.8 As informações relativas a um compensador série com TCSC, como mostra a Figura 12.9a, são $V = 480$ V, $f = 60$ Hz, $X = 13$ Ω e $P_p = 96$ kW. As informações relativas ao TCSC são δ = 80°, $C = 25$ μF e $L = 0,4$ mH. Determine **(a)** o grau de compensação r, **(b)** a reatância capacitiva de compensação X_{comp}, **(c)** a corrente de linha, I, **(d)** a potência reativa Q_c, **(e)** o ângulo α do TCSC se a reatância capacitiva efetiva for $X_T = -40$ Ω e **(f)** faça um gráfico de $X_L(α)$ e $X_T(α)$ em relação ao ângulo α.

12.9 As informações relativas a um compensador série com um FCSC, como mostra a Figura 12.12a, são $V = 480$ V, $I = 150$ A, $f = 60$ Hz, $X = 12$ Ω e $P_C = 96$ kW. A tensão máxima através do capacitor FCSC é $V_{C(máx)} = 50$ V. Determine **(a)** o ângulo de fase δ; **(b)** o grau de compensação r; **(c)** a capacitância C; e **(d)** a reatância capacitiva X_C e o ângulo de atraso do FCSC.

REFERÊNCIAS

1. HINGORANI, N. G. "Power electronics in electric utilities: Role of power electronics in future power systems". *Proceedings of the IEEE*, v. 76, n. 4, abr. 1988.
2. HINGORANI, N. G.; GYUGYI, L. *Understanding FACTS:* Concepts and Technology of Flexible AC Transmission Systems. Piscataway, NJ: IEEE Press, 2000.
3. SONG, Y. H.; JOHNS, A. T. *Flexible AC Transmission Systems.* Londres, Reino Unido: IEE Press, 1999.
4. MOORE, P.; ASHMOLE, P. "Flexible ac transmission systems: Part 4—advanced FACTS controllers". *Power Engineering Journal*, p. 95–100, abr. 1998.
5. WATANABE, E. H.; STEPHAN, R. M.; AREDES, M. "New concepts of instantaneous active and reactive power for three phase system and generic loads". *IEEE Transactions on Power Delivery*, v. 8, n. 2, abr. 1993.
6. MORI, S. et al. "Development of a large static VAR generator using self-commutated inverters for improving power system stability". *IEEE Transactions on Power Delivery*, v. 8, n. 1, fev. 1993.
7. SCHAUDER, C. et al. "Development of a ±100 Mvar static condenser for voltage control of transmission system". *IEEE Transactions on Power Delivery*, v. 10, n. 3, jul. 1995.
8. OOI, B. T.; DAI, S. Z.; GALIANA, F. D. "A solid-state PWM phase shifter". *IEEE Transactions on Power Delivery*, v. 8, n. 2, abr. 1993.
9. GYUGYI, L. "Unified power-flow control concept for flexible AC transmission systems". *IEE Proceedings-C*, v. 139, n. 4, jul. 1992.
10. WATANABE, E. H.; BARBOSA, P. G. "Principles of operation of facts devices". *Workshop sobre FACTS —* Cigré Brasil CE 38/14, Rio de Janeiro, Brasil, p. 1–12, 6-9 nov. 1995.
11. HAN, B. M.; MOON, S. I. "Static reactive-power compensator using soft-switching current-source inverter". *IEEE Transactions on Power Electronics*, v. 48, n. 6, p. 1158–1165, dez. 2001.
12. WATANABE, E. H. et al. *Power Electronics Handbook*. Editado por M. H. Rashid. Burlington, MA: Elsevier Publishing, 2011. Capítulo 32 — Sistemas Flexíveis de Transmissão CA.

Capítulo 13

Fontes de alimentação

Após a conclusão deste capítulo, os estudantes deverão ser capazes de:

- Listar os tipos de fonte de alimentação.
- Listar as topologias dos circuitos de fontes de alimentação.
- Explicar o funcionamento das fontes de alimentação.
- Projetar e analisar fontes de alimentação.
- Enumerar os parâmetros dos circuitos magnéticos.
- Projetar e analisar transformadores e indutores.

Símbolos e seus significados

Símbolo	Significado
$f; T$	Frequência e período da forma de onda de saída, respectivamente
$i_p; i_{se}$	Corrente instantânea no primário e no secundário do transformador, respectivamente
I_O	Corrente rms de saída
$I_M; I_R$	Corrente média e rms do transistor, respectivamente
$k; n$	Ciclo de trabalho e relação de espiras, respectivamente
$L_p; L_s$	Indutância de magnetização no primário e no secundário, respectivamente
$N_p; N_s; N_r$	Espiras dos enrolamentos primário, secundário e terciário, respectivamente
$P_i; P_O$	Potência de entrada e de saída, respectivamente
$v_p; v_{se}$	Tensão instantânea no primário e no secundário do transformador, respectivamente
$v_L(t); i_L(t)$	Tensão e corrente instantânea de um indutor, respectivamente
$V_i; V_O$	Tensões rms de entrada e de saída, respectivamente
$V_p; V_{se}$	Tensões no primário e no secundário do transformador, respectivamente

13.1 INTRODUÇÃO

As fontes de alimentação, que são amplamente utilizadas em aplicações industriais, precisam em geral atender todas ou a maioria das seguintes especificações:

1. Isolação entre a fonte e a carga.
2. Alta densidade de potência para redução do tamanho e do peso.
3. Sentido do fluxo de potência controlado.
4. Alta eficiência de conversão.
5. Formas de onda de entrada e de saída com baixa distorção harmônica total para filtros pequenos.
6. Fator de potência (FP) controlado se a tensão da fonte for CA.

Os conversores de um único estágio CC-CC, CC-CA, CA-CC ou CA-CA, discutidos nos capítulos 5, 6, 10 e 11, respectivamente, não atendem a maioria dessas especificações,[13] sendo, em geral, necessárias as conversões em multiestágios. Há várias topologias possíveis de conversão, dependendo da complexidade admissível e das exigências de projeto. Somente as topologias básicas serão discutidas neste capítulo. Dependendo do tipo de tensão de saída, as fontes de alimentação podem ser classificadas em dois tipos:

1. Fontes de alimentação CC.
2. Fontes de alimentação CA.

Frequentemente, utiliza-se mais de um estágio para ambas as fontes de alimentação, CC e CA, a fim de produzir saídas com determinadas especificações desejadas. As fontes de alimentação CC podem ser classificadas em três tipos: (1) chaveada, (2) ressonante e (3) bidirecional. As chaveadas têm eficiência elevada e podem fornecer uma alta corrente de carga a uma tensão baixa. Esse tipo pode ser implementado com cinco topologias de circuito: *flyback, forward, push-pull*, meia ponte e ponte completa.

Nas fontes de alimentação ressonantes, o núcleo do transformador é sempre reinicializado e não há problemas de saturação. Os tamanhos do transformador e do filtro de saída são reduzidos por conta da alta frequência do inversor. Em algumas aplicações (por exemplo, carga e descarga de bateria) é desejável ter capacidade de fluxo bidirecional de potência.

As fontes de alimentação CA são geralmente utilizadas como auxiliares, de reserva (*standby*) para cargas críticas e em aplicações em que fontes CA normais não estão disponíveis. De forma semelhante às fontes CC, as fontes de alimentação CA podem ser classificadas em três tipos: (1) chaveada, (2) ressonante e (3) bidirecional.

13.2 FONTES DE ALIMENTAÇÃO CC

Os retificadores controlados do Capítulo 10 podem proporcionar isolação entre a entrada e a saída através de um transformador de entrada, mas o conteúdo harmônico é elevado. Os reguladores chaveados na Seção 5.9 não fornecem a isolação necessária, e a potência de saída é baixa. A prática comum é utilizar conversões em dois estágios, CC-CA e CA-CC. No caso de entrada CA, a conversão é feita em três estágios: CA-CC, CC-CA e CA-CC. A isolação é fornecida por um transformador intermediário. A conversão CC-CA pode ser realizada por modulação de largura de pulso (PWM) ou por inversores ressonantes.

13.2.1 Fontes de alimentação CC chaveadas

As fontes chaveadas têm alta eficiência e podem fornecer uma corrente de carga elevada a uma tensão baixa. Existem cinco configurações comuns para a operação chaveada ou PWM do estágio inversor (ou conversor CC-CA): *flyback, forward, push-pull*, meia ponte e ponte completa.[1,2] A saída do inversor, que é variada utilizando-se uma técnica PWM, é convertida em uma tensão CC por um retificador com diodos. Como o inversor pode operar a uma frequência muito alta, as ondulações na tensão CC de saída podem ser filtradas facilmente utilizando-se filtros pequenos. Para selecionar uma topologia adequada a uma aplicação é preciso entender as vantagens e desvantagens de cada topologia e as necessidades da aplicação. Basicamente, a maioria das topologias pode funcionar para diversas aplicações.[3,9]

13.2.2 Conversor *flyback*

A Figura 13.1a mostra o circuito de um conversor *flyback*. Há dois modos de operação: (1) modo 1, quando a chave Q_1 está ligada, e (2) modo 2, quando a chave Q_1 está desligada. As figuras 13.1b-f apresentam as formas de onda em regime permanente na operação em *modo descontínuo*. Supõe-se que a tensão de saída, como demonstra a Figura 13.1f, não tenha ondulações.

Modo 1. Esse modo começa quando a chave Q_1 é ligada e é válido para $0 < t \le kT$, sendo k o ciclo de trabalho e T, o período de chaveamento. A tensão no enrolamento primário do transformador é a tensão de entrada V_s. A corrente no primário i_p começa a crescer e armazena energia no enrolamento primário. Por conta do arranjo com polaridade oposta entre os enrolamentos de entrada e de saída do transformador, o diodo D_1 fica reversamente

FIGURA 13.1

Conversor *flyback*. (a) Circuito, (b) tensão no transistor Q_1, (c) tensão no secundário, (d) corrente no primário, (e) corrente no secundário e (f) tensão de saída.

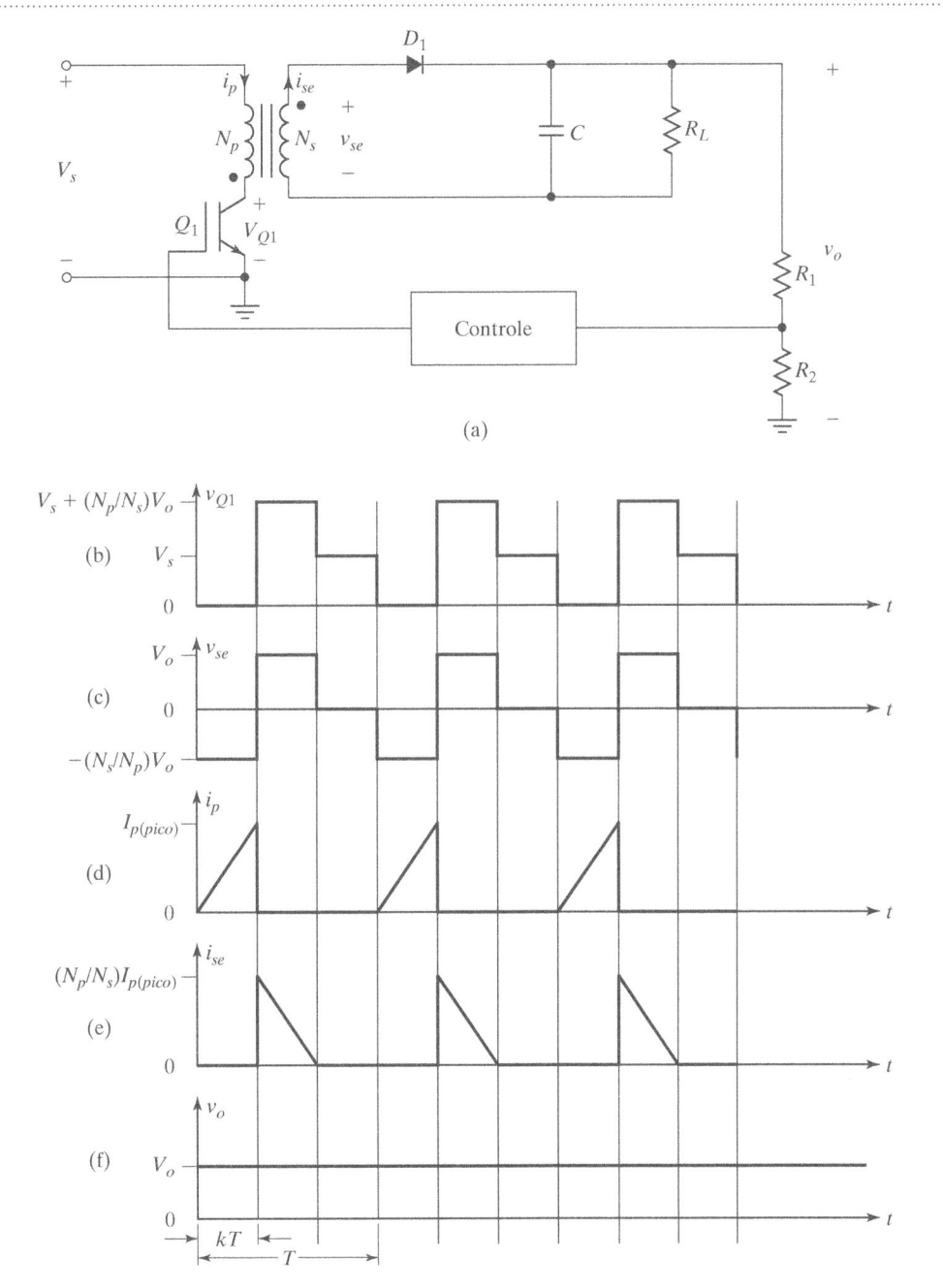

polarizado. Não há transferência de energia da entrada para a carga R_L. O capacitor de filtro de saída C mantém a tensão de saída e fornece a corrente de carga i_L. A corrente no primário i_p, que aumenta de forma linear, é dada por

$$i_p = \frac{V_s t}{L_p} \qquad (13.1)$$

onde L_p é a indutância de magnetização do primário. Ao final desse modo em $t = kT$, o pico da corrente no primário atinge um valor igual a $I_{p(pico)}$, dado por

$$I_{p(pico)} = i_p(t = kT) = \frac{V_s kT}{L_p} \qquad (13.2)$$

Modo 2. Esse modo começa quando a chave Q_1 é desligada. A polaridade dos enrolamentos se inverte por conta de i_p não conseguir mudar instantaneamente. Isso faz o diodo D_1 entrar em condução e carregar o capacitor de saída C_e também fornecer corrente para R_L. O pico da corrente no secundário $I_{se(pico)}$ é dado por

$$I_{se(pico)} = \left(\frac{N_p}{N_s}\right) I_{p(pico)} \qquad (13.3)$$

A corrente no secundário, que diminui de forma linear, é dada por

$$i_{se} = I_{se(pico)} - \frac{V_o}{L_s} t \qquad (13.4)$$

onde L_s é a indutância de magnetização do secundário. Em operação de modo descontínuo, i_{se} diminui linearmente até zero antes do início do ciclo seguinte.

Como a energia é transferida da fonte para o circuito somente durante o intervalo de tempo de 0 a kT, a potência de entrada é

$$P_i = \frac{\tfrac{1}{2} L_p I_{p(pico)}^2}{T} = \frac{(kV_s)^2}{2fL_p} \qquad (13.5)$$

Para uma eficiência de η, a potência de saída P_o pode ser encontrada a partir de

$$P_o = \eta P_i = \frac{\eta (V_s k)^2}{2fL_p} \qquad (13.6)$$

que pode ser equiparada a $P_o = V_o^2/R_L$ para que possamos encontrar a tensão de saída V_o como

$$V_o = V_s k \sqrt{\frac{\eta R_L}{2fL_p}} \qquad (13.7)$$

Assim, V_o pode permanecer constante mantendo-se o produto $V_s kT$ constante. Como o ciclo de trabalho máximo $k_{máx}$ ocorre na tensão mínima de alimentação $V_{s(mín)}$, o $k_{máx}$ permitido para o modo descontínuo pode ser encontrado a partir da Equação 13.7 como

$$k_{máx} = \frac{V_o}{V_{s(mín)}} \sqrt{\frac{2fL_p}{\eta R_L}} \qquad (13.8)$$

Portanto, V_o em $k_{máx}$ é dada por

$$V_o = V_{s(mín)} k_{máx} \sqrt{\frac{\eta R_L}{2fL_p}} \qquad (13.9)$$

Como a tensão de coletor V_{Q1} de Q_1 é máxima quando V_s também o é, a tensão máxima de coletor $V_{Q1(máx)}$, como mostra a Figura 13.1b, é dada por

$$V_{Q1(máx)} = V_{s(máx)} + \left(\frac{N_p}{N_s}\right) V_o \qquad (13.10)$$

O pico da corrente no primário $I_{p(pico)}$, que tem o mesmo valor da corrente máxima de coletor $I_{C(máx)}$ da chave Q_1, é dado por

$$I_{C(máx)} = I_{p(pico)} = \frac{2P_i}{kV_s} = \frac{2P_o}{\eta V_s k} \qquad (13.11)$$

O conversor *flyback* é em especial utilizado em aplicações inferiores a 100 W. Ele é amplamente usado para alta tensão de saída com potência um pouco baixa. Suas características essenciais são a simplicidade e o baixo custo. A chave deve ter a capacidade de suportar a tensão $V_{Q1(máx)}$ da Equação 13.10. Se a tensão for muito elevada, pode-se utilizar o conversor *flyback* com duas chaves (*double-ended*), como mostra a Figura 13.2. As duas chaves operam simultaneamente. Os diodos D_1 e D_2 são utilizados para limitar o valor da tensão máxima nas chaves a V_s.

Comparação entre os modos de operação contínuo e descontínuo. No modo contínuo de operação, a chave Q_1 é ligada antes de a corrente no secundário cair a zero. O modo contínuo consegue fornecer capacidade de potência maior para o mesmo valor da corrente de pico, $I_{p(\text{pico})}$. Isso significa que, para a mesma potência de saída, as correntes de pico no modo descontínuo são muito maiores que as do modo contínuo. Consequentemente, há a necessidade de um transistor de potência com uma especificação de corrente maior e, portanto, mais caro. Além disso, os picos maiores nas correntes no secundário no modo descontínuo podem ter um pico transitório maior no instante do desligamento. Apesar de todos esses problemas, ainda há a preferência pelo modo descontínuo. São duas as razões principais para isso. Em primeiro lugar, a indutância de magnetização inerentemente menor no modo descontínuo tem uma resposta mais rápida e um menor pico transitório da tensão de saída diante de uma mudança repentina na corrente de carga ou na tensão de entrada. Em segundo lugar, o modo contínuo apresenta um zero no semiplano direito em sua função de transferência, o que dificulta o projeto do circuito de controle por realimentação (*feedback*).[10,11]

FIGURA 13.2

Conversor *flyback* com duas chaves.

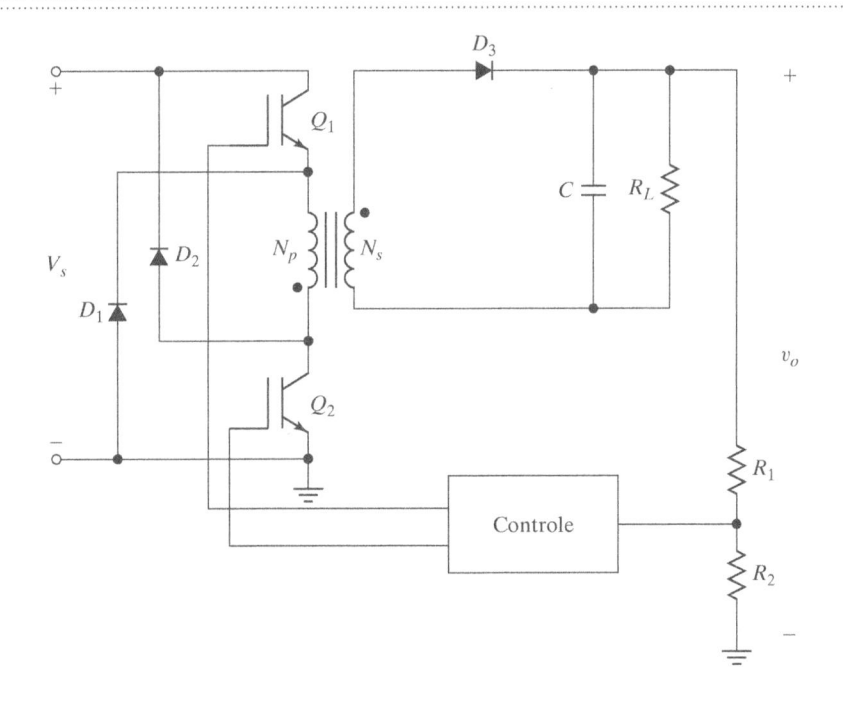

Exemplo 13.1 ▪ Determinação dos parâmetros de desempenho de um conversor *flyback*

A tensão média (ou CC) de saída do circuito *flyback* da Figura 13.1a é $V_o = 24$ V a uma carga resistiva de $R = 0{,}8\ \Omega$. O ciclo de trabalho é $k = 50\%$, e a frequência de chaveamento, $f = 1$ kHz. As quedas de tensão em condução dos transistores e diodos são $V_t = 1{,}2$ V e $V_d = 0{,}7$ V, respectivamente. A relação de espiras do transformador é $a = N_s/N_p = 0{,}25$. Determine (a) a corrente média de entrada I_s; (b) a eficiência η; (c) a corrente média do transistor I_M; (d) a corrente de pico do transistor I_p; (e) a corrente rms do transistor I_R; (f) a tensão de circuito aberto do transistor V_{oc}; e (g) o indutor de magnetização do primário L_p. Despreze as perdas no transformador e a ondulação de corrente na carga.

Solução

$$a = N_s/N_p = 0{,}25 \text{ e } I_o = V_o/R = 24/0{,}8 = 30 \text{ A}.$$

a. A potência de saída $P_o = V_o I_o = 24 \times 30 = 720$ W. A tensão no secundário $V_2 = V_o + V_d = 24 + 0{,}7 = 24{,}7$ V. A tensão no primário $V_1 = V_2/a = 24{,}7/0{,}25 = 98{,}8$ V. A tensão de entrada é então determinada por $V_s = (V_1 + V_t) \times (1-k)/k = 98{,}8 + 1{,}2 = 100$ V e a potência de entrada é

$$P_i = V_s I_s = 1{,}2 I_M + V_d I_o + P_o$$

Substituindo $I_M = I_s$, obtém-se

$$I_s(100 - 1{,}2) = 0{,}7 \times 30 + 720$$

$$I_s = \frac{741}{98{,}8} = 7{,}5 \text{ A}$$

b. $P_i = V_s I_s = 100 \times 7{,}5 = 750$ W. A eficiência $\eta = 720/750 = 96{,}0\%$.
c. $I_M = I_s = 7{,}5$ A.
d. $I_p = 2 I_M/k = 2 \times 7{,}5/0{,}5 = 30$ A.
e. $I_R = \sqrt{k/3} I_p = \sqrt{0{,}5/3} \times 30 = 12{,}25$ A, para um ciclo de trabalho de 50% (conforme demonstrado na Seção 1.5).
f. $V_{oc} = V_s + V_1 = 100 + 98{,}8 = 198{,}8$ V.
g. Utilizando a Equação 13.2 para I_p, obtém-se $L_p = V_s k/(fI_p) = 100 \times 0{,}5/(1 \times 10^3 \times 30) = 1{,}67$ mH.

13.2.3 Conversor *forward*

O conversor *forward*, ou *conversor direto*, é semelhante ao *flyback*. O núcleo do transformador é desmagnetizado através de um enrolamento de reinicialização, como mostra a Figura 13.3a, em que a energia armazenada no núcleo do transformador é devolvida para a fonte, e assim a eficiência é aumentada. O ponto no enrolamento secundário do transformador tem uma disposição, tal que o diodo de saída D_2 é diretamente polarizado quando a tensão sobre o primário é positiva, ou seja, quando o transistor está ligado. Portanto, a energia não é armazenada na indutância primária, como no *flyback*. O transformador atua de maneira estrita como um transformador ideal. Diferentemente do *flyback*, o conversor *forward* opera no modo contínuo. No modo descontínuo, o conversor *forward* é mais difícil de controlar por causa do polo duplo existente no filtro de saída. Há dois modos de operação: (1) modo 1, quando a chave Q_1 está ligada, e (2) modo 2, quando Q_1 está desligada. As figuras 13.3 b–g mostram as formas de onda em regime permanente durante a operação em modo contínuo. Supõe-se que a tensão de saída, como indica a Figura 13.3g, não tem ondulações.

Modo 1. Esse modo começa quando a chave Q_1 liga. A tensão no enrolamento primário do transformador é V_s. A corrente no primário i_p começa a aumentar e transfere energia do enrolamento primário para o secundário e para o filtro $L_1 C$ e a carga R_L através do diodo retificador D_2, que é polarizado diretamente.

A corrente no secundário I_{se} é refletida para o primário como I_p, como apresenta a Figura 13.4, dada por

$$i_p = \frac{N_s}{N_p} i_{se} \tag{13.12}$$

A corrente de magnetização no primário i_{mag}, que cresce de forma linear, é

$$I_{mag} = \frac{V_s}{L_p} t \tag{13.13}$$

FIGURA 13.3

Conversor *forward*. (a) Circuito, (b) tensão no primário, (c) tensão no transistor, (d) corrente no primário, (e) corrente do diodo D_3, (f) corrente do indutor L_1 e (g) tensão de saída.

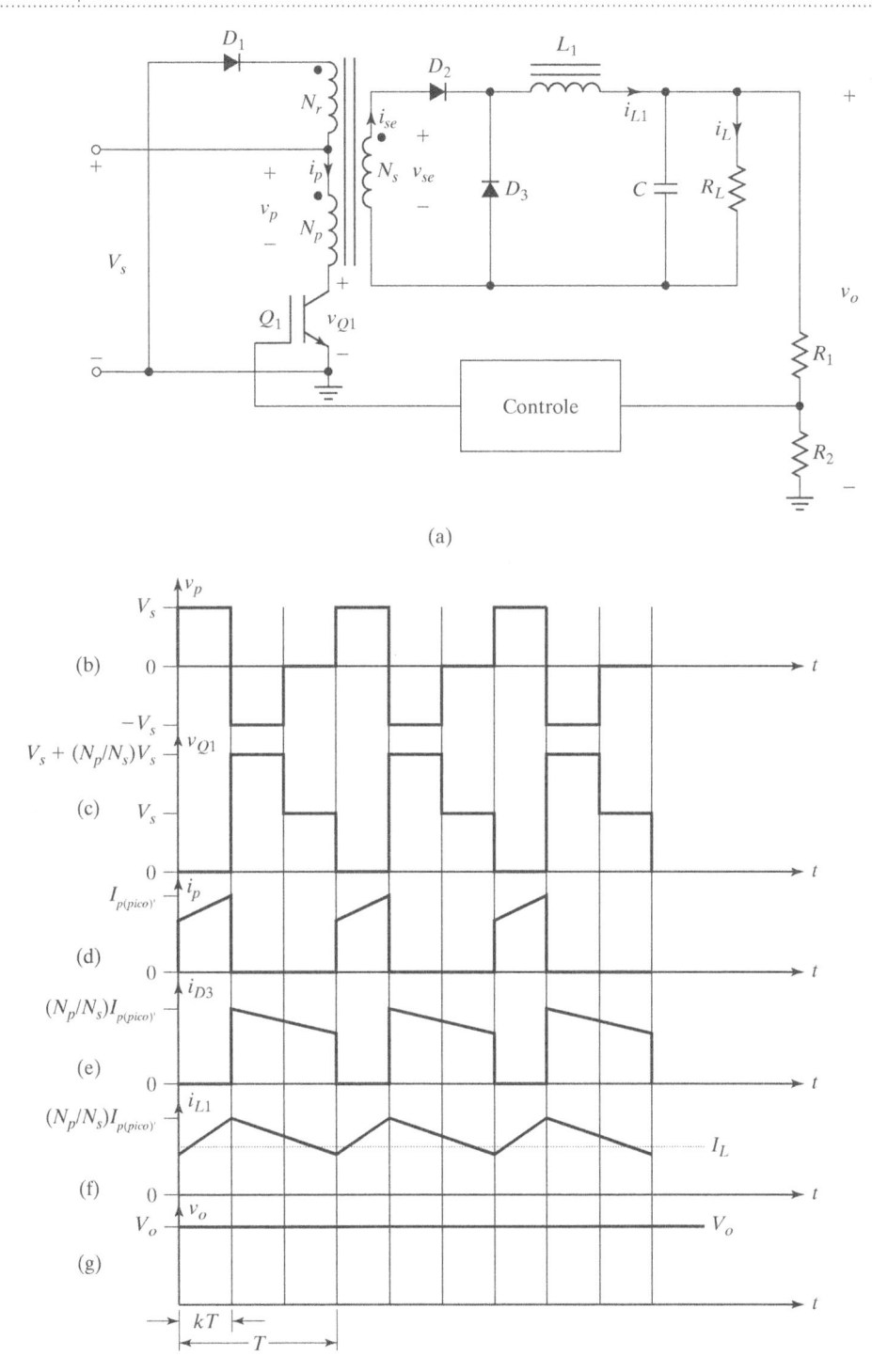

FIGURA 13.4
Componentes da corrente no enrolamento primário.

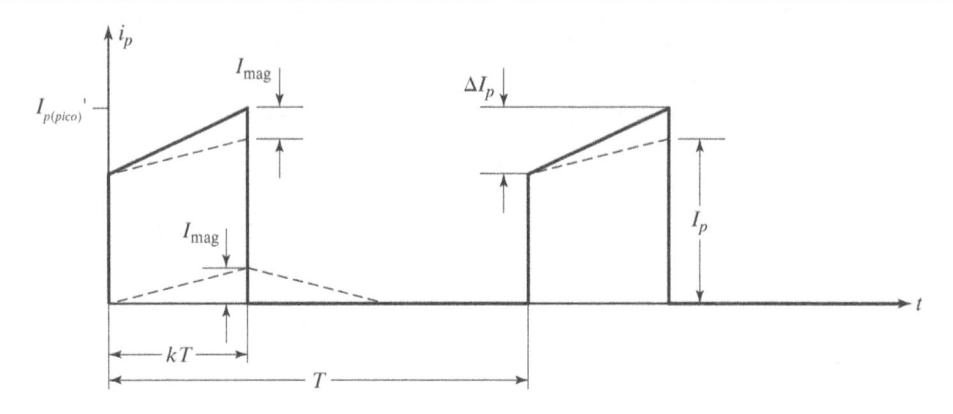

Assim, a corrente total no primário i'_p é dada por

$$i'_p = i_p + i_{mag} = \frac{N_s}{N_p} i_{se} + \frac{V_s}{L_p} t \qquad (13.14)$$

Ao final do modo 1 em $t = kT$, a corrente total no primário atinge um valor de pico $I'_{p(pico)}$ dado por

$$I'_{p(pico)} = I_{p(pico)} + \frac{V_s kT}{L_p} \qquad (13.15)$$

onde $I_{p(pico)}$ é a corrente de pico do indutor de saída L_1 refletida a partir do secundário, sendo

$$I_{p(pico)} = \left(\frac{N_p}{N_s}\right) I_{L1(pico)} \qquad (13.16)$$

A tensão desenvolvida sobre o enrolamento secundário é

$$V_{se} = \frac{N_s}{N_p} V_s \qquad (13.17)$$

Como a tensão sobre o indutor de saída L_1 é $V_{se} - V_o$, sua corrente i_{L1} aumenta de forma linear a uma taxa de

$$\frac{di_{L1}}{dt} = \frac{V_{se} - V_o}{L_1}$$

que dá o pico da corrente de saída do indutor $I_{L1(pico)}$ em $t = kT$ como

$$I_{L1(pico)} = I_{L1}(0) + \frac{(V_{se} - V_o) kT}{L_1} \qquad (13.18)$$

Modo 2. Esse modo começa quando Q_1 desliga. A polaridade da tensão do transformador se inverte. Isso faz que D_2 bloqueie e D_1 e D_3 entrem em condução. Enquanto D_3 está conduzindo, a energia é fornecida para R_L através do indutor L_1. O diodo D_1 e o enrolamento terciário proporcionam um caminho para que a corrente de magnetização volte para a entrada. A corrente i_{L1} através do indutor L_1, que é igual à corrente i_{D3} através do diodo D_3, diminui linearmente, sendo dada por

$$i_{L1} = i_{D3} = I_{L1(pico)} - \frac{V_o}{L_1} t \quad \text{para } 0 < t \leq (1-k)T \qquad (13.19)$$

o que dá $I_{L1}(0) = i_{L1}(t = (1-k)T) = I_{L1(pico)} - V_o(1-k)T/L_1$ no modo contínuo de operação. A tensão de saída V_o, que é a integral no tempo da tensão no enrolamento secundário, é dada por

$$V_o = \frac{1}{T}\int_0^{kT} \frac{N_s}{N_p} V_{se}\, dt = \frac{N_s}{N_p} V_{se} k \qquad (13.20)$$

A corrente máxima de coletor $I_{C(máx)}$ durante a condução da chave é igual a $I'_{p(pico)}$, sendo dada por

$$I_{C(máx)} = I'_{p(pico)} = \left(\frac{N_p}{N_s}\right) I_{L1(pico)} + \frac{V_s kT}{L_p} \qquad (13.21)$$

A tensão máxima do coletor no desligamento, $V_{Q1(máx)}$, que é igual à máxima tensão de entrada, $V_{s(máx)}$, mais a tensão máxima sobre o terciário $V_{r(máx)}$, é dada por

$$V_{Q1(máx)} = V_{s(máx)} + V_{r(máx)} = V_{s(máx)}\left(1 + \frac{N_p}{N_r}\right) \qquad (13.22)$$

Equiparando a integral no tempo da tensão de entrada quando Q_1 está ligado com a tensão de grampeamento V_r enquanto Q_1 está desligado, obtém-se

$$V_s kT = V_r(1-k)T \qquad (13.23)$$

que, após substituir V_r/V_s por N_r/N_p, dá o ciclo de trabalho máximo $k_{máx}$ como

$$k_{máx} = \frac{1}{1 + N_r/N_p} \qquad (13.24)$$

Assim, $k_{máx}$ depende da relação de espiras entre o enrolamento de reinicialização e o primário. O ciclo de trabalho k deve ser mantido abaixo do máximo $k_{máx}$ para evitar a saturação do transformador. A corrente de magnetização do transformador precisa ser zerada ao final de cada ciclo. Caso contrário, o transformador pode ser levado à saturação, o que pode provocar danos na chave. Como mostra a Figura 13.3a, um enrolamento terciário é adicionado ao transformador para que a corrente de magnetização possa retornar à fonte de entrada V_s quando o transistor desligar.

O conversor *forward* é bastante utilizado com potência de saída inferior a 200 W, embora possa facilmente ser construído com uma potência de saída muito maior. As limitações se devem à incapacidade do transistor de potência de lidar com esforços de tensão e corrente. A Figura 13.5 mostra um conversor *forward* com duas chaves (*double-ended*). O circuito utiliza dois transistores que são ligados e desligados simultaneamente. Os diodos são utilizados para restringir a tensão máxima do coletor a V_s. Assim, pode-se usar transistores com especificação de tensão baixa.

Comparação entre os conversores *flyback* e *forward*. Diferentemente do *flyback*, o conversor *forward* requer uma carga mínima na saída. Caso contrário, pode-se produzir um excesso de tensão nesse local. Para evitar essa situação, é necessário conectar permanentemente uma grande resistência de carga ao longo dos terminais de saída. Como o conversor *forward* não armazena energia no transformador, para a mesma faixa de potência de saída o tamanho do transformador pode ser menor do que para o *flyback*. A corrente de saída é razoavelmente constante por conta da ação do indutor de saída e do diodo de roda livre D_3. Em consequência, o capacitor de filtro de saída pode ser menor, e sua especificação de ondulação de corrente, muito menor do que a necessária para o *flyback*.

Exemplo 13.2 ▪ **Determinação dos parâmetros de desempenho de um conversor *forward***

A tensão média (ou CC) de saída do conversor *forward* da Figura 13.3a é $V_o = 24$ V a uma carga resistiva de $R = 0,8\ \Omega$. As quedas de tensão em condução de transistores e diodos são $V_t = 1,2$ V e $V_d = 0,7$ V, respectivamente. O ciclo de trabalho é $k = 40\%$, e a frequência de chaveamento, $f = 1$ kHz. A tensão CC de alimentação é $V_s = 12$ V. O valor pico a pico da ondulação da corrente no primário é 11% da corrente média de entrada. Determine **(a)** a corrente média de entrada I_s; **(b)** a eficiência η; **(c)** a corrente média do transistor I_M; **(d)** o pico da corrente do transistor I_p; **(e)** a corrente rms do transistor I_R; **(f)** a tensão de circuito aberto do transistor V_{oc}; **(g)** o indutor de saída L_1 para manter a corrente de ondulação pico a pico em 4% de seu valor médio; e **(h)** o indutor de magnetização do primário L_p. Despreze as perdas no transformador.

FIGURA 13.5
Conversor *forward* com duas chaves.

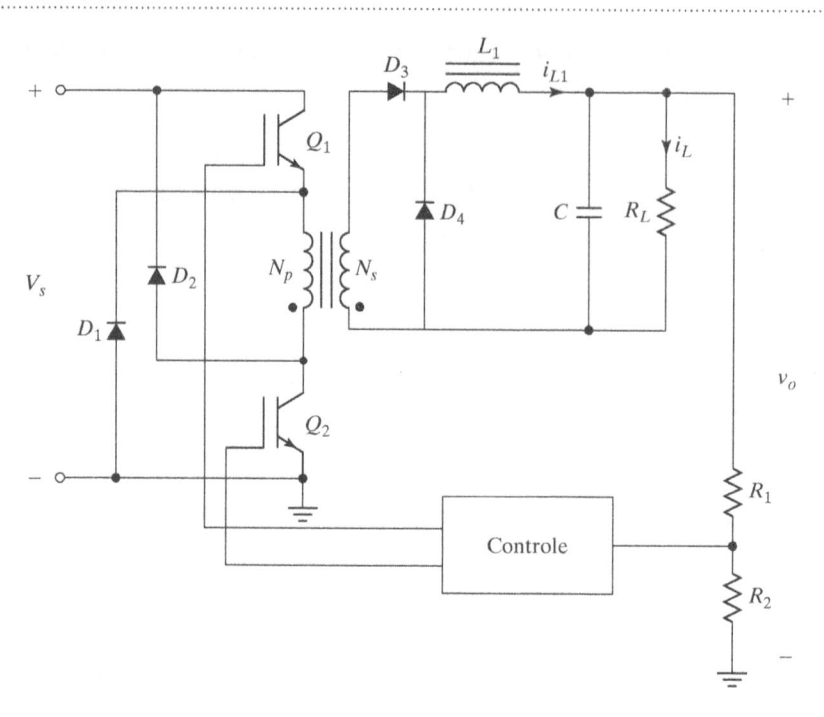

Solução

$$I_o = V_o/R = 24/0{,}8 = 30 \text{ A}.$$

a. A potência de saída $P_o = V_o I_o = 24 \times 30 = 720$ W. A tensão no secundário é $V_2 = (V_o + V_d)/k = (24 + 0{,}7)/0{,}4 = 61{,}75$ V. A tensão no primário é $V_1 = V_s - V_t = 12 - 1{,}2 = 10{,}8$ V. A relação de espiras é $a = V_2/V_1 = 61{,}75/10{,}8 = 5{,}72$. A potência de entrada é $P_i = V_s I_s = V_t I_s + V_d I_o + P_o$. Assim

$$I_s = \frac{V_d I_o + P_o}{V_s - V_t} = \frac{0{,}7 \times 30 + 720}{12 - 1{,}2} = 68{,}61 \text{ A}$$

b. $P_i = V_s I_s = 12 \times 68{,}61 = 823$ W. A eficiência $\eta = 720/823 = 87{,}5\%$.
c. $I_M = I_s = 68{,}61$ A.
d. $\Delta I_p = 0{,}11 \times I_s = 0{,}11 \times 68{,}61 = 7{,}55$ A. O pico de corrente no transistor é: $I_p = (I_s/k) + (\Delta I_p/2) = 175{,}3$ A.
e. Utilizando a Figura 1.10e, $I_R = \sqrt{k(I_p^2 + \Delta I_p^2/3 - \Delta I_p I_p)} = \sqrt{0{,}4 \times [68{,}61^2 + 7{,}55^2/3 + 7{,}55 \times 68{,}61)} = 108{,}49$ A.
f. $V_{oc} = V_s + V_1 = 22{,}8$ V.
g. $\Delta I_{L1} = 0{,}04 \times I_o = 0{,}04 \times 30 = 1{,}2$ A.

Utilizando a Equação 13.18, $L_1 = \dfrac{(V_o + V_d)k}{f \Delta I_{L1}} = \dfrac{(24 + 0{,}7) \times 0{,}4}{1 \times 10^3 \times 1{,}2} = 12{,}35$ mH

h. Utilizando a Equação 13.15, $\Delta I_p = a \times \Delta I_{L1} + (V_s - V_t)kT/L_p$, que dá

$$L_p = \frac{(V_s - V_t)k}{f(\Delta I_p - a \times \Delta I_{L1})} = \frac{(12 - 1{,}2) \times 0{,}4}{1 \times 10^3 \times (7{,}55 - 5{,}72 \times 1{,}2)} = 6{,}3 \text{ mH}$$

13.2.4 Conversor *push-pull*

A configuração *push-pull* é mostrada na Figura 13.6. Quando Q_1 é ligada, V_s aparece sobre metade do enrolamento primário. Quando Q_2 é ligada, $-V_s$ é aplicada sobre a outra metade do transformador. A tensão do enrolamento primário oscila de $-V_s$ a V_s. A corrente média através do transformador deve ser zero, em termos ideais. A tensão média de saída é

$$V_o = V_2 = \frac{N_s}{N_p}V_1 = aV_1 = aV_s \qquad (13.25)$$

As chaves Q_1 e Q_2 operam com ciclo de trabalho de 50%. A tensão de circuito aberto é $V_{oc} = 2V_s$, a corrente média de um transistor, $I_M = I_s/2$ e a corrente de pico do transistor, $I_p = I_s$. Como a tensão de circuito aberto do transistor é o dobro da tensão de alimentação, essa configuração é adequada para aplicações de baixa tensão.

O conversor *push-pull* é geralmente acionado por uma fonte de corrente constante I_s, de modo que a corrente no primário seja uma onda quadrada que produz uma tensão no secundário.

FIGURA 13.6
Configuração do conversor *push-pull*.

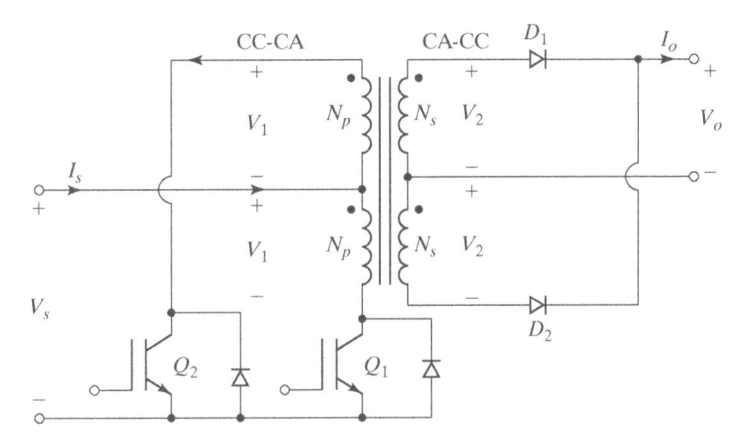

Exemplo 13.3 ▪ Determinação dos parâmetros de desempenho de um conversor *push-pull*

A tensão média (ou CC) de entrada de um circuito *push-pull* na Figura 13.6 é $V_o = 24$ V a uma carga resistiva de $R = 0,8\ \Omega$. As quedas de tensão em condução de transistores e diodos são $V_t = 1,2$ V e $V_d = 0,7$ V, respectivamente. A relação de espiras do transformador é $a = N_s/N_p = 0,25$. Determine **(a)** a corrente média de entrada I_s; **(b)** a eficiência η; **(c)** a corrente média do transistor I_M; **(d)** a corrente de pico do transistor I_p; **(e)** a corrente rms do transistor I_R; e **(f)** a tensão de circuito aberto do transistor V_{oc}. Despreze as perdas no transformador, e a corrente de ondulação da carga e da alimentação de entrada é insignificante. Suponha um ciclo de trabalho $k = 0,5$.

Solução

$$a = N_s/N_p = 0,25 \text{ e } I_o = V_o/R = 24/0,8 = 30 \text{ A}.$$

a. A potência de saída é $P_o = V_o I_o = 24 \times 30 = 720$ W. A tensão no secundário é $V_2 = V_o + V_d = 24 + 0,7 = 24,7$ V. Já a tensão no primário é $V_1 = V_2/a = 24,7/0,25 = 98,8$ V. Por fim, a tensão de entrada é $V_s = V_1 + V_t = 98,8 + 1,2 = 100$ V, e a potência de entrada,

$$P_i = V_s I_s = 1,2I_M + 1,2I_M + V_d I_o + P_o$$

Substituindo $I_M = I_s/2$, obtém-se

$$I_s(100 - 1{,}2) = 0{,}7 \times 30 + 720$$

$$I_s = \frac{741}{98{,}8} = 7{,}5 \text{ A}$$

b. $P_i = V_s I_s = 100 \times 7{,}5 = 750$ W. A eficiência $\eta = 720/750 = 96{,}0\%$.
c. $I_M = I_s/2 = 7{,}5/2 = 3{,}75$ A.
d. $I_p = I_s = 7{,}5$ A.
e. $I_R = \sqrt{k}I_p = \sqrt{0{,}5} \times 7{,}5 = 5{,}30$ A, para um ciclo de trabalho de 50%.
f. $V_{oc} = 2V_s = 2 \times 100 = 200$ V.

13.2.5 Conversor meia ponte

A Figura 13.7a mostra a configuração básica de um conversor meia ponte (*half-bridge*). Esse conversor pode ser visto como dois conversores *forward* conectados *back-to-back*, alimentados pela mesma tensão de entrada; cada um deles fornecendo energia para a carga alternadamente a cada semiciclo. Os capacitores C_1 e C_2 são colocados entre os terminais de entrada, de modo que a tensão sobre o enrolamento primário seja sempre metade da tensão de entrada, $V_s/2$.

Há quatro modos de operação: (1) modo 1, quando a chave Q_1 está ligada e a chave Q_2 está desligada; (2) modo 2, quando ambas as chaves Q_1 e Q_2 estão desligadas; (3) modo 3, quando a chave Q_1 está desligada e a chave Q_2, ligada; e (4) modo 4, quando ambas as chaves Q_1 e Q_2 estão novamente desligadas. As chaves Q_1 e Q_2 são ligadas e desligadas de modo a produzir uma onda quadrada CA no primário do transformador. Essa onda quadrada é abaixada ou elevada pelo transformador de isolação, e depois retificada pelos diodos D_1 e D_2. A tensão retificada é posteriormente filtrada para produzir a tensão de saída V_o. As figuras 13.7b-g mostram as formas de onda em regime permanente na operação em modo contínuo.

Modo 1. Durante esse modo, Q_1 está ligada e Q_2, desligada, D_1 conduz e D_2 está inversamente polarizado. A tensão no primário V_p é $V_s/2$. A corrente no primário i_p começa a aumentar e armazena energia no enrolamento primário. Essa energia é transferida diretamente para o secundário, para o filtro L_1C e para a carga R_L através do diodo retificador D_1.

A tensão sobre o enrolamento secundário é dada por

$$V_{se} = \frac{N_{s1}}{N_p}\left(\frac{V_s}{2}\right) \tag{13.26}$$

A tensão sobre o indutor de saída é, então, dada por

$$v_{L1} = \frac{N_{s1}}{N_p}\left(\frac{V_s}{2}\right) - V_o \tag{13.27}$$

A corrente no indutor i_{L1} sobe de modo linear a uma taxa de

$$\frac{di_{L1}}{dt} = \frac{v_{L1}}{L_1} = \frac{1}{L_1}\left[\frac{N_{s1}}{N_p}\left(\frac{V_s}{2}\right) - V_o\right]$$

que dá a corrente de pico no indutor $I_{L1(\text{pico})}$ ao final desse modo em $t = kT$ como

$$I_{L1(\text{pico})} = I_{L1}(0) + \frac{1}{L_1}\left[\frac{N_{s1}}{N_p}\left(\frac{V_s}{2}\right) - V_o\right]kT \tag{13.28}$$

FIGURA 13.7

Conversor meia ponte. (a) Circuito, (b) tensão no primário, (c) tensão no transistor Q_2, (d) tensão no transistor Q_1, (e) corrente no primário, (f) corrente no indutor L_1 e (g) tensão de saída do retificador.

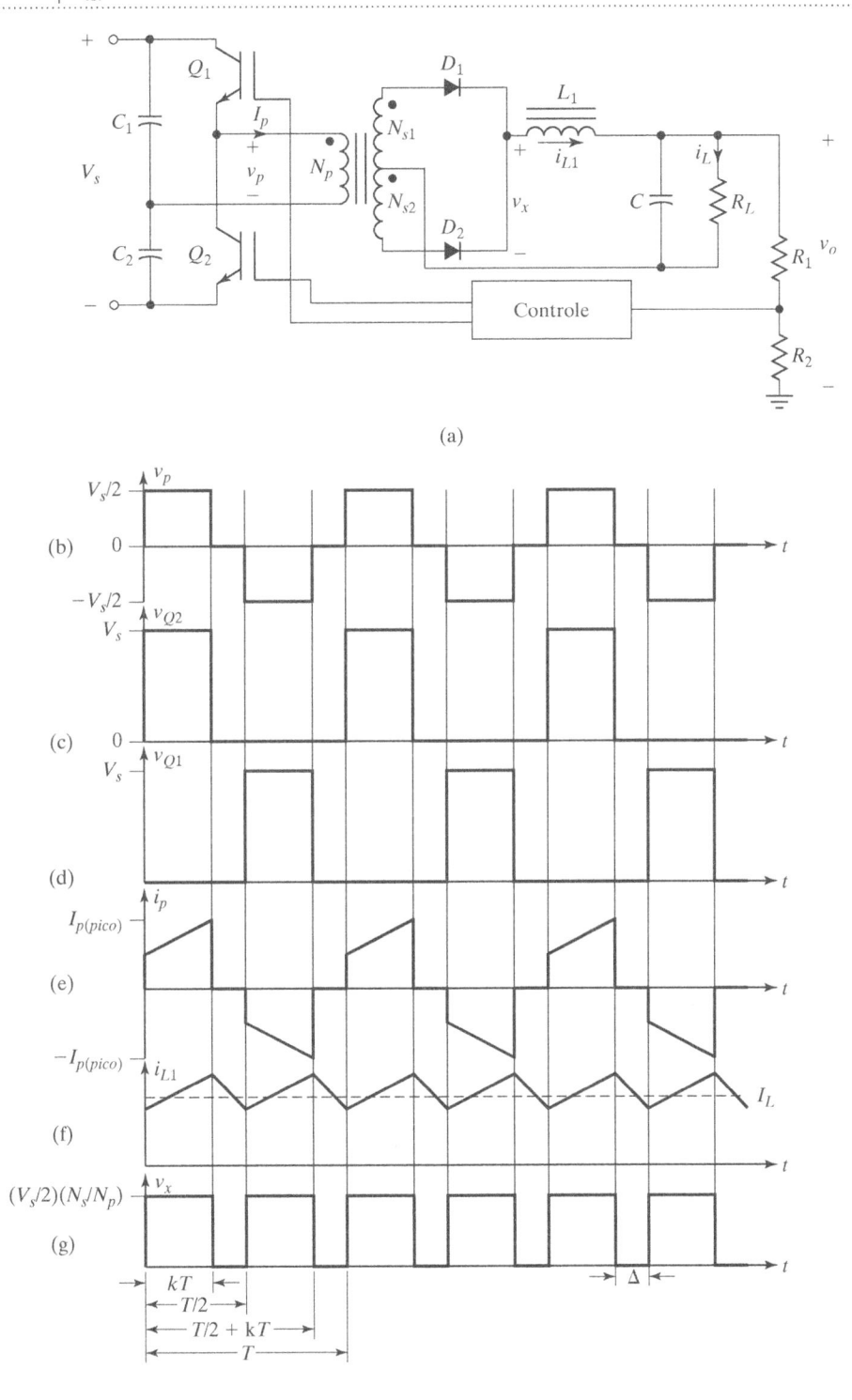

Modo 2. Esse modo é válido para $kT < t \leq T/2$. Durante esse modo, Q_1 e Q_2 estão desligadas, e D_1 e D_2 são forçados a conduzir a corrente de magnetização produzida no modo 1. Redefinindo a origem do tempo para o início desse modo, a taxa de queda de i_{L1} é dada por

$$\frac{di_{L1}}{dt} = -\frac{V_o}{L_1} \quad \text{para} \quad 0 < t \leq (0{,}5 - k)\,T \tag{13.29}$$

que dá $I_{L1}(0) = i_{L1}[t = (0{,}5 - k)T] = I_{L1(\text{pico})} - V_o(0{,}5 - k)T/L_1$.

Modos 3 e 4. Durante o modo 3, Q_1 está desligada e Q_2, ligada; D_1 está inversamente polarizado e D_2 conduz. A tensão no primário V_p agora é $-V_s/2$. O circuito opera da mesma maneira que no modo 1, seguido pelo modo 4, que é semelhante ao modo 2.

A tensão de saída V_o pode ser obtida a partir da integral no tempo da tensão no indutor v_{L1}, ao longo do período de chaveamento T. Isto é,

$$V_o = 2 \times \frac{1}{T}\left[\int_0^{kT}\left(\frac{N_{s1}}{N_p}\left(\frac{V_s}{2}\right) - V_o\right)dt + \int_{T/2}^{T/2+kT} -V_o\,dt\right]$$

que dá V_o como

$$V_o = \frac{N_{s1}}{N_p}V_s k \tag{13.30}$$

A potência de saída P_o é dada por

$$P_o = V_o I_L = \eta P_i = \eta \frac{V_s I_{p(\text{med})} k}{2}$$

que dá

$$I_{p(\text{med})} = \frac{2P_o}{\eta V_s k} \tag{13.31}$$

onde $I_{p(\text{med})}$ é a corrente média no primário. Supondo que a corrente de carga no secundário refletida para o lado primário é muito maior do que a corrente de magnetização, as correntes máximas de coletor para Q_1 e Q_2 são obtidas de

$$I_{C(\text{máx})} = I_{p(\text{med})} = \frac{2P_o}{\eta V_s k_{\text{máx}}} \tag{13.32}$$

As tensões máximas de coletor para Q_1 e Q_2 durante o período que estão desligadas são dadas por

$$V_{C(\text{máx})} = V_{s(\text{máx})} \tag{13.33}$$

O ciclo de trabalho k nunca pode ser maior do que 50%. O conversor meia ponte é amplamente utilizado em aplicações de média potência. Por conta de sua característica de equilíbrio no núcleo, o conversor meia ponte é a principal opção para potências de saída de 200 a 400 W.

Comparação entre os conversores *forward* e meia ponte. Em um conversor meia ponte, o esforço de tensão imposto sobre os transistores de potência está sujeito apenas à tensão de entrada, e é somente metade do que ocorre em um conversor *forward*. Assim, a potência de saída de um conversor meia ponte é duas vezes maior que a de um conversor *forward* para os mesmos dispositivos semicondutores e núcleo magnético. Pelo fato de o conversor meia ponte ser mais complexo, os conversores *flyback* ou *forward* são considerados uma opção melhor e mais barata para uma aplicação inferior a 200 W. Acima de 400 W, a corrente no primário e na chave do conversor meia ponte se torna muito elevada. Assim, ele se torna inadequado para aplicações de alta potência.

Observação: o emissor de Q_1 não está ligado aos terra, e sim a uma tensão CA elevada. Portanto, o circuito de acionamento de Q_1 deve ser isolado do terra por meio de transformadores ou de outros dispositivos de acoplamento.

13.2.6 Conversor ponte completa

A Figura 13.8a mostra a configuração básica de um conversor ponte completa (*full-bridge*) com quatro chaves de potência.[4] Existem quatro modos de operação: (1) modo 1, quando as chaves Q_1 e Q_4 estão ligadas, enquanto Q_2 e Q_3 estão desligadas; (2) modo 2, quando todas as chaves estão desligadas; (3) modo 3, quando as chaves Q_1 e Q_4 estão desligadas, enquanto Q_2 e Q_3 estão ligadas; e (4) modo 4, quando todas as chaves estão desligadas. As chaves são ligadas e desligadas de modo a produzir uma onda quadrada CA no primário do transformador. A tensão de saída é abaixada (ou elevada), retificada e, em seguida, filtrada para produzir uma tensão CC de saída. O capacitor C_1 é utilizado para equilibrar as integrais "volt-segundo" durante os dois semiciclos e impedir que o transformador seja levado à saturação. As figuras 13.8b-g mostram as formas de onda em regime permanente na operação em modo contínuo.

Modo 1. Durante esse modo, Q_1 e Q_4 estão ligadas. A tensão sobre o enrolamento secundário é

$$V_{se} = \frac{N_s}{N_p} V_s \tag{13.34}$$

A tensão sobre o indutor de saída L_1 é dada por

$$v_{L1} = \frac{N_s}{N_p} V_s - V_o \tag{13.35}$$

A corrente no indutor i_{L1} cresce de modo linear a uma taxa de

$$\frac{di_{L1}}{dt} = \frac{v_{L1}}{L_1} = \frac{1}{L_1}\left[\frac{N_s}{N_p} V_s - V_o\right] \tag{13.36}$$

que dá a corrente de pico no indutor $i_{L1(pico)}$ ao final desse modo em $t = kT$ como

$$I_{L1(pico)} = I_{L1}(0) + \frac{1}{L_1}\left[\frac{N_s}{N_p} V_s - V_o\right]kT \tag{13.37}$$

Modo 2. Esse modo é válido para $kT < t \leq T/2$. Durante esse modo, todas as chaves estão desligadas, enquanto D_1 e D_2 são forçados a conduzir a corrente de magnetização do final do modo 1. Redefinindo a origem do tempo para o início desse modo, a taxa de queda de i_{L1} é dada por

$$\frac{di_{L1}}{dt} = -\frac{V_o}{L_1} \qquad \text{para } 0 < t \leq (0{,}5 - k)T \tag{13.38}$$

que dá $I_{L1}(0) = i_{L1}[t = (0{,}5 - k)T] = I_{L1(pico)} - V_o(0{,}5 - k)T/L_1$.

Modos 3 e 4. Durante o modo 3, Q_2 e Q_3 estão ligadas, enquanto Q_1 e Q_4 estão desligadas; D_1 é inversamente polarizado e D_2 conduz. A tensão sobre o primário V_p é V_s. O circuito opera da mesma maneira que no modo 1, seguido pelo modo 4, que é semelhante ao modo 2.

A tensão de saída V_o pode ser obtida a partir da integral no tempo da tensão no indutor v_{L1}, ao longo do período de chaveamento T. Isto é,

$$V_o = 2 \times \frac{1}{T}\left[\int_0^{kT}\left(\frac{N_s}{N_p} V_s - V_o\right)dt + \int_{T/2}^{T/2+kT} -V_o\, dt\right]$$

que dá V_o como

$$V_o = \frac{N_s}{N_p} 2V_s k \tag{13.39}$$

A potência de saída P_o é dada por

$$P_o = \eta P_i = \eta V_s I_{p(med)} k$$

FIGURA 13.8

Conversor ponte completa. (a) Circuito, (b) tensão no primário, (c) tensão no transistor Q_1, (d) tensão no transistor Q_2, (e) tensão de saída do retificador, (f) corrente no primário e (g) corrente no indutor L_1.

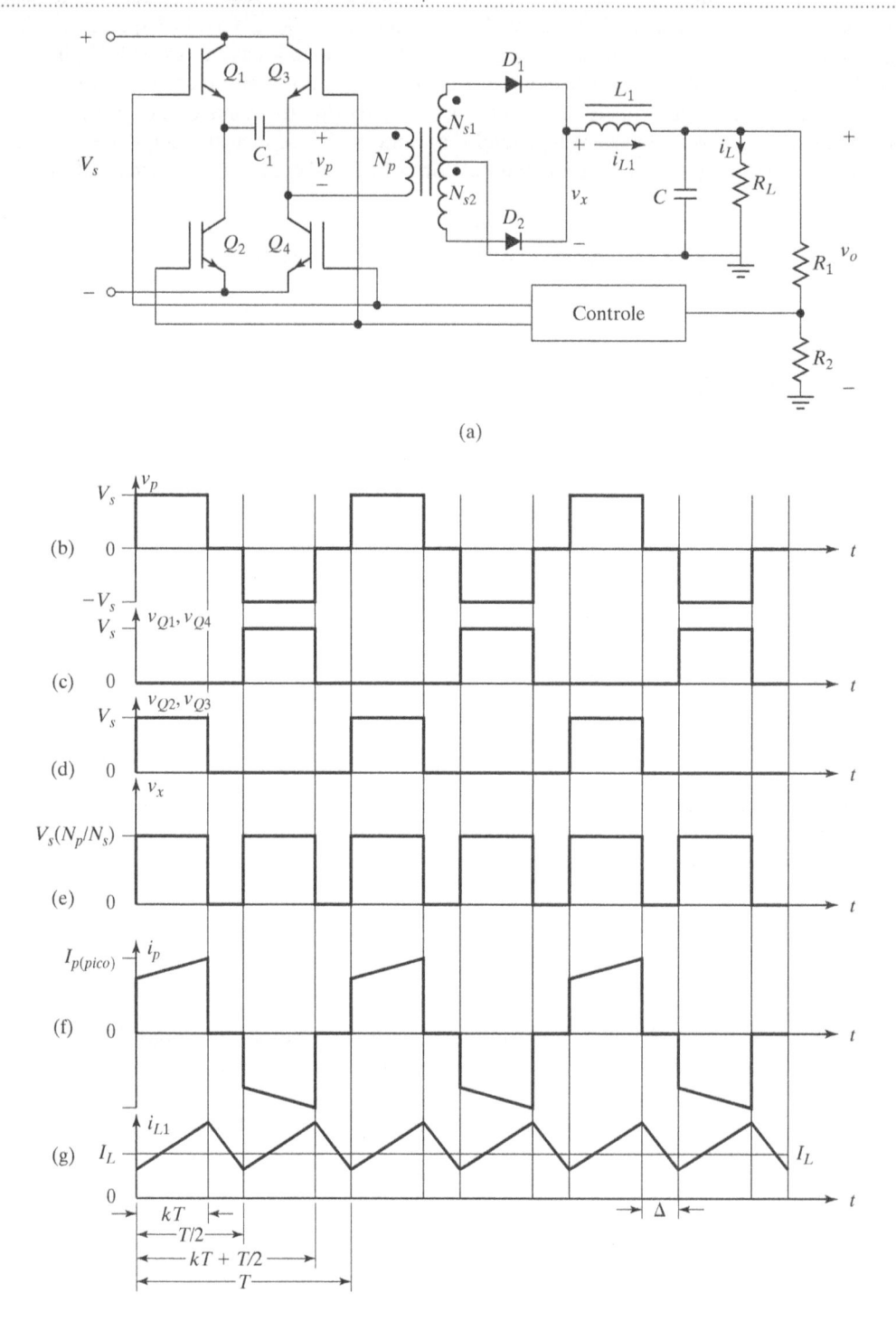

que dá

$$I_{p(\text{med})} = \frac{P_o}{\eta V_s k} \tag{13.40}$$

onde $I_{p(\text{med})}$ é a corrente média no primário. Desprezando a corrente de magnetização, as correntes máximas de coletor para Q_1, Q_2, Q_3 e Q_4 são dadas por

$$I_{C(\text{máx})} = I_{p(\text{med})} = \frac{P_o}{\eta V_s k_{\text{máx}}} \tag{13.41}$$

A tensão máxima do coletor para Q_1, Q_2, Q_3 e Q_4 durante o desligamento é dada por

$$V_{C(\text{máx})} = V_{s(\text{máx})} \tag{13.42}$$

O conversor em ponte completa é utilizado em aplicações de alta potência, diversificando-se de várias centenas a vários milhares de quilowatts. Ele utiliza de forma mais eficiente o núcleo magnético e as chaves semicondutoras. A ponte completa é complexa e, portanto, cara para construir; ela geralmente só se justifica em aplicações acima de 500 W.

Comparação entre os conversores meia ponte e ponte completa. A ponte completa utiliza quatro chaves de potência em vez de duas, como no caso da meia ponte. Por isso, necessita de mais dois comandos de porta e enrolamentos secundários no transformador de pulso para o circuito de acionamento. Comparando a Equação 13.41 com a Equação 13.32 para a mesma potência de saída, a corrente máxima do coletor de uma ponte completa é somente metade da corrente da meia ponte. Portanto, a potência de saída de uma ponte completa é o dobro da potência da meia ponte com a mesma tensão e a mesma corrente de entrada.

Observação: os terminais do emissor de Q_1 e Q_3 não estão ligados ao terra, e sim a uma tensão CA elevada. Portanto, os circuitos de acionamento de Q_1 e Q_3 devem ser isolados do terra através de transformadores ou outros dispositivos de acoplamento.

13.2.7 Fontes de alimentação CC ressonantes

Se a variação da tensão CC de saída não for grande, pode-se utilizar inversores de pulso ressonante. A frequência do inversor, talvez a mesma que a de ressonância, é muito alta, e a tensão de saída do inversor é quase senoidal.[12] Por conta da oscilação ressonante, o núcleo do transformador é sempre reinicializado e não há problemas de saturação. As configurações de inversores ressonantes em meia ponte e em ponte completa são mostradas na Figura 13.9. Os tamanhos do transformador e do filtro de saída são reduzidos em virtude da alta frequência do inversor.

Exemplo 13.4 ▪ **Determinação dos parâmetros de desempenho de um inversor ressonante meia ponte**

A tensão média de saída do circuito ressonante em meia ponte da Figura 13.9a é $V_o = 24$ V a uma carga resistiva de $R_L = 0{,}8\ \Omega$. O inversor opera na frequência de ressonância. Os parâmetros do circuito são $C_1 = C_2 = C = 1\ \mu\text{F}, L = 20\ \mu\text{H}$ e $R = 0$. A tensão CC de entrada é $V_s = 100$ V. As quedas de tensão em condução dos transistores e diodos são desprezáveis. A relação de espiras do transformador é $a = N_s/N_p = 0{,}25$. Determine **(a)** a corrente média de entrada I_s; **(b)** a corrente média do transistor I_M; **(c)** a corrente de pico do transistor I_p; **(d)** a corrente rms do transistor I_R; e **(e)** a tensão em circuito aberto do transistor V_{oc}. Despreze as perdas no transformador, e o efeito da carga sobre a frequência de ressonância é insignificante.

Solução

$C_e = C_1 + C_2 = 2C$. A frequência de ressonância $\omega_r = 1/\sqrt{2 \times 10^{-6} \times 20 \times 10^{-6}} = 158.113{,}8$ rad/s ou $f_r = 25.164{,}6$ Hz, $a = N_s/N_p = 0{,}25$ e $I_o = V_o/R = 24/0{,}8 = 30$ A.

a. A potência de saída $P_o = V_o I_o = 24 \times 30 = 720$ W. A partir da Equação 3.11, a tensão rms no secundário é $V_2 = \pi V_o/(2\sqrt{2}) = 1{,}1107 V_o = 26{,}66$ V. A corrente média de entrada é $I_s = 720/100 = 7{,}2$ A.

b. A corrente média do transistor é $I_M = I_s = 7{,}2$ A.

c. Para um pulso senoidal de corrente com condução de 180°, a corrente média do transistor é $I_M = I_{p(\text{pico})}/\pi$. Assim, a corrente de pico no transistor é $I_p = 7{,}2\pi = 22{,}62$ A.

d. Com um pulso senoidal de corrente com condução de 180°, a corrente rms do transistor é $I_R = I_p/2 = 11{,}31$ A.

e. $V_{oc} = V_s = 100$ V.

FIGURA 13.9
Configurações para fontes de alimentação CC ressonantes.

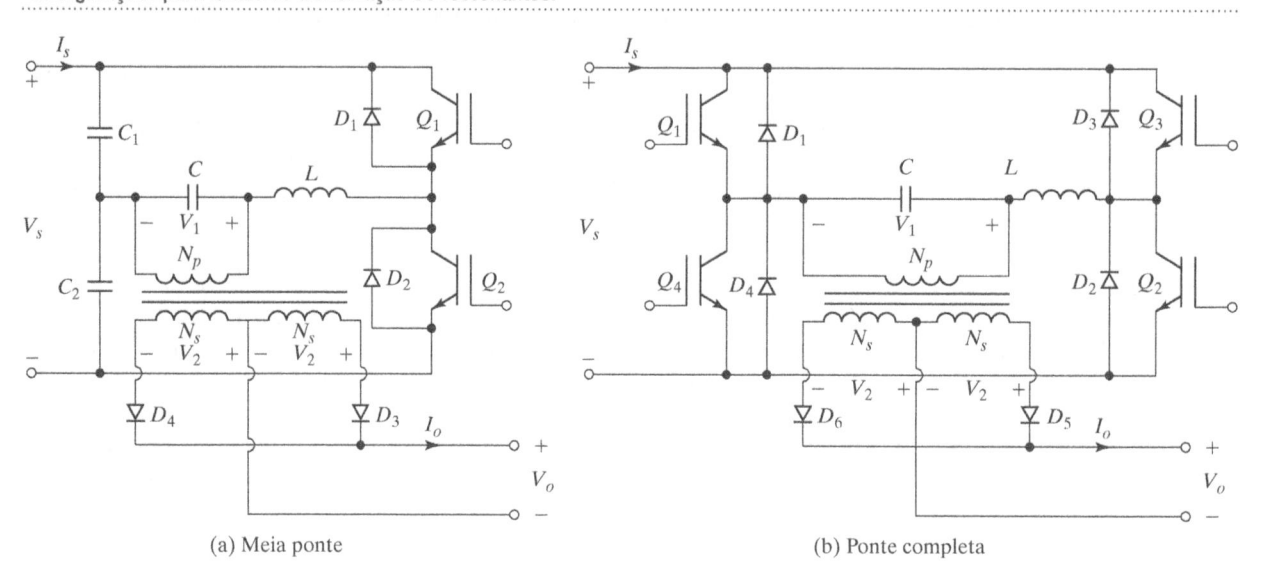

(a) Meia ponte
(b) Ponte completa

13.2.8 Fontes de alimentação bidirecionais

Em algumas aplicações (por exemplo, carga e descarga de bateria), é desejável a existência de capacidade de fluxo de potência bidirecional. Uma fonte de alimentação bidirecional é mostrada na Figura 13.10. O sentido do fluxo de potência depende dos valores de V_o, V_s e da relação de espiras ($a = N_s/N_p$). Para o fluxo de potência a partir da fonte à carga, o inversor opera no modo de inversão se

$$V_o < aV_s \tag{13.43}$$

Para o fluxo de potência a partir da saída à entrada, o inversor opera como um retificador se

$$V_o > aV_s \tag{13.44}$$

Os conversores bidirecionais permitem o fluxo da corrente indutiva em ambos os sentidos, e o fluxo de corrente se torna contínuo.

■ Principais pontos da Seção 13.2

- Embora a maioria dos conversores possa ser utilizada para atender os requisitos de saída CC, as especificações das chaves e as especificações e o tamanho do transformador limitam suas aplicações a uma potência de saída específica. A escolha do conversor depende da necessidade de potência de saída.

- O conversor *push-pull* é geralmente acionado por uma fonte de corrente constante, de tal modo que a corrente no primário seja uma onda quadrada que produz uma tensão no secundário. Os tamanhos do transformador e do indutor de saída são menores em fontes de alimentação ressonantes.

FIGURA 13.10
Fonte de alimentação CC bidirecional.

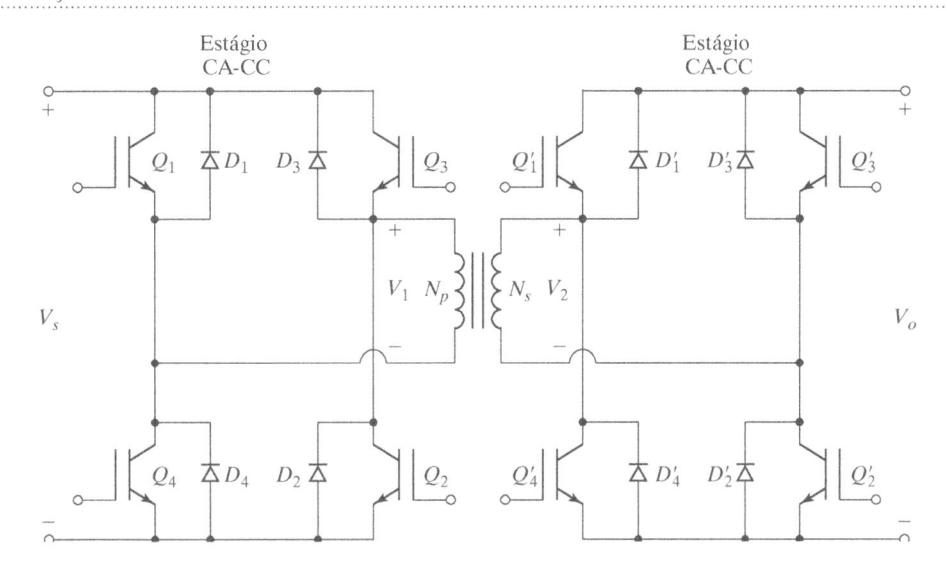

13.3 FONTES DE ALIMENTAÇÃO CA

As fontes de alimentação CA são em geral utilizadas como auxiliares ou de reserva (*standby*) para cargas críticas e em aplicações em que fontes normais CA não estão disponíveis. As fontes de alimentação de reserva são também conhecidas como sistemas de energia ininterrupta (UPS). As duas configurações normalmente utilizadas em sistemas UPS são mostradas na Figura 13.11. A carga na configuração da Figura 13.11a costuma ser alimentada pela fonte principal CA, e o retificador mantém a bateria totalmente carregada. Se o fornecimento falhar, a carga é comutada para a saída do inversor, que assume então a alimentação principal. Essa configuração requer a interrupção momentânea do circuito, e a transferência por meio de uma chave de estado sólido geralmente leva de 4 a 5 ms. A comutação por um contator mecânico pode levar de 30 a 50 ms. O inversor opera somente durante o tempo em que ocorre a falha de alimentação.

O inversor na configuração da Figura 13.11b opera continuamente, e sua saída está ligada à carga. Não há necessidade de interromper a alimentação no caso de ocorrência de uma falha no fornecimento. O retificador alimenta o inversor e mantém a carga na bateria de reserva. O inversor pode ser utilizado para condicionar a alimentação à carga, a fim de protegê-la dos transitórios na alimentação principal e manter a frequência da carga no valor desejado. Em caso de manutenção ou falha no inversor, a carga é comutada para a alimentação principal.

As baterias geralmente são de níquel-cádmio ou de chumbo-ácido. Uma bateria de níquel-cádmio é preferível a uma de chumbo-ácido, pois seus eletrólitos não são corrosivos e não emitem gases explosivos. Sua vida é mais longa por conta de sua capacidade de resistir a superaquecimentos ou descargas. No entanto, seu custo é pelo menos três vezes maior do que o de uma bateria de chumbo-ácido. Um arranjo alternativo de um sistema UPS é mostrado na Figura 13.12, que consiste em uma bateria, um inversor e uma chave estática. Em caso de falha de energia, a bateria alimenta o inversor e a carga. Quando a alimentação principal está ligada, o inversor opera como um retificador e carrega a bateria. Nesse arranjo, o inversor precisa operar na frequência fundamental de saída. Consequentemente, a capacidade de alta frequência do inversor não é utilizada na redução do tamanho do transformador. De modo semelhante ao das fontes de alimentação CC, as fontes de alimentação CA podem ser classificadas em três tipos:

1. Fontes de alimentação CA chaveadas.
2. Fontes de alimentação CA ressonantes.
3. Fontes de alimentação CA bidirecionais.

FIGURA 13.11
Configurações de UPS.

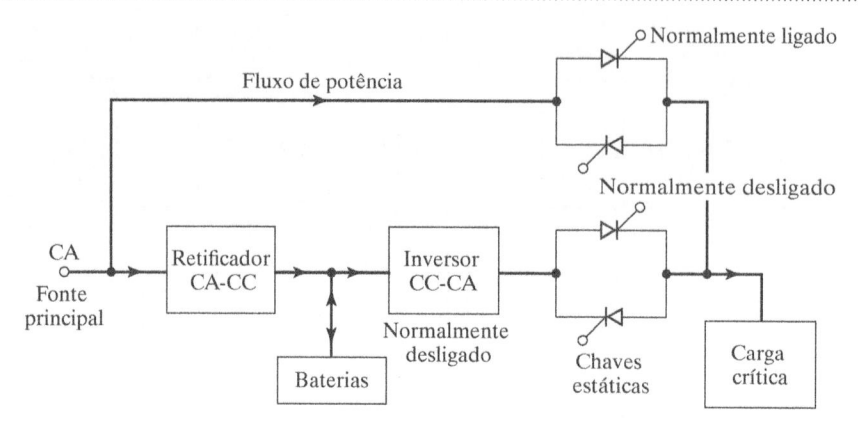

(a) Carga normalmente ligada à alimentação principal CA

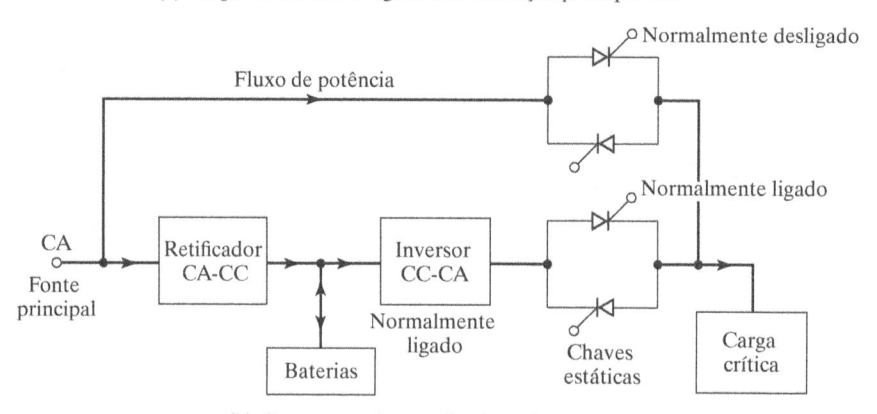

(b) Carga normalmente ligada ao inversor

FIGURA 13.12
Arranjo de sistemas UPS.

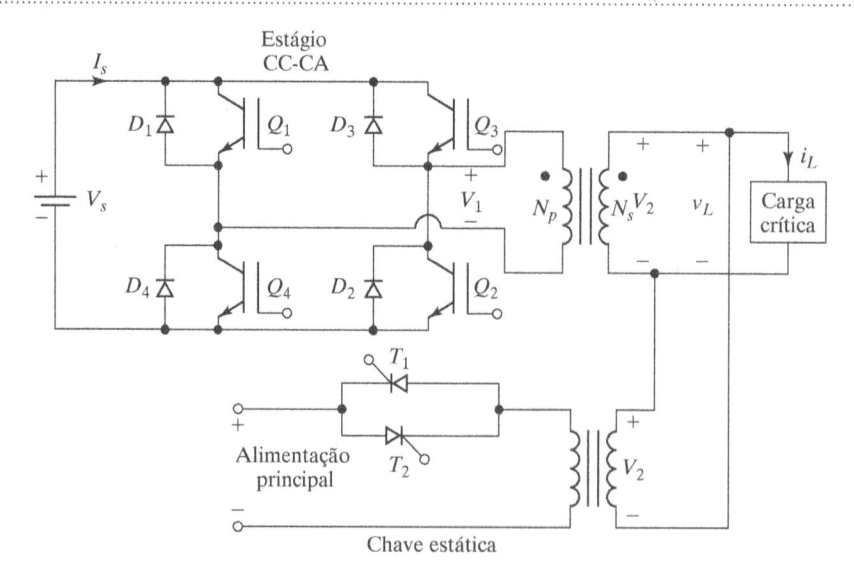

13.3.1 Fontes de alimentação CA chaveadas

O tamanho do transformador na Figura 13.12 pode ser reduzido pela adição de uma ligação CC de alta frequência, como mostra a Figura 13.13. Existem dois inversores. O inversor do lado de entrada opera com controle PWM a uma frequência muito alta para reduzir o tamanho do transformador e do filtro CC na entrada do inversor no lado da saída. O inversor do lado da saída opera na frequência de saída.

13.3.2 Fontes de alimentação CA ressonantes

O inversor do estágio de entrada na Figura 13.13 pode ser substituído por um inversor ressonante, como indica a Figura 13.14. Já o inversor no lado da saída opera com controle PWM na frequência de saída.

FIGURA 13.13
Fontes de alimentação CA chaveadas.

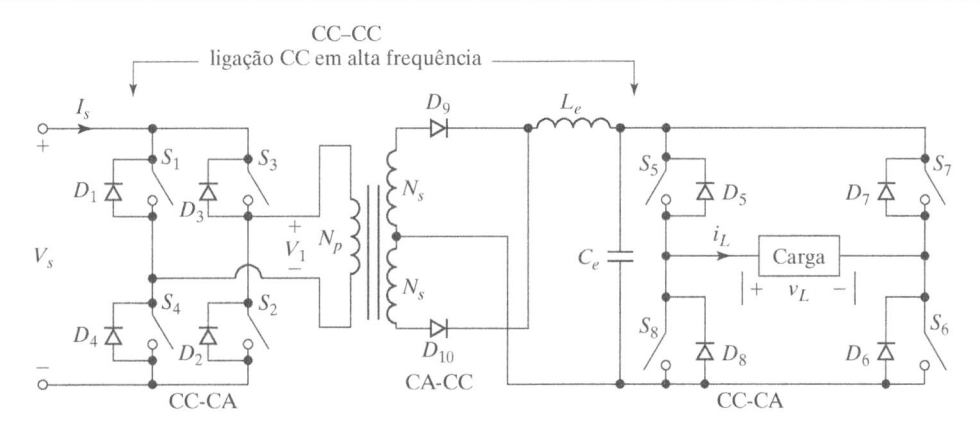

FIGURA 13.14
Fonte de alimentação CA ressonante.

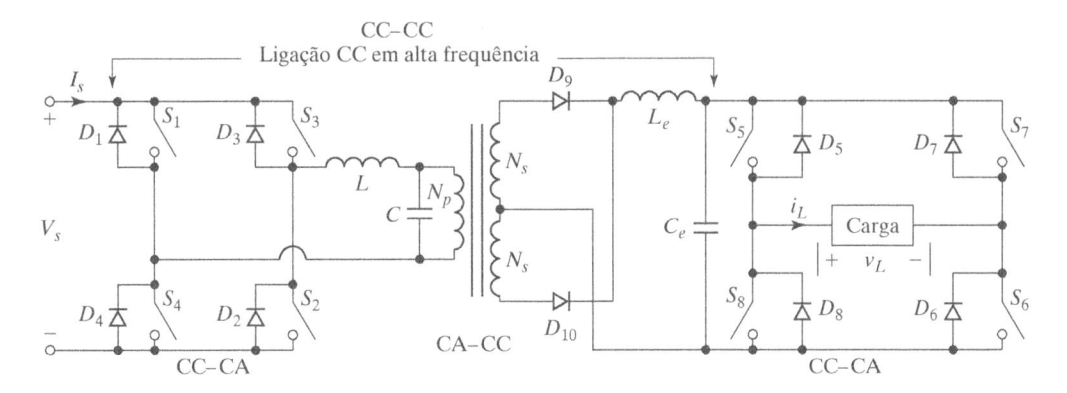

13.3.3 Fontes de alimentação CA bidirecionais

O retificador com diodos e o inversor de saída podem ser combinados por um cicloconversor com chaves bidirecionais, como mostra a Figura 13.15. O cicloconversor converte a CA de alta frequência em uma CA de baixa frequência. O fluxo de potência pode ser controlado em ambos os sentidos.

FIGURA 13.15

Fonte de alimentação CA bidirecional.

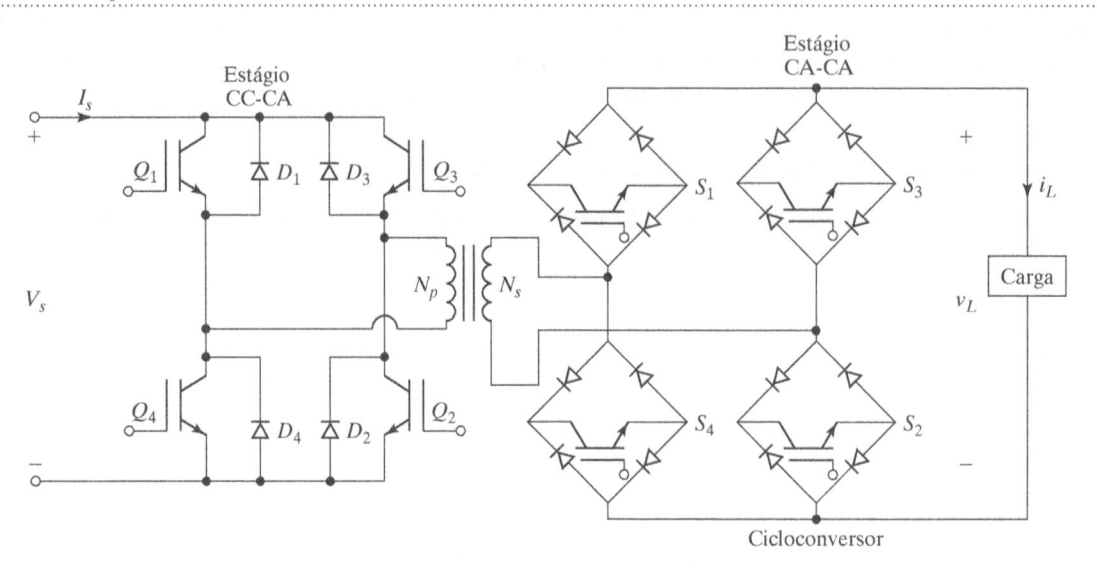

Exemplo 13.5 ▪ Determinação dos parâmetros de desempenho de uma fonte de alimentação CA com controle PWM

A resistência de carga da fonte de alimentação CA da Figura 13.13 é $R = 2{,}5\ \Omega$. A tensão CC de entrada é $V_s = 100$ V. O inversor de entrada opera a uma frequência de 20 kHz com um pulso por semiciclo. As quedas de tensão em condução das chaves com transistores e diodos são desprezíveis. A relação de espiras do transformador é $a = N_s/N_p = 0{,}5$. O inversor de saída opera com um PWM uniforme de quatro pulsos por semiciclo. A largura de cada pulso é $\delta = 18°$. Determine a corrente rms de carga. A ondulação de tensão na saída do retificador é insignificante. Despreze as perdas no transformador e o efeito da carga na frequência de ressonância.

Solução

A tensão rms de saída do inversor de entrada é $V_1 = V_s = 100$ V. A tensão rms no secundário do transformador é $V_2 = aV_1 = 0{,}5 \times 100 = 50$ V. A tensão CC do retificador é $V_o = V_2 = 50$ V. Com a largura de pulso de $\delta = 18°$, a Equação 6.31 dá a tensão rms da carga como sendo $V_L = V_o\sqrt{p\delta/\pi} = 50\sqrt{4 \times 18/180} = 31{,}6$ V. A corrente rms de carga é $I_L = V_L/R = 31{,}6/2{,}5 = 12{,}64$ A.

■ **Principais pontos da Seção 13.3**

– As fontes de alimentação CA são geralmente utilizadas como fontes de reserva (*standby*) para cargas críticas e em aplicações em que fontes normais CA não estão disponíveis.
– Elas utilizam os tipos de conversão chaveada, ressonante ou bidirecional.

13.4 CONVERSÕES EM MULTIESTÁGIOS

Se a entrada for uma fonte CA, há a necessidade de um retificador no estágio de entrada, como mostra a Figura 13.16, e há quatro conversões: CA-CC-CA-CC-CA. O par retificador e inversor pode ser substituído por um conversor com chaves CA bidirecionais, como indica a Figura 13.17. As funções de chaveamento desse conversor podem

FIGURA 13.16

Conversões em multiestágios.

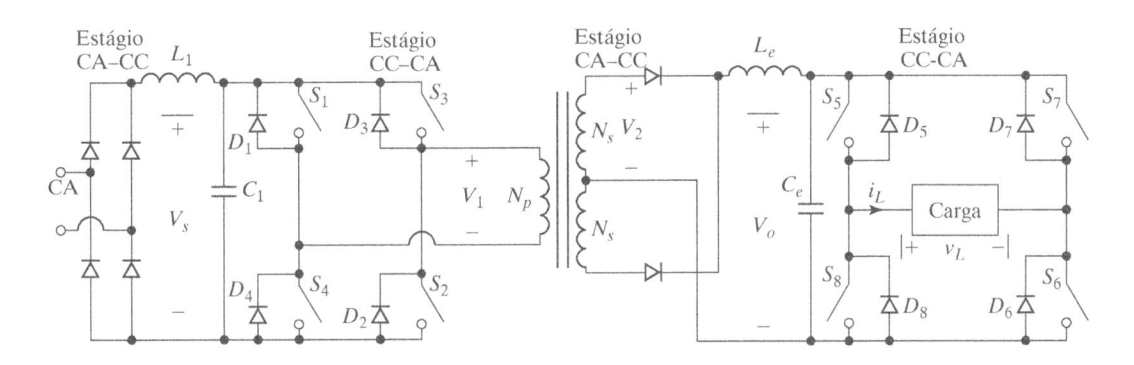

FIGURA 13.17

Cicloconversores com chaves bidirecionais.

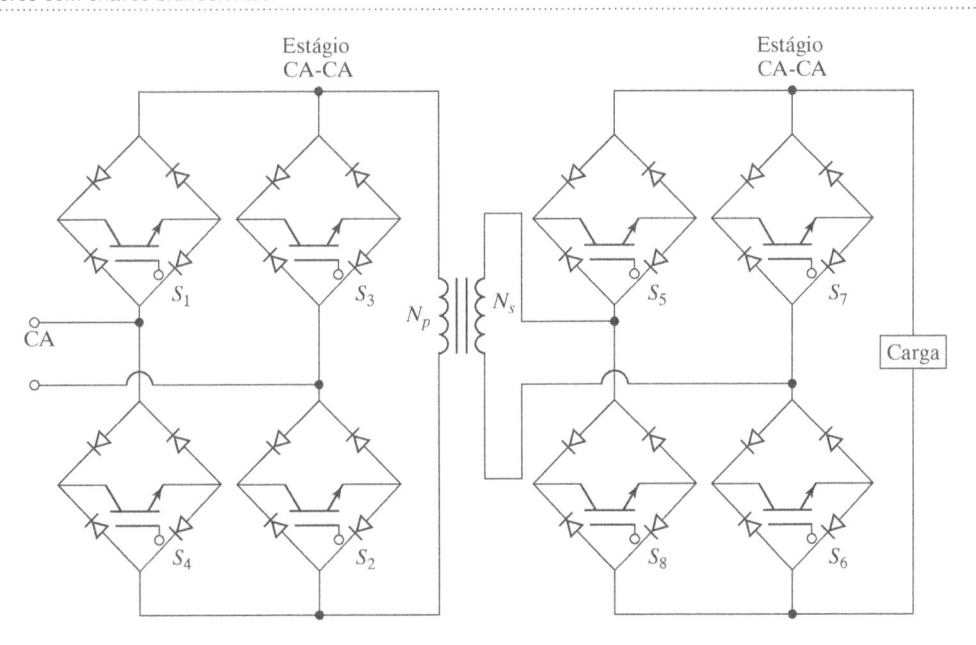

ser sintetizadas para combinar as funções do retificador e do inversor. Esse conversor, que converte diretamente CA-CA, é chamado de cicloconversor de comutação forçada. As conversões CA-CC-CA-CC-CA na Figura 13.16 podem ser realizadas por dois cicloconversores de comutação forçada, como apresenta a Figura 13.17.

13.5 CIRCUITOS DE CONTROLE

Variando o ciclo de trabalho k, é possível controlar a tensão de saída de um conversor. Existem vários circuitos integrados (CI) com controladores PWM disponíveis no mercado que possuem as características para a construção de uma fonte de alimentação de chaveamento PWM utilizando uma quantidade mínima de componentes. Um controlador PWM consiste em quatro componentes funcionais principais: um relógio ajustável para definir a frequência de chaveamento, um amplificador de erro de tensão de saída, um gerador de dente de serra para fornecer um sinal desse tipo que seja sincronizado com o relógio e um comparador que trabalha o sinal de erro de saída com o dente de serra. A saída do comparador é o sinal que aciona a chave de potência. Tanto o controle modo de tensão quanto o modo de corrente são normalmente aplicados.

Controle modo de tensão. A Figura 13.18a mostra um conversor *forward* simples controlado por PWM funcionando a uma frequência fixa.[1] A duração do tempo ligado é determinada pelo período entre a reinicialização do gerador de dente de serra e a intersecção do erro de tensão com o sinal de rampa indo para o positivo.

A tensão de erro v_e é dada por

$$v_e = \left(1 + \frac{Z_2}{Z_1}\right) V_{\text{REF}} - \frac{Z_2}{Z_1} v_A \tag{13.45}$$

FIGURA 13.18

Controle modo de tensão do conversor *forward*.

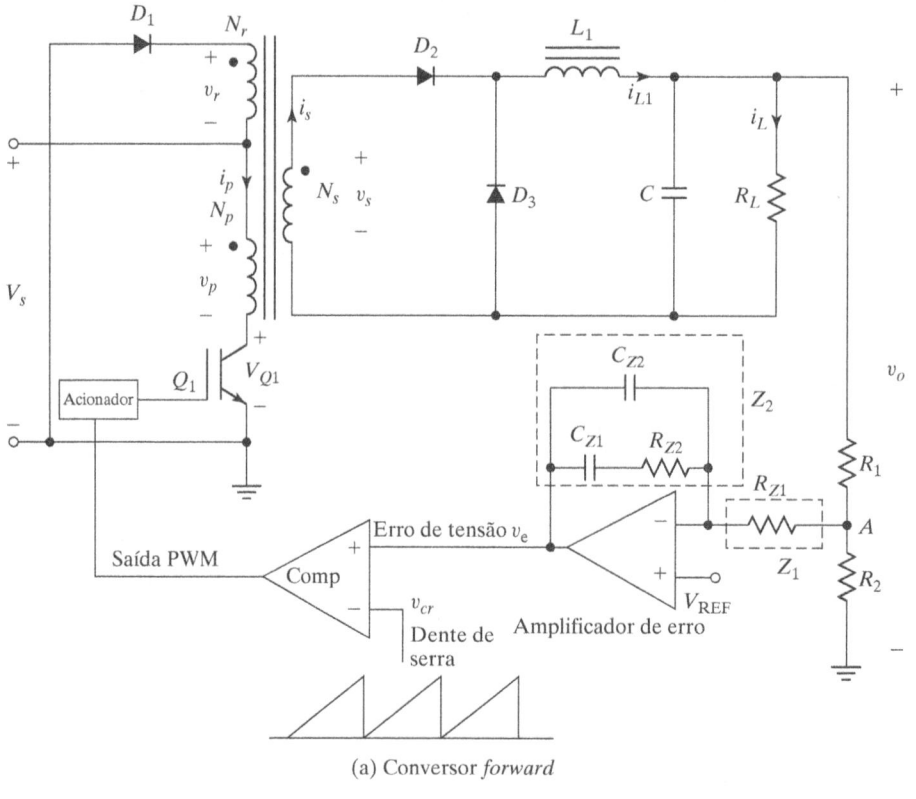

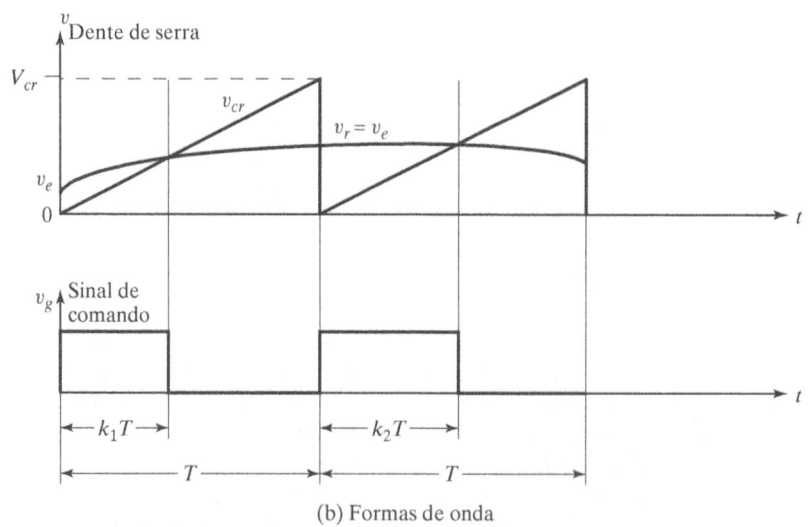

(a) Conversor *forward*

(b) Formas de onda

que pode ser separada em duas componentes: $v_E = V_E + \Delta v_e$ por conta da tensão de realimentação (*feedback*) $v_A = V_A + \Delta v_a$. O ponto de operação CC é dado por

$$V_E = \left(1 + \frac{Z_2}{Z_1}\right) V_{\text{REF}} - \frac{Z_2}{Z_1} V_A \qquad (13.46)$$

O termo de pequeno sinal pode ser separado do ponto de operação CC como

$$\Delta v_e = -\frac{Z_2}{Z_1} \Delta v_a \qquad (13.47)$$

O ciclo de trabalho k, como indica a Figura 13.18b, está relacionado com o erro de tensão por

$$k = \frac{v_e}{V_{cr}} \qquad (13.48)$$

onde V_{cr} é a tensão de pico do sinal de portadora dente de serra. Assim, o ciclo de trabalho de pequeno sinal está associado com o erro de tensão de pequeno sinal por

$$\Delta k = \frac{\Delta v_e}{V_{cr}} \qquad (13.49)$$

Quando a saída é inferior ao valor nominal CC de saída, há a produção de uma tensão de erro elevada. Isso significa que Δv_e é positiva. Portanto, Δk é positiva. O ciclo de trabalho é aumentado para provocar uma subsequente elevação na tensão de saída no *controle modo de tensão*. A dinâmica da realimentação é determinada pelo circuito amplificador de erro, constituído por Z_1 e Z_2.

Controle modo de corrente. O *controle modo de corrente* utiliza a corrente como sinal de realimentação para conseguir gerenciar a tensão de saída.[5] Ele consiste em um laço interno que faz amostragens do valor da corrente no primário e desliga as chaves assim que ela atinge determinado valor estabelecido pelo laço de tensão externo. Assim, o controle de corrente obtém uma resposta mais rápida do que o modo de tensão. A forma de onda da corrente no primário atua como a onda dente de serra. Uma tensão com o formato da corrente pode ser obtida com uma pequena resistência ou com um transformador de corrente. A Figura 13.19a mostra um conversor *flyback* controlado por modo de corrente, no qual a corrente da chave i_{SW} é utilizada como o sinal de portadora. A corrente da chave i_{SW} produz uma tensão sobre R_s, que é realimentada para o comparador. O acionamento da chave é sincronizado com o pulso do relógio, e o desligamento é determinado pelo instante em que a corrente de entrada equivale ao erro de tensão.

Por conta de sua capacidade inerente de limitação da corrente de pico, o controle modo de corrente consegue melhorar a confiabilidade das chaves de potência. O desempenho dinâmico é melhorado pelo uso da informação adicional da corrente. O controle modo de corrente efetivamente reduz o sistema à primeira ordem, forçando a corrente do indutor a estar relacionada com a tensão de saída, alcançando, assim, uma resposta mais rápida. As figuras 13.18b-e mostram as formas de onda.

■ Principais pontos da Seção 13.5

- Os conversores são operados com um circuito de realimentação (*feedback*) em um controle modo de tensão ou em um controle modo de corrente.
- A técnica de PWM é utilizada para variar o ciclo de trabalho a fim de manter a tensão de saída no valor desejado.

FIGURA 13.19

Um regulador *flyback* controlado por modo de corrente. (a) Circuito, (b) corrente de chaveamento, (c) entrada *R* do *latch*, (d) sinal do relógio e (e) sinal de comando de porta.

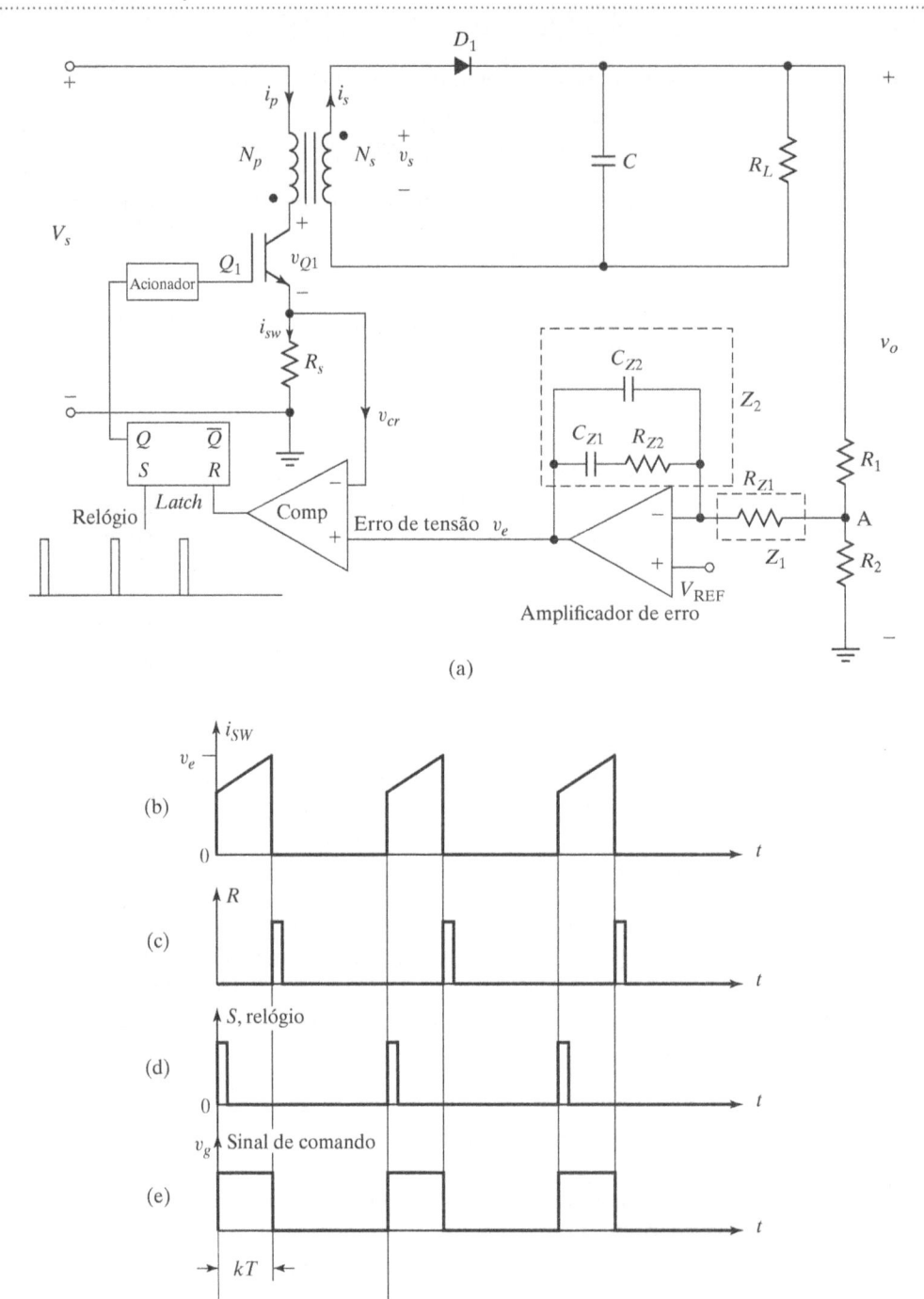

13.6 CONSIDERAÇÕES SOBRE O PROJETO MAGNÉTICO

Os transformadores são normalmente utilizados para elevar ou baixar tensões, e indutores, como armazenamento durante a transferência de energia. Um indutor, muitas vezes, conduz uma corrente CC durante a tentativa de fornecer uma corrente constante. Uma corrente CC elevada pode saturar o núcleo magnético, fazendo o indutor se tornar ineficaz. O fluxo magnético é o elemento-chave para a transformação de tensão e para a oferta de indutância. Para uma tensão senoidal $e = E_m \text{sen}(\omega t) = \sqrt{2}E \text{sen}(\omega t)$, o fluxo também varia de forma senoidal, $\phi = \phi_m \text{sen}(\omega t)$. A tensão instantânea no primário, de acordo com a lei de Faraday, é dada por:

$$e = N\frac{d\phi}{dt} = -N\phi_m \omega \cos(\omega t) = N\phi_m \omega \text{sen}(\omega t - 90°)$$

que dá $E_m = N\phi_m \omega$, e seu valor rms se torna (ver Apêndice B)

$$E = \frac{E_m}{\sqrt{2}} = \frac{2\pi f N \phi_m}{\sqrt{2}} = 4{,}44 f N \phi_m \tag{13.50}$$

13.6.1 Projeto de um transformador

A potência aparente do transformador P_t, que é a soma da potência de entrada P_i com a de saída P_o depende do circuito do conversor,[6] como mostra a Figura 13.20. Para um transformador com eficiência η, P_t está relacionada com P_o através da expressão

$$P_t = P_i + P_o = \frac{P_o}{\eta} + P_o = \left(1 + \frac{1}{\eta}\right) P_o \tag{13.51}$$

Utilizando a Equação 13.50, a tensão no primário V_1 é dada por

$$V_1 = K_t f N_1 \phi_m \tag{13.52}$$

onde K_t é uma constante, 4,44 para ondas senoidais e 4 para onda retangular. A potência aparente manipulada pelo transformador é igual à soma do volt-ampère no primário com o volt-ampère no secundário.

$$P_t = V_1 I_1 + V_2 I_2$$

Assim, para $N_1 = N_2 = N$ e $I_1 = I_2 = I$, os volt-ampères no primário ou no secundário são dados por

$$P_t = VI = K_t f N \phi_m I = K_t f B_m A_c N I \tag{13.53}$$

onde A_c é a área da seção transversal do caminho de fluxo, e B_m, a máxima densidade de fluxo.

O número de ampères-espiras (NI) está relacionado com a densidade de corrente J pela expressão

$$NI = K_u W_a J \tag{13.54}$$

onde W_a é a área da janela, e K_u é o fator de utilização entre 0,4 e 0,6.

Substituindo NI a partir da Equação 13.54 na Equação 13.53, obtém-se a área efetivamente ocupada pelo primário como

$$A_p = W_a A_c = \frac{P_t}{K_t f B_c K_u J} \tag{13.55}$$

A densidade de corrente J está relacionada com A_p por[1]

$$J = K_j A_p^x \tag{13.56}$$

onde K_j e x são constantes que dependem do núcleo magnético, como mostra a Tabela 13.1. P_{cu} é a perda de cobre, e P_{fe}, a perda de núcleo.

FIGURA 13.20
Potência aparente do transformador para vários circuitos de conversor.

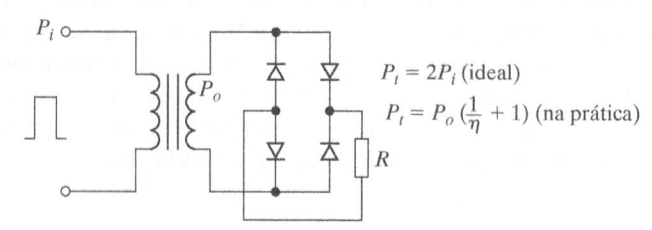

(a) Meia ponte com retificador em ponte
$P_t = 2P_i$ (ideal)
$P_t = P_o (\frac{1}{\eta} + 1)$ (na prática)

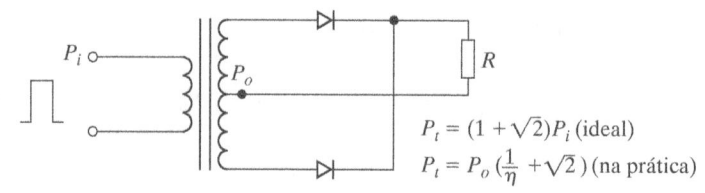

(b) Meia ponte com retificador com derivação central
$P_t = (1 + \sqrt{2})P_i$ (ideal)
$P_t = P_o (\frac{1}{\eta} + \sqrt{2})$ (na prática)

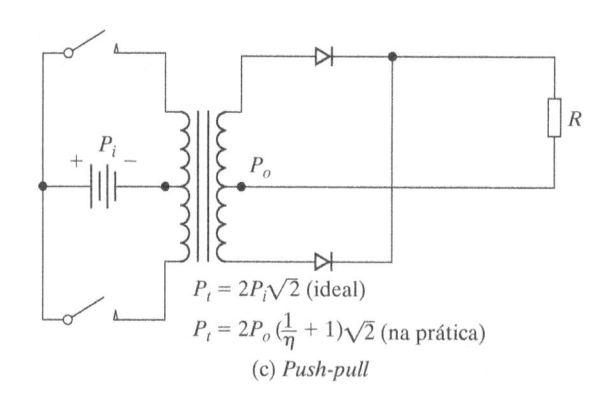

(c) Push-pull
$P_t = 2P_i\sqrt{2}$ (ideal)
$P_t = 2P_o (\frac{1}{\eta} + 1)\sqrt{2}$ (na prática)

TABELA 13.1
Constantes de configuração do núcleo.

Tipo de Núcleo	K_j @ 25 °C	K_j @ 50 °C	x, Expoente	Perdas no núcleo
Núcleo pote (pot core)	433	632	–0,17	$P_{cu} = P_{fe}$
Núcleo de pó de ferro (powder core)	403	590	–0,12	$P_{cu} \gg P_{fe}$
Núcleo E-laminado	366	534	–0,14	$P_{cu} = P_{fe}$
Núcleo C	323	468	–0,14	$P_{cu} = P_{fe}$
Bobina simples	395	569	–0,14	$P_{cu} \gg P_{fe}$
Núcleo tape-wound	250	365	–0,13	$P_{cu} = P_{fe}$

Substituindo J a partir da Equação 13.56 na Equação 13.55, podemos encontrar A_p como

$$A_p = \left[\frac{P_t \times 10^4}{K_t f B_m K_u K_j}\right]^{\frac{1}{1+x}} \quad (\text{cm}^4) \tag{13.57}$$

onde B_m está em densidade de fluxo/cm². A Equação 13.57 relaciona a área do núcleo com o requisito de potência do transformador. Ou seja, a quantidade de fio de cobre e a de ferrite ou outro material do núcleo determina a capacidade de potência do transformador P_t. Com o valor calculado de A_p, o tipo de núcleo pode ser selecionado, e as características e dimensões do núcleo, encontradas a partir dos dados dos fabricantes. A Figura 13.21 mostra a área A_c do núcleo para vários tipos dele.

FIGURA 13.21
Área do núcleo para vários tipos dele.

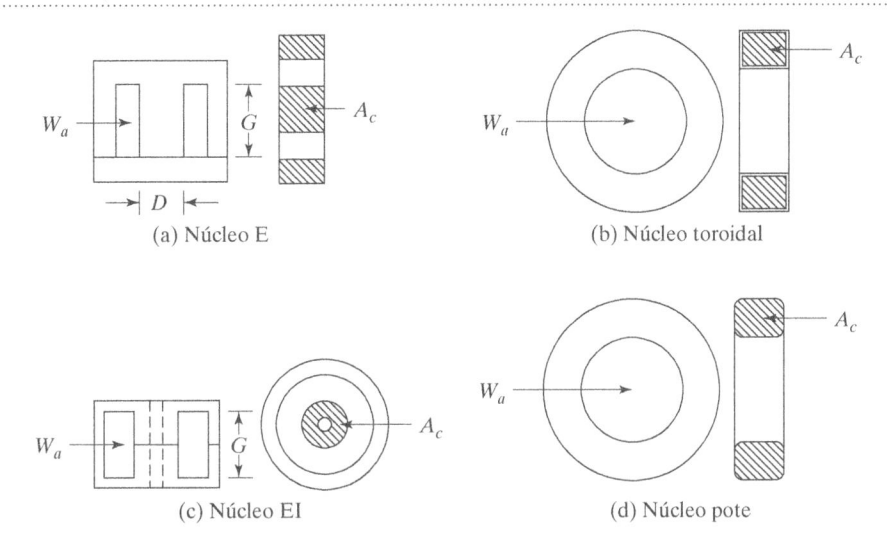

(a) Núcleo E

(b) Núcleo toroidal

(c) Núcleo EI

(d) Núcleo pote

Exemplo 13.6 ▪ Projeto de um transformador

Um conversor CA-CC reduz a tensão através de um transformador e alimenta a carga por um retificador em ponte, como indica a Figura 13.20a. Projete um transformador de potência de 60 Hz com as seguintes especificações: tensão no primário $V_1 = 120$ V, 60 Hz (onda quadrada), tensão no secundário de saída $V_o = 40$ V e corrente no secundário de saída $I_o = 6,5$ A. Suponha que a eficiência do transformador seja $\eta = 95\%$ e que o fator de janela seja $K_u = 0,45$. Utilize núcleo tipo E.

Solução
$K_t = 4$ para onda quadrada e $P_o = 40 \times 6,5 = 260$ W. Utilizando a Equação 13.51,

$$P_t = \left(1 + \frac{1}{0,95}\right) 260 = 533,7 \text{ W}.$$

A partir da Tabela 13.1 para núcleo E, $K_j = 366$ e $x = -0,14$. Suponha que $B_m = 1,4$. Da Equação 13.57,

$$A_p = \left[\frac{533,7 \times 10^4}{4 \times 60 \times 1,4 \times 0,45 \times 366}\right]^{\frac{1}{1-0,14}} = 202,9 \text{ cm}^4$$

Escolha o núcleo tipo E, core2-138EI (Magnetics, Inc.) com $A_p = 223,39$ cm^4, peso do núcleo $W_t = 3,901$ kg, área do núcleo $A_c = 24,4$ cm^2 e comprimento médio de uma espira $l_{me} = 27,7$ cm.
Utilizando a Equação 13.53, o número de espiras do primário é

$$N_p = \frac{V_1 \times 10^4}{K_t f B_m A_c}$$

$$= \frac{120 \times 10^4}{4 \times 60 \times 1,4 \times 24,4} = 147$$

(13.58)

O número de espiras do secundário é

$$N_s = \frac{N_p}{V_1} V_o$$

$$= \frac{147 \times 40}{120} = 49$$

(13.59)

A partir da Equação 13.56, $J = K_j A_p^x = 366 \times 223{,}39^{-0{,}14} = 171{,}6$ A/cm². A corrente no primário é $I_1 = (P_t - P_o)/V_1 = (533{,}7 - 260)/120 = 2{,}28$ A. A área da seção transversal do fio desencapado do primário é $A_{wp} = I_1/J = 0{,}28/171{,}6 = 0{,}016$ cm².
A partir da Tabela B.2 de fios (Apêndice B), encontramos o fio do primário: AWG número 15 com $\sigma_p = 104{,}3$ μΩ/cm. A resistência do enrolamento primário é $R_p = l_{me} N_p \sigma_p = 27{,}7 \times 147 \times 104{,}3 \times 10^{-6} = 0{,}43$ Ω. A perda de cobre no primário é $P_p = I_1^2 R_p = 2{,}28^2 \times 0{,}43 = 2{,}2$ W. A área da seção transversal do fio desencapado do secundário é $A_{ws} = I_o/J = 6{,}5/171{,}6 = 0{,}038$ cm².
A partir da Tabela B.2 de fios (Apêndice B), encontramos o fio do secundário: AWG número 11 com $\sigma_p = 41{,}37$ μΩ/cm. A resistência do enrolamento secundário é $R_s = l_{me} N_s \sigma_s = 27{,}7 \times 49 \times 41{,}37 \times 10^{-6} = 0{,}06$ Ω. A perda de cobre no secundário é $P_s = I_o^2 R_s = 6{,}5^2 \times 0{,}06 = 2{,}54$ W.
Utilizando a Figura B.6 (Apêndice B), a perda de núcleo do transformador é $P_{fe} = W_t \times 0{,}557 \times 10^{-3} \times f^{1{,}68} \times B_m^{1{,}86} = 3{,}901 \times 0{,}557 \times 10^{-3} \times 60^{1{,}68} \times 1{,}4^{1{,}86} = 3{,}95$ W. A eficiência do transformador é $\eta = P_o/(P_o + P_p + P_s + P_{fe}) = 260/(260 + 2{,}2 + 2{,}54 + 3{,}95) = 97\%$.

13.6.2 Indutor CC

O indutor CC é o componente mais essencial em um conversor de potência, sendo utilizado em todos eles e em filtros de entrada, assim como em filtros de saída. A partir da Equação B.11 (Apêndice B), a indutância L em função do número de espiras é dada por

$$L = \frac{N^2}{\Re} = \frac{\mu_o \mu_r A_c}{l_c} \times N^2 \tag{13.60}$$

que relaciona a indutância L com o quadrado do número de espiras para núcleos com entreferro (*air-gap*) distribuído. O fabricante de núcleo geralmente especifica o valor da indutância para determinado número de espiras.[7] Com um comprimento finito de entreferro l_g, a Equação 13.60 fica

$$L = \frac{N^2}{\Re_c + \Re_g} = \frac{\mu_o A_c}{l_g + \dfrac{l_c}{\mu_r}} \times N^2 \tag{13.61}$$

Utilizando a Equação B.10 (Apêndice B), obtemos

$$N = \frac{LI}{\phi} = \frac{LI}{B_c A_c} \times 10^4$$

que, após a multiplicação de ambos os lados por I, dá

$$NI = \frac{LI^2}{B_c A_c} \times 10^4 \tag{13.62}$$

Substituindo NI a partir da Equação 13.53 na Equação 13.62, obtém-se a área efetivamente ocupada pelo primário

$$A_p = W_a A_c = \frac{LI^2 \times 10^4}{B_c K_u J} \tag{13.63}$$

Substituindo J a partir da Equação 13.56 na Equação 13.63, podemos encontrar A_p como

$$A_p = \left[\frac{LI^2 \times 10^4}{B_c K_u K_j} \right]^{\frac{1}{1+x}} \quad \text{(cm}^4\text{)} \tag{13.64}$$

onde B_c está em densidade de fluxo/cm². A Equação 13.64 se relaciona diretamente com a capacidade de armazenamento de energia do indutor ($W_L = LI^2/2$). Ou seja, a quantidade de fio de cobre e a de ferrite ou de outro material do núcleo determinam a capacidade de armazenamento de energia do indutor W_L. A partir do valor calculado da A_p, o tipo de núcleo pode ser selecionado e as características e dimensões dele, encontradas a partir dos dados do fabricante.

Exemplo 13.7 ▪ Projeto de um indutor CC

Projete um indutor CC de $L = 450$ μH. A corrente CC é $I_L = 7{,}2$ A com uma ondulação de $\Delta I = 2$ A. Suponha que o fator de janela seja $K_u = 0{,}4$. Utilize um núcleo *powder core* com entreferro graduado.

Solução

A corrente de pico do indutor é $I_m = I_L + \Delta I/2 = 7{,}2 + 1 = 8{,}2$ A. A energia do indutor, $W_t = 1/2 \times L I_m^2 = 1/2 \times 450 \times 10^{-6} \times 8{,}2^2 = 15$ mJ. A partir da Tabela 13.1 para núcleo tipo *powder*, $K_j = 403$ e $x = -0{,}12$. Escolha $B_m = 0{,}3$. Pela Equação 13.64,

$$A_p = \left[\frac{450 \times 10^{-6} \times 8{,}2^2 \times 10^4}{0{,}3 \times 0{,}4 \times 403}\right]^{\frac{1}{1-0{,}12}} = 8{,}03 \text{ cm}^4$$

Escolha o núcleo tipo *powder*, 55090-A2 (Magnetics, Inc.) com $A_p = 8{,}06$ cm^4, peso do núcleo $W_t = 0{,}131$ kg, área do núcleo $A_c = 1{,}32$ cm^2, comprimento do caminho magnético $l_c = 11{,}62$ cm, comprimento médio de uma espira $l_{me} = 6{,}66$ cm e área da janela $W_a = 6{,}1$ cm^2.
A partir da Equação 13.56, $J = K_j A_p^x = 403 \times 8{,}03^{-0{,}12} = 313{,}9$ A/cm^2.
Substituindo NI a partir da Equação 13.54 em $B_m = \mu_o \mu_r H = \mu_o \mu_r NI/l_c$ e simplificando, obtemos

$$\mu_r = \frac{B_m l_c \times 10^{-2}}{\mu_o W_a J K_u}$$

$$= \frac{0{,}3 \times 11{,}62 \times 10^{-2}}{4\pi \times 10^{-7} \times 6{,}1 \times 313{,}9 \times 0{,}4} = 36{,}2 \quad (13.65)$$

Determine o material com $\mu_r \geq 36{,}2$. Selecione o tipo MPP-330T (Magnetics, Inc.), que dá $L_c = 86$ mH com $N_c = 1000$ espiras. Assim, o número de espiras necessário é

$$N = N_c \sqrt{\frac{L}{L_c}}$$

$$= 1000 \sqrt{\frac{450 \times 10^{-6}}{86 \times 10^{-3}}} = 73 \quad (13.66)$$

A área da seção transversal do fio desencapado é $A_w = I_m/J = 8{,}2/313{,}9 = 0{,}026$ cm^2.
A partir da Tabela B.2 de fios (Apêndice B), encontramos o fio AWG número 14 com $A_w = 0{,}02082$ cm^2 e $\sigma = 82{,}8$ μΩ/cm. A resistência do enrolamento é $R = l_{me} N \sigma = 6{,}66 \times 73 \times 82{,}8 \times 10^{-6} = 0{,}04$ Ω. A perda de cobre é $P_{cu} = I_L^2 R = 7{,}2^2 \times 0{,}04 \times 10^{-6} = 2{,}1$ W.
Observação: utilizando a Equação 13.61, o comprimento do entreferro l_g com um entreferro discreto é dado por

$$l_g = \frac{\mu_o A_c N^2}{L} - \frac{l_c}{\mu_r}$$

$$= \left[\frac{4\pi \times 10^{-7} \times 1{,}32 \times 73^2}{450 \times 10^{-6}} - \frac{11{,}62}{36{,}2}\right] \times 10^{-2} = 0{,}19 \text{ cm} \quad (13.67)$$

13.6.3 Saturação magnética

Se houver algum desequilíbrio, o núcleo do transformador ou indutor pode saturar, resultando em uma corrente elevada de magnetização. Um núcleo ideal deve apresentar uma permeabilidade relativa muito alta na região de operação normal, sem entrar em forte saturação em condições de desequilíbrio.[8] O problema de saturação pode ser minimizado por duas regiões de permeabilidade no núcleo: alta e baixa permeabilidades. Um entreferro de ar pode ser inserido, como mostra o toroide da Figura 13.22a, em que a parte interna tem uma permeabilidade elevada e a parte externa, uma permeabilidade relativamente baixa. Em operação normal, o fluxo passa pela parte interna.

FIGURA 13.22

Núcleo com duas regiões de permeabilidade.

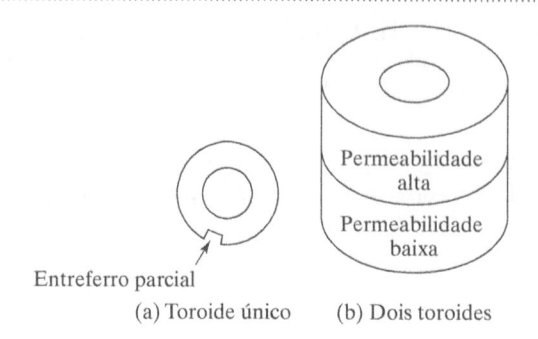

Entreferro parcial
(a) Toroide único (b) Dois toroides

Permeabilidade alta
Permeabilidade baixa

Em caso de saturação, ele tem de passar pela região externa, que possui uma permeabilidade menor por conta do entreferro de ar, e o núcleo não entra em forte saturação. Como mostra a Figura 13.22b, dois toroides com permeabilidades alta e baixa podem ser combinados.

- **Principais pontos da Seção 13.6**

    – O projeto de componentes magnéticos é fortemente influenciado pela presença de desequilíbrios nos transformadores e indutores.
    – Qualquer componente CC pode causar um problema de saturação magnética, exigindo, assim, um núcleo maior.

RESUMO

As fontes de alimentação industriais são de dois tipos: CC e CA. Em uma conversão de um único estágio, o transformador de isolação deve operar na frequência de saída. Para reduzir o tamanho do transformador e atender as especificações industriais, normalmente são fundamentais conversões em multiestágios. Existem várias topologias de fontes de alimentação, dependendo da potência de saída necessária e da complexidade aceitável. Os conversores com chaves bidirecionais, que permitem o controle do fluxo de energia em ambos os sentidos, requerem a sintetização de funções de chaveamento para a obtenção das formas de onda de saída desejadas.

QUESTÕES PARA REVISÃO

13.1 Quais são as especificações normais das fontes de alimentação?
13.2 Quais são os tipos de fontes de alimentação em geral?
13.3 Cite três tipos de fontes de alimentação CC.
13.4 Cite três tipos de fontes de alimentação CA.
13.5 Quais são as vantagens e desvantagens da conversão em um único estágio?
13.6 Quais são as vantagens e desvantagens das fontes de alimentação chaveadas?
13.7 Quais são as vantagens e desvantagens das fontes de alimentação ressonantes?
13.8 Quais são as vantagens e desvantagens das fontes de alimentação bidirecionais?
13.9 Quais são as vantagens e desvantagens dos conversores *flyback*?
13.10 Quais são as vantagens e desvantagens dos conversores *push-pull*?

Capítulo 13 – Fontes de alimentação   573

13.11   Quais são as vantagens e desvantagens dos conversores meia ponte?

13.12   Quais são as várias configurações das fontes de alimentação ressonantes?

13.13   Quais são as vantagens e desvantagens das fontes de alimentação com interligação em alta frequência?

13.14   Qual é o arranjo geral dos sistemas UPS?

13.15   Quais são os problemas do núcleo de um transformador?

13.16   Quais são os dois métodos de controle geralmente utilizados para fontes de alimentação?

13.17   Por que o projeto do indutor CC é diferente do projeto do indutor CA?

PROBLEMAS

13.1   A tensão média (ou CC) de saída do circuito *flyback* da Figura 13.1a é $V_o = 24$ V a uma carga resistiva de $R = 1,2\ \Omega$. O ciclo de trabalho é $k = 60\%$, e a frequência de chaveamento, $f = 1$ kHz. As quedas de tensão em condução dos transistores e diodos são $V_t = 1,1$ V e $V_d = 0,7$ V, respectivamente. A relação de espiras do transformador é $a = N_s/N_p = 0,20$. Determine (a) a corrente média de entrada I_s; (b) a eficiência η; (c) a corrente média do transistor I_M; (d) a corrente de pico do transistor I_p; (e) a corrente rms do transistor I_R; (f) a tensão de circuito aberto do transistor V_{oc}; e (g) o indutor de magnetização do primário L_p. Despreze as perdas no transformador e a ondulação de corrente na carga.

13.2   A tensão média (ou CC) de saída do circuito de conversor *forward* da Figura 13.3a é $V_o = 24$ V a uma carga resistiva de $R = 1,2\ \Omega$. As quedas de tensão em condução de transistores e diodos são $V_t = 1,1$ V e $V_d = 0,7$ V, respectivamente. O ciclo de trabalho é $k = 50\%$, e a frequência de chaveamento, $f = 2$ kHz. A tensão CC de alimentação é $V_s = 12$ V. A relação de espiras do transformador é $a = N_s/N_p = 0,20$. Determine (a) a corrente média de entrada I_s; (b) a eficiência η; (c) a corrente média do transistor I_M; (d) o pico da corrente do transistor I_p; (e) a corrente rms do transistor I_R; (f) a tensão de circuito aberto do transistor V_{oc}; (g) o indutor de magnetização do primário L_p, para manter o pico a pico da ondulação de corrente em 5% da corrente média CC de entrada; e (h) o indutor de saída L_1, para manter o pico a pico da ondulação de corrente em 3% de seu valor médio. Despreze as perdas no transformador, e o conteúdo de ondulação da tensão de saída é 4%.

13.3   A tensão média (ou CC) de entrada de um circuito *push-pull* na Figura 13.6 é $V_o = 24$ V a uma carga resistiva de $R = 1,2\ \Omega$. As quedas de tensão em condução de transistores e diodos são $V_t = 1,1$ V e $V_d = 0,7$ V, respectivamente. A relação de espiras do transformador é $a = N_s/N_p = 0,20$. Determine (a) a corrente média de entrada I_s; (b) a eficiência η; (c) a corrente média do transistor I_M; (d) a corrente de pico do transistor I_p; (e) a corrente rms do transistor I_R; e (f) a tensão de circuito aberto do transistor V_{oc}. Despreze as perdas no transformador, e as ondulações de corrente na carga e na entrada são insignificantes. Suponha que o ciclo de trabalho seja $k = 0,6$.

13.4   A tensão CC de saída de um circuito *push-pull* na Figura 13.6 é $V_o = 24$ V a uma carga resistiva de $R = 0,6\ \Omega$. As quedas de tensão em condução de transistores e diodos são $V_t = 1,2$ V e $V_d = 0,7$ V, respectivamente. A relação de espiras do transformador é $a = N_s/N_p = 0,5$. Determine (a) a corrente média de entrada I_s; (b) a eficiência η; (c) a corrente média do transistor I_M; (d) a corrente de pico do transistor I_p; (e) a corrente rms do transistor I_R; e (f) a tensão de circuito aberto do transistor, V_{oc}. Despreze as perdas no transformador e as ondulações de corrente na carga e na entrada são insignificantes. Suponha que o ciclo de trabalho seja $k = 0,8$.

13.5   Repita o Problema 13.4 para o circuito da Figura P13.5 para $k = 0,5$.

13.6   Repita o Problema 13.4 para o circuito da Figura P13.6.

13.7   Repita o Problema 13.4 para o circuito da Figura P13.7.

13.8   A tensão média de saída do circuito ressonante em meia ponte da Figura 13.9a é $V_o = 24$ V a uma carga resistiva de $R = 1,2\ \Omega$. O inversor opera na frequência de ressonância. Os parâmetros do circuito são $C_1 = C_2 = C = 2$ μF, $L = 10$ μH e $R = 0$. A tensão CC de entrada é $V_s = 110$ V. As quedas de tensão em condução dos transistores e diodos são desprezáveis. A relação de espiras do transformador é $a = N_s/N_p = 0,20$. Determine (a) a corrente média de entrada I_s; (b) a corrente média do transistor I_M;

FIGURA P13.5
Conversor *flyback* com enrolamento de reinicialização.

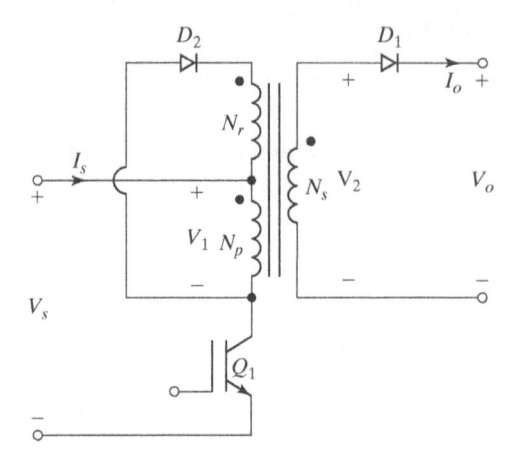

FIGURA P13.6
Conversor meia ponte.

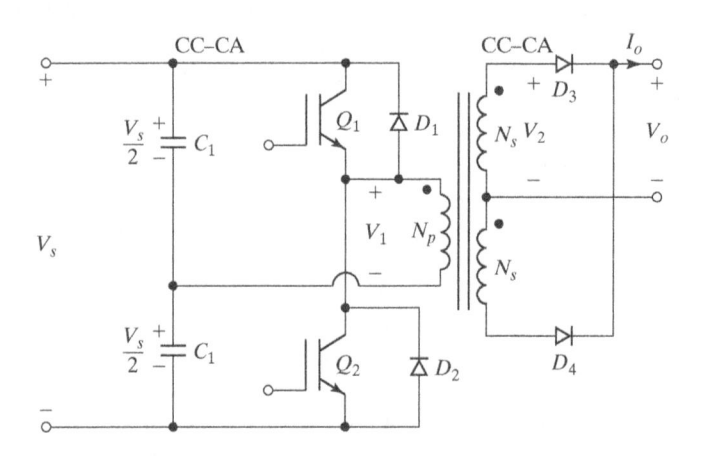

FIGURA P13.7
Conversor ponte completa.

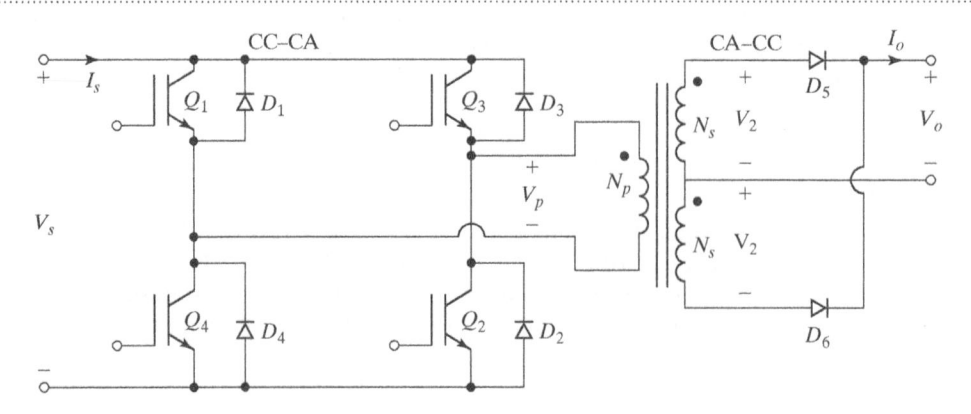

(c) a corrente de pico do transistor I_p; (d) a corrente rms do transistor I_R; e (e) a tensão em circuito aberto do transistor V_{oc}. Despreze as perdas no transformador, e o efeito da carga sobre a frequência de ressonância é insignificante.

13.9 A tensão de saída do circuito em meia ponte da Figura 13.9a é V_o = 24 V a uma carga resistiva de R = 0,4 Ω. O inversor opera na frequência de ressonância. Os parâmetros do circuito são $C_1 = C_2 = C$ = 2 μF, L = 5 μH e R = 0. A tensão CC de entrada é V_s = 50 V. As quedas de tensão em condução dos transistores e diodos são desprezáveis. A relação de espiras do transformador é $a = N_s/N_p$ = 0,5. Determine (a) a corrente média de entrada I_s; (b) a corrente média do transistor I_M; (c) a corrente de pico do transistor I_p; (d) a corrente rms do transistor I_R; e (e) a tensão em circuito aberto do transistor V_{oc}. Despreze as perdas no transformador e o efeito da carga sobre a frequência de ressonância.

13.10 Repita o Problema 13.5 para o circuito em ponte completa da Figura 13.9b.

13.11 A resistência de carga da fonte CA alimentada na Figura 13.12 é R = 1,2 Ω. A tensão CC de entrada é V_s = 24 V. O inversor de entrada opera a uma frequência de 400 Hz com um PWM uniforme de oito pulsos por semiciclo, e a largura de cada pulso é δ = 20°. As quedas de tensão em condução das chaves de transistor e diodos são desprezáveis. A relação de espiras do transformador é $a = N_s/N_p$ = 4. Determine a corrente rms de carga. Despreze as perdas no transformador, e o efeito da carga sobre a frequência de ressonância é insignificante.

13.12 A resistência de carga da fonte de alimentação CA da Figura 13.13 é R = 2,0 Ω. A tensão CC de entrada é V_s = 110 V. O inversor de entrada opera a uma frequência de 20 kHz com um pulso por semiciclo. As quedas de tensão em condução das chaves de transistor e diodos são desprezáveis. A relação de espiras do transformador é $a = N_s/N_p$ = 0,5. O inversor de saída opera com um PWM uniforme de quatro pulsos por semiciclo. A largura de cada pulso é δ = 20°. Determine a corrente rms de carga. A ondulação de tensão na saída do retificador é insignificante. Despreze as perdas no transformador, e o efeito da carga na frequência de ressonância também é insignificante.

13.13 A resistência de carga da fonte de alimentação CA da Figura 13.13 é R = 1,5 Ω. A tensão CC de entrada é V_s = 24 V. O inversor de entrada opera a uma frequência de 20 kHz com um pulso por semiciclo, e a largura de cada pulso é $δ_i$ = 40°. As quedas de tensão em condução das chaves de transistor e diodos são desprezáveis. A relação de espiras do transformador é $a = N_s/N_p$ = 0,5. O inversor de saída opera com um PWM uniforme de oito pulsos por semiciclo, e a largura de cada pulso é $δ_0$ = 20°. Determine a corrente rms de carga. A ondulação de tensão na saída do retificador é insignificante. Despreze as perdas no transformador, e o efeito da carga na frequência de ressonância também é insignificante.

13.14 Um conversor CA-CC baixa a tensão através de um transformador e alimenta a carga por um retificador em ponte, como mostra a Figura 13.20a. Projete um transformador de potência de 60 Hz com as seguintes especificações: tensão no primário V_p = 120 V, 60 Hz (onda quadrada), tensão no secundário de saída V_s = 48 V e corrente no secundário de saída I_s = 5,5 A. Suponha que a eficiência do transformador seja η = 95% e que o fator de janela seja K_u = 0,4. Utilize um núcleo laminado E.

13.15 Um conversor CA-CC baixa a tensão através de um transformador e alimenta a carga por um retificador em ponte, como mostra a Figura 13.20b. Projete um transformador de potência de 60 Hz com as seguintes especificações: tensão no primário V_1 = 120 V, 60 Hz (onda quadrada), tensão no secundário de saída V_o = 40 V e corrente no secundário de saída I_o = 7,5 A. Suponha que a eficiência do transformador seja η = 95% e que fator de janela seja K_u = 0,4. Utilize um núcleo tipo E.

13.16 Projete um transformador *flyback* de 110 W. A frequência de chaveamento é 30 kHz, o período é T = 33 μs e o ciclo de trabalho, k = 50%. A tensão no primário é V_1 = 100 V (onda quadrada), a tensão no secundário de saída, V_o = 6,2 V e a tensão auxiliar, V_t = 12 V. Suponha que a eficiência do transformador seja η = 95% e que o fator de janela seja K_u = 0,4. Utilize um núcleo tipo E.

13.17 Projete um indutor CC de L = 650 μH. A corrente CC é I_L = 5,5 A com uma ondulação de $ΔI$ = ±5%. Suponha que o fator de janela seja K_u = 0,4. Utilize um núcleo *powder-core* com entreferro graduado.

13.18 Projete um indutor CC de L = 650 μH. A corrente CC é I_L = 6,5 A com uma ondulação de ±$ΔI$ = 1 A. Suponha que o fator de janela seja K_u = 0,4. Utilize um núcleo *powder-core* com entreferro graduado.

13.19 Projete um indutor CC de $L = 90\ \mu H$. A corrente CC é $I_L = 7{,}5$ A com uma ondulação de $\pm \Delta I = 1{,}5$ A. Suponha que o fator de janela seja $K_u = 0{,}4$. Utilize um núcleo *powder-core* com entreferro graduado.

REFERÊNCIAS

1. LAI, Y. M. *Power Electronics Handbook*. Editado por M. H. Rashid. Burlington, MA: Elsevier Publishing, 2011. Capítulo 20 — Fontes de alimentação.
2. HANCOCK, J. *Application Note AN-CoolMOS-08:* SMPS Topologies Overview. Munique: Infineon Technologies AG, jun. 2000. Disponível em: <www.infineon.com>.
3. STEIGERWALD, R. L.; DE DONCKER, R. W.; KHERALUWALA, M. H. "A comparison of highpower dc–dc soft-switched converter topologies". *IEEE Transactions on Industry Applications*, v. 32, n. 5, p. 1139–1145, set./out. 1996.
4. GOO, J. et al. "Zero-voltage and zero-current-switching fullbridge PWM converter for high-power applications". *IEEE Transactions on Power Electronics*, v. 11, n. 4, p. 622–627, jul. 1996.
5. LIAW, C. M. et al. "Modeling and controller design of a current-mode controlled converter". *IEEE Transactions on Industrial Electronics*, v. 41, n. 2, p. 231–240, abr. 1994.
6. SUM, K. K. *Switch Mode Power Conversion:* Basic Theory and Design. Nova York: Marcel Dekker, 1984.
7. BILLINGS, K. *Switch Mode Power Supply Handbook*. Nova York: McGraw-Hill, 1989.
8. ROSHEN, W. A. et al. "High-efficiency, high-density MHz magnetic components for low profile converter". *IEEE Transactions on Industry Applications*, v. 31, n. 4, p. 869–877, jul./ago. 1995.
9. ZÖLLINGER, H.; KLING, R. *Application Note AN-SMPS-1683X-1:* Off-Line Switch Mode Power Supplies. Munique: Infineon Technologies AG, jun. 2000. Disponível em: <www.infineon.com>.
10. PRESSMAN, A. I. *Switching Power Supply Design*. 2. ed. Nova York: McGraw-Hill, 1999.
11. BROWN, M. *Practical Switching Power Supply Design*. 2. ed. Nova York: McGraw-Hill, 1999.
12. CHRYSSIS, G. *High-Frequency Switching Power Supplies*. Nova York: McGraw-Hill, 1984.
13. "Standard Publication/No. PE 1-1983: Uninterruptible Power Systems". National Electrical Manufacturer's Association (NEMA), 1983.

Capítulo 14

Acionamentos CC

Após a conclusão deste capítulo, os estudantes deverão ser capazes de:

- Descrever as características básicas dos motores CC e seus aspectos de controle.
- Listar os tipos de acionamento CC e seus modos de operação.
- Listar os requisitos de controle dos acionamentos de quatro quadrantes.
- Descrever os parâmetros da função de transferência dos motores CC alimentados por conversores.
- Determinar os parâmetros de desempenho de acionamentos por conversores monofásicos e trifásicos.
- Determinar os parâmetros de desempenho de acionamentos por conversores CC-CC.
- Determinar as funções de transferência em malha aberta e fechada de motores CC.
- Determinar as características de velocidade e torque de acionamentos alimentados por conversores.
- Projetar e analisar um controle de realimentação de um acionamento de motor.
- Determinar os parâmetros ideais dos controladores de realimentação de corrente e velocidade.

Símbolos e seus significados

Símbolo	Significado
$\alpha_a; \alpha_f$	Ângulos de atraso da armadura e do circuito de campo do conversor, respectivamente
$\tau_a; \tau_f; \tau_m$	Constantes de tempo da armadura, do campo e da mecânica, respectivamente
$\omega; \omega_0$	Velocidades normal e sem carga do motor, respectivamente
$B; J$	Atrito viscoso e inércia de um motor, respectivamente
$e_g; E_g$	Forças contraeletromotriz (fcem) instantânea e média de um motor CC, respectivamente
$f; f_s$	Frequência de chaveamento de um conversor CC-CC e frequência de alimentação, respectivamente
$i_a; I_a$	Correntes instantânea e média da armadura do motor, respectivamente
$i_f; I_f$	Correntes instantânea e média do campo do motor, respectivamente
I_s	Corrente média de alimentação
$K_t; K_v; K_b$	Constantes de torque, do gerador e fcem, respectivamente
$K_r; \tau_r$	Ganho e constante de tempo do conversor, respectivamente
$K_c; \tau_c$	Ganho e constante de tempo do controlador de corrente, respectivamente
$K_s; \tau_s$	Ganho e constante de tempo do controlador de velocidade, respectivamente
$K_\omega; \tau_\omega$	Ganho e constante de tempo do filtro de realimentação de velocidade, respectivamente
$L_a; L_f$	Indutância da armadura e do circuito do campo de um motor CC, respectivamente
$L_m; R_m$	Indutância e resistência do motor, respectivamente

(Continua)

(Continuação)

FP	Fator de potência de entrada de um conversor
$P_i; P_o$	Potência de entrada e de saída de um conversor, respectivamente
$P_d; P_g$	Potências média desenvolvida e regenerada de um motor, respectivamente
$P_b; V_b$	Potência e tensão de uma resistência de frenagem, respectivamente
$R_a; R_f$	Resistências do circuito de armadura e de campo de um motor CC, respectivamente
R_{eq}	Resistência equivalente oferecida por um conversor
$T_d; T_L$	Torques desenvolvido e de carga, respectivamente
$V_a; V_f$	Tensões média da armadura e de campo de um motor, respectivamente

14.1 INTRODUÇÃO

Os motores de corrente contínua (CC) têm características variáveis e são amplamente utilizados em acionamentos com velocidade variável. Os motores CC podem fornecer um torque elevado na partida, além de possibilitar a obtenção de controle de velocidade em uma grande faixa. Os métodos de controle de velocidade são em geral mais simples e mais baratos que os dos acionamentos CA. Esses motores desempenham um papel significativo nos acionamentos industriais modernos. Tanto os motores CC com excitação em série quanto os com excitação independente são na maioria das vezes utilizados em acionamentos de velocidade variável, mas os primeiros são tradicionalmente empregados para aplicações de tração. Por conta dos comutadores, os motores CC não são adequados para aplicações de velocidade muito alta e necessitam de mais manutenção do que os motores CA. Com os recentes avanços nas conversões de potência, nas técnicas de controle e nos microcomputadores, os acionamentos de motores CA estão se tornando cada vez mais competitivos em relação aos acionamentos de motores CC. Embora a tendência para o futuro seja a da utilização de acionamentos CA, os acionamentos CC são hoje em dia utilizados em muitas indústrias. Provavelmente, os acionamentos CC ainda serão usados por algumas décadas até sua completa substituição pelos acionamentos CA.

Há também as desvantagens dos acionamentos de velocidade variável (*variable speed drives* — VSDs), como os custos do espaço, da refrigeração e de capital. Além disso, os VSDs produzem ruído acústico, operam abaixo da especificação e geram harmônicas na alimentação. Os acionamentos com inversores fonte de tensão PWM (VSI) fabricados com dispositivos de chaveamento rápido acrescentam outros problemas, como (a) falhas prematuras na isolação do motor, (b) corrente entre o enrolamento e o aterramento e (c) problemas de compatibilidade eletromagnética (EMC).

Os retificadores controlados fornecem uma tensão CC de saída variável a partir de uma tensão CA fixa, enquanto um conversor CC-CC pode fornecer uma tensão CC variável a partir de uma tensão CC fixa. Por conta da capacidade de fornecer uma tensão CC continuamente variável, os retificadores controlados e os conversores CC-CC promoveram uma revolução nos equipamentos modernos de controle industrial e nos acionamentos de velocidade variável, com níveis de potência variando de frações de cavalo-vapor a vários megawatts. Os retificadores controlados são muitas vezes utilizados no controle de velocidade de motores CC, como mostra a Figura 14.1a. A forma alternativa seria um retificador com diodos seguido por um conversor CC-CC, como na Figura 14.1b. De modo geral, os acionamentos CC podem ser classificados em três tipos:

1. Acionamentos monofásicos.
2. Acionamentos trifásicos.
3. Acionamentos com conversores CC-CC.

Os acionamentos monofásicos são utilizados em aplicações de baixa potência, na faixa de até 100 kW. Já os acionamentos trifásicos são usados em aplicações na faixa de 100 kW a 500 kW. Os conversores também podem ser conectados em série e em paralelo para produzir uma saída de 12 pulsos. A faixa de potência pode chegar em até 1 MW para acionamentos de alta potência. Esses acionamentos geralmente necessitam de filtros de harmônicas, e seu tamanho pode ser bastante volumoso.[11]

FIGURA 14.1

Acionamentos alimentados por retificador controlado e conversor CC-CC.

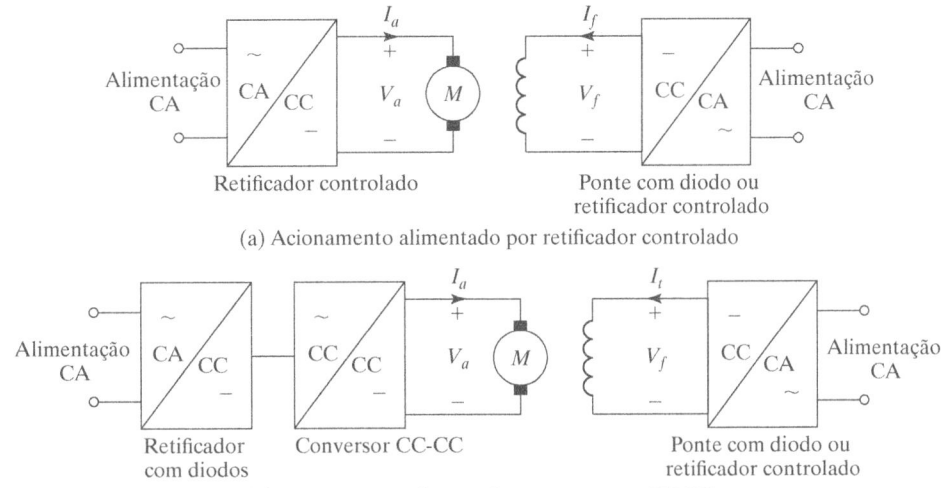

(a) Acionamento alimentado por retificador controlado

(b) Acionamento alimentado por conversor CC-CC

14.2 CARACTERÍSTICAS BÁSICAS DE MOTORES CC

Os motores CC podem ser classificados em dois tipos, dependendo das conexões dos enrolamentos de campo: (i) em paralelo (*shunt*) e (ii) em série. Em um motor com campo em paralelo, a excitação do campo é independente do circuito da armadura. Essa excitação pode ser controlada separadamente, e esse tipo de motor é muitas vezes chamado de motor com *excitação independente*. Isto é, as correntes de armadura e de campo são distintas. Em um motor do tipo série, o circuito de excitação do campo é conectado em série com o circuito da armadura. Isto é, as correntes de armadura e de campo são as mesmas.

14.2.1 Motor CC com excitação independente

O circuito equivalente para um motor CC com excitação independente é mostrado na Figura 14.2.[1] Quando um motor com excitação independente é alimentado com uma corrente de campo i_f e uma corrente de armadura i_a flui no circuito da armadura, o motor desenvolve uma força contraeletromotriz (fcem) e um torque para equilibrar o torque da carga a determinada velocidade. Em um motor com excitação independente, a corrente de campo i_f não depende da corrente de armadura i_a, e as variações na corrente de armadura não têm nenhum efeito sobre a corrente de campo. Normalmente, a corrente de campo é muito menor que a de armadura.

As equações que descrevem as características de um motor com excitação independente podem ser determinadas a partir da Figura 14.2. A corrente instantânea de campo i_f é descrita como

FIGURA 14.2

Circuito equivalente de motores CC com excitação independente.

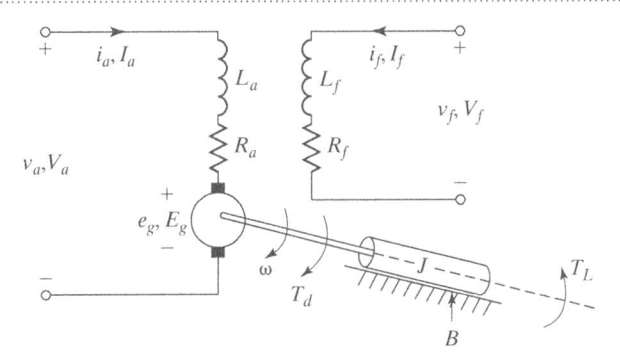

$$v_f = R_f i_f + L_f \frac{di_f}{dt}$$

A corrente instantânea da armadura pode ser encontrada a partir de

$$v_a = R_a i_a + L_a \frac{di_a}{dt} + e_g$$

A fcem do motor, também conhecida como *tensão da velocidade*, é expressa como

$$e_g = K_v \omega i_f$$

O torque desenvolvido pelo motor é

$$T_d = K_t i_f i_a$$

O torque desenvolvido deve ser igual ao de carga:

$$T_d = J\frac{d\omega}{dt} + B\omega + T_L$$

onde ω = velocidade angular do motor ou frequência angular do rotor, em rad/s;
B = constante do atrito viscoso, em N · m/rad/s;
K_v = constante de tensão, em V/A-rad/s;
K_t = constante de torque, que é igual à de tensão K_v;
L_a = indutância do circuito de armadura, em H;
L_f = indutância do circuito de campo, em H;
R_a = resistência do circuito de armadura, em Ω;
R_f = resistência do circuito de campo, em Ω;
T_L = torque da carga, em N · m.

Em condições de regime permanente, as derivadas no tempo dessas equações são zero, e os valores médios em regime permanente são

$$V_f = R_f I_f \tag{14.1}$$

$$E_g = K_v \omega I_f \tag{14.2}$$

$$V_a = R_a I_a + E_g$$

$$= R_a I_a + K_v \omega I_f \tag{14.3}$$

$$T_d = K_t I_f I_a \tag{14.4}$$

$$= B\omega + T_L \tag{14.5}$$

A potência desenvolvida é

$$P_d = T_d \omega \tag{14.6}$$

A relação entre a corrente de campo I_f e a fcem E_g é não linear por conta da saturação magnética. A relação mostrada na Figura 14.3 é conhecida como *característica de magnetização* do motor. A partir da Equação 14.3, a velocidade de um motor CC com excitação independente pode ser encontrada a partir de

$$\omega = \frac{V_a - R_a I_a}{K_v I_f} = \frac{V_a - R_a I_a}{K_v V_f / R_f} \tag{14.7}$$

Podemos observar a partir da Equação 14.7 que a velocidade do motor pode variar através do controle (1) da tensão da armadura V_a, conhecido como *controle por tensão* ou *controle pela armadura*; (2) da corrente de campo I_f, conhecido como *controle pelo campo*; (3) da demanda do torque, que corresponde a uma corrente de armadura,

FIGURA 14.3
Característica de magnetização.

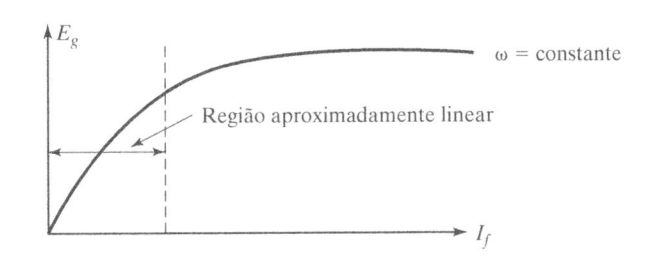

I_a, para uma corrente fixa de campo, I_f. A velocidade, que diz respeito à tensão nominal da armadura, à corrente nominal de campo e à corrente nominal de armadura, é conhecida como *velocidade nominal* (ou *base*).

Na prática, para uma velocidade inferior à nominal, a corrente de armadura e a de campo são mantidas constantes a fim de atender a demanda do torque, e a tensão da armadura V_a é variada para controlar a velocidade. Para uma velocidade superior à nominal, a tensão da armadura é mantida no valor nominal e a corrente de campo, variada a fim de controlar a velocidade. No entanto, a potência desenvolvida pelo motor (= torque × velocidade) permanece constante. A Figura 14.4 indica as características de torque, potência, corrente de armadura e corrente de campo em função da velocidade.

FIGURA 14.4
Características de motores CC com excitação independente.

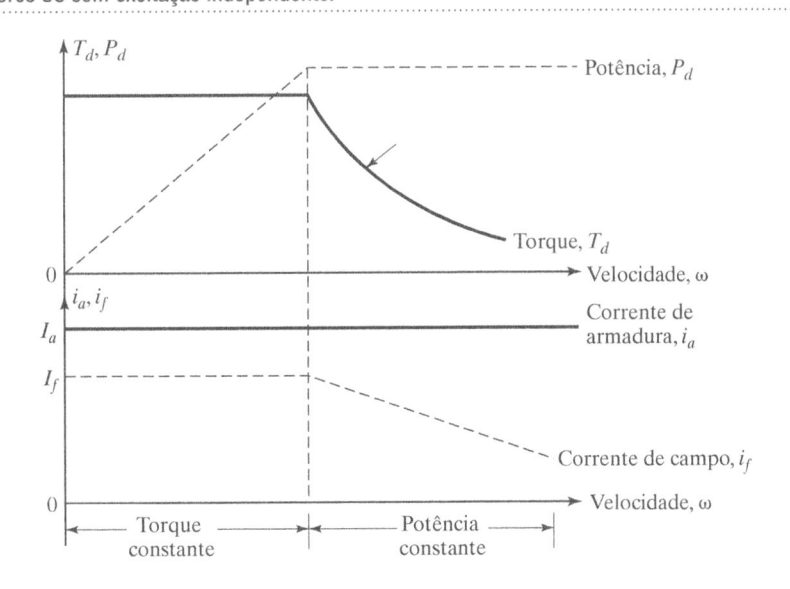

14.2.2 Motor CC com excitação em série

O campo de um motor CC pode ser conectado em série com o circuito da armadura, como ilustra a Figura 14.5, e esse tipo de motor é chamado *motor série*. O circuito de campo é projetado para conduzir a corrente de armadura. Os valores médios em regime permanente são

$$E_g = K_v \omega I_a \tag{14.8}$$

$$V_a = (R_a + R_f)I_a + E_g \tag{14.9}$$

$$= (R_a + R_f)I_a + K_v \omega I_f \tag{14.10}$$

FIGURA 14.5
Circuito equivalente de motores CC série.

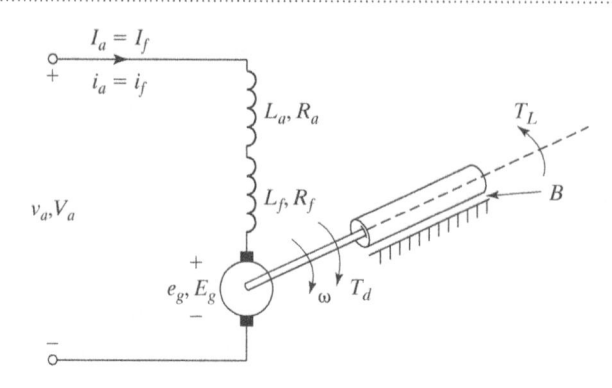

$$T_d = K_t I_a I_f$$
$$= B\omega + T_L \qquad (14.11)$$

A velocidade de um motor série pode ser determinada a partir da Equação 14.10:

$$\omega = \frac{V_a - (R_a + R_f)I_a}{K_v I_f} \qquad (14.12)$$

A velocidade pode ser variada controlando-se (1) a tensão da armadura V_a ou (2) a corrente de armadura, que é uma medida da demanda de torque. A Equação 14.11 indica que um motor série pode proporcionar um torque elevado, em especial na partida, e por esse motivo esse tipo é geralmente utilizado em aplicações de tração.

Para uma velocidade até a nominal, a tensão da armadura é variada, e o torque, mantido constante. Quando a tensão nominal da armadura é aplicada, a relação velocidade-torque segue a característica natural do motor, e a potência (= torque × velocidade) permanece constante. Quando a demanda de torque é reduzida, a velocidade aumenta. Para uma carga muito leve, a velocidade poderia ser muito elevada, e não é aconselhável operar um motor CC série a vazio (sem carga). A Figura 14.6 apresenta as características dos motores série.

FIGURA 14.6
Características de motores CC série.

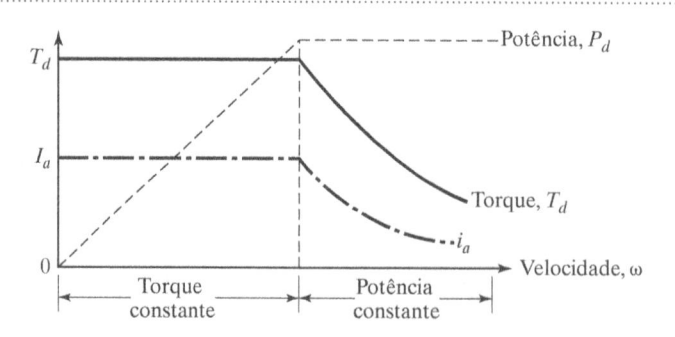

Exemplo 14.1 • Determinação da tensão e da corrente de um motor com excitação independente

Um motor CC com excitação independente de 15 hp, 220 V e 2000 rpm controla uma carga que requer torque de $T_L = 45$ N · m a uma velocidade de 1200 rpm. A resistência do circuito de campo é $R_f = 147\ \Omega$, a resistência do circuito da armadura, $R_a = 0,25\ \Omega$ e a constante de tensão do motor,

$K_v = 0{,}7032$ V/A rad/s. A tensão do campo é $V_f = 220$ V. As perdas por atrito viscoso e sem carga são desprezáveis. A corrente de armadura pode ser considerada contínua e sem ondulação. Determine **(a)** a fcem E_g; **(b)** a tensão de armadura necessária V_a; e **(c)** a corrente nominal da armadura do motor.

Solução

$R_f = 147\ \Omega$, $R_a = 0{,}25\ \Omega$, $K_v = K_t = 0{,}7032$ V/A rad/s, $V_f = 220$ V, $T_d = T_L = 45$ N·m, $\omega = 1200\ \pi/30 = 125{,}66$ rad/s e $I_f = 220/147 = 1{,}497$ A.

a. A partir da Equação 14.4, $I_a = 45/(0{,}7032 \times 1{,}497) = 42{,}75$ A. A partir da Equação 14.2, $E_g = 0{,}7032 \times 125{,}66 \times 1{,}497 = 132{,}28$ V.

b. A partir da Equação 14.3, $V_a = 0{,}25 \times 42{,}75 + 132{,}28 = 142{,}97$ V.

c. Como 1 hp é igual a 746 W, $I_{nominal} = 15 \times 746/220 = 50{,}87$ A.

14.2.3 Relação de transmissão

Em geral, o torque na carga é uma função da velocidade. Por exemplo, ele é proporcional à velocidade em sistemas de fricção, como o de um drive de alimentação (*feed drive*). Em bombas e ventiladores, o torque da carga é proporcional ao quadrado da velocidade. O motor é, muitas vezes, conectado à carga por meio de um conjunto de engrenagens. As engrenagens têm uma relação entre os dentes e podem ser tratadas como transformadores de torque, como mostra a Figura 14.7. Elas são utilizadas principalmente para amplificar o torque no lado da carga, que está a uma velocidade inferior em comparação à do motor. Este é projetado para funcionar a altas velocidades porque, quanto maior a velocidade, menores o seu tamanho e o seu volume. Porém, muitas aplicações requerem velocidades baixas, e há a necessidade de uma caixa de transmissão na conexão motor-carga. Supondo que não exista perdas na caixa de transmissão, a potência manuseada pela engrenagem é a mesma em ambos os lados. Isto é,

$$T_1 \omega_1 = T_2 \omega_2 \qquad (14.13)$$

A velocidade em cada lado é inversamente proporcional ao número de dentes. Isto é,

$$\frac{\omega_1}{\omega_2} = \frac{N_2}{N_1} \qquad (14.14)$$

Substituindo a Equação 14.14 na Equação 14.13, obtém-se

$$T_2 = \left(\frac{N_2}{N_1}\right)^2 T_1 \qquad (14.15)$$

FIGURA 14.7

Esquema de uma caixa de transmissão entre o motor e a carga.

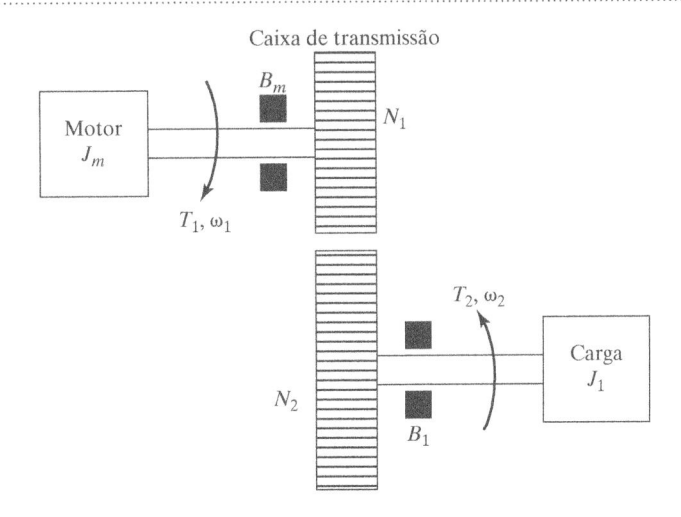

Do mesmo modo que em um transformador, a inércia da carga J_1 e a constante de atrito da carga B_1 podem ser refletidas para o lado do motor pelas expressões

$$J = J_m + \left(\frac{N_1}{N_2}\right)^2 J_1 \qquad (14.16)$$

$$B = B_m + \left(\frac{N_1}{N_2}\right)^2 B_1 \qquad (14.17)$$

onde
J_m e J_1 são a inércia do motor e a inércia da carga
B_m e B_1 são os coeficientes de atrito do lado do motor e do lado da carga

---

Exemplo 14.2 ▪ Determinação dos efeitos da relação de transmissão sobre o torque e a inércia efetivos do motor

Os parâmetros da caixa de engrenagem mostrada na Figura 14.7 são $B_1 = 0{,}025$ Nm/rad/s, $\omega_1 = 210$ rad/s, $B_m = 0{,}045$ kg-m², $J_m = 0{,}32$ kg-m², $T_2 = 20$ Nm e $\omega_2 = 21$ rad/s. Determine **(a)** a razão de transmissão $RT = N_2/N_1$; **(b)** o torque efetivo do motor T_1; **(c)** a inércia efetiva J; e **(d)** o coeficiente de atrito efetivo B.

Solução
$B_1 = 0{,}025$ Nm/rad/s, $\omega_1 = 210$ rad/s, $B_m = 0{,}045$ kg-m², $J_m = 0{,}32$ kg-m², $T_2 = 20$ Nm e $\omega_2 = 21$ rad/s.

a. Utilizando a Equação 14.14, $RT = \dfrac{N_2}{N_1} = \dfrac{\omega_1}{\omega_2} = \dfrac{210}{21} = 10$

b. Utilizando a Equação 14.15, $T_1 = \dfrac{T_2}{RT^2} = \dfrac{20}{10^2} = 0{,}2\,\text{Nm}$

c. Utilizando a Equação 14.16, $J = J_m + \dfrac{J_1}{RT^2} = 0{,}32 + \dfrac{0{,}25}{10^2} = 0{,}323\,\text{kg-m}^2$

d. Utilizando a Equação 14.17, $B = B_m + \dfrac{B_1}{RT^2} = 0{,}045 + \dfrac{0{,}025}{10^2} = 0{,}045\,\text{Nm/rad/s}$

■ **Principais pontos da Seção 14.2**

– A velocidade de um motor CC pode variar através do controle (1) da tensão da armadura, (2) da corrente de campo ou (3) da corrente de armadura, que é uma medida da demanda de torque.

– Para uma velocidade inferior à nominal (também conhecida como velocidade base), a tensão da armadura é variada a fim de controlá-la, enquanto a corrente de armadura e a de campo são mantidas constantes. Para uma velocidade superior à nominal, a corrente de campo é variada a fim de controlá-la, enquanto a tensão da armadura permanece no valor nominal.

– O motor é frequentemente conectado à carga através de uma caixa de transmissão. Os efeitos da inércia da carga refletida e do coeficiente de atrito da carga devem ser incluídos na avaliação do desempenho de um acionamento de motor.

14.3 MODOS DE OPERAÇÃO

Em aplicações de velocidade variável, um motor CC pode funcionar em um ou mais dos seguintes modos: motor, frenagem regenerativa, frenagem dinâmica, conexão ou reversão (*plugging*) e quatro quadrantes.[2,3] A operação do motor em qualquer um desses modos requer a conexão dos circuitos de campo e de armadura em diferentes arranjos, como mostra a Figura 14.8. Isso é feito por meio de chaveamento de dispositivos semicondutores de potência e contatores.

Operação como motor. Os arranjos para a operação como motor são ilustrados na Figura 14.8a. A fcem E_g é menor do que a tensão de alimentação V_a. Ambas as correntes, de armadura e de campo, são positivas. O motor desenvolve torque para atender a demanda da carga.

FIGURA 14.8

Modos de operação do motor CC.

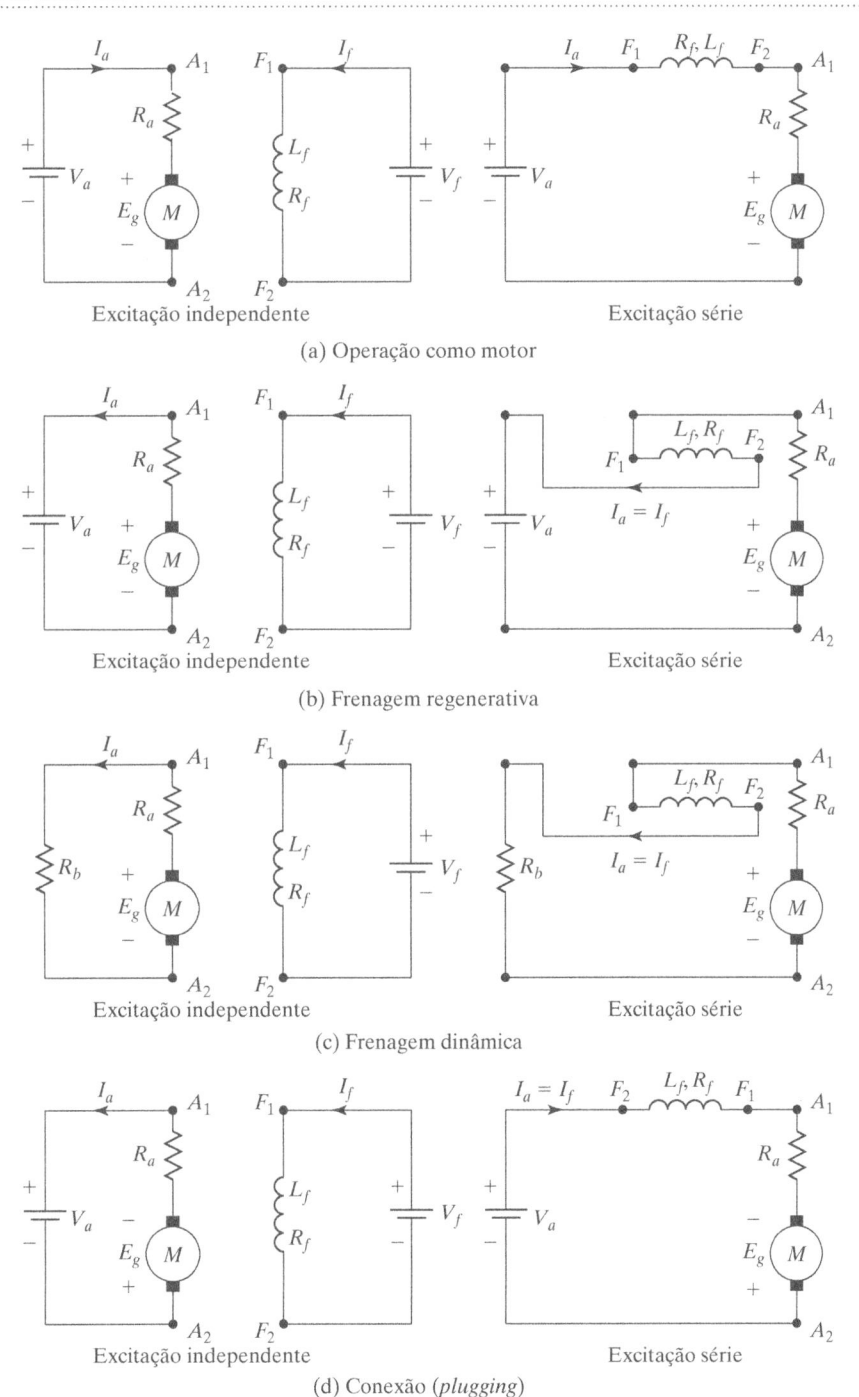

(a) Operação como motor

(b) Frenagem regenerativa

(c) Frenagem dinâmica

(d) Conexão (*plugging*)

Frenagem regenerativa. Os arranjos para a frenagem regenerativa são apresentados na Figura 14.8b. O motor funciona como um gerador e desenvolve uma tensão induzida E_g. Esta deve ser maior do que a tensão de alimentação V_a. A corrente de armadura é negativa, mas a de campo é positiva. A energia cinética do motor é devolvida para a alimentação. Um motor série é geralmente conectado como um gerador autoexcitado. Para a autoexcitação, é necessário que a corrente de campo auxilie o fluxo residual. Isso normalmente é realizado com a inversão dos terminais da armadura ou do campo.

Frenagem dinâmica. Os arranjos mostrados na Figura 14.8c são semelhantes aos da frenagem regenerativa, exceto que a tensão de alimentação V_a é substituída por uma resistência de frenagem R_b. A energia cinética do motor é dissipada em R_b.

Conexão (*plugging*). O *plugging* é um tipo de frenagem. As conexões para o *plugging* são exibidas na Figura 14.8d. Os terminais da armadura são invertidos durante a operação. A tensão de alimentação V_a e a induzida E_g atuam no mesmo sentido. A corrente de armadura é invertida, produzindo, assim, um torque de frenagem. A corrente de campo é positiva. Para um motor série, apenas um dos terminais, de armadura ou de campo, deve ser invertido.

Quatro quadrantes. A Figura 14.9 mostra as polaridades da tensão de alimentação V_a, da fcem E_g e da corrente de armadura I_a para um motor com excitação independente. Na operação como motor no sentido direto (quadrante I), V_a, E_g e I_a são positivas. O torque e a velocidade também são positivos nesse quadrante.

Durante a frenagem no sentido direto (quadrante II), o motor funciona no sentido direto e a fem induzida E_g continua a ser positiva. Para o torque ser negativo e o sentido do fluxo de energia inverter, a corrente de armadura deve ser negativa. A tensão de alimentação V_a deve ser mantida inferior a E_g.

Na operação como motor no sentido inverso (quadrante III), V_a, E_g e I_a são negativas. O torque e a velocidade também são negativos nesse quadrante. A fim de manter o torque negativo e o fluxo de energia partindo da fonte para o motor, a fcem E_g deve satisfazer a condição $|V_a| > |E_g|$. A polaridade de E_g pode ser invertida pela mudança do sentido da corrente de campo ou pela inversão dos terminais da armadura.

Durante a frenagem regenerativa (quadrante IV), o motor funciona no sentido inverso. V_a e E_g continuam negativas. A fim de o torque ser positivo e a energia fluir partindo do motor para a alimentação, a corrente de armadura deve ser positiva. A fem induzida E_g deve satisfazer a condição $|V_a| < |E_g|$.

FIGURA 14.9

Condições para os quatro quadrantes.

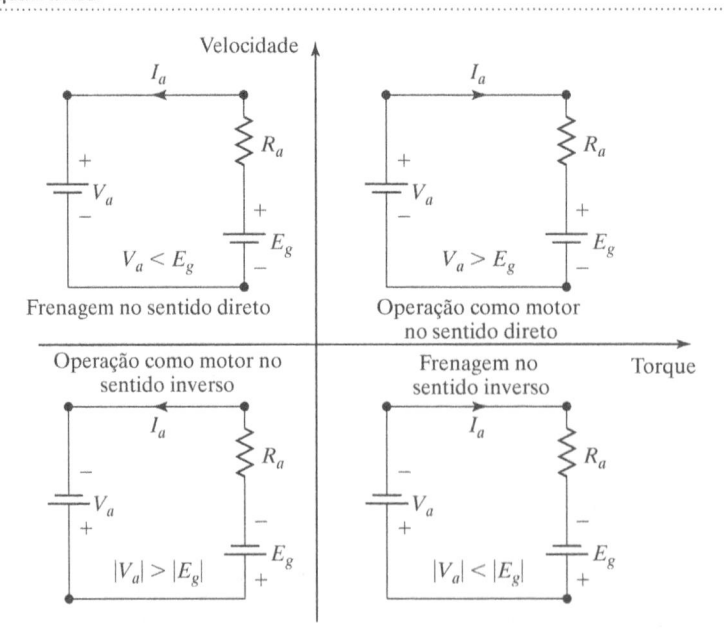

Principais pontos da Seção 14.3

- Um acionamento de motor CC deve conseguir operar nos quatro quadrantes: operação como motor no sentido direto, frenagem no sentido direto, operação como motor no sentido inverso ou frenagem no sentido inverso.
- Para operações no sentido inverso, a excitação de campo deve ser invertida para que a polaridade da fcem também seja invertida.

14.4 ACIONAMENTOS MONOFÁSICOS

Se o circuito de armadura de um motor CC estiver conectado à saída de um retificador controlado monofásico, a tensão da armadura pode ser alterada variando-se o ângulo de disparo do conversor α_a. Os conversores CA-CC de comutação forçada também podem ser utilizados para melhorar o fator de potência (FP) e reduzir as harmônicas. O arranjo do circuito básico para um motor com excitação independente alimentado por um conversor monofásico é mostrado na Figura 14.10. Com um ângulo de atraso grande, a corrente da armadura poderia ser descontínua, o que aumentaria as perdas no motor. Um indutor de suavização L_m normalmente é conectado em série com o circuito de armadura para reduzir a ondulação de corrente a uma magnitude aceitável. Um conversor também é aplicado no circuito de campo para controlar a corrente de campo pela variação do ângulo de atraso α_f. Para operar o motor em um modo específico, em geral é necessário utilizar contatores para a inversão do circuito de armadura, como ilustra a Figura 14.11a, ou do circuito de campo, como na Figura 14.11b. Para evitar picos de tensão indutiva, a inversão do campo ou da armadura é realizada com corrente de armadura igual a zero. O ângulo de atraso (ou disparo) é na maioria das vezes ajustado para que a corrente seja zero; ainda, é fornecido um tempo morto de, geralmente, 2 a 10 ms para assegurar que a corrente de armadura chegue a zero. Por causa da constante de tempo relativamente longa do enrolamento de campo, a inversão deste tem uma duração maior. Um semiconversor ou um conversor completo pode ser utilizado para variar a tensão do campo, mas é preferível um conversor completo. Por conta da capacidade de inverter a tensão, um conversor completo consegue reduzir a corrente de campo muito mais rapidamente que um semiconversor. Dependendo do tipo de conversor monofásico,[4,5] os acionamentos monofásicos podem ser subdivididos em:

1. Acionamentos com conversor monofásico de meia onda.
2. Acionamentos com semiconversor monofásico.
3. Acionamentos com conversor completo monofásico.
4. Acionamentos com conversor dual monofásico.

A corrente de armadura de um acionamento com conversor de meia onda é normalmente descontínua. Esse tipo de acionamento não é muito utilizado.[12] Um acionamento com semiconversor opera em um quadrante em aplicações de até 1,5 kW. Os acionamentos com conversores completos e duais são os mais utilizados.

FIGURA 14.10

Arranjo do circuito básico para um acionamento CC monofásico.

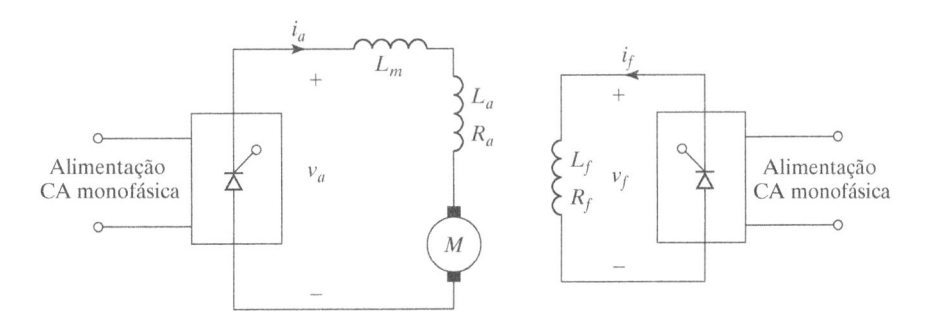

FIGURA 14.11

Inversões de campo e armadura utilizando contatores.

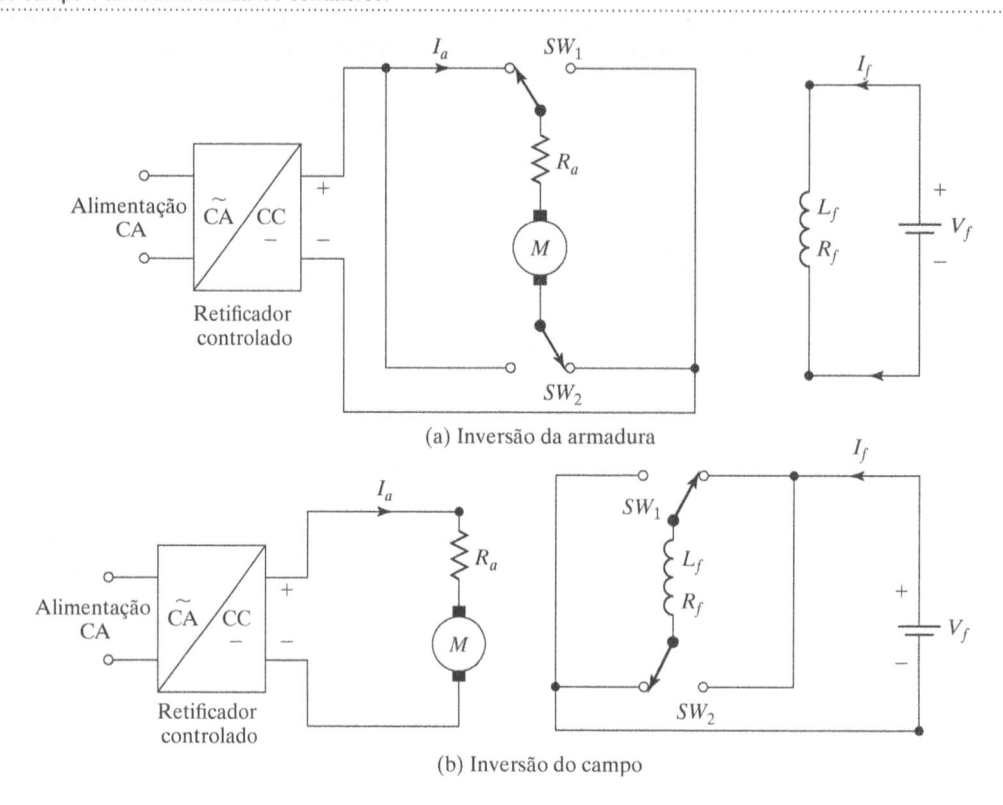

(a) Inversão da armadura

(b) Inversão do campo

14.4.1 Acionamentos com semiconversor monofásico

Um semiconversor monofásico alimenta o circuito de armadura, como mostra a Figura 14.12a. Trata-se de um acionamento de um quadrante, como na Figura 14.12b, e é limitado a aplicações de até 1,5 kW. O conversor no circuito de campo pode ser um semiconversor.[12] As formas de onda para uma carga altamente indutiva são ilustradas na Figura 14.12c.

FIGURA 14.12

Acionamento com semiconversor monofásico.

(a) Circuito

(b) Quadrante

(c) Formas de onda

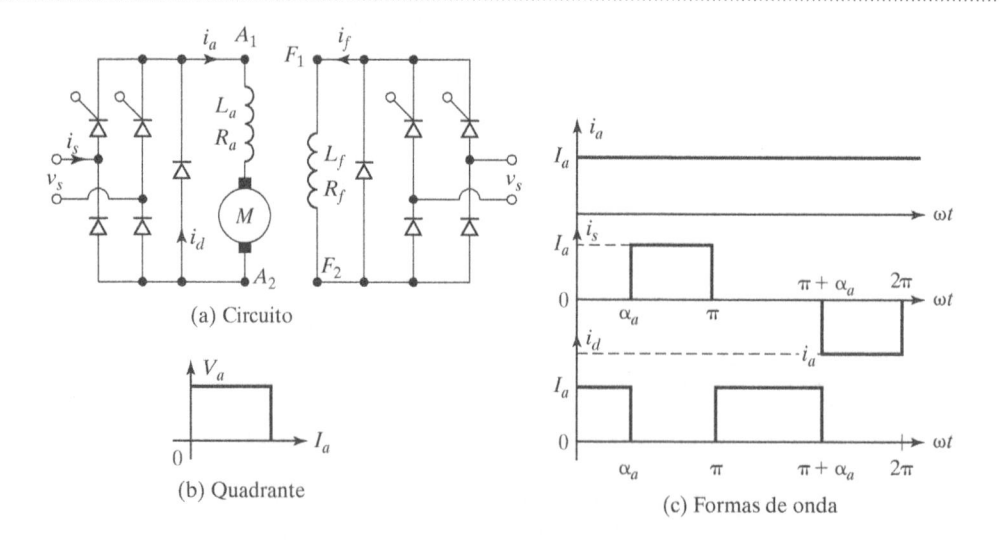

Com um semiconversor monofásico no circuito de armadura, a tensão média na armadura pode ser dada por[12]

$$V_a = \frac{V_m}{\pi}(1 + \cos\alpha_a) \quad \text{para} \quad 0 \leq \alpha_a \leq \pi \tag{14.18}$$

Com um semiconversor no circuito de campo, a tensão média do campo pode ser determinada por

$$V_f = \frac{V_m}{\pi}(1 + \cos\alpha_f) \quad \text{para} \quad 0 \leq \alpha_f \leq \pi \tag{14.19}$$

14.4.2 Acionamentos com conversor completo monofásico

A tensão na armadura é variada por um conversor monofásico de onda completa, como mostra a Figura 14.13a. Trata-se de um acionamento de dois quadrantes, como na Figura 14.13b, e é limitado a aplicações de até 15 kW. O conversor da armadura fornece $+V_a$ ou $-V_a$, e permite a operação no primeiro e no quarto quadrantes. Durante a regeneração para inverter o sentido do fluxo de potência, a fcem do motor pode ser invertida pela inversão da excitação do campo. O conversor no circuito de campo pode ser um semiconversor, um conversor completo ou, até mesmo, um conversor dual. A inversão da armadura ou do campo permite a operação no segundo e no terceiro quadrantes. As formas de onda da corrente para uma carga altamente indutiva são ilustradas na Figura 14.13c para a ação de potência (aceleração).

Com um conversor monofásico de onda completa no circuito da armadura, a Equação 10.1 fornece a tensão média na armadura como

$$V_a = \frac{2V_m}{\pi}\cos\alpha_a \quad \text{para} \quad 0 \leq \alpha_a \leq \pi \tag{14.20}$$

Com um conversor completo monofásico no circuito do campo, a tensão média do campo pode ser determinada por

$$V_f = \frac{2V_m}{\pi}\cos\alpha_f \quad \text{para} \quad 0 \leq \alpha_f \leq \pi \tag{14.21}$$

FIGURA 14.13

Acionamento com conversor completo monofásico.

(a) Circuito

(b) Quadrante

(c) Formas de onda

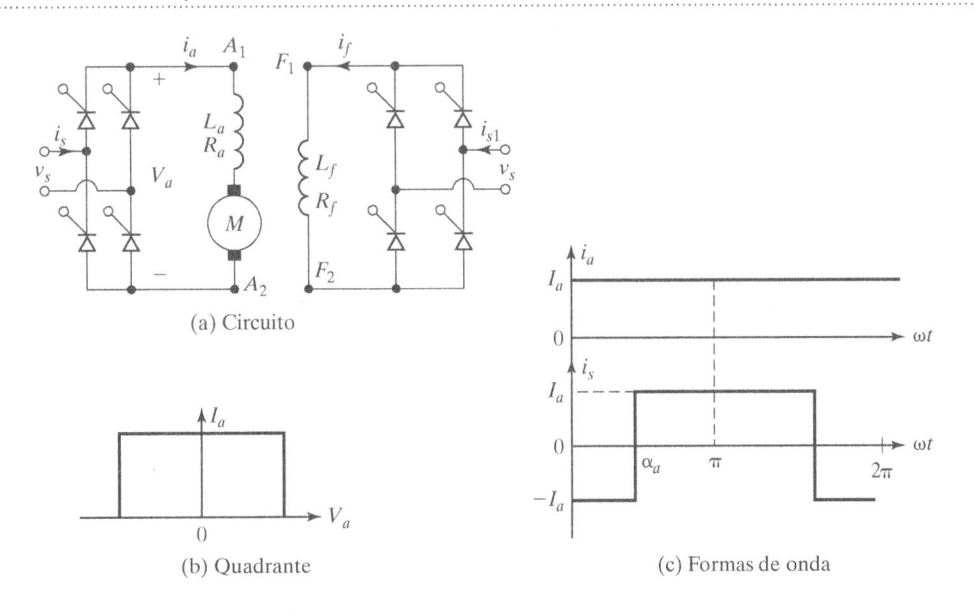

14.4.3 Acionamentos com conversor dual monofásico

Dois conversores monofásicos de onda completa são conectados como mostra a Figura 14.14. Ou o conversor 1 opera para alimentar a armadura com uma tensão positiva V_a, ou o conversor 2 opera para aplicar uma tensão negativa na armadura, $-V_a$. O conversor 1 proporciona a operação no primeiro e no quarto quadrantes, e o conversor 2 proporciona a operação no segundo e no terceiro quadrantes. Trata-se de um acionamento de quatro quadrantes que permite quatro modos de operação: aceleração no sentido direto, frenagem no sentido direto (regeneração), aceleração no sentido inverso e frenagem no sentido inverso (regeneração). Ele é limitado a aplicações de até 15 kW. O conversor do campo pode ser de onda completa, um semiconversor ou um conversor dual.

Se o conversor 1 operar com um ângulo de disparo de α_{a1}, a Equação 10.11 fornecerá a tensão da armadura como

$$V_a = \frac{2V_m}{\pi} \cos \alpha_{a1} \quad \text{para} \quad 0 \leq \alpha_{a1} \leq \pi \tag{14.22}$$

Se o conversor 2 operar com um ângulo de disparo de α_{a2}, a Equação 10.12 fornecerá a tensão na armadura como

$$V_a = \frac{2V_m}{\pi} \cos \alpha_{a2} \quad \text{para} \quad 0 \leq \alpha_{a2} \leq \pi \tag{14.23}$$

onde $\alpha_{a2} = \pi - \alpha_{a1}$. Com um conversor completo no circuito do campo, a Equação 10.1 fornece a tensão do campo como

$$V_f = \frac{2V_m}{\pi} \cos \alpha_f \quad \text{para} \quad 0 \leq \alpha_f \leq \pi \tag{14.24}$$

FIGURA 14.14

Acionamento com conversor dual monofásico.

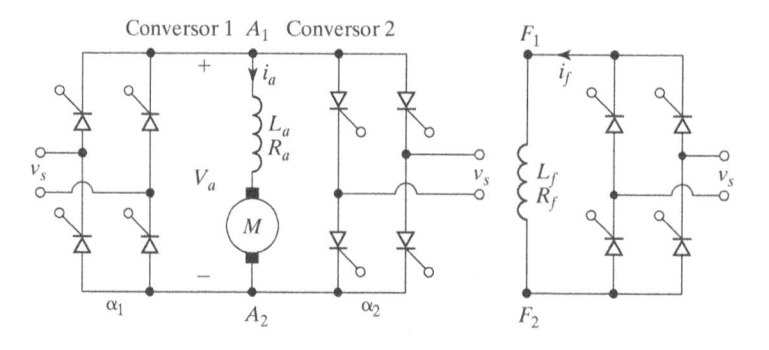

Exemplo 14.3 • Determinação dos parâmetros de desempenho de um acionamento com semiconversor monofásico

A velocidade de um motor CC com excitação independente é controlada por um semiconversor monofásico, como o da Figura 14.12a. A corrente de campo, que também é controlada por um semiconversor, é ajustada para o máximo valor possível. A tensão de alimentação CA para os conversores da armadura e do campo é monofásica, 208 V, 60 Hz. A resistência da armadura é $R_a = 0{,}25\ \Omega$, a resistência do campo é $R_f = 147\ \Omega$, a constante de tensão no motor, $K_v = 0{,}7032$ V/A rad/s. O torque da carga é $T_1 = 45$ N · m a 1000 rpm. O atrito viscoso e as perdas a vazio são desprezíveis. As indutâncias dos circuitos da armadura e do campo são suficientes para tornar as correntes de armadura e de campo contínuas e sem ondulações.

Determine **(a)** a corrente de campo I_f; **(b)** o ângulo de disparo do conversor no circuito da armadura α_a; e **(c)** o fator de potência de entrada do conversor do circuito da armadura.

Solução

$V_s = 208$ V, $V_m = \sqrt{2} \times 208 = 294,16$ V, $R_a = 0,25$ Ω, $R_f = 147$ Ω, $T_d = T_L = 45$ N · m, $K_v = 0,7032$ V/A rad/s e $\omega = 1000\,\pi/30 = 104,72$ rad/s.

a. A partir da Equação 14.19, a tensão (e a corrente) máxima no campo é obtida para um ângulo de disparo de $\alpha_f = 0$ e

$$V_f = \frac{2V_m}{\pi} = \frac{2 \times 294,16}{\pi} = 187,27 \text{ V}$$

A corrente do campo é

$$I_f = \frac{V_f}{R_f} = \frac{187,27}{147} = 1,274 \text{ A}$$

b. A partir da Equação 14.4,

$$I_a = \frac{T_d}{K_v I_f} = \frac{45}{0,7032 \times 1,274} = 50,23 \text{ A}$$

A partir da Equação 14.2,

$$E_g = K_v \omega I_f = 0,7032 \times 104,72 \times 1,274 = 93,82 \text{ V}$$

A partir da Equação 14.3, a tensão na armadura é

$$V_a = 93,82 + I_a R_a = 93,82 + 50,23 \times 0,25 = 93,82 + 12,56 = 106,38 \text{ V}$$

A partir da Equação 14.18, $V_a = 106,38 = (294,16/\pi) \times (1 + \cos \alpha_a)$, e isso dá o ângulo de disparo como $\alpha_a = 82,2°$.

c. Se a corrente de armadura for constante e sem ondulações, a potência de saída será $P_o = V_a I_a = 106,38 \times 50,23 = 5343,5$ W. Se as perdas no conversor da armadura forem desprezíveis, a potência fornecida pela alimentação será $P_a = P_o = 5343,5$ W. A corrente rms de entrada do conversor da armadura, como mostra a Figura 14.12, é

$$I_{sa} = \sqrt{\frac{2}{2\pi} \int_{\alpha_a}^{\pi} I_a^2\, d\theta} = I_a \sqrt{\frac{\pi - \alpha_a}{\pi}}$$

$$= 50,23 \sqrt{\frac{180 - 82,2}{180}} = 37,03 \text{ A}$$

e a potência aparente de entrada é $VI = V_s I_{sa} = 208 \times 37,03 = 7702,24$. Supondo que as harmônicas sejam desprezáveis, o FP de entrada será aproximadamente

$$\text{FP} = \frac{P_o}{VI} = \frac{5343,5}{7702,24} = 0,694 \text{ (em atraso)}$$

O fator de potência de entrada também pode ser determinado a partir da Equação 10.41,[12]

$$\text{FP} = \frac{\sqrt{2}(1 + \cos \alpha)}{\sqrt{\pi(\pi - \cos \alpha)}}$$

$$\text{FP} = \frac{\sqrt{2}(1 + \cos 82,2°)}{\sqrt{\pi(\pi - 82,2°)}} = 0,694 \text{ (em atraso)}$$

Exemplo 14.4 ▪ Determinação dos parâmetros de desempenho de um acionamento com conversor completo monofásico

A velocidade de um motor com excitação independente é controlada por um conversor monofásico de onda completa, como o da Figura 14.13a. O circuito de campo também é controlado por um conversor completo, e a corrente de campo, ajustada para o máximo valor possível. A tensão de alimentação CA para os conversores da armadura e do campo é monofásica, 440 V, 60 Hz. A resistência da armadura é $R_a = 0{,}25\ \Omega$, a resistência do circuito de campo, $R_f = 175\ \Omega$ e a constante de tensão no motor, $K_v = 1{,}4$ V/A rad/s. A corrente de armadura correspondente à demanda da carga é $I_a = 45$ A. O atrito viscoso e as perdas sem carga são desprezáveis. As indutâncias dos circuitos da armadura e do campo são suficientes para tornar as correntes de armadura e de campo contínuas e sem ondulações. Para um ângulo de disparo do conversor da armadura $\alpha_a = 60°$ e uma corrente de armadura $I_a = 45$ A, determine (a) o torque desenvolvido pelo motor T_d; (b) a velocidade ω; e (c) o FP de entrada do acionamento.

Solução

$V_s = 440$ V, $V_m = \sqrt{2} \times 440 = 622{,}25$ V, $R_a = 0{,}25\ \Omega$, $R_f = 175\ \Omega$, $\alpha_a = 60°$ e $K_v = 1{,}4$ V/A rad/s.

a. A partir da Equação 14.21, a tensão (e a corrente) máxima do campo seria obtida para um ângulo de atraso de $\alpha_f = 0$ e

$$V_f = \frac{2V_m}{\pi} = \frac{2 \times 622{,}25}{\pi} = 396{,}14\ \text{V}$$

A corrente de campo é

$$I_f = \frac{V_f}{R_f} = \frac{396{,}14}{175} = 2{,}26\ \text{A}$$

A partir da Equação 14.4, o torque desenvolvido é

$$T_d = T_L = K_v I_f I_a = 1{,}4 \times 2{,}26 \times 45 = 142{,}4\ \text{N} \cdot \text{m}$$

A partir da Equação 14.20, a tensão na armadura é

$$V_a = \frac{2V_m}{\pi} \cos 60° = \frac{2 \times 622{,}25}{\pi} \cos 60° = 198{,}07\ \text{V}$$

A fcem é

$$E_g = V_a - I_a R_a = 198{,}07 - 45 \times 0{,}25 = 186{,}82\ \text{V}$$

b. A partir da Equação 14.2, a velocidade é

$$\omega = \frac{E_g}{K_v I_f} = \frac{186{,}82}{1{,}4 \times 2{,}26} = 59{,}05\ \text{rad/s ou 564 rpm}$$

c. Supondo conversores sem perdas, a potência total de entrada fornecida pela alimentação é

$$P_i = V_a I_a + V_f I_f = 198{,}07 \times 45 + 396{,}14 \times 2{,}26 = 9808{,}4\ \text{W}$$

A corrente de entrada do conversor da armadura para uma carga altamente indutiva é indicada na Figura 14.13b, e seu valor rms é $I_{sa} = I_a = 45$ A. O valor rms da corrente de entrada do conversor do campo é $I_{sf} = I_f = 2{,}26$ A. A corrente rms efetiva de alimentação pode ser encontrada a partir de

$$I_s = \sqrt{I_{sa}^2 + I_{sf}^2}$$

$$= \sqrt{45^2 + 2{,}26^2} = 45{,}06 \text{ A}$$

e a potência aparente de entrada, $VI = V_s I_s = 440 \times 45{,}06 = 19.826{,}4$. Desprezando as ondulações, o fator de potência de entrada é aproximadamente

$$FP = \frac{P_i}{VI} = \frac{9808{,}4}{19.826{,}4} = 0{,}495 \text{ (em atraso)}$$

A partir da Equação 10.7,

$$FP = \left(\frac{2\sqrt{2}}{\pi}\right) \cos \alpha_a = \left(\frac{2\sqrt{2}}{\pi}\right) \cos 60° = 0{,}45 \text{ (em atraso)}$$

Exemplo 14.5 • Determinação do ângulo de disparo e a potência de realimentação na frenagem regenerativa

Para a polaridade da fcem do motor do Exemplo 14.4 invertida por meio da reversão da polaridade da corrente de campo, determine (a) o ângulo de disparo do conversor do circuito do campo α_a, a fim de manter a corrente da armadura constante no mesmo valor de $I_a = 45$ A, e (b) a potência devolvida para a alimentação por conta da frenagem regenerativa do motor.

Solução

a. A partir da parte (a) do Exemplo 14.4, a fcem no momento da inversão da polaridade é $E_g = 186{,}82$ V, e, após a inversão da polaridade, $E_g = -186{,}82$ V. A partir da Equação 14.3,

$$V_a = E_g + I_a R_a = -186{,}82 + 45 \times 0{,}25 = -175{,}57 \text{ V}$$

A partir da Equação 14.20,

$$V_a = \frac{2V_m}{\pi} \cos \alpha_a = \frac{2 \times 622{,}25}{\pi} \cos \alpha_a = -175{,}57 \text{ V}$$

e isso dá o ângulo de disparo do conversor da armadura como $\alpha_a = 116{,}31°$.

b. A potência devolvida para a alimentação é $P_a = V_a I_a = 175{,}57 \times 45 = 7900{,}7$ W.

Observação: a velocidade e a fcem do motor diminuem com o tempo. Se a corrente da armadura for mantida constante em $I_a = 45$ A durante a regeneração, o ângulo de disparo do conversor da armadura precisará ser reduzido. Isso exigirá um controle em malha fechada para assegurar a corrente da armadura constante e ajustar continuamente o ângulo de disparo.

■ Principais pontos da Seção 14.4

– O acionamento monofásico utiliza um conversor monofásico. O tipo de conversor determina o tipo de acionamento.

– Um acionamento com semiconversor opera em um quadrante, um acionamento com conversor completo, em dois quadrantes e um com conversor dual, em quatro quadrantes. A excitação de campo é normalmente fornecida a partir de um conversor completo.

14.5 ACIONAMENTOS TRIFÁSICOS

O circuito da armadura é conectado à saída do retificador controlado trifásico ou a um conversor CA-CC trifásico de comutação forçada. Os acionamentos trifásicos são utilizados para aplicações de alta potência, até o nível de megawatts. A frequência de ondulação da tensão na armadura é maior que nos acionamentos monofásicos e requer menor indutância no circuito da armadura para reduzir a ondulação da corrente. A corrente de armadura é em geral contínua, e, portanto, o desempenho do motor é melhor em comparação ao dos acionamentos monofásicos. De forma semelhante a esses útlimos, os acionamentos trifásicos[2,6] também podem se subdividir em:

1. Acionamentos com conversor trifásico de meia onda.
2. Acionamentos com semiconversor trifásico.
3. Acionamentos com conversor completo trifásico.
4. Acionamentos com conversor dual trifásico.

Os conversores de meia onda não são normalmente utilizados em aplicações industriais, e não serão analisados em mais detalhes.

14.5.1 Acionamentos com semiconversor trifásico

Um acionamento alimentado por semiconversor trifásico é de um quadrante, sem inversão de campo, e está limitado a aplicações de até 115 kW. O conversor do campo também pode ser um semiconversor, monofásico ou trifásico.

Com um semiconversor trifásico no circuito de armadura, a tensão média da armadura pode ser determinada por

$$V_a = \frac{3\sqrt{3}V_m}{2\pi}(1 + \cos \alpha_a) \quad \text{para } 0 \leq \alpha_a \leq \pi \tag{14.25}$$

Com um semiconversor trifásico no circuito do campo, a tensão média do campo pode ser determinada por

$$V_f = \frac{3\sqrt{3}V_m}{2\pi}(1 + \cos \alpha_f) \quad \text{para } 0 \leq \alpha_f \leq \pi \tag{14.26}$$

14.5.2 Acionamentos com conversor completo trifásico

Um acionamento com conversor trifásico de onda completa é de dois quadrantes, sem qualquer inversão de campo, e está limitado a aplicações de até 1500 kW. Durante a regeneração para a inversão do sentido do fluxo de potência, a fcem do motor é invertida por meio da reversão da excitação do campo. O conversor no circuito do campo deve ser um conversor completo monofásico ou trifásico.

Com um conversor de onda completa trifásico no circuito da armadura, a Equação 10.15 fornece a tensão nela como

$$V_a = \frac{3\sqrt{3}V_m}{\pi} \cos \alpha_a \quad \text{para } 0 \leq \alpha_a \leq \pi \tag{14.27}$$

Com um conversor completo trifásico no circuito do campo, a Equação 10.15 fornece a tensão nele como

$$V_f = \frac{3\sqrt{3}V_m}{\pi} \cos \alpha_f \quad \text{para } 0 \leq \alpha_f \leq \pi \tag{14.28}$$

14.5.3 Acionamentos com conversor dual trifásico

Dois conversores trifásicos de onda completa são conectados em um arranjo semelhante ao da Figura 14.15a. Ou o conversor 1 opera para fornecer uma tensão positiva na armadura, V_a, ou o conversor 2 opera para fornecer

FIGURA 14.15

Acionamento CC alimentado por conversor CC-CC com controle da potência.

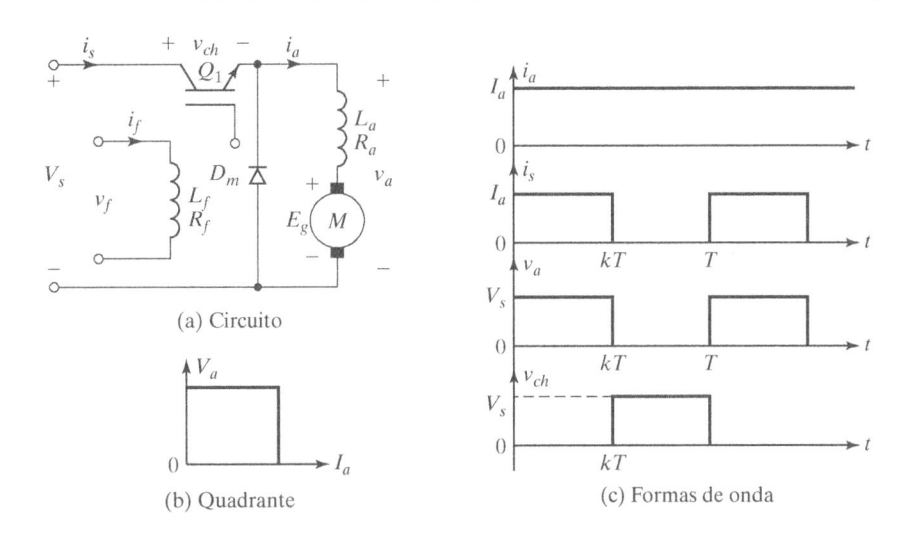

(a) Circuito

(b) Quadrante

(c) Formas de onda

uma tensão negativa na armadura, $-V_a$. Trata-se de um acionamento de quatro quadrantes que está limitado a aplicações de até 1500 kW. Assim como os acionamentos monofásicos, o conversor do campo pode ser de onda completa ou um semiconversor.

Se o conversor 1 operar com um ângulo de disparo de α_{a1}, a Equação 10.15 fornecerá a tensão média na armadura como

$$V_a = \frac{3\sqrt{3}V_m}{\pi}\cos\alpha_{a1} \quad \text{para} \quad 0 \le \alpha_{a1} \le \pi \tag{14.29}$$

Se o conversor 2 operar com um ângulo de disparo de α_{a2}, a Equação 10.15 fornecerá a tensão média na armadura como

$$V_a = \frac{3\sqrt{3}V_m}{\pi}\cos\alpha_{a2} \quad \text{para} \quad 0 \le \alpha_{a2} \le \pi \tag{14.30}$$

Com um conversor completo trifásico no circuito do campo, a Equação 10.15 fornece a tensão média nele como

$$V_f = \frac{3\sqrt{3}V_m}{\pi}\cos\alpha_f \quad \text{para} \quad 0 \le \alpha_f \le \pi \tag{14.31}$$

Exemplo 14.6 ▪ Determinação dos parâmetros de desempenho de um acionamento com conversor completo trifásico

A velocidade de um motor CC com excitação independente de 20 hp, 300 V, 1800 rpm é controlada por um acionamento com conversor completo trifásico. A corrente de campo também é monitorada por um conversor completo trifásico e ajustada para o máximo valor possível. A entrada CA é uma alimentação trifásica conectada em Y de 208 V, 60 Hz. A resistência da armadura é $R_a = 0,25\ \Omega$, a resistência do campo, $R_f = 245\ \Omega$ e a constante de tensão do motor, $K_v = 1,2$ V/A rad/s. As correntes de armadura e de campo podem ser consideradas contínuas e sem ondulações. O atrito viscoso é desprezável. Determine **(a)** o ângulo de disparo do conversor da armadura α_a se o motor fornecer potência nominal à velocidade nominal; **(b)** a velocidade sem carga se os ângulos de disparo forem os mesmos que em (a) e a corrente de armadura sem carga for 10% do valor nominal; e **(c)** a regulação de velocidade.

Solução

$R_a = 0{,}25\ \Omega$, $R_f = 245\ \Omega$, $K_v = 1{,}2\ \text{V/A rad/s}$, $V_L = 208\ \text{V}$ e $\omega = 1800\ \pi/30 = 188{,}5\ \text{rad/s}$. A tensão de fase é $V_p = V_L/\sqrt{3} = 208/\sqrt{3} = 120\ \text{V}$ e $V_m = 120 \times \sqrt{2} = 169{,}7\ \text{V}$. Como 1 hp é igual a 746 W, a corrente nominal de armadura é $I_{\text{nominal}} = 20 \times 746/300 = 49{,}73\ \text{A}$; para a máxima corrente de campo possível, $\alpha_f = 0$. A partir da Equação 14.28,

$$V_f = 3\sqrt{3} \times \frac{169{,}7}{\pi} = 280{,}7\ \text{V}$$

$$I_f = \frac{V_f}{R_f} = \frac{280{,}7}{245} = 1{,}146\ \text{A}$$

a. $I_s = I_{\text{nominal}} = 49{,}73\ \text{A}$ e

$$E_g = K_v I_f \omega = 1{,}2 \times 1{,}146 \times 188{,}5 = 259{,}2\ \text{V}$$

$$V_a = 259{,}2 + I_a R_a = 259{,}2 + 49{,}73 \times 0{,}25 = 271{,}63\ \text{V}$$

A partir da Equação 14.27,

$$V_a = 271{,}63 = \frac{3\sqrt{3} V_m}{\pi} \cos \alpha_a = \frac{3\sqrt{3} \times 169{,}7}{\pi} \cos \alpha_a$$

e isso dá o ângulo de disparo como $\alpha_a = 14{,}59°$.

b. $I_a = 10\%$ de $49{,}73 = 4{,}973\ \text{A}$ e

$$E_{g0} = V_a - R_a I_a = 271{,}63 - 0{,}25 \times 4{,}973 = 270{,}39\ \text{V}$$

A partir da Equação 14.4, a velocidade sem carga é

$$\omega_0 = \frac{E_{g0}}{K_v I_f} = \frac{270{,}39}{1{,}2 \times 1{,}146} = 196{,}62\ \text{rad/s} \quad \text{ou} \quad 196{,}62 \times \frac{30}{\pi} = 1877{,}58\ \text{rpm}$$

c. A regulação de velocidade é definida como

$$\frac{\text{velocidade sem carga} - \text{velocidade a plena carga}}{\text{velocidade a plena carga}} = \frac{1877{,}58 - 1800}{1800} = 0{,}043 \quad \text{ou} \quad 4{,}3\%$$

Exemplo 14.7 ▪ Determinação do desempenho de um acionamento com conversor completo trifásico com controle de campo

A velocidade de um motor com excitação independente de 20 hp, 300 V, 900 rpm é controlada por um conversor completo trifásico. O circuito de campo também é monitorado por um conversor completo trifásico. A tensão de alimentação CA para os conversores na armadura e no campo é trifásica, conectada em Y, de 208 V, 60 Hz. A resistência da armadura é $R_a = 0{,}25\ \Omega$, a resistência do circuito de campo, $R_f = 145\ \Omega$ e a constante de tensão do motor, $K_v = 1{,}2\ \text{V/A rad/s}$. O atrito viscoso e as perdas sem carga podem ser desprezados. As correntes de armadura e de campo são contínuas e sem ondulações. **(a)** Para um conversor do campo operando na máxima corrente e um torque desenvolvido $T_d = 116\ \text{N} \cdot \text{m}$ a 900 rpm, determine o ângulo de disparo do conversor da armadura α_a. **(b)** Para um conversor do circuito de campo ajustado para a máxima corrente, um torque desenvolvido $T_d = 116\ \text{N} \cdot \text{m}$ e um ângulo de disparo do conversor da armadura $\alpha_a = 0$, estabeleça a velocidade do motor. **(c)** Para a mesma demanda de carga que em (b), defina o ângulo de disparo do conversor do campo se a velocidade precisar ser aumentada para 1800 rpm.

Solução

$R_a = 0{,}25\ \Omega$, $R_f = 145\ \Omega$, $K_v = 1{,}2$ V/A rad/s e $V_L = 208$ V. A tensão de fase é $V_p = 208/\sqrt{3} = 120$ V e $V_m = \sqrt{2} \times 120 = 169{,}7$ V.

a. $T_d = 116$ N · m e $\omega = 900\ \pi/30 = 94{,}25$ rad/s. Para a máxima corrente de campo, $\alpha_f = 0$. A partir da Equação 14.28,

$$V_f = \frac{3 \times \sqrt{3} \times 169{,}7}{\pi} = 280{,}7\ \text{V}$$

$$I_f = \frac{280{,}7}{145} = 1{,}936\ \text{A}$$

A partir da Equação 14.4,

$$I_a = \frac{T_d}{K_v I_f} = \frac{116}{1{,}2 \times 1{,}936} = 49{,}93\ \text{A}$$

$$E_g = K_v I_f \omega = 1{,}2 \times 1{,}936 \times 94{,}25 = 218{,}96\ \text{V}$$

$$V_a = E_g + I_a R_a = 218{,}96 + 49{,}93 \times 0{,}25 = 231{,}44\ \text{V}$$

A partir da Equação 14.27,

$$V_a = 231{,}44 = \frac{3 \times \sqrt{3} \times 169{,}7}{\pi} \cos \alpha_a$$

que dá o ângulo de disparo como $\alpha_a = 34{,}46°$.

b. $\alpha_a = 0$ e

$$V_a = \frac{3 \times \sqrt{3} \times 169{,}7}{\pi} = 280{,}7\ \text{V}$$

$$E_g = 280{,}7 - 49{,}93 \times 0{,}25 = 268{,}22\ \text{V}$$

e a velocidade

$$\omega = \frac{E_g}{K_v I_f} = \frac{268{,}22}{1{,}2 \times 1{,}936} = 115{,}45\ \text{rad/s} \quad \text{ou} \quad 1102{,}5\ \text{rpm}$$

c. $\omega = 1800\ \pi/30 = 188{,}5$ rad/s

$$E_g = 268{,}22\ \text{V} = 1{,}2 \times 188{,}5 \times I_f \quad \text{ou} \quad I_f = 1{,}186\ \text{A}$$

$$V_f = 1{,}186 \times 145 = 171{,}97\ \text{V}$$

A partir da Equação 14.28,

$$V_f = 171{,}97 = \frac{3 \times \sqrt{3} \times 169{,}7}{\pi} \cos \alpha_f$$

que dá o ângulo de disparo como sendo $\alpha_f = 52{,}2°$.

Principais pontos da Seção 14.5

– Um acionamento trifásico utiliza um conversor trifásico. O tipo de conversor trifásico determina o tipo de acionamento trifásico. Em geral, um acionamento com semiconversor opera em um quadrante, um acionamento com conversor completo, em dois quadrantes e um com conversor dual, em quatro quadrantes. A excitação de campo é normalmente fornecida a partir de um conversor completo.

14.6 ACIONAMENTOS COM CONVERSORES CC-CC

Os acionamentos com conversor CC-CC são amplamente utilizados em aplicações de tração em todo o mundo. Um conversor CC-CC é conectado entre uma fonte de tensão CC fixa e um motor CC para variar a tensão na armadura. Além do controle da tensão na armadura, um conversor CC-CC consegue fornecer frenagem regenerativa dos motores e devolver energia para a fonte de alimentação. Esse recurso de economia de energia é em especial atraente para os sistemas de transporte com paradas frequentes, como o transporte rápido de massas (*mass rapid transit* — MRT). Os acionamentos com conversores CC-CC também são utilizados em veículos elétricos alimentados por baterias (*battery electric vehicles* — BEVs). Um motor CC pode ser operado em um dos quatro quadrantes por meio do controle das tensões (ou correntes) na armadura ou no campo. Frequentemente, é necessário inverter os terminais da armadura ou do campo para operar o motor no quadrante desejado.

Se a alimentação não for receptiva durante a frenagem regenerativa, a tensão de linha poderá aumentar, e a frenagem regenerativa não será possível. Nesse caso, é fundamental uma forma alternativa de frenagem, como a reostática (ou dinâmica). Os modos possíveis de controle de um acionamento com conversores CC-CC são:

1. Controle da potência (ou da aceleração).
2. Controle da frenagem regenerativa.
3. Controle da frenagem reostática.
4. Controle das frenagens regenerativas e reostáticas combinadas.

14.6.1 Princípio do controle da potência

O conversor CC-CC é utilizado para controlar a tensão na armadura de um motor CC. O arranjo do circuito de um motor com excitação independente alimentado por um conversor é mostrado na Figura 14.15a. A chave do conversor CC-CC pode ser um transistor, um IGBT ou um GTO, como discutido na Seção 5.3. Esse é um acionamento de um quadrante, como ilustra a Figura 14.15b. As formas de onda para a tensão na armadura, a corrente de carga e a corrente de entrada são apresentadas na Figura 14.15c, supondo uma carga altamente indutiva.

A tensão média na armadura é

$$V_a = kV_s \tag{14.32}$$

onde k é o ciclo de trabalho do conversor CC-CC. A potência fornecida ao motor é

$$P_o = V_a I_a = kV_s I_a \tag{14.33}$$

onde I_a é a corrente média da armadura do motor e é livre de ondulações. Supondo que um conversor CC-CC não apresente perdas, a potência de entrada será $P_i = P_o = kV_s I_s$. O valor médio da corrente de entrada é

$$I_s = kI_a \tag{14.34}$$

A resistência equivalente de entrada de um acionamento com conversor CC-CC vista pela fonte é

$$R_{eq} = \frac{V_s}{I_s} = \frac{V_s}{I_a}\frac{1}{k} \qquad (14.35)$$

Variando-se o ciclo de trabalho k, o fluxo de potência para o motor (e a velocidade) pode ser controlado. Para uma indutância finita do circuito de armadura, a Equação 5.29 pode ser aplicada para encontrar a máxima ondulação da corrente pico a pico como

$$\Delta I_{máx} = \frac{V_s}{R_m} \operatorname{tgh} \frac{R_m}{4fL_m} \qquad (14.36)$$

onde R_m e L_m são a resistência e a indutância totais do circuito de armadura, respectivamente. Para um motor com excitação independente, $R_m = R_a$ + qualquer resistência em série, e $L_m = L_a$ + qualquer indutância em série. Para um motor série, $R_m = R_a + R_f$ + qualquer resistência em série, e $L_m = L_a + L_f$ + qualquer indutância em série.

Exemplo 14.8 ▪ Determinação dos parâmetros de desempenho de um acionamento com conversor CC-CC

Um motor CC com excitação independente é alimentado por um conversor CC-CC (como mostra a Figura 14.15a) a partir de uma fonte CC de 600 V. A resistência da armadura é $R_a = 0,05\ \Omega$. A constante fcem do motor é $K_v = 1,527$ V/A rad/s, a corrente média de armadura, $I_a = 250$ A e a corrente de campo é $I_f = 2,5$ A. A corrente da armadura é contínua e tem ondulação desprezável. Se o ciclo de trabalho do conversor CC-CC for de 60%, determine (a) a potência de entrada a partir da fonte; (b) a resistência equivalente de entrada do acionamento com conversor CC-CC; (c) a velocidade do motor; e (d) o torque desenvolvido.

Solução

$V_s = 600$ V, $I_a = 250$ A e $k = 0,6$. A resistência total do circuito de armadura é $R_m = R_a = 0,05\ \Omega$.

a. A partir da Equação 14.33,

$$P_i = kV_s I_a = 0,6 \times 600 \times 250 = 90\ kW$$

b. A partir da Equação 14.35, $R_{eq} = 600/(250 \times 0,6) = 4\ \Omega$.

c. A partir da Equação 14.32, $V_a = 0,6 \times 600 = 360$ V. A fcem é

$$E_g = V_a - R_m I_m = 360 - 0,05 \times 250 = 347,5\ V$$

A partir da Equação 14.2, a velocidade do motor é

$$\omega = \frac{347,5}{1,527 \times 2,5} = 91,03\ rad/s \quad ou \quad 91,03 \times \frac{30}{\pi} = 869,3\ rpm$$

d. A partir da Equação 14.4,

$$T_d = 1,527 \times 250 \times 2,5 = 954,38\ N \cdot m$$

14.6.2 Princípio do controle da frenagem regenerativa

Na frenagem regenerativa, o motor atua como um gerador, e a energia cinética do motor (e da carga) é devolvida para a fonte de alimentação. O princípio da transferência de energia de uma fonte CC para outra de tensão maior, discutido na Seção 5.5, pode ser aplicado na frenagem regenerativa de motores CC.

A aplicação de conversores CC-CC na frenagem regenerativa pode ser explicada com a Figura 14.16a. É necessário o rearranjo da chave do modo de aceleração para o de frenagem regenerativa. Suponha que a armadura de um motor com excitação independente gire por conta da inércia dele (e da carga), e que, no caso de um sistema de transporte, a energia cinética do veículo ou trem gire o eixo da armadura. Então, se o transistor for ligado, a corrente de armadura crescerá em virtude do curto-circuito dos terminais do motor. Se o conversor CC-CC for desligado, o diodo D_m entrará em condução e a energia armazenada nas indutâncias do circuito da armadura será transferida para a fonte de alimentação, desde que esta seja receptiva. Trata-se de um acionamento de um quadrante que opera no segundo quadrante, como mostra a Figura 14.16b. A Figura 14.16c indica as formas de onda da tensão e da corrente, supondo que a corrente da armadura seja contínua e sem ondulações.

A tensão média no conversor CC-CC é

$$V_{ch} = (1-k)V_s \tag{14.37}$$

Se I_a for a corrente média da armadura, a potência regenerada pode ser encontrada a partir de

$$P_g = I_a V_s (1-k) \tag{14.38}$$

A tensão gerada pelo motor que atua como gerador é

$$E_g = K_v I_f \omega$$
$$= V_{ch} + R_m I_a = (1-k)V_s + R_m I_a \tag{14.39}$$

onde K_v é a constante da máquina e ω é a velocidade da máquina em radianos por segundo. Portanto, a resistência equivalente de carga do motor que atua como gerador é

$$R_{eq} = \frac{E_g}{I_a} = \frac{V_s}{I_a}(1-k) + R_m \tag{14.40}$$

Variando-se o ciclo de trabalho k, a resistência equivalente de carga vista pelo motor pode variar de R_m a $(V_s/I_a + R_m)$, e a potência regenerativa pode ser controlada.

A partir da Equação 5.38, as condições para os potenciais e polaridade permissíveis às duas tensões são

$$0 \leq (E_g - R_m I_a) \leq V_s \tag{14.41}$$

FIGURA 14.16

Frenagem regenerativa de motores CC com excitação independente.

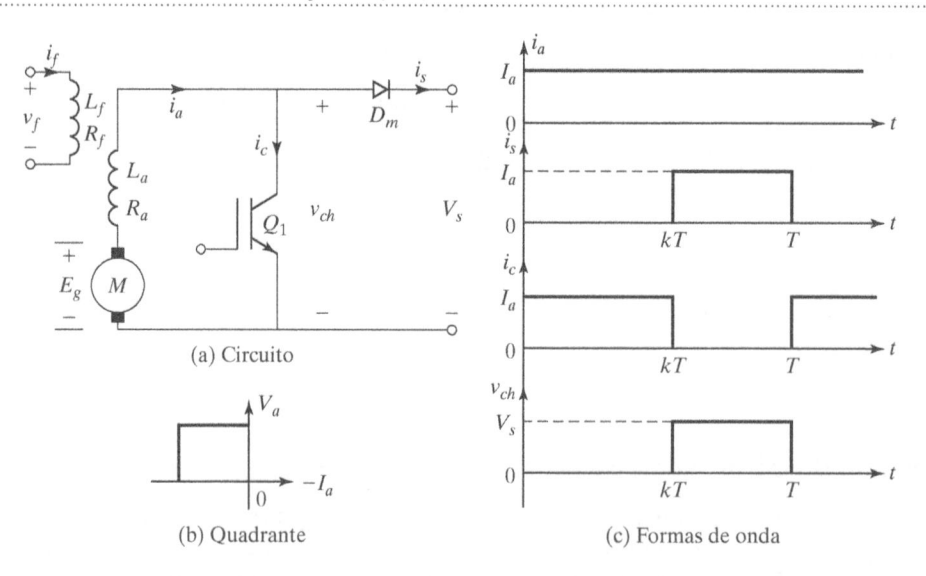

(a) Circuito

(b) Quadrante

(c) Formas de onda

que dá a velocidade mínima de frenagem do motor como

$$E_g = K_v \omega_{mín} I_f = R_m I_a$$

ou

$$\omega_{mín} = \frac{R_m}{K_v} \frac{I_a}{I_f} \qquad (14.42)$$

e $\omega \geq \omega_{mín}$. A velocidade máxima de frenagem de um motor série pode ser encontrada a partir da Equação 14.41:

$$K_v \omega_{máx} I_f - R_m I_a = V_s$$

ou

$$\omega_{máx} = \frac{V_s}{K_v I_f} + \frac{R_m}{K_v} \frac{I_a}{I_f} \qquad (14.43)$$

e $\omega \leq \omega_{máx}$.

A frenagem regenerativa seria efetiva somente se a velocidade do motor estivesse entre esses dois limites ($\omega_{mín} < \omega < \omega_{máx}$). Em qualquer velocidade inferior a $\omega_{mín}$, seria necessário um arranjo alternativo de frenagem.

Embora os motores CC série sejam tradicionalmente utilizados em aplicações de tração em decorrência do seu elevado torque de partida, um gerador excitado em série é instável quando funciona com uma tensão de alimentação fixa. Assim, para atuar na alimentação de tração há a necessidade de um controle de excitação separado, e tal arranjo do motor série é em geral sensível às flutuações de tensão de alimentação, sendo necessária uma resposta dinâmica rápida para fornecer um controle adequado da frenagem. A aplicação de um conversor CC-CC permite a frenagem regenerativa dos motores CC série pela sua rápida resposta dinâmica.

Um motor CC com excitação independente é estável em frenagem regenerativa. A armadura e o campo podem ser controlados de forma independente para fornecer o torque necessário durante a partida. Ambos os tipos de motor, CC série alimentado por conversor CC-CC ou com excitação independente alimentado por conversor CC-CC, são adequados para aplicações em tração.

Exemplo 14.9 ▪ Determinação do desempenho de um acionamento alimentado por um conversor CC-CC na frenagem regenerativa

Um conversor CC-CC é utilizado na frenagem regenerativa de um motor CC série semelhante ao do arranjo mostrado na Figura 14.16a. A tensão da fonte de alimentação CC é 600 V. A resistência da armadura é $R_a = 0,02\ \Omega$, e a resistência do campo, $R_f = 0,03\ \Omega$. A constante da fcem é $K_v = 15,27$ mV/A rad/s. A corrente média da armadura é mantida constante em $I_a = 250$ A. A corrente da armadura é contínua e tem ondulação desprezível. Para um ciclo de trabalho do conversor CC-CC de 60%, determine (a) a tensão média no conversor CC-CC V_{ch}; (b) a potência regenerada para a fonte de alimentação CC P_g; (c) a resistência equivalente de carga do motor que atua como um gerador R_{eq}; (d) a velocidade mínima permitida de frenagem $\omega_{mín}$; (e) a velocidade máxima permitida de frenagem $\omega_{máx}$; e (f) a velocidade do motor.

Solução

$V_s = 600$ V, $I_a = 250$ A, $K_v = 0,01527$ V/A rad/s, $k = 0,6$. Para um motor série, $R_m = R_a + R_f = 0,02 + 0,03 = 0,05\ \Omega$.

a. A partir da Equação 14.37, $V_{ch} = (1 - 0,6) \times 600 = 240$ V.
b. A partir da Equação 14.38, $P_g = 250 \times 600 \times (1 - 0,6) = 60$ kW.

c. A partir da Equação 14.40, $R_{eq} = (600/250)(1 - 0,6) + 0,05 = 1,01\ \Omega$.

d. A partir da Equação 14.42, a velocidade mínima permitida de frenagem é

$$\omega_{mín} = \frac{0,05}{0,01527} = 3,274\ \text{rad/s} \quad \text{ou} \quad 3,274 \times \frac{30}{\pi} = 31,26\ \text{rpm}$$

e. A partir da Equação 14.43, a velocidade máxima permitida de frenagem é

$$\omega_{máx} = \frac{600}{0,01527 \times 250} + \frac{0,05}{0,01527} = 160,445\ \text{rad/s} \quad \text{ou} \quad 1532,14\ \text{rpm}$$

f. A partir da Equação 14.39, $E_g = 240 + 0,05 \times 250 = 252,5$ V, e a velocidade do motor é

$$\omega = \frac{252,5}{0,01527 \times 250} = 66,14\ \text{rad/s ou }631,6\ \text{rpm}$$

Observação: a velocidade do motor diminuiria com o tempo. Para manter a corrente de armadura no mesmo patamar, a resistência efetiva de carga do gerador série deve ser ajustada pela variação do ciclo de trabalho do conversor CC-CC.

14.6.3 Princípio do controle da frenagem reostática

Na frenagem reostática, a energia é dissipada em um reostato, o que pode não ser uma característica desejável. Em sistemas MRT, a energia pode ser utilizada no aquecimento dos trens. A frenagem reostática também é conhecida como *frenagem dinâmica*. Um arranjo para a frenagem reostática de um motor CC com excitação independente é mostrado na Figura 14.17a. Esse é um acionamento em um quadrante, e opera no segundo quadrante, como ilustra a Figura 14.17b. A Figura 14.17c indica as formas de onda para corrente e tensão, supondo que a corrente de armadura seja contínua e sem ondulações.

A corrente média do resistor de frenagem é

$$I_b = I_a(1 - k) \tag{14.44}$$

FIGURA 14.17

Frenagem reostática de motores CC com excitação independente.

(a) Circuito

(b) Quadrante

(c) Formas de onda

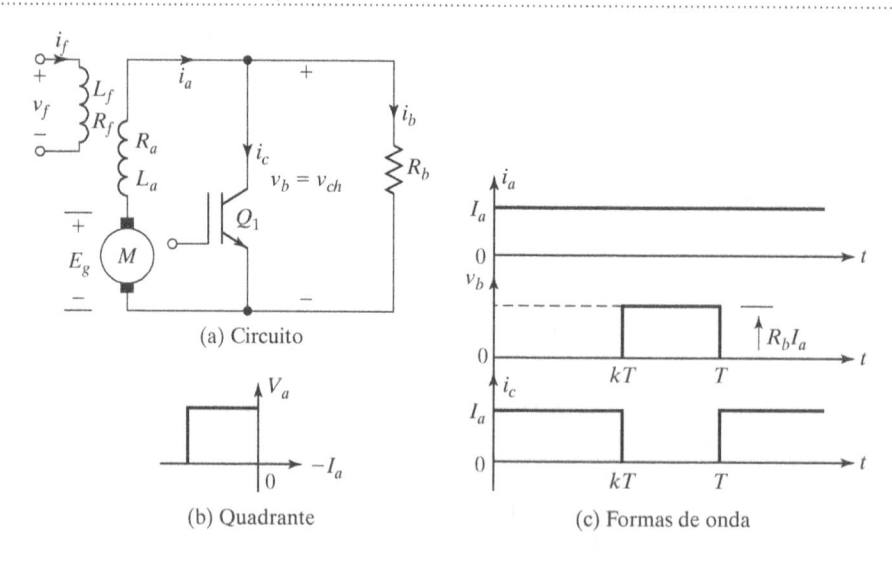

e a tensão média sobre o resistor de frenagem é

$$V_b = R_b I_a (1 - k) \tag{14.45}$$

A resistência equivalente de carga do gerador é

$$R_{eq} = \frac{V_b}{I_a} = R_b(1 - k) + R_m \tag{14.46}$$

A potência dissipada no resistor R_b é

$$P_b = I_a^2 R_b (1 - k) \tag{14.47}$$

Por meio do controle do ciclo de trabalho k, a resistência efetiva da carga pode variar de R_m a $R_m + R_b$, e a potência de frenagem pode ser controlada. A resistência de frenagem R_b determina a faixa de tensão máxima do conversor CC-CC.

Exemplo 14.10 • Determinação do desempenho de um acionamento alimentado por conversor CC-CC na frenagem reostática

Um conversor CC-CC é utilizado na frenagem reostática de um motor CC com excitação independente, como mostra a Figura 14.17a. A resistência da armadura é $R_a = 0,05\ \Omega$, e o resistor de frenagem, $R_b = 5\ \Omega$. A constante fcem é $K_v = 1,527$ V/A rad/s. A corrente média de armadura é mantida constante em $I_a = 150$ A. A corrente de armadura é contínua e tem ondulação desprezável. A corrente de campo é $I_f = 1,5$ A. Para um ciclo de trabalho do conversor CC-CC de 40%, determine (a) a tensão média no conversor CC-CC V_{ch}; (b) a potência dissipada no resistor de frenagem P_b; (c) a resistência equivalente de carga do motor que atua como um gerador R_{eq}; (d) a velocidade do motor; e (e) a tensão de pico do conversor CC-CC V_p.

Solução

$$I_a = 150\ \text{A}, K_v = 1,527\ \text{V/A rad/s}, k = 0,4\ \text{e}\ R_m = R_a = 0,05\ \Omega.$$

a. A partir da Equação 14.45, $V_{ch} = V_b = 5 \times 150 \times (1 - 0,4) = 450$ V.
b. A partir da Equação 14.47, $P_b = 150 \times 150 \times 5 \times (1 - 0,4) = 67,5$ kW.
c. A partir da Equação 14.46, $R_{eq} = 5 \times (1 - 0,4) + 0,05 = 3,05\ \Omega$.
d. A fem gerada é $E_g = 450 + 0,05 \times 150 = 457,5$ V, e a velocidade de frenagem,

$$\omega = \frac{E_g}{K_v I_f} = \frac{457,5}{1,527 \times 1,5} = 199,74\ \text{rad/s} \quad \text{ou} \quad 1907,4\ \text{rpm}$$

e. A tensão de pico do conversor CC-CC é $V_p = I_a R_b = 150 \times 5 = 750$ V.

14.6.4 Princípio do controle das frenagens regenerativas e reostáticas combinadas

A frenagem regenerativa é uma frenagem eficiente em relação à energia. Na frenagem reostática, por outro lado, a energia é dissipada como calor. Se a fonte de alimentação for parcialmente receptiva, o que geralmente acontece em sistemas de tração na prática, um controle que combine as frenagens regenerativa e reostática será o mais eficiente em termos de energia. A Figura 14.18 mostra um arranjo em que a frenagem reostática é combinada com a regenerativa.

Durante as frenagens regenerativas, a tensão de linha é medida de forma contínua. Se ela ultrapassa um valor predeterminado, normalmente 20% acima, a frenagem regenerativa é removida e uma frenagem reostática é aplicada. Isso permite uma transferência quase instantânea da frenagem regenerativa para a reostática, no caso

FIGURA 14.18
Frenagens regenerativa e reostática combinadas.

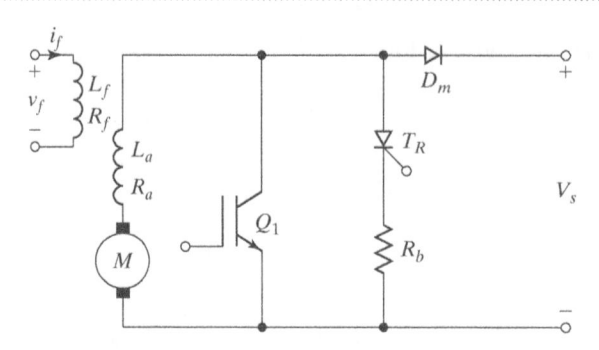

de a linha se tornar não receptiva, ainda que momentaneamente. Em cada ciclo, o circuito lógico determina a receptividade da fonte de alimentação. Se for não receptiva, o tiristor T_R é ligado para desviar a corrente do motor para o resistor R_b. O tiristor T_R é autocomutado quando o transistor Q_1 é ligado no ciclo seguinte.

14.6.5 Acionamentos com conversores CC-CC de dois e quatro quadrantes

Durante o controle de aceleração, um acionamento alimentado por conversor CC-CC opera no primeiro quadrante, onde a tensão e a corrente da armadura são positivas, como mostra a Figura 14.15b. Na frenagem regenerativa, o acionamento alimentado por conversor CC-CC opera no segundo quadrante, no qual a tensão da armadura é positiva e a corrente da armadura é negativa, como indica a Figura 14.16b. A operação em dois quadrantes, como na Figura 14.19a, é necessária para permitir o controle da aceleração e da frenagem regenerativa. O arranjo do circuito de um acionamento transistorizado de dois quadrantes é ilustrado na Figura 14.19b.

Controle da aceleração. O transistor Q_1 e o diodo D_2 operam. Quando Q_1 é ligado, a tensão de alimentação V_s é conectada aos terminais do motor. Quando Q_1 é desligado, a corrente da armadura, que flui através do diodo de roda livre D_2, decresce.

Controle regenerativo. O transistor Q_2 e o diodo D_1 operam. Quando Q_2 é ligado, o motor atua como gerador e a corrente da armadura cresce. Quando Q_2 é desligado, o motor, que atua como gerador, devolve energia para a fonte de alimentação através do diodo regenerativo D_1. Em aplicações industriais há a necessidade de operação em quatro quadrantes, como indica a Figura 14.20a. Um acionamento transistorizado de quatro quadrantes é apresentado na Figura 14.20b.

FIGURA 14.19
Acionamento de dois quadrantes com conversor CC-CC.

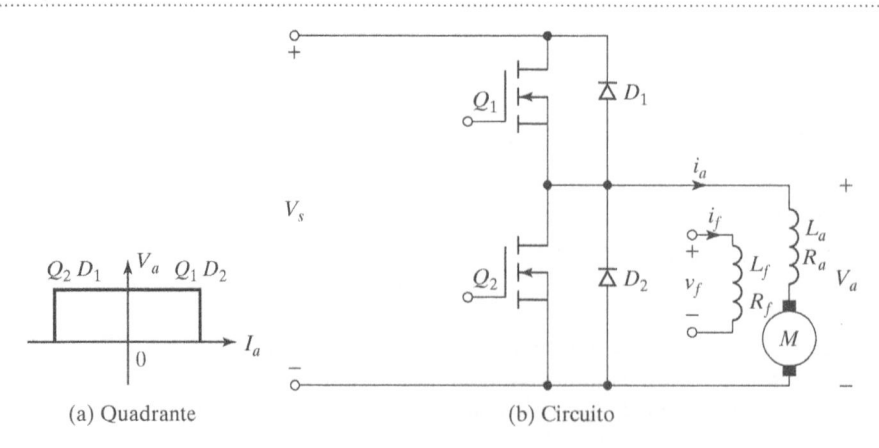

(a) Quadrante

(b) Circuito

FIGURA 14.20

Acionamento de quatro quadrantes com conversor CC-CC.

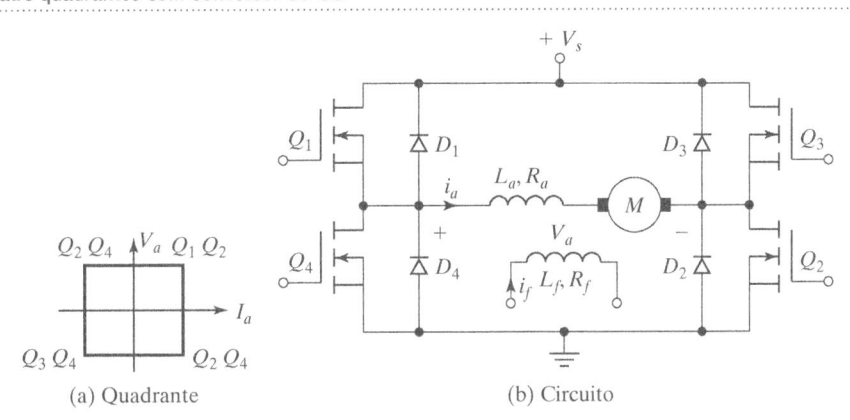

(a) Quadrante   (b) Circuito

Controle da aceleração no sentido direto. Os transistores Q_1 e Q_2 operam. Os transistores Q_3 e Q_4 estão desligados. Quando Q_1 e Q_2 são ligados em conjunto, a tensão de alimentação aparece sobre os terminais do motor, e a corrente de armadura aumenta. Quando Q_1 é desligado e Q_2 ainda está ligado, a corrente de armadura decresce através de Q_2 e D_4. Alternativamente, tanto Q_1 quanto Q_2 podem ser desligados, enquanto a corrente da armadura é forçada a decrescer através de D_3 e D_4.

Regeneração no sentido direto. Os transistores Q_1, Q_2 e Q_3 são desligados. Quando o transistor Q_4 é ligado, a corrente da armadura, que cresce, flui através de Q_4 e D_2. Quando Q_4 é desligado, o motor, atuando como gerador, devolve energia para a fonte de alimentação através de D_1 e D_2.

Controle da aceleração no sentido inverso. Os transistores Q_3 e Q_4 operam. Os transistores Q_1 e Q_2 estão desligados. Quando Q_3 e Q_4 são ligados em conjunto, a corrente da armadura aumenta e flui no sentido inverso. Quando Q_3 é desligado e Q_4 é ligado, a corrente da armadura cai através de Q_4 e D_2. Alternativamente, tanto Q_3 quanto Q_4 podem ser desligados, enquanto a corrente da armadura é forçada a decair através de D_1 e D_2.

Regeneração no sentido inverso. Os transistores Q_1, Q_3 e Q_4 são desligados. Quando Q_2 é ligado, a corrente da armadura aumenta através de Q_2 e D_4. Quando Q_2 é desligado, a corrente da armadura cai e o motor devolve energia para a fonte de alimentação através de D_3 e D_4.

14.6.6 Conversores CC-CC multifase

Se dois ou mais conversores CC-CC forem operados em paralelo e estiverem defasados um em relação ao outro em π/u, como mostra a Figura 14.21a, a amplitude das ondulações da corrente de carga diminui, e a frequência da ondulação aumenta.[7,8] Como resultado, as correntes harmônicas geradas pelo conversor CC-CC na alimentação são reduzidas. O tamanho dos filtros de entrada também é reduzido. A operação multifase permite a redução de indutores de alisamento, que são normalmente conectadas no circuito de armadura dos motores CC. Utilizam-se indutores individuais em cada fase para dividir a corrente. A Figura 14.21b ilustra as formas de onda para as correntes com u conversores CC-CC.

Para u conversores CC-CC multifase em operação, pode ser demonstrado que a Equação 5.29 é satisfeita quando $k = 1/2u$, e a ondulação máxima da corrente de carga pico a pico torna-se

$$\Delta I_{\text{máx}} = \frac{V_s}{R_m} \text{tgh} \frac{R_m}{4ufL_m} \tag{14.48}$$

onde L_m e R_m são a indutância e a resistência totais da armadura, respectivamente. Para $4ufL_m \gg R_m$, a ondulação máxima da corrente de carga pico a pico pode ser aproximada para

$$\Delta I_{\text{máx}} = \frac{V_s}{4ufL_m} \tag{14.49}$$

FIGURA 14.21

Conversores CC-CC multifase.

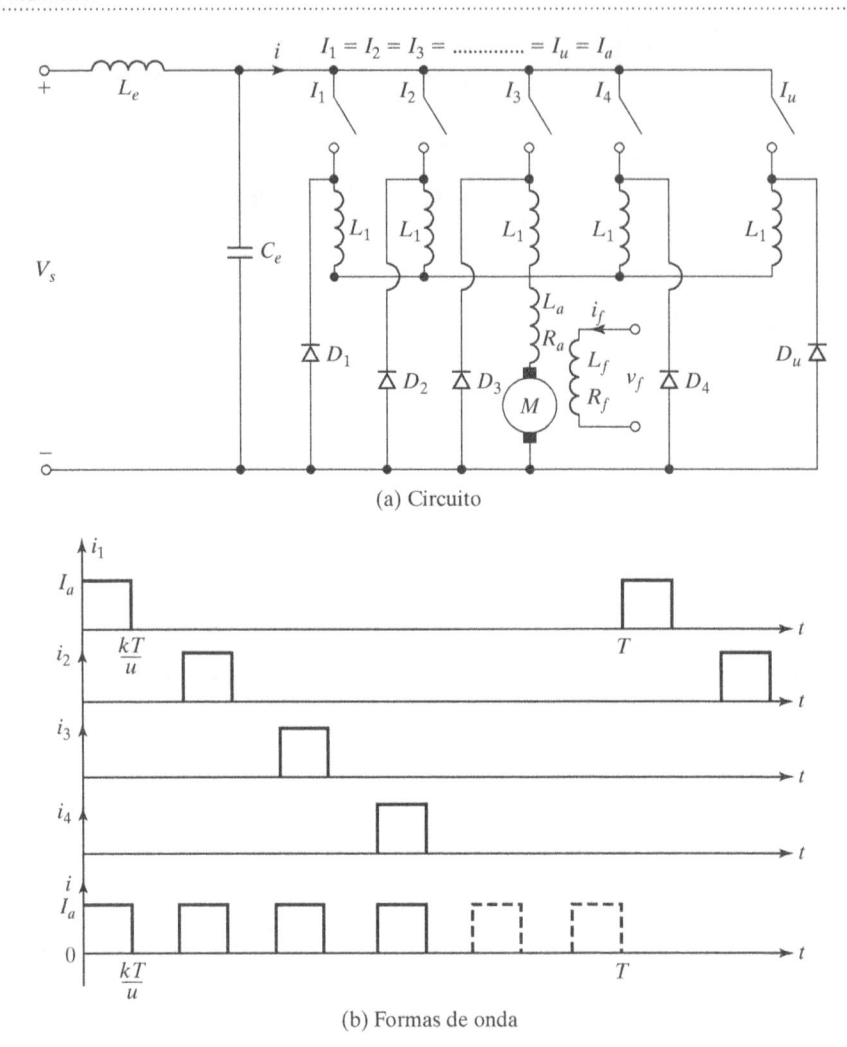

(a) Circuito

(b) Formas de onda

Se um filtro *LC* de entrada for utilizado, a Equação 5.157 pode ser aplicada para encontrar a *n*-ésima componente harmônica rms das harmônicas geradas pelo conversor CC-CC na fonte de alimentação

$$I_{ns} = \frac{1}{1 + (2n\pi uf)^2 L_e C_e} I_{nh}$$

$$= \frac{1}{1 + (nuf/f_0)^2} I_{nh} \quad (14.50)$$

onde I_{nh} é o valor rms da *n*-ésima componente harmônica da corrente do conversor CC-CC e $f_0 = 1/(2\pi\sqrt{L_e C_e})$ é a frequência de ressonância do filtro de entrada. Se $(nuf/f_0) \gg 1$, a *n*-ésima componente harmônica da corrente na alimentação torna-se

$$I_{ns} = I_{nh}\left(\frac{f_0}{nuf}\right)^2 \quad (14.51)$$

As operações multifase são vantajosas para acionamentos de motores grandes, especialmente se a corrente requerida pela carga for grande. No entanto, considerando a complexidade adicional envolvida no aumento do número de conversores CC-CC, não ocorre muita redução nas harmônicas geradas pelo conversor CC-CC na rede de alimentação quando mais de dois conversores desse tipo são utilizados.[7] Na prática, tanto a amplitude quanto a frequência das harmônicas da corrente de linha são fatores importantes para determinar o nível das interferências nos circuitos de sinalização. Em muitos sistemas de transporte rápido, as linhas de energia e de sinalização estão muito próximas; em sistemas de três fios, elas até mesmo compartilham um mesmo cabo. Os circuitos de sinalização são sensíveis a frequências específicas, e a redução da amplitude das harmônicas pela utilização de uma operação multifase dos conversores CC-CC poderia gerar frequências dentro da faixa de sensibilidade — o que causaria mais problemas do que resolveria.

Exemplo 14.11 • Determinação da ondulação de pico da corrente de carga de dois conversores CC-CC multifase

Dois conversores CC-CC controlam um motor CC com excitação independente e operam com uma defasagem de $\pi/2$. A tensão de alimentação do acionamento com conversor CC-CC é $V_s = 220$ V, a resistência total do circuito de armadura, $R_m = 4\ \Omega$, a indutância total do circuito da armadura, $L_m = 15$ mH e a frequência de cada conversor CC-CC, $f = 350$ Hz. Calcule a máxima ondulação da corrente de carga, pico a pico.

Solução
A frequência efetiva de operação dos conversores CC-CC é $f_e = 2 \times 350 = 700$ Hz, $R_m = 4\ \Omega$, $L_m = 15$ mH, $u = 2$ e $V_s = 220$ V; $4ufL_m = 4 \times 2 \times 350 \times 15 \times 10^{-3} = 42$. Como $42 >> 4$, a Equação 14.49 pode ser utilizada para dar, aproximadamente, a máxima ondulação da corrente de carga, pico a pico, $\Delta I_{máx} = 220/42 = 5,24$ A.

Exemplo 14.12 • Determinação da corrente harmônica da linha com dois conversores CC-CC multifase e um filtro de entrada

Um motor CC com excitação independente é controlado por dois conversores CC-CC multifase. A corrente média da armadura é $I_a = 100$ A. Um filtro de entrada simples do tipo LC com $L_e = 0,3$ mH e $C_e = 4500\ \mu$F é utilizado. Cada conversor CC-CC opera a uma frequência de $f = 350$ Hz. Determine a rms da componente fundamental da corrente harmônica gerada pelo conversor CC-CC na alimentação.

Solução
$I_a = 100$ A, $u = 2$, $L_e = 0,3$ mH, $C_e = 4500\ \mu$F e $f_0 = 1/(2\pi\sqrt{L_e C_e}) = 136,98$ Hz. A frequência efetiva do conversor CC-CC é $f_e = 2 \times 350 = 700$ Hz. A partir dos resultados do Exemplo 5.9, o valor rms da componente fundamental da corrente do conversor CC-CC é $I_{1h} = 45,02$ A. Já pela Equação 14.50, a componente fundamental da corrente harmônica gerada pelo conversor CC-CC é

$$I_{1s} = \frac{45,02}{1 + (2 \times 350/136,98)^2} = 1,66\ A$$

■ Principais pontos da Seção 14.6

– É possível estabelecer arranjos com o conversor CC-CC para a aceleração do motor ou para a frenagem regenerativa ou reostática. Um acionamento alimentado por um conversor CC-CC pode operar em quatro quadrantes.
– Os conversores CC-CC multifase são frequentemente utilizados para fornecer corrente de carga que não pode ser manipulada por um único conversor CC-CC. Eles têm a vantagem de aumentar a frequência efetiva do conversor, reduzindo, assim, os valores e tamanhos das componentes do filtro de entrada.

14.7 CONTROLE EM MALHA FECHADA DE ACIONAMENTOS CC

A velocidade dos motores CC varia com o torque da carga. Para manter uma velocidade constante, a tensão da armadura (e/ou do campo) deve variar de forma contínua através da variação do ângulo de disparo dos conversores CA-CC ou do ciclo de trabalho dos conversores CC-CC. Na prática, é necessário realizar o acionamento a um torque ou potência constante; além disso, há a necessidade de controlar a aceleração e a desaceleração. A maioria dos acionamentos industriais funciona como sistemas de realimentação em malha fechada. Um sistema de controle em malha fechada tem as vantagens de maior precisão, resposta dinâmica rápida e efeitos reduzidos em função de perturbações na carga e não linearidades do sistema.[9]

O diagrama de blocos de um acionamento CC com excitação independente alimentado por conversor em malha fechada é mostrado na Figura 14.22. Se a velocidade do motor diminui por conta da aplicação de torque de carga adicional, o erro de velocidade V_e aumenta. As respostas do controlador de velocidade com um aumento no sinal de controle V_c alteram o ângulo de disparo ou o ciclo de trabalho do conversor e aumentam a tensão na armadura do motor. Um aumento na tensão na armadura desenvolve mais torque para restaurar a velocidade do motor ao seu valor original. O acionamento passa normalmente por um período transitório até que o torque desenvolvido se iguale ao de carga.

FIGURA 14.22

Diagrama de blocos de um acionamento em malha fechada de motor CC com excitação independente.

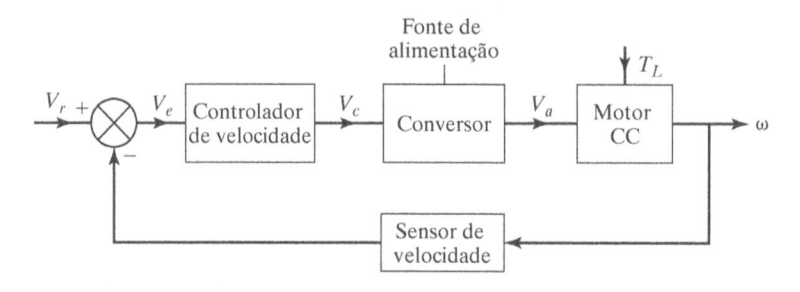

14.7.1 Função de transferência em malha aberta

As características de regime permanente de acionamentos CC, discutidas nas seções anteriores, são de grande importância na seleção de acionamentos CC e não são suficientes quando o acionamento é feito com controle em malha fechada. Também é fundamental conhecer o comportamento dinâmico, normalmente expresso na forma de uma função de transferência.

14.7.2 Função de transferência em malha aberta de motores com excitação independente

O arranjo do circuito de um acionamento de motor CC com excitação independente alimentado por conversor com controle em malha aberta é mostrado na Figura 14.23. A velocidade do motor é ajustada pelo estabelecimento de uma tensão de referência (ou controle) v_r. Supondo um conversor de potência linear de ganho K_2, a tensão na armadura do motor é

$$v_a = K_2 v_r \qquad (14.52)$$

Supondo que a corrente de campo do motor I_f e a constante de fcem K_v permaneçam contínuas durante quaisquer perturbações transitórias, as equações do sistema são

$$e_g = K_v I_f \omega \qquad (14.53)$$

$$v_a = R_m i_a + L_m \frac{di_a}{dt} + e_g = R_m i_a + L_m \frac{di_a}{dt} + K_v I_f \omega \qquad (14.54)$$

FIGURA 14.23
Acionamento de motor CC com excitação independente alimentado por conversor.

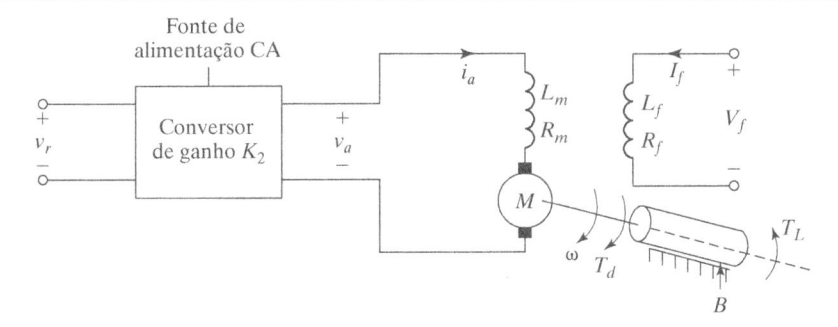

$$T_d = K_t I_f i_a \tag{14.55}$$

$$T_d = K_t I_f i_a = J\frac{d\omega}{dt} + B\omega + T_L \tag{14.56}$$

As características dinâmicas do motor descrito pelas equações 14.54 a 14.56 podem ser representadas na forma do espaço dos estados

$$\begin{bmatrix} pi_a \\ p\omega_m \end{bmatrix} = \begin{pmatrix} -\dfrac{R_m}{L_m} & -\dfrac{K_b}{L_m} \\ \dfrac{K_b}{J} & -\dfrac{B}{J} \end{pmatrix} \begin{bmatrix} i_a \\ \omega_m \end{bmatrix} + \begin{pmatrix} \dfrac{1}{L_m} & 0 \\ 0 & -\dfrac{1}{J} \end{pmatrix} \begin{bmatrix} v_a \\ T_L \end{bmatrix} \tag{14.57}$$

onde p é o operador diferencial com relação ao tempo e $K_b = K_v I_f$ é uma constante da fcem. A Equação 14.57 pode ser expressa na forma geral do espaço dos estados como

$$\dot{X} = AX + BU \tag{14.58}$$

onde $X = [i_a\ \omega_m]^T$ é o vetor de variável de estado e $U = [v_a\ T_L]^T$ é o vetor de entrada.

$$A = \begin{pmatrix} -\dfrac{R_m}{L_m} & -\dfrac{K_b}{L_m} \\ \dfrac{K_b}{J} & -\dfrac{B}{J} \end{pmatrix} \quad B = \begin{pmatrix} \dfrac{1}{L_m} & 0 \\ 0 & -\dfrac{1}{J} \end{pmatrix} \tag{14.59}$$

As raízes do sistema quadrático podem ser determinadas a partir da matriz A como dadas por

$$r_1; r_2 = \dfrac{-\left(\dfrac{R_m}{L_m} + \dfrac{B}{J}\right) \pm \sqrt{\left(\dfrac{R_m}{L_m} + \dfrac{B}{J}\right)^2 - 4\left(\dfrac{R_m B + K_b^2}{J L_m}\right)}}{2} \tag{14.60}$$

Deve-se observar que as raízes do sistema serão sempre reais negativas. Ou seja, o motor é estável em uma operação em malha aberta.

O comportamento transitório pode ser analisado pela mudança das equações do sistema em transformadas de Laplace com condições iniciais iguais a zero. Transformando-se as equações 14.52, 14.54 e 14.56, obtém-se

$$V_a(s) = K_2 V_r(s) \tag{14.61}$$

$$V_a(s) = R_m I_a(s) + sL_m I_a(s) + K_v I_f \omega(s) \tag{14.62}$$

$$T_d(s) = K_t I_f I_a(s) = sJ\omega(s) + B\omega(s) + T_L(s) \tag{14.63}$$

A partir da Equação 14.62, a corrente de armadura é

$$I_a(s) = \frac{V_a(s) - K_v I_f \omega(s)}{sL_m + R_m} \quad (14.64)$$

$$= \frac{V_a(s) - K_v I_f \omega(s)}{R_m(s\tau_a + 1)} \quad (14.65)$$

onde $\tau_a = L_m/R_m$ é conhecido como a *constante de tempo* do circuito da armadura do motor. A partir da Equação 14.63, a velocidade do motor é

$$\omega(s) = \frac{T_d(s) - T_L(s)}{sJ + B} \quad (14.66)$$

$$= \frac{T_d(s) - T_L(s)}{B(s\tau_m + 1)} \quad (14.67)$$

onde $\tau_m = J/B$ é conhecido como a *constante de tempo mecânica* do motor. As equações 14.61, 14.65 e 14.67 podem ser utilizadas para desenhar o diagrama de blocos em malha aberta, como mostra a Figura 14.24. Duas perturbações possíveis são a tensão de controle V_r e o torque de carga T_L. As respostas em regime permanente podem ser determinadas combinando-se as respostas individuais por conta de V_r e T_L.

A resposta em virtude de uma variação em degrau na tensão de referência é obtida igualando-se T_L a zero. A partir da Figura 14.24, conseguimos a resposta na velocidade pela tensão de referência como

$$\frac{\omega(s)}{V_r(s)} = G_{\omega-V} = \frac{K_2 K_v I_f/(R_m B)}{s^2(\tau_a \tau_m) + s(\tau_a + \tau_m) + 1 + (K_v I_f)^2/R_m B} \quad (14.68)$$

A resposta por uma variação no torque de carga T_L pode ser obtida igualando-se V_r a zero. O diagrama de blocos para uma perturbação de variação em degrau no torque de carga é mostrado na Figura 14.25.

$$\frac{\omega(s)}{T_L(s)} = G_{\omega-T} = -\frac{(1/B)(s\tau_a + 1)}{s^2(\tau_a \tau_m) + s(\tau_a + \tau_m) + 1 + (K_v I_f)^2/R_m B} \quad (14.69)$$

Utilizando o teorema do valor final, a relação em regime permanente de uma mudança na velocidade $\Delta\omega$ por uma variação em degrau na tensão de controle ΔV_r e de uma variação em degrau no torque de carga ΔT_L pode ser encontrada a partir das equações 14.68 e 14.69, respectivamente, fazendo-se $s = 0$.

$$\Delta\omega = \frac{K_2 K_v I_f}{R_m B + (K_v I_f)^2} \Delta V_r \quad (14.70)$$

$$\Delta\omega = -\frac{R_m}{R_m B + (K_v I_f)^2} \Delta T_L \quad (14.71)$$

FIGURA 14.24

Diagrama de blocos de acionamento em malha aberta de motor CC com excitação independente.

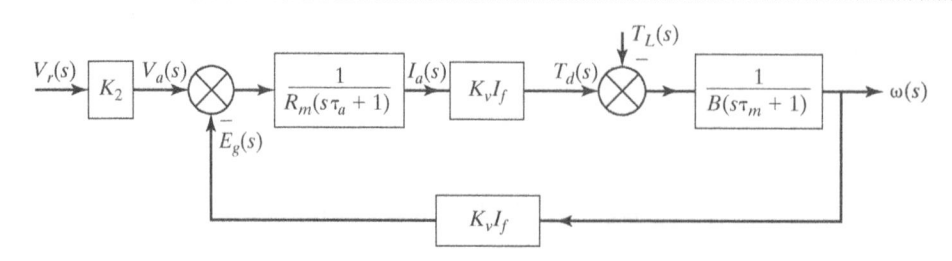

FIGURA 14.25
Diagrama de blocos da malha aberta para perturbação no torque de carga.

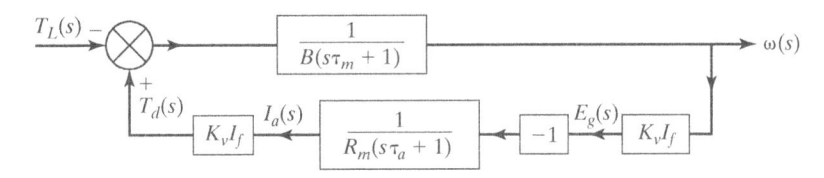

A resposta na velocidade por aplicações simultâneas de perturbações na tensão de referência de entrada V_r e no torque de carga T_L pode ser encontrada pela soma de suas respostas individuais. As equações 14.68 e 14.69 fornecem a resposta da velocidade como

$$\omega(s) = G_{\omega-V}V_r + G_{\omega-T}T_L \tag{14.72}$$

14.7.3 Função de transferência em malha aberta de motores com excitação série

Os motores CC série são amplamente utilizados em aplicações de tração em que a velocidade em regime permanente é determinada pelas forças de atrito e de gradiente. Ajustando-se a tensão na armadura, o motor pode ser operado a um torque (ou corrente) constante até a velocidade nominal, que corresponde à tensão máxima na armadura. Um acionamento de motor CC série controlado por conversor CC-CC é mostrado na Figura 14.26.

A tensão na armadura está relacionada com a tensão de controle (ou referência) por um ganho linear do conversor CC-CC K_2. Supondo que a constante de fcem, K_v, não se altere com a corrente de armadura e permaneça contínua, as equações do sistema são

$$v_a = K_2 v_r \tag{14.73}$$

$$e_g = K_v i_a \omega \tag{14.74}$$

$$v_a = R_m i_a + L_m \frac{di_a}{dt} + e_g \tag{14.75}$$

$$T_d = K_t i_a^2 \tag{14.76}$$

$$T_d = J\frac{d\omega}{dt} + B\omega + T_L \tag{14.77}$$

A Equação 14.76 contém um produto de variáveis do tipo não linear, e, portanto, a aplicação de técnicas de função de transferência não seria mais válida. No entanto, essas equações podem ser linearizadas considerando-se uma pequena perturbação no ponto de operação.

Definamos os parâmetros do sistema em torno do ponto de operação como

$$e_g = E_{g0} + \Delta e_g \quad i_a = I_{a0} + \Delta i_a \quad v_a = V_{a0} + \Delta v_a \quad T_d = T_{d0} + \Delta T_d$$

$$\omega = \omega_0 + \Delta\omega \quad v_r = V_{r0} + \Delta v_r \quad T_L = T_{L0} + \Delta T_L$$

FIGURA 14.26
Acionamento de motor CC série alimentado por conversor CC-CC.

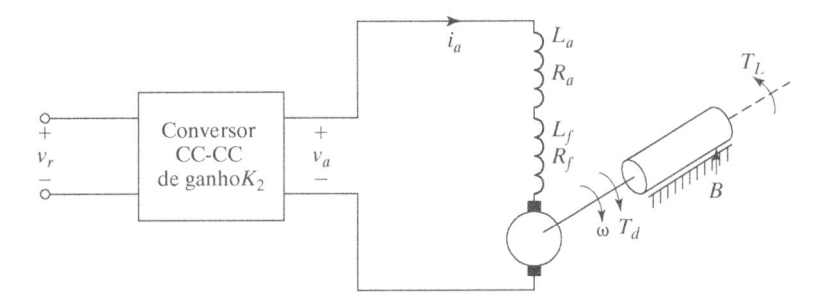

Reconhecendo que Δi_a, $\Delta\omega$ e $(\Delta i_a)^2$ são muito pequenos, tendendo a zero, as equações 14.73 a 14.77 podem ser linearizadas para

$$\Delta v_a = K_2 \Delta v_r$$

$$\Delta e_g = K_v(I_{a0}\Delta\omega + \omega_0 \Delta i_a)$$

$$\Delta v_a = R_m \Delta i_a + L_m \frac{d(\Delta i_a)}{dt} + \Delta e_g$$

$$\Delta T_d = 2K_v I_{a0} \Delta i_a$$

$$\Delta T_d = J\frac{d(\Delta\omega)}{dt} + B\,\Delta\omega + \Delta T_L$$

Transformando essas equações no domínio de Laplace, obtém-se

$$\Delta V_a(s) = K_2 \Delta V_r(s) \tag{14.78}$$

$$\Delta E_g(s) = K_v[I_{a0}\Delta\omega(s) + \omega_0 \Delta I_a(s)] \tag{14.79}$$

$$\Delta V_a(s) = R_m \Delta I_a(s) + sL_m \Delta I_a(s) + \Delta E_g(s) \tag{14.80}$$

$$\Delta T_d(s) = 2K_v I_{a0} \Delta I_a(s) \tag{14.81}$$

$$\Delta T_d(s) = sJ\,\Delta\omega(s) + B\,\Delta\omega(s) + \Delta T_L(s) \tag{14.82}$$

Essas cinco equações são suficientes para estabelecer o diagrama de blocos de um acionamento de motor CC série, como mostra a Figura 14.27. Fica evidente a partir dessa figura que qualquer alteração na tensão de referência ou no torque de carga pode resultar em uma variação na velocidade. O diagrama de blocos para uma variação na tensão de referência é mostrado na Figura 14.28a e, para uma alteração no torque de carga, é mostrado na Figura 14.28b.

FIGURA 14.27

Diagrama de blocos do acionamento em malha aberta de motor CC série alimentado por conversor CC-CC.

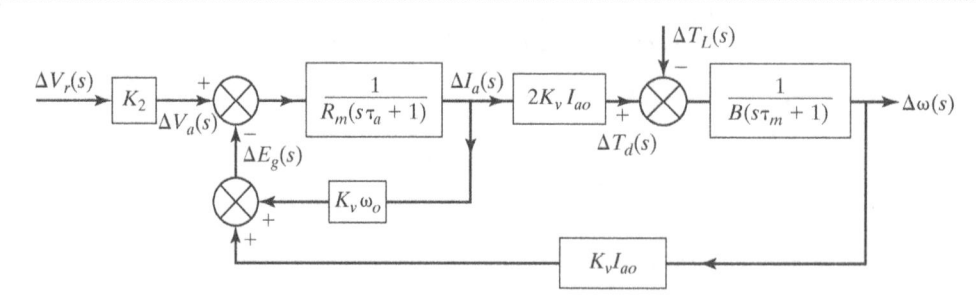

14.7.4 Modelos para o controle de conversor

Podemos observar a partir da Equação 14.32 que a tensão média de saída de um conversor CC-CC é diretamente proporcional ao ciclo de trabalho k, que é uma função direta da tensão de controle. O ganho de um conversor CC-CC pode ser expresso como

$$K_r = k = \frac{V_c}{V_{cm}} \quad \text{(para conversor CC-CC)} \tag{14.83}$$

FIGURA 14.28
Diagrama de blocos para perturbações na tensão de referência e no torque de carga.

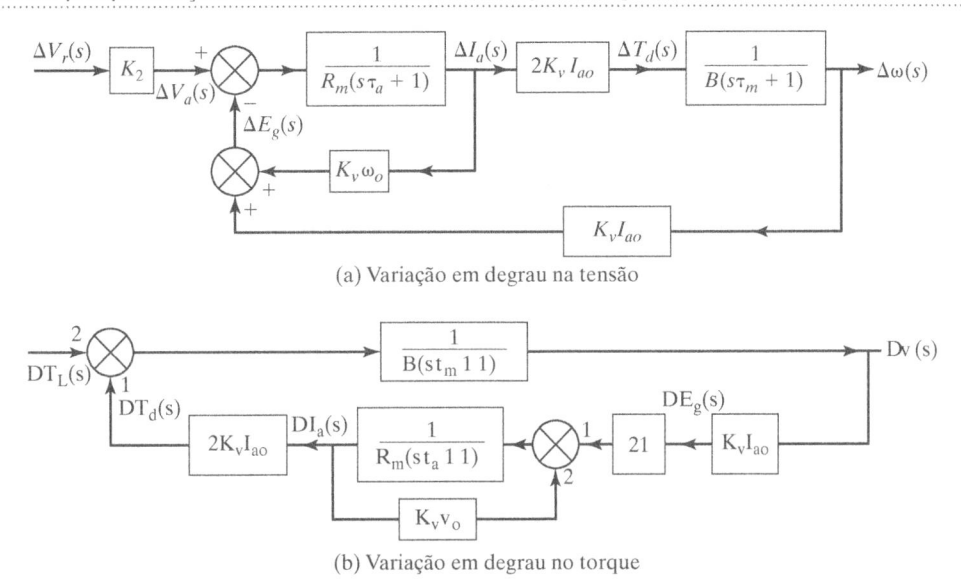

(a) Variação em degrau na tensão

(b) Variação em degrau no torque

onde V_c é a tensão do sinal de controle (por exemplo, de 0 a 10 V) e V_{cm}, o valor máximo da tensão do sinal de controle (10 V).

A tensão média de saída de um conversor monofásico, como na Equação 14.20, é uma função cosseno do ângulo de disparo α. O sinal de entrada de controle pode ser modificado para determinar o ângulo de disparo

$$\alpha = \cos^{-1}\left(\frac{V_c}{V_{cm}}\right) = \cos^{-1}(V_{cn}) \tag{14.84}$$

Utilizando a Equação 14.84, a tensão média de saída em um conversor monofásico na Equação 14.20 pode ser expressa como

$$V_a = \frac{2V_m}{\pi}\cos\alpha = \frac{2V_m}{\pi}\cos[\cos^{-1}(V_{cn})]$$

$$= \left[\frac{2V_m}{\pi}\right]V_{cn} = \left[\frac{2V_m}{\pi V_{cm}}\right]V_c = K_r V_c \tag{14.85}$$

onde K_r é o ganho de um conversor monofásico, dado por

$$K_r = \frac{2V_m}{\pi V_{cm}} = \frac{2\times\sqrt{2}}{\pi V_{cm}}V_s = 0{,}9\frac{V_s}{V_{cm}} \quad \text{(para conversor monofásico)} \tag{14.86}$$

onde $V_s = V_m/\sqrt{2}$ é o valor rms da tensão de alimentação CA monofásica.

Utilizando a Equação 14.84, a tensão média de saída de um conversor trifásico na Equação 14.27 pode ser expressa como

$$V_a = \frac{3\sqrt{3}\,V_m}{\pi}\cos\alpha = \frac{3\sqrt{3}\,V_m}{\pi}\cos[\cos^{-1}(V_{cn})]$$

$$= \left[\frac{3\sqrt{3}\,V_m}{\pi}\right]V_{cn} = \left[\frac{3\sqrt{3}\,V_m}{\pi V_{cm}}\right]V_c = K_r V_c \tag{14.87}$$

onde K_r é o ganho do conversor trifásico, dado por

$$K_r = \frac{3\sqrt{3}\,V_m}{\pi V_{cm}} = \frac{3\sqrt{3}\sqrt{2}}{\pi V_{cm}}V_s = 2{,}339\,\frac{V_s}{V_{cm}} \quad \text{(para conversor trifásico)} \tag{14.88}$$

onde $V_s = V_m/\sqrt{2}$ é o valor rms da tensão de alimentação CA por fase.

Portanto, um conversor pode ser representado por uma função de transferência $G_c(s)$ de determinados ganho e atraso de fase, descrito por

$$G_c(s) = K_r e^{-\tau_r} \tag{14.89}$$

que pode ser aproximada como uma função de atraso de primeira ordem dada por

$$G_r(s) = \frac{K_r}{1 + s\tau_r} \tag{14.90}$$

onde τ_r é o atraso de tempo do intervalo de amostragem. Uma vez que uma chave é ligada, seu sinal de acionamento não pode ser mudado. Há um atraso entre a execução de uma ação corretiva e o comando para o próximo dispositivo. O tempo de atraso é geralmente metade do intervalo entre duas chaves.

Portanto, o tempo de atraso para uma frequência de f_s pode ser determinado a partir de

$$\tau_r = \frac{360/(2 \times 6)}{360} T_s = \frac{1}{12} \times \frac{1}{f_s} \quad \text{(para conversor trifásico)} \tag{14.91a}$$

$$= \frac{360/(2 \times 4)}{360} T_s = \frac{1}{8} \times \frac{1}{f_s} \quad \text{(para conversor monofásico)} \tag{14.91b}$$

$$= \frac{360/(2 \times 1)}{360} T_s = \frac{1}{2} \times \frac{1}{f_s} \quad \text{(para conversor CC-CC)} \tag{14.91c}$$

Para $f_s = 60$ Hz, $\tau_r = 1{,}389$ ms para um conversor trifásico, $\tau_r = 2{,}083$ ms para um conversor monofásico e $\tau_r = 8{,}333$ ms para um conversor CC-CC.

14.7.5 Função de transferência em malha fechada

Uma vez que os modelos para motores são conhecidos, podem ser acrescentados caminhos de realimentação para a obtenção da resposta de saída desejada. A fim de alterar o arranjo de malha aberta da Figura 14.23 para um sistema de malha fechada, um sensor de velocidade é conectado ao eixo de saída. A saída do sensor, que é proporcional à velocidade, é amplificada por um fator de K_1 e comparada em uma tensão de referência V_r para formar a tensão de erro V_e. O diagrama de blocos completo é mostrado na Figura 14.29.

A resposta em degrau da malha fechada por uma variação na tensão de referência pode ser encontrada a partir da Figura 14.29, com $T_L = 0$. A função de transferência passa a ser

$$\frac{\omega(s)}{V_r(s)} = \frac{K_2 K_v I_f/(R_m B)}{s^2(\tau_a \tau_m) + s(\tau_a + \tau_m) + 1 + [(K_v I_f)^2 + K_1 K_2 K_v I_f]/R_m B} \tag{14.92}$$

A resposta por uma variação no torque de carga T_L também pode ser obtida a partir da Figura 14.29, estabelecendo-se V_r igual a zero. A função de transferência passa a ser

$$\frac{\omega(s)}{T_L(s)} = -\frac{(1/B)(s\tau_a + 1)}{s^2(\tau_a \tau_m) + s(\tau_a + \tau_m) + 1 + [(K_v I_f)^2 + K_1 K_2 K_v I_f]/R_m B} \tag{14.93}$$

Utilizando o teorema do valor final, a variação na velocidade em regime permanente $\Delta\omega$, por conta de uma variação em degrau na tensão de controle ΔV_r e de uma variação em degrau no torque de carga ΔT_L, pode ser encontrada a partir das equações 14.92 e 14.93, respectivamente, utilizando-se $s = 0$.

FIGURA 14.29
Diagrama de blocos para controle em malha fechada de motor CC com excitação independente.

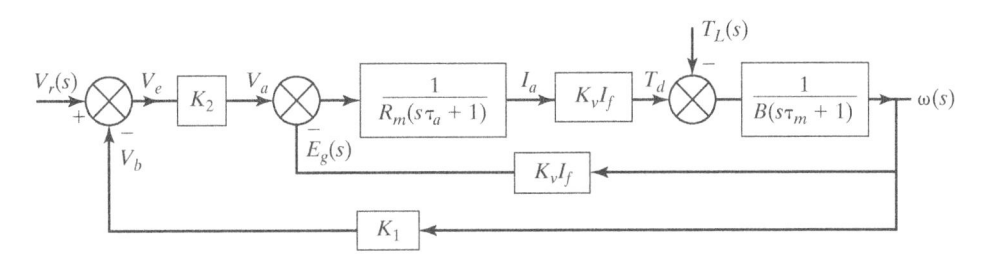

$$\Delta\omega = \frac{K_2 K_v I_f}{R_m B + (K_v I_f)^2 + K_1 K_2 K_v I_f} \Delta V_r \tag{14.94}$$

$$\Delta\omega = -\frac{R_m}{R_m B + (K_v I_f)^2 + K_1 K_2 K_v I_f} \Delta T_L \tag{14.95}$$

Exemplo 14.13 ▪ Determinação das respostas em velocidade e em torque de um acionamento alimentado por conversor

Um motor CC com excitação independente de 50 kW, 240 V, 1700 rpm, é controlado por um conversor, como mostra o diagrama de blocos da Figura 14.29. A corrente de campo é mantida constante em $I_f = 1{,}4$ A, e a constante de fcem da máquina é $K_v = 0{,}91$ V/A rad/s. A resistência da armadura é $R_m = 0{,}1\ \Omega$, e a constante de atrito viscoso, $B = 0{,}3$ N·m/rad/s. A amplificação do sensor de velocidade é $K_1 = 95$ mV/rad/s, e o ganho do controlador de potência, $K_2 = 100$. **(a)** Determine o torque nominal do motor. **(b)** Defina a tensão de referência V_r para acionar o motor na velocidade nominal. **(c)** Para uma tensão de referência inalterada, estabeleça a velocidade em que o motor desenvolve o torque nominal. **(d)** Para um torque de carga aumentado em 10% do valor nominal, calcule a velocidade do motor. **(e)** Para uma tensão de referência reduzida em 10%, encontre a velocidade do motor. **(f)** Para um torque de carga aumentado em 10% do valor nominal e uma tensão de referência reduzida em 10%, determine a velocidade do motor. **(g)** Para o caso em que não há realimentação em um controle de malha aberta, especifique a regulação de velocidade para uma tensão de referência de $V_r = 2{,}31$ V. **(h)** Determine a regulação de velocidade com um controle em malha fechada.

Solução
$I_f = 1{,}4$ A, $K_v = 0{,}91$ V/A rad/s, $K_1 = 95$ mV/rad/s, $K_2 = 100$, $R_m = 0{,}1\ \Omega$, $B = 0{,}3$ N·m/rad/s e
$\omega_{nominal} = 1700\ \pi/30 = 178{,}02$ rad/s.

a. O torque nominal é $T_L = 50.000/178{,}02 = 280{,}87$ N·m.

b. Como $V_a = K_2 V_r$, para o controle em malha aberta, a Equação 14.70 dá

$$\frac{\omega}{V_a} = \frac{\omega}{K_2 V_r} = \frac{K_v I_f}{R_m B + (K_v I_f)^2} = \frac{0{,}91 \times 1{,}4}{0{,}1 \times 0{,}3 + (0{,}91 \times 1{,}4)^2} = 0{,}7707$$

Na velocidade nominal,

$$V_a = \frac{\omega}{0{,}7707} = \frac{178{,}02}{0{,}7707} = 230{,}98\ \text{V}$$

e a tensão de realimentação,

$$V_b = K_1 \omega = 95 \times 10^{-3} \times 178{,}02 = 16{,}912\ \text{V}$$

Com controle em malha fechada, $(V_r - V_b)K_2 = V_a$ ou $(V_r - 16{,}912) \times 100 = 230{,}98$, que dá a tensão de referência $V_r = 19{,}222$ V.

c. Para $V_r = 19{,}222$ V e $\Delta T_L = 280{,}87$ N · m, a Equação 14.95 dá

$$\Delta\omega = -\frac{0{,}1 \times 280{,}86}{0{,}1 \times 0{,}3 + (0{,}91 \times 1{,}4)^2 + 95 \times 10^{-3} \times 100 \times 0{,}91 \times 1{,}4}$$

$$= -2{,}04 \text{ rad/s}$$

A velocidade no torque nominal é

$$\omega = 178{,}02 - 2{,}04 = 175{,}98 \text{ rad/s ou } 1680{,}5 \text{ rpm}$$

d. $\Delta T_L = 1{,}1 \times 280{,}87 = 308{,}96$ N · m, e a Equação 14.95 dá

$$\Delta\omega = -\frac{0{,}1 \times 308{,}96}{0{,}1 \times 0{,}3 + (0{,}91 \times 1{,}4)^2 + 95 \times 10^{-3} \times 100 \times 0{,}91 \times 1{,}4}$$

$$= -2{,}246 \text{ rad/s}$$

A velocidade do motor é

$$\omega = 178{,}02 - 2{,}246 = 175{,}774 \text{ rad/s ou } 1678{,}5 \text{ rpm}$$

e. $\Delta V_r = -0{,}1 \times 19{,}222 = -1{,}9222$ V, e a Equação 14.94 dá a variação da velocidade

$$\Delta\omega = -\frac{100 \times 0{,}91 \times 1{,}4 \times 1{,}9222}{0{,}1 \times 0{,}3 + (0{,}91 \times 1{,}4)^2 + 95 \times 10^{-3} \times 100 \times 0{,}91 \times 1{,}4}$$

$$= -17{,}8 \text{ rad/s}$$

A velocidade do motor é

$$\omega = 178{,}02 - 17{,}8 = 160{,}22 \text{ rad/s ou } 1530 \text{ rpm}$$

f. A velocidade do motor pode ser obtida utilizando-se superposição

$$\omega = 178{,}02 - 2{,}246 - 17{,}8 = 158 \text{ rad/s ou } 1508{,}5 \text{ rpm}$$

g. $\Delta V_r = 2{,}31$ V, e a Equação 14.70 dá

$$\Delta\omega = \frac{100 \times 0{,}91 \times 1{,}4 \times 2{,}31}{0{,}1 \times 0{,}3 + (0{,}91 \times 1{,}4)^2} = 178{,}02 \text{ rad/s ou } 1700 \text{ rpm}$$

e a velocidade a vazio é $\omega = 178{,}02$ rad/s ou 1700 rpm. Para plena carga, $\Delta T_L = 280{,}87$ N · m, e a Equação 14.71 dá

$$\Delta\omega = -\frac{0{,}1 \times 280{,}87}{0{,}1 \times 0{,}3 + (0{,}91 \times 1{,}4)^2} = -16{,}99 \text{ rad/s}$$

e a velocidade à plena carga é

$$\omega = 178{,}02 - 16{,}99 = 161{,}03 \text{ rad/s ou } 1537{,}7 \text{ rpm}$$

A regulação de velocidade com controle em malha aberta é

$$\frac{1700 - 1537{,}7}{1537{,}7} = 10{,}55\%$$

h. Utilizando a velocidade a partir de (c), a regulação dela com controle em malha fechada é

$$\frac{1700 - 1680,5}{1680,5} = 1,16\%$$

Observação: por controle em malha fechada, a regulação de velocidade é reduzida por um fator de aproximadamente 10, passando de 10,55% para 1,16%.

14.7.6 Controle de corrente em malha fechada

O diagrama de blocos de uma máquina CC contém uma malha interna por conta da fem induzida e, como mostra a Figura 14.30a. B_1 e B_2 são os atritos viscosos para o motor e a carga, respectivamente. H_c é o ganho da realimentação da corrente; um filtro passa-baixa com uma constante de tempo de menos de 1 ms pode ser necessário em algumas aplicações. A malha interna de corrente cruza a malha da fcem. As interações dessas malhas podem ser desacopladas movendo-se o bloco K_b para o sinal de realimentação I_a, como ilustra a Figura 14.30b. Isso permitirá a divisão da função de transferência entre a velocidade ω e a tensão de entrada V_a em duas funções de transferência em cascata: (a) entre a velocidade e a corrente da armadura, e, (b) em seguida, entre a corrente da armadura e a tensão de entrada. Isto é,

$$\frac{\omega(s)}{V_a(s)} = \frac{\omega(s)}{I_a(s)} \times \frac{I_a(s)}{V_a(s)} \tag{14.96}$$

Os blocos na Figura 14.30b podem ser simplificados para a obtenção das seguintes relações de função de transferência:

$$\frac{\omega(s)}{I_a(s)} = \frac{K_b}{B(1 + s\tau_m)} \tag{14.97}$$

$$\frac{I_a(s)}{V_a(s)} = K_m \frac{1 + s\tau_m}{(1 + s\tau_1)(1 + s\tau_2)} \tag{14.98}$$

onde

$$K_m = \frac{B}{K_b^2 + R_m B} \tag{14.99}$$

$$-\frac{1}{\tau_1}; -\frac{1}{\tau_2} = \frac{-\left(\frac{R_m}{L_m} + \frac{B}{J}\right) \pm \sqrt{\left(\frac{R_m}{L_m} + \frac{B}{J}\right)^2 - 4\left(\frac{R_m B + K_b^2}{J L_m}\right)}}{2} \tag{14.100}$$

A representação em dois blocos da função de transferência do motor em malha aberta entre a velocidade de saída e a tensão de entrada é apresentada na Figura 14.30c, onde o atrito viscoso total é $B_t = B_1 + B_r$.

O sistema geral em malha fechada com um circuito de realimentação da corrente é indicado na Figura 14.31a, onde B_t corresponde ao atrito viscoso total do motor e da carga. O conversor pode ser representado pela Equação 14.90. Utilizando o controle do tipo proporcional integral, as funções de transferência do controlador de corrente $G_c(s)$ e do controlador de velocidade $G_s(s)$ podem ser representadas como

$$G_c(s) = \frac{K_c(1 + s\tau_c)}{s\tau_c} \tag{14.101}$$

$$G_s(s) = \frac{K_s(1 + s\tau_s)}{s\tau_c} \tag{14.102}$$

FIGURA 14.30

Motor CC alimentado por conversor com malha de controle de corrente.

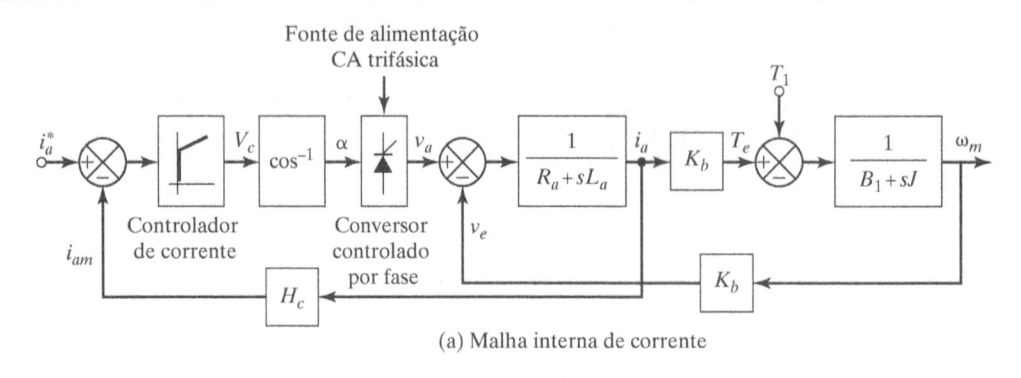

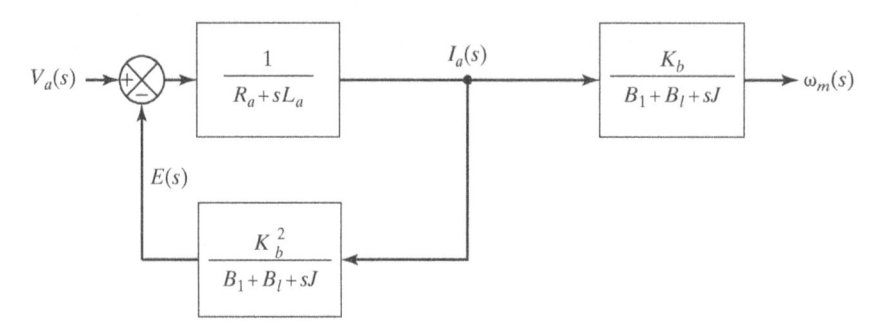

(a) Malha interna de corrente

(b) Manipulação movendo o bloco K_b para a realimentação I_a

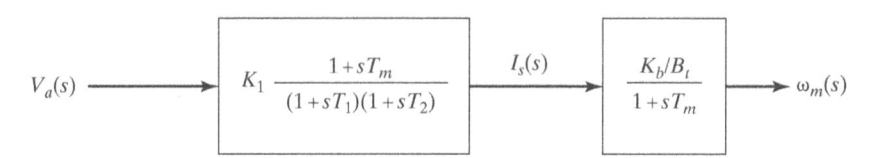

(c) Função de transferência do motor em malha aberta

onde K_c e K_s são os ganhos dos controladores de corrente e de velocidade, respectivamente, e τ_c e τ_s, as constantes de tempo dos controladores de corrente e de velocidade, respectivamente. Com frequência é necessário um tacogerador CC junto a um filtro passa-baixa com uma constante de tempo inferior a 10 ms. A função de transferência do filtro de realimentação de velocidade pode ser expressa como

$$G_\omega(s) = \frac{K_\omega}{1 + s\tau_\omega}$$

(14.103)

onde K_ω e τ_ω são o ganho e a constante de tempo do circuito de realimentação de velocidade. A Figura 14.31b mostra o diagrama de blocos com a malha de controle de corrente. i_{am} é a corrente de realimentação armadura-motor. O diagrama simplificado é indicado na Figura 14.31c.

A Figura 14.29 utiliza apenas uma realimentação de velocidade. Na prática, o motor é exigido a operar em uma velocidade desejada, mas ele tem que satisfazer o torque de carga. Quando ele está funcionando a determinada velocidade, se subitamente for aplicada uma carga, a velocidade cairá e ele levará tempo para retomar a velocidade desejada. Uma realimentação de velocidade com uma malha interna de corrente, como apresenta a Figura 14.32, fornece uma resposta mais rápida a quaisquer perturbações no comando de velocidade, no torque da carga e na tensão de alimentação.

A malha de corrente é utilizada para lidar com uma súbita demanda de torque em condição transitória. A saída do controlador de velocidade e_c, por sua vez, é aplicada ao limitador de corrente, que estabelece a corrente de

FIGURA 14.31
Acionamento de motor com malhas de controle de corrente e de velocidade.

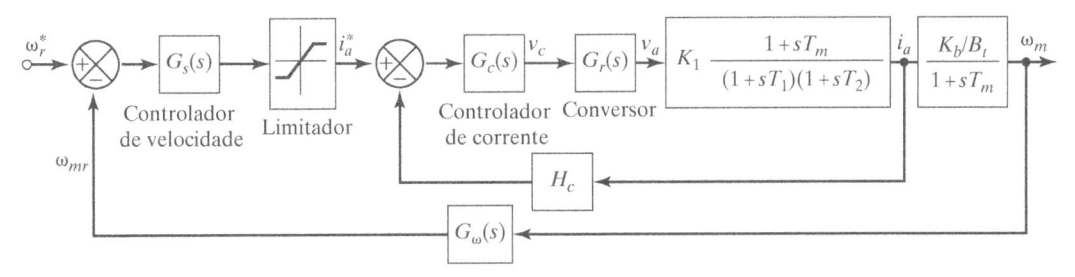

(a) Acionamento de motor com malha de controle de corrente

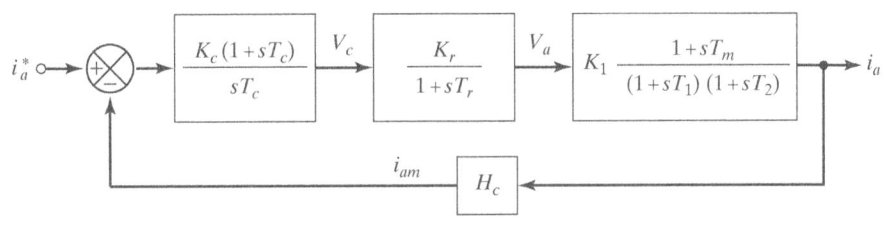

(b) Malha de controle de corrente

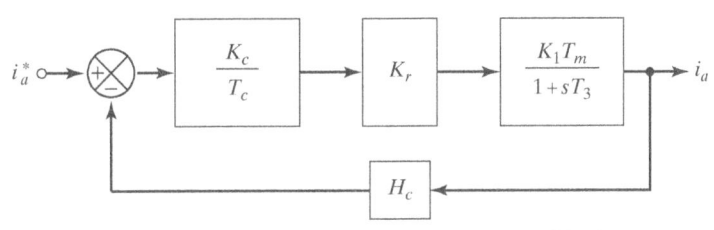

(c) Malha de controle de corrente simplificado

referência $I_{a(\text{ref})}$, para a malha de corrente. A corrente da armadura I_a é medida por um sensor de corrente, filtrada normalmente por um filtro ativo para remover ondulações e comparada à corrente de referência $I_{a(\text{ref})}$. O erro de corrente é processado por meio de um controlador de corrente, cuja saída v_c ajusta o ângulo de disparo do conversor, levando a velocidade do motor para o valor desejado.

Qualquer erro positivo na velocidade, causado por um aumento tanto no comando de velocidade quanto na demanda do torque de carga, pode produzir uma corrente de referência $I_{a(\text{ref})}$ elevada. O motor acelera para corrigir o erro de velocidade e finalmente estabiliza em uma nova $I_{a(\text{ref})}$, que faz o torque do motor ficar igual ao da carga, o que resulta em um erro de velocidade próximo de zero. Para qualquer erro de velocidade grande e positivo, o limitador de corrente satura e limita a corrente de referência $I_{a(\text{ref})}$ a um valor máximo $I_{a(\text{máx})}$. O erro de velocidade é então corrigido à máxima corrente de armadura permissível, $I_{a(\text{máx})}$, até que ele se torne pequeno e o limitador de corrente saia da saturação. Normalmente, o erro de velocidade é corrigido com I_a menor que o valor máximo permissível, $I_{a(\text{máx})}$.

O controle de velocidade de zero à velocidade-nominal em geral é feito por meio de um controle de tensão da armadura, e aquele acima da velocidade-nominal deve ser realizado pelo enfraquecimento do campo na tensão nominal na armadura. Na malha de controle do campo, a fcem $E_g (= V_a - R_a I_a)$ é comparada a uma tensão de referência $E_{g(\text{ref})}$, que geralmente está entre 0,85 e 0,95 da tensão nominal da armadura. Para velocidades abaixo da velocidade-nominal, o erro do campo e_f é grande e o controlador do campo satura, aplicando, assim, a máxima tensão e corrente de campo.

Quando a velocidade está próxima da velocidade-nominal, V_a fica quase igual ao valor nominal, e o controlador do campo sai da saturação. Para um comando de velocidade acima da velocidade-nominal, o erro provoca um valor maior de V_a. O motor acelera, a fcem E_g diminui e o erro do campo e_f diminui. A corrente de campo, então, diminui

FIGURA 14.32
Controle de velocidade em malha fechada com malha interna de corrente e enfraquecimento de campo.

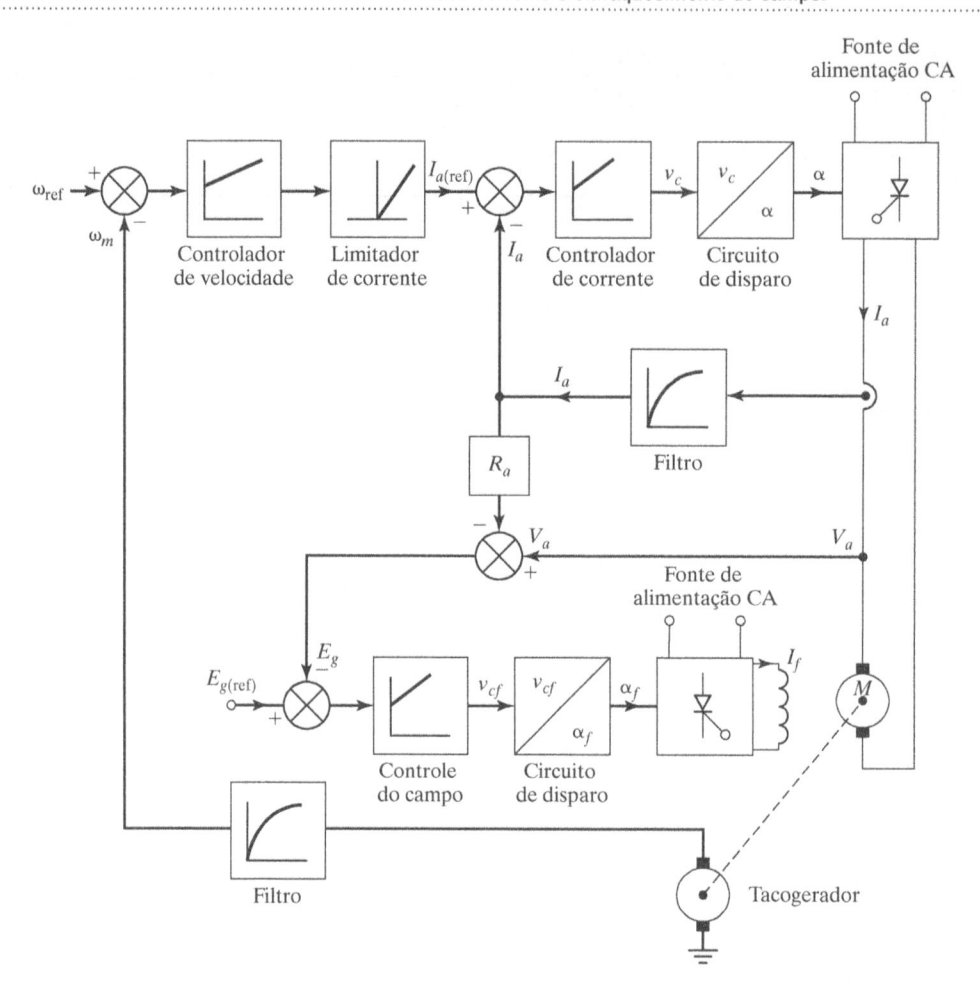

e a velocidade do motor continua a aumentar até atingir a desejada. Dessa forma, o controle de velocidade acima da velocidade-nominal é obtido pelo enfraquecimento do campo, enquanto a tensão nos terminais da armadura é mantida próxima do valor nominal. No modo de enfraquecimento de campo, o acionamento responde muito lentamente por conta da grande constante de tempo do campo. Normalmente, utiliza-se um conversor completo no campo, pois ele tem a capacidade de inverter a tensão, o que reduz a corrente de campo muito mais rápido que um semiconversor.

14.7.7 Projeto do controlador de corrente

A função do ganho da malha de acionamento do motor na Figura 14.31b é dada por

$$G(s)H(s) = \left(\frac{K_m K_c K_r H_c}{\tau_c}\right) \frac{(1+s\tau_c)(1+s\tau_m)}{s(1+s\tau_1)(1+s\tau_2)(1+s\tau_r)} \qquad (14.104)$$

A fim de reduzir o sistema para segunda ordem, as seguintes suposições podem ser feitas para acionamentos de motores reais na prática:

$$1 + s\tau_m \approx s\tau_m;\ \tau_1 > \tau_2 > \tau_r\ \text{e}\ \tau_2 = \tau_c$$

Com esses pressupostos, a Equação 14.104 pode ser simplificada[13] para

$$G(s)H(s) = \frac{K}{(1+s\tau_1)(1+s\tau_r)} \qquad (14.105)$$

onde

$$K = \frac{K_m K_c K_r H_c \tau_m}{\tau_c} \qquad (14.106)$$

A equação característica do ganho da malha na Equação 14.105 é dada por

$$1 + G(s)H(s) = (1+s\tau_1)(1+s\tau_r) + K = 0 \qquad (14.107)$$

Isso dá a frequência natural ω_n e o fator de amortecimento ξ da malha de controle de corrente como

$$\omega_n = \sqrt{\frac{1+K}{\tau_1 \tau_r}} \qquad (14.108)$$

$$\zeta = \frac{\frac{\tau_1 + \tau_r}{\tau_1 \tau_r}}{2\omega_n} \qquad (14.109)$$

Definindo o fator de amortecimento $\xi = 0{,}707$ para crítico, supondo que $K \gg 1$ e também que $\tau_1 > \tau_r$, o ganho do controlador de corrente pode ser expresso como[13]

$$K_c = \frac{1}{2} \frac{\tau_1 \tau_c}{\tau_r} \frac{1}{K_m K_r H_c \tau_m} \qquad (14.110)$$

14.7.8 Projeto do controlador de velocidade

O projeto de um controlador de velocidade pode ser simplificado pela substituição do modelo de segunda ordem da malha de corrente por um aproximado de primeira ordem. A malha de corrente é aproximada pela soma do atraso de tempo τ_r do conversor com o atraso de tempo τ_1 do motor, como mostra a Figura 14.31c. A função de transferência da malha de controle de corrente dessa figura pode ser expressa como[13]

$$\frac{I_a(s)}{I_a^*(s)} = \frac{K_i}{(1+s\tau_i)} \qquad (14.111)$$

onde

$$\tau_i = \frac{\tau_3}{1+K_1} \qquad (14.112)$$

$$\tau_3 = \tau_1 + \tau_r \qquad (14.113)$$

$$K_i = \frac{1}{H_c}\left(\frac{K_1}{1+K_1}\right) \qquad (14.114)$$

$$K_1 = \frac{K_m K_c K_r H_c \tau_m}{\tau_c} \qquad (14.115)$$

Substituindo o controlador de velocidade com sua função de transferência na Equação 14.102 e aproximando a malha de controle de corrente na Equação 14.111, o diagrama de blocos da malha externa de controle de velocidade é ilustrado na Figura 14.33. A função de ganho da malha é expressa como

$$G(s)H(s) = \left(\frac{K_s K_i K_b K_\omega}{B\tau_s}\right) \frac{(1+s\tau_s)}{s(1+s\tau_i)(1+s\tau_m)(1+s\tau_\omega)} \qquad (14.116)$$

FIGURA 14.33
Malha externa de controle de velocidade.

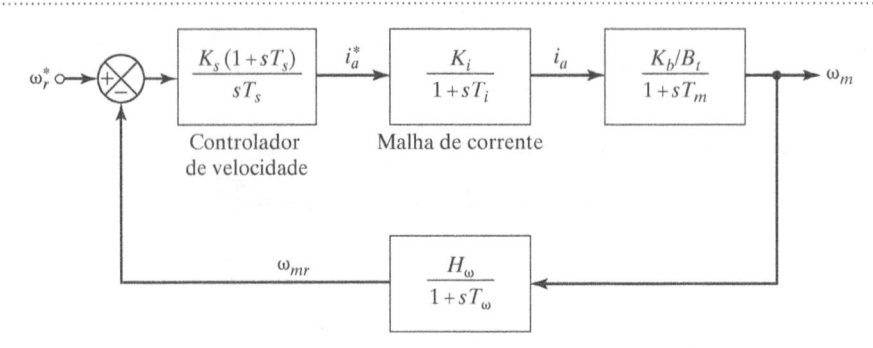

Supondo que $1 + s\tau_m \approx s\tau_m$ e combinando o atraso de tempo τ_s do controlador de velocidade com o atraso de tempo τ_ω do filtro de realimentação de velocidade para um tempo de atraso equivalente $t_e = \tau_s + \tau_\omega$, a Equação 14.116 pode ser aproximada para

$$G(s)H(s) = K_2\left(\frac{K_s}{\tau_s}\right)\frac{(1+s\tau_s)}{s^2(1+s\tau_e)} \tag{14.117}$$

onde

$$\tau_e = \tau_i + \tau_\omega \tag{14.118}$$

$$K_\omega = \frac{K_i K_b H_\omega}{B \tau_m} \tag{14.119}$$

A função de transferência em malha fechada da velocidade em resposta ao sinal de referência da velocidade é dada por

$$\frac{\omega(s)}{\omega_r^*(s)} = \frac{1}{K_\omega}\left[\frac{\dfrac{K_\omega K_s}{T_s}(1+s\tau_s)}{s^3\tau_e + s^2 + sK_\omega K_s + \dfrac{K_\omega K_s}{T_s}}\right] \tag{14.120}$$

A Equação 14.120 pode ser otimizada, tornando a magnitude de seu denominador tal que os coeficientes de ω2 e ω4 no domínio da frequência sejam zero. Isso deve ampliar a largura de banda de operação ao longo de uma faixa de frequência maior. Pode ser demonstrado que o ganho K_s e a constante de tempo τ_s do controlador de velocidade em condições ideais são dados por[13]

$$K_s = \frac{1}{2K_\omega \tau_e} \tag{14.121}$$

$$\tau_s = 4\tau_e \tag{14.122}$$

Substituindo K_s e τ_s na Equação 14.120, obtém-se a função de transferência otimizada em malha fechada da velocidade em resposta ao sinal de entrada de velocidade como

$$\frac{\omega(s)}{\omega_r^*(s)} = \frac{1}{K_\omega}\left[\frac{(1+4s\tau_e)}{1+4s\tau_e+8s^2\tau_e^2+8s^3\tau_e^3}\right] \tag{14.123}$$

Pode ser demonstrado que as frequências de canto para a função de ganho da malha fechada $H(s)G(s)$ são $1/(4\tau_e)$ e $1/\tau_e$. O cruzamento de ganho ocorre em $1/(2\tau_e)$ em uma inclinação da resposta de magnitude −20 dB/década. Como resultado, a resposta transitória deve apresentar a característica mais desejável para o bom comportamento dinâmico. A resposta transitória é dada por[13]

$$\omega_r(t) = \frac{1}{K_\omega}\left[1 + e^{\frac{-t}{2\tau_e}} - 2e^{\frac{-t}{4\tau_e}}\cos\left(\frac{\sqrt{3}t}{4\tau_e}\right)\right]$$ (14.124)

Isso dá um tempo de subida de $3,1\tau_e$, um sobressinal (*overshoot*) máximo de 43,4% e um tempo de estabilização de $16,5\tau_e$. O sobressinal elevado pode ser reduzido pela adição de uma rede de compensação com um polo zero no caminho da realimentação de velocidade, como mostra a Figura 14.34. A função de transferência de compensação da malha fechada da velocidade em resposta ao sinal de entrada da velocidade é

$$\frac{\omega(s)}{\omega_r^*(s)} = \frac{1}{K_\omega}\left[\frac{1}{1 + 4s\tau_e + 8s^2\tau_e^2 + 8s^3\tau_e^3}\right]$$ (14.125)

A resposta transitória de compensação correspondente é dada por

$$\omega_r(t) = \frac{1}{K_\omega}\left[1 + e^{\frac{-t}{4\tau_e}} - \frac{2}{\sqrt{3}}e^{\frac{-t}{4\tau_e}}\text{sen}\left(\frac{\sqrt{3}t}{4\tau_e}\right)\right]$$ (14.126)

Isso dá um tempo de subida de $7,6\ \tau_e$, um sobressinal máximo de 8,1% e um tempo de estabilização de $13,3\tau_e$. Deve-se observar que o sobressinal foi reduzido a aproximadamente 20% do valor na Equação 14.20, e o tempo de estabilização caiu em 19%. Mas o tempo de subida aumentou, e o projetista precisa estabelecer uma relação ideal caso a caso entre o tempo de subida e o sobressinal.

FIGURA 14.34

Acrescentando uma rede de compensação com um polo zero.

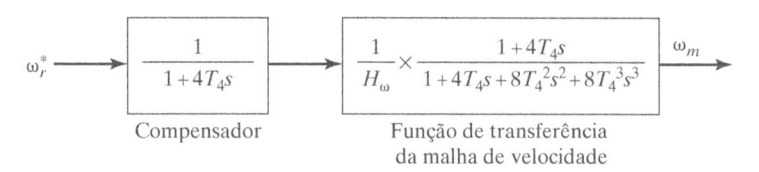

$\omega_r^* \rightarrow \boxed{\dfrac{1}{1+4T_4s}} \rightarrow \boxed{\dfrac{1}{H_\omega} \times \dfrac{1+4T_4s}{1+4T_4s+8T_4^2s^2+8T_4^3s^3}} \rightarrow \omega_m$

Compensador | Função de transferência da malha de velocidade

Exemplo 14.14 • Determinação dos ganhos otimizados e das constantes de tempo dos controladores das malhas de corrente e de tensão

Os parâmetros de um motor CC alimentado por conversor são 220 V, 6,4 A, 1570 rpm, $R_m = 6,5\ \Omega$, $J = 0,06$ kg-m², $L_m = 67$ mH, $B = 0,087$ N-m/rad/s, $K_b = 1,24$ V/rad/s. O conversor é alimentado a partir de uma fonte CA de 230 V, trifásica, conectada em Y, de 60 Hz. Ele pode ser considerado linear, e sua máxima tensão de entrada de controle é $V_{cm} = \pm 10$ V. O tacogerador tem a função de transferência $G_\omega(s) = 0,074/(1 + 0,002s)$. A tensão de referência de velocidade tem um máximo de 10 V. A corrente máxima permissível do motor é 20 A. Determine (a) o ganho K_r e a constante de tempo τ_r do conversor; (b) o ganho da realimentação de corrente H_c; (c) a constante de tempo do motor τ_1, τ_2 e τ_m; (d) o ganho K_c e a constante de tempo τ_c do controlador de corrente; (e) o ganho K_i e a constante de tempo τ_i da malha de corrente simplificada; e (f) o ganho otimizado K_s e a constante de tempo τ_s do controlador de velocidade.

Solução
$V_{CC} = 220$ V, $I_{CC} = 6,4$ A, $N = 1570$ rpm, $R_m = 6,5\ \Omega$, $J = 0,06$ kg-m², $L_m = 67$ mH, $B = 0,087$ N-m/rad/s, $K_b = 1,24$ V/rad/s, $V_L = 220$ V, $f_s = 60$ Hz, $V_{cm} = \pm 10$ V 20 A, $I_{a(\text{máx})} = 20$ A, $K_\omega = 0,074$, $t_\omega = 0,002$ s.

a. A tensão de fase é $V_s = \dfrac{V_L}{\sqrt{3}} = \dfrac{220}{\sqrt{3}} = 127,02$ V

A máxima tensão CC é $V_{CC(máx)} = K_r V_{cm} = 29{,}71 \times 10 = 297{,}09$ V

A tensão de controle do conversor é $V_c = \dfrac{V_{CC}}{V_{CC(máx)}} V_{cm} = \dfrac{220 \times 110}{297{,}09} = 7{,}41$ V

Utilizando a Equação 14.88, $K_s = \dfrac{2{,}339 V_s}{V_{cm}} = \dfrac{2{,}339 \times 127{,}02}{10} = 29{,}71$ V/V

Utilizando a Equação 14.91a, $\tau_r = \dfrac{1}{12 f_s} = \dfrac{1}{12 \times 60} = 1{,}39$ ms

b. O ganho da realimentação de corrente é $H_c = \dfrac{V_c}{I_{a(máx)}} = \dfrac{7{,}41}{20} = 0{,}37$ V/A

c. Utilizando $B_t = B$ e a Equação 14.99, $K_m = \dfrac{B}{K_b^2 + R_m B} = \dfrac{0{,}087}{1{,}24^2 + 6{,}5 \times 0{,}087} = 0{,}04$

Com a Equação 14.100,

$$r_1 = -5{,}64; \quad \tau_1 = \dfrac{-1}{r_1} = 0{,}18\,\text{s}$$

$$r_2 = -92{,}83; \quad \tau_2 = \dfrac{-1}{r_2} = 0{,}01\,\text{s}$$

$$\tau_m = \dfrac{J}{B} = \dfrac{0{,}06}{0{,}087} = 0{,}69\,\text{s}$$

d. A constante de tempo do controlador de corrente é $\tau_c = \tau_2 = 0{,}01$ s

Utilizando a Equação 14.110, $K_c = \dfrac{\tau_1 \tau_c}{2 \tau_r} \left(\dfrac{1}{K_m K_r H_c \tau_m} \right) = \dfrac{0{,}18 \times 0{,}01}{0{,}04 \times 29{,}71 \times 0{,}37 \times 0{,}69} = 2{,}19$

Com as equações 14.112 a 14.115,

$$K_1 = \dfrac{K_m K_c K_r H_c \tau_m}{\tau_c} = \dfrac{0{,}4 \times 2{,}19 \times 29{,}71 \times 0{,}37 \times 0{,}69}{0{,}01} = 63{,}88$$

$$K_i = \dfrac{1}{H_c} \left(\dfrac{K_1}{1 + K_1} \right) = \dfrac{1}{0{,}37} \left(\dfrac{63{,}88}{1 + 63{,}88} \right) = 2{,}66$$

$$\tau_3 = \tau_1 + \tau_r = 0{,}18 + 0{,}00139 = 0{,}18\,\text{s}$$

$$\tau_i = \dfrac{\tau_3}{1 + K_1} = \dfrac{0{,}18}{1 + 63{,}88} = 2{,}76\,\text{ms}$$

e. Utilizando as equações 14.118 e 14.119,

$$\tau_e = \tau_i + \tau_\omega = 2{,}76 \times 10^{-3} + 2 \times 10^{-3} = 4{,}76\,\text{ms}$$

$$K_\omega = \dfrac{K_i K_b H_\omega}{B \tau_m} = \dfrac{2{,}66 \times 1{,}24 \times 0{,}074}{0{,}087 \times 0{,}69} = 4{,}07$$

f. Com as equações 14.121 e 14.122,

$$K_s = \dfrac{1}{2 K_\omega \tau_e} = \dfrac{1}{2 \times 4{,}07 \times 4{,}76 \times 10^{-3}} = 25{,}85$$

$$\tau_s = 4 \tau_e = 4 \times 4{,}76 \times 10^{-3} = 19{,}02\,\text{ms}$$

14.7.9 Acionamento alimentado por conversor CC-CC

Os acionamentos CC alimentados por conversor CC-CC podem operar a partir de uma fonte de alimentação CC retificada ou de uma bateria. Eles também podem operar em um, dois ou quatro quadrantes, oferecendo algumas opções para atender as necessidades da aplicação.[9] Os sistemas de servo-acionamento normalmente utilizam o conversor completo de quatro quadrantes, como mostra a Figura 14.35, que permite o controle de velocidade bidirecional com recursos de frenagem regenerativa. Para o acionamento no sentido direto, os transistores T_1 e T_4 e o diodo D_2 são utilizados como um conversor *buck* que fornece uma tensão variável v_a para a armadura, dada por

$$v_a = \delta V_{CC} \tag{14.127}$$

onde V_{CC} é a tensão de alimentação para o conversor e δ é o ciclo de trabalho do transistor T_1.

Durante a frenagem regenerativa no sentido direto, o transistor T_2 e o diodo D_4 são usados como um conversor *boost*, que regula a corrente de frenagem através do motor ajustando automaticamente o ciclo de trabalho de T_2. A energia do motor que freia agora retorna para a fonte CC por meio do diodo D_1, ajudado pela fcem do motor e pela fonte CC. O conversor de frenagem, constituído por T_2 e D_1, pode ser utilizado para manter a corrente de frenagem regenerativa no valor máximo permissível até chegar à velocidade zero. A Figura 14.36 apresenta um perfil típico de aceleração-desaceleração de um acionamento alimentado por conversor CC-CC com controle em malha fechada.

FIGURA 14.35

Sistema de controle de posição e velocidade alimentado por um conversor CC-CC com uma ponte IGBT.

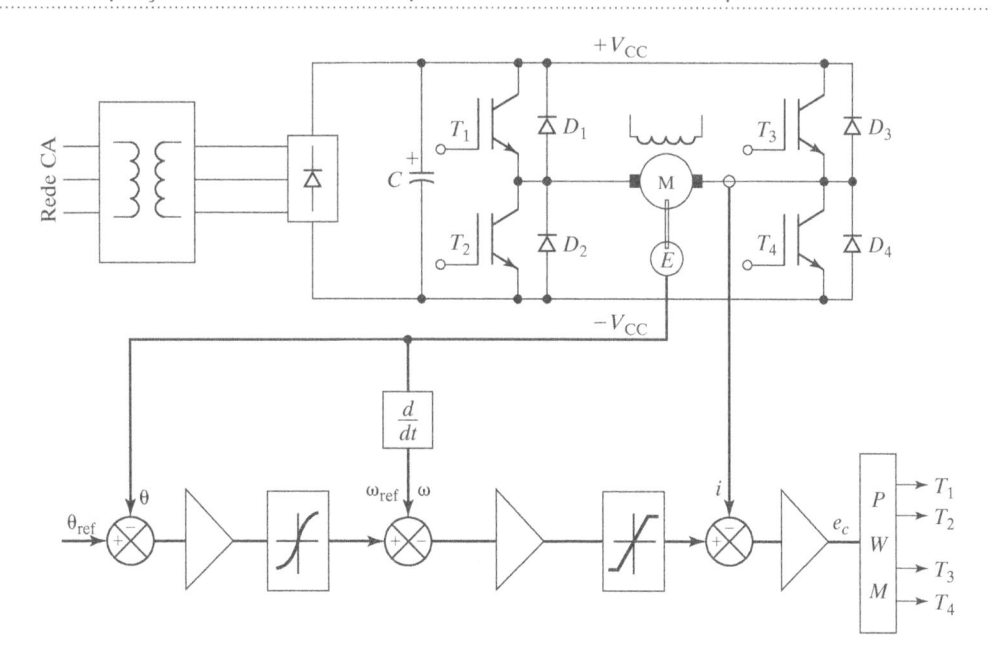

14.7.10 Controle em malha sincronizada pela fase (PLL)

Para o controle preciso da velocidade de servo-sistemas, normalmente aplica-se o controle em malha fechada. A velocidade, que é medida por meio de dispositivos de detecção analógica (por exemplo, por tacômetro), é comparada à de referência para gerar o sinal de erro e variar a tensão na armadura do motor. Esses dispositivos analógicos para detecção de velocidade e comparação de sinais não são ideais, e a regulação de velocidade é maior que 0,2%. O regulador de velocidade pode ser melhorado se for utilizado um controle digital PLL (malha sincronizada pela fase, ou malha de captura de fase PLL).[10] O diagrama de blocos de um acionamento de motor CC alimentado por conversor com controle PLL é indicado na Figura 14.37a, e o diagrama de blocos da função de transferência, na Figura 14.37b.

No sistema de controle PLL, a velocidade do motor é convertida em um trem de pulsos digitais por meio de um codificador de sinais. A saída do codificador atua como o sinal de realimentação de velocidade com frequência f_0.

FIGURA 14.36
Perfil típico de um acionamento em quatro quadrantes alimentado por conversor CC-CC.

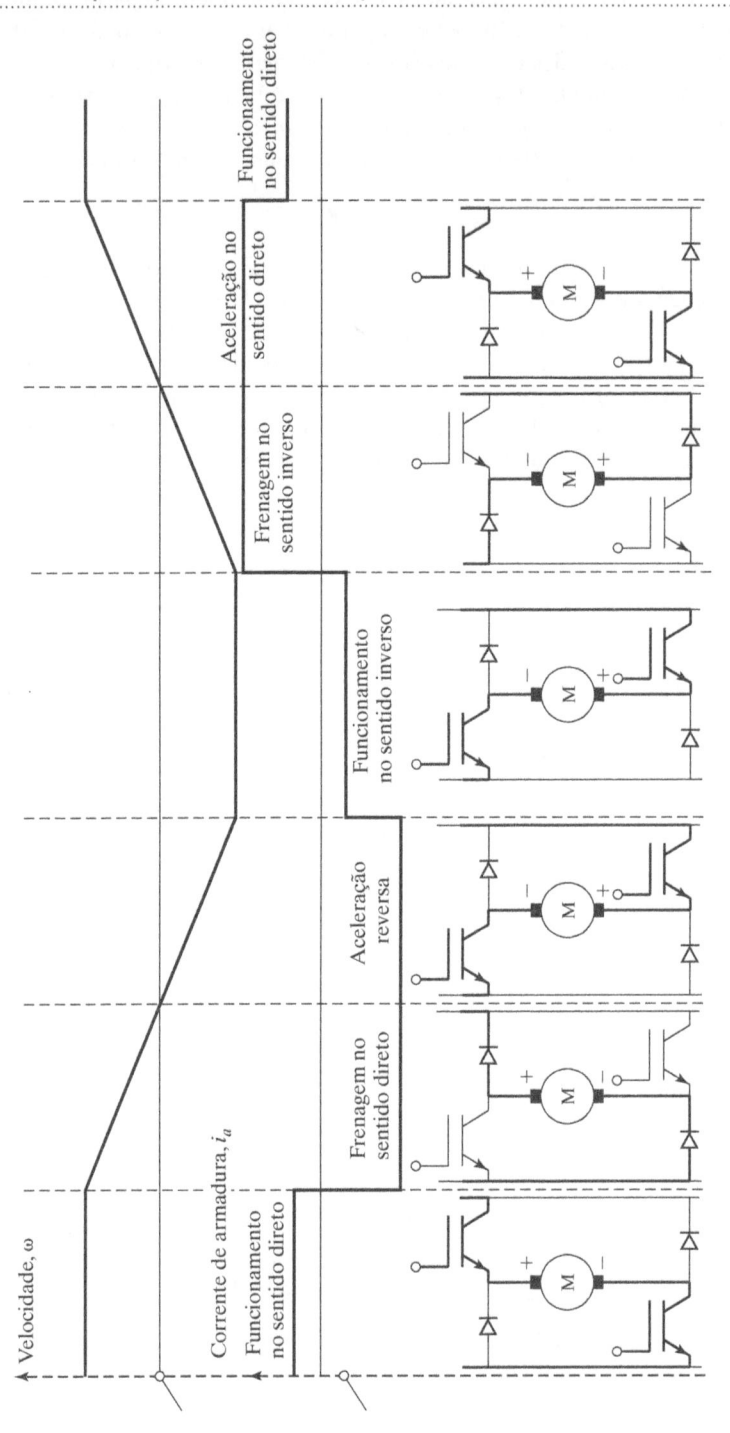

O detector de fase compara o trem de pulsos (ou a frequência) de referência f_r com a frequência de realimentação f_0 e fornece uma tensão de saída V_e modulada por largura de pulsos (PWM), que é proporcional às diferenças em fase e frequências dos trens de pulsos de referência e de realimentação. O detector de fase (ou comparador) está disponível em circuitos integrados. Um filtro passa-baixas converte o trem de pulsos V_e em um nível contínuo CC V_c, que varia a saída do conversor de potência, e este, por sua vez, varia a velocidade do motor.

FIGURA 14.37

Sistema de controle com PLL.

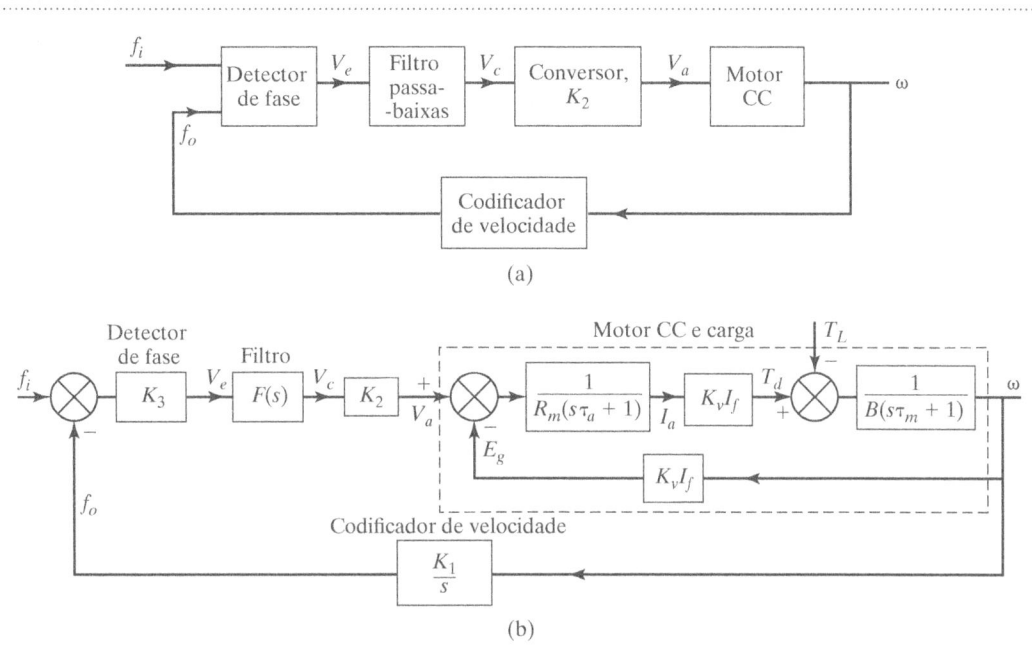

(a)

(b)

Quando o motor funciona à mesma velocidade que o trem de pulsos de referência, as duas frequências são sincronizadas (ou bloqueadas), mantendo uma diferença de fase. A saída do detector de fase é uma tensão constante proporcional à diferença de fase, e a velocidade do motor em regime permanente é mantida em um valor fixo independente da carga sobre o motor. Quaisquer perturbações que contribuam para a variação na velocidade resultam em uma diferença de fase, e a saída do detector de fase responde de imediato para variar a velocidade do motor em um sentido e em uma magnitude que preservem os sincronismos das frequências de referência e de realimentação. A resposta do detector de fase é muito rápida. Enquanto as duas frequências estão sincronizadas, a regulação de velocidade deveria ser zero, em termos ideais. Entretanto, na prática, essa regulação é limitada a 0,002%, e isso representa uma melhoria significativa em relação aos sistemas analógicos de controle de velocidade.

14.7.11 Acionamentos CC com microcontrolador

O esquema de controle analógico para um acionamento de motor CC alimentado por um conversor pode ser implementado por circuitos eletrônicos com dispositivos discretos. Um esquema de controle analógico tem várias desvantagens: não linearidade do sensor de velocidade, dependência da temperatura, desvios e deslocamentos. Quando um circuito de controle é construído a fim de atender determinados critérios de desempenho, pode haver a necessidade de grandes mudanças nos circuitos eletrônicos para outras exigências de desempenho.

O uso de microcontrolador reduz o tamanho e os custos dos circuitos eletrônicos, melhorando a confiabilidade e o desempenho. Esse esquema de controle é executado através de programas de computação (softwares) e tem flexibilidade para alterar a estratégia a fim de atender características diferentes de desempenho ou acrescentar outros recursos de controle. Um sistema com microcontrolador pode também realizar várias funções desejáveis: ligar e desligar a fonte de alimentação principal, iniciar e parar o acionamento, controlar a velocidade, controlar a corrente, monitorar as variáveis de controle, acionar os circuitos de proteção e alarme, diagnosticar falhas internas e fazer a comunicação com um computador central de supervisão. A Figura 14.38 mostra o diagrama esquemático de um controle com microcontrolador de um acionamento CC em quatro quadrantes, alimentado por conversor.

O sinal de velocidade é entregue ao microcontrolador por meio de um conversor analógico/digital (A/D). Para limitar a corrente de armadura do motor, utiliza-se uma malha interna de controle. O sinal da corrente da armadura pode ser fornecido ao microcontrolador através de um conversor A/D ou por amostragem da corrente de armadu-

FIGURA 14.38

Diagrama esquemático de um acionamento CC em quatro quadrantes com microcontrolador.

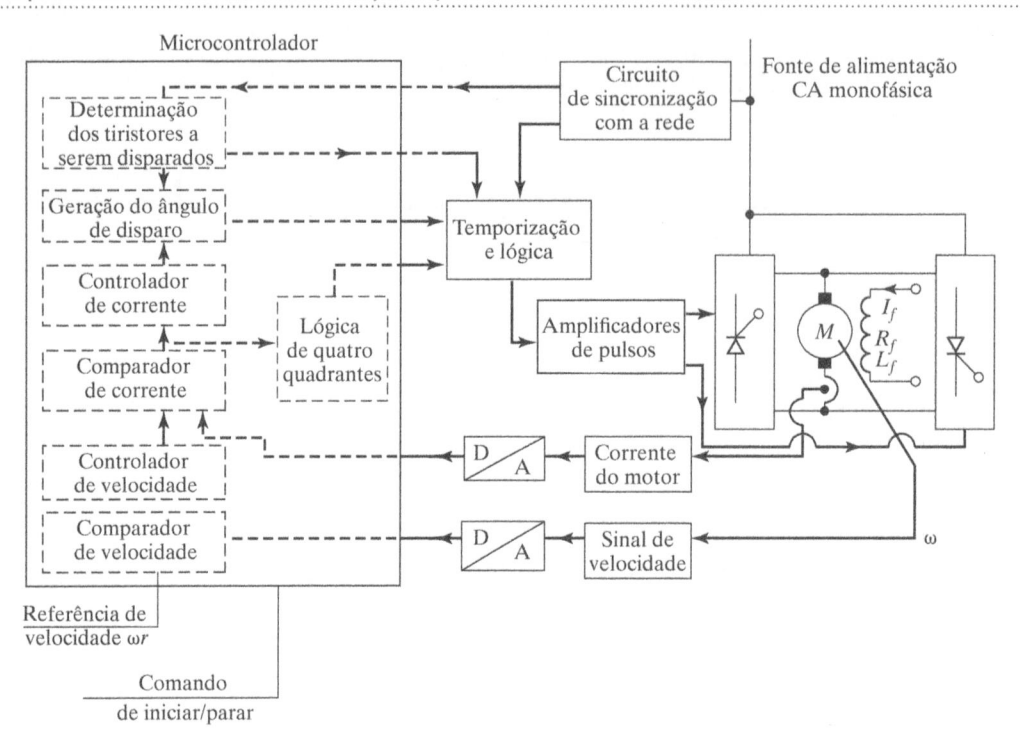

ra. O circuito de sincronização com a rede é necessário para ajustar a geração de pulsos de disparo com a frequência da rede de alimentação. Embora o microcontrolador possa realizar as funções de gerador de pulsos de acionamento e de circuito lógico, elas são apresentadas fora dele. O amplificador de pulsos fornece a isolação necessária e produz pulsos de acionamento com a magnitude e a duração necessárias. O acionamento com microcontrolador passou a ser uma norma, e o controle analógico tornou-se quase obsoleto.

■ **Principais pontos da Seção 14.7**

- A função de transferência descreve a resposta em termos de velocidade para quaisquer alterações no torque ou no sinal de referência.
- Um acionamento de motor deve operar a uma velocidade desejada para determinado torque de carga.
- Uma malha adicional de corrente é aplicada para o caminho de realimentação com a finalidade de proporcionar uma resposta mais rápida a quaisquer perturbações no comando de velocidade, no torque de carga e na tensão de alimentação.

RESUMO

Nos acionamentos CC, as tensões na armadura e no campo são variadas por conversores CA-CC ou por conversores CC-CC. Os acionamentos alimentados por conversores CA-CC são em geral utilizados em aplicações de velocidade variável, enquanto aqueles alimentados por conversores CC-CC são mais adequados para aplicações de tração. Os motores CC série são utilizados principalmente em aplicações de tração por sua capacidade de torque de partida elevado.

De modo geral, os acionamentos CC podem ser classificados em três tipos, dependendo da alimentação de entrada: (1) acionamentos monofásicos, (2) acionamentos trifásicos e (3) acionamentos com conversor CC-CC. Novamente, cada acionamento pode ser subdividido em três tipos, de acordo com o modo de operação: (a) acionamentos em um quadrante, (b) acionamentos em dois quadrantes e (c) acionamentos em quatro quadrantes. A característica de economia de energia dos acionamentos alimentados por conversor CC-CC é muito atraente para uso em sistemas de transporte que exigem paradas frequentes.

O controle em malha fechada, que tem muitas vantagens, é normalmente utilizado em acionamentos industriais. A regulação de velocidade dos acionamentos CC pode ser melhorada de maneira significativa empregando-se o controle PLL. Os esquemas de controle analógico, com dispositivos eletrônicos discretos, têm limitações em termos de flexibilidade e algumas desvantagens, enquanto os acionamentos com microcontrolador, por meio de softwares, são mais flexíveis e podem executar muitas funções desejáveis.

QUESTÕES PARA REVISÃO

14.1 Quais são os três tipos de acionamentos CC com base na alimentação de entrada?
14.2 Qual é a característica de magnetização dos motores CC?
14.3 Qual é a finalidade de um conversor nos acionamentos CC?
14.4 Qual é a velocidade nominal dos motores CC?
14.5 Quais parâmetros devem ser variados para o controle de velocidade em motores CC com excitação independente?
14.6 Quais parâmetros devem ser variados para o controle de velocidade em motores CC série?
14.7 Por que os motores CC série são os mais utilizados em aplicações de tração?
14.8 O que é a regulação de velocidade dos acionamentos CC?
14.9 Qual é o princípio dos acionamentos de motores CC alimentados por conversores completos monofásicos?
14.10 Qual é o princípio dos acionamentos de motores CC alimentados por semiconversores trifásicos?
14.11 Quais são as vantagens e desvantagens dos acionamentos de motores CC alimentados por conversores completos monofásicos?
14.12 Quais são as vantagens e desvantagens dos acionamentos de motores CC alimentados por semiconversores monofásicos?
14.13 Quais são as vantagens e desvantagens dos acionamentos de motores CC alimentados por conversores completos trifásicos?
14.14 Quais são as vantagens e desvantagens dos acionamentos de motores CC alimentados por semiconversores trifásicos?
14.15 Quais são as vantagens e desvantagens dos acionamentos de motores CC alimentados por conversores duais trifásicos?
14.16 Por que é preferível utilizar um conversor completo para controle do campo de motores com excitação independente?
14.17 O que é um acionamento CC de um quadrante?
14.18 O que é um acionamento CC de dois quadrantes?
14.19 O que é um acionamento CC de quatro quadrantes?
14.20 Qual é o princípio da frenagem regenerativa dos acionamentos de motores CC alimentados por conversor CC-CC?
14.21 Qual é o princípio da frenagem reostática dos acionamentos de motores CC alimentados por conversor CC-CC?
14.22 Quais são as vantagens dos acionamentos CC alimentados por conversor CC-CC?
14.23 Quais são as vantagens dos conversores CC-CC multifase?
14.24 Qual é o princípio do controle em malha fechada dos acionamentos CC?

14.25 Quais são as vantagens do controle em malha fechada dos acionamentos CC?

14.26 Qual é o princípio do controle PLL dos acionamentos CC?

14.27 Quais são as vantagens do controle PLL dos acionamentos CC?

14.28 Qual é o princípio do controle com microcontrolador dos acionamentos CC?

14.29 Quais são as vantagens do controle com microcontrolador dos acionamentos CC?

14.30 O que é uma constante de tempo mecânica dos motores CC?

14.31 O que é uma constante de tempo elétrica dos motores CC?

14.32 Por que uma função cosseno é normalmente utilizada para gerar o ângulo de disparo de retificadores controlados?

14.33 Por que a função de transferência entre a velocidade e a tensão de referência dos motores CC é dividida em duas?

14.34 Que suposições são normalmente feitas para simplificar o projeto do controlador da malha interna de corrente?

14.35 Que suposições são normalmente feitas para simplificar o projeto do controlador da malha externa de velocidade?

14.36 Quais são as condições ideais para as constantes de ganho e de tempo do controlador de velocidade?

14.37 Qual é a finalidade de acrescentar uma rede de compensação com um polo zero no caminho de realimentação de velocidade?

PROBLEMAS

14.1 Um motor CC com excitação independente é alimentado a partir de uma fonte CC de 600 V para controlar a velocidade de uma carga mecânica, e a corrente de campo é mantida constante. A resistência da armadura e as perdas são desprezáveis. **(a)** Para um torque de carga $T_L = 450$ N · m a 1500 rpm, determine a corrente da armadura I_a. **(b)** Para uma corrente da armadura que permanece a mesma que em (a) e uma corrente de campo reduzida de tal forma que o motor funciona a uma velocidade de 2800 rpm, defina o torque de carga.

14.2 Repita o Problema 14.1 para uma resistência da armadura $R_a = 0{,}11$ Ω. O atrito viscoso e as perdas sem carga são desprezáveis.

14.3 Um motor CC com excitação independente, de 30 hp, 440 V, 2000 rpm, controla uma carga que requer um torque de $T_L = 85$ N · m a 1200 rpm. A resistência do circuito de campo é $R_f = 294$ Ω, a resistência do circuito da armadura, $R_a = 0{,}02$ Ω e a constante de tensão do motor, $K_v = 0{,}7032$ V/A rad/s. A tensão do campo é $V_f = 440$ V. O atrito viscoso e as perdas sem carga são desprezáveis. A corrente da armadura pode ser considerada contínua e sem ondulações. Determine **(a)** a fcem E_g; **(b)** a tensão necessária para a armadura V_a; **(c)** a corrente nominal de armadura do motor; e **(d)** a regulação de velocidade à plena carga.

14.4 Um motor CC com excitação independente, de 120 hp, 600 V, 1200 rpm, controla uma carga que requer um torque de $T_L = 185$ N · m a 1100 rpm. A resistência do circuito de campo é $R_f = 0{,}06$ Ω, a resistência do circuito da armadura, $R_a = 0{,}02$ Ω e a constante de tensão do motor, $K_v = 32$ mV/A rad/s. O atrito viscoso e as perdas sem carga são desprezáveis. A corrente da armadura é contínua e sem ondulações. Determine **(a)** a fcem E_g; **(b)** a tensão necessária para a armadura V_a; **(c)** a corrente nominal da armadura do motor; e **(d)** a regulação de velocidade à plena velocidade.

14.5 A velocidade de um motor com excitação independente é controlada por um semiconversor monofásico, como o da Figura 14.12a. A corrente de campo, que também é monitorada por um semiconversor, é ajustada para o máximo valor possível. A tensão de alimentação CA para os conversores da armadura e do campo é monofásica de 208 V, 60 Hz. A resistência da armadura é $R_a = 0{,}1$ Ω, a resistência do campo, $R_f = 220$ Ω e a constante de tensão do motor, $K_v = 1{,}055$ V/A rad/s. O torque da carga é $T_1 = 75$ N · m, a uma velocidade de 700 rpm. O atrito viscoso e as perdas sem carga são desprezáveis. As correntes da armadura e do campo são contínuas e sem ondulações. Determine **(a)** a corrente de campo, I_f; **(b)** o ângulo de disparo do conversor no circuito da armadura α_a; e **(c)** o fator de potência de entrada (FP) do circuito da armadura.

14.6 A velocidade de um motor com excitação independente é controlada por um conversor monofásico de onda completa, como o da Figura 14.13a. O circuito de campo também é monitorado por um conversor completo, e a corrente de campo, ajustada para o máximo valor possível. A tensão de alimentação CA para os conversores da armadura e do campo é monofásica de 208 V, 60 Hz. A resistência da armadura é $R_a = 0{,}24\ \Omega$, a resistência do circuito de campo, $R_f = 345\ \Omega$ e a constante de tensão do motor, $K_v = 0{,}71$ V/A rad/s. O atrito viscoso e as perdas sem carga são desprezáveis. As correntes da armadura e do campo são contínuas e sem ondulações. Para um ângulo de disparo do conversor da armadura $\alpha_a = 45°$ e uma corrente da armadura $I_a = 55$ A, determine **(a)** o torque desenvolvido pelo motor T_d; **(b)** a velocidade ω; e **(c)** o FP de entrada do acionamento.

14.7 Se a polaridade da fcem do motor no Problema 14.6 for invertida por meio da reversão da polaridade da corrente de campo, determine **(a)** o ângulo de disparo do conversor do circuito de armadura α_a para manter a corrente de armadura constante no mesmo valor de $I_a = 55$ A e **(b)** a potência devolvida para a fonte de alimentação durante a frenagem regenerativa do motor.

14.8 A velocidade de um motor CC com excitação independente de 20 hp, 300 V, 1800 rpm, é controlada por um acionamento com conversor completo trifásico. A corrente de campo também é monitorada por um conversor completo trifásico e ajustada para o máximo valor possível. A entrada CA é uma alimentação trifásica conectada em Y de 208 V, 60 Hz. A resistência da armadura é $R_a = 0{,}25\ \Omega$, a resistência do campo, $R_f = 250\ \Omega$ e a constante de tensão do motor, $K_v = 1{,}15$ V/A rad/s. As correntes de armadura e de campo podem ser consideradas contínuas e sem ondulações. O atrito viscoso e as perdas sem carga são desprezáveis. Determine **(a)** o ângulo de disparo do conversor da armadura α_a se o motor fornecer potência nominal à velocidade nominal; **(b)** a velocidade sem carga se os ângulos de disparo forem os mesmos que em (a) e se a corrente de armadura sem carga for 10% do valor nominal; e **(c)** a regulação de velocidade.

14.9 Repita o Problema 14.8 para o caso em que ambos os circuitos, de armadura e de campo, são controlados por semiconversores trifásicos.

14.10 A velocidade de um motor com excitação independente de 20 hp, 300 V, 900 rpm, é controlada por um conversor completo trifásico. O circuito de campo também é monitorado por um conversor completo trifásico. A tensão de alimentação CA para os conversores de armadura e de campo é trifásica conectada em Y de 208 V, 60 Hz. A resistência da armadura é $R_a = 0{,}12\ \Omega$, a resistência do circuito de campo, $R_f = 145\ \Omega$ e a constante de tensão do motor, $K_v = 1{,}15$ V/A rad/s. O atrito viscoso e as perdas sem carga são desprezáveis. As correntes de armadura e de campo são contínuas e sem ondulações. **(a)** Para um conversor do campo operando à máxima corrente de campo e um torque desenvolvido $T_d = 106$ N · m a 750 rpm, determine o ângulo de disparo do conversor da armadura α_a. **(b)** Para um conversor do circuito de campo ajustado para a máxima corrente de campo, um torque desenvolvido $T_d = 108$ N · m e um ângulo de disparo do conversor da armadura $\alpha_a = 0$, determine a velocidade. **(c)** Para a mesma demanda de carga que em (b), defina o ângulo de disparo do conversor do circuito de campo se a velocidade for aumentada para 1800 rpm.

14.11 Repita o Problema 14.10 para o caso em que ambos os circuitos, de armadura e de campo, são controlados por semiconversores trifásicos.

14.12 Um conversor CC-CC controla a velocidade de um motor CC série. A resistência da armadura é $R_a = 0{,}04\ \Omega$, a resistência do circuito de campo, $R_f = 0{,}06\ \Omega$ e a constante de fcem, $K_v = 35$ mV/rad/s. A tensão CC de entrada do conversor CC-CC é $V_s = 600$ V. Para o caso em que é necessário manter um torque desenvolvido constante de $T_d = 547$ N · m, faça o gráfico da velocidade do motor em função do ciclo de trabalho k do conversor CC-CC.

14.13 Um conversor CC-CC controla a velocidade de um motor com excitação independente. A resistência da armadura é $R_a = 0{,}04\ \Omega$, a constante de fcem, $K_v = 1{,}527$ V/rad/s e a corrente nominal do campo é $I_f = 2{,}5$ A. A tensão CC de entrada do conversor CC-CC é $V_s = 600$ V. Para o caso em que é necessário manter um torque desenvolvido constante de $T_d = 547$ N · m, faça o gráfico da velocidade do motor em função do ciclo de trabalho k do conversor CC-CC.

14.14 Um motor CC série é alimentado por um conversor CC-CC, como mostra a Figura 14.18a, a partir de uma fonte de alimentação de 600 V. A resistência da armadura é $R_a = 0{,}02\ \Omega$ e a resistência do campo, $R_f = 0{,}05\ \Omega$. A constante de fcem do motor é $K_v = 15{,}27$ mV/A rad/s e a corrente média da armadura, I_a = 450 A. A corrente da armadura é contínua e tem ondulação desprezável. Para um ciclo de trabalho do conversor CC-CC de 75%, determine **(a)** a potência de entrada a partir da fonte de alimentação; **(b)** a resistência equivalente de entrada do acionamento com conversor CC-CC; **(c)** a velocidade do motor; e **(d)** o torque desenvolvido do motor.

14.15 O acionamento da Figura 14.16a opera em frenagem regenerativa de um motor CC série. A tensão da fonte de alimentação CC é 600 V. A resistência da armadura, R_a = 0,02 Ω e a resistência do campo, R_f = 0,05 Ω. A constante fcem do motor é K_v = 12 mV/A rad/s e a corrente média da armadura é mantida constante em I_a = 350 A. A corrente da armadura é contínua e tem ondulação desprezável. Para um ciclo de trabalho do conversor CC-CC de 50%, determine **(a)** a tensão média no conversor CC-CC V_{ch}; **(b)** a potência regenerada para a fonte de alimentação CC P_g; **(c)** a resistência equivalente de carga do motor que atua como um gerador R_{eq}; **(d)** a velocidade mínima permitida de frenagem $\omega_{mín}$; **(e)** a velocidade máxima permitida de frenagem $\omega_{máx}$; e **(f)** a velocidade do motor.

14.16 Um conversor CC-CC é utilizado na frenagem reostática de um motor CC série, como mostra a Figura 14.17a. A resistência da armadura é R_a = 0,02 Ω< e a resistência do campo, R_f = 0,05 Ω. O resistor de frenagem é R_b = 5 Ω. A constante fcem é K_v = 14 mV/A rad/s e a corrente média da armadura é mantida constante em I_a = 250 A. A corrente de armadura é contínua e tem ondulação desprezável. Se o ciclo de trabalho do conversor CC-CC for de 60%, determine **(a)** a tensão média no conversor CC-CC V_{ch}; **(b)** a potência dissipada no resistor de frenagem P_b; **(c)** a resistência equivalente de carga do motor que atua como um gerador R_{eq}; **(d)** a velocidade do motor; e **(e)** a tensão de pico do conversor CC-CC, V_p.

14.17 Dois conversores CC-CC controlam um motor CC, como mostra a Figura 14.21a, e estão defasados na operação por π/m, onde m é o número de conversores CC-CC multifase. A tensão de alimentação é V_s = 440 V, a resistência total do circuito de armadura, R_m = 6,5 Ω, a indutância do circuito de armadura, L_m = 12 mH e a frequência de cada conversor CC-CC, f = 250 Hz. Calcule o valor máximo da ondulação da corrente de carga, pico a pico.

14.18 Para o Problema 14.17, faça o gráfico do valor máximo da ondulação da corrente de carga pico a pico em função do número de conversores CC-CC multifase.

14.19 Um motor CC é controlado por dois conversores CC-CC multifase. A corrente média de armadura é I_a = 350 A. Um filtro de entrada simples do tipo LC com L_e = 0,35 mH e C_e = 5600 μF é utilizado. Cada conversor CC-CC opera a uma frequência de f = 250 Hz. Determine a componente rms fundamental da corrente harmônica gerada pelo conversor CC-CC na alimentação.

14.20 Para o Problema 14.19, faça o gráfico da componente rms fundamental da corrente harmônica gerada pelo conversor CC-CC na alimentação em função do número de conversores CC-CC multifase.

14.21 Um motor CC de 40 hp, 230 V, 3500 rpm, com excitação independente é controlado por um conversor linear de ganho K_2 = 200. O momento de inércia da carga do motor é J = 0,156 N · m/rad/s, a constante de atrito viscoso, desprezável, a resistência total da armadura, R_m = 0,045 Ω e a indutância total da armadura, L_m = 730 mH. A constante de fcem é K_v = 0,502 V/A rad/s, e a corrente de campo é mantida constante em I_f = 1,25 A. **(a)** Obtenha a função de transferência em malha aberta $\omega(s)/V_r(s)$ e $\omega(s)/T_L(s)$ para o motor. **(b)** Calcule a velocidade do motor em regime permanente para uma tensão de referência V_r = 1 V e um torque de carga 60% do valor nominal.

14.22 Repita o Problema 14.21 com um controle em malha fechada para uma amplificação do sensor de velocidade K_1 = 3 mV/rad/s.

14.23 O motor no Problema 14.21 é controlado por um conversor linear de ganho K_2 com um controle em malha fechada. Para uma amplificação do sensor de velocidade K_1 = 3 mV/rad/s, determine o ganho do conversor K_2 a fim de limitar a regulação de velocidade à plena carga a 1%.

14.24 Um motor CC com excitação independente de 60 hp, 230 V, 1750 rpm, é controlado por um conversor, como mostra o diagrama de blocos da Figura 14.29. A corrente de campo é mantida constante em I_f = 1,25 A e a constante de fcem da máquina é K_v = 0,81 V/A rad/s. A resistência da armadura é R_m = 0,02 Ω e a constante de atrito viscoso, B = 0,3 N · m/rad/s. A amplificação do sensor de velocidade é K_1 = 96 mV/rad/s, e o ganho do controlador de potência, K_2 = 150. **(a)** Determine o torque nominal do motor. **(b)** Estabeleça a tensão de referência V_r para acionar o motor na velocidade nominal. **(c)** Para o caso em que a tensão de referência é mantida inalterada, defina a velocidade em que o motor desenvolve o torque nominal.

14.25 Repita o Problema 14.24. Determine a velocidade do motor **(a)** para a alternativa em que o torque de carga é aumentado em 20% do valor nominal, **(b)** para uma tensão de referência reduzida em 10% e **(c)** para um torque de carga reduzido em 15% do valor nominal e uma tensão de referência reduzida em 20%. **(d)** Para o caso em que não há realimentação, como no controle em malha aberta, estabeleça a regulação de velocidade a uma tensão de referência $V_r = 1{,}24$ V. **(e)** Defina a regulação de velocidade com um controle em malha fechada.

14.26 Um motor CC de 40 hp, 230 V, 3500 rpm, com excitação independente, é controlado por um conversor linear de ganho $K_2 = 200$. O momento de inércia da carga do motor é $J = 0{,}156$ N·m/rad/s, a constante de atrito viscoso, desprezável, a resistência total da armadura, $R_m = 0{,}045$ Ω e a indutância total da armadura, $L_m = 730$ mH. A constante de fcem é $K_v = 340$ mV/A rad/s. A resistência de campo é $R_f = 0{,}035$ Ω e a indutância de campo, $L_f = 450$ mH. **(a)** Obtenha a função de transferência em malha aberta $\omega(s)/V_r(s)$ e $\omega(s)/T_L(s)$ para o motor. **(b)** Calcule a velocidade do motor em regime permanente para uma tensão de referência $V_r = 1$ V e um torque de carga 60% do valor nominal.

14.27 Repetir o Problema 14.26 com controle em malha fechada se a amplificação do sensor de velocidade for $K_1 = 3$ mV/rad/s.

14.28 Os parâmetros de um acionamento de motor CC com excitação independente são $R_m = 0{,}64$ Ω, $L_m = 3{,}5$ mH, $K_m = 0{,}51$ V/rad/s, $J = 0{,}0177$ kg-m² e $B = 0{,}02$ Nm/rad/s, além de um torque de carga de $T_L = 80$ Nm. A tensão de alimentação CC da armadura é 220 V. Para o caso em que o motor opera com sua corrente de campo nominal, $I_f = 1{,}45$ A, determine a velocidade dele.

14.29 Os parâmetros da caixa de engrenagem mostrada na Figura 14.7 são $B_1 = 0{,}035$ Nm/rad/s, $\omega_1 = 310$ rad/s, $B_m = 0{,}064$ kg-m², $J_m = 0{,}35$ kg-m², $J_1 = 0{,}25$ kg-m², $T_2 = 24$ Nm e $\omega_2 = 21$ rad/s. Determine **(a)** a razão de transmissão $RT = N_2/N_1$; **(b)** o torque efetivo do motor T_1; **(c)** a inércia efetiva J; e **(d)** o coeficiente de atrito efetivo B.

14.30 Os parâmetros da caixa de engrenagem mostrada na Figura 14.7 são $B_1 = 0{,}033$ Nm/rad/s, $\omega_1 = 410$ rad/s, $B_m = 0{,}064$ kg-m², $J_m = 0{,}35$ kg-m², $J_1 = 0{,}25$ kg-m², $T_2 = 28$ Nm e $\omega_2 = 31$ rad/s. Determine **(a)** a razão de transmissão $RT = N_2/N_1$; **(b)** o torque efetivo do motor T_1; **(c)** a inércia efetiva J; e **(d)** o coeficiente de atrito efetivo B.

14.31 Repita o Exemplo 14.14 para a máxima corrente do motor permissível de 40 A e a frequência da alimentação CA $f_s = 50$ Hz.

14.32 Repita o Exemplo 14.14 para um conversor alimentado a partir de uma fonte CA monofásica de 120 V a 60 Hz.

14.33 Repita o Exemplo 14.14 para um conversor alimentado a partir de uma fonte CA monofásica de 120 V a 50 Hz.

14.34 Repita o Exemplo 14.14 para um conversor alimentado a partir de uma fonte CA monofásica de 240 V a 50 Hz.

14.35 Para o Exemplo 14.14, **(a)** faça o gráfico da resposta transitória $\omega_r(t)$ na Equação 14.124, de 0 a 100 ms, e **(b)** do tempo de subida, do sobressinal máximo e do tempo de estabilização.

14.36 Para o Exemplo 14.14, **(a)** faça o gráfico da resposta transitória $\omega_r(t)$ na Equação 14.126, de 0 a 100 ms, e **(b)** do tempo de subida, do sobressinal máximo e do tempo de estabilização.

REFERÊNCIAS

1. LINDSAY, J. F.; RASHID, M. H. *Electromechanics and Electrical Machinery.* Englewood Cliffs, NJ: Prentice-Hall, 1986.
2. DUBEY, G. K. *Power Semiconductor Controlled Drives.* Englewood Cliffs, NJ: Prentice-Hall, 1989.
3. EL-SHARKAWI, M. A. *Fundamentals of Electric Drives.* Boston, MA: International Thompson Publishing, 2000.
4. SEN, P. C. *Thyristor DC Drives.* Nova York: John Wiley & Sons, 1981.
5. SUBRAHMANYAM, V. *Electric Drives:* Concepts and Applications. Nova York: McGraw-Hill, 1994.
6. LEONARD, W. *Control of Electric Drives.* Alemanha: Springer-Verlag, 1985.
7. REIMERS, E. "Design analysis of multiphase dc–dc converter motor drive". *IEEE Transactions on Industry Applications*, v. IA8, n. 2, p. 136–144, 1972.

8. RASHID, M. H. "Design of LC input filter for multiphase dc–dc converters". *Proceedings IEE*, v. B130, n. 1, p. 310–344, 1983.
9. RAHMAN, M. F. et al. *Power Electronics Handbook*. Editado por M. H. Rashid. San Diego, CA: Academic Press, 2001. Capítulo 27 – Motor drives.
10. GEIGER, D. F. *Phaselock Loops for DC Motor Speed Control*. Nova York: John Wiley & Sons, 1981.
11. SHAKWEH, Y. *Power Electronics Handbook*. Editado por M. H. Rashid. Burlington, MA: Butterwoorth-Heinemann, 2011. Capítulo 33.
12. RASHID, M. H. *Power Electronics* – Devices, Circuits and Applications. Upper Saddle, NJ: Pearson Publishing, 2004. Capítulo 15.
13. KRISHNAN, R. *Electric Motor Drives, Modeling, Analysis, and Control*. Upper Saddle, NJ: Prentice Hall Inc., 2001.

Capítulo 15

Acionamentos CA

Após a conclusão deste capítulo, os estudantes deverão ser capazes de:

- Descrever as características torque-velocidade dos motores de indução.
- Listar os métodos de controle de velocidade dos motores de indução.
- Determinar os parâmetros de desempenho dos motores de indução.
- Explicar o princípio do controle vetorial ou por orientação de campo para motores de indução.
- Listar os tipos de motor síncrono.
- Determinar os parâmetros de desempenho dos motores síncronos.
- Descrever as características de controle dos motores síncronos e os métodos para controle de velocidade.
- Explicar os métodos para controle de velocidade dos motores de passo.
- Explicar o funcionamento dos motores de indução linear.
- Determinar os parâmetros de desempenho dos motores de indução linear.

Símbolos e seus significados

Símbolo	Significado
$E_r; E_m$	Tensões rms e de pico induzida no rotor por fase, respectivamente
$f; V_{CC}$	Frequência da alimentação e tensão CC de alimentação, respectivamente
$f_{\alpha s}; f_{\beta s}; f_o$	Variáveis do estator em coordenadas α-β, respectivamente
$f_{ds}; f_{qs}; f_o$	Variáveis do estator em coordenadas d-q, respectivamente
$i_{qs}; i_{ds}; i_{qr}; i_{dr}$	Correntes do estator e do rotor nas coordenadas síncronas d-q, respectivamente
$I_s; I_r$	Correntes rms do estator e do rotor em seus enrolamentos, respectivamente
$P_i; P_g; P_d; P_o$	Potências de entrada, no entreferro, desenvolvida e de saída, respectivamente
$R_s; X_s$	Resistência e indutância por fase do estator no enrolamento do rotor, respectivamente
$R'_r; X'_r$	Resistência e reatância por fase do rotor refletidas no enrolamento do estator, respectivamente
$R_m; X_m$	Resistência e reatância de magnetização, respectivamente
$s; s_m$	Escorregamento e escorregamento (ou torque) máximo, respectivamente
$T_L; T_e; T_s; T_d; T_m; T_{mm}$	Torques de carga, eletromagnético, de partida, desenvolvido, máximo e de ruptura, respectivamente
$v_{qs}; v_{ds}; v_{qr}; v_{dr}$	Tensões do estator e do rotor nas coordenadas síncronas d-q, respectivamente
$V_m; i_{as}(t)$	Corrente de pico e instantânea do estator, respectivamente
$V_s; V_a$	Tensões rms de alimentação e aplicada, respectivamente
$\alpha; \delta$	Ângulos de disparo e de torque, respectivamente
$\beta; b$	Razões de frequência e de tensão-frequência, respectivamente
$\omega_s; \omega; \omega_m; \omega_b; \omega_{sl}$	Velocidades síncrona, de alimentação, do motor, base e de escorregamento, respectivamente, em rad/s
$\Phi; K_m$	Fluxo e constante do motor, respectivamente

15.1 INTRODUÇÃO

Os motores CA apresentam estruturas altamente acopladas, não lineares e multivariáveis, diferentemente das muito mais simples e desacopladas dos motores CC com excitação independente. O controle dos acionamentos CA em geral requer algoritmos complexos que podem ser executados por microcontroladores, microprocessadores ou microcomputadores, com conversores de potência de chaveamento rápido.

Os motores CA têm algumas vantagens: são mais leves (20% a 40% mais leves que os motores CC equivalentes), baratos e de pouca manutenção em comparação aos CC. Eles requerem controle de frequência, tensão e corrente para aplicações de velocidade variável. Os conversores de potência, inversores e controladores de tensão CA conseguem controlar a frequência, a tensão ou a corrente para satisfazer os requisitos do acionamento. Esses controladores de potência, relativamente complexos e mais caros, requerem técnicas avançadas de controle com realimentação, como modelo de referência, controle adaptativo, controle do modo de escorregamento e controle por orientação de campo. Entretanto, as vantagens dos acionamentos CA superam as desvantagens. Há quatro tipos de acionamento CA:

1. Acionamentos de motores de indução.
2. Acionamentos de motores síncronos.
3. Acionamentos de motores de passo.
4. Motor de indução linear.

Os acionamentos CA estão substituindo os CC e são utilizados em muitas aplicações industriais e domésticas.[1,2]

15.2 ACIONAMENTOS DE MOTORES DE INDUÇÃO

Os motores de indução trifásicos são comumente utilizados em acionamentos de velocidade ajustável,[1] e possuem enrolamentos trifásicos de estator e rotor. Os enrolamentos do estator são alimentados por tensões CA trifásicas equilibradas, que produzem tensões induzidas nos enrolamentos do rotor por causa da ação de transformador. É possível dispor a distribuição dos enrolamentos do estator de forma a haver um efeito de múltiplos polos, produzindo vários ciclos de força magnetomotriz (fmm), ou campo, em torno do entreferro. Esse campo estabelece uma densidade de fluxo senoidal distribuída espacialmente no entreferro. A velocidade de rotação do campo é chamada *velocidade síncrona*, e é definida por

$$\omega_s = \frac{2\omega}{p} \tag{15.1}$$

onde p é o número de polos, e ω, a frequência de alimentação em radianos por segundo.

Se uma tensão de fase do estator $v_s = \sqrt{2}V_s \operatorname{sen} \omega t$ produzir um fluxo concatenado (no rotor) dado por

$$\phi(t) = \phi_m \cos(\omega_m t + \delta + \omega_s t) \tag{15.2}$$

a tensão induzida por fase no enrolamento do motor será

$$\begin{aligned}
e_r &= N_r \frac{d\phi}{dt} = N_r \frac{d}{dt}[\phi_m \cos(\omega_m t + \delta - \omega_s t)] \\
&= -N_r \phi_m (\omega_s - \omega_m) \operatorname{sen}[(\omega_s - \omega_m)t - \delta] \\
&= -sE_m \operatorname{sen}(s\omega_s t - \delta) \\
&= -s\sqrt{2}E_r \operatorname{sen}(s\omega_s t - \delta)
\end{aligned} \tag{15.3}$$

onde N_r = número de espiras em cada fase do rotor;
ω_m = velocidade ou frequência angular do rotor, Hz;
δ = posição relativa do rotor;

E_r = valor rms da tensão induzida no rotor, por fase, V;
E_m = tensão de pico induzida no rotor, por fase, V.

e s é o escorregamento, definido como

$$s = \frac{\omega_s - \omega_m}{\omega_s} \qquad (15.4)$$

que dá a velocidade do motor como sendo $\omega_m = \omega_s(1-s)$. O valor ω_s pode ser considerado como a máxima velocidade mecânica ω_{rm} que corresponde à frequência (ou velocidade) de alimentação ω, e a velocidade de escorregamento passa a ser $\omega_{sl} = \omega_{rm} - \omega_m = \omega_s - \omega_m$. Também é possível converter uma velocidade mecânica ω_m em velocidade elétrica do rotor ω_{re} do campo rotativo como

$$\omega_{re} = \frac{p}{2}\omega_m \qquad (15.4a)$$

Nesse caso, ω é a velocidade elétrica síncrona ω_{re}. A velocidade de escorregamento se torna $\omega_{sl} = \omega - \omega_{re} = \omega - \omega_r$. Assim, o escorregamento também pode ser definido como

$$s = \frac{\omega - \omega_r}{\omega} = 1 - \frac{\omega_r}{\omega} \qquad (15.4b)$$

Que dá a velocidade elétrica do rotor como

$$\omega_r = \omega(1-s) \qquad (15.4c)$$

Esse conceito se relaciona diretamente com a frequência de alimentação ω, e é muito conveniente para analisar acionamentos de motor de indução (ver Seção 15.5.2). A velocidade do motor é em geral ajustada para um valor desejado, e a velocidade do rotor, acrescentada à velocidade de escorregamento para calcular a frequência de alimentação desejada. A variação da frequência de alimentação e do escorregamento permite o controle da velocidade do motor (ver Seção 15.3). O circuito equivalente para uma fase do rotor é mostrado na Figura 15.1a,

onde R_r é a resistência dos enrolamentos do rotor, por fase;
X_r é a reatância de dispersão (ou fuga) do rotor, por fase, na frequência de alimentação;
E_r representa a tensão de fase rms induzida quando a velocidade é zero (ou $s = 1$).

A corrente do rotor é dada por

$$I_r = \frac{sE_r}{R_r + jsX_r} \qquad (15.5)$$

FIGURA 15.1

Modelo de circuito para os motores de indução.

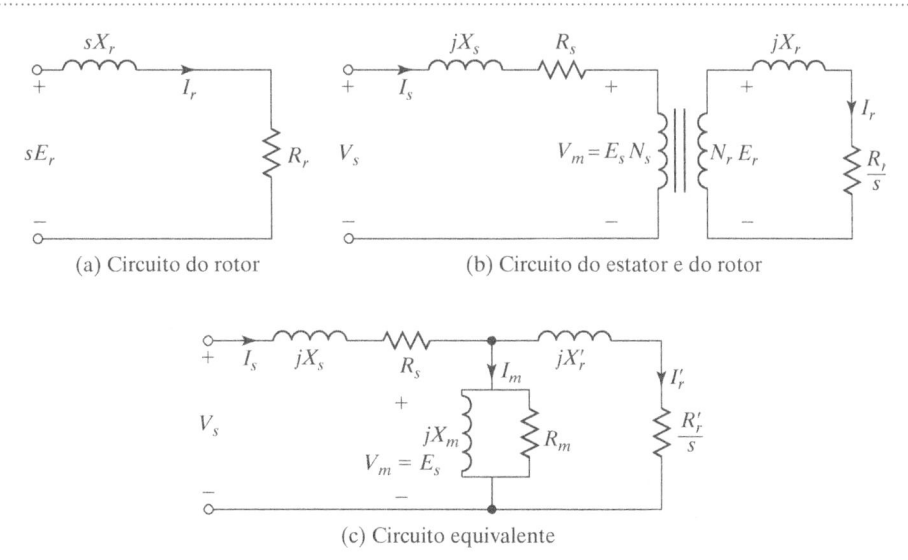

(a) Circuito do rotor

(b) Circuito do estator e do rotor

(c) Circuito equivalente

$$I_r = \frac{E_r}{R/s + jX_r} \tag{15.5a}$$

onde R_r e X_r estão referidos ao enrolamento do rotor.

O modelo de circuito por fase dos motores de indução é mostrado na Figura 15.1b, onde R_s e X_s são a resistência e a reatância de dispersão por fase do enrolamento do estator. O modelo de circuito completo com todos os parâmetros referidos ao estator é indicado na Figura 15.1c, onde R_m representa a resistência para as perdas de excitação (ou no núcleo), e X_m é a reatância de magnetização. R_r' e X_r' são a resistência e a reatância do rotor referidos ao estator. I_r' é a corrente do rotor referido ao estator. Haverá perdas no núcleo do estator quando a alimentação estiver conectada, e as perdas no núcleo do rotor dependem do escorregamento. As perdas por atrito e ventilação P_{vazio} ocorrem quando a máquina gira. As perdas no núcleo P_c podem ser incluídas como parte daquelas por rotação, P_{vazio}.

15.2.1 Características de desempenho

A corrente do rotor I_r e a do estator I_s podem ser encontradas a partir do circuito equivalente da Figura 15.1c, onde R_r e X_r são referidos aos enrolamentos do estator. Uma vez conhecidos os valores de I_r e I_s, os parâmetros de desempenho de um motor trifásico podem ser determinados da seguinte forma:

Perdas no cobre do estator

$$P_{su} = 3I_s^2 R_s \tag{15.6}$$

Perdas no cobre do rotor

$$P_{ru} = 3(I_r')^2 R_r' \tag{15.7}$$

Perdas no núcleo

$$P_c = \frac{3V_m^2}{R_m} \approx \frac{3V_s^2}{R_m} \tag{15.8}$$

Potência no entreferro (potência passando do estator para o rotor através do entreferro)

$$P_g = 3(I_r')^2 \frac{R_r'}{s} \tag{15.9}$$

Potência desenvolvida

$$P_d = P_g - P_{ru} = 3(I_r')^2 \frac{R_r'}{s}(1-s) \tag{15.10}$$

$$= P_g(1-s) \tag{15.11}$$

Torque desenvolvido

$$T_d = \frac{P_d}{\omega_m} \tag{15.12}$$

$$= \frac{P_g(1-s)}{\omega_s(1-s)} = \frac{P_g}{\omega_s} \tag{15.12a}$$

Potência de entrada

$$P_i = 3V_s I_s \cos\theta_m \tag{15.13}$$

$$= P_c + P_{su} + P_g \tag{15.13a}$$

onde θ_m é o ângulo entre I_s e V_s. A potência de saída é:

$$P_o = P_d - P_{vazio}$$

Eficiência

$$\eta = \frac{P_o}{P_i} = \frac{P_d - P_{\text{vazio}}}{P_c + P_{su} + P_g} \tag{15.14}$$

Se $P_g \gg (P_c + P_{su})$ e $P_d \gg P_{\text{vazio}}$, a eficiência torna-se aproximadamente

$$\eta \approx \frac{P_d}{P_g} = \frac{P_g(1-s)}{P_g} = 1 - s \tag{15.14a}$$

O valor de X_m é normalmente grande, e R_m, que é muito maior, pode ser retirado do circuito equivalente para simplificar os cálculos. Se $X_m^2 \gg (R_s^2 + X_s^2)$, então $V_s \approx V_m$, e a reatância de magnetização X_m pode ser transferida para o enrolamento do estator a fim de simplificar ainda mais. Isso é mostrado na Figura 15.2.

A impedância de entrada do motor torna-se

$$\mathbf{Z}_i = \frac{-X_m(X_s + X_r') + jX_m(R_s + R_r'/s)}{R_s + R_r'/s + j(X_m + X_s + X_r')} \tag{15.15}$$

e o ângulo do fator de potência (FP) do motor

$$\theta_m = \pi - \text{tg}^{-1}\frac{R_s + R_r'/s}{X_s + X_r'} + \text{tg}^{-1}\frac{X_m + X_s + X_r'}{R_s + R_r'/s} \tag{15.16}$$

A partir da Figura 15.2, a corrente rms do rotor é

$$I_r' = \frac{V_s}{\sqrt{(R_s + R_r'/s)^2 + (X_s + X_r')^2}} \tag{15.17}$$

Substituindo I_r' da Equação 15.17 na Equação 15.9 e então P_g na Equação 15.12a, obtém-se

$$T_d = \frac{3R_r'V_s^2}{s\omega_s[(R_s + R_r'/s)^2 + (X_s + X_r')^2]} \tag{15.18}$$

FIGURA 15.2

Circuito equivalente aproximado por fase.

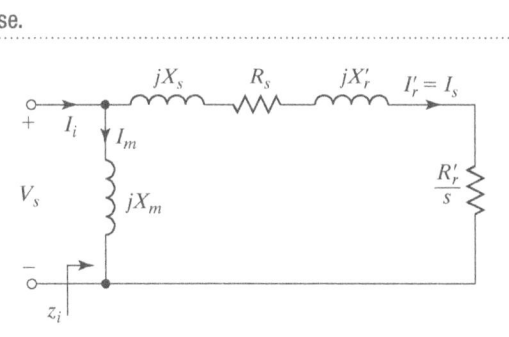

15.2.2 Características torque-velocidade

Se o motor for alimentado a partir de uma tensão fixa a uma frequência constante, o torque desenvolvido será uma função do escorregamento, e as características torque-velocidade poderão ser determinadas a partir da Equação 15.18. Um gráfico típico do torque desenvolvido em função do escorregamento ou da velocidade do rotor é ilustrado na Figura 15.3. O escorregamento é usado como variável, em vez da velocidade do rotor, por ser adimensional e por poder ser aplicado a qualquer frequência de motor. Perto da velocidade síncrona, isto é, com escorregamento baixo, o torque é linear e proporcional ao escorregamento. Passando do valor máximo (também conhecido como *torque de ruptura*), o torque é inversamente proporcional ao escorregamento, como mostra a Figura 15.3. No repouso, o escorregamento fica igual à unidade, e o torque produzido é conhecido como *torque de repouso*. Para acelerar uma carga, esse torque de repouso deve ser maior do que o de carga. É desejável que o motor opere perto da faixa de baixo escorregamento para ter maior eficiência. Isso porque as perdas no cobre do rotor são diretamente proporcionais ao escorregamento e iguais à potência de escorregamento. Portanto, na condição de baixo escorregamento, as perdas no cobre do rotor são pequenas. A operação no modo de aceleração no sentido inverso e a frenagem

FIGURA 15.3

Características torque-velocidade.

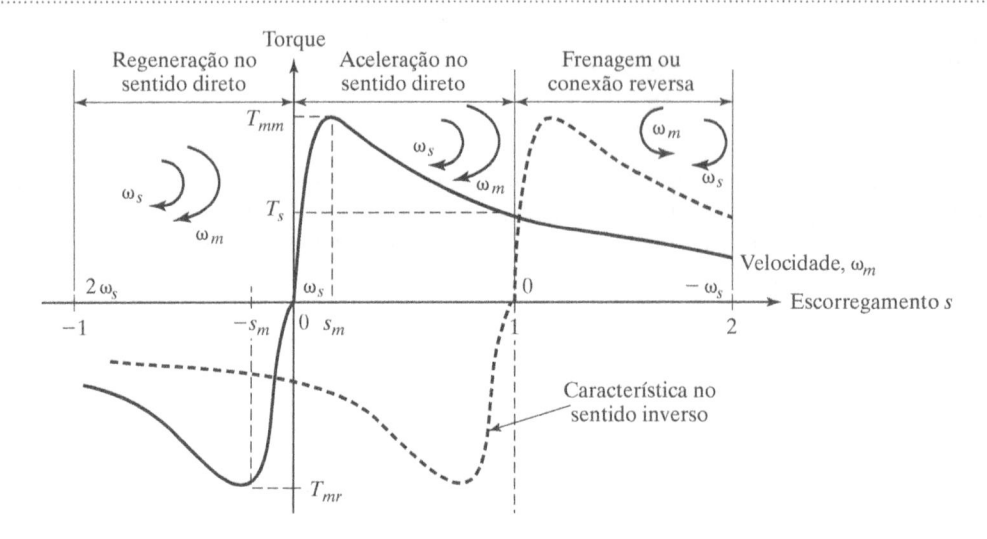

regenerativa são obtidas pela inversão da sequência de fase dos terminais do motor. A curva característica de torque-velocidade no sentido inverso é indicada pelas linhas tracejadas. Há três regiões de operação: (1) como motor ou aceleração, $0 \leq s \leq 1$; (2) regeneração, $s < 0$; e (3) conexão (*plugging*), $1 \leq s \leq 2$.

Na aceleração, o motor gira no mesmo sentido que o campo; à medida que aumenta o escorregamento, o torque também aumenta, enquanto o fluxo no entreferro permanece constante. Quando o torque atinge seu valor máximo T_m em $s = s_m$, ele diminui, com um aumento no escorregamento por conta da redução do fluxo no entreferro. Para um baixo escorregamento, tal que $s < s_m$, a inclinação positiva da curva característica proporciona uma operação estável. Se o torque de carga for aumentado, o rotor desacelera e, portanto, desenvolve um maior escorregamento, que, por sua vez, aumenta o torque eletromagnético capaz de igualar o torque de carga. Se o motor estiver operando em um escorregamento $s > s_m$, qualquer perturbação no torque de carga levará a um aumento do escorregamento, resultando em uma geração de torque cada vez menor. Consequentemente, o torque desenvolvido se afasta cada vez mais da demanda de torque de carga, levando a uma parada final da máquina e chegando ao repouso.

Na regeneração, a velocidade ω_m é maior que a síncrona ω_s, estando ω_m e ω_s no mesmo sentido, enquanto o escorregamento é negativo. Portanto, R_r'/s é negativo. Isso significa que a potência é devolvida desde o eixo para o circuito do rotor e o motor opera como um gerador. O motor devolve energia para o sistema de alimentação. A característica torque-velocidade é semelhante à da aceleração, mas com valor negativo de torque. O escorregamento negativo provoca uma mudança no modo de operação, passando da geração de torque positivo (aceleração) para negativo (gerador), na medida em que a fem induzida na fase é invertida. O torque de ruptura regenerativo g é muito maior na operação com escorregamento negativo. Isso porque o fluxo concatenado mútuo é reforçado pela operação da máquina de indução como gerador. A inversão da corrente do rotor reduz a queda de tensão de impedância do motor, resultando em um aumento da corrente de magnetização e, portanto, em um aumento do fluxo concatenado mútuo e do torque.

Na frenagem, a velocidade é oposta ao sentido do campo, e o escorregamento, maior que a unidade. Isso pode acontecer se a sequência da fonte de alimentação for invertida durante a aceleração no sentido direto, de modo que o sentido do campo também seja invertido. O torque desenvolvido, que está no mesmo sentido do campo, opõe-se ao movimento e atua como torque de frenagem. Por exemplo, se um motor estiver girando no sentido oposto ao da sequência de fases (abc) e um conjunto de tensões no estator com uma sequência de fases (abc) for aplicado na frequência de alimentação, será criado um fluxo concatenado do estator no sentido contrário ao da velocidade do rotor, resultando em uma ação de frenagem. Isso cria também um escorregamento superior à unidade, e a velocidade do rotor será negativa em relação à velocidade síncrona. Essa ação de frenagem traz a velocidade do rotor ao repouso em um curto espaço de tempo. Como $s > 1$, as correntes do motor são elevadas, mas o torque desenvolvido é baixo. A energia por conta da frenagem por conexão (*plugging*) deve ser dissipada dentro do motor, e isso pode causar o seu aquecimento excessivo. Esse tipo de frenagem normalmente não é recomendado.

Na partida, a velocidade da máquina é $\omega_m = 0$ e $s = 1$. O torque de partida pode ser determinado a partir da Equação 15.18 fazendo-se $s = 1$

$$T_s = \frac{3R_r'V_s^2}{\omega_s[(R_s + R_r')^2 + (X_s + X_r')^2]} \quad (15.19)$$

O escorregamento para o torque máximo s_m pode ser determinado fazendo-se $dT_d/ds = 0$, e a Equação 15.18 dá

$$s_m = \pm \frac{R_r'}{\sqrt{R_s^2 + (X_s + X_r')^2}} \quad (15.20)$$

Substituindo $s = s_m$ na Equação 15.18, obtém-se o máximo torque desenvolvido durante a aceleração, que também é chamado de *torque de ruptura* ou *torque de perda de sincronismo*:

$$T_{mm} = \frac{3V_s^2}{2\omega_s[R_s + \sqrt{R_s^2 + (X_s + X_r')^2}]} \quad (15.21)$$

e o torque regenerativo máximo pode ser determinado a partir da Equação 15.18 fazendo-se

$$s = -s_m$$

$$T_{mr} = \frac{3V_s^2}{2\omega_s[-R_s + \sqrt{R_s^2 + (X_s + X_r')^2}]} \quad (15.22)$$

Se R_s for considerada pequena, se comparada com outras impedâncias do circuito, o que geralmente é uma aproximação válida para motores com faixas nominais superiores a 1 kW, as expressões correspondentes serão

$$T_d = \frac{3R_r'V_s^2}{s\omega_s[(R_r'/s)^2 + (X_s + X_r')^2]} \quad (15.23)$$

$$T_s = \frac{3R_r'V_s^2}{\omega_s[(R_r')^2 + (X_s + X_r')^2]} \quad (15.24)$$

$$s_m = \pm \frac{R_r'}{X_s + X_r'} \quad (15.25)$$

$$T_{mm} = -T_{mr} = \frac{3V_s^2}{2\omega_s(X_s + X_r')} \quad (15.26)$$

Normalizando as equações 15.23 e 15.24 em relação à Equação 15.26, obtém-se

$$\frac{T_d}{T_{mm}} = \frac{2R_r'(X_s + X_r')}{s[(R_r'/s)^2 + (X_s + X_r')^2]} = \frac{2ss_m}{s_m^2 + s^2} \quad (15.27)$$

e

$$\frac{T_s}{T_{mm}} = \frac{2R_r'(X_s + X_r')}{(R_r')^2 + (X_s + X_r')^2} = \frac{2s_m}{s_m^2 + 1} \quad (15.28)$$

Se $s < 1$, então $s^2 < s_m^2$, e a Equação 15.27 poderá ser aproximada para

$$\frac{T_d}{T_{mm}} = \frac{2s}{s_m} = \frac{2(\omega_s - \omega_m)}{s_m \omega_s} \quad (15.29)$$

que dá a velocidade como uma função do torque,

$$\omega_m = \omega_s\left(1 - \frac{s_m}{2T_{mm}}T_d\right) \quad (15.30)$$

É possível observar, a partir das equações 15.29 e 15.30, que, se o motor operar com escorregamento pequeno, o torque desenvolvido será proporcional ao escorregamento e a velocidade diminuirá com o torque. A corrente do rotor, que é zero na velocidade síncrona, aumenta por conta da diminuição de R_r/s à medida que a velocidade diminui. O torque desenvolvido também aumenta até se tornar máximo em $s = s_m$. Para $s < s_m$, o motor opera na parte estável da característica torque-velocidade. Se a resistência do rotor for baixa, s_m será baixo. Isto é, a variação da velocidade do motor a vazio até o torque nominal será apenas de uma pequena porcentagem. O motor opera essencialmente a uma velocidade constante. Quando o torque de carga excede o de ruptura, o motor para e a proteção de sobrecarga deve desconectá-lo imediatamente da fonte para evitar danos por superaquecimento. Deve-se observar que, para $s > s_m$, o torque diminui, apesar do aumento na corrente do rotor, e a operação é instável para a maioria dos motores. A variação da velocidade e do torque dos motores de indução pode ser feita por um dos seguintes meios:[3-8]

1. Controle da tensão do estator (tensão estatórica).
2. Controle da tensão do rotor (tensão rotórica).
3. Controle da frequência.
4. Controle da tensão e frequência do estator.
5. Controle da corrente do estator.
6. Controle da tensão, corrente e frequência.

Para satisfazer o ciclo de trabalho torque-velocidade de um acionamento, normalmente utiliza-se o controle de tensão, corrente e frequência.

Exemplo 15.1 ▪ Determinação dos parâmetros de desempenho de um motor de indução trifásico

Um motor de indução trifásico de 460 V, 60 Hz, quatro polos, conectado em Y, tem os seguintes parâmetros de circuito equivalente: $R_s = 0{,}42\ \Omega$, $R_r' = 0{,}23\ \Omega$, $X_s = X_r' = 0{,}82\ \Omega$ e $X_m = 22\ \Omega$. A perda sem carga $P_{vazio} = 60$ W pode ser considerada constante. A velocidade do rotor é 1750 rpm. Utilize o circuito equivalente aproximado da Figura 15.2 para determinar (a) a velocidade síncrona, ω_s; (b) o escorregamento s; (c) a corrente de entrada I_i; (d) a potência de entrada P_i; (e) o FP de entrada da alimentação, FP_s; (f) a potência no entreferro P_g; (g) as perdas no cobre do rotor P_{ru}; (h) as perdas no cobre do estator P_{su}; (i) o torque desenvolvido T_d; (j) a eficiência; (k) a corrente de partida, I_{rs}, e o torque de partida T_s; (l) o escorregamento para o torque máximo s_m; (m) o torque máximo desenvolvido na aceleração T_{mm}; (n) o torque máximo regenerativo desenvolvido T_{mr}; e (o) T_{mm} e T_{mr}, se R_s for desprezado.

Solução

$f = 60$ Hz, $p = 4$, $R_s = 0{,}42\ \Omega$, $R_r' = 0{,}23\ \Omega$, $X_s = X_r' = 0{,}82\ \Omega$, $X_m = 22\ \Omega$ e $N = 1750$ rpm. A tensão de fase é $V_s = 460/\sqrt{3} = 265{,}58$ V, $\omega = 2\pi \times 60 = 377$ rad/s e $\omega_m = 1750\,\pi/30 = 183{,}26$ rad/s.

a. A partir da Equação 15.1, $\omega_s = 2\omega/p = 2 \times 377/4 = 188{,}5$ rad/s.

b. A partir da Equação 15.4, $s = (188{,}5 - 183{,}26)/188{,}5 = 0{,}028$.

c. A partir da Equação 15.15,

$$Z_i = \frac{-22 \times (0{,}82 + 0{,}82) + j22 \times (0{,}42 + 0{,}23/0{,}028)}{0{,}42 + 0{,}23/0{,}028 + j(22 + 0{,}82 + 0{,}82)} = 7{,}732\ \underline{/30{,}88°}$$

$$I_i = \frac{V_s}{Z_i} = \frac{265{,}58}{7{,}732}\ \underline{/-30{,}8°} = 34{,}35\ \underline{/-30{,}88°}\ \text{A}$$

d. O FP do motor é

$$FP_m = \cos(-30{,}88°) = 0{,}858\ \text{(indutivo)}$$

A partir da Equação 15.13,

$$P_i = 3 \times 265{,}58 \times 34{,}35 \times 0{,}858 = 23.482\ \text{W}$$

e. Como a alimentação é senoidal, o fator de potência da alimentação de entrada é igual ao fator de potência do motor. Assim $FP_s = FP_m = 0{,}858$ (indutivo).

f. A partir da Equação 15.17, a corrente rms do rotor é

$$I'_r = \frac{265{,}58}{\sqrt{(0{,}42 + 0{,}23/0{,}028)^2 + (0{,}82 + 0{,}82)^2}} = 30{,}1 \text{ A}$$

A partir da Equação 15.9,

$$P_g = \frac{3 \times 30{,}1^2 \times 0{,}23}{0{,}028} = 22.327 \text{ W}$$

g. A partir da Equação 15.7, $P_{ru} = 3 \times 30{,}1^2 \times 0{,}23 = 625$ W.
h. As perdas no cobre do estator são $P_{su} = 3 \times 30{,}1^2 \times 0{,}42 = 1142$ W.
i. A partir da Equação 15.12a, $T_d = 22.327/188{,}5 = 118{,}4$ N · m.
j. $P_o = P_g - P_{ru} - P_{vazio} = 22.327 - 625 - 60 = 21.642$ W.
k. Para $s = 1$, a Equação 15.17 dá a corrente rms de partida do rotor como

$$I_{rs} = \frac{265{,}58}{\sqrt{(0{,}42 + 0{,}23)^2 + (0{,}82 + 0{,}82)^2}} = 150{,}5 \text{ A}$$

A partir da Equação 15.19,

$$T_s = \frac{3 \times 0{,}23 \times 150{,}5^2}{188{,}5} = 82{,}9 \text{ N} \cdot \text{m}$$

l. A partir da Equação 15.20, o escorregamento para o torque (ou potência) máximo é

$$s_m = \pm \frac{0{,}23}{\sqrt{0{,}42^2 + (0{,}82 + 0{,}82)^2}} = \pm 0{,}1359$$

m. A partir da Equação 15.21, o torque máximo desenvolvido é

$$T_{mm} = \frac{3 \times 265{,}58^2}{2 \times 188{,}5 \times [0{,}42 + \sqrt{0{,}42^2 + (0{,}82 + 0{,}82)^2}]}$$
$$= 265{,}64 \text{ N} \cdot \text{m}$$

n. A partir da Equação 15.22, o torque regenerativo máximo é

$$T_{mr} = -\frac{3 \times 265{,}58^2}{2 \times 188{,}5 \times [-0{,}42 + \sqrt{0{,}42^2 + (0{,}82 + 0{,}82)^2}]}$$
$$= -440{,}94 \text{ N} \cdot \text{m}$$

o. A partir da Equação 15.25,

$$s_m = \pm \frac{0{,}23}{0{,}82 + 0{,}82} = \pm 0{,}1402$$

A partir da Equação 15.26,

$$T_{mm} = -T_{mr} = \frac{3 \times 265{,}58^2}{2 \times 188{,}5 \times (0{,}82 + 0{,}82)} = 342{,}2 \text{ N} \cdot \text{m}$$

Observação: R_s amplia a diferença entre T_{mm} e T_{mr}. Para $R_s = 0$, $T_{mm} = -T_{mr} = 342{,}2$ N · m, em comparação com $T_{mm} = 265{,}64$ N · m e $T_{mr} = -440{,}94$ N · m.

15.2.3 Controle da tensão do estator

A Equação 15.18 indica que o torque é proporcional ao quadrado da tensão de alimentação do estator, e que uma redução na tensão do estator produz uma diminuição na velocidade. Se a tensão no terminal for reduzida para bV_s, a Equação 15.18 dará o torque desenvolvido como

$$T_d = \frac{3R_r'(bV_s)^2}{s\omega_s[(R_s + R_r'/s)^2 + (X_s + X_r')^2]}$$

onde $b \leq 1$.

A Figura 15.4 mostra as características típicas torque-velocidade para diversos valores de b. Os pontos de intersecção com a linha da carga definem os pontos de operação estável. Em qualquer circuito magnético, a tensão induzida é proporcional ao fluxo e à frequência, e o fluxo rms do entreferro pode ser expresso como

$$V_a = bV_s = K_m \omega \phi$$

ou

$$\phi = \frac{V_a}{K_m \omega} = \frac{bV_s}{K_m \omega} \tag{15.31}$$

onde K_m é uma constante e depende do número de espiras do enrolamento do estator. À medida que a tensão do estator é reduzida, o fluxo do entreferro e o torque também são reduzidos. A uma tensão mais baixa, a corrente pode ter um pico em um escorregamento de $S_a = 1/3$. A faixa de controle de velocidade depende do escorregamento para o torque máximo s_m. A um motor de baixo escorregamento, a faixa de velocidade é muito estreita. Esse tipo de controle de tensão não é adequado para uma carga de torque constante, e é normalmente utilizado em aplicações que necessitam de baixo torque de partida e de uma faixa estreita de velocidade a um escorregamento relativamente baixo.

A variação da tensão do estator pode ser feita por meio de (1) controladores trifásicos de tensão CA, (2) inversores trifásicos de tensão com barramento CC variável ou (3) inversores trifásicos com modulação por largura de pulsos (PWM). No entanto, por conta da necessidade de faixa limitada de velocidade, os controladores de tensão CA é que são normalmente utilizados para fornecer o controle de tensão. Os controladores de tensão CA são muito simples. Porém, o conteúdo harmônico é elevado, e o FP de entrada dos controladores é baixo. Esses dispositivos são utilizados principalmente em aplicações de baixa potência, como ventiladores, sopradores e bombas centrífugas, onde o torque de partida é baixo. Eles também são usados para a partida de motores de indução de alta potência a fim de limitar o pico de corrente.

O esquema de um acionamento de motor de indução reversível controlado por fase é mostrado na Figura 15.5a. A sequência de acionamento para um sentido de rotação é $T_1 T_2 T_3 T_4 T_5 T_6$, e a sequência de acionamento para a rotação inversa é $T_1 T_{2r} T_{3r} T_4 T_{5r} T_{6r}$. Durante o sentido inverso, os dispositivos T_2, T_3, T_5 e T_6 não são disparados. Na mudança no sentido de operação, o motor precisa ser desacelerado até a velocidade zero. O ângulo de disparo é atrasado para produzir torque zero e, em seguida, a carga desacelera o rotor. Na velocidade zero, a sequência de fase é alterada e o ângulo de disparo é atrasado até que possa produzir correntes para gerar o torque necessário no sentido inverso. A trajetória para a mudança do ponto de operação de $P_1(\omega_{m1}, T_{e1})$ para $P_2(-\omega_{m2}, -T_{e2})$ é indicada na Figura 15.5b.

FIGURA 15.4

Característica torque-velocidade com tensão do estator variável.

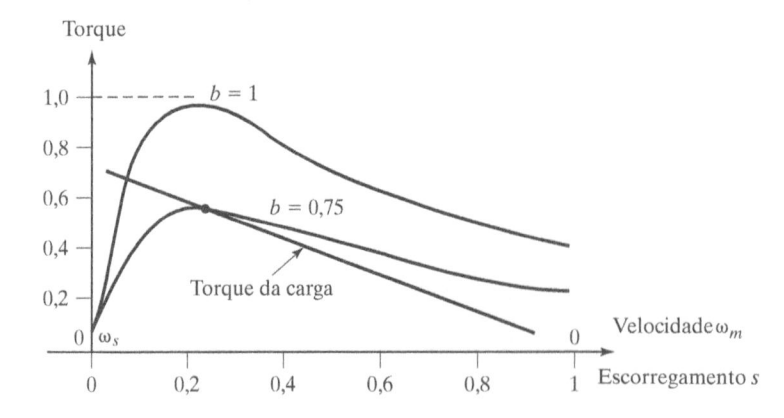

FIGURA 15.5
Acionamento de motor de indução reversível controlado por fase.

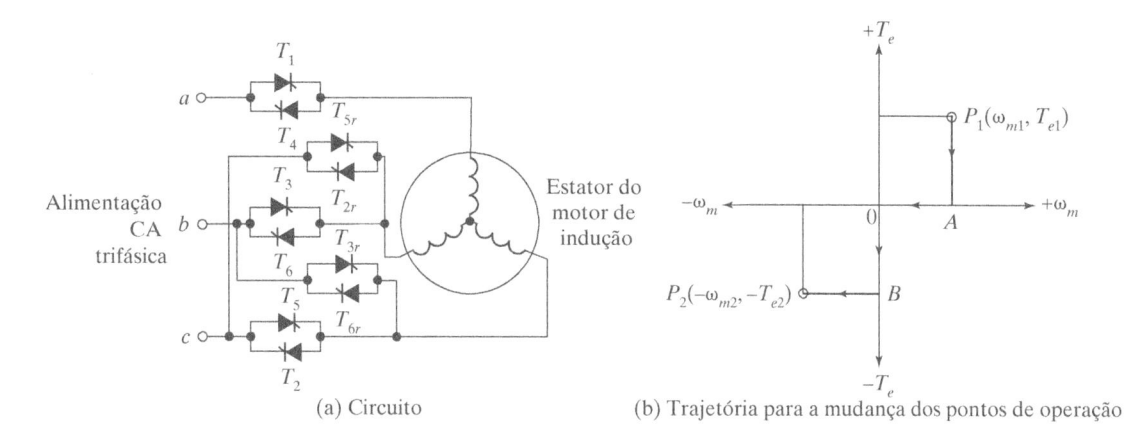

(a) Circuito

(b) Trajetória para a mudança dos pontos de operação

Um modelo matemático para o motor de indução pode ser feito a partir de uma resistência equivalente R_{im} em série com uma reatância equivalente X_{im} de um circuito equivalente. Desprezando o efeito de R_m na Figura 15.1c, os parâmetros equivalentes podem ser determinados a partir daqueles do motor e do escorregamento.

$$R_{im} = R_s + \frac{X_m^2}{\left(\frac{R_r'}{s}\right) + (X_m + X_r')^2}\left(\frac{R_r}{s}\right) \tag{15.32}$$

$$X_{im} = X_s + \frac{\left(\frac{R_r'}{s}\right)^2 + X_r'(X_m + X_r')}{\left(\frac{R_r'}{s}\right)^2 + (X_m + X_r')^2}X_m \tag{15.33}$$

Portanto, a impedância equivalente e o ângulo do fator de potência são dados por

$$Z_{im} = \sqrt{R_{im}^2 + X_{im}^2} \tag{15.34}$$

$$\theta = \text{tg}^{-1}\left(\frac{X_{im}}{R_{im}}\right) \tag{15.35}$$

Para um ângulo de disparo α, a tensão aplicada no circuito equivalente do motor é dada por

$$v(t) = V_m \text{ sen }(\omega t + \alpha) \tag{15.36}$$

A corrente correspondente do estator pode ser expressa como

$$i_{as}(t) = \frac{V_m}{Z_{im}}\left[\text{sen}(\omega_s t + \alpha - \theta) - \text{sen}(\alpha - \theta)e^{\frac{-\omega t}{\text{tg }\theta}}\right] \text{ para } 0 \le \omega t \le \beta \tag{15.37}$$

O ângulo de condução β é obtido a partir da Equação 15.37 quando a corrente passa a ser zero. Isto é,

$$i_{as}(t) = i_{as}\left(\frac{\beta}{\omega}\right) = 0 \tag{15.38}$$

Isso fornece a relação não linear como

$$\text{sen}(\beta + \alpha - \theta) - \text{sen}(\alpha - \theta)e^{\frac{-\beta}{\text{tg }\theta}} = 0 \tag{15.39}$$

Essa equação transcendental pode ser resolvida para β por um método iterativo de solução utilizando o Mathcad ou o Matlab a fim de encontrar a corrente instantânea do estator. Quando o ângulo de disparo α for menor do que o ângulo do fator de potência θ, a corrente conduzirá pelo semiciclo positivo de α até $(\pi + \alpha)$. Durante o semiciclo negativo começando em $(\pi + \alpha)$ e para $\alpha < \theta$, a corrente positiva ainda estará fluindo, e a tensão aplicada à máquina será negativa. A corrente do estator na Equação 15.37 contém componentes harmônicas. Em função disso, o motor estará sujeito a torques pulsantes.

Exemplo 15.2 ▪ Determinação dos parâmetros de desempenho de um motor de indução trifásico com controle de tensão do estator

Um motor de indução trifásico de 460 V, 60 Hz, quatro polos, conectado em Y, tem os seguintes parâmetros: $R_s = 1,01\ \Omega$, $R'_r = 0,69\ \Omega$, $X_s = 1,3\ \Omega$, $X'_r = 1,94\ \Omega$ e $X_m = 43,5\ \Omega$. A perda sem carga P_{vazio}, é desprezável. O torque de carga, proporcional ao quadrado da velocidade, é 41 N · m a 1740 rpm. Para uma velocidade do motor de 1550 rpm, determine (a) o torque de carga T_L; (b) a corrente do rotor I_r; (c) a tensão de alimentação do estator V_a; (d) a corrente de entrada do motor I_i; (e) a potência de entrada do motor P_i; (f) o escorregamento para a corrente máxima s_a; (g) a corrente máxima do rotor $I_{r(máx)}$; (h) a velocidade na corrente máxima do rotor ω_a; e (i) o torque na corrente máxima T_a.

Solução
$p = 4$, $f = 60$ Hz, $V_s = 460/\sqrt{3} = 265,58$ V, $R_s = 1,01\ \Omega$, $R'_r = 0,69\ \Omega$, $X_s = 1,3\ \Omega$, $X'_r = 1,94\ \Omega$, $X_m = 43,5\ \Omega$, $\omega = 2\pi \times 60 = 377$ rad/s e $\omega_s = 377 \times 2/4 = 188,5$ rad/s. Como o torque é proporcional ao quadrado da velocidade,

$$T_L = K_m \omega_m^2 \qquad (15.40)$$

Em $\omega_m = 1740\ \pi/30 = 182,2$ rad/s, $T_L = 41$ N · m, e a Equação 15.40 dá $K_m = 41/182,2^2 = 1,235 \times 10^{-3}$ e $\omega_m = 1550\ \pi/30 = 162,3$ rad/s. A partir da Equação 15.4, $s = (188,5 - 162,3)/188,500 = 0,139$.

a. A partir da Equação 15.40, $T_L = 1,235 \times 10^{-3} \times 162,3^2 = 32,5$ N · m.

b. A partir das equações 15.10 e 15.12,

$$P_d = 3(I'_r)^2 \frac{R'_r}{s}(1-s) = T_L \omega_m + P_{vazio} \qquad (15.41)$$

Para uma perda a vazio desprezável,

$$I_r = \sqrt{\frac{s T_L \omega_m}{3 R'_r (1-s)}} \qquad (15.42)$$

$$= \sqrt{\frac{0,139 \times 32,5 \times 162,3}{3 \times 0,69(1-0,139)}} = 20,28\ A$$

c. A tensão de alimentação do estator é

$$V_a = I'_r \sqrt{\left(R_s + \frac{R'_r}{s}\right)^2 + (X_s + X'_r)^2}$$

$$= 20,28 \times \sqrt{\left(1,01 + \frac{0,69}{0,139}\right)^2 + (1,3 + 1,94)^2} = 137,82 \qquad (15.43)$$

d. A partir da Equação 15.15,

$$\mathbf{Z}_i = \frac{-43,5 \times (1,3 + 1,94) + j43,5 \times (1,01 + 0,69/0,139)}{1,01 + 0,69/0,139 + j(43,5 + 1,3 + 1,94)} = 6,27\ \underline{/35,82°}$$

$$\mathbf{I}_i = \frac{V_a}{\mathbf{Z}_i} = \frac{137,82}{6,27}\underline{/-144,26°} = 22\ \underline{/-35,82°}\ A$$

e. $FP_m = \cos(-35,82°) = 0,812$ (indutivo). A partir da Equação 15.13,

$$P_i = 3 \times 137,82 \times 22,0 \times 0,812 = 7386\ W$$

f. Substituindo $\omega_m = \omega_s(1-s)$ e $T_L = K_m \omega_m^2$ na Equação 15.42, obtém-se

$$I_r' = \sqrt{\frac{sT_L\omega_m}{3R_r'(1-s)}} = (1-s)\omega_s\sqrt{\frac{sK_m\omega_s}{3R_r'}} \qquad (15.44)$$

O escorregamento em que I_r' se torna máximo pode ser obtido estabelecendo-se $dI_r/ds = 0$, e isso dá

$$s_a = \frac{1}{3} \qquad (15.45)$$

g. Substituindo $s_a = \frac{1}{3}$ na Equação 15.44, obtém-se a corrente máxima do rotor como

$$I_{r(\text{máx})}' = \omega_s\sqrt{\frac{4K_m\omega_s}{81R_r'}} \qquad (15.46)$$

$$= 188{,}5 \times \sqrt{\frac{4 \times 1{,}235 \times 10^{-3} \times 188{,}5}{81 \times 0{,}69}} = 24{,}3 \text{ A}$$

h. A velocidade na corrente máxima é

$$\omega_a = \omega_s(1-s_a) = (2/3)\,\omega_s = 0{,}6667\omega_s \qquad (15.47)$$

$$= 188{,}5 \times 2/3 = 125{,}27 \text{ rad/s ou } 1200 \text{ rpm}$$

i. A partir das equações 15.9, 15.12a e 15.44,

$$T_a = 9I_{r(\text{máx})}^2 \frac{R_r}{\omega_s} \qquad (15.48)$$

$$= 9 \times 24{,}3^2 \times \frac{0{,}69}{188{,}5} = 19{,}45 \text{ N}\cdot\text{m}$$

15.2.4 Controle da tensão do rotor

Em um motor de rotor bobinado, um arranjo externo trifásico de resistores pode ser conectado aos anéis de escorregamento, como mostra a Figura 15.6a. A variação do torque desenvolvido pode ser feita pela variação da resistência R_x. Se R_x for referido ao enrolamento do estator e se for adicionado a R_r, a Equação 15.18 poderá ser aplicada para determinar o torque desenvolvido. As características típicas de torque-velocidade para variações na resistência do rotor são ilustradas na Figura 15.6b. Esse método aumenta o torque de partida, limitando, ao mesmo tempo, a corrente dela. No entanto, esse é um método ineficiente, e, se as resistências no circuito do rotor não forem iguais, haverá desequilíbrios nas tensões e correntes. Um motor de indução de rotor bobinado é projetado para ter baixa resistência de rotor, de tal forma que a eficiência de operação seja elevada e o escorregamento à plena carga, baixo. O aumento na resistência

FIGURA 15.6

Controle de velocidade através da resistência do rotor.

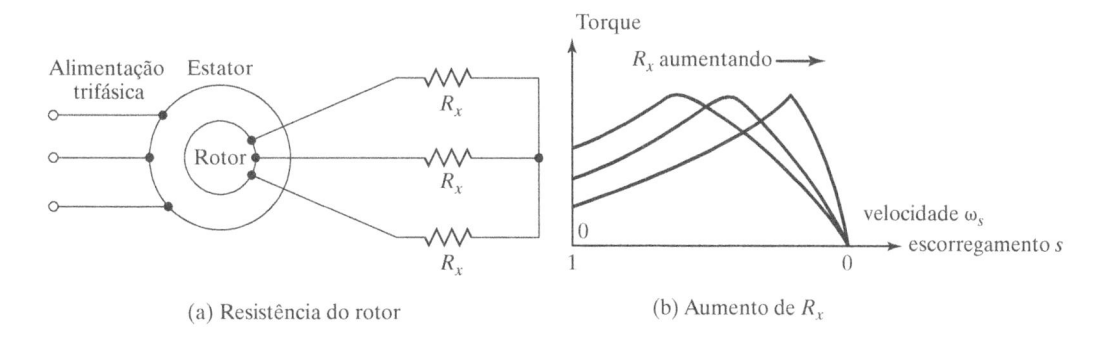

(a) Resistência do rotor

(b) Aumento de R_x

do rotor não afeta o valor do torque máximo, mas aumenta o escorregamento nele. Os motores de rotor bobinado são amplamente utilizados em aplicações que necessitam de partidas e frenagens frequentes com grandes torques de motor (por exemplo, guindastes). Por causa da disponibilidade de enrolamentos de rotor para a variação de sua resistência, os motores de rotor bobinado oferecem maior flexibilidade para o controle. Entretanto, há um aumento de custo e uma necessidade de manutenção pelos anéis coletores e escovas. O motor de rotor bobinado não é tão amplamente utilizado quando comparado ao motor gaiola de esquilo.

O arranjo trifásico com resistores pode ser substituído por um retificador trifásico com diodos e um conversor CC, como mostra a Figura 15.7a, na qual o GTO opera como uma chave conversora CC. O indutor L_d atua como uma fonte de corrente I_d, e o conversor CC varia a resistência efetiva, que pode ser encontrada a partir da Equação 14.40:

$$R_e = R(1 - k) \tag{15.49}$$

onde k é o ciclo de trabalho do conversor CC. A velocidade pode ser controlada pela variação do ciclo de trabalho. A parcela da potência no entreferro que não é convertida em potência mecânica é chamada de *potência do escorregamento*. A potência do escorregamento é dissipada na resistência R.

A potência do escorregamento no circuito do rotor pode ser devolvida para a alimentação substituindo-se o conversor CC e a resistência R por um conversor completo trifásico, como mostra a Figura 15.7b. O conversor é operado no modo de inversão com o disparo na faixa de $\pi/2 \leq \alpha \leq \pi$, devolvendo, assim, energia para a fonte. A variação do ângulo de disparo permite o controle do FP e da velocidade. Esse tipo de acionamento é conhecido como *Kramer estático*. Novamente, substituindo os retificadores em ponte por três conversores duais trifásicos (ou cicloconversores), como na Figura 15.7c, o fluxo de potência de escorregamento em ambos os sentidos se torna possível, e esse arranjo é chamado de acionamento *Scherbius estático*. Os acionamentos Kramer e Scherbius estáticos são utilizados em aplicações como bombas e sopradores de grande potência, nas quais é necessária uma faixa limitada de controle de velocidade. Como o motor é conectado diretamente à rede, o FP desses acionamentos geralmente é elevado.

Supondo que n_r seja a relação efetiva de espiras dos enrolamentos do estator e do rotor, a tensão do rotor estará relacionada com a do estator (e a tensão da linha V_L) por

$$V_r = \frac{sV_L}{n_r} \tag{15.50}$$

A tensão CC de saída do retificador trifásico é

$$V_d = 1{,}35 V_r = \frac{1{,}35\, s\, V_L}{n_r} \tag{15.51}$$

Desprezando a tensão resistiva no indutor em série L_d,

$$V_d = -V_{CC} \tag{15.52}$$

V_{CC}, que é a tensão de saída do conversor controlado por fase, é dada por

$$V_{CC} = 1{,}35 V_t \cos \alpha \tag{15.53}$$

onde

$$V_t = \frac{N_a}{N_b} V_L = n_t V_L \tag{15.54}$$

onde n_t é a relação de espiras do transformador no lado do conversor. Utilizando as equações 15.51–15.54, o escorregamento pode ser encontrado a partir de

$$s = -n_r n_t \cos \alpha \tag{15.55}$$

Isso dá o ângulo de disparo como

$$\alpha = \cos^{-1}\left(\frac{-s}{n_r n_t}\right) \tag{15.56}$$

FIGURA 15.7
Controle da potência do escorregamento.

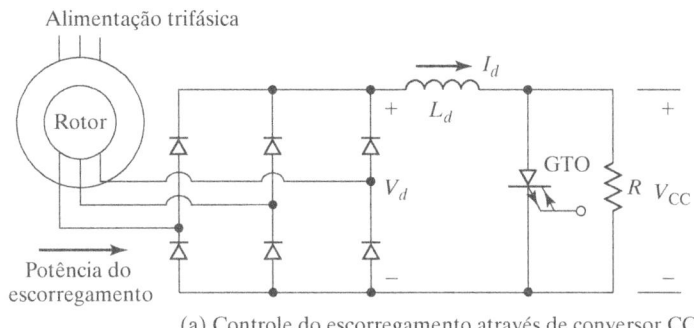

(a) Controle do escorregamento através de conversor CC

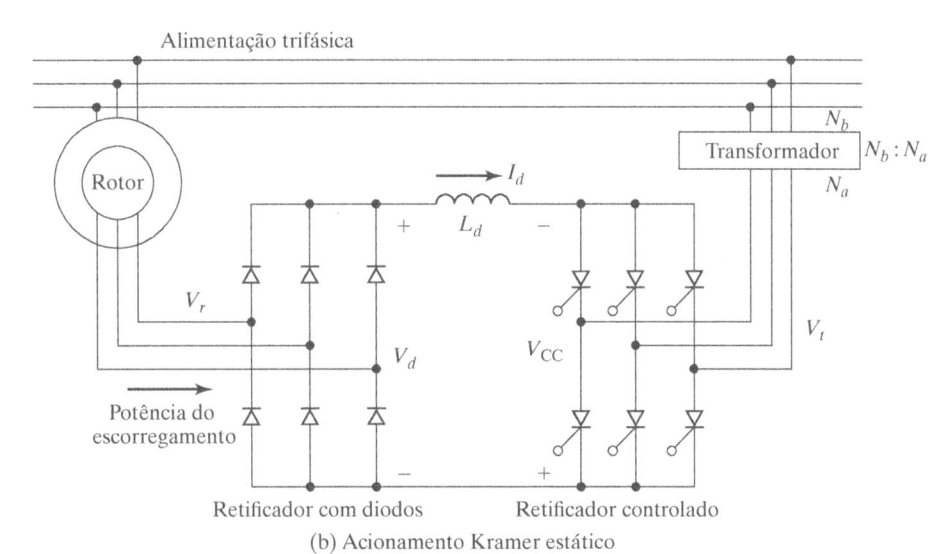

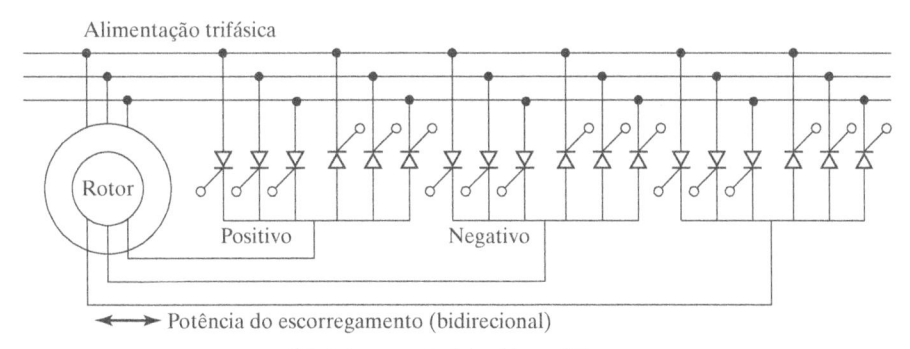

(b) Acionamento Kramer estático

(c) Acionamento Scherbius estático

O ângulo de disparo pode ser variado no modo de inversão desde 90° até 180°. Mas os dispositivos de chaveamento de potência limitam a faixa superior a 155°, e, portanto, a faixa do ângulo de disparo é, na prática,

$$90° \leq s \leq 155° \tag{15.57}$$

que dá a faixa de escorregamento como

$$0 \leq s \leq (0{,}906 \times n_r n_t) \tag{15.58}$$

Exemplo 15.3 ▪ Determinação dos parâmetros de desempenho de um motor de indução trifásico com controle da tensão do rotor

Um motor de indução trifásico de rotor bobinado de 460 V, 60 Hz, seis polos, conectado em Y, cuja velocidade é controlada pela potência do escorregamento, como mostra a Figura 15.7a, tem os seguintes parâmetros: $R_s = 0{,}041\ \Omega$, $R_r' = 0{,}044\ \Omega$, $X_s = 0{,}29\ \Omega$, $X_r' = 0{,}44\ \Omega$ e $X_m = 6{,}1\ \Omega$. A relação de espiras entre os enrolamentos do rotor e do estator é $n_m = N_r/N_s = 0{,}9$. A indutância L_d é muito grande e sua corrente I_d tem ondulação desprezável. Os valores de R_s, R_r, X_s e X_r para o circuito equivalente da Figura 15.2 podem ser considerados desprezáveis se comparados à impedância efetiva de L_d. A perda sem carga do motor é desprezável, além das perdas no retificador, no indutor L_d e no conversor CC com GTO. O torque de carga, proporcional ao quadrado da velocidade, é 750 N · m a 1175 rpm. **(a)** Se o motor precisar operar com a velocidade mínima de 800 rpm, determine a resistência R. Com esse valor de R, se a velocidade desejada for 1050 rpm, calcule **(b)** a corrente do indutor I_d; **(c)** o ciclo de trabalho do conversor CC k; **(d)** a tensão CC V_d; **(e)** a eficiência e **(f)** o FP_s de entrada do acionamento.

Solução

$V_a = V_s = 460/\sqrt{3} = 265{,}58$ V, $p = 6$, $\omega = 2\pi \times 60 = 377$ rad/s e $\omega_s = 2 \times 377/6 = 125{,}66$ rad/s. O circuito equivalente do acionamento é ilustrado na Figura 15.8a, que é reduzida à Figura 15.8b desde que os parâmetros do motor sejam desprezados. A partir da Equação 15.49, a tensão CC na saída do retificador é

$$V_d = I_d R_e = I_d R(1-k) \qquad (15.59)$$

e

$$E_r = sV_s \frac{N_r}{N_s} = sV_s n_m \qquad (15.60)$$

Para um retificador trifásico, a Equação 3.33 relaciona E_r e V_d como

$$V_d = 1{,}654 \times \sqrt{2}\,E_r = 2{,}3394 E_r$$

Utilizando a Equação 15.60,

$$V_d = 2{,}3394\,sV_s n_m \qquad (15.61)$$

FIGURA 15.8

Circuitos equivalentes para o Exemplo 15.3.

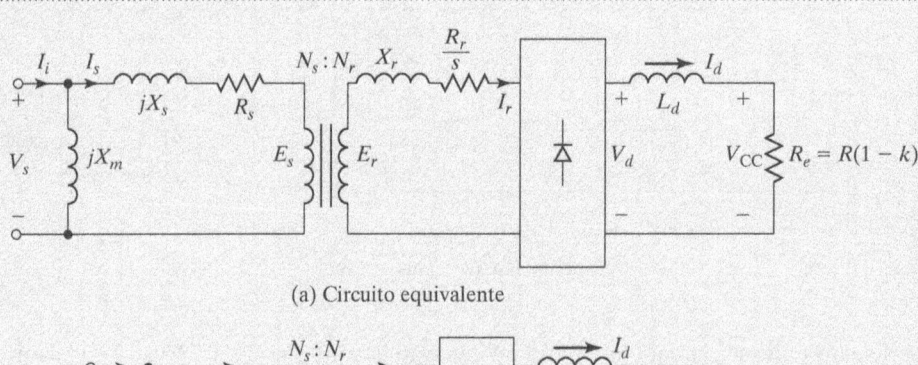

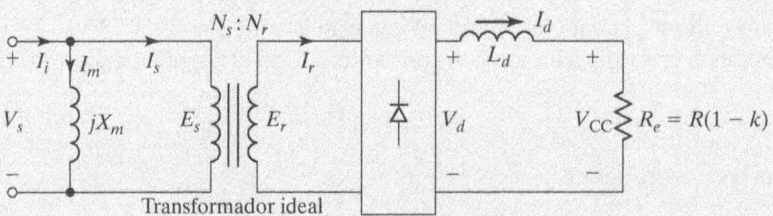

(a) Circuito equivalente

(b) Circuito equivalente aproximado

Se P_r for a potência do escorregamento, a Equação 15.9 dará a potência do entreferro como

$$P_g = \frac{P_r}{s}$$

e a Equação 15.10 dará a potência desenvolvida como

$$P_d = 3(P_g - P_r) = 3\left(\frac{P_r}{s} - P_r\right) = \frac{3P_r(1-s)}{s} \tag{15.62}$$

Como a potência total do escorregamento é $3P_r = V_d I_d$ e $P_d = T_L \omega_m$, a Equação 15.62 torna-se

$$P_d = \frac{(1-s)V_d I_d}{s} = T_L \omega_m = T_L \omega_s (1-s) \tag{15.63}$$

Substituindo V_d a partir da Equação 15.61 na Equação 15.63 e calculando I_d, obtém-se

$$I_d = \frac{T_L \omega_s}{2{,}3394 V_s n_m} \tag{15.64}$$

que indica que a corrente do indutor é independente da velocidade. Igualando a Equação 15.59 à Equação 15.61, obtém-se

$$2{,}3394 s V_s n_m = I_d R(1-k)$$

que dá

$$s = \frac{I_d R(1-k)}{2{,}3394 V_s n_m} \tag{15.65}$$

A velocidade pode ser encontrada a partir da Equação 15.65 como

$$\omega_m = \omega_s(1-s) = \omega_s \left[1 - \frac{I_d R(1-k)}{2{,}3394 V_s n_m}\right] \tag{15.66}$$

$$= \omega_s \left[1 - \frac{T_L \omega_s R(1-k)}{(2{,}3394 V_s n_m)^2}\right] \tag{15.67}$$

que mostra que, para um ciclo de trabalho fixo, a velocidade diminui com o torque da carga. Variando-se k de 0 a 1, a velocidade pode ser variada de um valor mínimo a ω_s.

a. $\omega_m = 800 \pi/30 = 83{,}77$ rad/s. A partir da Equação 15.40, o torque a 800 rpm é

$$T_L = 750 \times \left(\frac{800}{1175}\right)^2 = 347{,}67 \text{ N} \cdot \text{m}$$

A partir da Equação 15.64, a corrente correspondente no indutor é

$$I_d = \frac{347{,}67 \times 125{,}66}{2{,}3394 \times 265{,}58 \times 0{,}9} = 78{,}13 \text{ A}$$

A velocidade será mínima quando o ciclo de trabalho k for zero, e a Equação 15.66 dá a velocidade mínima:

$$83{,}77 = 125{,}66 \left(1 - \frac{78{,}13 R}{2{,}3394 \times 265{,}58 \times 0{,}9}\right)$$

e isso dá $R = 2{,}3856 \ \Omega$.

b. A 1050 rpm

$$T_L = 750 \times \left(\frac{1050}{1175}\right)^2 = 598{,}91 \text{ N} \cdot \text{m}$$

$$I_d = \frac{598{,}91 \times 125{,}66}{2{,}3394 \times 265{,}58 \times 0{,}9} = 134{,}6 \text{ A}$$

c. $\omega_m = 1050\,\pi/30 = 109{,}96$ rad/s, e a Equação 15.66 dá

$$109{,}96 = 125{,}66\left[1 - \frac{134{,}6 \times 2{,}3856(1-k)}{2{,}3394 \times 265{,}58 \times 0{,}9}\right]$$

que dá $k = 0{,}782$.

d. Utilizando a Equação 15.4, o escorregamento é

$$s = \frac{125{,}66 - 109{,}96}{125{,}66} = 0{,}125$$

A partir da Equação 15.61,

$$V_d = 2{,}3394 \times 0{,}125 \times 265{,}58 \times 0{,}9 = 69{,}9\text{ V}$$

e. A perda de potência é

$$P_1 = V_d I_d = 69{,}9 \times 134{,}6 = 9409\text{ W}$$

A potência de saída é

$$P_o = T_L \omega_m = 598{,}91 \times 109{,}96 = 65.856\text{ W}$$

A corrente rms do rotor em relação ao estator é

$$I_r' = \sqrt{\frac{2}{3}}\,I_d n_m = \sqrt{\frac{2}{3}} \times 134{,}6 \times 0{,}9 = 98{,}9\text{ A}$$

As perdas no cobre do rotor são $P_{ru} = 3 \times 0{,}044 \times 98{,}9^2 = 1291$ W, e as perdas no cobre do estator são $P_{su} = 3 \times 0{,}041 \times 98{,}9^2 = 1203$ W. A potência de entrada é

$$P_i = 65.856 + 9409 + 1291 + 1203 = 77.759\text{ W}$$

A eficiência é $65.856/77.759 = 85\%$.

f. A partir da Equação 10.19 para $n = 1$, a componente fundamental da corrente do rotor referida ao estator é

$$I_{r1}' = 0{,}7797 I_d \frac{N_r}{N_s} = 0{,}7797 I_d n_m$$

$$= 0{,}7797 \times 134{,}6 \times 0{,}9 = 94{,}45\text{ A}$$

e a corrente rms através do ramo de magnetização é

$$I_m = \frac{V_a}{X_m} = \frac{265{,}58}{6{,}1} = 43{,}54\text{ A}$$

A componente fundamental da corrente de entrada é

$$I_{i1} = \sqrt{(0{,}7797 I_d n_m)^2 + \left(\frac{V_a}{X_m}\right)^2} \qquad (15.68)$$

$$= \sqrt{(94{,}45^2 + 43{,}54^2)} = 104\text{ A}$$

O ângulo do FP é dado aproximadamente por

$$\theta_m = -\text{tg}^{-1}\frac{V_a/X_m}{0,7797I_d n_m} \tag{15.69}$$

$$= -\text{tg}^{-1}\frac{43,54}{94,45} = \underline{/-24,74°}$$

O FP de entrada é $FP_s = \cos(-24,74°) = 0,908$ (indutivo).

Exemplo 15.4 ▪ Determinação dos parâmetros de desempenho de um acionamento Kramer estático

O motor de indução no Exemplo 15.3 é controlado por um acionamento Kramer estático, como mostra a Figura 15.7b. A relação de espiras da tensão CA do conversor para a tensão de alimentação é $n_c = N_a/N_b = 0,40$. O torque da carga é 750 N · m a 1175 rpm. Para um motor que precisa operar a uma velocidade de 1050 rpm, calcule **(a)** a corrente do indutor I_d; **(b)** a tensão CC V_d; **(c)** o ângulo de disparo do conversor α; **(d)** a eficiência; e **(e)** o FP de entrada do acionamento FP_s. As perdas no retificador com diodos, conversor, transformador e indutor L_d são desprezáveis.

Solução

$V_a = V_s = 460/\sqrt{3} = 265,58$ V, $p = 6$, $\omega = 2\pi \times 60 = 377$ rad/s, $\omega_s = 2 \times 377/6 = 125,66$ rad/s e $\omega_m = 1050\,\pi/30 = 109,96$ rad/s. Então,

$$s = \frac{125,66 - 109,96}{125,66} = 0,125$$

$$T_L = 750 \times \left(\frac{1050}{1175}\right)^2 = 598,91 \text{ N·m}$$

a. O circuito equivalente do acionamento é mostrado na Figura 15.9, na qual os parâmetros do motor são desprezáveis. A partir da Equação 15.64, a corrente do indutor é

$$I_d = \frac{598,91 \times 125,66}{2,3394 \times 265,58 \times 0,9} = 134,6 \text{ A}$$

b. A partir da Equação 15.61,

$$V_d = 2,3394 \times 0,125 \times 265,58 \times 0,9 = 69,9 \text{ V}$$

c. Como a tensão CA de entrada para o conversor é $V_c = n_c V_s$, a Equação 10.15 dá a tensão média no lado CC do conversor como

$$V_{CC} = -\frac{3\sqrt{3}\sqrt{2}\,n_c V_s}{\pi}\cos\alpha = -2,3394 n_c V_s \cos\alpha \tag{15.70}$$

FIGURA 15.9

Circuito equivalente para o acionamento Kramer estático.

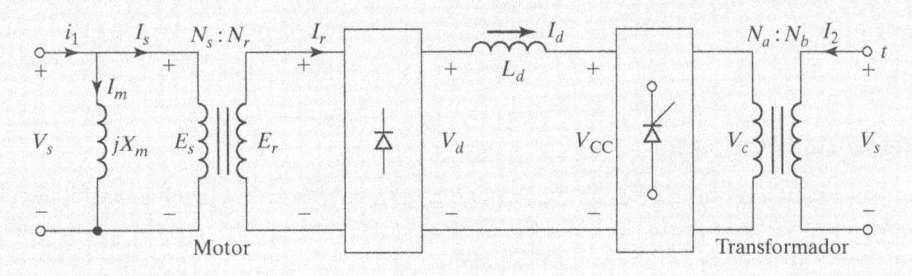

Como $V_d = V_{CC}$, as equações 15.61 e 15.70 dão

$$2{,}3394\, sV_s n_m = -2{,}3394\, n_c V_s \cos \alpha$$

o que dá

$$s = \frac{-n_c \cos \alpha}{n_m} \qquad (15.71)$$

A velocidade, que é independente do torque, torna-se

$$\omega_m = \omega_s(1-s) = \omega_s\left(1 + \frac{n_c \cos \alpha}{n_m}\right) \qquad (15.72)$$

$$109{,}96 = 125{,}66 \times \left(1 + \frac{0{,}4 \cos \alpha}{0{,}9}\right)$$

que dá o ângulo de disparo $\alpha = 106{,}3°$.

d. A potência devolvida é

$$P_1 = V_d I_d = 69{,}9 \times 134{,}6 = 9409 \text{ W}$$

A potência de saída é

$$P_o = T_L \omega_m = 598{,}91 \times 109{,}96 = 65.856 \text{ W}$$

A corrente rms do rotor, referida ao estator, é

$$I'_r = \sqrt{\frac{2}{3}} I_d n_m = \sqrt{\frac{2}{3}} \times 134{,}6 \times 0{,}9 = 98{,}9 \text{ A}$$

$$P_{ru} = 3 \times 0{,}044 \times 98{,}9^2 = 1291 \text{ W}$$

$$P_{su} = 3 \times 0{,}041 \times 98{,}9^2 = 1203 \text{ W}$$

$$P_i = 65.856 + 1291 + 1203 = 68.350 \text{ W}$$

A eficiência é 65.856/68.350 = 96%.

e. A partir de (f) no Exemplo 15.3, $I'_{r1} = 0{,}7797 I_d n_m = 94{,}45 \text{ A}, I_m = 265{,}58/6{,}1 = 43{,}54 \text{ A}$ e $\mathbf{I}_{i1} = 104 \underline{/-24{,}74°}$. A partir do Exemplo 10.5, a corrente rms devolvida para a alimentação é

$$\mathbf{I}_{i2} = \sqrt{\frac{2}{3}} I_d n_c \underline{/-\alpha} = \sqrt{\frac{2}{3}} \times 134{,}6 \times 0{,}4 \underline{/-\alpha} = 41{,}98 \underline{/-106{,}3°}$$

A corrente efetiva de entrada do acionamento é

$$\mathbf{I}_i = \mathbf{I}_{i1} + \mathbf{I}_{i2} = 104 \underline{/-24{,}74°} + 41{,}98 \underline{/-106{,}3°} = 117{,}7 \underline{/-45{,}4°} \text{ A}$$

O FP de entrada é $FP_s = \cos(-45{,}4°) = 0{,}702$ (indutivo).

Observação: a eficiência desse acionamento é maior do que a do resistor no rotor controlado por um conversor CC. O FP depende da relação de espiras do transformador (por exemplo, se $n_c = 0{,}9, \alpha = 97{,}1°$ e $FP_s = 0{,}5$; se $n_c = 0{,}2, \alpha = 124{,}2°$ e $FP_s = 0{,}8$).

15.2.5 Controle da frequência

O torque e a velocidade dos motores de indução podem ser controlados variando-se a frequência da fonte de alimentação. Podemos observar a partir da Equação 15.31 que, na tensão e na frequência nominais, o fluxo é nominal. Se a tensão for mantida fixa em seu valor nominal enquanto a frequência for reduzida abaixo de seu valor nominal, o fluxo aumentará. Isso poderia causar saturação do fluxo do entreferro, e os parâmetros do motor não seriam válidos para determinar as características torque-velocidade. Em baixa frequência, as reatâncias diminuem e a corrente do motor pode ser muito elevada. Esse tipo de controle de frequência normalmente não é utilizado.

Se a frequência for aumentada acima do valor nominal, o fluxo e o torque diminuem. Se a velocidade síncrona correspondente à frequência nominal for chamada de *velocidade-base* ω_b, a velocidade síncrona em qualquer outra frequência passa a ser

$$\omega_s = \beta \omega_b$$

e

$$s = \frac{\beta \omega_b - \omega_m}{\beta \omega_b} = 1 - \frac{\omega_m}{\beta \omega_b} \tag{15.73}$$

A expressão do torque na Equação 15.18 torna-se

$$T_d = \frac{3 R'_r V_a^2}{s \beta \omega_b [(R_s + R'_r/s)^2 + (\beta X_s + \beta X'_r)^2]} \tag{15.74}$$

As características típicas torque-velocidade são apresentadas na Figura 15.10 para diversos valores de β. O inversor trifásico na Figura 6.6a pode variar a frequência a uma tensão fixa. Se R_s for desprezável, a Equação 15.26 fornecerá o torque máximo na velocidade-base como

$$T_{mb} = \frac{3 V_a^2}{2 \omega_b (X_s + X'_r)} \tag{15.75}$$

O torque máximo em qualquer outra frequência é

$$T_m = \frac{3}{2 \omega_b (X_s + X'_r)} \left(\frac{V_a}{\beta} \right)^2 \tag{15.76}$$

e, a partir da Equação 15.25, o escorregamento correspondente é

$$s_m = \frac{R'_r}{\beta (X_s + X'_r)} \tag{15.77}$$

Normalizando a Equação 15.76 em relação à Equação 15.75, obtém-se

$$\frac{T_m}{T_{mb}} = \frac{1}{\beta^2} \tag{15.78}$$

e

$$T_m \beta^2 = T_{mb} \tag{15.79}$$

FIGURA 15.10

Características do torque com controle de frequência.

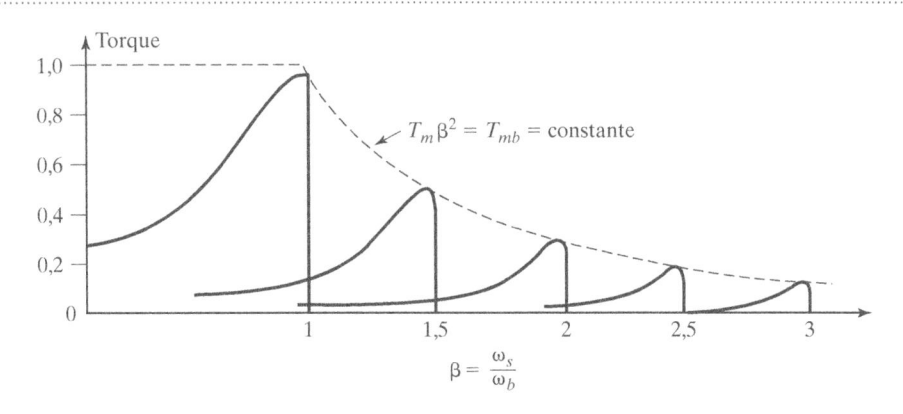

Assim, a partir das equações 15.78 e 15.79, é possível concluir que o torque máximo é inversamente proporcional ao quadrado da frequência, e que $T_m\beta^2$ permanece constante, semelhante ao comportamento dos motores CC série. Nesse tipo de controle, costuma-se dizer que o motor opera no *modo enfraquecimento de campo*. Para $\beta > 1$, o motor opera à tensão constante nos terminais e o fluxo é reduzido, limitando, assim, a sua capacidade de torque. Para $1 < \beta < 1,5$, a relação entre T_m e β pode ser considerada aproximadamente linear. Para $\beta < 1$, o motor é normalmente operado a um fluxo constante através da redução da tensão no terminal V_a, juntamente com a frequência, de tal forma que o fluxo permaneça constante.

Exemplo 15.5 • Determinação dos parâmetros de desempenho de um motor de indução trifásico com controle de frequência

Um motor de indução trifásico de 11,2 kW, 1750 rpm, 460 V, 60 Hz, quatro polos, conectado em Y, tem os seguintes parâmetros: $R_s = 0\,\Omega$, $R'_r = 0{,}38\,\Omega$, $X_s = 1{,}14\,\Omega$, $X'_r = 1{,}71\,\Omega$ e $X_m = 33{,}2\,\Omega$. O motor é controlado variando-se a frequência de alimentação. Para um torque de ruptura 35 N · m, calcule **(a)** a frequência de alimentação e **(b)** a velocidade ω_m no torque máximo.

Solução
$V_a = V_s = 460/\sqrt{3} = 258 \times 58$ V, $\omega_b = 2\pi \times 60 = 377$ rad/s, $p = 4$, $P_o = 11.200$ W, $T_{mb} \times 1750\,\pi/30 = 11.200$, $T_{mb} = 61{,}11$ N · m e $T_m = 35$ N · m.

a. A partir da Equação 15.79

$$\beta = \sqrt{\frac{T_{mb}}{T_m}} = \sqrt{\frac{61{,}11}{35}} = 1{,}321$$

$$\omega_s = \beta\omega_b = 1{,}321 \times 377 = 498{,}01 \text{ rad/s}$$

Pela Equação 15.1, a frequência de alimentação é

$$\omega = \frac{4 \times 498{,}01}{2} = 996 \text{ rad/s} \quad \text{ou} \quad 158{,}51 \text{ Hz}$$

b. A partir da Equação 15.77, o escorregamento para o torque máximo é

$$s_m = \frac{R'_r/\beta}{X_s + X'_r} = \frac{0{,}38/1{,}321}{1{,}14 + 1{,}71} = 0{,}101$$

$$\omega_m = 498{,}01 \times (1 - 0{,}101) = 447{,}711 \text{ rad/s} \quad \text{ou} \quad 4275 \text{ rpm}$$

Observação: essa solução utiliza a potência nominal e a velocidade para calcular T_{mb}. De forma alternativa, poderíamos substituir a tensão nominal e os parâmetros do motor nas equações 15.75, 15.78 e 15.77 a fim de encontrar T_{mb}, β e s_m. Podemos obter resultados diferentes porque as faixas e os parâmetros do motor não estão relacionados e dimensionados de forma precisa. Os parâmetros foram selecionados arbitrariamente nesse exemplo. Ambas as abordagens são corretas.

15.2.6 Controle da tensão e da frequência

Se a razão entre tensão e frequência for mantida constante, o fluxo na Equação 15.31 permanecerá constante. A Equação 15.76 indica que o torque máximo, que é independente da frequência, pode ser mantido aproximadamente constante. Entretanto, em baixa frequência, o fluxo do entreferro é reduzido por conta da queda da impedância do estator, e a tensão precisa ser aumentada para manter o nível de torque. Esse tipo de controle é conhecido como controle *tensão/frequência* (*volts/hertz*).

Se $\omega_s = \beta\omega_b$, e a razão tensão-frequência for mantida constante, então

$$\frac{V_a}{\omega_s} = d \qquad (15.80)$$

A razão d, que é determinada a partir da tensão nominal no terminal V_s e da velocidade-base ω_b, é dada por

$$d = \frac{V_s}{\omega_b} \tag{15.81}$$

A partir das equações 15.80 e 15.81, obtemos

$$V_a = d\omega_s = \frac{V_s}{\omega_b} \beta \, \omega_b = V_s \omega_b \tag{15.82}$$

Substituindo V_a a partir da Equação 15.80 na Equação 15.74, obtém-se o torque T_d, e o escorregamento para o torque máximo é

$$s_m = \frac{R'_r}{\sqrt{R_s^2 + \beta^2 (X_s + X'_r)^2}} \tag{15.83}$$

As características típicas de torque-velocidade são mostradas na Figura 15.11. À medida que a frequência é reduzida, β diminui e o escorregamento para o torque máximo aumenta. Para determinada demanda de torque, a velocidade pode ser controlada, de acordo com a Equação 15.81, pela variação da frequência. Portanto, variando-se tanto a tensão quanto a frequência, o torque e a velocidade podem ser controlados. O torque é normalmente mantido constante, enquanto a velocidade é variada. A tensão à frequência variável pode ser obtida a partir de inversores trifásicos ou cicloconversores. Os cicloconversores são utilizados em aplicações de potência muito alta (por exemplo, locomotivas e fábricas de cimento), nas quais o requisito de frequência é de metade ou de um terço da frequência da rede.

Três arranjos possíveis de circuito para a obtenção de tensão e frequência variáveis são mostrados na Figura 15.12. Na Figura 15.12a, a tensão CC permanece constante e as técnicas PWM são aplicadas para variar tanto a tensão quanto a frequência do inversor. Por conta do retificador com diodos, a regeneração não é possível, e o inversor gera harmônicas na alimentação CA. Na Figura 15.12b, o conversor CC-CC varia a tensão CC para o inversor, e este controla a frequência. Em virtude do conversor CC-CC, a injeção de harmônicas na alimentação CA é reduzida. Na Figura 15.12c, a tensão CC é variada pelo conversor dual, e a frequência, controlada no inversor. Esse arranjo permite a regeneração; no entanto, o FP de entrada do conversor é baixo, especialmente com um ângulo de disparo elevado.

A execução do controle da estratégia tensão/frequência para o arranjo do circuito na Figura 15.12a é ilustrada na Figura 15.13.[23] A velocidade elétrica do rotor ω_r é comparada com o seu valor de referência ω_r^*, e o erro é processado por meio de um controlador, geralmente um PI, e um limitador para obter o comando escorregamento-velocidade ω_{sl}^*. ω_r está relacionada com a velocidade mecânica do motor por $\omega_r = (p/2)\omega_m$. O limitador assegura que o comando escorregamento-velocidade esteja abaixo da velocidade de escorregamento máxima permitida do motor de indução. O comando escorregamento-velocidade é acrescentado à velocidade elétrica do rotor a fim de conseguir o comando de frequência do estator $\omega = \omega_{sl} + \omega_r$. Em seguida, o comando de frequência do estator f é processado como um acionamento em malha aberta.

Utilizando o circuito equivalente da Figura 15.1b, obtemos a tensão do estator por fase.

$$V_a = V_s = I_s(R_s + jX_s) + V_m = I_s(R_s + jX_s) + j(\lambda_m I_M)\omega \tag{15.84}$$

$$= I_s R_s + j(I_s X_s + \lambda_m I_M \omega) = I_s R_s + j\omega_s(I_s L_s + \lambda_m I_M)$$

FIGURA 15.11

Características torque-velocidade com o controle tensão/frequência.

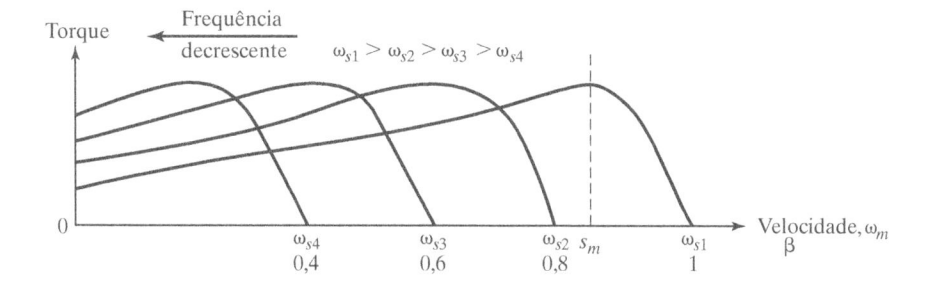

FIGURA 15.12
Acionamentos de motores de indução com fonte de tensão.

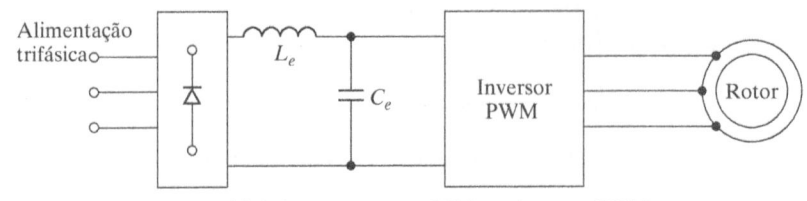

(a) Acionamento com CC fixo e inversor PWM

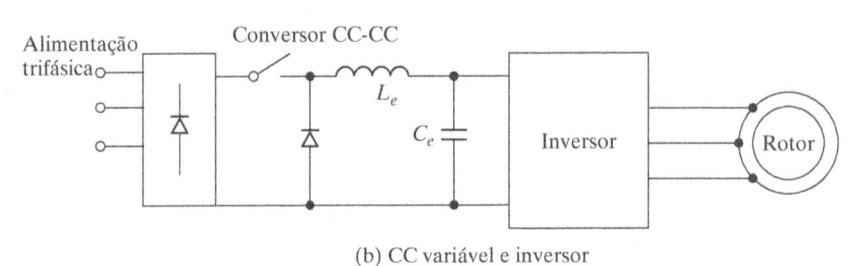

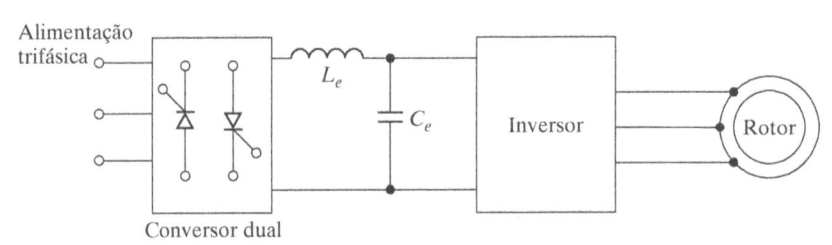

(b) CC variável e inversor

(c) CC variável a partir de conversor dual e inversor

Isso pode ser normalizado para o valor por unidade (pu) como

$$V_{an} = I_{sn}R_{sn} + j\omega_n(I_{sn}L_{sn} + \lambda_{mn}) \tag{15.84a}$$

onde $\omega_n = \dfrac{\omega}{\omega_b}$; $I_{sn} = \dfrac{I_s}{I_b}$; $R_{sn} = \dfrac{I_bR_s}{V_b}$; $L_{sn} = \dfrac{I_bL_s\omega_s}{V_b\omega_b}$; $\lambda_{mn} = \dfrac{\lambda_m}{\lambda_b}$

Portanto, a magnitude da tensão normalizada da entrada de fase do estator é dada por

$$V_{an} = \sqrt{(I_{sn}R_{sn})^2 + \omega_n^2(I_{sn}L_{sn} + \lambda_{mn})^2} \tag{15.85}$$

A tensão de entrada depende da frequência, da magnitude do fluxo no entreferro, da impedância do estator e da magnitude da corrente do estator. Fazendo um gráfico com essa relação, é possível mostrar que ela é quase linear e que pode ser aproximada por uma relação pré-programada tensão-frequência, dada por

$$V_a = I_sR_s + K_{vf}f = V_o + K_{vf}f \tag{15.86}$$

K_{vf} é a constante tensão-frequência para determinado fluxo e pode ser encontrada a partir da Equação 15.31 como

$$K_{vf} = \dfrac{V_a}{f} = \dfrac{1}{2\pi K_m\phi}\left(\dfrac{V_a}{f}\right) \tag{15.87}$$

A tensão do estator V_a na Equação 15.86 é igual à de fase V_{ph} do inversor trifásico e está relacionada com a tensão da rede CC V_{CC} por

$$V_a = V_{ph} = \dfrac{2}{\pi}\dfrac{V_{CC}}{\sqrt{2}} = 0{,}45V_{CC} \tag{15.88}$$

Igualando a Equação 15.86 à Equação 15.88, obtemos

$$0{,}45V_{CC} = V_o + V_m(= E_g) = V_o + K_{vf}f \qquad (15.89)$$

Isso pode ser expresso de uma forma normalizada como

$$0{,}45V_{CCn} = V_{on} + E_{gn} = V_{on} + f_n \qquad (15.90)$$

onde
$$V_{CCn} = \frac{V_{CC}}{V_a}; \; V_{on} = \frac{V_o}{V_a}; \; E_{gn} = \frac{K_{vf}f}{K_{vf}f_b} = f_s; \; f_n = \frac{f}{f_b}$$

$K_{CC} = 0{,}45$ é a constante de proporcionalidade entre a tensão CC de carga e a frequência do estator. Uma relação normalizada típica é indicada na Figura 15.13b.

FIGURA 15.13

Diagrama de blocos de inversor V-V para execução da estratégia de controle tensão/frequência.[23]

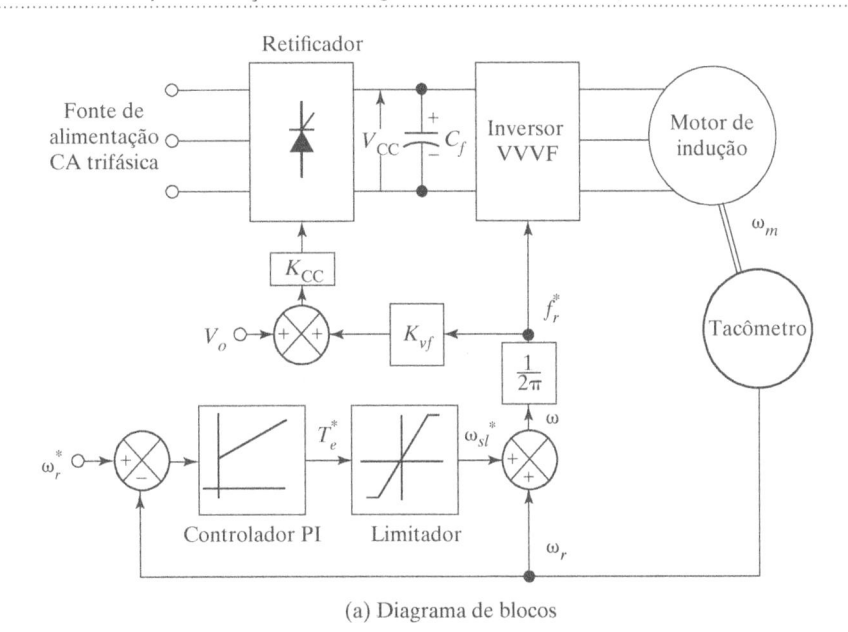

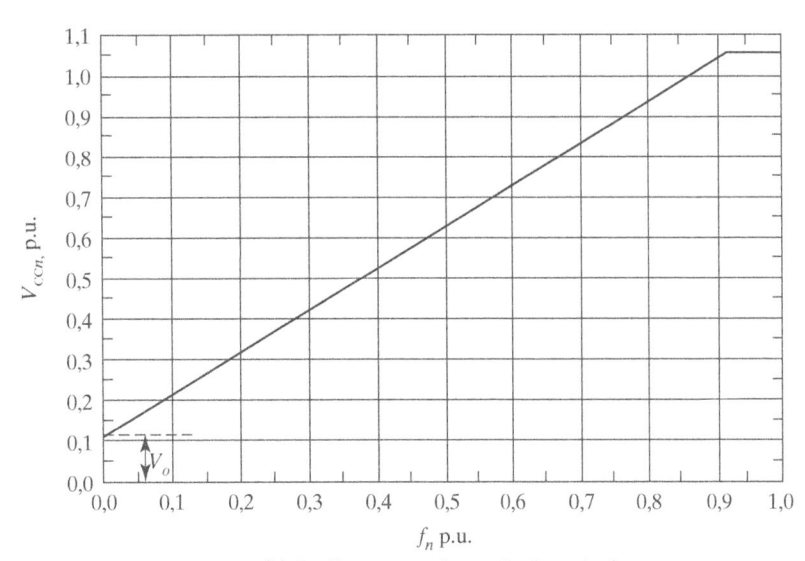

(a) Diagrama de blocos

(b) Perfil programado tensão-frequência

Exemplo 15.6 ▪ Determinação dos parâmetros de desempenho de um motor de indução trifásico com controle de tensão e frequência

Um motor de indução trifásico de 11,2 kW, 1750 rpm, 460 V, 60 Hz, quatro polos, conectado em Y, tem os seguintes parâmetros: $R_s = 0,66\ \Omega$, $R'_r = 0,38\ \Omega$, $X_s = 1,14\ \Omega$, $X'_r = 1,71\ \Omega$ e $X_m = 33,2\ \Omega$. Ele é controlado variando-se tanto a tensão quanto a frequência. A razão tensão/frequência, que corresponde à tensão e à frequência nominais, é mantida constante. **(a)** Calcule o torque máximo T_m e a velocidade correspondente ω_m para 60 e 30 Hz. **(b)** Repita (a) para R_s desprezável.

Solução

$p = 4$, $V_a = V_s = 460/\sqrt{3} = 265,58$ V, $\omega = 2\pi \times 60 = 377$ rad/s e, a partir da Equação 15.1, $\omega_b = 2 \times 377/4 = 188,5$ rad/s. A partir da Equação 15.80, $d = 265,58/188,5 = 1,409$.

a. A 60 Hz, $\omega_b = \omega_s = 188,5$ rad/s, $\beta = 1$ e $V_a = d\omega_s = 1,409 \times 188,5 = 265,58$ V.
A partir da Equação 15.83,

$$s_m = \frac{0,38}{\sqrt{0,66^2 + (1,14 + 1,71)^2}} = 0,1299$$

$$\omega_m = 188,5 \times (1 - 0,1299) = 164,01 \text{ rad/s} \quad \text{ou} \quad 1566 \text{ rpm}$$

Pela Equação 15.21, o torque máximo é

$$T_m = \frac{3 \times 265,58^2}{2 \times 188,5 \times \left[0,66 + \sqrt{0,66^2 + (1,14 + 1,71)^2}\right]} = 156,55 \text{ N} \cdot \text{m}$$

A 30 Hz, $\omega_s = 2 \times 2 \times \pi\, 30/4 = 94,25$ rad/s, $\beta = 30/60 = 0,5$ e $V_a = d\omega_s = 1,409 \times 94,25 = 132,79$ V. A partir da Equação 15.83, o escorregamento para o torque máximo é

$$s_m = \frac{0,38}{\sqrt{0,66^2 + 0,5^2 \times (1,14 + 1,71)^2}} = 0,242$$

$$\omega_m = 94,25 \times (1 - 0,242) = 71,44 \text{ rad/s} \quad \text{ou} \quad 682 \text{ rpm}$$

$$T_m = \frac{3 \times 132,79^2}{2 \times 94,25 \times [0,66 + \sqrt{0,66^2 + 0,5^2 \times (1,14 + 1,71)^2}]} = 125,82 \text{ N} \cdot \text{m}$$

b. A 60 Hz, $\omega_b = \omega_s = 188,5$ rad/s e $V_a = 265,58$ V. A partir da Equação 15.77,

$$s_m = \frac{0,38}{1,14 + 1,71} = 0,1333$$

$$\omega_m = 188,5 \times (1 - 0,1333) = 163,36 \text{ rad/s} \quad \text{ou} \quad 1560 \text{ rpm}$$

Pela Equação 15.76, o torque máximo é $T_m = 196,94$ N · m
A 30 Hz, $\omega_s = 94,25$ rad/s, $\beta = 0,5$ e $V_a = 132,79$ V. A partir da Equação 15.77,

$$s_m = \frac{0,38/0,5}{1,14 + 1,71} = 0,2666$$

$$\omega_m = 94,25 \times (1 - 0,2666) = 69,11 \text{ rad/s} \quad \text{ou} \quad 660 \text{ rpm}$$

A partir da Equação 15.76, o torque máximo é $T_m = 196,94$ N · m.

Observação: o fato de desprezar R_s pode representar a introdução de um erro significativo na estimativa do torque, especialmente em baixa frequência.

15.2.7 Controle da corrente

O torque dos motores de indução pode ser controlado variando-se a corrente do rotor. Procura-se variar a corrente de entrada, que é facilmente acessível, em vez da corrente do rotor. Para uma corrente de entrada fixa, a corrente do rotor depende dos valores relativos das impedâncias de magnetização e do circuito do rotor. A partir da Figura 15.2, a corrente do rotor pode ser encontrada como

$$\bar{I}'_r = \frac{jX_m I_i}{R_s + R'_r/s + (jX_m + X_s + X'_r)} = I'_r \angle \theta_1 \tag{15.91}$$

Pelas equações 15.9 e 15.12a, o torque desenvolvido é

$$T_d = \frac{3 R'_r (X_m I_i)^2}{s\omega_s [(R_s + R'_r/s)^2 + (X_m + X_s + X'_r)^2]} \tag{15.92}$$

e o torque de partida em $s = 1$ é

$$T_s = \frac{3 R'_r (X_m I_i)^2}{\omega_s [(R_s + R'_r)^2 + (X_m + X_s + X'_r)^2]} \tag{15.93}$$

O escorregamento para o torque máximo é

$$s_m = \pm \frac{R'_r}{\sqrt{R_s^2 + (X_m + X_s + X'_r)^2}} \tag{15.94}$$

Em uma situação real, como mostram as figuras 15.1b e 15.1c, a corrente do estator através de R_s e X_s é constante em I_i. Geralmente, X_m é muito maior do que X_s e R_s, que podem ser desprezados na maioria das aplicações. Com isso a Equação 15.94 torna-se

$$s_m = \pm \frac{R'_r}{X_m + X'_r} \tag{15.95}$$

e, em $s = s_m$, a Equação 15.92 fornece o torque máximo:

$$T_m = \frac{3 X_m^2}{(2\omega_s \, X_m + X'_r)} I_i^2 = \frac{3 L_m^2}{2(L_m + L'_r)} I_i^2 \tag{15.96}$$

A corrente de entrada I_i é fornecida a partir de uma fonte de corrente CC, I_d, que consiste em um grande indutor. A corrente rms fundamental de fase do estator a partir do inversor trifásico do tipo fonte de corrente está relacionada com I_d pela expressão

$$I_i = I_s = \frac{\sqrt{2}\sqrt{3}}{\pi} I_d \tag{15.97}$$

Pode-se observar pela Equação 15.96 que o torque máximo depende do quadrado da corrente e é aproximadamente independente da frequência. As características torque-velocidade típicas são apresentadas na Figura 15.14a para valores crescentes da corrente do estator. Como X_m é grande quando comparado a X_s e X'_r, o torque de partida é baixo. À medida que a velocidade aumenta (ou o escorregamento diminui), a tensão do estator cresce e o torque aumenta. A corrente de partida é baixa por conta dos valores baixos do fluxo (pois I_m é pequena, e X_m, grande) e da corrente do rotor, comparados a seus valores nominais. O torque aumenta com a velocidade em virtude do aumento no fluxo. Um aumento ainda maior da velocidade na direção da inclinação positiva das curvas características aumenta a tensão no terminal para um valor acima do nominal. O fluxo e a corrente de magnetização também são aumentados, levando, assim, à saturação. O torque pode ser controlado pela corrente do estator e pelo escorregamento. Para manter constante o fluxo no entreferro e evitar a saturação pela tensão elevada, o motor é normalmente operado na inclinação negativa das características torque-velocidade equivalentes com controle de tensão. A inclinação negativa está na região instável, e o motor deve ser operado com controle em malha fechada. A um baixo escorregamento, a tensão no terminal poderia ser excessiva e o fluxo saturaria. Em razão da saturação, o pico do torque seria menor do que o ilustrado na Figura 15.14a.

A Figura 15.14b indica a característica torque-escorregamento em regime permanente.[23] O torque máximo, quando a saturação é considerada, torna-se muito menor em comparação ao caso não saturado. A característica torque-velocidade também é apresentada para tensões nominais no estator. Essa característica reflete a operação com fluxo concatenado nominal no entreferro.

FIGURA 15.14
Características torque-velocidade para o controle de corrente.

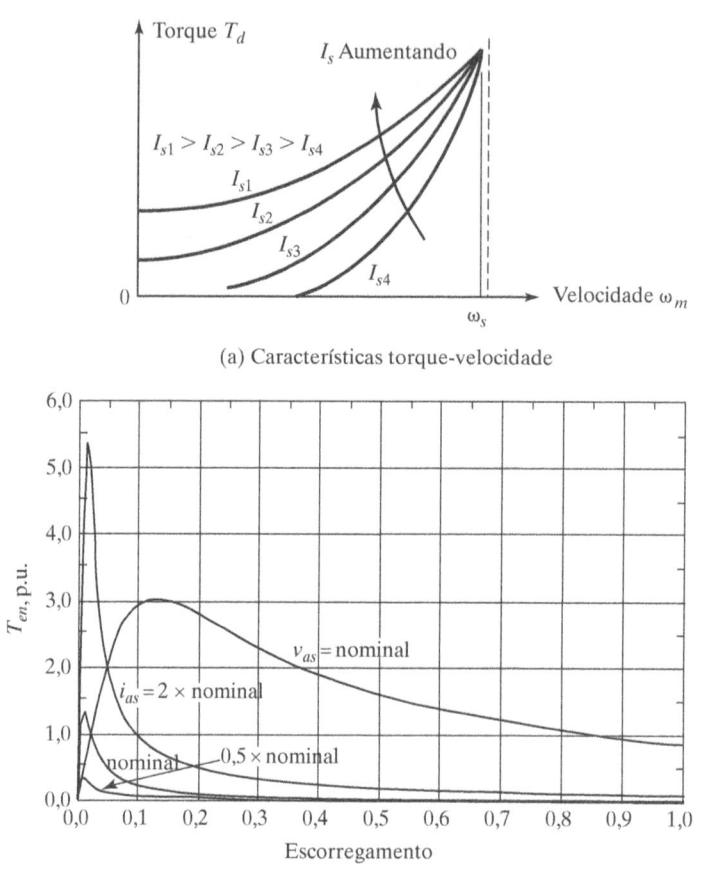

(a) Características torque-velocidade

(b) Curvas características do torque em função do escorregamento

A corrente constante pode ser fornecida através de inversores trifásicos do tipo fonte de corrente. O inversor alimentado por corrente tem as vantagens de controle da corrente de falha e de ela ser menos sensível às variações dos parâmetros do motor. Entretanto, ele gera harmônicas e pulsação de torque. Na Figura 15.15 são mostradas duas possíveis configurações de acionamento com inversores alimentados por corrente. Na Figura 15.15a, o indutor atua como fonte de corrente, e o retificador controlado controla a fonte de corrente. O FP de entrada desse arranjo é muito baixo. Na Figura 15.15b, o conversor CC-CC controla a fonte de corrente e o FP de entrada é maior.

Exemplo 15.7 • Determinação dos parâmetros de desempenho de um motor de indução trifásico com controle de corrente

Um motor de indução trifásico de 11,2 kW, 1750 rpm, 460 V, 60 Hz, quatro polos, conectado em Y, tem os seguintes parâmetros: $R_s = 0,66\ \Omega$, $R'_r = 0,38\ \Omega$, $X_s = 1,14\ \Omega$, $X'_r = 1,71\ \Omega$ e $X_m = 33,2\ \Omega$. A perda sem carga é desprezável. O motor é controlado por um inversor fonte de corrente, e a corrente de entrada é mantida constante a 20 A. Para uma frequência de 40 Hz e um torque desenvolvido de 55 N · m, determine **(a)** o escorregamento para o torque máximo s_m; e o torque máximo T_m; **(b)** o escorregamento s; **(c)** a velocidade do rotor ω_m; **(d)** a tensão terminal por fase V_a e **(e)** o FP_m.

Solução
$V_{a(\text{nominal})} = 460/\sqrt{3} = 265,58$ V, $I_i = 20$ A, $T_L = T_d = 55$ N · m e $p = 4$. A 40 Hz, $\omega = 2\pi \times 40 = 251,33$ rad/s, $\omega_s = 2 \times 251,33/4 = 125,66$ rad/s, $R_s = 0,66\ \Omega$, $R'_r = 0,38\ \Omega$, $X_s = 1,14 \times 40/60 = 0,76\ \Omega$, $X'_r = 1,71 \times 40/60 = 1,14\ \Omega$ e $X_m = 33,2 \times 40/60 = 22,13\ \Omega$.

FIGURA 15.15
Acionamento de motor de indução com inversor tipo fonte de corrente.

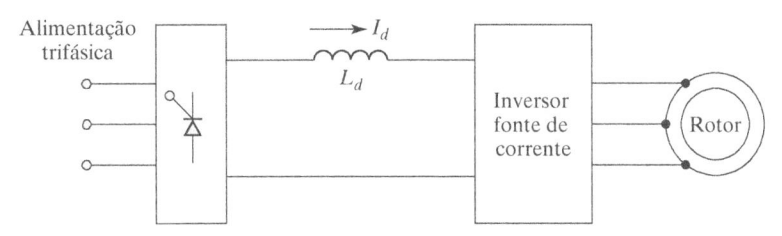

(a) Inversor fonte de corrente alimentado por retificador controlado

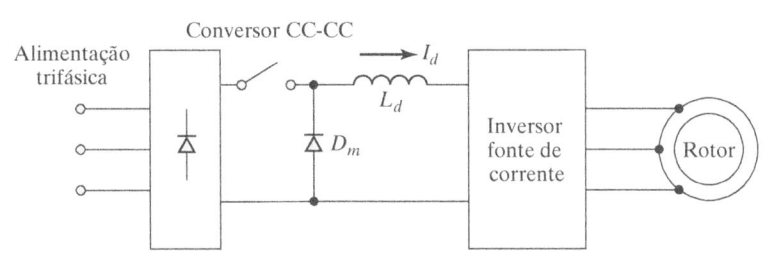

(b) Fonte de corrente alimentada por *chopper*

a. A partir da Equação 15.94,

$$s_m = \frac{0{,}38}{\sqrt{0{,}66^2 + (22{,}13 + 0{,}78 + 1{,}14)^2}} = 0{,}0158$$

Pela Equação 15.92 para $s = s_m$, $T_m = 94{,}68$ N · m

b. A partir da Equação 15.92,

$$T_d = 55 = \frac{(3R_r/s)\,(22{,}13 \times 20)^2}{125{,}66 \times [\,(0{,}66 + R_r/s)^2 + (22{,}13 + 0{,}76 + 1{,}14)^2\,]}$$

que dá $(R_r/s)^2 - 83{,}74(R'_r/s) + 578{,}04 = 0$, e, calculando R_r/s, obtém-se

$$\frac{R'_r}{s} = 76{,}144 \quad \text{ou} \quad 7{,}581$$

e $s = 0{,}00499$ ou $0{,}0501$. Como o motor é normalmente operado com um escorregamento grande na inclinação negativa da característica torque-velocidade,

$$s = 0{,}0501$$

c. $\omega_m = 125{,}656 \times (1 - 0{,}0501) = 119{,}36$ rad/s ou 1140 rpm.

d. A partir da Figura 15.2, a impedância de entrada pode ser obtida como

$$\overline{Z}_i = R_i + jX_i = \sqrt{R_i^2 + X_i^2}\,\underline{/\theta_m} = Z_i\underline{/\theta_m}$$

onde

$$R_i = \frac{X_m^2(R_s + R_r/s)}{(R_s + R_r/s)^2 + (X_m + X_s + X_r)^2} \tag{15.98}$$

$$= 6{,}26\ \Omega$$

$$X_i = \frac{X_m[(R_s + R_r/s)^2 + (X_s + X_r)(X_m + X_s + X_r)]}{(R_s + R_r/s)^2 + (X_m + X_s + X_r)^2} \quad (15.99)$$

$$= 3,899 \, \Omega$$

e

$$\theta_m = \text{tg}^{-1}\frac{X_i}{R_i} \quad (15.100)$$

$$= 31,9°$$

$$Z_i = \sqrt{6,26^2 + 3,899^2} = 7,38 \, \Omega$$

$$V_a = Z_i I_i = 7,38 \times 20 = 147,6 \, \text{V}$$

e. $FP_m = \cos(31,9°) = 0,849$ (indutivo).

Observação: se o torque máximo for calculado a partir da Equação 15.96, $T_m = 100,49$ e V_a (em $s = s_m$) é 313 V. Para uma frequência de alimentação de 90 Hz, o recálculo resulta em $\omega_s = 282,74$ rad/s, $X_s = 1,71 \, \Omega$, $X'_r = 2,565 \, \Omega$, $X_m = 49,8 \, \Omega$, $s_m = 0,00726$, $T_m = 96,1$ N·m, $s = 0,0225$, $V_a = 316$ V e V_a(em $s = s_m$) = 699,6 V. É evidente que, a uma frequência elevada e a um escorregamento baixo, a tensão no terminal excederia o valor nominal e saturaria o fluxo do entreferro.

Exemplo 15.8 ▪ Determinação da relação entre a tensão da rede CC e a frequência do estator

Os parâmetros de um acionamento de motor de indução alimentado por um inversor tensão/frequência são: 6 hp, 220 V, 60 Hz, trifásico, conectado em estrela, quatro polos, FP de 0,86 e 84% de eficiência, $R_s = 0,28 \, \Omega$, $R_r = 0,17 \, \Omega$, $X_m = 24,3 \, \Omega$, $X_s = 0,56 \, \Omega$, $X_r = 0,83 \, \Omega$. Determine **(a)** a velocidade máxima de escorregamento; **(b)** a queda de tensão no rotor V_o; **(c)** a constante tensão-frequência K_{vf}; e **(d)** a tensão da rede CC em termos da frequência do estator f.

Solução
$P_o = 6 \, \text{hp} = 4474 \, \text{W}$, $V_L = 220 \, \text{V}$, $f = 60 \, \text{Hz}$, $p = 4$, $FP = 0,86$, $\eta_i = 84\%$, $R_s = 0,28 \, \Omega$, $R_r = 0,17 \, \Omega$, $X_m = 24,3 \, \Omega$, $X_s = 0,56 \, \Omega$, $X_r = 0,83 \, \Omega$.

a. Utilizando a Equação 15.25, a velocidade de escorregamento é

$$\omega_{sl} = \frac{R'_r}{X_s + R'_r}\omega = \frac{0,17}{0,56 + 0,83} \times 376,99 = 46,107 \, \text{rad/s}$$

b. A corrente de fase do estator é dada por

$$I_s = \frac{P_o}{3V_{ph} \times FP \times \eta_i} = \frac{4474}{3 \times 127 \times 0,86 \times 0,84} = 16,254 \, \text{A}$$

$$V_o = I_s R_s = 16,254 \times 0,28 = 4,551 \, \text{V}$$

c. Utilizando a Equação 15.86, a constante tensão-frequência é

$$K_{vf} = \frac{V_{ph} - V_o}{f} = \frac{127 - 4,551}{60} = 2,041 \, \text{V/Hz}$$

d. Utilizando a Equação 15.89, a tensão CC é

$$V_{CC} = \frac{V_o + K_{vf}f}{0,45} = 2,22 \times (4,551 + 2,041f)$$

$$= 282,86 \, \text{V} \quad \text{para} \quad f = 60 \, \text{Hz}$$

15.2.8 Controle com velocidade de escorregamento constante

A velocidade de escorregamento ω_{sl} do motor de indução é mantida constante. Isto é, $\omega_{sl} = s\omega$ = constante. O escorregamento é dado por

$$s = \frac{\omega_{sl}}{\omega} = \frac{\omega_{sl}}{\omega_r + \omega_{sl}} \tag{15.101}$$

Assim, o escorregamento $s = (\omega - \omega_r)/\omega$ variará para diversas velocidades do rotor $\omega_r = (p/2)\omega_m$, e o motor operará na característica torque-escorregamento normal. Utilizando o circuito equivalente aproximado da Figura 15.2, a corrente do rotor é dada por

$$I_r = \frac{V_s}{\left(R_s + \dfrac{R_r'}{s}\right) + (X_s + X_r')} = \frac{V_s/\omega}{\left(R_s + \dfrac{R_r'}{\omega_{sl}}\right) + j(L_s + L_r')} \tag{15.102}$$

E o torque eletromagnético desenvolvido será

$$T_d = \frac{p}{2} \times \frac{P_d}{\omega} = 3 \times \frac{p}{2} \times \frac{I_r^2}{\omega}\left(\frac{R_r'}{s}\right) = 3 \times \frac{p}{2} \times \frac{I_r^2 R_r'}{\omega_{sl}} \tag{15.103}$$

Substituindo a magnitude para I_r a partir da Equação 15.102 na Equação 15.103, obtém-se

$$T_d = 3 \times \frac{p}{2} \times \left(\frac{V_s}{\omega}\right)^2 \times \frac{\dfrac{R_r'}{\omega_{sl}}}{\left(R_s + \dfrac{R_r'}{\omega}\right) + (L_s + L_r')^2} \tag{15.104}$$

$$= K_{tc}\left(\frac{V_s}{\omega}\right)^2 \tag{15.105}$$

onde a constante de torque K_{tc} é dada por

$$K_{tc} = 3 \times \frac{p}{2} \times \frac{\left(\dfrac{R_r'}{\omega_{sl}}\right)}{\left(R_s + \dfrac{R_r'}{\omega_{sl}}\right) + (L_s + L_r')^2} \tag{15.106}$$

De acordo com a Equação 15.104, o torque depende do quadrado da razão tensão/frequência e é independente da velocidade do rotor $\omega_r = (p/2)\omega_m$. Esse tipo de controle tem a capacidade de produzir um torque, mesmo à velocidade zero. Esse recurso é essencial em muitas aplicações, como em robótica, na qual um torque de partida ou de manutenção precisa ser produzido. O diagrama de blocos para a implantação dessa estratégia de controle é mostrado na Figura 15.16.[23] A frequência do estator é obtida somando-se a velocidade de escorregamento ω_{sl}^* com a velocidade elétrica do rotor ω_r. O sinal de erro de velocidade é utilizado para gerar o ângulo de disparo α. Um erro de velocidade negativo grampeia a tensão do barramento em zero, e ângulos de disparo superiores a 90° não são permitidos. A operação desse acionamento se restringe a apenas um quadrante.

15.2.9 Controle de tensão, corrente e frequência

As características torque-velocidade dos motores de indução dependem do tipo de controle. Pode ser necessário variar tensão, frequência e corrente para satisfazer os requisitos de torque-velocidade, como indica a Figura 15.17, na qual há três regiões. Na primeira região, a variação da velocidade pode ser feita pelo controle da tensão (ou corrente) a um torque constante. Na segunda região, o motor é operado a uma corrente constante, e a variação ocorre no escorregamento. Na terceira região, a velocidade é controlada pela frequência a uma corrente reduzida de estator.

As variações de torque e potência para determinada corrente do estator e frequências abaixo da frequência nominal são mostradas pelos pontos na Figura 15.18. Para $\beta < 1$, o motor opera a um fluxo constante. Para $\beta > 1$, ele trabalha pelo controle da frequência, mas a uma tensão constante. Portanto, o fluxo diminui na relação inversa da frequência por unidade, e o motor opera no modo de enfraquecimento de campo.

FIGURA 15.16
Diagrama de blocos para a implantação do controle com velocidade de escorregamento constante.[23]

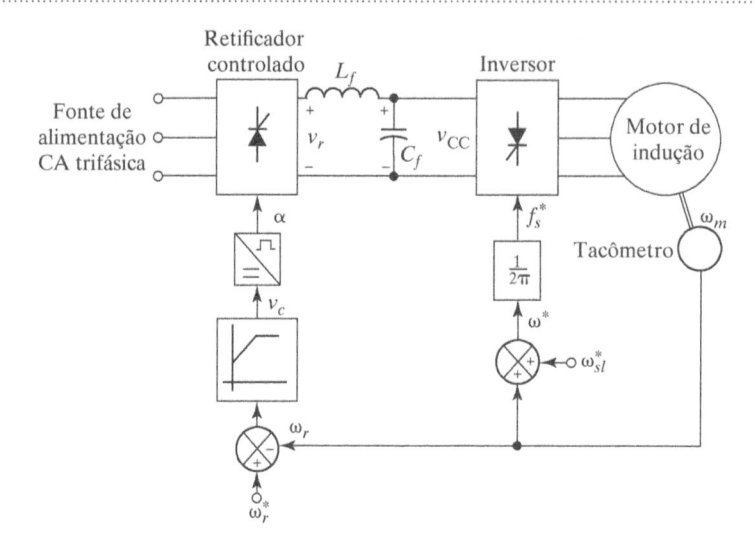

FIGURA 15.17
Variáveis de controle em função da frequência.

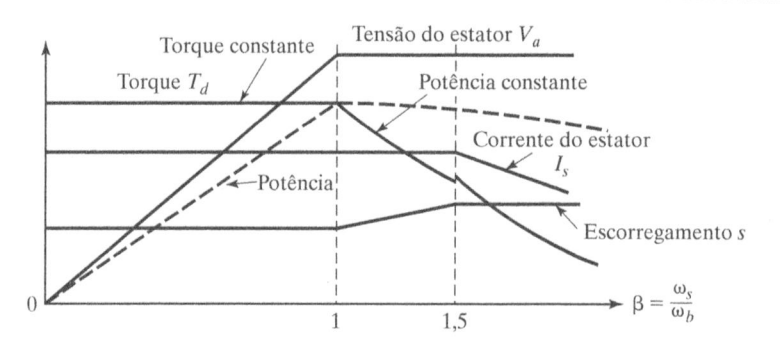

Quando no modo aceleração, uma diminuição no comando de velocidade diminui a frequência da alimentação. Isso altera a operação para a frenagem regenerativa. O acionamento desacelera sob a influência do torque de frenagem e do torque de carga. Para velocidades abaixo do valor nominal ω_b, a tensão e a frequência são reduzidas para manter a razão V/f desejada ou o fluxo constante, além da operação nas curvas de torque-velocidade com uma inclinação negativa, limitando a velocidade de escorregamento. Para uma velocidade acima de ω_b, apenas a frequência é reduzida para manter a operação na parte das curvas de torque-velocidade com uma inclinação negativa. Quando perto da velocidade desejada, a operação muda para operação de aceleração, e o acionamento se acomoda na velocidade desejada.

Quando no modo aceleração, um aumento no comando de velocidade aumenta a frequência da alimentação. O torque do motor excede o de carga, e este acelera. A operação é mantida na parte das curvas de torque-velocidade com uma inclinação negativa pela limitação da velocidade de escorregamento. Finalmente, o acionamento se instala na velocidade desejada.

■ Principais pontos da Seção 15.2

– A variação da velocidade e do torque dos motores de indução pode ser feita por (1) controle da tensão do estator; (2) controle da tensão do rotor; (3) controle da frequência; (4) controle de tensão e frequência do estator; (5) controle da corrente do estator; ou (6) controle de tensão, corrente e frequência.

FIGURA 15.18

Características torque-velocidade para o controle com frequência variável.

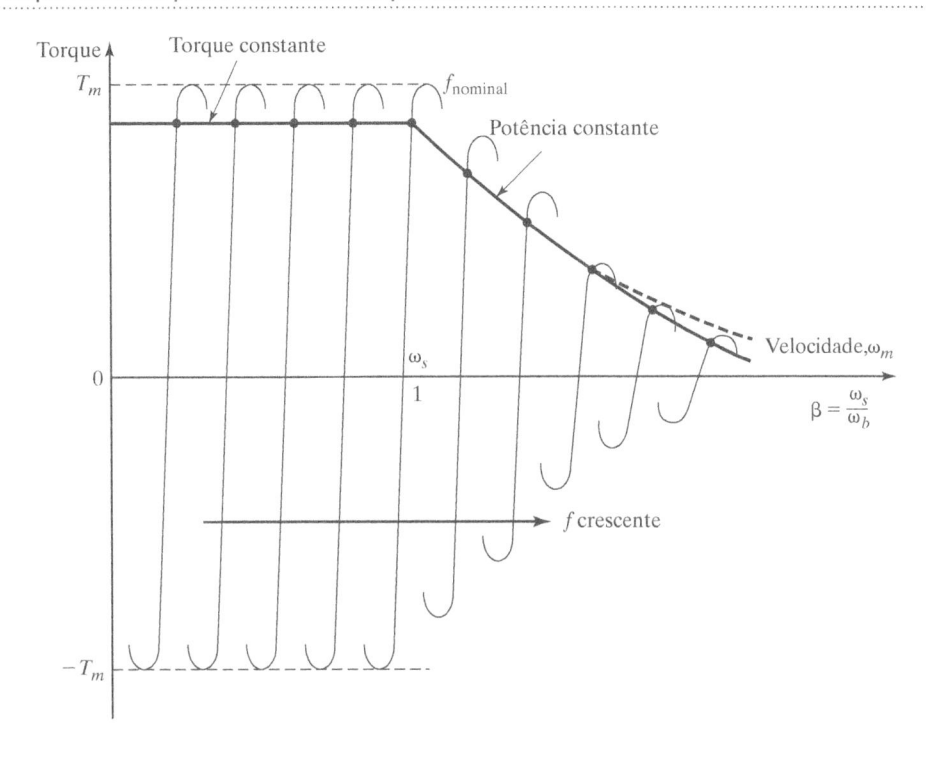

– Para satisfazer o ciclo de trabalho torque-velocidade de um acionamento, a tensão, a corrente e a frequência são normalmente controladas de forma a manter constante o fluxo ou a razão V/f.

15.3 CONTROLE DE MOTORES DE INDUÇÃO EM MALHA FECHADA

Normalmente é necessário um controle em malha fechada para satisfazer as especificações de desempenho nos regimes transitório e permanente dos acionamentos CA.[9,10] A estratégia de controle pode ser executada por (1) *controle escalar*, em que as variáveis de controle são grandezas CC e apenas as suas amplitudes são controladas; (2) *controle vetorial*, em que tanto a grandeza quanto a fase das variáveis de controle são controladas; ou (3) *controle adaptativo*, em que os parâmetros do controlador variam continuamente para se adaptar às alterações das variáveis de saída.

O modelo dinâmico dos motores de indução difere significativamente daquele mostrado na Figura 15.1c, e é mais complexo que o dos motores CC. O projeto dos parâmetros do circuito de realimentação requer uma análise completa e a simulação de todo o acionamento. O controle e a construção do modelo de acionamentos CA estão além do escopo deste livro.[2,5,17,18] Somente algumas das técnicas básicas de realimentação escalar serão discutidas nesta seção.

Um sistema de controle é geralmente caracterizado pela hierarquia das malhas de controle, em que a malha externa controla as internas — estas são projetadas para executar cada vez mais rápido. As malhas são normalmente projetadas para ter uma excursão limitada de comando. A Figura 15.19a mostra um arranjo para controle da tensão do estator de motores de indução por controladores de tensão CA a uma frequência fixa. O controlador de velocidade K_1 processa o erro de velocidade e gera a corrente de referência $I_{s(ref)}$. K_2 é o controlador de corrente. Já K_3 gera o ângulo de disparo do conversor, e a malha interna de limite de corrente ajusta indiretamente o limite de torque. O uso de limitador de corrente, em vez de grampeamento dela, tem a vantagem de realimentar a corrente de curto-circuito em caso de falha. O controlador de velocidade K_1 pode ser um ganho simples (do tipo proporcional), do tipo proporcional-integral ou um compensador de avanço-atraso. Esse tipo de controle é caracterizado pelos fracos desempenhos dinâmico e estático, e geralmente é utilizado em acionamentos de ventiladores, bombas e sopradores.

FIGURA 15.19

Controle em malha fechada de motores de indução.

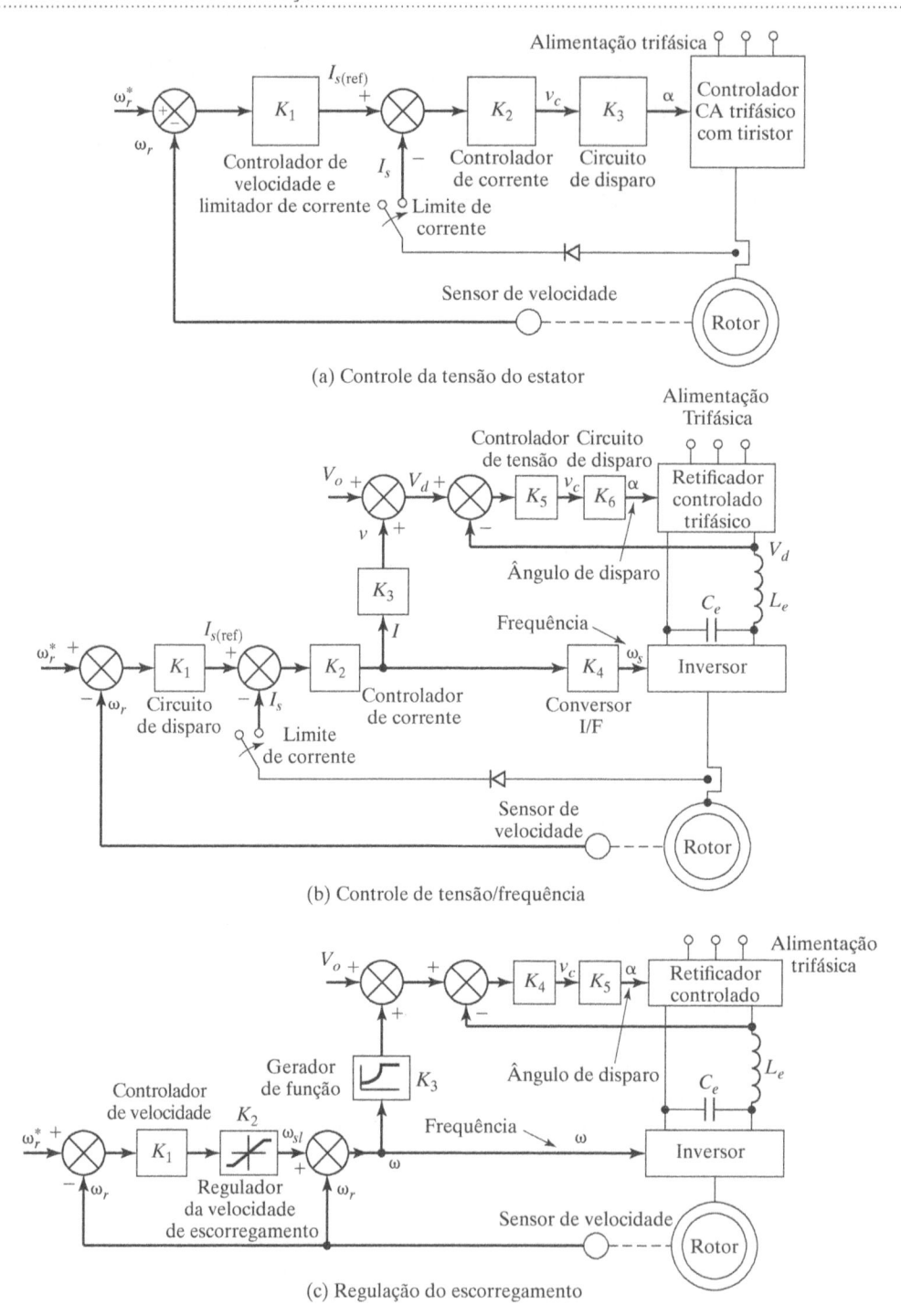

(a) Controle da tensão do estator

(b) Controle de tensão/frequência

(c) Regulação do escorregamento

O arranjo na Figura 15.19a pode ser estendido para um controle tensão/frequência com a adição de um retificador controlado e uma malha de controle de tensão CC, como indica a Figura 15.19b. Após o limitador de corrente, o mesmo sinal gera a frequência do inversor e fornece a entrada para o controlador de ganho da ligação CC K_3. Uma pequena tensão V_o é acrescentada à referência de tensão CC para compensar a queda de resistência do estator em baixa frequência. A tensão CC V_d atua como referência para o controle de tensão do retificador controlado. No caso de inversor PWM, não há a necessidade de retificador controlado, e o sinal V_d controla diretamente a tensão do inversor variando o índice de modulação. Para o monitoramento da corrente é preciso um sensor, o que introduz um atraso na resposta do sistema.

Como o torque dos motores de indução é proporcional à frequência de escorregamento $\omega_{sl} = \omega_s - \omega_m = s\omega_s$, pode-se controlar a frequência do escorregamento em vez da corrente do estator. O erro de velocidade gera o comando da frequência de escorregamento, como ilustra a Figura 15.19c, na qual os limites do escorregamento definem os do torque. O gerador de função, que produz o sinal de comando para o controle de tensão em resposta à frequência ω_s, é não linear, e também pode levar em conta a compensação da queda V_o em baixa frequência. A compensação da queda V_o é mostrada na Figura 15.19c. Para uma variação em degrau no comando da velocidade, o motor acelera ou desacelera dentro dos limites de torque a um valor de escorregamento em regime permanente correspondente ao torque de carga. Esse arranjo controla de modo indireto o torque dentro da malha de controle de velocidade e não necessita de sensor de corrente.

Um arranjo simples para o controle de corrente é exibido na Figura 15.20. O erro de velocidade gera o sinal de referência para a corrente no barramento CC. A frequência de escorregamento $\omega_{sl} = \omega - \omega_r$ é fixa. Com um comando de velocidade em degrau, a máquina acelera com uma corrente elevada que é proporcional ao torque. Em regime permanente, a corrente do motor é baixa. No entanto, o fluxo no entreferro flutua e, por conta da variação do fluxo em diferentes pontos de operação, o desempenho desse acionamento é fraco.

Um arranjo prático para o controle de corrente, no qual o fluxo é mantido constante, é apontado na Figura 15.21. O erro de velocidade gera a frequência do escorregamento, que controla a frequência do inversor e a fonte de

FIGURA 15.20

Controle de corrente com escorregamento constante.

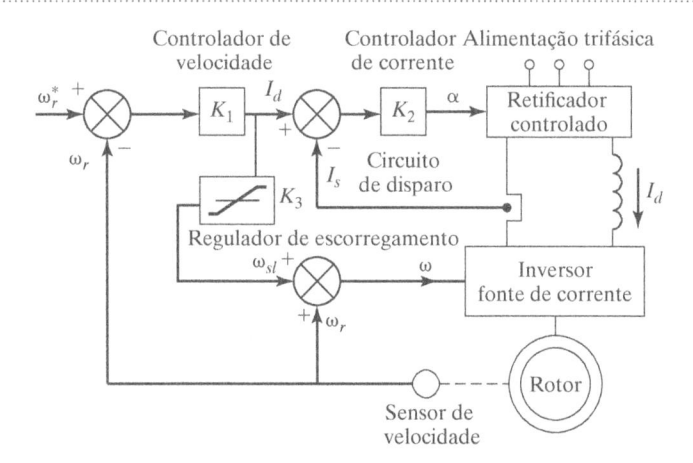

FIGURA 15.21

Controle de corrente com operação em fluxo constante.

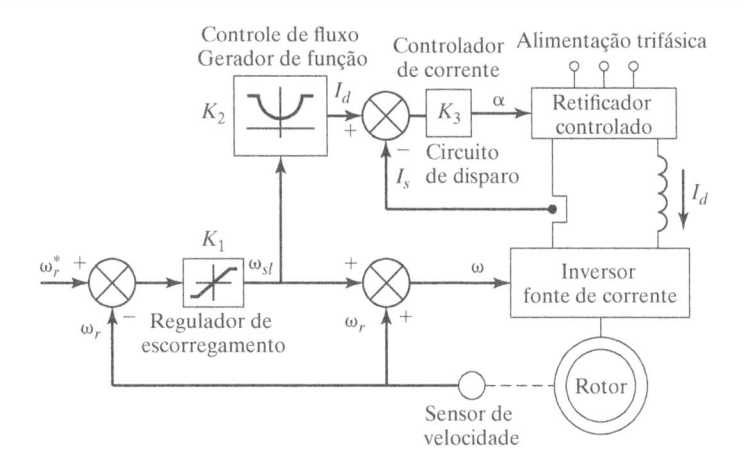

corrente do barramento CC. O gerador de função produz o comando de corrente para manter o fluxo do entreferro constante, normalmente no valor nominal.

O arranjo da Figura 15.19a para controle de velocidade com malha interna de controle de corrente pode ser aplicado a um acionamento Kramer estático, como mostra a Figura 15.22, em que o torque é proporcional à corrente do barramento CC I_d. O erro de velocidade gera a referência de corrente do barramento CC. Um aumento em degrau na velocidade grampeia a corrente no valor máximo, e o motor acelera a um torque constante que corresponde à corrente máxima. Uma diminuição em degrau na velocidade ajusta o comando de corrente para zero, e o motor desacelera por causa do torque de carga.

■ Principais pontos da Seção 15.3

– A malha fechada normalmente é utilizada para controlar as respostas transitória e em regime permanente dos acionamentos CA.

– Entretanto, os parâmetros dos motores de indução são acoplados uns aos outros, e o controle escalar não consegue produzir uma resposta dinâmica rápida.

FIGURA 15.22

Controle de velocidade do acionamento Kramer estático.

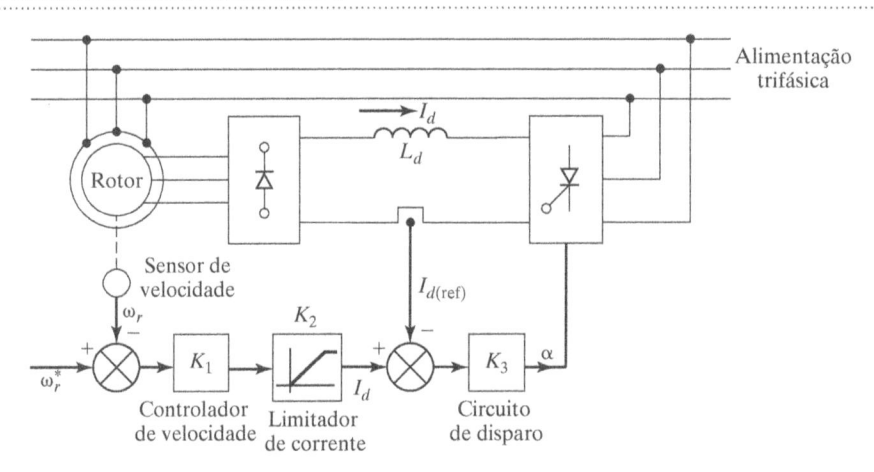

15.4 DIMENSIONAMENTO DAS VARIÁVEIS DE CONTROLE

As variáveis de controle das figuras 15.19 a 15.22 mostram a relação entre entradas e saídas dos blocos de controle com relação ao ganho. O Exemplo 15.8 ilustra a relação da tensão do barramento CC V_{CC} com a frequência do estator f. Para uma implementação prática, essas variáveis e constantes devem ser ampliadas para os níveis do sinal de controle. A Figura 15.23 ilustra o diagrama de blocos do acionamento de motor de indução controlado por tensão/frequência.[23]

O sinal externo v^* é gerado a partir de um comando de velocidade ω_r^* e ampliado por uma constante de proporcionalidade K^*, dada por

$$K^* = \frac{v^*}{\omega_r^*} = \frac{V_{cm}}{\omega_{r(\text{máx})}^*} \tag{15.107}$$

onde V_{cm} é o máximo sinal de controle, e seu valor está geralmente na faixa de ±10 V ou ±5 V. A faixa de v^* é dada por

$$-V_{cm} < v^* < V_{cm} \tag{15.108}$$

FIGURA 15.23
Diagrama de blocos do acionamento do motor de indução controlado por tensão/frequência.[23]

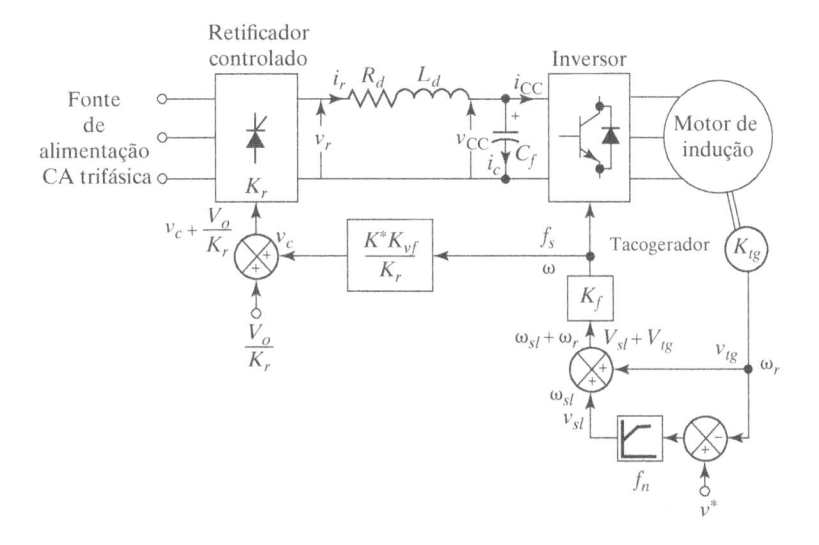

O ganho do bloco do tacogerador é ajustado para ter a sua saída máxima correspondendo a $\pm V_{cm}$ para fins de compatibilidade com o controle. Assim, o ganho do tacogerador e do filtro é dado por

$$K_{tg} = \frac{V_{cm}}{\omega_r(p/2)} = \frac{p}{2}K^* \qquad (15.109)$$

A velocidade máxima de escorregamento corresponde ao torque máximo do motor de indução, e a tensão de escorregamento correspondente é dada por

$$V_{sl(máx)} = K^* \omega_{sl(máx)} \qquad (15.110)$$

A soma do sinal de velocidade de escorregamento com o sinal da velocidade elétrica do rotor corresponde à velocidade de alimentação. Ou seja, $\omega_{sl} + \omega_r = \omega$. Portanto, o ganho do bloco de transferência de frequência é

$$K_f = \frac{1}{2\pi K^*} \qquad (15.111)$$

Utilizando as equações 15.109 e 15.110, a frequência do estator f é dada por

$$f = K_f\left(K^*\omega_{sl} + \frac{p}{2}K^*\omega_m\right) = K_f K^*(\omega_{sl} + \omega_r) \qquad (15.112)$$

Usando a Equação 15.89, a tensão de controle do retificador de saída é

$$v_c = \frac{1}{0{,}45K_r}(V_o + K_{vf}f) = \frac{2{,}22}{K_r}V_o + K_{vf}f) \qquad (15.113)$$

onde K_r é o ganho do retificador controlado. A saída do retificador é

$$v_r = K_r v_c = 2{,}22 \times (V_o + K_{vf}f) = 2{,}22 \times [V_o + K_{vf}K_f K^*(\omega_{sl} + \omega_r)] \qquad (15.114)$$

Com a Equação 15.112, a velocidade de alimentação ω é dada por

$$\omega = 2\pi f = 2\pi K_f K^*(\omega_{sl} + \omega_r) \qquad (15.115)$$

e a velocidade de escorregamento é dada por

$$\omega_{sl} = f_{sc}(v^* - v_{tg}) = f_{sc}(v^* - \omega_m K_{tg}) = f_{sc}(K^*\omega_r^* - \omega_m K_{tg}) \qquad (15.116)$$

onde f_{sc} é a função do controlador de velocidade.

Exemplo 15.9 ▪ Determinação das constantes das variáveis de controle

Para o motor de indução no Exemplo 15.8, determine (a) as constantes K^*, K_{tg}, K_f e (b) expresse a tensão de saída do retificador v_r em função da frequência do escorregamento ω_{sl} para uma velocidade mecânica nominal $N = 1760$ rpm e $V_{cm} = 10$ V.

Solução

$p = 4$, $N = 1760$ rpm, $\omega_m = (2\pi N)/60 = (2\pi \times 1760)/60 = 157{,}08$ rad/s, $\omega_r = (p/2) \times \omega_m = (4/2) \times 157{,}08 = 314{,}159$ rad/s, $\omega_{r(\text{máx})} = \omega_r = 314{,}159$ rad/s.

A partir do Exemplo 15.8, $K_{vf} = 4{,}551$ V/Hz

a. Utilizando a Equação 15.107, $K^* = V_{cm}/\omega_{r(\text{máx})} = 10/314{,}159 = 0{,}027$ V/rad/s
Utilizando a Equação 15.109, $K_{tg} = (p/2)K^* = (4/2) \times 0{,}027 = 0{,}053$ V/rad/s
Utilizando a Equação 15.111, $K_f = 1/(2\pi K^*) = 1/(2 \times \pi \times 0{,}027) = 6$ Hz/rad/s

b. Pela Equação 15.114, a tensão de saída do retificador é

$$v_r = 2{,}22 \times [V_o + K_{vf}K_f K^*(\omega_{sl} + \omega_r)]$$
$$= 2{,}22 \times [4{,}551 + 2{,}041 \times 6 \times 0{,}027 \times (\omega_{sl} + \omega_r)]$$
$$= 10{,}103 + 0{,}721 \times (\omega_{sl} + \omega_r)$$

15.5 CONTROLE VETORIAL

Os métodos de controle que foram discutidos até agora fornecem um desempenho satisfatório em regime permanente, mas a sua resposta dinâmica é ruim. Um motor de indução apresenta múltiplas variáveis não lineares e características altamente acopladas. A técnica de *controle vetorial*, também conhecida como *controle por orientação de campo* (FOC), permite que um motor de indução de gaiola de esquilo seja acionado com elevado desempenho dinâmico, comparável à característica de um motor CC.[11-15] A técnica FOC desacopla as duas componentes da corrente do estator: uma fornece o fluxo do entreferro e a outra produz o torque. Ela proporciona o controle independente, do fluxo e do torque, e a característica do controle é linearizada. As correntes do estator são convertidas em um sistema de referência de rotação síncrona fictício, alinhado com o vetor de fluxo, e são transformadas de volta para as coordenadas do estator antes da realimentação da máquina. As duas componentes são a i_{ds} do eixo *d*, análoga à corrente de campo, e a i_{qs} do eixo *q*, análoga à corrente de armadura de um motor CC com excitação independente. O vetor fluxo concatenado do rotor está alinhado ao longo do eixo *d* do sistema de referência.

15.5.1 Princípio básico do controle vetorial

Com um controle vetorial, um motor de indução consegue operar como um motor CC com excitação independente. Em uma máquina CC, o torque desenvolvido é dado por

$$T_d = K_t I_a I_f \tag{15.117}$$

onde I_a é a corrente de armadura, e I_f, a corrente de campo. A construção de uma máquina CC é tal que o fluxo concatenado do campo ψ_f produzido por I_f é perpendicular ao da armadura ψ_a produzido por I_a. Esses vetores de fluxo que são estacionários no espaço são ortogonais ou desacoplados por natureza. Consequentemente, um motor CC tem uma resposta transitória rápida. Entretanto, um motor de indução não consegue dar essa resposta rápida por um problema inerente de acoplamento. Mas um motor de indução pode apresentar a característica da máquina CC se ela for controlada em um sistema de rotação síncrona ($d^e - q^e$), no qual as variáveis senoidais da máquina aparecem como grandezas CC em regime permanente.

A Figura 15.24a mostra um motor de indução alimentado por inversor com duas entradas de controle de corrente: i_{ds}^* e i_{qs}^* são as componentes do eixo-direto e do eixo-quadratura da corrente do estator, respectivamente, em um sistema de referência de rotação síncrona. No controle vetorial, i_{qs}^* é análoga à corrente de campo I_f, e i_{ds}^*, à corrente de armadura I_a de um motor CC. Assim, o torque desenvolvido de um motor de indução é dado por

FIGURA 15.24
Controle vetorial do motor de indução.

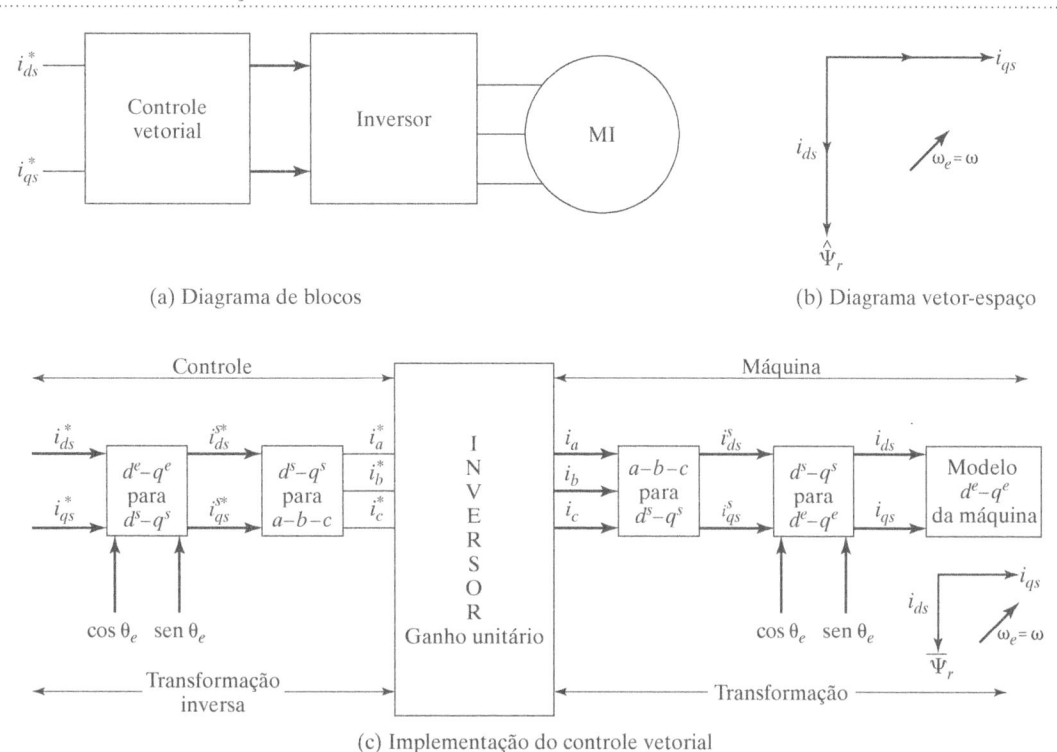

(a) Diagrama de blocos

(b) Diagrama vetor-espaço

(c) Implementação do controle vetorial

$$T_d = K_m \hat{\Psi}_r I_f = K_t I_{ds} i_{qsr} \tag{15.118}$$

onde $\hat{\Psi}_r$ é o valor de pico absoluto do vetor do fluxo concatenado senoidal espacial $\vec{\Psi}_r$;
 i_{qs} é a componente de campo;
 i_{ds} é a componente de torque.

A Figura 15.24b mostra o diagrama vetor-espaço para o controle vetorial: i_{ds}^* é orientada (ou alinhada) na direção do fluxo do rotor $\hat{\lambda}_r$, e i_{qs}^* deve ser perpendicular a ela em todas as condições de operação. Os vetores espaciais giram de forma síncrona na frequência elétrica $\omega_e = \omega$. Assim, o controle vetorial deve assegurar a orientação correta dos vetores espaciais e gerar os sinais de entrada de controle.

A execução de um controle vetorial é ilustrada na Figura 15.24c. O inversor gera as correntes i_a, i_b e i_c em resposta às correntes de comando correspondentes i_a^*, i_b^* e i_c^* do controlador. As correntes nos terminais da máquina, i_a, i_b e i_c são convertidas nas componentes i_{ds}^s e i_{qs}^s por transformação de três fases para duas. Estas são, então, convertidas no sistema de rotação síncrona (nas componentes i_{ds} e i_{qs}) pelas componentes do vetor unitário cos θ_e e sen θ_e, antes de aplicá-las na máquina. A máquina é representada pelas conversões internas no modelo $d^e - q^e$.

O controlador faz dois estágios de transformação inversa, de modo que as correntes de controle de linha i_{ds}^* e i_{qs}^* correspondam às correntes da máquina, i_{ds} e i_{qs}, respectivamente. Além disso, o vetor unitário (cos θ_e e sen θ_e) assegura o alinhamento correto da corrente i_{ds} com o vetor de fluxo, Ψ_r, e a corrente i_{qs} é perpendicular a ela. É importante observar que, em termos ideais, a transformação e a transformação inversa não incorporam quaisquer dinâmicas. Portanto, a resposta a i_{ds} e i_{qs} é instantânea, exceto por algum atraso por conta dos tempos de computação e amostragem.

15.5.2 Transformação em eixo direto e quadratura

A técnica de controle vetorial utiliza o circuito equivalente dinâmico do motor de indução. Existem pelo menos três fluxos (rotor, entreferro e estator) e três correntes ou fmms (no estator, no rotor e de magnetização) em um motor de indução. Para uma resposta dinâmica rápida, as interações entre correntes, fluxos e velocidade devem ser levadas em conta na obtenção do modelo dinâmico do motor e na determinação das estratégias de controle adequadas.

Todos os fluxos giram em velocidade síncrona. As correntes trifásicas criam fmms (estator e rotor), que também giram em velocidade síncrona. O controle vetorial alinha os eixos de uma fmm e de um fluxo ortogonalmente em todos os momentos. É mais fácil alinhar a fmm da corrente do estator ortogonalmente ao fluxo do rotor.

Qualquer conjunto senoidal trifásico de grandezas no estator pode ser transformado em um sistema de referência ortogonal por

$$\begin{bmatrix} f_{\alpha s} \\ f_{\beta s} \\ f_o \end{bmatrix} = \frac{2}{3} \begin{bmatrix} \cos\theta & \cos\left(\theta - \frac{2\pi}{3}\right) & \cos\left(\theta - \frac{4\pi}{3}\right) \\ \sen\theta & \sen\left(\theta - \frac{2\pi}{3}\right) & \sen\left(\theta - \frac{4\pi}{3}\right) \\ \frac{1}{2} & \frac{1}{2} & \frac{1}{2} \end{bmatrix} \begin{bmatrix} f_{as} \\ f_{bs} \\ f_{cs} \end{bmatrix} \quad (15.119)$$

onde θ é o ângulo do conjunto ortogonal α-β-0 em relação a qualquer referência arbitrária. Se os eixos α-β-0 forem estacionários e o eixo α estiver alinhado com o eixo a do estator, então $\theta = 0$ em todos os momentos. Assim, obtemos

$$\begin{bmatrix} f_{\alpha s} \\ f_{\beta s} \\ f_{os} \end{bmatrix} = \frac{2}{3} \begin{bmatrix} 1 & -\frac{1}{2} & -\frac{1}{2} \\ 0 & \frac{\sqrt{3}}{2} & \frac{\sqrt{3}}{2} \\ \frac{1}{2} & \frac{1}{2} & \frac{1}{2} \end{bmatrix} \begin{bmatrix} f_{as} \\ f_{bs} \\ f_{cs} \end{bmatrix} \quad (15.120)$$

O conjunto ortogonal de referência que gira em velocidade síncrona ω é relacionado com os eixos d-q-0. A Figura 15.25 mostra os eixos de rotação para várias grandezas.

As variáveis trifásicas do rotor, transformadas para o sistema de rotação síncrona, são dadas por

$$\begin{bmatrix} f_{dr} \\ f_{qr} \\ f_o \end{bmatrix} = \frac{2}{3} \begin{bmatrix} \cos(\omega - \omega_r)t & \cos\left((\omega - \omega_r)t - \frac{2\pi}{3}\right) & \cos\left((\omega - \omega_r)t - \frac{4\pi}{3}\right) \\ \sen(\omega - \omega_r)t & \sen\left((\omega - \omega_r)t - \frac{2\pi}{3}\right) & \sen\left((\omega - \omega_r)t - \frac{4\pi}{3}\right) \\ \frac{1}{2} & \frac{1}{2} & \frac{1}{2} \end{bmatrix} \begin{bmatrix} f_{ar} \\ f_{br} \\ f_{cr} \end{bmatrix} \quad (15.121)$$

onde o escorregamento é definido pela Equação 15.4a.

É importante observar que a diferença $\omega - \omega_r$ é a velocidade relativa entre o sistema de referência de rotação síncrona e o preso ao rotor. Essa diferença é a frequência de escorregamento ω_{sl}, que é a frequência das variáveis do rotor. Aplicando essas transformações, as equações de tensão do motor no sistema de rotação síncrona são reduzidas para

FIGURA 15.25

Eixos de rotação para várias grandezas.

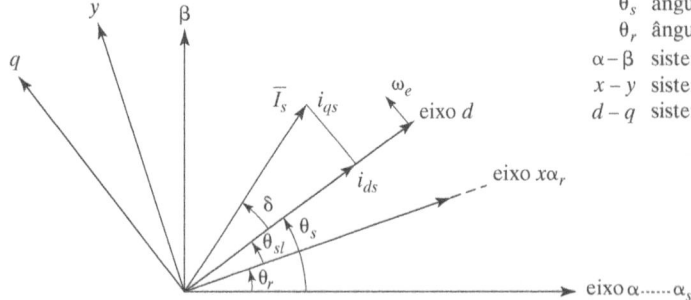

θ_s ângulo do eixo da fase do estator
θ_r ângulo do eixo da fase do rotor
$\alpha - \beta$ sistema de referência fixado no estator
$x - y$ sistema de referência fixado no rotor
$d - q$ sistema de referência de rotação síncrona

$$\begin{bmatrix} v_{qs} \\ v_{ds} \\ v_{qr} \\ v_{dr} \end{bmatrix} = \begin{bmatrix} R_s + DL_s & \omega L_s & DL_m & \omega L_m \\ -\omega L_s & R_s + DL_s & -\omega L_m & DL_m \\ DL_m & (\omega - \omega_r) L_m & R_r + DL_r & (\omega - \omega_r) L_r \\ -(\omega - \omega_r) L_m & DL_m & -(\omega - \omega_r) L_r & R_r + DL_r \end{bmatrix} \begin{bmatrix} i_{qs} \\ i_{ds} \\ i_{qr} \\ i_{dr} \end{bmatrix} \quad (15.122)$$

onde ω é a velocidade do sistema de referência (ou velocidade síncrona), ω_r é a velocidade do rotor e

$$L_s = L_{ls} + L_m, \; L_r = L_{lr} + L_m$$

Os subscritos l e m representam a fuga ou a dispersão (*leakage*) e a magnetização, respectivamente, e D representa o operador diferencial d/dt. Os circuitos equivalentes dinâmicos do motor nesse sistema de referência são apontados na Figura 15.26.

Os fluxos concatenados no estator são expressos como

$$\Psi_{qs} = L_{ls} i_{qs} + L_m(i_{qs} + i_{qr}) = L_s i_{qs} + L_m i_{qr} \quad (15.123)$$

$$\Psi_{ds} = L_{ls} i_{ds} + L_m(i_{ds} + i_{dr}) = L_s i_{ds} + L_m i_{dr} \quad (15.124)$$

$$\hat{\Psi}_s = \sqrt{\Psi_{qs}^2 + \Psi_{ds}^2} \quad (15.125)$$

Os fluxos concatenados no rotor são dados por

$$\Psi_{qr} = L_{lr} i_{qr} + L_m(i_{qs} + i_{qr}) = L_r i_{qr} + L_m i_{qs} \quad (15.126)$$

$$\Psi_{dr} = L_{lr} i_{dr} + L_m(i_{ds} + i_{dr}) = L_r i_{dr} + L_m i_{ds} \quad (15.127)$$

$$\hat{\Psi}_r = \sqrt{\Psi_{qr}^2 + \Psi_{dr}^2} \quad (15.128)$$

FIGURA 15.26

Circuitos equivalentes dinâmicos no sistema de rotação síncrona.

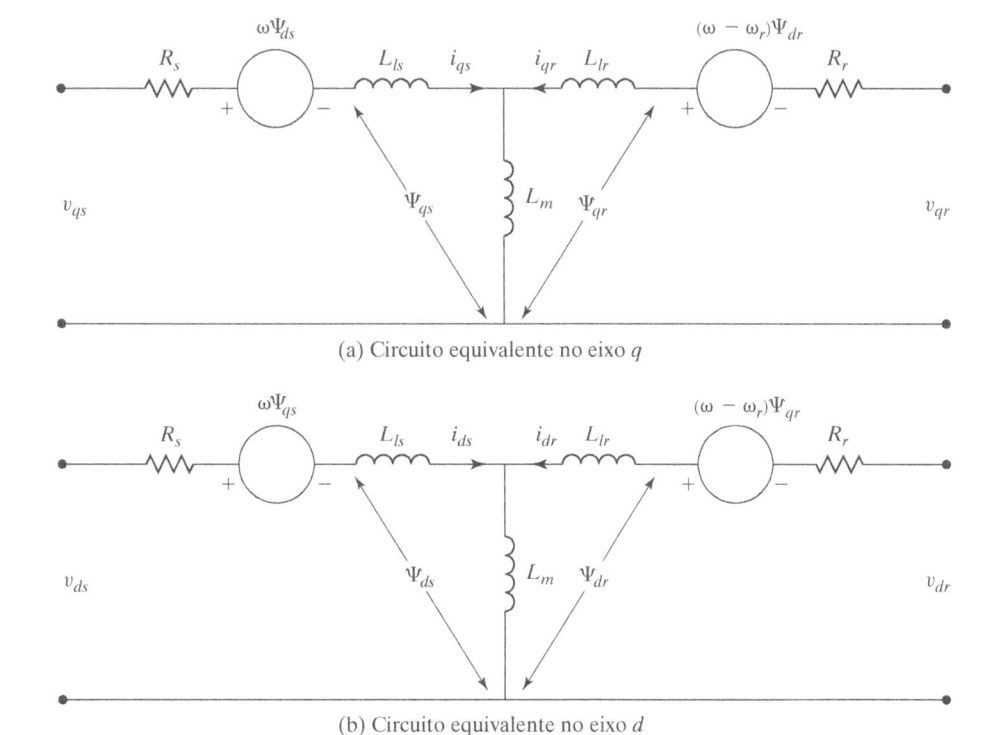

(a) Circuito equivalente no eixo q

(b) Circuito equivalente no eixo d

Os fluxos concatenados no entreferro são expressos como

$$\Psi_{mq} = L_m(i_{qs} + i_{qr}) \tag{15.129}$$

$$\Psi_{md} = L_m(i_{ds} + i_{dr}) \tag{15.130}$$

$$\hat{\Psi}_m = \sqrt{\Psi_{mqs}^2 + \Psi_{mds}^2} \tag{15.131}$$

Portanto, o torque desenvolvido pelo motor é dado por

$$T_d = \frac{3p}{2} \frac{[\Psi_{ds}i_{qs} - \Psi_{qs}i_{ds}]}{2} \tag{15.132}$$

onde p é o número de polos. A Equação 15.122 fornece as tensões nos eixos d e q como

$$v_{qr} = 0 = L_m \frac{di_{qs}}{dt} + (\omega - \omega_r)L_m i_{ds} + (R_r + L_r)\frac{di_{qr}}{dt} + (\omega - \omega_r)L_r i_{dr} \tag{15.133}$$

$$v_{dr} = 0 = L_m \frac{di_{ds}}{dt} + (\omega - \omega_r)L_m i_{qs} + (R_r + L_r)\frac{di_{dr}}{dt} + (\omega - \omega_r)L_r i_{qr} \tag{15.134}$$

que, após substituir Ψ_{qr} a partir da Equação 15.126 e Ψ_{dr} a partir da Equação 15.127, dá

$$\frac{d\Psi_{qr}}{dt} + R_r i_{qr} + (\omega - \omega_r)\Psi_{dr} = 0 \tag{15.135}$$

$$\frac{d\Psi_{dr}}{dt} + R_r i_{dr} + (\omega - \omega_r)\Psi_{qr} = 0 \tag{15.136}$$

Calculando i_{qr} a partir da Equação 15.126 e i_{dr} a partir da Equação 15.127, obtemos

$$i_{qr} = \frac{1}{L_r}\Psi_{qr} - \frac{L_m}{L_r}i_{qs} \tag{15.137}$$

$$i_{dr} = \frac{1}{L_r}\Psi_{dr} - \frac{L_m}{L_r}i_{ds} \tag{15.138}$$

Substituindo essas correntes do rotor i_{qr} e i_{dr} nas equações 15.135 e 15.136, obtemos

$$\frac{d\Psi_{qr}}{dt} + \frac{L_r}{R_r}\Psi_{qr} - \frac{L_m}{L_r}R_r i_{qs} + (\omega - \omega_r)\Psi_{dr} = 0 \tag{15.139}$$

$$\frac{d\Psi_{qr}}{dt} + \frac{L_r}{R_r}\Psi_{qr} - \frac{L_m}{L_r}R_r i_{qs} + (\omega - \omega_r)\Psi_{dr} = 0 \tag{15.140}$$

Para eliminar os transitórios no fluxo do rotor e o acoplamento entre os dois eixos, as seguintes condições devem ser satisfeitas:

$$\Psi_{qr} = 0 \text{ e } \hat{\Psi}_r = \sqrt{\Psi_{dr}^2 + \Psi_{qr}^2} = \Psi_{dr} \tag{15.141}$$

Além disso, o fluxo do rotor deve permanecer constante, de modo que

$$\frac{d\Psi_{dr}}{dt} = \frac{d\Psi_{qr}}{dt} = 0 \tag{15.142}$$

Com as condições das equações 15.141 e 15.142, o fluxo no rotor $\hat{\Psi}_r$ é alinhado no eixo d^e, e obtemos

$$\omega - \omega_r = \omega_{sl} = \frac{L_m}{\hat{\Psi}_r}\frac{R_r}{L_r}i_{qs} \tag{15.143}$$

e

$$\frac{L_r}{R_r}\frac{d\hat{\Psi}_r}{dt} + \hat{\Psi}_r = L_m i_{ds} \tag{15.144}$$

Substituindo as expressões para i_{qr} a partir da Equação 15.137 na Equação 15.126 e i_{dr} a partir da Equação 15.138 na Equação 15.127, obtemos

$$\Psi_{qs} = \left(L_s - \frac{L_m^2}{L_r}\right)i_{qs} + \frac{L_m}{L_r}\Psi_{qr} \tag{15.145}$$

$$\Psi_{ds} = \left(L_s - \frac{L_m^2}{L_r}\right)i_{ds} + \frac{L_m}{L_r}\Psi_{dr} \tag{15.146}$$

Substituindo Ψ_{qs} da Equação 15.145 e Ψ_{ds} da Equação 15.146 na Equação 15.132, obtém-se o torque desenvolvido como

$$T_d = \frac{3p}{2}\frac{L_m}{L_r}\left(\frac{\Psi_{dr}\, i_{qs} - \Psi_{qr} i_{ds}}{2}\right) = \frac{3p}{2\times 2}\frac{L_m}{L_r}\hat{\Psi}_r\, i_{qs} \qquad (15.147)$$

Se o fluxo do rotor $\hat{\Psi}_r$ permanecer constante, a Equação 15.144 se tornará

$$\hat{\Psi}_r = L_m\, i_{ds} \qquad (15.148)$$

que indica que o fluxo do rotor é diretamente proporcional à corrente i_{ds}. Assim, T_d torna-se

$$T_d = \frac{3p}{2\times 2}\frac{L_m^2}{L_r} i_{ds} i_{qs} = K_m i_{ds} i_{qs} \qquad (15.149)$$

onde $K_m = 3pL_m^2/4L_r$.

O controle vetorial pode ser executado tanto no método direto quanto no indireto.[4] Os métodos são diferentes essencialmente na forma como o vetor unitário (cos θ_s e sen θ_s) é gerado para o controle. No método direto, o vetor de fluxo é calculado a partir das grandezas nos terminais do motor, como mostra a Figura 15.27a. O método indireto utiliza a frequência de escorregamento do motor ω_{sl} para calcular o vetor de fluxo desejado, como na Figura 15.27b. Ele é mais simples de implementar do que o método direto, e é cada vez mais utilizado no controle de motor de indução. T_d é o torque desejado do motor, Ψ_r, o fluxo concatenado do rotor, T_r, a constante de tempo do rotor e L_m, a indutância mútua. A quantidade de desacoplamento depende dos parâmetros do motor, a menos que o fluxo seja medido diretamente. Sem o conhecimento exato dos parâmetros do motor, não é possível um desacoplamento ideal.

FIGURA 15.27

Diagramas de blocos do controle vetorial.

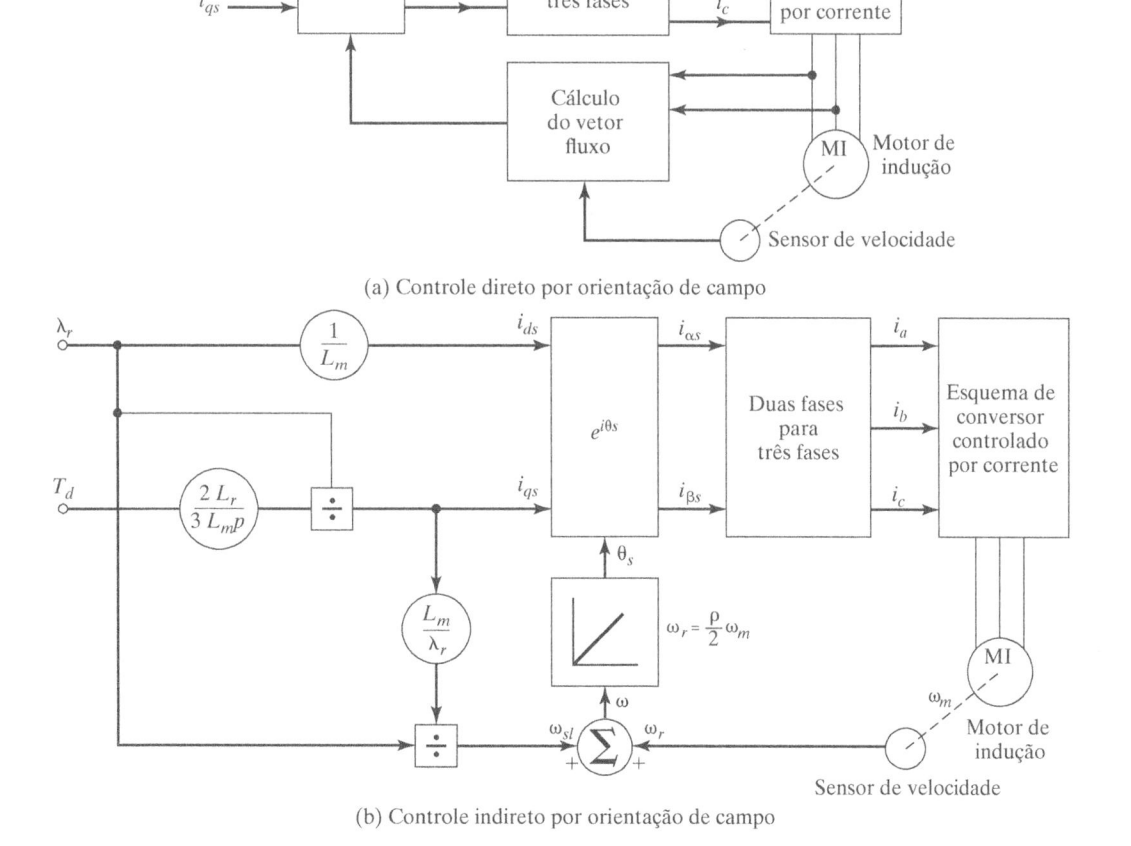

(a) Controle direto por orientação de campo

(b) Controle indireto por orientação de campo

Observações:

1. De acordo com a Equação 15.144, o fluxo do rotor $\hat{\Psi}_r$ é determinado por i_{dr}, que está sujeito a um atraso de tempo T_r por conta da constante de tempo do rotor (L_r/R_r).
2. De acordo com a Equação 15.149, a corrente i_{qs} controla o torque desenvolvido T_d sem atraso.
3. As correntes i_{ds} e i_{qs} são ortogonais entre si e chamadas de correntes de produção de *fluxo* e de *torque*, respectivamente. Essa correspondência entre as correntes de produção de fluxo e de torque está sujeita a que sejam mantidas as condições nas equações 15.143 e 15.144. Normalmente, i_{ds} permanece fixa para operações até a velocidade-base. Depois disso, ela é reduzida para enfraquecer o fluxo do rotor, de modo que o motor possa ser acionado com uma característica do tipo de potência constante.

15.5.3 Controle vetorial indireto

A Figura 15.28 mostra o diagrama de blocos para a execução do controle indireto por orientação de campo (IFOC). A componente de fluxo da corrente i_{ds}^* para o fluxo desejado no rotor $\hat{\Psi}_r$ é determinada a partir da Equação 15.148 e mantida constante. A variação da indutância de magnetização L_m pode, porém, causar algum desvio no fluxo. A Equação 15.143 relaciona o erro de velocidade angular ($\omega_{ref} - \omega_r$) com i_{qs}^* por

$$i_{qs}^* = \frac{\hat{\Psi}_r L_r}{L_m R_r}(\omega_{ref} - \omega_r) \tag{15.150}$$

que, por sua vez, gera a componente de torque da corrente i_{qs}^* a partir da malha de controle de velocidade. A frequência de escorregamento ω_{sl}^* é gerada a partir de i_{qs}^* no modo de ação direta (*feed-forward*) a partir da Equação 15.143. A expressão correspondente do ganho de escorregamento K_{sl} é dada por

$$K_{sl} = \frac{\omega_{sl}^*}{i_{qs}^*} = \frac{L_m}{\hat{\Psi}_r} \times \frac{R_r}{L_r} = \frac{R_r}{L_r} \times \frac{1}{i_{ds}^*} \tag{15.151}$$

A velocidade de escorregamento ω_{sl}^* é adicionada à velocidade do rotor ω_r para a obtenção da frequência do estator ω. Faz-se a integral dessa frequência em relação ao tempo para produzir o ângulo necessário θ_s da fmm do

FIGURA 15.28

Esquema do controle indireto por orientação de fluxo do rotor.

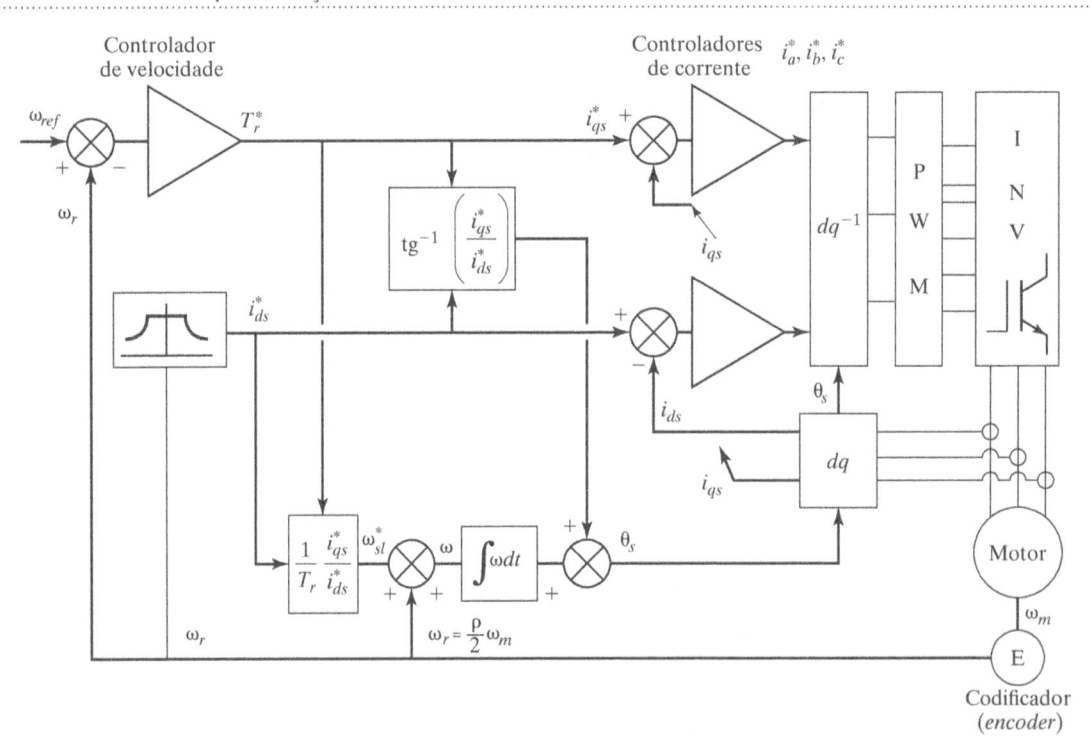

estator em relação ao vetor de fluxo do rotor. Esse ângulo é utilizado para gerar os sinais do vetor unitário (cosθ_s e senθ_s) e para transformar as correntes do estator (i_{ds} e i_{qs}) no sistema de referência dq. Utilizam-se dois controladores diferentes de corrente para regular as correntes i_q e i_d com os seus valores de referência. Os erros compensados de i_q e i_d passam então pela transformação inversa para o sistema de referência a-b-c do estator para a obtenção dos sinais de chaveamento para o inversor através de PWM ou de comparadores de histerese.

As várias componentes dos vetores espaciais são mostradas na Figura 15.29. Os eixos d^s-q^s estão presos no estator, mas os eixos d^r-q^r, que estão presos no rotor, movem-se à velocidade ω_r. Os eixos de rotação síncrona d^e-q^e estão girando à frente dos eixos d^r-q^r por um ângulo positivo de escorregamento θ_{sl} correspondente à frequência de escorregamento ω_{sl}. Como o polo do rotor está direcionado ao eixo d^e e $\omega = \omega_r + \omega_{sl}$, podemos escrever

$$\theta_s = \int \omega dt = \int (\omega_r + \omega_{sl})\, dt = \theta_r + \theta_{sl} \tag{15.152}$$

A posição do rotor θ_s não é absoluta, mas está escorregando em relação ao rotor na frequência ω_{sl}. Para o controle de desacoplamento, a componente fluxo do estator da corrente i_{ds} deve ser alinhada sobre o eixo d^e, e a componente torque da corrente i_{qs}, sobre o eixo q^e.

Esse método utiliza um esquema de ação direta (*feed-forward*) para gerar ω_{sl}^* a partir de i_{ds}^*, i_{qs}^* e T_r. A constante de tempo do rotor T_r pode não permanecer constante em todas as condições de operação. Assim, nas condições de operação, a velocidade de escorregamento ω_{sl}, que afeta diretamente o torque desenvolvido e a posição do vetor de fluxo do rotor, pode variar muito. O método indireto requer que o controlador seja compatível com o motor acionado. Isso porque o controlador também precisa estar familiarizado com algum parâmetro ou parâmetros do motor, que podem variar continuamente de acordo com as condições de operação. Muitos esquemas de identificação da constante de tempo do rotor podem ser adotados para superar esse problema.

FIGURA 15.29

Diagrama fasorial mostrando as componentes do vetor espacial para o controle vetorial indireto.

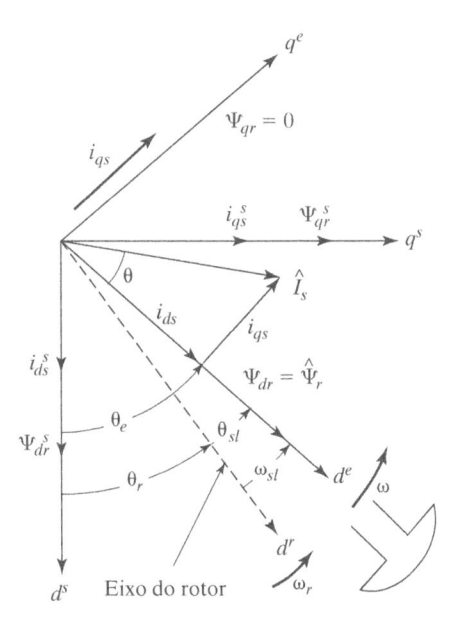

Exemplo 15.10 • Determinação dos fluxos concatenados do rotor

Os parâmetros de um motor de indução com um controle vetorial indireto são: 6 hp, conectado em Y, trifásico, 60 Hz, quatro polos, 220 V, $R_s = 0{,}28\ \Omega$, $R_r = 0{,}17\ \Omega$, $L_m = 61$ mH, $L_r = 56$ mH, $L_s = 53$ mH, $J = 0{,}01667$ kg-m^2, velocidade nominal = 1800 rpm. Determine **(a)** os fluxos concatenados nominais do rotor e as correspondentes correntes do estator i_{ds} e i_{qs}; **(b)** a corrente total do estator I_s; **(c)** o ângulo de torque θ_T; e **(d)** o ganho de escorregamento K_{sl}.

Solução

$P_o = 745{,}7 \times 6 = 4474$ W, $V_L = 220$ V, $f = 60$ Hz, $p = 4$, $R_s = 0{,}28$ Ω, $R_r = 0{,}17$ Ω, $L_m = 61$ mH, $L_r = 56$ mH, $L_s = 53$ mH, $J = 0{,}01667$ kg-m², $N = 1800$ rpm. $\omega = 2\pi f = 2\pi \times 60 = 376{,}991$ rad/s, $\omega_m = (2\pi N)/60 = (2\pi \times 1800)/60 = 188{,}496$ rad/s, $\omega_r = (p/2) \times \omega_m = (4/2) \times 157{,}08 = 376{,}991$ rad/s, $\omega_{c(máx)} = \omega_r = 314{,}159$ rad/s, $V_{qs} = (\sqrt{2}\, V_L)/\sqrt{3} = (\sqrt{2} \times 220)/\sqrt{3} = 179{,}629$ rmV, $V_{ds} = 0$

a. Para $\omega_{sl} = 0$, a Equação 15.122 dá

$$\begin{pmatrix} i_{qs} \\ i_{ds} \\ i_{qr} \\ i_{dr} \end{pmatrix} = \begin{pmatrix} R_s & \omega L_s & 0 & \omega L_m \\ -\omega L_s & R_s & -\omega L_m & 0 \\ 0 & \omega_{sl} L_m & R_r & \omega_{sl} L_r \\ -\omega_{sl} L_m & 0 & -\omega_{sl} L_r & R_r \end{pmatrix}^{-1} \begin{pmatrix} v_{qs} \\ v_{ds} \\ 0 \\ 0 \end{pmatrix} = \begin{pmatrix} 0{,}126 \\ 8{,}988 \\ 0 \\ 0 \end{pmatrix}$$

Portanto, $i_{qs} = 0{,}126$ A, $i_{ds} = 8{,}988$ A, $i_{qr} = 0$ e $i_{dr} = 0$.

A partir das equações 15.123 a 15.125, obtemos os fluxos concatenados do estator como

$$\Psi_{qs} = L_s i_{qs} + L_m i_{qr} = 53 \times 10^{-3} \times 0{,}126 + 61 \times 10^{-3} \times 0 = 6{,}678 \text{ mWb-espira}$$

$$\Psi_{ds} = L_s i_{ds} + L_m i_{dr} = 53 \times 10^{-3} \times 8{,}988 + 61 \times 10^{-3} \times 0 = 0{,}476 \text{ Wb-espira}$$

$$\Psi_s = \sqrt{\Psi_{qs}^2 + \Psi_{ds}^2} \quad \sqrt{(6{,}678 \times 10^{-3})^2\; 0{,}476^2} = 0{,}476 \text{ Wb-espira}$$

A partir das equações 15.126 a 15.128, obtemos os fluxos concatenados do rotor como

$$\Psi_{qr} = L_r i_{qr} + L_m i_{qs} = 56 \times 10^{-3} \times 0 + 61 \times 10^{-3} \times 0{,}126 = 7{,}686 \text{ mWb-espira}$$

$$\Psi_{dr} = L_r i_{dr} + L_m i_{ds} = 56 \times 10^{-3} \times 0 + 61 \times 10^{-3} \times 8{,}988 = 0{,}548 \text{ Wb-espira}$$

$$\Psi_r = \sqrt{\Psi_{qr}^2 + \Psi_{dr}^2} = \sqrt{(7{,}686 \times 10^{-3})^2 + 0{,}548^2} = 0{,}548 \text{ Wb-espira}$$

A partir das equações 15.129 a 15.131, obtemos os fluxos concatenados de magnetização como

$$\Psi_{mq} = L_m (i_{qs} + i_{qr}) = 61 \times 10^{-3} \times (0{,}126 + 0) = 7{,}686 \text{ mWb}$$

$$\Psi_{md} = L_m + (i_{ds} + i_{dr}) = 61 \times 10^{-3} \times (8{,}988 + 0) = 0{,}548 \text{ Wb}$$

$$\Psi_m = \sqrt{\Psi_{mq}^2 + \Psi_{md}^2} = \sqrt{(7{,}686 \times 10^{-3})^2 + 0{,}548^2} = 0{,}548 \text{ Wb}$$

b. A corrente do estator (ou do campo) de produção de fluxo para gerar a fmm Ψ_m é

$$I_f = I_s = \sqrt{i_{ds}^2 + i_{qs}^2} = \sqrt{8{,}988^2 + 0{,}126^2} = 8{,}989 \text{ A}$$

E a Equação 15.132 fornece o torque correspondente como

$$T_d = \frac{3p}{4}(\Psi_{ds} i_{qs} - \Psi_{qs} i_{ds}) = \frac{3 \times 4}{4}(0{,}476 \times 0{,}126 - 6{,}678 \times 10^{-3} \times 8{,}898)$$

$$= 0 (\text{como esperado})$$

A Equação 15.149 também fornece o valor aproximado do torque correspondente como

$$T_d = \frac{3p}{4} \times \frac{L_m^2}{L_r} i_{ds} i_{qs} = \frac{3 \times 4}{4} \times \frac{(61 \times 10^{-3})^2}{56 \times 10^{-3}} \times 8{,}988 \times 0{,}126 = 0{,}226 \text{ N.m}$$

c. O torque necessário para produzir a potência de saída P_o é $T_e = P_o/\omega_m = 4744/188{,}496 = 23{,}736$ N · m. A Equação 15.147 dá a constante de torque $K_e = (3p/4)(L_m/L_r) = (3 \times 4/4) \times (61/56) = 3{,}268$, e a corrente do rotor necessária para produzir o torque T_e é $I_r = i_{qs} = T_e/(K_e \Psi_r) = 23{,}736/(3{,}268 \times 0{,}548) = 13{,}247$ A. Portanto, a corrente total do estator é

$$I_s = \sqrt{I_f^2 + I_r^2} = \sqrt{8{,}989^2 + 13{,}247^2} = 16{,}01\text{A}$$

E o ângulo de torque $\theta_T = \text{tg}^{-1}(I_s/I_f) = \text{tg}^{-1}(16{,}01/8{,}989) = 60{,}69°$

d. A partir da Equação 15.151,

$$\omega_{sl} = \frac{R_r}{L_r} \times \frac{I_s}{I_f} = \frac{0{,}17}{56 \times 10^{-3}} \times \frac{16{,}01}{8{,}989} = 5{,}06\,\text{rad/s}$$

$$K_{sl} = \frac{L_m R_r}{\Psi_r L_r} = \frac{61 \times 10^{-3}}{0{,}548} \times \frac{0{,}17}{56 \times 10^{-3}} = 0{,}338$$

15.5.4 Controle vetorial direto

Os fluxos concatenados no entreferro dos eixos *d* e *q* do estator são utilizados para determinar os respectivos fluxos concatenados do rotor no sistema de referência do estator. Os fluxos concatenados no entreferro são medidos por meio da instalação de sensores de quadratura de fluxo no entreferro, como mostra a Figura 15.30.

As equações 15.123 a 15.131 no sistema de referência do estator podem ser simplificadas para obter os fluxos concatenados como

$$\Psi_{qr}^s = \frac{L_r}{L_m} \Psi_{qm}^s - L_{lr} i_{qs}^s \tag{15.153}$$

$$\Psi_{dr}^s = \frac{L_r}{L_m} \Psi_{dm}^s - L_{lr} i_{ds}^s \tag{15.154}$$

onde o sobrescrito ^{s} representa o sistema de referência do estator. A Figura 15.31 mostra o diagrama fasorial para as componentes do vetor espacial. A corrente i_{ds} deve ser alinhada na direção do fluxo $\hat{\Psi}_r$ e i_{qs} deve ser perpendicular a $\hat{\Psi}_r$. O sistema $d^e - q^e$ está girando à velocidade síncrona ω com relação ao sistema estacionário $d^s - q^s$, e, em qualquer instante, a posição angular do eixo d^e com relação ao eixo d^s é θ_s na Equação 15.122.

Os vetores do fluxo do rotor no sistema de referência estacionário são dados por

$$\Psi_{qr}^s = \hat{\Psi}_r \,\text{sen}\,\theta_s \tag{15.155}$$

$$\Psi_{dr}^s = \hat{\Psi}_r \cos\theta_s \tag{15.156}$$

o que dá as componentes do vetor unitário como

$$\cos\theta_s = \frac{\Psi_{dr}^s}{\hat{\Psi}_r} \tag{15.157}$$

FIGURA 15.30

Sensores de quadratura para fluxo no entreferro a controle vetorial direto.

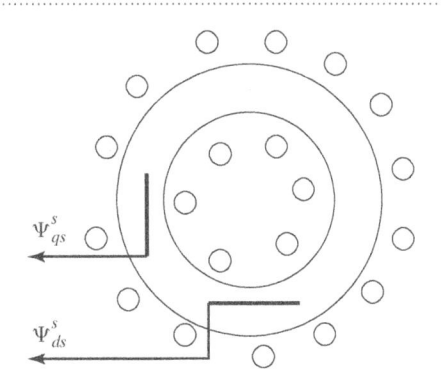

FIGURA 15.31

Fasores $d^e - q^e$ e $d^s - q^s$ para controle vetorial direto.

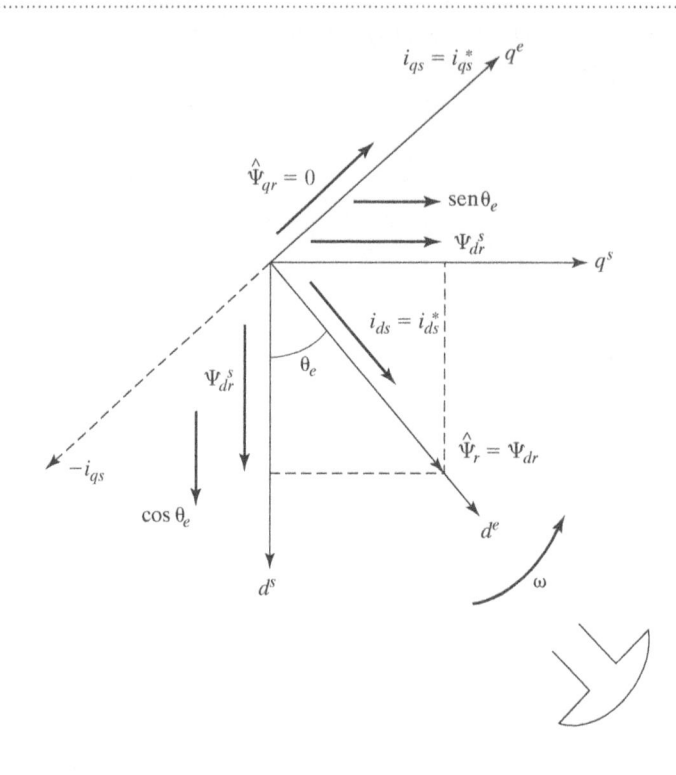

$$\text{sen }\theta_s = \frac{\Psi_{qr}^s}{\hat{\Psi}_r} \tag{15.158}$$

onde

$$\left|\hat{\Psi}_r\right| = \sqrt{(\Psi_{dr}^s)^2 + (\Psi_{qr}^s)^2} \tag{15.159}$$

Os sinais de fluxo Ψ_{dr}^s e Ψ_{qr}^s são gerados a partir das tensões e correntes nos terminais da máquina pelo uso de um estimador baseado no modelo de tensão. O torque do motor é controlado pela corrente i_{qs}, e o fluxo do rotor, pela corrente i_{ds}. Esse método de controle oferece melhor desempenho em baixa velocidade do que o IFOC. No entanto, em alta velocidade, os sensores de fluxo no entreferro reduzem a confiabilidade. Em aplicações práticas, o IFOC é geralmente preferido. Porém, fluxos concatenados nos eixos d e q podem ser calculados a partir da integral das tensões de entrada no estator.

■ **Principais pontos da Seção 15.5**

– A técnica de controle vetorial utiliza o circuito equivalente dinâmico do motor de indução. Ela separa a corrente do estator em duas componentes: uma fornece o fluxo do entreferro e a outra produz o torque; além disso, proporciona controle independente do fluxo e do torque, e a característica do controle é linearizada.

– As correntes do estator são convertidas para um sistema de referência de rotação síncrona fictício, alinhado com o vetor de fluxo, e são transformadas de volta no sistema do estator antes da realimentação da máquina. O método indireto, e não o direto, é geralmente o preferido.

15.6 ACIONAMENTO DE MOTORES SÍNCRONOS

Os motores síncronos têm um enrolamento polifásico no estator, também conhecido como armadura, e um enrolamento de campo que conduz uma corrente CC no rotor. Há duas fmms envolvidas: uma pela corrente de campo e a outra pela de armadura. A fmm resultante produz o torque. A armadura é idêntica ao estator dos motores de indução, mas não há indução no rotor. Um motor síncrono é uma máquina de velocidade constante, e ela sempre gira com escorregamento zero à velocidade síncrona, que depende da frequência e do número de polos, como dado pela Equação 15.1. Um motor síncrono pode ser operado como motor ou gerador. O FP pode ser controlado variando-se a corrente de campo. Com os cicloconversores e inversores, as aplicações dos motores síncronos em acionamentos de velocidade variável estão se ampliando. Os motores síncronos podem ser classificados em seis tipos:

1. Motores de rotor cilíndrico.
2. Motores de polos salientes.
3. Motores de relutância.
4. Motores de ímã permanente.
5. Motores de relutância chaveada.
6. Motores CC e CA sem escovas.

15.6.1 Motores de rotor cilíndrico

O enrolamento do campo está no rotor, que é cilíndrico, e esses motores têm um entreferro uniforme. As reatâncias são independentes da posição do rotor. O circuito equivalente por fase, que despreza a perda a vazio, é mostrado na Figura 15.32a, na qual R_a é a resistência da armadura por fase, e X_s, a *reatância síncrona* por fase. V_f, que depende da corrente de campo, é conhecida como tensão de *excitação* ou de *campo*.

O fator de potência depende da corrente de campo. As curvas em V, que mostram as variações típicas da corrente de armadura em função da corrente de excitação, são indicadas na Figura 15.33. Para a mesma corrente de armadura, o FP pode ser indutivo (em atraso) ou capacitivo (adiantado), dependendo da corrente de excitação I_f.

Se θ_m for o ângulo do FP indutivo do motor, a Figura 15.32a dará

$$\overline{V}_f = V_a \underline{/0} - \overline{I}_a (R_a + jX_s) \tag{15.160}$$

$$= V_a \underline{/0} - I_a (\cos\theta_m - j\,\text{sen}\,\theta_m)(R_a + jX_s)$$

$$= V_a - I_a X_s \,\text{sen}\,\theta_m - I_a R_a \cos\theta_m - jI_a(X_s \cos\theta_m - R_a \,\text{sen}\,\theta_m) \tag{15.161a}$$

$$= V_f \underline{/\delta} \tag{15.161b}$$

onde

$$\delta = \text{tg}^{-1}\left(\frac{-(I_a X_s \cos\theta_m - I_a R_a \,\text{sen}\,\theta_m)}{V_a - I_a X_s \,\text{sen}\,\theta_m - I_a R_a \cos\theta_m}\right) \tag{15.162}$$

e

$$V_f = \sqrt{(V_a - I_a X_s \,\text{sen}\,\theta_m - I_a R_a \cos\theta_m)^2 + (I_a X_s \cos\theta_m - I_a R_a \,\text{sen}\,\theta_m)^2} \tag{15.163}$$

FIGURA 15.32

Circuito equivalente dos motores síncronos.

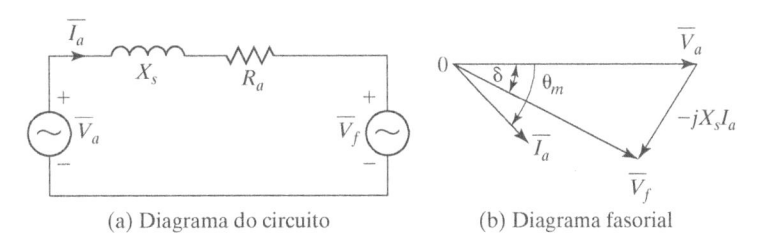

(a) Diagrama do circuito

(b) Diagrama fasorial

FIGURA 15.33

Curvas típicas em V de motores síncronos.

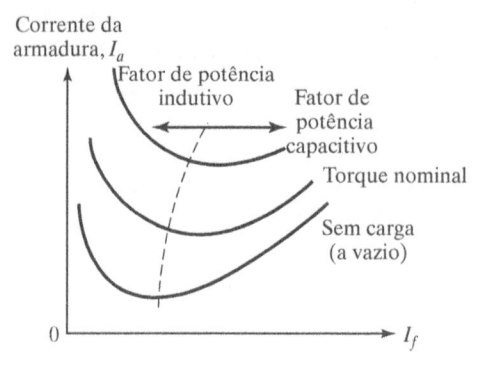

O diagrama fasorial da Figura 15.32b fornece

$$\overline{V}_f = V_f(\cos \delta + j \operatorname{sen} \delta) \tag{15.164}$$

$$\overline{I}_a = \frac{\overline{V}_a - \overline{V}_f}{R_a + jX_s} = \frac{[V_a - V_f(\cos \delta + j \operatorname{sen} \delta)](R_a - jX_s)}{R_a^2 + X_s^2} \tag{15.165}$$

A parte real da Equação 15.165 torna-se

$$I_a \cos \theta_m = \frac{R_a(V_a - V_f \cos \delta) - V_f X_s \operatorname{sen} \delta}{R_a^2 + X_s^2} \tag{15.166}$$

A potência de entrada pode ser determinada a partir da Equação 15.166,

$$P_i = 3 V_a I_a \cos \theta_m \tag{15.167}$$

$$= \frac{3[R_a(V_a^2 - V_a V_f \cos \delta) - V_a V_f X_s \operatorname{sen} \delta]}{R_a^2 + X_s^2}$$

A perda no cobre do estator (ou armadura) é

$$P_{su} = 3 I_a^2 R_a \tag{15.168}$$

A potência no entreferro, que é a mesma da potência desenvolvida, é

$$P_d = P_g = P_i - P_{su} \tag{15.169}$$

Se ω for a velocidade síncrona, que é a velocidade do rotor, o torque desenvolvido torna-se

$$T_d = \frac{P_d}{\omega_s} \tag{15.170}$$

Se a resistência da armadura for desprezável, T_d na Equação 15.170 torna-se

$$T_d = -\frac{3 V_a V_f \operatorname{sen} \delta}{X_s \omega_s} \tag{15.171}$$

e a Equação 15.162 torna-se

$$\delta = -\operatorname{tg}^{-1}\left(\frac{I_a X_s \cos \theta_m}{V_a - I_a X_s \operatorname{sen} \theta_m}\right) \tag{15.172}$$

Na aceleração (operação como motor), δ é negativo, e o torque na Equação 15.171 torna-se positivo. No caso de operação como gerador, δ é positivo, e a potência (e o torque) torna-se negativa. O ângulo δ é chamado *ângulo de torque*. Para tensão e frequência fixas, o torque depende do ângulo δ e é proporcional à tensão de excitação V_f. Para valores fixos de V_f e δ, o torque depende da razão tensão-frequência, e um controle dessa razão constante pode proporcionar o controle de velocidade a um torque constante. Se V_a, V_f e δ permanecerem fixos, o torque diminui com a velocidade e o motor opera no modo de enfraquecimento de campo.

Se $\delta = 90°$, o torque torna-se máximo, e o máximo torque desenvolvido, que é chamado *torque de ruptura* ou *torque de perda de sincronismo*, torna-se

$$T_p = T_m = -\frac{3V_a V_f}{X_s \omega_s} \tag{15.173}$$

O gráfico do torque desenvolvido em função do ângulo δ é indicado na Figura 15.34. Por questões de estabilidade, o motor é operado na inclinação positiva das características T_d–δ, e isso limita a faixa do ângulo de torque, $-90° \leq \delta \leq 90°$.

Observação: $\omega_s = \omega_m$ e $\omega_r = (p/2)\omega_m$

FIGURA 15.34

Torque em função do ângulo com motor cilíndrico.

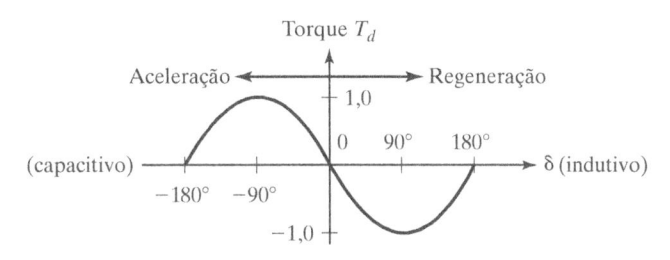

Exemplo 15.11 ▪ Determinação dos parâmetros de desempenho de um motor síncrono de rotor cilíndrico

Um motor síncrono de rotor cilíndrico trifásico, de 460 V, 60 Hz, seis polos, conectado em Y, tem uma reatância síncrona de $X_s = 2,5$ Ω, e a resistência da armadura é desprezável. O torque da carga, que é proporcional ao quadrado da velocidade, é $T_L = 398$ N · m a 1200 rpm. O FP é mantido unitário pelo controle de campo, e a razão tensão-frequência, constante no valor nominal. Para uma frequência do inversor de 36 Hz e uma velocidade do motor de 720 rpm, calcule **(a)** a tensão de entrada V_a; **(b)** a corrente de armadura I_a; **(c)** a tensão de excitação V_f; **(d)** o ângulo de torque δ; e **(e)** o torque de ruptura T_p.

Solução
FP = $\cos \theta_m = 1,0$, $\theta_m = 0$, $V_{a(\text{nominal})} = V_b = V_s = 460/\sqrt{3} = 265,58$ V, $p = 6$, $\omega = 2\pi \times 60 = 377$ rad/s, $\omega_b = \omega_s = \omega_m = 2 \times 377/6 = 125,67$ rad/s ou 1200 rpm e $d = V_b/\omega_b = 265,58/125,67 = 2,1133$. Em 720 rpm,

$$T_L = 398 \times \left(\frac{720}{1200}\right)^2 = 143,28 \text{ N·m} \quad \omega_s = \omega_m = 720 \times \frac{\pi}{30} = 75,4 \text{ rad/s}$$

$$P_0 = 143,28 \times 75,4 = 10.803 \text{ W}$$

a. $V_a = d\omega_s = 2,1133 \times 75,4 = 159,34$ V.
b. $P_0 = 3 V_a I_a$ FP = 10.803 ou $I_a = 10.803/(3 \times 159,34) = 22,6$ A.
c. A partir da Equação 15.160,

$$\overline{V}_f = 159,34 - 22,6 \times (1 - j0)(j2,5) = 169,1 \text{ /\underline{$-19,52°$}}$$

d. O ângulo de torque é $\delta = -19,52°$.
e. A partir da Equação 15.173,

$$T_p = \frac{3 \times 159,34 \times 169,1}{2,5 \times 75,4} = 428,82 \text{ N·m}$$

15.6.2 Motores de polos salientes

A armadura dos motores de polos salientes é semelhante à dos motores de rotor cilíndrico. No entanto, por conta da saliência, o entreferro não é uniforme e o fluxo depende da posição do rotor. O enrolamento do campo normalmente é feito no corpo dos polos. A corrente da armadura e as reatâncias podem ser transformadas nas componentes do eixo direto e do eixo quadratura. I_d e I_q são as componentes da corrente de armadura no eixo direto (ou d) e no eixo quadratura (ou q), respectivamente. X_d e X_q são as reatâncias dos eixos d e q, respectivamente. Utilizando a Equação 15.160, a tensão de excitação torna-se

$$\bar{\mathbf{V}}_f = \bar{\mathbf{V}}_a - jX_d\bar{\mathbf{I}}_d - jX_q\bar{\mathbf{I}}_q - R_a\bar{\mathbf{I}}_a$$

Para uma resistência de armadura desprezável, o diagrama fasorial é mostrado na Figura 15.35. A partir do diagrama fasorial,

$$I_d = I_a \operatorname{sen}(\theta_m - \delta) \tag{15.174}$$

$$I_q = I_a \cos(\theta_m - \delta) \tag{15.175}$$

$$I_d X_d = V_a \cos\delta - V_f \tag{15.176}$$

$$I_q X_q = V_a \operatorname{sen}\delta \tag{15.177}$$

Substituindo I_q a partir da Equação 15.175 na Equação 15.177, temos

$$V_a \operatorname{sen}\delta = X_q I_a \cos(\theta_m - \delta)$$
$$= X_q I_a (\cos\delta \cos\theta_m + \operatorname{sen}\delta \operatorname{sen}\theta_m) \tag{15.178}$$

Dividindo ambos os lados por $\cos\delta$ e calculando δ, obtém-se

$$\delta = -\operatorname{tg}^{-1}\left(\frac{I_a X_q \cos\theta_m}{V_a - I_a X_q \operatorname{sen}\theta_m}\right) \tag{15.179}$$

onde o sinal negativo significa que V_f está atrasada em relação a V_a. Se a tensão no terminal for determinada nos eixos d e q,

$$V_{ad} = -V_a \operatorname{sen}\delta \text{ e } V_{aq} = V_a \cos\delta$$

A potência de entrada torna-se

$$P = -3(I_d V_{ad} + I_q V_{aq})$$
$$= 3I_d V_a \operatorname{sen}\delta - 3I_q V_a \cos\delta \tag{15.180}$$

FIGURA 15.35

Diagrama fasorial para motores síncronos de polos salientes.

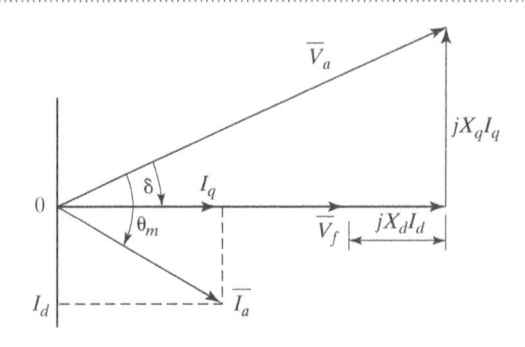

Substituindo I_d a partir da Equação 15.176 e I_q a partir da Equação 15.177 na Equação 15.180, obtém-se

$$P_d = -\frac{3V_aV_f}{X_d}\operatorname{sen}\delta - \frac{3V_a^2}{2}\left[\frac{X_d - X_q}{X_dX_q}\operatorname{sen}(2\delta)\right] \quad (15.181)$$

Dividindo a Equação 15.181 pela velocidade obtém-se o torque desenvolvido como

$$T_d = -\frac{3V_aV_f}{X_d\omega_s}\operatorname{sen}\delta - \frac{3V_a^2}{2\omega_s}\left[\frac{X_d - X_q}{X_dX_q}\operatorname{sen}(2\delta)\right] \quad (15.182)$$

O torque na Equação 15.182 tem duas componentes. A primeira é a mesma que a do rotor cilíndrico se X_d for substituída por X_s, e a segunda é decorrente da saliência do rotor. O gráfico típico de T_d em função do ângulo de torque é mostrado na Figura 15.36, na qual o torque tem um valor máximo em $\delta = \pm\delta_m$. Para a estabilidade, o ângulo de torque é limitado na faixa de $-\delta_m \leq \delta \leq \delta_m$, e nessa faixa estável a inclinação da característica T_d–δ é maior que a do motor de rotor cilíndrico.

FIGURA 15.36

Torque em função do ângulo com rotor de polos salientes.

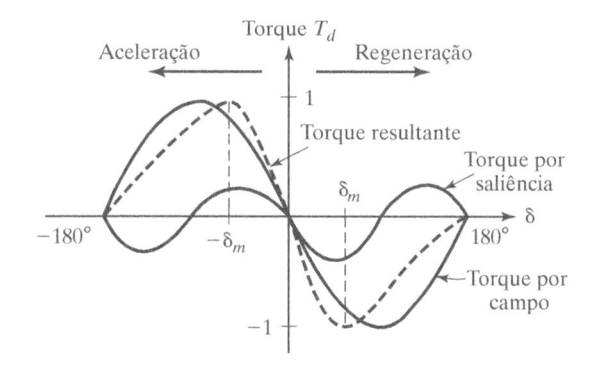

15.6.3 Motores de relutância

Os motores de relutância são semelhantes aos de polos salientes, exceto que não há enrolamento de campo no rotor. O circuito de armadura, que produz campo magnético rotativo no entreferro, induz um campo no rotor cuja tendência é se alinhar com o campo da armadura. Os motores de relutância são muito simples e são utilizados em aplicações em que há a necessidade de que determinado número de motores gire em sincronismo. Esses motores têm baixo FP indutivo, geralmente na faixa de 0,65 a 0,75.

Com $V_f = 0$, a Equação 15.182 pode ser aplicada para determinar o torque de relutância.

$$T_d = -\frac{3V_a^2}{2\omega_s}\left[\frac{X_d - X_q}{X_dX_q}\operatorname{sen}(2\delta)\right] \quad (15.183)$$

onde

$$\delta = -\operatorname{tg}^{-1}\left(\frac{I_aX_q\cos\theta_m}{V_a - I_aX_q\operatorname{sen}\theta_m}\right) \quad (15.184)$$

O torque de ruptura (perda de sincronismo) para $\delta = -45°$ é

$$T_p = \frac{3V_a^2}{2\omega_s}\left[\frac{X_d - X_q}{X_dX_q}\right] \quad (15.185)$$

Exemplo 15.12 ▪ Determinação dos parâmetros de desempenho de um motor de relutância

Um motor de relutância trifásico, de 230 V, 60 Hz, quatro polos, conectado em Y, tem $X_d = 22{,}5\ \Omega$ e $X_q = 3{,}5\ \Omega$. A resistência da armadura é desprezável. O torque de carga é $T_L = 12{,}5$ N·m. A razão tensão-frequência é mantida constante no valor nominal. Para uma frequência de alimentação de 60 Hz, determine **(a)** o ângulo de torque δ; **(b)** a corrente de linha I_a; e **(c)** o FP de entrada.

Solução

$T_L = 12{,}5$ N · m, $V_{a(\text{nominal})} = V_b = 230/\sqrt{3} = 132{,}79\ V$, $p = 4$, $\omega = 2\pi \times 60 = 377$ rad/s, $\omega_b = \omega_s = \omega_m = 2 \times 377/4 = 188{,}5$ rad/s ou 1800 rpm e $V_a = 132{,}79\ V$.

a. $\omega_s = 188{,}5$ rad/s. A partir da Equação 15.183,

$$\text{sen}(2\delta) = -\frac{12{,}5 \times 2 \times 188{,}5 \times 22{,}5 \times 3{,}5}{3 \times 132{,}79^2 \times (22{,}5 - 3{,}5)}$$

e $\delta = -10{,}84°$.

b. $P_0 = 12{,}5 \times 188{,}5 = 2356$ W. A partir da Equação 15.184,

$$\text{tg}(10{,}84°) = \frac{3{,}5 I_a \cos\theta_m}{132{,}79 - 3{,}5 I_a \operatorname{sen}\theta_m}$$

e $P_0 = 2356 = 3 \times 132{,}79 I_a \cos\theta_m$. A partir dessas duas equações, I_a e θ_m podem ser determinados por meio de um método iterativo de solução, que dá $I_a = 9{,}2$ A e $\theta_m = 49{,}98°$.

c. FP = cos(49,98°) = 0,643.

15.6.4 Motores de relutância chaveada

Um motor de relutância chaveada (SRM) é um motor de passo com relutância variável. Uma vista em corte transversal é ilustrada na Figura 15.37a. São mostradas três fases ($q = 3$) com seis dentes do estator, $N_s = 6$, e quatro dentes do rotor, $N_r = 4$. N_r está relacionado com N_s e q por $N_r = N_s \pm N_s/q$. Cada enrolamento de fase é colocado em dois dentes diametralmente opostos. Se a fase A for excitada por uma corrente i_a, um torque é desenvolvido, e isso faz um par de polos do rotor ficar magneticamente alinhado com os polos da fase A. Se as fases subsequentes, B e C, forem excitadas em sequência, mais uma rotação acontece. A velocidade do motor pode ser variada excitando-se em sequência as fases A, B e C. Um circuito muito utilizado para acionar um SRM é indicado na Figura 15.37b. Geralmente há a necessidade de um sensor de posição absoluta para controlar diretamente os ângulos de excitação do estator em relação à posição do rotor. Um controle com realimentação da posição é utilizado para gerar os sinais de comando. Se o chaveamento ocorrer em uma posição fixa do rotor quanto aos polos do rotor, um SRM apresentaria as características de um motor CC série. Pela variação da posição do rotor, pode-se obter uma faixa das características de operação.[16, 17]

15.6.5 Motores de ímã permanente

Os motores de ímã permanente são semelhantes aos de polos salientes, exceto que não existe nenhum enrolamento de campo no rotor, e o campo é fornecido através da montagem de ímãs permanentes no rotor. A tensão de excitação não pode ser variada. Para o mesmo tamanho da estrutura, os motores de ímã permanente têm torque de ruptura maior. As equações para os motores de polos salientes podem ser aplicadas aos motores de ímã permanente se a tensão de excitação V_f for considerada constante. A eliminação da bobina de campo, da alimentação CC e dos anéis coletores reduz as perdas e a complexidade do motor. Esses motores também são conhecidos como *motores sem escovas*, e cada vez mais utilizados em robôs e máquinas-ferramenta. Um motor de ímã permanente (*permanent-magnet* — PM) pode ser alimentado tanto por corrente com forma de onda retangular quanto por corrente senoidal. Os motores alimentados por corrente retangular, que têm enrolamentos concentrados no estator induzindo uma tensão quadrada ou trapezoidal, são normalmente utilizados em acionamentos de baixa potência.

FIGURA 15.37

Motor de relutância chaveada.

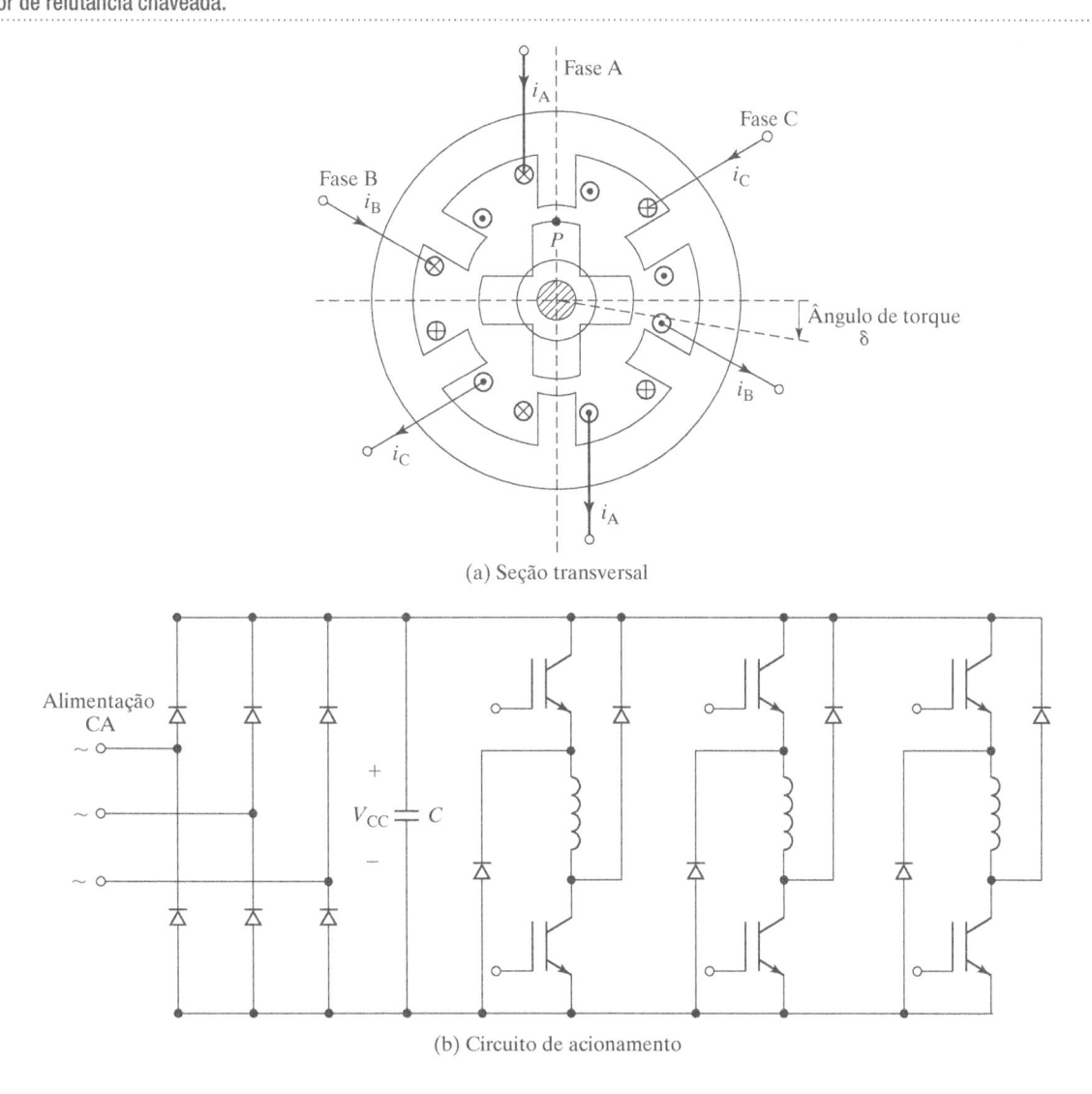

(a) Seção transversal

(b) Circuito de acionamento

Os motores alimentados por corrente senoidal, que têm enrolamentos distribuídos no estator, fornecem torque mais suave e são normalmente empregados em acionamentos de grande potência.

Tomando a estrutura do rotor como referência, a posição dos ímãs nele determina as tensões e correntes do estator, as fems instantâneas induzidas e, na sequência, as correntes do estator e o torque da máquina. Os enrolamentos equivalentes do estator nos eixos q e d são transformados nos sistemas de referência que giram na velocidade do rotor ω_r. Assim, há um diferencial zero de velocidade entre o rotor e os campos magnéticos do estator, e os enrolamentos nos eixos q e d do estator têm uma relação de fase fixa com o eixo magnético do rotor, isto é, o eixo d.

As equações do fluxo concatenado do estator são[23]

$$v_{qs} = R_q i_{qs} + D\Psi_{qs} + \omega_r \Psi_{ds} \tag{15.186}$$

$$v_{ds} = R_d i_{ds} + D\Psi_{ds} - \omega_r \Psi_{qs} \tag{15.187}$$

onde R_q e R_d são as resistências de enrolamento do eixo quadratura e do eixo direto, que são iguais à resistência do estator R_s. Os fluxos concatenados nos eixos q e d do estator no sistema de referência do rotor são

$$\Psi_{qs} = L_q i_{qs} + L_m i_{qr} \tag{15.188}$$

$$\Psi_{ds} = L_d i_{ds} + L_m i_{dr} \tag{15.189}$$

onde L_m é a indutância mútua entre o enrolamento do estator e os ímãs do rotor.

L_q e L_d são as autoindutâncias dos enrolamentos nos eixos q e d do estator. Elas se tornam iguais à indutância do estator L_s, somente quando os ímãs do rotor têm um arco elétrico de 180°. Como os ímãs do rotor e os enrolamentos nos eixos q e d do estator são fixos no espaço, as indutâncias do enrolamento não mudam no sistema de referência do rotor. O fluxo no rotor está ao longo do eixo d, de modo que a corrente do rotor no eixo d é i_{dr}. A corrente do rotor no eixo q é zero; isto é, $i_{qr} = 0$, pois não há fluxo ao longo desse eixo no rotor. As equações 15.188 e 15.189 para o fluxo concatenado podem ser escritas como

$$\Psi_{qs} = L_q i_{qs} \tag{15.190}$$

$$\Psi_{ds} = L_d i_{ds} + L_m i_{dr} \tag{15.191}$$

Substituindo esses fluxos concatenados nas equações 15.186 e 15.187 da tensão do estator, obtém-se a equação do estator como

$$\begin{pmatrix} v_{qs} \\ v_{ds} \end{pmatrix} = \begin{pmatrix} R_q + L_q D & \omega_r L_d \\ -\omega_r L_q & R_d + L_d D \end{pmatrix} \begin{pmatrix} i_{qs} \\ i_{ds} \end{pmatrix} + \begin{pmatrix} \omega_r L_m i_{dr} \\ 0 \end{pmatrix} \tag{15.192}$$

O torque eletromagnético é dado por

$$T_e = \frac{3}{2} \frac{p}{2} (\Psi_{ds} i_{qs} - \Psi_{qs} i_{ds}) \tag{15.193}$$

que, após a substituição dos fluxos concatenados a partir das equações 15.190 e 15.191 em termos das indutâncias e correntes, dá

$$T_e = \frac{3}{2} \frac{p}{2} \left[L_m i_{dr} i_{qs} + (L_d - L_q) i_{qs} i_{ds} \right] \tag{15.194}$$

e o fluxo concatenado do rotor que vincula o estator é

$$\Psi_r = L_m i_{dr} \tag{15.195}$$

O fluxo concatenado do rotor pode ser considerado constante, exceto por efeitos da temperatura. Considerando entradas trifásicas senoidais como as seguintes:

$$i_{as} = i_s \operatorname{sen}(\omega_r t + \delta) \tag{15.196}$$

$$i_{bs} = i_s \operatorname{sen}\left(\omega_r t + \delta - \frac{2\pi}{3}\right) \tag{15.197}$$

$$i_{cs} = i_s \operatorname{sen}\left(\omega_r t + \delta + \frac{2\pi}{3}\right) \tag{15.198}$$

onde ω_r é a velocidade elétrica do rotor e δ é o ângulo entre o campo do rotor e o fasor da corrente do estator, conhecido como *ângulo de torque*. O campo do rotor viaja a uma velocidade de ω_r rad/s.

Portanto, as correntes do estator nos eixos q e d expressas no sistema de referência do rotor para uma operação trifásica equilibrada são dadas por

$$\begin{pmatrix} i_{qs} \\ i_{ds} \end{pmatrix} = \frac{2}{3} \begin{bmatrix} \cos(\omega_r t) & \cos\left(\omega_r t - \frac{2\pi}{3}\right) & \cos\left(\omega_r t + \frac{2\pi}{3}\right) \\ \operatorname{sen}(\omega_r t) & \operatorname{sen}\left(\omega_r t - \frac{2\pi}{3}\right) & \operatorname{sen}\left(\omega_r t + \frac{2\pi}{3}\right) \end{bmatrix} \begin{pmatrix} i_{as} \\ i_{bs} \\ i_{cs} \end{pmatrix} \tag{15.199}$$

Substituindo as equações de 15.196 a 15.198 na 15.199, obtém-se as correntes do estator no sistema de referência do rotor:[23]

$$\begin{bmatrix} i_{qs} \\ i_{ds} \end{bmatrix} = i_s \begin{bmatrix} \operatorname{sen}\delta \\ \cos\delta \end{bmatrix} \quad (15.200)$$

As correntes nos eixos q e d são constantes no sistema de referência do rotor, pois δ é uma constante para dado torque de carga. Elas são muito semelhantes às correntes de armadura e de campo da máquina CC com excitação independente. A corrente do eixo q é equivalente à corrente de armadura da máquina CC. A corrente do eixo d é a corrente de campo, mas não em sua totalidade. Ela é apenas uma corrente de campo parcial; a outra parte é uma contribuição da fonte de corrente equivalente que representa o campo magnético permanente.

Substituindo a Equação 15.200 na Equação 15.194 do torque eletromagnético, obtém-se o torque como

$$T_e = \frac{3}{2}\frac{p}{2}\left[\Psi_{rf} i_s \operatorname{sen}\delta + \frac{1}{2}(L_d - L_q) i_s^2 \operatorname{sen}(2\delta)\right] \quad (15.201)$$

que, para $\delta = \pi/2$, torna-se

$$T_e = \frac{3}{2} \times \frac{p}{2} \times \Psi_{rf} i_s = K_f \Psi_{rf} i_s \text{ N} \cdot \text{m} \quad (15.202)$$

onde $K_f = 3p/4$.

Assim, a equação do torque é semelhante à do torque gerado no motor CC e no motor de indução com controle vetorial. Se o ângulo de torque for mantido a 90° e o fluxo, constante, então o torque será controlado pela magnitude da corrente do estator, e a operação será muito semelhante à do motor CC com excitação independente controlado pela armadura. O torque eletromagnético será positivo para a ação de aceleração se δ for positivo. O fluxo concatenado do rotor Ψ_r é positivo. O diagrama fasorial para um ângulo de torque arbitrário δ é indicado na Figura 15.38.

Deve-se observar que i_{qs} é a componente de produção de torque da corrente do estator e que i_{ds} é a componente de produção de fluxo da corrente do estator. O fluxo concatenado mútuo, resultante dos fluxos concatenados do rotor e do estator, é dado por

$$\Psi_m = \sqrt{(\Psi_{fr} + L_d i_{ds})^2 + (L_q i_{qs})^2} \text{ (Wb-espira)} \quad (15.203)$$

FIGURA 15.38

Diagrama fasorial da máquina síncrona PM.

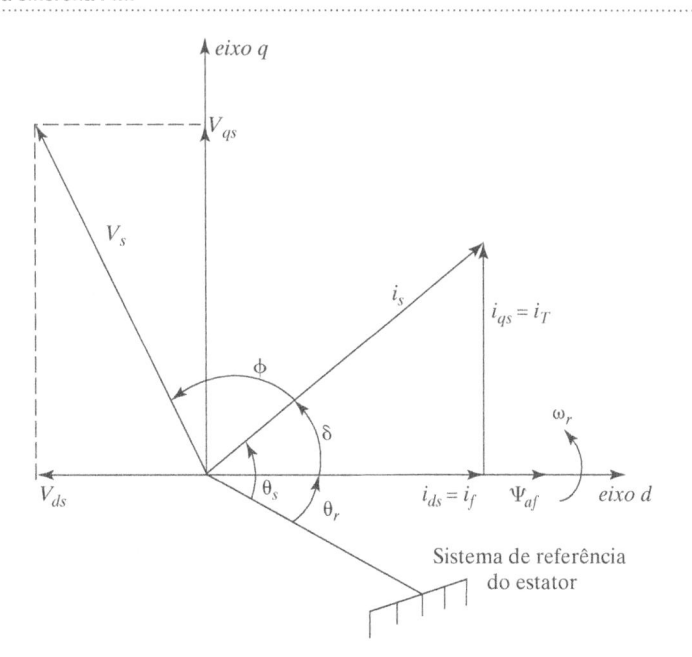

Se δ for maior que π/2, i_{ds} torna-se negativa. Assim, o fluxo concatenado mútuo resultante diminui e causa o enfraquecimento do fluxo nos acionamentos de motor síncrono PM. Se δ for negativo com relação ao rotor ou ao fluxo concatenado mútuo, a máquina se tornará um gerador.

O esquema de um acionamento de motor síncrono PM controlado por vetor é mostrado na Figura 15.39.[23] A referência de torque é uma função do erro de velocidade, e o controlador de velocidade é geralmente do tipo PI. Para uma resposta rápida da velocidade, muitas vezes utiliza-se um controlador PID. O produto da referência de torque e do fluxo concatenado no entreferro Ψ_m^* gera a componente de produção de torque i_T^* da corrente do estator.

FIGURA 15.39

Diagrama de blocos de acionamento de motor síncrono PM com controle.[23]

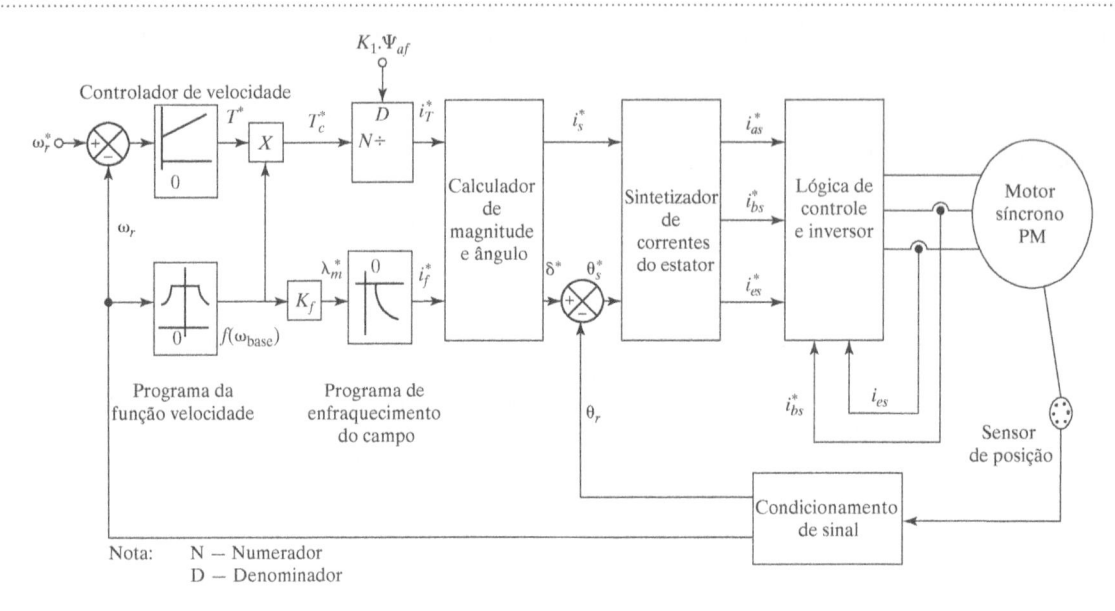

15.6.6 Controle em malha fechada de motores síncronos

As características típicas de torque, corrente e tensão de excitação em função da relação de frequência β são indicadas na Figura 15.40a. Há duas regiões de operação: torque constante e potência constante. Na região de torque constante, a tensão/frequência é mantida constante, e na região de potência constante, o torque diminui com a frequência. As características de torque-velocidade para várias frequências são ilustradas na Figura 15.40b. De modo semelhante aos motores de indução, a velocidade de motores síncronos pode ser controlada variando-se a tensão, a frequência e a corrente. Existem várias configurações de controle em malha fechada de motores síncronos. Um arranjo básico para o controle com tensão/frequência constante de motores síncronos é indicado na Figura 15.41, na qual o erro de velocidade gera o comando de frequência e tensão para o inversor PWM. Como a velocidade dos motores síncronos depende apenas da frequência de alimentação, eles são empregados em acionamentos multimotor que exigem um monitoramento preciso da velocidade entre os motores, como em fábricas de fiação, fábricas de papel, indústria têxtil e máquinas de ferramentas.

15.6.7 Acionamentos de motores CC e CA sem escovas

Um motor CC sem escovas consiste em um enrolamento multifásico em um estator não saliente e em um rotor PM fortemente magnetizado.[24] A Figura 15.42a exibe o diagrama esquemático de um motor CC sem escovas. O enrolamento multifásico pode ser uma bobina simples ou distribuída sobre a extensão do polo. Pode-se aplicar tensão CC ou CA nos enrolamentos individuais por fase por meio de uma operação de chaveamento sequencial para a obtenção da comutação necessária a fim de transmitir a rotação. Se o enrolamento 1 for energizado, o rotor PM se alinha com o campo magnético produzido pelo enrolamento 1. Quando o enrolamento 1 é desligado, enquanto o

FIGURA 15.40

Características torque-velocidade de motores síncronos.

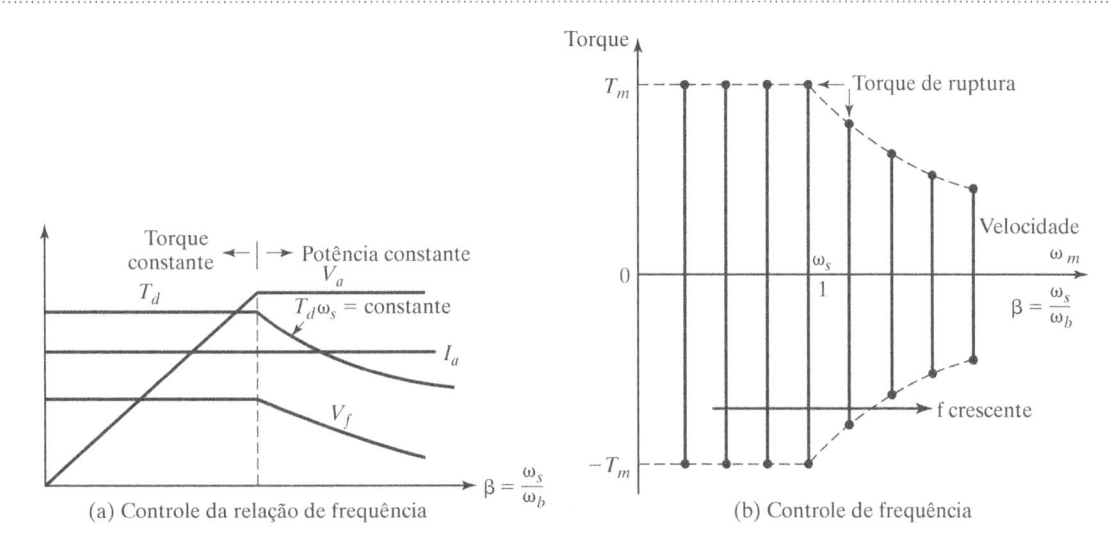

(a) Controle da relação de frequência

(b) Controle de frequência

FIGURA 15.41

Controle tensão/frequência de motores síncronos.

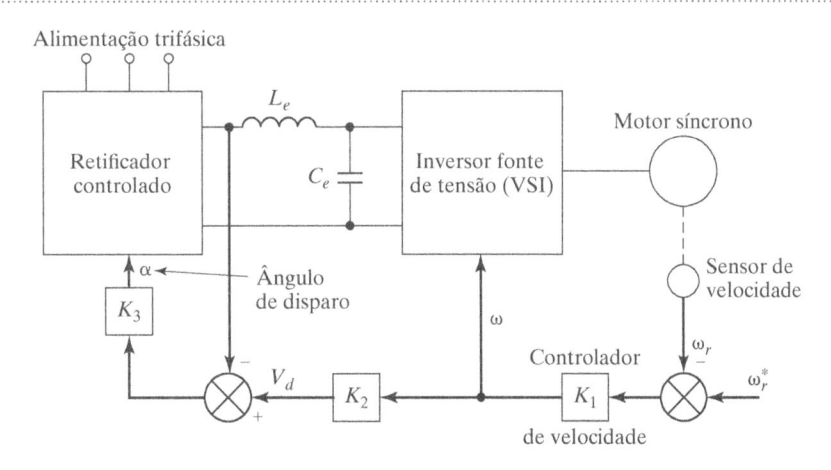

FIGURA 15.42

Motor CC sem escovas.

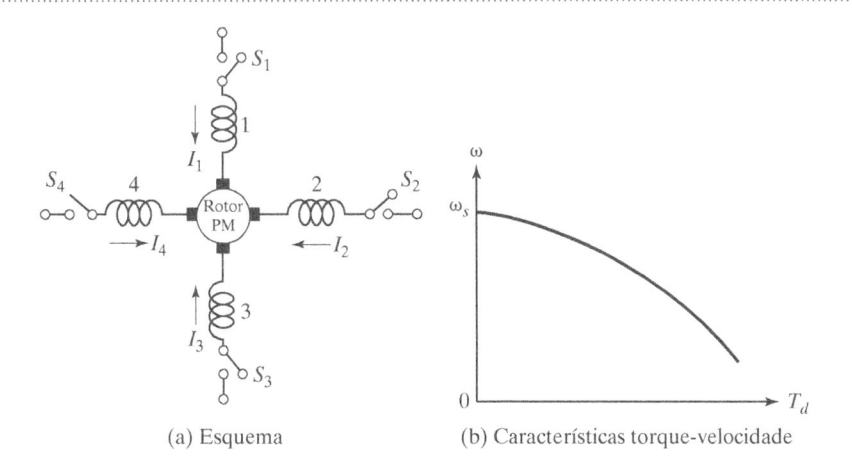

(a) Esquema

(b) Características torque-velocidade

enrolamento 2 é ligado, o rotor passa a girar para se alinhar com o campo magnético do enrolamento 2, e assim por diante. A posição do rotor pode ser detectada utilizando-se o efeito Hall ou dispositivos fotoelétricos. A característica torque-velocidade desejada de um motor CC sem escovas, como indica a Figura 15.42b, pode ser obtida por meio do controle da magnitude e da velocidade de chaveamento das correntes de fase.

Os acionamentos sem escova são basicamente de motores síncronos no modo de autocontrole. A frequência de alimentação da armadura é alterada na proporção da variação da velocidade do rotor, de modo que o campo da armadura sempre se mova na mesma velocidade que o rotor. O autocontrole assegura que, em todos os pontos de operação, os campos da armadura e do rotor se movam exatamente à mesma velocidade. Isso evita que o motor saia do passo (perda de sincronismo), além de impedir oscilações indesejadas e instabilidade por uma mudança de patamar no torque ou na frequência. O controle preciso da velocidade é normalmente realizado com um sensor de posição do rotor. O FP pode ser mantido unitário variando-se a corrente de campo. Os diagramas de blocos de um motor síncrono autocontrolado alimentado a partir de um inversor trifásico ou de um cicloconversor são mostrados na Figura 15.43.

Para um acionamento alimentado por inversor, como na Figura 15.43a, a fonte de entrada é CC. Dependendo do tipo de inversor, a fonte CC pode ser uma fonte de corrente, uma corrente constante ou uma fonte de tensão controlável. A frequência do inversor é alterada na proporção da velocidade, de modo que as ondas de fmm da armadura e do rotor girem à mesma velocidade, produzindo, assim, um torque estável em todas as velocidades, como em um motor CC. A posição do rotor e o inversor realizam a mesma função que as escovas e o comutador em um motor

FIGURA 15.43

Motores síncronos autocontrolados.

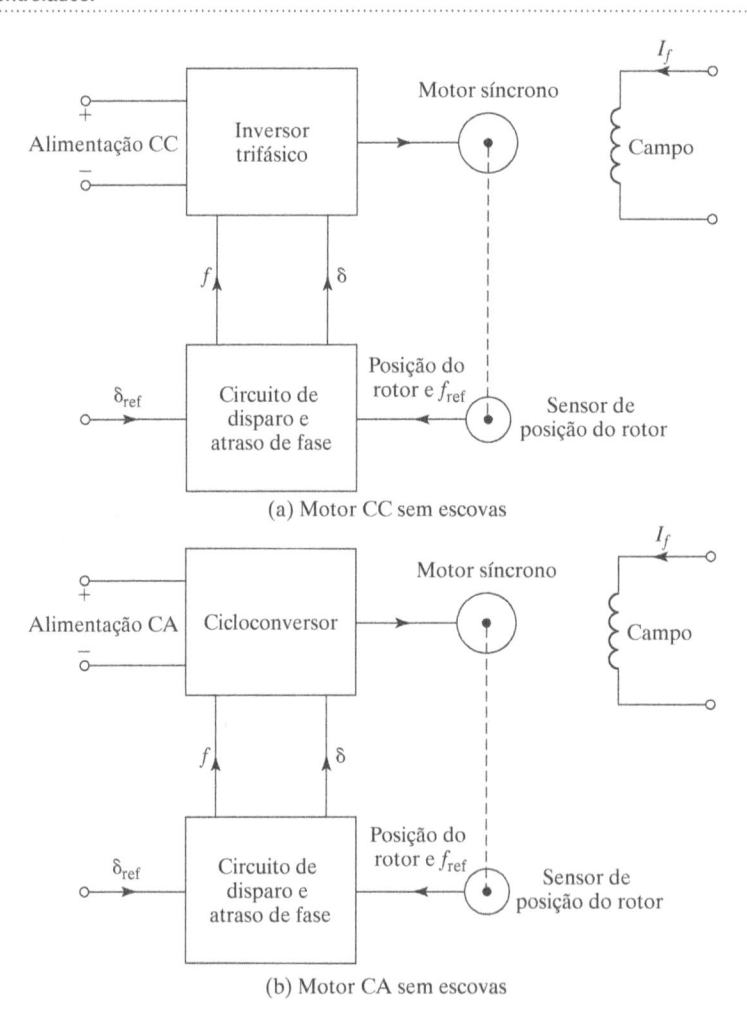

(a) Motor CC sem escovas

(b) Motor CA sem escovas

CC. Por conta da semelhança de operação com um motor CC, um motor síncrono autocontrolado alimentado por inversor é conhecido como *motor CC sem comutador*. Se o motor síncrono for um motor de ímã permanente, um motor de relutância ou um motor de campo bobinado com uma excitação sem escovas, ele é conhecido como *motor CC sem comutador e sem escovas* ou simplesmente como *motor CC sem escovas*. A conexão do campo em série com a alimentação CC dá as características de um motor CC série. Os motores CC sem escovas oferecem as características de motores CC e não têm as mesmas limitações, como a manutenção frequente e a incapacidade de operar em ambientes explosivos. Eles são cada vez mais sendo utilizados em servo-acionamentos.[18]

Se o motor síncrono for alimentado a partir de uma fonte CA, como na Figura 15.43b, ele é chamado de *motor CA sem comutador e sem escovas,* ou simplesmente de *motor CA sem escovas*. Esses motores CA são utilizados em aplicações de potência elevada (até a faixa de megawatts), como compressores, sopradores, ventiladores, correias transportadoras, laminadores de aço, controle de leme de grandes navios e fábricas de cimento. O motor autocontrolado também é utilizado para a partida de grandes motores síncronos em turbinas a gás e usinas de bombeamento.

■ Principais pontos da Seção 15.6

– Um motor síncrono é uma máquina de velocidade constante e sempre gira com escorregamento zero na velocidade síncrona.
– O torque é produzido pela corrente da armadura no enrolamento do estator e pela corrente de campo no enrolamento do rotor.
– Os cicloconversores e os inversores são utilizados para aplicações de motores síncronos em acionamentos de velocidade variável.

15.7 PROJETO DE CONTROLADOR DE VELOCIDADE PARA ACIONAMENTOS PMSM (MOTOR SÍNCRONO DE ÍMÃ PERMANENTE)

O projeto do controlador de velocidade é importante para a obtenção das características transitórias e de regime permanente desejadas do sistema de acionamento. Um controlador proporcional-integral é o suficiente para muitas aplicações industriais. A seleção das constantes de ganho e de tempo do controlador pode ser simplificada se a corrente do estator no eixo *d* for considerada zero. Nessa hipótese, ou seja, $i_{ds} = 0$, o sistema torna-se linear e se assemelha ao de um motor CC com excitação independente e constante.

15.7.1 Diagrama de blocos do sistema

Assumindo que $i_{ds} = 0$, a Equação 15.192 fornece a equação da tensão do motor no eixo *q* como

$$v_{qs} = (R_q + L_q D)i_{qs} + \omega_r L_m i_{dr} = (R_q + L_q D)i_{qs} + \Psi_r \omega_r \tag{15.204}$$

e a equação eletromecânica é dada por

$$\frac{P}{2}(T_e - T_L) = JD\omega_r + B_1\omega_r \tag{15.205}$$

onde o torque eletromagnético T_e é dado na Equação 15.202

$$T_e = \frac{3}{2} \times \frac{p}{2} \times \Psi_{rf} i_{qs} \tag{15.206}$$

e o torque da carga assumindo apenas o atrito é dado por

$$T_L = B_L \omega_r \tag{15.207}$$

Substituindo as equações 15.206 e 15.207 na Equação 15.205, obtém-se a equação eletromecânica como

$$(JD + B_1)\omega_r + \left[\frac{3}{2} \times \left(\frac{p}{2}\right)^2 \Psi_r\right]i_{qs} = K_T i_{qs} \tag{15.208}$$

onde

$$B_T = B_L + B_1 \tag{15.209}$$

$$K_T = \frac{3}{2} \times \left(\frac{p}{2}\right)^2 \Psi_r \tag{15.210}$$

O diagrama de blocos que representa as equações 15.204 e 15.208 é exibido na Figura 15.44, incluindo as malhas de realimentação de corrente e velocidade, nas quais B_t é o atrito viscoso do motor e da carga.

O inversor pode ser representado por um ganho com um lapso de tempo, como dado por

$$G_r(s) = \frac{K_{in}}{1 + sT_{in}} \tag{15.211}$$

onde

$$K_{in} = \frac{0{,}65\, V_{CC}}{V_{am}} \tag{15.212}$$

$$T_{in} = \frac{1}{2f_c} \tag{15.213}$$

onde V_{CC} é a tensão do barramento CC, V_{cm}, a tensão máxima de controle e f_c, a frequência de chaveamento (portadora) do inversor.

A fem induzida por fluxo concatenado do rotor e_a é

$$e_a = \Psi_r \omega_r \tag{15.214}$$

FIGURA 15.44

Diagrama de blocos do sistema de acionamento controlado por velocidade.[23]

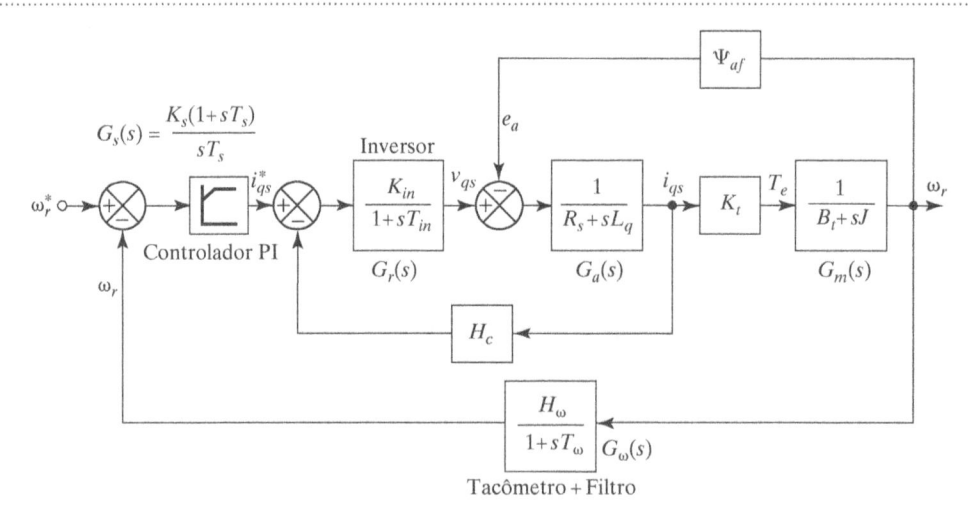

15.7.2 Malha de corrente

A malha da fem induzida para a Equação 15.214, que cruza a malha de corrente do eixo q, pode ser simplificada movendo-se o ponto de contato para a malha da fem induzida do ponto de saída da velocidade ao da corrente. Isso é mostrado na Figura 15.45, e a função de transferência da malha de corrente simplificada é dada por

FIGURA 15.45
Diagrama de blocos do controlador de corrente.

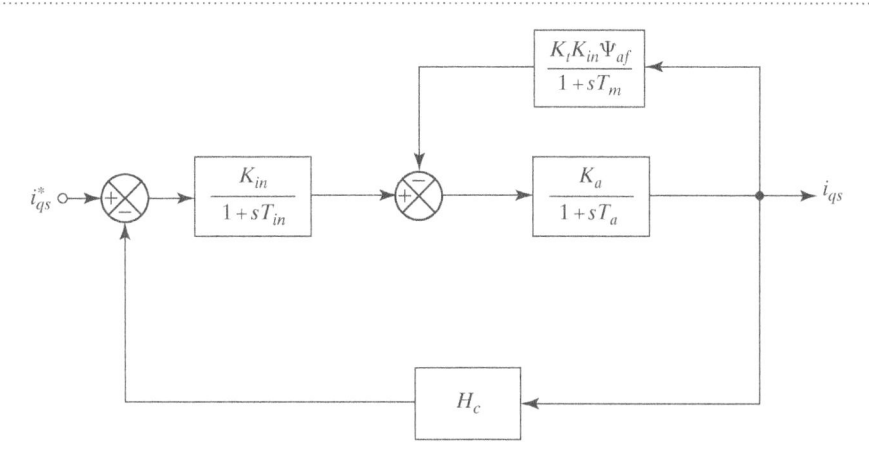

$$\frac{i_{qs}(s)}{i_{qs}^*(s)} = \frac{K_{in}K_a(1 + sT_m)}{H_cK_aK_{in}(1 + sT_m) + (1 + sT_{in})[K_aK_b + (1 + sT_a)(1 + sT_m)]} \quad (15.215)$$

onde as constantes são dadas por

$$K_a = \frac{1}{R_a}; \quad T_a = \frac{L_q}{R_s}; \quad K_m = \frac{1}{B_T}; \quad T_m = \frac{J}{B_T}; \quad K_b = K_T K_m \Psi_r \quad (15.216)$$

As seguintes aproximações perto da vizinhança da frequência de cruzamento simplificam o projeto dos controladores de corrente e velocidade,

$$1 + sT_{in} \cong 1$$

$$1 + sT_m \cong sT_m$$

$$(1 + sT_a)(1 + sT_m) \cong 1 + s(T_a + T_{in}) \cong 1 + sT_{ar}$$

onde

$$T_{ar} = T_a + T_{in}$$

Com esses pressupostos, a função de transferência da malha de corrente na Equação 15.215 pode ser aproximada como

$$\frac{i_{qs}(s)}{i_{qs}^*(s)} \cong \frac{(K_u K_{in} T_m) s}{K_a K_b + (T_m + K_a K_{in} T_m H_c) s + (T_m T_{ar}) s^2} \cong \left(\frac{T_m K_{in}}{K_b}\right) \frac{s}{(1 + sT_1)(1 + sT_2)} \quad (15.217)$$

Em sistemas adotados na prática, constata-se que $T_1 < T_2 < T_{im}$, e assim $(1 + sT_2) \approx sT_2$. Dessa forma, a Equação 15.217 pode ser ainda mais simplificada para

$$\frac{i_{qs}(s)}{i_{qs}^*(s)} \cong \frac{K_i}{(1 + sT_i)} \quad (15.218)$$

onde

$$K_i = \frac{T_m K_{in}}{T_2 K_b} \quad (15.219)$$

$$T_i = T_1 \quad (15.220)$$

15.7.3 Controlador de velocidade

O diagrama de blocos da função de transferência da malha de corrente simplificada é mostrado na Figura 15.46.

As seguintes aproximações na vizinhança da frequência de cruzamento podem simplificar o projeto do controlador de velocidade:

$$1 + sT_m \cong sT_m$$

$$(1 + sT_i)(1 + sT_\omega) \cong 1 + sT_{\omega i}$$

$$1 + sT_\omega \cong 1$$

onde

$$T_{\omega i} = T_\omega + T_i \tag{15.221}$$

Com essas aproximações, a função de transferência da malha de velocidade é dada por

$$GH(s) \cong \left(\frac{K_i K_m K_T H_\omega}{T_m}\right) \times \frac{K_s}{T_s} \times \frac{(1 + sT_s)}{(1 + sT_{\omega i})} \tag{15.222}$$

que pode ser utilizada para obter a função de transferência da velocidade em malha fechada como

$$\frac{\omega_r(s)}{\omega_r^*(s)} = \frac{1}{H_\omega}\left[\frac{K_g \dfrac{K_s}{T_s}(1 + sT_s)}{s^3 T_{\omega i} + s^2 + K_g \dfrac{K_s}{T_s}(1 + sT_s)}\right] \tag{15.223}$$

onde

$$K_g = \frac{K_i K_m K_T K_\omega}{T_m} \tag{15.224}$$

Igualando essa função de transferência a uma função simétrica ideal com um coeficiente de amortecimento de 0,707, obtém-se a função de transferência em malha fechada como

$$\frac{\omega_r(s)}{\omega_r^*(s)} \cong \frac{1}{H_\omega}\left[\frac{(1 + sT_s)}{\left(\dfrac{T_s^3}{16}\right)s^3 + \left(\dfrac{3T_s^2}{8}\right)s^2 + (T_s)s + 1}\right] \tag{15.225}$$

Igualando os coeficientes das equações 15.223 e 15.225 e calculando as constantes, chega-se às seguintes constantes de tempo e de ganho do controlador de velocidade[23]

$$T_s = 6T_{\omega i} \tag{15.226}$$

FIGURA 15.46

Função de transferência da malha de corrente simplificada com a malha de velocidade.

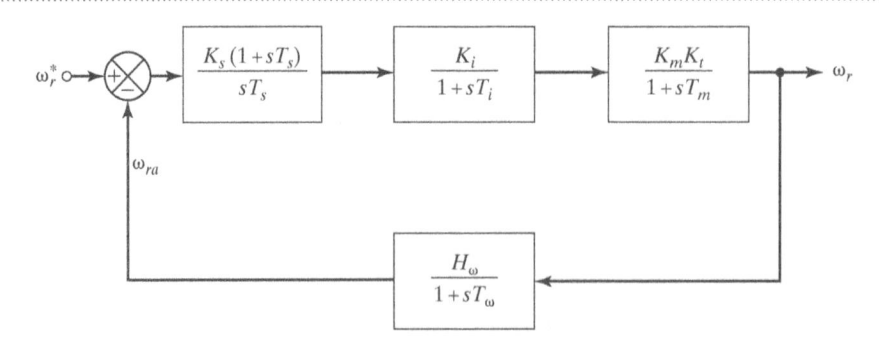

$$K_s = \frac{4}{9K_g T_{\omega i}} \quad (15.227)$$

Os seguintes ganho proporcional, K_{ps}, e ganho integral, K_{is}, do controlador de velocidade são obtidos:[23]

$$K_{ps} = K_s = \frac{4}{9K_g T_{\omega i}} \quad (15.228)$$

$$K_{is} = \frac{K_s}{T_s} = \frac{1}{27 K_g T_{\omega i}^2} \quad (15.229)$$

Exemplo 15.13 ▪ Determinação dos parâmetros de controle de velocidade de um sistema de acionamento PMSM

Os parâmetros de um sistema de acionamento PMSM são: 220 V, conexão Y, 60 Hz, seis polos, $R_s = 1,2\ \Omega$, $L_d = 5$ mH, $L_q = 8,4$ mH, $\Psi_r = 0,14$ Wb-espira, $B_T = 0,01$ N.mn/rad/s, $J = 0,006$ kg-m², $f_c = 2,5$ kHz, $V_{cm} = 10$ V, $H_\omega = 0,05$ V/V, $H_c = 0,8$ V/A, $V_{CC} = 200$ V.
Projete um controlador de velocidade baseado no ideal para um coeficiente de amortecimento de 0,707.

Solução
$V_L = 220$ V, $V_{ph} = V_L\sqrt{3} = 127$ V, $f = 60$ Hz, $p = 6$, $R_s = 1,2\ \Omega$, $L_d = 5$ mH, $L_q = 8,4$ mH, $\Psi_r = 0,14$ Wb-espira, $B_T = 0,01$ N.mn/rad/s, $J = 0,006$ kg-m², $f_c = 2,5$ kHz, $V_{cm} = 10$ V, $H_\omega = 0,05$ V/V, $H_c = 0,8$ V/A, $V_{CC} = 200$ V.
O ganho do inversor a partir da Equação 15.212 é $K_{in} = 0,65 V_{CC}/V_{cm} = (0,65 \times 200)/10 = 13$ V/V
A constante de tempo a partir da Equação 15.213 é $T_{in} = 1/(2f_c) = 1/(2 \times 2,5 \times 10^{-3}) = 0,2$ ms
Portanto, a função de transferência do inversor é

$$G_r(s) = \frac{K_{in}}{1 + sT_{in}} = \frac{13}{1 + 0,0002 s}$$

O ganho do motor elétrico a partir da Equação 15.216 é $K_a = 1/R_s = 1/1,2 = 0,8333$ s
A constante de tempo do motor a partir da Equação 15.216 é $T_a = L_q/R_s = 8,4 \times 10^{-3}/1,2 = 0,007$ s
Dessa forma, a função de transferência do motor é

$$G_a(s) = \frac{K_a}{1 + sT_a} = \frac{0,8333}{1 + 0,007s}$$

A constante de torque da malha de fem induzida, a partir da Equação 15.210, é

$$K_T = \frac{3}{2} \times \left(\frac{p}{2}\right)^2 \Psi_r = \frac{3}{2} \times \left(\frac{6}{2}\right)^2 \times 0,14 = 1,89\ \text{N. m/A}$$

O ganho mecânico a partir da Equação 15.216 é $K_m = 1/B_T = 1/0,01 = 100$ rad/s/N.m
A constante de tempo mecânica a partir da Equação 15.216 é $T_m = J/B_T = 0,006/0,01 = 0,6$ s
A constante de realimentação da fem a partir da Equação 15.216 é $K_b = K_T K_m \Psi_r = 1,89 \times 100 \times 0,14 = 26,46$
Assim, a função de transferência da realimentação da fem é

$$G_b(s) = \frac{K_b}{1 + sT_m} = \frac{26,46}{1 + 0,6s}$$

A função de transferência mecânica do motor é

$$G_m(s) = \frac{K_T K_m}{1 + sT_m} = \frac{1,89 \times 100}{1 + 0,6s} = \frac{189}{1 + 0,6s}$$

As constantes de tempo elétricas do motor podem ser resolvidas a partir das raízes da seguinte equação:

$$as^2 + bs + c = 0$$

onde $a = T_m(T_a + T_{in}) = 0{,}6 \times (0{,}007 + 0{,}2) = 0{,}004$
$b = T_m + K_a K_{in} T_m H_c = 0{,}6 + 0{,}8333 \times 13 \times 0{,}6 \times 0{,}8 = 5{,}8$
$c = K_a K_b = 0{,}8333 \times 26{,}46 = 22{,}05$

O inverso das raízes dá as constantes de tempo T_1 e T_2 como

$$\frac{1}{T_1} = -\frac{-b - \sqrt{b^2 - 4ac}}{2a} = -\frac{-5{,}8 - \sqrt{5{,}8^2 - 4 \times 0{,}004 \times 22{,}05}}{2 \times 22{,}05}; \quad T_1 = 0{,}7469\,\text{ms}$$

$$\frac{1}{T_2} = -\frac{-b + \sqrt{b^2 - 4ac}}{2a} = -\frac{-5{,}8 + \sqrt{5{,}8^2 - 4 \times 0{,}004 \times 22{,}05}}{2 \times 22{,}05}; \quad T_2 = 262{,}2916\,\text{ms}$$

A constante de tempo da malha de corrente a partir da Equação 15.220 é $T_i = T_1 = 0{,}7469$ ms.
O ganho da malha de corrente a partir da Equação 15.219 é

$$K_i = \frac{T_m K_{in}}{T_2 K_b} = \frac{0{,}6 \times 13}{262{,}2916 \times 10^{-3} \times 26{,}46} = 1{,}12388$$

A função de transferência da malha de corrente simplificada a partir da Equação 15.218 é

$$G_{is}(s) = \frac{K_i}{(1 + sT_i)} = \frac{1{,}12388}{1 + 0{,}7469 \times 10^{-3} s}$$

A constante do controlador de velocidade a partir da Equação 15.224 é

$$K_g = \frac{K_i K_m K_T H_\omega}{T_m} = \frac{1{,}12388 \times 100 \times 1{,}89 \times 0{,}05}{0{,}6} = 17{,}70113$$

A constante de tempo a partir da Equação 15.221 é $T_{\omega i} = T_\omega + T_i = 2$ ms $+ 0{,}7469$ ms $= 2{,}7469$ ms
A constante de tempo a partir da Equação 15.226 é $T_s = 6T_{\omega i} = 6 \times 2{,}7469$ ms $= 16{,}48$ ms
A constante de ganho a partir da Equação 15.227 é $K_s = 4/(9K_g T_{\omega i}) = 4/(9 \times 17{,}70113 \times 2{,}7469$ ms$) = 9{,}14042$.

A função de transferência geral da malha de velocidade é

$$G_{sp}(s) = \frac{G_m(s)\, G_i(s)\, G_s(s)}{1 + G_\omega(s)\, G_m(s)\, G_i(s)\, G_s(s)}$$

onde

$$G_s(s) = \frac{K_s}{T_s} \frac{(1 + sT_s)}{s} = \frac{9{,}14042}{0{,}01648} \times \frac{(1 + 0{,}01648\,T_s)}{s} = 554{,}58 \times \frac{(1 + 0{,}01648\,T_s)}{s}$$

$$G_\omega(s) = \frac{H_\omega}{1 + sT_\omega} = \frac{0{,}05}{1 + 0{,}002s}$$

15.8 CONTROLE DO MOTOR DE PASSO

Os motores de passo são dispositivos eletromecânicos de movimento, utilizados principalmente para converter uma informação no formato digital para movimento mecânico.[19,20] Esses motores giram a um deslocamento angular predeterminado em resposta a uma entrada lógica. Em geral, sempre que há a necessidade de um passo entre uma posição e outra, os motores de passo são utilizados. Eles são encontrados nos controladores de papel em impressoras e em outros equipamentos periféricos de computador, como no posicionamento da cabeça do disco magnético.

Os motores de passo se dividem em dois tipos: (1) motor de passo de relutância variável e (2) motor de passo de ímã permanente. O princípio de funcionamento do motor de passo de relutância variável é muito parecido com o da máquina síncrona de relutância, e o motor de passo de ímã permanente tem princípio semelhante ao da máquina síncrona de ímã permanente.

15.8.1 Motores de passo de relutância variável

Esses motores podem ser utilizados como uma unidade em separado ou várias empilhadas (*multistack*). Na operação *multistack*, três ou mais motores monofásicos de relutância são montados em uma única haste com os eixos magnéticos do estator deslocados entre si. O rotor de uma pilha de três (*three-stack*) é mostrado na Figura 15.47. Ele tem três rotores de dois polos em cascata com um caminho de relutância mínima de cada um deles alinhado com o deslocamento angular de θ_{rm}. Cada um desses rotores tem um estator monofásico em separado, com os eixos magnéticos dos estatores deslocados uns dos outros. Os estatores correspondentes são ilustrados na Figura 15.48.

Cada estator tem dois polos, com o enrolamento dele em torno de ambos. Uma corrente positiva flui na direção de as_1 e para fora de as_1', que está conectado com as_2, de modo que uma corrente positiva flui na direção de as_2 e para fora de as_2'. Cada enrolamento pode ter várias espiras; e o número de espiras de as_1 para as_1' é $NN_s/2$, que é o mesmo que de as_2 para as_2'. θ_{rm} refere-se ao caminho de mínima relutância em relação ao eixo as.

Se os enrolamentos bs e cs estiverem em circuito aberto, e o enrolamento as for excitado com uma tensão CC, uma corrente constante i_{as} poderá ser estabelecida imediatamente. O rotor a poderá estar alinhado com o eixo as e $\theta_{rm} = 0$ ou 180°. Se o enrolamento as for instantaneamente desligado, e o enrolamento bs, energizado com uma corrente direta, o rotor b se alinhará com o caminho de relutância mínima ao longo do eixo bs. Assim, o rotor b giraria no sentido horário de $\theta_{rm} = 0$ para $\theta_{rm} = -60°$. No entanto, se, em vez de energizar o enrolamento bs nós energizarmos o enrolamento cs com uma corrente direta, o rotor c se alinhará com o caminho de mínima relutância ao longo do eixo cs. Assim, o rotor c girará no sentido anti-horário de $\theta_{rm} = 0$ para $\theta_{rm} = 60°$. A aplicação de uma tensão CC separadamente na sequência $as, bs, cs, as, \ldots$ produz passos de 60° no sentido horário, enquanto a sequência $as, cs, bs, as, \ldots$ produz passos de 60° no sentido anti-horário. Precisamos de pelo menos três motores para conseguir uma rotação (passo) em ambos os sentidos.

Se os enrolamentos as e bs forem energizados ao mesmo tempo, inicialmente o enrolamento as será energizado com $\theta_{rm} = 0$ e o enrolamento bs, sem desligar o enrolamento as. O rotor gira no sentido horário de $\theta_{rm} = 0$ para $\theta_{rm} = -30°$. O comprimento do passo é reduzido pela metade. Isso é conhecido como operação de *meio passo*. O motor de passo é um dispositivo isolado operado pelo chaveamento de uma tensão CC de um enrolamento do estator para o outro. Cada pilha (*stack*) é geralmente chamada de uma *fase*. Em outras palavras, uma máquina com três pilhas é uma máquina trifásica. Embora possam ser utilizadas até sete pilhas (fases), os motores de passo de três pilhas são os mais comuns.

FIGURA 15.47

Motores de passo de relutância variável com três pilhas com rotor de dois polos.

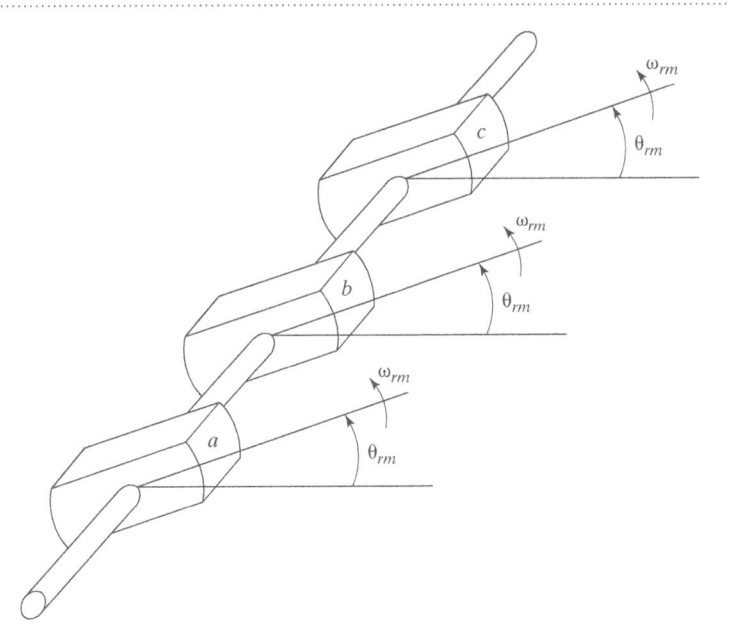

FIGURA 15.48

Configurações do estator de dois polos, com três pilhas, de motores de passo de relutância variável.

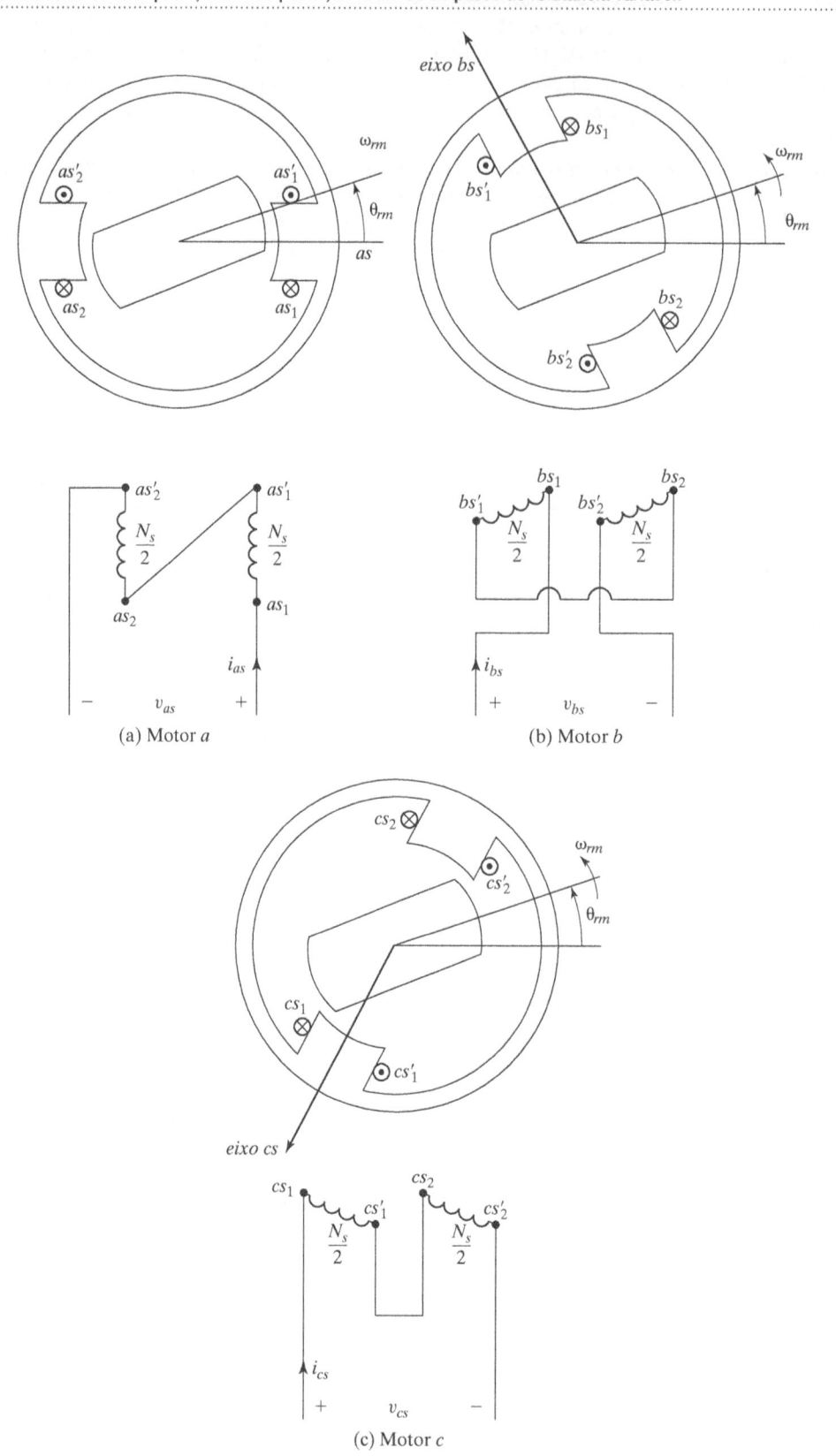

(a) Motor a

(b) Motor b

(c) Motor c

O espaçamento entre dentes T_P, que é o deslocamento angular entre os dentes no eixo, está relacionado com os dentes do rotor por pilha R_T pela expressão:

$$T_P = \frac{2\pi}{R_T} \quad (15.230)$$

Se energizarmos cada pilha separadamente e formos de *as* para *bs* e para *cs*, e de volta a *as*, o rotor girará um espaçamento entre dentes. Se N for o número de pilhas (fases), o comprimento do passo S_L se relacionará com T_P por

$$S_L = \frac{T_P}{N} = \frac{2\pi}{NR_T} \quad (15.231)$$

Para $N = 3$, $R_T = 4$, $T_P = 2\pi/4 = 90°$, $S_L = 90°/3 = 30°$; e uma sequência *as, bs, cs, as, ...* produz passos de 30° no sentido horário. Para $N = 3$, $R_T = 8$, $T_P = 2\pi/8 = 45°$, $S_L = 45°/3 = 15°$; e uma sequência *as, cs, bs, as, ...* produz passos de 15° no sentido anti-horário. Portanto, o aumento do número de dentes do rotor reduz o comprimento do passo. Os comprimentos várias pilhas dos motores de passo de várias pilhas (*multistack*) geralmente variam de 2° a 15°.

O torque desenvolvido pelos motores de passo de várias pilhas (*multistack*) é dado por

$$T_d = -\frac{R_T}{2} L_B [i_{as}^2 \operatorname{sen}(R_T \theta_{rm}) + i_{bs}^2 \operatorname{sen}(R_T(\theta_{rm} \pm S_L)) + i_{cs}^2 \operatorname{sen}(R_T(\theta_{rm} \pm S_L))] \quad (15.232)$$

A autoindutância do estator varia com a posição do rotor, e L_B é o valor de pico em $\cos(p\theta_{rm}) = \pm 1$. A Equação 15.232 pode ser expressa em termos de T_P como

$$T_d = -\frac{R_T}{2} L_B \left[i_{as}^2 \operatorname{sen}\left(\frac{2\pi}{T_P}\theta_{rm}\right) + i_{bs}^2 \operatorname{sen}\left(\frac{2\pi}{T_P}\left(\theta_{rm} \pm \frac{T_P}{3}\right)\right) \right.$$
$$\left. + i_{cs}^2 \operatorname{sen}\left(\frac{2\pi}{T_P}\left(\theta_{rm} \pm \frac{T_P}{3}\right)\right) \right] \quad (15.233)$$

que indica que a magnitude do torque é proporcional ao número de dentes do rotor por pilha, R_T. As componentes do torque em regime permanente na Equação 15.232 em função de θ_{rm} são mostradas na Figura 15.49.

FIGURA 15.49

Componentes do torque em regime permanente em função do ângulo do rotor θ_{rm} para um motor com três pilhas.

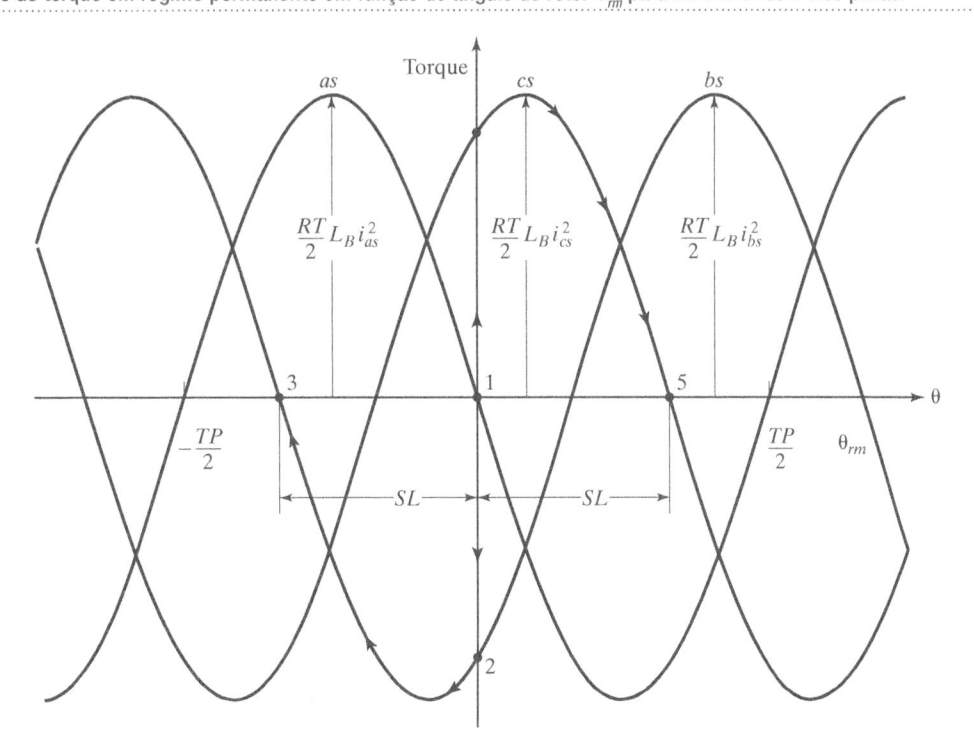

15.8.2 Motores de passo de ímã permanente

O motor de passo de ímã permanente também é bastante comum. Ele é uma máquina síncrona de ímã permanente, e pode ser operado como um motor de passo ou como um dispositivo de velocidade contínua. No entanto, nos preocupamos aqui apenas com suas aplicações como motor de passo.

A seção transversal de um motor de passo de ímã permanente com duas fases e dois polos é mostrada na Figura 15.50. Para explicar a ação de passo, suponhamos que o enrolamento *bs* esteja em circuito aberto e aplique uma corrente positiva constante através do enrolamento *as*. Como resultado, essa corrente estabelece um polo sul no estator, no dente dele em que está o enrolamento as_1, e um polo norte no estator é estabelecido no dente dele em que está o enrolamento as_2. O rotor estaria posicionado em $\theta_{rm} = 0$. Então, simultaneamente desligamos o enrolamento *as* enquanto energizamos o enrolamento *bs* com uma corrente positiva. O rotor se move pelo comprimento de um passo no sentido anti-horário. Para continuar dando passos no sentido anti-horário, o enrolamento *bs* é desligado, e o enrolamento *as* é energizado com uma corrente negativa. Ou seja, os passos no sentido anti-horário ocorrem com uma sequência de corrente de $i_{as}, i_{bs}, -i_{as}, -i_{bs}, i_{as}, i_{bs}$.... A rotação no sentido horário é obtida com a sequência de corrente de $i_{as}, -i_{bs}, -i_{as}, i_{bs}, i_{as}, -i_{bs}$....

Uma rotação no sentido anti-horário é obtida por uma sequência de $i_{as}, i_{bs}, -i_{as}, -i_{bs}, i_{as}, i_{bs}$.... Assim, são precisos quatro chaveamentos (passos) para o rotor avançar um espaçamento entre dentes (*tooth pitch*). Se N for o número de fases, o comprimento do passo S_L se relaciona com T_p por

$$S_L = \frac{T_P}{2N} = \frac{\pi}{N\,R_T} \tag{15.234}$$

Para $N = 2, R_T = 5, T_P = 2\pi/5 = 72°, S_L = 72°/(2 \times 2) = 18°$. Portanto, com o aumento do número de fases, os dentes do rotor reduzem o comprimento do passo. Os comprimentos de passo em geral variam de 2° a 15°. A maioria dos motores de passo de ímã permanente tem mais de dois polos e mais de cinco dentes do rotor; alguns podem ter até 8 polos e 50 dentes do rotor.

O torque desenvolvido por um motor de passo de ímã permanente é dado por

$$T_d = -R_T \lambda'_m [i_{as} \operatorname{sen}(R_T \theta_{rm}) - i_{bs} \operatorname{sen}(R_T \theta_{rm})] \tag{15.235}$$

onde λ'_m é a amplitude do fluxo concatenado estabelecido pelo ímã permanente visto a partir dos enrolamentos de fase do estator. Ela é a indutância constante vezes uma corrente constante. Em outras palavras, a magnitude de λ'_m é proporcional à magnitude da tensão senoidal de circuito aberto induzida em cada enrolamento de fase do estator.

Os gráficos das componentes do torque na Equação 15.235 são ilustrados na Figura 15.51. O termo $\pm T_{d(am)}$ é o torque por interação do ímã permanente com $\pm i_{as}$, e o termo $\pm T_{d(bm)}$ é o torque por interação do ímã permanente

FIGURA 15.50

Seção transversal de um motor de passo de ímã permanente com dois polos e duas fases.

(a) Corte axial com o polo norte

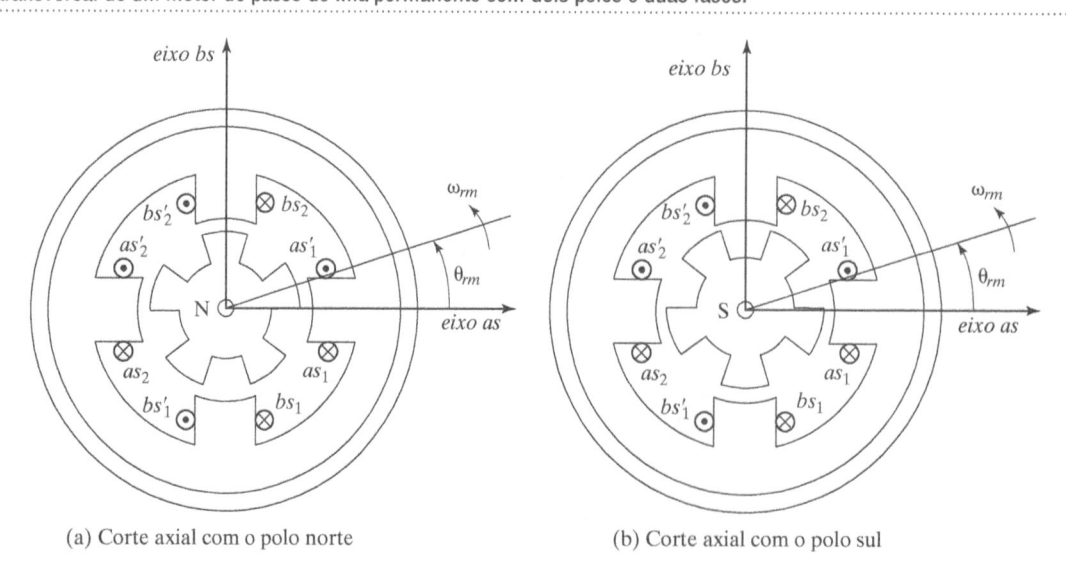

(b) Corte axial com o polo sul

FIGURA 15.51

Componentes do torque em regime permanente em função do ângulo do rotor θ_{rm} para um motor de passo de ímã permanente com correntes de fase constantes.

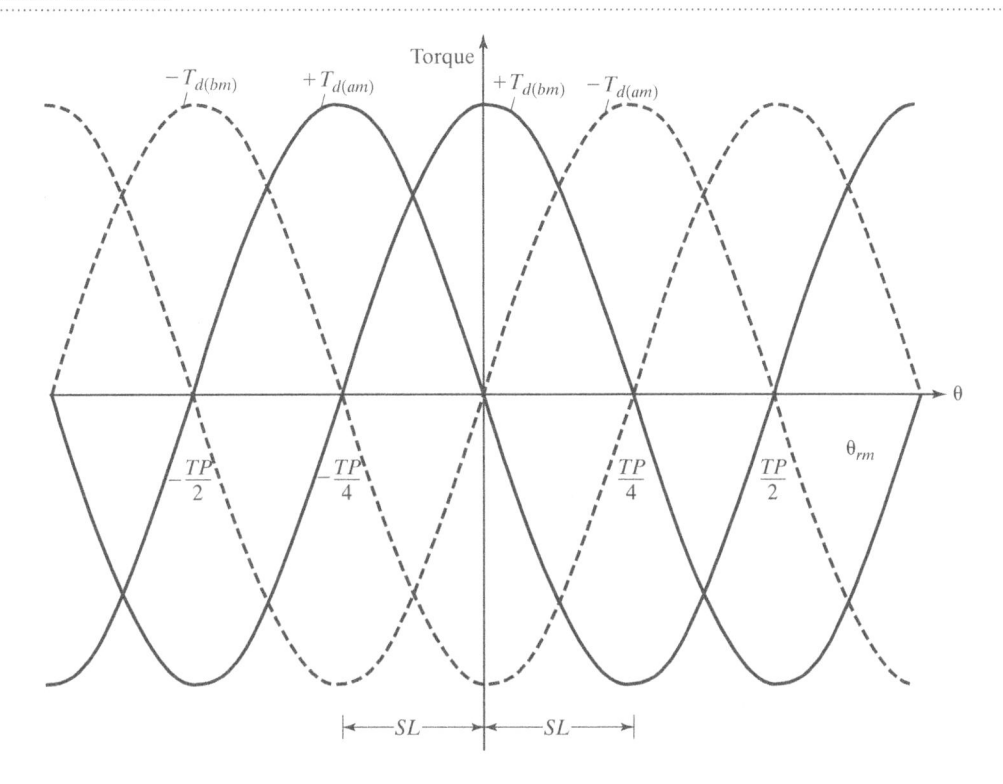

com $\pm i_{bs}$. A relutância do ímã permanente é grande, aproximando-se daquela do entreferro. Como o fluxo estabelecido pelas correntes de fase flui através do ímã, a relutância do caminho do fluxo é relativamente grande. Assim, a variação na relutância por rotação do rotor é pequena e, consequentemente, as amplitudes dos torques de relutância são também pequenas em relação ao torque desenvolvido pela interação entre o ímã e as correntes de fase. Por isso, os torques de relutância em geral podem ser desprezados.

Observações:

1. Para um motor de passo de ímã permanente é necessário que as correntes de fase fluam em ambos os sentidos a fim de conseguir a rotação. Para um motor de passo de relutância variável, não é necessário inverter o sentido da corrente nos enrolamentos do estator a fim de conseguir a rotação, e, portanto, a fonte de tensão do estator só precisa ser unidirecional.

2. Geralmente os motores de passo são alimentados a partir de uma fonte de tensão CC; assim, o conversor de potência entre os enrolamentos de fase e a fonte CC deve ser bidirecional; isto é, ele deve ser capaz de aplicar uma tensão positiva e uma negativa em cada enrolamento de fase.

3. Os motores de passo de ímã permanente são muitas vezes equipados com o que é conhecido como enrolamentos *bifilares*. Em vez de apenas um enrolamento em cada dente do estator, há dois enrolamentos idênticos com uma espira oposta à outra, possuindo cada um terminais externos independentes em separado. Com esse tipo de configuração de enrolamento, o sentido do campo magnético estabelecido pelos enrolamentos do estator é invertido não pela alteração da direção da corrente, mas pela inversão do sentido do enrolamento pelo qual a corrente flui. Isso, porém, aumenta o tamanho e o peso do motor de passo.

4. Motores de passo híbrido,[21] cuja construção é um híbrido entre as topologias dos motores de ímã permanente e de relutância, ampliam o leque de aplicações e oferecem melhor desempenho com conversores de potência mais simples e mais baratos.

■ Principais pontos da Seção 15.8

– Os motores de passo são dispositivos eletromecânicos de movimento, utilizados principalmente para converter a informação em formato digital para movimento mecânico. Os motores de passo são máquinas síncronas operadas como motores de passo.

– Os motores de passo se dividem em dois tipos: o de relutância variável e o de ímã permanente. Um motor de passo de relutância variável requer apenas o fluxo de corrente unidirecional, enquanto um de ímã permanente demanda fluxo bidirecional, a menos que tenha enrolamentos *bifilares* no estator.

15.9 MOTORES DE INDUÇÃO LINEAR

Os motores de indução linear têm aplicações industriais em transporte terrestre de alta velocidade, sistemas de portas deslizantes, puxadores de cortinas e correias transportadoras.[24] Um motor de indução tem um movimento circular, enquanto um motor linear, um movimento linear. Se um motor de indução fosse cortado e aberto, deixado plano, ele seria como um motor linear. O estator e o rotor do motor rotativo correspondem aos lados primário e secundário, respectivamente, do motor de indução linear. O lado primário consiste de um núcleo magnético com um enrolamento trifásico. O lado secundário pode ser de folha de metal ou de um enrolamento trifásico em torno de um núcleo magnético. Um motor de indução linear tem um entreferro aberto e uma estrutura magnética decorrente dos comprimentos finitos dos lados primário e secundário.

Um motor de indução linear pode ser de face única ou dupla, como mostra a Figura 15.52. Para reduzir a relutância total do caminho magnético em um motor de indução linear de face única com uma folha de metal como enrolamento secundário, como ilustra a Figura 15.52a, a folha de metal é apoiada sobre um material ferromagnético (por exemplo, o ferro). Quando uma tensão de alimentação é aplicada no enrolamento primário de um motor de indução linear trifásico, o campo magnético produzido na região do entreferro viaja na velocidade síncrona. A interação do campo magnético com as correntes induzidas no secundário exerce uma força propulsora sobre este para que ele se mova no mesmo sentido, se o primário for mantido estacionário. Por outro lado, se o lado secundário for estacionário e o primário estiver livre para se mover, ele se deslocará em sentido oposto ao do campo magnético. Para manter uma propulsão (força) constante ao longo de uma distância considerável, um lado é mantido mais curto que o outro. Por exemplo, em transporte terrestre de alta velocidade são utilizados um primário curto e um secundário longo. Nesse sistema, o primário é parte do veículo, enquanto o trilho atua como secundário.

Consideremos apenas o enrolamento de uma fase (por exemplo, a fase A) do enrolamento primário trifásico, como indica a Figura 15.53a. O enrolamento da fase, com N espiras, recebe uma fmm de NI, como na Figura 15.53b. A fundamental da forma de onda da fmm é dada por

$$\Im_a = k_\omega \frac{2}{n\pi} Ni_a \cos\left(\frac{2\pi}{\lambda}z\right) \tag{15.236}$$

onde

FIGURA 15.52

Seção transversal de motores de indução linear.

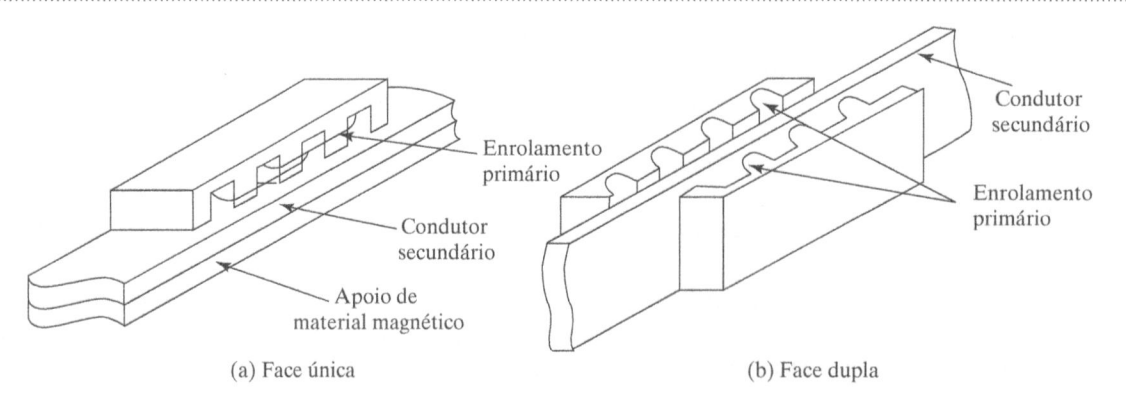

(a) Face única

(b) Face dupla

FIGURA 15.53
Esquema de um enrolamento da fase e da forma de onda da fmm.

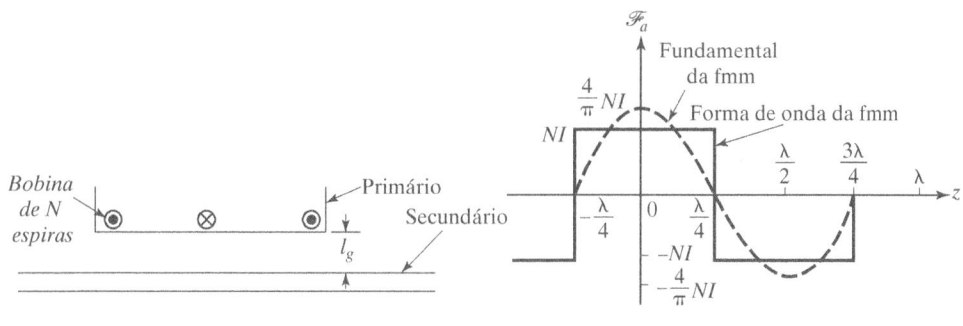

(a) Enrolamento de uma fase
(b) Forma de onda da fmm

k_ω = fator de enrolamento
i_a = valor instantâneo da corrente fundamental na fase a
λ = comprimento de onda do campo, que é igual ao espaçamento do enrolamento
n = número de períodos ao longo do comprimento do motor
z = uma localização arbitrária no motor linear

O enrolamento de uma fase fica deslocado dos enrolamentos das demais fases por uma distância de $\pi/3$, e é excitado por uma fonte de alimentação trifásica equilibrada de frequência angular ω. Assim, a fmm líquida no motor consiste apenas de uma componente de onda que viaja no sentido direto, dado por

$$\Im(z,t) = \frac{3}{2} F_m \cos\left(\omega t - \frac{2\pi}{\lambda} z\right) \tag{15.237}$$

onde

$$F_m = \frac{2}{n\pi} k_\omega N i_a \tag{15.238}$$

A velocidade síncrona da fmm que viaja pode ser determinada pela definição do argumento do termo cosseno da Equação 15.237 como um valor constante C, dado por

$$\omega t - \frac{2\pi}{\lambda} z = C \tag{15.239}$$

Aplicando-se a diferencial, obtém-se a velocidade linear como

$$V_s = \frac{dz}{dt} = \frac{\omega \lambda}{2\pi} = \lambda f \tag{15.240}$$

onde f é a frequência de operação da alimentação. A Equação 15.240 também pode ser expressa em termos do espaçamento dos polos τ como

$$V_s = 2\tau f \tag{15.241}$$

Assim, a velocidade síncrona v_s é independente da quantidade de polos no enrolamento primário, e essa quantidade não precisa ser um número par. O escorregamento de um motor de indução linear é definido como

$$s = \frac{v_s - v_m}{v_s} \tag{15.242}$$

onde v_m é a velocidade linear do motor. A potência e a propulsão no motor de indução linear podem ser calculadas utilizando-se o circuito equivalente de um motor de indução. Assim, a partir da Equação 15.9, obtemos a potência do entreferro P_g como

$$P_g = 3 I_2^2 \frac{r_2}{s} \tag{15.243}$$

e a potência desenvolvida P_d é

$$P_d = (1 - s)P_g \qquad (15.244)$$

e a propulsão desenvolvida F_d é

$$F_d = \frac{P_d}{v_m} = \frac{P_g}{v_s} = 3I_2^2 \frac{r_2}{sv_s} \qquad (15.245)$$

A característica propulsão-velocidade de um motor de indução linear é semelhante à característica torque-velocidade de um motor de indução convencional. A velocidade no motor de indução linear diminui rapidamente com o aumento da propulsão, como mostra a Figura 15.54. Por essa razão, tais motores costumam operar com baixo escorregamento, levando a uma eficiência relativamente baixa.

O motor de indução linear apresenta um fenômeno conhecido como efeito de extremidade, por causa de sua construção com estrutura aberta. Existem dois efeitos de extremidade: estático e dinâmico. O efeito estático de extremidade ocorre apenas por causa da geometria assimétrica do primário. Isso resulta em uma distribuição assimétrica do fluxo na região do entreferro e origina tensões induzidas desiguais nos enrolamentos de fase. Já o efeito dinâmico de extremidade ocorre em consequência do movimento do lado primário em relação ao secundário. O condutor que começa a sofrer a ação do campo magnético se opõe ao fluxo magnético no entreferro, enquanto o condutor que deixa de sofrer a ação tenta manter o fluxo. Portanto, a distribuição do fluxo é distorcida, e as maiores perdas no lado secundário reduzem a eficiência do motor.

FIGURA 15.54

Característica típica da velocidade em função da propulsão.

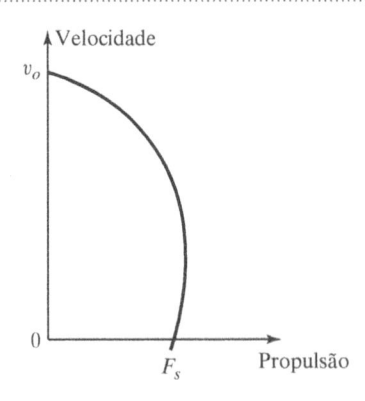

Exemplo 15.14 • Determinação da potência desenvolvida pelo motor de indução linear

Os parâmetros de um motor de indução linear são: espaçamento entre polos = 0,5 m, frequência de alimentação f = 60 Hz. A velocidade do lado primário é 210 km/h, e a propulsão desenvolvida é 120 kN. Calcule (a) a velocidade do motor v_m; (b) a potência desenvolvida P_d; (c) a velocidade síncrona v_s; (d) o escorregamento; e (e) a perda no cobre do secundário P_{cu}.

Solução
λ = 0,5 m, f = 60 Hz, v = 210 km/h, F_a = 120 × 10³ N

a. Velocidade do motor, $v_m = v/3600 = 210 \times 10^3/3600 = 58{,}333$ m/s

b. Potência desenvolvida, $P_d = F_a v_m = 120 \times 10^3 \times 58{,}333 = 7$ MW

c. Velocidade síncrona, $v_s = 2\lambda f = 2 \times 0,5 \times 60 = 60$ m/s

d. Escorregamento, $s = (v_s - v_m)/v_m = (60 - 58,333)/60 = 0,028$

e. Perda no cobre, $P_{cu} = F_a s v_s = 120 \times 10^3 \times 0,028 \times 60 = 200$ kW

■ Principais pontos da Seção 15.9

– Um motor linear tem um movimento linear, enquanto um motor de indução tem um movimento circular.

– O estator e o rotor de um motor rotativo correspondem aos lados primário e secundário, respectivamente, de um motor de indução linear.

15.10 CI DE ALTA TENSÃO PARA ACIONAMENTOS DE MOTORES

A eletrônica de potência desempenha um papel fundamental nos acionamentos de motores modernos, que exigem técnicas de controle avançadas de alto desempenho com outras funções de partida e proteção. Os recursos incluem circuitos de comando com proteção, carga de partida suave do barramento CC e detecção da parte linear da corrente de fase do motor, além de algoritmos de controle, desde tensão ou frequência até o vetorial sem sensor ou servo controle. O diagrama de blocos de um acionamento típico e de suas funções associadas é mostrado na Figura 15.55.[25] Cada função atende seu objetivo exclusivo, mas também precisa se acoplar com as outras para que o sistema completo funcione como um todo. Por exemplo, as funções de acionamento e de proteção do IGBT precisam estar sincronizadas, e o sensor de realimentação, o controle do regulador e o PWM, atuar de forma combinada.

Os acionamentos de motor necessitam de funções como proteção e desligamento suave para o estágio do inversor, detecção de corrente, conversão de analógico para digital para uso no algoritmo de controle de corrente em malha fechada, carga suave do capacitor do barramento CC e um estágio de conversor de entrada quase à prova de balas. A simplicidade e o custo são fatores importantes para aplicações como compressores de refrigeradores, compressores de ar-condicionado e máquinas de lavar com acionamento direto.

A demanda do mercado por acionamentos de motores industriais, bem como domésticos, e acionamentos industriais leves levou ao desenvolvimento de CIs de alta tensão para acionamentos de motores, conhecidos como *processadores de conversão de energia* (*power conversion processors* — PCPs) pelos fabricantes de dispositivos de potência.[25] A família de CI de acionamento de motor, que é a integração monolítica de circuitos de alta tensão com o acionamento, permite a conversão de energia com recursos avançados de controle para atender as necessidades dos

FIGURA 15.55

Diagrama de blocos das funções de um acionamento alimentado por inversor (cortesia da International Rectifier, Inc.).[25]

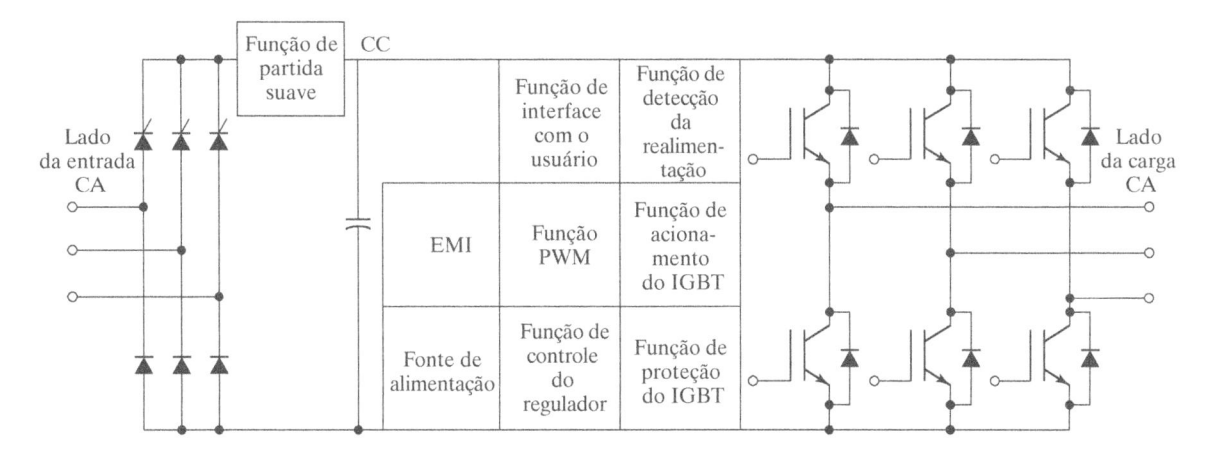

acionamentos de alto desempenho com robustez, tamanho compacto e menor interferência eletromagnética (EMI). A arquitetura da família de CI pode ser classificada em três tipos: (1) processamento da conversão de energia em dois níveis, (2) processamento da conversão de energia em um único nível e (3) processamento da conversão de energia de modo misto.

Processamento da conversão de energia em dois níveis. As funções de processamento de sinal são executadas em um nível isolado de alimentação de baixa tensão que fica afastado do nível de potência. Todos os dispositivos de potência ficam contidos dentro do nível de alimentação de alta tensão diretamente conectados com a rede CA. Diversos tipos de tecnologia são, então, utilizados para interligar os dois níveis. Os acionamentos são alimentados por meio de optoacopladores, as funções de realimentação são executadas pela combinação de optoacopladores lineares e sensores de efeito Hall, e a função de partida suave é executada por meio de relé. Também é necessário um transformador volumoso com vários enrolamentos a fim de alimentar as diversas fontes isoladas para as diferentes funções. Esse tipo de arquitetura, mostrado na Figura 15.56, está sendo substituído.

Processamento da conversão de energia em um único nível. O acionamento, a proteção, a detecção da realimentação e as funções de controle são executados no mesmo nível da rede de alimentação de alta tensão, e todas as funções estão acopladas entre si no mesmo nível conectado eletricamente. A proteção é localizada e mais eficaz. O layout da placa é mais compacto, contribuindo para uma menor EMI e para o menor custo do sistema total. Esse tipo de arquitetura (indicado na Figura 15.57) é compacto e mais eficaz para acionamentos com finalidades específicas, como aparelhos domésticos e pequenos acionamentos industriais com menos de 3,75 kW. Eles são chamados de *microinversores* (ou *microdrives*).

Processamento da conversão de energia de modo misto. O processamento da conversão de energia é feito principalmente no nível de alimentação de alta tensão. Um segundo nível de processamento de sinal é utilizado na criação de perfis de movimento e comunicação, e ajuda a facilitar as conexões em rede e de placas opcionais para acionamentos de uso geral. Além disso, simplifica a conexão do codificador (*encoder*) para a detecção de posição em servo-acionamentos. Os dois níveis de processamento são interligados por meio de um barramento serial isolado. Esse tipo de arquitetura é exibido na Figura 15.58. Uma comparação entre as diferentes arquiteturas de conversão de energia é apresentada na Tabela 15.1.

FIGURA 15.56

Arquitetura do processamento da conversão de energia em dois níveis (cortesia da International Rectifier, Inc.).[25]

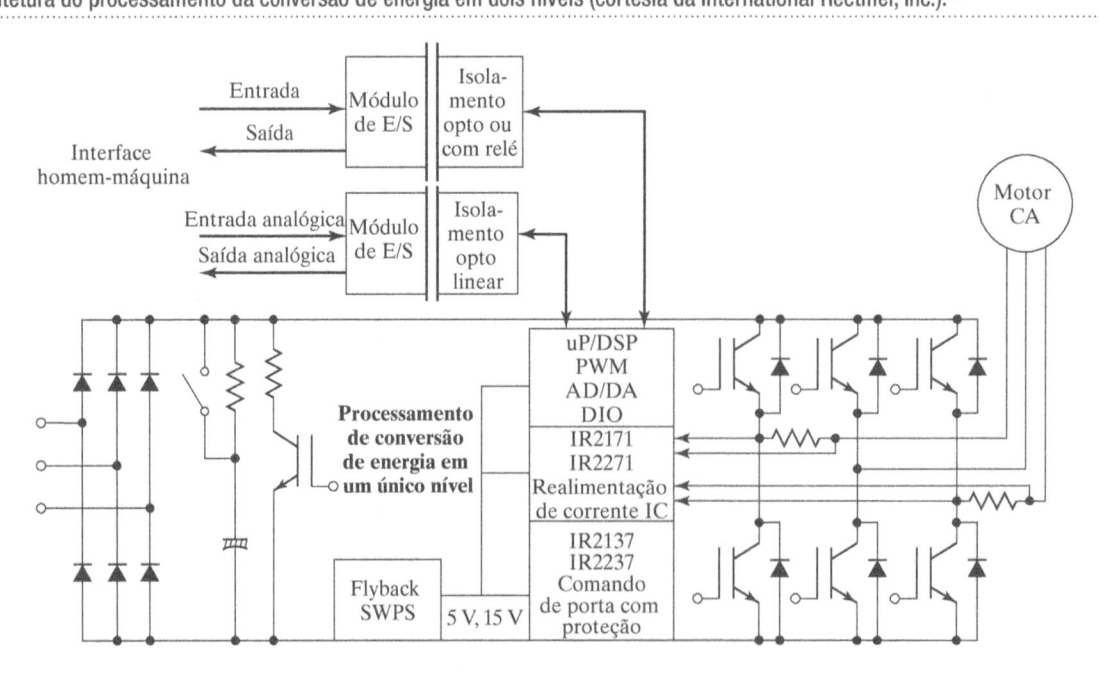

FIGURA 15.57

Arquitetura do processamento da conversão de energia em um único nível com um retificador de diodos no lado da entrada (cortesia da International Rectifier, Inc.).[25]

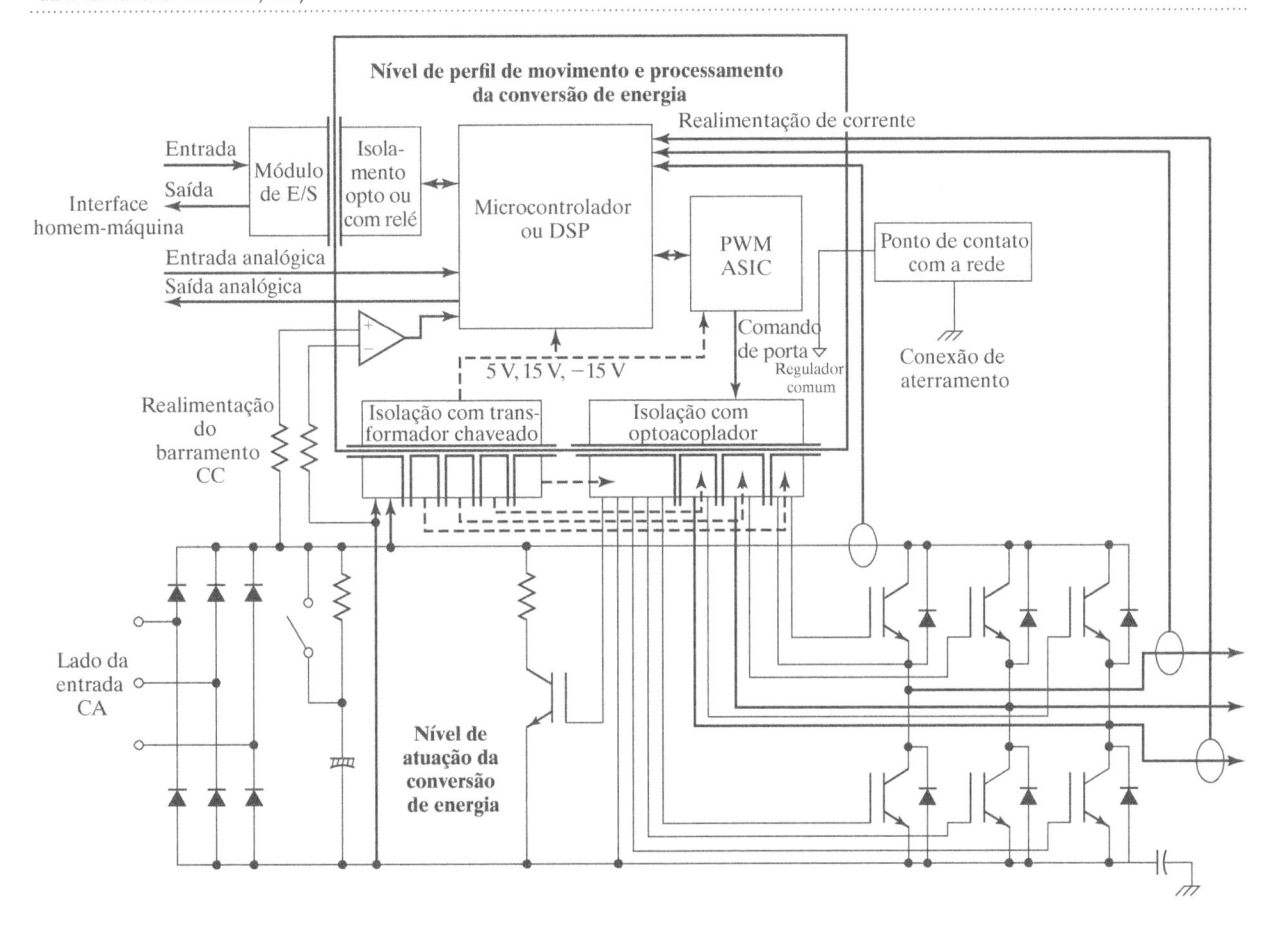

TABELA 15.1

Comparação entre a arquitetura da conversão de energia em dois níveis e a de um único nível.

Arquitetura em dois níveis	Arquitetura em um único nível
Movimento e conversão de energia processados conjuntamente	Movimento e conversão de energia processados separadamente
Isolação por optoacionadores (sinais sensíveis de alta velocidade)	Isolação por interface digital (sinais com alta margem de ruído)
Grande tempo morto	Pequeno tempo morto
Alimentação de chaveamento complexo	Alimentação *flyback* simples
Grandes sensores de corrente (*hall*)	Pequenos sensores de corrente (HVIC)
Proteção em nível de sinal	Proteção em nível de potência
Tamanho maior e mais EMI	Tamanho menor e menos EMI

Uma das principais características das arquiteturas do processamento da conversão de energia em um único nível e de modo misto é a integração das funções de acionamento, proteção e detecção. A integração é executada em uma tecnologia de circuito integrado de alta tensão (HVIC). Circuitos integrados com sensores multifuncionais que integram a realimentação de corrente e tensão com informações de amplitude e fase podem simplificar o projeto de acionamentos de motores CA ou CC sem escovas (BLDC). A integração monolítica do acionamento, da proteção, da detecção de corrente linear e de mais funções em uma única placa de silício utilizando a tecnologia

FIGURA 15.58

Arquitetura do processamento da conversão de energia em um único nível com um retificador controlado no lado da entrada (cortesia da International Rectifier, Inc.).[25]

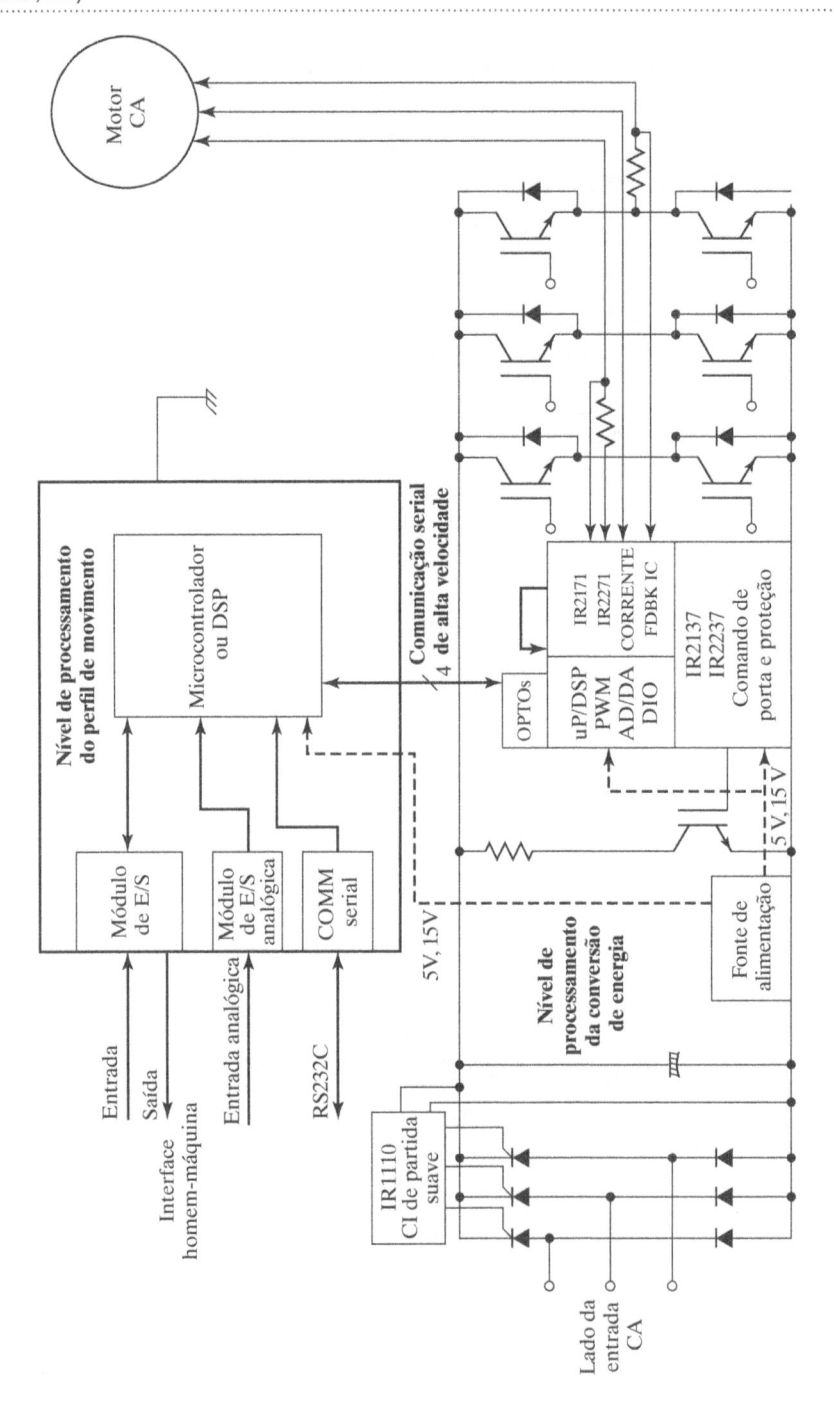

HVIC é o objetivo final. Assim, todas as funções de conversão de energia para acionamentos de motor robustos, eficientes, de baixo custo e compactos deveriam ser, em termos ideais, integrados de forma modular com protocolo de comunicação serial adequadamente definido para o controle local ou remoto.

Principais pontos da Seção 15.10

- Um CI de acionamento integra a maioria das funções de controle, incluindo algumas funções de proteção, para operar em condições de falha ou sobrecarga. Existem inúmeros CIs de acionamento para conversores de potência disponíveis no mercado.
- Os CIs com finalidades específicas para acionamentos de motor incluem muitos recursos, como acionamento com proteção, carga de partida suave do barramento CC e detecção da parte linear da corrente de fase do motor, além de algoritmos de controle, desde tensão ou frequência até o vetorial sem sensor ou controle servo.

RESUMO

Embora os acionamentos CA necessitem de técnicas avançadas de controle de tensão, frequência e corrente, eles apresentam vantagens em relação aos acionamentos CC. A tensão e a frequência podem ser controladas por inversores fonte de tensão. Já a corrente e a frequência podem ser controladas por inversores fonte de corrente. Os esquemas de recuperação da potência do escorregamento utilizam retificadores controlados para recuperar a potência do escorregamento dos motores de indução. O método mais comum de controle em malha fechada dos motores de indução é o controle tensão/frequência, de fluxo ou do escorregamento. Tanto os motores tipo gaiola de esquilo quanto os de rotor bobinado são utilizados em acionamentos de velocidade variável. Um inversor do tipo fonte de tensão pode alimentar alguns motores conectados em paralelo, enquanto um inversor fonte de corrente consegue alimentar apenas um motor.

Os motores síncronos são máquinas de velocidade constante, e esta pode ser controlada por tensão, frequência ou corrente. Os motores síncronos são de seis tipos: rotor cilíndrico, polos salientes, relutância, ímã permanente, de relutância chaveada e CC e CA sem escovas. Sempre que há a necessidade de passar de uma posição para outra, os motores de passo geralmente são utilizados. Os motores síncronos podem ser operados como motores de passo. Estes se dividem em dois tipos: motor de passo de relutância variável e motor de passo de ímã permanente. Por conta da natureza pulsante das tensões e correntes do conversor, há a necessidade de especificações e projetos especiais dos motores para aplicações de velocidade variável.[22] Existe uma vasta literatura sobre os acionamentos CA; apenas os fundamentos foram tratados neste capítulo.

QUESTÕES PARA REVISÃO

15.1 Quais são os tipos de motor de indução?
15.2 O que é uma velocidade síncrona?
15.3 O que é o escorregamento dos motores de indução?
15.4 O que é a frequência do escorregamento dos motores de indução?
15.5 O que é o escorregamento na partida dos motores de indução?
15.6 Quais são as características torque-velocidade dos motores de indução?
15.7 Quais são os vários meios para controlar a velocidade dos motores de indução?
15.8 Quais são as vantagens do controle tensão/frequência?
15.9 O que é uma frequência base dos motores de indução?
15.10 Quais são as vantagens do controle de corrente?
15.11 O que é um controle escalar?
15.12 O que é um controle vetorial?
15.13 O que é um controle adaptativo?
15.14 O que é um acionamento Kramer estático?
15.15 O que é um acionamento Scherbius estático?

15.16 O que é o modo de enfraquecimento de campo do motor de indução?

15.17 Quais são os efeitos do controle de frequência dos motores de indução?

15.18 Quais são as vantagens do controle de fluxo?

15.19 Como a característica de controle de um motor de indução pode ser elaborada para que ele se comporte como um motor CC?

15.20 Quais são os vários tipos de motor síncrono?

15.21 O que é o ângulo de torque dos motores síncronos?

15.22 Quais são as diferenças entre os motores de polos salientes e os motores de relutância?

15.23 Quais são as diferenças entre os motores de polos salientes e os motores de ímã permanente?

15.24 O que é o torque de ruptura (*pull-out*) dos motores síncronos?

15.25 O que é o torque de partida dos motores síncronos?

15.26 Quais são as características torque-velocidade dos motores síncronos?

15.27 O que são as curvas em V dos motores síncronos?

15.28 Quais são as vantagens dos acionamentos alimentados por inversores fonte de tensão?

15.29 Quais são as vantagens e desvantagens dos acionamentos com motor de relutância?

15.30 Quais são as vantagens e desvantagens dos motores de ímã permanente?

15.31 O que é um motor de relutância chaveada?

15.32 O que é o modo de autocontrole dos motores síncronos?

15.33 O que é um motor CC sem escovas?

15.34 O que é um motor CA sem escovas?

15.35 O que é um motor de passo?

15.36 Quais são os tipos de motor de passo?

15.37 Quais são as diferenças entre os motores de passo de relutância variável e de ímã permanente?

15.38 Como é o passo de um motor de passo de relutância variável controlado?

15.39 Como é o passo de um motor de passo de ímã permanente controlado?

15.40 Explique as diferentes velocidades e suas relações entre si — a de alimentação ω, a do rotor ω_r, a mecânica ω_m e a síncrona ω_s.

15.41 Qual é a diferença entre um motor de indução e um motor de indução linear?

15.42 Quais são os efeitos de extremidade dos motores de indução linear?

15.43 Qual é a finalidade de dimensionar as variáveis de controle?

15.44 Qual é a finalidade de definir o fator de amortecimento próximo de 0,707 ao se projetar um controlador para um acionamento de motor?

PROBLEMAS

15.1 Um motor de indução trifásico de 460 V, 60 Hz, oito polos, conectado em Y, tem $R_s = 0,08\ \Omega$, $R'_r = 0,1\ \Omega$, $X_s = 0,62\ \Omega$, $X'_r = 0,92\ \Omega$ e $X_m = 6,7\ \Omega$. A perda sem carga é $P_{vazio} = 300$ W. A uma velocidade do rotor de 750 rpm, utilize o circuito equivalente aproximado da Figura 15.2 para determinar (a) a velocidade síncrona ω_s; (b) o escorregamento s; (c) a corrente de entrada I_i; (d) a potência de entrada P_i; (e) o fator de potência de entrada FP_s; (f) a potência no entreferro P_g; (g) as perdas no cobre do rotor P_{ru}; (h) as perdas no cobre do estator, P_{su}; (i) o torque desenvolvido, T_d; (j) a eficiência; (k) a corrente de partida do rotor I_{rs}, e o torque de partida T_s; (l) o escorregamento para o torque máximo s_m; (m) o torque máximo desenvolvido na aceleração T_{mm}; (n) o torque máximo regenerativo desenvolvido T_{mr}.

15.2 Repita o Problema 15.1 se R_s for desprezável.

15.3 Repita o Problema 15.1 se o motor tiver dois polos e se os parâmetros forem $R_s = 1,02\ \Omega$, $R'_r = 0,35\ \Omega$, $X_s = 0,72\ \Omega$, $X'_r = 1,08\ \Omega$ e $X_m = 60\ \Omega$. A perda sem carga é $P_{vazio} = 70$ W, e a velocidade do rotor, 3250 rpm.

15.4 Os parâmetros de um motor de indução são: 2000 hp, 2300 V, trifásico, conectado em estrela, quatro polos, 60 Hz, escorregamento a plena carga = 0,03746, $R_s = 0{,}02\ \Omega$, $R_r' = 0{,}12\ \Omega$, $R_m = 45\ \Omega$, $X_m = 50\ \Omega$, $X_s = X_r' = 0{,}32\ \Omega$. Determine (a) a eficiência de um motor de indução operando a plena carga e (b) a capacitância por fase necessária para obter um fator de potência da rede unitário através da instalação de capacitores nos terminais de entrada do motor de indução.

15.5 Os parâmetros de um motor de indução são: 20 hp, 230 V, trifásico, conectado em estrela, quatro polos, 50 Hz, escorregamento a plena carga = 0,03746, $R_s = 0{,}02\ \Omega$, $R_r' = 0{,}12\ \Omega$, $R_m = 45\ \Omega$, $X_m = 50\ \Omega$, $X_s = X_r' = 0{,}32\ \Omega$. Determine (a) a eficiência de um motor de indução que opera a plena carga e (b) a capacitância por fase necessária para obter um fator de potência da rede unitário por meio da instalação de capacitores nos terminais de entrada do motor de indução.

15.6 Um motor de indução trifásico de 460 V, 60 Hz, seis polos, conectado em Y, tem os seguintes parâmetros: $R_s = 0{,}32\ \Omega$, $R_r' = 0{,}18\ \Omega$, $X_s = 1{,}04\ \Omega$, $X_r' = 1{,}6\ \Omega$ e $X_m = 18{,}8\ \Omega$. A perda sem carga P_{vazio}, é desprezível. O torque de carga, que é proporcional ao quadrado da velocidade, é 180 N · m a 1180 rpm. Para uma velocidade do motor de 850 rpm, determine (a) a demanda do torque de carga T_L; (b) a corrente do rotor I_r; (c) a tensão de alimentação do estator V_a; (d) a corrente de entrada do motor I_i; (e) a potência de entrada do motor P_i; (f) o escorregamento para a corrente máxima s_a; (g) a corrente máxima do rotor $I_{r(\text{máx})}$; (h) a velocidade na corrente máxima do rotor ω_a; e (i) o torque na corrente máxima T_a.

15.7 Repita o Problema 15.6 para o caso em que R_s é desprezível.

15.8 Repita o Problema 15.6 para o caso em que o motor tem quatro polos e os parâmetros são $R_s = 0{,}25\ \Omega$, $R_r' = 0{,}14\ \Omega$, $X_s = 0{,}7\ \Omega$, $X_r' = 1{,}05\ \Omega$ e $X_m = 20{,}6\ \Omega$. O torque de carga é 121 N · m a 1765 rpm, e a velocidade do motor, 1425 rpm.

15.9 Um motor de indução trifásico de rotor bobinado de 460 V, 60 Hz, seis polos, conectado em Y, cuja velocidade é controlada pela potência do escorregamento, como mostra a Figura 15.7b, tem os seguintes parâmetros: $R_s = 0{,}11\ \Omega$, $R_r' = 0{,}09\ \Omega$, $X_s = 0{,}4\ \Omega$, $X_r' = 0{,}6\ \Omega$ e $X_m = 11{,}6\ \Omega$. A relação de espiras entre os enrolamentos do rotor e do estator é $n_m = N_r/N_s = 0{,}9$. A indutância L_d é muito grande, e sua corrente I_d tem ondulação desprezível. Os valores de R_s, R_r', X_s e X_r' para o circuito equivalente da Figura 15.2 podem ser considerados desprezíveis se comparados com a impedância efetiva de L_d. A perda sem carga é 275 W. O torque de carga, que é proporcional ao quadrado da velocidade, é 455 N · m a 1175 rpm. (a) Para um motor que precisa operar com a velocidade mínima de 850 rpm, determine a resistência R. Com esse valor de R, se a velocidade desejada for 950 rpm, calcule (b) a corrente do indutor I_d; (c) o ciclo de trabalho do conversor CC k; (d) a tensão CC V_d; (e) a eficiência; e (f) o FP_s de entrada do acionamento.

15.10 Repita o Problema 15.9 para o caso em que a velocidade mínima é 650 rpm.

15.11 Repita o Problema 15.9 para o caso em que o motor tem oito polos e seus parâmetros são $R_s = 0{,}08\ \Omega$, $R_r' = 0{,}1\ \Omega$, $X_s = 0{,}62\ \Omega$, $X_r' = 0{,}92\ \Omega$ e $X_m = 6{,}7\ \Omega$. A perda sem carga é $P_{\text{vazio}} = 300$ W. O torque de carga, proporcional à velocidade, é 604 N · m a 785 rpm. O motor precisa operar com a velocidade mínima de 650 rpm, e a velocidade desejada é 750 rpm.

15.12 Um motor de indução trifásico de rotor bobinado de 460 V, 60 Hz, seis polos, conectado em Y, cuja velocidade é controlada por um acionamento Kramer estático, como mostra a Figura 15.7b, tem os seguintes parâmetros: $R_s = 0{,}11\ \Omega$, $R_r' = 0{,}09\ \Omega$, $X_s = 0{,}4\ \Omega$, $X_r' = 0{,}6\ \Omega$ e $X_m = 11{,}6\ \Omega$. A relação de espiras entre os enrolamentos do rotor e do estator é $n_m = N_r/N_s = 0{,}9$. A indutância L_d é muito grande, e sua corrente I_d tem ondulação desprezível. Os valores de R_s, R_r', X_s e X_r' para o circuito equivalente da Figura 15.2 podem ser considerados desprezíveis se comparados com a impedância efetiva de L_d. A perda sem carga é 275 W, e a relação de espiras do conversor de tensão CA para alimentar a tensão, $n_c = N_a/N_b = 0{,}5$. Para um motor que precisa operar a uma velocidade de 950 rpm, calcule (a) a corrente do indutor I_d; (b) a tensão CC V_d; (c) o ângulo de disparo α do conversor; (d) a eficiência; e (e) o FP_s de entrada do acionamento. O torque de carga, proporcional ao quadrado da velocidade, é 455 N · m a 1175 rpm.

15.13 Repita o Problema 15.12 para $n_c = 0{,}9$.

15.14 Para o Problema 15.12, faça o gráfico do fator de potência em função da relação de espiras n_c.

15.15 Um motor de indução trifásico de 56 kW, 3560 rpm, 460 V, 60 Hz, dois polos, conectado em Y, tem os seguintes parâmetros: $R_s = 0\ \Omega$, $R_r = 0{,}18\ \Omega$, $X_s = 0{,}13\ \Omega$, $X_r = 0{,}2\ \Omega$ e $X_m = 11{,}4\ \Omega$. O motor é controlado pela variação da frequência de alimentação. Para um torque de ruptura necessário de 170 N · m, calcule **(a)** a frequência de alimentação e **(b)** a velocidade ω_m no torque máximo. Utilize a potência nominal e a velocidade para calcular T_{mb}.

15.16 Para $R_s = 0{,}07\ \Omega$ e uma frequência alterada de 60 para 40 Hz no Problema 15.15, determine a mudança no torque de ruptura.

15.17 O motor no Problema 15.15 é controlado por uma relação tensão/frequência constante correspondente à tensão nominal e à frequência nominal. Calcule o torque máximo T_m e a respectiva velocidade, ω_m para as frequências de alimentação de **(a)** 60 Hz e **(b)** 30 Hz.

15.18 Repita o Problema 15.17 para $R_s = 0{,}2\ \Omega$.

15.19 Um motor de indução trifásico de 40 hp, 880 rpm, 60 Hz, oito polos, conectado em Y, tem os seguintes parâmetros: $R_s = 0{,}19\ \Omega$, $R_r' = 0{,}22\ \Omega$, $X_s = 1{,}2\ \Omega$, $X_r' = 1{,}8\ \Omega$ e $X_m = 13\ \Omega$. A perda sem carga é desprezável. O motor é controlado por um inversor fonte de corrente, e a corrente de entrada, mantida constante a 50 A. Para a frequência de 40 Hz e o torque desenvolvido de 200 N · m, determine **(a)** o escorregamento para o torque máximo s_m e o torque máximo T_m; **(b)** o escorregamento s; **(c)** a velocidade do rotor ω_m; **(d)** a tensão terminal por fase V_a; e **(e)** o FP_m.

15.20 Repita o Problema 15.19 para a frequência de 50 Hz.

15.21 Os parâmetros de um acionamento de motor de indução alimentado por um inversor tensão/frequência são: 6 hp, 240 V, 60 Hz, trifásico, conectado em Y, quatro polos, FP de 0,86 e 84% de eficiência, $R_s = 0{,}28\ \Omega$, $R_r' = 0{,}17\ \Omega$, $X_m = 24\ \Omega$, $X_s = 0{,}56\ \Omega$, $X_r' = 0{,}83\ \Omega$. Determine **(a)** a velocidade máxima de escorregamento; **(b)** a queda de tensão no rotor V_o; **(c)** a constante tensão-frequência K_{vf}; e **(d)** a tensão da rede CC em termos da frequência do estator f.

15.22 Os parâmetros de um acionamento de motor de indução alimentado por um inversor tensão/frequência são: 8 hp, 200 V, 60 Hz, trifásico, conectado em Y, quatro polos, FP de 0,86 e 84% de eficiência, $R_s = 0{,}28\ \Omega$, $R_r' = 0{,}17\ \Omega$, $X_m = 24\ \Omega$, $X_s = 0{,}56\ \Omega$, $X_r' = 0{,}83\ \Omega$. Determine **(a)** a velocidade máxima de escorregamento; **(b)** a queda de tensão no rotor V_o; **(c)** a constante tensão-frequência K_{vf}; e **(d)** a tensão da rede CC em termos da frequência do estator f.

15.23 Os parâmetros de um acionamento de motor de indução alimentado por um inversor tensão/frequência são: 6 hp, 240 V, 60 Hz, trifásico, conectado em Y, quatro polos, FP de 0,86 e 84% de eficiência, $R_s = 0{,}28\ \Omega$, $R_r' = 0{,}17\ \Omega$, $X_m = 24\ \Omega$, $X_s = 0{,}56\ \Omega$, $X_r' = 0{,}83\ \Omega$. Determine **(a)** as constantes K^*, K_{tg} e K_f; e **(b)** expresse a tensão de saída do retificador v_r em função da frequência do escorregamento ω_{sl} para a velocidade mecânica nominal $N = 1760$ rpm e $V_{cm} = 10$ V.

15.24 Os parâmetros de um acionamento de motor de indução alimentado por um inversor tensão/frequência são: 8 hp, 200 V, 60 Hz, trifásico, conectado em Y, quatro polos, FP de 0,86 e 84% de eficiência, $R_s = 0{,}28\ \Omega$, $R_r' = 0{,}17\ \Omega$, $X_m = 24\ \Omega$, $X_s = 0{,}56\ \Omega$, $X_r' = 0{,}83\ \Omega$. Determine **(a)** as constantes K^* K_{tg} e K_f e **(b)** expresse a tensão de saída do retificador v_r em função da frequência do escorregamento ω_{sl} para uma velocidade mecânica nominal $N = 1760$ rpm e $V_{cm} = 10$ V.

15.25 Os parâmetros de um motor de indução são: 5 hp, 220 V, conectado em Y, trifásico, 60 Hz, quatro polos, $R_s = 0{,}28\ \Omega$, $R_r = 0{,}18\ \Omega$, $L_m = 54$ mH, $L_r = 56$ mH, $L_s = 5$ mH, e a relação de espiras entre estator e rotor é $a = 3$. O motor é alimentado com suas tensões nominais equilibradas. Determine **(a)** as tensões e correntes em estado estacionário nos eixos q e d; e **(b)** as correntes de fase i_{qr}, i_{dr}, i_α e i_β quando o rotor estiver bloqueado. Utilize o modelo do sistema de referência do estator da máquina de indução.

15.26 Os parâmetros de um motor de indução com um controle vetorial indireto são: 8 hp, conectado em Y, trifásico, 60 Hz, quatro polos, 240 V, $R_s = 0{,}28\ \Omega$, $R_r = 0{,}17\ \Omega$, $L_m = 61$ mH, $L_r = 56$ mH, $L_s = 53$ mH, $J = 0{,}01667$ kg-m² e velocidade nominal = 1800 rpm. Determine **(a)** os fluxos concatenados nominais do rotor e as correspondentes correntes do estator i_{ds} e i_{qs}; **(b)** a corrente total do estator I_s; **(c)** o ângulo de torque θ_T; e **(d)** o ganho de escorregamento K_{sl}.

15.27 Os parâmetros de um motor de indução com um controle vetorial indireto são: 4 hp, conectado em Y, trifásico, 60 Hz, quatro polos, 240 V, $R_s = 0{,}28\ \Omega$, $R_r = 0{,}17\ \Omega$, $L_m = 61$ mH, $L_r = 56$ mH, $L_s = 53$ mH, $J = 0{,}01667$ kg-m² e velocidade nominal = 1800 rpm. Determine **(a)** os fluxos concatenados nominais do rotor e as correspondentes correntes do estator i_{ds} e i_{qs}; **(b)** a corrente total do estator I_s; **(c)** o ângulo de torque θ_T; e **(d)** o ganho de escorregamento K_{sl}.

15.28 Um motor síncrono trifásico de rotor cilíndrico, de 460 V, 60 Hz, 10 polos, conectado em Y, tem uma reatância síncrona de $X_s = 0,8$ Ω por fase, e a resistência da armadura é desprezável. O torque da carga, proporcional ao quadrado da velocidade, é $T_L = 1250$ N · m a 720 rpm. O fator de potência é mantido a 0,8 indutivo pelo controle de campo, e a relação tensão-frequência, constante no valor nominal. Para uma frequência do inversor de 45 Hz e uma velocidade do motor de 640 rpm, calcule **(a)** a tensão de entrada V_a; **(b)** a corrente de armadura I_a; **(c)** a tensão de excitação V_f; **(d)** o ângulo de torque δ; e **(e)** o torque de ruptura T_p.

15.29 Um motor síncrono trifásico de polos salientes, de 230 V, 60 Hz, 40 kW, oito polos, conectado em Y, tem $X_d = 2,5$ Ω e $X_q = 0,4$ Ω. A resistência da armadura é desprezável. Para um motor que opera com uma potência de entrada de 20 kW a um fator de potência capacitivo de 0,86, determine **(a)** o ângulo de torque δ; **(b)** a tensão de excitação V_f; e **(c)** o torque T_d.

15.30 Um motor de relutância trifásico, de 230 V, 60 Hz, 10 polos, conectado em Y, tem $X_d = 18,5$ Ω e $X_q = 3$ Ω. A resistência da armadura é desprezável. O torque de carga, proporcional à velocidade, é $T_L = 12,5$ N · m. A relação tensão-frequência é mantida constante no valor nominal. Para uma frequência de alimentação de 60 Hz, determine **(a)** o ângulo de torque δ; **(b)** a corrente de linha I_a; e **(c)** o FP_m de entrada.

15.31 Os parâmetros de um sistema de acionamento PMSM são: 240 V, conectado em Y, 60 Hz, seis polos, $R_s = 1,4$ Ω, $L_d = 6$ mH, $L_q = 9$ mH, $\Psi_r = 0,15$ Wb-espira, $B_T = 0,01$ N.mn/rad/s, $J = 0,006$ kg-m², $f_c = 2$ kHz, $V_{cm} = 10$ V, $H_\omega = 0,05$ V/V, $H_c = 0,8$ V/A, $T_\omega = 2$ ms e $V_{CC} = 240$ V. Projete um controlador de velocidade baseado no ideal para um coeficiente de amortecimento de 0,707.

15.32 Os parâmetros de um sistema de acionamento PMSM são: 200 V, conectado em Y, 60 Hz, seis polos, $R_s = 1,4$ Ω, $L_d = 6$ mH, $L_q = 9$ mH, $\Psi_r = 0,15$ Wb-espira, $B_T = 0,01$ N.mn/rad/s, $J = 0,006$ kg-m², $f_c = 2$ kHz, $V_{cm} = 10$ V, $H_\omega = 0,05$ V/V, $H_c = 0,8$ V/A, $T_\omega = 2$ ms e $V_{CC} = 240$ V. Projete um controlador de velocidade baseado no ideal para um coeficiente de amortecimento de 0,707.

15.33 Um motor de passo de relutância variável tem seis pilhas e seis dentes de rotor por pilha. A sequência de passo é *as, bs, cs, as,* ... Determine **(a)** o espaçamento entre dentes T_p; e **(b)** o comprimento do passo S_L.

15.34 Um motor de passo de relutância variável tem seis pilhas e seis dentes de rotor por pilha. A sequência de passo é *as, cs, bs, as,* ... Determine **(a)** o espaçamento entre dentes T_p; e **(b)** o comprimento do passo S_L.

15.35 Um motor de passo de ímã permanente de dois polos, que gira no sentido horário, tem duas pilhas e cinco dentes de rotor por pilha. Determine **(a)** o espaçamento entre dentes T_p; e **(b)** o comprimento do passo S_L.

15.36 Os parâmetros de um motor de indução linear são: espaçamento entre polos = 0,4 m, frequência de alimentação $f = 60$ Hz. A velocidade do lado primário é 180 km/h, e a propulsão desenvolvida, 80 kN. Calcule **(a)** a velocidade do motor v_m; **(b)** a potência desenvolvida P_d; **(c)** a velocidade síncrona v_s; **(d)** o escorregamento; e **(e)** a perda no cobre do secundário P_{cu}.

15.37 Os parâmetros de um motor de indução linear são: espaçamento entre polos = 0,6 m, frequência de alimentação $f = 60$ Hz. A velocidade do lado primário é 180 km/h, e a propulsão desenvolvida, 210 kN. Calcule **(a)** a velocidade do motor v_m; **(b)** a potência desenvolvida P_d; **(c)** a velocidade síncrona v_s; **(d)** o escorregamento; e **(e)** a perda no cobre do secundário P_{cu}.

REFERÊNCIAS

1. RAJAMANI, H. S.; MCMAHON, R. A. "Induction motor drives for domestic appliances". *IEEE Industry Applications Magazine*, v. 3, n. 3, p. 21–26, maio/jun. 1997.
2. KOKALJ, D. G. "Variable frequency drives for commercial laundry machines". *IEEE Industry Applications Magazine*, v. 3, n. 3, p. 27–36, maio/jun. 1997.
3. RAHMAN, M. F. et al. *Power Electronics Handbook*. Editado por M. H. Rashid. San Diego, CA: Academic Press, 2001. Capítulo 27 — Motor Drives.
4. BOSE, B. K. *Modern Power Electronics and AC Drives*. Upper Saddle River, NJ: Prentice-Hall, 2002. Capítulo 8 — Control and Estimation of Induction Motor Drives.

5. RISHNAN, R. *Electric Motor Drives:* Modeling, Analysis, and Control. Upper Saddle River, NJ: Prentice-Hall, 1998. Capítulo 8 — Stepper Motors.
6. BOLDEA, I.; NASAR, S. A. *Electric Drives.* Boca Raton, FL: CRC Press, 1999.
7. EL-SHARKAWI, M. A. *Fundamentals of Electric Drives.* Pacific Grove, CA: Brooks/Cole, 2000.
8. DEWAN, S. B.; SLEMON, G. B.; STRAUGHEN, A. *Power Semiconductor Drives.* Nova York: John Wiley & Sons, 1984.
9. VON JOUANNE, A.; ENJEITI, P.; GRAY, W. "Application issues for PWM adjustable speed ac motors". *IEEE Industry Applications Magazine*, v. 2, n. 5, p. 10–18, set./out. 1996.
10. SHASHANK, S.; AGARWAL, V. "Simple control for wind-driven induction generator". *IEEE Industry Applications Magazine*, v. 7, n. 2, p. 44–53, mar./abr. 2001.
11. LEONARD, W. *Control of Electrical Drives.* Nova York: Springer-Verlag, 1985.
12. NOVOTNY, D. W.; LIPO, T. A. *Vector Control and Dynamics of Drives.* Oxford, UK: Oxford Science Publications, 1996.
13. VAS, P. *Electrical Machines and Drives:* A Space Vector Theory Approach. Londres, Reino Unido: Clarendon Press, 1992.
14. MOHAN, N. *Electric Drives:* An Integrative Approach. Minneapolis, MN: MNPERE, 2000.
15. HO, E. Y. Y.; SEN, P. C. "Decoupling control of induction motors". *IEEE Transactions on Industrial Electronics*, v. 35, n. 2, p. 253–262, maio 1988.
16. MILLER, T. J. E. *Switched Reluctance Motors.* Londres, Reino Unido: Oxford Science, 1992.
17. POLLOCK, C.; MICHAELIDES, A. "Switched reluctance drives: A comprehensive evaluation". *Power Engineering Journal*, p. 257–266, dez. 1995.
18. MATSUI, N. "Sensorless PM brushless DC motor drives". *IEEE Transactions on Industrial Electronics*, v. 43, n. 2, p. 300–308, abr. 1996.
19. CHAI, H.-D. *Electromechanical Motion Devices.* Upper Saddle River, NJ: Prentice Hall, 1998. Capítulo 8 — Stepper Motors.
20. KRAUSE, P. C.; WASYNCZUKM, O. *Electromechanical Motion Devices.* Nova York: McGraw-Hill, 1989.
21. WALE, J. D.; POLLACK, C. "Hybrid stepping motors". *Power Engineering Journal*, v. 15, n. 1, p. 5–12, fev. 2001.
22. KILBURN, J. A.; DAUGHERTY, R. G. "NEMA design E motors and controls — What's it all about". *IEEE Industry Applications Magazine*, v. 5, n. 4, p. 26–36, jul./ago. 1999.
23. KRISHNAN, R. *Electric Motor Drives, Modeling, Analysis, and Control.* Upper Saddle River, NJ: Prentice Hall, 2001.
24. GURU, B. S.; HIZIROLU, H. R. *Electric Machinery and Transformers.* 3. ed. Nova York: Oxford University Press, 2001.
25. "Power Conversion Processor Architecture and HVIC Products for Motor Drives". International Rectifier, Inc., El Segunda, CA, 2001, p. 1–21. Disponível em: <http://www.irf.com>.

Capítulo 16

Introdução à energia renovável

Após a conclusão deste capítulo, os estudantes deverão ser capazes de:

- Listar os principais elementos de um sistema de energia renovável.
- Calcular a energia mecânica de uma turbina.
- Explicar o ciclo térmico de um processo de conversão de energia.
- Listar os principais elementos de um sistema de energia solar.
- Construir o modelo de uma célula PV e determinar a tensão e a corrente de saída para a potência máxima de saída.
- Determinar os parâmetros de desempenho de uma turbina eólica.
- Listar os principais tipos de sistema de energia eólica dependendo dos tipos de gerador.
- Explicar o mecanismo de geração de ondas e calcular a potência desenvolvida pelas ondas do mar.
- Listar os tipos de hidrelétrica e calcular a energia elétrica de saída deles.
- Listar os tipos de célula a combustível e calcular sua tensão de saída e eficiência.

Símbolos e seus significados

Símbolo	Significado
η	Eficiência
θ	Ângulo zenital
$\lambda; h_w$	Comprimento de onda e coluna d'água, respectivamente
$E; P$	Energia e potência, respectivamente
$E_H; Q_H$	Entalpia e entropia de um processo, respectivamente
RT; TSR	Razões de transmissão e de velocidade da ponta, respectivamente
G_H	Energia livre de Gibbs
$I_C; i_L$	Correntes da célula solar PV (fotovoltaica) e de carga, respectivamente
EC; EP	Energias cinética e potencial, respectivamente
$m; h$	Massa e altura, respectivamente
$n; p$	Velocidade e número de polos de um gerador, respectivamente
$P_t; P_m$	Potências de turbina e mecânica, respectivamente
$P_{ir}; \rho_o$	Irradiação solar e densidade de energia no espaço, respectivamente
$r(R); d$	Raio e diâmetro, respectivamente
$T; Q$	Temperatura e energia térmica, respectivamente
$T_{máx}; P_{máx}$	Torque máximo e potência máxima, respectivamente
$v; i$	Tensão e corrente instantânea, respectivamente
$v_D; v_L$	Tensões da célula PV e de carga, respectivamente
$v_a; v_b$	Velocidades de entrada e de saída de uma turbina eólica, respectivamente
$V_c; E_c$	Tensão e energia de uma célula a combustível, respectivamente
$V_{mp}; I_{mp}; P_{máx}$	Tensão, corrente e potência máximas de uma célula PV, respectivamente
$W; F$	Trabalho realizado e força, respectivamente

16.1 INTRODUÇÃO

Os recursos energéticos utilizados para gerar eletricidade podem ser divididos em três categorias: (1) combustíveis fósseis, (2) combustível nuclear e (3) recursos renováveis. Dentre os combustíveis fósseis incluem-se o petróleo, o carvão e o gás natural. Eles são formados a partir de fósseis (plantas e animais mortos) enterrados na crosta terrestre há milhões de anos sob pressão e calor, e constituídos por elementos de alto teor de carbono e hidrogênio, como o petróleo, o gás natural e o carvão. Como a formação dos combustíveis fósseis leva milhões de anos, eles são considerados não renováveis. A maior parte dos combustíveis fósseis é utilizada em transportes, processos industriais, geração de eletricidade, bem como em aquecimento residencial e comercial. A queima deles gera uma grande variedade de poluentes, incluindo a liberação de dióxido de carbono, óxidos de enxofre e a formação de óxidos de nitrogênio. São gases nocivos que causam problemas ambientais e de saúde.

Os recursos energéticos renováveis incluem as energias hidrelétrica, eólica, solar, de hidrogênio, de biomassa, das marés e geotérmica. As tecnologias de energia renovável conseguem produzir energia limpa e sustentável a partir de fontes renováveis. Essas tecnologias têm potencial para atender a uma parcela significativa da demanda de energia de um país, melhorar a qualidade ambiental e contribuir para uma grande economia de energia. As tecnologias de energia renovável[1] podem ser classificadas em sete tipos:

Energia solar
Eólica
Oceânica
Hidrelétrica
De hidrogênio
Geotérmica
De biomassa

16.2 ENERGIA E POTÊNCIA

O trabalho W realizado por uma força F para mover uma massa em um deslocamento linear de comprimento ℓ na direção de F é dado por

$$W = F\ell \tag{16.1}$$

Se o deslocamento ℓ não for na direção de F, o trabalho é dado por

$$W = F\ell \cos \alpha \tag{16.2}$$

onde α é o ângulo entre F e ℓ. A unidade de trabalho é o joules (J), que é a quantidade de trabalho realizado por uma força de 1 Newton para mover um corpo por uma distância de um metro na direção da força. Ou seja, 1 J = 1 N · m.

A energia de um corpo é a sua capacidade de realizar trabalho. A energia tem a mesma unidade que o trabalho. Para a energia elétrica, por exemplo, a unidade fundamental é o watt-segundo (W · s), 1 W · s = 1 J. Há dois tipos de energia mecânica: a cinética e a potencial. A energia cinética (EC) de um corpo em movimento de massa m (em quilogramas) e que se move a uma velocidade v (em metros por segundo) é dada por

$$EC = \frac{1}{2} mv^2 \tag{16.3}$$

A energia potencial (EP) de um corpo de massa m (em quilogramas), por conta da energia gravitacional a uma altura h (em metros), é dada por

$$EP = mgh \tag{16.4}$$

onde g é a aceleração pela gravidade (9,807 m/s²).

A potência é definida como o período de tempo em que o trabalho é realizado. Ou seja, a potência representa a taxa de variação de energia. Assim, a potência instantânea p está relacionada com a energia por

$$P = \frac{dW}{dt} = \frac{dE}{dt} \qquad (16.5)$$

onde W representa o trabalho e E, a energia.

A energia térmica é geralmente medida em calorias (cal). Por definição, uma caloria é a quantidade de calor necessária para elevar a temperatura de um grama de água a 15 °C em 1 grau centígrado. Uma unidade mais comum é a quilocaloria (kcal). A partir de experiências em laboratório, verificou-se que 1 cal = 4,186 J. Outra unidade de energia térmica é a térmica britânica (*British thermal unit* — Btu), que está relacionada ao joule e à caloria. Como o joule e a caloria são unidades relativamente pequenas, as energias térmica e elétrica são expressas em termos de unidade térmica britânica e de quilowatt-hora (ou até megawatt-hora), respectivamente. Uma unidade de energia ainda maior é o quad, que significa "um quatrilhão de unidades térmicas britânicas". A Tabela 16.1 mostra as unidades de energia e potência. Já a Tabela 16.2 indica os símbolos das ordens de grandeza da potência.

TABELA 16.1
Unidades de energia e potência.

Unidade	Unidade equivalente	Unidade alternativa
1 W · s	1 J	
1 kWh	$3,6 \times 10^6$ J	
1 cal	4,186 J	
1 Btu	$1,055 \times 10^3$ J	$0,252 \times 10^3$ cal
1 quad	$1,055 \times 10^{18}$ J	10^{15} Btu
1 W	1 J/s	
1 hp	745,7 W	
g	9,80665 m/s^2	745,7 J/s
1 ton (T)	1000 kg	2204,6 lbs
1 kg	2,205 lbs	

TABELA 16.2
Símbolos das quantidades de potência.

Quantidades	Símbolo	Ordem de grandeza
quilo	k	10^3
mega	M	10^6
giga	G	10^9
tera	T	10^{12}
peta	P	10^{15}
exa	E	10^{18}

16.3 SISTEMA DE GERAÇÃO DE ENERGIA RENOVÁVEL

O diagrama de blocos para sistemas de geração de energia é ilustrado na Figura 16.1. Os recursos energéticos são primeiramente convertidos em eletricidade por meio de um gerador elétrico. A energia solar pode ser convertida diretamente em elétrica. Quanto aos outros recursos, as energias térmica e mecânica devem ser convertidas em energia elétrica. As energias do vento e do oceano estão disponíveis na forma de energia mecânica, e as energias térmicas do carvão, do petróleo, do gás natural, geotérmica e da biomassa são convertidas nela.

O gerador montado no eixo de uma turbina gira com ela e gera eletricidade. Para assegurar que a tensão do gerador esteja a uma frequência contínua, a turbina deve girar a uma velocidade precisa e constante. O gerador utilizado em todas as usinas de energia é geralmente uma máquina síncrona, que tem um circuito de campo magnético montado em seu rotor e está firmemente ligado à turbina. Se não for necessária uma frequência constante como, por exemplo, na energia eólica, pode-se utilizar um tipo de gerador de indução.

FIGURA 16.1
Diagrama de blocos de um sistema de geração de energia renovável.

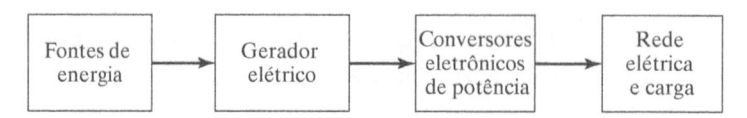

Fontes de energia → Gerador elétrico → Conversores eletrônicos de potência → Rede elétrica e carga

A frequência da tensão gerada é diretamente proporcional à velocidade do gerador, que é a mesma das turbinas. A relação entre a frequência e a velocidade é dada pela seguinte equação:

$$f = \frac{p}{120} n \qquad (16.6)$$

onde n é a velocidade do gerador (rpm);
 p é o número de polos do circuito de campo do gerador;
 f é a frequência da tensão do gerador.

Por exemplo, se $p = 8$ e $n = 900$, $f = 60$ Hz. Para fontes não renováveis, a energia elétrica gerada é geralmente conectada aos sistemas de transmissão e distribuição. Mas, para energias renováveis, a energia elétrica é na maioria das vezes processada por meio de conversores eletrônicos de potência (por exemplo, CA-CC, CC-CC e CC-CA) antes de ser conectada à rede de energia e/ou às cargas do cliente. A eletrônica de potência é parte das tecnologias de energia renovável. As etapas do processo de conversão são: fontes de energia → energia mecânica → turbina → gerador → conversores de potência → carga. A eficiência geral do sistema de geração de energia pode ser encontrada a partir de

$$\eta = \eta_m \eta_t \eta_g \eta_p \qquad (16.7)$$

onde η_m, η_t, η_g e η_p são as eficiências da energia mecânica, da turbina, do gerador e dos conversores de potência, respectivamente. A eficiência da conversão em energia mecânica é baixa, na faixa de 30% a 40%, a eficiência da turbina, de 80% a 90%, a eficiência do gerador, de 95% a 98% e a eficiência do conversor de potência, de 95% a 98%.

16.3.1 Turbina

A função da turbina é fazer girar o eixo do gerador elétrico, convertendo a energia térmica do vapor ou a cinética do vento e da água em mecânica de rotação.

O esquema de uma turbina simples é mostrado na Figura 16.2. Seus elementos fundamentais são o eixo e as pás. A energia cinética captada pela turbina é função da área de varredura A_s das pás, sendo dada por

$$A_s = \pi r^2 \qquad (16.8)$$

onde r é o raio da área de varredura. Se o fluxo de vento, vapor ou água entrar na turbina com um ângulo incidente de φ a partir do eixo normal da pá, a área efetiva de varredura na Equação 16.8 torna-se

$$A_s = \pi r^2 \cos\varphi \qquad (16.9)$$

Como a massa do fluxo é $m = \rho \times \text{volume} = \rho \times A_s \times v_t \times t$, podemos utilizar as equações 16.3 e 16.5 para encontrar a potência mecânica que atinge a turbina P_t como

$$P_t = \frac{EC_t}{t} = \frac{1}{2} \frac{\rho \times A_s \times v_t \times t}{t} v_t^2 = \frac{1}{2} A_s \rho v_t^3 \qquad (16.10)$$

onde
 v_t = velocidade da água, do vento ou do vapor que atinge as pás da turbina (m/s);
 ρ = densidade específica (kg/m³).

Por causa das várias perdas mecânicas da turbina, a potência P_t não será convertida na potência mecânica P_m que entra no gerador. A relação entre P_m e P_t é a eficiência da turbina η_t, também conhecida como *coeficiente de desempenho*. Assim, a potência mecânica para o gerador é determinada por

FIGURA 16.2

Esquema de uma turbina simples.

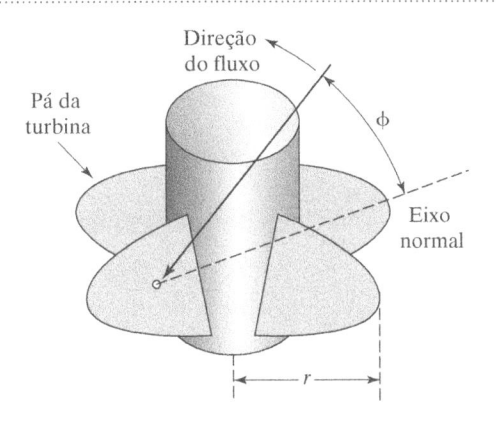

$$P_m = \eta_t \left(\frac{1}{2} A_s \rho v_t^3\right) \tag{16.11}$$

Portanto, a potência mecânica é proporcional ao cubo da velocidade da água, do vento ou do vapor que atinge as pás da turbina. Ou seja, se a velocidade dobrar, a potência mecânica aumentará 8 vezes.

Por exemplo, se $r = 1,25$ m, $v_t = 20$ m/s, $\rho = 1000$ kg/m³ e $\eta_t = 0,5$, obtemos $A_s = 4,909$ m² e $P_m = 96,68$ MW.

16.3.2 Ciclo térmico

O ciclo térmico descrito pelas leis da termodinâmica é utilizado para converter a energia térmica do carvão, do petróleo, do gás natural, geotérmica e da biomassa em energia mecânica. Essa conversão é altamente ineficiente, como descreve a segunda lei da termodinâmica, na qual uma grande quantidade de energia térmica é desperdiçada na conversão em energia mecânica. Esse processo é ilustrado na Figura 16.3. Suponhamos que a fonte de energia a uma temperatura T_1 produza energia térmica Q_1. Como o calor flui apenas da alta temperatura para a baixa, há a necessidade de um dissipador de calor de temperatura $T_2 < T_1$ para o fluxo de calor. Utilizando a segunda lei da termodinâmica, a eficiência de um motor térmico (turbina, motor de combustão interna etc.) é dada por

$$\eta_t = \frac{T_1 - T_2}{T_1} \tag{16.12}$$

que mostra que a eficiência do motor aumenta quando T_2 diminui. Isto é, quanto menor a temperatura no dissipador de calor, maior a eficiência do motor térmico.

FIGURA 16.3

Processo de conversão da energia térmica.

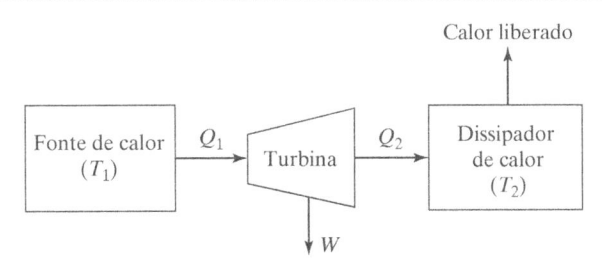

Uma turbina como a apresentada na Figura 16.3 é instalada entre a fonte de calor e um dissipador dele (conhecido como *torre de arrefecimento*). A turbina é uma máquina de calor que converte energia térmica em mecânica. A turbina extrai parte da energia térmica Q_1 e a converte em energia mecânica W. O resto é dissipado no dissipador de calor.

A energia mecânica W é a diferença entre a fonte de energia Q_1 e a energia dissipada na torre de arrefecimento Q_2, e é dada por

$$W = Q_1 - Q_2 \qquad (16.13)$$

A eficiência da turbina η_t pode ser escrita em termos de energia térmica como

$$\eta_t = \frac{W}{Q_1} = \frac{Q_1 - Q_2}{Q_1} \qquad (16.14)$$

Deve-se observar que, se $T_2 = T_1$, o dissipador não dissipa nenhuma energia térmica, e que $Q_2 = Q_1$. Nesse caso, nenhuma energia mecânica é produzida pela turbina, e a eficiência desta é igual a zero. A quantidade de energia térmica produzida por 1 kg de combustível queimado é chamada *constante de energia térmica* (TEC). A unidade da TEC é a *unidade térmica britânica* (Btu); 1 Btu = 252 cal ou 1,0544 kJ. A Tabela 16.3 indica valores típicos da TEC para vários combustíveis fósseis. O petróleo e o gás natural produzem o Btu mais alto entre todos os combustíveis fósseis.

O dissipador de calor de uma usina elétrica dissipa uma grande quantidade de energia térmica para completar o ciclo térmico, e a eficiência deste fica abaixo de 50%. Por exemplo, se a quantidade extraída do carvão queimado for Q_2 = 18.000 Btu/kg e a energia térmica for Q_1 = TEC = 27.000 Btu/kg, a energia mecânica será W = 27.000 − 18.000 = 9.000 Btu/kg e a eficiência da turbina, $\eta_t = W/Q_1$ = 9.000/27.000 = 33,33%.

TABELA 16.3
Constantes de energia térmica para combustíveis fósseis.

Tipo de combustível	Constante de energia térmica, TEC (Btu/kg)
Petróleo	45.000
Gás natural	48.000
Carvão	27.000
Lenha	19.000

16.4 SISTEMAS DE ENERGIA SOLAR

As tecnologias de energia solar produzem eletricidade a partir da energia do Sol. Os pequenos sistemas de energia solar podem fornecer eletricidade para residências e empresas, além de suprir necessidades de energia distantes. Sistemas maiores de energia solar conseguem produzir mais eletricidade e alimentar o sistema de energia elétrica. O diagrama de blocos de um sistema de energia solar é mostrado na Figura 16.4. O sistema consiste em rastreamento do Sol, conversão da energia solar em elétrica e, então, fornecimento para a rede ou para as cargas CA. Em algumas aplicações, pode ser desejável carregar baterias de apoio ou reserva. Geralmente, há a necessidade de dispositivos de rastreamento do Sol e de controle para realizar o fornecimento de energia ideal. A geração de energia solar envolve o seguinte:

Energia solar
Fotovoltaica (PV)
Células fotovoltaicas (PV)
Modelos de PV
Módulos e modelos de PV
Efeitos da radiação e da temperatura

FIGURA 16.4

Sistemas de energia solar.

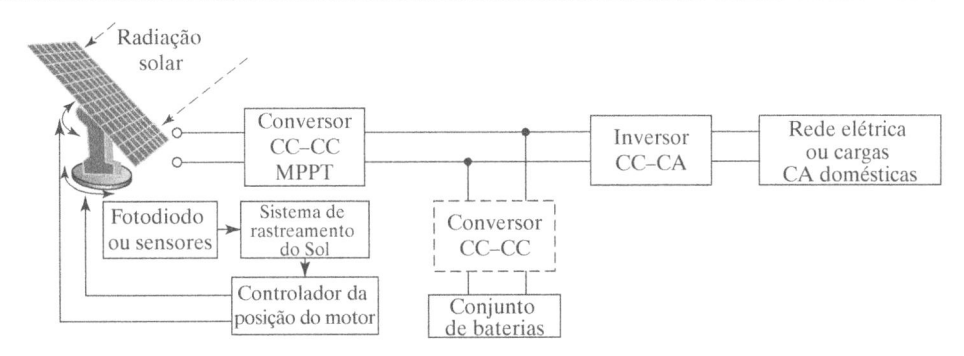

16.4.1 Energia solar

Os raios solares possuem alta densidade de energia no espaço, chegando a 1,353 kW/m². No entanto, a densidade de energia no espaço diminui em função (a) da absorção de parte da energia pelos vários gases e pelo vapor d'água na atmosfera terrestre, (b) do ângulo de projeção dos raios solares, conhecido como *ângulo zenital*, e (c) das várias reflexões e dispersões dos raios solares. A densidade de energia solar, ρ_{ir}, sobre a Terra, também chamada de *irradiação solar*, pode ser determinada pelo seguinte modelo matemático desenvolvido por Atwater e Ball:[2]

$$\rho_{ir} = \rho_o \cos(\theta)(\alpha_{dt} - \beta_{wa})\alpha_p \quad (16.15)$$

onde

ρ_{ir} = densidade de energia solar na superfície terrestre (kW/m²);
ρ_o = densidade de energia no espaço (geralmente 1,353 kW/m²);
θ = ângulo zenital (ângulo entre a normal externa sobre a superfície da Terra e o centro do Sol), como mostra a Figura 16.5;
α_{dt} = transmitância direta dos gases, com exceção do vapor de água, que é uma fração da energia radiante que não é absorvida pelos gases;
α_p = transmitância de aerossol;
β_{wa} = absorção de radiação pelo vapor de água.

FIGURA 16.5

Ângulo zenital.

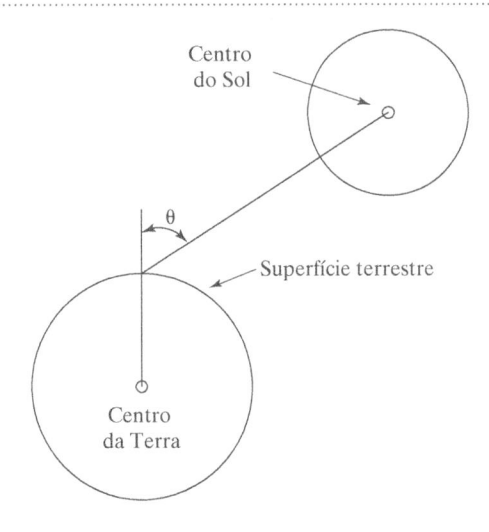

O termo "aerossol" refere-se às partículas atmosféricas suspensas na atmosfera terrestre, como sulfato, nitrato, amônio, cloreto e fuligem. O tamanho dessas partículas geralmente varia de 10^{-3} a 10^3 μm. A energia solar na superfície terrestre é apenas uma fração dela no espaço, por conta das perdas por reflexão, dispersão e absorção. A eficiência solar η_s, que é a relação entre as duas densidades de energia solar, ρ e ρ_{ir}, pode ser encontrada a partir da Equação 16.15 como

$$\eta_s = \frac{\rho_{ir}}{\rho_o} = \cos(\theta)(\alpha_{dt} - \beta_{wa})\alpha_p \qquad (16.16)$$

A eficiência solar varia de um lugar para outro na faixa entre 5% e 70%. Também é uma função da estação do ano e da hora do dia. O ângulo zenital, indicado na Figura 16.5, tem um grande efeito sobre a eficiência. A eficiência máxima ocorre ao meio-dia na linha do Equador, onde $\theta = 0$.

Os mapas de recursos solares regionais e os dados solares podem ser encontrados na *Avaliação dos Recursos de Energia Solar e Eólica* (*Solar and Wind Energy Resource Assessment* — SWERA).[3] A SWERA fornece informações de alta qualidade em formatos adequados sobre os recursos de energia renovável para países e regiões em todo o mundo, com as ferramentas necessárias para aplicar esses dados de modo a facilitar as políticas e os investimentos nesse tipo de energia. O pico de densidade de energia solar durante o dia pode atingir valores superiores a 700 W/m². A densidade de energia solar com o clima estável segue a curva em forma de sino e pode ser expressa por uma função de distribuição normal, dada por

$$\rho_{ir} = \rho_{máx}\, e^{-\frac{(t-t_o)^2}{2\sigma^2}} \qquad (16.17)$$

onde

t é a hora do dia, utilizando o relógio de 24 horas;

$\rho_{máx}$ é a máxima densidade de energia solar do dia em t_o (meio-dia na linha do Equador);

σ é o desvio-padrão da função de distribuição normal.

A relação de densidade, como mostra a Figura 16.6, é a porcentagem da razão $\rho_{ir}/\rho_{máx}$. Quando $t = 12 \pm \sigma$, a Equação 16.17 dá $\rho_{ir}/\rho_{máx} = 0{,}607$. Um σ grande significa áreas mais extensas sob a curva de distribuição, ou seja, mais energia solar é obtida durante o dia. Em latitudes mais elevadas, σ é menor no inverno que no verão. Isso porque o período de luz durante o dia é mais curto no inverno, à medida que avançamos para o norte.

FIGURA 16.6

Distribuição solar típica da densidade de energia solar.

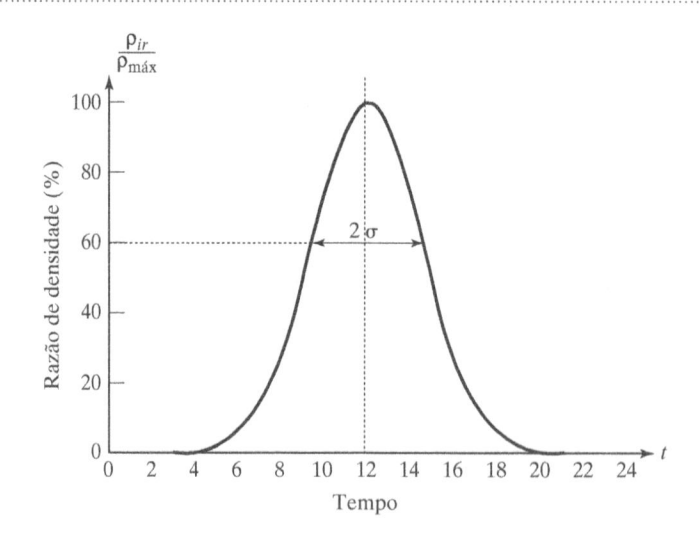

Exemplo 16.1 ▪ Determinação da densidade de energia e eficiência solar

Os parâmetros solares em determinada hora do dia em um local específico são: ângulo zenital $\theta = 35°$, transmitância de todos os gases $\alpha_{dt} = 75\%$, absorção do vapor d'água $\beta_{wa} = 5\%$, transmitância de aerossol $\alpha_p = 85\%$ e desvio-padrão da função de distribuição solar $\sigma = 3{,}5$ h.

a. Calcule a densidade de energia e a eficiência solar naquele momento.
b. Calcule a densidade de energia solar às 2 horas da tarde, se o desvio-padrão da função de distribuição solar for σ = 3,5 h.

Solução

θ = 35°, α_{dt} = 75%, β_{wa} = 5%, α_p = 85%, σ = 3,5 h, ρ_o = 1353 kW/m² e t = 14 horas.

a. A Equação 16.15 fornece a densidade de energia solar

$$\rho_{ir} = 1353 \times \cos(35) \times (0{,}75 - 0{,}05) \times 0{,}85 = 659{,}45 \text{ W/m}^2$$

A Equação 16.16 fornece a eficiência solar

$$\eta_s = \cos(35) \times (0{,}75 - 0{,}05) \times 0{,}85 = 48{,}74\%$$

b. A energia máxima ocorre em θ = 0, e a Equação 16.15 fornece a máxima densidade de energia

$$\rho_{máx} = 1353 \times \cos(0) \times (0{,}75 - 0{,}05) \times 0{,}85 = 805{,}04 \text{ W/m}^2$$

A Equação 16.17 fornece a densidade de energia no horário t = 2 horas da tarde (14 h)

$$\rho = 805{,}04 \times e^{\frac{-(14-12)^2}{2 \times 3{,}5^2}} = 743{,}93 \text{ W/m}^2$$

16.4.2 Fotovoltaica

Os materiais e dispositivos fotovoltaicos (*photovoltaic* — PV) convertem a luz solar em energia elétrica, e as células PV são geralmente conhecidas como *células solares*.[1,2] As células PV são dispositivos produtores de eletricidade feitos de materiais semicondutores. "Fotovoltaico" pode ser literalmente traduzido como "eletricidade da luz". Utilizado pela primeira vez por volta de 1890, o termo "fotovoltaico" vem de: *foto*, da palavra grega para luz, e *volt*, relativo ao pioneiro da eletricidade, Alessandro Volta. Os materiais e dispositivos fotovoltaicos convertem a energia da luz em elétrica, como descobriu o físico francês Edmond Becquerel no início de 1839. Becquerel definiu o processo de utilização de luz solar para a produção de corrente elétrica em um material sólido. O efeito fotoelétrico ou fotovoltaico pode fazer determinados materiais converterem a energia da luz em energia elétrica em nível atômico.

Os sistemas PV já são uma componente importante de nossas vidas. Sistemas PV simples fornecem energia para pequenos utensílios, como calculadoras e relógios de pulso. Já sistemas mais complicados oferecem energia para satélites de comunicação, bombas hidráulicas, iluminação, eletrodomésticos e máquinas em residências e locais de trabalho. Vários sinais de trânsito e de rodovias também são alimentados por PV. Em muitos casos, a energia PV é a forma menos dispendiosa de eletricidade para essas tarefas.

16.4.3 Células fotovoltaicas

As células PV são os elementos básicos de todos os sistemas PV porque são os dispositivos que convertem a luz solar em eletricidade. As células PV existem em diversos tamanhos e formas, desde menores que um selo postal até com vários centímetros de diâmetro. Elas também são com frequência ligadas entre si formando *módulos* PV, que podem ter até muitos centímetros de comprimento e alguns de largura. Os módulos, por sua vez, podem ser combinados e ligados para formar *painéis* ou *matrizes* PV de diferentes tamanhos e potências de saída. Os módulos do painel constituem a maior parte de um sistema PV.

Quando a luz incide sobre uma célula PV, ela pode ser refletida, absorvida ou passar direto. Mas somente a luz absorvida gera eletricidade. A energia da luz absorvida é transferida para os elétrons nos átomos do material semicondutor da célula PV. Uma propriedade elétrica especial da célula PV, chamada *campo elétrico embutido*, fornece a força, ou tensão, necessária para conduzir a corrente por meio de uma carga externa, como uma lâmpada.[1]

728 Eletrônica de potência

Existem dois tipos de célula PV:[1] as de placas planas e as de lentes convexas. A PV de placa plana é retangular e plana, além de mais utilizada em aplicações comerciais. As células de placa plana são geralmente montadas em ângulos fixos que maximizam a exposição ao Sol durante todo o ano. Em sistemas mais flexíveis, o ângulo do painel solar varia para acompanhar a exposição solar ideal durante o dia. Lentes convexas que concentram células PV necessitam de menos material para a mesma potência de saída que a das células de placa plana; assim, elas são menores. No entanto, a concentração de células funciona melhor quando não há nuvens no céu. Em dias nublados, a luz difusa ainda consegue produzir eletricidade nas células PV de placa plana, enquanto as células PV concentradas geram menos energia nessas condições.

O princípio de funcionamento de células PV é semelhante ao dos diodos semicondutores discutidos no Capítulo 2. O fluxo de corrente através de um diodo é causado pela aplicação de uma tensão externa. Mas a corrente em uma célula PV é causada pela aplicação de luz, como mostra a Figura 16.7a, e as partes de uma célula PV são indicadas na Figura 16.7b. A corrente PV pode ser relacionada com a tensão na célula pela *equação de Shockley* para um diodo:

$$i_D = I_S(e^{v_D/\eta V_T} - 1) \qquad (16.18)$$

onde

i_D = corrente através do diodo A;
v_D = tensão no diodo com anodo positivo em relação ao catodo V;
I_S = corrente de fuga (ou saturação reversa), geralmente na faixa de 10^{-6} a 10^{-15} A;
η = constante empírica conhecida como *coeficiente de emissão*, ou *fator de idealidade*, cujo valor varia de 1 a 2.

FIGURA 16.7
Célula PV.

(a) Célula PV com carga
(b) Partes de uma célula PV

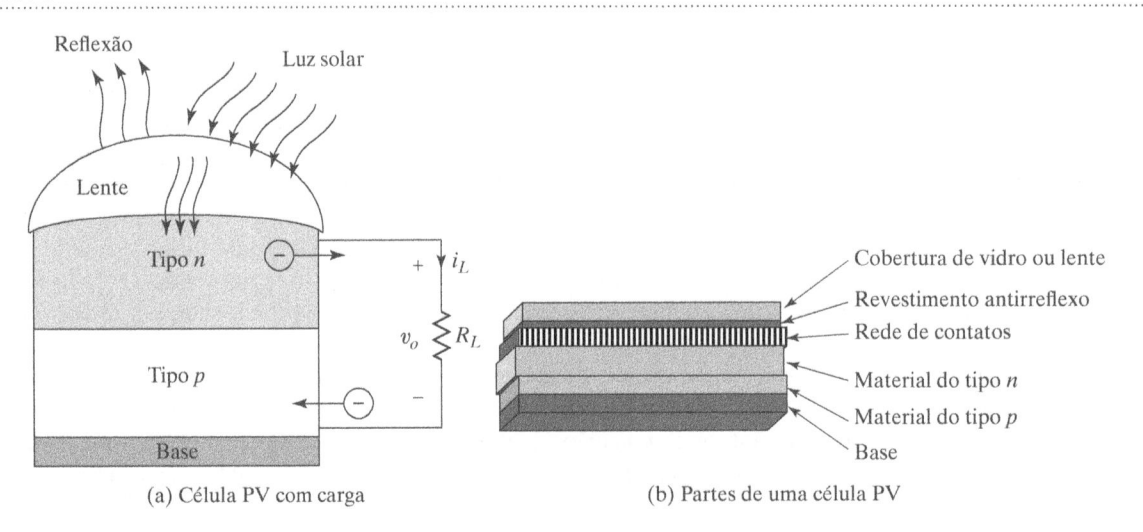

16.4.4 Modelos de PV

A célula solar é semelhante a um diodo, mas seus elétrons adquirem energia a partir de fótons de luz. A corrente da célula flui da junção *n* para a *p*. A célula é representada por um diodo, como ilustra a Figura 16.8a. A corrente da célula I_C, que é a corrente do diodo reversamente polarizado, é pequena. A célula pode ser representada por um diodo reversamente polarizado e uma fonte de corrente, como apresenta a Figura 16.8b. Sem nenhuma carga, a corrente do diodo é $i_D = I_C$.

A corrente de carga i_L está relacionada com a corrente do diodo i_D por

$$i_L = I_C - i_D = I_C - I_S(e^{v_D/\eta V_T} - 1) \qquad (16.19)$$

FIGURA 16.8
Modelo de célula solar ideal.

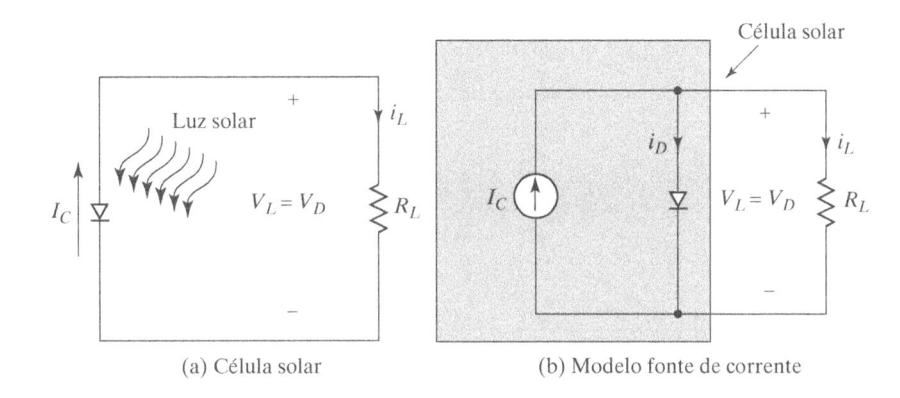

(a) Célula solar

(b) Modelo fonte de corrente

O gráfico de i_L em função de v_D é exibido na Figura 16.9, considerando as condições $v_D \geq 0$ e $i_L \geq 0$. I_{SC} é a corrente de curto-circuito quando a carga está em curto; ou seja, $I_{SC} = I_C$. Quando não há carga, a corrente de carga $i_L = 0$ e $i_D = I_C$, e a tensão de circuito aberto V_{OC} pode ser encontrada a partir da Equação 16.19 como

$$V_{OC} = v_D = V_T \ln\left(\frac{I_C}{I_S} + 1\right) \quad (16.20)$$

Potência de saída: para $v_L = v_D$, a potência de carga P_L pode ser encontrada a partir de

$$P_L = v_L i_L = v_L[I_C - v_L I_S(e^{v_L/\eta V_T} - 1)] \quad (16.21)$$

O gráfico da potência de carga P_L em função da tensão de carga v_L também é mostrado na Figura 16.9. A tensão de carga V_{mp}, em que ocorre a potência máxima, pode ser obtida pela definição da primeira derivada da equação de potência como igual a zero. Isto é,

$$\frac{\delta P_L}{\delta v_L} = (I_C + I_S) - \left(1 + \frac{v_L}{V_T}\right) I_S e^{v_L/\eta V_T} = 0 \quad (16.22)$$

que, para $\frac{\partial P_L}{\partial v_L} = 0$, fornece a tensão V_{mp} em que ocorre a potência máxima como

$$\left(1 + \frac{V_{mp}}{V_T}\right) e^{V_{mp}/\eta V_T} = \left(1 + \frac{I_C}{I_S}\right) \quad (16.23)$$

que é uma relação não linear. V_{mp} pode ser resolvida por um método iterativo de solução ou com a utilização do software Mathcad ou Matlab. A célula normalmente é operada em $v_L = V_{mp}$ para a potência máxima de saída $P_{máx}$. Substituindo V_{mp} na Equação 16.21, obtém-se a potência máxima $P_{máx}$ como

$$P_{máx} = V_{mp}[I_C - V_{mp} I_S(e^{V_{mp}/\eta V_T} - 1)] \quad (16.24)$$

Para uma célula ideal, a potência de carga P_L na Equação 16.21 deveria ser igual à potência de saída P_{out} de uma célula solar, sendo dada por

$$P_{out} = P_L = \eta_r P_s = \eta_r \rho_s A \quad (16.25)$$

onde
  ρ_s = densidade de energia solar na superfície PV;
  A = área da célula PV de frente para o Sol;
  η_r = eficiência de irradiação da célula solar.

FIGURA 16.9
Características tensão-corrente e potência-tensão.

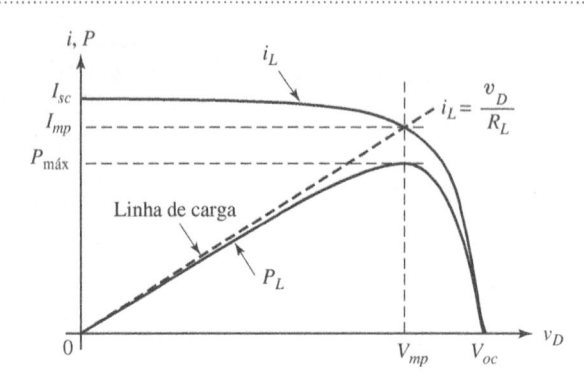

A eficiência da maioria das células solares é baixa, variando de 2% a 20%, e depende do material e da estrutura da célula. As células solares multicamadas podem ter eficiência de até 40%. Como a densidade de energia solar ao longo do período de um dia é aproximadamente uma curva em forma de sino, como mostra a Figura 16.6, a potência de saída da célula também é uma curva em forma de sino. A Equação 16.17 pode ser aplicada à potência de saída, o que resulta em

$$P_{out} = P_{máx}\, e^{\frac{-(t-t_0)^2}{2\sigma^2}} \tag{16.26}$$

onde

P_{out} = potência de saída produzida pela célula solar em qualquer momento t do dia;
$P_{máx}$ = potência máxima produzida durante o dia em t_0 (meio-dia na linha do Equador).

A energia de saída E_{out} produzida pela célula PV em um dia pode ser encontrada fazendo-se a integral de P_{out}, ou seja,

$$E_{out} = \int_0^{24} P_{máx}\, e^{\frac{-(t-t_0)^2}{2\sigma^2}} dt \approx P_{máx}\, \sigma\sqrt{2\pi} \tag{16.27}$$

Efeitos das linhas de carga: o ponto de operação da célula solar depende do valor da resistência de carga R_L. A intersecção da curva característica da célula PV com a linha de carga (definida por $i_L = v_L/R_L$) é o ponto de operação da célula PV, como indica a Figura 16.10. Quando a resistência de carga aumenta, a tensão de saída da célula solar também aumenta.

FIGURA 16.10
Linhas de carga e pontos de operação de uma célula solar.

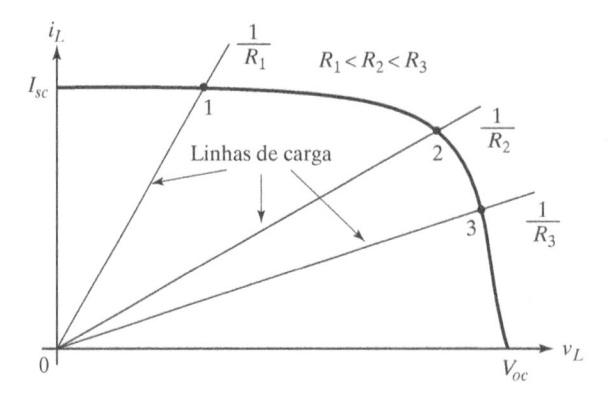

Efeitos da irradiação e da temperatura: as características i-v nas figuras 16.9 e 16.10 são apresentadas para determinada densidade de energia da luz ρ_{ir} (irradiação). Qualquer aumento na irradiação aumentará diretamente o valor da corrente solar I_C, da corrente de curto-circuito I_{SC} e da tensão V_{OC}, como mostra a Figura 16.11. A potência máxima também aumentará com um aumento na irradiação, como ilustra a Figura 16.12. A tensão térmica V_T é linearmente dependente da temperatura, como vemos na Equação 2.2. A corrente de saturação I_S também tem uma forte correlação com a temperatura. A corrente de carga na Equação 16.19 depende de forma não linear da temperatura. Em consequência, a tensão de circuito aberto reduz quando a temperatura aumenta, como indica a Figura 16.13.

Efeitos das perdas elétricas: uma célula real (não ideal) tem perdas elétricas por conta dos vestígios no coletor e dos fios externos, como exibe a Figura 16.14, por uma resistência em série R_s. O valor de R_s está na faixa de miliohms. A resistência interna do cristal é apresentada por uma resistência em paralelo R_p. O valor de R_p está na faixa de alguns kilohms. Consequentemente, a corrente de carga na Equação 16.19 diminui, sendo dada por

$$i_L = I_C - i_D - i_P = I_C - I_S(e^{v_D/\eta V_T} - 1) - \frac{v_D}{R_p} \qquad (16.28)$$

E a tensão de carga v_L também se reduz, sendo dada por

$$v_L = v_D - R_s i_L = v_D - R_s \left[I_C - I_S(e^{v_D/\eta V_T} - 1) - \frac{v_D}{R_p} \right] \qquad (16.29)$$

A potência de carga com perdas elétricas pode ser encontrada a partir das equações 16.28 e 16.29:

FIGURA 16.11
Efeito da irradiação sobre o ponto de operação.

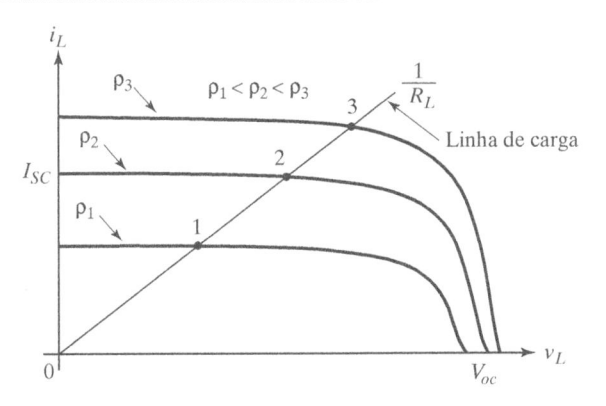

FIGURA 16.12
Efeito da irradiação sobre a potência de saída PV.

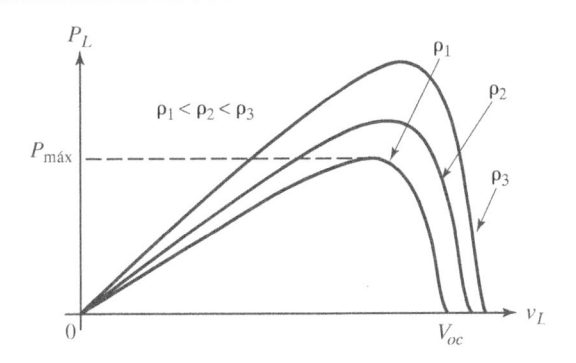

FIGURA 16.13
Efeito da temperatura sobre o ponto de operação.

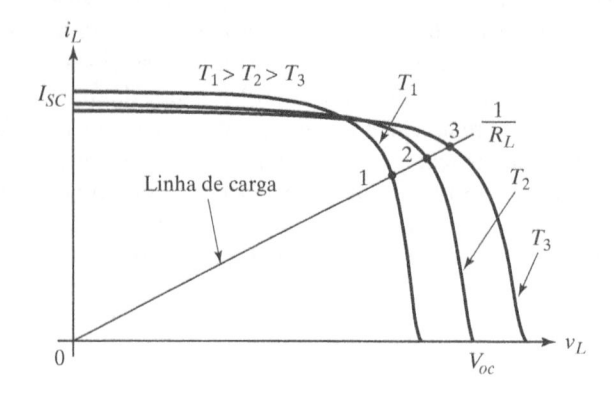

FIGURA 16.14
Modelo prático de uma célula solar.

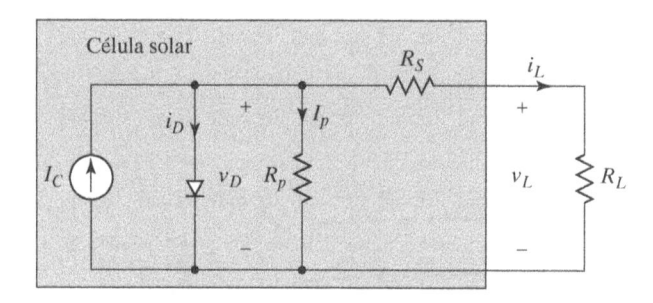

$$P_{L(\text{perda})} = i_L(\text{na Equação 16.28}) \times V_L(\text{na Equação 16.29}) \qquad (16.30)$$

Portanto, a eficiência geral da célula solar é dada por

$$\eta = \frac{P_{\text{out}}}{P_{\text{out}} + P_{\text{perda}}} = \frac{P_{\text{out}}}{P_{L(\text{perda})}} \qquad (16.31)$$

Exemplo 16.2 ▪ Determinação da tensão e da potência de saída de uma célula PV

A corrente de saturação reversa de uma célula PV funcionando a 30°C é 10 nA. A corrente solar a 30°C é 1,2 A. Calcule **(a)** a tensão de saída v_L e a potência de saída P_L da célula PV quando a carga extrai $i_L = 0,6$ A e **(b)** a resistência de carga R_L na potência máxima de saída $P_{\text{máx}}$.

Solução
$I_C = 1,2$ A, $I_s = 10$ nA, $i_L = 0,6$ A, T = 30°
Utilizando a Equação 2.2, a tensão térmica é

$$V_T = \frac{1,38 \times 10^{-23} \times (273 + 30)}{1,602 \times 10^{-19}} = 25,8 \, \text{mV}$$

a. A Equação 16.20 fornece a tensão PV

$$v_D = V_T \times \ln\left(\frac{I_C - i_L}{I_s} + 1\right) = 25,8 \times 10^{-3} \times \ln\left(\frac{1,2 - 0,6}{10 \times 10^{-9}} + 1\right) = 0,467 \, \text{V}$$

b. A Equação 16.23 fornece a condição para a tensão V_{mp}

$$\left(1 + \frac{V_{mp}}{V_T}\right)e^{\frac{V_{mp}}{V_T}} - \left(1 + \frac{I_C}{I_S}\right) = 0$$

que, após o cálculo por um método iterativo utilizando o software Mathcad ou Matlab, fornece a tensão $V_{mp} = 0{,}412$ V.

A Equação 16.19 fornece a corrente de carga I_{mp} correspondente,

$$I_{mp} = 1{,}2 - 10 \times 10^{-9} \times (e^{\frac{0{,}412}{25{,}8 \times 10^{-3}}} - 1) = 2{,}128 \text{ A}$$

A potência máxima de saída é $P_{máx} = V_{mp}I_{mp} = 0{,}412 \times 2{,}128 = 0{,}877$ W.
A resistência de carga $R_L = V_{mp}/I_{mp} = 0{,}412/2{,}128 = 0{,}194$ Ω.

Exemplo 16.3 ▪ Determinação dos efeitos dos parâmetros do modelo prático sobre a tensão de saída e a potência de saída de células PV

A corrente de saturação reversa de uma célula PV funcionando a 30 °C é 10 nA. A corrente solar a 30 °C é 1,2 A. Calcule a tensão de saída v_L e a potência de saída P_L da célula PV quando a carga extrai $i_L = 0{,}6$ A, a resistência em série é $R_s = 20$ mΩ e a resistência em paralelo, $R_p = 2$ kΩ.

Solução
$I_C = 1{,}2$ A, $I_S = 10$ nA, $i_L = 0{,}6$ A, $R_s = 20$ mΩ, $R_p = 2$ kΩ, $T = 30°$
Utilizando a Equação 2.2, a tensão térmica é

$$V_T = \frac{1{,}38 \times 10^{-23} \times (273 + 30)}{1{,}602 \times 10^{-19}} = 25{,}8 \text{ mV}$$

a. Para $n = 1$, a Equação 16.28 fornece a condição para a tensão PV, v_D

$$0{,}6 - 1{,}2 + 10 \times 10^{-9} \times (e^{\frac{v_D}{25{,}8 \times 10^{-3}}} - 1) + \frac{v_D}{R_p} = 0$$

que, após o cálculo por um método iterativo utilizando o software Mathcad ou Matlab, fornece a tensão $v_D = 0{,}467$ V.
Para $n = 1$, a Equação 16.29 fornece a tensão de carga v_L

$$v_L = 0{,}467 - 20 \times 10^{-3} \times \left[1{,}2 - 10 \times 10^{-9} \times (e^{\frac{0{,}467}{25{,}8 \times 10^{-3}}} - 1) - \frac{0{,}467}{2 \times 10^3}\right] = 0{,}455 \text{ A}$$

A potência de carga de saída é $P_L = v_L i_L = 0{,}467 \times 0{,}455 = 0{,}273$ W.

16.4.5 Sistemas fotovoltaicos

Uma célula PV individual normalmente é pequena, como mostra a Figura 16.15a, produzindo em geral cerca de 1 ou 2 watts de potência, o que pode ser suficiente para fazer funcionar uma calculadora de baixa potência. Como a célula PV é em essência um diodo, a tensão de polarização direta é na maioria das vezes 0,7 V. As células PV são ligadas entre si em arranjos em paralelo e em série para aumentar a faixa de potência. Para elevar a potência de saída das células PV, elas são conectadas juntas, formando unidades maiores chamadas *módulos*, como indica a Figura 16.15b.

Se V for a tensão de uma célula, e um número m de células for ligado em série, a tensão de um módulo será $V_{mod} = mV$. Os módulos, por sua vez, podem ser conectados em paralelo para formar unidades ainda maiores chamadas *painéis* ou *matrizes*, que podem ser interligados para produzir mais potência, como mostra a Figura 16.15c. Se I for a capacidade de corrente de uma célula, e um número n de módulos for ligado em paralelo, a capacidade de corrente de um painel será $I_{pa} = nI$.

Portanto, a potência de saída de um painel de células torna-se $P_{pa} = mnVI$. Ou seja, a potência do painel passa a ser mn vezes a potência de uma célula isolada, P_c. Por exemplo, se $P_c = 2$ W, $m = 4$ e $n = 20$, $P_{pa} = 2 \times 4 \times 20 = 160$ W. Dessa maneira, é possível construir sistemas PV para atender praticamente qualquer necessidade de energia elétrica, pequena ou grande. Vários desses painéis formam um sistema PV. Painéis PV mais sofisticados são montados com dispositivos de rastreamento que seguem o Sol ao longo do dia. Os dispositivos de rastreamento inclinam os painéis PV para maximizar a exposição das células aos raios solares.

Como os painéis PV são constituídos por determinada quantidade de células PV, as características de corrente e potência em função da tensão dos painéis PV são semelhantes às das figuras 16.9 e 16.10. Um sistema PV é normalmente operado para produzir a potência máxima $P_{máx}$ em V_{mp} e I_{mp}. O ponto de operação é conhecido como *ponto de potência máxima* (MPP). A característica i em função de v é não linear e pode ser linearizada em dois segmentos, como exibe a Figura 16.16: o segmento de tensão constante, para baixo $V_p > V_{mp}$, e o segmento de corrente constante, para o alto $V_p < V_{mp}$. Ambos os segmentos podem ser aproximados por uma equação de reta, dada por

$$i_p = -y_C v_p + b \tag{16.32}$$

FIGURA 16.15

Módulos e painéis PV.

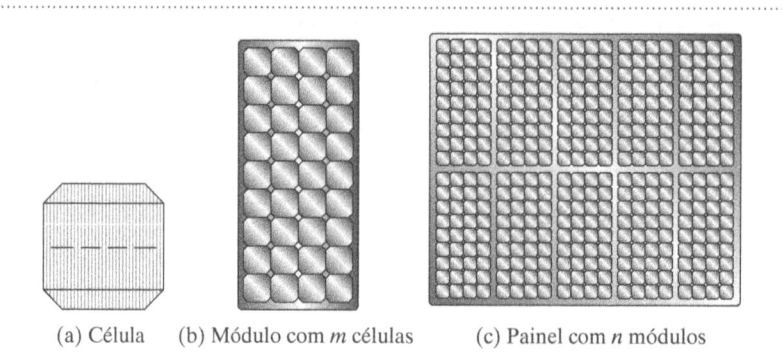

(a) Célula   (b) Módulo com m células   (c) Painel com n módulos

FIGURA 16.16

Linearização da curva *I-V*.

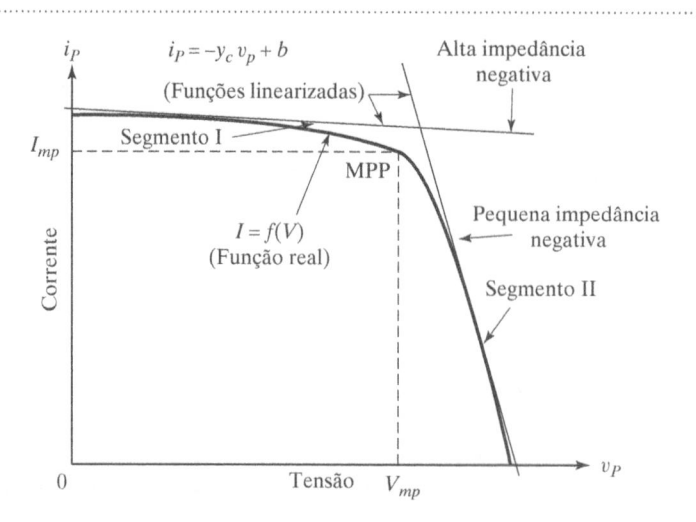

onde

    b = constante;
    y_C = condutância de saída do painel PV.

Se y_C tiver um valor grande no segmento *I* de tensão constante, o PV apresentará uma pequena impedância negativa de saída. Por outro lado, se y_C for pequeno no segmento II de corrente constante, o painel PV terá alta impedância negativa de saída.

O MPP ocorre no joelho da curva característica, ou seja, para $v_p = V_{mp}$. Utilizando a Equação 16.32, obtém-se a potência do painel como

$$p_p = v_p i_p = v_p(-y_c v_p + b) \tag{16.33}$$

a partir da qual podemos obter a inclinação das características de potência,

$$\frac{dp_p}{dv_p} = -2y_c v_p + b = i_p - y_c v_p \tag{16.34}$$

que deve ser igual a zero no MPP; isso pode ser conseguido pelo controle do ponto de operação. A fim de mover o ponto de operação ao ponto de inclinação zero, i_p deve diminuir para a inclinação positiva e aumentar para a inclinação negativa, se o painel PV for controlado por corrente. Um conversor *boost* CC-CC controlado por corrente pode ser utilizado para controlar o MPP, como exibe a Figura 16.17. Um capacitor de entrada C_i é normalmente conectado na saída do painel PV a fim de proporcionar um caminho de baixa impedância para a corrente de entrada do conversor CC-CC. Igualando as correntes do lado de entrada e do conversor *boost*, obtemos

$$i_p = i_{cap} + i_i = C_i \frac{dv_p}{dt} + i_i \tag{16.35}$$

Em condições de regime permanente, i_p é igual à corrente i_i do conversor. Portanto, o ponto de operação pode ser movido na direção do MPP pelo ajuste de i_i. O algoritmo para a execução da Equação 16.35 requer a medição da tensão e da corrente do painel PV que são utilizadas para calcular sua potência e sua inclinação. Portanto, baseado no sinal da inclinação (dp_p/dv_p), a corrente de referência I_{ref} é aumentada ou diminuída para mover o ponto de operação na direção do ponto de inclinação zero.

FIGURA 16.17

Controlador MPPT com base em características *i-v* linearizadas.

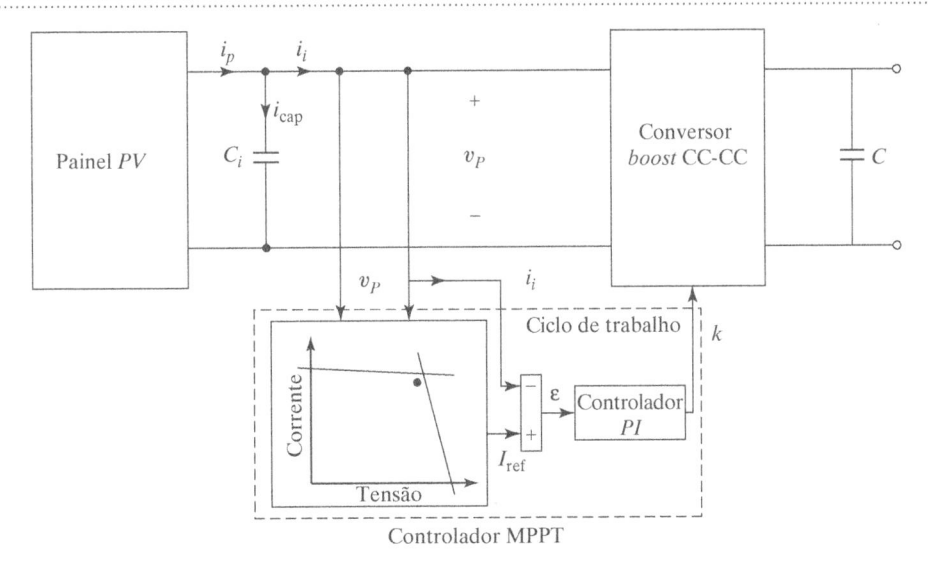

Exemplo 16.4 ▪ Determinação da tensão, da corrente e da potência no ponto MPPT

A característica de i_p em função de v_p de uma célula PV pode ser descrita por dois segmentos:

$$i_{p1} = -0{,}01 v_{p1} + 1$$
$$i_{p2} = -3{,}5 v_{p2} + 2{,}8$$

Calcule (a) a tensão V_{mp}, (b) a corrente I_{mp} e (c) a potência $P_{máx}$.

Solução
Esses segmentos representam a equação de uma reta com a forma $y = mx + C$. As constantes são $m_1 = -0{,}1$, $C_1 = 1$, $m_2 = -3{,}5$ e $C_2 = 2{,}8$ nas intersecções $i_{p1} = i_{p2} = I_p$ e $v_{p1} = v_{p2} = V_p$. Isto é,

$$I_p = -0{,}1 V_p + 1$$
$$I_p = -3{,}5 V_p + 2{,}8$$

Subtraindo uma equação da outra, obtém-se a tensão V_p

$$V_P = \frac{C_2 - C_1}{m_1 - m_2} = \frac{2{,}8 - 1}{-0{,}1 - (-3{,}5)} = 0{,}529\,\text{V}$$

Substituindo V_p em uma dessas equações, obtém-se a corrente I_p

$$I_P = -0{,}1 V_p + 1 = -0{,}1 \times 0{,}529 + 1 = 0{,}947\,\text{A}$$

A potência de saída é

$$P_o = V_p I_p = 0{,}529 \times 0{,}947 = 0{,}501\,\text{W}.$$

16.5 ENERGIA EÓLICA

As tecnologias de energia eólica utilizam a energia do vento como fonte para gerar eletricidade, carregar baterias, bombear água, moer grãos, e assim por diante. A maior parte das tecnologias de energia eólica pode ser utilizada em aplicações independentes, conectadas a uma rede de energia elétrica. Para fontes em escala maior de energia eólica, geralmente se constrói uma grande quantidade de turbinas, próximas umas das outras, formando um *parque eólico* que fornece energia elétrica à rede. Vários provedores de eletricidade usam parques eólicos para fornecer energia aos seus clientes. Turbinas isoladas são na maioria das vezes aplicadas para bombeamento de água ou comunicações. No entanto, donos de imóveis e agricultores em áreas com bastante vento também podem utilizar sistemas eólicos de pequeno porte para gerar eletricidade.

A energia eólica pode ser produzida em qualquer lugar do mundo onde o vento sopre com uma força significativa e consistente. Os locais com ventos fortes produzem mais energia, o que diminui o custo da produção de eletricidade. Os mapas de recursos regionais e dados sobre ventos podem ser encontrados na *Avaliação dos Recursos de Energia Solar e Eólica* (SWERA).[3] A SWERA fornece informações de alta qualidade em formatos adequados sobre os recursos de energia renovável para países e regiões em todo o mundo, com as ferramentas necessárias para a aplicação desses dados de modo a facilitar as políticas e os investimentos nesse tipo de energia.

Os dois fatores críticos são a velocidade e a qualidade do vento. Os locais mais adequados para turbinas eólicas são aqueles sem turbulência, pois ela diminui a eficiência das turbinas e afeta sua estabilidade geral. A turbulência eólica é influenciada pela superfície terrestre. Dependendo da rugosidade do terreno, o vento pode ser mais ou menos turbulento.[5] A energia eólica pode ser dividida[6] em sete classes, como apresenta a Tabela 16.4, de acordo com

TABELA 16.4

Classes de energia eólica.

Classe de energia eólica	A uma altura de 10 m (33 pés)		A uma altura de 50 m (164 pés)	
	Densidade de energia eólica (W/m²)	Velocidade do vento (m/s)	Densidade de energia eólica (W/m²)	Velocidade do vento (m/s)
1	0	0	0	0
1–2	100	4,4	200	5,6
2–3	150	5,1	300	6,4
3–4	200	5,6	400	7,0
4–5	250	6,0	500	7,5
5–6	300	6,4	600	8,0
6–7	400	7,0	800	8,8
7	1000	9,4	2000	11,9

a velocidade do vento (m/s) e a densidade de energia eólica (W/m²). Cada classe de energia eólica corresponde a duas densidades de energia. Por exemplo, a classe 3 de energia eólica representa a densidade de energia eólica na faixa entre 150 e 200 W/m².

16.5.1 Turbinas eólicas

Embora todas as turbinas eólicas funcionem com base em princípios semelhantes, há diversos tipos delas. Existem as turbinas de eixo horizontal e as de eixo vertical. É possível ver um vídeo *on-line* sobre como funciona uma turbina eólica (ver Referência 7).[7]

Turbinas de eixo horizontal:[1] o eixo horizontal é a configuração mais comum das turbinas. Consiste em uma torre, no alto da qual é instalado um rotor do tipo ventilador que fica a favor ou contra o vento, um gerador, um controlador e outros componentes. A maioria das turbinas de eixo horizontal tem duas ou três pás. As turbinas de eixo horizontal ficam bem no alto das torres para aproveitar o vento mais forte e menos turbulento a 100 pés (30 m) ou mais acima do solo. Cada pá funciona como uma asa de avião, de modo que, quando o vento sopra, um bolsão de ar de baixa pressão se forma no lado da lâmina contra o vento. O bolsão de ar com baixa pressão puxa, então, a lâmina em sua direção, fazendo o rotor girar. Isso é chamado de *sustentação*. A força de sustentação é, na verdade, muito maior do que a do vento contra o lado frontal da pá, que é chamada de *arrasto*. A combinação de sustentação e arrasto faz o rotor girar como uma hélice, e o eixo giratório movimenta um gerador para produzir eletricidade.

Turbinas de eixo vertical:[2] as turbinas de eixo vertical são de dois tipos: Savonius e Darrieus. Nenhuma delas é largamente utilizada. A turbina Darrieus foi inventada na França na década de 1920. Muitas vezes descrita como tendo a aparência de uma batedeira, possui pás verticais que giram a favor e contra o vento. Utilizando sustentação aerodinâmica, consegue captar mais energia do que os dispositivos de arrasto. A Giromill e a cicloturbina são variantes da turbina Darrieus. Já a turbina Savonius possui a forma de um "S" quando vista de cima. Essa turbina de arrasto gira lentamente, mas produz um torque elevado. Ela é útil na moagem de grãos, no bombeamento de água e em muitas outras tarefas, mas suas velocidades de rotação lentas não são boas para gerar eletricidade. Os moinhos de vento ainda são utilizados para diversos fins. Eles possuem mais pás do que as modernas turbinas eólicas e se baseiam no arrasto para girar as lâminas.

16.5.2 Potência da turbina

Como podemos observar na Equação 16.11, a potência da turbina é uma função cúbica da velocidade. A lei de Betz fornece a potência máxima teórica que pode ser extraída do vento. Uma velocidade maior do vento extrai mais energia. A velocidade v_a que entra na lâmina da turbina é maior do que a v_b que a deixa. Portanto, há duas velocidades, como mostra a Figura 16.18: uma antes de o vento se aproximar da frente da turbina (v_a) e outra atrás da turbina (v_b).

Utilizando a Equação 16.10, a potência extraída ou de saída P_{out} a partir do vento pode ser expressa por

$$P_{out} = \frac{1}{2}A_s\rho v_t^3 = \frac{1}{2}A_s\rho\left(\frac{v_a + v_b}{2}\right)(v_a^2 - v_b^2) \qquad (16.36)$$

A potência de entrada disponível para a turbina é

$$P_{in} = \frac{1}{2}A_s\rho v_a^3 \qquad (16.37)$$

Portanto, a eficiência da turbina torna-se

$$\eta_t = \frac{P_{out}}{P_{in}} = \frac{\frac{v_a + v_b}{2}(v_a^2 - v_b^2)}{v_a^3} = \frac{1}{2}\left(1 - \frac{v_b^2}{v_a^2}\right)\left(1 + \frac{v_b}{v_a}\right) \qquad (16.38)$$

A condição para a eficiência máxima pode ser encontrada fazendo-se $d\eta/dt = 0$, a ser estabelecido a partir da Equação 16.38 como

$$\frac{d\eta_t}{dt} = \frac{1}{2}\left[1 - 2\left(\frac{v_b}{v_a}\right) - 3\left(\frac{v_b}{v_a}\right)^2\right] = 0 \qquad (16.39)$$

que resulta em

$$\frac{v_b}{v_a} = \frac{1}{3} \qquad (16.40)$$

Após substituir na Equação 16.38, fornece a eficiência máxima da turbina como

$$\eta_{t(máx)} \approx 59,3\%$$

Portanto, de acordo com a lei de Betz, a máxima potência eólica teórica extraída é 59,3% da total disponível. Na prática, porém, a eficiência de uma turbina eólica é ligeiramente inferior. A densidade do ar do vento δ é uma função da pressão do ar, da temperatura, da umidade, da altitude e da aceleração gravitacional, e a densidade pode ser aproximadamente determinada a partir de

FIGURA 16.18

Velocidade do vento antes e depois da turbina.

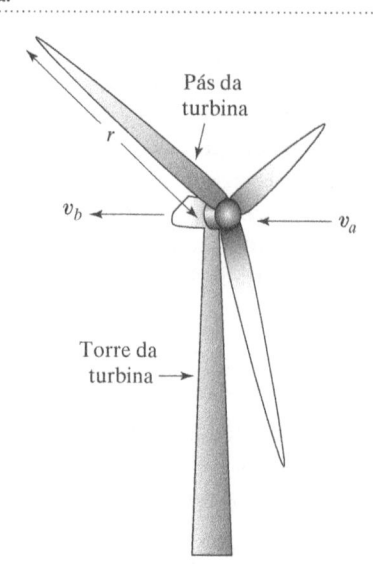

Capítulo 16 – Introdução à energia renovável

$$\delta = \frac{p_{at}}{C_g T} e^{\frac{gh}{k_g T}} \qquad (16.41)$$

onde

p_{at} = pressão atmosférica padrão ao nível do mar (101,325 Pa ou N/m²);
T = temperatura do ar (K; kelvin = 273,15 + °C);
C_g = constante específica do gás para o ar (287 Ws/kg K);
g = aceleração da gravidade (9,8 m/s²);
h = altitude do vento acima do nível do mar (m).

Substituindo esses valores, a Equação 16.41 fornece uma relação não linear, dada por

$$\delta = \frac{353}{T + 273} e^{\frac{-h}{29,3 \times (T + 273)}} \qquad (16.42)$$

Portanto, se a temperatura diminui, o ar é mais denso. Além disso, o ar é menos denso em altitudes elevadas. Para a mesma velocidade, o vento com maior densidade de ar (mais pesado) possui mais energia cinética.

Exemplo 16.5 • Determinação da densidade de energia e da potência disponível em um parque eólico

A altitude de um parque eólico é de 320 m. Existem três pás rotativas na turbina eólica, e cada lâmina tem 12 m de comprimento com um diâmetro de varredura de 24 m. Para uma temperatura do ar de 30 °C e uma velocidade do vento de 10 m/s, calcule (a) a densidade do ar δ; (b) a densidade de energia ρ; e (c) a potência disponível a partir do vento.

Solução
$T = 30\text{°C}, h = 320 \text{ m}, v = 10 \text{ m/s}, r = 12 \text{ m}, d = 24 \text{ m}, g = 9,8 \text{ m/s}^2$

a. A Equação 16.42 dá a densidade do ar do vento:

$$\delta = \frac{353}{30 + 273} e^{\frac{-320}{29,3 \times (30 + 273)}} = 1,124 \text{ kg/m}^3$$

b. A Equação 16.37 fornece a densidade do vento:

$$\rho = P_{in}/A_s = 0,5 \times 1,124 \times 10^3 = 561,89 \text{ W/m}^3$$

c. A Equação 16.8 fornece a área de varredura de uma pá:

$$A_s = \pi r^2 = 3,14 \times 12^2 = 452,389 \text{ m}^2$$

A Equação 16.37 fornece a energia eólica:

$$P_{vento} = A_s \rho = 452,389 \times 561,89 = 254,2 \text{ kW}.$$

16.5.3 Controle de velocidade e passo

A velocidade linear da pá, como mostra a Figura 16.19, é conhecida como *velocidade na ponta da pá* (*tip velocity*) v_{tip}. A turbina eólica normalmente é projetada para rodar mais rápido do que a velocidade do vento v_a a fim de permitir que a turbina gere eletricidade a baixas velocidades dele. A relação entre a velocidade na ponta da pá v_{tip} e a do vento v_a, é conhecida como *razão da velocidade de ponta* (TSR) ou *velocidade específica*.

$$\text{TSR} = \frac{v_{tip}}{v_a} \qquad (16.43)$$

Enquanto as pás da turbina giram, mais vento passa pelas áreas abertas entre as lâminas do rotor se a TSR for muito pequena. Já se a TSR for muito grande, o movimento rápido das pás bloquearia o fluxo de vento. As pás do rotor em movimento cortando o vento criam uma agitação de turbulência do ar, e deve haver tempo suficiente

FIGURA 16.19

Velocidade da ponta.

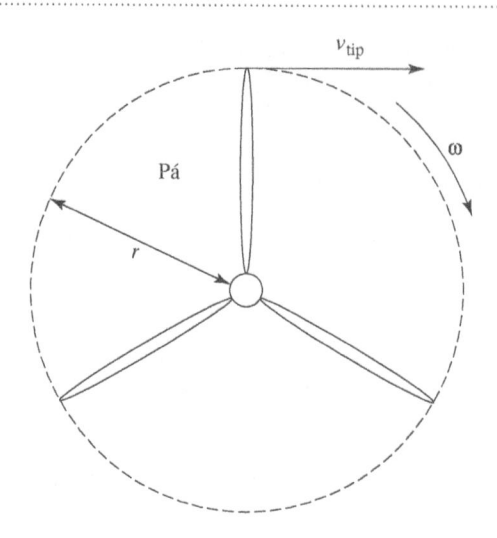

para amortecer essa turbulência. Se a TSR é alta, a próxima lâmina pode chegar à área varrida pela lâmina anterior antes de a turbulência ser amortecida. Portanto, a eficácia das pás é reduzida, diminuindo a capacidade da turbina. A velocidade da ponta da pá v_{tip} (m/s) é uma função da velocidade de rotação da pá ω (rad/s) e do comprimento da lâmina r (m), e é dada por

$$v_{tip} = \omega r = 2\pi n r \qquad (16.44)$$

onde n é o número de rotações que a pá faz em 1 s. Substituindo v_{tip} na Equação 16.43, obtém-se

$$\text{TSR} = \frac{2\pi n r}{v_a} \qquad (16.45)$$

As pás da turbina são aerodinamicamente otimizadas para captar o máximo de energia do vento em operação normal, com uma velocidade dele na faixa de aproximadamente 3 a 15 m/s. Para evitar danos à turbina a uma velocidade elevada do vento, de cerca de 15 a 25 m/s, há a necessidade de um controle da potência aerodinâmica da turbina. Os métodos mais utilizados são os controles de passo e de estol (*stall*).[9,10] No método de controle de estol, as pás da turbina são projetadas de tal forma que, se a velocidade do vento ultrapassar a nominal em aproximadamente 15 m/s, uma turbulência de ar é gerada sobre a superfície da pá para que ela não fique virada para o vento. O controle de estol normalmente é utilizado em turbinas eólicas de tamanho pequeno a médio.

O controle de passo em geral é empregado em grandes turbinas eólicas. Durante condições normais de operação com a velocidade do vento na faixa de 3 a 15 m/s, o ângulo de inclinação é estabelecido em seu valor ideal para captar o máximo de energia do vento. Quando a velocidade do vento fica maior do que o valor nominal, a lâmina é desviada para fora da direção do vento para reduzir a energia captada.[9,10] As lâminas são giradas em seu eixo longitudinal pela alteração do ângulo de inclinação por meio de um dispositivo hidráulico ou eletromecânico. O dispositivo fica geralmente localizado no cubo do rotor, ligado a um sistema de engrenagens na base de cada pá. Assim, a energia captada pela turbina é mantida próximo do valor nominal desta.

O valor da TSR pode ser ajustado pela alteração do ângulo de inclinação das pás. Em condições de vento brando, o ângulo de inclinação é estabelecido para aumentar a TSR. Com velocidades mais altas do vento, o ângulo de inclinação é ajustado para reduzir a TSR e manter a velocidade do rotor do gerador dentro de seus limites de projeto. Em alguns sistemas, a TSR pode ser reduzida a quase zero a fim de bloquear as pás em condições de vento excessivo. As turbinas eólicas com TSR variável conseguem operar em faixas mais amplas de velocidade do vento.

16.5.4 Curva de potência

A curva de potência relaciona a potência mecânica da turbina com a velocidade do vento, e isso define as características de potência de uma turbina eólica. A curva de potência de uma turbina eólica é especificada e garantida pelo fabricante. Ela é construída a partir de uma série de medições para uma turbina com diferentes velocidades de vento não turbulento. Uma curva de potência típica é mostrada na Figura 16.20. A curva de potência pode ser dividida em três regiões: acionamento (*cut-in*), nominal e corte (*cut-out*). O "acionamento" indica a velocidade mínima do vento necessária para dar partida à turbina (que depende do projeto dela) e para gerar potência de saída. Geralmente é de 3 m/s para turbinas menores e de 5 a 6 m/s para as maiores. A turbina eólica começa a captar energia com vento na velocidade de acionamento.

A energia captada pelas pás é uma função cúbica da velocidade do vento até que ela atinja seu valor nominal. À medida que a velocidade do vento ultrapassa a nominal, há a necessidade de controle aerodinâmico das pás para manter a potência em seu valor nominal, seja por controle de estol ou por controle de passo.[9,10] A velocidade de corte representa o ponto de velocidade de vento em que a turbina deve parar de girar por conta dos possíveis danos. A turbina eólica deve parar de gerar energia e ser desligada quando a velocidade do vento for maior do que a de corte. A curva teórica, como ilustra a Figura 16.20, é apresentada com uma transição abrupta da curva característica cúbica para a operação a uma potência constante com velocidades mais elevadas. Mas, na prática, a transição nas turbinas é mais suave.[10]

O controle de uma turbina eólica de velocidade variável com vento abaixo da nominal é realizado por meio do controle do gerador. A captação de energia eólica pode ser maximizada a diferentes velocidades de vento pelo ajuste da velocidade da turbina, de tal forma que a razão ideal da velocidade de ponta (TSR) seja mantida. Para determinada velocidade de vento, cada curva de potência tem um ponto de potência máxima (MPP) em que a razão da velocidade de ponta é ideal. A fim de obter a potência máxima disponível do vento em diferentes velocidades dele, a velocidade da turbina deve ser ajustada para assegurar o funcionamento em todos os MPPs. A trajetória dos MPPs representa uma curva de potência, que pode ser descrita por

$$P_{máx} \propto \omega_m^3 \tag{16.46}$$

Como a potência mecânica captada pela turbina está relacionada com o torque desta por $P_{máx} = T_{máx}\omega_m$, o torque mecânico da turbina passa a ser

$$T_{máx} \propto \omega_m^2 \tag{16.47}$$

As relações entre a potência mecânica, a velocidade e o torque de uma turbina eólica podem ser utilizadas para determinar a velocidade ou o torque ideal de referência a fim de controlar o gerador e viabilizar a operação no MPP. Vários esquemas de controle[4,9] foram desenvolvidos para realizar o monitoramento do ponto de potência máxima (MPPT).

FIGURA 16.20
Características da curva de potência.

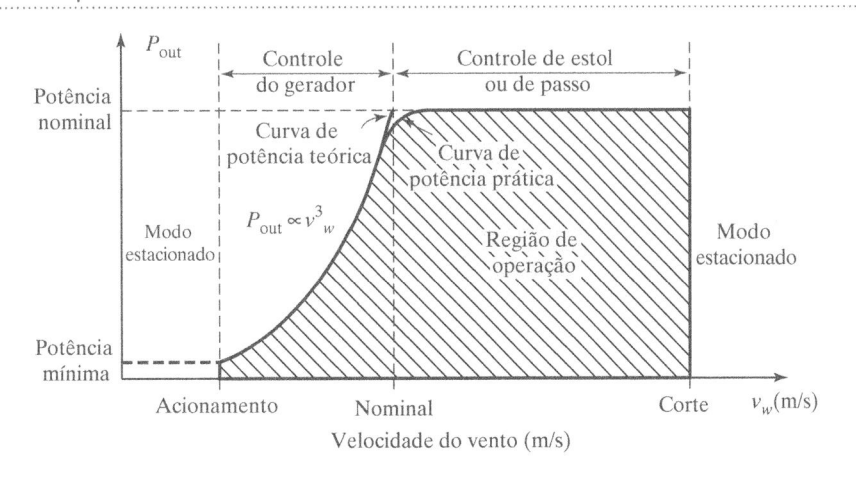

16.5.5 Sistemas de energia eólica

Os principais elementos de um sistema de energia eólica, como mostra a Figura 16.21, são a turbina, a caixa de engrenagens e os conversores eletrônicos de potência. Geralmente são necessários transformadores para fazer a conexão com a rede pública. A tensão de saída dos geradores é convertida em uma tensão nominal da rede a uma frequência nominal por meio de um ou mais estágios de conversores eletrônicos de potência. Há vários tipos de máquina elétrica que são utilizados em turbinas eólicas. Não existe um critério claro para a escolha de determinada máquina a fim de funcionar como gerador eólico. Este pode ser escolhido com base na potência instalada, no local da turbina, no tipo de carga e na simplicidade de controle.

Os tipos mais comuns de gerador utilizados em aplicações de turbinas eólicas são os CC sem escovas (BLDC), os síncronos de ímã permanente (PMSGs), os geradores de indução em gaiola de esquilo (SCIG) e os geradores síncronos (SG). Os SCIG ou os BLDC são geralmente utilizados para pequenas turbinas eólicas em aplicações domésticas. Geradores de indução de alimentação dupla (DFIGs) são na maioria das vezes empregados em turbinas no patamar de megawatts. As máquinas síncronas e as síncronas de ímã permanente (PMSMs) também são voltadas para várias aplicações de turbina eólica.

O rotor de uma grande turbina eólica com três pás em geral opera em uma faixa de velocidade de 6 a 20 rpm. Isso é muito mais lento que um gerador eólico padrão de quatro ou seis polos com uma velocidade nominal de 1500 ou 1000 rpm para uma frequência de estator de 50 Hz e de 1800 ou 1200 rpm para uma frequência de estator de 60 Hz. Portanto, com frequência há a necessidade de uma caixa de engrenagens para equiparar a diferença de velocidade entre a turbina e o gerador, de modo que este possa fornecer sua potência nominal na velocidade nominal do vento. A velocidade do rotor da turbina é normalmente inferior à do gerador. A relação de transmissão é projetada para combinar a alta velocidade do gerador com a baixa velocidade das pás da turbina. A razão de transmissão RT pode ser determinada a partir de

$$RT = \frac{N_g}{N_t} = \frac{60 \times f_s \times (1-s)}{p \times N_t} \qquad (16.48)$$

onde

N_g e N_t = velocidades nominais do gerador e da turbina em rpm;
s = escorregamento nominal;
f_s = frequência nominal do estator em Hz;
p = número de pares de polos do gerador.

O escorregamento nominal em geral é menor do que 1% para grandes geradores de indução e zero para geradores síncronos. As caixas de engrenagens das turbinas eólicas costumam ter várias razões de transmissão para combinar o rotor da turbina com o gerador.

O controle MPPT[9,10] pode ser obtido por (a) controle da potência máxima, (b) controle do torque ideal e (c) controle da velocidade ideal na ponta. Um diagrama de blocos simplificado[9] para o controle da potência máxima gerada é mostrado na Figura 16.22a. A curva da potência em função da velocidade do vento geralmente é fornecida pelo fabricante. A saída do sensor de velocidade do vento v_ω é utilizada para gerar a potência de referência P_m^*,

FIGURA 16.21

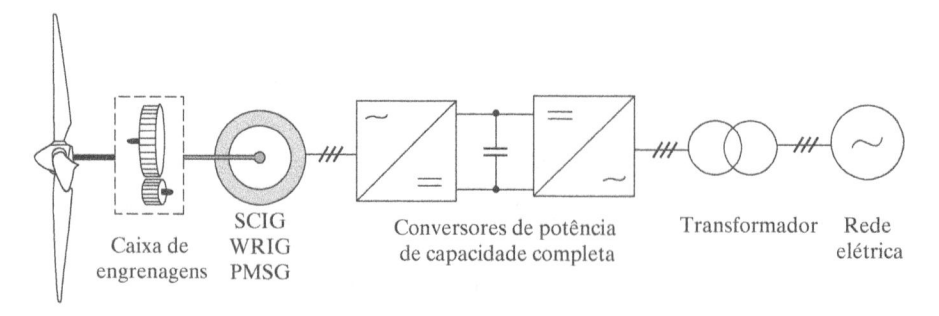

Diagrama de blocos de sistemas de energia eólica.

FIGURA 16.22

Diagramas de blocos do controle de energia eólica.

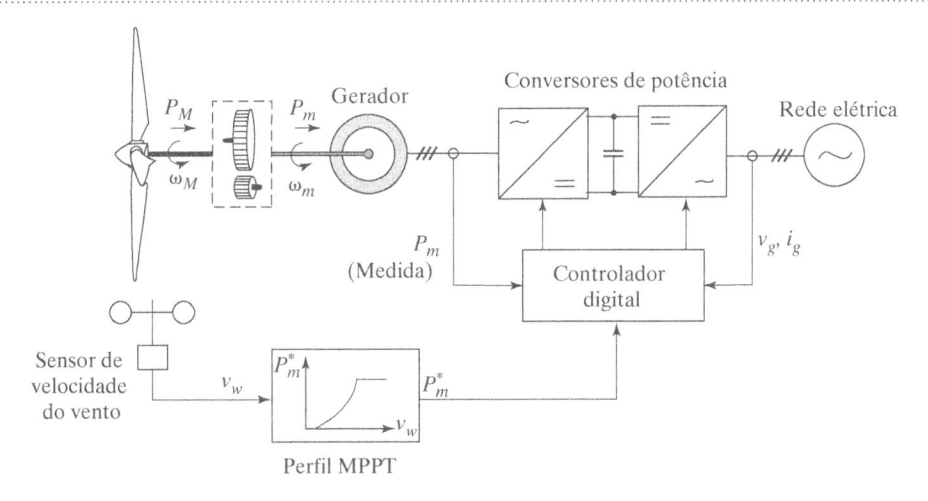

(a) Controle da potência máxima gerada

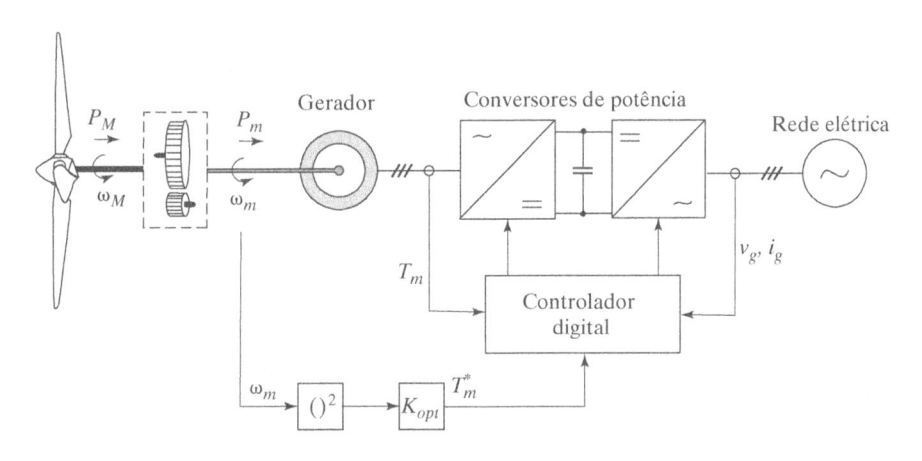

(b) Controle do torque ideal gerado

que é comparada à potência de saída do gerador a fim de produzir os sinais de acionamento aos conversores de potência. Em regime permanente, a potência mecânica P_m do gerador será igual à sua potência de referência P_m^*. Assumindo que as perdas de potência da caixa de engrenagens e do comando possam ser desprezadas, a potência mecânica do gerador P_m será igual à potência mecânica P_M produzida pela turbina.

Como o torque mecânico da turbina T_M é uma função quadrática da velocidade da turbina ω_M, como mostra a Equação 16.47, a potência máxima pode também ser alcançada com o controle do torque ideal. Assumindo que as perdas de potência mecânica da caixa de engrenagens e do comando possam ser desprezadas, o torque mecânico da turbina T_M e a velocidade ω_M podem ser facilmente convertidos para determinada relação de transmissão no torque mecânico da turbina T_m e na velocidade ω_m, respectivamente. Um diagrama de blocos simplificado[9] para o controle do torque ideal gerado é apresentado na Figura 16.22b. A velocidade do gerador ω_m é utilizada para calcular a referência de torque desejada T_m^*, que é comparada ao torque de saída do gerador T_m a fim de produzir os sinais de controle de acionamento dos conversores de potência. Em condições de regime permanente, o torque mecânico T_m do gerador será igual ao seu torque de referência T_m^*.

Exemplo 16.6 ▪ Determinação da velocidade na ponta, da velocidade da turbina e da relação de transmissão

Os parâmetros de uma turbina eólica são a velocidade do gerador $N_g = 870$ rpm e a velocidade do vento $v_a = 6$ m/s. A turbina tem uma TSR = 8 (fixa) e um diâmetro de varredura $d = 12$ m. Calcule **(a)** a velocidade baixa da caixa de engrenagens ou a velocidade da turbina N_t e **(b)** a relação de transmissão RT_t.

Solução

$N_g = 870$ rpm, $v_a = 6$ m/s, TSR = 8, $d = 12$ m, $r = d/2 = 6$ m

a. A Equação 16.43 fornece a velocidade na ponta da pá

$$v_{tip} = \text{TSR} \times v_a = 8 \times 6 = 48 \text{ m/s}$$

A Equação 16.44 dá a velocidade baixa da engrenagem

$$N_t = \frac{v_{tip}}{2\pi r} = \frac{48}{2\pi \times 6} \times 60 = 76{,}39 \text{ rpm}$$

b. A Equação 16.48 dá a relação de transmissão

$$RT_t = \frac{N_g}{N_t} = \frac{870}{76{,}39} = 11{,}39$$

16.5.6 Geradores de indução de alimentação dupla

O diagrama de blocos de uma turbina eólica de velocidade variável à base de gerador de indução de alimentação dupla (DFIG)[9,12] é mostrado na Figura 16.23. Os enrolamentos do rotor de um DFIG são acessíveis a partir do exterior e a variação das resistências efetivas do rotor para controle do torque ou da potência pode ser feita como mostra a Equação 15.18,

$$P_d = \frac{3 R'_r V_s^2}{s\left[\left(R_s + \frac{R'_r}{s}\right)^2 + (X_s + X'_r)^2\right]} \tag{16.49}$$

FIGURA 16.23

Configurações de turbina eólica com DFIG.

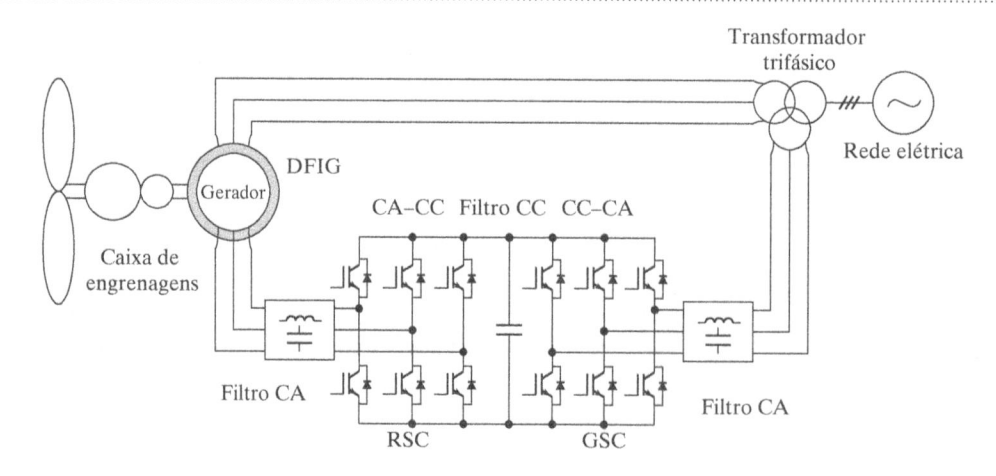

O DFIG também é conhecido como *gerador de indução de rotor bobinado* (*wound-rotor induction generator* — WRIG). O estator do gerador é ligado diretamente à rede elétrica por meio de um transformador de isolação. Já o rotor do gerador é ligado a um conversor *back-to-back*. O conversor do lado do rotor (RSC) é utilizado para controlar a corrente do rotor do gerador, e o conversor do lado da rede elétrica (GSC), para controlar a tensão do barramento CC e o fator de potência do lado da rede. O RSC controla a potência de escorregamento e sincroniza a corrente do rotor em relação à referência do estator do DFIG. Como resultado, a faixa pequena de velocidade de escorregamento reduz as dimensões do conversor eletrônico de potência, o que diminui o custo das turbinas eólicas. Essa é uma das vantagens significativas da turbina eólica à base de DFIG. O DFIG tem a capacidade de produzir mais potência de saída do que a nominal sem ficar superaquecido. Ele consegue transferir potência máxima em faixas de velocidade de vento abaixo e acima da velocidade síncrona. Portanto, o DFIG como gerador de turbina eólica é adequado para aplicações de alta potência, no patamar de MW.[9,11,12]

16.5.7 Geradores de indução em gaiola de esquilo

O gerador de indução em gaiola de esquilo (SCIG) pode ser utilizado com uma turbina eólica de velocidade variável. A saída do SCIG é ligada a um conversor PWM de dupla face, como mostra a Figura 16.24. A tensão CA do SCIG é convertida em CC por um retificador fonte de tensão (VSR), e depois invertida para uma CA por um inversor fonte de tensão (VSI). Os conversores de potência devem ser dimensionados para a potência máxima da turbina, e isso aumenta o custo e a eficiência do sistema geral. O sistema tem flexibilidade no controle de fluxo de potência. O gerador e os conversores são geralmente dimensionados para 690 V, e cada conversor consegue suportar até 1 MW.

A configuração na Figura 16.24 pode ser simplificada substituindo o conversor *back-to-back* de grande escala por um banco de capacitores e por um compensador de potência reativa com capacidade nominal relativamente baixa. Isso é ilustrado na Figura 16.25. Esse sistema pode ser utilizado para armazenamento de energia com carregamento das baterias. Os bancos de capacitores devem ser otimizados a fim de fornecer potência reativa suficiente à excitação. Quando a corrente de carga é menor do que a do gerador, a corrente extra é empregada para carregar o armazenamento de energia (baterias). Por outro lado, quando a corrente de carga é maior do que a do gerador, ela é fornecida a partir das baterias para a carga. Com essa estratégia, a tensão e a frequência do gerador podem ser manipuladas para várias condições de carga. O fato de haver armazenamento adicional de energia diminui a inércia do sistema, melhora o comportamento no caso de perturbações, compensa os transitórios e, portanto, melhora a eficiência geral do sistema.[4,9]

FIGURA 16.24
Turbina de velocidade variável com gerador de indução em gaiola de esquilo.

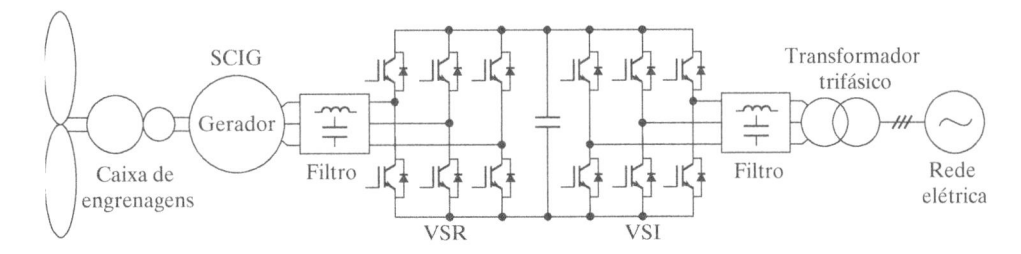

16.5.8 Geradores síncronos

A configuração de turbina eólica com um gerador síncrono é indicada na Figura 16.26. Com um circuito excitado independente no gerador síncrono, a tensão no terminal deste pode ser controlada. Esse gerador é adequado para turbinas eólicas de grande escala. O inversor no lado da rede elétrica permite o controle da potência ativa e da reativa. O retificador no lado do gerador é utilizado para controle do torque. O conversor de potência de grande

FIGURA 16.25

Turbina à base de gerador de indução em gaiola de esquilo com conversor de potência simples.

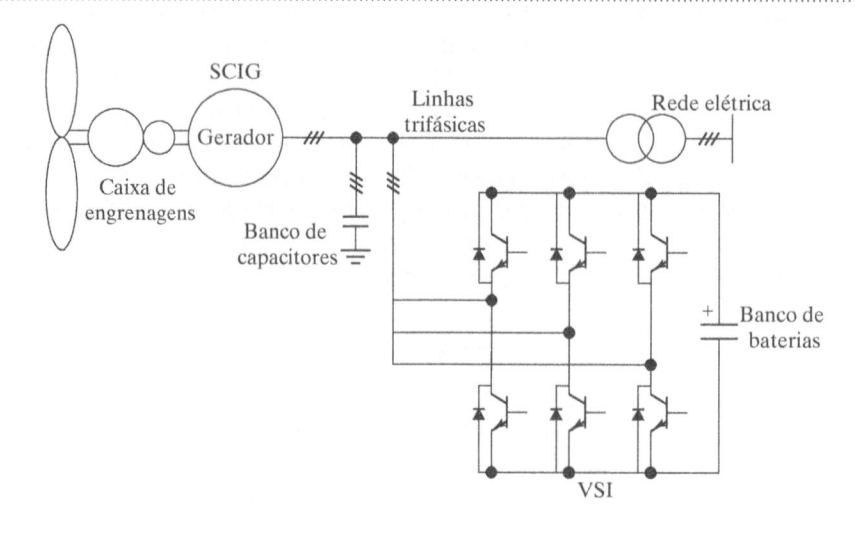

FIGURA 16.26

Configuração de turbina eólica com gerador síncrono.

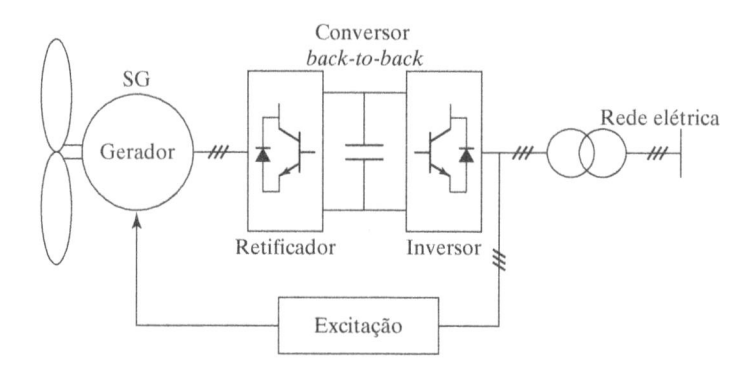

escala para a rede elétrica permite que o sistema controle muito rapidamente as potências ativa e reativa. Consequentemente, é possível obter as características desejáveis para a conexão com a rede. Porém, isso aumenta o custo total do sistema em comparação à turbina eólica DFIG.

Um gerador síncrono é uma máquina de velocidade constante. O rotor principal da turbina pode ser acoplado ao eixo de entrada do gerador. Isso elimina a caixa de engrenagens mecânica, reduzindo, assim, as falhas de transmissão mecânica e aumentando a confiabilidade do sistema. A operação sem engrenagens tem as vantagens de (a) reduzir o tamanho geral, (b) apresentar menor custo de manutenção, (c) ser um método de controle flexível e (d) ter uma resposta rápida às flutuações do vento e à variação da carga. O gerador deve ter muitos pares de polos para gerar potência a uma velocidade de rotação baixa, o que, por sua vez, aumenta o tamanho e o custo dele. Mesmo com inúmeras vantagens, essa configuração de turbina é a mais cara dentre todas as existentes. O gerador síncrono de ímã permanente é mais adequado para a execução de operação sem engrenagens, pois com ele é fácil realizar projetos com muitos polos.

A potência desenvolvida por um gerador síncrono pode ser encontrada a partir da Equação 15.181:

$$P_d = \frac{3V_a V_f}{X_d}\operatorname{sen}\delta - \frac{3V_a^2}{2}\left(\frac{X_d - X_q}{X_d X_q}\operatorname{sen}2\delta\right) \tag{16.50}$$

16.5.9 Geradores síncronos de ímã permanente

A configuração[9,12] de uma turbina eólica de velocidade variável com um gerador síncrono de ímã permanente é mostrada na Figura 16.27. A excitação de um PMSG é fixada pelo projeto, e o gerador pode apresentar uma característica de alta densidade de potência. O conversor CC-CC do tipo *boost* é utilizado para controlar o PMSG, e o inversor do lado da rede elétrica, para servir de interface de rede. Esse sistema tem várias vantagens, como construção simples e baixo custo. Entretanto, falta capacidade de controle sobre o fator de potência do gerador, o que reduz sua eficiência. Além disso, as elevadas distorções de corrente harmônica nos enrolamentos do gerador degradam ainda mais a eficiência e produzem oscilações de torque, podendo aumentar o custo dos componentes mecânicos.

O sistema PMSG, como indica a Figura 16.28, com um conversor PWM *back-to-back* totalmente controlável consegue operar a uma faixa de potência de até 3 MW. O gerador é controlado para obter a potência máxima durante ventos intermitentes com a máxima eficiência. Com um tipo avançado de controle como aquele por orientação de campo do PMSG, o fator de potência do gerador pode ser controlado. A turbina à base de PMSG tem vantagens como o bom desempenho para lidar com perturbações da rede elétrica, em comparação à turbina eólica DFIG.

FIGURA 16.27
Turbina eólica PMSG com conversor CC-CC tipo *boost*.

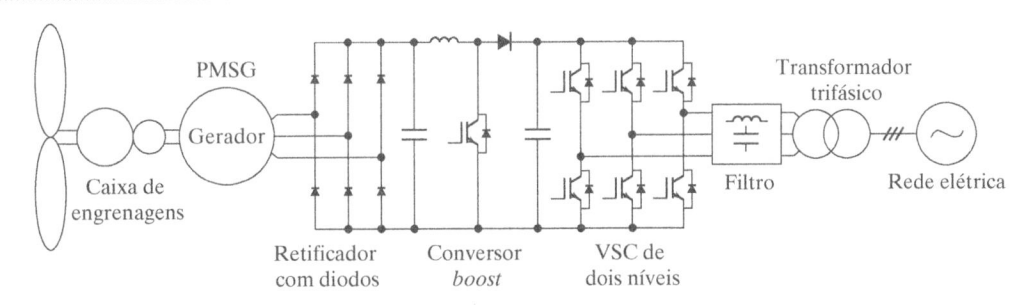

FIGURA 16.28
Turbina eólica PMSG com conversor PWM *back-to-back*.

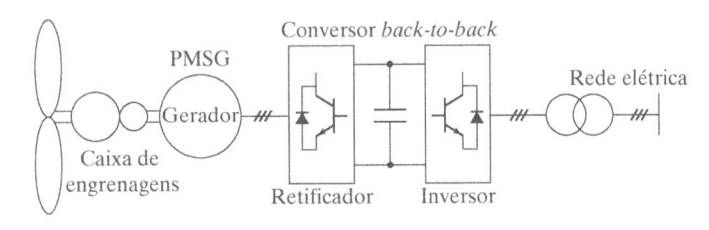

16.5.10 Gerador a relutância chaveada

A configuração de uma turbina eólica de velocidade variável com um gerador de relutância chaveada (SRG) é ilustrada na Figura 16.29. O sistema SRG é ideal para esquemas de energia eólica,[30] e tem vantagens como a extrema robustez, a elevada eficiência da conversão de energia, a capacidade de trabalhar ao longo de faixas muito grandes de velocidade e a simplicidade de controle. Os dois conversores conseguem controlar tanto o fator de potência do lado do gerador quanto do lado da rede elétrica. O método MPPT[4,12] pode ser empregado para fazer a correspondência com a curva de magnetização do SRG.

FIGURA 16.29

Configurações de turbina eólica com gerador de relutância chaveada.

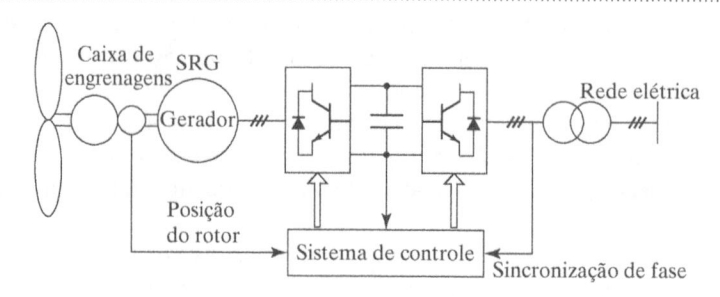

16.5.11 Comparações das configurações de turbinas eólicas

Com a ênfase maior que vem sendo dada para a utilização de energia renovável, a tecnologia de turbina eólica tem passado por um rápido avanço ao longo dos anos. A expectativa é que o sistema baseado em turbina eólica PMSG venha a ser um produto dominante no mercado mundial de energia eólica, a menos que ocorra um aumento inesperado no preço dos materiais de ímã permanente. A Tabela 16.5 mostra comparações de diferentes configurações[13,14] para três tipos de controle de velocidade: fixa, parcialmente variável e totalmente variável. As comparações incluem requisitos como controle de fator de potência, regulação da potência reativa e melhora da estabilidade. O DFIG com caixa de engrenagens de três estágios é a solução mais barata por causa da padronização dos componentes.

TABELA 16.5

Comparação de configurações de turbinas eólicas.[12]

Tipo de turbina	Velocidade fixa	Velocidade parcialmente variável	Velocidade variável				
Gerador	SCIG	WRIG	PMSG	SG	SCIG	DFIG	SRG
Controle de potência ativa	Limitado	Limitado	Sim	Sim	Sim	Sim	Sim
Controle de potência reativa	Não	Não	Sim	Sim	Sim	Sim	Sim
Controle da pá	Estol/passo	Passo	Passo	Passo	Passo	Passo	Passo
Faixa do conversor	Não	Baixa	Grande escala	Grande escala	Grande escala	Escala parcial	Grande escala
Tipo de acionamento	Caixa de engrenagens	Caixa de engrenagens	Com/sem caixa de engrenagens	Sem engrenagens	Caixa de engrenagens	Caixa de engrenagens	Caixa de engrenagens
Faixa de velocidade	Fixa	Limitada	Ampla	Ampla	Ampla	Ampla	Ampla
Tipo de transmissão	HVAC	HVAC	HVAC/HVDC	HVAC/HVDC	HVAC/HVDC	HVAC	HVAC/HVDC
Robustez na falha da rede	Fraca	Fraca	Forte	Forte	Forte	Fraca	Forte
Eficiência na transferência de potência	Mais baixa	Baixa	Alta	Alta	Alta	Alta	Alta
Complexidade do controle	Simples	Simples	Mediano	Complexo	Complexo	Complexo	Mediano
Custo do gerador	Barato	Barato	Caro	Caro	Barato	Barato	Barato
Custo do conversor	Não	Barato	Caro	Caro	Caro	Barato	Caro
Peso	Leve	Leve	Leve	Pesado	Leve	Leve	Leve
Manutenção	Fácil	Fácil	Fácil	Fácil	Fácil	Difícil	Fácil

16.6 ENERGIA OCEÂNICA

Os oceanos cobrem mais de dois terços da superfície terrestre. Eles contêm energia térmica do Sol e produzem energia mecânica a partir das marés e das ondas. Embora o Sol afete toda a atividade oceânica, é principalmente a atração gravitacional da Lua que provoca as marés, e são os ventos que impulsionam as ondas oceânicas. Quem olha para o oceano de pé à beira-mar pode testemunhar o poder infinito de sua energia. A energia dos oceanos existe em forma (a) de ondas, (b) de marés e (c) térmica. Para o aproveitamento da energia eólica, a turbina é em geral montada na parte superior do gerador. Para a energia oceânica, o gerador é normalmente montado no alto da turbina. De modo semelhante às tecnologias de energia eólica, o DFIG, o SCIG, o SG, o PMSG ou o SRG podem converter a energia oceânica, e os conversores de potência controlam o fluxo de energia para a rede elétrica ou para os clientes.

16.6.1 Energia das ondas

As tecnologias de energia oceânica[1,8,20] extraem energia diretamente das ondas na superfície ou das flutuações de pressão abaixo desta. Há energia suficiente nas ondas do mar para gerar até 2 terawatts (ou trilhões) de eletricidade. Entretanto, a energia das ondas não pode ser aproveitada em todos os lugares. Por exemplo, as áreas ricas em energia das ondas no mundo incluem as costas ocidentais da Escócia, norte do Canadá, sul da África e Austrália, bem como as costas do nordeste e do noroeste dos Estados Unidos. A energia das ondas pode ser convertida em eletricidade por sistemas em alto-mar ou instalados na costa litorânea.

Sistemas em alto-mar (*offshore*): os sistemas em alto-mar estão situados em águas profundas, geralmente com mais de 40 m (131 pés). Mecanismos sofisticados — tais como o *pato de Salter* (*Salter Duck*) — utilizam o movimento de balanço das ondas para alimentar uma bomba que gera eletricidade. Outros dispositivos *offshore* empregam mangueiras ligadas a boias que flutuam sobre as ondas. O subir e descer da boia estica e relaxa a mangueira, que pressuriza a água, a qual, por sua vez, gira uma turbina. Embarcações marítimas especialmente construídas também podem captar a energia das ondas em alto-mar. Essas plataformas flutuantes geram eletricidade canalizando as ondas por meio de turbinas internas e, em seguida, de volta para o mar.

Sistemas instalados na costa litorânea (*onshore*): construídos ao longo das costas, os sistemas de energia das ondas em terra firme a extraem das ondas que quebram. As tecnologias de sistemas em terra, como os de colunas de água oscilante, tapchans e dispositivos Pendulor são utilizados para converter a energia da onda em mecânica para gerar eletricidade.

Colunas de água oscilante:[1] o sistema de colunas de água oscilante consiste em uma estrutura de concreto ou aço parcialmente submersa com uma abertura para o mar abaixo da linha de água. Essa estrutura tem uma coluna de ar acima da de água. À medida que as ondas entram na coluna de ar, elas fazem a de água subir e descer. Esse movimento comprime e despressuriza alternadamente a coluna de ar. Quando a onda recua, o ar é puxado de volta através da turbina como resultado da redução da pressão dele no lado do mar da turbina.

Tapchans:[1] os tapchans, ou sistemas de canal estreitado (cônico), consistem em um canal afunilado que entra em um reservatório construído em aclive acima da linha do mar. O estreitamento do canal faz as ondas aumentarem de altura à medida que avançam na direção do aclive. As ondas transbordam das paredes do canal para dentro do reservatório, e a água armazenada passa, então, por uma turbina.

Dispositivos Pendulor:[1] os dispositivos Pendulor de energia das ondas consistem em uma caixa retangular que é aberta para o mar por uma extremidade. Uma aba articulada é instalada sobre a abertura, e a ação das ondas a faz balançar para a frente e para trás. O movimento alimenta uma bomba hidráulica e um gerador.

16.6.2 Mecanismo da geração de ondas

As tempestades geram ondas[16] por atrito do vento contra a superfície da água, como mostra a Figura 16.30a. Quanto mais forte e por mais tempo o vento soprar sobre uma grande extensão de água, maior será a altura da onda. À medida que avançam, as águas tornam-se ondulações giratórias, como indica a Figura 16.30b. A água parece se mover para a frente, mas está apenas se agitando em círculos. A energia das ondas, porém, se move adiante, no padrão de uma sequência de dominós em queda, como na Figura 16.30c. Um coral subaquático ou um monte submarino quebra a onda, distorce o movimento circular e a onda basicamente cai sobre si mesma. As partículas sob as ondas realmente viajam em órbitas que são circulares em águas profundas, gradualmente tornando-se elípticas horizontais ou elípticas planas perto da superfície, como ilustra a Figura 16.31.

FIGURA 16.30
Etapas do mecanismo de formação de ondas do mar.

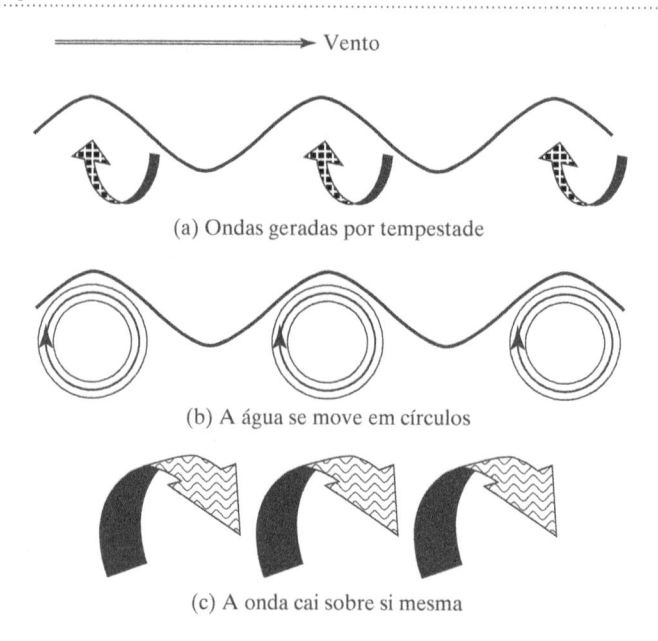

(a) Ondas geradas por tempestade

(b) A água se move em círculos

(c) A onda cai sobre si mesma

FIGURA 16.31
Órbitas das partículas em águas profundas e rasas.

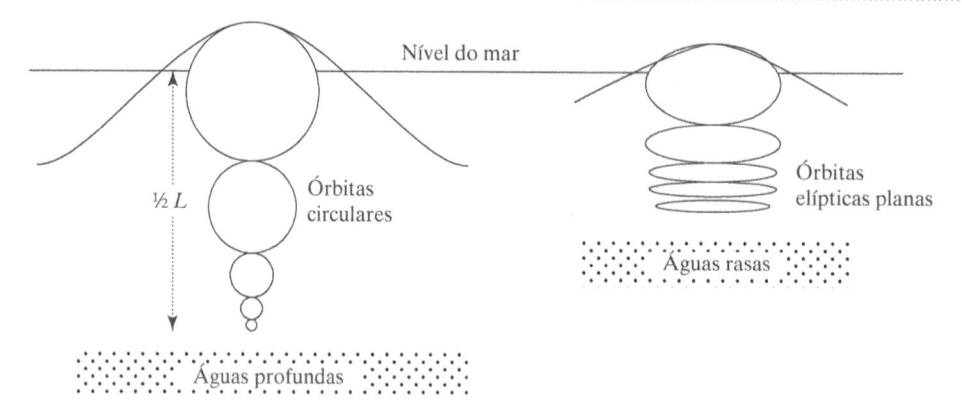

16.6.3 Energia da onda

A energia gerada por uma onda do mar pode ser aproximadamente determinada considerando-se que essa onda de água possui uma forma senoidal ideal de certa largura, como mostra a Figura 16.32. O nível de água ultrapassa e cai abaixo do nível médio do mar no local. A massa de água na metade da onda senoidal acima do nível médio do mar é dada por

$$m_w = w \times \rho \times \left(\frac{\lambda}{2}\right)\left(\frac{h_w}{2\sqrt{2}}\right) \qquad (16.51)$$

onde

w = largura da onda (m);
ρ = densidade da água do mar (1000 kg/m³);
λ = comprimento de onda;
h_w = altura da onda (do vale à crista).

A altura do centro de gravidade (CG) da massa na crista da onda é $h_w/(4\sqrt{2})$ acima do nível do mar e do vale da onda abaixo do nível médio do mar. A variação total da energia potencial (EP) durante um ciclo é dada por

$$\Delta EP_w = m_w g \, \Delta h_w = w \times \rho \times \left(\frac{\lambda}{2}\right)\left(\frac{h_w}{2\sqrt{2}}\right) \times g \times h_{av}$$

$$= g \times w \times \rho \times \left(\frac{\lambda}{2}\right)\left(\frac{h_w}{2\sqrt{2}}\right) \times \left(\frac{2h_w}{4\sqrt{2}}\right) \qquad (16.52)$$

Isso pode ser simplificado para

$$\Delta EP_w = w \times \rho \times \lambda \times g \times \left(\frac{h_w^2}{16}\right) \qquad (16.53)$$

A frequência das ondas em águas profundas é dada de forma ideal por

$$f = \sqrt{\frac{g}{2\pi\lambda}} \qquad (16.54)$$

Portanto, a potência desenvolvida pelas ondas do mar pode ser encontrada a partir de

FIGURA 16.32

Representação senoidal da onda do mar.

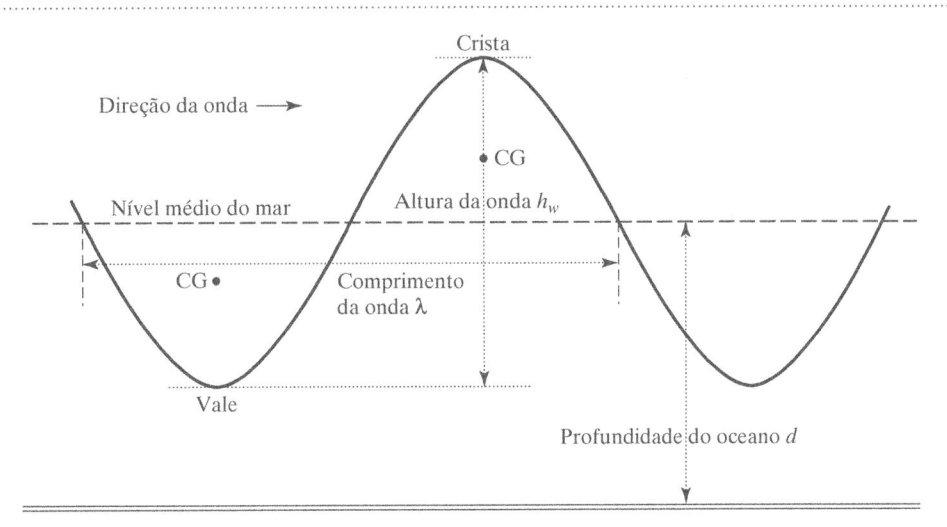

Assim, uma onda de $w = 1$ km de largura, $h_w = 5$ m de altura e $\lambda = 50$ m de comprimento tem uma capacidade de energia hidráulica de 130 MW. Mesmo com eficiência de conversão de 2%, pode-se gerar 2,6 MW de energia elétrica por quilômetro de litoral.

A energia das ondas descrita pela Equação 16.55 depende da frequência f, que é uma variável aleatória. A distribuição da frequência das ondas do mar na Figura 16.33 mostra que a energia vem das ondas com uma frequência no intervalo de 0,1 a 1,0 Hz. A energia torna-se máxima em uma frequência de onda de 0,3 Hz. As ondas reais podem ter uma onda longa sobreposta a uma onda curta com uma direção diferente. A energia total das ondas de várias frequências pode ser aproximada pela superposição das energias das diferentes frequências.[16]

FIGURA 16.33

Nível de energia em função da distribuição da frequência das ondas do mar.

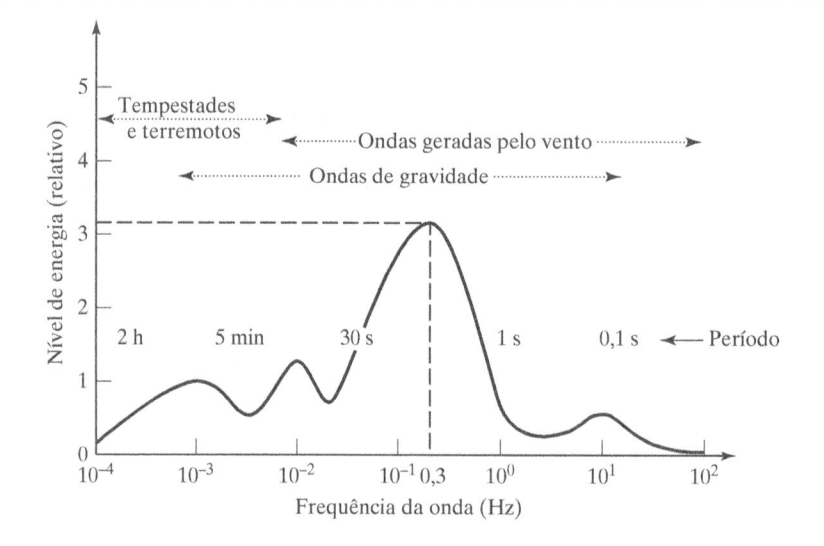

$$P_w = \Delta EP_w \times f = w \times \rho \times \lambda \times g \times \left(\frac{h_w^2}{16}\right)\sqrt{\frac{g}{2\pi\lambda}}$$

$$= \frac{w \times \rho \times g^2 \times h_w^2}{32\pi f} \quad (16.55)$$

16.6.4 Energia das marés

As marés são os avanços e recuos diários das águas do mar em relação às costas litorâneas por conta da atração gravitacional exercida pela Lua e pelo Sol. Embora a Lua tenha massa muito menor que o Sol, ela exerce uma força gravitacional maior em virtude de sua relativa proximidade com a Terra. Essa força de atração faz os oceanos se elevarem ao longo de um eixo perpendicular entre a Lua e a Terra. Por causa da rotação da Terra, a elevação da água se move no sentido oposto ao da rotação, criando o avanço e o recuo rítmicos das águas costeiras. Essas ondas de maré são lentas em frequência (cerca de um ciclo a cada 12 horas), mas contêm quantidades enormes de energia cinética (EC), que é provavelmente um dos maiores recursos energéticos inexplorados da Terra.

Todas as áreas costeiras passam por duas marés altas e duas baixas durante um período de pouco mais de 24 horas. Para poder aproveitar essas diferenças de maré como energia elétrica, o valor entre as marés alta e baixa deve ser de pelo menos 5 metros (mais de 16 pés). Entretanto, o número de locais na Terra com variações de maré dessa magnitude é limitado.

A tecnologia necessária para converter energia de maré em eletricidade é muito semelhante à utilizada em energia eólica. Os projetos mais comuns são o do sistema de fluxo livre (também chamado *fluxo de maré* ou *moinho de maré*) e o do sistema de represa (também conhecido como *barragem* ou *sistema de bacia*).

Fluxo de maré:[1,2] a turbina de energia das marés tem suas pás imersas em oceanos ou rios no caminho das fortes correntes. A corrente faz girar as pás, que são acopladas a um gerador elétrico montado acima do nível da água. Os moinhos de maré produzem muito mais energia do que as turbinas eólicas porque a densidade da água é de 800 a 900 vezes maior que a do ar. A Equação 16.37, que calcula a energia do vento na área varrida pelas pás, pode ser utilizada para calcular a potência da corrente de maré, $P_{maré}$,

$$P_{maré} = \frac{1}{2} A \delta v^3 \qquad (16.55a)$$

onde
A = área varrida pelas pás da turbina (m²);
v = velocidade da água (m/s);
δ = densidade da água (1000 kg/m³).

Como a densidade da água é grande (aproximadamente 1025 kg/m³), a corrente de maré tem densidade de energia muito maior que o vento. Quando as turbinas de maré são colocadas em áreas com fortes correntes, elas conseguem produzir grandes quantidades de energia. As turbinas de maré se parecem com as eólicas e são agrupadas debaixo d'água em linhas como em alguns parques eólicos. As turbinas funcionam melhor quando as correntes costeiras fluem com velocidade entre 6,4 e 8,9 km/h (4 e 5,5 mph ou 3,6 e 4,9 nós). Em correntes com essa velocidade, uma turbina de maré com diâmetro de 15 metros (49,2 pés) consegue gerar uma energia comparável à de uma turbina eólica com diâmetro de 60 metros (197 pés). Os locais ideais para parques de turbinas de maré ficam próximos da costa em águas com profundidade de 20 a 30 metros (65,5 a 98,5 pés).

Sistema de barragem:[1,2] uma barragem ou represa é geralmente utilizada para converter a energia das marés em elétrica, forçando a água através de turbinas que acionam um gerador. Portões e turbinas são instalados ao longo da represa. Quando as marés produzem uma diferença adequada no nível da água nos lados opostos da barragem, os portões são abertos. A água flui, então, através de turbinas. Estas acionam um gerador elétrico para produzir eletricidade. O sistema de energia de barragem, que também é conhecido como de *maré do tipo represa*, é mostrado na Figura 16.34. Ele é mais adequado para estuários, em que um canal interliga uma lagoa fechada com o mar aberto.

Uma represa é construída na embocadura do canal para regular o fluxo da água das marés em qualquer direção. Uma turbina é instalada no interior de um duto, ligando os dois lados da represa. Na maré alta, a água se move do mar para a lagoa através da turbina, como indica a Figura 16.34a. A turbina e seu gerador convertem a EC da água em energia elétrica. Quando a maré está baixa, a água armazenada na lagoa na maré alta volta para o mar e gira a turbina na direção apropriada, produzindo eletricidade.

FIGURA 16.34
Sistemas de energia de marés do tipo represa.

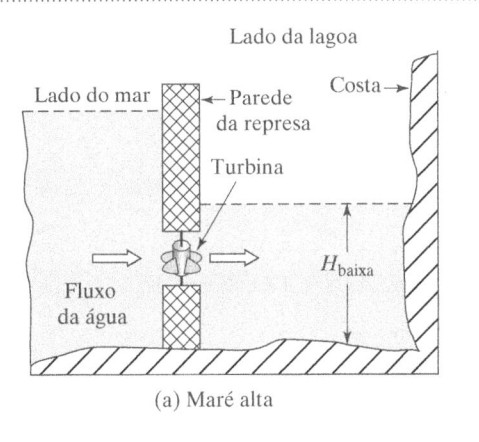

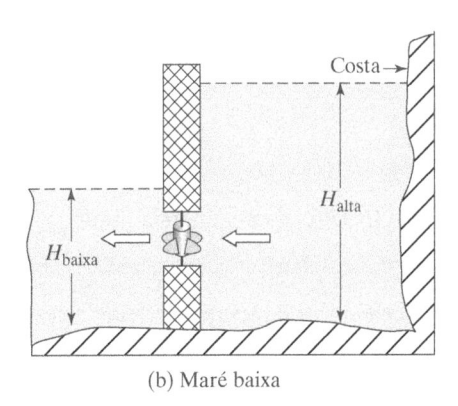

(a) Maré alta

(b) Maré baixa

Se H_{alta} for a altura do lado mais elevado da água na represa e H_{baixa} for a altura do lado mais baixo, como ilustra a Figura 16.34b, a média da diferença em alturas ΔH entre as águas nos dois lados da represa será dada por

$$\Delta H = \frac{H_{alta} - H_{baixa}}{2} \tag{16.56}$$

A diferença nas colunas hidráulicas da maré determina a quantidade de energia que pode ser captada. Podemos utilizar a Equação 16.4 para calcular a energia potencial (EP) de uma massa de água com uma coluna maior do que o resto do oceano.

$$EP = mg\Delta H \tag{16.57}$$

onde

m = massa da água movendo-se do lado da coluna alta para o da coluna baixa;
g = aceleração da gravidade.

Portanto, a EP da água é diretamente proporcional à diferença de coluna. A barragem de energia de marés deve ser localizada em áreas com grandes amplitudes de marés.

As cercas de maré se parecem com catracas gigantes. Elas podem percorrer todos os canais entre pequenas ilhas ou ficar nos estreitos entre o continente e uma ilha. As catracas giram em função das correntes de maré típicas de águas costeiras. Algumas dessas correntes apresentam velocidades entre 9 e 14,5 km/h e geram tanta energia quanto os ventos de velocidade muito maior. Como a água do mar tem densidade mais elevada que o ar, as correntes oceânicas transportam consideravelmente mais energia do que as de ar (vento).

Desafios ambientais e econômicos:[1,2] as usinas de energia de marés que represam estuários podem impedir a migração da vida marinha, e o acúmulo de lodo por trás dessas instalações pode afetar ecossistemas locais. As cercas de maré também podem perturbar a migração da vida marinha. Porém, novos tipos de turbinas de maré podem ser projetados para não atrapalhar os caminhos migratórios e ser menos prejudiciais ao meio ambiente. Os custos para operar usinas de energia de marés não são muito altos, mas os de construção são elevados, o que aumenta os prazos de retorno. Consequentemente, o custo por quilowatt-hora da energia das marés não é competitivo quando comparado à energia convencional de combustíveis fósseis.

Exemplo 16.7 • Determinação da energia potencial na onda de maré

Um sistema de energia de marés do tipo barragem consiste em uma lagoa de um lado e o oceano aberto do outro. A base da lagoa é aproximadamente semicircular com um raio de 1 km. Em uma maré alta, a coluna d'água no lado de altura maior da represa é 25 m, e a coluna no lado mais baixo é 15 m. Calcule **(a)** a energia potencial na água da maré e **(b)** a energia elétrica gerada pelo sistema de marés. Suponha que o coeficiente de energia das pás seja 35%, a eficiência das turbinas, 90% e a eficiência do gerador, 95%.

Solução
$H_{alta} = 25$ m, $H_{baixa} = 15$ m, $g = 9,807$ m/s^2, $R = 1000$ km, $\rho = 1000$ kg/m^3, $C_p = 0,35$, $\eta_t = 0,9$, $n_g = 0,95$

a. A Equação 16.56 dá

$$\Delta H = \frac{H_{alta} - H_{baixa}}{2} = \frac{25 - 15}{2} = 5 \text{ m}$$

O volume total de água é

$$vol = \frac{1}{2}\pi R^2 \Delta H = 0,5 \times \pi \times 1000^2 \times 5 = 7,854 \times 10^6 \text{ m}^2$$

A Equação 16.57 fornece a energia potencial

$$EP = vol \times \rho \times g \times \Delta H = 7,854 \times 10^6 \times 9,807 \times 5 = 3,851 \times 10^{11} \text{ J}$$

b. A energia elétrica do sistema de marés é

$$E_{out} = EP \times C_p \eta_t \eta_g = 3,851 \times 10^{11} \times 0,35 \times 0,9 \times 0,95 = 1,152 \times 10^{11} \text{ J}$$

16.6.5 Conversão da energia térmica do oceano

Um processo chamado *conversão da energia térmica do oceano* (*ocean thermal energy conversion* — OTEC) ou *energia térmica dos mares* (ETM) utiliza a energia do calor armazenado nos oceanos para gerar eletricidade.[8] A OTEC funciona melhor quando a diferença de temperatura entre a camada superior mais quente do oceano e as águas profundas mais frias é de aproximadamente 20 °C (36 °F). Essas condições existem em áreas costeiras tropicais, aproximadamente entre o Trópico de Capricórnio e o Trópico de Câncer. A fim de trazer a água fria para a superfície, as usinas de conversão de energia térmica do oceano necessitam de um tubo de aspiração caro e de grande diâmetro, que fica submerso a mais de 1600 metros no oceano. Se a conversão de energia térmica dos oceanos passasse a ter custo competitivo em comparação às tecnologias convencionais, ela poderia ser utilizada para produzir bilhões de watts de energia elétrica.

16.7 ENERGIA HIDRELÉTRICA

A hidrelétrica, ou energia hidrelétrica, é a fonte mais comum e menos onerosa de energia elétrica renovável. As tecnologias hidrelétricas têm uma longa história de uso por causa de suas muitas vantagens, incluindo a elevada disponibilidade e a ausência de emissões. Esse tipo de energia é abastecido pela água e, portanto, é uma fonte limpa de combustível. Suas tecnologias utilizam o fluxo de água para gerar energia, que pode ser captada e transformada em eletricidade. Essa energia não polui o ar como as usinas que queimam combustíveis fósseis, como carvão ou gás natural. Os sistemas hidrelétricos são populares por conta da tecnologia madura e comprovada, da operação confiável, da adequação em ecologias sensíveis e da capacidade de produzir eletricidade mesmo em pequenos rios. As represas hidrelétricas criam reservatórios que oferecem várias oportunidades de lazer, como a pesca, a natação e os passeios de barco. A maioria das instalações hidrelétricas é constituída de forma a fornecer algum tipo de acesso ao reservatório e permitir que o público tire proveito dessas oportunidades. Dentre outras vantagens, pode-se incluir o abastecimento de água e o controle de enchentes. As tecnologias hidrelétricas podem ser classificadas em três tipos:

Microcentral hidrelétrica
Em grande escala
Em pequena escala

A microcentral hidrelétrica, que muitas vezes é chamada de *hidrelétrica a fio d'água*, é utilizada na produção de energia de até 100 W. Ela não necessita de grandes barragens de represamento, mas pode precisar de uma pequena, menos perceptível. Uma parte da água do rio é desviada para um canal ou tubulação a fim de acionar as turbinas.

16.7.1 Hidrelétrica em grande escala

As usinas hidrelétricas em grande escala são geralmente desenvolvidas para produzir eletricidade em projetos do governo ou de concessionárias de energia elétrica. Essas usinas são de porte superior a 30 MW. A maioria dos projetos hidrelétricos de grande escala utilizam uma barragem e um reservatório para reter água de um rio. Ao ser liberada, a água armazenada atravessa as turbinas, fazendo-as girar, e estas acionam os geradores para produzir eletricidade. A água armazenada em um reservatório pode ser rapidamente acessada para uso durante períodos em que a demanda por eletricidade for elevada.

Os projetos hidrelétricos com represas também podem ser construídos como instalações de armazenamento de energia. Durante os períodos de pico na demanda de eletricidade, essas instalações funcionam como as usinas hidrelétricas tradicionais. A água liberada do reservatório superior passa através das turbinas que acionam os geradores para produzir eletricidade. No entanto, durante os períodos de baixo uso de eletricidade, a energia da rede elétrica é utilizada para girar as turbinas no sentido contrário, o que permite o bombeamento da água do rio ou do reservatório inferior para o superior, onde ela pode ser armazenada até que a demanda por eletricidade volte novamente a crescer. Muitos projetos de represas em grande escala têm sido criticados por alterar os habitats da vida selvagem, impedindo a migração de peixes e afetando a qualidade da água e os padrões de fluxo. As novas tecnologias de energia hidrelétrica podem reduzir esses impactos ambientais pelo uso de escadas de peixes (para ajudar na migração), telas de peixes, novos modelos de turbinas e reservatórios de aeração.[1,2]

16.7.2 Hidrelétrica em pequena escala

Os pequenos sistemas hidrelétricos podem produzir potências de até alguns megawatts. Existem duas versões de sistema hidrelétrico: desvio e reservatório. O tipo reservatório pode precisar de uma pequena barragem para armazenar água em altitudes mais elevadas. Já o tipo desvio não necessita de uma barragem e se baseia na velocidade da corrente para gerar eletricidade.

Hidrelétrica tipo desvio: o sistema de pequena hidrelétrica tipo desvio não necessita de uma barragem e, portanto, é considerado menos agressivo ao meio ambiente. O rio para esse pequeno sistema hidrelétrico deve ter uma corrente forte o suficiente para uma geração realista de energia. A energia cinética que entra na turbina EC_t é dada por

$$EC_t = \frac{1}{2}mv^2 = \frac{1}{2}vol\rho v^2 = \frac{1}{2}A_s\rho v^3 t \tag{16.58}$$

onde A_s é a área de varredura das pás da turbina em um ciclo. Assim, a potência que entra na turbina P_t é

$$P_t = \frac{EC_t}{t} = \frac{1}{2}A_s\rho v^3 \tag{16.59}$$

Hidrelétrica tipo reservatório: o esquema de uma usina hidrelétrica simples tipo reservatório[2] é mostrado na Figura 16.35. Ele pode ser tanto um lago natural em uma altitude maior do que a do rio a jusante quanto um lago criado por uma barragem. O sistema consiste principalmente em um reservatório, um canal, uma turbina e um gerador. Se a água fluir para uma elevação menor através de um canal, a energia potencial dela será convertida em energia cinética, e parte dela será captada pela turbina. Após passar pela turbina, a água sai em direção ao fluxo na cota mais baixa. A turbina gira por causa da EC adquirida a partir do fluxo de água, acionando, assim, o gerador e produzindo eletricidade.

O esquema de um sistema hidrelétrico com represamento é semelhante ao da Figura 16.35, mas a coluna d'água do reservatório e sua capacidade são muito maiores. A energia potencial da água atrás do reservatório EP_r pode ser encontrada a partir de

$$EP_r = WH = mgH \tag{16.60}$$

onde

W = peso da água, kg;
H = elevação da água com relação à turbina, m;
m = massa da água do reservatório, kg;
g = velocidade da gravidade, m/s.

FIGURA 16.35
Pequeno sistema hidrelétrico com reservatório.

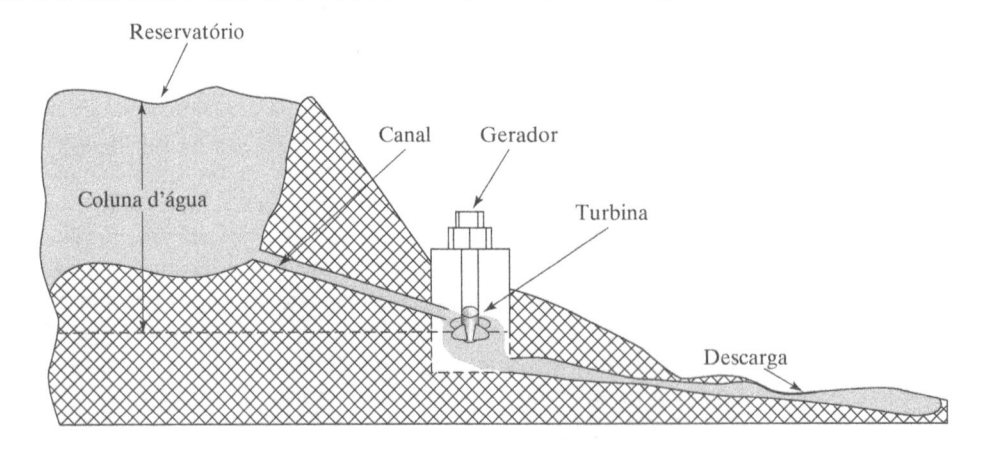

Se m (kg) for a massa da água que entra no canal, a Equação 16.60 poderá ser aplicada para encontrar a EP de entrada do canal como

$$EP_{c\text{-}in} = mgH \qquad (16.61)$$

O fluxo de água f_w dentro do canal é definido como a massa de água m que passa através dele durante um intervalo de tempo t. Ou seja,

$$f_w = \frac{m}{t} \qquad (16.62)$$

Substituindo f_w na Equação 16.61, obtém-se

$$EP_{c\text{-}in} = f_w t g H \qquad (16.63)$$

que é convertida em energia cinética dentro do canal. Aplicando a Equação 16.58, a energia cinética de saída do canal, $EC_{c\text{-}out}$, pode ser encontrada a partir de

$$EC_{c\text{-}out} = \frac{1}{2}mv^2 = \frac{1}{2}vol\rho v^2 = \frac{1}{2}A_p vt\rho v^2 \qquad (16.64)$$

onde
 t = duração do fluxo da água, s;
 v = velocidade da água que sai do canal, m/s;
 A_c = área da seção transversal do canal, m²;

Por causa das perdas dentro do canal, como o atrito da água, a EC que sai dele, $EC_{c\text{-}out}$, é menor do que a $EP_{c\text{-}in}$ na entrada. Assim, a eficiência do canal é dada por

$$\eta_p = \frac{EC_{c\text{-}out}}{EP_{c\text{-}in}} \qquad (16.65)$$

As pás da turbina não conseguem captar toda a energia cinética $EC_{c\text{-}out}$ que sai do canal. A relação entre a energia captada pelas pás $EC_{pás}$ e a $EC_{c\text{-}out}$ é conhecida como eficiência de energia C_p,

$$C_p = \frac{EC_{pás}}{EC_{c\text{-}out}} \qquad (16.66)$$

A energia captada pelas pás $EC_{pás}$ não é toda convertida em energia mecânica que entra no gerador EC_m por conta das várias perdas na turbina. A relação entre as duas energias é conhecida como *eficiência da turbina* η_t

$$\eta_t = \frac{EC_m}{EC_{pás}} \qquad (16.67)$$

A energia elétrica de saída do gerador E_g é igual à sua energia cinética de entrada EC_m menos as perdas do gerador. Assim, a *eficiência do gerador* η_g é definida como

$$\eta_g = \frac{E_g}{EC_m} \qquad (16.68)$$

Utilizando as equações de 16.65 até 16.68 na Equação 16.63, podemos escrever a equação da energia elétrica de saída como uma função do fluxo de água e da coluna d'água:

$$E_g = fgHt(C_p \eta_c \eta_t \eta_g) \qquad (16.69)$$

Exemplo 16.8 • Determinação da energia elétrica de uma pequena hidrelétrica e a velocidade da água

A altura do reservatório de uma pequena hidrelétrica é 5 m. A água passa através do canal a uma taxa de 100 kg/s. A eficiência do canal é $\eta_c = 95\%$, o coeficiente de energia, $C_p = 47\%$, a eficiência da turbina,

$\eta_t = 85\%$ e a eficiência do gerador, $\eta_g = 90\%$. Calcule **(a)** a energia gerada em um mês e o rendimento, supondo um custo de $0,15/kWh e **(b)** a velocidade da água que sai do canal.

Solução
$h = 5$ m, $f = 100$ kg/s, $g = 9,807$ m/s², $t = 30$ dias, $c = 0,15/kWh$, $C_p = 0,47$, $\eta_c = 0,95$, $\eta_t = 0,85$, $\eta_g = 0,90$.
a. Substituindo os valores na Equação 16.69, obtém-se a energia gerada em 30 dias:

$$E_g = 100 \times 9,807 \times 5 \times 30 \times 24 \times 0,47 \times 0,95 \times 0,85 \times 0,90 = 1,206 \times 10^6 \text{ J}$$

O valor do custo da energia, ou economia, é

$$Renda\ (Economia) = E_g c = 1,206 \times 10^6 \times 0,15 \times 10^{-3} = \$180,883$$

b. Para um fluxo de 1 s, a massa de água $m = f \times 1 = 100$ kg
A energia potencial de entrada para o canal é

$$EP_{c\text{-}in} = mgh = 100 \times 9,807 \times 5 = 4,903 \text{ kJ}$$

A Equação 16.65 dá a energia cinética do canal:

$$EC_{c\text{-}out} = \eta_c EP_{c\text{-}in} = 0,95 \times 4,903 \times 10^3 = 4,658 \text{ kJ}$$

Substituindo os valores na Equação 16.64, obtém-se a velocidade da água:

$$v = \sqrt{\frac{2EC_{c\text{-}out}}{m}} = \sqrt{\frac{2 \times 4,658 \times 10^3}{1000}} = 9,652 \text{ m/s}$$

16.8 CÉLULAS A COMBUSTÍVEL

As células a combustível (*fuel cells* — FCs) são uma tecnologia emergente. Trata-se de dispositivos eletromecânicos que utilizam reações químicas para produzir eletricidade. Uma célula a combustível funciona como uma bateria, convertendo a energia química em eletricidade. Mas não desligam nem precisam de recarga. Elas produzem eletricidade e calor desde que o combustível seja fornecido. Uma célula a combustível requer hidrogênio, por exemplo, e um oxidante como o oxigênio, e produz eletricidade CC, mais água e calor. Isso é mostrado na Figura 16.36.[18,19] Em 1839, Sir William Grove foi o primeiro a desenvolver um dispositivo FC. Grove era advogado por formação. Em 1939, Francis Bacon construiu uma FC pressurizada a partir de eletrodos de níquel, confiável o suficiente para atrair a atenção da NASA, que a utilizou em sua nave espacial Apollo.

FIGURA 16.36
Entradas e saídas de uma célula a combustível.

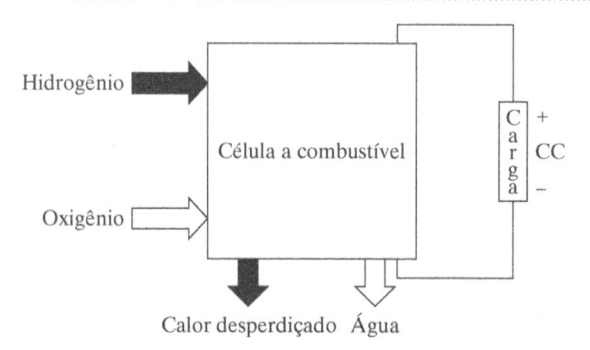

Durante os últimos 30 anos, a pesquisa em tecnologia FC levou ao desenvolvimento de novos materiais e recursos. Existe um estímulo crescente ao aprimoramento e à comercialização de células a combustível devido às suas várias vantagens. Os produtos — por exemplo, a água —, quando operados com hidrogênio puro, são limpos. Isto é, eles têm zero emissão, com valores extremamente baixos (se houver) de óxidos de nitrogênio e enxofre. As FCs têm aplicações em muitas áreas, como transporte terrestre, usos marinhos, distribuição de energia, cogeração e produtos de consumo. A tensão de saída de uma FC é geralmente baixa, sendo ampliada por um conversor CC-CC *boost*; com frequência, várias FCs são ligadas em série e em paralelo para aumentar a capacidade de potência de saída, como mostra a Figura 16.37.[18,19] Um inversor PWM é muitas vezes empregado para produzir uma tensão CA fixa ou variável a uma frequência fixa ou variável. Normalmente, utiliza-se um transformador antes de conectar à rede elétrica.

FIGURA 16.37
Diagrama de blocos de um sistema CC de células a combustível.

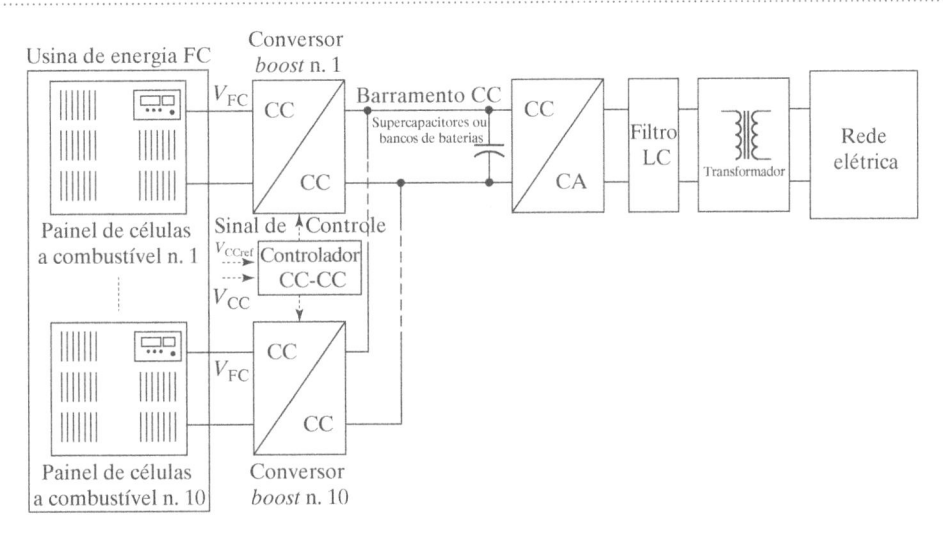

16.8.1 Geração de hidrogênio e células a combustível

O hidrogênio é o elemento mais simples da Terra. Um átomo de hidrogênio consiste apenas em um próton e um elétron. Ele tem ligação covalente, e os elétrons são compartilhados entre dois átomos de hidrogênio, como mostra a Figura 16.38. O símbolo desse gás é H_2. Portanto, se o hidrogênio for extraído do gás, cada molécula pode fornecer 2 elétrons ($2e^-$). O hidrogênio é o elemento mais abundante no universo, mas não ocorre naturalmente como um gás

FIGURA 16.38
Átomo de hidrogênio e gás hidrogênio.

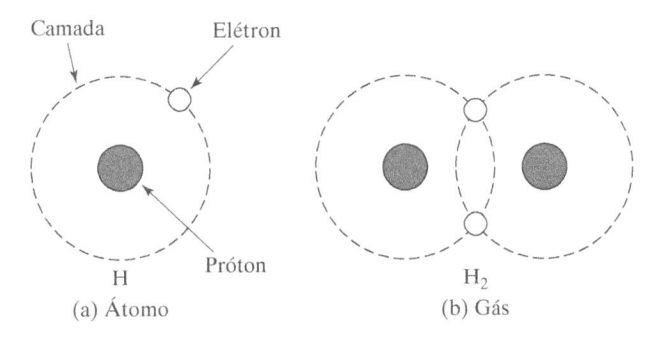

na Terra. Ele está sempre combinado com outros elementos. A água, por exemplo, é uma combinação de hidrogênio e oxigênio. O hidrogênio também é encontrado em muitos compostos orgânicos, por exemplo, os hidrocarbonetos que contribuem para a formação de combustíveis como carvão, gasolina, gás natural, metanol e propano. Essas qualidades fazem dele uma opção de combustível atraente para aplicações de transporte e geração de energia elétrica. A fim de gerar eletricidade utilizando hidrogênio, primeiramente deve-se extraí-lo na forma pura de um composto que o contém. Em seguida, ele pode ser usado em uma célula a combustível.

Não há a necessidade de reformadores em alguns combustíveis como o metano, enquanto o hidrogênio é extraído diretamente dele no interior da FC. Para outros combustíveis, um processo reformador, como o que mostra a Figura 16.39, é muitas vezes empregado para separar o hidrogênio de seus compostos. Um combustível de hidrocarboneto (CH_2) é quimicamente tratado para produzir hidrogênio. O dióxido de carbono (CO_2) e o monóxido de carbono (CO) são os subprodutos do processo reformador. Esses gases indesejados são responsáveis pelo aquecimento global e pelo aumento dos riscos para a saúde humana. O CO é oxidado pelo seu conversor. Água é adicionada à saída do reformador para converter quimicamente o CO em CO_2. O dióxido de carbono é ventilado no ar, e o hidrogênio, utilizado na FC.

FIGURA 16.39
Geração de hidrogênio.

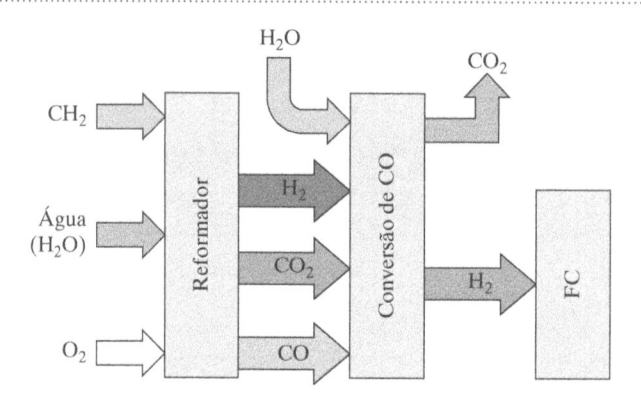

16.8.2 Tipos de célula a combustível

Existem vários métodos para a produção de hidrogênio. Os mais comuns são os processos térmico, eletrolítico e fotolítico. Os *processos térmicos* envolvem um reformador de vapor de alta temperatura, em que o vapor reage com um combustível hidrocarboneto para produzir hidrogênio. Muitos combustíveis de hidrocarbonetos podem ser reformados para produzir hidrogênio, incluindo gás natural, diesel, combustíveis líquidos renováveis, carvão gaseificado ou biomassa gaseificada. Aproximadamente 95% de todo o hidrogênio é produzido a partir da reforma de vapor de gás natural. Os processos eletrolíticos separam o oxigênio e o hidrogênio. Eles ocorrem em um *eletrolizador*. Os *processos fotolíticos* utilizam a luz como agente para a produção de hidrogênio. Já os processos *fotobiológicos* empregam a atividade fotossintética natural de bactérias e algas verdes para produzi-lo. Por fim, os processos *fotoeletroquímicos* aplicam semicondutores especiais para separar a água em hidrogênio e oxigênio.

As células a combustível normalmente usam o processo eletrolítico com diferentes tipos de eletrólito. O princípio de funcionamento de todas as células é semelhante, exceto o tipo de eletrólito. O processo envolve a divisão de duas (2) moléculas de hidrogênio em quatro (4) íons de hidrogênio ($4H^+$) e quatro (4) elétrons ($2e^-$) na placa de anodo. Os elétrons produzidos no anodo fluem através da carga para produzir corrente, e depois voltam à placa de catodo. Os íons de hidrogênio passam através do eletrólito para a placa de catodo. Eles passam por um processo químico na placa de catodo para produzir água e energia. Além de eletricidade, as células a combustível produzem calor. Esse calor pode ser utilizado para atender as necessidades de aquecimento, incluindo água quente e aquecimento do ambiente. As células a combustível podem ser empregadas para produzir calor e energia para abastecer casas e edifícios. A eficiência total pode chegar a 90%. Essa operação de alta eficiência economiza dinheiro, energia e reduz as emissões de gases de efeito estufa. Dependendo do tipo de eletrólito, as células a combustível podem ser classificadas em seis tipos:

Células a combustível de eletrólito de membrana polimérica (*Polymer Electrolyte Membrane Fuel Cells* — PEMFC)
Células a combustível de metanol direto (*Direct-Methanol Fuel Cells* — DMFC)
Células a combustível alcalinas (*Alkaline Fuel Cells* — AFC)
Células a combustível de ácido fosfórico (*Phosphoric Acid Fuel Cells* — PAFC)
Células a combustível de carbonatos fundidos (*Molten Carbonate Fuel Cells* — MCFC)
Células a combustível de óxido sólido (*Solid Oxide Fuel Cells* — SOFC).

A Tabela 16.6 mostra as comparações das características operacionais das FCs.[2] Há um tipo especial de célula a combustível conhecido como *células a combustível regenerativas ou reversíveis*. Elas podem produzir eletricidade a partir do hidrogênio e do oxigênio, mas também ser revertidas e alimentadas com eletricidade para produzir hidrogênio e oxigênio. Essa nova tecnologia pode propiciar o armazenamento do excesso de energia produzido por fontes intermitentes de energia renovável, como as estações de energia solar e eólica, liberando essa energia durante os períodos de baixa produção.

TABELA 16.6
Comparações das características operacionais de FCs.

Tipo de FC	Eletrólito	Gás do anodo	Gás do catodo	Temperatura aproximada (°C)	Eficiência típica (%)
PEMFC	Membrana de polímero sólido	Hidrogênio	Oxigênio puro ou atmosférico	80	35–60
DMFC	Membrana de polímero sólido	Solução de metanol em água	Oxigênio atmosférico	50–120	35–40
AFC	Hidróxido de potássio	Hidrogênio	Oxigênio puro	65–220	50–70
PAFC	Fósforo	Hidrogênio	Oxigênio atmosférico	150–210	35–50
MCFC	Álcali-carbonatos	Hidrogênio, metano	Oxigênio atmosférico	600–650	40–55
SOFC	Óxido de cerâmica	Hidrogênio, metano	Oxigênio atmosférico	600–1000	45–60

16.8.3 Células a combustível de eletrólito de membrana polimérica (PEMFC)

Os componentes básicos da PEMFC, como indica a Figura 16.40, são o anodo, o eletrólito e o catodo. O eletrólito é uma membrana de polímero revestido por um catalisador de metal como a platina. As PEMFCs também são chamadas de *células a combustível com membrana trocadora de prótons*. O anodo tem uma placa plana com canais embutidos para dispersar o gás hidrogênio sobre a superfície do catalisador. Quando o hidrogênio pressurizado entra no anodo e em seguida passa pelo canal, o catalisador (como a platina, por exemplo) faz dois átomos do gás hidrogênio ($2H_2$) se oxidarem em quatro íons de hidrogênio ($4H^+$) e abandonarem quatro elétrons ($4e^-$). A reação no anodo pode ser representada pela equação química dada por

$$2H_2 \Rightarrow 4H^+ + 4e^- \tag{16.70}$$

Os elétrons livres fluem pelo caminho de menor resistência da carga externa para o outro eletrodo (catodo). A corrente de carga é causada pelo fluxo de elétrons. A direção do fluxo de corrente existe no sentido oposto do eletrônico.

Os íons de hidrogênio passam através da membrana do anodo para o catodo. Ao entrar no catodo, os elétrons reagem com o oxigênio do ar exterior, e os íons de hidrogênio no catodo formam água. A reação catódica pode ser representada pela equação química dada por

$$O_2 + 4H^+ + 4e^- \Rightarrow 2H_2O \tag{16.71}$$

Portanto, a PEMFC combina hidrogênio com oxigênio para produzir água, e isso gera energia térmica no processo de reação do catodo. A energia térmica pode ser extraída por meio de um trocador de calor para uso em várias aplicações, como mostra a Figura 16.40. A água da saída da FC pode ser reutilizada ou realimentada para o reformador e o conversor CO. A reação geral do anodo e catodo pode ser representada pela equação química dada por

$$2H_2 + O_2 \Rightarrow 2H_2O + energia\ (calor) \tag{16.72}$$

FIGURA 16.40
Diagrama de blocos de células a combustível de eletrólito de membrana polimérica.

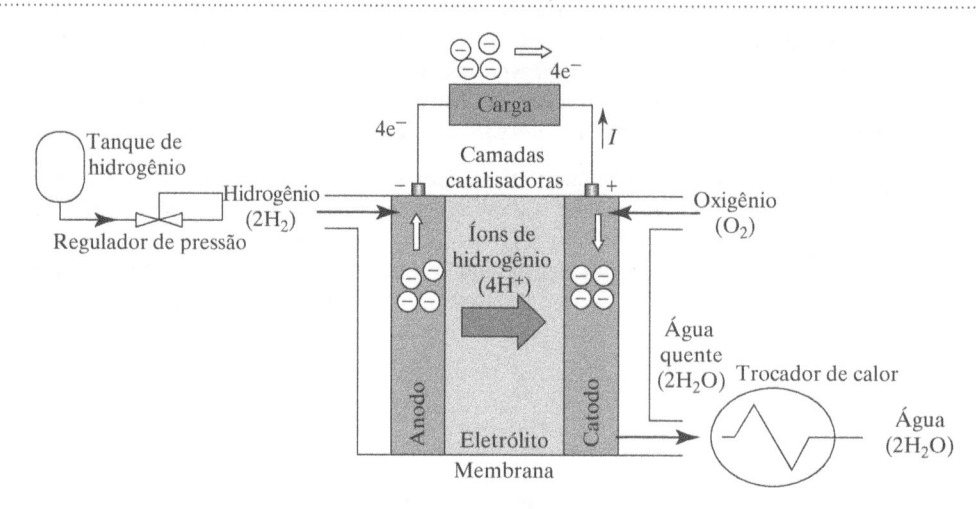

Uma PEMFC funciona a temperaturas relativamente baixas de cerca de 80 °C, e pode logo variar a sua saída para atender às mudanças na demanda de energia. O dispositivo é de certa forma leve, possui alta densidade de energia e pode iniciar a operação muito rápido (em poucos milissegundos). Essa célula é adequada para um grande número de aplicações, incluindo o transporte e a distribuição para cargas residenciais. A platina é extremamente sensível ao CO, e a eliminação deste é crucial para a longevidade da FC. Isso se soma ao custo geral do sistema PEMFC. A execução na prática requer unidades de controle, como o regulador de pressão do hidrogênio e o controle do fluxo de ar, como ilustra a Figura 16.40.

16.8.4 Células a combustível de metanol direto (DMFC)

A célula a combustível de metanol direto é semelhante à PEM na medida em que usa uma membrana de polímero como eletrólito. No entanto, as DMFCs utilizam metanol diretamente no anodo, o que elimina a necessidade de um reformador de combustível. Os componentes básicos da DMFC, como mostra a Figura 16.41, são o anodo, o eletrólito e o catodo. As DMFCs são adequadas para alimentar dispositivos eletrônicos portáteis, como telefones celulares, dispositivos de entretenimento, computadores portáteis e carregadores de bateria. O metanol líquido (CH_3OH) no anodo é oxidado pela água, produzindo dióxido de carbono (CO_2), seis íons de hidrogênio ($6H^+$) e seis elétrons livres ($6e^-$). A reação no anodo pode ser representada pela equação química dada por

$$CH_3OH + H_2O \Rightarrow CO_2 + 6H^+ + 6e^- \tag{16.73}$$

Os elétrons livres fluem pelo caminho de menor resistência da carga externa para o catodo. A corrente de carga é causada pelo fluxo de elétrons. Os íons de hidrogênio passam através do eletrólito para o catodo e reagem com o oxigênio do ar e com os elétrons livres do circuito de carga para formar água. A reação catódica pode ser representada pela equação química dada por

$$\frac{3}{2}O_2 + 6H^+ + 6e^- \Rightarrow 3H_2O \tag{16.74}$$

A reação geral de anodo e catodo pode ser representada pela equação química

$$CH_3OH + \frac{3}{2}O_2 \Rightarrow CO_2 + 2H_2O + energia\,(calor) \tag{16.75}$$

O metanol é um álcool tóxico e pode ser produzido por diferentes tipos de álcool, como o etanol C_2H_6O, para criar FCs mais seguras com desempenho semelhante.

FIGURA 16.41
Diagrama de blocos de células a combustível de eletrólito de metanol direto.

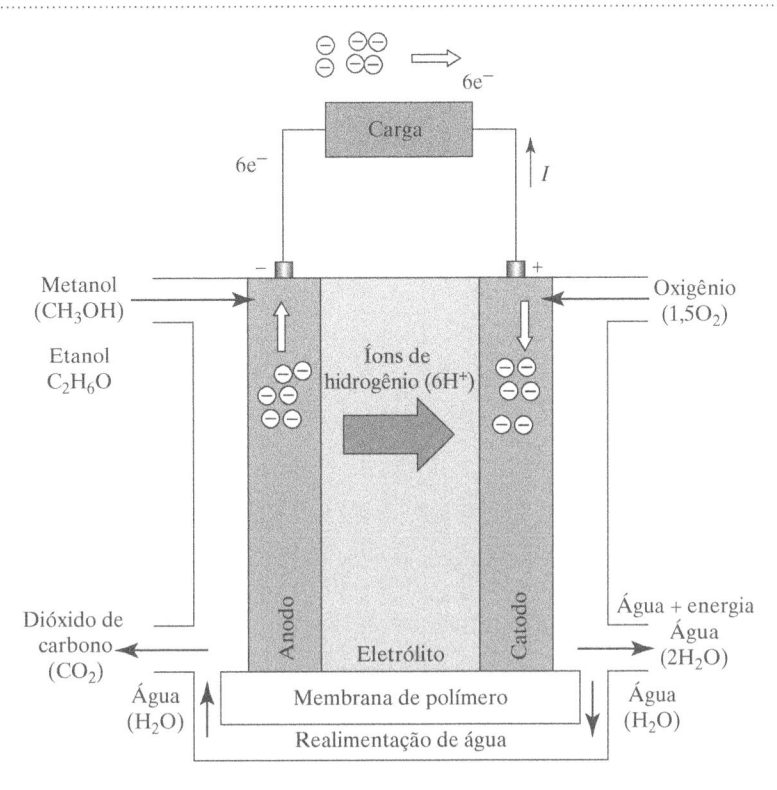

16.8.5 Células a combustível alcalinas (AFC)

As células a combustível alcalinas utilizam um eletrólito alcalino como o hidróxido de potássio (KOH) ou uma membrana alcalina. A AFC funciona a temperaturas elevadas, de 65 °C a 220 °C; portanto, tem partida mais lenta em relação à célula PEM. Os principais componentes da AFC são mostrados na Figura 16.42. O hidrogênio reage no anodo com os íons hidroxila OH^- do KOH para produzir água e quatro elétrons livres ($4e^-$). A reação no anodo pode ser representada pela equação química dada por

$$2H_2 + 4OH^- \Rightarrow 4H_2O + 4e^- \tag{16.76}$$

A água produzida no anodo retorna para o catodo. Os íons hidroxila são gerados no catodo pela combinação de oxigênio, água e elétrons livres. A reação no anodo pode ser representada pela equação química dada por

$$O_2 + 2H_2O + 4e^- \Rightarrow 4OH^- \tag{16.77}$$

A reação geral de anodo e catodo pode ser representada pela equação química dada por

$$2H_2O + O_2 \Rightarrow 2H_2O + energia \; (calor) \tag{16.78}$$

A AFC é muito suscetível à contaminação, em especial pelo dióxido de carbono (CO_2), que reage com o eletrólito e rapidamente degrada o desempenho da FC. A água e o metano também podem contaminar a FC. Portanto, a AFC deve funcionar com hidrogênio e oxigênio puros, o que aumenta o custo de sua operação. Assim, a aplicação de AFC fica limitada a ambientes controlados, como em naves espaciais. A NASA utilizou AFCs em missões espaciais, e agora está encontrando novas aplicações para ela, como em energia portátil.

FIGURA 16.42

Diagrama de blocos de células a combustível alcalinas.

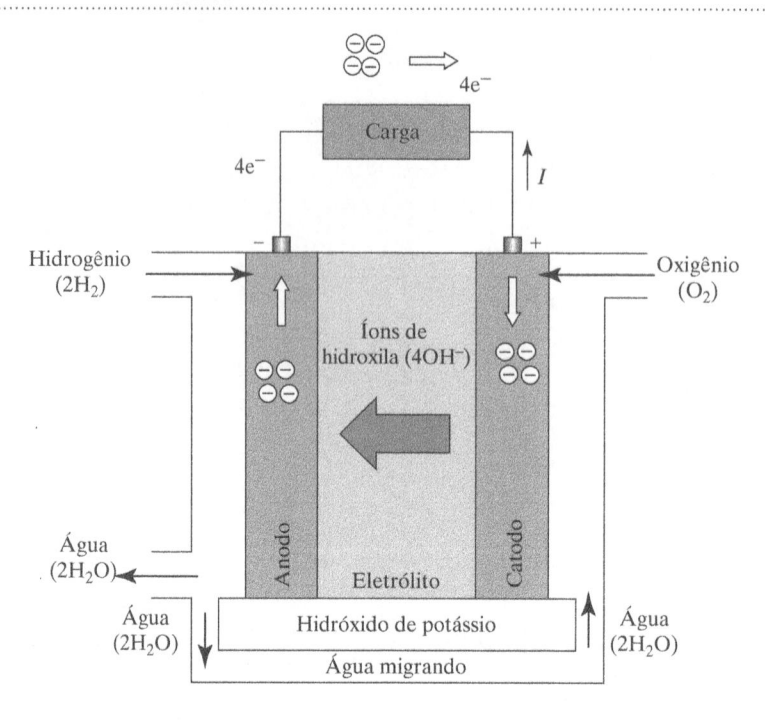

16.8.6 Células a combustível de ácido fosfórico (PAFC)

As células a combustível de ácido fosfórico utilizam um eletrólito dele mantido no interior de uma matriz porosa. Sua temperatura de funcionamento é elevada, na faixa de 150 °C a 210 °C. Os principais componentes da PAFC são mostrados na Figura 16.43. As PAFCs são consideradas adequadas para gerações de pequeno e médio

FIGURA 16.43

Diagrama de blocos de células a combustível de ácido fosfórico.

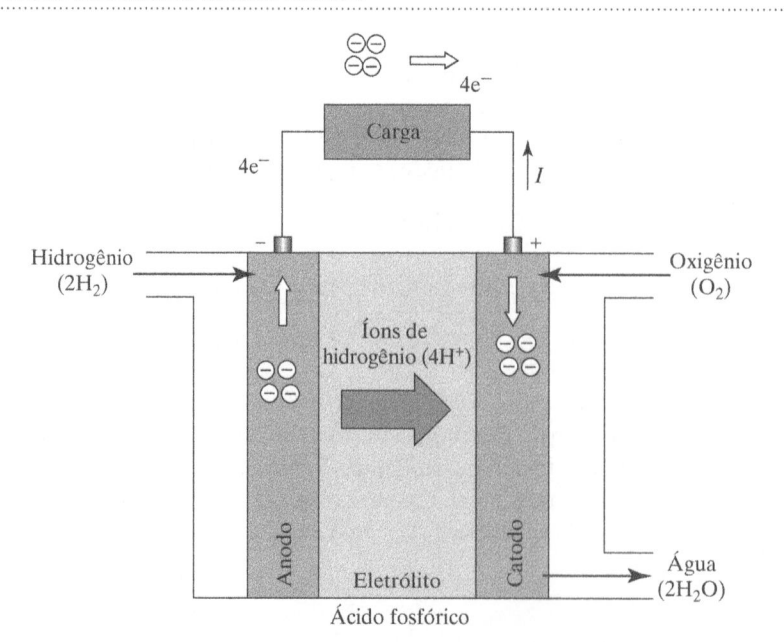

porte. Normalmente são utilizadas em módulos de 400 kW ou mais, e aplicadas na produção de energia estacionária em hotéis, hospitais, supermercados e escritórios. O ácido fosfórico também pode ser imobilizado em membranas de polímero, e as células a combustível que utilizam essas membranas são adequadas para várias aplicações como fonte de energia estacionária. A reação no anodo é semelhante à da PEMFC. O hidrogênio que entra no anodo é despojado de seus elétrons. Os prótons de hidrogênio (íons) migram através do eletrólito para o catodo. A reação no anodo pode ser representada pela equação química dada por

$$2H_2 \Rightarrow 4H^+ + 4e^- \qquad (16.79)$$

Os elétrons livres fluem pelo caminho de menor resistência da carga externa para o outro eletrodo (catodo). Os íons de hidrogênio no catodo se combinam com os quatro elétrons ($4e^-$) e oxigênio, geralmente do ar, para produzir água. A reação catódica pode ser representada pela equação química dada por

$$O_2 + 4H^+ + 4e^- \Rightarrow 2H_2O \qquad (16.80)$$

A reação geral de anodo e catodo pode ser representada pela equação química dada por

$$2H_2 + O_2 \Rightarrow 2H_2O + energia\ (calor) \qquad (16.81)$$

Se o vapor gerado pelo calor da PAFC for utilizado em outras aplicações, como cogeração e ar-condicionado, a eficiência da célula pode alcançar 80%. O eletrólito da PAFC não é sensível à contaminação por CO_2, de modo que é possível utilizar combustíveis fósseis reformados. Suas características de estrutura relativamente simples, material menos caro e eletrólito estável fazem a PAFC ser mais popular que a PEM em algumas aplicações como em edifícios, hotéis, hospitais e sistemas elétricos da rede pública.

16.8.7 Células a combustível de carbonato fundido (MCFC)

As células a combustível de carbonato fundido utilizam um sal dele imobilizado em uma matriz porosa como seu eletrólito. O eletrólito é uma mistura de carbonato de lítio e carbonato de potássio, ou de lítio e de sódio. Os principais componentes da MCFC são mostrados na Figura 16.44. Elas já são utilizadas em várias aplicações estacionárias de médio a grande porte em virtude da sua eficiência. Seu funcionamento a temperaturas elevadas (aproximadamente 600 °C) lhes permite reformar internamente combustíveis como gás natural e biogás.

FIGURA 16.44
Diagrama de blocos de células a combustível de carbonato fundido.

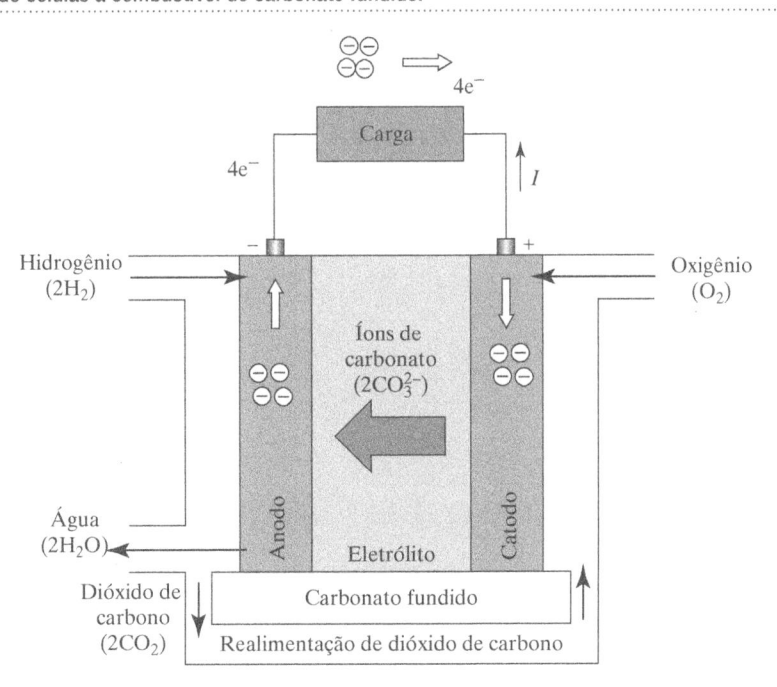

Quando o eletrólito da MCFC é aquecido a uma temperatura em torno de 600 °C, a mistura de sal se funde e torna-se condutora para íons carbonato CO_3^{2-}. Esses íons carregados negativamente fluem através do catodo para o anodo, onde se combinam com o hidrogênio para produzir água, dióxido de carbono e elétrons livres. A reação química no anodo é dada por

$$2CO_3^{2-} + 2H_2 \Rightarrow 2H_2O + 2CO_2 + 4e^- \tag{16.82}$$

O dióxido de carbono é alimentado para o catodo, onde reage com o oxigênio e os elétrons livres (4e$^-$). A reação química no catodo é dada por

$$2CO_2 + O_2 + 4e^- \Rightarrow 2CO_3^{2-} \tag{16.83}$$

A reação geral da célula MCFC é

$$2H_2 + O_2 \Rightarrow 2H_2O + energia\ (calor) \tag{16.84}$$

Podemos observar a partir da Equação 16.82 que o CO_2 produzido no anodo também é consumido no catodo, em condições ideais. Com um projeto cuidadoso, o dióxido de carbono pode ser totalmente utilizado, e a célula não emite CO_2. Uma das desvantagens características dessa célula é a corrosão interna por conta do eletrólito de carbonato.

16.8.8 Células a combustível de óxido sólido (SOFC)

O eletrólito da SOFC é uma fina camada de material cerâmico duro, como o óxido de zircônio. Os principais componentes da SOFC são mostrados na Figura 16.45. As moléculas de oxigênio do ar se combinam com quatro elétrons no catodo para produzir íons de oxigênio negativamente carregados, O^{2-}. Esses íons de oxigênio migram para o anodo através do material cerâmico sólido e se combinam com o hidrogênio para produzir água e quatro elétrons (4e$^-$). Os elétrons livres nos íons de oxigênio são liberados e passam através da carga elétrica para o catodo. A reação química no anodo é

$$2H_2 + 2O^{2-} \Rightarrow 2H_2O + 4e^- \tag{16.85}$$

FIGURA 16.45

Diagrama de blocos de células a combustível de óxido sólido.

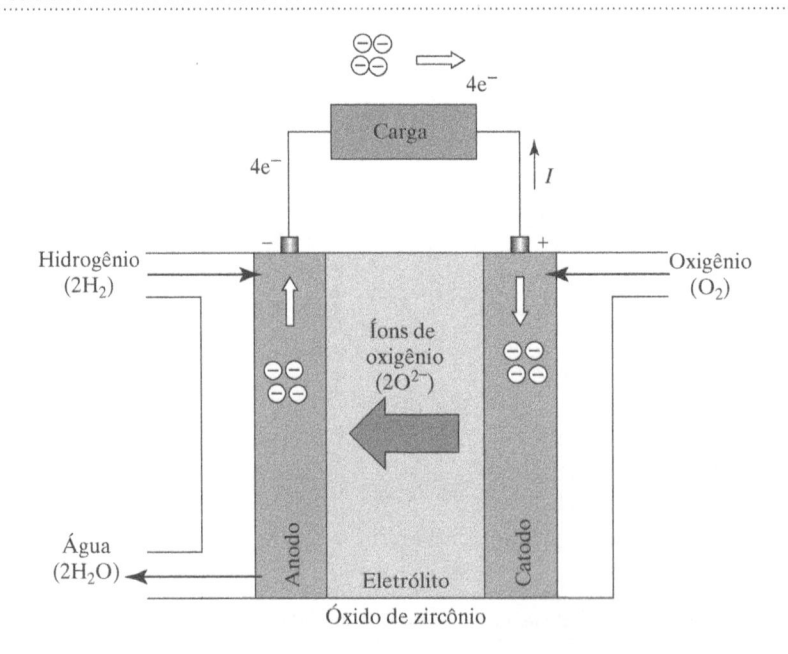

A reação química no catodo é dada por

$$O_2 + 4e^- \Rightarrow 2O^{2-} \tag{16.86}$$

Então, a reação química geral é

$$2H_2 + O_2 \Rightarrow 2H_2O + energia\ (calor) \tag{16.87}$$

As SOFCs funcionam a temperaturas muito altas (600 °C a 1000 °C). Elas necessitam de um tempo significativo para atingir o estado estacionário. Portanto, são na partida e para responder às mudanças na demanda de energia elétrica. No entanto, a alta temperatura torna a SOFC menos sensível a impurezas no combustível, como enxofre e CO_2. Essas células a combustível conseguem reformar internamente o gás natural e o biogás, e podem ser combinadas com uma turbina a gás para produzir eletricidade com uma eficiência que chega a 75%. Portanto, a SOFC é adequada para a geração de energia estacionária de grande escala na faixa de megawatt.

16.8.9 Processos térmicos e elétricos de células a combustível

A conversão de hidrogênio em eletricidade envolve um processo térmico e um elétrico. Os aspectos desses processos são não lineares. Assim, as características elétricas da corrente e da potência também são não lineares.[18,19] No entanto, a célula deve ser operada para produzir a saída ideal de energia.

Processo térmico: a energia produzida em um processo térmico é calculada para uma unidade de substância conhecida como mol. A quantidade de entidades contidas em um mol de uma substância é o número de Avogadro, $N_A = 6{,}002 \times 10^{23}$/mol. Suponhamos que a entalpia seja a energia do hidrogênio no anodo, e a entropia, o calor desperdiçado durante o processo de produção de água a partir do hidrogênio e do oxigênio no catodo. Isso é apresentado na Figura 16.46. A quantidade de energia elétrica produzida por uma reação química pode ser calculada a partir da equação da energia livre de Gibbs,[2] dada por

$$G_H = E_H - Q_H \tag{16.88}$$

onde

E_H = entalpia do processo;
Q_H = entropia do processo.

A uma pressão atmosférica de 1 e a 298K, o hidrogênio tem uma entalpia de $E_H = 285{,}83$ kJ/mol e uma entropia de $Q_H = 48{,}7$ kJ/mol. A quantidade de energia química a ser convertida em energia elétrica pode ser determinada a partir da Equação 16.88 da energia livre de Gibbs

$$G_H = 285{,}83 - 48{,}7 = 237{,}13\ kJ/mol$$

FIGURA 16.46
Diagrama de blocos da energia livre de Gibbs.

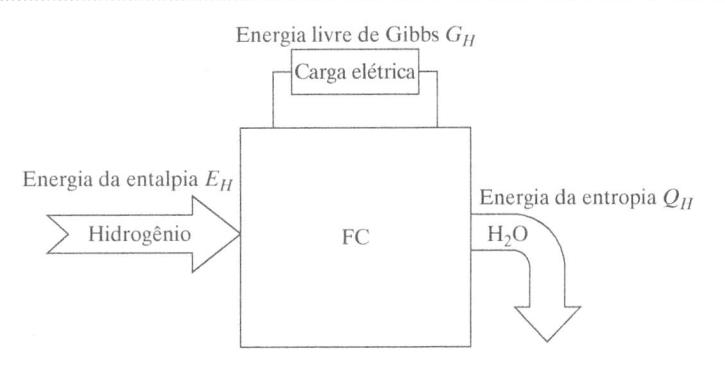

Portanto, a eficiência térmica é dada por

$$\eta_t = \frac{G_H}{E_H} = \frac{237{,}13}{285{,}83} = 83\%$$

A eficiência das FCs (83%) é muito mais elevada do que a térmica das centrais de energia fóssil, geralmente inferiores a 50%. Na prática, a tensão das FCs é menor por conta das perdas internas da célula; elas se devem às reações nos anodos e catodos, e à degradação da FC pela corrosão de seus eletrodos ou pela contaminação do eletrólito.

Processo elétrico: a quantidade de tensão e corrente produzida pode ser determinada a partir do processo elétrico. A quantidade de carga elétrica q_e em um mol de elétrons pode ser encontrada pela lei de Faraday, dada por

$$q_e = N_A q \tag{16.89}$$

onde

q = carga de um elétron ($1{,}602 \times 10^{-19}$ C);
N_A = número de Avogadro ($6{,}002 \times 10^{23}$/mol).

Como dois elétrons (2e⁻) são liberados por molécula de gás hidrogênio (H_2) durante o processo químico das FCs, o número de elétrons N_e liberado por 1 mol de H_2 é

$$N_e = 2 N_A \tag{16.90}$$

que, após a substituição na Equação 16.89, fornece a carga total de elétrons q_m, liberada por 1 mol de hidrogênio como

$$q_m = N_e q = 2 N_A q \tag{16.91}$$

que fornece a carga total liberada por 1 mol de hidrogênio como

$$q_m = 2 N_A q = 2 \times (6{,}002 \times 10^{23}) \times (1{,}602 \times 10^{-19}) = 1{,}9288 \times 10^5 \text{ C}$$

Se uma corrente I_c fluir através de um circuito durante um tempo t, a carga será $q_m = I_c \times t$. A energia elétrica E_c pode ser encontrada a partir de

$$E_c = V_c \times I_c \times t = V_c \times q_m \tag{16.92}$$

que deve ser igual à energia elétrica da FC na Equação 16.88 da energia livre de Gibbs. Assim, a tensão ideal V_c de uma única FC é

$$V_c = \frac{E_c}{q_m} = \frac{G_H}{q_m} \tag{16.93}$$

A partir da qual podemos encontrar a tensão ideal de uma FC como sendo

$$V_c = \frac{G}{q_m} = \frac{237{,}13 \times 10^3}{1{,}9288 \times 10^5} = 1{,}23 \text{ V}$$

Exemplo 16.9 ▪ Determinação da tensão de saída de uma PAFC

Calcule a tensão de saída de uma PAFC, supondo que não haja perdas em condições ideais caso haja 100 mols de H_2.

Solução
$q = 1{,}602 \times 10^{-19}$, $N_A = 0{,}6002 \times 10^{24}$, $G_H = 237{,}13 \times 10^3$, $N_m = 100$

A Equação 16.89 fornece a quantidade de carga em 1 mol de elétrons

$$q_e = N_A \times q = 0{,}6002 \times 10^{24} \times 1{,}602 \times 10^{-19} = 9{,}615 \times 10^4 \text{ C}$$

A Equação 16.90 fornece o número de elétrons para 1 mol de H_2

$$N_e = 2N_A = 2 \times 0{,}6002 \times 10^{24} = 1{,}2 \times 10^{24}$$

Já a Equação 16.91 fornece a carga total dos elétrons em 1 mol de H_2

$$q_m = N_e \times q = 1{,}2 \times 10^{24} \times 1{,}602 \times 10^{-19} = 1{,}923 \times 10^5 \text{ C}$$

Por fim, a Equação 16.93 fornece a tensão de saída de uma única FC

$$V_c = \frac{G_H}{q_m} = \frac{237{,}13 \times 10^3}{1{,}923 \times 10^5} = 1{,}233 \text{ V}$$

Portanto, a tensão de saída total para $N_m = 100$ é

$$V_o = N_m V_c = 100 \times 1{,}233 = 123{,}3 \text{ V}.$$

Curva de polarização: a característica da corrente e da potência em função da tensão, também conhecida como *curva de polarização*, é não linear e pode ser utilizada para determinar o ponto ótimo de operação a fim de produzir a potência máxima de saída. A Figura 16.47 mostra a curva de polarização típica das FCs. A tensão sem carga da célula está próxima de seu valor ideal. A curva característica pode ser dividida em três regiões: ativação, ôhmica e de transporte de massa. Na região de ativação, a tensão da célula cai rapidamente se a corrente for um pouco aumentada. Na região de transporte de massa, a perda por transporte de massa é muito dominante, e a FC não consegue lidar com a demanda elevada de corrente da carga, fazendo a célula entrar em colapso. A operação na região de transporte de massa deve ser evitada. Já a tensão na região ôhmica é bastante estável. A célula normalmente é operada na região ôhmica no ponto de potência máxima (MPP) $P_{máx}$, definida pela tensão $V_{máx}$ e pela corrente $I_{máx}$.

FIGURA 16.47

Curvas de polarização e potência de FC.

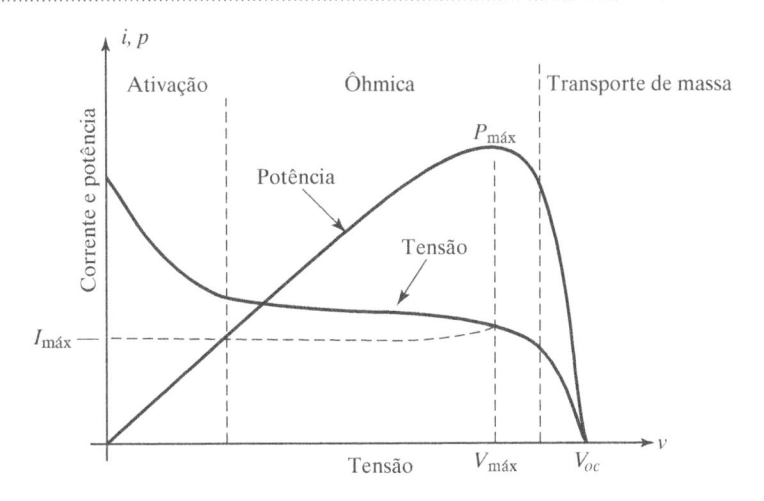

Exemplo 16.10 ▪ Determinação da potência máxima de uma célula a combustível

Determine **(a)** a potência máxima de uma célula PV e **(b)** a corrente da célula nessa potência máxima. A curva de polarização de uma FC pode ser representada pela seguinte relação V-I não linear:

$$v = 0{,}75 - 0{,}125 \times \mathrm{tg}\,(i - 1{,}2)$$

Solução
A potência da célula é

$$P_C = vi = i \times [0{,}75 - 0{,}125 \times \mathrm{tg}\,(i - 1{,}2)]$$

A potência máxima ocorrerá quando $dP_C/di = 0$. Ou seja,

$$\frac{dP_C}{di} = 0{,}75 - 0{,}125 \times \mathrm{tg}\,(i - 1{,}2) - 0{,}125 \times i \times \sec^2(i - 1{,}2) = 0$$

que também pode ser escrita como

$$0{,}75 - 0{,}125 \times \mathrm{tg}\,(i - 1{,}2) - 0{,}125 \times i \times \frac{1}{\cos^2(i - 1{,}2)} = 0$$

que, após o cálculo por um método iterativo com um software Mathcad ou Matlab, resulta em $I_{mp} = 2{,}06$. Substituindo $i = I_{mp} = 2{,}06$ A, obtém-se a tensão correspondente:

$$V_{mp} = v = 0{,}75 - 0{,}125 \times \mathrm{tg}\,(2{,}06 - 1{,}2) = 0{,}6048 \text{ V}$$

Portanto, a potência máxima da célula é $P_{máx} = V_{mp} I_{mp} = 0{,}6048 \times 2{,}06 = 1{,}246$ W.

16.9 ENERGIA GEOTÉRMICA

As tecnologias geotérmicas[2] utilizam o calor limpo e sustentável da Terra. Os recursos geotérmicos incluem (a) o calor retido no solo superficial, (b) a água e as rochas quentes encontradas a poucos quilômetros abaixo da superfície terrestre e (c) as rochas fundidas com temperaturas extremamente elevadas, chamadas *magma*, localizadas a grandes profundidades. Normalmente, no inverno a temperatura geotérmica a alguns metros abaixo da superfície terrestre é cerca de 10 °C a 20 °C mais alta do que a ambiente, e no verão, 10 °C a 20 °C mais baixa. A uma profundidade maior, o magma (rocha fundida) tem uma temperatura bastante elevada, que pode produzir uma enorme quantidade de vapor, adequada para a geração de grandes quantidades de eletricidade.

A profundidade em que o magma está localizado e o seu material circundante determinam a forma como podemos aproveitar a energia geotérmica. Em baixas profundidades, bombas de calor podem ser utilizadas para aquecer as casas no inverno e resfriá-las no verão. Em grandes profundidades, mais perto das rochas fundidas, pode-se produzir vapor suficiente para gerar eletricidade. A energia térmica pode ser transformada em vapor de várias maneiras, como o gêiser, e depois convertida em energia elétrica por meio de turbinas a vapor. Essas variações dificultam a concepção de um projeto de usina de energia geotérmica para todas as condições. Existem três tipos básicos:[1]

Usinas de energia de vapor seco: esse sistema é utilizado quando a temperatura do vapor é muito alta (300 °C), e ele está facilmente disponível.

Usinas de energia de vapor *flash*: quando a temperatura do reservatório é superior a 200 °C, o fluido dele é arrastado para o interior de um tanque de expansão que diminui a pressão do fluido. Isso faz parte do fluido evaporar rapidamente (*flash*), formando vapor. O vapor é, então, utilizado para gerar eletricidade.

Usinas de energia de ciclo binário: a uma temperatura moderada (abaixo de 200 °C), a energia da água do reservatório é extraída por meio de troca de calor com outro fluido (chamado binário) que tem um ponto de ebulição muito mais baixo. O calor da água geotérmica faz o fluido secundário se transformar rapidamente em vapor, que é, então, utilizado para acionar as turbinas.

16.10 ENERGIA DE BIOMASSA

Existem muitos tipos de biomassa, isto é, de matéria orgânica como plantas, resíduos da agricultura e da silvicultura, além do componente orgânico dos resíduos municipais e industriais, que agora podem ser utilizados para produzir combustíveis, produtos químicos e energia. O lixo, em especial, é uma grande preocupação nas sociedades modernas. Eletricidade (energia da biomassa) pode ser produzida a partir da queima do lixo. Quando a biomassa é queimada em incineradores, seu volume é reduzido em até 90%, e no processo é possível produzir vapor para gerar eletricidade. O vapor que sai da turbina é resfriado para completar o ciclo térmico. As cinzas produzidas no forno são coletadas e enviadas a aterros sanitários. O volume das cinzas é cerca de 10% do volume original do material de biomassa. Metais pesados e dioxinas são formados durante os vários estágios das incinerações. A dioxina é altamente cancerígena, podendo causar câncer e defeitos genéticos.

As tecnologias de biomassa decompõem a matéria orgânica para liberar a energia armazenada do Sol. O processo adotado depende do tipo de biomassa e do uso final pretendido. Por exemplo, os biocombustíveis são combustíveis líquidos ou gasosos produzidos a partir da biomassa. O etanol, um tipo de álcool, é feito principalmente da fécula do grão de milho e do bagaço de cana-de-açúcar. O biodiesel pode ser produzido a partir de óleos vegetais, gorduras animais ou gorduras recicladas de restaurantes.

RESUMO

Os recursos energéticos renováveis incluem energia hidrelétrica, eólica, solar, hidrogênio, biomassa, marés e geotérmica. As tecnologias de energia renovável conseguem produzir energia limpa e sustentável a partir de fontes renováveis. Essas tecnologias têm potencial para atender a uma parcela significativa das demandas de energia de um país, melhorar a qualidade do meio ambiente e contribuir para uma grande economia de energia. Os recursos energéticos são primeiramente convertidos em eletricidade através de um gerador elétrico. A energia solar pode ser convertida diretamente em energia elétrica. A energia solar na superfície terrestre é apenas uma fração da energia solar no espaço por conta das perdas por reflexão, dispersão e absorção. A eficiência solar varia de um lugar para outro.

Nos outros recursos, as energias térmica e mecânica devem ser convertidas em elétrica. A energia dos ventos e dos oceanos está disponível na forma mecânica. A energia eólica pode ser produzida em qualquer lugar do mundo onde o vento sopre com uma força significativa e consistente. As pás da turbina são aerodinamicamente otimizadas para captar o máximo de energia do vento em operação normal, com uma velocidade na faixa de 3 a 15 m/s. Os locais mais sujeitos a ventos produzem mais energia, o que reduz o custo de produção de eletricidade. Os mapas de recursos regionais e os dados de ventos podem ser encontrados na *Avaliação dos Recursos de Energia Solar e Eólica* (*Solar and Wind Energy Resource Assessment* — SWERA).

Os oceanos contêm energia térmica do Sol e produzem energia mecânica de marés e ondas. Embora o Sol afete toda a atividade oceânica, é principalmente a atração gravitacional da Lua que provoca as marés, e são os ventos que impulsionam as ondas. Há energia suficiente nas ondas do mar para gerar até 2 terawatts (ou trilhões) de eletricidade. Entretanto, a energia das ondas não pode ser aproveitada em todos os lugares. A hidrelétrica, ou energia hidrelétrica, é fonte mais comum e menos onerosa de energia elétrica renovável. As tecnologias hidrelétricas têm uma longa história de uso por causa de suas muitas vantagens, incluindo a elevada disponibilidade e a ausência de emissões. A energia hidrelétrica não polui o ar como as usinas de energia que queimam combustíveis fósseis, como carvão ou gás natural.

As células a combustível são uma tecnologia emergente. Elas funcionam como uma bateria, convertendo a energia química em eletricidade. Não desligam nem precisam de recarga. Elas produzem eletricidade e calor desde que o combustível seja fornecido. Uma célula a combustível requer um combustível como o hidrogênio, por exemplo, e um oxidante como o oxigênio, e produz eletricidade CC, mais água e calor.

QUESTÕES PARA REVISÃO

16.1 Quais são os tipos de fonte energética?
16.2 Quais são os tipos de tecnologia de energia renovável?
16.3 Qual é a diferença entre energia e potência?
16.4 Quais são os principais blocos de um sistema de geração renovável?
16.5 Qual é a função de uma turbina na energia renovável?
16.6 O que é o ciclo térmico para a conversão de energia térmica?
16.7 Qual é a função de uma torre de arrefecimento para a conversão de energia térmica?
16.8 Quais são as tecnologias envolvidas na geração e no cálculo da energia solar?
16.9 Quais são as diferenças entre a densidade de energia solar (*irradiação solar*) e a densidade de energia no espaço?
16.10 O que é o ângulo zenital?
16.11 Qual é o efeito da irradiação solar sobre a potência de saída PV?
16.12 Quais são as diferenças entre módulos e painéis solares?
16.13 O que é o MPP de uma célula PV?
16.14 Quais são as classes de energia eólica?
16.15 Qual é a eficiência máxima aproximada de uma turbina eólica?
16.16 O que é velocidade da ponta?
16.17 O que é a razão da velocidade da ponta (TSR) de uma turbina?
16.18 Quais são os segmentos das curvas de potência da geração de energia eólica?
16.19 Quais são os tipos mais comuns de gerador utilizados na produção de energia eólica?
16.20 Quais são os principais tipos de energia oceânica?
16.21 Quais são os tipos de geração de energia hidrelétrica?
16.22 Qual é a função de um conduto forçado em hidrelétricas?
16.23 Quais são os tipos de célula a combustível?
16.24 Qual é a função de um reformador em células a combustível?
16.25 Qual é a eficiência máxima das células a combustível ideais?
16.26 Quantos elétrons são gerados em cada mol de H_2?
16.27 Qual é a equação da energia livre de Gibbs?
16.28 O que é uma curva de polarização de uma célula a combustível?
16.29 Quais são as tecnologias de energia geotérmica?
16.30 Quais são as tecnologias da energia de biomassa?

PROBLEMAS

Observação: suponha uma constante gravitacional $g = 9,807$ m/s para os problemas a seguir.

16.1 Os parâmetros da turbina da Figura 16.2 são $r = 1,50$ m, $v_t = 25$ m/s, $\rho = 1000$ kg/m³ e $\eta_t = 0,45$. Calcule **(a)** a área de varredura A_s; **(b)** a potência da turbina P_t; e **(c)** a potência mecânica P_m.

16.2 Os parâmetros da turbina da Figura 16.2 são $r = 1,15$ m, $v_t = 15$ m/s, $\rho = 800$ kg/m³ e $\eta_t = 0,55$. Calcule **(a)** a área de varredura A_s; **(b)** a potência da turbina P_t; e **(c)** a potência mecânica P_m.

16.3 Para o processo de conversão de calor da Figura 16.3, a quantidade extraída com a queima de gás natural é $Q_2 = 18.000$ Btu/kg, e a energia térmica, $Q_1 = TEC = 48.000$ Btu/kg. Calcule **(a)** a energia mecânica W e **(b)** a eficiência da turbina η_t.

16.4 Para o processo de conversão de calor da Figura 16.3, a quantidade extraída da queima de petróleo é $Q_2 = 18.000$ Btu/kg, e a energia térmica, $Q_1 = TEC = 45.000$ Btu/kg. Calcule (a) a energia mecânica W e (b) a eficiência da turbina η_t.

16.5 Para o processo de conversão de calor da Figura 16.3, a quantidade extraída da queima de lenha é $Q_2 = 18.000$ Btu/kg, e a energia térmica, $Q_1 = TEC = 19.000$ Btu/kg. Calcule (a) a energia mecânica W e (b) a eficiência da turbina η_t.

16.6 Os parâmetros solares em determinada hora do dia em um local específico são: ângulo zenital $\theta = 30°$, transmitância de todos os gases $\alpha_{dt} = 70\%$, absorção do vapor de água $\beta_{wa} = 5\%$, transmitância de aerossol $\alpha_p = 90\%$ e desvio-padrão da função de distribuição solar $\sigma = 3,5$ h. (a) Calcule a densidade de energia e a eficiência solar naquele momento. (b) Calcule a densidade de energia solar às 3 horas da tarde para um desvio-padrão da função de distribuição solar $\sigma = 3,5$ h.

16.7 Os parâmetros solares em determinada hora do dia em um local específico são: ângulo zenital $\theta = 20°$, transmitância de todos os gases $\alpha_{dt} = 65\%$, absorção do vapor de água $\beta_{wa} = 5\%$, transmitância de aerossol $\alpha_p = 85\%$ e desvio-padrão da função de distribuição solar $\sigma = 3,5$ h. (a) Calcule a densidade de energia e a eficiência solar naquele momento. (b) Calcule a densidade de energia solar às 3 horas da tarde para um desvio-padrão da função de distribuição solar $\sigma = 3,5$ h.

16.8 A corrente de saturação reversa de uma célula PV funcionando a 30 °C é $I_s = 5$ nA. A corrente solar a 30 °C é $i_c = 1$ A. Calcule (a) a tensão de saída v_L e a potência de saída P_L da célula PV quando a carga extrai $i_L = 0,5$ A e (b) a resistência de carga R_L na potência máxima de saída, $P_{máx}$.

16.9 A corrente de saturação reversa de uma célula PV funcionando a 30 °C é $I_s = 15$ nA. A corrente solar a 30 °C é $i_c = 0,8$ A. Calcule (a) a tensão de saída v_L e a potência de saída P_L da célula PV quando a carga extrai $i_L = 0,5$ A e (b) a resistência de carga R_L na potência máxima de saída $P_{máx}$.

16.10 A característica de i_p em função de v_p de uma célula PV pode ser descrita por dois segmentos:

$$i_{p1} = -0,15v_{p1} + 1,1$$
$$i_{p2} = -4,5v_{p2} + 3,4$$

Calcule (a) a tensão V_{mp}, (b) a corrente I_{mp} e (c) a potência $P_{máx}$.

16.11 A característica de i_p em função de v_p de uma célula PV pode ser descrita por dois segmentos:

$$i_{p1} = -0,12v_{p1} + 1,7$$
$$i_{p2} = -3,8v_{p2} + 2,5$$

Calcule (a) a tensão V_{mp}, (b) a corrente I_{mp} e (c) a potência $P_{máx}$.

16.12 A corrente de saturação reversa de uma célula PV funcionando a 30 °C é $I_s = 5$ nA. Os parâmetros solares a 30 °C são corrente solar $I_c = 0,8$ A, resistência em série $R_s = 10$ mΩ e resistência em paralelo $R_p = 1,5$ kΩ. Calcule a tensão de saída v_L e a potência de saída P_L da célula PV quando a carga extrai $i_L = 0,5$ A.

16.13 A corrente de saturação reversa de uma célula PV funcionando a 30 °C é $I_s = 1$ nA. Os parâmetros solares a 30 °C são corrente solar $I_c = 1$ A, resistência em série $R_s = 20$ mΩ e resistência em paralelo $R_p = 2$ kΩ. Calcule a tensão de saída v_L e a potência de saída P_L da célula PV quando a carga extrai $i_L = 0,45$ A.

16.14 A altitude de um parque eólico é de 350 m. Existem três pás rotativas na turbina eólica, e cada lâmina tem 25 m de comprimento com um diâmetro de varredura de 50 m. Se a temperatura do ar for de 30 °C e a velocidade do vento, 10 m/s, calcule (a) a densidade do ar δ; (b) a densidade de energia ρ; e (c) a potência disponível a partir do vento.

16.15 A altitude de um parque eólico é de 250 m. Existem três pás rotativas na turbina eólica, e cada lâmina tem 30 m de comprimento com um diâmetro de varredura de 60 m. Para uma temperatura do ar de 30 °C e uma velocidade do vento de 12 m/s, calcule (a) a densidade do ar δ; (b) a densidade de energia, ρ; e (c) a potência disponível a partir do vento.

16.16 Os parâmetros de uma turbina eólica são a velocidade do gerador $N_g = 905$ rpm e a do vento $v_a = 5$ m/s. A turbina tem uma TSR = 7 (fixa) e um diâmetro de varredura $d = 10$ m. Calcule (a) a velocidade baixa da caixa de engrenagens ou a da turbina N_t e (b) a razão de transmissão RT.

16.17 Os parâmetros de uma turbina eólica são a velocidade do gerador $N_g = 805$ rpm e a do vento $v_a = 7$ m/s. A turbina tem uma TSR = 8 (fixa) e um diâmetro de varredura $d = 12$ m. Calcule (a) a velocidade baixa da caixa de engrenagens ou a da turbina N_t e (b) a razão de transmissão RT.

16.18 A eficiência de uma turbina eólica é não linear, podendo ser representada pela equação
$$\eta_t = 0{,}4 \operatorname{sen}(TSR) + 0{,}05 \operatorname{sen}(3\ TSR - 0{,}25)$$
Calcule (a) o valor de TSR que produzirá a potência máxima e (b) a eficiência.

16.19 A eficiência de uma turbina eólica é não linear, podendo ser representada pela equação
$$\eta_t = 0{,}5 \operatorname{sen}(TSR) + 0{,}03 \operatorname{sen}(3\ TSR - 0{,}15)$$
Calcule (a) o valor de TSR que produzirá a potência máxima e (b) a eficiência.

16.20 Os parâmetros de uma onda oceânica são: largura de onda $w = 1{,}5$ km, altura da onda $h_w = 5{,}5$ m e comprimento de onda $\lambda = 50$ m. Calcule (a) a capacidade de energia e (b) a quantidade de energia elétrica gerada se a eficiência de conversão for de 2%.

16.21 Os parâmetros de uma onda oceânica são: largura de onda $w = 2{,}5$ km, altura da onda $h_w = 4{,}5$ m e comprimento de onda $\lambda = 50$ m. Calcular (a) a capacidade de energia, e (b) a quantidade de energia elétrica gerada se a eficiência de conversão for de 2,5%.

16.22 Os parâmetros de um moinho de maré são: comprimento da pá de 3,5 m, corrente da maré de 12 nós e eficiência da conversão de energia de 40%. Calcule a energia captada pelas pás do moinho de maré. *Observação*: 1 nó = 1,852 km/h = 0,515 m/s.

16.23 Os parâmetros de um moinho de maré são: comprimento da pá de 2,5 m, corrente da maré de 8 nós, e eficiência da conversão de energia de 40%. Calcule a energia captada pelas pás do moinho de maré. *Observação*: 1 nó = 1,852 km/h = 0,515 m/s.

16.24 Um sistema de energia de marés do tipo barragem consiste de uma lagoa de um lado e do oceano aberto do outro. A base da lagoa é aproximadamente semicircular com um raio de 1,5 km. Em uma maré alta, a coluna d'água no lado de altura maior da represa é 20 m, e a no lado mais baixo 12 m. Calcule (a) a energia potencial na água da maré e (b) a energia elétrica gerada pelo sistema de marés. Assuma que o coeficiente de energia das pás é 35%, a eficiência das turbinas, 90% e a eficiência do gerador, 95%.

16.25 Um sistema de energia de marés do tipo barragem consiste de uma lagoa de um lado e do oceano aberto do outro. A base da lagoa é aproximadamente semicircular com um raio de 2,0 km. Em uma maré alta, a coluna d'água no lado de altura maior da represa é 15 m, e a no lado mais baixo, 10 m. Calcule (a) a energia potencial na água da maré e (b) a energia elétrica gerada pelo sistema de marés. Assuma que o coeficiente de energia das pás é 30%, a eficiência das turbinas, 90% e a eficiência do gerador, 93%.

16.26 A altura do reservatório de uma pequena hidrelétrica é 4,5 m. A água passa através do canal a uma taxa de 90 kg/s. A eficiência do canal é $\eta_c = 95\%$, o coeficiente de energia, $C_p = 47\%$, a eficiência da turbina, $\eta_t = 85\%$ e a eficiência do gerador, $\eta_g = 90\%$. Calcule (a) a energia gerada em um mês e a renda, supondo um custo de \$0,12/kWh, e (b) a velocidade da água saindo do canal.

16.27 A altura do reservatório de uma pequena hidrelétrica é 5,5 m. A água passa através do canal a uma taxa de 110 kg/s. A eficiência do canal é $\eta_c = 95\%$, o coeficiente de energia, $C_p = 47\%$, a eficiência da turbina, $\eta_t = 85\%$ e a eficiência do gerador, $\eta_g = 90\%$. Calcule (a) a energia gerada em um mês e a renda, supondo um custo de \$0,15/kWh, e (b) a velocidade da água saindo do canal.

16.28 Calcule a altura da barragem para criar um reservatório a um pequeno sistema hidrelétrico a fim de gerar 1,5 MW de eletricidade. O diâmetro do canal é 3,5 m, a eficiência do canal, $\eta_c = 95\%$, o coeficiente de energia, $C_p = 47\%$, a eficiência da turbina, $\eta_t = 85\%$ e a eficiência do gerador, $\eta_g = 90\%$.

16.29 Calcule o diâmetro do canal para criar um reservatório a um pequeno sistema hidrelétrico a fim de gerar 2,5 MW de eletricidade. A altura da barragem é 4,0 m, a eficiência do canal, $\eta_c = 95\%$, o coeficiente de energia, $C_p = 47\%$, a eficiência da turbina, $\eta_t = 85\%$ e a eficiência do gerador, $\eta_g = 90\%$.

16.30 Calcule a tensão de saída de uma PEMFC, assumindo que não há perdas em condições ideais se houver 100 mols de H_2.

16.31 Calcule a tensão de saída de uma DMFC, assumindo que não há perdas em condições ideais se houver 100 mols de H_2.

16.32 Calcule a tensão de saída de uma SOFC, assumindo que não há perdas em condições ideais se houver 100 mols de H_2.

16.33 Calcule a quantidade de mols de hidrogênio em uma PEMFC para produzir uma tensão de saída de **(a)** $V_o = 24$ V e **(b)** $V_o = 100$ V.

16.34 Calcule a quantidade de mols de hidrogênio em uma PEMFC para produzir uma tensão de saída de **(a)** $V_o = 110$ V e **(b)** $V_o = 48$ V.

16.35 Determine **(a)** a potência máxima de uma célula e **(b)** a corrente desta na potência máxima. A curva de polarização de uma FC pode ser representada pela seguinte relação v-i não linear:
$$v = 0,83 - 0,14 \times \text{tg}\,(i - 1,1)$$

16.36 Determine **(a)** a potência máxima de uma célula e **(b)** a corrente desta na potência máxima. A curva de polarização de uma FC pode ser representada pela seguinte relação v-i não linear:
$$v = 0,77 - 0,117 \times \text{tg}\,(i - 1,12)$$

REFERÊNCIAS

1. Departamento de Energia dos EUA. *Renewable Energy Technologies* — Energy Basics. Disponível em: <http://www.eere.energy.gov/basics/>. Acesso em: fev. 2012.
2. EL-SHARKAWI, M. *Electric Energy:* An Introduction. Boca Raton, Florida: CRC Press, 2008.
3. The Solar and Wind Energy Resource Assessment (SWERA). *Solar Resource Information*. Disponível em: <http://swera.unep.net/>. Acesso em: fev. 2012.
4. KHALIGH, A.; ONAR, O. C. *Energy Harvesting:* Solar, Wind, and Ocean Energy Conversion Systems. Boca Raton, FL: CRC Press, 2009.
5. American Wind Energy Association. Disponível em: <http://www.awea.org>. Acesso em: fev. 2012.
6. Energy Information Administration. *Official Energy Statistics*. Governo dos EUA. Disponível em: <http://www.eia.doe.gov>. Acesso em: fev. 2012.
7. Departamento de Energia dos EUA, *Energy 101* — Wind Turbines Basics. Disponível em: <http://www.eere.energy.gov/basics/renewable_energy/wind_turbines.html>. Acesso em: fev. 2012.
8. Departamento de Energia dos EUA. *Water Power Program*. Energy Efficiency and Renewable Energy. Disponível em: <http://www1.eere.energy.gov/water/index.html>. Acesso em: fev. 2012.
9. WU, B. et al. *Power Conversion and Control of Wind Energy Systems*. Nova York: A John Wiley & Sons, Inc., 2011.
10. ACKERMANN, T. *Wind Power in Power Systems*. Hoboken, NJ: John Wiley & Sons, 2005.
11. HAU, E. *Wind Turbines:* Fundamentals, Technology, Applications and Economics. 2. ed. Berlim: Springer, 2005.
12. SHAO, Z. *Study of Issues in Grid Integration of Wind Power*. Tese de PhD, Nanyang Technological University, 2011.
13. POUNDER, H. et al. "Comparison of direct-drive and geared generator concepts for wind turbines". *IEEE Transaction on Energy Conversion*, v. 21, n. 3, p. 725–733, 2006.
14. YI, Z.; ULA, S. "Comparison and evaluation of three main types of wind turbines". Apresentado na Transmission and Distribution Conference and Exposition, IEEE/PES, p. 1–6, 2008.
15. WANG, Haining et al. "Control and interfacing of a grid-connected small-scale wind turbine generator". *IEEE Transactions on Energy Conversion*, v. 26, n. 2, p. 428–434, 2011.
16. PATEL, Mukund R. *Shipboard Propulsion, Power Electronics, and Ocean Energy*. Boca Raton, FL: CRC Press, 2012.
17. GOU, Bei; NA, Woon Ki; DIONG, Bill. *FUEL CELLS* — Modeling, Control, and Applications. Boca Raton, FL: CRC Press, 2010.
18. WANG, C.; NEHRIR, M. H.; GAO, H. "Control of PEM fuel cell distributed generation systems". *IEEE Transactions on Energy Conversion*, v. 21, n. 2, p. 586–595, 2006.
19. WANG, Caisheng; NEHRIR, M. H. "Short-time overloading capability and distributed generation applications of solid oxide fuel cells". *IEEE Transactions on Energy Conversion*, v. 22, n. 4, p. 898–906, 2007.
20. CZECH, Balazs; BAUER, Pavol. "Wave energy converter concepts — Design challenges and classification". *IEEE Industrial Electronics Magazine*, p. 4–16, jun. 2012.

Capítulo 17

Proteção de dispositivos e circuitos

Após a conclusão deste capítulo, os estudantes deverão ser capazes de:

- Descrever o análogo elétrico dos modelos térmicos e os métodos para resfriar dispositivos de potência.
- Descrever os métodos para proteger os dispositivos contra di/dt e dv/dt excessivas e contra tensões transitórias decorrentes de desconexões da carga e da fonte de alimentação.
- Selecionar fusíveis de ação rápida para proteger dispositivos de potência.
- Listar as fontes de interferência eletromagnética (*electromagnetic interference* — EMI) e os métodos para minimizar os efeitos da EMI sobre os circuitos receptores.

Símbolos e seus significados

Símbolo	Significado
T_j; T_A	Temperatura da junção e temperatura ambiente, respectivamente
R_{JC}; R_{CS}; R_{SA}	Resistência térmica junção-encapsulamento, encapsulamento-dissipador e dissipador-ambiente, respectivamente
P_A; P_n	Perda média de potência no dispositivo e perda de potência do n-ésimo pulso, respectivamente
Z_n; τ_{th}	Impedância térmica do n-ésimo pulso e constante de tempo térmica do dispositivo, respectivamente
R_{th}; C_{th}	Resistência e capacitância térmica, respectivamente
α; δ	Fator de amortecimento e coeficiente de amortecimento de um circuito RLC, respectivamente
ω; ω_o	Frequência natural amortecida e não amortecida de um circuito RLC, respectivamente
N_p; N_S	Número de espiras do primário e do secundário de um transformador, respectivamente
V_p; V_c	Tensão de pico e tensão inicial do capacitor, respectivamente
V_S; V_m	Valor rms e valor máximo de uma tensão instantânea, respectivamente

17.1 INTRODUÇÃO

Por conta do processo de recuperação reversa dos dispositivos de potência e das ações de chaveamento na presença de indutâncias do circuito, ocorrem transitórios de tensões nos circuitos dos conversores. Mesmo em circuitos cuidadosamente projetados, podem existir condições de faltas com curtos-circuitos, o que resulta em um fluxo de corrente excessivo através dos dispositivos. O calor produzido pelas perdas em um dispositivo semicondutor deve ser dissipado de forma suficiente e eficaz para que ele possa operar abaixo de seu limite máximo de temperatura. A operação confiável de um conversor necessita assegurar que em todos os momentos as condições do circuito não excedam as especificações dos dispositivos de potência, fornecendo proteção contra sobretensão, sobrecarga e superaquecimento. Na prática, os dispositivos de potência são protegidos contra (1) instabilidade térmica, por dissipadores de calor; (2) elevadas di/dt e dv/dt, por circuitos amortecedores (*snubbers*); (3) transitórios de recuperação reversa; (4) transitórios nos lados da alimentação e da carga; e (5) condições de falta, por fusíveis.

17.2 RESFRIAMENTO E DISSIPADORES DE CALOR

Por conta das perdas em chaveamento e em condução, é gerado calor dentro do dispositivo de potência. Esse calor deve ser transferido do dispositivo para um ambiente de resfriamento a fim de manter a temperatura de operação da junção dentro da faixa especificada. Embora essa transferência de calor possa ser realizada por condução, convecção, radiação e ventilação forçada ou natural, o resfriamento por convecção é o mais utilizado em aplicações industriais.

O calor deve fluir do dispositivo para o encapsulamento e, em seguida, para o dissipador de calor no ambiente de resfriamento. Para uma perda média de potência no dispositivo P_A, o circuito elétrico equivalente de um dispositivo montado em um dissipador de calor é mostrado na Figura 17.1. A temperatura da junção de um dispositivo T_J é dada por

$$T_J = P_A(R_{JC} + R_{CS} + R_{SA}) + T_A \qquad (17.1)$$

onde

R_{JC} = resistência térmica da junção para o encapsulamento, °C/W
R_{CS} = resistência térmica do encapsulamento para o dissipador, °C/W
R_{SA} = resistência térmica do dissipador para o ambiente, °C/W
T_A = temperatura ambiente, °C

R_{JC} e R_{CS} geralmente são especificadas pelos fabricantes de dispositivos de potência. Uma vez conhecida a perda de potência P_A do dispositivo, a resistência térmica necessária para o dissipador de calor pode ser calculada para uma temperatura ambiente conhecida T_A. O próximo passo é a escolha de um dissipador de calor e seu tamanho para atender a necessidade de resistência térmica.

Existe uma ampla variedade de dissipadores de calor de alumínio extrudado disponível no mercado, e eles utilizam aletas de resfriamento para aumentar a capacidade de transferência de calor. As características de resistência térmica de um dissipador de calor típico com resfriamento natural e forçado são mostradas na Figura 17.2, na qual aparece a dissipação da potência em função do aumento da temperatura. No resfriamento forçado, a resistência térmica diminui com a velocidade do ar. Entretanto, acima de determinada velocidade, a redução na resistência térmica não é significativa. Na Figura 17.3 são apresentados diversos tipos de dissipador de calor.

A área de contato entre o dispositivo e o dissipador de calor é extremamente importante para minimizar a resistência térmica entre o encapsulamento e o dissipador. As superfícies devem ser planas, lisas e livres de sujeira, corrosão e oxidações. Geralmente, são aplicados lubrificantes de silicone para melhorar a capacidade de transferência de calor e minimizar a formação de óxidos e corrosão.

O dispositivo deve ser adequadamente montado sobre o dissipador de calor para a obtenção da pressão correta entre as superfícies de contato. Os fabricantes geralmente fazem recomendações quanto aos procedimentos apropriados para a instalação dos dispositivos. No caso de dispositivos do tipo rosqueável, os torques excessivos

FIGURA 17.1

Circuito elétrico equivalente da transferência de calor.

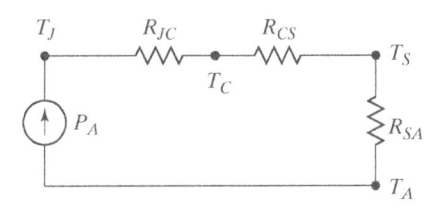

FIGURA 17.2
Características de resistência térmica (cortesia de EG&G Wakefield Engineering).

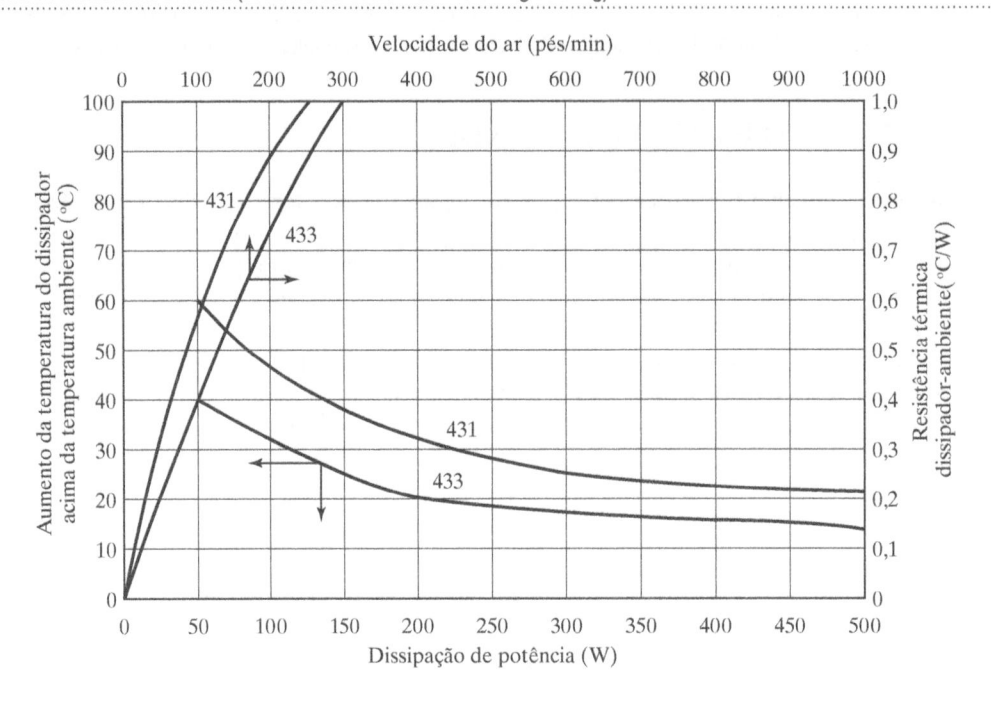

FIGURA 17.3
Dissipadores de calor (cortesia de Wakefield-Vette Thermal Solutions).

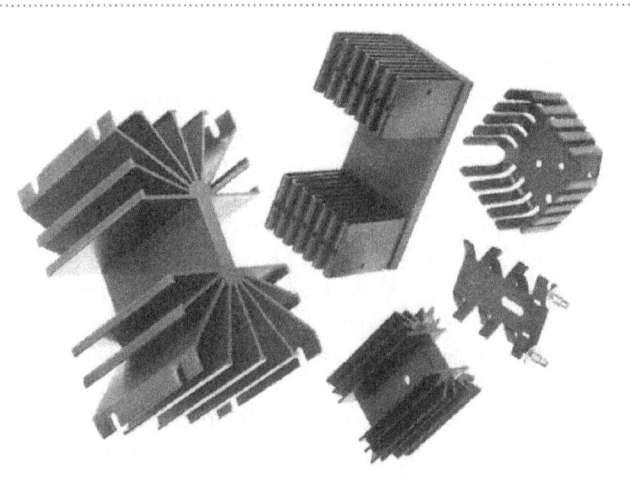

de montagem podem causar danos mecânicos à pastilha de silício; a rosca e a porca não devem receber graxa ou lubrificante porque a lubrificação aumenta a tensão na rosca.

O dispositivo pode ser resfriado por tubos trocadores de calor parcialmente preenchidos com líquido de baixa pressão de vapor. O dispositivo é montado em um lado do tubo, e um mecanismo de condensação (ou dissipador de calor), no lado oposto, como mostra a Figura 17.4. O calor produzido pelo dispositivo evapora o líquido, e o vapor flui então para a extremidade de condensação, onde condensa e retorna na forma líquida para a fonte de calor. O dispositivo pode ficar a alguma distância do dissipador de calor.

Em aplicações de alta potência, os dispositivos são mais efetivamente resfriados por líquidos, em geral óleo ou água. O resfriamento com água é muito eficiente, e cerca de três vezes mais eficaz que o resfriamento com óleo. No entanto, é necessário utilizar água destilada para minimizar a corrosão e anticongelante para evitar o congelamento. Já o óleo é inflamável. O resfriamento com ele, que pode ser limitado a algumas aplicações, oferece uma

FIGURA 17.4

Tubos trocadores de calor.

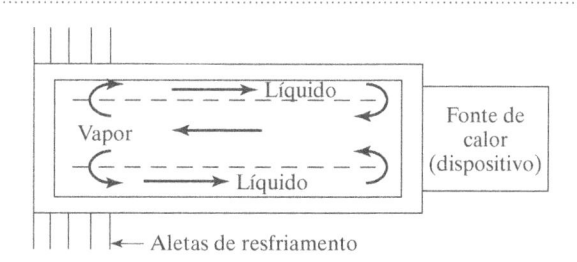

boa isolação e elimina os problemas de corrosão e congelamento. Os tubos trocadores de calor e os dissipadores de calor resfriados com líquido estão disponíveis no mercado. Duas chaves CA resfriadas com água são mostradas na Figura 17.5. E há conversores de potência em unidades de montagem, como indica a Figura 17.6.

A impedância térmica de um dispositivo de potência é muito pequena; portanto, a temperatura da junção do dispositivo varia com a perda de potência instantânea. A temperatura instantânea da junção deve sempre ser mantida abaixo do valor aceitável. Um gráfico da impedância térmica transitória em função da duração do pulso de onda quadrada é fornecido pelos fabricantes de dispositivos como parte da folha de dados. A partir do conhecimento da forma de onda da corrente através de um dispositivo, é possível determinar o gráfico da perda de potência em função do tempo, e, então, as características de impedância transitória têm como ser utilizadas para calcular as variações de temperatura com o tempo. Se o resfriamento falhar na prática, a elevação da temperatura dos dissipadores de calor normalmente servirá para desligar os conversores de potência, especialmente em aplicações de potência elevada.

A resposta em degrau de um sistema de primeira ordem pode ser aplicada para expressar a impedância térmica transitória. Se Z_0 for a impedância térmica da junção-encapsulamento em regime permanente, a impedância térmica instantânea pode ser expressa como

$$Z(t) = Z_0 (1 - e^{-t/\tau_{th}}) \qquad (17.2)$$

onde τ_{th} é a constante de tempo térmica do dispositivo. Se a perda de potência for P_d, o aumento da temperatura instantânea da junção acima da temperatura do encapsulamento será

$$T_J = P_d Z(t) \qquad (17.3)$$

Se a perda de potência for do tipo pulsante, como mostra a Figura 17.7, a Equação 17.3 pode ser aplicada para obter um gráfico com as respostas em degrau da temperatura da junção $T_J(t)$. Se t_n for a duração do n-ésimo pulso de potência, as impedâncias térmicas correspondentes no início e no final dele serão $Z_0 = Z(t=0) = 0$ e $Z_n = Z(t = t_n)$, respectivamente. A impedância térmica $Z_n = Z(t = t_n)$ análoga à duração de t_n pode ser encontrada a partir das ca-

FIGURA 17.5

Chaves CA resfriadas com água (cortesia da Powerex, Inc.).

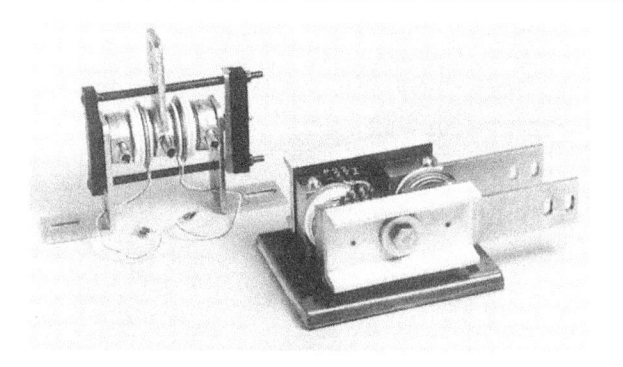

FIGURA 17.6
Unidades de montagem (cortesia da Powerex, Inc.).

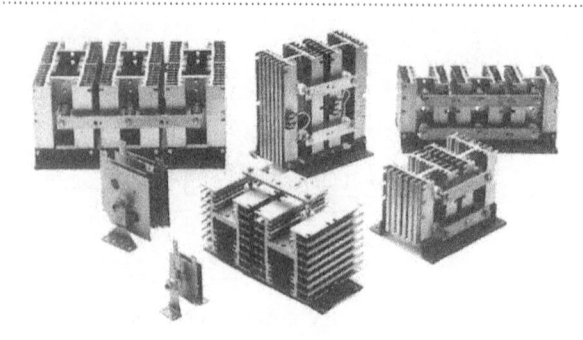

racterísticas da impedância térmica transitória. Se $P_1, P_2, P_3, \ldots$ forem os pulsos de potência, com $P_2 = P_4 = \ldots = 0$, a temperatura da junção ao final do m-ésimo pulso poderá ser expressa como

$$T_J(t) = T_{J0} + P_1(Z_1 - Z_2) + P_3(Z_3 - Z_4) + P_5(Z_5 - Z_6) + \ldots$$
$$= T_{J0} + \sum_{n=1,3,\ldots}^{m} P_n(Z_n - Z_{n+1}) \quad (17.4)$$

onde T_{J0} é a temperatura inicial da junção. Os sinais negativos de $Z_2, Z_4, \ldots$ significam que a temperatura da junção cai durante os intervalos $t_2, t_4, t_6, \ldots$.

O conceito de resposta em degrau da temperatura da junção pode ser estendido para outras formas de onda da potência.[13] Qualquer forma de onda pode ser representada aproximadamente por pulsos retangulares de duração igual ou desigual, com a amplitude de cada pulso igual à amplitude média do pulso real no mesmo período. A precisão dessas aproximações pode ser melhorada aumentando-se o número de pulsos e reduzindo-se a duração de cada um. Isso é mostrado na Figura 17.8.

A temperatura da junção ao final do m-ésimo pulso pode ser encontrada a partir de

$$T_J(t) = T_{J0} + Z_1 P_1 + Z_2(P_2 - P_1) + Z_3(P_3 - P_2) + \ldots$$
$$= T_{J0} + \sum_{n=1,2\ldots}^{m} Z_n(P_n - P_{n-1}) \quad (17.5)$$

onde Z_n é a impedância ao final do n-ésimo pulso de duração $t_n = \delta t$. P_n é a perda de potência para o n-ésimo pulso e $P_0 = 0$; t é o intervalo de tempo.

FIGURA 17.7
Temperatura da junção com pulsos retangulares de potência.

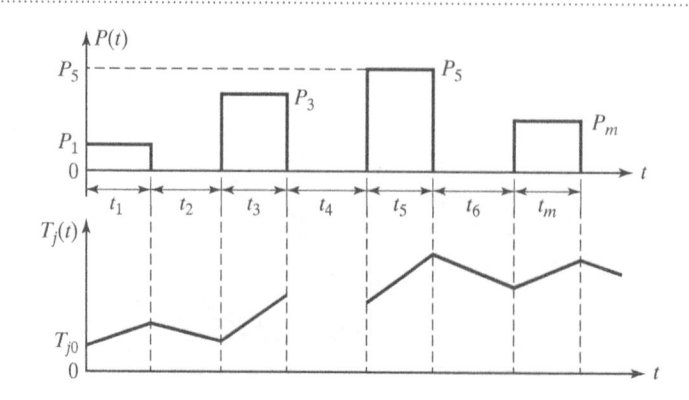

FIGURA 17.8
Aproximação de um pulso de potência utilizando pulsos retangulares.

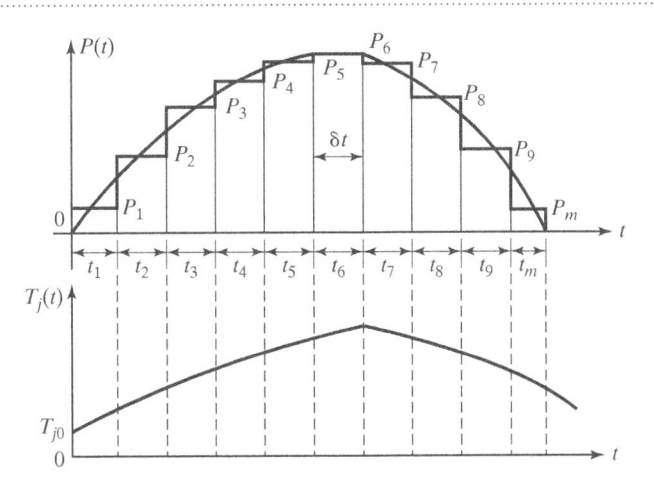

Exemplo 17.1 ▪ Gráfico da temperatura instantânea da junção

A perda de potência de um dispositivo é mostrada na Figura 17.9. Faça o gráfico do aumento da temperatura instantânea da junção acima da temperatura do encapsulamento. $P_2 = P_4 = P_6 = 0$, $P_1 = 800$ W, $P_3 = 1200$ W e $P_5 = 600$ W. Para $t_1 = t_3 = t_5 = 1$ ms, a folha de dados do fabricante dá

$$Z(t = t_1) = Z_1 = Z_3 = Z_5 = 0{,}035°C/W$$

Para $t_2 = t_4 = t_6 = 0{,}5$ ms,

$$Z(t = t_2) = Z_2 = Z_4 = Z_6 = 0{,}025°C/W$$

Solução

A Equação 17.4 pode ser aplicada diretamente no cálculo do aumento da temperatura da junção.

$$\Delta T_J(t = 1 \text{ ms}) = T_J(t = 1 \text{ ms}) - T_{J0} = Z_1 P_1 = 0{,}035 \times 800 = 28°C$$

$$\Delta T_J(t = 1{,}5 \text{ ms}) = 28 - Z_2 P_1 = 28 - 0{,}025 \times 800 = 8°C$$

$$\Delta T_J(t = 2{,}5 \text{ ms}) = 8 + Z_3 P_3 = 8 + 0{,}035 \times 1200 = 50°C$$

$$\Delta T_J(t = 3 \text{ ms}) = 50 - Z_4 P_3 = 50 - 0{,}025 \times 1200 = 20°C$$

$$\Delta T_J(t = 4 \text{ ms}) = 20 + Z_5 P_5 = 20 + 0{,}035 \times 600 = 41°C$$

$$\Delta T_J(t = 4{,}5 \text{ ms}) = 41 - Z_6 P_5 = 41 - 0{,}025 \times 600 = 26°C$$

FIGURA 17.9
Perda de potência do dispositivo.

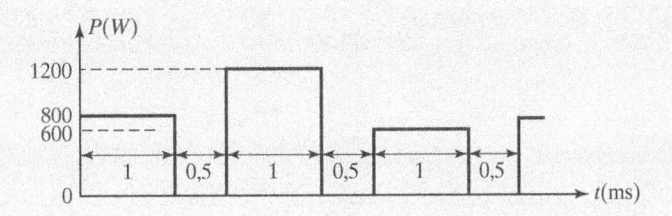

A variação da temperatura da junção acima da temperatura do encapsulamento é mostrada na Figura 17.10.

FIGURA 17.10

Variação da temperatura da junção para o Exemplo 17.1.

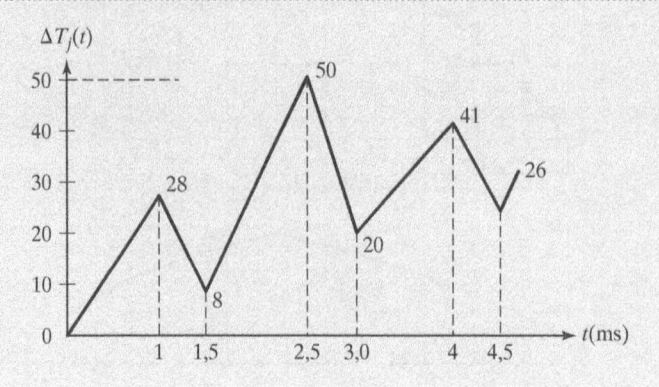

```
ΔT_j(t)
50 ┤ - - - - - - - - 50
40 ┤                        41
30 ┤      28                         26
20 ┤                   20
10 ┤
 0 ┤____8_____→ t(ms)
     1  1,5  2,5  3,0  4  4,5
```

■ **Principais pontos da Seção 17.2**

– Os dispositivos de potência devem ser protegidos por dissipadores de calor contra o calor excessivo gerado em virtude da potência dissipada.

– A temperatura instantânea da junção não deve superar a máxima especificada pelo fabricante.

17.3 MODELO TÉRMICO DE DISPOSITIVOS DE CHAVEAMENTO DE POTÊNCIA

A potência gerada dentro dos dispositivos de potência aumenta a temperatura deles, e esta, por sua vez, afeta significativamente suas características. Por exemplo, a mobilidade (tanto dos valores do material quanto da superfície), a tensão de limiar, a resistência do dreno e as capacitâncias por conta dos óxidos do transistor semicondutor de óxido metálico (MOS) dependem da temperatura. O fato de a mobilidade do material depender da temperatura faz ocorrer um crescimento da resistência com o aumento da temperatura e, portanto, da dissipação de potência. Esses parâmetros do dispositivo podem afetar a precisão do modelo do transistor. Assim, o aquecimento instantâneo do dispositivo deve ser associado diretamente ao modelo térmico do dispositivo e do dissipador de calor. Ou seja, a dissipação instantânea de potência no transistor deve ser determinada em todos os momentos, e uma corrente proporcional à potência dissipada precisa ser alimentada na rede térmica equivalente.[13] A Tabela 17.1 mostra a equivalência entre as variáveis térmicas e elétricas.

TABELA 17.1

Equivalências entre as variáveis térmicas e elétricas.

Térmicas	Elétricas
Temperatura T em K	Tensão V em volts
Fluxo de calor P em watts	Corrente I em ampères
Resistência térmica R_{th} em K/W	Resistência R em V/A (Ω)
Capacitância térmica C_{th} em W · s/K	Capacitância C em A · s/V

17.3.1 Equivalente elétrico do modelo térmico

O caminho do calor do semicondutor até o dissipador pode ser representado por um modelo equivalente de uma linha de transmissão elétrica, mostrado na Figura 17.11. Para uma exata caracterização das propriedades térmicas, há a necessidade de definir uma resistência e uma capacitância térmicas por unidade de comprimento. A fonte de energia elétrica $P(t)$ representa a dissipação de energia (fluxo de calor) que ocorre internamente no semicondutor no equivalente térmico.

R_{th} e C_{th} são os parâmetros compatíveis agrupados dos elementos dentro de um dispositivo, e podem ser obtidos diretamente a partir da estrutura do elemento quando ele apresenta fluxo de calor unidimensional. A Figura 17.12 indica os elementos térmicos equivalentes de um transistor típico em um encapsulamento com aba de resfriamento contínuo (por exemplo, TO-220 ou D-Pak). Eles podem ser determinados diretamente a partir da estrutura física. A estrutura é dividida em volumes parciais (em geral por um fator de 2 a 8), com constantes térmicas cada vez maiores no tempo ($R_{th,i}$ e $C_{th,i}$) na direção da propagação do calor.

Se a área de indução de calor for menor que a seção transversal do material condutor, ocorre um efeito de "espalhamento de calor", como ilustra a Figura 17.12. Esse efeito pode ser levado em conta pela ampliação da seção transversal de condução de calor A.[1] A capacitância térmica C_{th} depende do calor específico c e da densidade de massa ρ. Para a propagação de calor em meio homogêneo, presume-se que o ângulo de espalhamento seja de cerca de 40° e que as camadas subsequentes não obstruam esse fenômeno por baixa condutividade térmica. O tamanho de cada elemento de volume deve ser exatamente determinado, porque sua capacitância térmica tem influência decisiva na impedância térmica do sistema quando ocorrem pulsos de dissipação de energia (com duração muito curta). A Tabela 17.2 mostra os dados térmicos para os materiais mais comuns.

FIGURA 17.11
Circuito equivalente de linha de transmissão elétrica ou modelo de condução de calor.

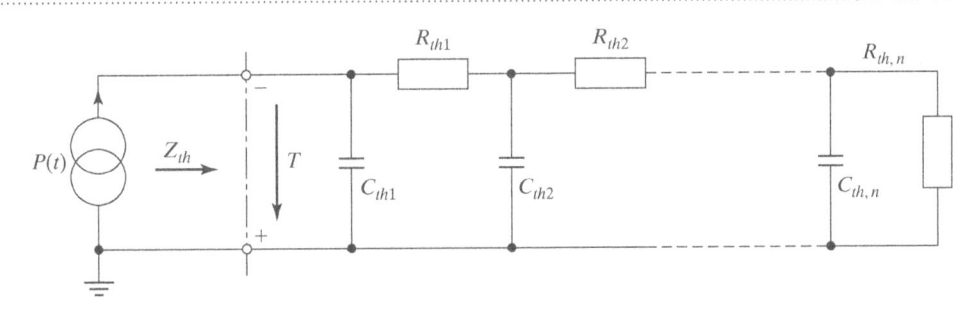

FIGURA 17.12
Elementos térmicos equivalentes para o modelo de condução de calor.[1]

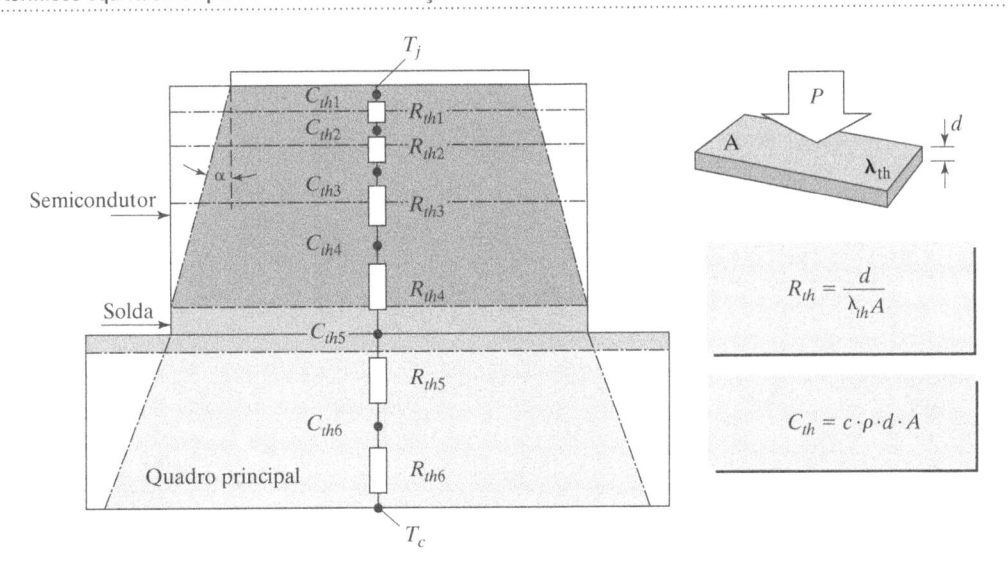

$$R_{th} = \frac{d}{\lambda_{th} A}$$

$$C_{th} = c \cdot \rho \cdot d \cdot A$$

TABELA 17.2
Dados térmicos para os materiais mais comuns.[1]

	ρ [g/cm³]	λ_th [W/(mK)]	c [J/(gK)]
Silício	2,4	140	0,7
Solda (Sn-Pb)	9	60	0,2
Cu	7,6 a 8,9	310 a 390	0,385 a 0,42
Al	2,7	170 a 230	0,9 a 0,95
Al₂O₃	3,8	24	0,8
FR4	—	0,3	—
Pasta condutora de calor	—	0,4 a 2,6	—
Película isolante	—	0,9 a 2,7	—

Pode-se também utilizar o método da análise de elementos finitos (AEF) para calcular o valor do fluxo de calor. Esse método divide a estrutura inteira, chegando às vezes a várias dezenas ou centenas de milhares de elementos finitos, em subestruturas adequadas para determinar os equivalentes agrupados. A menos que esse processo seja executado com o apoio de software com ferramentas padrão AEF, essa solução é complexa demais para a maioria das aplicações.

17.3.2 Modelo matemático equivalente ao circuito térmico

O circuito equivalente mostrado na Figura 17.11 é muitas vezes chamado de circuito equivalente natural ou físico da condução de calor e descreve corretamente a distribuição de temperatura interna. Ele permite uma correlação clara entre os elementos equivalentes e os estruturais reais. Se a distribuição da temperatura interna não for necessária, o que geralmente é o caso, a rede térmica equivalente, indicada na Figura 17.13, é com frequência utilizada para descrever de maneira correta o comportamento térmico nos terminais de entrada da caixa preta.

Os elementos RC individuais representam os termos de uma divisão fracionária parcial da função de transferência térmica do sistema. Utilizando a representação fracionária parcial, a resposta em degrau da impedância térmica pode ser expressa como

$$Z_{th}(t) = \sum_{i=1}^{n} R_i \left(1 - e^{\frac{t}{R_i C_i}}\right) \tag{17.6}$$

A impedância de entrada equivalente nos terminais de entrada pode ser

$$Z_{th} = \cfrac{1}{sC_{th,1} + \cfrac{1}{sR_{th,1} + \cfrac{1}{sC_{th,2} + \ldots + \cfrac{1}{R_{th,n}}}}} \tag{17.7}$$

FIGURA 17.13
Circuito equivalente simples do modelo matemático.[1]

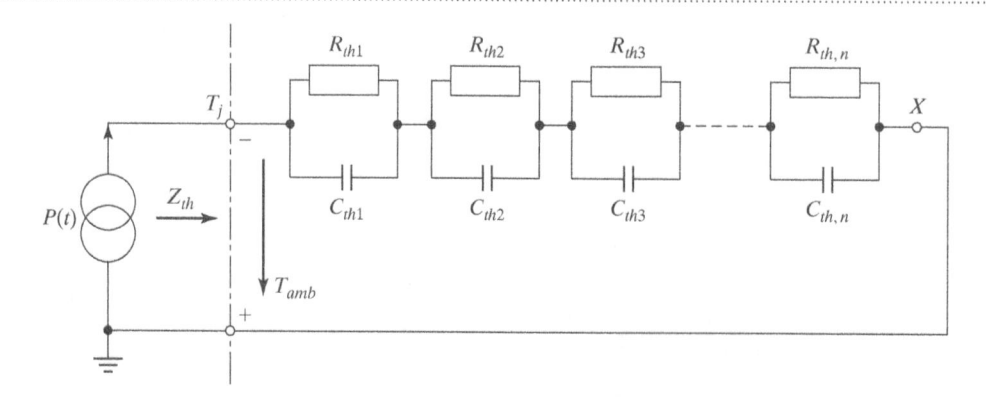

Os algoritmos-padrão de ajuste de curva de softwares como o Mathcad podem utilizar os dados da curva de impedância térmica transitória para determinar os elementos R_{th} e C_{th} individuais. A curva de impedância térmica transitória é normalmente fornecida na folha de dados do dispositivo.

Esse modelo simples baseia-se na parametrização dos elementos do circuito equivalente empregando dados de medições e do correspondente ajuste de curva. O procedimento usual para a curva de resfriamento, na prática, consiste em, primeiramente, aquecer o componente com a dissipação de energia específica P_k até que ele atinja uma temperatura estacionária T_{jk}. Se conhecermos a dependência exata de um parâmetro do semicondutor em relação à temperatura, tal como a queda da tensão direta, o gráfico de $T_j(t)$, conhecido como *curva de resfriamento*, poderá ser determinado pela redução progressiva da dissipação de energia P_k até zero. Essa curva de resfriamento pode ser utilizada para encontrar a impedância térmica transitória do dispositivo.

$$Z_{th} = \frac{T_{jk} - T_j(t)}{P_k} \tag{17.8}$$

17.3.3 Acoplamento de componentes elétricos e térmicos

O acoplamento do circuito térmico equivalente com o modelo do dispositivo, como mostra a Figura 17.14 para um MOSFET, pode simular a temperatura instantânea da junção. A dissipação instantânea de potência no dispositivo ($I_D V_{DS}$) é determinada em todos os momentos, e uma corrente proporcional à potência dissipada é alimentada na rede térmica equivalente. A tensão no nó T_j fornece então a temperatura instantânea na junção, que afeta diretamente os parâmetros do MOSFET dependentes da temperatura. O modelo de circuito acoplado consegue simular a temperatura instantânea da junção em condições dinâmicas, como curto-circuito e sobrecarga.

O canal MOS pode ser descrito com um modelo MOS nível três (X1) no SPICE. A temperatura é definida pela variável "Temp" global do SPICE. A tensão de limiar, a corrente e a resistência de dreno são dimensionadas de acordo com a temperatura instantânea da junção T_j. A corrente de dreno I_{Di}(Temp) é calculada por um fator dependente da temperatura, sendo dada por

$$I_D(T_j) = I_{Di}(\text{Temp})\left(\frac{T_j}{\text{Temp}}\right)^{-3/2} \tag{17.9}$$

A tensão de limiar tem um coeficiente de temperatura equivalente a –2,5 mV/K, e a tensão efetiva de comando de porta para o dispositivo MOS pode ser considerada dependente da temperatura utilizando-se o modelo de comportamento analógico do SPICE. Por causa da importância do modelo térmico do dispositivo, alguns fabricantes (Infineon Technologies) oferecem modelos SPICE e SABER dependentes da temperatura para os dispositivos de potência.

FIGURA 17.14

Acoplamento de componentes elétricos e térmicos.[1]

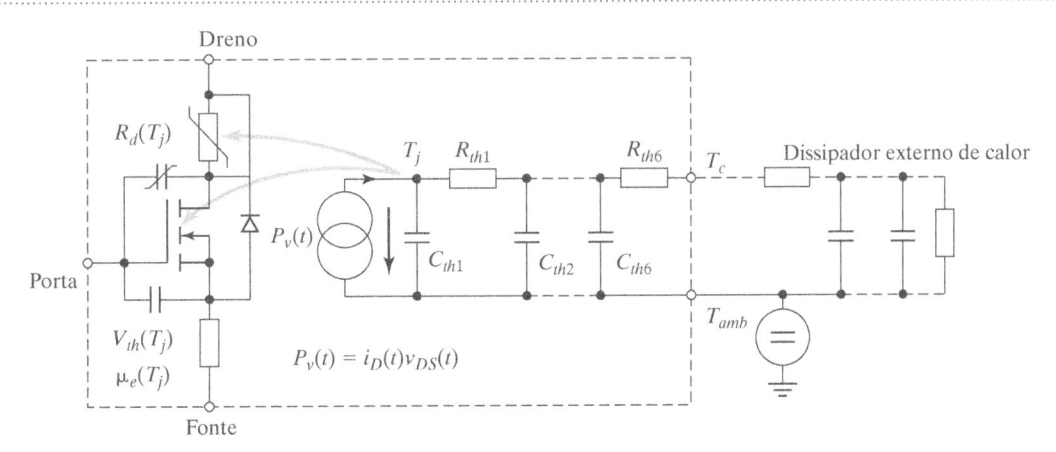

Exemplo 17.2 ▪ Cálculo dos parâmetros do circuito térmico equivalente

Um dispositivo em um encapsulamento TO-220 é montado com uma película isolante de 0,3 mm de espessura em um pequeno dissipador de alumínio. Isso é mostrado na Figura 17.15a. A resistência térmica do dissipador de calor é $R_{th\_KK} = 25$ K/W, e sua massa é $m_{diss} = 2$ g. A área da superfície do encapsulamento TO-220 é $A_{diss} = 1$ cm². A área da superfície do semicondutor do dispositivo é $A_{cu} = 10$ mm², a quantidade de cobre em torno da base piramidal é $m_{cu} = 1$ g e a espessura do cobre é $d_{cu} = 0,8$ mm. Determine os parâmetros do circuito térmico equivalente.

Solução

Como o dissipador de calor é pequeno e compacto, não há a necessidade de dividir a estrutura em vários elementos *RC*. O circuito equivalente térmico de primeira ordem é indicado na Figura 17.15b. $m_{diss} = 2$ g, $R_{th\_KK} = 25$ K/W, $d_{isol} = 0,3$ mm, $A_{isol} = 1$ cm², $A_{cu} = 10$ mm², $m_{cu} = 1$ g e $d_{cu} = 0,8$ mm. A partir da Tabela 17.2, o calor específico do alumínio é $c_{diss} = 0,95$ J/(gK). Assim, a capacitância térmica do dissipador de calor torna-se

$$C_{th\_KK} = c_{diss} m_{diss} = 0,95 \frac{J}{gK} \times 2\,g = 1,9\,\frac{J}{K}$$

Para a película isolante, a Tabela 17.2 fornece $\lambda_{th\text{-}isol} = 1,1$ W/(mK). Portanto, a resistência térmica da película é

$$R_{th\_isol} = \frac{d_{isol}}{\lambda_{th-isol} A_{isol}} = \frac{0,3\,\text{mm}}{1,1\,\frac{W}{mK} \times 1\,\text{cm}^2} = 2,7\,\frac{K}{W}$$

Para o cobre, a Tabela 17.2 fornece $c_{cu} = 0,39$ J/(gK) e $\lambda_{th\text{-}cu} = 390$ W/(mK).

A capacitância térmica do semicondutor é $C_{th7} = c_{cu} m_{cu} = 0,39\frac{J}{gK} \times 1\,g = 0,39\,\frac{J}{K}$.

$$R_{th\text{-}cu7} = \frac{d_{cu}}{\lambda_{th\text{-}cu} A_{cu}} = \frac{0,8\,\text{mm}}{390\,\frac{W}{mK} \times 10\,\text{mm}^2} = 0,205\,\frac{K}{W}$$

FIGURA 17.15

Dispositivo montado em um dissipador de calor e seu circuito térmico equivalente.[1]

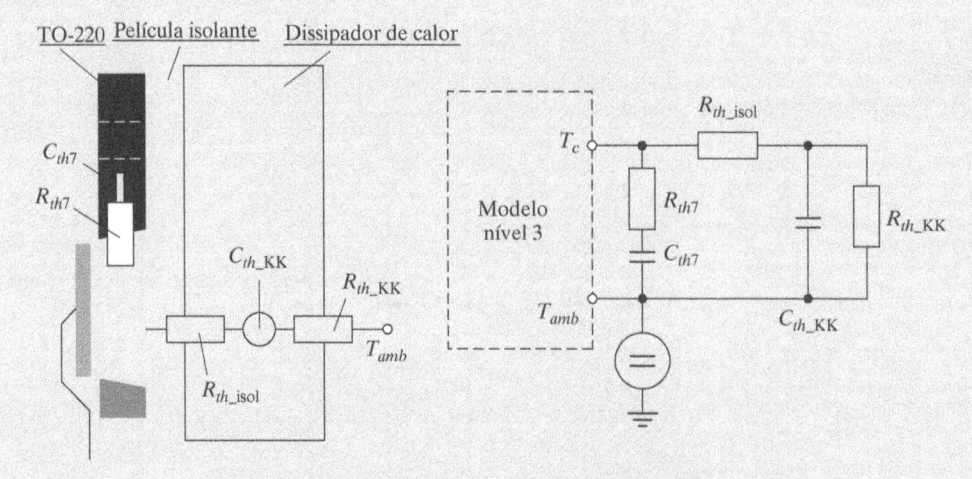

(a) Dispositivo montado em um dissipador de calor
(b) Circuito térmico equivalente

Principais pontos da Seção 17.3

– Os parâmetros de um modelo térmico matemático podem ser determinados a partir da curva de resfriamento do dispositivo.

17.4 CIRCUITOS SNUBBER

Um *snubber RC* (amortecedor) normalmente é conectado em paralelo ao dispositivo semicondutor para limitar a dv/dt abaixo da especificação máxima admissível.[2,3] O *snubber* pode ser polarizado ou não. Um *snubber* com polarização no sentido direto é adequado quando um tiristor ou um transistor estiver conectado com um diodo em antiparalelo, como mostra a Figura 17.16a. O resistor R limita a dv/dt direta, e R_1, a corrente de descarga do capacitor quando o dispositivo é ligado.

Um *snubber* com polarização reversa que restringe a dv/dt reversa está representado na Figura 17.16b, na qual R_1 limita a corrente de descarga do capacitor. O capacitor não descarrega através do dispositivo, o que resulta em redução de perdas.

Quando um par de tiristores é conectado em antiparalelo, o *snubber* precisa ser eficaz em ambas as direções. Um *snubber* não polarizado é apresentado na Figura 17.16c.

Principais pontos da Seção 17.4

– Os dispositivos de potência devem ser protegidos contra di/dt e dv/dt excessivas adicionando-se circuitos *snubber*.

FIGURA 17.16

Redes *snubber*.

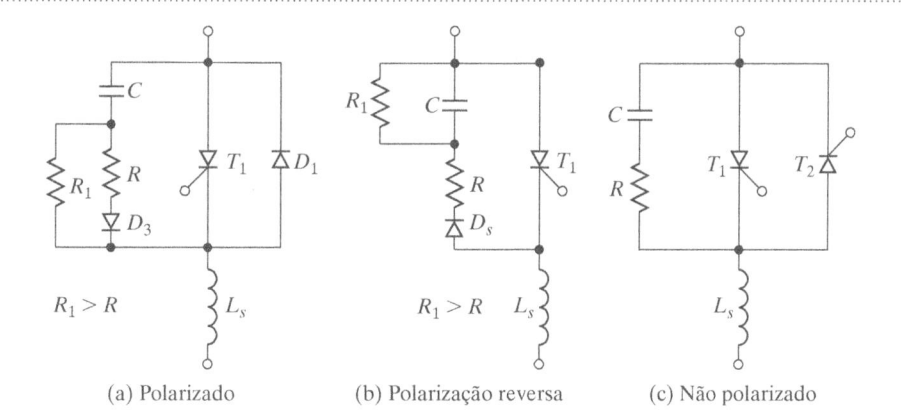

(a) Polarizado   (b) Polarização reversa   (c) Não polarizado

17.5 TRANSITÓRIOS DE RECUPERAÇÃO REVERSA

Por conta do tempo de recuperação reversa t_{rr} e da corrente reversa I_R, uma quantidade de energia fica armazenada nas indutâncias do circuito e, consequentemente, surge uma tensão transitória sobre o dispositivo. Além da proteção quanto à dv/dt, o *snubber* limita o pico dessa tensão transitória. O circuito equivalente para um arranjo é mostrado na Figura 17.17, na qual a tensão inicial do capacitor é zero e o indutor conduz uma corrente inicial de I_R. Os valores RC do *snubber* são selecionados de modo que o circuito fique ligeiramente subamortecido. A Figura 17.18 apresenta a corrente de recuperação e a tensão transitória. O amortecimento crítico em geral resulta em um grande valor de tensão reversa inicial RI_R, enquanto um amortecimento insuficiente provoca um excesso (*overshoot*) na tensão transitória. Na análise a seguir, supõe-se que a recuperação seja abrupta e a corrente, subitamente chaveada para zero.

FIGURA 17.17
Circuito equivalente durante a recuperação.

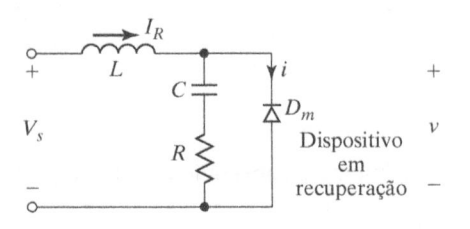

FIGURA 17.18
Transitório de recuperação.

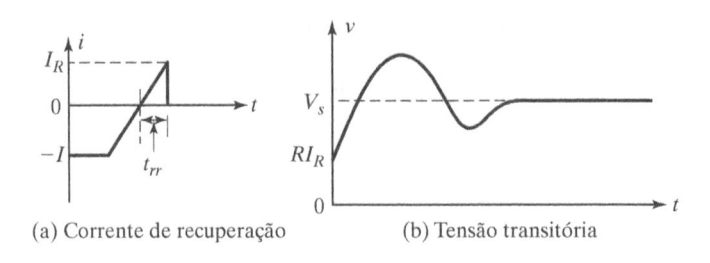

(a) Corrente de recuperação   (b) Tensão transitória

A corrente no *snubber* é expressa como

$$L\frac{di}{dt} + Ri + \frac{1}{C}\int i\, dt + v_c(t=0) = V_s \tag{17.10}$$

$$v = V_s - L\frac{di}{dt} \tag{17.11}$$

com condições iniciais $i(t=0) = I_R$ e $v_c(t=0) = 0$. Vimos na Seção 2.14 que a forma da solução para a Equação 17.10 depende dos valores de RLC. Para um caso subamortecido, a solução das equações 17.10 e 17.11 fornece a tensão reversa sobre o dispositivo como

$$v(t) = V_s - (V_s - RI_R)\left(\cos\omega t - \frac{\alpha}{\omega}\operatorname{sen}\omega t\right)e^{-\alpha t} + \frac{I_R}{\omega C}e^{-\alpha t}\operatorname{sen}\omega t \tag{17.12}$$

onde

$$\alpha = \frac{R}{2L} \tag{17.13}$$

A frequência natural não amortecida é

$$\omega_0 = \frac{1}{\sqrt{LC}} \tag{17.14}$$

O coeficiente de amortecimento é

$$\delta = \frac{\alpha}{\omega_0} = \frac{R}{2}\sqrt{\frac{C}{L}} \tag{17.15}$$

e a frequência natural amortecida é

$$\omega = \sqrt{\omega_0^2 - \alpha^2} = \omega_0\sqrt{1 - \delta^2} \tag{17.16}$$

Derivando a Equação 17.12, obtém-se

$$\frac{dv}{dt} = (V_s - RI_R)\left(2\alpha \cos \omega t + \frac{\omega^2 - \alpha^2}{\omega}\operatorname{sen} \omega t\right)e^{-\alpha t} + \frac{I_R}{C}\left(\cos \omega t - \frac{\alpha}{\omega}\operatorname{sen} \omega t\right)e^{-\alpha t} \quad (17.17)$$

A tensão reversa inicial e a *dv/dt* podem ser encontradas a partir das equações 17.12 e 17.17, fazendo-se $t = 0$:

$$v(t=0) = RI_R \quad (17.18)$$

$$\left.\frac{dv}{dt}\right|_{t=0} = (V_s - RI_R)2\alpha + \frac{I_R}{C} = \frac{(V_s - RI_R)R}{L} + \frac{I_R}{C}$$

$$= V_s\omega_0(2\delta - 4d\delta^2 + d) \quad (17.19)$$

onde o fator de corrente (ou razão) *d* é dado por

$$d = \frac{I_R}{V_s}\sqrt{\frac{L}{C}} = \frac{I_R}{I_p} \quad (17.20)$$

Se a *dv/dt* inicial na Equação 17.19 for negativa, a tensão reversa inicial RI_R será máxima, e isso poderá produzir uma *dv/dt* destrutiva. Para uma *dv/dt* positiva, $V_s\omega_0(2\delta - 4d\delta^2 + d) > 0$ ou

$$\delta < \frac{1 + \sqrt{1 + 4d^2}}{4d} \quad (17.21)$$

e a tensão reversa é máxima em $t = t_1$. O tempo t_1, que pode ser obtido igualando-se a Equação 17.17 a zero, é encontrado como

$$\operatorname{tg}(\omega t_1) = \frac{\omega[(V_s - RI_R)2\alpha + I_R/C]}{(V_s - RI_R)(\omega^2 - \alpha^2) - \alpha I_R/C} \quad (17.22)$$

e o pico da tensão pode ser encontrado a partir da Equação 17.12:

$$V_p = v(t = t_1) \quad (17.23)$$

A tensão reversa máxima depende do coeficiente de amortecimento δ e do fator de corrente *d*. Para determinado *d*, existe um valor ideal do coeficiente de amortecimento δ_o que minimiza o pico da tensão. Entretanto, a *dv/dt* varia com *d*, e a minimização da tensão de pico pode não minimizar a *dv/dt*. É necessário que exista um compromisso entre a tensão de pico V_p e a *dv/dt*. McMurray[4] propôs minimizar o produto $V_p(dv/dt)$, e as curvas do projeto ideal são mostradas na Figura 17.19, na qual *dv/dt* é o valor médio durante o tempo t_1 e d_o, o valor ideal do fator de corrente.

A energia armazenada no indutor *L*, que é transferida para o capacitor *C* do *snubber*, é dissipada em sua maior parte na resistência do *snubber*. Essa perda de potência depende da frequência de chaveamento e da corrente de carga. Para conversores de alta potência, nos quais a perda no *snubber* é significativa, um *snubber* não dissipativo com um transformador de recuperação de energia, como aquele apresentado na Figura 17.20, pode melhorar a eficiência do circuito. Quando a corrente no primário sobe, a tensão induzida E_2 é positiva, e o diodo D_1 fica reversamente polarizado. Se a corrente de recuperação do diodo D_m começar a cair, a tensão induzida E_2 se tornará negativa e o diodo D_1 conduzirá, devolvendo energia para a fonte de alimentação CC.

FIGURA 17.19
Parâmetros ótimos de um *snubber* com projeto com compromisso entre V_p e dv/dt. (Reproduzido de MCMURRAY, W. "Optimum snubbers for power semiconductors". *IEEE Transactions on Industry Applications*, v. 1A8, n. 5, p. 503–510, Fig. 7, 1972, © 1972 do IEEE.)

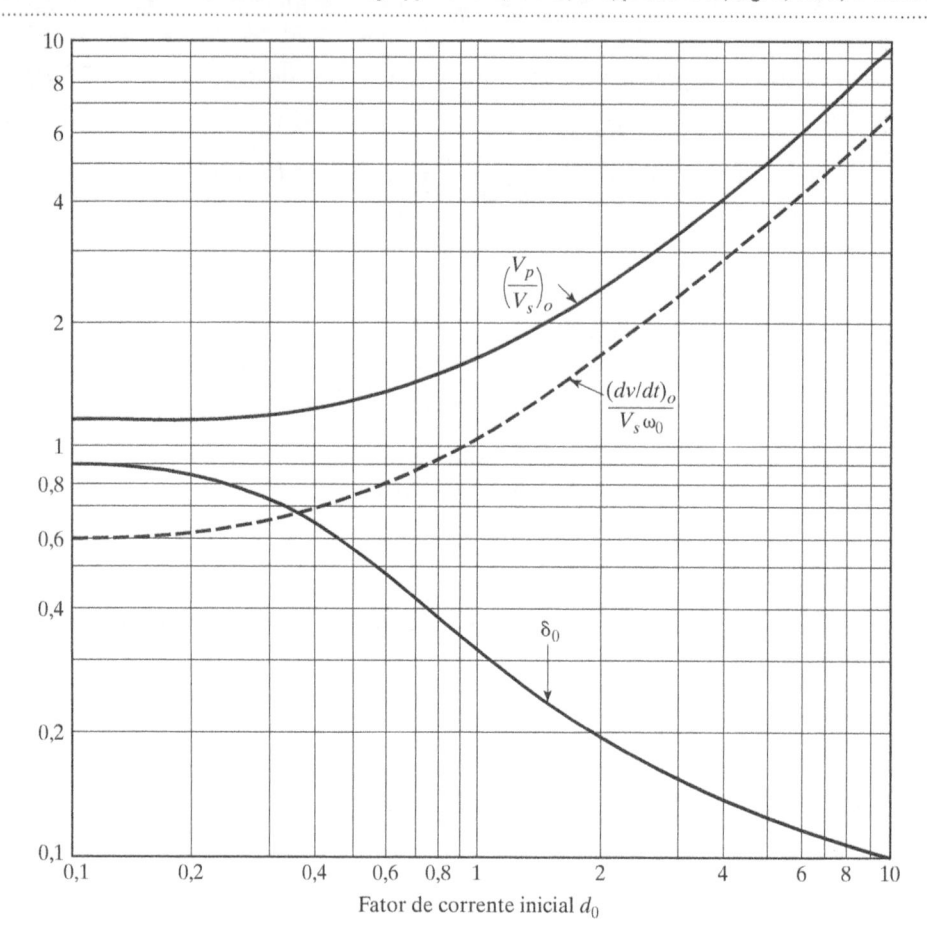

FIGURA 17.20
Snubber não dissipativo.

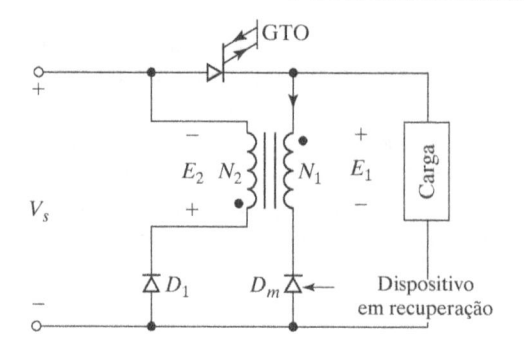

Exemplo 17.3 ▪ Determinação dos valores do circuito *snubber*

A corrente de recuperação de um diodo, como mostra a Figura 17.17, é $I_R = 20$ A, e a indutância do circuito é $L = 50$ μH. A tensão de entrada é $V_s = 220$ V. Para o caso em que é necessário limitar o pico da tensão transitória a 1,5 vez a tensão de entrada, determine **(a)** o valor ótimo do fator de corrente α_o; **(b)** o coeficiente de amortecimento ótimo δ_o; **(c)** a capacitância do *snubber* C; **(d)** a resistência do *snubber* R; **(e)** a dv/dt média; e **(f)** a tensão reversa inicial.

Solução
$I_R = 20$ A, $L = 50$ μH, $V_s = 220$ V e $V_p = 1{,}5 \times 220 = 330$ V. Para $V_p/V_s = 1{,}5$, a Figura 17.19 fornece:

a. O fator de corrente ótimo $d_o = 0{,}75$.
b. O coeficiente de amortecimento ótimo $\delta_o = 0{,}4$.
c. A partir da Equação 17.20, a capacitância do *snubber* (com $d = d_o$) é

$$C = L\left(\frac{I_R}{dV_s}\right)^2 = 50\mu\left[\frac{20}{0{,}75 \times 220}\right]^2 = 0{,}735\ \mu\text{F} \tag{17.24}$$

d. A partir da Equação 17.15, a resistência do *snubber* é

$$R = 2\delta\sqrt{\frac{L}{C}} = 2 \times 0{,}4\sqrt{\frac{50\mu}{0{,}735\mu}} = 6{,}6\ \Omega \tag{17.25}$$

e. A partir da Equação 17.14,

$$\omega_0 = \frac{1}{\sqrt{50 \times 10^{-6} \times 0{,}735 \times 10^{-6}}} = 164.957\ \text{rad/s}$$

A partir da Figura 17.19,

$$\frac{dv/dt}{V_s\omega_0} = 0{,}88$$

ou

$$\frac{dv}{dt} = 0{,}88 V_s \omega_0 = 0{,}88 \times 220 \times 164.957 = 31{,}9\ \text{V/}\mu\text{s}$$

f. A partir da Equação 17.18, a tensão reversa inicial é

$$v(t = 0) = 6{,}6 \times 20 = 132\ \text{V}$$

Exemplo 17.4 ▪ Determinação do valor de pico e dos valores de *di/dt* e *dv/dt* do circuito *snubber*

Um circuito *snubber RC*, como mostra a Figura 17.16c, tem $C = 0{,}75$ μF, $R = 6{,}6\ \Omega$ e tensão de entrada $V_s = 220$ V. A indutância do circuito é $L = 50$ μH. Determine **(a)** a tensão de pico direta V_p; **(b)** a dv/dt inicial; e **(c)** a dv/dt máxima.

Solução
$R = 6{,}6\ \Omega$, $C = 0{,}75\ \mu F$, $L = 50\ \mu H$ e $V_s = 220$ V. Estabelecendo $I_R = 0$, a tensão direta sobre o dispositivo pode ser determinada a partir da Equação 17.12:

$$v(t) = V_s - V_s\left(\cos \omega t - \frac{\alpha}{\omega}\operatorname{sen} \omega t\right) e^{-\alpha t} \tag{17.26}$$

A partir da Equação 17.17, para $I_R = 0$,

$$\frac{dv}{dt} = V_s\left(2\alpha \cos \omega t + \frac{\omega^2 - \alpha^2}{\omega}\operatorname{sen} \omega t\right) e^{-\alpha t} \tag{17.27}$$

A dv/dt inicial poder ser encontrada a partir da Equação 17.27, estabelecendo $t = 0$, ou a partir da Equação 17.19, estabelecendo $I_R = 0$:

$$\left.\frac{dv}{dt}\right|_{t=0} = V_s 2\alpha = \frac{V_s R}{L} \tag{17.28}$$

A tensão direta é máxima em $t = t_1$. O tempo t_1, que pode ser obtido igualando a Equação 17.27 a zero ou estabelecendo $I_R = 0$ na Equação 17.22, é dado por

$$\operatorname{tg} \omega t_1 = -\frac{2\alpha\omega}{\omega^2 - \alpha^2} \tag{17.29}$$

$$\cos \omega t_1 = -\frac{\omega^2 - \alpha^2}{\omega^2 + \alpha^2} \tag{17.30}$$

$$\operatorname{sen} \omega t_1 = -\frac{2\alpha\omega}{\omega^2 + \alpha^2} \tag{17.31}$$

Substituindo as equações 17.30 e 17.31 na Equação 17.26, a tensão de pico é encontrada como

$$V_p = v(t = t_1) = V_s(1 + e^{-\alpha t_1}) \tag{17.32}$$

onde

$$\omega t_1 = \left(\pi - \operatorname{tg}^{-1}\frac{-2\delta\sqrt{1 - \delta^2}}{1 - 2\delta^2}\right) \tag{17.33}$$

Derivando a Equação 17.27 em relação a t, e igualando-a a zero, dv/dt é máxima em $t = t_m$ quando

$$-\frac{\alpha(3\omega^2 - \alpha^2)}{\omega}\operatorname{sen} \omega t_m + (\omega^2 - 3\alpha^2) \cos \omega t_m = 0$$

ou

$$\operatorname{tg} \omega t_m = \frac{\omega(\omega^2 - 3\alpha^2)}{\alpha(3\omega^2 - \alpha^2)} \tag{17.34}$$

Substituindo o valor de t_m na Equação 17.27 e simplificando os termos seno e cosseno, obtém-se o valor máximo de dv/dt,

$$\left.\frac{dv}{dt}\right|_{máx} = V_s\sqrt{\omega^2 + \alpha^2}\, e^{-\alpha t_m} \quad \text{para } \delta \leq 0{,}5 \tag{17.35}$$

Para que um máximo ocorra, $d(dv/dt)/dt$ deve ser positiva, se $t \leq t_m$; e a Equação 17.34 dá a condição necessária como

$$\omega^2 - 3\alpha^2 \geq 0 \quad \text{ou} \quad \frac{\alpha}{\omega} \leq \frac{1}{\sqrt{3}} \quad \text{ou} \quad \delta \leq 0{,}5$$

A Equação 17.35 é válida para $\delta \leq 0{,}5$. Para $\delta > 0{,}5$, a dv/dt, que se torna máxima quando $t = 0$, é obtida a partir da Equação 17.27

$$\left.\frac{dv}{dt}\right|_{\text{máx}} = \left.\frac{dv}{dt}\right|_{t=0} = V_s 2\alpha = \frac{V_s R}{L} \quad \text{para} \quad \delta > 0{,}5 \quad (17.36)$$

a. A partir da Equação 17.13, $\alpha = 6{,}6/(2 \times 50 \times 10^{-6}) = 66.000$, e, a partir da Equação 17.14,

$$\omega_0 = \frac{1}{\sqrt{50 \times 10^{-6} \times 0{,}75 \times 10^{-6}}} = 163.299 \text{ rad/s}$$

A partir da Equação 17.15, $\delta = (6{,}6/2)\sqrt{0{,}75/50} = 0{,}404$, e, a partir da Equação 17.16,

$$\omega = 163.299\sqrt{1 - 0{,}404^2} = 149.379 \text{ rad/s}$$

A partir da Equação 17.33, $t_1 = 15{,}46$ µs; portanto, a Equação 17.32 fornece a tensão de pico $V_p = 220(1 + 0{,}36) = 299{,}3$ V.

b. A Equação 17.28 fornece a dv/dt inicial de $220 \times 6{,}6/(50 \times 10^{-6}) = 29$ V/µs.

c. Como $\delta < 0{,}5$, a Equação 17.35 deve ser usada para calcular a dv/dt máxima. A partir da Equação 17.34, $t_m = 2{,}16$ µs, e a Equação 17.35 fornece a dv/dt máxima como 31,2 V/µs.

Observação: $V_p = 299{,}3$ V e a dv/dt máxima = 31,2 V/µs. O projeto do *snubber* ótimo no Exemplo 17.3 dá $V_p = 330$ V, e a dv/dt média = 31,9 V/µs.

■ **Principais pontos da Seção 17.5**

– Quando o dispositivo de potência desliga no final do tempo de recuperação reversa, a energia armazenada no indutor limitante de di/dt, por conta da corrente reversa, pode provocar uma elevada dv/dt.

– O *snubber* de dv/dt deve ser projetado para o desempenho ótimo.

17.6 TRANSITÓRIOS NOS LADOS DA ALIMENTAÇÃO E DA CARGA

Normalmente, um transformador é conectado no lado de entrada dos conversores. Em condição de regime permanente, uma quantidade de energia é armazenada na indutância de magnetização L_m do transformador, e o desligamento da fonte de alimentação produz um transitório de tensão na entrada do conversor. Um capacitor pode ser conectado no primário ou no secundário do transformador para limitar o transitório de tensão, como mostra a Figura 17.21a, e, na prática, uma resistência também é ligada em série com o capacitor para restringir a oscilação da tensão transitória.

Suponhamos que a chave tenha sido fechada por um tempo suficiente. Em condições de regime permanente, $v_s = V_m \text{sen } \omega t$, e a corrente de magnetização é dada por

$$L_m \frac{di}{dt} = V_m \text{sen } \omega t$$

que dá

$$i(t) = -\frac{V_m}{\omega L_m} \cos \omega t$$

FIGURA 17.21

Transitório no desligamento.

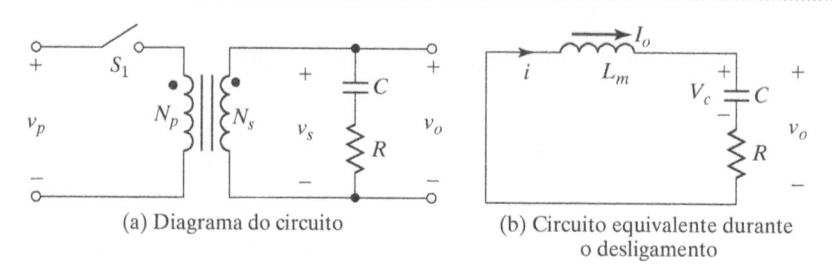

(a) Diagrama do circuito

(b) Circuito equivalente durante o desligamento

Se a chave for desligada em $\omega t = \theta$, a tensão do capacitor no início do desligamento será

$$V_c = V_m \operatorname{sen} \theta \tag{17.37}$$

e a corrente de magnetização será

$$I_0 = -\frac{V_m}{\omega L_m}\cos \theta \tag{17.38}$$

O circuito equivalente durante o estado transitório é mostrado na Figura 17.21b, e a corrente do capacitor é expressa por

$$L_m \frac{di}{dt} + Ri + \frac{1}{C}\int i\,dt + v_c(t=0) = 0 \tag{17.39}$$

e

$$v_0 = -L_m \frac{di}{dt} \tag{17.40}$$

com condições iniciais $i(t=0) = -I_0$ e $v_c(t=0) = V_c$. A tensão transitória $v_0(t)$ pode ser determinada a partir das equações 17.39 e 17.40 para condições subamortecidas. Um coeficiente de amortecimento de $\delta = 0{,}5$ normalmente é satisfatório. A análise pode ser simplificada ao supormos a ocorrência de um pequeno amortecimento tendendo a zero (isto é, $\delta = 0$ ou $R = 0$). A Equação D.16, que é semelhante à Equação 17.39, pode ser aplicada para determinar a tensão transitória $v_o(t)$. Essa tensão é igual à do capacitor $v_c(t)$.

$$\begin{aligned}
v_0(t) = v_c(t) &= V_c \cos \omega_0 t + I_0 \sqrt{\frac{L_m}{C}} \operatorname{sen} \omega_0 t \\
&= \sqrt{V_c^2 + I_0^2 \frac{L_m}{C}} \, \operatorname{sen}(\omega_0 t + \phi) \\
&= V_m \sqrt{\operatorname{sen}^2\theta + \frac{1}{\omega^2 L_m C}\cos^2\theta} \, \operatorname{sen}(\omega_0 t + \phi) \\
&= V_m \sqrt{1 + \frac{\omega_0^2 - \omega^2}{\omega^2}\cos^2\theta} \, \operatorname{sen}(\omega_0 t + \phi)
\end{aligned} \tag{17.41}$$

$$\tag{17.42}$$

onde

$$\phi = \operatorname{tg}^{-1}\left(\frac{V_c}{I_0}\sqrt{\frac{C}{L_m}}\right) \tag{17.43}$$

e

$$\omega_0 = \frac{1}{\sqrt{CL_m}} \tag{17.44}$$

Se $\omega_0 < \omega$, a tensão transitória na Equação 17.42, que é máxima quando $\cos\theta = 0$ (ou $\theta = 90°$), é

$$V_p = V_m \qquad (17.45)$$

Na prática, $\omega_0 > \omega$, e a tensão transitória, que é máxima quando $\cos\theta = 1$ (ou $\theta = 0°$), é

$$V_p = V_m \frac{\omega_0}{\omega} \qquad (17.46)$$

que dá o pico da tensão transitória por conta do desligamento da alimentação. Utilizando a relação de tensão e corrente em um capacitor, a quantidade de capacitância necessária para limitar a tensão transitória pode ser determinada a partir de

$$C = \frac{I_0}{V_p \omega_0} \qquad (17.47)$$

Substituindo ω_0 a partir da Equação 17.46 na Equação 17.47, obtemos

$$C = \frac{I_0 V_m}{V_p^2 \omega} \qquad (17.48)$$

Agora, com o capacitor conectado no secundário do transformador, a tensão máxima instantânea do capacitor depende da tensão CA instantânea de entrada no instante em que a tensão de entrada é ligada. O circuito equivalente durante a conexão da fonte de alimentação é mostrado na Figura 17.22, na qual L é a indutância equivalente da alimentação, mais a indutância de dispersão do transformador.

Em uma operação normal, uma quantidade de energia é armazenada na indutância de alimentação e na de dispersão do transformador. Quando a carga é desconectada, surgem tensões transitórias por causa da energia armazenada nas indutâncias. O circuito equivalente por conta da desconexão da carga é indicado na Figura 17.23.

FIGURA 17.22

Circuito equivalente durante a conexão da fonte de alimentação.

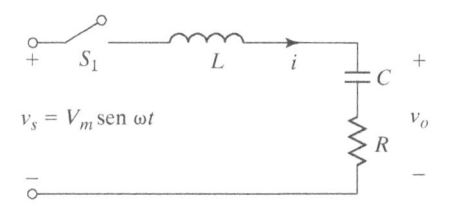

FIGURA 17.23

Circuito equivalente durante a desconexão da carga.

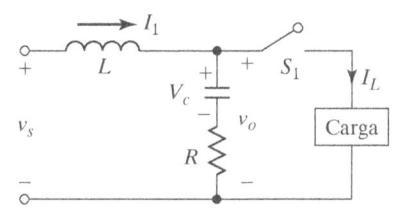

Exemplo 17.5 ▪ Determinação dos parâmetros de desempenho dos transitórios de chaveamento

Um capacitor é conectado no secundário de um transformador de entrada, como mostra a Figura 17.21a, com resistência de amortecimento zero, $R = 0$. A tensão no secundário é $V_s = 120$ V, 60 Hz. Considerando que a indutância de magnetização em relação ao secundário é $L_m = 2$ mH e que a alimentação no primário do transformador é desconectada a um ângulo de θ = 180° da tensão CA de entrada, determine **(a)** o valor inicial da tensão no capacitor V_0; **(b)** a corrente de magnetização I_0; e **(c)** o valor do capacitor para limitar a máxima tensão transitória do capacitor a $V_p = 300$ V.

Solução

$V_s = 120$ V, $V_m = \sqrt{2} \times 120 = 169{,}7$ V, $\theta = 180°$, $f = 60$ Hz, $L_m = 2$ mH e $\omega = 2\pi \times 60 = 377$ rad/s.

a. A partir da Equação 17.37, $V_c = 169{,}7 \operatorname{sen} \theta = 0$.
b. A partir da Equação 17.38,

$$I_0 = -\frac{V_m}{\omega L_m} \cos \theta = \frac{-169{,}7 \cos(180°)}{377 \times 0{,}002} = 225 \text{ A}$$

c. $V_p = 300$ V. A partir da Equação 17.48, a capacitância necessária é

$$C = 225 \times \frac{169{,}7}{300^2 \times 377} = 1125{,}3 \text{ μF}$$

■ Principais pontos da Seção 17.6

- Os transitórios de chaveamento aparecem no conversor quando a alimentação do transformador de entrada é desligada, e também quando uma carga indutiva é desconectada do conversor.
- Os dispositivos de potência devem ser protegidos contra esses transitórios de chaveamento.

17.7 PROTEÇÃO CONTRA SOBRETENSÃO COM DIODOS DE SELÊNIO E VARISTORES DE ÓXIDO METÁLICO

Os diodos de selênio podem ser usados como proteção contra sobretensões transitórias. Esses diodos têm baixa queda de tensão direta, mas uma tensão de ruptura reversa bem definida. As características dos diodos de selênio são mostradas na Figura 17.24, e seu símbolo, na Figura 17.24b. Normalmente, o ponto de operação fica antes do joelho da curva característica e drena uma corrente muito pequena do circuito. Entretanto, quando aparece uma sobretensão, o ponto de joelho é cruzado e o fluxo de corrente reversa através do selênio aumenta subitamente, limitando, assim, a tensão transitória, em geral, ao dobro da normal.

Um diodo de selênio (ou supressor) deve conseguir dissipar o pico de energia sem um aumento indevido da temperatura. Cada célula de um diodo de selênio é normalmente especificada a uma tensão eficaz (rms) de 25 V, com uma tensão de grampeamento, em geral, de 72 V. Para a proteção do circuito CC, o circuito de supressão é polarizado, como mostra a Figura 17.25a. Em circuitos CA, como na Figura 17.25b, os supressores são não polariza-

FIGURA 17.24

Características do diodo de selênio.

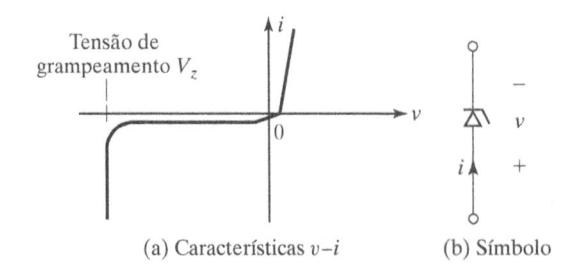

(a) Características v–i   (b) Símbolo

FIGURA 17.25

Diodos de supressão de tensão.

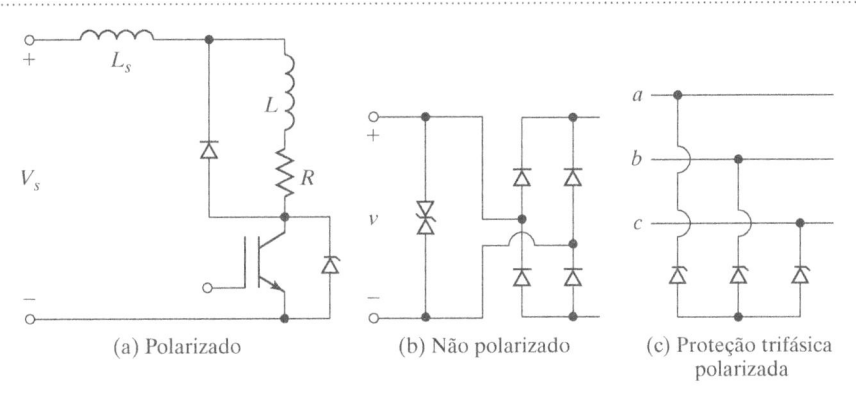

(a) Polarizado   (b) Não polarizado   (c) Proteção trifásica polarizada

dos, de modo que conseguem limitar sobretensões em ambos os sentidos. Já para circuitos trifásicos, supressores polarizados conectados em Y, como indica a Figura 17.25c, podem ser utilizados.

Se um circuito CC de 240 V precisasse ser protegido com células de selênio de 25 V, então seriam necessárias 240/25 ≈ 10 células, e a tensão de grampeamento total seria de 10 × 72 = 720 V. Para proteger um circuito CA monofásico de 208 V, 60 Hz, com células de selênio de 25 V, seriam necessárias 208/25 ≈ 9 células em cada sentido, além de um total de 2 × 9 = 18 células para uma supressão não polarizada. Em virtude da baixa capacitância interna, os diodos de selênio não limitam a dv/dt na mesma proporção que os circuitos *snubber RC*. Entretanto, eles limitam as tensões transitórias a valores bem definidos. Na proteção de um dispositivo, a confiabilidade de um circuito RC é melhor que a dos diodos de selênio.

Os varistores são dispositivos de impedância variável não linear que consistem em partículas de óxido metálico separadas por uma película de óxido. À medida que a tensão aplicada é aumentada, a película torna-se condutora e o fluxo de corrente é aumentado. A corrente é expressa como

$$I = KV^\alpha \tag{17.49}$$

onde K é uma constante e V é a tensão aplicada. O valor de α varia entre 30 e 40.

■ Principais pontos da Seção 17.7

– Os dispositivos de potência podem ser protegidos contra sobretensões transitórias por diodos de selênio ou varistores de óxido metálico.
– Esses dispositivos drenam uma corrente muito pequena em condições normais de operação.
– Entretanto, quando aparece uma sobretensão, a resistência desses dispositivos diminui com a quantidade de sobretensão, permitindo, assim, um fluxo maior de corrente e limitando o valor da tensão transitória.

17.8 PROTEÇÕES CONTRA SOBRECORRENTES

Os conversores de potência podem desenvolver curtos-circuitos ou falhas, e as correntes resultantes das falhas devem ser eliminadas rapidamente. Na proteção dos dispositivos semicondutores em geral são utilizados fusíveis de ação rápida. Quando a corrente de falha aumenta, o fusível abre e a elimina em poucos milissegundos.

17.8.1 Fusíveis

Os dispositivos semicondutores podem ser protegidos pela escolha cuidadosa da localização dos fusíveis, como mostra a Figura 17.26.[5,6] No entanto, os fabricantes recomendam colocar um fusível em série com cada dispositivo, como indica a Figura 17.27. A proteção individual que permite a melhor coordenação entre um dispositivo e seu

FIGURA 17.26

Proteção de dispositivos de potência.

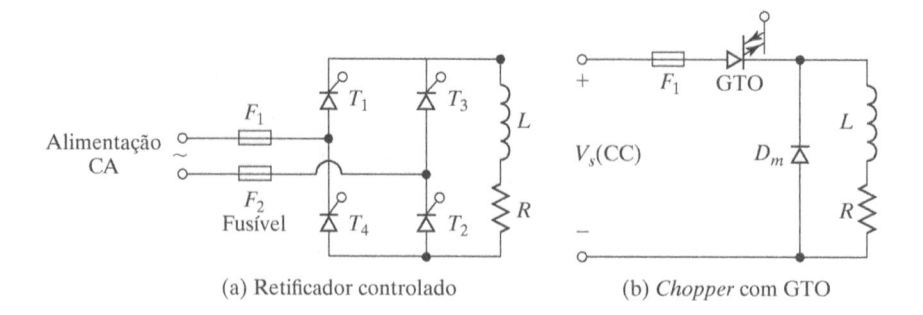

(a) Retificador controlado

(b) *Chopper* com GTO

FIGURA 17.27

Proteção individual dos dispositivos.

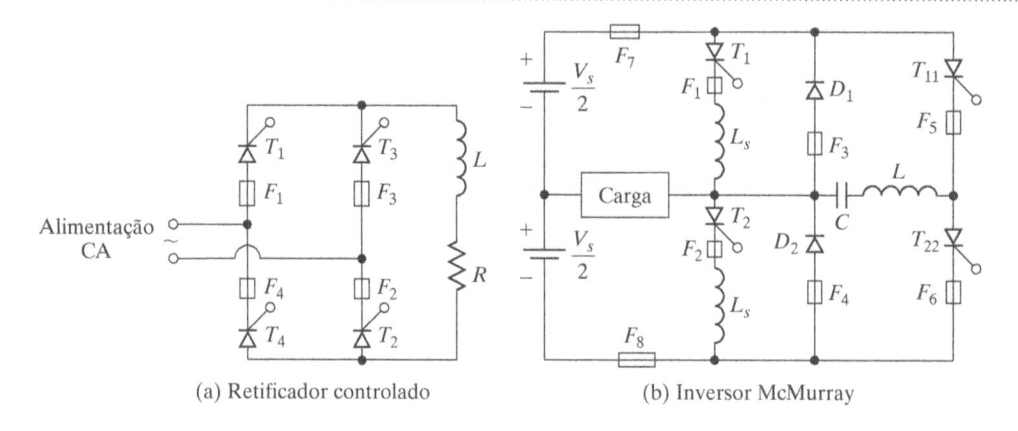

(a) Retificador controlado

(b) Inversor McMurray

fusível proporciona também a maior utilização dos recursos do dispositivo e os protege de curtos-circuitos por falhas (por exemplo, através de T_1 e T_4 na Figura 17.27a). Os diversos tamanhos de fusível para semicondutores são apresentados na Figura 17.28.[7]

Quando a corrente de falha aumenta, a temperatura do fusível também aumenta até $t = t_m$, tempo no qual o fusível derrete e são desenvolvidos arcos elétricos através dele. Por conta do arco, a impedância do fusível se eleva, reduzindo, assim, a corrente. Entretanto, uma tensão de arco é formada sobre o fusível. O calor gerado vaporiza o elemento fusível, o que resulta em um maior comprimento de arco e em uma redução adicional na corrente. O efeito acumulado é a extinção do arco em um período de tempo muito curto. Quando termina o arco no tempo t_a, a falha é eliminada. Quanto mais rápido o fusível eliminar a falha, maior será a tensão de arco.[8]

O tempo de eliminação t_c é a soma do tempo de fusão t_m com o tempo do arco t_a. O tempo t_m depende da corrente de carga, enquanto t_a sujeita-se ao fator de potência ou aos parâmetros do circuito em falha. A falha normalmente é eliminada antes de a corrente atingir seu primeiro pico, e esta, que poderia ser muito elevada se não houvesse o fusível, é chamada de *corrente presumida de falha*. Isso é mostrado na Figura 17.29.

As curvas da corrente em função do tempo dos dispositivos e fusíveis podem ser utilizadas para a coordenação de um fusível a um dispositivo. A Figura 17.30a mostra as características corrente-tempo de um dispositivo e de seu fusível, no qual o primeiro pode ser protegido ao longo de toda a faixa de sobrecargas. Esse tipo de proteção normalmente é utilizado em conversores de baixa potência. A Figura 17.30b apresenta o sistema mais utilizado com o fusível voltado para a proteção contra curtos-circuitos no início da falha, e a proteção normal quanto à sobrecarga é fornecida por disjuntores ou outro sistema de limitação de corrente.

Se R for a resistência do circuito em falha e i, a corrente instantânea de falha entre o momento em que ocorre a falha e o momento da extinção do arco, a energia fornecida ao circuito pode ser expressa por

$$W_e = \int Ri^2 dt \qquad (17.50)$$

FIGURA 17.28
Fusíveis para semicondutores (a imagem é cortesia de Eaton's Bussmann Business).

FIGURA 17.29
Corrente no fusível.

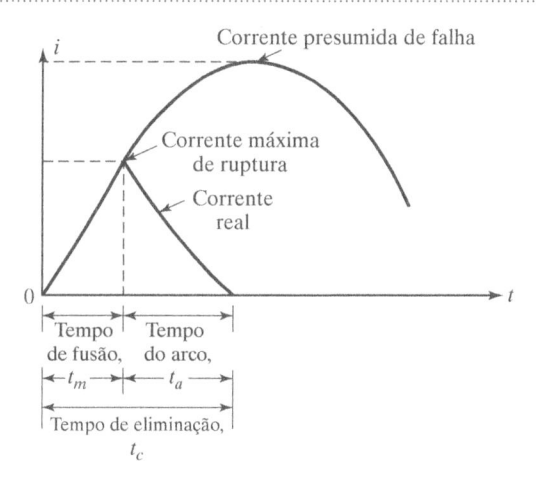

Se a resistência R permanecer constante, o valor i^2t será proporcional à energia fornecida ao circuito. O valor i^2t é denominado *energia de ruptura* e é responsável pelo derretimento (fusão) do fusível. Os fabricantes especificam a característica i^2t dos fusíveis.

Na seleção de fusíveis é necessário estimar a corrente de falha e, então, satisfazer os seguintes requisitos:

1. O fusível deve conduzir continuamente a corrente nominal do dispositivo.
2. O valor de ruptura i^2t do fusível antes da corrente de falha ser eliminada deve ser menor que o i^2t nominal do dispositivo a ser protegido.
3. O fusível deve ser capaz de suportar a tensão, após a extinção do arco.
4. A tensão máxima do arco deve ser menor que a especificação de tensão máxima do dispositivo.

Em algumas aplicações pode ser necessário acrescentar uma indutância em série para limitar a di/dt da corrente de falha e para evitar um esforço excessivo de di/dt sobre o dispositivo e o fusível. Entretanto, essa indutância pode afetar o desempenho normal do conversor.

FIGURA 17.30

Características corrente-tempo do dispositivo e do fusível.

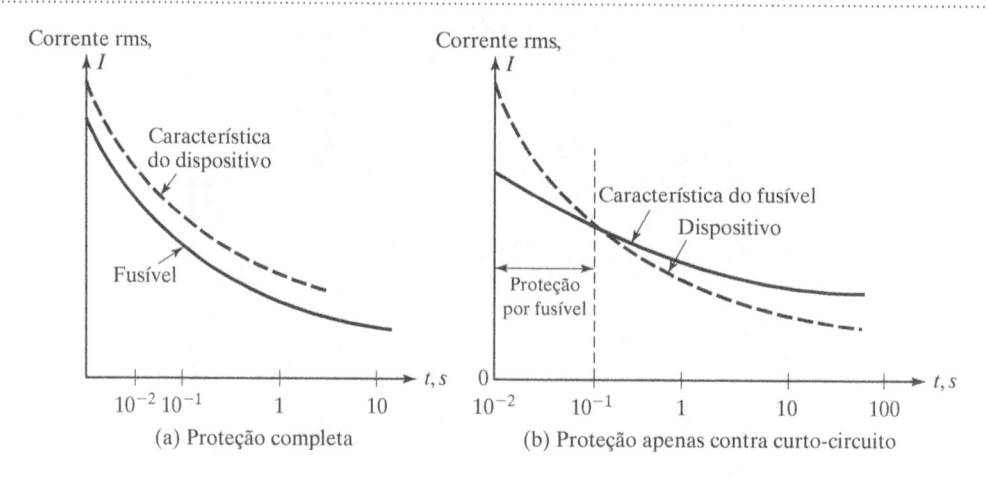

(a) Proteção completa

(b) Proteção apenas contra curto-circuito

Os tiristores têm uma capacidade de sobrecorrente maior do que os transistores. Consequentemente, é mais difícil proteger transistores que tiristores. Os transistores bipolares são dispositivos dependentes do ganho e controlados por corrente. A corrente máxima do coletor depende de sua corrente de base. À medida que a corrente de falha aumenta, o transistor pode sair da saturação; além disso, a tensão coletor-emissor pode aumentar com a corrente de falha, principalmente se não for feita a variação da corrente de base para acompanhar a elevação da corrente de coletor. Esse efeito secundário pode causar maior perda de potência no interior do transistor por conta do aumento da tensão coletor-emissor, e isso pode danificá-lo, ainda que a corrente de falha não seja suficiente para derreter o fusível e ser eliminada. Assim, os fusíveis de ação rápida podem não ser apropriados para proteger os transistores bipolares em condições de falha.

Os transistores podem ser protegidos por um circuito *crowbar*, como mostra a Figura 17.31. Esse circuito é utilizado para proteger circuitos ou equipamentos em condições de falha nos quais a quantidade de energia envolvida é muito alta e os circuitos normais de proteção não podem ser utilizados. Um *crowbar* consiste em um tiristor com um circuito de disparo sensível à tensão ou corrente. O tiristor *crowbar* é colocado no circuito do conversor a ser protegido. Se as condições de falha forem detectadas e o tiristor *crowbar* T_c, disparado, um curto-circuito virtual será criado, e o fusível F_1 derreterá, aliviando, assim, o conversor da sobrecorrente.

Os MOSFETs são dispositivos controlados por tensão, e, enquanto a corrente de falha aumenta, a tensão de porta não necessita ser alterada. A corrente de pico tem geralmente um valor três vezes superior à especificação da contínua. Se a corrente de pico não for ultrapassada e o fusível eliminar a falha com rapidez suficiente, um fusível de ação rápida poderá proteger um MOSFET. Entretanto, uma proteção *crowbar* também é recomendada. As características de fusão dos IGBTs são semelhantes às dos BJTs.

FIGURA 17.31

Proteção através de circuito *crowbar*.

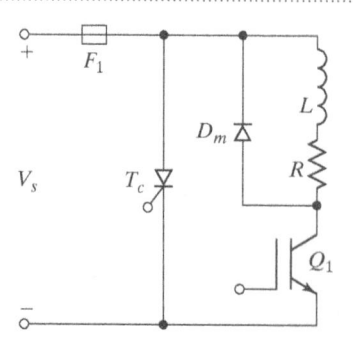

17.8.2 Corrente de falha com fonte CA

Um circuito CA é mostrado na Figura 17.32, na qual a tensão de entrada é $v = V_m \operatorname{sen} \omega t$. Suponhamos que a chave seja fechada em $\omega t = \theta$. Redefinindo a origem do tempo, $t = 0$, para o instante do fechamento da chave, a tensão de entrada será descrita por $v_s = V_m \operatorname{sen}(\omega t + \theta)$ para $t \geq 0$. A Equação 11.6 dá a corrente como

$$i = \frac{V_m}{|Z_x|}\operatorname{sen}(\omega t + \theta - \phi_x) - \frac{V_m}{|Z_x|}\operatorname{sen}(\theta - \phi_x)e^{-Rt/L} \qquad (17.51)$$

onde $|Z_x| = \sqrt{R_m^2 + (\omega L_x)^2}$, $\phi_x = \operatorname{tg}^{-1}(\omega L_x/R_x)$, $R_x = R + R_m$ e $L_x = L + L_m$. A Figura 17.32 descreve a corrente inicial na falha. Se houver uma falha sobre a carga, como indica a Figura 17.33, a Equação 17.51, que pode ser aplicada com uma corrente inicial de I_0 no começo da falha, fornece a corrente de falha como

$$i = \frac{V_m}{|Z|}\operatorname{sen}(\omega t + \theta - \phi) + \left(I_0 - \frac{V_m}{|Z|}\right)\operatorname{sen}(\theta - \phi)e^{-Rt/L} \qquad (17.52)$$

onde $|Z| = \sqrt{R^2 + (\omega L)^2}$ e $\phi = \operatorname{tg}^{-1}(\omega L/R)$. A corrente de falha depende da corrente inicial I_0, do ângulo do fator de potência do caminho de curto-circuito ϕ e do ângulo θ em que ocorre a falha. A Figura 17.34 apresenta as formas de onda da corrente e da tensão durante as condições de falha em um circuito CA. Para um caminho de falha altamente indutivo, $\phi = 90°$ e $e^{-Rt/L} = 1$, e a Equação 17.52 torna-se

$$i = -I_0 \cos\theta + \frac{V_m}{|Z|}[\cos\theta - \cos(\omega t + \theta)] \qquad (17.53)$$

Se a falha ocorrer em $\theta = 0$, ou seja, no cruzamento com o zero da tensão CA de entrada, $\omega t = 2n\pi$. A Equação 17.53 torna-se

$$i = -I_0 + \frac{V_m}{Z}(1 - \cos\omega t) \qquad (17.54)$$

e a Equação 17.54 fornece o pico máximo da corrente de falha, $-I_0 + 2V_m/Z$, que ocorre em $\omega t = \pi$. Na prática, porém, por conta do amortecimento, a corrente de pico será menor do que esta.

FIGURA 17.32

Circuito *RL*.

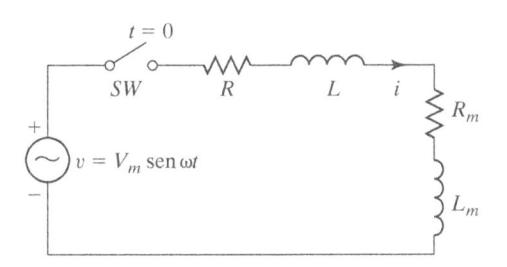

FIGURA 17.33

Falha em um circuito CA.

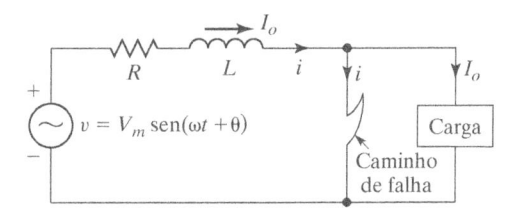

FIGURA 17.34
Formas de onda de tensão e corrente transitórias.

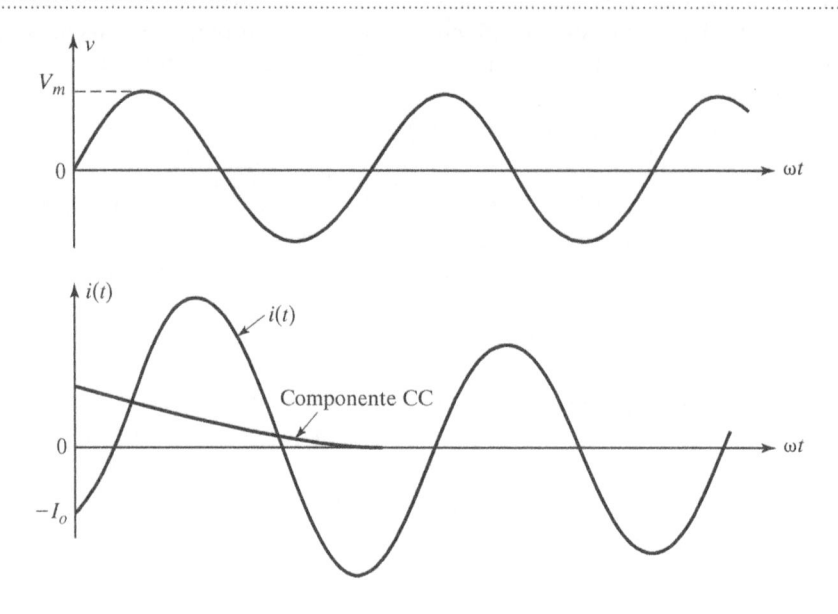

17.8.3 Corrente de falha com fonte CC

A corrente no circuito CC representado na Figura 17.35 é dada por

$$i = \frac{V_s}{R_x}(1 - e^{-R_x t/L_x}) \tag{17.55}$$

Com uma corrente inicial de I_0 no começo da corrente de falha, como mostra a Figura 17.36, esta pode ser expressa como

$$i = I_0 e^{-Rt/L} + \frac{V_s}{R}(1 - e^{-Rt/L}) \tag{17.56}$$

FIGURA 17.35
Circuito CC.

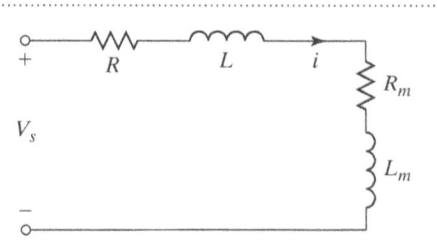

FIGURA 17.36
Falha em circuito CC.

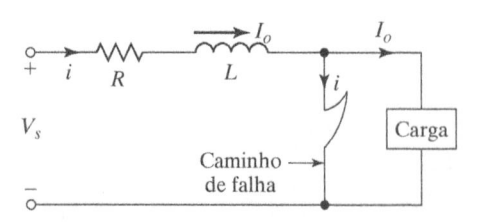

A corrente de falha e o tempo de eliminação pelo fusível podem depender da constante de tempo do circuito de falha. Se a corrente presumida for baixa, o fusível talvez não elimine a falha, e uma corrente de falha subindo lentamente poderá produzir arcos de modo contínuo, sem, no entanto, ser interrompida. Os fabricantes de fusíveis especificam as características de corrente-tempo para circuitos CA, e não há curvas equivalentes para os circuitos CC. Como as correntes de falha CC não possuem zeros periódicos naturais, a extinção do arco é mais difícil. Para circuitos que operam a partir de tensão CC, a especificação de tensão do fusível deve ser geralmente de 1,5 vez a tensão CA rms equivalente. A proteção de circuitos CC com fusível requer um projeto mais cuidadoso do que aquele para circuitos CA.

Exemplo 17.6 ▪ Seleção de um fusível de ação rápida para a proteção de um tiristor

Um fusível é conectado em série com cada tiristor do tipo S30EF no conversor monofásico completo, como mostra a Figura 10.1a. A tensão de entrada é 240 V, 60 Hz, e a corrente média de cada tiristor, $I_a = 400$ A. As especificações dos tiristores são $I_{T(MED)} = 540$ A, $I_{T(RMS)} = 850$ A, $I^2t = 300$ kA^{2}s em 8,33 ms, $i^2\sqrt{t} = 4650$ kA$^2\sqrt{s}$ e $I_{TSM} = 10$ kA com V_{RRM} reaplicado = 0, o que pode ser o caso se o fusível abrir dentro de um semiciclo. Um fusível de 540 A tem as especificações de corrente máxima $I_{máx} = 8500$ A, uma fusão $i^2t = 280$ kA^{2}s e o tempo total de eliminação $t_c = 8$ ms. A resistência do circuito de falha é desprezável, e a indutância, $L = 0,07$ mH. Determine a adequação do fusível para a proteção dos dispositivos.

Solução
$V_s = 240$ V, $f_s = 60$ Hz. A corrente de curto-circuito, também conhecida como corrente presumida rms simétrica de falha, é

$$I_{sc} = \frac{V_s}{Z} = \frac{V_s}{\omega L} = \frac{240}{2\pi \times 60 \times 0{,}07 \times 10^{-3}} = 9094 \text{ A}$$

Para o fusível de 540 A e $I_{sc} = 9094$ A, a corrente máxima de pico do fusível é 8500 A, inferior à corrente máxima do tiristor, $I_{TSM} = 10$ kA. A fusão i^2t é 280 kA^{2}s, e o tempo total de eliminação, $t_c = 8$ ms. Como t_c é menor do que 8,33 ms, a especificação $i^2\sqrt{t}$ do tiristor deve ser utilizada. Se o $i^2\sqrt{t}$ do tiristor for igual a 4650×10^3 kA$^2\sqrt{s}$, então, em $t_c = 8$ ms, o i^2t do tiristor será $4650 \times 10^3 \sqrt{0{,}008} = 416$ kA^{2}s, que é 48,6% maior do que a especificação i^2t do fusível (280 kA^{2}s). As especificações i^2t e a corrente de pico do tiristor são maiores do que as do fusível. Portanto, o tiristor será protegido pelo fusível.

Observação: como regra prática geral, um fusível de ação rápida com uma especificação de corrente rms igual ou inferior à de corrente média do tiristor ou do diodo normalmente consegue fornecer proteção adequada em condições de falha.

Exemplo 17.7 ▪ Simulação PSpice da corrente instantânea de falha

O circuito CA mostrado na Figura 17.37a tem $R = 1{,}5$ Ω e $L = 15$ mH. Os parâmetros de carga são $R_m = 5$ Ω e $L_m = 15$ mH. Já a tensão de entrada é 208 V (rms), 60 Hz, e o circuito atingiu uma condição de regime permanente. A falha na carga ocorre em $\omega t + \theta = 2\pi$; ou seja, $\theta = 0$. Utilize o PSpice para obter o gráfico da corrente instantânea de falha.

FIGURA 17.37

Falha em um circuito CA para simulação PSpice.

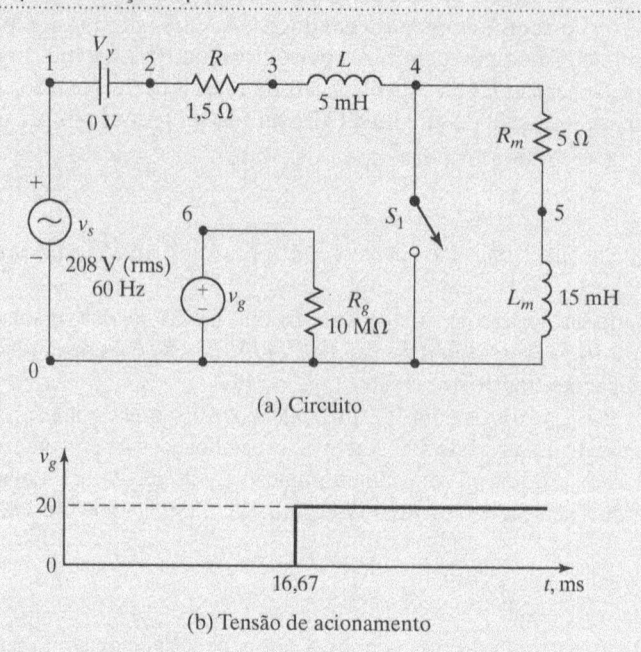

(a) Circuito

(b) Tensão de acionamento

Solução

$V_m = \sqrt{2} \times 208 = 294{,}16$ V, $f = 60$ Hz. A falha é simulada por uma chave controlada por tensão, cuja tensão de acionamento é mostrada na Figura 17.37b. A listagem do arquivo do circuito é a seguinte:

```
Exemplo 17.7              Corrente de falha em um circuito CA
VS       1    0          SIN (0      294.16V 60HZ)
VY       1    2          DC    0V; Fonte de tensão para medir a corrente de entrada
Vg       6    0          PWL (16666.67US 0V 16666.68US 20V 60MS 20V)
Rg       6    0          10MEG    ; Resistência alta para a tensão de acionamento
R        2    3          1.5
L        3    4          5MH
RM       4    5          5
LM       5    0          15MH
S1       4    0    6   0    SMOD         ; Chave controlada por tensão
.MODEL   SMOD VSWITCH    (RON=0.01    ROFF=10E+5   VON=0.2V    VOFF=0V)
.TRAN    10US 40MS  0 50US              ; Análise transitória
.PROBE
.options  abstol = 1.00n  reltol = 0.01  vntol = 0.1  ITL5=50000 ; convergência
.END
```

O gráfico obtido no PSpice é mostrado na Figura 17.38, na qual $I(VY)$ = corrente de falha. Utilizando o cursor PSpice na Figura 17.38, obtém-se a corrente inicial $I_o = -22{,}28$ A e a corrente presumida de falha $I_p = 132{,}132$ A.

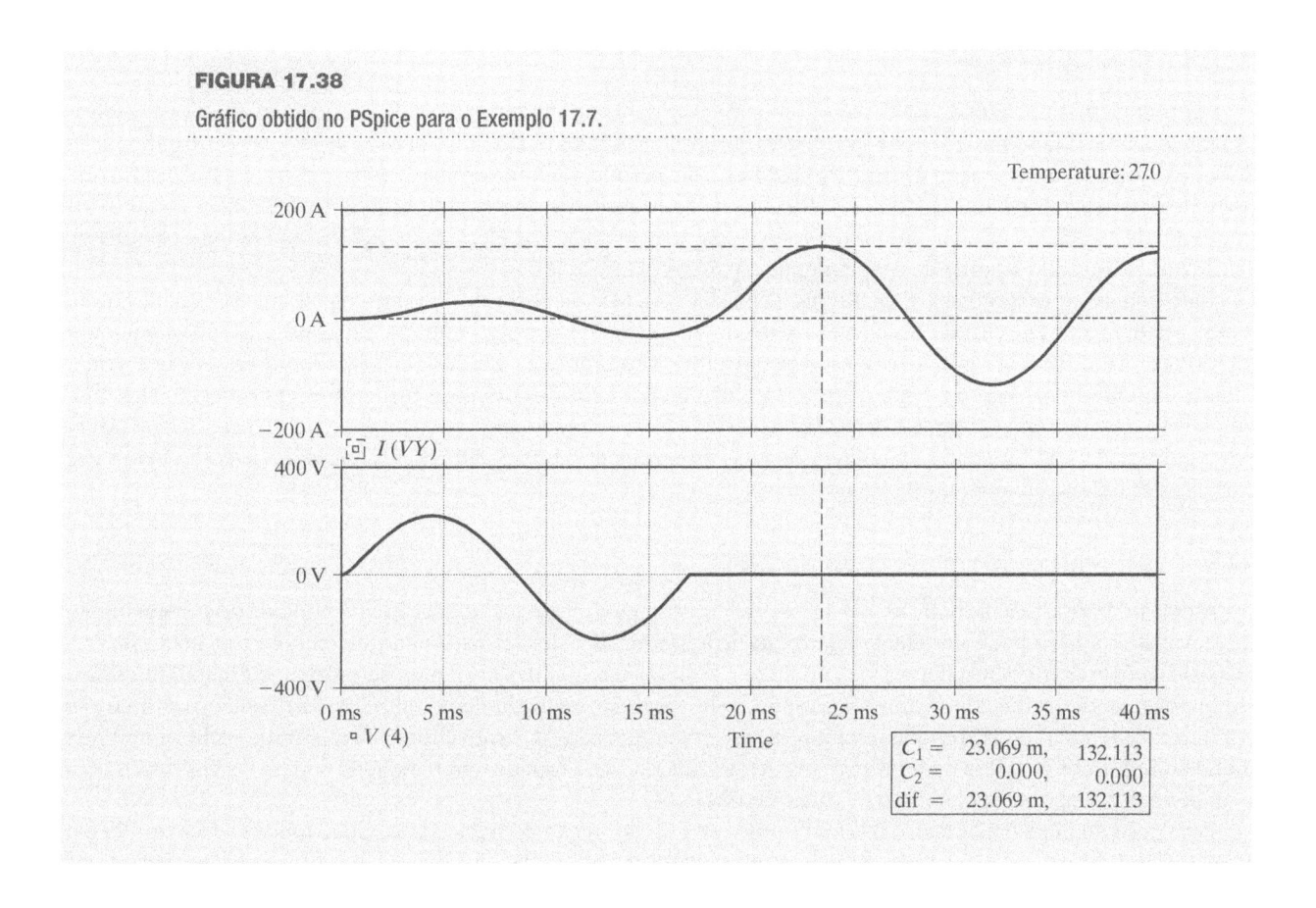

FIGURA 17.38
Gráfico obtido no PSpice para o Exemplo 17.7.

■ **Principais pontos da Seção 17.8**

– Os dispositivos de potência devem ser protegidos contra as condições de falha instantânea.
– As correntes de pico, média e rms do dispositivo devem ser superiores às das condições de falha.
– Para proteger o dispositivo de potência, os valores i^2t e $i^2\sqrt{t}$ do fusível devem ser inferiores aos do dispositivo em condições de falha.

17.9 INTERFERÊNCIA ELETROMAGNÉTICA

Os circuitos eletrônicos de potência ligam e desligam grandes quantidades de corrente em tensões elevadas e, portanto, podem gerar sinais elétricos indesejados que afetam outros sistemas eletrônicos. Esses sinais indesejáveis ocorrem em frequências mais altas e dão origem à EMI, também conhecida como interferência de radiofrequência (RFI). Os sinais podem ser transmitidos para outros sistemas eletrônicos por irradiação através do espaço ou por condução ao longo do cabo. O circuito de acionamento do conversor de potência, em baixo nível de potência, também pode ser afetado pela EMI gerada por seus próprios circuitos de alta potência. Quando isso ocorre, diz-se que o sistema possui suscetibilidade à EMI. Considera-se que todo sistema que não emite EMI acima de determinado nível e não é afetado por ela apresenta compatibilidade eletromagnética (EMC).[9]

Existem três elementos em qualquer sistema EMC: (1) a fonte da EMI, (2) o meio através do qual ela é transmitida e (3) o receptor, que é qualquer sistema sujeito a adversidades por conta da EMI recebida. Portanto, a EMC pode ser obtida (1) pela redução dos níveis de EMI da fonte, (2) pelo bloqueio do caminho de propagação dos sinais de EMI ou (3) tornando o receptor menos suscetível aos sinais EMI recebidos.

17.9.1 Fontes de EMI

Existem inúmeras fontes de EMI, como ruído atmosférico, raios, radar, rádio, televisão, *pagers* e radiocomunicação móvel. A EMI também é causada por fontes como chaves, relés e lâmpadas fluorescentes.[10,11] A corrente inicial durante a entrada em operação de transformadores é outra fonte de interferência, assim como a extinção súbita da corrente em elementos indutivos, que resulta em tensões transitórias. Os circuitos integrados também geram EMI por conta de suas altas velocidades de operação e da proximidade dos elementos do circuito em uma pastilha de silício, desencadeando a perda de acoplamento capacitivo.

Todo conversor de potência é uma fonte primária de EMI. As correntes ou tensões de um conversor variam muito rapidamente em virtude do chaveamento de alta frequência, como entrada em condução e desligamento rápido dos dispositivos de potência, tensões e correntes não senoidais através de cargas indutivas, energia armazenada em indutores parasitas e interrupção da corrente por contatos de relé e disjuntores. As capacitâncias e indutâncias parasitas também podem criar oscilações que produzem um amplo espectro de frequências indesejáveis. A magnitude da EMI depende da energia de pico armazenada nos capacitores no momento de fechamento das chaves estáticas ou semicondutores de potência.

17.9.2 Minimização da geração de EMI

A adição de resistências pode amortecer as oscilações nos circuitos. A utilização de materiais de permeabilidade elevada no núcleo pode minimizar a geração de harmônicas pelos transformadores, embora isso possa fazer o dispositivo operar com altas densidades de fluxo e resultar em grandes correntes de partida. Geralmente utiliza-se blindagem eletrostática nos transformadores para abrandar o acoplamento entre os enrolamentos primário e secundário. Os sinais de EMI podem muitas vezes ser contornados por capacitores de alta frequência, ou telas de metal ao redor dos circuitos para protegê-los desses sinais. Cabos torcidos ou blindados podem ser utilizados com o objetivo de reduzir o acoplamento de sinais de EMI.

O colapso do fluxo em circuitos indutivos por conta da saturação do núcleo magnético muitas vezes resulta em transitórios de alta tensão, que podem ser evitados pelo fornecimento de um caminho para a circulação da corrente indutiva através de um diodo de roda livre, um diodo zener ou uma resistência variável com a tensão. A emissão de um circuito eletrônico e a sua suscetibilidade a esses sinais são significativamente afetadas pelo layout do circuito, principalmente em uma placa de circuito impresso que opera em altas frequências.

A EMI gerada pelo conversor de potência pode ser reduzida por meio de técnicas avançadas de controle, visando minimizar as harmônicas de entrada e de saída, operar com fator de potência de entrada unitário, reduzir a distorção harmônica total (DHT) e utilizar comutação suave para os dispositivos de potência. O terra do sinal deve ter uma impedância baixa para lidar com grandes sinais de corrente, e aumentar as dimensões do plano de terra da placa geralmente resolve isso.

17.9.3 Blindagem de EMI

A EMI pode ser irradiada através do espaço como ondas eletromagnéticas, ou pode ser conduzida como uma corrente ao longo de um cabo. Uma blindagem é um material condutor que é colocado no caminho do campo para impedi-lo. A eficácia da proteção é determinada pela distância entre a fonte de EMI e o receptor, o tipo de campo e a característica do material utilizado na blindagem. A blindagem é eficaz para atenuar os campos de interferência por absorção dentro de seu corpo ou por reflexão em sua superfície.

Ainda, a EMI também pode conduzir como uma corrente ao longo de um cabo. Se dois cabos adjacentes conduzem correntes i_1 e i_2, podemos desmembrá-las em duas componentes i_c e i_d, de forma que

$$i_1 = i_c + i_d \qquad (17.57)$$
$$i_2 = i_c - i_d \qquad (17.58)$$

onde

$$i_c = (i_1 + i_2)/2 \qquad (17.59)$$

é a corrente em modo comum e

$$i_d = (i_1 - i_2)/2 \qquad (17.60)$$

é a corrente em modo diferencial.

A condução pode assumir a forma de correntes em modo comum ou em modo diferencial. No modo diferencial, as correntes são iguais e opostas nos dois fios e são causadas principalmente por outros usuários nas mesmas linhas. As correntes em modo comum são quase iguais em amplitude nas duas linhas, mas viajam no mesmo sentido. Elas são principalmente causadas pelo acoplamento de EMI irradiada para as linhas de energia e pelo acoplamento capacitivo parasita no corpo do equipamento. A EMI transmitida ao longo de um cabo pode ser minimizada através de filtros de supressão, que consistem basicamente em elementos capacitivos e indutivos. Existe uma variedade desses filtros. A localização deles também é importante, devendo, em geral, ser colocados diretamente na fonte de EMI.

17.9.4 Normas para EMI

A maioria dos países tem suas próprias organizações de normas e padrões[11,12] que regulam a EMC; por exemplo, a FCC (Comissão Federal de Comunicações) nos Estados Unidos, a BSI no Reino Unido e a VDE na Alemanha. As necessidades dos equipamentos comerciais e militares são diferentes. Os padrões comerciais especificam os requisitos para proteger sistemas de rádio, telecomunicações, televisão, domésticos e industriais. As forças armadas têm suas próprias exigências, conhecidas como padrões MIL-STD e DEF. Os requisitos militares especificam que o seu equipamento continue a funcionar em condições de batalha.

A FCC administra o uso do espectro de frequência nos Estados Unidos, e suas regras abrangem muitas áreas. As aprovações da FCC se dividem em duas classes, como mostra a Tabela 17.3. A Classe A é destinada a usuários comerciais, e a Classe B possui exigências mais rigorosas, sendo destinada a equipamentos domésticos. A norma europeia EN 55022, que abrange os requisitos de EMI para equipamentos de tecnologia da informação, concede duas classes de aprovação: Classe A e Classe B, como mostra a Tabela 17.4. A Classe A é menos rigorosa e destinada a usuários comerciais. Já a Classe B é utilizada para equipamentos domésticos.

■ Principais pontos da Seção 17.9

– Os circuitos eletrônicos de potência, por chavear grandes quantidades de corrente em tensões elevadas, podem gerar sinais elétricos indesejados.

TABELA 17.3
Limites EMI da FCC.[10]

	Limites para EMI conduzida			Limites para EMI irradiada a 30 m		
Faixa de frequência (MHz)	Máxima tensão de linha de RF (µV)		Faixa de frequência (MHz)	Força do campo (µV/m)		
	Classe A	Classe B		Classe A	Classe B
0,45–1,6	1000	250	30–88	30	100
1,6–30	3000	250	88–216	50	150
			216–1000	70	200

TABELA 17.4
Limites EMI da EN 55022 da Europa.[10,11]

	Limites para EMI conduzida			Limites para EMI irradiada	
Faixa de frequência (MHz)	Limite de quase-pico dB (µV)		Faixa de frequência (MHz)	Limite de quase-pico dB (µV/m)	
	Classe A	Classe B		Classe A@ 30 m	Classe B@ 10 m
0,15–0,5	79	66–56	30–230	30	30
0,50–5	73	56	230–1000	37	37
5–30	73	60			

- Esses sinais indesejados podem causar interferência eletromagnética e afetar o circuito de acionamento, que é em baixo nível de potência.
- As fontes de EMI, sua propagação e efeitos sobre os circuitos receptores devem ser minimizados.

RESUMO

Os conversores de potência devem ser protegidos contra sobrecorrentes e sobretensões. A temperatura da junção dos dispositivos semicondutores de potência precisa ser mantida abaixo de seus valores máximos admissíveis. A temperatura instantânea da junção em condições de curto-circuito e de sobrecarga pode ser simulada no SPICE utilizando-se um modelo do dispositivo em função da temperatura com o circuito equivalente térmico do dissipador de calor. O calor produzido pelo dispositivo pode ser transferido para dissipadores de calor resfriados por ar ou líquidos. Tubos trocadores de calor também podem ser utilizados. As correntes de recuperação reversa e a desconexão da carga (e da linha de alimentação) causam transitórios de tensão por conta da energia armazenada nas indutâncias da linha.

Os transitórios de tensão normalmente são suprimidos pelo mesmo circuito *snubber RC* que é utilizado na proteção de *dv/dt*. O projeto do *snubber* é muito importante para limitar os transitórios de *dv/dt* e de tensão de pico dentro das especificações máximas. Diodos de selênio e varistores podem ser utilizados na supressão da tensão transitória.

Um fusível de ação rápida geralmente é conectado em série com cada dispositivo para proteção contra excesso de corrente em condições de falha. No entanto, os fusíveis podem não ser adequados para proteger os transistores, e outros meios de proteção podem ser necessários (por exemplo, um *crowbar*).

Os circuitos eletrônicos de potência, por chavear grandes quantidades de corrente em tensões elevadas, podem gerar sinais elétricos indesejados, que acabam dando origem à EMI. Os sinais conseguem ser transmitidos para outros sistemas eletrônicos por irradiação através do espaço ou por condução ao longo do cabo.

QUESTÕES PARA REVISÃO

17.1 O que é um dissipador de calor?
17.2 Qual é o circuito elétrico equivalente da transferência de calor de um dispositivo semicondutor de potência?
17.3 Quais são as precauções a serem tomadas na montagem de um dispositivo em um dissipador de calor?
17.4 O que é um tubo trocador de calor?
17.5 Quais são as vantagens e desvantagens dos tubos trocadores de calor?
17.6 Quais são as vantagens e desvantagens do resfriamento com água?
17.7 Quais são as vantagens e desvantagens do resfriamento com óleo?
17.8 Por que é necessário determinar a temperatura instantânea da junção de um dispositivo?
17.9 Por que é importante utilizar o modelo do dispositivo em função da temperatura para simular a temperatura instantânea da junção do dispositivo?
17.10 Qual é o modelo físico equivalente ao circuito térmico?
17.11 Qual é o modelo matemático equivalente ao circuito térmico?
17.12 Quais são as diferenças entre os modelos físico e matemático equivalentes ao circuito térmico?
17.13 O que é um *snubber* polarizado?
17.14 O que é um *snubber* não polarizado?
17.15 Qual é a causa da tensão transitória de recuperação reversa?
17.16 Qual é o valor típico do fator de amortecimento de um *snubber RC*?
17.17 Quais são as considerações para o projeto dos componentes de um *snubber RC* ótimo?
17.18 Qual é a causa das tensões transitórias no lado da carga?
17.19 Qual é a causa das tensões transitórias no lado da alimentação?

17.20 Quais são as características dos diodos de selênio?
17.21 Quais são as vantagens e desvantagens dos supressores de tensão de selênio?
17.22 Quais são as características dos varistores?
17.23 Quais são as vantagens e desvantagens dos varistores na supressão de tensão?
17.24 O que é o tempo de fusão de um fusível?
17.25 O que é o tempo de arco de um fusível?
17.26 O que é o tempo de eliminação de falha de um fusível?
17.27 O que é a corrente presumida de falha?
17.28 Quais são as considerações na seleção de um fusível para um dispositivo semicondutor?
17.29 O que é um *crowbar*?
17.30 Quais são os problemas da proteção de transistores bipolares com fusíveis?
17.31 Quais são os problemas da utilização de fusíveis em circuitos CC?
17.32 Como a EMI é transmitida ao circuito receptor?
17.33 Quais são as fontes de EMI?
17.34 Como a geração de EMI pode ser minimizada?
17.35 Como um circuito elétrico ou eletrônico pode ser protegido da EMI?

PROBLEMAS

17.1 A perda de potência em um dispositivo é mostrada na Figura P17.1. Faça o gráfico do aumento da temperatura instantânea da junção acima da temperatura do encapsulamento. Para $t_1 = t_3 = t_5 = t_7 = 0,5$ ms, $Z_1 = Z_3 = Z_5 = Z_7 = 0,025$ °C/W.

FIGURA P17.1

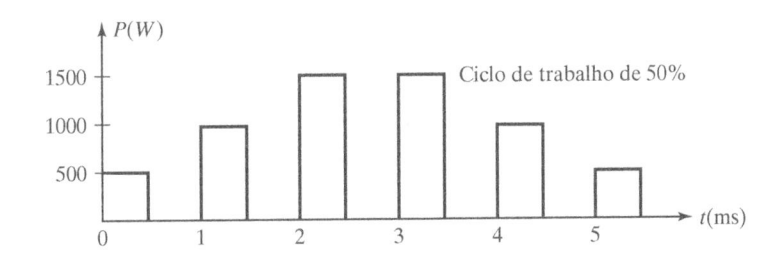

17.2 A perda de potência em um dispositivo é mostrada na Figura P17.2. Faça o gráfico do aumento da temperatura instantânea da junção acima da temperatura do encapsulamento. Para $t_1 = t_2 = ... = t_9 = t_{10} = 1$ ms, $Z_1 = Z_2 = ... = Z_9 = Z_{10} = 0,035$ °C/W. (*Dica*: aproxime por cinco pulsos retangulares de igual duração.)

FIGURA P17.2

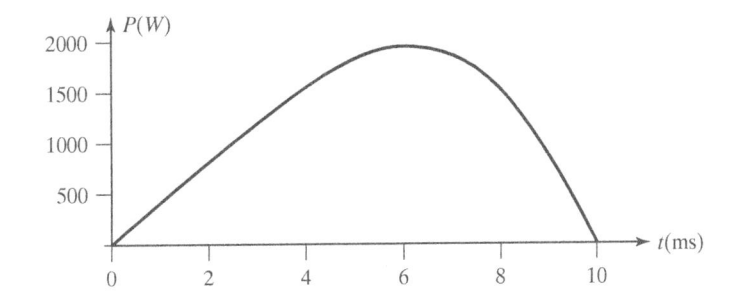

17.3 A forma de onda de corrente em um tiristor é mostrada na Figura 9.28. Faça os gráficos **(a)** da perda de potência em função do tempo e **(b)** do aumento da temperatura instantânea da junção acima da temperatura do encapsulamento. (*Dica*: suponha que haja uma perda de potência durante o disparo e o desligamento como retângulos.)

17.4 A corrente de recuperação de um dispositivo, como mostra a Figura 17.17, é $I_R = 30$ A, e a indutância do circuito é $L = 20$ μH. A tensão de entrada é $V_s = 200$ V. Para o caso em que é necessário limitar a tensão transitória de pico a 1,8 vez a tensão de entrada, determine **(a)** o valor ótimo do fator de corrente d_o; **(b)** o coeficiente de amortecimento ótimo δ_o; **(c)** a capacitância do *snubber* C; **(d)** a resistência do *snubber* R; **(e)** a dv/dt média; e **(f)** a tensão reversa inicial.

17.5 A corrente de recuperação de um dispositivo, como mostra a Figura 17.17, é $I_R = 10$ A, e a indutância do circuito é $L = 80$ μH. A tensão de entrada é $V_s = 200$ V. A resistência do *snubber* é $R = 2$ Ω, e a capacitância, $C = 50$ μF. Determine **(a)** o coeficiente de amortecimento δ_o; **(b)** a tensão transitória de pico V_p; **(c)** o fator de corrente d; **(d)** a dv/dt média; e **(e)** a tensão reversa inicial.

17.6 Um circuito *snubber RC*, como mostra a Figura 17.16c, tem $C = 1,5$ μF, $R = 3,5$ Ω e tensão de entrada $V_s = 220$ V. A indutância do circuito é $L = 20$ μH. Determine **(a)** a tensão de pico direta V_p; **(b)** a dv/dt inicial; e **(c)** a dv/dt máxima.

17.7 Um circuito *snubber RC*, como mostra a Figura 17.16c, tem uma indutância do circuito de $L = 20$ μH. A tensão de entrada é $V_s = 220$ V. Para o caso em que é necessário limitar a dv/dt máxima a 20 V/μs e em que o coeficiente de amortecimento é $\delta = 0,4$, determine **(a)** a capacitância do *snubber* C e **(b)** a resistência do *snubber* R. Suponha que a frequência seja $f = 5$ kHz.

17.8 Um circuito *snubber RC*, como mostra a Figura 17.16c, tem uma indutância do circuito de $L = 60$ μH. A tensão de entrada é $V_s = 220$ V. Para o caso em que é necessário limitar a tensão de pico a 1,5 vez a de entrada e em que o fator de amortecimento é $\alpha = 9500$, determine **(a)** a capacitância do *snubber* C e **(b)** a resistência do *snubber* R. Suponha que a frequência seja $f = 8$ kHz.

17.9 Um capacitor é conectado no secundário de um transformador de entrada, como mostra a Figura 17.21a, com resistência de amortecimento zero, $R = 0$ Ω. A tensão no secundário é $V_s = 220$ V, 60 Hz, e a indutância de magnetização referida ao secundário é $L_m = 3,5$ mH. Se a alimentação de entrada no primário do transformador for desconectada no ângulo de $\theta = 120°$ da tensão CA de entrada, determine **(a)** o valor inicial da tensão no capacitor V_0; **(b)** a corrente de magnetização I_0; e **(c)** o valor do capacitor para limitar a máxima tensão transitória sobre ele a $V_p = 350$ V.

17.10 O circuito na Figura 17.23 tem uma corrente de carga de $I_L = 12$ A, e a indutância do circuito é $L = 50$ μH. A tensão de entrada é CC, com $V_s = 200$ V. A resistência do *snubber* é $R = 1,5$ Ω, e a capacitância $C = 50$ μF. Para o caso em que a carga é desconectada, determine **(a)** o coeficiente de amortecimento δ e **(b)** o pico da tensão transitória V_p.

17.11 Diodos de selênio são utilizados para proteger um circuito trifásico, como mostra a Figura 17.25c. A tensão trifásica é 208 V, 60 Hz. Para uma tensão de cada célula de 20 V, determine o número de diodos.

17.12 A corrente de carga no início de uma falha na Figura 17.33 é $I_0 = 10$ A. A tensão CA é 208 V, 60 Hz. A resistência e a indutância do circuito de falha são $L = 5$ mH e $R = 1,5$ Ω, respectivamente. Para o caso em que uma falha ocorre a um ângulo $\theta = 45°$, determine o valor de pico da corrente presumida no primeiro semiciclo.

17.13 Repita o Problema 17.12 para $R = 0$.

17.14 A corrente através de um fusível é mostrada na Figura P17.14. O i^2t total do fusível é 5400 A²s. Para um tempo de arco $t_a = 0,1$ s e um de fusão $t_m = 0,04$ s, determine a corrente de pico de ruptura I_p.

FIGURA P17.14

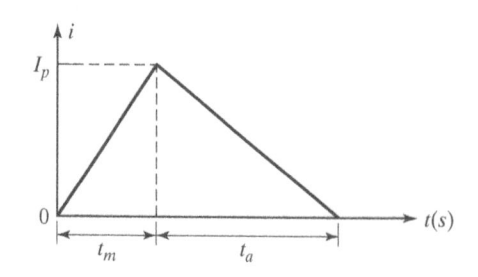

17.15 A corrente de carga na Figura 17.36 é $I_0 = 0$ A, e a tensão CC de entrada, $V_s = 220$ V. O circuito de falha tem uma indutância de $L = 1,5$ mH e resistência desprezável. O i^2t total do fusível é 4500 A^{2}s. O tempo de arco é 1,5 vez o tempo de fusão. Determine **(a)** o tempo de fusão t_m; **(b)** o tempo de eliminação da falha t_c; e **(c)** a corrente de pico de ruptura I_p.

17.16 Utilize o PSpice para verificar os cálculos do Problema 17.7.

17.17 Utilize o PSpice para verificar os resultados do Problema 17.9.

17.18 Utilize o PSpice para verificar os resultados do Problema 17.10.

REFERÊNCIAS

1. MÄRZ, M.; NANCE, P. "Thermal modeling of power electronic systems". *Infineon Technologies*, p. 1–20, 1998. Disponível em: <www.infenion.com>.
2. MCMURRAY, W. "Selection of snubber and clamps to optimize the design of transistor switching converters". *IEEE Transactions on Industry Applications*, v. IAI6, n. 4, p. 513–523, 1980.
3. UNDELAND, T. "A snubber configuration for both power transistors and GTO PWM inverter". *IEEE Power Electronics Specialist Conference*, p. 42–53, 1984.
4. MCMURRAY, W. "Optimum snubbers for power semiconductors". *IEEE Transactions on Industry Applications*, v. IA8, n. 5, p. 503–510, 1972.
5. HOWE, A. F.; NEWBERY, P. G.; NURSE, N. P. "Dc fusing in semiconductor circuits". *IEEE Transactions on Industry Applications*, v. IA22, n. 3, p. 483–489, 1986.
6. ERICKSON, L. O. et al "Selecting fuses for power semiconductor devices". *IEEE Industry Applications Magazine*, p. 19–23, set./out. 1996.
7. INTERNATIONAL RECTIFIERS. *Semiconductor Fuse Applications Handbook* (N. HB50). El Segundo, CA: International Rectifiers, 1972.
8. WRIGHT, A.; NEWBERY, P. G. *Electric Fuses*. Londres: Peter Peregrinus Ltd., 1994.
9. TIHANYI, T. *Electromagnetic Compatibility in Power Electronics*. Nova York: Butterworth–Heinemann, 1995.
10. MAZDA, F. *Power Electronics Handbook*. Oxford, Reino Unido: Newnes, Butterworth–Heinemann, 1997. Capítulo 4 — Compatibilidade Eletromagnética. p. 99–120.
11. SKIBINSKI, G. L.; KERMAN, R. J.; SCHLEGEL, D. "EMI emissions of modern PWM ac drives". *IEEE Industry Applications Magazine*, p. 47–80, nov./dez. 1999.
12. ANSI/IEEE Standard—518: *Guide for the Installation of Electrical Equipment to Minimize Electrical Noise Inputs to Controllers from External Sources*. IEEE Press. 1982.
13. DYNEX Semiconductor. *Calculation of Junction Temperature*. Application note: AN4506, jan. 2000. Disponível em: <www.dynexsemi.com>.

Apêndice A

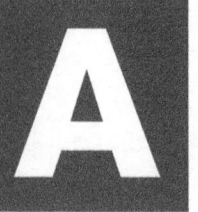

Circuitos trifásicos

Em um circuito monofásico, como mostra a Figura A.1a, a corrente é expressa como

$$\bar{I} = \frac{V\,\underline{/\alpha}}{R + jX} = \frac{V\,\underline{/\alpha - \theta}}{Z} \tag{A.1}$$

onde $Z = \sqrt{R^2 + X^2}$ e $\theta = \text{tg}^{-1}(X/R)$. A potência pode ser encontrada a partir de

$$P = VI \cos\theta \tag{A.2}$$

onde $\cos\theta$ é chamado de *fator de potência* (FP), e θ, que é o ângulo da impedância da carga, é conhecido como *ângulo do fator de potência*. Isso é mostrado na Figura A.1b.

Um circuito trifásico consiste em três tensões senoidais de amplitudes iguais, e os ângulos entre as tensões de fase individuais são de 120°. Uma carga em Y conectada a uma fonte trifásica é apresentada na Figura A.2a. Se as tensões trifásicas de fase forem

$$\bar{V}_a = V_f\,\underline{/0}$$

$$\bar{V}_b = V_f\,\underline{/-120°}$$

$$\bar{V}_c = V_f\,\underline{/-240°}$$

as tensões de linha, indicadas na Figura A.2b, serão

$$\bar{V}_{ab} = \bar{V}_a - \bar{V}_b = \sqrt{3}\,V_f\,\underline{/30°} = V_L\,\underline{/30°}$$

$$\bar{V}_{bc} = \bar{V}_b - \bar{V}_c = \sqrt{3}\,V_f\,\underline{/-90°} = V_L\,\underline{/-90°}$$

$$\bar{V}_{ca} = \bar{V}_c - \bar{V}_a = \sqrt{3}\,V_f\,\underline{/-210°} = V_L\,\underline{/-210°}$$

FIGURA A.1

Circuito monofásico.

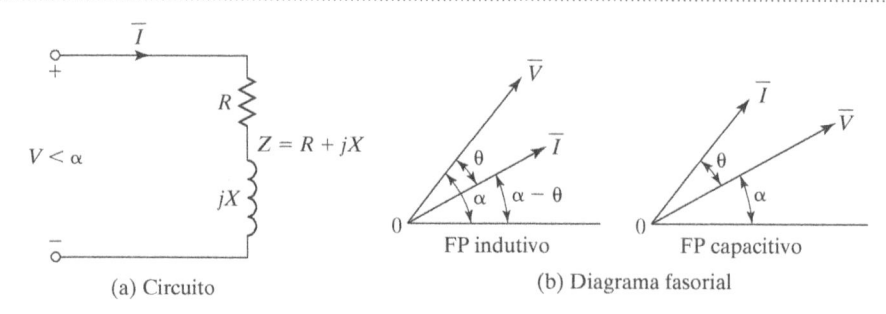

(a) Circuito

(b) Diagrama fasorial

FIGURA A.2
Circuito trifásico conectado em Y.

(a) Carga conectada em Y

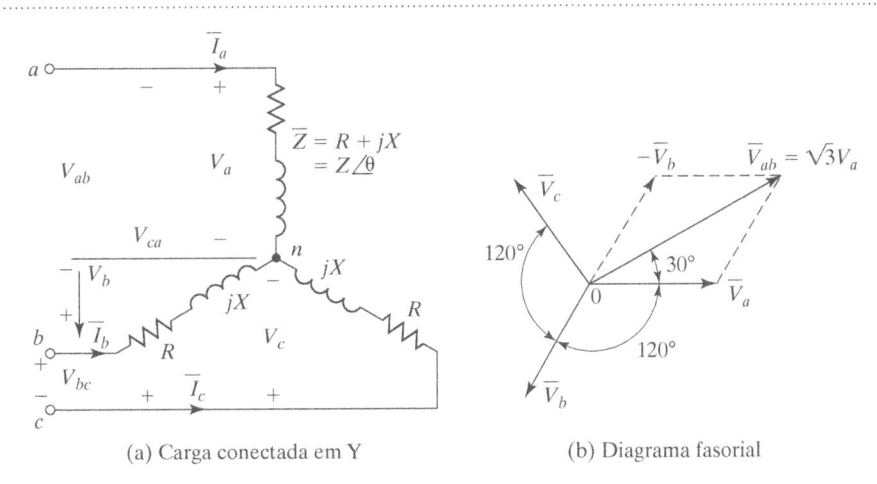

(b) Diagrama fasorial

Assim, uma tensão de linha V_L é $\sqrt{3}$ vez uma de fase V_f. As três correntes de linha, que são iguais às de fase, são

$$\bar{I}_a = \frac{\bar{V}_a}{Z_a\,\underline{/\theta_a}} = \frac{V_f}{Z_a}\underline{/-\theta_a}$$

$$\bar{I}_b = \frac{\bar{V}_b}{Z_b\,\underline{/\theta_b}} = \frac{V_f}{Z_b}\underline{/-120° - \theta_b}$$

$$\bar{I}_c = \frac{\bar{V}_c}{Z_c\,\underline{/\theta_c}} = \frac{V_f}{Z_c}\underline{/-240° - \theta_c}$$

A potência de entrada para a carga é

$$P = V_a I_a \cos\theta_a + V_b I_b \cos\theta_b + V_c I_c \cos\theta_c \tag{A.3}$$

Para uma tensão de alimentação equilibrada, $V_a = V_b = V_c = V_f$. A Equação A.3 torna-se

$$P = V_f(I_a\cos\theta_a + I_b\cos\theta_b + I_c\cos\theta_c) \tag{A.4}$$

Para uma carga equilibrada, $Z_a = Z_b = Z_c = Z$, $\theta_a = \theta_b = \theta_c = \theta$ e $I_a = I_b = I_c = I_f = I_L$, a Equação A.4 torna-se

$$P = 3V_f I_f \cos\theta = 3\frac{V_L}{\sqrt{3}}I_L\cos\theta = \sqrt{3}V_L I_L\cos\theta \tag{A.5}$$

Uma carga conectada em delta (triângulo) é mostrada na Figura A.3a, na qual as tensões de linha são iguais às de fase. Se as tensões trifásicas forem

$$\bar{V}_a = \bar{V}_{ab} = V_L\,\underline{/0} = V_f\,\underline{/0}$$

$$\bar{V}_b = \bar{V}_{bc} = V_L\,\underline{/-120°} = V_f\,\underline{/-120°}$$

$$\bar{V}_c = \bar{V}_{ca} = V_L\,\underline{/-240°} = V_f\,\underline{/-240°}$$

FIGURA A.3
Carga conectada em delta.

(a) Carga conectada em Δ
(b) Diagrama fasorial

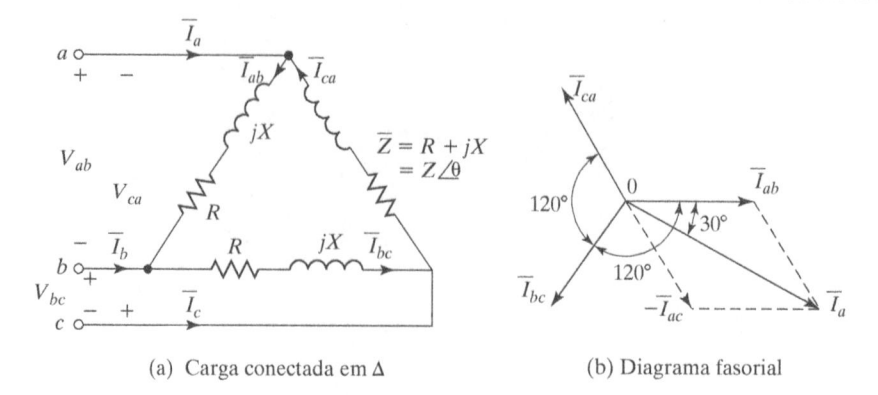

as correntes trifásicas, indicadas na Figura A.3b, serão

$$\bar{I}_{ab} = \frac{\bar{V}_a}{Z_a \angle \theta_a} = \frac{V_L}{Z_a} \angle{-\theta_a} = I_f \angle{-\theta_a}$$

$$\bar{I}_{bc} = \frac{\bar{V}_b}{Z_b \angle \theta_b} = \frac{V_L}{Z_b} \angle{-120° - \theta_b} = I_f \angle{-120° - \theta_b}$$

$$\bar{I}_{ca} = \frac{\bar{V}_c}{Z_c \angle \theta_c} = \frac{V_L}{Z_c} \angle{-240° - \theta_c} = I_f \angle{-240° - \theta_c}$$

e as três correntes de linha serão

$$\bar{I}_a = \bar{I}_{ab} - \bar{I}_{ca} = \sqrt{3}\, I_f \angle{-30° - \theta_a} = I_L \angle{-30° - \theta_a}$$

$$\bar{I}_b = \bar{I}_{bc} - \bar{I}_{ab} = \sqrt{3}\, I_f \angle{-150° - \theta_b} = I_L \angle{-150° - \theta_b}$$

$$\bar{I}_c = \bar{I}_{ca} - \bar{I}_{bc} = \sqrt{3}\, I_f \angle{-270° - \theta_c} = I_L \angle{-270° - \theta_c}$$

Portanto, em uma carga conectada em delta, uma corrente de linha é $\sqrt{3}$ vez uma de fase. A potência de entrada para a carga é

$$P = V_{ab}I_{ab}\cos\theta_a + V_{bc}I_{bc}\cos\theta_b + V_{ca}I_{ca}\cos\theta_c \tag{A.6}$$

Para uma alimentação equilibrada, $V_{ab} = V_{bc} = V_{ca} = V_L$, a Equação A.6 torna-se

$$P = V_L(I_{ab}\cos\theta_a + I_{bc}\cos\theta_b + I_{ca}\cos\theta_c) \tag{A.7}$$

Para uma carga equilibrada, $Z_a = Z_b = Z_c = Z$, $\theta_a = \theta_b = \theta_c = \theta$ e $I_{ab} = I_{bc} = I_{ca} = I_f$, a Equação A.7 torna-se

$$P = 3V_f I_f \cos\theta = 3V_L \frac{I_L}{\sqrt{3}} \cos\theta = \sqrt{3}V_L I_L \cos\theta \tag{A.8}$$

Observação: as equações A.5 e A.8, que expressam a potência em um circuito trifásico, são iguais. Para as mesmas tensões de fase, as correntes de linha em uma carga conectada em delta são $\sqrt{3}$ vez a de uma carga conectada em Y.

Apêndice B

Circuitos magnéticos

Um anel magnético é mostrado na Figura B.1. Se o campo magnético for uniforme e normal à área em consideração, um circuito magnético será caracterizado pelas seguintes equações:

$$\phi = BA \tag{B.1}$$

$$B = \mu H \tag{B.2}$$

$$\mu = \mu_r \mu_0 \tag{B.3}$$

$$\mathcal{F} = NI = Hl \tag{B.4}$$

Onde
  ϕ = fluxo, em webers;
  B = densidade de fluxo, webers/m² (ou teslas);
  H = força magnetizante, em ampère-espiras/metro;
  μ = permeabilidade do material magnético;
  μ_0 = permeabilidade do ar (= $4\pi \times 10^{-7}$);
  μ_r = permeabilidade relativa do material;
  $\mathcal{F}$ = força magnetomotriz, em ampère-espiras (Ae);
  N = número de espiras no enrolamento;
  I = corrente através do enrolamento, em ampères;
  l = comprimento do circuito magnético, em metros.

Se o circuito magnético consistir em várias seções, a Equação B.4 torna-se

$$\mathcal{F} = NI = \sum H_i l_i \tag{B.5}$$

onde H_i e l_i são a força magnetizante e o comprimento da i-ésima seção, respectivamente.

A relutância de um circuito magnético está relacionada com a força magnetomotriz e com o fluxo por

FIGURA B.1
Anel magnético.

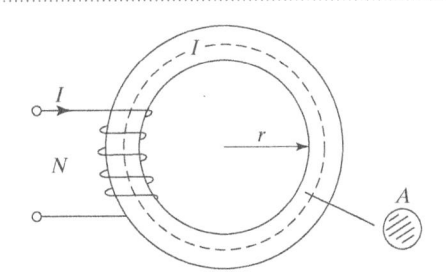

$$\mathcal{R} = \frac{\mathcal{F}}{\phi} = \frac{NI}{\phi} \tag{B.6}$$

e $\mathcal{R}$ depende do tipo e das dimensões do núcleo

$$\mathcal{R} = \frac{l}{\mu_r \theta_0 A} \tag{B.7}$$

A permeabilidade depende da característica *B–H*, e normalmente é muito maior que a do ar. Uma característica *B–H* típica, que é não linear, é mostrada na Figura B.2. Para um valor grande de μ, $\mathcal{R}$ torna-se muito pequeno, o que resulta em um valor elevado de fluxo. Geralmente é introduzido um entreferro de ar para limitar a quantidade de fluxo.

Um circuito magnético com um entreferro de ar é mostrado na Figura B.3a, e o circuito elétrico equivalente, na Figura B.3b. A relutância do entreferro é

$$\mathcal{R}_g = \frac{l_g}{\mu_0 A_g} \tag{B.8}$$

e a relutância do núcleo é

$$\mathcal{R}_c = \frac{l_c}{\mu_r \mu_0 A_c} \tag{B.9}$$

Onde
 l_g = comprimento do entreferro;
 l_c = comprimento do núcleo;
 A_g = área da seção transversal do entreferro de ar;
 A_c = área da seção transversal do núcleo.

A relutância total do circuito magnético é

FIGURA B.2
Característica *B-H* típica.

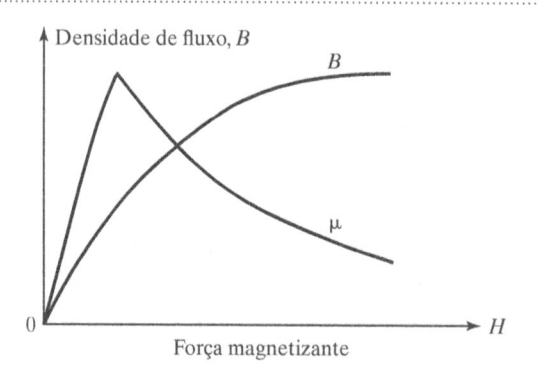

FIGURA B.3
Circuito magnético com entreferro de ar.

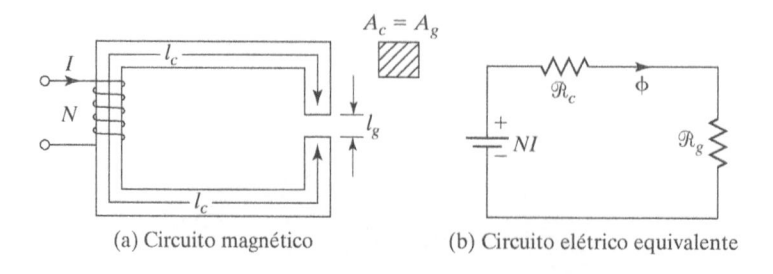

(a) Circuito magnético (b) Circuito elétrico equivalente

$$\mathcal{R} = \mathcal{R}_g + \mathcal{R}_c$$

A indutância é definida como o fluxo concatenado (λ) por ampère

$$L = \frac{\lambda}{I} = \frac{N\phi}{I} \qquad (B.10)$$

$$= \frac{N^2\phi}{NI} = \frac{N^2}{\mathcal{R}} \qquad (B.11)$$

A densidade de fluxo para vários materiais magnéticos é apresentada na Tabela B.1.

TABELA B.1

Densidade de fluxo para vários materiais magnéticos.

Nomes comerciais	Composição	Densidade de fluxo saturado* (tesla)	Força coercitiva CC (amp-espira/cm)	Fator de quadratura	Densidade do material (g/cm³**)	Fator de perda a 3 kHz e 0,5 T (W/kg)
Magnesil Microsil Silectron Supersil	3% Si 97% Fe	1,5–1,8	0,5–0,75	0,85–1,0	7,63	33,1
Deltamax Orthonol 49 Sq. Mu	50% Ni 50% Fe	1,4–1,6	0,125–0,25	0,94–1,0	8,24	17,66
Allegheny 4750 48 Alloy Carpenter 49	48% Ni 52% Fe	1,15–1,4	0,062–0,187	0,80–0,92	8,19	11,03
4–79 Permalloy Sq. Permalloy 80 Sq. Mu 79	79% Ni 17% Fe 4% Mo	0,66–0,82	0,025–0,05	0,80–1,0	8,73	5,51
Supermalloy	78% Ni 17% Fe 5% Mo	0,65–0,82	0,0037–0,01	0,40–0,70	8,76	3,75

* 1 T = 10^4 gauss
** 1 g/cm³ = 0,036 lb/in.³

Fonte: Arnold Engineering Company, Magnetics Technology Center, Marengo, IL <http://www.grouparnold.com/mtc/index.htm>.

Exemplo B.1

Os parâmetros do núcleo na Figura B.3a são l_g = 1 mm, l_c = 30 cm, $A_g = A_c = 5 \times 10^{-3}$ m², N = 350 e I = 2 A. Calcule a indutância para **(a)** μ_r = 3500 e **(b)** um núcleo ideal, ou seja, para μ_r muito grande, tendendo para o infinito.

Solução

$\mu_0 = 4\pi \times 10^{-7}$ e $N = 350$.

a. A partir da Equação B.8,

$$\mathcal{R}_g = \frac{1 \times 10^{-3}}{4\pi \times 10^{-7} \times 5 \times 10^{-3}} = 159{,}155$$

A partir da Equação B.9,

$$\mathcal{R}_c = \frac{30 \times 10^{-2}}{3500 \times 4\pi \times 10^{-7} \times 5 \times 10^{-3}} = 13{,}641$$

$$\mathcal{R} = 159{,}155 + 13{,}641 = 172{,}796$$

A partir da Equação B.11, $L = 350^2/172{,}796 = 0{,}71$ H.
b. Se $\mu_r \approx \infty$, $\mathcal{R}_c = 0$, $\mathcal{R} = \mathcal{R}_g = 159{,}155$ e $L = 350^2/159{,}155 = 0{,}77$ H.

B.1 EXCITAÇÃO SENOIDAL

Se uma tensão senoidal de $v_s = V_m \operatorname{sen} \omega t = \sqrt{2}\, V_s \operatorname{sen} \omega t$ for aplicada no núcleo apresentado na Figura B.3a, o fluxo poderá ser encontrado a partir de

$$V_m \operatorname{sen} \omega t = -N \frac{d\phi}{dt} \tag{B.12}$$

que, após efetuar a integração, fornece

$$\phi = \phi_m \cos \omega t = \frac{V_m}{N\omega} \cos \omega t \tag{B.13}$$

Assim,

$$\phi_m = \frac{V_m}{2\pi f N} = \frac{\sqrt{2} V_s}{2\pi f N} = \frac{V_s}{4{,}44 f N} \tag{B.14}$$

O fluxo máximo ϕ_m depende da tensão, da frequência e do número de espiras. A Equação B.14 é válida se o núcleo não estiver saturado. Se o fluxo máximo for elevado, o núcleo poderá saturar e o fluxo não será senoidal. Se a relação entre tensão e frequência for mantida constante, o fluxo também permanecerá constante, desde que o número de espiras continue inalterado.

B.2 TRANSFORMADOR

Se um segundo enrolamento, chamado *enrolamento secundário*, for acrescentado ao núcleo na Figura B.3a e este for excitado a partir de uma tensão senoidal, uma tensão será induzida no enrolamento secundário. Isso é mostrado na Figura B.4. Se N_p e N_s forem as espiras dos enrolamentos primário e secundário, respectivamente, a tensão no primário V_p e a tensão no secundário V_s estarão associadas entre si por

$$\frac{V_p}{V_s} = \frac{I_s}{I_p} = \frac{N_p}{N_s} = a \tag{B.15}$$

onde a é a relação de espiras.

O circuito equivalente de um transformador está representado na Figura B.5, onde todos os parâmetros estão referidos ao primário. Para referir um parâmetro do secundário para o lado primário, ele é multiplicado por a^2. O circuito equivalente pode ter como referência o lado secundário ao dividirmos todos os parâmetros do circuito na Figura B.5 por a^2. X_1 e X_2 são as reatâncias de dispersão dos enrolamentos primário e secundário, respectivamente. Já R_1 e R_2 são as resistências dos enrolamentos primário e secundário, X_m é a reatância de magnetização e R_m representa a perda no núcleo.

A bitola do fio para uma área desencapada específica é mostrada na Tabela B.2.

FIGURA B.4
Núcleo do transformador.

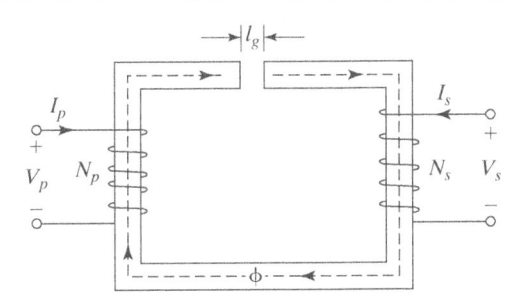

FIGURA B.5
Circuito equivalente do transformador.

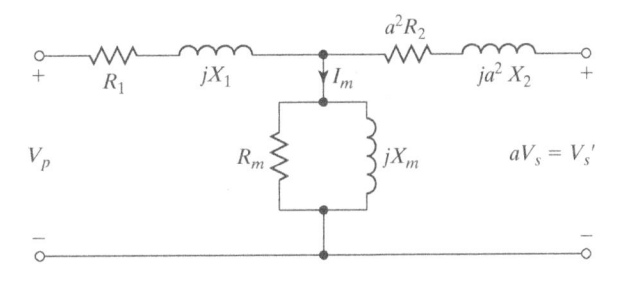

As variações do fluxo decorrente da excitação CA causam dois tipos de perda no núcleo: (1) por histerese e (2) por correntes parasitas (corrente de Foucault). A perda por histerese é expressa empiricamente como

$$P_h = K_h f B_{máx}^z \tag{B.16}$$

onde K_h é uma constante de histerese que depende do material, e $B_{máx}$, a máxima densidade de fluxo. z é a constante de Steinmetz, que tem um valor de 1,6 a 2. A perda por corrente de Foucault é expressa empiricamente como

$$P_e = K_e f^2 B_{máx}^2 \tag{B.17}$$

onde K_e é a constante da corrente de Foucault, que depende do material. A perda total no núcleo é

$$P_c = K_h f B_{máx}^2 + K_e f^2 B_{máx}^2 \tag{B.18}$$

A perda magnética típica em função da densidade de fluxo é mostrada na Figura B.6.

Observação: se um transformador for projetado para operar a 60 Hz e for colocado em operação a uma frequência maior, a perda no núcleo aumentará significativamente.

TABELA B.2
Bitola do fio.

AWG Bitola do fio	Área desencapada		Resistência $10^{-6}\ \Omega$ cm a 20 °C	Área		Sintéticos pesados							
						Diâmetro			Espiras por			Espiras por		Peso
	cm·10^{-3}*	Cir-Mil**		cm·10^{-3}	Cir-Mil**	cm	in·***	cm	in·***	cm²	in²	g/cm
10	52,61	10384	32,70	55,9	11046	0,267	0,1051	3,87	9,5	10,73	69,20	0,468
11	41,68	8226	41,37	44,5	8798	0,238	0,0938	4,36	10,7	13,48	89,95	0,3750
12	33,08	6529	52,09	35,64	7022	0,213	0,0838	4,85	11,9	16,81	108,4	0,2977
13	26,26	5184	65,64	28,36	5610	0,190	0,0749	5,47	13,4	21,15	136,4	0,2367
14	20,82	4109	82,80	22,95	4556	0,171	0,0675	6,04	14,8	26,14	168,6	0,1879
15	16,51	3260	104,3	18,37	3624	0,153	0,0602	6,77	16,6	32,66	210,6	0,1492
16	13,07	2581	131,8	14,73	2905	0,137	0,0539	7,32	18,6	40,73	262,7	0,1184
17	10,39	2052	165,8	11,68	2323	0,122	0,0482	8,18	20,8	51,36	331,2	0,0943
18	8,228	1624	209,5	9,326	1857	0,109	0,0431	9,13	23,2	64,33	414,9	0,07472
19	6,531	1289	263,9	7,539	1490	0,0980	0,0386	10,19	25,9	79,85	515,0	0,05940
20	5,188	1024	332,3	6,065	1197	0,0879	0,0346	11,37	28,9	98,93	638,1	0,04726
21	4,116	812,3	418,9	4,837	954,8	0,0785	0,0309	12,75	32,4	124,0	799,8	0,03757
22	3,243	640,1	531,4	3,857	761,7	0,0701	0,0276	14,25	36,2	155,5	1003	0,02965
23	2,588	510,8	666,0	3,135	620,0	0,0632	0,0249	15,82	40,2	191,3	1234	0,02372
24	2,047	404,0	842,1	2,514	497,3	0,0566	0,0223	17,63	44,8	238,6	1539	0,01884
25	1,623	320,4	1062,0	2,002	396,0	0,0505	0,0199	19,80	50,3	299,7	1933	0,01498
26	1,280	252,8	1345,0	1,603	316,8	0,0452	0,0178	22,12	56,2	374,2	2414	0,01185
27	1,021	201,6	1687,6	1,313	259,2	0,0409	0,0161	24,44	62,1	456,9	2947	0,00945
28	0,8046	158,8	2142,7	1,0515	207,3	0,0366	0,0144	27,32	69,4	570,6	3680	0,00747
29	0,6470	127,7	2664,3	0,8548	169,0	0,0330	0,0130	30,27	76,9	701,9	4527	0,00602
30	0,5067	100,0	3402,2	0,6785	134,5	0,0294	0,0116	33,93	86,2	884,3	5703	0,00472
31	0,4013	79,21	4294,6	0,5596	110,2	0,0267	0,0105	37,48	95,2	1072	6914	0,00372
32	0,3242	64,00	5314,9	0,4559	90,25	0,0241	0,0095	41,45	105,3	1316	8488	0,00305
33	0,2554	50,41	6748,6	0,3662	72,25	0,0216	0,0085	46,33	117,7	1638	10565	0,00241
34	0,2011	39,69	8572,8	0,2863	56,25	0,0191	0,0075	52,48	133,3	2095	13512	0,00189
35	0,1589	31,36	10849	0,2268	44,89	0,0170	0,0067	58,77	149,3	2645	17060	0,00150
36	0,1266	25,00	13608	0,1813	36,00	0,0152	0,0060	65,62	166,7	3309	21343	0,00119
37	0,1026	20,25	16801	0,1538	30,25	0,0140	0,0055	71,57	181,8	3901	25161	0,000977

(*Continua*)

(Continuação)

	A	B	C	D	E	F	G	H	I	J	K	L
38	0,08107	16,00	21266	0,1207	24,01	0,0124	0,0049	80,35	204,1	4971	32062	0,000773
39	0,06207	12,25	27775	0,0932	18,49	0,0109	0,0043	91,57	232,6	6437	41518	0,000593
40	0,04869	9,61	35400	0,0723	14,44	0,0096	0,0038	103,6	263,2	8298	53522	0,000464
41	0,03972	7,84	43405	0,0584	11,56	0,00863	0,0034	115,7	294,1	10273	66260	0,000379
42	0,03166	6,25	54429	0,04558	9,00	0,00762	0,0030	131,2	333,3	13163	84901	0,000299
43	0,02452	4,84	70308	0,03683	7,29	0,00685	0,0027	145,8	370,4	16291	105076	0,000233
44	0,0202	4,00	85072	0,03165	6,25	0,00635	0,0025	157,4	400,0	18957	122272	0,000195

*Esta notação significa que a entrada na coluna deve ser multiplicada por 10^{-3}.

** Estes dados são da REA Magnetic Wire Datalator.

Fonte: Arnold Engineering Company, Magnetics Technology Center, Marengo, IL. <www.grouparnold.com/mtc/index.htm>.

FIGURA B.6

Perda no núcleo em função da densidade de fluxo.

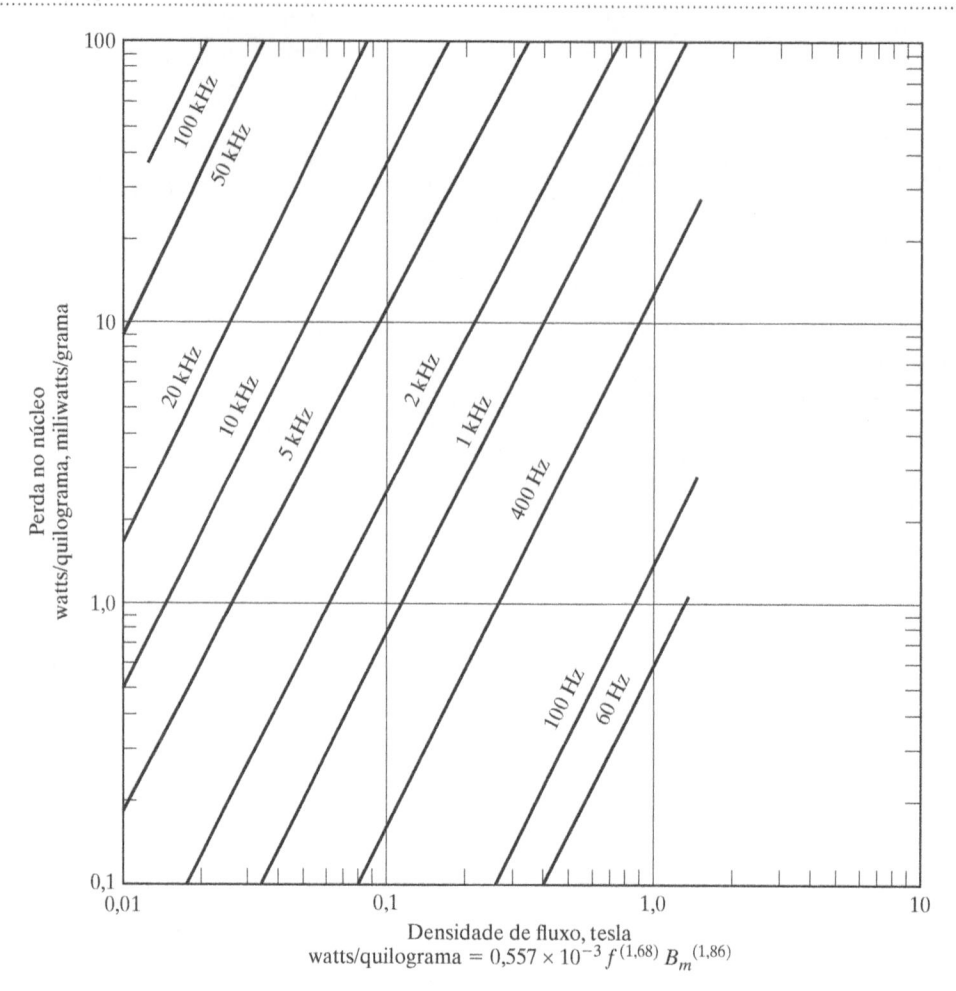

Densidade de fluxo, tesla

watts/quilograma = $0{,}557 \times 10^{-3} f^{(1,68)} B_m^{(1,86)}$

Apêndice C

Funções de chaveamento dos conversores

A saída de um conversor depende do padrão de chaveamento de suas chaves e da tensão (ou corrente) de entrada. Tal como em um sistema linear, as quantidades de saída de um conversor podem ser expressas em termos das quantidades de entrada fazendo-se a multiplicação do espectro. O arranjo de um conversor monofásico é mostrado na Figura C.1a. Se $V_i(\theta)$ e $I_i(\theta)$ forem a tensão e a corrente de entrada, respectivamente, as tensão e corrente de saída serão $V_o(\theta)$ e $I_o(\theta)$, respectivamente. A entrada pode ser uma fonte de tensão ou uma fonte de corrente.

Fonte de tensão. Para uma fonte de tensão, a tensão de saída $V_o(\theta)$ pode ser relacionada com a de entrada $V_i(\theta)$ por

$$V_o(\theta) = S(\theta) V_i(\theta) \tag{C.1}$$

onde $S(\theta)$ é a função do chaveamento do conversor, como mostra a Figura C.1b. $S(\theta)$ depende do tipo do conversor e do padrão de acionamento das chaves. Se g_1, g_2, g_3 e g_4 forem os sinais de acionamento para as chaves Q_1, Q_2, Q_3 e Q_4, respectivamente, a função do chaveamento será

$$S(\theta) = g_1 - g_4 = g_2 - g_3$$

Desprezando as perdas nas chaves do conversor e utilizando o equilíbrio de potência, obtemos

$$V_i(\theta) I_i(\theta) = V_o(\theta) I_o(\theta)$$

$$S(\theta) = \frac{V_o(\theta)}{V_i(\theta)} = \frac{I_i(\theta)}{I_o(\theta)} \tag{C.2}$$

$$I_i(\theta) = S(\theta) I_o(\theta) \tag{C.3}$$

Uma vez que $S(\theta)$ seja conhecido, $V_o(\theta)$ pode ser determinado. $V_o(\theta)$ dividido pela impedância da carga resulta em $I_o(\theta)$, e então $I_i(\theta)$ pode ser encontrado a partir da Equação C.3.

FIGURA C.1

Estrutura de um conversor monofásico.

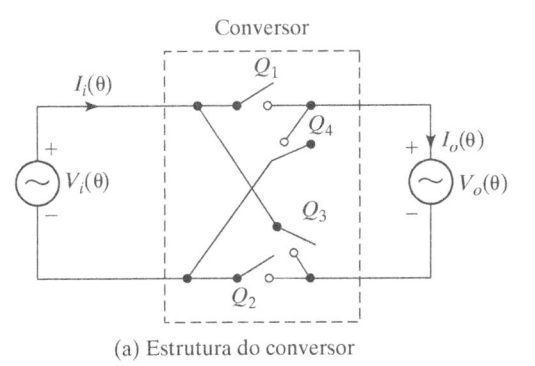

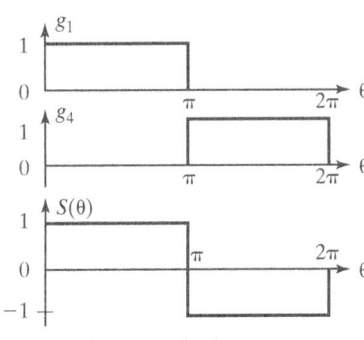

(a) Estrutura do conversor

(b) Função de chaveamento

Fonte de corrente. No caso de fonte de corrente, a corrente de entrada permanece constante, $I_i(\theta) = I_i$, e a corrente de saída $I_o(\theta)$ pode ser relacionada com a de entrada I_i:

$$I_o(\theta) = S(\theta)I_i \tag{C.4}$$

$$V_o(\theta)I_o(\theta) = V_i(\theta)I_i(\theta)$$

o que dá

$$V_i(\theta) = S(\theta)V_o(\theta) \tag{C.5}$$

$$S(\theta) = \frac{V_i(\theta)}{V_o(\theta)} = \frac{I_o(\theta)}{I_i(\theta)} \tag{C.6}$$

C.1 INVERSORES MONOFÁSICOS EM PONTE COMPLETA

A função de chaveamento de um inversor monofásico em ponte completa, como o da Figura 6.3a, é mostrada na Figura C.2. Se g_1 e g_4 forem os sinais de acionamento para as chaves Q_1 e Q_4, respectivamente, a função de chaveamento será

$$S(\theta) = g_1 - g_4$$

$$= 1 \quad \text{para } 0 \leq \theta \leq \pi$$

$$= -1 \quad \text{para } \pi \leq \theta \leq 2\pi$$

Se f_0 for a frequência fundamental do inversor,

$$\theta = \omega t = 2\pi f_0 t \tag{C.7}$$

$S(\theta)$ pode ser expressa em uma série de Fourier como

$$S(\theta) = \frac{A_0}{2} + \sum_{n=1,2,\ldots}^{\infty} (A_n \cos n\theta + B_n \operatorname{sen} n\theta) \tag{C.8}$$

$$B_n = \frac{2}{\pi}\int_0^\pi S(\theta) \operatorname{sen} n\theta \, d\theta = \frac{4}{n\pi} \quad \text{para } n = 1,3,\ldots$$

Por causa da simetria de meia-onda, $A_0 = A_n = 0$.
Substituindo A_0, A_n e B_n na Equação C.8, obtém-se

$$S(\theta) = \frac{4}{\pi}\sum_{n=1,3,5,\ldots}^{\infty} \frac{\operatorname{sen} n\theta}{n} \tag{C.9}$$

FIGURA C.2

Função de chaveamento de um inversor monofásico em ponte completa.

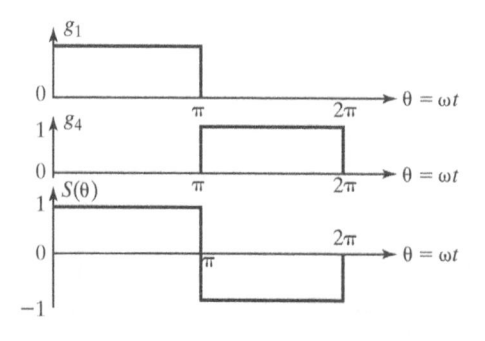

Se a tensão de entrada, que é CC, for $V_i(\theta) = V_s$, a Equação C.1 fornece a tensão de saída como

$$V_o(\theta) = S(\theta) V_i(\theta) = \frac{4V_s}{\pi} \sum_{n=1,3,5,\ldots}^{\infty} \frac{\operatorname{sen} n\theta}{n} \qquad (C.10)$$

que é igual à Equação 6.16. Para um inversor trifásico fonte de tensão como o da Figura 6.6, há três funções de chaveamento: $S_1(\theta) = g_1 - g_4$, $S_2(\theta) = g_3 - g_6$ e $S_3(\theta) = g_5 - g_2$. Há três tensões de saída de linha que correspondem às três tensões de chaveamento, ou seja, $V_{ab}(\theta) = S_1(\theta)V_i(\theta)$, $V_{bc}(\theta) = S_2(\theta)V_i(\theta)$ e $V_{ca}(\theta) = S_3(\theta)V_i(\theta)$.

C.2 RETIFICADORES MONOFÁSICOS EM PONTE

A função de chaveamento de um retificador monofásico em ponte é a mesma que a do inversor monofásico em ponte completa. Se a tensão de entrada for $V_i(\theta) = V_m \operatorname{sen} \theta$, as equações C.1 e C.9 fornecerão a tensão de saída como

$$V_o(\theta) = S(\theta) V_i(\theta) = \frac{4V_m}{\pi} \sum_{n=1,3,5,\ldots}^{\infty} \frac{\operatorname{sen}\theta \operatorname{sen} n\theta}{n} \qquad (C.11)$$

$$= \frac{4V_m}{\pi} \sum_{n=1,3,5,\ldots}^{\infty} \frac{\cos(n-1)\theta - \cos(n+1)\theta}{2n} \qquad (C.12)$$

$$= \frac{2V_m}{\pi}\left[1 - \cos 2\theta + \frac{1}{3}\cos 2\theta - \frac{1}{3}\cos 4\theta \right.$$

$$\left. + \frac{1}{5}\cos 4\theta - \frac{1}{5}\cos 6\theta + \frac{1}{7}\cos 6\theta - \frac{1}{7}\cos 8\theta + \cdots \right]$$

$$= \frac{2V_m}{\pi}\left[1 - \frac{2}{3}\cos 2\theta - \frac{2}{15}\cos 4\theta - \frac{2}{35}\cos 6\theta - \cdots \right]$$

$$= \frac{2V_m}{\pi} - \frac{4V_m}{\pi} \sum_{m=1}^{\infty} \frac{\cos 2m\theta}{4m^2 - 1} \qquad (C.13)$$

As equações C.13 e 3.12 são iguais. A primeira parte da Equação C.13 é a tensão média de saída, e a segunda, o conteúdo de ondulação da tensão de saída.

Para um retificador trifásico como os das figuras 3.11 e 10.3a, as funções de chaveamento são $S_1(\theta) = g_1 - g_4$, $S_2(\theta) = g_3 - g_6$ e $S_3(\theta) = g_5 - g_2$. Se as três tensões de fase de entrada forem $V_{an}(\theta)$, $V_{bn}(\theta)$ e $V_{cn}(\theta)$, a tensão de saída torna-se

$$V_o(\theta) = S_1(\theta)V_{an}(\theta) + S_2(\theta)V_{bn}(\theta) + S_3(\theta)V_{cn}(\theta) \qquad (C.14)$$

C.3 INVERSORES MONOFÁSICOS EM PONTE COMPLETA COM MODULAÇÃO POR LARGURA DE PULSO SENOIDAL

A função de chaveamento de um inversor monofásico em ponte completa com modulação por largura de pulso senoidal (SPWM) é mostrada na Figura C.3. Os pulsos de acionamento são gerados pela comparação de uma onda cossenoide com pulsos triangulares. Se g_1 e g_4 forem os sinais de comando de porta para as chaves Q_1 e Q_4, respectivamente, a função de chaveamento será

$$S(\theta) = g_1 - g_4$$

$S(\theta)$ pode ser expressa em uma série de Fourier como

$$S(\theta) = \frac{A_0}{2} + \sum_{n=1,2\ldots}^{\infty} (A_n \cos n\theta + B_n \operatorname{sen} n\theta) \qquad (C.15)$$

FIGURA C.3
Função de chaveamento com SPWM.

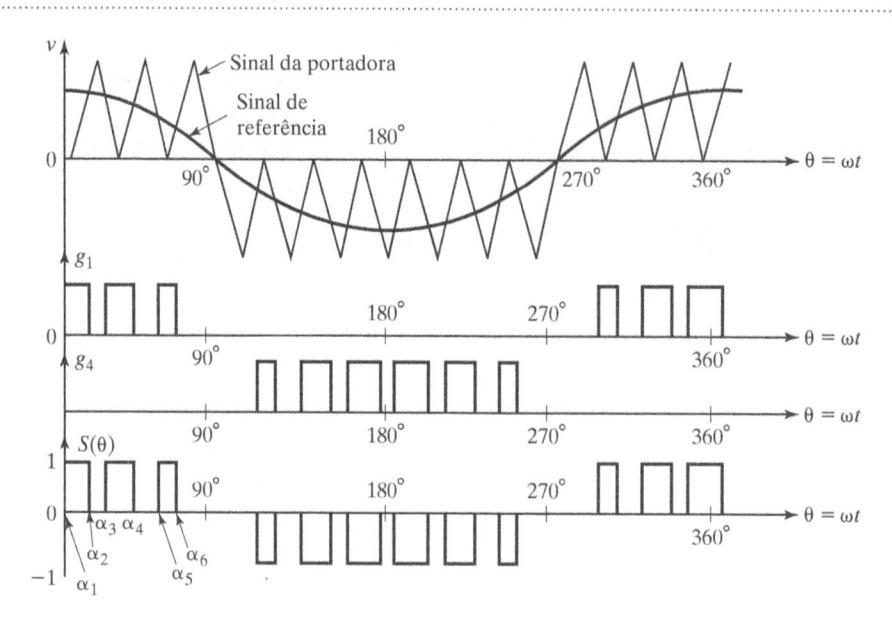

Se houver p pulsos por quarto de ciclo e p for um número par,

$$A_n = \frac{2}{\pi} \int_0^\pi S(\theta) \cos n\theta \, d\theta$$

$$= \frac{4}{\pi} \int_0^{\pi/2} S(\theta) \cos n\theta \, d\theta$$

$$= \frac{4}{\pi} \left[\int_{\alpha_1}^{\alpha_2} \cos n\theta \, d\theta + \int_{\alpha_3}^{\alpha_4} \cos n\theta \, d\theta + \int_{\alpha_5}^{\alpha_6} \cos n\theta \, d\theta + \cdots \right] \quad \text{(C.16)}$$

$$= \frac{4}{n\pi} \sum_{m=1,2,3,\ldots}^{p} [(-1)^m \text{sen} \, n\alpha_m]$$

Por causa da simetria de quarto de onda, $B_n = A_0 = 0$. Substituindo A_0, A_n e B_n na Equação C.15, obtém-se

$$S(\theta) = \sum_{n=1,3,5\ldots}^{\infty} A_n \cos n\theta = \frac{4}{n\pi} \sum_{n=1,3,5,\ldots}^{\infty} \left[\sum_{m=1,2,3,\ldots}^{p} (-1)^m \text{sen} \, n\alpha_m \cos n\theta \right] \quad \text{(C.17)}$$

Se a tensão de entrada for $V_i(\theta) = V_s$, as equações C.1 e C.17 fornecem a tensão de saída como

$$V_o(\theta) = V_s \sum_{n=1,3,5,\ldots}^{\infty} A_n \cos n\theta \quad \text{(C.18)}$$

C.4 RETIFICADORES CONTROLADOS MONOFÁSICOS COM SPWM

Se a tensão de entrada for $V_i(\theta) = V_m \cos \theta$, as equações C.1 e C.17 fornecem a tensão de saída como

$$V_o(\theta) = V_m \sum_{n=1,3,5,\ldots}^{\infty} A_n \cos n\theta \cos \theta \tag{C.19}$$

$$= \frac{V_m}{2} \sum_{n=1,3,5,\ldots}^{\infty} A_n [\cos(n-1)\theta + \cos(n+1)\theta]$$

$$= 0{,}5 V_m [A_1(\cos 0 + \cos 2\theta) + A_3(\cos 2\theta + \cos 4\theta)$$

$$+ A_5(\cos 4\theta + \cos 6\theta) + \ldots]$$

$$= \frac{V_m A_1}{2} + V_m \sum_{n=2,4,6,\ldots}^{\infty} \frac{A_{n-1} + A_{n+1}}{2} \cos n\theta \tag{C.20}$$

A primeira parte da Equação C.20 é a tensão média de saída, e a segunda, a tensão de ondulação. A Equação C.20 é válida desde que a tensão de entrada e a função de chaveamento sejam formas de onda cossenoides.

No caso de ondas senoidais, a tensão de entrada é $V_i(\theta) = V_m \operatorname{sen} \theta$, e a função de chaveamento,

$$S(\theta) = \sum_{n=1,3,5,\ldots}^{\infty} A_n \operatorname{sen} n\theta \tag{C.21}$$

As equações C.1 e C.21 fornecem a tensão de saída como

$$V_o(\theta) = V_m \sum_{n=1,3,5,\ldots}^{\infty} A_n \operatorname{sen}\theta \operatorname{sen} n\theta \tag{C.22}$$

$$= \frac{V_m}{2} \sum_{n=1,3,5,\ldots}^{\infty} A_n [\cos(n-1)\theta - \cos(n+1)\theta]$$

$$= 0{,}5 V_m [A_1(\cos 0 - \cos 2\theta) + A_3(\cos 2\theta - \cos 4\theta)$$

$$+ A_5(\cos 4\theta - \cos 6\theta) + \cdots]$$

$$= \frac{V_m A_1}{2} - V_m \sum_{n=2,4,6,\ldots}^{\infty} \frac{A_{n-1} - A_{n+1}}{2} \cos n\theta \tag{C.23}$$

Apêndice D

Análise transitória CC

D.1 CIRCUITO *RC* COM ENTRADA EM DEGRAU

Quando a chave S_1 na Figura 2.15a é fechada em $t = 0$, a corrente de carga do capacitor pode ser determinada a partir de

$$V_s = v_R + v_c = R\,i + \frac{1}{C}\int i\,dt + v_c(t = 0) \tag{D.1}$$

com a condição inicial $v_c(t = 0) = 0$. Utilizando a Tabela D.1, a Equação D.1 pode ser transformada no domínio s de Laplace:

$$\frac{V_s}{s} = RI(s) + \frac{1}{Cs}I(s)$$

que, após calcular a corrente $I(s)$, fornece

$$I(s) = \frac{V_s}{R(s + \alpha)} \tag{D.2}$$

onde $\alpha = 1/RC$. A transformada inversa da Equação D.2 no domínio do tempo fornece

$$i(t) = \frac{V_s}{R}e^{-\alpha t} \tag{D.3}$$

TABELA D.1

Algumas transformadas de Laplace.

$f(t)$	$F(s)$
1	$\dfrac{1}{s}$
t	$\dfrac{1}{s^2}$
$e^{-\alpha t}$	$\dfrac{1}{s + \alpha}$
$\operatorname{sen}\alpha t$	$\dfrac{\alpha}{s^2 + \alpha^2}$
$\cos \alpha t$	$\dfrac{s}{s^2 + \alpha^2}$
$f'(t)$	$sF(s) - F(0)$
$f''(t)$	$s^2F(s) - sF(s) - F'(0)$

e a tensão sobre o capacitor é obtida como

$$v_c(t) = \frac{1}{C}\int_0^t i\, dt = V_s(1 - e^{-\alpha t}) \tag{D.4}$$

Em regime permanente (em $t = \infty$),

$$I_s = i(t = \infty) = 0$$

$$V_c = v_c(t = \infty) = V_s$$

D.2 CIRCUITO *RL* COM ENTRADA EM DEGRAU

Nas figuras 2.17a e 5.5a são mostrados dois circuitos *RL* típicos. A corrente transitória através do indutor da Figura 5.5a pode ser expressa como

$$V_s = v_L + v_R + E = L\frac{di}{dt} + Ri + E \tag{D.5}$$

com a condição inicial: $i(t = 0) = I_1$. No domínio *s* de Laplace, a Equação D.5 torna-se

$$\frac{V_s}{s} = L\, sI(s) - LI_1 + RI(s) + \frac{E}{s}$$

e calculando $I(s)$ obtém-se

$$I(s) = \frac{V_s - E}{L\, s(s + \beta)} + \frac{I_1}{s + \beta} = \frac{V_s - E}{R}\left(\frac{1}{s} - \frac{1}{s + \beta}\right) + \frac{I_1}{s + \beta} \tag{D.6}$$

onde $\beta = R/L$. Tomando a transformada inversa da Equação D.6, obtém-se

$$i(t) = \frac{V_s}{R}(1 - e^{-\beta t}) + I_1 e^{-\beta t} \tag{D.7}$$

Se não houver corrente inicial no indutor (isto é, $I_1 = 0$), a Equação D.7 torna-se

$$i(t) = \frac{V_s}{R}(1 - e^{-\beta t}) \tag{D.8}$$

Em regime permanente (em $t = \infty$), $I_s = i(t = \infty) = V_s/R$.

D.3 CIRCUITO *LC* COM ENTRADA EM DEGRAU

A corrente transitória através do capacitor na Figura 2.18a é expressa como

$$V_s = v_L + v_c = L\frac{di}{dt} + \frac{1}{C}\int i\, dt + v_c(t = 0) \tag{D.9}$$

com as condições iniciais $v_c(t = 0) = 0$ e $i(t = 0) = 0$. Na transformada de Laplace, a Equação D.9 torna-se

$$\frac{V_s}{s} = L\, sI(s) + \frac{1}{Cs}I(s)$$

e, calculando $I(s)$, obtém-se

$$I(s) = \frac{V_s}{L(s^2 + \omega_m^2)} \quad \text{(D.10)}$$

onde $\omega_m = 1/\sqrt{LC}$. A transformada inversa da Equação D.10 fornece a corrente de carga como

$$i(t) = V_s \sqrt{\frac{C}{L}} \operatorname{sen}(\omega_m t) \quad \text{(D.11)}$$

e a tensão do capacitor é

$$v_c(t) = \frac{1}{C} \int_0^t i(t)\,dt = V_s[1 - \cos(\omega_m t)] \quad \text{(D.12)}$$

Um circuito LC com uma corrente inicial do indutor de I_m e uma tensão inicial do capacitor de V_o são mostrados na Figura D.1. A corrente no capacitor é expressa como

$$V_s = L\frac{di}{dt} + \frac{1}{C}\int i\,dt + v_c(t=0) \quad \text{(D.13)}$$

com a condição inicial $i(t=0) = I_m$ e $v_c(t=0) = V_o$.

Observação: a Figura D.1 mostra um V_o igual a $-2V_s$. No domínio s de Laplace, a Equação D.13 torna-se

$$\frac{V_s}{s} = L\,sI(s) - LI_m + \frac{1}{Cs} + \frac{V_o}{s}$$

e, calculando a corrente $I(s)$, obtém-se

$$I(s) = \frac{V_s - V_o}{L(s^2 + \omega_m^2)} + \frac{sI_m}{s^2 + \omega_m^2} \quad \text{(D.14)}$$

onde $\omega_m = 1/\sqrt{LC}$. A transformada inversa da Equação D.14 fornece

$$i(t) = (V_s - V_o)\sqrt{\frac{C}{L}} \operatorname{sen}(\omega_m t) + I_m \cos(\omega_m t) \quad \text{(D.15)}$$

e a tensão do capacitor

$$v_c(t) = \frac{1}{C}\int_0^t i(t)\,dt + V_o \quad \text{(D.16)}$$

$$I_m \sqrt{\frac{L}{C}} \operatorname{sen}(\omega_m t) - (V_s - V_o)\cos(\omega_m t) + V_s$$

FIGURA D.1
Circuito LC.

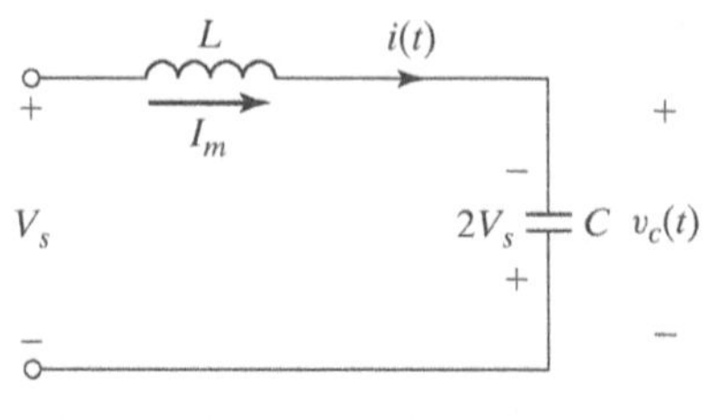

Apêndice E

Análise de Fourier

Em geral, em regime permanente, a tensão de saída dos conversores de potência é uma função periódica do tempo, definida por

$$v_o(t) = v_o(t + T) \tag{E.1}$$

onde T é o período de tempo. Se f for a frequência da tensão de saída em hertz, a frequência angular será

$$\omega = \frac{2\pi}{T} = 2\pi f \tag{E.2}$$

e a Equação E.1 pode ser reescrita como

$$v_o(\omega t) = v_o(\omega t + 2\pi) \tag{E.3}$$

O teorema de Fourier afirma que uma função periódica $v_o(t)$ pode ser descrita por um termo constante, mais uma série infinita de termos em senos e cossenos de frequência $n\omega$, onde n é um número inteiro. Portanto, $v_o(t)$ pode ser expressa como

$$v_o(t) = \frac{a_o}{2} + \sum_{n=1,2,\ldots}^{\infty} (a_n \cos n\omega t + b_n \operatorname{sen} n\omega t) \tag{E.4}$$

onde $a_o/2$ é o valor médio da tensão de saída $v_o(t)$. As constantes a_o, a_n e b_n podem ser determinadas a partir das seguintes expressões

$$a_o = \frac{2}{T} \int_0^T v_o(t)\, dt = \frac{1}{\pi} \int_0^{2\pi} v_o(\omega t)\, d(\omega t) \tag{E.5}$$

$$a_n = \frac{2}{T} \int_0^T v_o(t)\cos n\omega t\, dt = \frac{1}{\pi} \int_0^{2\pi} v_o(\omega t)\cos n\alpha t\, d(\omega t) \tag{E.6}$$

$$b_n = \frac{2}{T} \int_0^T v_o(t)\operatorname{sen} n\omega t\, dt = \frac{1}{\pi} \int_0^{2\pi} v_o(\omega t)\operatorname{sen} n\omega t\, d(\omega t) \tag{E.7}$$

Se $v_o(t)$ puder ser expressa como uma função analítica, essas constantes poderão ser determinadas através de uma integração simples. Se $v_o(t)$ for descontínua, o que geralmente é o caso para a saída dos conversores, várias integrações (ao longo de todo o período da tensão de saída) precisarão ser realizadas para determinar as constantes a_o, a_n e b_n.

$$a_n \cos(n\omega t) + b_n \operatorname{sen}(n\omega t)$$
$$= \sqrt{a_n^2 + b_n^2} \left(\frac{a_n}{a_n^2 + b_n^2} \cos n\omega t + \frac{b_n}{\sqrt{a_n^2 + b_n^2}} \operatorname{sen} n\omega t \right) \tag{E.8}$$

Definamos um ângulo ϕ_n cujo lado adjacente seja b_n, o lado oposto seja a_n e a hipotenusa seja $\sqrt{a_n^2 + b_n^{2/2}}$. Como resultado, a Equação E.8 torna-se

$$a_n\cos n\omega t + b_n\operatorname{sen} n\omega t = \sqrt{a_n^2 + b_n^2}\,(\operatorname{sen}\phi_n \cos n\omega t + \cos\phi_n \operatorname{sen} n\omega t) = \sqrt{a_n^2 + b_n^2}\,\operatorname{sen}(n\omega t + \phi_n) \tag{E.9}$$

onde

$$\phi_n = \text{tg}^{-1}\frac{a_n}{b_n} \tag{E.10}$$

Substituindo a Equação E.9 na Equação E.4, a série também pode ser escrita como

$$v_o(t) = \frac{a_o}{2} + \sum_{n=1,2,\ldots}^{\infty} C_n \text{sen}(n\omega t + \phi_n) \tag{E.11}$$

onde

$$C_n = \sqrt{a_n^2 + b_n^2} \tag{E.12}$$

C_n e ϕ_n representam a amplitude máxima e o ângulo de atraso da n-ésima componente harmônica da tensão de saída $v_o(t)$, respectivamente.

Se a tensão de saída tiver uma *simetria de meia-onda*, o número de integrações dentro do período total poderá ser reduzido significativamente. Uma forma de onda tem a propriedade de simetria de meia-onda se satisfizer às seguintes condições:

$$v_o(t) = -v_o\left(t + \frac{T}{2}\right) \tag{E.13}$$

ou

$$v_o(\omega t) = -v_o(\omega t + \pi) \tag{E.14}$$

Em uma forma de onda com simetria de meia-onda, o semiciclo negativo é a imagem espelhada do semiciclo positivo, mas defasado em $T/2$ s (ou π rad) com relação a este. Uma forma de onda com simetria de meia-onda não contém harmônicas pares (isto é, $n = 2, 4, 6, \ldots$), possuindo apenas harmônicas ímpares (isto é, $n = 1, 3, 5, \ldots$). Por causa da simetria de meia-onda, o valor médio é zero (isto é, $a_o = 0$). As equações E.6, E.7 e E.11 tornam-se

$$a_n = \frac{2}{T}\int_0^T v_o(t) \cos n\omega t\, dt = \frac{1}{\pi}\int_0^{2\pi} v_o(\omega t) \cos n\omega t\, d(\omega t), \quad n = 1, 3, 5, \ldots$$

$$b_n = \frac{2}{T}\int_0^T v_o(t) \text{sen}\, n\omega t\, dt = \frac{1}{\pi}\int_0^{2\pi} v_o(\omega t) \text{sen}\, n\omega t\, d(\omega t), \quad n = 1, 3, 5, \ldots$$

$$v_o(t) = \sum_{n=1,3,5,\ldots}^{\infty} C_n \text{sen}(n\omega t + \phi_n)$$

Em geral, com simetria de meia-onda, $a_o = a_n = 0$, e, com simetria de um quarto de onda, $a_o = b_n = 0$.

Uma forma de onda tem a propriedade da simetria de um quarto de onda se satisfizer as seguintes condições:

$$v_o(t) = -v_o\left(t + \frac{T}{4}\right) \tag{E.15}$$

ou

$$v_o(\omega t) = -v_o\left(\omega t + \frac{\pi}{2}\right) \tag{E.16}$$

Apêndice F

Transformação do sistema de referência

Existem dois tipos de transformação de variáveis trifásicas: em sistema d-q (rotativo direto e quadratura) e em sistema α–β (estacionário). Essas transformações podem simplificar a análise e o projeto dos conversores de potência e dos acionamentos de motores.

F.1 REPRESENTAÇÃO VETORIAL NO ESPAÇO PARA VARIÁVEIS TRIFÁSICAS

Consideremos as variáveis trifásicas x_a, x_b e x_c que são mostradas na Figura F.1a. Elas estão defasadas uma em relação à outra em $2\pi/3$. Em qualquer instante do tempo $\theta = \omega t$, $x_a + x_b + x_c = 0$. No instante de tempo específico ωt_1, x_a e x_b são positivas e x_c é negativa. Consideremos um vetor espacial $\vec{x}$ que gira a uma velocidade arbitrária ω com relação ao sistema estacionário abc, como indica a Figura F.1b.

O vetor espacial $\vec{x}$ pode ser relacionado com as variáveis trifásicas através das coordenadas do sistema de referência estacionário abc. Os valores correspondentes x_{a1}, x_{b1} e x_{c1} do vetor espacial $\vec{x}$ podem ser obtidos através da projeção para os eixos a, b e c correspondentes. Como os eixos abc são estacionários no espaço, cada uma das variáveis trifásicas completa um ciclo ao longo do tempo quando o vetor $\vec{x}$ executa uma rotação no espaço. A amplitude e a velocidade de rotação do vetor espacial $\vec{x}$ são constantes para variações senoidais com defasagem de $2\pi/3$ entre quaisquer duas grandezas.

FIGURA F.1
Representação do vetor espacial para variáveis trifásicas.

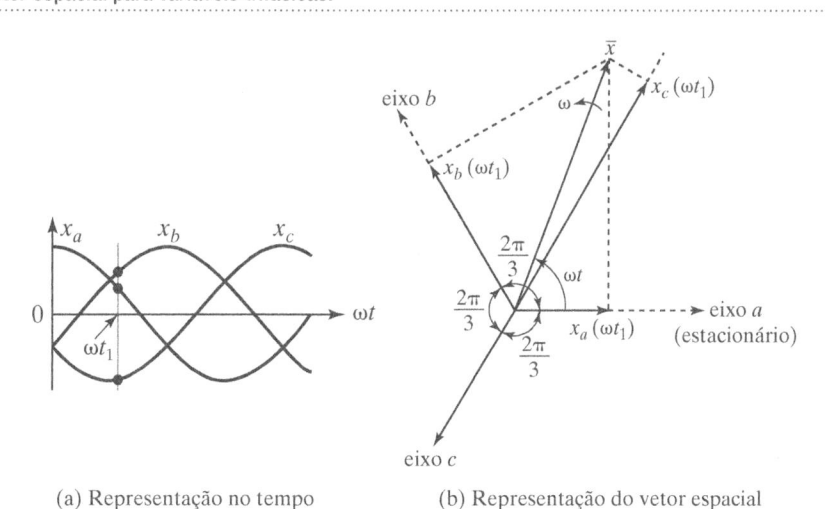

(a) Representação no tempo   (b) Representação do vetor espacial

F.2 TRANSFORMAÇÃO DO SISTEMA DE REFERÊNCIA abc/dq

As variáveis trifásicas no sistema estacionário abc podem ser transformadas em variáveis bifásicas em um sistema de referência rotativo definido pelos eixos d (direto) e q (quadratura) perpendiculares entre si, como mostra a Figura F.2. O sistema rotativo de eixos dq tem uma posição arbitrária com respeito ao sistema estacionário de eixos abc. Eles estão relacionados pelo ângulo θ entre o eixo a e o d. Os eixos dq giram no espaço a uma velocidade arbitrária ω, de tal modo que $\omega = d\theta/dt$.

A projeção ortogonal das variáveis x_a, x_b e x_c nos eixos dq fornece as variáveis transformadas no sistema rotativo dq. Isto é, a soma de todas as projeções sobre o eixo d, como indica a Figura F.2, dá o x_d transformado como

$$x_d = x_a \cos\theta + x_b \cos(2\pi/3 - \theta) + x_c \cos(4\pi/3 - \theta)$$
$$= x_a \cos\theta + x_b \cos(\theta - 2\pi/3) + x_c \cos(\theta - 4\pi/3) \qquad (F.1)$$

De forma semelhante, a soma de todas as projeções sobre o eixo q resulta o x_q transformado como

$$x_q = -x_a \operatorname{sen}\theta - x_b \operatorname{sen}(\theta - 2\pi/3) - x_c \operatorname{sen}(\theta - 4\pi/3) \qquad (F.2)$$

A transformação das variáveis abc para o sistema dq é conhecida como abc/dq, e pode ser expressa na forma matricial como

$$\begin{bmatrix} x_d \\ x_q \end{bmatrix} = \frac{2}{3} \begin{bmatrix} \cos\theta & \cos(\theta - 2\pi/3) & \cos(\theta - 4\pi/3) \\ -\operatorname{sen}\theta & -\operatorname{sen}(\theta - 2\pi/3) & -\operatorname{sen}(\theta - 4\pi/3) \end{bmatrix} \begin{bmatrix} x_a \\ x_b \\ x_c \end{bmatrix} \qquad (F.3)$$

O fator 2/3 é arbitrariamente acrescentado à equação, de modo que a amplitude das tensões de duas fases seja igual à das tensões trifásicas após a transformação. A transformação inversa conhecida como dq/abc pode ser obtida através de operações matriciais. As variáveis dq no sistema rotativo podem ser transformadas de volta nas variáveis abc no sistema estacionário através de

$$\begin{bmatrix} x_a \\ x_b \\ x_c \end{bmatrix} = \begin{bmatrix} \cos\theta & -\operatorname{sen}\theta \\ \cos(\theta - 2\pi/3) & -\operatorname{sen}(\theta - 2\pi/3) \\ \cos(\theta - 4\pi/3) & -\operatorname{sen}(\theta - 4\pi/3) \end{bmatrix} \begin{bmatrix} x_d \\ x_q \end{bmatrix} \qquad (F.4)$$

A decomposição do vetor espacial $\vec{x}$ no sistema de referência rotativo dq é apresentada na Figura F.3a. Se o vetor $\vec{x}$ girar à mesma velocidade que a do sistema dq, o ângulo vetorial φ entre $\vec{x}$ e o eixo d será constante. Como resultado, as componentes x_d e x_q nos eixos dq serão variáveis CC. Portanto, variáveis CA trifásicas podem ser representadas por variáveis CC em duas fases através da transformação abc/dq.

FIGURA F.2

Transformação do sistema abc para o sistema dq.

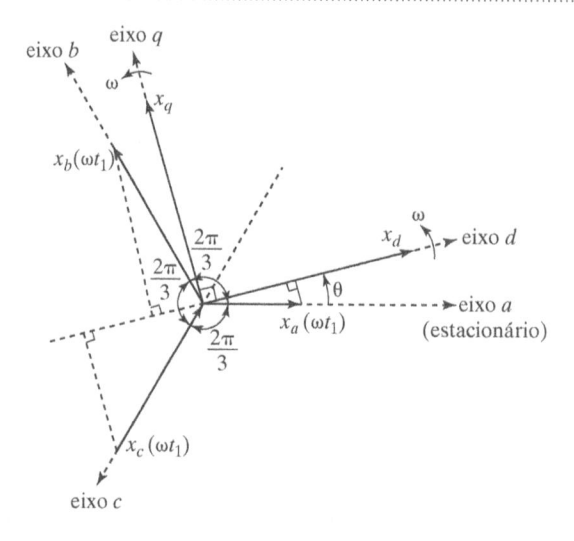

FIGURA F.3
Decomposição do vetor espacial no sistema rotativo *dq*.

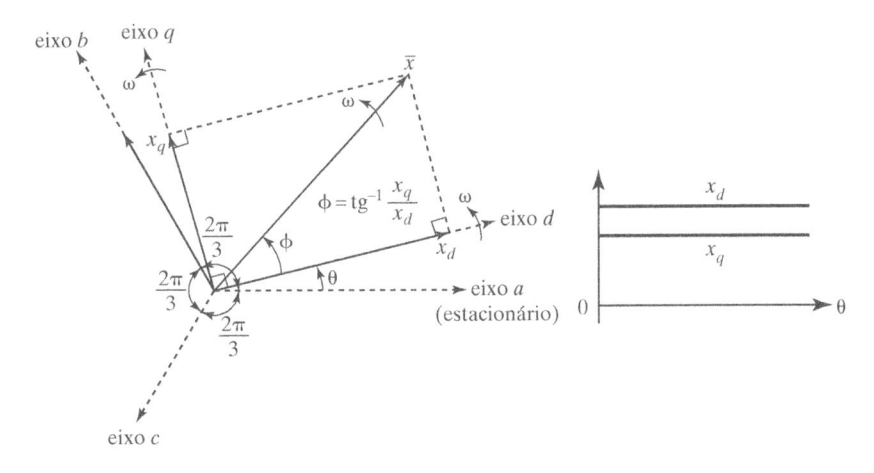

(a) Decomposição do vetor espacial

(b) Variações das variáveis *dq*

F.3 TRANSFORMAÇÃO DO SISTEMA DE REFERÊNCIA *abc*/αβ

A transformação das variáveis trifásicas no sistema de referência estacionário para variáveis bifásicas no mesmo sistema é geralmente chamada de *abc*/αβ. O sistema αβ não gira no espaço. Assim, para θ = 0, a Equação F.3 fornece a transformação como

$$\begin{bmatrix} x_d \\ x_q \end{bmatrix} = \frac{2}{3}\begin{bmatrix} 1 & -1/2 & -1/2 \\ 0 & \sqrt{3}/2 & -\sqrt{3}/2 \end{bmatrix}\begin{bmatrix} x_a \\ x_b \\ x_c \end{bmatrix}$$ (F.5)

De modo semelhante, para θ = 0, a Equação F.4 fornece a transformação αβ/*abc* como

$$\begin{bmatrix} x_a \\ x_b \\ x_c \end{bmatrix} = \begin{bmatrix} 1 & 0 \\ -1/2 & \sqrt{3}/2 \\ -1/2 & -\sqrt{3}/2 \end{bmatrix}\begin{bmatrix} x_d \\ x_q \end{bmatrix}$$ (F.6)

Pode ser demonstrado que, para um sistema trifásico equilibrado, $x_a + x_b + x_c = 0$, e que x_a no sistema de referência αβ é igual à x_a no sistema *abc*. Isto é, a Equação F.5 resulta

$$x_a = \frac{2}{3}\left(x_a - \frac{1}{2}x_b - \frac{1}{2}x_c\right) = x_a$$ (F.7)

Referências

Livros sobre Eletrônica de Potência. Disponível em: <http://www.smpstech.com/books/booklist.htm> Acesso em: 11 ago. 2014.

BEDFORD, F. E.; HOFT, R. G. *Principles of Inverter Circuits.* Nova York: John Wiley & Sons, Inc., 1964.

BILLINGS, K. *Switch Mode Power Supply Handbook.* Nova York: McGraw-Hill Inc., 1989.

BIRD, B. M.; KING, K. G. *An Introduction to Power Electronics.* Chichester, West Sussex, Inglaterra: John Wiley & Sons Ltd., 1983.

CSAKI, F. et al. *Power Electronics.* Budapeste: Akademiai Kiadó, 1980.

DATTA, S. M. *Power Electronics & Control.* Reston, VA: Reston Publishing Co., Inc., 1985.

DAVIS, R. M. *Power Diode and Thyristor Circuits.* Stevenage, Herts, Inglaterra: Institution of Electrical Engineers, 1979.

DEWAN, S. B.; STRAUGHEN, A. *Power Semiconductor Circuits.* Nova York: John Wiley & Sons, Inc., 1984.

DEWAN, S. B.; SLEMON, G. R.; STRAUGHEN, A. *Power Semiconductor Drives.* Nova York: John Wiley & Sons, Inc., 1975.

DUBEY, G. K. *Power Semiconductor Controlled Drives.* Englewood Cliffs, NJ: Prentice Hall, 1989.

FISHER, M. J. *Power Electronics.* Boston, MA: PWS-KENT Publishing, 1991.

GENERAL ELECTRIC. GRAFHAN, D. R.; GOLDEN F. B. (eds.). *SCR Manual.* 6. ed. Englewood Cliffs, NJ: Prentice Hall, 1982.

GOTTLIEB, I. M. *Power Control with Solid State Devices.* Reston, VA: Reston Publishing Co., Inc., 1985.

HEUMANN, K. *Basic Principles of Power Electronics.* Nova York: Springer-Verlag, 1986.

HINGORANI, N. G.; GYUGI, L. *Understanding FACTS.* Piscataway, NJ: IEEE Press, 2000.

HNATEK, E. R. *Design of Solid State Power Supplies.* Nova York: Van Nostrand Reinhold Company, Inc., 1981.

HOFT, R. G. *SCR Applications Handbook.* El Segundo, CA: International Rectifier Corporation, 1974.

_____. *Semiconductor Power Electronics.* Nova York: Van Nostrand Reinhold Company, Inc., 1986.

KASSAKIAN, J. G.; SCHLECHT, M.; VERGHESE, G. C. *Principles of Power Electronics.* Reading, MA: Addison-Wesley Publishing Co., Inc., 1991.

KAZIMIERCZUK, M. K.; CZARKOWSKI, D. *Resonant Power Converters.* Nova York: John Wiley and Sons Ltd., 1995a.

_____. *Solutions Manual for Resonant Power Converters.* Nova York: John Wiley and Sons Ltd., 1995b.

KILGENSTEIN, O. *Switch-Mode Power Supplies in Practice.* Nova York: John Wiley and Sons Ltd., 1989.

KLOSS, A. *A Basic Guide to Power Electronics.* Nova York: John Wiley & Sons, Inc., 1984.

KUSKO, A. *Solid State DC Motor Drives.* Cambridge, MA: The MIT Press, 1969.

LANDER, C. W. *Power Electronics.* Maidenhead, Berkshire, Inglaterra: McGraw-Hill Book Company Ltd., 1981.

LENK, R. *Practical Design of Power Supply*. Piscataway, NJ: IEEE Press Inc., 1998.

LEONARD, W. *Control of Electrical Drives*. Nova York: Springer-Verlag, 1985.

LINDSAY, J. F.; RASHID, M. H. *Electromechanics and Electrical Machinery*. Englewood Cliffs, NJ: Prentice Hall, 1986.

LYE, R. W. *Power Converter Handbook*. Peterborough, ON: Canadian General Electric Company Ltd., 1976.

MAZDA, F. F. *Thyristor Control*. Chichester, West Sussex, Inglaterra: John Wiley & Sons Ltd., 1973.

_____. *Power Electronics Handbook*. 3. ed. Londres: Newnes, 1997.

MCMURRY, W. *The Theory and Design of Cycloconverters*. Cambridge, MA: The MIT Press, 1972.

MITCHELL, D. M. *Switching Regulator Analysis*. Nova York: McGraw-Hill Inc., 1988.

MOHAN, M.; UNDELAND, T. M.; ROBBINS, W. P. *Power Electronics:* Converters, Applications and Design. Nova York: John Wiley & Sons, Inc., 1989.

MURPHY, I. M. D. *Thyristor Control of AC Motors*. Oxford: Pergamon Press Ltd., 1973.

NOVOTHNY, D. W.; LIPO T. A. *Vector Control and Dynamics of AC Drives*. Nova York: Oxford University Publishing, 1998.

PEARMAN, R. A. *Power Electronics:* Solid State Motor Control. Reston, VA: Reston Publishing Co., Inc., 1980.

PELLY, B. R. *Thyristor Phase Controlled Converters and Cycloconverters*. Nova York: John Wiley & Sons, Inc., 1971.

RAMAMOORTY, M. *An Introduction to Thyristors and Their Applications*. Londres: Macmillan Publishers Ltd., 1978.

RAMSHAW, R. S. *Power Electronics:* Thyristor Controlled Power for Electric Motors. Londres: Chapman & Hall Ltd., 1982.

RASHID, M. H. *SPICE for Power Electronics and Electric Power*. Englewood Cliffs, NJ: Prentice Hall, 1993a.

_____. *Power Electronics — Circuits, Devices, and Applications*. Upper Saddle River, NJ: Prentice-Hall, Inc., 1. ed., 1988, 2. ed., 1993b.

RICE, L. R. *SCR Designers Handbook*. Pittsburgh, PA: Westinghouse Electric Corporation, 1970.

ROSE, M. I. *Power Engineering Using Thyristors*. v. 1. Londres: Mullard Ltd., 1970.

SCHAEFER, J. *Rectifier Circuits:* Theory and Design. Nova York: John Wiley & Sons, Inc., 1965.

SEN, P. C. *Thyristor DC Drives*. Nova York: John Wiley & Sons, Inc., 1981.

SEVERNS, R. P.; BLOOM, G. *Modern DC-to-DC Switchmode Power Converter Circuits*. Nova York: Van Nostrand Reinhold Company, Inc., 1985.

SHEPHERD, W.; HULLEY, L. N. *Power Electronics and Motor Drives*. Cambridge, Reino Unido: Cambridge University Press, 1987.

SONG, Y. H.; JOHNS, A. T. *Flexible ac Transmission Systems (FACTS)*. Londres: The Institution of Electrical Engineers, 1999.

STEVEN, R. E. *Electrical Machines and Power Electronics*. Wakingham, Berkshire, Reino Unido: Van Nostrand Reinhold Ltd., 1983.

SUBRAHMANYAM, V. *Electric Drives:* Concepts and Applications. Nova York: McGraw-Hill Inc., 1996.

SUGANDHI, R. K.; SUGANDHI, K. K. *Thyristors:* Theory and Applications. Nova York: Halsted Press, 1984.

SUM, K. KIT. *Switch Mode Power Conversion:* Basic Theory and Design. Nova York: Marcel Dekker, Inc., 1984.

TARTER, R. E. *Principles of Solid-State Power Conversion*. Indianapolis, IN: Howard W. Sams & Company, Publishers, Inc., 1985.

VALENTINE, R. *Motor Control Electronics Handbook*. Nova York: McGraw-Hill Inc., 1998.

WELLS, R. *Static Power Converters*. Nova York: John Wiley & Sons, Inc., 1962.

WILLIAMS, B. W. *Power Electronics:* Devices. Drivers and Applications. Nova York: Halsted Press, 1987.

WOOD, P. *Switching Power Converters*. Nova York: Van Nostrand Reinhold Company, Inc., 1981.

Respostas dos problemas selecionados

CAPÍTULO 1

1.1 $I_{RMS} = 70{,}71$ A, $I_{MED} = 63{,}67$ A
1.2 $I_{RMS} = 50$ A, $I_{MED} = 31{,}83$ A
1.3 $I_{RMS} = 63{,}27$ A, $I_{MED} = 20{,}83$ A
1.4 $I_{RMS} = 63{,}25$ A, $I_{MED} = 40$ A
1.5 $I_{RMS} = 57{,}04$ A, $I_{MED} = 36$ A
1.6 $I_{RMS} = 36{,}52$ A, $I_{MED} = 20$ A

CAPÍTULO 2

2.1 (a) $Q_{RR} = 1000$ μC, (b) $I_{RR} = 400$ A
2.2 (a) $Q_{RR} = 6667$ μC, (b) $I_{RR} = 6667$ A
2.3 inclinação, $m = 8{,}333 \times 10^{-12}$ C/A/s, $t_a = 3{,}333$ μs, $t_b = 1{,}667$ μs
2.4 (a) $n = 7{,}799$, (b) $I_s = 0{,}347$ A
2.5 (a) $n = 5{,}725$, (b) $I_s = 0{,}03$ A
2.6 $I_{R1} = 20$ mA, $I_{R2} = 12$ mA, $R_2 = 166{,}67$ kΩ
2.7 $I_{R1} = 22$ mA, $I_{R2} = 7$ mA, $R_2 = 314{,}3$ kΩ
2.8 $I_{D1} = 140$ A e $I_{D2} = 50$ A
2.9 $I_{D1} = 200$ A e $I_{D2} = 110$ A
2.10 $R_1 = 14$ mΩ, $R_2 = 5{,}5$ mΩ
2.11 $R_1 = 9{,}333$ mΩ, $R_2 = 3{,}333$ mΩ
2.12 $V_{D1} = 2575$ V, $V_{D2} = 2425$ V
2.13 $V_{D1} = 5{,}375$ V, $V_{D2} = 4{,}625$ V
2.14 $I_{MED} = -2{,}04$ A, $I_{rms} = 71{,}59$ A, 500 A até −200 A
2.15 $I_{RMS} = 20{,}08$ A, $I_{MED} = 3{,}895$ A, $I_p = 500$ A
2.16 $I_{MED} = 23{,}276$ A, $I_p = 2988$ A
2.17 $I_{RMS} = 515{,}55$ A, $I_p = 12{,}84$ A
2.18 (a) $I_{MED} = 22{,}387$ A,
(b) $I_{r1} = 16{,}77$ A, $I_{r2} = 47{,}43$ A, $I_{r3} = 22{,}36$ A, $I_{rms} = 55{,}05$ A
2.19 $I_{MED} = 20$ A, $I_{RMS} = 52{,}44$ A
2.20 $I_{MED} = 44{,}512$ A, $I_{RMS1} = 180$ A, $I_p = 1690$ A
2.21 $I_p = 10{,}2$ kA, $I_{RMS} = 1125$ A
2.22 $I_p = 46{,}809$ A, $W = 0{,}242$ J, $V_c = 9{,}165$ V
2.23 (a) $v_C(t) = -220 e^{-t \times 10^6/220}$ V,
(b) $W = 0{,}242$ J − 2000t
2.24 (a) $I_D = 23{,}404$ A, (b) $W = 1{,}78$ J, (c) $di/dt = 16{,}92$ kA/s
2.25 (a) $I_D = 46{,}809$ A, (b) $W = 7{,}121$ J, (c) $di/dt = 33{,}85$ kA/s
2.26 $i(t) = 22 - 12 e^{-2000t}$ A
2.27 $v_C(t) = I_0 \sqrt{\dfrac{L}{C}} \operatorname{sen}(\omega_o t) - V_s \cos(\omega_o t) + V_s$
2.28 Para a Figura P2.28a,
(a) $i(t) = V_s t/L$,
(b) $di/dt = V_s/L$,
(d) di/dt (em $t = 0$) $= V_s/L$.
Para a Figura P2.28b,
(a) $i(t) = \dfrac{V_s - V_o}{R} e^{-t/RC}$,
(b) $\dfrac{di}{dt} = \dfrac{V_s - V_o}{R^2 C} e^{-t/RC}$,
(d) $di/dt = (V_s - V_o)/(R^2 C)$
Para a Figura P2.28c,
(a) $i(t) = \dfrac{V_S}{R} e^{-tR/L}$,

(b) $\dfrac{di}{dt} = -\dfrac{V_S}{L}e^{-tR/L}$,

(d) $di/dt = V_s/L$

Para a Figura P2.28d,

(a) $i(t) = (V_S - V_o)\sqrt{\dfrac{C}{L}}\,\text{sen}(\omega_o t)$
$= I_p\,\text{sen}(\omega_o t)$,

(b) $\dfrac{di}{dt} = \dfrac{V_S - V_o}{L}\cos(\omega_o t)$,

(d) $di/dt = (V_s - V_o)/L$

Para a Figura P2.28e, $di/dt = V_s/20$ A/μs

2.29 (a) $I_p = 49{,}193$ A, (b) $t_1 = 70{,}25$ μs, (c) $V_c = 220$ V

2.30 (a) $i(t) = 11{,}3 \times \text{sen}(3893t)e^{-2200t}$ A, (b) $t_1 = 807$ μs

2.31 (a) $A_2 = 0{,}811$, $\alpha = 20$ k, $\omega_r = 67{,}82$ krad/s,
(b) $t_1 = 46{,}32$ μs
$v_c(t) = e^{-\alpha t}A_2\,\text{sen}(\omega_r t)$

2.32 (a) $s_1 = -15{,}51 \times 10^3$, $s_2 = -64{,}49 \times 10^3$, $A_1 = -A_2 = 2{,}245$, $\alpha = 40$ k, $\omega_o = 31{,}62$ krad/s
(b) $i(t) = A_1(e^{s_1 t} - e^{s_2 t})$

2.33 (a) $A_2 = 1{,}101$, $\alpha = 4$ k, $\omega_r = 99{,}92$ krad/s,
(b) $t_1 = 31{,}441$ μs
$v_c(t) = e^{-\alpha t}A_2\,\text{sen}(\omega_r t)$

2.34 Regime permanente, $I_o = 11$ A, $W = 7{,}121$ J

2.35 (a) $v_D = 4200$ V,
(b) $I_o = 133{,}33$ A,
(c) $I'_o = 6{,}67$ A, (d) $t_2 = 200$ μs,
(e) $W = 1{,}333$ J

2.36 $v_D = 2{,}42$ kV,
(b) $I_o = 24{,}444$ A,
(c) $I_{o(\text{pico})} = 2{,}444$ A,
(d) $t_2 = 500$ μs, (e) $W = 0{,}134$ J

2.37 $v_D = 440$ V,
(b) $I_o = 44$ A, (c) $I_{o(\text{pico})} = 44$ A,
(d) $t_2 = 50$ μs, (e) $W = 0{,}242$ J

2.38 $v_D = 22{,}22$ kV,
(b) $I_o = 44$ A, (c) $I_{o(\text{pico})} = 0{,}44$ A,
(d) $t_2 = 5000$ μs, (e) $W = 0{,}242$ J

CAPÍTULO 3

3.1 $V_{CC} = 108{,}23$ V
3.2 $V_{CC} = 107{,}57$ V
3.3 $V_{CC} = 162{,}34$ V
3.4 $V_{CC} = 159{,}49$ V
3.5 $V_{CC} = 378{,}18$ V
3.6 $V_{CC} = 364{,}57$ V
3.7 Diodos: $I_p = 37{,}7$ A, $I_d = 12$ A, $I_R = 18{,}85$ A, Transformador: $V_s = 266{,}58$ V, $I_s = 26{,}66$ A, FUT = 0,8105
3.8 Diodos: $I_p = 6000$ A, $I_d = 3000$ A, $I_R = 4240$ A, Transformador: $V_s = 320{,}59$ V, $I_s = I_p = 6000$ A, FUT = 0,7798
3.9 $L = 158{,}93$ mH
3.10 $L = 7{,}76$ mH
3.11 (a) $\delta = 152{,}73°$, (b) $R = 1{,}776\ \Omega$,
(c) $P_R = 512{,}06$ W, (d) $h_0 = 1$ h,
(e) $\eta = 28{,}09\%$, (f) PIV = 104,85 V
3.12 (a) $\delta = 163{,}74°$, (b) $R = 4{,}26\ \Omega$,
(c) $P_R = 287{,}03$ W, (d) $h_0 = 1{,}67$ h
(e) $\eta = 18{,}29\%$, (f) PIV = 96,85 V
3.13 (a) $I_o = 10{,}27$ A, (b) $I_{D(\text{MED})} = 11$ A,
(c) $I_{D(\text{rms})} = 17{,}04$ A, (d) $I_{o(\text{rms})} = 24{,}1$ A
3.14 (a) $I_o = 50{,}56$ A,
(b) $I_{D(\text{MED})} = 17{,}38$ A,
(c) $I_{D(\text{rms})} = 30{,}11$ A,
(d) $I_{o(\text{rms})} = 52{,}16$ A
3.15 (a) $C_e = 450{,}66$ μF,
(b) $V_{CC} = 158{,}49$ V
3.16 (a) $C_e = 901{,}32$ μF,
(b) $V_{CC} = 164{,}1$ V
3.17 (a) $\eta = 40{,}45\%$, (b) FF = 157,23%,
(c) FR = 121,33%,
(d) FUT = 28,61%, (e) PIV = 100 V,
(f) FC = 2, (g) FP = 0,71
3.18 $v_o(t) = \dfrac{V_m}{\pi}\Bigg(1 + \dfrac{1}{2}\,\text{sen}\,\omega t$
$-\dfrac{2}{3}\cos 2\omega t - \dfrac{2}{15}\cos 4\omega t$
$-\dfrac{2}{35}\cos 6\omega t - \cdots\Bigg)$

3.19 (a) $L_{cr} = 15{,}64$ mH, $\alpha = 16{,}43°$, $I_{rms} = 25{,}57$ A,
(b) $\alpha = 37{,}84°$, $I_{rms} = 20{,}69$ A

3.20 $V_{CA} = V_m/(4\sqrt{2}f\,RC)$

3.21 $L_e = 1{,}207$ mH, $C_e = 292{,}84$ μF

3.22 (b) $L = 11{,}64$ mH

3.23 (b) FP = 0,9, FH = 0,4834,
(c) FP = 0,6366, FH = 1,211

3.24 (b) FP = 0,9, FH = 0,4834,
(c) FP = 0,6366, FH = 1,211

3.25 (c) FP = 0,827, FH = 0,68

3.26 (b) $I_1 = \sqrt{3}\,I_a/(\pi\sqrt{2})$, $\varphi_1 = -\pi/6$, $I_s = \sqrt{2}\,I_a/3$,
(c) FP = 0,827, FH = 0,68

3.27 (b) $I_1 = \sqrt{2}\sqrt{3}\,I_a/\pi$, $I_s = I_a\sqrt{(2/3)}$,
(c) FP = 0,78, FH = 0,803

3.28 (c) FP = 0,9549, FH = 0,3108

3.29 (c) FP = 0,9549, FH = 0,3108

3.30 (c) FH = 0,3108

3.31 (a) $\eta = 99{,}99\%$, (b) FF = 100,01%,
(c) FR = 1,03%, (d) FP = 0,8072,
(e) PIV = 420,48 V,
(f) $I_d = 25$ A, $I_m = 303{,}45$ A

3.32 (a) $V_{dominante} = 2{,}35$ V, $V_{pico} = 168{,}06$ V,
(b) $f_1 = 720$ Hz

CAPÍTULO 4

4.1 $I_D = 0{,}606$ A, $R_{DS} = 5{,}779$ Ω

4.2 $I_D = 0{,}916$ A, $R_{DS} = 3{,}823$ Ω

4.3 $i_D(x) = K_n[2(V_{GS} - V_T)x - x^2]$

4.4 $i_D(x) = K_n[2(V_{GS} - V_T)x]$

4.5 $R_{DS}(x) = \dfrac{1}{K_n[2(V_{GS} - V_T)]}$

4.6 $g_m(x) = 2K_n V_{DS}$

4.7 (b) $\beta_f = 0{,}5$, (c) $P_T = 97{,}5$ W

4.8 (b) $\beta_f = 5{,}144$, (c) $P_T = 48{,}86$ W

4.9 (e) $P_T = 254{,}61$ W

4.10 $R_{SA} = 0{,}021°$C/W

4.11 $P_B = 13{,}92$ W

4.12 (e) $P_T = 131{,}06$ W

4.13 (e) $P_T = 11{,}59$ W

4.14 $R_{SA} = 8{,}18°$K/W

4.15 (b) $I = 13{,}33\%$

4.16 (f) $P_s = 1440$ W

4.17 (f) $P_s = 0{,}844$ W

4.18 $f_{máx} = 3{,}871$ kHz

4.19 (b) $V_{CE} = 3{,}4$ V, (c) $I_C = 113{,}577$ A

CAPÍTULO 5

5.1 (c) $\eta = 99{,}32\%$, (d) $V_o = 98{,}36$ V

5.2 (e) $I_o = 9{,}002$ A, (g) $I_R = 6{,}36$ A

5.3 $L = 27{,}5$ mH

5.4 (b) $R_{ch} = 0{,}4033$ Ω

5.6 $k = 0{,}5$, $I_2 = 615$ A, $I_1 = 585$ A

5.7 $I_{máx} = 30$ A

5.8 $I_1 = 1{,}65$ A, $I_2 = 2{,}42$ A, $\Delta I = 0{,}77$ A

5.9 (b) $L = 736{,}67$ μH,
(c) $C = 156{,}25$ μF,
(d) $L_c = 216{,}78$ μH, $C_c = 0{,}48$ μF

5.10 (c) $I_2 = 1{,}3$ A, (d) $V_c = 28{,}41$ mV,
(e) $L_c = 144$ μH, $C_c = 0{,}63$ μF

5.11 (d) $I_p = 3{,}58$ A,
(e) $L_c = 120$ μH, $C_c = 0{,}8$ μF

5.12 (f) $\Delta V_{c2} = 17{,}53$ mV,
(g) $\Delta I_{L2} = 1{,}2$ A, $I_p = 3{,}11$ A

5.13 $L_{c1} = 4{,}69$ mH, $L_{c2} = 0{,}15$ μH,
$C_{c1} = 0{,}80$ μF, $C_{c1} = 0{,}4$ μF

5.14 $L_e = 1{,}45$ mH, $C_e = 9{,}38$ μF,
$L = 193{,}94$ μH

5.16 (a) $G(k = 0{,}5) = 0{,}5$,
(b) $G(k = 0{,}5) = 1{,}93$,
(c) $G(k = 0{,}5) = -0{,}97$

5.17 $\Delta V_2 = 2{,}5\%$, $\Delta I_1 = -2{,}5\%$

5.18 $\Delta V_2 = 5\%$, $\Delta I_1 = -5\%$

5.19 $\Delta V_1 = 20{,}83\%$, $\Delta I_2 = -20{,}83\%$

5.20 $\Delta V_1 = 20{,}83\%$, $\Delta I_2 = -20{,}83\%$

5.21 Razão = 2 para $k = 0{,}5$

5.22 Para $k = 0{,}6$, $I_1 = 0{,}27$ A, $I_2 = 0{,}53$ A, $\Delta I = 0{,}27$ A

CAPÍTULO 6

6.1 (e) DHT = 47,43%,
(f) FD = 5,381%, (g) $V_3 = V_1/3$

6.2 (e) DHT = 48,34%,
(f) FD = 3,804%,
(g) FH_3 = 33,33%

6.3 (b) I_{rms} = 16,81 A,
(c) FD = 5,38%, (d) I_s = 8,38 A,
(e) I_p = 23,81 A, I_A = 4,19 A

6.4 (d) P_o = 145,16 W, I_s = 0,66 A,
(e) I_p = 7,62 A, I_A = 0,33 A

6.5 (c) DHT = 97,17%,
(e) I_p = 4,6 A, I_A = 0,156 A

6.6 $V_{a1(pico)}$ = 140 V,
$V_{ab(pico)}$ = 242,58 V,
$I_{a1(pico)}$ = 12,44 A

6.7 $V_{a1(pico)}$ = 140 V,
$V_{ab(pico)}$ = 242,58 V,
$I_{a1(pico)}$ = 28 A

6.8 $V_{ab(pico)}$ = 242,58 V,
$I_{ab1(pico)}$ = 37,21 A

6.9 $V_{ab(pico)}$ = 242,58 V,
$I_{ab1(pico)}$ = 37,21 A,
$I_{a1(pico)}$ = 64,64 A

6.10 I_S = 1,124 A,
I_A = 1,124/3 = 0,375 A

6.11 δ = 102,07°

6.12 Para M = 0,5, $V(1)$ = 48,72%,
$V(3)$ = 39,31%, FD = 10,83%

6.13 Para M = 0,8, δ = 72°, α_1 = 9°,
α_2 = 99°, $V_{o(pico)}$ = 116,42 V, $I_{o1(pico)}$ = 1,158 A

6.14 Para M = 0,5, V_{o1} = 70,71%,
$V(1)$ = 32,45%, DHT = 111,98%,
FD = 4,87%

6.15 Para M = 0,5, $V(1)$ = 32,02%,
$V(3)$ = 15,9%, FD = 4,08%

6.16 Para M = 0,5, V_{o1} = 55%, $V(1)$ = 25%,
DHT = 111,94%,
FD = 1,094%

6.17 Para M = 0,5, $V(1)$ = 25%,
$V(3)$ = 0%, FD = 11,06%

6.18 Para M = 0,5, $V(1)$ = 30%,
$V(3)$ = 0%, FD = 0,746%,

6.19 Para M = 0,5, V_{o1} = 57,09%,
$V(1)$ = 30,57%, DHT = 108,9%,
FD = 0,785%

6.20 δ = 23,04°

6.21 β = 102,07°

6.22 Para M = 0,5, α_1 = 7,5°, α_2 = 31,5°,
α_3 = 40,5°, α_4 = 67,5°, α_5 = 76,5°,
$V(1)$ = 95,49%, DHT = 70,96%,
FD = 3,97%

6.23 Para M = 0,5, α_1 = 4,82°,
α_2 = 20,93°, α_3 = 30,54°,
α_4 = 48,21°, α_5 = 54,64°,
$V(1)$ = 92,51%, DHT = 74,56%,
FD = 3,96%

6.24 Para M = 0,5, α_1 = 9°, α_2 = 28,13°,
α_3 = 42,75°, α_4 = 66,38°,
α_5 = 77,63°, $V(1)$ = 83,23%,
DHT = 81,94%, FD = 3,44%

6.25 Para M = 0,5, α_1 = 201,3°,
α_2 = 33,47°, α_3 = 63,73°,
α_4 = 79,10°, α_5 = 93,21°,
$V(1)$ = 72,05%, DHT = 95,51%,
FD = 1,478%

6.26 α_1 = 12,53°, α_2 = 21,10°,
α_3 = 41,99°, α_4 = 46,04°

6.27 α_1 = 15,46°, α_2 = 24,33°,
α_3 = 46,12°, α_4 = 49,40°

6.28 α_1 = 10,084°, α_2 = 29,221°,
α_3 = 45,665°, α_4 = 51,681°

6.29 α_1 = 23,663°, α_2 = 33,346°

6.30 $T_1(\theta) = MT_s \,\text{sen}(\pi/3 - \theta)$

6.31 $V_{cr} = 0,8 \angle 29,994°$

6.32 $v_{aN2} = (V_s/2)\,\text{sen}\,\theta$,
$v_{bN2} = (V_s/2)\,\text{sen}\,(\theta - \pi/2)$

6.33 $v_{aN3} = (V_s/2)\,\text{sen}\,(\theta - \pi/3)$,
$v_{bN3} = (V_s/2)\,\text{sen}\,(\theta - 5\pi/6)$

6.35 $v_{aN5} = (V_s/2)\,\text{sen}\,(\theta - 3\pi/3)$,
$v_{bN5} = (V_s/2)\,\text{sen}\,(\theta - 9\pi/6)$

6.36 $v_{aN6} = (V_s/2)\,\text{sen}\,(\theta - 4\pi/3)$,
$v_{bN6} = (V_s/2)\,\text{sen}\,(\theta - 11\pi/6)$

6.37 (a) G_{CC} = 0,833, G_{CA} = 2,5,
V_m = 1,667

6.38 $V_{o1(pico)}$ = 234,98 V,
$I_{o1(pico)}$ = 9,49 A,

$I_p = 9,5$ A
$f_e = 2799,7$ Hz

6.39 $V_{o1(pico)} = 246,35$ V,
$I_{o1(pico)} = 4,33$ A,
$I_p = 8,98$ A
$C_e = 38,04$ μF

CAPÍTULO 7

7.1 (b) $f_{máx} = 11.920$ Hz,
(c) $V_{pp} = 277,68$ V,
(d) $I_p = 36,19$ A,
(i) $I_{pico} = 36,19$ A, $I_R = 9,96$ A

7.2 (a) $I_{ps} = 58,55$ A, (b) $I_A = 25,39$ A,
(c) $I_R = 48,25$ A

7.3 (a) $I_p = 56,8$ A, (b) $I_A = 13,2$ A,
(c) $I_R = 24,27$ A,
(d) $V_{pp} = V_{c1} - V_c = 440$ V

7.4 (a) $I_p = 94,36$ A, (b) $I_A = 6,07$ A,
(c) $I_R = 21,1$ A, (e) $I_s = 12,14$ A

7.5 (a) $I_p = 114,6$ A, (b) $I_A = 17,12$ A,
(c) $I_R = 39,2$ A, (e) $I_s = 23,22$ A

7.6 (a) $I_p = 234,19$ A, (b) $I_A = 10,46$ A,
(c) $I_R = 43,78$ A, (e) $I_s = 41,83$ A

7.7 (b) $Q_s = 3,85$, (c) $L = 122,5$ μH,
(d) $C = 0,3308$ μF

7.8 (a) $V_{i(pico)} = 161,25$ V,
(b) $L = 20,22$ μH, (d) $C = 2,004$ μF

7.9 (a) $I_s = 22,21$ A, (b) $Q_s = 3,85$,
(c) $C = 4,901$ μF, (d) $L = 8,27$ μH

7.10 (a) $L_e = 6,39$ μH, $C_e = 1,38$ μF,
$L = 111,4$ μH, $C = 95,78$ nF

7.11 (a) $C_f = 21,4$ μF,
(b) $I_{L(rms)} = 590,91$ mA,
$I_{L(CC)} = 300$ mA,
$I_{C(rms)} = 509,12$ mA,
$I_{C(CC)} = 0$

7.12 $C = 0,1221$ μF, $L = 135,7$ μH

7.13 (a) $V_{pico} = 32,32$ V, $I_{pico} = 200$ mA,
(b) $I_{L3} = -100$ mA, $t_5 = 13,24$ μs

7.14 $k = 1,5$, $f_o/f_k = 7.653$

CAPÍTULO 8

8.1 DHT = 20,981% para $m = 5$

8.2 $V_{sw} = 0,833$ kV,
$V_{D1} = 4,167$ kV, $V_{D2} = 3,333$ kV,
$V_{D3} = 2,5$ kV

8.3 $I_{a(rms)} = 8,157$ A, $I_{b(rms)} = 12,466$ A,
$I_{C1(med)} = 4,918$ A, $I_{C2(med)} = 9,453$ A,
$I_{C1(rms)} = 11,535$ A,
$I_{C2(rms)} = 17,629$ A

8.4 DHT = 20,981% para $m = 5$

8.5 $V_{sw} = 833$ V, $V_{D1} = 833$ V,
$V_{D2} = 833$ V

8.6 Para $m = 5$, 4 capacitores para diodos de grampeamento, 10 para flutuantes, 2 em cascata.

8.7 $I_{rms} = 75$ A, $I_{med} = 47,746$ A

8.8 $I_{S1(med)} = 7,377$ A, $I_{S2(med)} = 14,032$ A,
$I_{S2(med)} = 19,314$ A

8.9 $\alpha_1 = 12,834°$, $\alpha_2 = 29,908°$,
$\alpha_3 = 50,993°$ e $\alpha_4 = 64,229°$

8.10 $\alpha_1 = 30,653°$, $\alpha_2 = 47,097°$,
$\alpha_3 = 68,041°$ e $\alpha_4 = 59,874°$,
DHT = 38,5%, FD = 4,1%

8.11 $V_5 = 4V_{CC}/6$ 00111

8.12 $V_5 = 4V_{CC}/8$ 00001111

8.13 $V_5 = 4V_{CC}/6$ 001111

8.14 $V_5 = 4V_{CC}/8$ 00001111

CAPÍTULO 9

9.1 $C_{J2} = 12,5$ pF

9.2 $dv/dt = 1,497$ V/μs

9.3 $C_s = 5$ pF

9.4 (a) $C_s = 0,0392$ μF,
(b) $dv/dt = 375,5$ V/μs

9.5 (a) $dv/dt = 66009$ V/s,
$I_o = ±3,15$ mA

9.6 $I_T = 999,5$ A

9.7 (a) $R = 22,22$ kΩ, (b) $C_1 = 0,675$ μF

9.8 $R_1 = 5{,}455$ mΩ, $R_2 = 4{,}444$ mΩ

9.9 $\dfrac{dv}{dt} = 2{,}5$ V/μ

9.10 $I_T = 995$ A

9.11 **(a)** $V_{DS\text{-máx}} = 2{,}17$ kV, **(c)** $V_{DT\text{-máx}} = 1{,}904$ kV

9.12 **(a)** $R_s = 1{,}2$ Ω, $C_s = 0{,}048$ μF, **(b)** $P_s = 1{,}393$ W

9.13 $R_{B1} = 80$ Ω, $R_{B2} = 505{,}05$ Ω

9.14 $R_1 = 55$ kΩ, $R_2 = 20$ kΩ

9.15 **(a)** $\alpha_{\text{mín}} = 12{,}92°$, **(b)** $\alpha_{\text{máx}} = 79{,}8°$

CAPÍTULO 10

10.1 **(a)** η = 20,26%, **(b)** FF = 222,21%, **(c)** FR = 198,36%, **(e)** FP = 0,5

10.2 **(a)** η = 28,32%, **(d)** FUT = 0,1797, FP = 0,6342

10.3 **(c)** $I_{\text{med}} = I_{CC} = 2{,}70$ A, $I_R = I_{\text{rms}} = 7{,}504$ A, **(d)** FP = 0,3127

10.4 $I_1 = 5{,}4907$ A

10.5 **(b)** $I_s = 0{,}7071$ A, FH = 48,34%, FD = 0,7071, FP = 0,6366

10.6 **(a)** $I_{L0} = 29{,}767$ A, $I_{L1} = 7{,}601$ A, **(b)** $I_M = 11{,}41$ A, **(c)** $I_R = 20{,}59$ A, **(f)** $\alpha_c = 158{,}21°$

10.7 **(b)** FD = 0,9659, **(c)** FP = 0,9202

10.8 **(c)** $I_{\text{med}} = 2{,}701$ A, $I_R = 7{,}504$ A, **(d)** FP = 0,442

10.9 **(c)** $I_2 = 9{,}404$ A

10.10 **(b)** FD = 0,5, **(c)** FP = 0,4502

10.11 **(a)** $I_{\text{med}} = 2{,}701$ A, $I_R = 16{,}97$ A, **(d)** FP = 1,0

10.12 $I_2 = 10{,}76$ A

10.13 $I_p = 20$ A, 44,12 A

10.14 **(a)** $\alpha_1 = 0°$, $\alpha_2 = 90°$, **(b)** $I_{\text{rms}} = 18{,}97$ A, **(d)** FP = 0,7906

10.15 **(a)** FH = 37,26%, **(b)** FD = 0,9707, **(c)** FP = 0,9096

10.16 **(b)** $I_{\text{rms}} = 45{,}05$ A, **(d)** $P_o = 9267{,}8$ W, FP = 0,8969

10.17 **(a)** FH = 31,08%, FP = 0,827 (indutivo)

10.18 **(a)** α = 67,6990, **(b)** $I_{\text{rms}} = 9{,}475$ A, **(c)** $I_M = 2{,}341$ A, $I_R = 5{,}47$ A, **(f)** FP = 0,455

10.19 **(a)** FH = 37,27%, **(b)** FD = 0,971, **(c)** FP = 0,91

10.20 **(d)** η = 35,75%, **(e)** FUT = 10,09%, **(f)** FP = 0,2822

10.21 $I_3 = 3{,}96$ A

10.22 **(b)** $I_{\text{rms}} = 18{,}01$, **(c)** $I_M = 4{,}68$ A, $I_R = 10{,}4$ A, **(e)** FUT = 0,3723, **(f)** FP = 0,6124

10.23 **(a)** FH = 109,2%, **(b)** FD = 0,5, **(c)** FP = 0,3377

10.24 **(e)** FUT = 0,1488, **(f)** FP = 0,3829

10.25 **(d)** η = 103,7%, **(e)** FUT = 0,876, **(f)** FP = 0,843

10.26 $I_3 = 2{,}29$ A

10.27 **(a)** FH = 31,08%, **(b)** FP = 0,477

10.28 **(d)** η = 41,23%, **(e)** FUT = 0,1533, **(f)** FP = 0,3717

10.29 $I_6 = 2{,}483$ A

10.30 $I_p = 31{,}11$ A

10.31 **(iv)** $I_{\text{rms}} = 42{,}64$ A, **(v)** $I_{CC} = 37{,}80$ A

10.32 **(iv)** $I_{\text{rms}} = 37{,}21$ A, **(v)** $I_{CC} = 33{,}43$ A

10.33 **(iv)** $I_{\text{rms}} = 162{,}48$ A, **(v)** $I_{CC} = 162{,}18$ A

10.34 **(a)** $I_s = 0{,}5774$ A, FH = 0,803, FP = 0,7797

10.35 FH = 31,08%, FP = 0,827

10.36 FH = 31,08%, FP = 0,827

10.37 **(a)** FH = 80,3%, **(c)** FP = 0,7797

10.38 **(a)** FH = 102,3%, **(c)** FP = 0,6753 (capacitivo)

10.39 **(b)** FH = 53,25%, **(d)** FP = 0,8827

10.40 **(b)** FH = 58,61%, **(d)** FP = 0,8627

10.41 **(a)** μ = 19,33°, **(b)** μ = 18,35°

10.42 $t_G = 7{,}939$ μs

10.43 $t_G = 2{,}5$ μs

CAPÍTULO 11

11.1 (a) $I_o = 6$ A, (b) FP = 0,5,
(c) $I_M = 1,35$ A, $I_R = 4,24$ A

11.2 (c) $I_M = 13,51$ A, $I_R = 26,83$ A

11.3 (a) $k = 0,8333$, (b) FP = 0,91

11.4 (a) $V_o = 103,92$ V,
(b) FP = 0,866, (c) $I_s = -2,701$ A

11.5 (b) FP = 0,9498, (c) $I_{CC} = -5,402$ A

11.6 (a) $\alpha = 251,91°$

11.7 (b) FP = 0,707, (c) $I_{CC} = 5,402$ A,
(d) $I_R = 12$ A

11.8 (a) $\alpha = 94,87°$, (c) FP = 0,791,
(d) $I_M = 26,96$ A, (e) $I_R = 55,902$ A

11.9 Em $\alpha = 60°$, $FP_1 = 0,95$ e $FP_2 = 0,897$;
em $\alpha = 90°$, $FP_1 = 0,866$ e $FP_2 = 0,707$

11.10 (d) $I_o = 20,1$ A, (e) $I_A = 6,61$ A,
(f) FP = 0,838

11.12 (b) FP = 0,908

11.13 (c) FP = 0,8333

11.14 (b) FP = 0,63

11.15 (b) FP = 0,978

11.16 (b) $\alpha = 62°$, (c) FP = 0,8333

11.17 (b) FP = 0,208

11.20 (d) FP = 0,897, (e) $I_R = 52,77$ A

11.21 (b) $I_{R1} = 46,46$ A, (c) $I_{R3} = 20,82$ A,
(d) FP = 0,899

11.22 (c) FP = 0,315

11.23 (c) FP = 0,707

11.24 Em $\alpha = 60°$, FP = 0,8407; em $\alpha = 90°$,
FP = 0,5415

11.25 (c) FP = 0,147

11.26 (c) FP = 0,2816

11.28 (b) $I_{MM} = 21,64$ A, (c) $V_P = 294,1$ V

11.29 (c) $I_{MM} = 11,3$ A, (d) $V_P = 3252,7$ V

11.30 (b) $C = 1075$ μF

CAPÍTULO 12

12.1 (a) $I = 210,3$ A, (b) $P = 37,9$ kW,
(c) $Q = 26,54$ kVAr

12.2 (a) $I = 220,52$ A, (b) $P = 46,268$ kVAr,
(c) $Q = 29,177$ kVAr

12.3 (a) $\delta = 140,13°$, (c) $Q_p = 24,387$ kVAr,
(e) $L = 8,488$ mH, (f) $\alpha = 18,644°$

12.4 (a) $\delta = 140,13°$, (b) $I = 360,83$ A,
(c) $Q_p = 91,14$ kVAr, (e) $L = 4,86$ mH,
(f) $\alpha = 13,76°$

12.5 (a) $V_{co} = 28,47$ kV,
(b) $V_{c(pp)} = 56,94$ kV,
(c) $I_c = 2,96$ A,
(d) $I_{sw(pico)} = 5,121$ A.

12.6 (a) $I = 70,1$ A, (b) $P_p = 12,634$ kW,
(c) $Q_p = 4,282$ kVAr

12.7 (a) $r = 0,803$, (b) $X_{comp} = 9,636$ Ω,
(c) $I = 261,081$ A, (d) $\alpha = 79,7°$

12.8 (a) $r = 0,944$, (b) $X_{comp} = 12,267$,
(c) $I = 385,69$ A, (d) $Q_c = 1,825$ MVAr,
(e) $\alpha = 78,695°$

12.9 (a) $r = 0,869$, (b) $X_{comp} = 9,636$ Ω,
(c) $C = 225,27$ μF, (d) $\alpha = 77,3°$

CAPÍTULO 13

13.1 (a) $I_s = 4$ A, (b) $\eta = 0,9631$,
(d) $I_p = 13,33$ A, (e) $I_R = 5,96$ A,
(f) $V_{oc} = 248,1$ V, (g) $L_p = 5,61$ mH, $k_{máx} = 0,6$

13.2 (a) $I_s = 44,51$ A, (b) $\eta = 0,8988$
(d) $I_{p(mín)} = 43,39$ A, $I_{p(pico)} = 45,62$ A,
(e) $I_R = 33,05$ A, (f) $V_{oc} = 22,9$ V,
(g) $L_p = 3,148$ mH, (h) $L_1 = 0,4$ mH

13.3 (a) $I_s = 4$ A, (b) $\eta = 0,9631$
(d) $I_p = 4$ A, (e) $I_R = 3,1$ A,
(f) $V_{oc} = 249,2$ V

13.4 (a) $I_s = 30$ A, (b) $\eta = 94,87\%$,
(e) $I_R = 17,89$ A, (f) $V_{oc} = 101,2$ V

13.5 (a) $I_s = 20$ A, (b) $\eta = 94,87\%$,
(e) $I_R = 28,28$ A, (f) $V_{oc} = 101,2$ V

13.6 (a) $I_s = 10$ A, (b) $\eta = 94,87\%$,
(e) $I_R = 14,14$ A, (f) $V_{oc} = 101,2$ V

13.7 (a) $I_s = 30$ A, (b) $\eta = 92,66\%$,
(e) $I_R = 21,21$ A, (f) $V_{oc} = 51,8$ V

13.8 (a) $I_s = 4,36$ A, (b) $I_M = 4,36$ A,
(c) $I_p = 13,71$ A, (d) $I_R = 6,85$ A,
(e) $V_{oc} = 110$ V

13.9 (a) $I_s = 28{,}8$ A, (c) $I_p = 90{,}48$ A,
(e) $V_{oc} = V_s = 50$ V

13.10 (a) $I_s = 28{,}8$ A, (d) $I_R = 22{,}62$ A,
(e) $V_{oc} = 50$ V

13.11 $I_L = 75{,}43$ A

13.12 $V_1 = 36{,}67$ V, $V_2 = 18{,}33$ V,
$V_L = 12{,}22$ V, $I_L = 6{,}11$ A

13.13 $I_L = 7{,}11$ A

13.14 $A_p = 209{,}78$ cm^2, $A_c = 24{,}4$ cm^2, $N_p = 132$

13.15 $N_p = 132$, $N_s = 44$, $I_p = 3{,}667$ A

13.17 $N_c = 1000$, $N = 87$, $A_p = 5{,}5$ cm^2,
$A_c = 1{,}32$ cm^2

13.18 $N_c = 1000$, $N = 87$, $A_p = 9{,}962$ cm^2,
$A_c = 1{,}32$ cm^2

13.19 $N_c = 1000$, $N = 32$, $A_p = 1{,}595$ cm^2,
$A_c = 1{,}32$ cm^2

CAPÍTULO 14

14.1 (a) $I_a = 117{,}81$ A,
(b) $T_L = 241{,}07$ N·m

14.2 (a) $I_a = 120{,}47$ A,
(b) $T_L = 241{,}07$ N·m

14.3 (a) $E_g = 132{,}25$ V,
(b) $V_a = 141{,}94$ V,
(c) $I_{nominal} = 50{,}86$ A,
(d) regulação de velocidade = 7,32%

14.4 (a) $E_g = 280{,}28$ V,
(b) $V_a = 287{,}88$ V,
(c) $I_{nominal} = 149{,}2$ A

14.5 (a) $I_f = 0{,}851$ A, (b) $\alpha_a = 101{,}99°$,
(c) FP = 0,542

14.6 (a) $T_d = 21{,}2$ N·m,
(b) $\omega = 2954$ rpm, (c) FP = 0,6455

14.7 (a) $\alpha_f = 180°$, (b) $\alpha_a = 114{,}42°$,
(c) $P_a = 4258$ W

14.8 (a) $\alpha_a = 24{,}31°$,
(b) $\omega_o = 1183$ rpm,
(c) regulação = 4,594%

14.9 (a) $\alpha_a = 95{,}09°$,
(b) $\omega_o = 1883$ rpm,
(c) regulação = 4,594%

14.10 (a) $\alpha_a = 110{,}59°$,
(b) $\omega = 1173$ rpm,
(c) $\alpha_f = 49{,}34°$

14.11 (a) $\alpha_a = 73{,}35°$,
(b) $\omega = 1180$ rpm,
(c) $\alpha_f = 71{,}9°$

14.12 Para $k = 0{,}5$, $\omega = 627{,}45$ rpm

14.13 $= 157{,}17\ k - 1{,}501$

14.14 (b) $R_{eq} = 1{,}778$ Ω,
(c) $\omega = 581{,}59$ rpm,
(d) $T_d = 3092{,}18$ N·m

14.15 (c) $R_{eq} = 0{,}927$ Ω,
(d) $\omega_{mín} = 55{,}7$ rpm,
(e) $\omega_{máx} = 1420$ rpm,
(f) $\omega = 698$ rpm

14.16 (c) $R_{eq} = 2{,}07$ Ω,
(d) $\omega = 1412$ rpm,
(e) $V_p = 1250$ V

14.17 $\Delta I_{máx} = 17{,}9$ A

14.18 $\Delta I_{máx} = 55\ \mathrm{tgh}\ [2/(3u)]$

14.19 $I_{1s} = 7{,}744$ A

14.20 $I_{1s} = 112{,}54/[1 + (u \times 250/113{,}68)^2]$

14.21 (b) $\omega = 2990$ rpm

14.22 (b) $\omega = 1528{,}6$ rpm

14.23 $\omega = 1981$ rpm

14.24 (b) $V_r = 18{,}837$ V,
(c) $= 1747$ rpm

14.25 (b) $\omega = 1733$ rpm,
(c) $\omega = 1400{,}5$ rpm,
(d) regulação = 2,67%,
(e) regulação = 2,37%

14.26 (b) $\omega = 2813$ rpm

14.27 (c) $\omega = 2883$ rpm

14.28 $\omega = 1902$ rpm

14.29 (b) $T_1 = 0{,}11$ N·m,
(c) $J = 0{,}351$ kgm^2,
(d) $B = 0{,}064$ Nm/rad/s

14.30 (b) $T_1 = 0{,}16$ Nm,
(c) $J = 0{,}351$ kgm^2,
(d) $B = 0{,}064$ Nm/rad/s

14.31 $V_c = 7{,}405$ V,
(b) $H_c = 0{,}185$ V/A, (c) $K_m = 0{,}041$,
(d) $K_c = 3{,}655$, (e) $K_\omega = 8{,}109$

14.32 $V_c = 20{,}363$ V,
(b) $H_c = 1{,}018$ V/A, (c) $K_m = 0{,}041$,
(d) $K_c = 2{,}193$, (e) $K_\omega = 1{,}479$

14.33 $V_c = 20{,}363$ V,
(b) $H_c = 1{,}018$ V/A, (c) $K_m = 0{,}041$,
(d) $K_c = 1{,}827$, (e) $K_\omega = 1{,}474$

14.34 $V_c = 10{,}182$ V,
(b) $H_c = 0{,}509$ V/A, (c) $K_m = 0{,}041$,
(d) $K_c = 1{,}827$, (e) $K_\omega = 2{,}949$

14.35 $V_c = 7{,}405$ V,
(b) $H_c = 0{,}37$ V/A, (c) $K_m = 0{,}041$,
(d) $K_c = 2{,}193$, (e) $K_\omega = 4{,}067$,
OS = 43,41%, $t_r = 13{,}341$ ms,
$t_s = 52{,}18$ ms

14.36 $t_r = 16{,}422$ ms, OS = 18,654%,
$t_s = 7{,}749$ ms

CAPÍTULO 15

15.1 (b) $s = 0{,}167$,
(c) $I_i = 194{,}68/{-}70{,}89°$ A,
(d) $P_i = 52\text{-}72$ W, (e) $FP_s = 0{,}327$,
(l) $s_m = \pm 0{,}0648$,
(m) $T_{mm} = 692{,}06$ N·m,
(n) $T_{mr} = -767{,}79$ N·m

15.2 (a) $\omega_s = 94{,}25$ rad/s,
(c) $I_i = 198{,}15/{-}72{,}88°$ A,
(d) $P_i = 46{,}48$ W,
(e) $FP_s = 0{,}294$,
(k) $I_{rs} = 172{,}09$ A,
(m) $T_{mm} = 728{,}94$ N·m,
(n) $T_{mr} = -728{,}94$ N·m

15.3 (c) $I_i = 55{,}33/{-}25{,}56°$ A,
(j) $P_o = 27{,}9$ kW
(k) $I_{rs} = 117{,}4$ A,
(l) $s_m = \pm 0{,}1692$,
(m) $T_{mm} = 90{,}85$ N·m

15.4 (a) $V_{as} = 1328$ V, $\omega_m = 181{,}44$ rad/s,
$\eta = 86{,}83\%$, (b) $C = 109$ μF

15.5 (a) $V_{as} = 132{,}79$ V, $\omega_m = 151{,}95$ rad/s,
$\eta = 86{,}83\%$,
(b) $C = 130{,}8$ μF

15.6 (c) $V_a = 223{,}05$ V,
(d) $I_i = 90{,}89/{-}72{,}96°$ A,
(g) $I_{r(\text{máx})} = 80{,}11$ A,
(i) $T_a = 82{,}73$ N·m

15.7 (d) $I_i = 90{,}84/{-}78{,}49°$ A,
(g) $I_{r(\text{máx})} = 80{,}11$ A,
(i) $T_a = 82{,}73$ N·m

15.8 (d) $I_i = 85{,}5/{-}59{,}3°$ A,
(g) $I_{r(\text{máx})} = 91{,}47$ A,
(i) $T_a = 55{,}93$ N·m

15.9 (a) $R = 3{,}048$ Ω, (c) k = 0,428,
(e) $\eta = 76{,}22\%$, (f) $FP_s = 0{,}899$

15.10 (a) $R = 8{,}19$ Ω, (e) $\eta = 76{,}22\%$,
(f) $FP_s = 0{,}899$

15.11 (a) $R = 2{,}225$ Ω, (c) $k = 0{,}547$,
(d) $\eta = 79{,}5\%$, (f) $FP_s = 0{,}855$

15.12 (c) $\alpha = 112°$, (d) $\eta = 95{,}35\%$,
(e) $FP_s = 0{,}606$

15.13 (c) $\alpha = 102°$, (d) $\eta = 95{,}35\%$,
(e) $FP_s = 0{,}459$

15.14 (b) $I_d = 116{,}49$, (c) $\alpha = 102°$

15.15 (a) = 58,137 Hz,
(b) $\omega_m = 1524{,}5$ rpm

15.16 (a) $T_d = 114{,}25$ N·m,
(b) Mudança no torque = 117,75 N·m

15.17 (a) $T_m = 850{,}43$ N·m,
(b) $T_m = 850{,}43$ N·m

15.18 (a) $T_m = 479$ N·m,
(b) $T_m = 305{,}53$ N·m

15.19 (a) $s = 0{,}08065$, (c) $\omega_m = 551{,}6$ rpm,
(d) $V_a = 138{,}62$ V, (e) $FP_m = 0{,}6464$

15.20 (b) $s = 0{,}1755$, (c) $\omega_m = 618{,}4$ rpm,
(d) $V_a = 186{,}56$ V, (e) $FP_m = 0{,}404$

15.21 (a) Velocidade de escorregamento ω_{slm}
= 46,11 rad/s,
(c) $K_{vf} = 2{,}24$, (d) $V_{CC} = 307{,}92$ V

15.22 (a) $\omega_{slm} = 46{,}11$ rad/s,
(c) $K_{vf} = 1{,}813$ (d) $V_{CC} = 256{,}6$ V

15.23 (a) $K^* = 0{,}027$, (b) $K_{tg} = 0{,}053$,
(c) $K_f = 6$, (d) $K_{vf} = 2{,}041$

15.24 (a) $K^* = 0{,}027$, (b) $K_{tg} = 0{,}053$,
(c) $K_f = 6$, (d) $K_{vf} = 1{,}813$

15.25 (a) $V_{qs} = 179{,}63$ V, $V_{ds} = 179{,}63$ V,
$i_{qs} = 125{,}196 < -71{,}89°$,
(b) $i_{as} = 125{,}196 < -71{,}89°$,
$i_a = 360{,}82 < 108{,}6°$

15.26 (a) $i_{qs} = 0{,}137$ A, $i_{ds} = 9{,}806$ A,
$\psi m = 0{,}598$ Wb espiras,
(b) $I_s = 18{,}93$ A, (c) $\theta_T = 62{,}61°$,
(d) $K_{sl} = 0{,}3$, $\omega_{sl} = 5{,}859$ rad/s

15.27 (a) $i_{qs} = 0{,}137$ A, $i_{ds} = 9{,}806$ A,
$\psi m = 0{,}598$ Wb espiras
(b) $I_s = 12{,}72$ A, (c) $\theta_T = 52{,}26°$,
(d) $K_{sl} = 0{,}3$, $\omega_{sl} = 3{,}936$ rad/s

15.28 (b) $I_a = 116{,}83$ A, (d) $\delta = -22{,}56°$,
(e) $T_p = 2574$ N·m

15.29 (a) $\delta = -7{,}901°$, (b) $V_f = 177{,}32$ V,
(c) $T_d = 212{,}21$ N·m

15.30 (a) $\delta = -3{,}67°$,
(b) $I_a = 7{,}76$ A, $\Theta_m = 88{,}33°$,
(c) FP = 0,029

15.31 $K_b = 30{,}375$, $K_g = 18{,}848$,
$T_s = 0{,}016$, $K_s = 8{,}637$

15.32 $K_b = 30{,}375$, $K_g = 19{,}013$,
$T_s = 0{,}016$, $K_s = 8{,}838$

15.33 (a) $T_p = 60°$, (b) $S_L = 10°$

15.34 (a) $T_p = 60°$, (b) $S_L = 10°$

15.35 (a) $T_L = 72°$, (b) $S_L = 18°$

15.36 (a) $v_m = 50$ m/s, (b) $P_d = 4$ MW,
(d) $s = 0{,}042$, (e) $P_{cu} = 160$ kW

15.37 (a) $v_m = 50$ m/s, (b) $P_d = 10{,}5$ MW,
(d) $s = 0{,}306$, (e) $P_{cu} = 4{,}62$ kW

CAPÍTULO 16

16.1 (b) $P_t = 55{,}22$ MW,
(c) $P_m = 24{,}85$ MW

16.2 (b) $P_t = 5{,}609$ MW,
(c) $P_m = 3{,}085$ MW

16.3 (a) $W = 30.000$ Btu/kg,
(b) $\eta_t = 62{,}5\%$

16.4 (a) $W = 27.000$ Btu/kg,
(b) $\eta_t = 60\%$

16.5 (a) $W = 1.000$ Btu/kg,
(b) $\eta_t = 5{,}26\%$

16.6 (a) $\eta_s = 50{,}66\%$,
(b) $\rho = 700{,}29$ W/m²

16.7 (a) $\eta_s = 47{,}92\%$,
(b) $\rho = 510{,}51$ W/m²

16.8 (a) $P_L = 0{,}24$ W,
(b) $R_L = 0{,}21$ Ω

16.9 (a) $P_L = 0{,}219$ W,
(b) $R_L = 0{,}243$ Ω

16.10 (a) $V_{mp} = 0{,}412$ V,
(b) $I_{mp} = 1{,}693$ A,
(c) $P_{máx} = 697$ mW

16.11 (a) $V_{mp} = 0{,}217$ V,
(b) $I_{mp} = 1{,}8$ A,
(c) $P_{máx} = 391$ mW

16.12 $V_D = 0{,}467$ V, $P_L = 0{,}231$ W

16.13 $V_D = 0{,}523$ V, $P_L = 0{,}256$ W

16.14 (a) $\delta = 1{,}12$ kg/m³,
(b) $\rho = 559{,}99$ W/m²,
(c) $P_{vento} = 1{,}1$ MW

16.15 (a) $\delta = 1{,}133$ kg/m³,
(b) $\rho = 978{,}63$ W/m²,
(c) $P_{vento} = 2{,}767$ MW

16.16 (a) $V_{tip} = 35$ m/s, (b) GR = 13,539

16.17 (a) $V_{tip} = 56$ m/s, (b) GR = 9,032

16.18 $TSR_{máx} = 1{,}194$, $\eta_{máx} = 36{,}25\%$

16.19 $TSR_{máx} = 1{,}4784$, $\eta_{máx} = 35{,}518\%$

16.20 $f = 0{,}176$ Hz, $P_o = 4{,}894$ kW

16.21 $f = 0{,}176$ Hz, $P_o = 6{,}825$ kW

16.22 $P_o = 1{,}817$ MW

16.23 $P_o = 274{,}6$ kW

16.24 (a) EP = 553 GJ,
(b) $E_{out} = 165{,}5$ GJ

16.25 (a) EP = 384,1 GJ,
(b) $E_{out} = 96{,}44$ GJ

16.26 (a) $I = \$116{,}89$, (b) $v = 9{,}144$ m/s

16.27 (a) $I = \$218{,}27$, (b) $v = 10{,}109$ m/s

16.28 $v = 9{,}9697$ m/s, $H = 4{,}956$ m

16.29 $v = 10{,}517$ m/s, $H = 5{,}83$ m

16.30 $V_c = 1{,}233$ V, $V_o = 123{,}31$ V

16.31 $V_c = 1{,}233$ V, $V_o = 123{,}31$ V

16.32 $V_c = 1{,}233$ V, $V_o = 123{,}31$ V

16.33 (a) $N_m = 19{,}46$, (b) $N_m = 81{,}1$

16.34 (a) $N_m = 89{,}21$, (b) $N_m = 38{,}93$

16.35 $I_{mp} = 20{,}6$ A, $P_{máx} = 1{,}298$ W

16.36 $I_{mp} = 20{,}6$ A, $P_{máx} = 1{,}256$ W

CAPÍTULO 17

17.1 $T_j(t = 5,5 \text{ ms}) = 12,5°C$

17.2 $T_j(t = 10 \text{ ms}) = 21°C$

17.3 $T_j(t = 20,01 \text{ ms}) = 34,76°C$

17.4 (b) $\delta_o = 0,27$, (c) $C = 0,2296 \text{ μF}$,
(d) $R = 5,04 \text{ Ω}$,
(e) $dv/dt = 82,13 \text{ V/μs}$

17.5 (b) $V_p = 229,1 \text{ V}$, (c) $d = 0,0632$,
(d) $dv/dt = 4,7 \text{ V/μs}$

17.6 (a) $V_p = 288,3 \text{ V}$,
(b) $dv/dt = 38,5 \text{ V/μs}$,
(c) dv/dt máxima $= 6,95 \text{ V/μs}$

17.7 (a) $C = 4,69 \text{ μF}$,
(b) $R = 1,65 \text{ Ω}$

17.8 (a) $C = 12,48 \text{ μF}$, (b) $R = 1,14 \text{ Ω}$

17.9 (b) $I_o = 117,90 \text{ A}$, (c) $C = 794,3 \text{ μF}$

17.10 $\delta = 0,75$, (b) $V_p = 236,78$

17.11 $N = 18$ diodos

17.12 $I_p = 125,43 \text{ A}$

17.13 $I_p = 259,14 \text{ A}$

17.14 $I_p = 340,17 \text{ A}$

17.15 (a) $t_m = 6,31 \text{ ms}$, (b) $t_c = 9,46 \text{ ms}$,
(c) $I_p = 925,21 \text{ A}$

Índice remissivo

A
Acionamentos CA, 635
  fonte de corrente, 663
  motores de indução, 636
  motores síncronos, 683
Acionamentos CC, 577
  com conversores completos monofásicos, 589
  com conversores completos trifásicos, 594
  com conversores duais monofásicos, 590
  com conversores duais trifásicos, 594
  com conversores monofásicos de meia onda, 587
  com conversores trifásicos de meia onda, 594
  com semiconversores monofásicos, 588
  com semiconversores trifásicos, 594
  controlados por microcontrolador, 627
  controle em malha fechada dos, 608
  controle em malha sincronizada pela fase (PLL), 625
  controle monofásico, 587
  controle por conversores CC-CC, 597
  controle trifásico, 594
Acionamentos de velocidade variável (VSDs), 578
Acionamentos PMSM, 695
Acionamentos
  CA, 636
  CC, 577, 683
  Kramer estático, 649
  PMSM, 695
  Scherbius estático, 649
Análise de Fourier, 831
Análise transitória CC, 828
Ângulo
  atraso ou disparo, 433
  comutação ou sobreposição, 107
  deslocamento, 79
  extinção, 446
  fator de potência, 79, 812
  torque, 661

B
Beta forçado, 137
Biomassa, energia, 771

C
Capacitores, 109
  CA de filme, 109
  cerâmico, 110
  eletrolíticos de alumínio, 110
  supercapacitores, 111
  Tântalo sólido, 110
Carbeto de Silício (SiC), 39
  ETOs, 396
  GTOs, 394
  IGBTs, 148
  JFETs, 131–132
  MOSFETs, 124
  transistores, 116
Carga de recuperação, 36
Carga de saturação, 139
Células a combustível, 758
  alcalinas (AFC), 764
  de ácido fosfórico (PCFC), 764
  de carbonatos fundidos (MCFC), 765
  de eletrólito de membrana polimérica (PEMFC), 761
  de metanol direto (DMFC), 762
  de óxido sólido (SOFC), 766
  geração de hidrogênio e, 759
  processo elétrico, 768
  processo térmico, 767
  tipos, 760
Chaveamento
  características, 137
  correntes, 372
  função de, 73, 823
  limites, 144
Chaves
  bidirecionais, 476
  características das, 14
  características ideais das, 14
  especificações das, 16
  estáticas CA, 9, 473
  estáticas CC, 9
Ciclo de trabalho, 6, 183, 185
Cicloconversores
  monofásico, 493
  trifásico, 496
Circuito *crowbar*, 800
Circuito
  acionamento, 116
  criticamente amortecido, 53
  LC, 50
  RC, 46
  RLC, 52
  subamortecido, 53
  superamortecido, 53
Circuitos de disparo de tiristores, 418
CIs de acionamento, 172
  para acionamentos de motores, 708
  para conversores, 489–490
CIs
  de acionamento, 172
  de alta tensão, 708
Coeficiente de amortecimento, 53, 788
Coeficiente de amortecimento, 53, 789
Compensação
  ângulo de fase, 533
  paralela (*shunt*), 518
  potência reativa, 369
Compensadores
  ângulo de fase, 533
  chaveado por tiristor, 521, 528
  comparações de, 538
  comutação forçada, 529
  controlado por tiristor, 520, 529
  estático de reativos, 523, 524, 531
  paralela (*shunt*), 518
Comutação com corrente zero, 339
Comutação com tensão zero, 343
Comutação, 107
  ângulo, 107
  natural ou de rede, 431
  reatância, 107

Comutadores de conexões
  monofásico, 489
  síncrono, 491
Condição de bloqueio, 70
Condicionamento de potência, 220
Condições de fronteira, 76, 88
Constante de tempo, 610
  armazenamento, 139
Controladores
  de ponto neutro, 486
  de velocidade, 697
  monofásico de onda completa, 475, 477
  tensão CA, 8, 472
  trifásico de onda completa, 481
  unidirecional, 481
  unificado do fluxo de potência, 516, 537
Controle de modulação por largura de pulso (PWM), 446
Controle vetorial, 672
  direto, 681
  indireto, 678
Controle
  acionamento de circuito, 165
  adaptativo, 667
  ângulo de extinção, 446
  antissaturação, 167
  características dos dispositivos, 18, 22
  conversor CC-CC, 597
  corrente, 618, 661
  de ângulo simétrico, 446
  desligamento, 166
  deslocamento de fase, 269
  fechamento, 166
  frenagem regenerativa, 599
  frenagem reostática, 602
  frequência, 654
  malha de corrente, 623, 696
  malha fechada, 608, 617, 667, 692
  malha sincronizada pela fase (PLL), 625
  microprocessador, 627
  modo de corrente, 565
  modo de tensão, 564
  modulação por largura de pulso senoidal, 268
  modulação por largura de pulso, 447
  motor de passo, 700
  orientação de campo, 672
  por união (*tie*), 483
  potência (ou aceleração), 598
  potência do escorregamento, 649
  proporcional da base, 167
  tensão do estator, 643
  tensão do rotor, 647
  tensão e frequência, 656

tensão/frequência (volts/hertz), 656
variáveis, 670
velocidade de escorregamento constante, 665
velocidade, 618–619, 697
vetorial, 667
Conversão em multiestágios, 562
Conversores CC-CC, 180
  abaixador (*step-down*), 182, 186, 188
  classificação dos, 195
  elevador (*step-up*), 191
  multifase, 605
  primeiro e segundo quadrantes, 197
  primeiro quadrante, 196
  projeto de, 235
  quatro quadrantes, 198
  segundo quadrante, 196
  terceiro e quarto quadrantes, 197
Conversores CC-CC, acionamentos com, 597
  controle da frenagem regenerativa do, 599
  controle da frenagem reostática do, 602
  controle da potência (ou de aceleração) do, 598
  dois/quatro quadrantes, 604
Conversores
  CA–CA, 8
  CA–CC, 7
  CC–CA, 7
  CC–CC, 6, 180
    acionamento alimentado por, 625
  circuitos de controle dos, 563
  completos, 431, 439
  controle de fase monofásico, 431
  Cúk, 214
  dois quadrantes, 431
  duais, 436, 444
  dual trifásico, 444
  flyback, 542
  forward, 546
  funções de chaveamento dos, 823
  meia ponte, 552
  modelo médio de, 222
  modelos para o controle, 612
  monofásico completo, 434
  monofásico dual, 436
  monofásico em série, 453
  multiestágios, 562
  ponte completa, 555
  projeto de, 235, 229
  push-pull, 551
  semiconversores, 431
  trifásico completo, 439
  um quadrante, 431
Corrente de estado desligado, 379

Corrente de falha
  com fonte CA, 801
  com fonte CC, 802
  presumida, 798
Corrente de manutenção (*holding current*), 380
Corrente de travamento, 379
Curva de polarização, 769

D

Deslocamento de fase, 269
DHT, 80, 244
di/dt
  proteção, 409
Diodos de potência, 31
Diodos, 31
  características dos, 33
  carbeto de silício, 39
  com carga LC, 50
  com carga RC, 46
  com carga RL, 48
  com carga RLC, 52
  comutação dos, 107
  conectados em paralelo, 45
  conectados em série, 41
  corrente de fuga, 33
  de realimentação, 246
  de potência, 33
    tipos, 37
  de recuperação rápida, 38
  de roda livre, 49, 56
  de uso geral, 37
  diretamente polarizado, 34
  equação, 33
  modelo SPICE, 41
  resistência do material dos, 41
  reversamente polarizado, 33
  Schottky, 39
  tensão de fechamento dos, 34
  tensão de limiar dos, 34
  tensão de ruptura dos, 34
  tipos de, 37
Dispositivos de potência, 39
  características de chaveamento, 23
  características de controle, 18
  características ideais, 14
  classificação, 23
  opções, 23
  símbolos, 20–21
  valores nominais, 19–20
Dissipadores de calor, 777
Distorção
  fator de, 244
  harmônica total, 80, 244
dv/dt
  proteção, 410

E

Efeitos periféricos, 11
Eletrônica de potência, 2
  aplicações da, 1
  história, 4
  periódicos e conferências de, 27
Energia armazenada, 58
Energia de ruptura, 799
Enrolamento de realimentação, 58
Eólica, energia, 736
  comparações das configurações, 748
  controle de velocidade e passo, 739
  curva de potência, 741
  gerador de relutância chaveada (SRG), 747
  gerador síncrono (SG), 745
  geradores de indução de alimentação dupla (DFIGs), 744
  geradores de indução em gaiola de esquilo (SCIG), 745
  geradores síncronos de ímã permanente (PMSGs), 747
  potência da turbina, 737
  sistemas, 742
  turbinas eólicas, 737
Equilíbrio de tensão, 373
Escorregamento, 637

F

FACTs, 516
  controlador, 516
Fator de amortecimento, 52
Fator de deslocamento, 79
Fator de potência, 79, 446, 812
  correção do, 219
Fator
  correção do fator de potência, 219
  de crista, 70
  de deslocamento, 79
  de distorção, 244
  de forma, 70
  de ondulação (*ripple*), 70
  de potência de entrada, 79
  de potência, 79, 446, 812
  de sobre-excitação, 137
  de suavidade, 36
  de utilização do transformador, 70
  harmônico, 79, 244
Filtros
  CA, 93
  CC, 93
  tipo C, 97
  tipo *LC*, 100, 102
Fontes de alimentação, 541
  bidirecionais, 558
  bidirecionais, CA, 561
  CA, 559
  CC, 542
  chaveadas, CA, 561
  chaveadas, CC, 542
  ressonantes, CA, 561
  ressonantes, CC, 557
Fotovoltaico (PV), 727, 733
  modelos, 728
Frenagem
  conexão (*plugging*), 584
  dinâmica, 584
  regenerativa, 584
Frequência de ressonância amortecida, 53
Frequência de ressonância, 52
Frequência
  de ressonância amortecida, 53
  de ressonância, 52
  natural amortecida, 788
  natural não-amortecida, 788
  operação em frequência constante, 183
  operação em frequência variável, 183
Fusíveis, 797
  características corrente/tempo dos, 799

G

Ganho de corrente, 134, 382
  de base comum, 382
Geotérmica, energia, 770
Geração de hidrogênio, 759
GTOs, 390
  características dos, 390–391
  circuito amortecedor (*snubber*) de, 410

H

Harmônicas
  de mais baixa ordem, 245
  redução de, 287
Hidrelétrica, 755
  grande escala, 755
  pequena escala, 756

I

i^2t para derretimento do fusível, 799
IGBTs, 145
  carbeto de silício, 148
Indutor
  CC, 570
Inversores multinível, 356
  características, 361
  com capacitores flutuantes, 363
  com diodo de grampeamento, 358–359
  comparações entre, 374
  conceito, 357
  em cascata, 366
  tipos de, 358
Inversores ressonantes, 310
  barramento CC, 349
  classe E, 332
  comutação com corrente zero, 339
  comutação com tensão zero, 343
  corrente reversa, 381
  em série, 310
  paralelos, 328
Inversores, 7, 242, 310
  barramento CC variável, 294
  barramento CC, 294
  buck-boost, 298
  classe E, 337
  comparação de, 287
  comutação com corrente zero, 339
  comutação com tensão zero, 343
  controle de tensão, 262, 271
  elevador (*boost*), 294
  em meia ponte, 245
  fonte de corrente, 291
  fonte de tensão, 294
  ganho dos, 242
  grampeamento ativo, 352
  modulação por largura de pulso, 242–243
  monofásico em ponte, 248, 253, 824, 825
  multinível, 356, 358
  parâmetros de desempenho, 243
  ressonante em série em meia ponte, 314, 320
  ressonante em série em ponte completa, 314, 317
  ressonantes em série, 310
  ressonantes paralelos, 328
  tipos de, 243
  trifásico em ponte, 254
Isolação
  do acionamento, 169
  entre fonte e carga, 541
  optoacopladores, 171
  transformador de pulsos, 418

K

Kramer estático, acionamento, 649

M

Magnéticos
  circuitos, 815
  projeto, 567
  saturação, 571

MCTs, 398
Miller, efeito, 138
Modelo médio de interruptores, 235
Modulação por largura de pulso senoidal (SPWM), 262–263, 265, 271
Modulação
  avançada, 263
  frequência, 183, 264
  índice de, 186, 282, 300, 449
  injeção harmônica, 263
  por largura de pulso senoidal modificada, 268
  por largura de pulso senoidal, 265, 271, 449
  por largura de pulso uniforme, 264
  por largura de pulso, 183, 263, 447
  por largura de pulsos múltiplos, 263
  pulso único, 262
  sobremodulação, 273, 284
  unipolar, 288
  vetor de referência, 280
Módulos, 25
  de potência, 25
  inteligentes, 25
MOSFETs, 126
  acionamento de, 162
  características de chaveamento de, 123
  características em regime permanente de, 134
  de potência, 117
  modelo SPICE, 157
Motor de passo
  controle, 700
  ímã permanente, 704
  relutância variável, 701
Motores CC
  características de magnetização dos, 580
  características dos, 579
  com excitação independente, 579
    função de transferência em malha aberta, 608
  controle de tensão dos, 580
  controle pelo campo dos, 580
  relação de transmissão, 583
  série, 581
    função de transferência em malha aberta, 611
  velocidade-base (ou nominal) dos, 581
Motores de indução, 636
  características de desempenho de, 638
  controle da potência do escorregamento de, 649
  controle de corrente de 661
  controle de frequência de, 654
  controle de tensão do estator de, 643
  controle de tensão do rotor de, 647

controle de tensão e frequência de, 656
controle de tensão, corrente e frequência de, 665
enfraquecimento de campo de, 656
linear, 706
Motores síncronos, 683
  controle em malha fechada, 692
  ímã permanente, 688
  polos salientes, 686
  relutância chaveada, 688
  relutância, 687
  rotor cilíndrico, 683
Motores
  CA, 636
  CC, 578
  de indução linear, 706
  de relutância chaveada, 688
  de relutância, 687
  sem escovas, 692
  síncronos, 683

O

Oceânica, energia, 749
  conversão da energia térmica do oceano (OTEC), 755
  energia da onda, 751
  energia das marés, 752
  energia das ondas, 749
  mecanismos, 750
Onda quase quadrada, 331
Ondulação da corrente, 188
  do indutor, 200, 205, 208
Ondulação da tensão do capacitor, 201, 205, 208
Optoacopladores, 171, 418

P

Parâmetros de desempenho, 11
  controladores de tensão CA, 473
  conversores CC-CC, 195
  inversores, 243
  retificadores, 69
Período do tanque, 352
Potência do escorregamento, 649
Proteções, 776
  da corrente, 797
  di/dt, 409
  dv/dt, 410
  por *crowbar*, 800
  tensão, 796
Pulsos de potência, 780

R

Raiz quadrada média (RMS), valor, 11

Razão de retificação, 69
Razão
  espiras, 58
  frequência, 264
Reatância
  corrente de circulação, 438
  de comutação, 107
  síncrona, 683
Recuperação reversa, 35
  carga, 36
Redução de potência, 150
Regulador Cúk, 210, 214
Reguladores
  análise em espaço de estado dos, 227
  boost, 203
  buck, 200
  buck-boost, 206
  chaveados, 198
  com várias saídas, 216
  comparação de, 215
  Cúk, 210
  flyback, 549
  inversor, 206
  limitações dos, 215
Renovável, energia, 720
  biomassa, energia, 771
  células a combustível, 758
  energia e potência, 720
  eólica, 736
  geotérmica, energia, 770
  hidrelétrica, 755
  oceano, 749
  sistema de geração, 721
    ciclo térmico, 723
    turbina, 722
  sistema fotovoltaico, 733
  solar, 725
Resfriamento, 777
  por líquidos, 778
  por tubos trocadores de calor, 778
  ventilação forçada, 777
Resistência
  térmica, 16, 777
Retificadores, 68
  boost, 219
  classe E, 337
  comparações, 92
  controlados, 8, 431
  eficiência, 69
  em ponte, 71
    vantagens e desvantagens, 91
  monofásico de meia onda, 69
  monofásico de onda completa, 70, 71
    com carga altamente indutiva, 78
    com carga RL, 74
  monofásico em ponte, 71, 72, 825
  polifásico em estrela, 81
  projeto do circuito, 93

trifásico em ponte, 84
trifásico, 91
Ruptura por avalanche, 379

S

Saturação do transistor, 136
Scherbius estático, acionamento, 649
Schottky, diodos, 39
Semicondutor
   dopagem, 31
   intrínseco, 31
   tipo n, 31
   tipo p, 31
Semicondutores de potência, 17, 18
Senoide amortecida, 53
Sequência de acionamento, 265
SIT, 148
SITH, 400
Snubbers, 153, 787
   não dissipativo, 789
   projeto ideal, 789
Sobremodulação, 267, 284
Solar, energia, 725
SPICE, Modelo
   BJT, 158
   Diodo, 41
   GTO, 414
   IGBT, 160
   MCT, 415
   MOSFET, 159
   SCR, tiristor, 412
   SITH, 415
Suavidade, fator de, 36
SVM, implementação, 285

T

Tempo
   de armazenamento, 139
   de atraso no desligamento (ou no bloqueio), 123
   de atraso, 138, 384
   de descida, 123
   de desligamento (ou abertura), 15, 385
   de entrada, 139, 384
   de recuperação direta, 36
   de recuperação reversa, 36
   de subida, 123, 384
Tensão de limiar, 34, 118
Tensão de pinçamento, 118
Tensão de ruptura direta, 379
Tensão de ruptura, 34, 144
Térmico
   circuito equivalente, 784
   constante de tempo, 779
   impedância, 779
   modelo, 782

resistência, 150, 777
tensão, 34
Tiristores, 4, 18, 385
   assimétricos, 388
   ativação do, 383
   ativados por luz, 388
   bidirecionais controlados por fase, 387
   características dos, 379
   chaveamento rápido, 388
   circuitos de disparo dos, 418
   circuitos de proteção da porta, 420
   comparações de, 401
   comutado pela porta, 397
   condução reversa, 389
   controlado por MOS, 387, 398
   controlados por FET, 394
   controle de fase, 387
   desligamento do emissor, 397, 399
   desligamento do, 385
   desligamento pela porta, 390
   DIAC, 415
   indução estática, 18, 400
   modelo CA SPICE, 412, 506
   modelo CC SPICE, 413
   modelo com dois transistores dos, 381
   operação em paralelo dos, 409
   operação em série dos, 406
   proteção di/dt, 409
   proteção dv/dt, 410
   tipos de, 385
   tríodos bidirecionais, 389
Torque
   ângulo, 685
   desenvolvido, 638
   ruptura (ou perda de sincronismo), 641, 685
   velocidade, 639
Transcondutância, 120, 138
Transformação
   em eixo direto e quadratura, 673
Transformador de pulsos, 171, 418
Transformador, 818
   projeto de, 567
Transistores bipolares de junção (BJTs)
   características de chaveamento do, 137
   características em regime permanente, 134
   carbeto de silício, 144
   circuito de acionamento, controle do, 165
   ganho de corrente do, 134
   modelo SPICE, 157
   parâmetros de desempenho do, 134
Transistores de efeito de campo de junção (JFETs), 127
   carbeto de silício, 131
   região de saturação, 130

região ôhmica, 129
Transistores
   bipolares, 17–18, 19, 116, 133
   características, 134
   comparações de, 150
   COOLMOS, 126
   de potência, 115–116
   di/dt, 153
   dv/dt, 153
   IGBTs, 145
   isolação do acionamento, 165, 169
   MOSFETs, 18, 19
   NPN, 133
   operação em série e em paralelo dos, 156
   PNP, 133
   polarização direta, 144
   polarização reversa, 144
   saturação, 136
   segunda avalanche, 144
   SIT, 18, 20, 148
   tipos de, 116
   unijunção, 420
Transitórios
   nos lados da alimentação e da carga, 793
   recuperação reversa, 787
Transmissão
   de energia, 516
   flexível CA, 515
TRIAC, 389

U

Unijunção, transistor, 420
   programável, 422
UPFC (controlador unificado do fluxo de potência), 516, 537
UPS, 559

V

Velocidade nominal, 581
Velocidade
   nominal (ou base), 581, 655
   síncrona, 637
Velocidade-nominal (ou base), 581
Vetor espacial, 274, 278
   chaveamento, 280
   representação para variáveis trifásicas, 833
   sequência, 282
   transformação, 275

Z

Zona morta, 313

FUNÇÕES FREQUENTEMENTE UTILIZADAS

	$-A$	$90 \pm A$	$180 \pm A$	$270 \pm A$	$360 \pm A$
sen	$-\sen A$	$\cos A$	$\mp \sen A$	$-\cos A$	$\mp \sen A$
cos	$\cos A$	$\mp \sen A$	$-\cos A$	$\pm \sen A$	$\cos A$

$$\sen(A \pm B) = \sen A \cos B \pm \cos A \sen B$$

$$\cos(A \pm B) = \cos A \cos B \mp \sen A \sen B$$

$$\sen 2A = 2 \sen A \cos A$$

$$\cos 2A = 1 - 2\sen^2 A = 2\cos^2 A - 1$$

$$\sen A + \sen B = 2 \sen \frac{A+B}{2} \cos \frac{A-B}{2}$$

$$\sen A - \sen B = 2 \cos \frac{A+B}{2} \sen \frac{A-B}{2}$$

$$\cos A + \cos B = 2 \cos \frac{A+B}{2} \cos \frac{A-B}{2}$$

$$\cos A - \cos B = 2 \sen \frac{A+B}{2} \cos \frac{B-A}{2}$$

$$\sen A \sen B = \frac{1}{2}[\cos(A-B) - \cos(A+B)]$$

$$\cos A \cos B = \frac{1}{2}[\cos(A-B) + \cos(A+B)]$$

$$\sen A \cos B = \frac{1}{2}[\sen(A-B) + \sen(A+B)]$$

$$\int \sen nx \, dx = -\frac{\cos nx}{n}$$

$$\int \sen^2 nx \, dx = \frac{x}{2} - \frac{\sen 2nx}{4n}$$

FUNÇÕES FREQUENTEMENTE UTILIZADAS

$$\int \operatorname{sen} mx \operatorname{sen} nx \, dx = \frac{\operatorname{sen}(m-n)x}{2(m-n)} - \frac{\operatorname{sen}(m+n)x}{2(m+n)} \quad \text{para} \quad m \neq n$$

$$\int \cos nx \, dx = \frac{\operatorname{sen} nx}{n}$$

$$\int \cos^2 nx \, dx = \frac{x}{2} + \frac{\operatorname{sen} 2nx}{4n}$$

$$\int \cos mx \cos nx \, dx = \frac{\operatorname{sen}(m-n)x}{2(m-n)} + \frac{\operatorname{sen}(m+n)x}{2(m+n)} \quad \text{para} \quad m \neq n$$

$$\int \operatorname{sen} nx \cos nx \, dx = \frac{\operatorname{sen}^2 nx}{2n}$$

$$\int \operatorname{sen} mx \cos nx \, dx = \frac{\cos(m-n)x}{2(m-n)} - \frac{\cos(m+n)x}{2(m+n)} \quad \text{para} \quad m \neq n$$

ALGUMAS UNIDADES E CONSTANTES

Grandeza	Unidade	Equivalente
Comprimento	1 metro (m)	3,281 pés (ft)
		39,36 polegadas (in)
Massa	1 quilograma (kg)	2,205 libras (lb)
		35,27 onças (oz)
Força	1 newton (N)	0,2248 libra-força (lbf)
Constante gravitacional	$g = 9,807$ m/s	
Torque	1 newton-metro (N.m)	0,738 libra-pé (lbf.ft)
Momento de inércia	1 quilograma-metro^2 (kg.m^2)	23,7 libras-pés^2 (lb.ft^2)
Potência	1 watt (W)	0,7376 pé-libra/segundo
		$1,341 \times 10^{-3}$ cavalo-vapor (hp)
Energia	1 joule (J)	1 watt-segundo
		0,7376 pé-libra
		$2,778 \times 10^{-7}$ quilowatt-hora (kWh)
Cavalo-vapor	1 hp	745,7 watts
Fluxo magnético	1 weber (Wb)	10^8 maxwells ou linhas
Densidade de fluxo magnético	1 tesla (T)	1 weber/metro^2 (Wb/m^2)
		10^4 gauss
Intensidade de campo magnético	1 ampère-espira/metro (Ae/m)	$1,257 \times 10^2$ oersted
Permeabilidade do vácuo	$\mu_0 = 4\pi \times 10^{-7}$ H/m	